Klaus Hengesbach, Peter Hille, Jürgen Lehberger,
Detlef Müser, Georg Pyzalla, Walter Quadflieg,
Werner Schilke, Holger Stahlschmidt

Lernfelder Metalltechnik

Werkzeugmechanik
Fachwissen

1. Auflage

Bestellnummer 55090

Bildungsverlag EINS

Hinweise für den Benutzer

Das Lernpaket „Lernfelder Metalltechnik Werkzeugmechanik" besteht aus den zwei Büchern:

- „Lernfelder Metalltechnik Werkzeugmechanik **Fachwissen**" (55090)
- „Lernfelder Metalltechnik Werkzeugmechanik **Prozesswissen**" (55100)

Das vorliegende Buch **„Fachwissen"** enthält Sachinformationen, die notwendig sind, um Lernsituationen in den Lernfeldern 5 bis 14 zu bearbeiten.
Um diese fachlichen Informationen zusammenhängend darzustellen und die systematische Suche von Informationen zu erleichtern, wurde in diesem Buche die Gliederung durchweg nach Lernfeldern und nach Lernfeldbereichen vorgenommen. Einige Bereiche sind lernfeldübergreifend behandelt.

Lernfeldzuordnung	Kapital
LF 5	Formgeben von Bauelementen durch spanende Fertigung
LF 6	Herstellen technischer Teilsysteme des Werkzeugbaus
LF 7 und LF 10	Fertigen mit Computerunterstützung
LF 8	Planen und Inbetriebnehmen steuerungstechnischer Systeme
LF 9	Herstellen von formgebenden Werkzeugoberflächen
LF 11 bis LF 14	Planen, Fertigen und Inbetriebnehmen technsicher Systeme des Formbaues
LF 11 bis LF 14	Planen, Fertigen und Inbetriebnehmen technischer Systeme der Stanztechnik
LF 11 bis LF 14	Planen, Fertigen und Inbetriebnehmen technischer Syteme der Vorrichtungstechnik
Lernfeldübergreifend	Prüftechnik, Qualitätsmanagement
Lernfeldübergreifend	Werkstofftechnik

Jedes Kapitel wird mit einer Handlungsstruktur eingeleitet, die den Umgang mit dem dargebotenen Lernstoff näher darstellt.

*Das zugehörige Buch **„Prozesswissen"** unter der Bestellnummer 55100 ist im ersten Teil nach Lernfeldern gegliedert. Hier wird der Umgang mit dem Lernstoff in den Lernfeldern 5 bis 14 erläutert.*
In jedem Lernfeld wird zunächst allgemein das Handeln des Fachmannes dargestellt und an Beispielen von kompletten Handlungssituationen erläutert. Es folgen zu jeder Handlungssituation Lernsituationen, an denen das selbstständige Analysieren, Planen, Ausführen und Bewerten – Letztere nur eingeschränkt – geübt werden kann.

*Im zweiten Teil des Buches **„Prozesswissen"** befinden sich zur Ergänzung, Vertiefung und Übung des Lernstoffs nach Sachgebieten geordnet die Übungsaufgaben, auf die im Buch „Fachwissen" in den entsprechenden Kapiteln verwiesen wird.*

*Dem Buch **„Prozesswissen"** ist für den Schüler eine **DVD** mit ergänzenden Inhalten von Fachfirmen und Instituten beigelegt (u. a. mit Normalienkatalogen, Simulationen von Komplettwerkzeugen, Demo-Programmen für die CNC-Bearbeitung und Steuerungstechnik).*

***Unterrichtsbegleitmaterial** auf CD-ROM erhält der Lehrer unter der Bestellnummer 55101 mit:*
- *Lösungsbeispielen zu den Lernsituationen,*
- *Lösungen zu den Übungsaufgaben,*
- *didaktischen Hinweisen für den Unterricht,*
- *Vorlagen für Folien bzw. für den Einsatz mit einem Beamer.*

Inhaltsverzeichnis

Formgeben von Bauelementen durch spanende Fertigung — LF 5

Herstellen technischer Teilsysteme des Werkzeugbaus — LF 6

Fertigen mit Computerunterstützung **LF 7 und LF 10**

Planen und Inbetriebnehmen steuerungstechnischer Systeme **LF 8**

Herstellen von formgebenden Werkzeugoberflächen LF 9

Planen, Fertigen und Inbetriebnehmen technischer Systeme des Formenbaues — **LF 11 bis LF 14**

Planen, Fertigen und Inbetriebnehmen technischer Systeme der Stanztechnik **LF 11 bis LF 14**

Planen, Fertigen und Inbetriebnehmen technischer Systeme der Vorrichtungstechnik **LF 11 bis LF 14**

Prüftechnik, Qualitätsmanagement

Werkstofftechnik

Haben Sie Anregungen oder Kritikpunkte zu diesem Buch?
Dann senden Sie eine E-Mail an 55090@bv-1.de
Autoren und Verlag freuen sich auf Ihre Rückmeldung.

www.bildungsverlag1.de

Bildungsverlag EINS
Sieglarer Straße 2, 53842 Troisdorf

ISBN 978-3-427-**55090**-7

Handlungsfeld: Werkstücke auf Maschinen fertigen

Problemstellung

Auftrag

Auftrag
Einspannzapfen aus C45 fertigen
...

Zeichnung

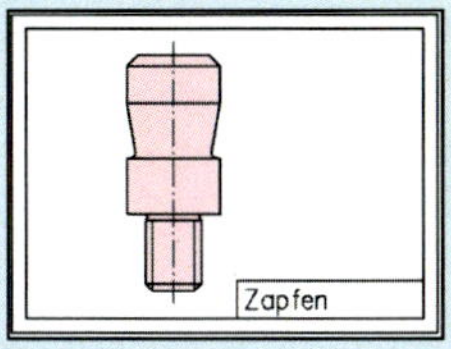

Vorgaben
- Werkstück (Form, Maße, Oberfläche, Toleranzen)
- Werkstoff
- Stückzahl
- Termine

Analysieren

Ergebnisse
- Fertigungsverfahren (Maschine)
- Abfolge der Fertigung
- Rohteil (Form, Maße)

Entscheidungen hinsichtlich Werkzeug
- Schneidstoff
- Werkzeugtyp
- Schneidenwinkel
- Einspannung
- Prüfung (Schneidhaltigkeit, Standzeit)

Fertigung planen
(für das jeweilige Verfahren)

Programm
N
10
20
30

Arbeitsplan						
Drehen	Maschine:					
Arbeitsgänge						
Nr.	Art	Einstelldaten				Bemerkungen
1	Plan-drehen	...	...	...	...	...

Entscheidung hinsichtlich Maschine
- Art der Maschine
- Technologiedaten (Umdrehungsfrequenz, Vorschub ...)
- Verfahrbewegungen
- Einspannung
- Werkzeugeinsatz
- Programmierung

- Einstellen bzw. Eingeben von Technologiedaten
- Einrichten der Werkstücke (Positionieren, Spannen, ggf. Stützen)
- Einrichten der Werkzeuge
- Bereitstellen von Hilfsstoffen
- Eingeben von Programmen

Fertigen

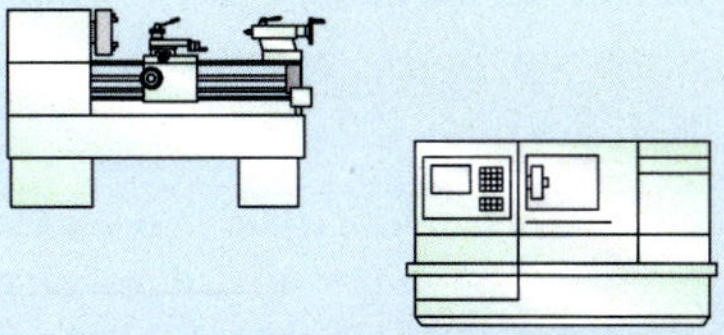

- Fertigung starten und überwachen
- Zwischenkontrollen durchführen
- Sicherheitsvorschriften beachten

Qualitätskontrolle durchführen

Kontrolle der
- Maße
- Form
- Oberfläche

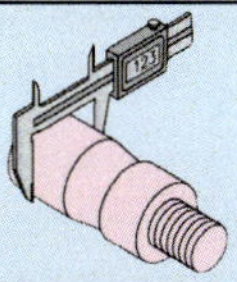

- Entscheidung über Verwendung (gut, Nacharbeit, Ausschuss)
- Fehleranalyse

1 Fertigen auf Werkzeugmaschinen

1.1 Größen im Fertigungsprozess

Zur maschinellen, spanenden Fertigung eines Werkstückes muss der Werkzeugmechaniker von der Zeichnung ausgehend eine geeignete Maschine sowie Werkzeuge, Spann- und Hilfsmittel auswählen. Weiterhin muss er die zur Fertigung notwendigen Bewegungen von Werkzeug und Werkstück ermitteln und einstellen. Bei richtiger Eingabe dieser Größen in den Fertigungsprozess und bei fachgerechter Durchführung der Arbeit soll ein maß- und formgerechtes Werkstück mit geforderter Oberflächenbeschaffenheit bei möglichst geringen Herstellungskosten und geringer Umweltbelastung entstehen.

Eingang → **Fertigungsprozess** → **Ausgang**

Eingang

Vorgaben:

- Werkstückform
- Werkstoff
- kalkulierte Arbeitszeit
- Kosten

Zu wählen:

- Rohteil
- Maschine
- Werkzeug (Standzeit)
- Spannmittel
- Hilfsstoffe

Technologiedaten:

- Schnittgeschwindigkeit
- Vorschub
- Schnitttiefe

Zu beachten:

- Arbeitssicherheit

Fertigungsprozess

maschinelle spanende Fertigung

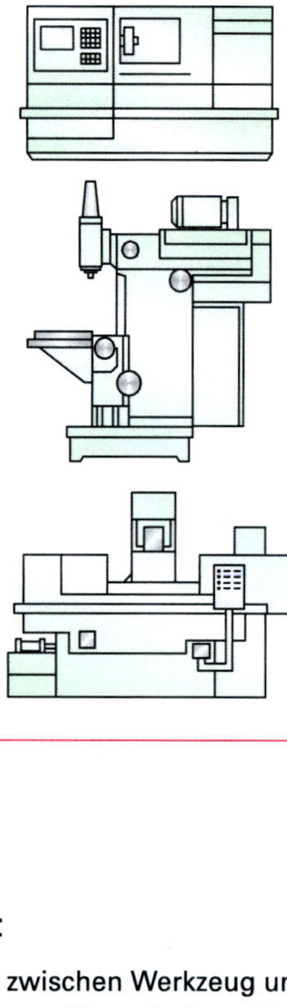

Ausgang

Fertigteile mit hinreichender:

- Maßgenauigkeit
- Formgenauigkeit
- Oberflächenqualität

Werkzeugverschleiß

Fertigungsreststoffe:

- Späne
- verbrauchte Hilfsstoffe
- Abwärme

Fertigungskosten:

- Materialkosten
- Maschinenkosten
- Werkzeugkosten
- Arbeitslohn

Zu beachten:

- Entsorgung
- Umweltschutz

1.1.1 Schnittgeschwindigkeit

Die **Schnittbewegung** ist die Bewegung zwischen Werkzeug und Werkstück, welche ohne Vorschubbewegung nur eine einmalige Spanabnahme während einer Umdrehung oder eines Hubes bewirkt. Die Schnittbewegung erfolgt mit der **Schnittgeschwindigkeit** v_c. Diese wird entsprechend dem Fertigungsverfahren, dem Werkstoff des Werkstücks und dem Schneidenwerkstoff meist nach Richtwertetabellen der Werkzeughersteller gewählt.

Allgemein kann man sagen, dass mit der Wahl von kurzen Standzeiten hohe Schnittgeschwindigkeiten und kurze Fertigungszeiten möglich sind. Dabei erzielt man gute Oberflächenqualitäten.

Die Schnittgeschwindigkeit wird für einen bestimmten Fertigungsvorgang entsprechend den Werkstoffen von Werkzeug und Werkstück nach Richtwertetabellen bestimmt, wobei eine Standzeit für das Werkzeug vorgewählt wird.

Übungsaufgaben A-1; A-2

1.1.2 Standzeit und Standlänge

Der wirtschaftliche Einsatz von Schneidwerkzeugen ist von der Zeit abhängig, in der das Werkzeug vom Anschliff bis zum Stumpfwerden im Eingriff ist. Diese Zeitspanne wird **Standzeit** *T* genannt.
Beim Bohren und Fräsen wird anstelle der Standzeit häufig die **Standlänge** *L* angegeben. Die Standlänge kennzeichnet die Summe der Bohrtiefen bzw. der Bearbeitungslängen beim Fräsen, die mit dem Bohrer bzw. Fräser vom Anschliff bis zum Stumpfwerden bearbeitet werden kann. Je nach Schneidstoff ist entweder die an der Schnittstelle entstehende Temperatur oder der Abrieb an den Werkzeugflächen die Hauptursache für das Stumpfwerden.

Die Standzeit ist die Zeitspanne vom Anschliff bis zum Stumpfwerden eines Werkzeuges. Beim Bohren und Fräsen wird anstelle der Standzeit die jeweilige Standlänge angegeben.

1.1.3 Schnitttiefe und Vorschub

Der Vorschub *f* ist der Weg des Werkzeugs bei einer Umdrehung oder einem Hub, den das Werkzeug dabei in der Vorschubrichtung zurücklegt. Der Vorschub wird in Millimeter angegeben.

Die **Schnitttiefe** a_p ist der Betrag, um den die Schneide durch die Zustellbewegung in Eingriff gebracht wird.

Aus **Vorschub** und Schnitttiefe berechnet sich der Spannungsquerschnitt *S*.

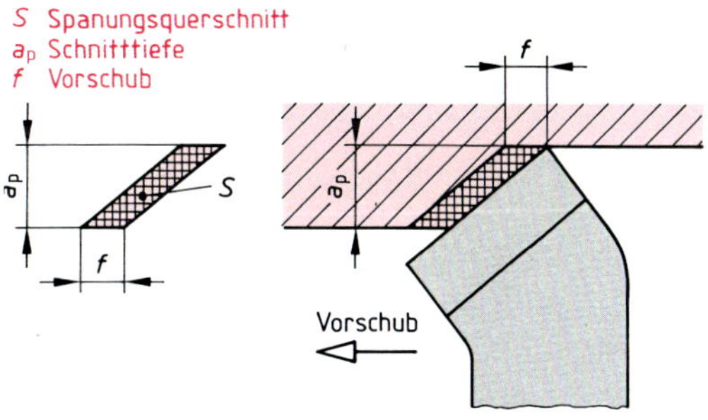

Schnitttiefe, Vorschub, Spanungsquerschnitt

Spanungsquerschnitt = Schnitttiefe · Vorschub

$$S = a_p \cdot f$$

1.1.4 Zeitspanvolumen

Als Zeitspanvolumen Q bezeichnet man die in einer Zeiteinheit abgetrennte Spanmenge.
Berechnet wird das Zeitspanvolumen als Produkt aus Spanungsquerschnitt mal Schnittgeschwindigkeit.
Ein Abtrennen mit großem Zeitspanvolumen bezeichnet man als **Schruppen**.
Beim **Schlichten** bearbeitet man Werkstücke mit kleinem Zeitspanvolumen, um hohe Oberflächengüte und Maßgenauigkeit zu erzielen.

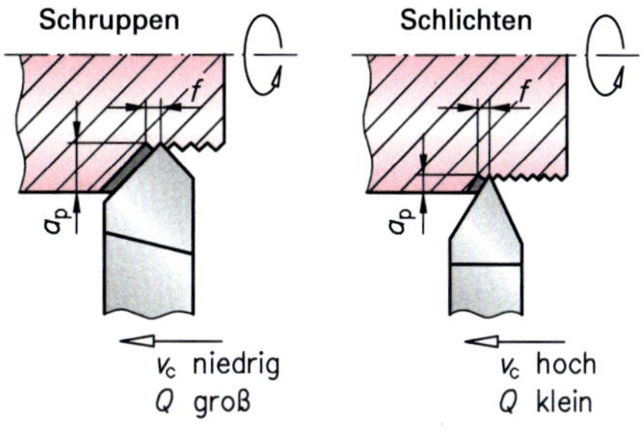

Zeitspannvolumen beim Drehen

Zeitspanvolumen = Spanungsquerschnitt · Schnittgeschwindigkeit

$$Q = S \cdot v_c$$

1.1.5 Eckenradius

Der Einsatz von Werkzeugen mit völlig spitzer Schneidenecke ist ungünstig. Beim Schlichten erzielt man mit einer gerundeten Schneidenecke und einem kleinen Vorschub eine hohe Oberflächengüte. Die zu erwarende Rautiefe R_t lässt sich überschlägig nach angegebener Formel berechnen.

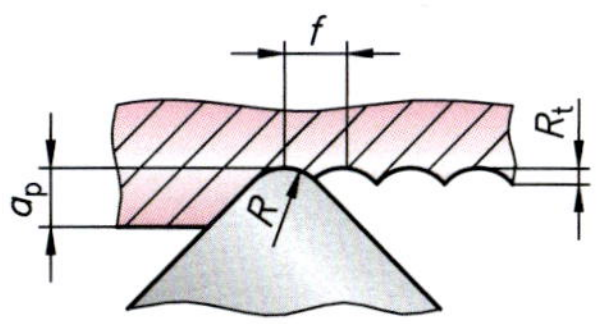

$$R_t = \frac{f^2}{8 \cdot R}$$

Oberflächengüte in Abhängigkeit von Vorschub und Eckenradius

1.2 Schneidstoffe für maschinelles Spanen

1.2.1 Schnellarbeitsstähle

Schnellarbeitsstähle sind hochlegierte Stähle. Sie besitzen hohe Zähigkeit und Biegefestigkeit. Sie sind daher wenig empfindlich gegen wechselnde Schnittkräfte. Die Warmstandfestigkeit über 600 °C ist hingegen gering, sodass keine hohen Schnittleistungen möglich sind. Zur Erhöhung der Standzeit werden Schnellarbeitsstähle häufig mit Titannitrid (goldfarbig) beschichtet.

Schnellarbeitsstähle werden besonders als Bohrer und profilgebende Werkzeuge, z. B. Profildrehmeißel, eingesetzt, wenn die Anschaffung von Werkzeugen aus Vollhartmetall oder mit Wendeschneidplatten nicht wirtschaftlich ist.

Beschichtete Werkzeuge aus Schnellarbeitsstahl

Schnellarbeitsstähle können nur mit niedrigen Schnittgeschwindigkeiten eingesetzt werden. Durch Beschichtungen steigert man die Schnittleistung.

1.2.2 Hartmetalle

Hartmetalle sind Sinterwerkstoffe aus sehr harten Karbiden und Nitriden mit Kobalt, Nickel und anderen Metallen als Bindemittel.

Die „klassischen“ Hartmetalle bestehen überwiegend aus Wolframkarbid mit Kobalt als Bindemittel und werden meist verwendet. Sie werden mit dem Kürzel **HW** gekennzeichnet. Sie haben eine gute Wärmeleitfähigkeit, eine geringe Wärmedehnung und sind beständig gegen schnelle Temperaturwechsel.

Hartmetalle auf der Basis von wolframarmen Mischkarbiden, Nitriden und Karbonitriden werden auch als **Cermets** (**Cera**mics + **met**als) bezeichnet und mit dem Kürzel **HT** gekennzeichnet. Cermets sind härter und verschleißfester als HW-Hartmetalle und erlauben erheblich höhere Schnittgeschwindigkeiten.

Hartmetalle mit besonders feinkörnigem Gefüge sind extrem verschleißfest und für das Zerspanen von harten Werkstoffen mit hohen Schnittgeschwindigkeiten geeignet.

Bei Hartmetallen kann durch eine Beschichtung die Standzeit weiter gesteigert werden. Als Beschichtungsstoffe verwendet man Titanverbindungen. Beschichtete Hartmetalle werden mit **HC** gekennzeichnet.

Hartmetall (HW)

Härteträger
Wolframkarbid
(+TiC, TaC u.a.)

Bindemittel
Kobalt

Cermets (HT)

Härteträger
Karbide und Nitride von
Ti, Ta, Nb, Mo, W

Bindemittel
Ni, Co, Mo

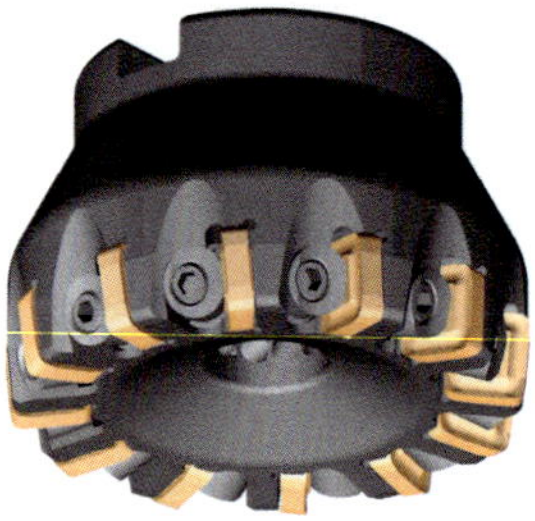

Fräser mit beschichteten Wendeschneidplatten

Hartmetalle auf Wolframkarbidbasis (HW) haben hohe Temperaturwechselbeständigkeit und Wärmeleitfähigkeit.
Hartmetalle mit Karbiden und Nitriden aus Titan und Tantal (HT) sind härter und verschleißfester als HW.
Hartmetalle werden durch Beschichtung verschleißfester und erlauben höhere Schnittgeschwindigkeiten.

1.2.3 Werkzeugbeschichtungen mit polykristallinem Diamant (PKD)

Für die Beschichtung von Schneidstoffen wird Diamantpulver synthetisch erzeugt. Es weist eine vielkristalline Struktur auf und hat damit in allen Belastungsrichtungen gleiche Eigenschaften. Das Diamantpulver wird in dünner Schicht (ca. 0,5 mm) auf Werkzeuge aus HSS-Schneidstoffen oder Hartmetalle aufgebracht. Polykristalliner Diamant (PKD) erlaubt sehr hohe Schnittgeschwindigkeiten und wird zum Zerspanen hochfester Werkstoffe, NE-Metallen und glasfaserverstärkten Kunststoffen eingesetzt. Für die Zerspanung von Stahl ist die Beschichtung ungeeignet, da Diamant mit Eisen und einigen Legierungselementen von Eisen reagiert.

Polykristalliner Diamant auf Metallträgerkörpern bzw. Hartmetallträgerplatten wird zum Zerspanen hochfester Werkstoffe, von NE-Metallen und glasfaserverstärkten Kunststoffen (GFK) eingesetzt.

1.2.4 Keramische Schneidstoffe

Keramische Schneidstoffe sind Sinterwerkstoffe, welche eine hohe Temperaturbeständigkeit besitzen und daher hohe Schnittgeschwindigkeiten zulassen. Bei den keramischen Schneidstoffen unterscheidet man:

- Oxidkeramik aus Aluminiumoxid (Al_2O_3),
- Mischkeramik aus Aluminiumoxid mit weiteren Metallverbindungen (MgO; Cr_2O_3; TiC),
- Nitridkeramik aus Siliziumnitrid (Si_3N_4),
- Verbundwerkstoff aus polykristallinem kubischen Bornitrid (PKB) mit keramischer Bindung.

Oxidkeramiken sind verschleißfest, jedoch stoßempfindlich. Sie erfordern einen schwingungs- und stoßfreien Einsatz bei nur kleinen Spanungsquerschnitten.

Nitridkeramik behält bis 1 200 °C ihre Schneidhaltigkeit. Sie hat hervorragende Temperaturwechselbeständigkeit und Schlagzähigkeit, sodass sie zum Spanen bei unterbrochenem Schnitt bei Gusseisen und Stählen eingesetzt wird.

Polykristallines kubisches Bornitrid behält bis 2 000 °C seine Schneidhaltigkeit und ist reaktionsträge gegenüber Legierungselementen der zu bearbeitenden Werkstoffe. Es wird zur Bearbeitung harter Eisenwerkstoffe verwendet.

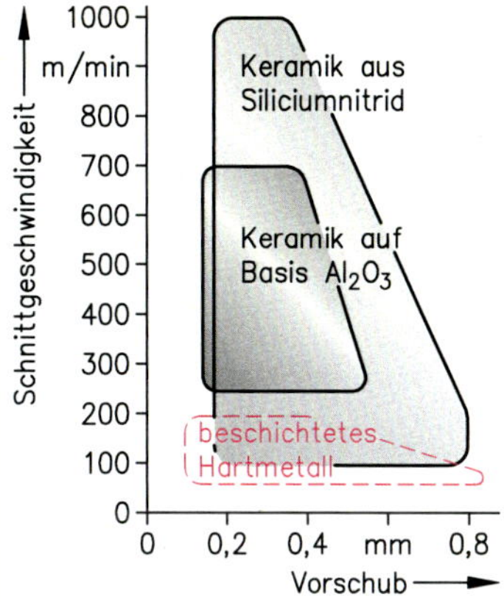

Schnittbedingungen beim Einsatz keramischer Werkstoffe

Keramische Schneidstoffe ermöglichen bei kleinen Spanungsquerschnitten eine Spanabnahme mit sehr hohen Schnittgeschwindigkeiten. Die Standzeit ist wegen der hohen Warmstandfestigkeit groß.

1.3 Normung von Wendeschneidplatten

Die in DIN 4987 erhaltenen Festlegungen gelten für Wendeschneidplatten aus Hartmetall und Schneidkeramik. Die Bezeichnung wird aus einer Kombination von Buchstaben und Zahlen gebildet, wobei jede Stelle dieser Kombination eine bestimmte Aussage beinhaltet.

Beispiel für die normgerechte Bezeichnung einer Wendeschneidplatte

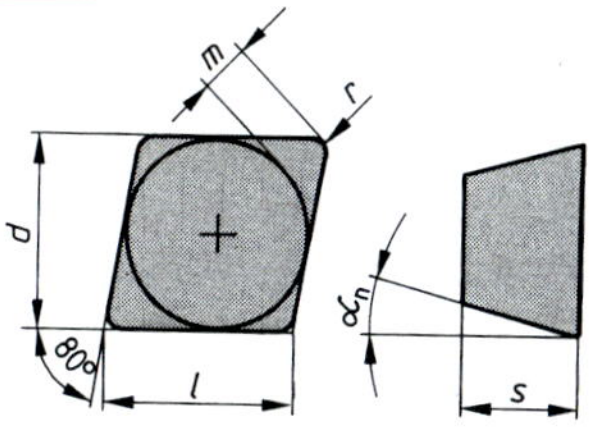

Abmessen einer Wendeschneidplatte

Schneidplatte DIN 4987–C P M N 12 07 08 F N–P10

① ② ③ ④ ⑤ ⑥ ⑦ ⑧ ⑨ ⑩

① Grundformen von Wendeschneidplatten	② Normal-Freiwinkel α_n der ungespannten Wendeschneidplatte	③ Toleranzklassen	④ Ausführung der Spanfläche und Befestigungsmerkmale	⑤ Plattengröße
 80°	**P** $\alpha = 11°$	**M** niedrige Qualität		12 mm Schneidenlänge

⑥ Plattendicke	⑦ Ausführung der Schneidenecke	⑧ Schneide	⑨ Schneidrichtung	⑩ Schneidstoff
7 mm	Radius r = 0,8 mm	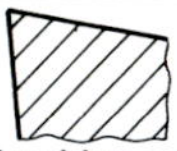 Schneiden scharf	nach rechts und links schneidend	**P 10**

2 Fertigen auf Drehmaschinen

2.1 Drehmaschinen

Die im Folgenden beschriebene Drehmaschine ist mit einer Kombibedienstation für manuelle Maschinenbedienung und CNC-Steuerung ausgestattet. Sie wird in der Einzelteil- und Kleinserienfertigung von einfachen bis zu komplizierten Werkstücken eingesetzt.

Beispiel für eine Drehmaschine mit Kombibedienstation

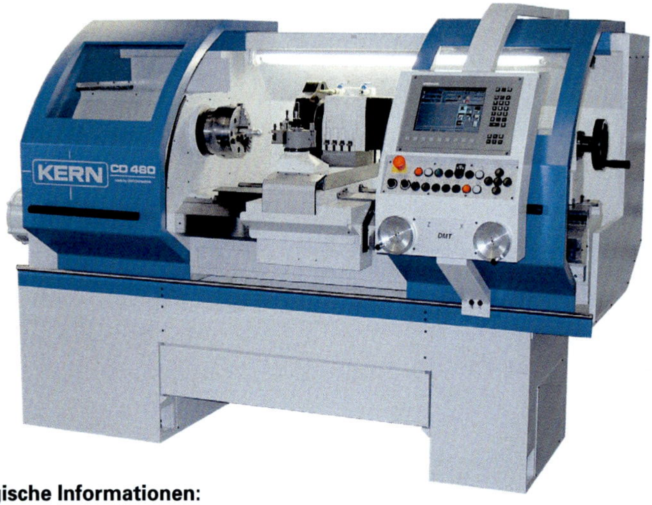

Technologische Informationen:

Drehdurchmesser über Bett:	475 mm
Spitzenweite:	wahlweise von 1 m bis 3 m
Spindelbohrung:	78 mm
Antrieb der Hauptspindel:	über 25 kW Wechselstrommotor (ohne Getriebe)
Drehfrequenzbereich:	Digital regelbar von 1 bis 3 000 min^{-1}, während der Bearbeitung korrigierbar
Vorschübe:	stufenlos einstellbar über Kugelgewindetriebe, Einstellungen über Handräder oder Tasten
Vorschubbereich:	1 µm bis 2000 µm, während der Bearbeitung korrigierbar, große Eilganggeschwindigkeiten
Abdeckung des Arbeitsraumes:	Schutztüren
Bildschirm:	Digitale Anzeige der Werkzeugpositionen im Handbetrieb, Zyklendarstellung mit Parameterabfrage, Darstellung der Arbeitsschritte im CNC-Betrieb
Steuerung:	Zyklenprogrammierung und CNC-Programmierung, Große Speicher für Programme und Werkzeuge

Die dargestellte Maschine ist nach ihrem Aufbau und ihrer Funktion eine konventionelle Drehmaschine, mit der eine handgesteuerte Bearbeitung durchgeführt werden kann. Immer wiederkehrende Abfolgen von Arbeitsschritten stehen als Zyklen zur Verfügung und lassen sich bei allen Bearbeitungen aufrufen. Die Steuerung kann eine durchgeführte Bearbeitung als Programm übernehmen (TEACH-IN-Programmierung). Schließlich lässt sich die Fertigung durch extern oder an der Maschine erstellte CNC-Programme steuern.

Drehmaschinen werden nach den Anforderungen aus den Einsatzbetrieben in unterschiedlichen Bauformen mit den gewünschten CNC-Steuerungen angefertigt. Konventionelle Drehmaschinen werden nur noch dann verkauft, wenn der Einsatz von CNC-Maschinen unwirtschaftlich ist.

Übungsaufgaben A-13; A-14

2.2 Drehwerkzeuge

2.2.1 Drehmeißelgeometrie

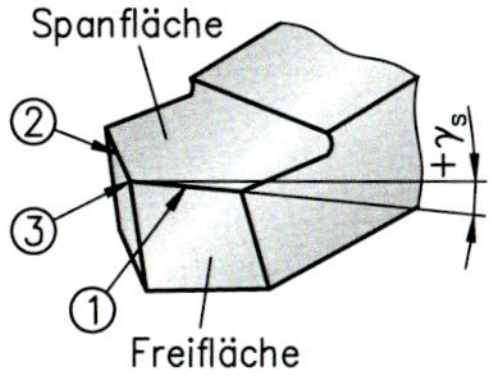

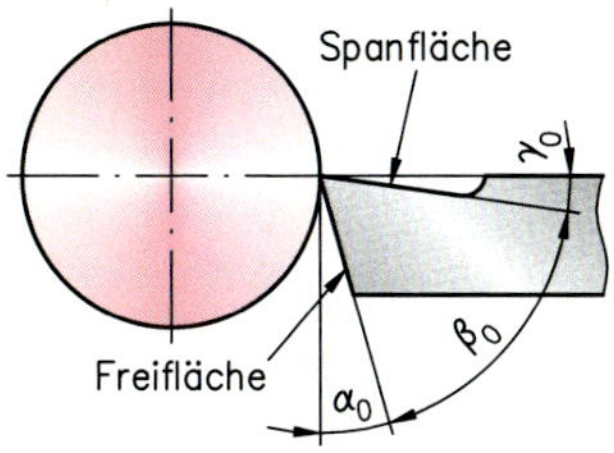

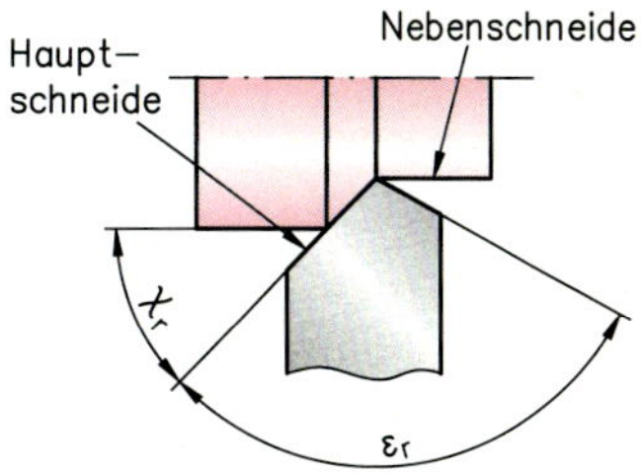

① **Hauptschneide:** Sie übernimmt hauptsächlich die Spanabnahme, sie weist in Vorschubrichtung.
② **Nebenschneide:** Sie ist geringfügig an der Spanabnahme mit beteiligt.
③ **Schneidenecke:** Meist mit Eckenradius
β_o **Keilwinkel:** Winkel zwischen Spanfläche und Freifläche.
γ_o **Spanwinkel:** Winkel zwischen der Spanfläche und einer waagerechten Bezugsfläche.
α_o **Freiwinkel:** Winkel zwischen Freifläche und einer senkrechten Bezugsfläche.
ε_r **Eckenwinkel:** Winkel zwischen der Hauptschneide und der Nebenschneide.
$\varkappa_r$ **Einstellwinkel:** Winkel zwischen der Hauptschneide und der Vorschubrichtung.

- Die Hauptschneide weist in Vorschubrichtung und verrichtet den größten Teil der Zerspanarbeit.
- Die Ausführung der Schneidenecke beeinflusst die entstehende Oberflächengüte.

- **Werkzeugbezugssystem**

Um die räumliche Lage des Schneidkeils genau bestimmen zu können, ist ein genormtes Werkzeugbezugssystem festgelegt. Dieses wird aus drei zueinander rechtwinklig angeordneten Bezugsebenen gebildet. Die Lage der Bezugsebenen ist von der Schnittrichtung und der Lage der Hauptschneide abhängig.

Lage der Ebenen für das Werkzeugbezugssystem (nach DIN 6581)

<table>
<tr><th>Werkzeugbezugsebene</th><th>Werkzeugschneidenebene</th><th>Keilmessebene</th></tr>
<tr>
<td>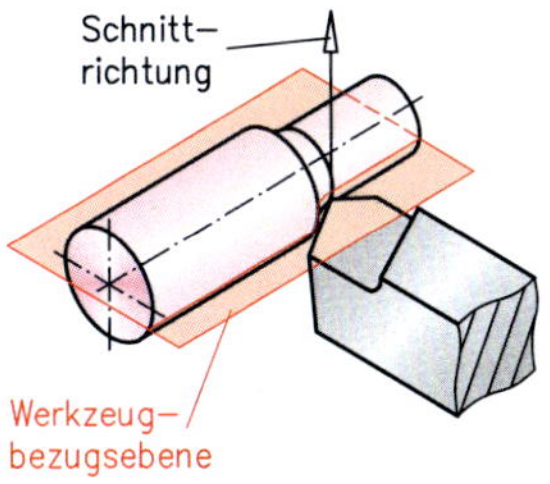

Die Werkzeugbezugsebene liegt senkrecht zur Schnittrichtung und meist parallel zur Auflagefläche des Drehmeißels.</td>
<td>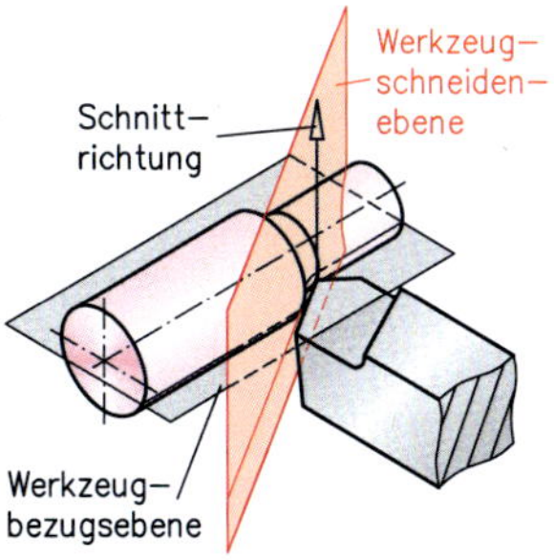

Die Werkzeugschneidenebene verläuft in Richtung der Hauptschneide und steht senkrecht zur Werkzeugbezugsebene.</td>
<td>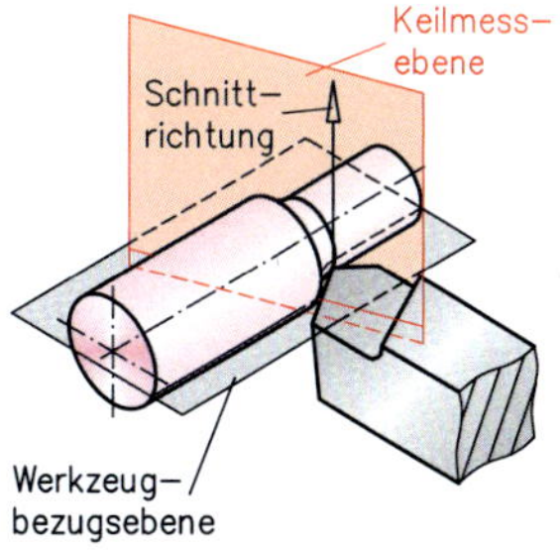

Die Keilmessebene steht sowohl senkrecht zur Werkzeugbezugs- wie auch zur Werkzeugschneideebene; sie ist die Messebene für Winkel am Scheidkeil.</td>
</tr>
</table>

Übungsaufgaben A-15; A-16; A-17

- **Neigungswinkel**

Die Wahl des Neigungswinkels ist von der Zerspanbarkeit des Werkstoffs, der Größe der Schnittkräfte und vom Schnittverlauf abhängig.

positiver Neigungswinkel	**negativer Neigungswinkel**
Hauptschneide fällt von der Schneidenecke nach hinten ab. 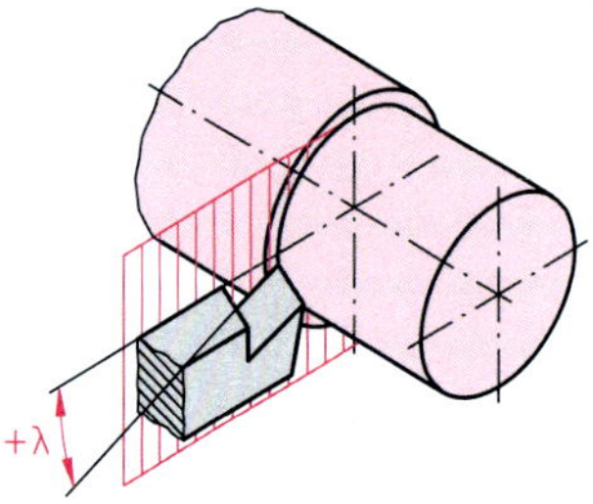 Einsatz bei: – gut zerspanbaren Werkstoffen – ununterbrochenem Schnitt	Hauptschneide steigt von der Schneidenecke nach hinten an. 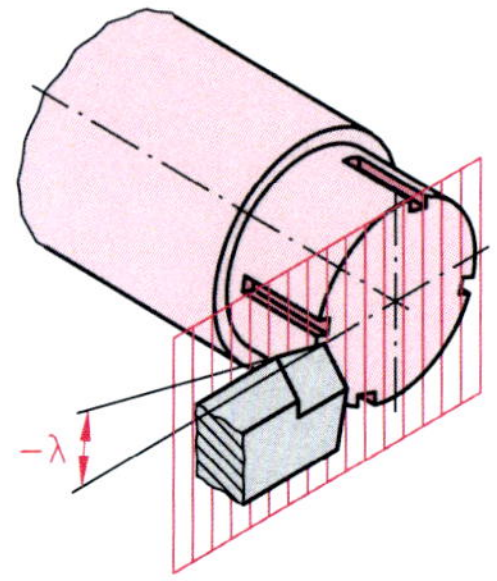 Einsatz bei: – schwer zerspanbaren Werkstoffen und Gussoberflächen – unterbrochenem Schnitt – Schruppbearbeitung

Beim Drehen mit Schneidkeramik wird mit negativen Neigungswinkeln gearbeitet, weil dabei die Schneidenecke erheblich entlastet wird. Man erzielt dadurch eine Verlängerung der Standzeit.

- Beim Drehen von weichen und gut zerspanbaren Werkstoffen wählt man bei günstigen Zerspanungsbedingungen Neigungswinkel zwischen 0° und + 4°.
- Beim Drehen von harten und schwer zerspanbaren Werkstoffen wählt man bei ungünstigen Zerspanungsbedingungen Neigungswinkel zwischen 0° und – 4°.

2.2.2 Spannsysteme für Werkzeuge auf Drehmaschinen

In Drehmaschinen werden die Bearbeitungswerkzeuge mit entsprechenden Werkzeugaufnahmen in Mehrfachwerkzeugträgern gespannt. Mit den Spannsystemen können Werkzeuge, wie z. B. Drehmeißel, gespannt an die Bearbeitungsstelle herangefahren werden. Angetriebene Werkzeuge, wie z. B. Fräser, führen über das Spannsystem eine eigene Schnittbewegung aus.
Meist erfolgt die Einspannung der Werkzeuge über Hohlschaftkurzkegel (HSK) im Werkzeugträger. Mithilfe dieser Spannsysteme erreicht man eine sehr genaue Positionierung der voreingestellten Werkzeuge, eine gute Rundlaufgenauigkeit und schnelle Werkzeugwechsel.

Beispiel **für ein System von Drehwerkzeugen mit Mehrfachwerkzeugträger**

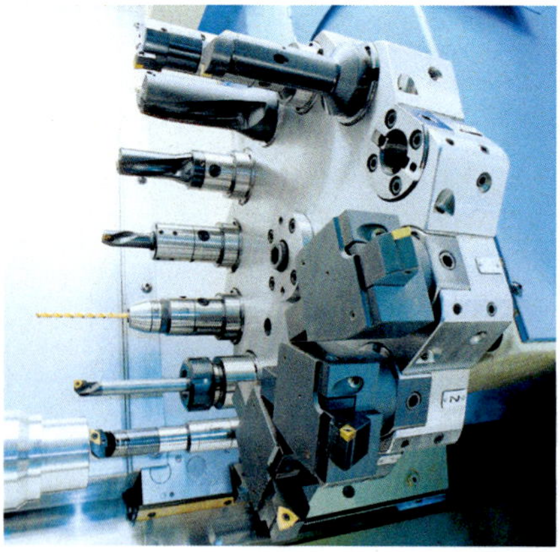

Bei Drehmaschinen kommen Bearbeitungswerkzeuge in Mehrfachwerkzeugträgern zum Einsatz. Eine Erweiterung der Bearbeitung erfolgt durch angetriebene Werkzeuge.

Übungsaufgaben A-18; A-19; A-20

2.2.3 Mehrfachwerkzeugträger mit angetriebenen Werkzeugen

Zur Verringerung der unproduktiven Nebenzeiten sind CNC-Drehmaschinen mit Mehrfachwerkzeugträgern (Revolver) ausgerüstet. Bei den Revolvern unterscheidet man zwischen **Sternrevolvern** mit radialer und **Trommelrevolvern** mit axialer Werkzeuganordnung.

Sternrevolver mit radialer Werkzeuganordnung

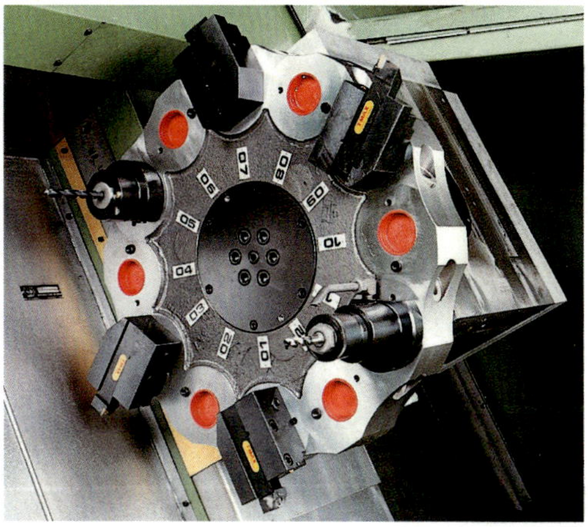

Trommelrevolver mit axialer Werkzeuganordnung

Der durch das NC-Programm gesteuerte Werkzeugwechsel bewirkt, dass sich der Revolver so lange dreht, bis das gewünschte Werkzeug in Arbeitsstellung ist. Revolver mit Richtungslogik verkürzen die Wechselzeit, indem sie automatisch immer den kürzesten Schwenkweg wählen.

Angetriebene Werkzeuge in Mehrfachwerkzeugträgern erweitern das Einsatzspektrum der CNC-Drehmaschinen erheblich. NC-Programme steuern jedes zum Einsatz kommende Werkzeug einer separaten Antriebseinheit. Somit gelangen auch die angetriebenen Werkzeuge unter optimalen Schnittbedingungen zum Einsatz.
Eine axiale Werkzeuganordnung ermöglicht z. B. das außermittige Bohren, Senken und Gewindeschneiden in Flanschen; auch außermittige Fräsbearbeitungen in Stirnflächen von Drehteilen sind möglich.
Bei radialer Werkzeuganordnung können Querbohrungen, Nuten für Passfedern und Mehrkantflächen auf dem Umfang von Drehteilen hergestellt werden.
Zur Fertigung von Wendelnuten wird eine Drehbewegung des Werkstücks einer Axialbewegung des angetriebenen Werkzeugs überlagert.

Beispiele für die Bearbeitung von Drehteilen mit angetriebenen Werkzeugen

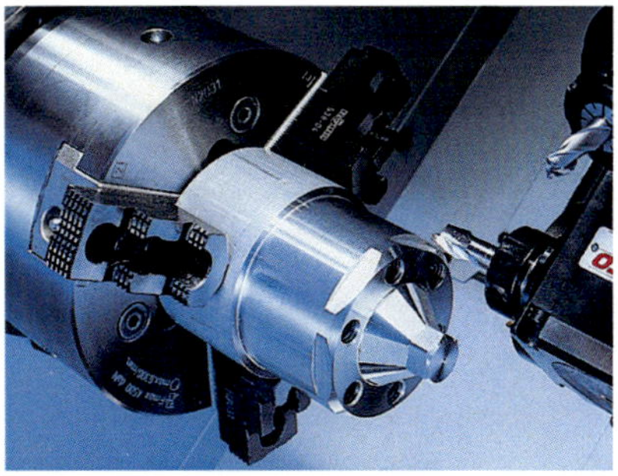

Stirnseitige Bearbeitung

Radiale und axiale Bearbeitung

Durch die Komplettbearbeitung entfallen zusätzliche Aufspannungen auf anderen Werkzeugmaschinen, und betriebliche Durchlaufzeiten werden spürbar verringert.
Hochleistungsdrehmaschinen sind mit einem oberen und unteren Werkzeugrevolver ausgestattet, welche auch mit angetriebenen Werkzeugen bestückt sind. Damit können Werkstückbearbeitungen gleichzeitig mit zwei Werkzeugen vorgenommen werden.

Übungsaufgaben A-21; A-22

2.3 Spannen und Stützen der Werkstücke

2.3.1 Spannmittel-Schnellwechselsysteme

Bei der Drehbearbeitung erfolgt die Werkstückeinspannung vielfach in Spannmittel-Schnellwechselsystemen.

Beispiel für ein Spannmittel-Wechselsystem

Das dargestellte Spannmittel-Wechselsystem mit kraftbetätigtem Aufnahmekopf ermöglicht ein schnelles Umrüsten auf verschiedene Spannmöglichkeiten. Auf dem Aufnahmekopf können wechselweise ein Spannfutter, eine Zentrierspitze mit Stirnseitenmitnehmer oder ein Spanndehndorn aufgesetzt werden.

Auf der Drehspindel wird ein Aufnahmekopf mit eingebauter Spannzange befestigt. Die Spannzange greift in einen Adapter des gewünschten Spannmittels ein. Durch eine Zugstange wird das Spannmittel gegen den Aufnahmekopf gezogen. Dann erfolgt manuell über drei Schnellspannschrauben die Befestigung des Spannmittels.

Ein Spannzeugwechsel kann halbautomatisch mithilfe einer Kranzzuführung oder mithilfe eines Ladeportals ausgeführt werden.

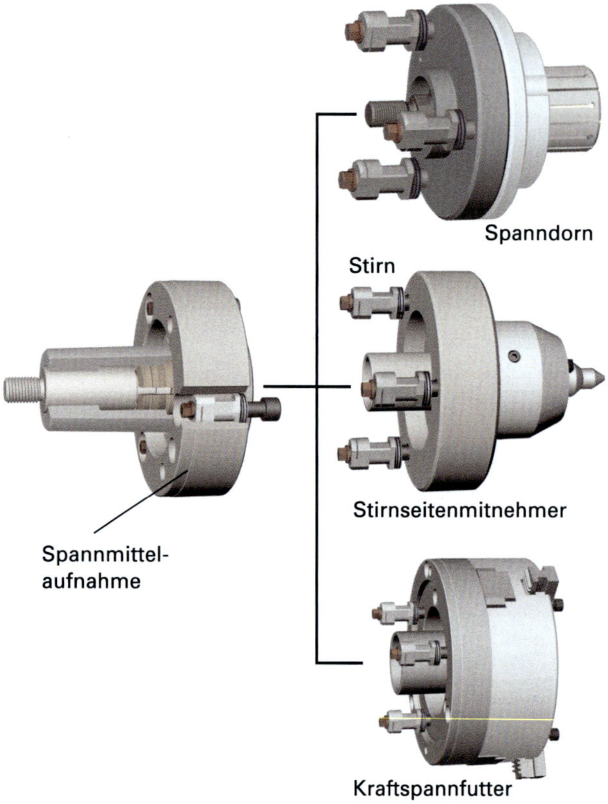

2.3.2 Spannfutter

Spannfutter werden in unterschiedlicher Bauart mit einer Durchgangsbohrung für eine Bearbeitung von Stangenmaterial oder ohne einen solchen Durchgang angeboten.
Zur Umrüstung auf die jeweilige Spannaufgabe können die Spannfutter mit verschiedenen Spannbackensätzen an die Form und Größe der Werkstücke angepasst werden.
An CNC-Drehmaschinen stehen kraftbetätigte Spannfutter mit programmierbaren automatischen Backenwechselsystemen zur Verfügung. Eine Verringerung der Spannkraft durch die bei hohen Drehzahlen wirkenden Fliehkräfte wird durch Fliehkraftausgleichselemente verhindert.

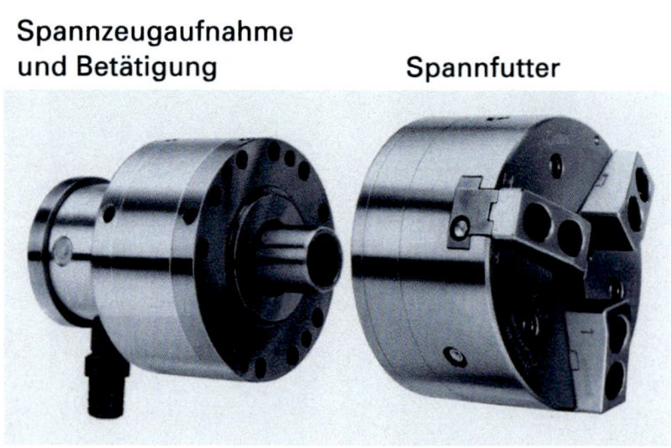

Kraftbetätigtes Spannfutter

Kraftbetätigte Spannfutter erleichtern die Einspannung von Drehteilen und sind für eine CNC-Bearbeitung unerlässlich.

2.3.3 Stirnseitenmitnehmer

Die stirnseitige Mitnahme eines Werkstücks durch die Schneiden eines Stirnseitenmitnehmers erlaubt ein Überdrehen der gesamten Werkstücklänge ohne Umspannen. Die zentrische Werkstückaufnahme erfolgt mit einer Zentrierspitze in einer Zentrierbohrung des Drehteils.
Die Zentrierspitze steht in axialer Richtung fest, sodass sie auch als Längsanschlag dient.
Für die unterschiedlichen Werkstückdurchmesser werden Mitnehmerscheiben mit entsprechenden Spannkreisdurchmessern aufgesetzt.
Bei Kraftbetätigung werden die schneidenförmigen Mitnehmerbolzen gegen das Werkstück gedrückt. Für Rechts- oder Linkslauf müssen unterschiedliche Mitnehmerbolzen eingesetzt werden.

Kraftbetätigter Stirnseitenmitnehmer

Stirnseitenmitnehmer werden beim Drehen zwischen Spitzen zur Werkstückmitnahme eingesetzt. Sie erlauben eine Bearbeitung auf der gesamten Werkstücklänge.

2.3.4 Dehnspanndorne

Werkstücke mit fertig bearbeiteten Bohrungen können mithilfe von Dehnspanndornen von innen gespannt werden. Dehnspanndorne werden auf den Innendurchmesser der Aufnahmebohrung abgestimmt. Dadurch erzielt man einen koaxialen Lauf der Außenkontur zur Bohrung.
Das eigentliche Spannelement ist eine geschlitzte Spannhülse mit Innenkegel. Beim Spannen wird ein Spannkegel durch Kraftbetätigung in die Spannhülse hineingezogen.
Ein ausgewählter Spanndurchmesser kann nur in einem Bereich von 0,5 mm und bei größeren Spanndurchmessern um 1 mm gedehnt werden.

Kraftbetätigter Dehnspanndorn

Mit Dehnspanndornen werden Werkstücke mit fertig bearbeiteten Bohrungen durch Aufweiten einer Spannhülse gespannt. Man erzielt dadurch eine hohe Koaxialtät der Außenkontur zur Bohrung.

2.3.5 Spannen in Spannzangen

Spannzangen werden in Spannzangenfutter eingesetzt. Mit Spannzangen spannt man vorwiegend Werkstücke mit kleinerem Durchmesser und Stangenmaterial.

Spannzangenfutter bestehen aus einem Grundkörper mit Druckhülse, in die Spannzangen für unterschiedliche Durchmesser eingewechselt werden.
Spannzangen haben im Einspannbereich einen kurzen Außenkegel. Dieser erzeugt durch Verschieben im Innenkegel die Spannkraft. Die Aufbringung der Betätigungskraft kann manuell oder durch eine hydraulische oder pneumatische Antriebseinheit erfolgen.

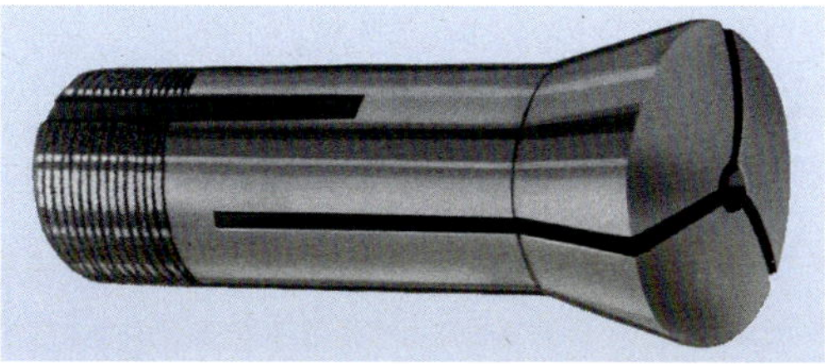
Spannzange

In Spannzangen werden kurze Drehteile mit kleinem Durchmesser gespannt, die meist aus Stangenmaterial gefertigt werden.

Übungsaufgaben A-23 bis A-26

2.3.6 Selbstzentrierende Lünetten

Bei der Bearbeitung von langen Drehteilen mit kleinem Durchmesser werden zur Abstützung Lünetten eingesetzt, um Formfehler infolge einer möglichen Durchbiegung zu vermeiden. Das Schwingungsverhalten der Werkstücke wird ebenfalls vermindert. So erzielt man gute Oberflächenqualitäten und Standzeitverlängerungen.

Lünetten an CNC-Drehmaschinen können auf einem eigenen Schlitten programmgesteuert axial verschoben werden. Dadurch können sie ihre Stützwirkung im Bereich der Bearbeitungsstelle ausüben.

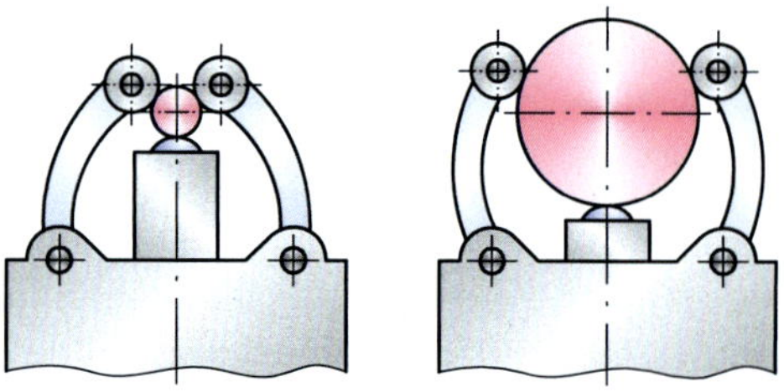

Selbstzentrierende Lünette (Schema)

Das Werkstück wird in der Lünette durch drei ballige Laufrollen mit Späneschutz geführt, die in nahezu gleichmäßiger 3 x 120°-Teilung an das Drehteil herangefahren werden. Die Steuerung der drei Laufrollen bewirkt eine Selbstzentrierung.

Lünetten können wahlweise mittels Drucköl oder Druckluft betätigt werden.

Lange Drehteile mit kleinen Durchmessern werden mit Lünetten so geführt, dass die Unterstützung im Bereich der Bearbeitungsstelle liegt. Durch ihren Einsatz erzielt man hohe Formgenauigkeiten, hohe Oberflächengüten und eine Verlängerung der Werkzeugstandzeiten.

2.4 Bestimmen von Arbeitsgrößen zum Drehen

2.4.1 Berechnung der Hauptnutzungszeit

Die reine Nutzungszeit der Drehmaschine, also die Zeit, in der die Maschine das Werkstück bearbeitet, ist die Hauptnutzungszeit t_h. Die Hauptnutzungszeit wird aus dem Vorschubweg, der Zahl der Schnitte und dem Vorschub berechnet. Der Vorschubweg ist der Weg, auf dem das Werkzeug im Eingriff ist, plus dem Anschnittweg und ggf. dem Überlaufweg.

Längs-Runddrehen

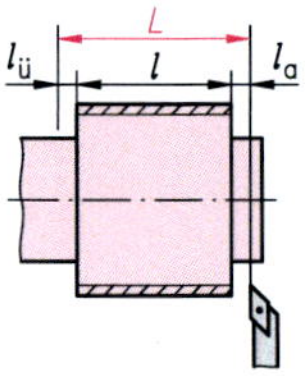

$$L = l + l_a + l_ü$$

$$l_a \approx l_ü \approx 2\ \text{mm}$$

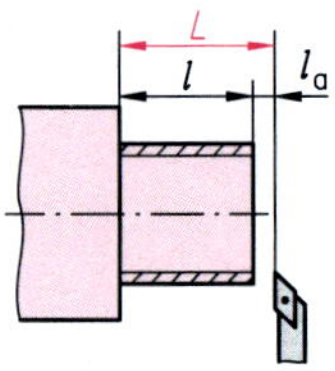

$$L = l + l_a$$

Quer-Plandrehen

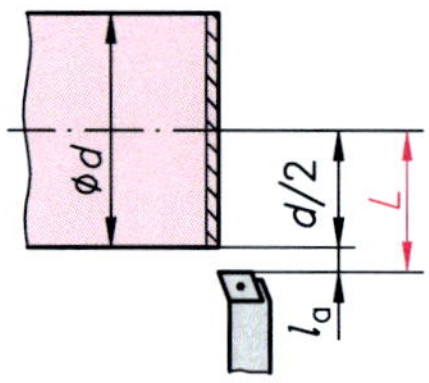

$$L = \frac{d}{2} + l_a$$

$$l_a \approx 2\ \text{mm}$$

$$l_ü = 0$$

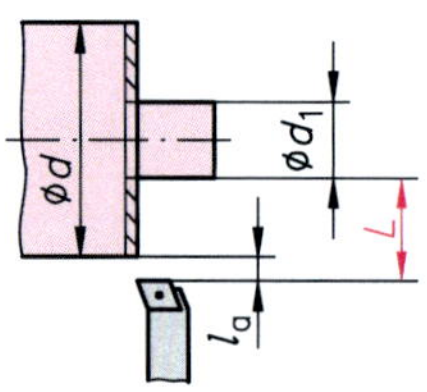

$$L = \frac{d - d_1}{2} + l_a$$

l Werkstücklänge
l_a Anschnittlänge
L Vorschubweg
i Anzahl der Schnitte

f Vorschub
n Umdrehungsfrequenz
i Anzahl der Schnitte
t_h Hauptnutzungszeit

Hauptnutzungszeit: $$t_h = \frac{L \cdot i}{n \cdot f}$$

Übungsaufgaben A-27 bis A-30

2.4.2 Berechnung der Schnittkraft

Die beim Spanen auftretenden Kräfte bestimmen die Konstruktion der Werkzeugmaschine und ihre Leistung. Hohe Zerspankräfte dürfen nur geringe Verformungen der Maschine bewirken, da diese zwangsläufig zu Maßabweichungen am Werkstück führen. Schwankungen der Zerspankräfte können Ursachen von Schwingungen sein, welche neben Maßabweichungen zu einer Minderung der Oberflächengüte beitragen.

Die **Zerspankraft *F*** ist die auf den Schneidkeil wirkende Gesamtkraft. Sie ergibt sich aus der Addition von drei rechtwinklig zueinander wirkenden Teilkräften, die an einem gemeinsamen Angriffspunkt der Schneide angreifen. Von diesen drei Teilkräften ist die senkrecht nach unten wirkende Kraft die größte. Sie ist die Gegenkraft, die der Werkstoff der Spanabnahme entgegensetzt, und wird als **Schnittkraft F_c** bezeichnet. Die Berechnung der Antriebsleistung einer Zerspanungsmaschine wird mithilfe der Schnittkraft F_c vorgenommen.

Die Schnittkraft F_c wächst im gleichen Verhältnis wie der Spanungsquerschnitt *S*. Viele weitere Einflussgrößen werden zu einem konstanten Wert zusammengefasst, den man als **spezifische Schnittkraft k_c** bezeichnet.

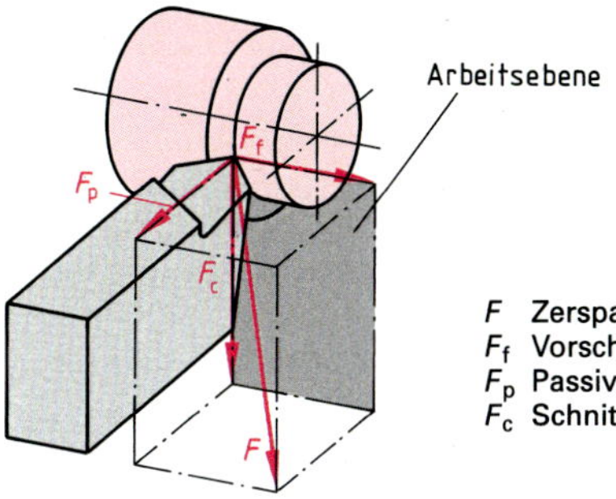

F Zerspankraft
F_f Vorschubkraft
F_p Passivkraft
F_c Schnittkraft

Zerlegung der Zerspankraft beim Drehen

Die Schnittkraft errechnet sich nach der Formel:

$$F_c = k_c \cdot S$$

F_c Schnittkraft
k_c spezifische Schnittkraft
S Spanungsquerschnitt

Die **spezifische Schnittkraft k_c** steigt mit

- zunehmender Festigkeit des Werkstoffs,
- abnehmender Spanungsdicke *h*,
- abnehmendem Spanwinkel γ_o
- abnehmender Schnittgeschwindigkeit v_c
- abnehmender Schmierwirkung,
- dem Fertigungsverfahren.

Eine Möglichkeit, die spezifische Schnittkraft k_c zu bestimmen, bietet die folgende Formel:

$$k_c = k \cdot c_1 \cdot c_2 \cdot c_3$$

Dabei ist *k* der **Grundwert** für die spezifische Schnittkraft, in dem bereits die Festigkeit verschiedener Werkstoffe bei festgelegter Schneidengeometrie in Abhängigkeit von der Spanungsdicke *h* berücksichtigt ist. Dieser Grundwert ist unabhängig vom jeweiligen Fertigungsverfahren. Er ist in Versuchen ermittelt.

Der Grundwert *K* kann dem Tabellenbuch entnommen werden.

Korrekturfaktoren

Schnittgeschw. v_c in m/min	c_1	**Fertigungsverfahren**	c_2	**Schmierung**	c_3
10– 30	1,3	Bohren	1,2	Bohren	1,0
> 30– 80	1,1	Drehen	1,0	Drehen	0,95
> 80–300	1,0	Fräsen	0,8	Fräsen	0,8
> 300	0,9				

Die **Korrekturfaktoren** berücksichtigen:
c_1 den Einfluss der **Schnittgeschwindigkeit,**
c_2 den Einfluss des **Fertigungsverfahrens,**
c_3 den Einfluss der **Schmierung.**

Die Schnittkraft F_c ergibt sich aus dem Spanungsquerschnitt mal der spezifischen Schnittkraft. Die spezifische Schnittkraft ist ein Widerstandswert, in dem die Einflussgrößen auf den Zerspanvorgang zusammengefasst sind.

2.4.3 Berechnung der Schnittleistung

Aus der Schnittgeschwindigkeit, der Schnittkraft und dem Wirkungsgrad der Drehmaschine ergibt sich die für den Zerspanungsvorgang erforderliche Leistung des Antriebsmotors.

$$P_{zu} = \frac{F_c \cdot v_c}{\eta}$$

P_{zu} Leistungsaufnahme des Motors
F_c Schnittkraft
v_c Schnittgeschwindigkeit
η Wirkungsgrad

Übungsaufgaben A-31; A-32

3 Fertigen auf Fräsmaschinen

3.1 Fräsmaschinen

Im Werkzeug- und Formenbau werden Außen- und Innenkonturen komplexer Werkstücke mit verschiedenartigen Formelementen, wie z. B. Schrägen, Radien und mehrfach gekrümmte Flächen, auf Fräsmaschinen gefertigt. Weiter sind Bohrungen, Senkungen, Gewinde und Nuten in unterschiedlichem Verlauf zu fräsen. Vielfach werden diese Werkstücke aus dem vollen Material herausgearbeitet, oder an vorgefertigten Rohteilen wird die Endbearbeitung vorgenommen

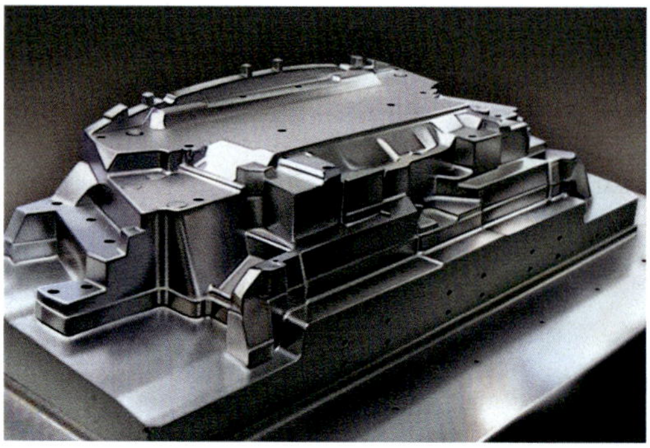

Gefrästes Formteil (Quelle: Walter AG, Tübingen)

CNC-Fräsmaschinen mit **drei linearen, gesteuerten Achsen** ermöglichen die Fertigung von gekrümmten Flächen. Für Werkstücke mit Schrägen oder Krümmungen ist die Stellung des Werkzeugs zum Werkstück durch eine **Schwenkbewegung** während der Bearbeitung veränderbar. Dazu muss eine weitere Achse gesteuert werden.
Andere Werkstückformen erfordern zusätzlich eine gesteuerte **Drehbewegung** des Werkstücktisches während der Bearbeitung. Fräsmaschinen, die diese geschilderten Bewegungen ausführen, bezeichnet man als „Maschine mit 5 gesteuerten Achsen".

Beispiele für Achsen an Fräsmaschinen

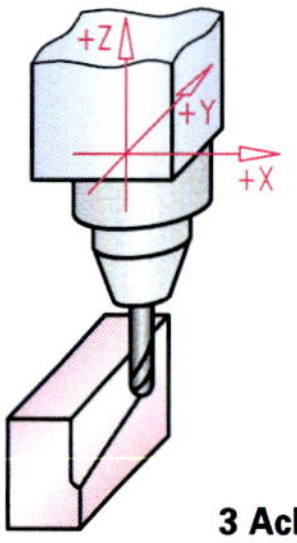

3 Achsen

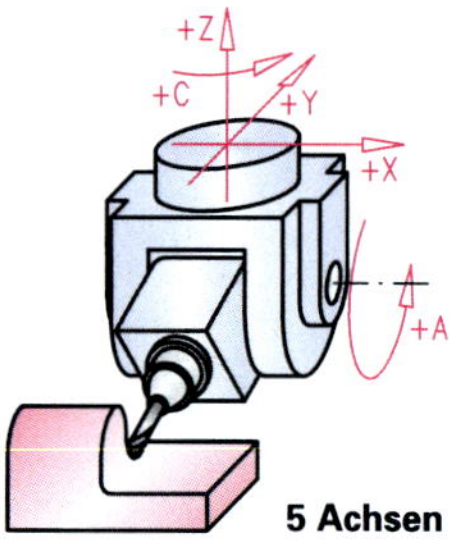

5 Achsen

5 Achsen mit Drehtisch

Die gesteuerten Bewegungsabläufe bei der Bearbeitung im Zusammenwirken mit geeigneten Werkzeugen führen zu hohen Formgenauigkeiten und Oberflächengüten.

Beispiel für eine Fräsmaschine mit Schwenkkopf und Drehtisch

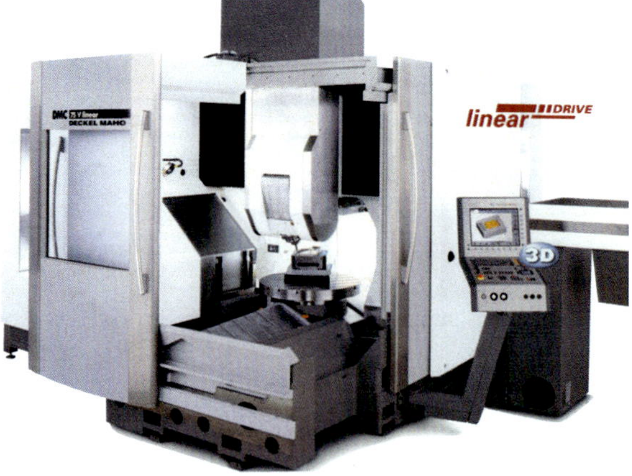

Übungsaufgabe A-33

3.2 Fräswerkzeuge

Für unterschiedliche Bearbeitungsarten und Werkstückkonturen werden eine Vielzahl von Fräsergruppen in verschiedenen Größen angeboten.
Im Aufbau unterscheidet man Fräser, welche ganz aus Schnellarbeitsstahl oder Hartmetall bestehen und Fräser mit Trägerkörpern aus Stahl und eingesetzten Wendeschneidplatten aus Hartmetall oder Schneidkeramik. Bei den geforderten hohen Zerspanleistungen sind HSS-Fräser weitgehend durch Fräser mit eingesetzten Schneidplatten ersetzt worden.

Beispiele **für Fräswerkzeuge mit eingesetzten Schneidplatten**

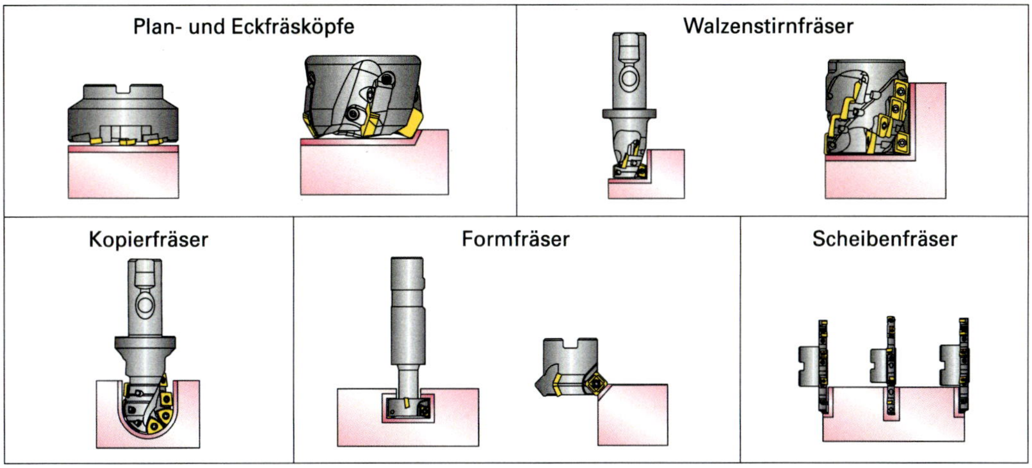

3.2.1 Plan- und Eckfräsköpfe

Zum Planfräsen großer ebener Flächen werden Planfräsköpfe eingesetzt, wenn ein hoher Werkstoffabtrag mit sehr großer Zerspanleistung erreicht werden soll.
Ein Planfräskopf besteht aus einem Grundkörper, in dem Wendeschneidplatten aus Hartmetall oder Schneidkeramik eingesetzt sind.
Die Zahl der Schneiden steigt mit der Größe des Fräserdurchmessers. Bei gleichem Durchmesser kann man zwischen einer Normalbestückung von z. B. 6 bis 22 Schneiden oder einer engeren Bestückung mit 8 bis 32 Schneiden für härtere Werkstoffe wählen.

Der Frásergrundkörper und die Schneidenaufnahme ermöglichen es, die Schneiden mit einer Genauigkeit von 2 µm auszurichten.
Zum Planfräsen wählt man meist einen Einstellwinkel von 45° und für das Eckenfräsen 90°.

Bei Schruppbearbeitungen werden Vorschübe von 0,5 mm pro Schneide mit großen Schnitttiefen gewählt. Die maximale Schnitttiefe a_p ist von der Größe der Schneidplatte abhängig.
Zur Erzielung hoher Oberflächengüten wählt man eine Schlichtbearbeitung mit kleinen Schnitttiefen und Zahnvorschüben von $f_z = 0{,}1$ mm.

Einsatz eines Planfräskopfes

Einsatz unterschiedlicher Wendeschneidplatten

Übungsaufgabe A-34

3.2.2 Walzenstirnfräser

Walzenstirnfräser haben eine zylindrische Grundform sowie Schneiden am Umfang und an der Stirnseite. Walzenstirnfräser gibt es in zwei Ausführungsarten:

- Fräser aus Schnellarbeitsstählen mit und ohne Beschichtung,
- Fräser aus Trägerkörpern mit eingesetzten Wendeschneidplatten.

An CNC-Fräsmaschinen im Formenbau werden hauptsächlich wendeplattenbestückte Walzenstirnfräser eingesetzt. Die Schneiden sind meist drallförmig auf dem Umfang angeordnet. Dadurch erzielt man ein weiches Anschneiden und einen ruhigen Lauf.

Für die **Schruppbearbeitung** werden die Fräser mit Wendeschneidplatten bestückt. Für die **Schlichtbearbeitung** werden häufig drallförmige Schneidleisten aus Hartmetall eingesetzt. Um eine hohe Rundlaufgenauigkeit zu erzielen, erhalten die Schlichtfräser im montierten Zustand den Fertigschliff. Mit diesen Schlichtwalzenstirnfräsern erzielt man hohe Oberflächengüten; auch dünnwandige Werkstücke werden schwingungsarm bearbeitet.

Beim Nuten- und Konturfräsen können Walzenstirnfräser den Werkstoff mit großer Schnitttiefe abtrennen. Dabei wird die Hauptzerspanarbeit von den Schneiden am Umfang geleistet. Beim Taschenfräsen dringt der Walzenstirnfräser beim Anschnitt stirnseitig in den Werkstoff ein.

Beispiele für Walzenstirnfräser zur Schrupp- und Schlichtbearbeitung

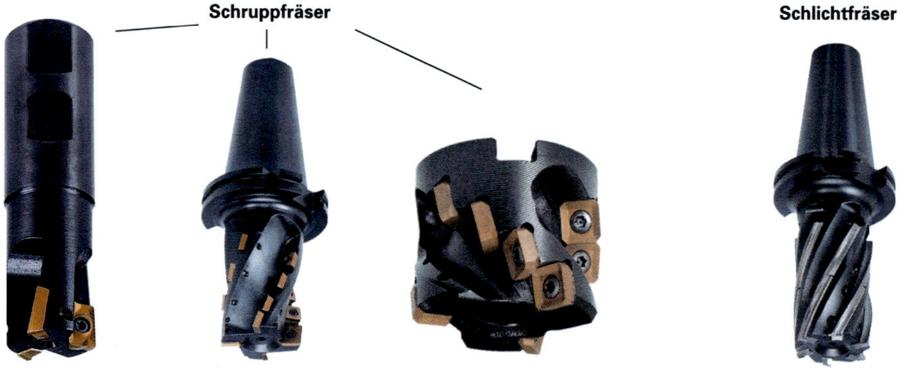

mit Schaft | mit Konus | mit Nut für Aufnahme | mit Konus

Walzenstirnfräser für die Schruppbearbeitung werden mit einzelnen Wendeschneidplatten bestückt. Für die Schlichtbearbeitung werden drallförmige Hartmetallschneidleisten eingesetzt.

3.2.3 Kugelkopffräser und Torusfräser (Kopierfräser)

Kugelkopffräser und Torusfräser werden im Formen- und Werkzeugbau zur Erzeugung gekrümmter Außen- und Innenkonturen eingesetzt. Die Kontur kann durch das Abtasten einer Urform auf das Werkzeug übertragen werden (Kopierfräsen), oder die Werkzeugbewegung erfolgt programmgesteuert.

- **Kugelkopffräser**

Kugelkopffräser haben runde oder bogenförmige Schneidenverläufe. Diese Fräser sind aufgrund ihrer halbsphärischen Form nahezu unabhängig von ihrer Orientierung gegenüber der Bearbeitungsoberfläche. Die radiale Schnitttiefe ist wegen der Fräserform beim Kugelfräser geringer als beim Zylinderstirnfräser. Außerdem ist die mit einem Kugelfräser erzielte Oberfläche von schlechterer Qualität als beim Zylinderstirnfräser, weil die Schnittgeschwindigkeit an der Kugelfräserspitze Null beträgt.

Kugelkopffräser als Kopier- und Gesenkfräser

Übungsaufgaben A-35; A-36; A-37

- **Torusfräser**

Der Torusfräser kombiniert Eigenschaften des Zylinderstirnfräsers mit denen des Kugelkopffräsers. Die halbsphärischen Schneiden sind auf dem Umfang angeordnet. Diese schneiden mit höherer Schnittgeschwindigkeit als beim Kugelkopffräser, erlauben gleichzeitig aber auch eine flexiblere Anstellung als beim Zylinderstirnfräser. Eine vergleichbar hohe radiale Schnitttiefe wie beim Zylinderstirnfräser ist mit einem Torusfräser nicht erreichbar.

Zu den Torusformen gehört auch der Messerkopf, der mit runden Wendeschneidplatten bestückt ist.

Torusfräser

(Quelle: Hartmetall-Werkzeugfabrik Paul Horn GmbH)

Beispiele für den Einsatz von Torusfräsern

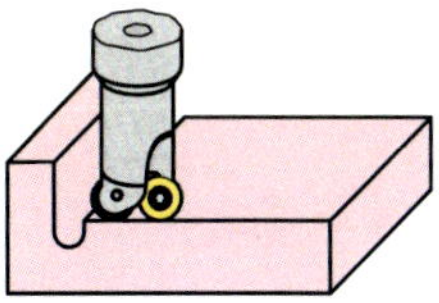

Planfräsen

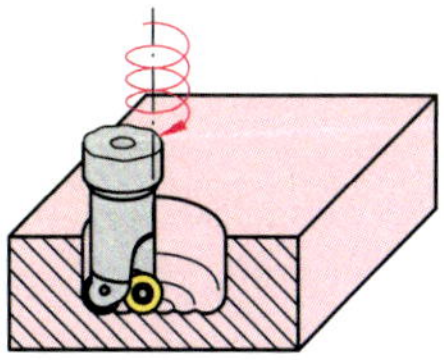

Zirkularfräsen

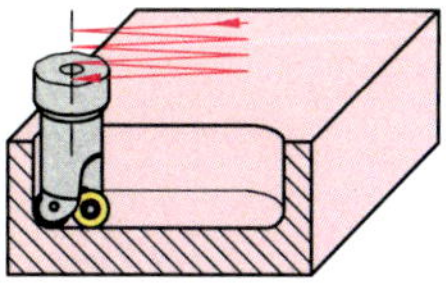

Auskammern

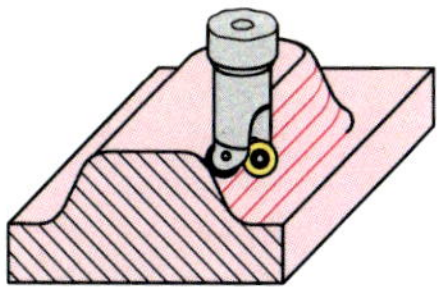

Profilfräsen

Mit allen Kopierfräsern können durch Steuerung der Vorschub- und Zustellbewegungen unter-schiedliche Werkstückkonturen erzeugt werden.

3.2.4 Formfräser

Bei Formfräsern entspricht der Schneidenverlauf einem Teil der zu erzeugenden Werkstückkontur. Formfräser stehen als Massivwerkzeuge aus Schnellarbeitsstahl oder mit Hartmetall bestückt zur Verfügung. Sie werden zum Fräsen von Radien, Hohlkehlen, Führungsnuten, Gewinden, Zahnlücken und speziellen Konturen wie z. B. Gewinden eingesetzt.

Beispiele für die Erzeugung von Radien durch Formfräser

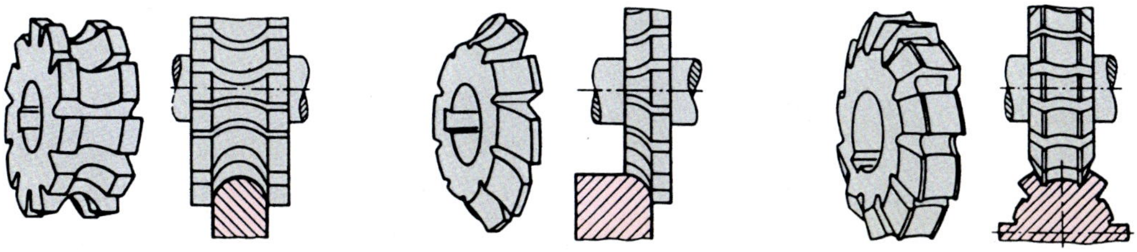

Führungen sind oft aus einfachen Profilen zusammengesetzt. Daher werden bei der Fertigung der Führungsbahnen meist mehrere Fräser nacheinander eingesetzt. So wird z. B. eine vorgefräste Nut durch einen Formfräser T-förmig erweitert.

Übungsaufgaben A-38; A-39

Beispiele für die Bearbeitung von Führungen mit Formfräsern

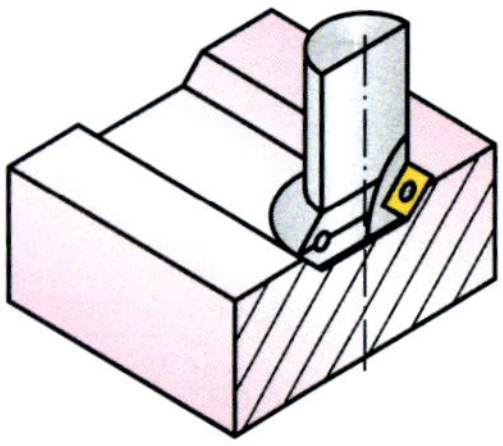

Profilnuten fräsen

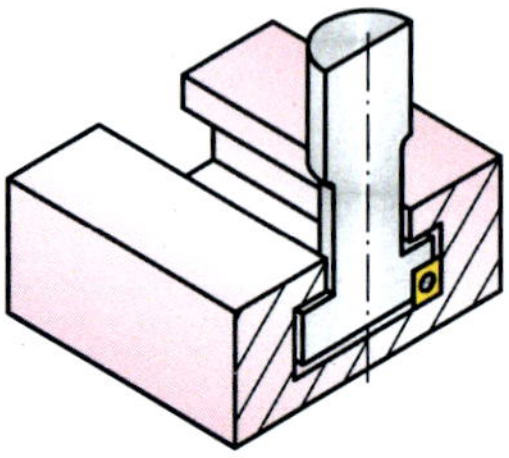

T-Nut fräsen

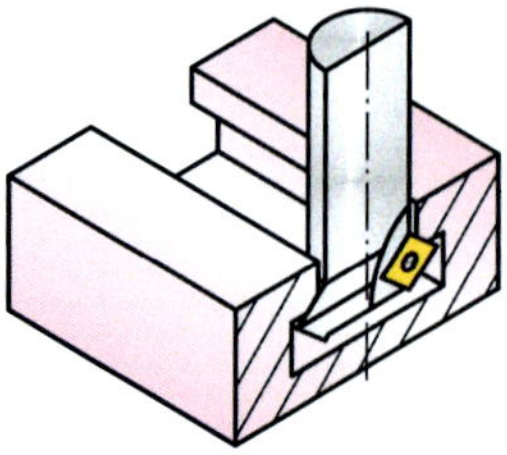

T-Nut innen anfasen

Schaftgewindefräser

Kurze Gewinde können durch Einsatz spezieller Fräser ohne Vorbohren hergestellt werden. Diese Fräser fahren unter einer Zirkularbewegung in das Werkstück ein. Dabei erzeugen die Schneiden an der Stirnseite des Fräsers das Kernloch und die radial am Umfang angeordneten Zähne das Gewindeprofil. Ist die Gewindetiefe erreicht, so wird der Fräser auf die Achsmitte gestellt und aus der Bohrung gefahren.

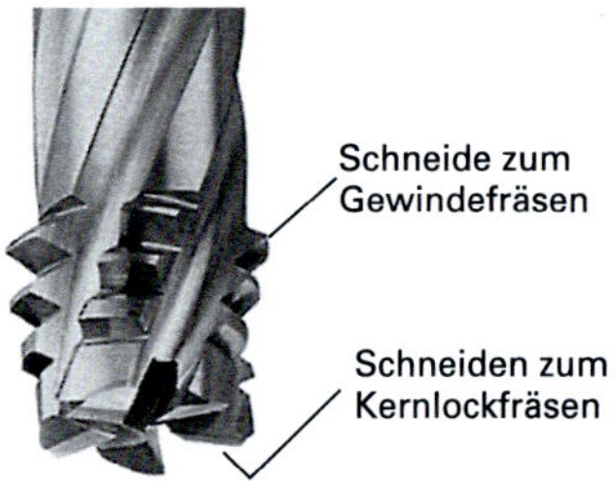

Schaftgewindefräser zur Gewindeherstellung

3.2.5 Scheibenfräser

Scheibenfräser gibt es in Durchmessern ab 50 mm aufwärts und Schneidenbreiten von etwa 2 mm bis 20 mm, sie sind dreiseitig schneidend. Die Schneiden auf dem Umfang können achsparallel oder abwechselnd schräg zueinander angeordnet sein. Bei schräger Anordnung der Schneiden spricht man von kreuzverzahnt. Durch Scheibenfräser mit wechselseitig verstellbaren Schneidplatten lassen sich größere variable Schnittbreiten einstellen.

Scheibenfräser dienen zur Herstellung von Nuten und Schlitzen. Durch die Wahl der Vorschubbewegung bestimmt man, ob die Nut einen geradlinigen oder kreisförmigen Verlauf nimmt. Weiterhin werden Scheibenfräser zum Plan-, Eck- und Trennfräsen eingesetzt.

Beispiele für den Einsatz von Scheibenfräsern

1 Scheibenfräser zum Nutfräsen; Schneidbreite 4 mm – 14 mm
2 Scheibenfräser zum Nut- und Schlitzfräsen; Schneidbreite 2,25 mm – 4,1 mm
3 Scheibenfräser für Sicherungsringnuten; Schneidbreite 1,6 mm – 5,15 mm
4 Scheibenfräser zum Nutfräsen mit Vollradius, runde Wendeplatten Ø 6 mm bis 10 mm
5 Verstellbarer Scheibenfräser für Plan- und Eckfräsbearbeitungen; Schneidbreite 10 mm – 31 mm

Übungsaufgaben A-40; A-41; A-42

3.2.6 Spannzeuge für Werkzeuge auf Fräsmaschinen

LF 5

Spannzeuge nehmen Schneidwerkzeuge auf und werden ihrerseits in die Arbeitsspindel der Werkzeugmaschine eingespannt. Zu unterscheiden an modernen Spannzeugen ist die Schnittstelle zur Maschine auf der einen Seite und die Trennstelle zum Schneidwerkzeug auf der anderen Seite. Die Spannzeuge sind so konzipiert, dass die Antriebsdrehmomente der Werkzeugmaschinen mit hoher Rundlaufgenauigkeit übertragen werden können. Für CNC-Fräsmaschinen sind für die programmgesteuerten Arbeiten nur solche Spannzeuge geeignet, die einen automatischen Werkzeugwechsel zulassen.

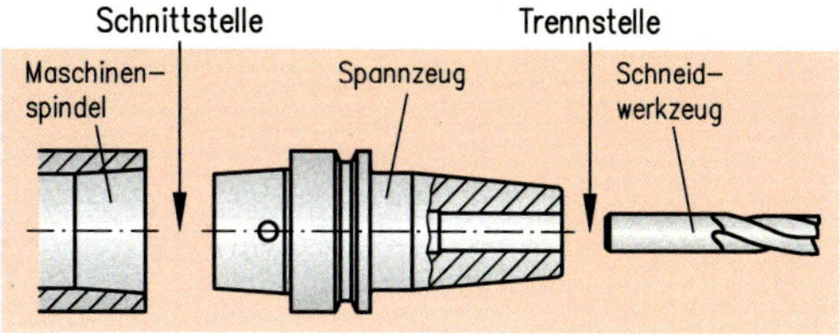

Spannzeuge für Werkzeuge

- **Gestaltung der Schnittstelle zwischen Spannzeug und Arbeitsspindel**

Für den automatischen Werkzeugwechsel in die Arbeitsspindel werden Systeme verwendet, die selbsttätig in die kegelige Bohrung der Arbeitsspindel eingezogen werden können. Hierzu eignen sich Spannzeuge mit **Steilkegel (SK)** und **Hohlschaftkurzkegel (HSK)**.

Beispiele für Gestaltung der Schnittstelle zwischen Spannzeug und Arbeitsspindel

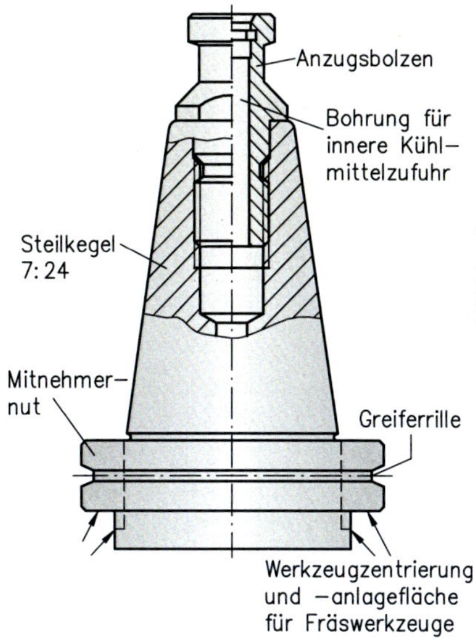

Steilkegel (SK)

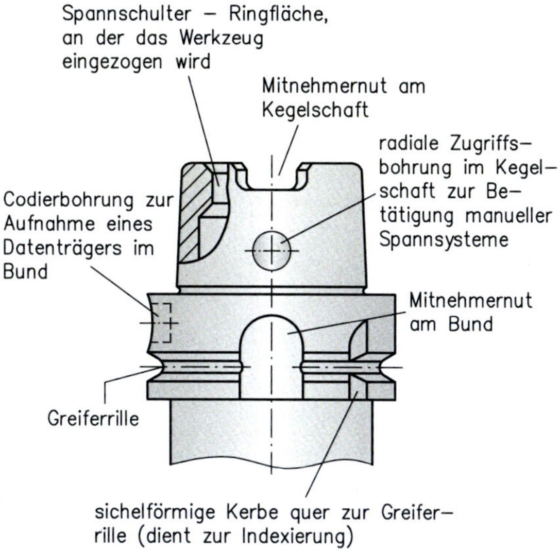

Hohlschaftkurzkegel (HSK-A)

Steilkegel (SK) haben einen großen Kegelwinkel und sind nicht selbsthemmend. Die Spannzeuge werden mit einer eingeschraubten Zugstange oder durch ein Greifersystem in die Maschinenspindel eingezogen und gehalten. Bei Werkzeugwechsel wird das Spannzeug freigegeben. Die Kraftübertragung erfolgt weitgehend formschlüssig über Mitnehmer, die in entsprechende Nuten am Bund des Steilkegels eingreifen.

Spannzeug mit Steilkegel

Hohlschaftkurzkegel (HSK) zeichnen sich durch eine kurze Baulänge mit geringem Gewicht aus. Sie werden durch ein Greifersystem innen gefasst und in die Spindel eingezogen. Dabei wird der Kurzkegel elastisch verformt und fest an die kegelige Bohrung der Maschinenspindel angelegt und der Bund wird gegen die Planfläche gezogen. Dadurch wird eine sehr hohe Positionsgenauigkeit des Spannzeugs in der Maschinenspindel erzielt.

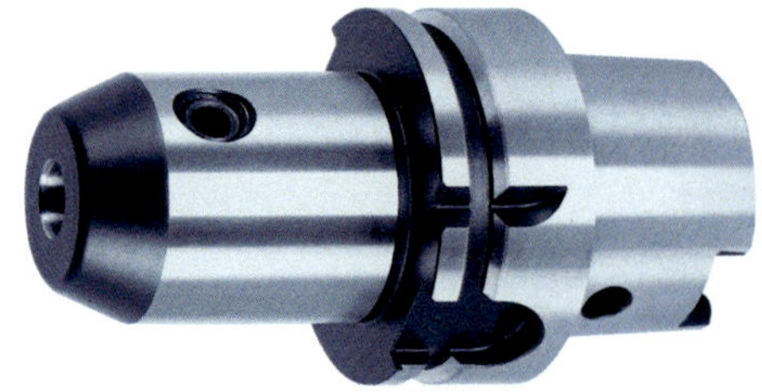

Spannzeug mit Hohlschaftkurzkegel

Spannzeuge haben kegelige Schäfte zur Aufnahme in die Maschinenspindel. An CNC-Maschinen werden Steilkegel und Hohlschaftkurzkegel eingesetzt, welche durch Haltesysteme einen schnellen, automatischen Werkzeugwechsel ermöglichen.

- **Gestaltung der Trennstelle zwischen Spannzeug und Werkzeug (Schneidenträger)**

Werkzeuge zum CNC-Fräsen und zur Hochgeschwindigkeitsbearbeitung (Umdrehungsfrequenzen teilweise über 30 000 1/min) werden in die Spannzeuge nach unterschiedlichen Verfahren eingespannt. Zu diesen Verfahren, durch welche die Werkzeuge schnell, sicher und genau positioniert werden können, zählen das Spannen im:

- **Schrumpffutter** – das Spannen erfolgt durch Wärmeschrumpfung der Werkzeugaufnahme,
- **Hydrodehnspannfutter** – das Spannen erfolgt durch hydraulisches Dehnen einer Spannhülse,
- **Polygonspannfutter** – das Spannen erfolgt durch mechanisches Verformen einer polygon-förmigen Aufnahme.

Schrumpffutter

Bei der Werkzeugeinspannung durch die Wärmeschrumpftechnik wird das Spannzeug im Bereich der Werkzeugaufnahme durch hochfrequente Induktionsströme erwärmt. Die Erwärmungszeit beträgt wenige Sekunden. Die Werkzeugaufnahme weitet sich etwas aus und das kalte Schneidwerkzeug kann in die Aufnahme geschoben werden. Zum Wechsel des Werkzeugs wird die Werkzeugaufnahme ebenfalls durch Induktionsstrom nur in der Nähe des Werkzeugschafts erhitzt.

Werkzeugeinspannung durch Wärmeschrumpfung

Dehnspannfutter

Bei der Werkzeugeinspannung durch die Hydrodehntechnik wird durch eine Betätigungsschraube Hydrauliköl gegen die Spannbüchse gedrückt. Dadurch dehnt sich diese Spannelement aus und spannt das Werkzeug und den Fasenring. Das Werkzeug wird spielfrei und konzentrisch gespannt. Durch eine Verstellschraube erhält das eingeführte Werkzeug einen Längenanschlag, sodass eine Einstellung der Bohrtiefe möglich ist.

Eine Fase kann nach dem Bohren sofort mit der eingespannten Fasenschneidplatte eingebracht werden. Mit dem verstellbaren Fasenring kann die Bohrtiefe ebenfalls abgeändert werden.

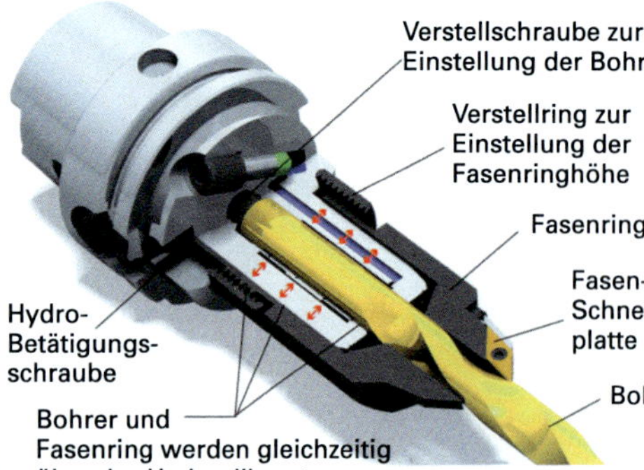

Wekrzeugeinspannung durch hydraulisches Dehnen

Polygonspannfutter

Bei der **Polygonspanntechnik** wird die Werkzeugaufnahme mit polygonartiger Bohrung durch ein Presssystem an der Spannstelle so deformiert, dass die Bohrung rund wird und das Werkzeug eingeführt werden kann. Nach Entlasten des Presssystems ist das Werkzeug gespannt.

Ablauf des Polygonspannens

ohne Werkzeug	nach Einleiten der Kraft	beim Einfügen des Werkz.	gespanntes Werkzeug
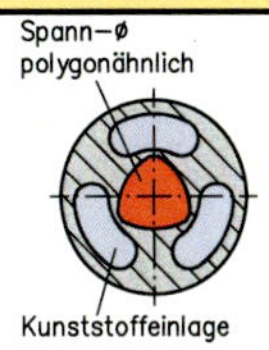	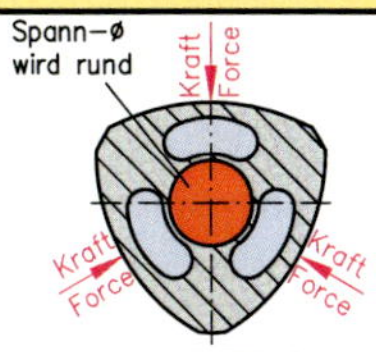	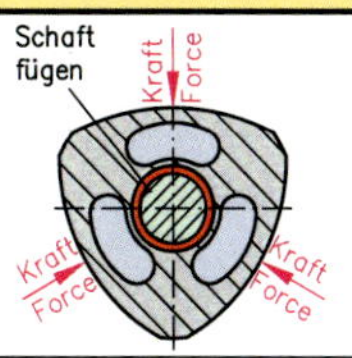	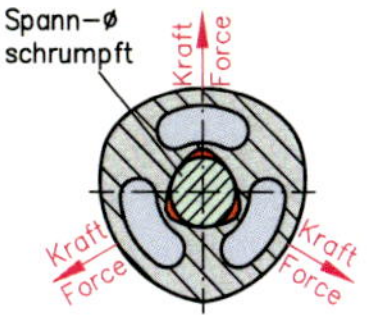

Durch den Einsatz moderner Spannzeuge wird die Fertigungsqualität gesteigert und die Fertigungszeit minimiert. Wegen der höheren Standzeiten verringern sich die Werkzeugkosten.

3.2.7 Systeme zur Werkzeugeinstellung

Die stabilen und rundlaufgenauen Einspannungen der Schneidwerkzeuge ermöglichen die schwingungsarme Bearbeitung von Werkstücken mit hoher Oberflächengüte. Diese Art der Einspannung ermöglicht eine Erhöhung der Schnittgeschwindigkeit und eine Verlängerung der Standzeit. Damit die Produktion auch mit der gewünschten Genauigkeit erfolgen kann und mit möglichst geringen Rüstzeiten auskommt, überprüft man die eingebauten Schneidwerkzeuge vor ihrem Einsatz.

Dazu werden die aus Spannzeug und Schneidwerkzeug bestehenden Systeme vermessen und eingestellt.

Mit den Einstell- und Messgeräten, die manchmal auch Voreinstellgeräte genannt werden, können alle notwendigen Parameter gemessen werden. Je nach Ausführung sind in solchen Geräten die unterschiedlichsten Werkzeuge, Werkzeugschneiden und Nullpunkte hinterlegt, sodass im Bedarfsfall für das eingesetzte Werkzeug ein Istwert – Sollwertvergleich durchgeführt werden kann. Die Daten der ausgemessenen Systeme werden der CNC-Maschine übermittelt.

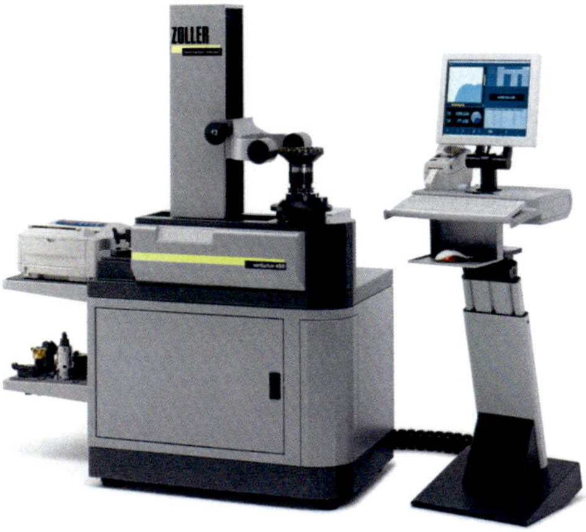

Einstell- und Messgerät zur Werkzeugeinstellung

Die Übermittlung der Daten kann auf verschiedene Weise erfolgen:

- Die Daten werden manuell aufgenommen und übertragen.
- Die Daten codiert man auf Etiketten, die dann dem jeweiligen Werkzeugsystem zugeordnet werden.
- Das Messgerät überträgt die Daten online aus der Steuerung auf die CNC-Maschine.
- An jedem Werkzeugträger ist ein Chip mit den übertragenen Daten, sodass sie an der CNC-Maschine eingelesen werden können.

Durch den Einsatz moderner Spannzeuge wird die Fertigungsqualität gesteigert und die Fertigungszeit minimiert. Wegen der höheren Standzeiten verringern sich die Werkzeugkosten.

Übungsaufgaben A-43; A-44

3.3 Spannsysteme für Werkstücke auf Fräsmaschinen

Alle Werkstückspannmöglichkeiten haben die folgenden Anforderungen zu erfüllen:

- Die Art der Werkstückspannung muss in Form und Abmessungen dem Werkstück und der vorgesehenen Bearbeitung angepasst sein.
- Ein möglichst einfacher Aufbau mit sicherer und schneller Handhabung soll eine hinreichend gute Wiederholgenauigkeit erbringen.
- Die Werkstücke müssen bei der Spanabnahme so fixiert sein, dass sie unter der Wirkung der Schnittkräfte ihre Lage nicht ändern und sich möglichst wenig verformen.

3.3.1 Positionieren von Werkstücken

Werkstücke müssen zur Bearbeitung auf dem Maschinentisch in eine bestimmten Lage gebracht werden, dies nennt man Positionieren. Je nach Bearbeitungsaufgabe muss die Position von Werkstücken in einer, in zwei oder drei Ebenen festgelegt sein. Dazu ist es nötig, Anschläge so anzubringen, dass das Werkstück in diesen Ebenen positioniert wird. Dies gilt auch für Maschinenschraubstöcke, Vorrichtungen, Teilapparate u. Ä., die auf Maschinentische aufgespannt werden und die Werkstücke in exakter Position aufnehmen.

Beispiele für notwendige Positionierungen eines quaderförmigen Werkstücks

Positionieren in einer Ebene	Positionieren in zwei Ebenen	Positionieren in drei Ebenen
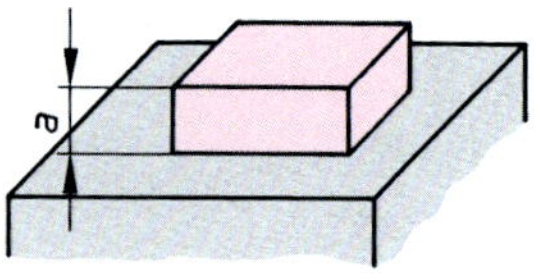	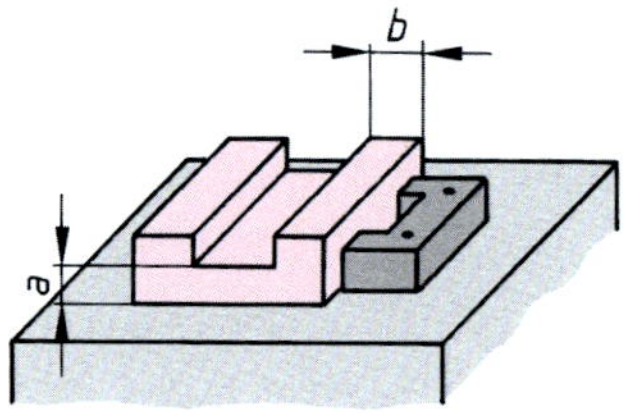	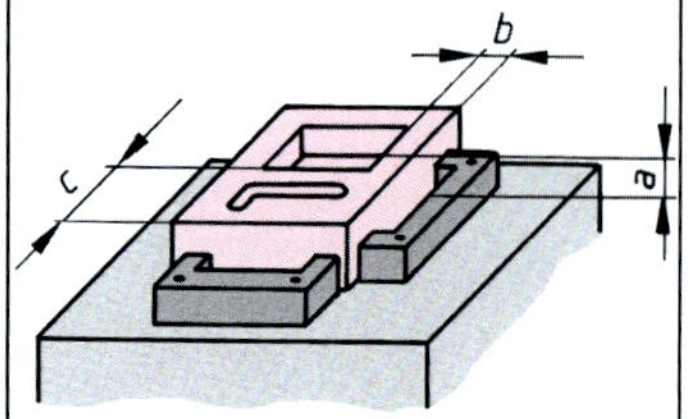
notwendig z. B. beim • Fräsen von planparallelen Flächen	notwendig z.B. beim • Fräsen von Nuten	notwendig z.B. beim • Fräsen von Taschen • Fräsen von Bahnen

Positionieren heißt, ein Bauteil in der Lage so festlegen, dass die Lage jederzeit entsprechend wiederholbar ist.

3.3.2 Aufbau modularer Spannsysteme

Modulare Spannsysteme ermöglichen den Aufbau von Spannvorrichtungen nach dem Baukastenprinzip. Ein modulares Spannsystem enthält u. a.

- Positionselemente
- Spannelemente
- Stützelemente

Ein modulares Spannsystem bietet folgende Vorteile

- Aufbau aus Standardteilen, in der Arbeitsvorbereitung nach Form und Maßen planbar,
- hohe Wiederholgenauigkeit der Einspannung,
- sicheres und schnelles Spannen der Werkstücke,
- schnelles Anpassen der Spannsysteme an wechselnde Werkstückformen,
- Steuern der Spannsysteme über Programme.

Einsatz eines modularen Spannsystems

Übungsaufgaben A-45; A-46

Mit modularen Rasterspannsystemen werden Werkstücke außerhalb von Werkzeugmaschinen auf Grundplatten positioniert und fixiert. Dadurch werden die Nebenzeiten für die Maschine verringert.

Beispiel **für Bauteile aus einem Rasterspannsystem**

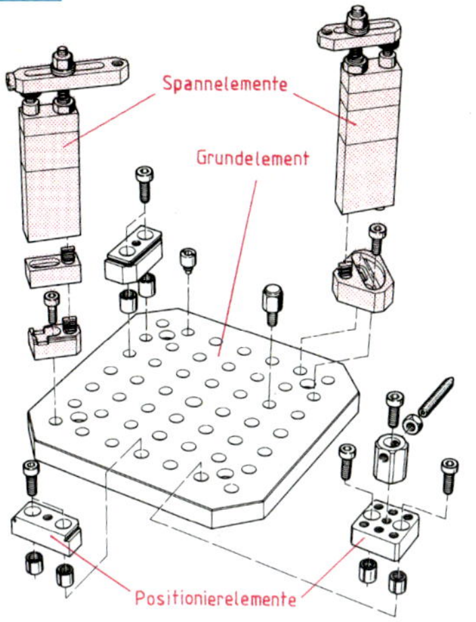

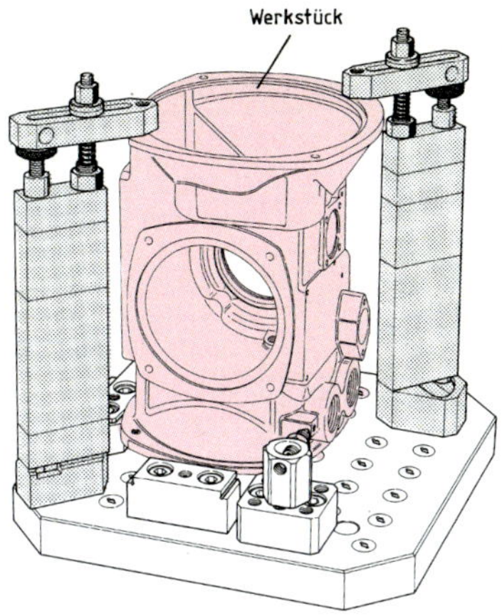

Aus Rasterspannsystemen können nach dem Baukastenprinzip Spannvorrichtungen geplant und aufgebaut werden. Rastersysteme bestehen aus Grund-, Positionier- und Spannelementen.

- **Einrichten einer Spannvorrichtung**

In Einrichteblättern werden entsprechend der Planung alle notwendigen Angaben zusammengestellt. Dies sind insbesondere die **Stückliste** der benötigten Bauelemente, **Aufbau und Anordnung** in zeichnerischer Darstellung und **Nullpunktkoordinaten** für die Bearbeitung.

Beispiel **für ein Einrichteblatt einer Spannvorrichtung**

Einrichteblatt für Spannvorrichtungen		Ident.-Nr.: 488.24	
Teilebenennung:	Steuerblock	Tag: 26.10.	Name: Pesch

Aufspannplan

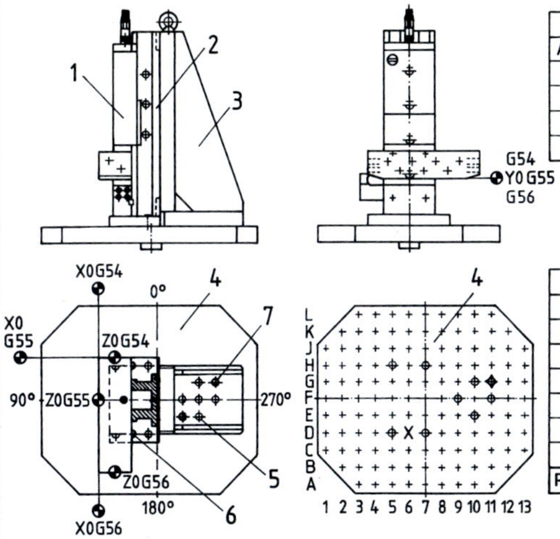

Nullpunktfestlegung				
Achse	G54	G55	G56	G57
X	365,0	250,0	265,0	-
Y	100,0	100,0	100,0	-
Z	100,0	65,0	170,0	-
B	0°	90°	180°	270°

Stückliste			
7	1	Fixierstift (1)	5628
6	1	Fixierstift (r)	5627
5	8	Schrauben M12	5416
4	1	Grundplatte	4867-20
3	1	Winkel	6052-20
2	1	Zwischenplatte	6042-20
1	1	Masch. Schraubstock	3132-21
Pos.	Stck.	Benennung	Kurzbez.

○ = Schraube X = Fixierstift ◇ = Fixierstift abgeflacht

Einrichteblätter für Werkstückaufspannungen enthalten Angaben über:
- Konstruktion der Aufspannung, • Lage der Werkstücknullpunkte innerhalb der Aufspannung.

Übungsaufgabe A-47

• Paletten als Spannsystemträger

An Bearbeitungszentren werden vielfach Aufspanntische mit aufmontierter Spannvorrichtung eingesetzt, welche mit den Werkstücken schnell in die Maschine eingewechselt werden. Diese Aufspanntische werden **Paletten** genannt. Palettenwechsler befördern auf einen programmierten Befehl hin die Palette automatisch zur Werkzeugmaschine, fixieren sie dort und transportieren sie nach der Bearbeitung weiter.

Beispiel **für den Palettenwechsel an einem Bearbeitungszentrum**

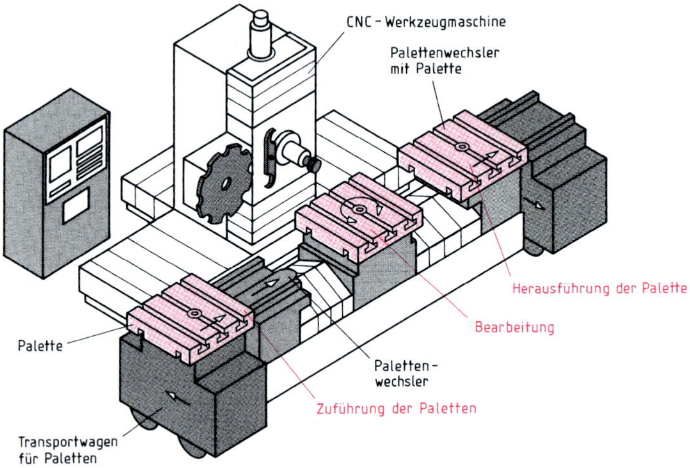

• Einsatz von Palettenwechseleinrichtungen

Die Palettenspannsysteme erlauben es, Werkstücke außerhalb der Maschinen auf die Palettenoberteile zu spannen. Da unterschiedliche Werkstückformen verschiedenartige Spannmöglichkeiten erfordern, stehen Paletten mit entsprechend gestalteten Oberflächen zur Verfügung, z. B. mit Pass- und Gewindebohrungen, mit T-Nuten oder mit Magnetspannplatten.

Die automatisierten Wechseleinrichtungen ermöglichen ein schnelles Einwechseln der aufgespannten Werkstücke ohne menschlichen Eingriff. Dadurch, dass alle Werkstück in genauer Position und mit hoher Wiederholgenauigkeit der Maschine zugeführt werden, entfallen Rüstzeiten innerhalb der Fertigung nahezu vollständig und führen zu einer Steigerung der Produktivität.

Beispiel **für automatisierte Palettenwechseleinrichtung**

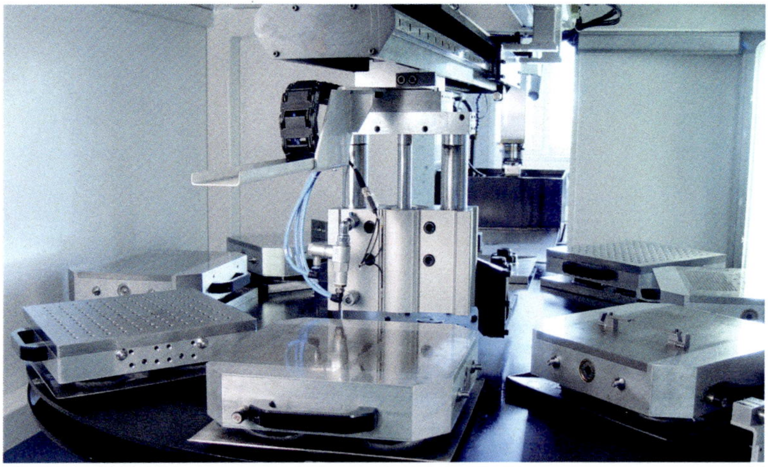

(Quelle: www.stark-inc.com)

Paletten mit einem Spannsystem dienen in der Fertigung:
- zum Spannen und zum Transport der Werkstückrohteile außerhalb der Bearbeitungsstation,
- als Werkstückträger während des Bearbeitungsablaufs.

Übungsaufgaben A-48; A-49

3.3.3 Nullpunkt-Spannsystem mit Paletten

Bei einem Nullpunkt-Spannsystem mit Paletten handelt es sich um ein modulartiges System aus Palettenträgern und Paletten, das immer die exakt gleiche Mittelpunktslage und Ausrichtung auf allen Maschinen hat, die mit diesem System ausgerüstet sind. Zwischen Träger und Palette besteht eine hochgenaue Schnittstelle, die ein schnelles Ein- und Auswechseln der Palette ermöglicht. Mithilfe eines Referenzelements legt man auf allen Bearbeitungsmaschinen den gleichen Mittelpunkt des Nullpunkt-Spannsystems fest.
Der große Vorteil eines solchen Palettensystems im Formenbau ist, dass ein Werkstück nur einmal aufgespannt werden muss und dann mit dem Palettenträger auf unterschiedlichen Maschinen bearbeitet werden kann. Die Wiederholgenauigkeit beim Aufspannen, die z. B. bei ± 0,002 mm liegt, erlaubt auch Präzisionsbearbeitung wie sie u. a. bei Erodiermaschinen gefordert wird.

Die Schnellwechselsysteme sind unterhalb der Wechselpalette angebracht und greifen in entsprechende Gegenstücke auf der Oberseite des Palettenträgers ein. Die Fixierung erfolgt über Spannzapfen, Keile oder Kugelmechanismen.
In dem jeweiligen Spannsystem sind Federpakete angeordnet, die auf die Arretierelemente wirken. Wird Druckluft auf das System gegeben, so entspannt sich die Arretierung und der Palettenträger kann abgehoben werden.
Zum Spannen wird die Palette aufgesetzt und die Druckluft abgeschaltet. Die Federpakete entspannen sich und drücken die Arretierelemente nach außen in die Spannbuchse des Palettenträgers.

Nullpunkt-Spannsystem

Die erforderliche Spannkraft kann dadurch angepasst werden, dass man Wechselpalette und Palettenträger mit einer geeigneten Anzahl von Zentrier- und Klemmeinheiten ausstattet. Für eine Spanneinheit werden z. B. Haltkräfte von bis zu 22 kN angegeben.

3.4 Bestimmen von Arbeitsgrößen zum Fräsen

3.4.1 Schnittdaten

Von den Werkzeugherstellern sind die Schnittdaten für ihr Werkzeugsortiment bezogen auf die zu bearbeitenden Werkstoffgruppen ermittelt worden. Bei der NC-Bearbeitung sind diese Daten den Werkzeugen zugeordnet im Werkzeugspeicher abgelegt. Bei Anwahl eines Werkzeugs werden die Schnittwerte dem Programmierer vorgeschlagen. Er kann sie akzeptieren oder zur Optimierung der Fertigung abändern.

Beispiel **für eine Schnittdatentabelle zu einem hartmetallbestückten Planfräskopf**

Werkstoff-gruppe	**Schneidstoff**	**Vorschub je Zahn f_z** mm	**Schnittgeschwindigkeit v_c** m/min
Hochfeste Stähle	M40	(Schruppen) 0,3	75
		(Schlichten) 0,1	120
Aluminium legiert	M40	(Schruppen) 0,25	600
		(Schlichten) 0,1	1000

Die Art der Bearbeitung – Schruppen oder Schlichten – wird durch die Anwahl des Vorschubs je Zahn und der zugehörigen Schnittgeschwindigkeit festgelegt.
Da Planfräsköpfe mit unterschiedlichen Durchmessern und verschiedenen Zähnezahlen zum Einsatz kommen, ermittelt die Steuerung jeweils die Umdrehungsfrequenzen für einen Fräskopfdurchmesser, die Vorschübe bzw. die Vorschubgeschwindigkeiten.

3.4.2 Berechnung der Hauptnutzungszeit beim Fräsen

Die reine Nutzungszeit der Fräsmaschine, also die Zeit, in der die Maschine mit Vorschubgeschwindigkeit tätig sein muss, ist die **Hauptnutzungszeit**. Sie hängt vom Fräserweg und der Vorschubgeschwindigkeit ab. Der Fräserweg ergibt sich aus dem Vorschubweg, den der Fräser bei einem Schnitt zurücklegt und der Zahl der Schnitte.

$$t_h = \frac{L \cdot i}{v_f} = \frac{(l + l_a + l_ü) \cdot i}{v_f}$$

t_h Hauptnutzungszeit
L Vorschubweg
i Anzahl der Schnitte
v_f Vorschubgeschwindigkeit
l Werkstücklänge
l_a Anlaufweg
$l_ü$ Überlaufweg

Der Vorschubweg des Fräsers ist nicht nur der Weg, auf dem der Fräser zur Erzeugung der Kontur im Eingriff ist, sondern auch der Anlaufweg l_a und der Überlaufweg $l_ü$, die jeweils etwa 2 mm betragen sollen. Ferner ist zu berücksichtigen, dass abhängig vom Fräserdurchmesser und der Eingriffsgröße ein Anschnitt- bzw. Austrittsweg l_s nötig ist.

Dieser **Anschnitt- bzw. Austrittsweg** l_s kann mithilfe des Pythagoras errechnet werden:

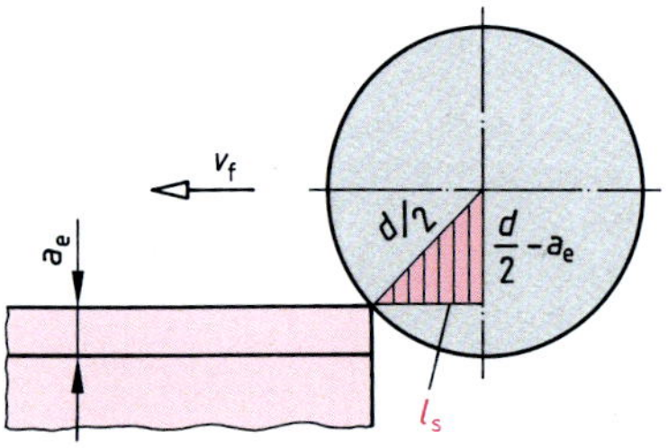

$$l_s^2 = \left(\frac{d}{2}\right)^2 - \left(\frac{d}{2} - a_e\right)^2$$

$$l_s^2 = \frac{d^2}{4} - \left(\frac{d^2}{4} - 2 \cdot \frac{d}{2} \cdot a_e + a_e^2\right)$$

$$l_s^2 = d \cdot a_e - a_e^2$$

$$l_s = \sqrt{d \cdot a_e - a_e^2}$$

Anschnitt- bzw. Austrittsweg $l_s = \sqrt{d \cdot a_e - a_e^2}$

Beim *Schlichten* soll zur Erzeugung eines gleichmäßigen Oberflächenbildes der Fräser in gleicher Weise über die gesamte Fläche vorgeschoben werden. Darum muss hier der Vorschubweg um den Fräserradius größer sein als beim Schruppen.

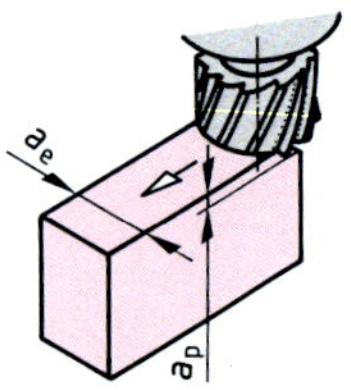

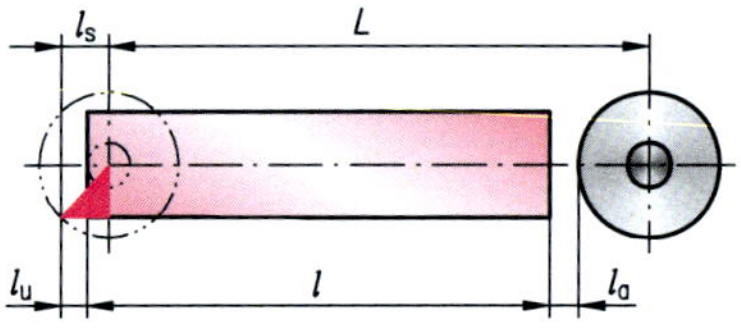

$$L = \frac{d}{2} + l_a + l + l_ü - l_s$$

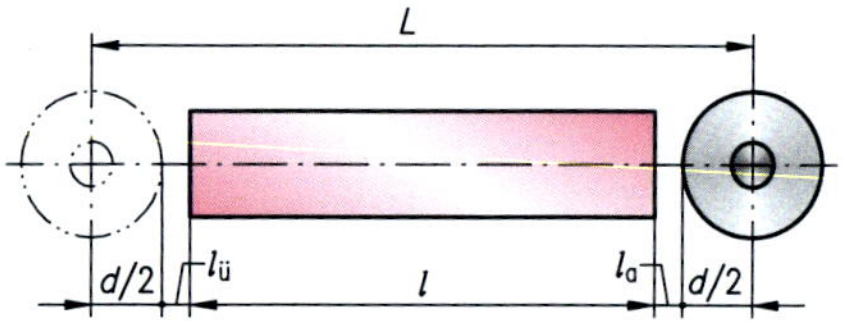

$$L = 2 \cdot \frac{d}{2} + l_a + l + l_ü$$

Der **Vorschub beim Stirnumfangsfräsen** beginnt mit dem Anschnittweg.

Beim *Schruppen* endet der Vorschubweg, wenn die letzte im Eingriff befindliche Schneide um den Überlaufweg über das Werkstück hinaus ist.

Nach dem *Schlichten* soll der Fräser voll aus dem Werkstück herausfahren. Darum muss er um den Austrittsweg l_s und den Überlaufweg $l_ü$ über das Werkstück hinaus vorgeschoben werden.

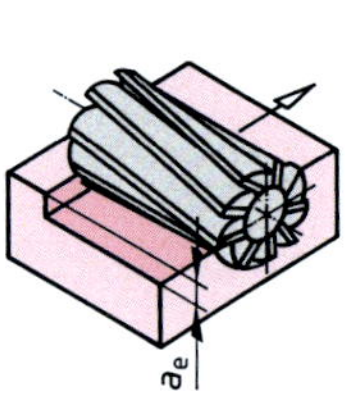

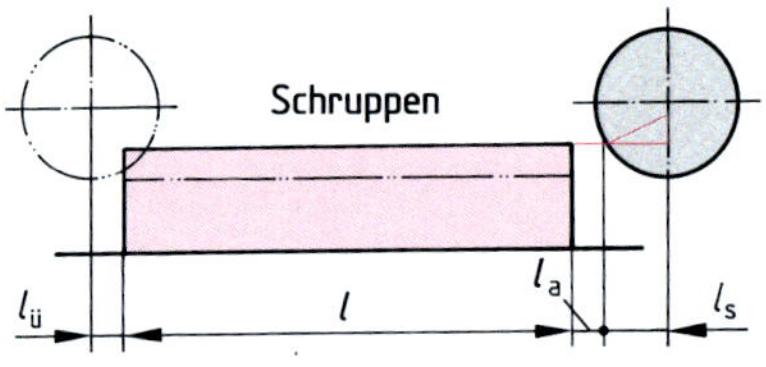

$$L = l_s + l_a + l + l_ü$$

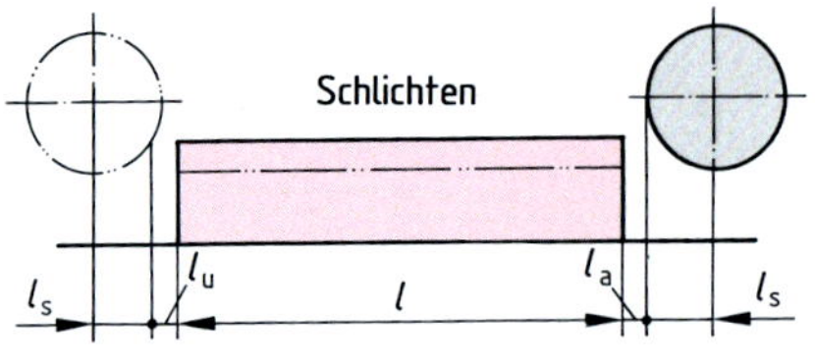

$$L = l_s + l_a + l + l_ü + l_s$$

Übungsaufgaben A-50; A-51

4 Fertigen auf Schleifmaschinen

4.1 Schleifmaschinen

Für verschiedene Schleifaufgaben sind unterschiedliche Schleifmaschinen entwickelt worden. Aus der Vielzahl der Schleifmaschinen werden eine Flach- und Profilschleifmaschine, eine Rundschleifmaschine und Werkzeugschleifmaschine vorgestellt.

4.1.1 Flach- und Profilschleifmaschinen

Mit diesen Maschinen können sowohl Plan- und Profilschleifaufgaben durchgeführt werden. Ebene Werkstücke werden mit geraden Schleifscheiben im Umfangsschleifen bearbeitet. Werkstücke mit Längsprofilen werden mit profilierten Scheiben geschliffen, wobei das Schleifscheibenprofil teilweise der Gegenkontur des Werkstückprofils entspricht.
Dies kann sowohl mit dem herkömmlichen Pendelschleifverfahren als auch mit dem Tiefschleifverfahren erfolgen.
Beim **Pendelschleifen** wird durch eine hin- und hergehende Tischbewegung die gesamte Werkstückoberfläche mit geringer Eingriffsdicke und allmählicher Querverstellung bearbeitet.
Beim **Tiefschleifen** wird mit großer Eingriffsdicke und sehr niedriger Vorschubgeschwindigkeit ein großes Spanvolumen in einem Überlauf abgetragen.

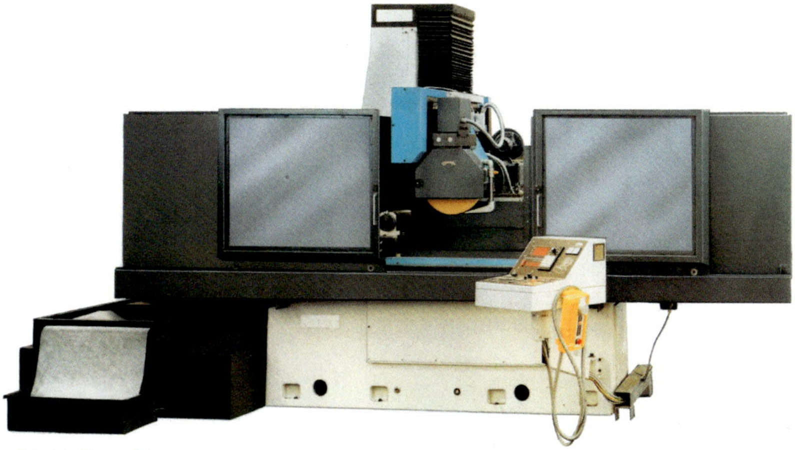

Flach- und Profilschleifmaschine

An numerisch gesteuerten Schleifmaschinen wird von eingebauten Schärfabrichtsystemen durch Diamantabrichtrollen in regelmäßigen Abständen die Schleifscheibe geschärft und abgerichtet. Die CNC-Steuerung berücksichtigt bei der Zustellung die Durchmesserabnahme der Schleifscheibe.

4.1.2 Rundschleifmaschinen

Mit Rundschleifmaschinen werden **Außenrundschleifaufgaben** im Pendelschleifen oder Einstechschleifen ausgeführt. Das Rundteil ist zwischen Zentrierspitzen gespannt und erhält vom Werkstückspindelstock eine Drehbewegung. Beim Pendelschleifen führt das Werkstück mit dem Maschinentisch eine Querverstellung entlang der geraden Schleifscheibe aus. Beim Einstechschleifen erfolgt die Zustellung der geraden oder profilierten Schleifscheibe ohne Querverstellung.
Zum **Innenrundschleifen** sind die Maschinen mit einem zusätzlichen Spindelstock für die Innenrund-Schleifscheiben ausgestattet. Die Schleifspindel mit der Innenrund-Schleifscheibe ragt einseitig aus dem Spindelstock. Da das herausragende Ende wegen möglicher Verformungen nur eine geringe Länge haben darf, können lediglich kurze Innenbearbeitungen vorgenommen werden. Die Werkstücke werden einseitig im Werkstückspindelstock gespannt und führen eine Drehbewegung aus. Beim Einstechschleifen erfolgt nur eine radiale Vorschubbewegung durch die Schleifscheibe. Beim Pendelschleifen wird zusätzlich ein axialer Vorschub ausgeführt.

Übungsaufgabe A-52

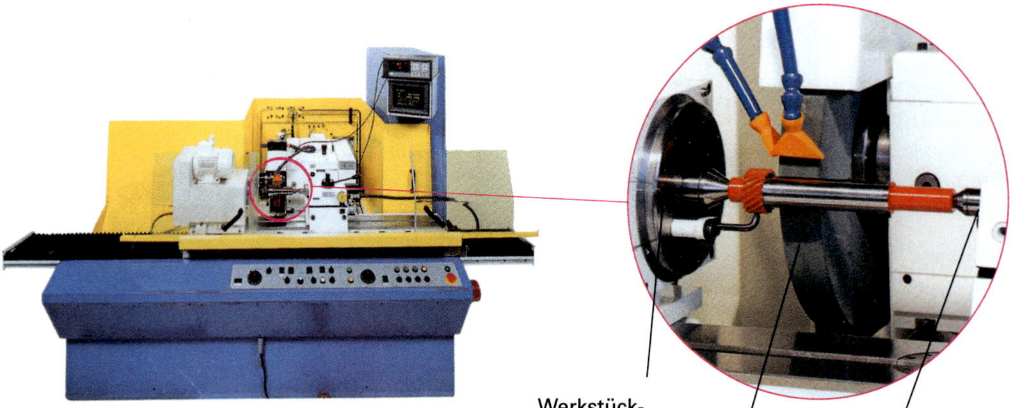

Rundschleifmaschine

4.1.3 Universalschleifmaschinen

Mit Universalschleifmaschinen werden vielfältige Schleifaufgaben, vor allem in der Werkzeugfertigung, bearbeitet. Je nach Ausstattung der Maschinen können komplizierte Werkstückformen, wie z.B. Wendelnuten, Gewindeprofile, Schneckenprofile und Fräserschneiden verschiedener Formen, geschliffen werden. In der Werkzeugfertigung erhalten die Werkzeuge durch das Schleifen ihre Endform. Bei Wartungsarbeiten schärft man abgenutzte Werkzeuge auf Universalschleifmaschinen.

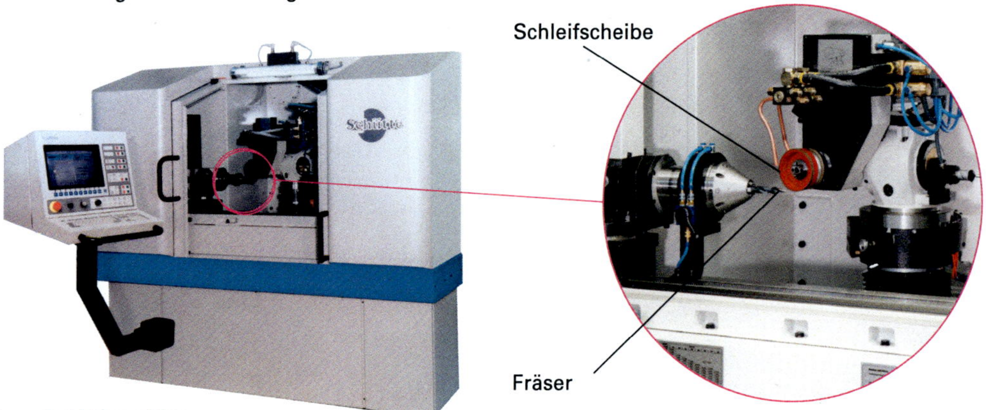

Universalschleifmaschine

Der Computer der Werkzeug- und Universalschleifmaschinen steuert zur Konturerzeugung sowohl die Werkzeugbewegung als auch die Werkstückbewegung.

Beispiele für Werkzeuge, die in einer Aufspannung komplett geschliffen wurden.

4.2 Arbeitsverfahren auf Schleifmaschinen

Von den Schleifverfahren sind **Plan-, Rund-** und **Profilschleifverfahren** von besonderer Bedeutung. Spant bei diesen Verfahren die Schleifscheibe mit ihrem Umfang, so bezeichnet man das Verfahren als *Umfangsschleifen.* Wird die Seitenfläche zum Spanen eingesetzt, nennt man das Verfahren *Seitenschleifen.*

• Planschleifen als Pendelschleifverfahren

Werden *ebene Werkstückflächen* durch Schleifen bearbeitet, bezeichnet man dies als Planschleifen.

<table>
<tr><th>Umfangs-Planschleifen</th><th>Seiten-Planschleifen</th></tr>
<tr><td colspan="2">• Auf Langtischen erfolgt die hin- und hergehende Längsbewegung mit schrittweisem Quervorschub.</td></tr>
<tr><td>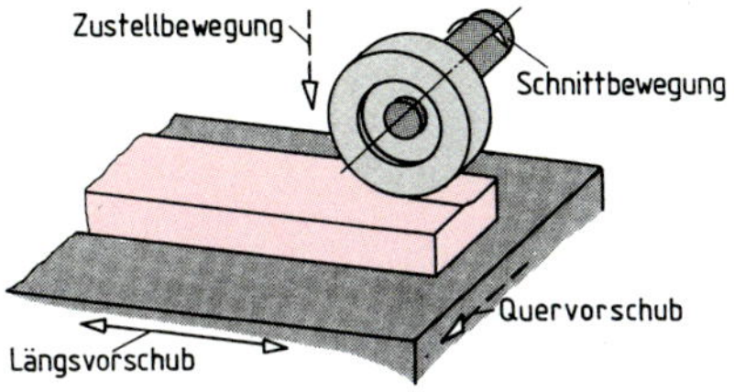

Umfangs-Planschleifen auf einem Langtisch
Man erzielt hochwertige Werkstückoberflächen bei geringen Abtragleistungen.</td>
<td>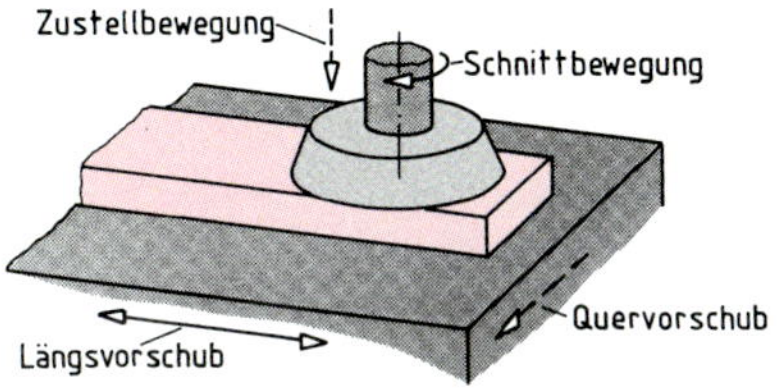

Seiten-Planschleifen auf einem Langtisch
Man erzielt hohe Abtragleistungen bei geringer Oberflächengüte.</td></tr>
</table>

• Rundschleifen als Pendelschleifverfahren

Mit dem Verfahren des Rundschleifens werden zylindrische Außenflächen oder Innenflächen bearbeitet.

<table>
<tr><th>Außen-Rundschleifen</th><th>Innen-Rundschleifen</th></tr>
<tr><td>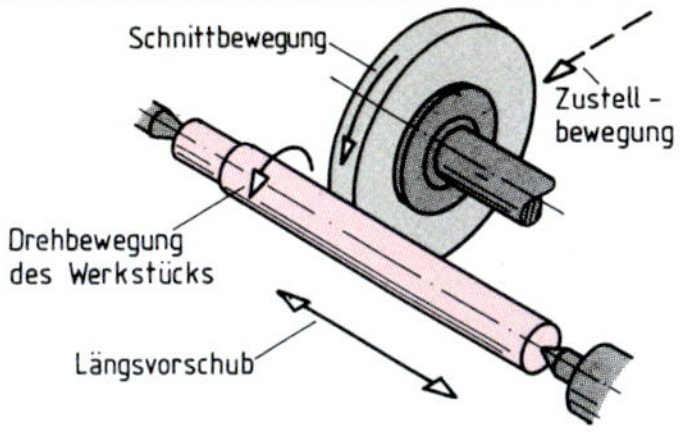

Längs-Umfangs-Außen-Rundschleifen</td>
<td>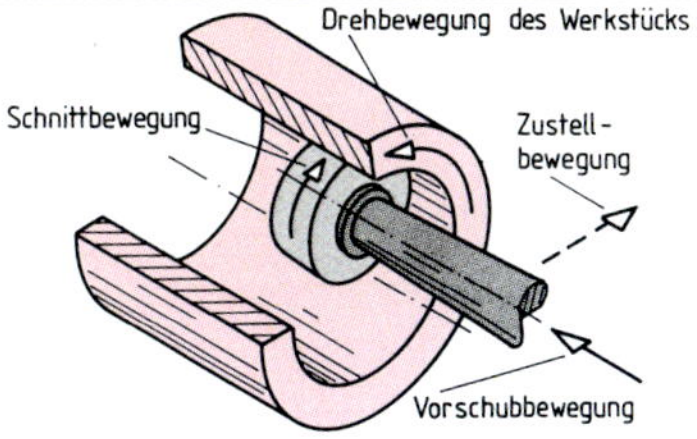

Längs-Umfangs-Innen-Rundschleifen</td></tr>
</table>

• Profilschleifen als Einstechschleifverfahren

Profilschleifen ist gekennzeichnet durch Einsatz von Schleifscheiben mit eingearbeiteten Profilen.

<table>
<tr><th>Außen-Profilschleifen</th><th>Innen-Profilschleifen</th></tr>
<tr><td>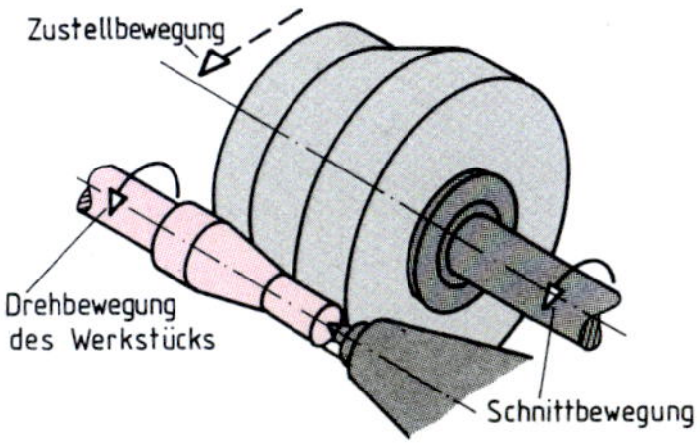

Quer-Außen-Profilschleifen</td>
<td>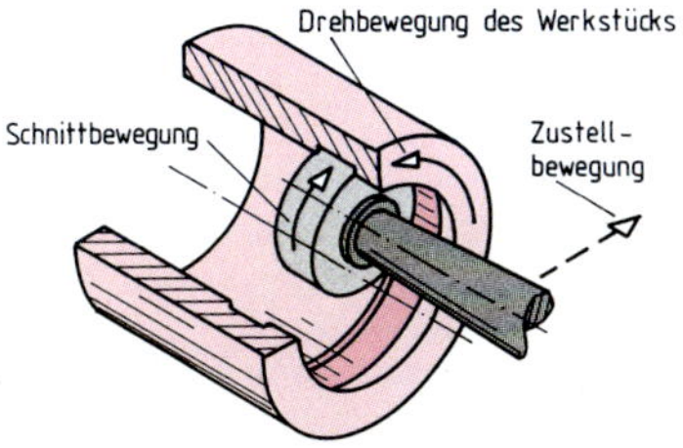

Quer-Innen-Profilschleifen</td></tr>
</table>

Übungsaufgaben A-53; A-54

4.3 Schleifwerkzeuge

4.3.1 Aufbau und Eigenschaften der Schleifwerkzeuge

An der Oberfläche der Schleifwerkzeuge bilden die Schleifkörner, welche durch ein Bindemittel zusammengehalten werden, eine große Anzahl von keilförmigen Schneiden. Die Form und die Lage der Schleifkörner ist zufällig und daher unbestimmt. Darum bezeichnet man die Schleifwerkzeuge als **vielschnittige Werkzeuge mit geometrisch unbestimmten Schneiden.**

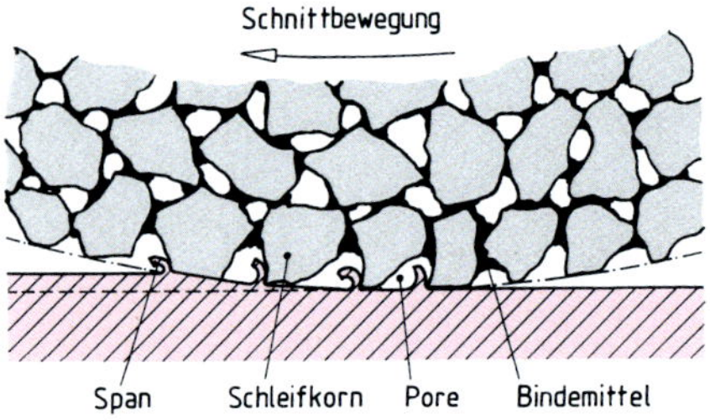

Spanabnahme beim Schleifen

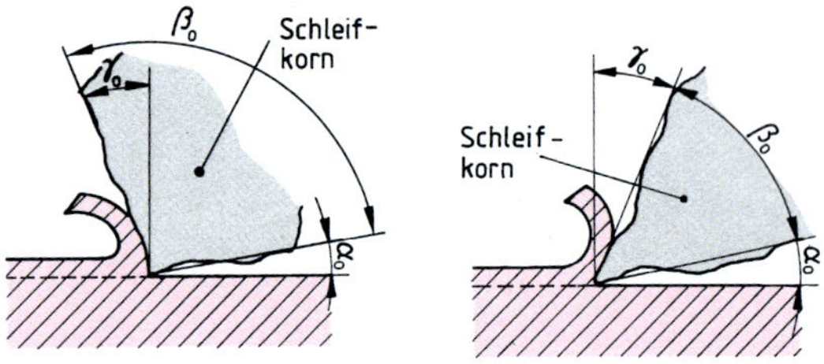

Winkel beim Schleifen

Schleifen ist ein spanendes Fertigungsverfahren, bei dem kleine Späne durch ein vielschnittiges Werkzeug mit geometrisch unbestimmten Schneiden abgetrennt werden.

- **Schleifmittel**

Schleifmittel der nachfolgend aufgeführten Arten bilden die unbestimmten Schneiden der Schleifkörper. Sie müssen stets härter als der zu bearbeitende Werkstoff sein.

Schleifmittel	Normbuchstabe (DIN ISO 525)	Farbe des Schleifmittels	Eigenschaften	zu bearbeitende Werkstoffe
Elektrokorund (im E-Ofen erschmolzenes Al_2O_3)	A	weiß oder rot	Ansteigende Härte und Sprödigkeit ↓	Baustähle, legierte Stähle, gehärtete Stähle, Titan
Siliziumkarbid (Karborundum SiC)	C	grün oder schwarz		Gusseisen, Hartguss, Messing, Bronze, Aluminium, keramische Werkstoffe, Hartmetalle
Bornitrid (BN)	B	schwarz		HSS-Stahl, Werkzeugstähle
Diamant	D	gelb		Hartmetalle, Keramik, Glas

Als Schleifmittel zur Bearbeitung verschleißfester Stähle und zum Hochleistungsschleifen wird zunehmend das extrem verschleißfeste kubisch kristalline Bornitrid (CBN) eingesetzt.

- **Körnung**

Die Größe der Schleifkörner wird als Körnung bezeichnet. Das Sortieren der Schleifkörner wird mithilfe von Sieben verschiedener Maschenweite durchgeführt. Daher kennzeichnet man die Körnung durch eine Zahl, die der Anzahl der Siebmaschen auf 1 Zoll Länge (25,4 mm) entspricht.

Für Diamant und Bornitrid als Schleifmittel wird die Körnung direkt durch die Dicke der Schleifkörner in Mikrometer angegeben. Diamantkörner werden in der Dicke von 0,5 µm bis 300 µm verwendet.

Körnungsnummer	Bezeichnung	Art der Bearbeitung
F4 bis F24	**grob**	Schruppschleifen
F30 bis F60	**mittel**	Schruppschleifen
F70 bis F220	**fein**	Feinschleifen
F230 bis F1200	**sehr fein**	Feinstschleifen

Korngröße	Bezeichnung
0,5 µm ... 300 µm	D 0,5 ... D 300

Die Körnung richtet sich nach der Art der Schleifarbeit.
- Grobe Körnung erzielt ein großes Spanvolumen mit geringer Oberflächengüte.
- Feine Körnung erzielt ein kleines Spanvolumen mit hoher Oberflächengüte.

Übungsaufgabe A-55

- **Bindung**

Die Schleifkörper werden durch ein Bindemittel zusammengehalten. Durch unterschiedliche Bindungen werden die Eigenschaften von Schleifwerkzeugen stark beeinflusst.

Bindungsart	Zeichen	Eigenschaften	Anwendung
Keramik	V	unelastisch, porös, unempfindlich gegen Wärme, Wasser und Öl, empfindlich gegen Schlag und Druck	gebräuchliche Bindung bei maschinellen Schleifverfahren, für alle Werkstoffe geeignet
Kunstharz	B	sehr elastische Bindung von hoher Festigkeit, geringe Empfindlichkeit gegen Stöße	Bindung für dünnere Schleifscheiben zum Feinstschleifen harter Werkstoffe
Kunstharz-faserverstärkt	BF	hohe Elastizität und hohe Zähigkeit	Bindung für Trennscheiben
Metall	M	sehr hohe Festigkeit, stoßunempfindlich, hohe Standzeit	Bindung für Diamantscheiben zum Schleifen von Hartmetallen

Die Bindung beeinflusst die Festigkeit, Elastizität und Wärmeempfindlichkeit von Schleifwerkzeugen.

- **Härte**

Die Widerstandskraft, welche die Bindung dem Ausbrechen der Schleifkörner entgegensetzt, bezeichnet man als Härte.

Kennbuchstabe	A bis D	E bis K	L bis O	P bis Z
Eigenschaft des Schleifwerkzeugs	äußerst weich	sehr weich bis weich	mittel	hart bis äußerst hart

Bei *harten Werkstoffen* werden die Schleifkörner schnell stumpf. Die Härte des Schleifwerkzeugs muss daher gering sein, damit die stumpfen Körner schnell ausbrechen.
Bei *weichen Werkstoffen* werden die Schleifkörner langsam stumpf, und daher kann die Härte des Schleifwerkzeugs groß gewählt werden.

Härte nennt man bei Schleifscheiben den Widerstand des Bindemittels gegen das Ausbrechen der Körner.
- Harte Werkstoffe bearbeitet man mit weichen Schleifwerkzeugen.
- Weiche Werkstoffe bearbeitet man mit harten Schleifwerkzeugen.

- **Gefüge**

Der innere Aufbau des Schleifwerkzeugs ist von dem Anteil der Schleifkörner, des Bindemittels und der Poren abhängig. Er wird Gefüge genannt. Die Poren haben die Aufgabe, das Kühlschmiermittel in die Schleifzone zu befördern und die anfallenden Späne aufzunehmen und abzutransportieren. Daher muss der Porenanteil größer als die zu erwartende Spanmenge sein.

Ein Gefüge mit kleinen Poren wird als *dicht* bezeichnet. **Dichtes Gefüge** wählt man
- zum Schlichten,
- zum Schleifen kurzspaniger Werkstoffe.

Ein Gefüge mit hohem Porenanteil wird als *offen* bezeichnet. **Offenes Gefüge** wählt man
- zum Schruppen,
- zum Bearbeiten langspaniger Werkstoffe

Das Gefüge wird durch eine Ziffer gekennzeichnet.

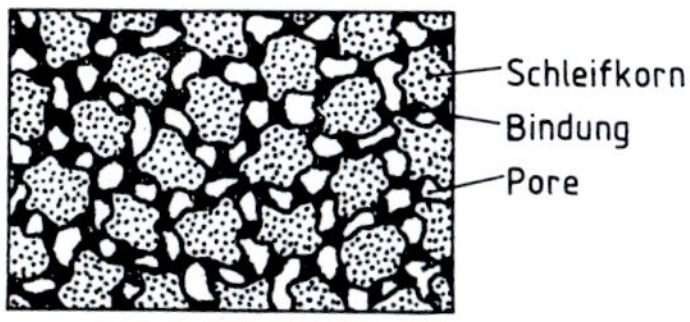

Dichtes Gefüge

Offenes Gefüge

Kennziffer	0 – 4	5 – 8	9 – 11	12 – 14
Gefüge	dicht	mittel	offen	sehr offen

4.3.2 Form und Verwendungszweck von Schleifwerkzeugen

Die Auswahl des Schleifwerkzeuges hinsichtlich Form und Abmessung erfolgt nach der Werkstückform, dem Schleifverfahren und der Schleifmaschine.

Benennung	Schleifkörperform	Verwendungszweck
gerade Schleifscheibe	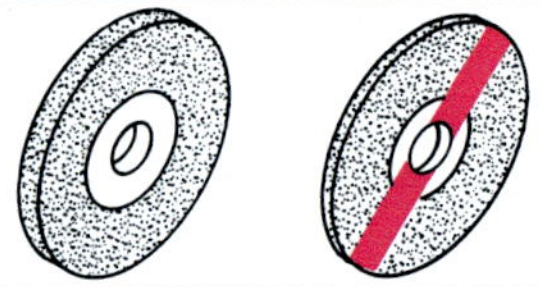	Diese vielseitigen Schleifscheiben werden zum Planschleifen, Rundschleifen, Schleifen auf Schleifböcken, Werkzeugschärfen und Trennschleifen eingesetzt.
Segmentschleifscheibe	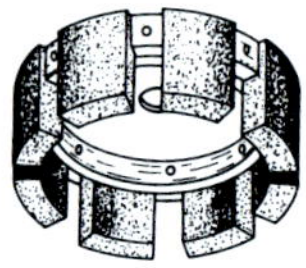	Schleifsegmentscheiben werden zur Bearbeitung großer Flächen mit hoher Abtragsleistung eingesetzt.
Topfschleifscheiben und Schleifteller	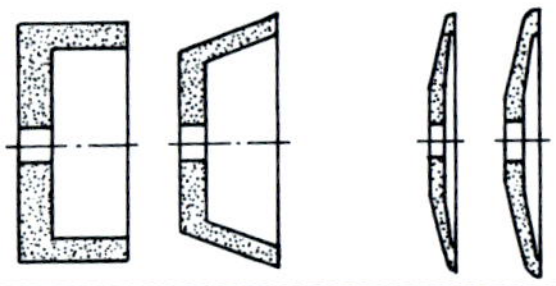	Diese Schleifscheiben werden zum Scharfschleifen von Trennwerkzeugen auf Universalschleifmaschinen verwendet. Sie sind in der Form den zu schleifenden Flächen an Bohrern, Senkern, Fräsern, Reibahlen angepasst.
Schleifstifte	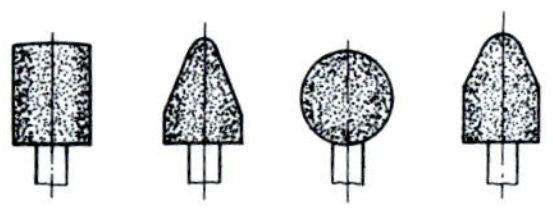	Schleifstifte werden im Werkzeug- und Formenbau verwendet. Sie werden mit dem zylindrischen Schaft meist in Handschleifmaschinen eingespannt. Mit ihnen werden vorgearbeitete Konturen fertig bearbeitet.

- **Zulässige Umfangsgeschwindigkeiten von Schleifscheiben**

Bei Schleifarbeiten zur Oberflächenverbesserung und zum Schärfen von Werkzeugen werden Schleifscheiben eingesetzt, die mit Schnittgeschwindigkeiten bis 40 m/s arbeiten.
Bei Sonderschleifverfahren, wie z. B. Trennschleifen und Hochleistungsschleifen, werden in Abhängigkeit von der Bindung wesentlich höhere Schnittgeschwindigkeiten gefahren.

Richtwerte für Umfangsgeschwindigkeiten

Werkstoff	Planschleifen	Rundschleifen	Trennschleifen
Stahl, Gusseisen	25–35 m/s	25–40 m/s	45–100 m/s
Hartmetall	10 m/s	8 m/s	–
Messing	25–30 m/s	20–35 m/s	–
Leichtmetall	15–20 m/s	15–20 m/s	–

Bei allen Schleifverfahren treten hohe Umfangsgeschwindigkeiten an der Schleifscheibe auf, die bei Überschreitung der zulässigen Umfangsgeschwindigkeit infolge der Fliehkräfte die Schleifscheibe zum Zerspringen bringen. Schwere Unfälle können die Folge sein. Schleifscheiben und Schutzvorrichtungen müssen den Vorschriften des **Deutschen Schleifscheibenausschusses** entsprechen. Auf Schleifscheiben wird ab 50 m/s die höchst zulässige Umfangsgeschwindigkeit durch Farbstreifen über den gesamten Durchmesser gekennzeichnet.

Umfangsgeschwindigkeit	Etikett/Farbbalken
< 50 m/s	kein
50 m/s	blau
63 m/s	gelb
80 m/s	rot
100 m/s	grün
125 m/s	grün + gelb

Farbkennzeichnung bei Schleifkörpern

Die zulässige Umfangsgeschwindigkeit wird auf Schleifscheiben durch Farbstreifen gekennzeichnet.

Übungsaufgabe A-58

- **Schleifwerkzeuge mit Diamant oder CBN beschichtet**

Schleifwerkzeuge, die mit den Hochleistungsschleifmitteln Diamant oder CBN (CBN = kubisch kristallines Bornitrid) beschichtet wurden, sind sehr teuer. Diese Werkzeuge verwendet man daher nur dann, wenn sich normale Schleifkörper zu sehr abnutzen.

Diamant wird aufgrund seiner Härte und seiner Verschleißfestigkeit zum Schleifen von harten, spröden und kurzspanigen Werkstoffen, wie z. B. Hartmetall, Glas, Keramik, Quarz oder Grafit, eingesetzt.

Bornitrid verwendet man vorteilhaft bei Stählen mit großer Härte und bei hoch legierten Chromstählen

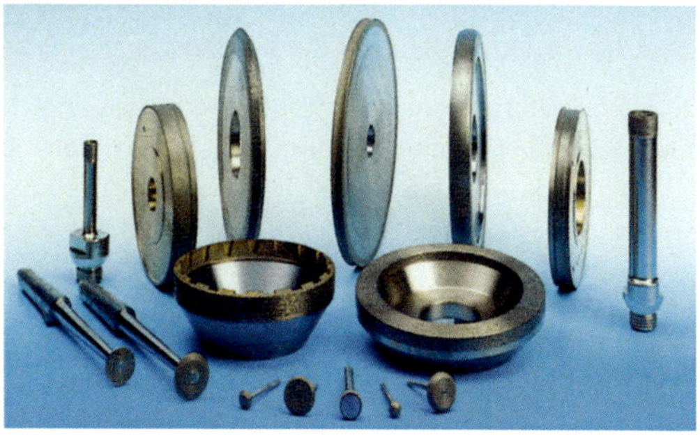

Schleifwerkzeuge mit Diamantbelag

Aufbau beschichteter Schleifkörper

Schleifscheiben mit Diamant- oder Bornitridbeschichtung bestehen aus einem Grundkörper und dem Schleifbelag. Der Grundkörper besteht aus Aluminium, Stahl, Kunstharz oder Keramik. Der Werkstoff des Grundkörpers bestimmt vor allem das Schwingungsverhalten der Schleifscheibe und die Wärmeableitung.

Der Schleifbelag setzt sich zusammen aus den Schleifkörnern und der Bindung. Das Ausgangsmaterial für die Bindung ist pulverförmig. Es wird mit den Schleifkörnern vermischt. Man presst diese Mischung auf den Grundkörper und sintert bei höheren Temperaturen.

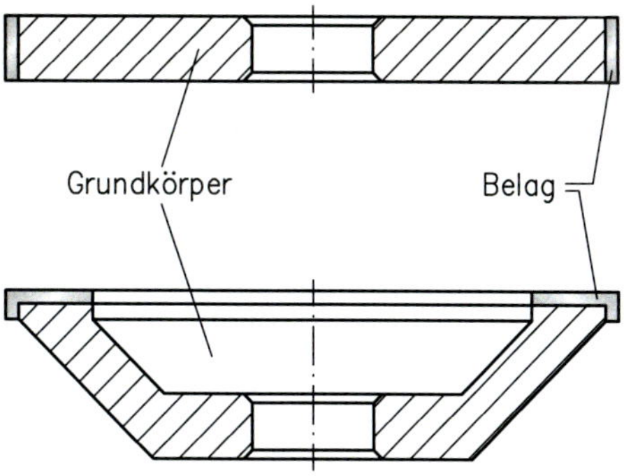

Aufbau von Schleifwerkzeugen mit Diamant- oder CBN-Belag

Schleifscheiben mit Diamant oder Bornitrid bestehen aus einem Grundkörper und dem aufgesinterten Schleifbelag. Solche Scheiben eignen sich zum Schleifen besonders harter Werkstoffe.

- **Abrichten von Schleifkörpern**

Schleifkörper nutzen beim Schleifen unregelmäßig ab und werden unrund. Außerdem werden die einzelnen Schleifkörner stumpf und es setzen sich die Poren in den Schleifkörpern mit Spänchen zu. Daher ist es notwendig, die Schleifkörper mit entsprechenden Abrichtgeräten zu warten.

Die ungleichmäßig abgenutzte Schicht wird abgetragen, bis die Schleiffläche wieder formgenau ist und überall scharfe Schleifkörner freigelegt sind. Diesen Vorgang bezeichnet man als **Abrichten**.

Beispiele für das Abrichten mit Diamant bestückten Werkzeugen

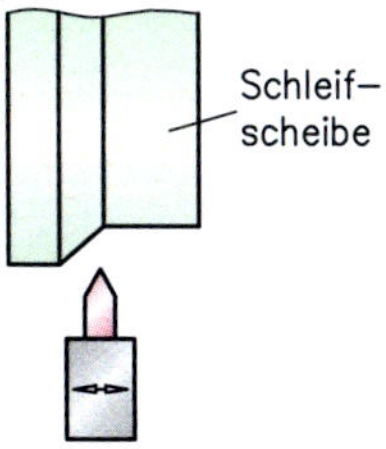

Abrichten mit Diamantspitze

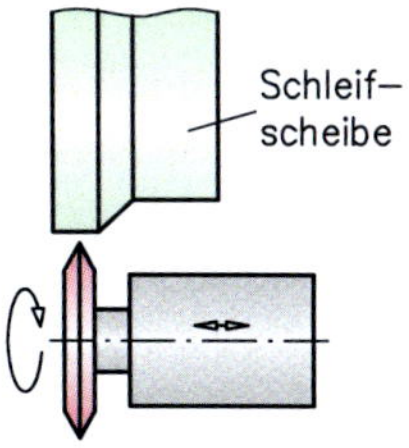

Abrichten mit rotierender Diamant-Formscheibe

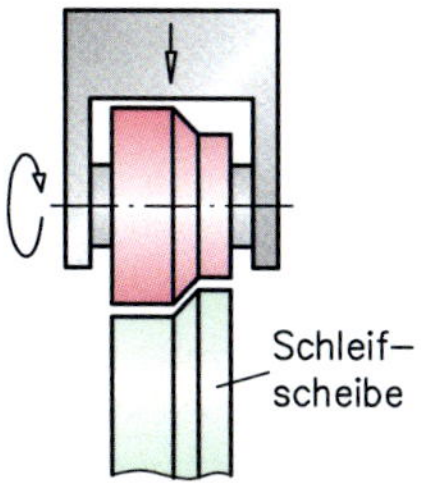

Abrichten mit rotierender Profil-Diamantrolle

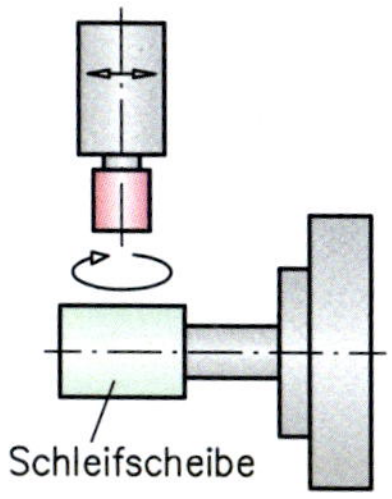

Abrichten mit rotierender Diamant-Topfscheibe

Schleifkörper werden abgerichtet, wenn sie stumpf oder nicht mehr formgenau geworden sind. Durch das Abrichten wird der Schleifkörper im Eingriffbereich geschärft und profiliert.

Übungsaufgaben A-59; A-60; A-61

4.4 Größen im Schleifprozess

4.4.1 Einflüsse auf das Arbeitsergebnis beim Schleifen

Schleifen ist meistens ein Feinbearbeitungsverfahren und steht oft am Ende einer spanenden Bearbeitung. Deshalb ist beim Schleifen die Qualität der gefertigten Oberfläche der Werkstücke von Bedeutung. Die Qualität der Oberfläche wird gekennzeichnet durch ihre Maß- und Formgenauigkeit, durch die Rautiefe und durch evtl. veränderte Werkstoffeigenschaften in der Randzone.

Beispiele für geschliffene Werkstücke von hoher Oberflächenqualität

Die Bewertung des Schleifens richtet sich neben der Werkstückqualität auch nach wirtschaftlichen Gesichtspunkten. Ein Vergleichsmaß zwischen den Fertigungsverfahren ist das zerspante Material pro Zeiteinheit, das sogenannte **Zeitspanvolumen**. Im Schleifprozess wird das Zeitspanvolumen Q in mm^3/min oder in cm^3/min angegeben.

Das Zeitspanvolumen ist ein Maß für die Wirtschaftlichkeit des Fertigungsprozesses. Mit Schleifverfahren erzielt man das geringste Zeitspanvolumen gegenüber dem Hochgeschwindigkeitsdrehen und der konventionellen Drehbearbeitung. Die zu erzielenden Maßgenauigkeiten und Oberflächengüten sind beim konventionellen Drehen niedriger als beim Hochgeschwindigkeitsdrehen und Schleifen. Die Vorzüge der Hochgeschwindigkeitsbearbeitung haben zur Folge, dass dadurch die Schleifbearbeitung in Zukunft an Bedeutung verliert.

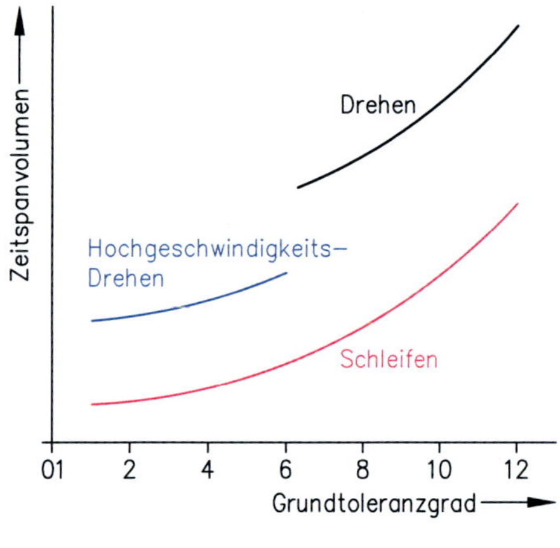

Entwicklung der Fertigungsfelder Schleifen und Drehen

Mit Schleifverfahren erzielt man Werkstücke mit hoher Form- und Maßgenauigkeit sowie hoher Oberflächengüte. Das Zeitspanvolumen ist jedoch niedrig.
Mit der modernen Hochgeschwindigkeitsbearbeitung erreicht man vergleichbare Werkstückqualitäten mit höherem Zeitspanvolumen.

4.4.2 Zerspangrößen im Schleifprozess

Die Zerspangrößen Schnittgeschwindigkeit, Vorschubgeschwindikgeit und Zustellung richten sich nach dem Schleifkörper und beeinflussen stark die Qualität der geschliffenen Oberfläche. Diese Zerspangrößen selbst sind abhängig von dem angewandten Schleifverfahren, dem Werkstoff der Werkstücke und der Kühlschmierung.

Übungsaufgabe A-62

- **Schnittgeschwindigkeit v_c**

Beim Schleifen ist die Schnittgeschwindigkeit v_c immer gleich der Umfangsgeschwindigkeit des Schleifkörpers, sie wird in m/s angegeben. Sie liegt im Bereich von 20 m/s bis 80 m/s und richtet sich hauptsächlich nach der Bindungsart der Schleifkörper. Härtere Schleifkörper erlauben höhere Schnittgeschwindigkeiten.

Neben der Schnittgeschwindigkeit bestimmen die Vorschubgeschwindigkeit v_f, sowie die Eingriffsbreite a_p und die Eingriffsdicke a_e das Schleifergebnis.

v_c Schnittgeschwindigkeit
v_f Vorschubgeschwindigkeit
b_s Schleifscheibenbreite
a_p Eingriffsbreite
a_e Eingriffsdicke

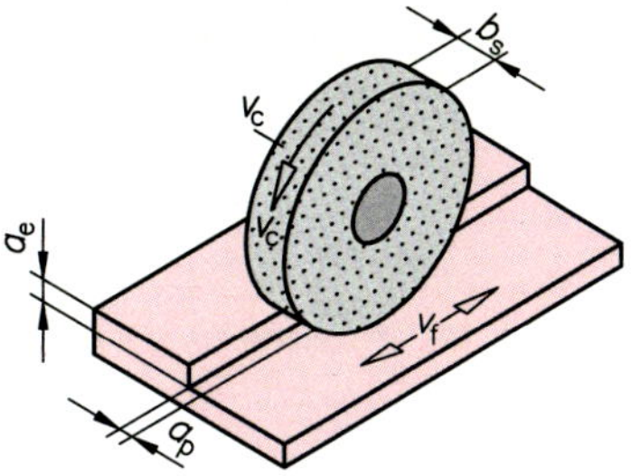

Planschleifen durch Pendelschleifen

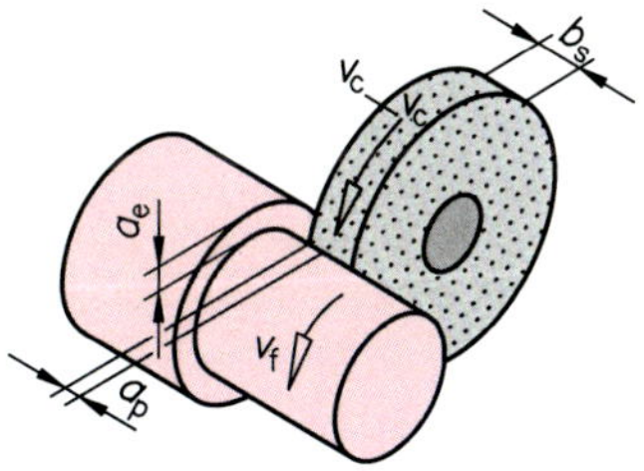

Längs-Rundschleifen

- **Werkstückgeschwindigkeit v_w**

Beim **Planschleifen** ergibt sich die Werkstückgeschwindigkeit als mittlere Geschwindigkeit aus der hin- und hergehenden Tischbewegung.

Beim **Rundschleifen** entspricht die Werkstückgeschwindigkeit der Umfangsgeschwindigkeit des sich drehenden Werkstücks.

In beiden Verfahren wird in Abhängigkeit vom zu bearbeitenden Werkstoff die Werkstückgeschwindigkeit in einem Bereich von 10 m/min bis 35 m/min gewählt.

- **Geschwindigkeitsverhältnis q**

Das Verhältnis zwischen Schnittgeschwindigkeit v_c und der Werkstückgeschwindigkeit v_w bezeichnet man als Geschwindigkeitsverhältnis q. Anhand dieser Kenngröße q erfolgt eine Steuerung des Schleifprozesses, so bedeutet z. B. $q = 60$, dass als Werkstückgeschwindigkeit 1/60 der Schnittgeschwindigkeit eingestellt wird.

$$\textbf{Geschwindigkeitsverhältnis } q = \frac{\textbf{Schnittgeschwindigkeit } v_c}{\textbf{Werkstückgeschwindigkeit } v_w}$$

Richtwerte für Schnittgeschwindigkeit, Werkstückgeschwindigkeit und Geschwindigkeitsverhältnis

Werkstoff	Planschleifen		Längsrundschleifen			
			Außenrundschleifen		Innenrundschleifen	
	v_c m/s	q	v_c m/s	q	v_c m/s	q
Stahl, Gusseisen	30	50–180	30	180	25	65–80
NE-Legierungen	20	30–80	25	90–180	20	30–50

- **Eingriffsbreite a_p**

Die Eingriffsbreite ist die Querverschiebung a_p der Schleifscheibe in mm, die in Relation zur Scheibenbreite festgelegt wird.

Nach der Art des Schleifvorgangs werden unterschiedliche Eingriffsbreiten gewählt:

- Schruppen: a_p = (2/3 bis 3/4) der Schleifscheibenbreite
- Schlichten: a_p = (1/4 bis 1/3) der Schleifscheibenbreite
- Feinschlichten: a_p = (1/10 bis 1/5) der Schleifscheibenbreite

Die Verstellung um die Eingriffsbreite wird ausgeführt:

- beim Planschleifen nach einem Doppelhub des Tisches,
- beim Rundschleifen während einer Werkstückumdrehung.

Übungsaufgaben A-63; A-64

• Eingriffsdicke a_e

Die Schnitttiefe wird beim Schleifen als Eingriffsdicke a_e bezeichnet. Diese ist auf den zu schleifenden Werkstoff und die Art der Bearbeitung – Schruppen oder Schlichten – abzustimmen.

Beim **Planschleifen** durch **Pendelschliff** werden geringe Eingriffsdicken zwischen a_e = 0,005 und 0,2 mm eingestellt. Pendelschleifen wird für leicht schleifbare Werkstoffe und geringe Materialabträge auf einfachen Schleifmaschinen eingesetzt.
Nachteilig ist, dass bei jeder Pendelbewegung die Schleifscheibe mit der Werkstückkante kollidiert und dabei stärker abnutzt. Ein häufiges Abrichten ist erforderlich.

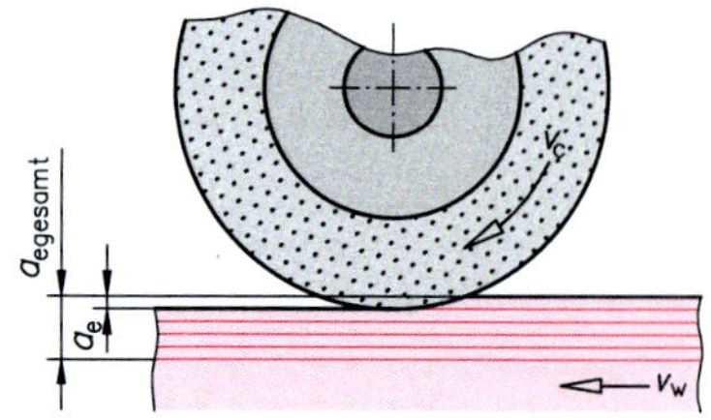

Pendelschleifen von Planflächen

Werden Planflächen durch **Tiefschleifen** bearbeitet, wird ein Mehrfaches der Eingriffsdicke a_e des Pendelschleifens und eine sehr geringe Werkstückgeschwindigkeit v_f eingestellt.
Bei geringem Schleifscheibenverschleiß wird ein großes Zeitspanvolumen abgetragen. Die Oberflächengüte ist höher als beim Pendelschleifen.
Das Tiefschleifen wird zur Endbearbeitung genauer Profile, wie z. B. von Führungbahnen, eingesetzt. Ein offenporiges Gefüge der Schleifscheibe muss die anfallende Spanmenge und die notwendige Kühlschmiermenge aufnehmen. Eine stabile Maschine mit hoher Antriebsleistung ist erforderlich.

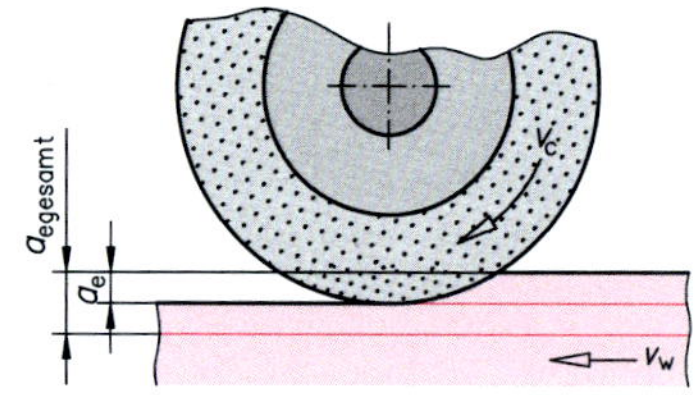

Tiefschleifen von Planflächen

Das **Außenrundschleifen** kann wie beim Planschleifen als Pendel- oder Tiefschleifen ausgeführt werden. Beim Außenrundschleifen durch Pendelschliff werden beim Schruppen Eingriffsdicken zwischen a_e = 0,02 bis 0,08 mm eingestellt, beim Schlichten Werte zwischen a_e = 0,002 bis 0,02 mm.
Innenrundschleifen führt man stets mit a_e = 0,01 bis 0,06 mm beim Schruppen und mit a_e = 0,002 bis 0,01 mm beim Schlichten aus.

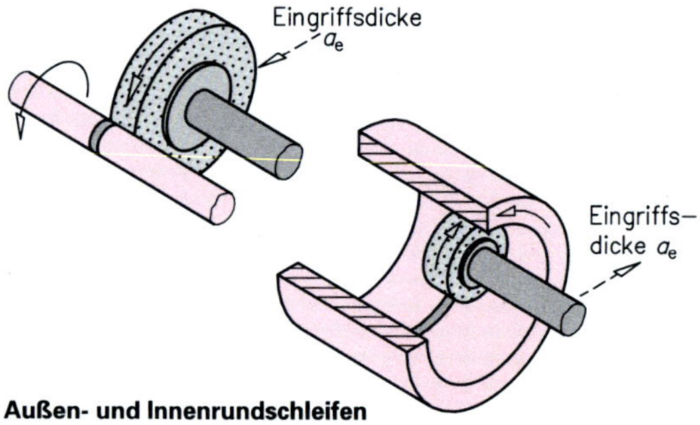

Außen- und Innenrundschleifen

• Einsatz von Kühlschmierstoffen

Beim Schleifen berühren sich Schleifwerkzeug und Werkstück nur in einem schmalen Bereich, der **Kontaktzone**. In diesem Bereich treten kurzzeitig hohe Temperaturen auf, die das Gefüge in der Randzone verändern. Es entsteht die sogenannte **„Weichhaut"**. Die durch Wärme beeinflusste Kontaktzone wird beim Gleichlaufschleifen nahezu vollständig weggeschliffen, beim Gegenlaufschleifen bleibt sie teilweise erhalten. Die entstehende Wärme kann durch Kühlschmierstoffe abgeführt werden.
Schleifverfahren, bei denen Kühlschmierstoffe verwendet werden, bezeichnet man als **Nassschleifen**; schleift man ohne Kühlschmierstoffe, so liegt **Trockenschleifen** vor.

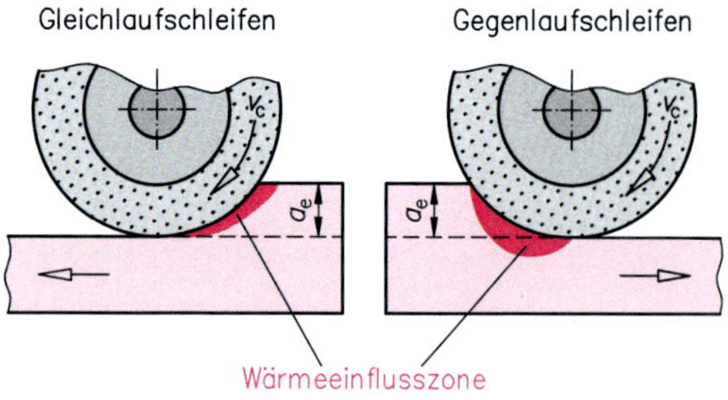

Wärmewirkung in der Kontaktzone

Übungsaufgabe A-65

5 Arbeitssicherheit und Unfallschutz

LF 5

5.1 Unfallschutz durch Betriebsanweisungen

Um das Unfallrisiko beim Gebrauch von Geräten und Maschinen klein zu halten, fügt der Hersteller den Produkten stets eine Gebrauchsanleitung bei, in der der Benutzer zu einem sachgemäßen Gebrauch angeleitet wird. Bei der gewerblichen Nutzung technischer Anlagen verfasst der Betreiber nach Vorgaben der Berufsgenossenschaften für solche Anlagen eine Betriebsanweisung, in der auf spezielle Gefahren hingewiesen und Verhaltensvorschriften aufgestellt werden.

Beispiele für Arbeitsbereiche an Maschinen und Montageplätzen

Arbeit an einer konventionellen Drehmaschine

Montagearbeiten an einem Großgetriebe

Heute sind die Maschinen selbst sicher konstruiert und mit zwangsläufig wirkenden Sicherheitseinrichtungen, wie z. B. Schutzabdeckungen, Sichtfenstern, Lichtschranken u. ä., ausgestattet. Das für den Menschen verbleibende Risiko soll durch Betriebsanweisungen weiter verringert werden.

Beispiel für die Inhalte von Betriebsanweisungen (BA)

Geltungsbereich:
Diese BA gilt für das Arbeiten (Bedienen), Einrichten sowie Beseitigen von Störungen an Fräsmaschinen. (Sie gilt nicht für das Freigeben der Maschinen!)

Gefahrenhinweise:
Beim Einrichten, Bedienen und bei der Behebung von Störungen besteht besondere Gefahr von Verletzungen durch scharfkantige Fräser und durch deren Drehbewegungen sowie durch elektrische, hydraulische und pneumatische Bauteile der Maschine und deren Zusatzeinrichtungen. Ferner besteht eine Gefährdung beim Handhaben und Transportieren von Werkzeugen und Spannelementen. Späne können Verletzungen hervorrufen. Der Hautkontakt mit Kühlschmierstoffen kann Hautkrankheiten verursachen. ...

Schutzmaßnahmen:
Der Probelauf eines neuen Programms ist mit verringerter Vorschubgeschwindigkeit oder im Einzelschritt durchzuführen. Bei Störungen im Antriebsbereich ist der Not-Aus-Schalter zu betätigen. Zum Einsetzen der Werkzeuge sind Schutzhandschuhe zu tragen. Vor Beginn der Arbeiten ist eine Hautschutzcreme aufzutragen, nach Arbeitsende geeignete Reinigungslotion verwenden. ...

5.2 Schutzmaßnahmen beim Umgang mit Gefahrstoffen

- **Kühlschmierstoffe**

Hautschäden im Zusammenhang mit Schmierstoffkontakt gehören zu den häufigsten Berufskrankheiten in der Metall verarbeitenden Industrie. Neben dem Einatmen der entstehenden Dämpfe birgt der Hautkontakt mit Kühlschmierstoffen eine Reihe von Gefahren:

- Die Haut wird bei ständiger Berührung entfettet, verliert ihre Schutzschicht, wird rissig und anfällig gegenüber Krankheiten, z. B. Entzündungen, Akne und Ekzeme. Nicht selten treten diese Erkrankungen an Körperteilen auf, an denen ölverschmutzte Kleidung eng anliegt.
- Die in den Kühlschmierstoffen mitgeführten Fremdkörper wie kleine Metallspäne u. a. verursachen winzige Verletzungen, die ebenfalls zu Hautschäden führen können.

Einsatz von Kühlschmierstoffen beim Fräsen

Den beschriebenen Gefahren kann mit einer Reihe von **Schutzmaßnahmen** begegnet werden:
- Kontakt mit Kühlschmierstoffen möglichst vermeiden.
- Vor der Arbeit eine schützende Hautcreme auftragen.
- Nach dem Kontakt mit Kühlschmierstoffen die Hände mit **geeigneten** Mitteln, z. B. Emulsionsreinigern, waschen. Auf keinen Fall die reinigende Wirkung der Kühlschmierstoffe selbst ausnutzen.
- Öldurchnässte Arbeitskleidung **sofort** wechseln und nicht auf der Haut trocknen lassen.
- Neben der Haut sind auch die Augen durch spritzenden Kühlschmierstoff gefährdet. Gelangt ein Spritzer ins Auge, so ist als erste Hilfe **sofort** mit dem Ausspülen zu beginnen. Anschließend ist **in jedem Fall** ein Augenarzt aufzusuchen.

- **Gefahrstoffe**

Gefahrstoffe weisen für den Menschen gefährdende Eigenschaften auf, wie z. B. giftig, ätzend, reizend, Brand fördernd, entzündlich, explosionsgefährlich oder Krebs erzeugend. Für den Umgang mit Gefahrstoffen hat der Arbeitgeber eine Betriebsanleitung zu erstellen, in der die Gefahr für Mensch und Umwelt beschrieben sowie Schutzmaßnahmen, Verhaltensregeln und Entsorgungsmaßnahmen festgelegt sind. Gefährliche Arbeitsstoffe sind auf der Verpackung gekennzeichnet durch die Angaben:

- Stoffbezeichnung,
- Hinweis auf besondere Gefahren,
- Sicherheitsratschläge,
- Hersteller oder Lieferant,
- Warnzeichen,
- ggf. die Aufschrift „Kann Krebs erzeugen".

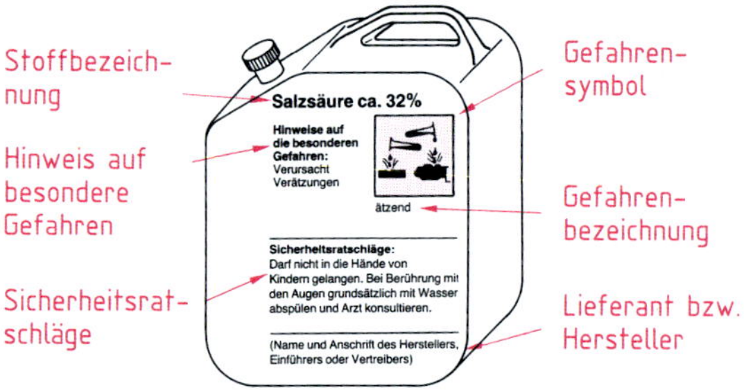

Kennzeichnung an Salzsäurebehältern

5.3 Maßnahmen bei Unfällen

Trotz Sicherheitseinrichtungen und sicherheitsbewusstem Verhalten kommt es zu Arbeitsunfällen. Damit in solchen Fällen zielgerichtet und schnell geholfen werden kann, ist es die Pflicht eines jeden Betriebsangehörigen, über die in seinem Betrieb vorhandenen Hilfs- und Meldeeinrichtungen informiert zu sein.

Sofortmaßnahmen nach einem Unfall:
- Maschinen und Geräte im unmittelbaren Gefahrenbereich abschalten.
- Verunglückte Personen aus dem Gefahrenbereich bergen.
- Verunglückte Personen sicher lagern.
- Hilfe herbeirufen.
- Verunglückten möglichst nicht allein lassen.
- Meldung des Unfalls nach betrieblichem Alarmplan.
- Soweit möglich erste Hilfe leisten.

Übungsaufgaben A-66 bis A-70

6 Umweltschutz

- **Entsorgung von Schmier- und Kühlschmierstoffen**

Schmier- und Kühlschmierstoffe werden nach einer bestimmten Einsatzdauer unbrauchbar.
Da Öle und Emulsionen zu den wassergefährdenden Stoffen zählen, dürfen sie nicht in den Boden, in Gewässer oder eine übliche Kläranlage geleitet werden. Die Entsorgung regeln Verordnungen, die aufgrund des Bundesabfallgesetzes erlassen wurden. So dürfen z.B. nur Unternehmen mit entsprechenden Genehmigungen die Entsorgung von Sonderabfällen (z.B. Kühlschmierstoffe usw.) vornehmen.

Entsorgungspflichtig ist in jedem Fall der Erzeuger von Sonderabfällen.

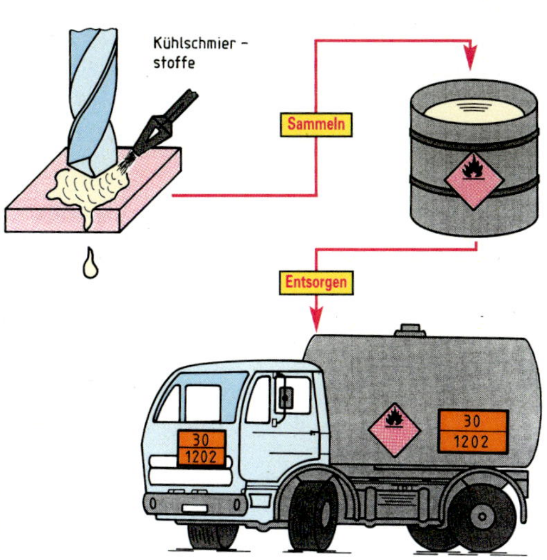

- **Umweltbelastungen**

Jedes Produkt und auch das damit verbundene Herstellungsverfahren stellen einen Eingriff in die Umwelt dar. Inwieweit diese Eingriffe von einer Gemeinschaft getragen werden können, muss diese Gemeinschaft unter sich entscheiden. Beurteilungskriterien für solche Entscheidungen unter den Gesichtspunkten der Umwelt- und der Sozialverträglichkeit kann die folgende Übersicht geben.

Umweltverträglichkeit	– **Luftverträglichkeit** (Schutz der Atmosphäre durch emissionsarme Produktion, Nutzung und Entsorgung) – **Wasserverträglichkeit** (Gewässerreinhaltung) – **Bodenverträglichkeit** (Bodenschutz) – **Pflanzenverträglichkeit** (Schutz der Artenvielfalt)
Ressourcenschonung[1]	– Schonung der **Energiereserven** (Öl, Erdgas, Kohle, Uran) – Schonung mineralischer **Rohstoffe** (Erze usw.) – Schonung der **Waldbestände** – Schonung der **Wasserreserven,** insbes. des Trinkwassers – Schonung der **Bodenflächen** (nur unbedingt nötiger Wohnungsbau, Straßenbau, Bahntrassenbau usw.) – Schonung des **Bodens** (z. B. kein Treibstoff aus Zuckerrohr, kein Mais für Schweinezucht)
Abfallvermeidung und Abfallverwertung	– Regenerierbarkeit – Wiederverwendbarkeit – Verpackungsaufwand
Gesundheitsverträglichkeit	– keine gesundheitlichen Gefährdungen und Belastungen für Menschen und Tiere durch **Schadstoff-Freiheit, Sicherheitstauglichkeit** und **Lärmarmut** der Produkte
Gebrauchstauglichkeit	– **Funktionstüchtigkeit** – **Verschleißarmut/Langlebigkeit** – **Bedienungs-** und **Reparaturfreundlichkeit** – **Gebrauchsintensität** (Wie intensiv kann bzw. muss das Produkt genutzt werden? Blockiert es die Nutzung anderer Produkte?) – **Fehlerfreundlichkeit** (Fähigkeit eines Produkts, Fehler, z. B. Material- und Bedienungsfehler, zu tolerieren)
Sozialverträglichkeit	– Die Produkte sollen den Menschen und die Gesellschaft bereichern im Hinblick auf soziale Werte wie **Kommunikation, Kooperation, Qualifikation, Kreativität** – sie sollen den Besitzer nicht privilegieren, d.h. ihm keine **Prestige-** und **Machtvorteile** verschaffen (Kann das Produkt massenhaft verwendet werden?) – sie sollen nicht unter unzumutbaren **Arbeits-** und **Produktionsbedingungen** hergestellt worden sein (z. B. durch extreme Arbeitsteilung, Monotonie, Stress, psychische und physische Belastungen)

[1]) Ressource (franz.) = Hilfsmittel, Geldmittel

Übungsaufgaben A-71; A-72

Handlungsfeld: Technische Systeme gestalten

Problemstellung

Konstruktionsauftrag

Auftrag
Vorrichtung zum Zuführen von Bolzen aus einem Fallmagazin zu einer Übergabestation an einen Roboter konstruieren.

Skizze

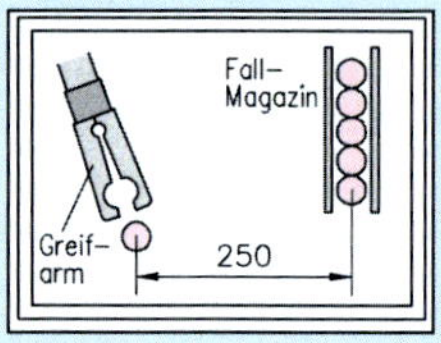

Analysieren

Anforderungen
- Technisch
  - Funktionstechnisch
  - Fertigungstechnisch
  - Werkstofftechnisch
- Wirtschaftlich
- Gesellschaftlich

Anforderungen
- Technisch
  - Präzise Vereinzeln
  - Sichere Lage des Bolzens an der Übergabestelle
  - Automatischer Betrieb
  - Hohe Betriebssicherheit
- Wirtschaftlich
  - Kostengünstige Herstellung

Ergebnisse
- Anforderungsliste
- K.o.-Kriterien

Planen

Lösungsprinzipsuche
- Auswahl einer Suchsystematik (Brainstorming, morphologischer Kasten ...)
- Lösungsalternativen suchen
- Bewertung der Lösungen
- Entscheidung für eine Lösung

Dimensionierung
- Berechnung wesentlicher Konstruktionsdetails

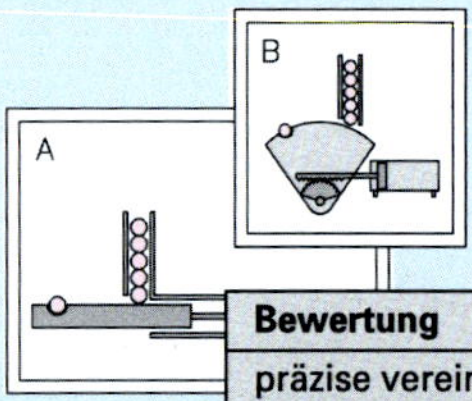

Bewertung	A	B
präzise vereinzeln	4	4
sichere Lage	4	3
betriebssicher	3	2

Ergebnisse
- Skizzen
- Beschreibungen
- Maße
- Entscheidungsmatrix

Konstruieren

Berücksichtigung von
- Vorschriften (Sicherheit ...)
- Normen
- Lagervorräten
- Zulieferungen

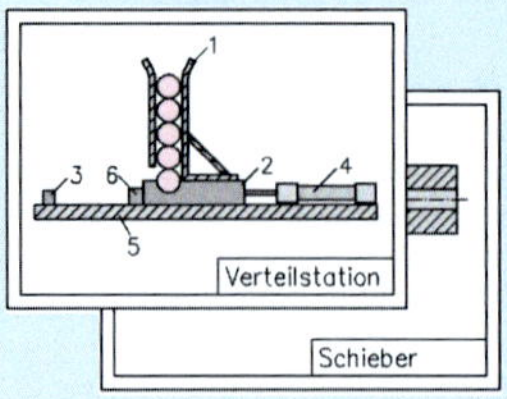

Ergebnisse
- Gesamtzeichnung
- Teilzeichnungen
- Stücklisten
- CAD-Daten
- Gebrauchshinweise Wartungspläne u. a.

1 Normalien als Maschinenelemente im Werkzeugbau

1.1 Normalien als „Baukasten" für den Werkzeugmechaniker

Normalien sind Bauelemente für Formen und Werkzeuge. Diese Bauelemente sind in ihren Ausführungen und Eigenschaften vereinheitlicht und typisiert. Normalienhersteller liefern sowohl Bauelemente, die nach DIN oder ISO oder anderen Normen festgelegt sind, als auch Bauelemente bzw. Baugruppen für die Werksnormen bestehen.
Werksgenormte Normalien werden in Anlehnung an offizielle Normen hergestellt und ergänzen das Angebot für den Werkzeugbau.

Beispiel für einen Bausatz von Normalien für Spritzgießwerkzeuge

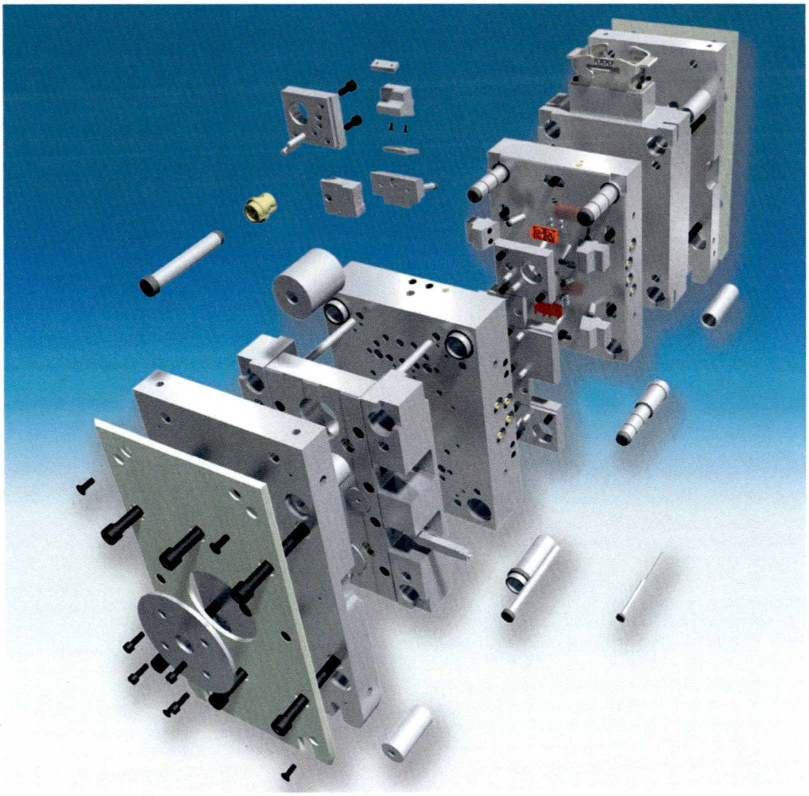

Mit Normaliensätzen, den normalisierten Zubehörteilen und den üblichen Normelementen, hat der Konstrukteur und der Werkzeugmechaniker heute maschinenbauähnliche Möglichkeiten für die Zusammenstellung individueller Werkzeugaufbauten.

Die Konstruktion und die Fertigung von Werkzeugen werden durch den Einsatz von Normalien wirtschaftlich. Die standardisierte Konstruktion von Werkzeugen im Baukastenprinzip mithilfe von Datenbanken für die CAD-Konstruktion und der Wegfall von vorbereitenden Fertigungsschritten im Werkzeugbau verringern die Produktionszeiten und -kosten.

Mit Normalien und normalisiertem Zubehör konstruiert und baut man Werkzeuge und Formen schneller, preiswerter und risikoloser.

Übungsaufgabe B-1

1.2 Normalien für den Aufbau von Spritzgießwerkzeugen

Die Normalienprogramme für Spritzgießwerkzeuge sind auf der Grundlage der DIN 16750 aufgebaut, entsprechende Normen sind in den Katalogen berücksichtigt.[1)]
Die Anwendungsgebiete der Werkzeugnormalien sind demgemäß in den Katalogen wie folgt unterteilt:

- **Werkzeugaufbau** – Platten, Konstruktionswerkstoffe
- **Allgemeine Werkzeugbauteile** – Führen und Zentrieren, Spannen, Isolieren etc.
- **Angießsystem** – Angießbuchsen, Heißkanaldüsen und -verteilerblöcke, Zubehör
- **Entformungssystem** – Auswerfer, Schieberelemente, Kern- und Klinkenzüge
- **Regelungstechnik** – Messen, Steuern, Regeln, Heizelemente, Drucksysteme
- **Temperiersystem** – Kupplungen, Schläuche, Dichtungen, Umlenkungen
- **Zubehör** – Bearbeitungswerkzeuge, Hilfsmittel, Betriebsstoffe

1.2.1 Normalienauswahl für den Werkzeugaufbau

Ein Spritzgießwerkzeug wird ausgehend von der Artikelgeometrie, der Anzahl der Formnester und dem Formstofftyp konstruiert. Für die Festlegung der Größe des Werkzeuges sind dann weiterhin die erforderlichen Fahrwege, die Arbeitsdrücke, die Arbeitstemperaturen sowie die Einbauverhältnisse an der Spritzgießmaschine maßgebend.
Der Konstrukteur des Werkzeuges bestimmt aus den Vorgaben zunächst die Größe der notwendigen Arbeitsfläche und die Dicke der Formplatten. Mit diesen Daten sucht er aus dem Sortiment der Normalienhersteller entsprechend große Plattensysteme aus.

Die Platten haben Bohrungen, Einsenkungen und Gewinde, die symmetrisch mittig zu den Außenkanten liegen. Das Plattenangebot umfasst planparallel geschliffene Ronden und eckige Platten, die bis zu einer Dicke von 246 mm nach Norm gestaffelt sind. Die eckigen Platten sind winklig geschliffen und werden in vielen Formaten zwischen 95 x 95 und 796 x 996 (Angaben in mm) angeboten.
Die nutzbare Arbeitsfläche der Formplatten liegt zwischen den Bohrungen für den Werkzeugaufbau.

Beispiel für die Maßauswahl von Formplatten im Spritzgießwerkzeug

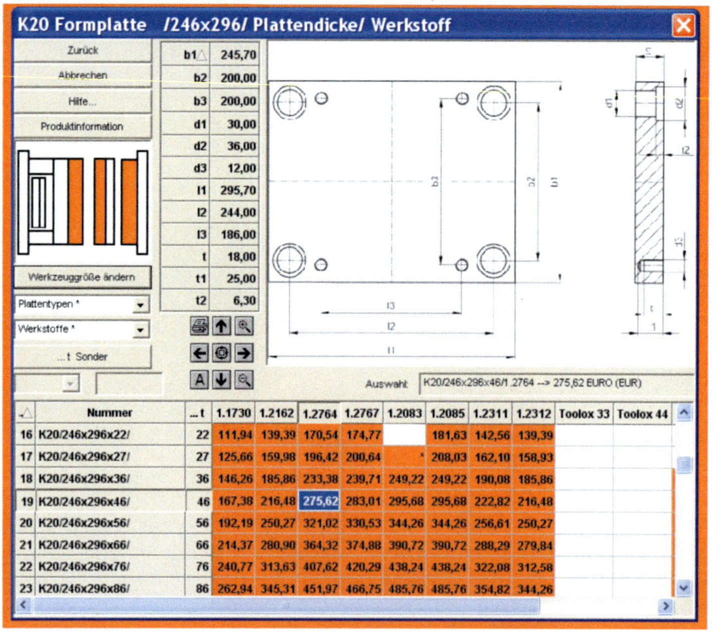

---
1) Zum Verständnis des Werkzeugaufbaus siehe auch das Kapitel „Das Spritzgießwerkzeug als technisches System" in diesem Buch ab Seite 225.

Die Normalienhersteller halten die vielen verschieden Platten für den Werkzeugbau in unterschiedlichen Werkstoffen vorrätig. So werden im Formenbau neben den Platten aus unlegierten Werkzeugstählen auch solche aus Edelstählen oder Aluminium-Knetlegierungen verwendet. In den Katalogen sind daher auch die Werkstoffqualitäten mit Verwendungszweck angegeben.

Beispiele für die Angabe von Stahlqualitäten im Werkzeugbau

Werkstoff-Nr.	1.1730	1.2083
DIN-Bezeichnung	C 45 W	X 42 Cr 13
Richtanalyse (%)	C- 0,45 Si- 0,30 Mn- 0,70	C- 0,42 Si- 0,40 Mn- 0,30 Cr- 13,0
Festigkeit bei Anlieferung	max. 640 N/mm^2	max. 780 N/mm^2
Charakteristik	Unlegierter Werkzeugstahl	Korrosionsbeständiger Durchhärterstahl
Verwendung	Ungehärtete Bauteile im Formen-, Werkzeug- und Vorrichtungsbau	Formplatten und Einsätze für die Kunststoffverarbeitung, vorwiegend bei Verarbeitung chemisch aggressiver Kunststoffe

Werkstoff-Nr.	1.2162	1.2311
DIN-Bezeichnung	21 MnCr 5	40 CrMnMo 7
Richtanalyse (%)	C- 021 Si- 0,25 Mn- 1,25 Cr- 1,2	C- 0,40 Si- 0,30 Mn- 1,50 Cr- 1,90 Mo- 0,20
Festigkeit bei Anlieferung	max. 710 N/mm^2	max. 1080 N/mm^2
Charakteristik	Standardeinsatzstahl	Vorvergüteter Werkzeugstahl
Verwendung	Formplatten und Einsätze für die Kunststoffverarbeitung	Formplatten und Einsätze für die Kunststoffverarbeitung, gut polierbar, Fotoätzen und Strukturerodieren möglich

1.2.2 Zusammenstellung von Plattensätzen

Die Werkzeugbauteile kann man sich, ausgehend von einem gewählten Werkzeugaufbau, zu Sätzen zusammenstellen. Zunächst wird die Plattengröße (Länge und Breite bzw. Durchmesser) gewählt. Danach sucht man sich die einzelnen Platten aus. Für jede Platte legt man – soweit erforderlich – dabei die Dicke und den Werkstoff fest. Ist in der Datenbank des Normalienanbieters ein Stücklistenmodul und ein Gesamtmodul hinterlegt, so erhält man mit der Auswahl aller Platten gleichzeitig alle notwendigen Bauteile zum Führen und Zentrieren für das Werkzeug sowie die notwendigen Verschraubungen.

Beispiel für die Auswahl von Plattensätzen mit Zusatzbauteilen

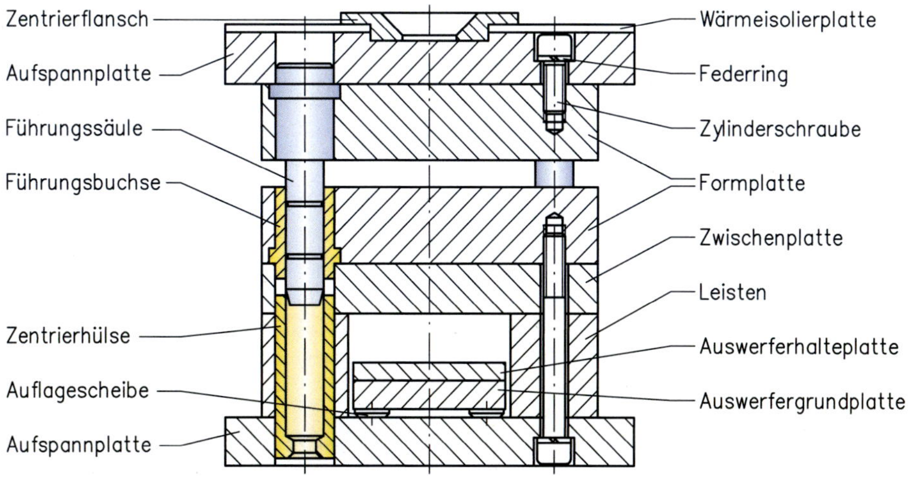

Übungsaufgaben B-2 bis B-5

1.2.3 Normalien zum Führen, Zentrieren und Verschrauben[1)]

Entscheidend für den baukastenähnlichen Aufbau von Formen mit Normalien ist, dass alle Platten eines Werkzeuges mit durchgängigen Bohrungen vom gleichen Durchmesser mit gleicher Tolerierung vorgesehen sind. Diese sogenannte Systembohrung mit dem Durchmesser d_3 hat die Bohrungspassung H7. Je nach Werkzeuggröße ändert sich die Größe dieser Systembohrung.

Die Führungs- und Zentrierelemente haben innerhalb einer Werkzeuggröße die gleichen Aufnahmedurchmesser d_3 wie die Platten. Dieser Durchmesser hat für den Einbaubereich in die Formplatten die Toleranz k6 und führt dort mit der Bohrungstoleranz H7 zu einer Übergangspassung.
Der Bund an der Säule bzw. an der Buchse dient zur axialen Fixierung des Bauteiles. Der Ansatz – ebenfalls mit dem Durchmesser d_3 – dient zur Zentrierung der nächstfolgenden Platte. Dieser jeweilige Ansatz hat die Toleranz e7 und führt mit der Bohrungstoleranz H7 zu einer Spielpassung. Die Zentrierhülse hat durchgängig die Tolerierung k6.

Beispiel für den Aufbau eines Führungssystems in einem Gießwerkzeug

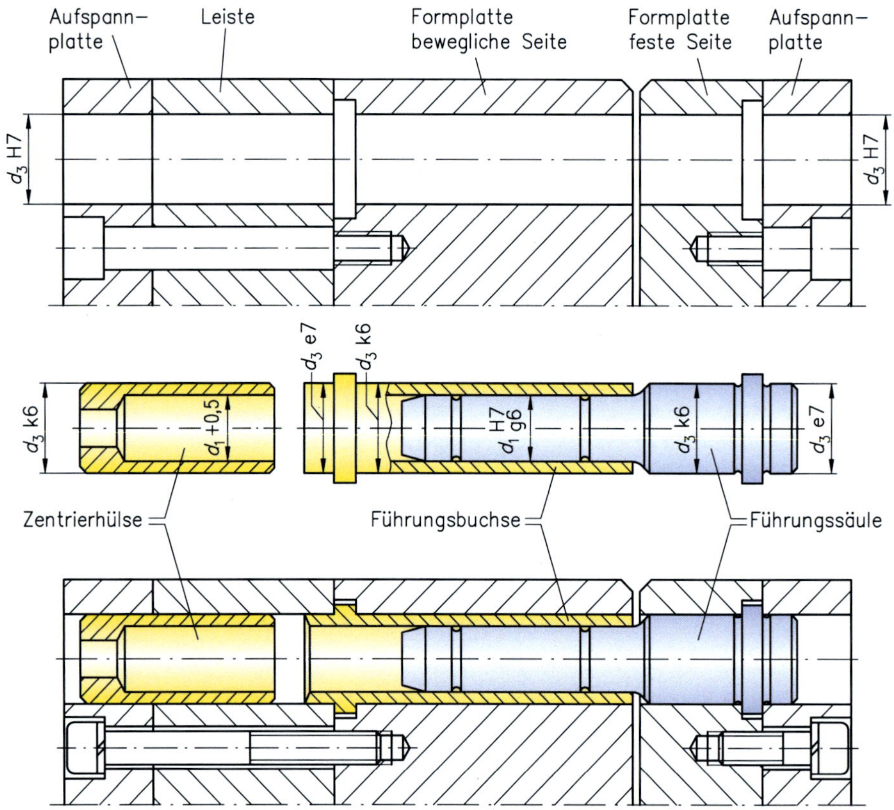

Die Führungselemente sind aus Stahl hergestellt, in den Oberflächen vergütet und feingeschliffen. Die Führungsdurchmesser d_1 sind H7/g6 toleriert. Säulen und Buchsen gleiten ineinander und verschleißen. Eine konsequente Schmierung verlängert die Standzeit. Die Führungselemente können wegen der normierten Vorgaben bei Bedarf ausgetauscht werden. Wartungsfreie Führungsbuchsen gibt es in gleichen Abmessungen auch aus Lagerbronze mit Festschmierstoffdepots.

[1)] Weitere Informationen zu den Führungselementen siehe auch das Kapitel „System zur Führung und Zentrierung" in diesem Buch ab Seite 267.

Datenblatt für Elemente zum Führen und Zentrieren

Bezeichnung	Bauteilvermaßung	Bestellangaben

LF 6

Führungssäule

DIN 16 719
ISO 8017

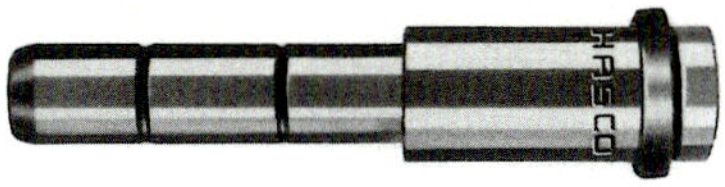

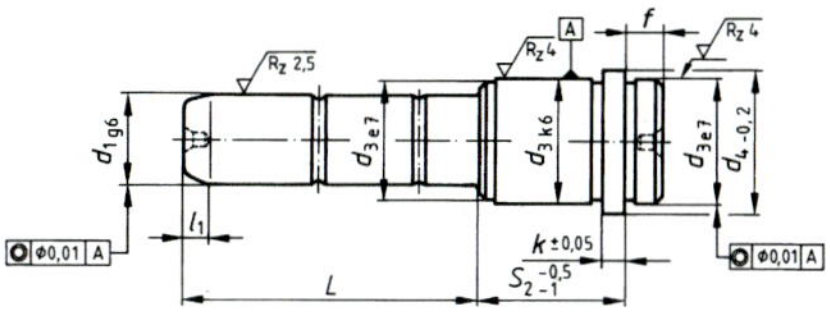

l_1	f	k	d_3	d_4	S_2	Ø d_1	L	Nr./No.	Ø d_1	Nr./No.
4	3	3	14	16	**12**	**9**	**25**	Z 00/12/ 9x 25	**10**	Z 00/12/10x 25
							45	45		45
7	9	6	20	25	**17**	**14**	**35**	Z 00/17/14x 35	**15**	Z 00/17/15x 35
							55	55		55
							75	75		75
							95	95		95
					22	**14**	**30**	Z 00/22114x 30		Z 00/22/15x 30
							50	50		50
							70	70		70
							90	90		90
							110	110		110
							125	125		125
							150	150		150
7	9	6	20	25	**27**	**14**	**30**	Z 00/27/14x 30	**15**	Z 00/27/15x 30
							45	45		45
							65	65		65

Führungsbuchse

DIN 16 716
ISO 8018

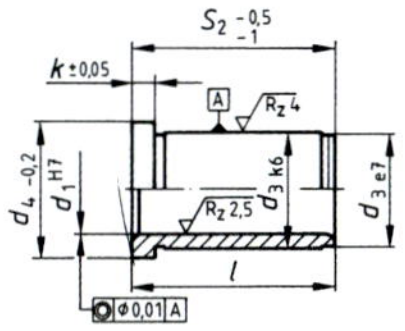

l	d_3	d_4	k	S_2	Ø d_1	Nr./No.	Ø d_1	Nr./No.
9	14	16	3	**9**	**9**	Z11/9/9	**10**	Z11/9/10
12				**12**		12		12
12	20	25	6	**12**	14	Z11/12/14	**15**	Z11/12/15
17				**17**		17		17
22				**22**		22		22
27				**27**		27		27
36				**36**		36		36
46				**46**		46		46
56				**56**		56		56
56				**66**		66		66
56				**76**		76		76

Zentrierhülse

DIN 16 759
ISO 9449

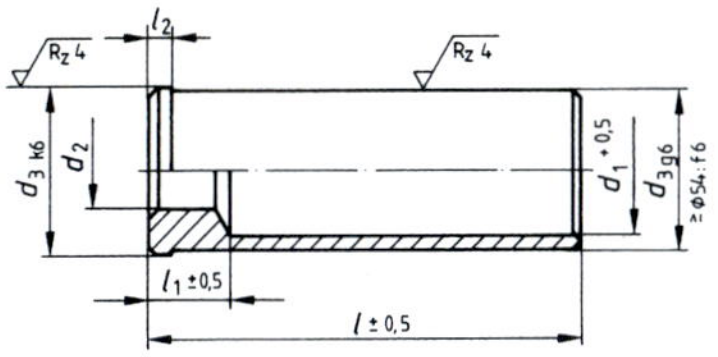

l_1	d_2	d_1	d_2	d_3	l	Nr./No.
8	2	11	7	**14**	**20**	Z 20/14x 20
					30	30
13	2	16	11	**20**	**30**	Z 20/20x 30
					40	40
					60	60
					80	80
					100	100
					120	120
					140	140
					160	160
13	2,5	21	11	**26**	**30**	Z 20/26x 30
					40	40

Zentriereinheit

ISO 8406

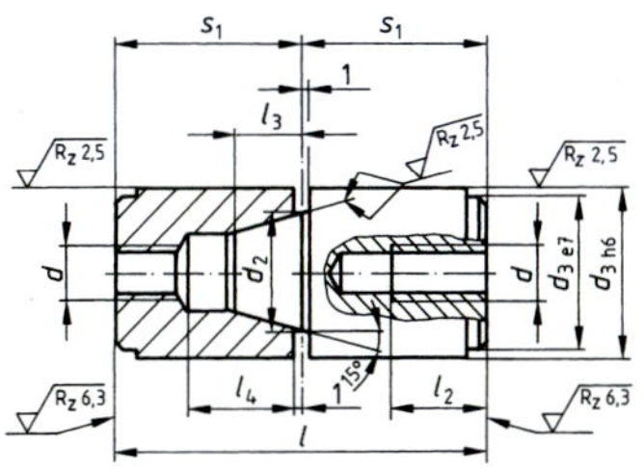

Material: ≈ 1.2067/56 ± 2 HRC

l_4	l_3	l_2	l	d	d_2	s_1	d_3	Nr./No.
8	4	11	34	M 4	8	17	**12**	Z 05/12
	6	12		M 5	10		**14**	14
							16	16
13	9	15	54	M 8	15	27	**20**	Z 05/20
	10				20		**25**	25
							26	Z 05/26
20	14	18	72	M 10	25	36	**30**	Z05/30
							32	32
25	18		92		35	46	**42**	42

Systemverschraubungen am Werkzeugplattensystem

Die Werkzeugplatten-Systemverschraubung befindet sich in der Regel in unmittelbarer Nähe zur Systemführung. Die durchgesteckte Schraubenlänge muss so bemessen sein, dass eine ausreichend wirksame Gewindelänge für die Sacklochgewinde in den Formplatten vorhanden ist.

Man wählt die Gewindelänge daher > 1,5 bis 2 x Nenndurchmesser. In Großformen mit extremen Kantenlängen und in Formen mit hohen dynamischen Belastungen werden zusätzlich zu den Verschraubungen bei den Systemführungen weitere Verschraubungen vorgesehen.

Für Normaufbauten werden Zylinderschrauben nach DIN EN ISO 4762 (früher DIN 912) in den Festigkeitsklassen 10.9 verwendet. Sie sollen gegen willkürliches Lösen vorzugsweise mit Sperrkantenringen gesichert sein. Diese besonderen Schraubensicherungen haben sich bei hochfesten Verbindungselementen bewährt.

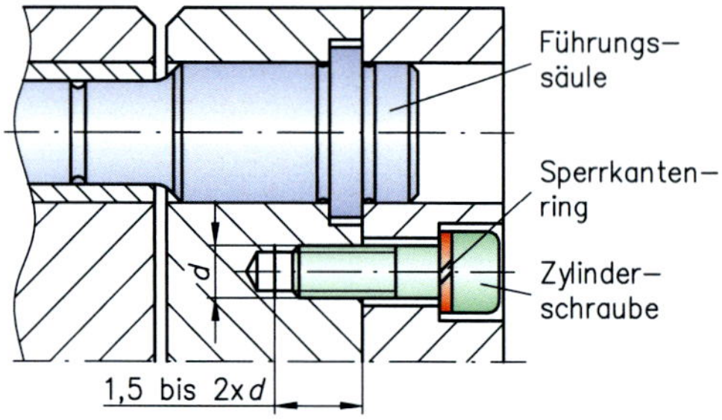

Plattenverschraubung

1.2.4 Normalien für den Angussbereich[1]

Im Bereich der Kunststoffverarbeitung spielt das Angusssystem in einem Werkzeug eine wichtige Rolle. Die Entscheidung für ein bestimmtes Angusssystem wird unter Berücksichtigung technischer und kaufmännischer Gesichtspunkte getroffen. Manchmal ist es kostengünstiger, durch einfache Angusssysteme eine geringe mechanische Nacharbeit an den Artikeln in Kauf zu nehmen, als eine aufwendige Anspritztechnologie für relativ kleine Stückzahlen einzusetzen.

Neben den Normalienherstellern, die den gesamten Normalienbereich abdecken, haben sich auch Spezialfirmen für die Herstellung von Normalien nur für den Angussbereich entwickelt.

Beispiel für die Auswahl von Normalien im Angussbereich

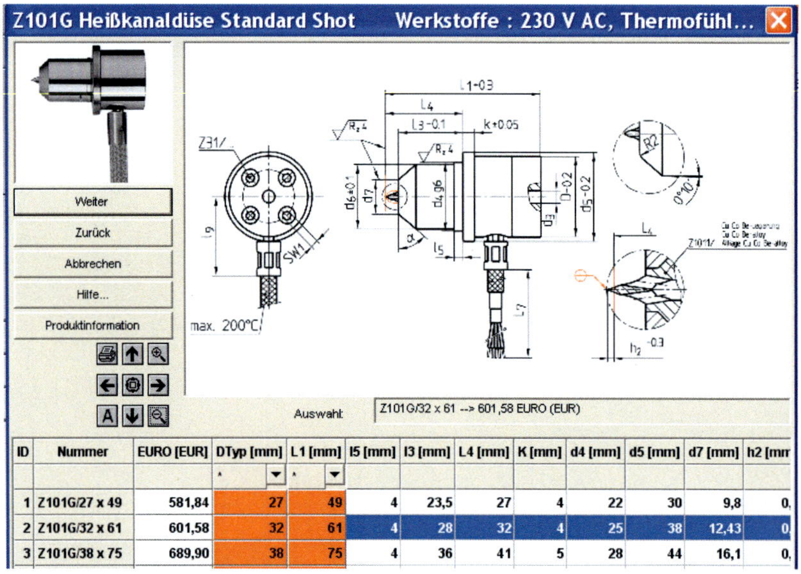

ID	Nummer	EURO [EUR]	DTyp [mm]	L1 [mm]	l5 [mm]	l3 [mm]	L4 [mm]	K [mm]	d4 [mm]	d5 [mm]	d7 [mm]	h2 [mm
1	Z101G/27 x 49	581,84	27	49	4	23,5	27	4	22	30	9,8	0,
2	Z101G/32 x 61	601,58	32	61	4	28	32	4	25	38	12,43	0,
3	Z101G/38 x 75	689,90	38	75	4	36	41	5	28	44	16,1	0,

Angusssysteme mit mechanischem Verschluss sind die technisch besten, aber auch aufwendigsten Lösungen. Der Querschnitt für den Anguss lässt sich bei solchen Systemen günstig auslegen, sodass der Kunststoff ohne Schädigung in das Formnest gelangt und der Nachdruck genau eingestellt werden kann.

[1] Weitere Informationen zu den Normalien im Angussbereich siehe auch das Kapitel „Angusssystem" in diesem Buch ab Seite 239.

Übungsaufgabe B-10

Datenblatt für Elemente zum Angusssystem

Angießbuchse

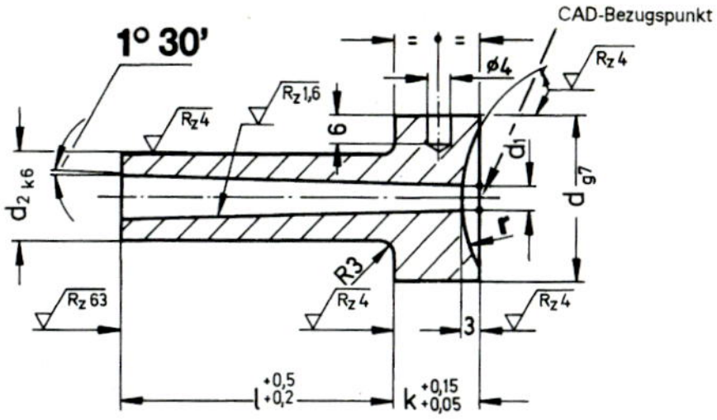

r = 40						
d	**k**	**d₂**	***l***	**d₁**	**r**	**Bestellnummer**
38	18	**18**	**27**	**3,5**	**40**	Z51/18 x 27/3,5/40
			36			36
			46			46
			56			56
			27	**4,5**		Z51/18 x 27/4,5140
			36			36
			46			46
			56			56
			76			76
48	23	**24**	**46**	**4,5**	**40**	Z 51/24 x 46/45/40
			56			56
			76			76
			56	**6,5**		Z51/24 x 56/6,5/40
			76			76

Angusshaltebuchse

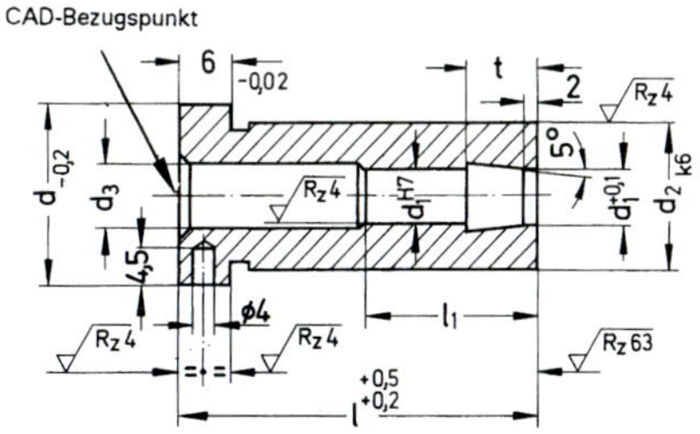

d	d_3	d_1	t	l_1	**d_2**	**l**	Bestellnummer
22	6,5	6	7	28	**18**	**46**	Z53/18 x 46
						56	56
28	8,5	8	9,5		**24**	**36**	Z53/24 x 36
						46	46
						56	56
						76	76
						96	96

Angießbuchse (temperierbar)

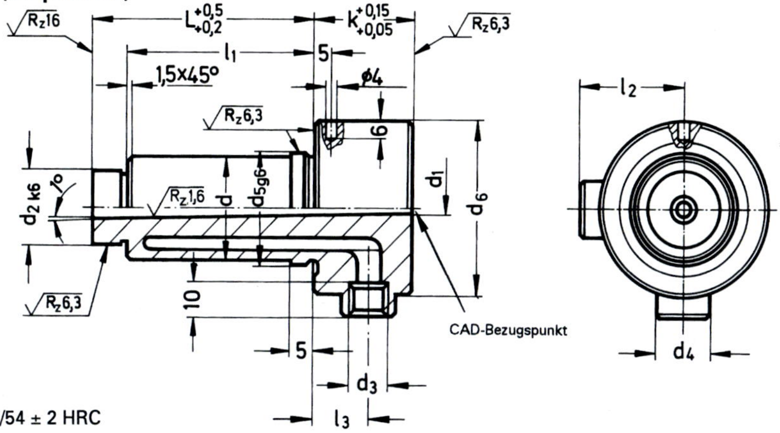

Mat.: ≈ 1.2343/54 ± 2 HRC

k	d_6	l_3	l_2	l_1	d	d_5	d_4	d_3	**d_2**	**L**	**d_1**	Bestellnummer
23	45	13,5	28,5	36	25	26	15	M10x1	**18**	**46**	**4,0**	Z518/18 x 46/40
				46						**56**		56
				66						**76**		76
				86						**96**		96
32	56	18	34	44	34	35	19	M14x1,5	**24**	**56**	**5,5**	Z518/24 x 56/55
				64						**76**		76
				84						**96**		96
				104						**116**		116

1.2.5 Normalien zum Entformen

Schon bei der Formteilgestaltung von Spritzgießteilen muss man die Entformungsmöglichkeiten berücksichtigen. Das Aussehen und die Maßhaltigkeit der Teile werden durch die gewählte Entformungsstrategie beeinflusst. Die Werkzeugkosten sind nicht unerheblich, wenn aufwendige Enformungssysteme angewendet werden.

- **Auswerfer**

Häufig werden genormte Auswerferstifte und Auswerferhülsen eingesetzt, da sie in großen Maßbereichen vorliegen und sicher in ihrer Funktion sind. Auswerfer und Auswerferhülsen sind Verschleißteile. Auch deswegen bietet es sich an, möglichst diese Elemente bei der Konstruktion einzusetzen. Angelehnt an die genormten Auswerfer werden von den Normalienherstellern auch Spezialauswerfer angeboten.

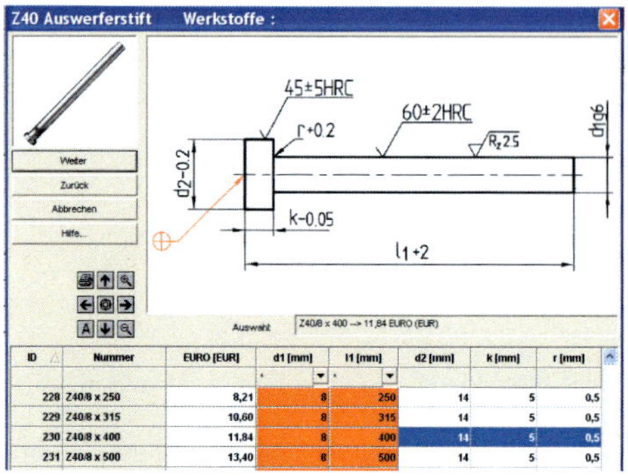

Auswahl von Auswerfern

- **Sondersysteme zum Entformen**

Mit Klinkenzügen und Zweistufenauswerfern lassen sich Artikel in zwei Stufen entformen. Solche Baugruppen werden in verstärktem Maße auch als Normalien angeboten.[1)]

Zum Entformen von Teilen mit Innengewinde, wie sie z. B. an Verschlusskappen für Behälter vorkommen, sind in den Werkzeugen kleine Getriebe erforderlich, um die Kerne aus den Teilen auszuschrauben. Der Antrieb kann über Steilgewindespindeln erfolgen. Hierbei wird die Drehbewegung aus der Öffnungsbewegung des Werkzeuges abgeleitet. Die Bauteile für solche Getriebe – vom Zahnrad bis zum Kugellager – sind ebenfalls katalogmäßig verfügbar. Bevor die Auswahl durchgeführt werden kann, sind jedoch umfangreiche Berechnungen notwendig.[2)]

Beispiel **für die Auswahl von Normalien zum Entformen von Teilen mit Innengewinde**

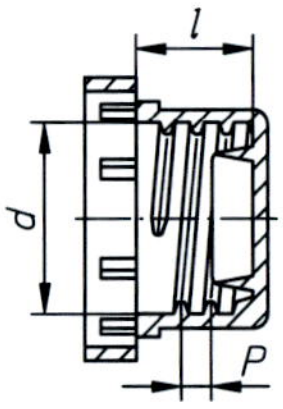

Artikel mit Innengewinde

Getriebe im Werkzeug

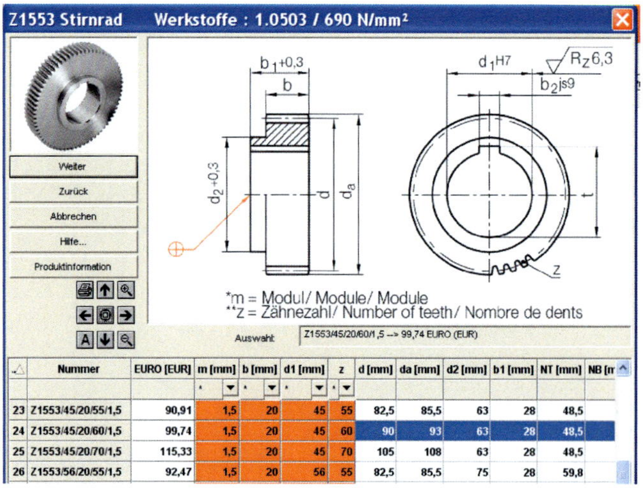

1) Zu diesen Entformungsstrategien sind in diesem Buch im Kapitel „Entformungssystem“ ab Seite 265 mehrere Varianten dargestellt.

2) Der genaue Aufbau eines Werkzeuges mit Steilgewindespindel und die notwendigen Berechnungen für das Getriebe sind in diesem Buch im Kapitel „Getriebe zur Entformung im Schraubwerkzeug“ ab Seite 79 ausgeführt.

1.2.6 Normalien zur Temperierung[1)]

Die Temperatur des Werkzeuges während der Produktion ist für die Qualität der Artikel und für die Zykluszeit von Bedeutung. So muss z. B. bei der Verarbeitung von Thermoplasten der Werkzeugbereich, der bis zur Anspritzstelle reicht, erwärmt bleiben, damit die Schmelze nicht erstarrt. Andererseits muss die Kavität gekühlt werden, damit das Spritzteil erstarrt und entformt werden kann.

LF 6

Die Hersteller von Normalien bieten systematisch aufeinander abgestimmte Elemente zur optimalen Auslegung von Temperierkreisläufen in Spritzgieß- und Druckgießwerkzeugen an. Bei der Auswahl sollte man besonders darauf achten, für welches Medium – Luft, Wasser, Öl – und bei welchen Drücken die Bauteile eingesetzt werden dürfen. Die Verbindung zwischen dem Temperiergerät an der Spritzgießmaschine und dem Spritzgießwerkzeug wird meist durch flexible Schläuche hergestellt. Diese Schlauchleitungen sind so zu wählen, dass sie den Belastungen bei Druck und Temperatur standhalten, aber auch den mechanischen Beanspruchungen müssen sie über längere Zeit gewachsen sein.

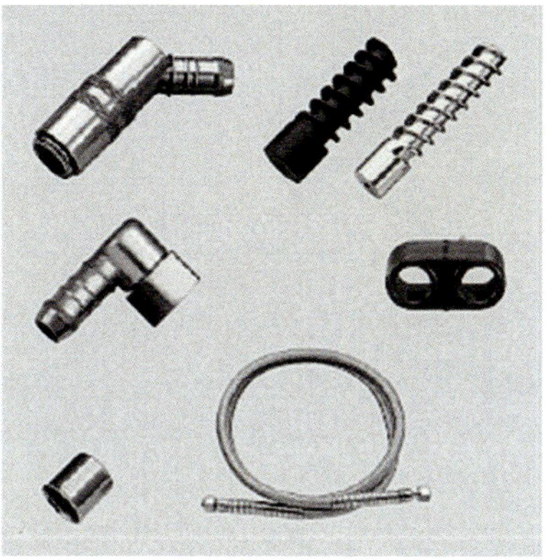

Normalien zur Temperierung

Im Niederdruckbereich werden PVC-Schläuche mit Gewebeeinlagen verwendet. Bei Druckwasseranlagen sind mit Drahtgeflecht ummantelte Vitonschläuche bis zu Temperaturen von 150 °C im Einsatz, bei höheren Temperaturen bis 260 °C solche Schläuche aus Teflon. Wellschläuche aus Metall sind bei Temperaturen bis 300 °C und für Netzdrücke bis zu 30 bar verfügbar.

Besonders wichtig für die Temperaturführung in einem Spritzgießwerkzeug ist die Temperierung von Kernen, weil beim Erstarren der Schmelze in der Form das Material auf den Kern aufschrumpft. In diesem Bereich muss die Wärmeenergie in möglichst kurzer Zeit abgeführt werden. Für diese Aufgaben sind von den Normalienherstellern besondere Kühlsysteme entwickelt. Sie werden mit entsprechenden Einbauhinweisen angeboten.

Beispiel **für den Einsatz eines Spiralkerns in einer Spritzgießform**

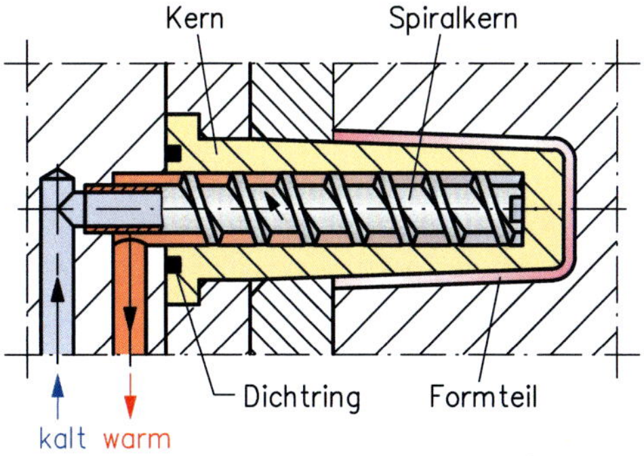

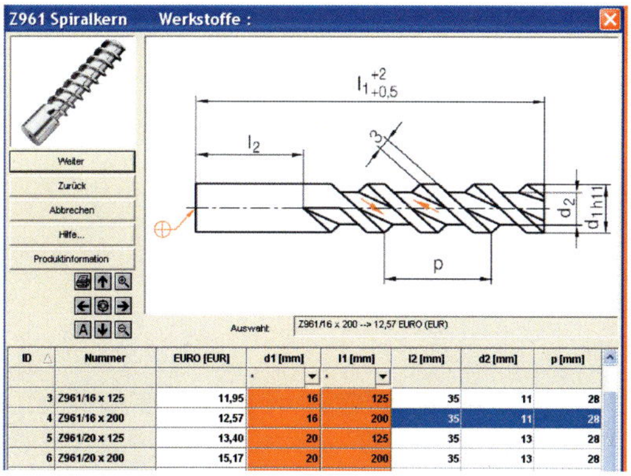

ID	Nummer	EURO [EUR]	d1 [mm]	l1 [mm]	l2 [mm]	d2 [mm]	p [mm]
3	Z961/16 x 125	11,95	16	125	35	11	28
4	Z961/16 x 200	12,57	16	200	35	11	28
5	Z961/20 x 125	13,40	20	125	35	13	28
6	Z961/20 x 200	15,17	20	200	35	13	28

[1)] Zum Verständnis für die Temperierung von Spritz- und Druckgießwerkzeugen sind in diesem Buch im Kapitel „Temperiersystem“ ab Seite 248 umfangreiche Informationen aufbereitet worden.

Übungsaufgabe B-24

1.2.7 Spritzgießform für Verschlussstopfen (Komplettaufbau)

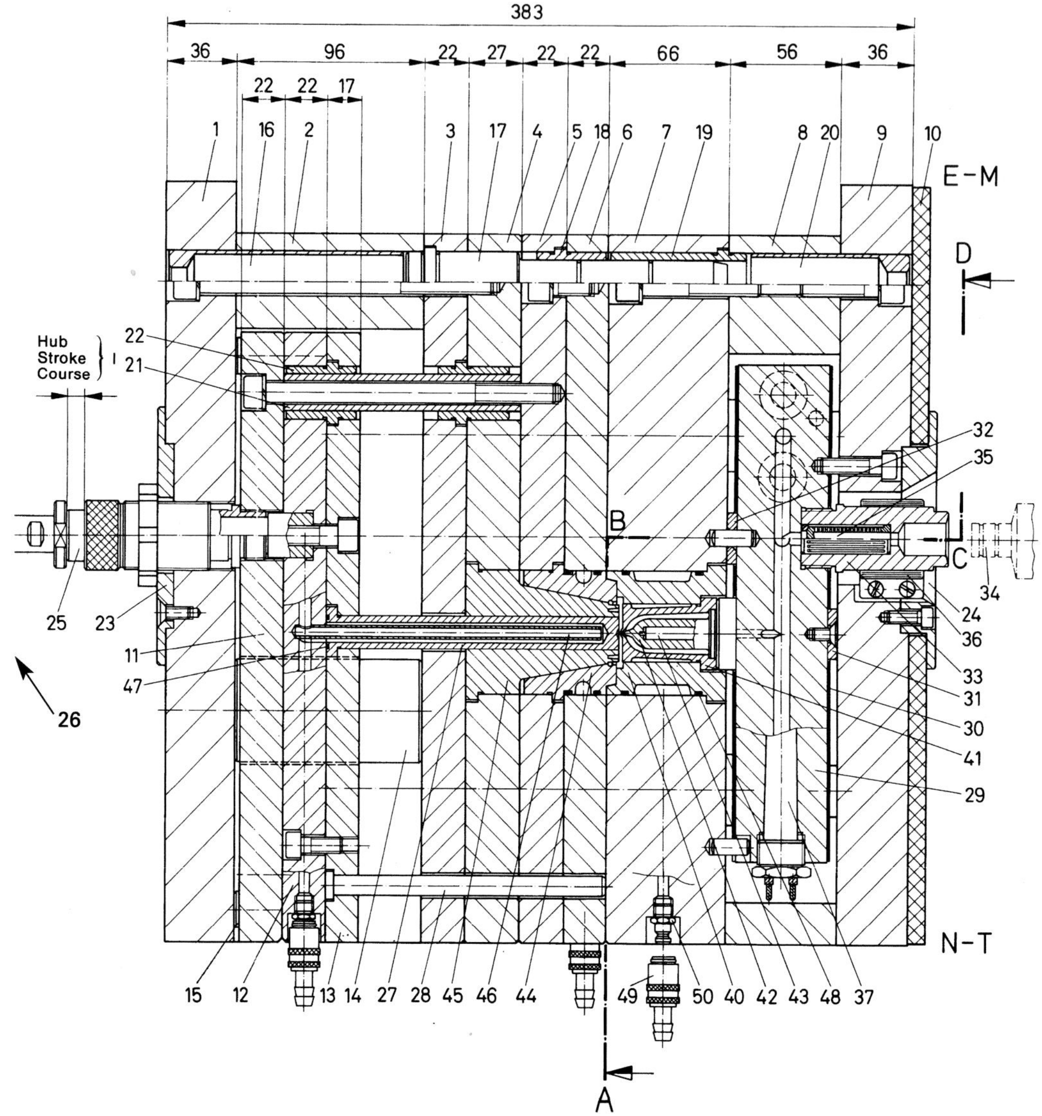

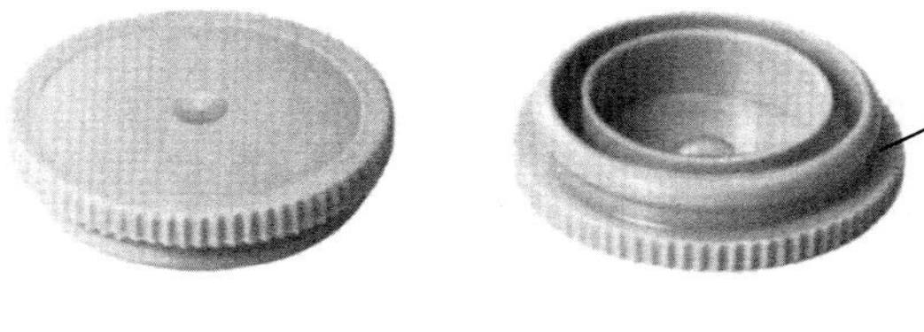

Verschlussstopfen (vergrößert dargestellt)

Hub
Stroke
Course } I

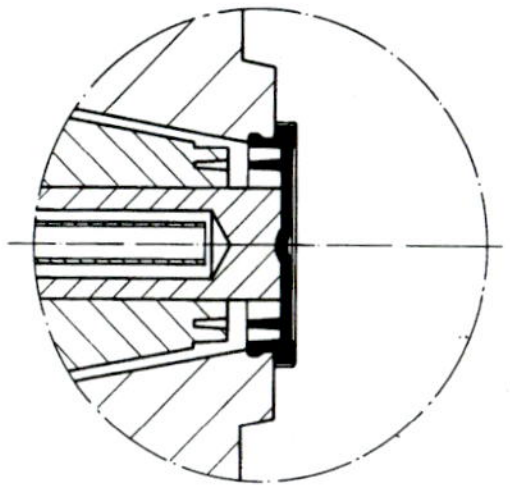

Hub
Stroke
Course } II

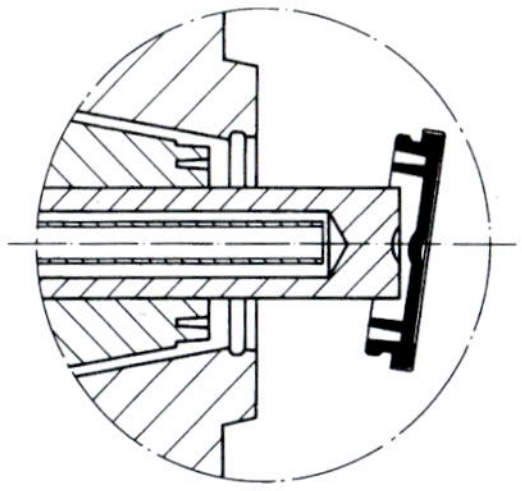

Teil	Benennung	Stück	Normalie
50	Anschlussnippel	6	Z 81/...
49	Schnellverschlusskupplung	6	Z 80/...
48	Viton-O-Ring	32	Z 981...
47	Viton-O-Ring	8	Z 98/...
46	Kühlrohr	8	Z 95/...
45	Kern	8	
44	Formeinsatz	8	
43	Heizpatrone	8	Z 110/...
42	Torpedo	8	Z 1027/...
41	Vorkammerbuchse	8	Z 1026/...
40	Formeinsatz	8	
39	Anbaugehäuse	1	Z 1227/...
38	Thermofühler	1	Z 1295/...
37	Hochleistungs-Heizpatrone	8	Z 111/...
36	Heizmanschette	1	Z 1133/...
35	Filtereinsatz	1	Z 109/...
34	Tauchdüse	1	
33	Angussbuchse	1	Z 1055/4
32	Stützscheibe	1	Z 1052/2
31	Stützscheibe	8	Z 1052/1
30	Reflektorplatte	2	Z 1054/2/...
29	Heißkanalblock	1	Z 105/2/...
28	Rückdruckstift	4	Z 40/...
27	Mittelauswerfer	8	Z 41/...
26	Schnellkupplung	1	Z 168/...
25	Zweistufenauswerfer	1	Z 169/...
24	Zentrierflansch	1	K 100/...
23	Zentrierflansch	1	K 500/...
22	Führungsbuchse	8	Z 10/...
21	Führungshülse	4	Z 022/...
20	Zentrierhülse	4	Z 20/...
19	Führungsbuchse	4	Z 10/...
18	Führungsbuchse	4	Z 10/...
17	Führungsbolzen	4	Z 00/...
16	Zentrierhülse	4	Z 20/...
15	Auflagescheibe	4	Z 55/...
14	Stützrolle	2	Z 571/...
13	Auswerferplatte	1	K 60/...
12	Auswerfergrundplatte	1	K 70/...
11	Auswerferplatte	1	K 70/...
10	Temperierschutzplatte	1	Z 121/...
9	Aufspannplatte	1	K10/...
8	Rahmenplatte	1	K 20/...
7	Formplatte	1	K 20/...
6	Abstreiferplatte	1	K 20/...
5	Abstreiferplatte	1	K 20/...
4	Halteplatte	1	K 20/...
3	Zwischenplatte	1	K 20/...
2	Stützleiste	2	K 40/...
1	Aufspannplatte	1	K 10/...

Firma – Hasco
Normalien für Formen
und Werkzeuge

Spritzgiessform 8-fach
für Verschlussstopfen

1.3 Normalien für Stanz- und Umformwerkzeuge

Die Normalienprogramme für Stanz- und Umformwerkzeuge sind auf der Grundlage der internationalen Normen aufgebaut, entsprechende Normen sind daher in den Katalogen berücksichtigt.
Die Anwendungsgebiete der Werkzeugnormalien sind demgemäß in den Katalogen wie folgt unterteilt:

- **Säulengestelle** Gestelle, Platten, Konstruktionswerkstoffe
- **Führungselemente** Führungssäulen, Führungsbuchsen, Führungsplatten
- **Schneidelemente** Stempel, Schneidbuchsen, Auswerferstifte
- **Federelemente** Tellerfedern, Gasdruckfedern, Schraubenfedern, Gummifedern
- **Zubehör** Bearbeitungswerkzeuge, Hilfsmittel, Betriebsstoffe

Normalien für Stanzwerkzeuge

1.3.1 Normalienauswahl für Gestelle und Platten

Bei der Auswahl der Platten und Gestelle für ein Stanzwerkzeug muss zunächst festliegen, ob das herzustellende Endprodukt in einem Einverfahrenwerkzeug oder in einem Mehrverfahrenwerkzeug gefertigt werden soll. Durch die Größe des Schnittteils bzw. durch die Breite des Schnittstreifens und die Anzahl der Fertigungsstufen wird dann der Bereich der Arbeitsfläche im Werkzeug festgelegt.
Mithilfe dieser Vorgaben wählt der Konstrukteur dann für das Werkzeug die notwendigen Gestelle und Platten aus. Die Platten haben Systembohrungen für die zugehörigen Führungssäulen und Führungsbuchsen. Die nutzbare Arbeitsfläche für die Breite des Schnittstreifens liegt zwischen den Bohrungen für den Werkzeugaufbau und wird besonders angegeben, da die Schultern von den Buchsen den Arbeitsbereich etwas begrenzen.

Beispiel **für die Maßauswahl von Gestell und Platten für ein Stanzwerkzeug**

Gleitführung:
gehärtete Stahlbuchse bronzeplattiert
Führungsbuchse mit Flansch ST 7429
Oberteil:
Führungsbuchse mittellange oder lange Ausführung, je nach Plattenkombination
Führungsplatte:
Führungsbuchse kurze Ausführung

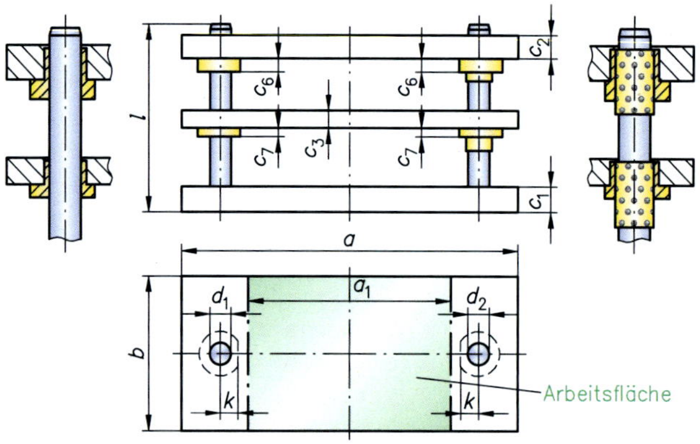

Kugelführung:
Führungsbuchse mit Flansch ST 7422
Oberteil:
Führungsbuchse mittellange oder lange Ausführung, je nach Plattenkombination
Führungsplatte:
Führungsbuchse kurze Ausführung
Käfigweg = $^1/_2$ Hublänge

a x b	**a_1**	**b_1**	**c_1 $^{+0,5}_{+0,2}$**	**c_2 $^{+0,5}_{+0,2}$**	**c_3 $^{+0,5}_{+0,2}$**	**c_6**	**c_7**	**k**	**e_1**	**ST 7100. d_1/d_2 x l**
160 x 80	60	–	32	32	25	15	15	18	100	19/20 x 180
160 x 100	60	–	32	32	25	15	15	18	100	19/20 x 180
160 x 125	60	–	32	32	25	15	15	18	100	19/20 x 180
160 x 160	60	60	32	32	25	15	15	18	100	19/20 x 180
200 x 100	70	–	40	40	25	25	15	23	120	24/25 x 200
400 x 200	250	50	50	50	32	25	15	28	310	30/32 x 224

Übungsaufgabe B-29

1.3.2 Normalien zum Führen

Für den baukastenähnlichen Aufbau von Platten und Führungselementen in einem Stanz- bzw. Biegewerkzeug sind die Innenbohrungen in den Platten auf die Außendurchmesser der Führungselemente abgestimmt. Die meisten Bauteile sind genormt. Sie sind somit auch in den Einbaumaßen kompatibel zu den entsprechenden Produkten unterschiedlicher Hersteller.

Bei den Führungselementen unterscheidet man Führungssäulen, Säulenlager, Führungsbuchsen und Rollenkäfige für axiale Bewegungen. Führungsplatten ergänzen das Angebot.

Führungselemente

LF 6

Beispiel für das Auswahlschema von Platten und Führungselementen für ein Stanzwerkzeug

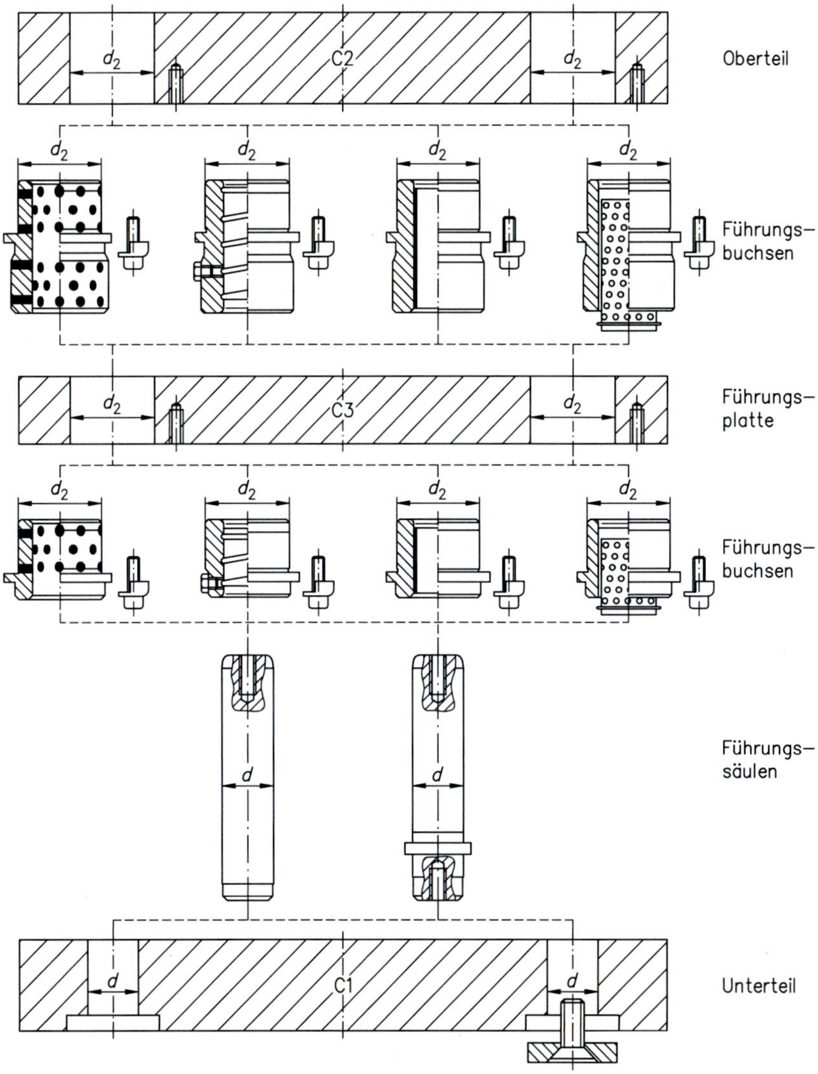

1.3.3 Normalien zum Schneiden

Für Schneidelemente mit einfachen Formen gibt es entsprechende Normteile bzw. Normalien. In den Datenblättern werden die Schneidstempel mit verschiedenen Kopfformen mit den zugehörigen Schneidbuchsen in unterschiedlichen Materialien angeboten.

Stempelführungsbuchsen, Auswerferstifte und Aufnahmeplatten für Schnellwechsel- und Zylinderkopfschneidstempel ergänzen das Programm.

Schneidelemente

Datenblatt für Formschneidstempel (Auswahl)

Formschneidstempel mit zylindrischem Kopf, oval, mit Verdrehsicherung

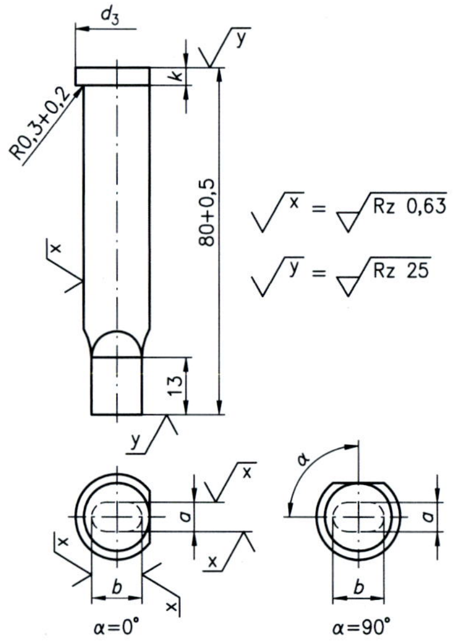

Maß a x b frei nach Wahl.

Länge 80 mm, andere Längen möglich.

Hinweis: Alle Abmessungen in HSS sind auch mit TIN-Beschichtung kurzfristig lieferbar.

Bestell-Nr. ergänzen mit 00 oder 90, je nach Lage der Verdrehsicherung

Bestellbeispiel: Schneidstempel mit zylindrischem Kopf, oval, in HSS **SZ 5693**
d_2 = 25 mm, a = 5,3 mm, b = 21,5 mm,
l = 80 mm, α = 90°
Ergänzung **25.053 x 215 x 80.90**
Bestell-Nummer **SZ 5693.25.053 x 215 x 80.90**

					Bestell-Nr. **SZ 5693.** ☐.☐ x ☐ x 80.☐
a_{j6}	b_{j6}	d_{2m5}	d_3	$k^{+0,25}_{0}$	a b α
1,6– 5,5	2,0– 5,6	6	9	5	**06.** ☐ x ☐ x 80.☐
2,0– 7,5	2,5– 7,6	8	11	5	**08.** ☐ x ☐ x 80.☐
2,0– 9,5	2,5– 9,6	10	13	5	**10.** ☐ x ☐ x 80.☐
2,5–12,5	3,2–12,6	13	16	5	**13.** ☐ x ☐ x 80.☐
3,2–15,5	4,0–15,6	16	19	5	**16.** ☐ x ☐ x 80.☐
4,0–19,5	5,0–19,6	20	24	5	**20.** ☐ x ☐ x 80.☐
5,0–24,5	6,3–24,6	25	29	5	**25.** ☐ x ☐ x 80.☐

Datenblatt für Formschneidbuchsen (Auswahl)

Formschneidbuchsen mit Bund, oval, mit Verdrehsicherung

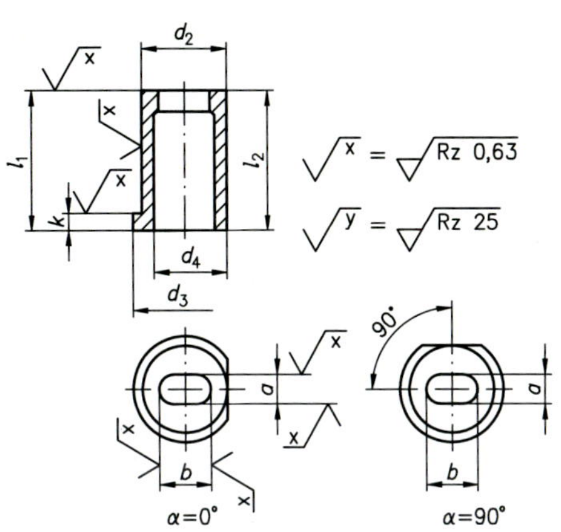

Werkstoff:
HWS Hochleistungswerkzeugstahl,
12 % Chrom,
Härte HRC 60–62.

Maß a x b frei nach Wahl.

Hinweis: Bei Zuordnung von Schneidstempel und Schneidbuchse Schneidspalt beachten.

Bestell-Nr. ergänzen mit 00 oder 90, je nach Lage der Verdrehsicherung

Bestellbeispiel: Formschneidbuchse mit Bund, oval **SZ 6393**
d_2 = 25 mm, a = 5,5 mm, b = 12,5 mm,
i_1 = 32 mm, α = 90°
Ergänzung **25.055 x 125 x 32.90**
Bestell-Nummer **SZ 6393.25.055 x 125 x 32.90**

								Bestell-Nr. **SZ 6393.** ☐.☐ x ☐ x 32.☐
a^{H8}	b^{H8}	d_{2m5}	d_3	d4	$k^{+0,25}_{0}$	$l_1^{+0,5}$	l_2	a b α
1,6– 5,4	2,0– 5,5	10	13	5,8	5	32	29	**10.** ☐ x ☐ x 32.☐
2,0– 7,4	2,5– 7,5	13	16	8,0	5	32	28	**13.** ☐ x ☐ x 32.☐
2,0– 8,9	2,5– 9,0	16	19	9,5	5	32	28	**16.** ☐ x ☐ x 32.☐
2,5–10,9	3,2–11,0	20	24	12,0	5	32	27	**20.** ☐ x ☐ x 32.☐
3,2–15,9	4,0–16,0	25	29	17,3	5	32	27	**25.** ☐ x ☐ x 32.☐
4,0–19,9	5,0–20,0	32	36	20,7	5	32	26	**32.** ☐ x ☐ x 32.☐
5,0–26,9	6,3–27,0	40	44	27,7	5	32	24	**40.** ☐ x ☐ x 32.☐

1.3.4 Auswahl von Federelementen[1)]

Federn dienen in Stanz- und Umformwerkzeugen dazu, Niederhalter abzufedern, Ausstoßer und Abhebestifte zu betätigen und Werkstücke auszuwerfen. Für den Konstrukteur von Werkzeugen steht eine Vielzahl von Federarten und Federgrößen zur Verfügung.

In den Normalienkatalogen werden die Federn entweder als Einzelelemente oder als Systemfedereinheiten angeboten. Hat man sich für eine bestimmte Federnart entschieden, z. B. Schraubendruckfeder, so muss man den Typ gemäß der Höhe der Beanspruchung auswählen. So gibt es z. B. Schraubendruckfedern für mittlere Belastung. Sie haben die Kennfarbe Blau.

Die weiteren Auswahlkriterien entnimmt man den Katalogblättern.

Federelemente

1) Die grundsätzlichen Anwendungsbereiche für die verschiedenen Federarten sind in diesem Buch im Kapitel „Federelemente im Werkzeugbau" ab Seite 344 aufgeführt.

Übungsaufgaben B-32; B-33

Datenblatt für Schraubendruckfedern (Auswahl)

Schraubendruckfeder für mittlere Beanspruchung; Kennfarbe Blau

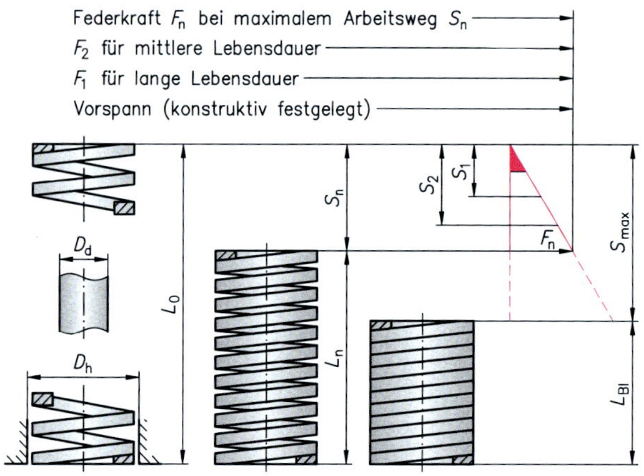

Erläuterungen der Maßbuchstaben:

D_h = Hülsendurchmesser (Außenführung) in mm

D_d = Dorndurchmesser (Innenführung) in mm

L_0 = Länge der unbelasteten Feder in mm

c = Federrate in N/mm (Federkraft pro mm Federweg)

s_1 bis s_n = Federwege in mm zugeordnet den Federkräften F_1–F_n

F_1 bis F_n = Federkräfte in N zugeordnet den Federwegen s_1–s_n

L_n = Kleinste zulässige Länge der belasteten Feder (L_0–s_n), zugeordnet der Federkraft F_n

S_{max} = Maximaler Federweg in mm

L_{Bl} = Blocklänge der Feder (L_0–s_{max})

Federwegbezeichnungen:

s_1 = lange Lebensdauer

s_2 = mittlere Lebensdauer

s_n = maximaler Arbeitsweg

s_{max} = maximaler Federweg

Werkstoff: Profilierter Ventilfederstahldraht (Cr-V/Cr-Si)

Toleranzen ähnlich DIN 2095.

Die Federn sind gesetzt, angelegt und rechtwinklig parallelgeschliffen.

Bestellbeispiel: Systemfeder für mittlere Belastung SZ 8020

D_h = 25 mm, L_0 = 38 mm

Ergänzung **25 x 038**

Bestll-Nummer **SZ 8020.25 x 038**

Ergänzung der Bestell-Nr. mit Abmessung

Bestll-Nr. **SZ 8020**

Hülsen Ø D_h^{H15}	Dorn Ø D_{dh15}	Draht	unbelast. Länge L_0	Federrate in N/mm c ± 10%	lange Lebensdauer s_1 = 20% in mm	F_1 in N	mittl. Lebensdauer s_2 = 25% in mm	F_2 in N	max. Arbeitsweg s_n = 35% in mm	F_n in N	max. Federweg $s_{max.}$ ca.	☐ x ☐
10	5	1,8 x 1,2	25	16,0	5,0	80	6,3	100	8,8	140	12	**10 x 025**
10	5		32	13,0	6,4	83	8,0	104	11,2	145	14	**10 x 032**
10	5		38	11,9	7,6	90	9,5	113	13,3	158	19	**10 x 038**
16	8	3,2 x 2,0	25	49,4	5,0	247	6,3	311	8,8	434	11	**16 x 025**
16	8		32	37,1	6,4	237	8,0	296	11,2	415	15	**16 x 032**
16	8		38	33,9	7,6	257	9,5	322	13,3	450	18	**16 x 038**
16	8		44	30,0	8,8	264	11,0	330	15,4	462	22	**16 x 044**
20	10	4,0 x 2,4	25	98,0	5,0	490	6,3	617	8,8	862	10	**20 x 025**
20	10		32	72,6	6,4	464	8,0	580	11,2	813	13	**20 x 032**
20	10		38	56,0	7,6	425	9,5	532	13,3	744	16	**20 x 038**
25	12,5	5,3 x 3,1	25	147,0	5,0	735	6,3	926	8,8	1293	11	**25 x 025**
25	12,5		32	118,0	6,4	755	8,0	944	11,2	1321	13	**25 x 032**
25	12,5		38	93,0	7,6	706	9,5	883	13,3	1236	18	**25 x 038**
25	12,5		44	80,8	8,8	711	11,0	888	15,4	1244	21	**25 x 044**
40	20	8,1 x 4,8	51	181,6	10,2	1852	12,8	2324	17,9	3250	21	**40 x 051**
40	20		64	140,0	12,8	1792	16,0	2240	22,4	3136	28	**40 x 064**
40	20		76	108,0	15,2	1641	19,0	2052	26,6	2872	33	**40 x 076**
40	20		89	90,7	17,8	1614	22,3	2022	31,1	2820	41	**40 x 089**
50	25	10,9 x 6,0	64	209,0	12,8	2775	16,0	3344	22,4	4681	30	**50 x 064**
50	25		76	168,0	15,2	2553	19,0	3192	26,6	4468	36	**50 x 076**
50	25		89	140,0	17,8	2492	22,3	3122	31,1	4354	43	**50 x 089**

2 Baugruppen im Maschinenbau

2.1 Kupplungen

Kupplungen übertragen Drehmomente von Antriebsmotoren zu Getrieben oder zu Arbeitseinheiten. Mit Kupplungen werden Verbindungen zwischen den Wellenenden der Baueinheiten hergestellt. Um die Montage und die Ausrichtung zu erleichtern, bestehen Kupplungen aus zwei Hälften, die auf unterschiedliche Weise konstruktiv verbunden sind. Kupplungen können unterschiedliche Aufgaben innerhalb von Antriebssystemen erfüllen.

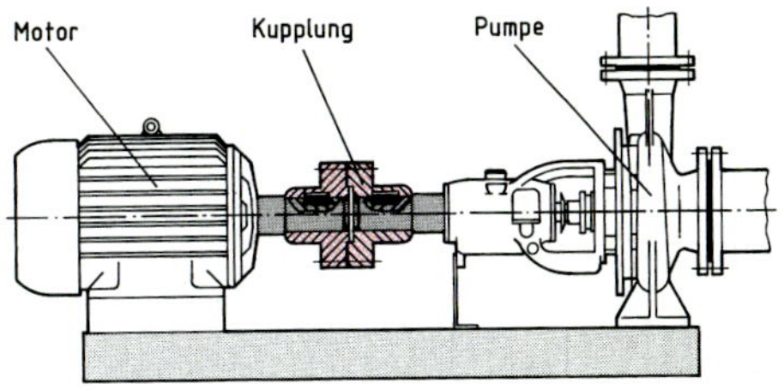

Antrieb – Kupplung – Arbeitseinheit

- **Aufgaben von Kupplungen innerhalb von Antriebssystemen**
  - **Dämpfung von Stößen,** z. B. elastische Kupplungen bei Förderanlagen
  - **Ausgleich von Querverlagerungen und Beugungswinkeln von Wellen,** z. B. Gelenkkupplungen an Kardanwellen
  - **Zeitweilige Trennung von laufendem Antriebselement und Getriebe,** z. B. schaltbare Kupplung im Auto
  - **Schutz vor Überlastung,** z. B. Rutschkupplung an Bohrmaschinen
  - **Trennen oder Zuschalten von Antrieb oder Getriebe bei bestimmter vorgegebener Drehzahl oder Drehrichtung,** z. B. Freilauf am Fahrrad

Kupplungen sind Baueinheiten, die Drehmomente von einer Welle auf eine andere übertragen.

- **Bauformen von Kupplungen**

Die Kupplungen lassen sich nach der Bauform in nicht schaltbare Kupplungen und in schaltbare Kupplungen einteilen.

2.1.1 Nicht schaltbare Kupplungen

- **Starre, nicht schaltbare Kupplungen**

formschlüssige Kupplung	**kraftschlüssige und formschlüssige Kupplung**	**kraftschlüssige Kupplung (mit Sicherung durch Passfeder)**
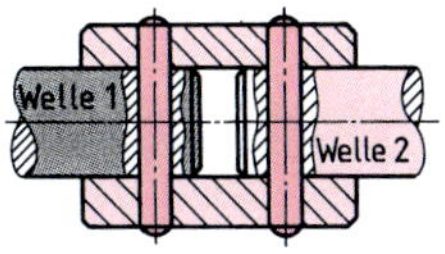 	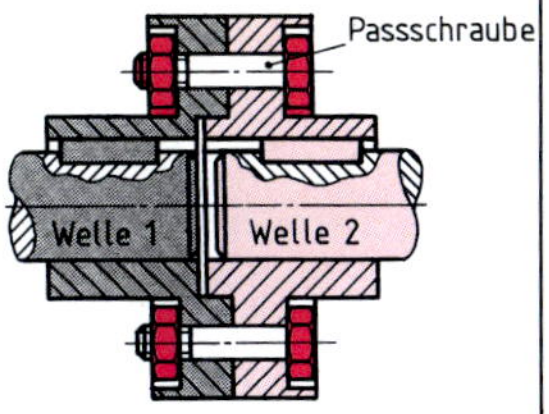 	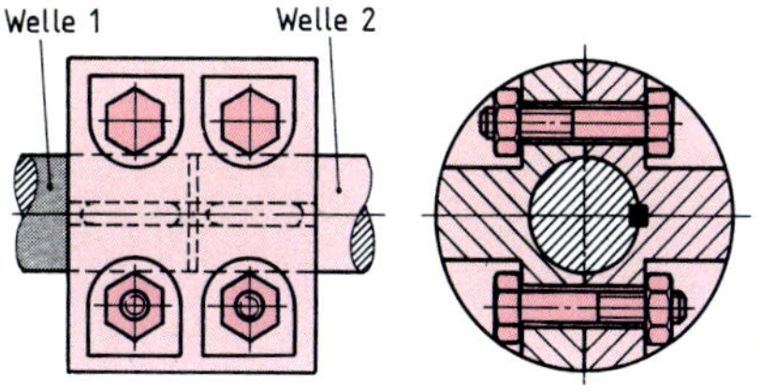
Stiftkupplung *Vorteile:* einfache Herstellung und Montage, platzsparend. *Nachteile:* Übertragung geringer Drehmomente	**Scheibenkupplung** *Vorteile:* Übertragung großer und wechselseitiger Drehmomente. *Nachteile:* schwieriger Ein- und Ausbau.	**Schalenkupplung** *Vorteile:* leichter Ein- und Ausbau. *Nachteile:* Übertragung kleinerer Drehmomente als bei Scheibenkupplungen

Starre, nicht schaltbare Kupplungen verbinden Wellen dreh- und biegefest, so als bestünden die Wellen aus einem Stück. Abweichungen zwischen Wellen können nicht ausgeglichen werden.

• Nachgiebige, nicht schaltbare Kupplungen

Nachgiebige, nicht schaltbare Kupplungen, welche durch Formschluss Wellen miteinander verbinden, erlauben den Ausgleich von

- *Längenänderung,*
- *Winkelbeugung,*
- *Querverlagerung.*

Formschluss zwischen den Teilen der Kupplung auf den Wellenenden kann durch starre oder elastische Glieder erzielt werden.

Elastische Glieder aus Gummi, Kunststoff, Federstahl o. Ä. dämpfen Stöße und erlauben in Grenzen den Ausgleich von Wellenverlagerungen aller Art.

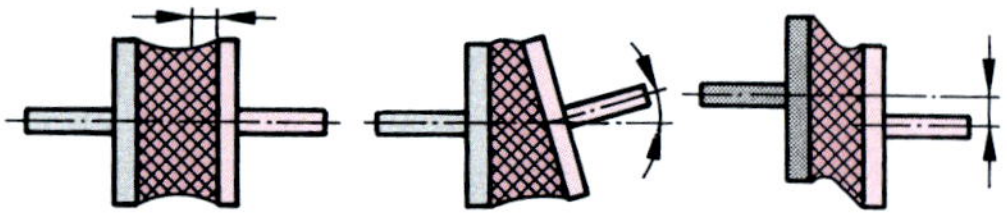

Verlagerung von Wellen zueinander

Nachgiebige, nicht schaltbare Kupplung

starre Verbindung	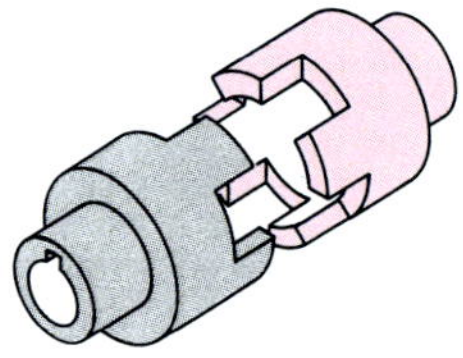 Klauenkupplung (erlaubt nur Längenänderung)	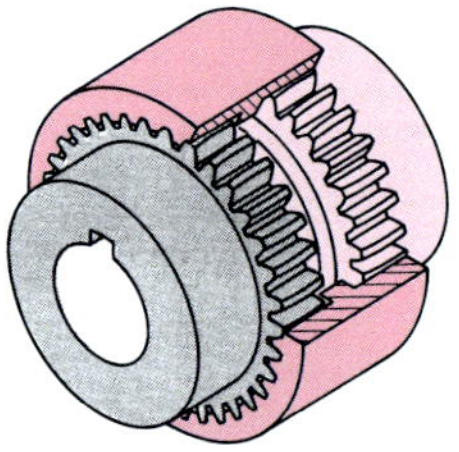 Balligzahnkupplung	 Kreuzscheibenkupplung
elastische Verbindung	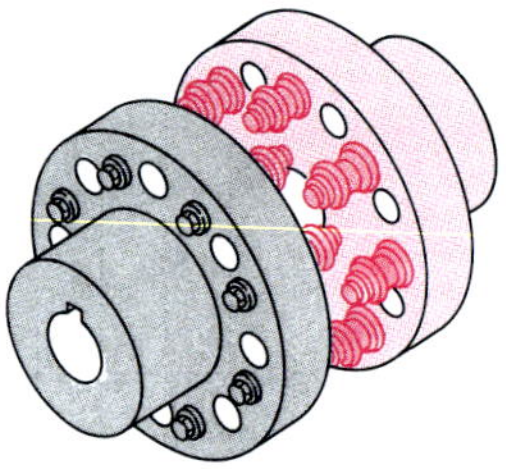 ELCO®-Kupplung mit gummierten Bolzen	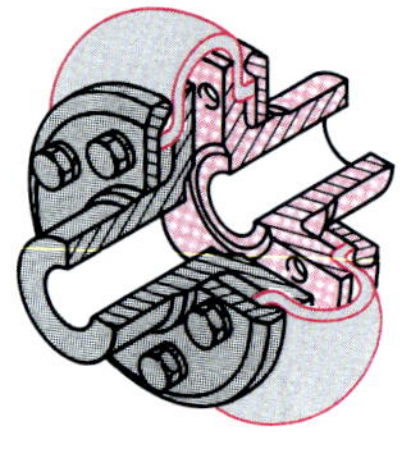 Periflex®-Kupplung mit Gummireifen	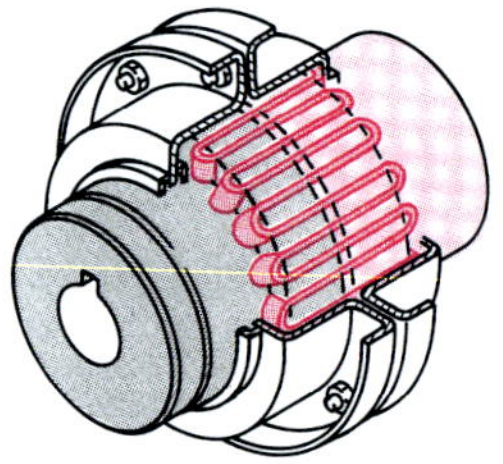 Winiflex®-Kupplung mit Stahlband

Nachgiebige, nicht schaltbare Kupplungen verbinden Wellen stoßdämpfend miteinander. Die Verbindungsglieder bestehen aus Gummi, Federstahl, Leder, Textilgewebe u.ä. Diese Verbindungsteile lassen folgende Verlagerungen zwischen den Wellen zu:

- Längenänderung
- Winkelbeugung
- Querverlagerung

• Gelenkkupplung

Zur Übertragung von Drehmomenten zwischen Wellen, deren Mitten verlagert sind oder die ihre Lage zueinander im Betrieb ändern, verwendet man Gelenkwellen mit zwei Gelenkkupplungen. Zur Übertragung kleiner Drehmomente, z. B. an den Spindeln von Mehrspindelbohrmaschinen, eignen sich Kugelgelenke. Größere Drehmomente überträgt man durch Kreuzgelenke.

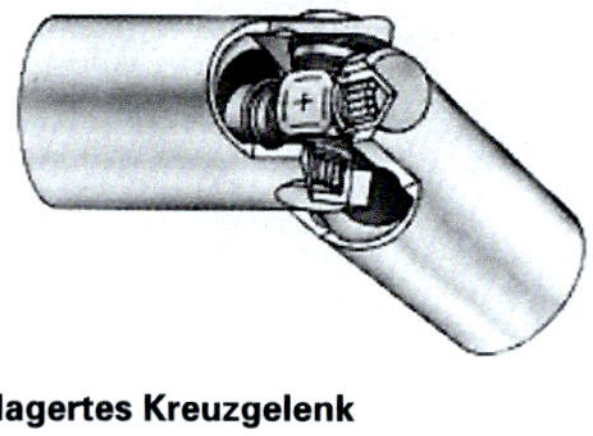

Nadelgelagertes Kreuzgelenk

Übungsaufgabe B-35

2.1.2 Schaltbare Kupplungen

Schaltbare Kupplungen erlauben es, die Verbindung zwischen treibenden und getriebenen Baueinheiten einer Maschine zu unterbrechen.

- **Im Stillstand schaltbare Kupplungen**

Nur im Stillstand (oder bei Gleichlauf) schaltbare Kupplungen sind in der Regel formschlüssige Kupplungen. Sie sind während des Betriebes bedingt ausrückbar. Bei formschlüssigen Schaltkupplungen muss eine Hälfte der Kupplung auf der Welle axial verschiebbar sein. Dadurch können die Verbindungselemente (Klauen, Zähne, Bolzen usw.) bei Schaltung ineinander gefügt werden. Die Verbindung zwischen dem beweglichen Teil der Kupplung und der Welle erfolgt durch Gleitfederverbindungen oder durch Profilwellen.

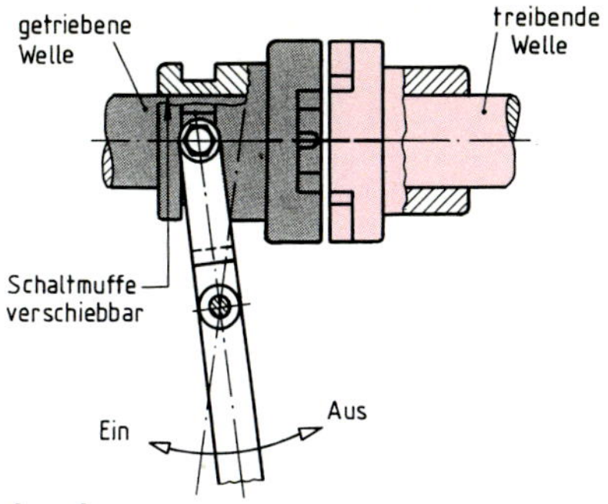

Klauenkupplung

Formschlüssige Schaltkupplungen sind nur im Stillstand (oder bei Gleichlauf) schaltbar.

- **Während des Betriebes schaltbare Kupplungen**

Diese Kupplungen übertragen die Drehmomente durch Kraftschluss. Dabei werden die Reibflächen der beiden Kupplungshälften durch eine Kraft gegeneinander gepresst. Die Reibflächen können als Scheiben, Kegel oder als Backen konstruiert sein. Im Maschinenbau und Kraftfahrzeugbau verwendet man meist Scheibenkupplungen.

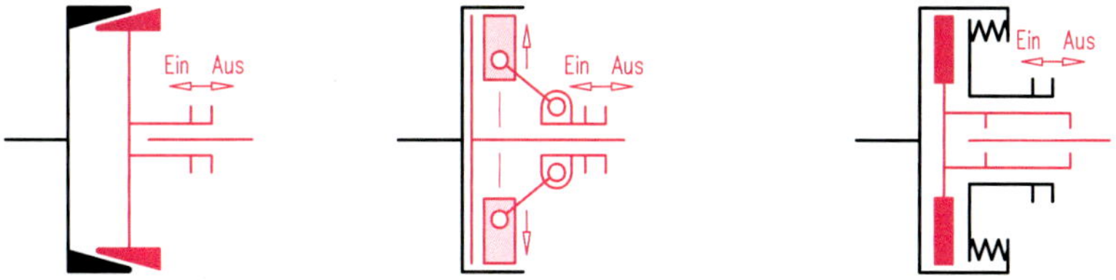

Wirkprinzipien kraftschlüssiger Schaltkupplung Kegelkupplung Backenkupplung Scheibenkupplung

Scheibenkupplungen

Scheibenkupplungen werden als Einscheibenkupplungen und Mehrscheibenkupplungen (Lamellenkupplungen) hergestellt.

Bei **Einscheibenkupplungen** wird durch Federkraft eine Druckplatte gegen eine axial verschiebbare Scheibe, die sich auf der getriebenen Welle befindet, gepresst. Die Kupplungsscheibe drückt dadurch gegen das Kupplungsgehäuse auf der Antriebswelle. Die Kupplungsscheibe ist auf beiden Seiten mit einem besonderen Reibbelag versehen. Zum Entkuppeln wird die Druckplatte mithilfe von Ausrückhebeln gegen die Federkraft zurückgezogen.

Einscheibenkupplungen werden meist in Kraftfahrzeugen verwendet.

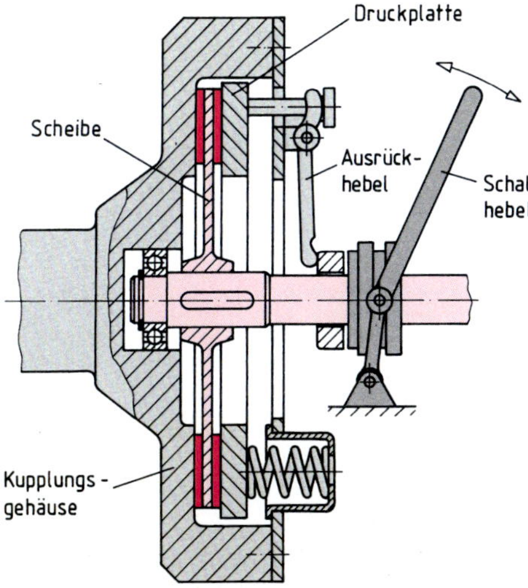

Einscheibenkupplung mit mechanischer Betätigung

Übungsaufgabe B-36

Mehrscheibenkupplungen, Lamellenkupplungen genannt, haben mehrere Scheiben bzw. Lamellen. Mit der Anzahl der Lamellen und der Anpresskraft erhöht sich das übertragbare Drehmoment. Dabei unterscheidet man Außen- und Innenlamellen, die abwechselnd angeordnet sind. Die Außenlamellen werden vom Kupplungsgehäuse, die Innenlamellen von der getriebenen Welle in Nuten mitgenommen. Beim Einschalten der Kupplung werden die Lamellen durch Hebel gegeneinander gepresst.
Mehrscheibenkupplungen verwendet man in Werkzeugmaschinen und Getrieben.

Lamellenkupplung mit mechanischer Betätigung

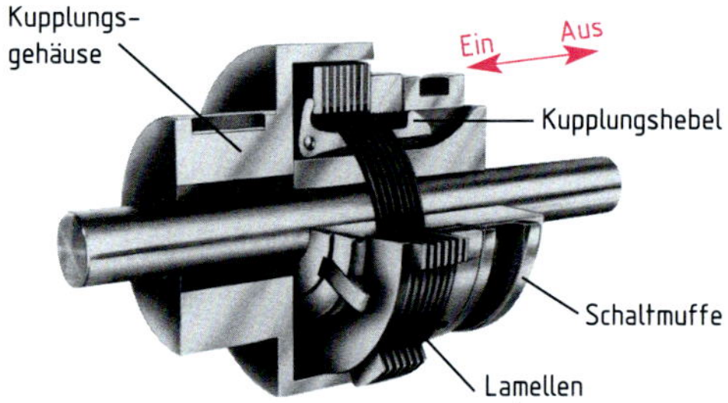

Zur **Ausführung der Schaltbewegung** bei Kupplungen benötigt man einen Schaltmechanismus. Dieser Schaltmechanismus kann auf verschiedene Weise betätigt werden:

- *mechanisch,*
- *hydraulisch bzw. pneumatisch,*
- *magnetisch.*

Verschiedene Arten der Schaltung einer Lamellenkupplung

mechanisch geschaltet		*besondere Merkmale:* feinfühliges Schalten, geringe Schaltgenauigkeit, ungeeignet für Fernbedienung und Programmsteuerung. *Einbaubeispiele:* Werkzeugmaschinen, Bootsgetriebe, Verladegeräte
hydraulisch geschaltet	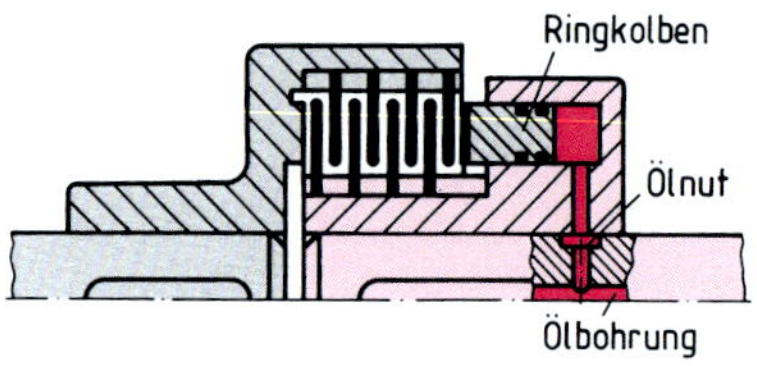 	*besondere Merkmale:* sehr kleine und robuste Bauart, Übertragung großer Drehmomente, größere Schaltgenauigkeit als mechanische Schaltung, weitgehende Wartungsfreiheit. *Einbaubeispiele:* Maschinen mit eigener Hydraulik, z. B. Bagger, Baumaschinen, Werkzeugmaschinen
elektrisch geschaltet	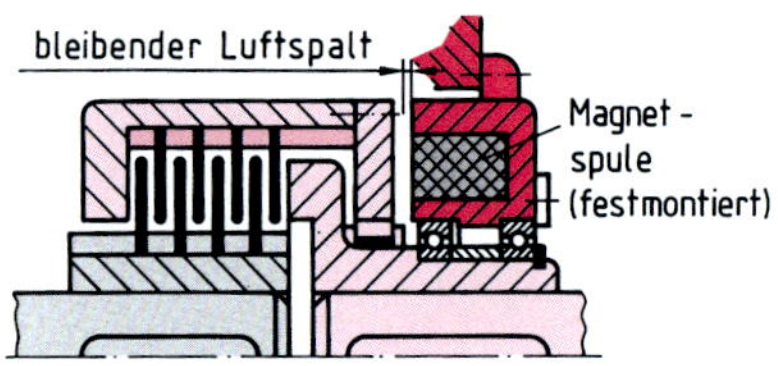 	*besondere Merkmale:* sehr hohe Schaltgenauigkeit, sehr gut geeignet für Fernbedienung und Programmsteuerung. *Einbaubeispiele:* fernbediente Förderanlagen, programmgesteuerte Maschinen.

Die **Auswahl der Schaltung,** ob mechanisch, hydraulisch, pneumatisch oder elektromagnetisch, richtet sich nach folgenden Gesichtspunkten:

- *Größe der zu übertragenden Drehmomente,*
- *Größe der Schaltkraft,*
- *geforderte Schaltzeit und Schaltgenauigkeit,*
- *Entfernung der Schaltstelle von der Kupplung,*
- *Baugröße,*
- *Medium, das an der Maschine vorliegt.*

Kraftschlüssige Kupplungen sind im Stillstand und in Betrieb schaltbar.
Der Schaltvorgang kann mechanisch, hydraulisch, pneumatisch oder elektromagnetisch erfolgen.

Strömungskupplung

Bei sehr großen zu bewegenden Massen und hohen Antriebsleistungen werden häufig Strömungskupplungen verwendet.

Eine Strömungskupplung besteht aus zwei Schalen. Dabei wirkt die treibende Schale wie eine *Pumpe.* Beim Lauf des Antriebs strömt das Öl in dieser Schale infolge der Fliehkraft nach außen. Das strömende Öl tritt in die Kupplungsschale auf der angetriebenen Welle ein. Diese getriebene Schale wirkt wie eine *Turbine.* Sie bremst das strömende Öl ab, wird aber dadurch in Bewegung gesetzt.

Je größer die Drehzahldifferenz und die Ölmenge ist, desto größer ist das übertragbare Drehmoment. Durch die Flüssigkeitsmenge werden in der Kupplung auch Drehzahl und Drehmoment verändert. Strömungskupplungen gleichen Unregelmäßigkeiten in der Belastung gut aus und schützen vor Überbelastung.

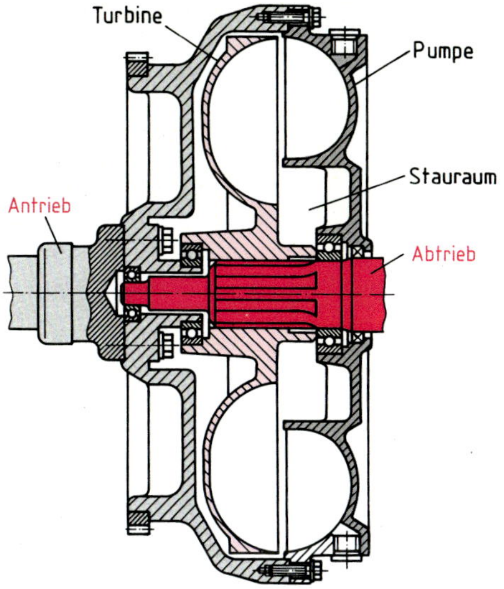

Schema einer Strömungskupplung

In Strömungskupplungen verleiht die treibende Schale – Pumpe – dem Öl kinetische Energie, die an die getriebene Schale – Turbine – auf der getriebenen Welle wieder abgegeben wird.

2.1.3 Selbsttätig schaltende Kupplungen

- **Anlauf- und Überlastkupplung**

Damit Motoren vorsichtig anlaufen können, setzt man Anlaufkupplungen ein, die mit steigender Drehzahl allmählich einkuppeln.

Überlastkupplungen werden als Sicherheitskupplungen eingesetzt. Sie sind meist als Rutschkupplung ausgeführt.

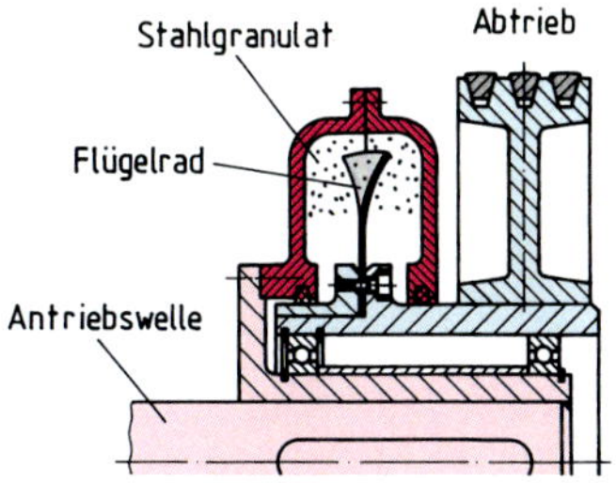

Anlaufkupplung

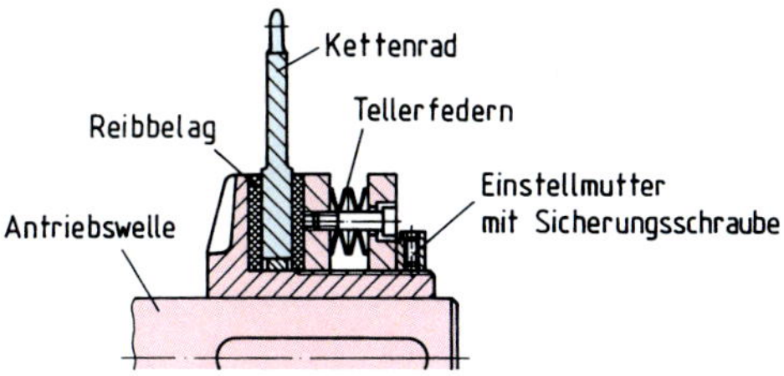

Überlastkupplung

Anlaufkupplungen bewirken „weichen" Anlauf.
Überlastkupplungen schützen durch Rutschen bei überhöhtem Drehmoment.

- **Richtungsbetätigte Schaltkupplungen**

Freiläufe sind richtungsbetätigte Schaltkupplungen. Sie verbinden treibende und getriebene Wellen miteinander, sobald beide Kupplungsteile die gleiche Drehzahl haben. Sobald der treibende Teil langsamer läuft als der getriebene Teil, löst der Freilauf und hierdurch überholt das getriebene Teil das treibende. Deshalb verwendet man Freiläufe als Überholkupplungen und als Rücklaufsperren.

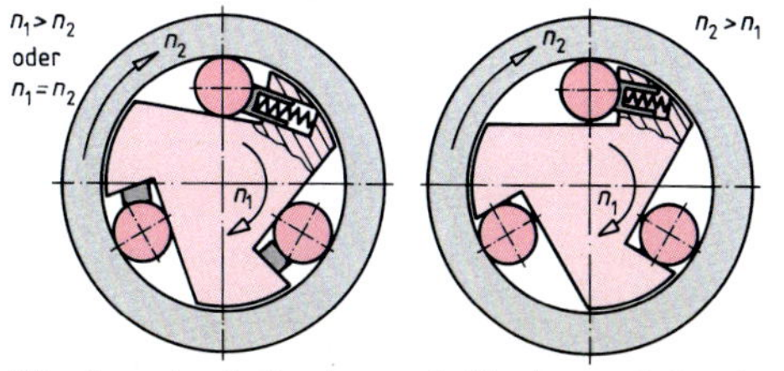

Klemmrollen-Überholkupplung (Freilauf)

Freiläufe sind richtungsbetätigte Schaltkupplungen. Sie entkuppeln, wenn das getriebene Teil das treibende in der Drehzahl überholt.

Übungsaufgabe B-37

2.2 Getriebe – allgemein

2.2.1 Zahnradgetriebe – Grundlagen

Mithilfe von Zahnrädern werden Drehbewegungen von einer Welle auf eine andere durch Formschluss und damit ohne Schlupf übertragen. Zahnradgetriebe eignen sich je nach Ausführung zur Übertragung von sehr niedrigen Leistungen, wie z. B. in der Uhrentechnik, bis zu sehr großen Leistungen, wie z. B. bei Walzenantrieben. Neben der Übertragung der Drehbewegung werden meist Drehzahl, Drehmoment oder auch Drehrichtung geändert.

Zahnradgetriebe

2.2.2 Zahnradmaße und ihre Berechnung

Als **Teilkreis** bezeichnet man die gedachte Linie auf dem Zahnrad, auf welcher der Abstand von Zahn zu Zahn bestimmt wird. Den Teilkreisdurchmesser bezeichnet man mit *d*.

Teilung nennt man den Abstand zweier Zähne auf dem Teilkreis. Sie hat das Kurzzeichen *p*.

Die **Zähnezahl** hat das Kurzzeichen *z*.

Die Zahnteilung lässt sich aus Umfang des Teilkreises ($U = d \cdot \pi$) und der Zähnezahl berechnen:

$$p = \frac{d \cdot \pi}{z}$$

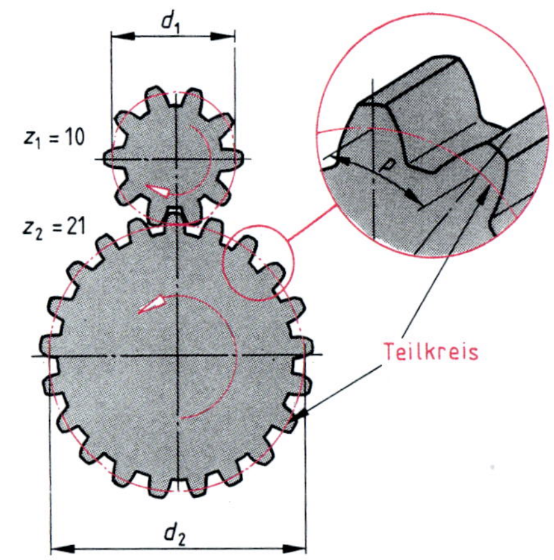

Teilkreisdurchmesser und Teilung

Die Zahnteilung *p* ist das Maß des Bogens von Zahnmitte zu Zahnmitte auf dem Teilkreis.

Als **Modul** *m* bezeichnet man das Verhältnis von Teilkreisdurchmesser *d* zur Zähnezahl *z*.

Damit ergibt sich für den Modul: $$m = \frac{d}{z}$$

Für die Teilung gilt dann: $$p = m \cdot \pi$$

Durch den Modul werden die meisten Maße eines Zahnrades bestimmt. Zahnräder mit gleichem Modul haben gleiche Zahnteilung und können darum bei gleicher Zahnform miteinander in Eingriff gebracht werden. Die Module sind genormt und in DIN 780 festgelegt, sie werden in mm angegeben, z.B. 0,4 mm, 1 mm.

Der Modul ist das Verhältnis von Teilkreisdurchmesser zu Zähnezahl. Er bestimmt die wichtigen Maße eines Zahnrades.

Geht man davon aus, dass sich bei einem Zahnradeingriff die beiden Teilkreise berühren, dann gilt

für den **Achsabstand** *a*: $$a = \frac{d_1}{2} + \frac{d_2}{2}$$

daraus folgt: $$a = \frac{m \cdot (z_1 + z_2)}{2}$$

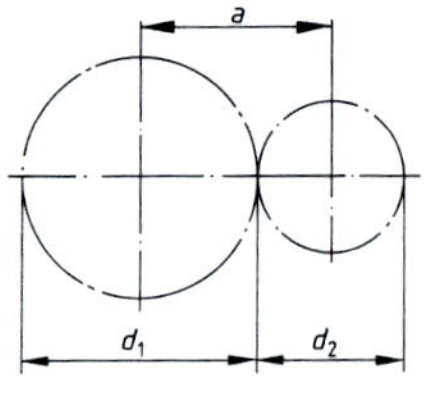

Achsabstand

Übungsaufgabe B-38

Die **Kopfhöhe** h_a ist der Abstand vom Teilkreis bis zum Außendurchmesser. Die Kopfhöhe ist genau so groß wie der Modul. Damit ist der Außendurchmesser $d_a = d + 2 \cdot m$.
Der Außendurchmesser wird auch als Kopfkreisdurchmesser bezeichnet.
Die **Fußhöhe** h_f des Zahnes ist der Abstand vom Teilkreis bis zum Zahngrund. Die Fußhöhe beträgt $h_f = 1{,}2 \cdot m$.
Damit ergibt sich für den Fußkreisdurchmesser eines Zahnrades die Beziehung $d_f = d - 2{,}4 \cdot m$.

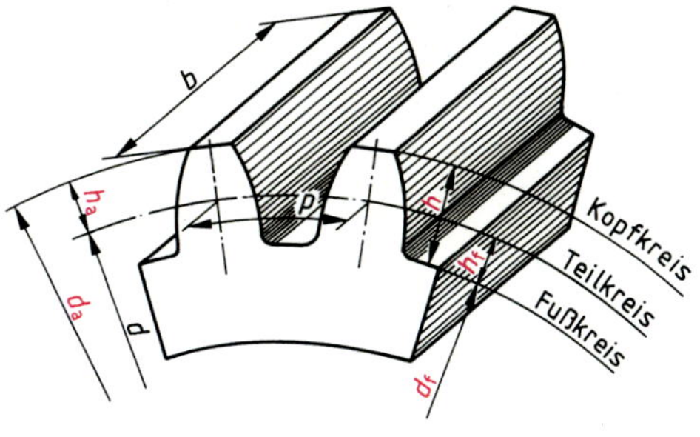

Abmessungen an Geradstirnrädern

Für den Kopfkreisdurchmesser gilt: $d_a = d + 2 \cdot m$, $d_a = m \cdot (z + 2)$
Für den Fußkreisdurchmesser gilt: $d_f = d - 2{,}4 \cdot m$, $d_f = m \cdot (z - 2{,}4)$

2.2.3 Zahnflankenformen

Die Übertragung der Drehbewegung durch Zahnräder soll gleichförmig, d. h. ruckfrei und kontinuierlich sowie reibungsarm erfolgen. Fertigungstechnisch müssen Zahnformen verwendet werden, die in Massenfertigung herzustellen sind. Bei der Montage auftretende geringe Achsabstandsfehler dürfen im Betrieb nicht zu Beschädigungen führen.

- **Evolventenverzahnung**

Zähne, welche die Zahnflanken als Evolventenkurve gestaltet haben, erfüllen die an eine Zahnflankenform gerichteten Bedingungen in bestmöglicher Weise.
Eine Evolvente entsteht als Bahnkurve, wenn ein Faden von einem Zylinder abgewickelt wird.
Von dieser Evolventenkurve wird lediglich der Beginn der Abwicklung als Bestandteil für die Zahnflanken verwendet.

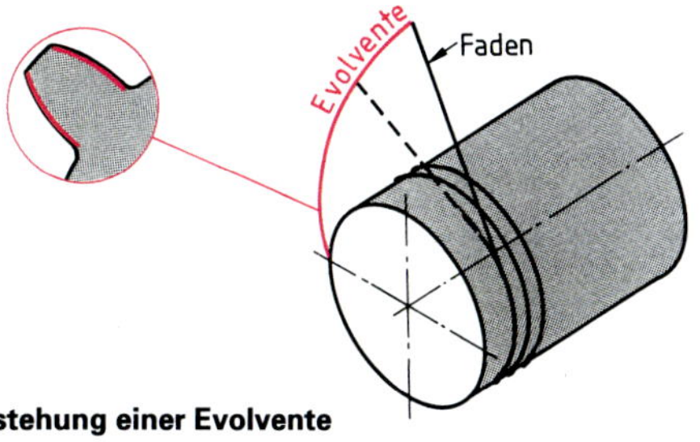

Entstehung einer Evolvente

Die Evolventenkurve wird im Maschinenbau und im Kfz-Bau als Zahnflankenform verwendet.

Im Maschinenbau und im Kfz-Gewerbe verwendet man Zahnräder mit Evolventenverzahnung.

Die Form der Zahnflanke lässt sich am einfachsten erläutern, wenn eines von zwei im Eingriff befindlichen Zahnrädern durch eine Zahnstange ersetzt wird.

Bei der genormten Evolventenverzahnung wird eine Zahnstange verwendet, die einen Zahnflankenwinkel von 20° hat. Man bezeichnet ihn als **Eingriffswinkel.** Die Linie, welche auf der Zahnstange dem Teilkreis entspricht, bezeichnet man als **Profilmittellinie.**
Im Normalfall berührt diese Profilmittellinie den Teilkreis des zweiten Rades. Man spricht in diesem Fall von **Null-Rädern** (N-Räder).
Bedingt durch die Zahnflankenform tritt unterhalb der Grenzzähnezahl von 17 Zähnen bei Null-Rädern ein Unterschneiden der Zähne auf, d.h. die Zähne müssen im Zahngrund ausgearbeitet werden. Durch dieses Unterschneiden wird nicht nur der Zahn im Fuß geschwächt, sondern es werden auch die Eingriffsverhältnisse verschlechtert.

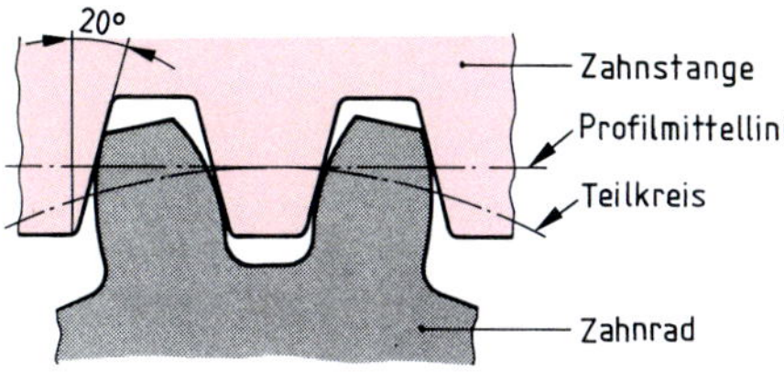

Zahnstange mit Nullrad

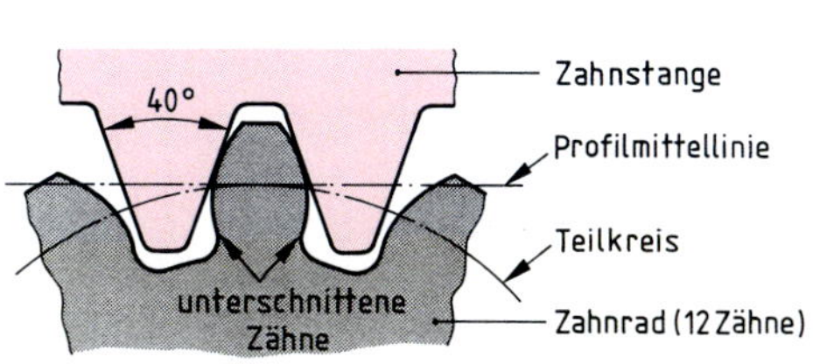

Unterschneidung

Bei Null-Rädern berührt die Profilmittellinie den Teilkreis. Unterhalb von 17 Zähnen tritt Unterschnitt auf.

Meist verschiebt man die Profilmittellinie gegenüber dem Teilkreisdurchmesser. Dadurch erreicht man günstigste Laufeigenschaften und hohe Lebensdauer. Zahnräder, bei denen die Profilmittellinie verschoben ist, bezeichnet man als **V-Räder**. Bei der Paarung zweier Zahnräder, bei der ein V-Rad beteiligt ist, wälzen sich die Teilkreisdurchmesser nicht mehr aufeinander ab.

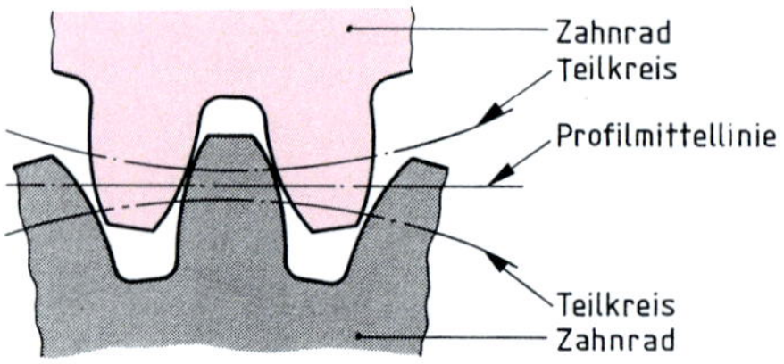

Positive Profilverschiebung (V-Plus-Räder)

Wird die Profilmittellinie von der Radmitte nach außen verschoben, so ist dies eine positive Profilverschiebung. Durch positive Profilverschiebung ist es außerdem möglich, bestimmte vorgegebene Achsenabstände zu erreichen, die Zähne zu verstärken und Unterschnitt zu vermeiden.
Man nennt Räder mit positiver Profilverschiebung **V-Plus-Räder**.

Positive Profilverschiebung bei Evolventenverzahnung wendet man an:
- zur Vermeidung des Unterschnitts bei kleinen Zähnezahlen (unter 17 Zähnen),
- um einen bestimmten Achsabstand zu erreichen,
- zur Verstärkung der Zähne.

2.2.4 Bauformen von Zahnradgetrieben

- **Stirnradgetriebe**

Stirnradgetriebe werden zur Übertragung von Drehmomenten von einer Welle auf eine parallel dazu liegende andere Welle verwendet. Nach der Lage der Zähne zur Drehachse spricht man bei Stirnradgetrieben von Rädern mit Geradverzahnung und Schrägverzahnung.
Bei schräg verzahnten Stirnrädern sind stets mehrere Zähne im Eingriff. Dadurch laufen diese Getriebe ruhiger. Infolge der schrägen Verzahnung treten aber Kräfte in Achsrichtung auf, die von den Lagern aufgenommen werden müssen.

Stirnradgetriebe mit Schrägverzahnung

Geradstirnräder	**Schrägstirnräder**		
gerade verzahnt	**schräg verzahnt**	**pfeilverzahnt**	**doppelt schräg verzahnt**
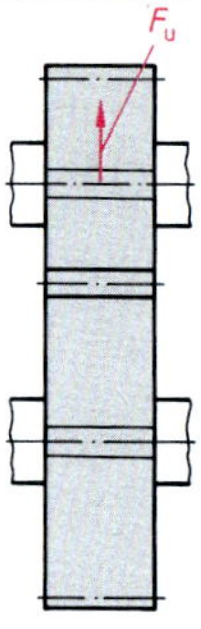	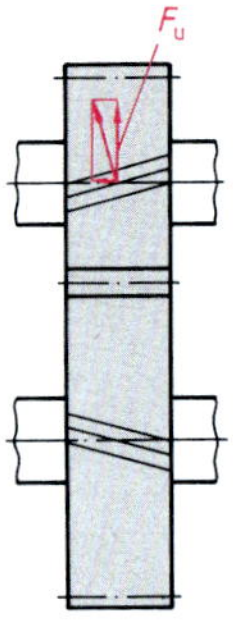	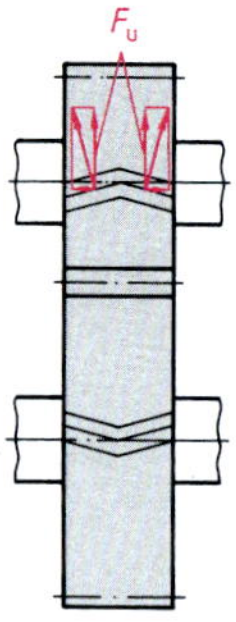	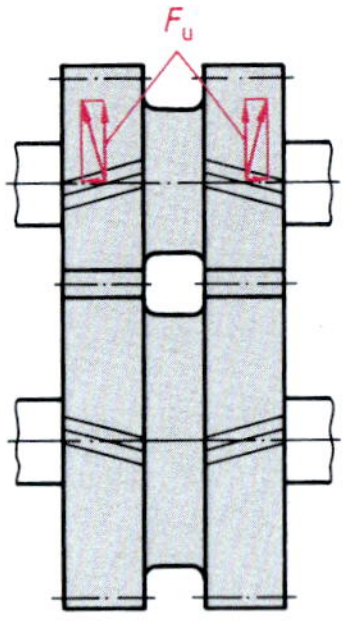
– geringe Reibungsverluste – hohe Geräuschentwicklung – empfindlich gegen Zahnformfehler	– höhere Laufruhe – bessere Eignung für hohe Drehzahlen – geringere Empfindlichkeit gegen Zahnformfehler – Axialkraft, wird durch Pfeil- oder Doppelschrägverzahnung kompensiert		

- **Kegelradgetriebe**

Kegelradgetriebe dienen zur Übertragung von Drehmomenten von einer Welle auf eine andere Welle, die im rechten Winkel dazu steht. Nach der Lage der Zähne zur Kegelspitze unterscheidet man gerade verzahnte, schräg verzahnte und bogenverzahnte Kegelräder.

Übungsaufgaben B-41; B-42

gerade verzahnt	schräg verzahnt	bogenverzahnt
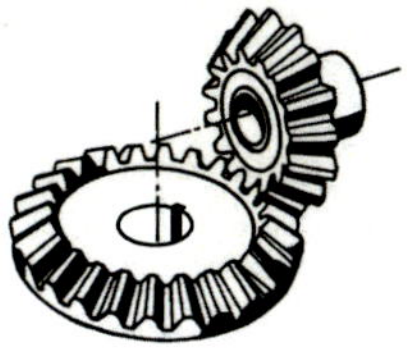	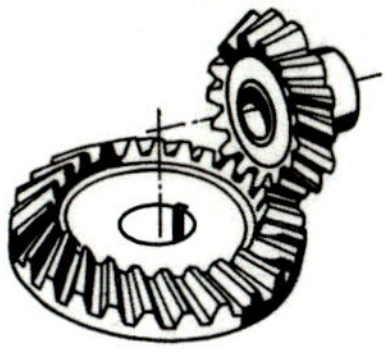	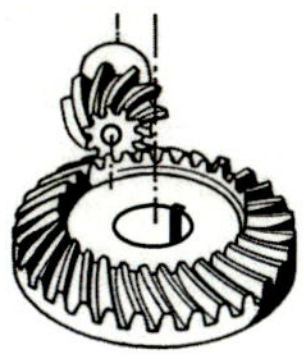

höhere Laufruhe → bessere Eignung für hohe Drehzahlen

Kegelräder mit Bogenverzahnung erlauben eine geringe Verschiebung der Wellen, sodass auch zwischen Wellen, die nicht genau in einer Ebene liegen, die Drehbewegung übertragen werden kann.

Kegelradgetriebe dienen zur Übertragung von Drehbewegungen bei sich schneidenden Wellen. Man unterscheidet gerad, schräg und bogenverzahnte Kegelräder.

- **Schraubenradgetriebe**

Bringt man Schrägstirnräder mit verschiedenen Schrägungswinkeln zusammen, so kreuzen sich die Wellen. Dadurch schieben sich die Zähne wie bei einem Schraubengewinde aneinander vorbei und übertragen so die Drehbewegung. Wegen der geringen Berührungsfläche der Zähne und der starken Gleitreibung können diese Schraubenradgetriebe nur geringe Drehmomente übertragen und weisen hohen Verschleiß auf.

Schraubenradgetriebe

Schraubenradgetriebe dienen zur Übertragung von Drehbewegungen bei sich kreuzenden Wellen. Punktförmige Berührung der Zahnflanken erlaubt nur geringe Drehmomentübertragung werden können.

- **Schneckengetriebe**

Wird bei einem Schraubenradgetriebe der Schrägungswinkel der Zähne so groß, dass nur ein Zahn auf dem Radzylinder umläuft, erhält man ein Schneckengetriebe. Dabei bewegt die Schnecke – gleich einem Bewegungsgewinde – bei einer Umdrehung das Schneckenrad um den Betrag der Steigung weiter. Dadurch sind extreme Übersetzungen bis max. 100:1 möglich.
Man unterscheidet (wie bei Schrauben) bei den Schnecken rechts und links gängige sowie ein- und mehrgängige Schnecken. Eingängige Schnecken besitzen kleinere Steigungswinkel als mehrgängige. Sie haben dadurch eine höhere Reibung und einen geringeren Wirkungsgrad als mehrgängige Schnecken. Bei kleiner werdendem Steigungswinkel des Schneckenganges tritt bei etwa 5° infolge der Reibung Selbsthemmung ein. Der Schneckentrieb kann dann nur noch von der Schneckenseite angetrieben werden.
Schneckengetriebe laufen geräuscharm und können große Leistungen übertragen. Sie haben aber wegen der Gleitbewegung der Zahnflanken aufeinander einen hohen Verschleiß. Nachteilig sind ferner die hohen Axialkräfte, die in der Schnecke auftreten und von den Lagern aufgenommen werden müssen.

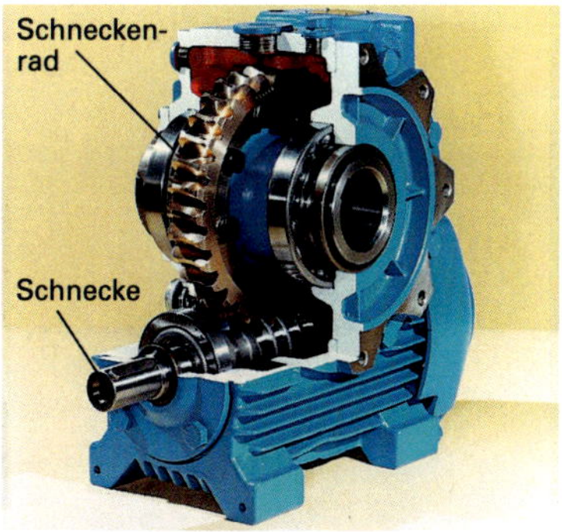

Schneckengetriebe

Schneckengetriebe dienen zur Übertragung von Drehbewegungen bei sich kreuzenden Wellen. Mit Schneckengetrieben sind extreme Übersetzungen möglich.

• Planetengetriebe

Planetengetriebe sind Umlaufrädergetriebe. Wegen ihrer Platz sparenden Bauart, ihrer Unempfindlichkeit gegen Lastspitzen und der nahezu fehlenden Biegebelastung der Wellen werden diese Getriebe im Maschinenbau als Stand- oder Anbaugetriebe eingesetzt.

Planetengetriebe bestehen neben Gehäuse und Lagern aus

- dem zentralen Sonnenrad mit Außenverzahnung,
- dem Planetenträger mit den außen verzahnten Planetenrädern und
- dem Hohlrad mit Innenverzahnung

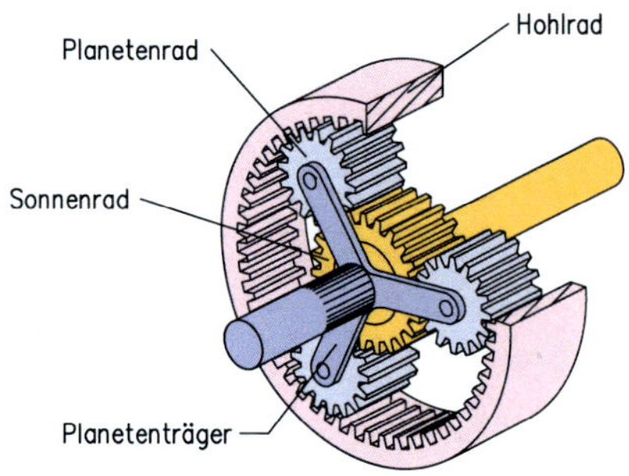

Planetengetriebe (Schema)

Beispiel für ein einstufiges Planetengetriebe als Standgetriebe

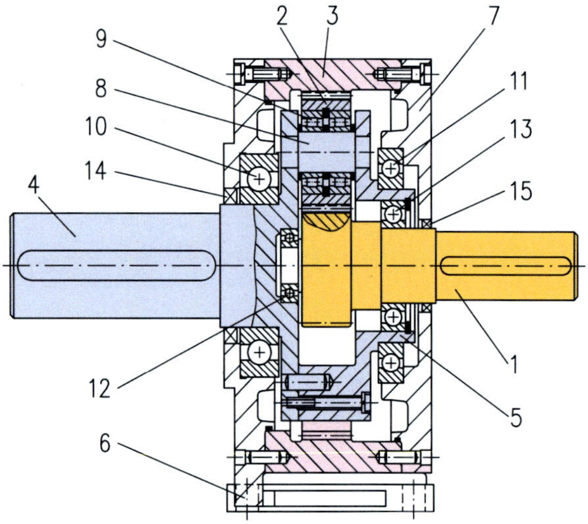

1 Ritzelwelle (Sonenrad)
2 Planetenrad
3 Zahnkranz (Hohlrad)
4 Antriebswellenflansch
5 Gegenflansch
6 Fuß
7 Lagerdeckel
8 Planetenwelle
9 Planetenlager
10 + 11 Planetenträgerlager
12 + 13 Ritzelwellenlager
14 + 15 Wellendichtringe

Planetengetriebe werden in der Kfz-Technik in automatischen Getrieben und in der Fahrradtechnik in Nabenschaltungen eingesetzt. Zum Schalten werden jeweils durch Bremsbänder und Kupplungen Teile des Planetengetriebes festgesetzt bzw. andere mit dem Antrieb gekoppelt.

Beispiele für Übersetzungen an einem einstufigen Planetengetriebe (Schema)

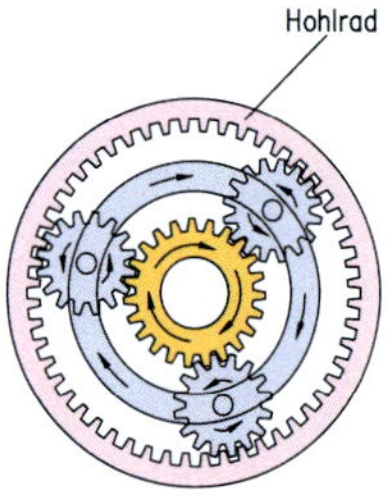

Hohlrad fest – Sonnenrad treibt
– große Übersetzung ins Langsame

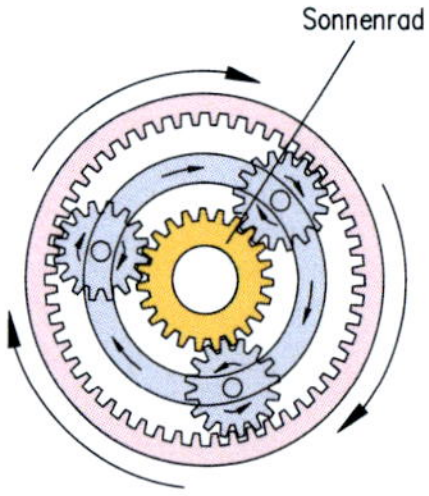

Sonnenrad fest – Hohlrad treibt
– kleine Übersetzung ins Langsame

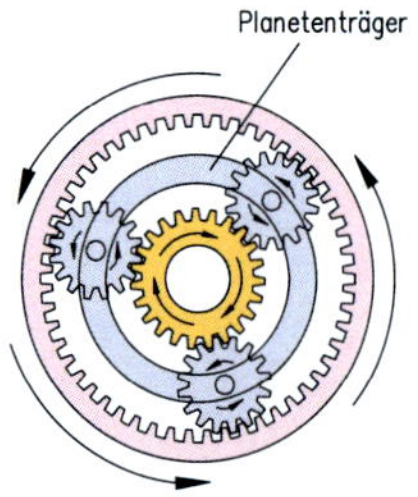

Planetenträger fest – Sonnenrad treibt
– Drehrichtungsumkehr

2.2.5 Verstellbare Zahnradstufengetriebe

In verstellbaren Zahnradstufengetrieben sind mehrere Rädergetriebe vereinigt. Mit ihnen lassen sich unterschiedliche Umdrehungsfrequenzen, Drehmomente und Drehrichtungen einstellen.

- **Schieberadgetriebe**

In Schieberadgetrieben werden gerade verzahnte Zahnradpaare, Stirnradsätze oder Schiebeblöcke durch axiales Verschieben zum Eingriff gebracht. Die Schiebeblöcke werden meist auf Keilwellen geführt und durch Schaltgabeln in die jeweilige Eingriffsposition geschoben.

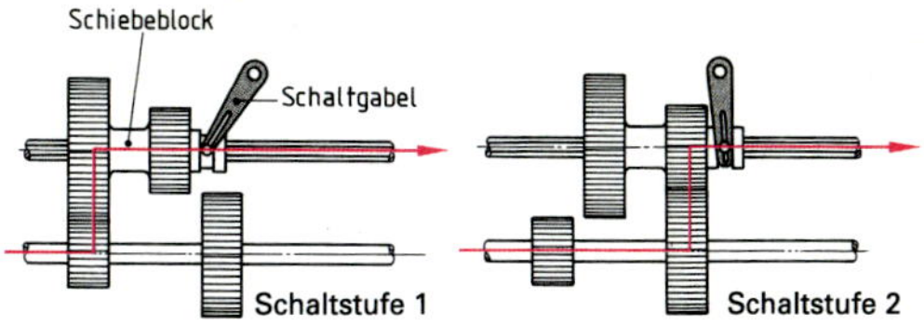

Schieberadgetriebe

- **Kupplungsgetriebe**

Bei Kupplungsgetrieben sind stets alle Zahnräder im Eingriff. Die getriebenen Räder werden jedoch hier mit der Antriebswelle durch eine elektrisch oder mechanisch betätigte Kupplung verbunden. Müssen große Leistungen übertragen werden, verwendet man Lamellenkupplungen.

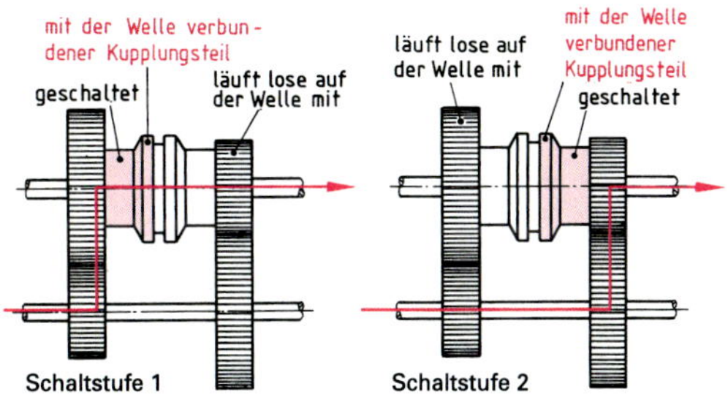

Kupplungsgetriebe (vereinfacht)

2.2.6 Berechnungsgrundlagen für Getriebe

- **Umdrehungsfrequenz und Umfangsgeschwindigkeit**

Die Zahl der Umdrehungen, die ein Rad eines Getriebes in einer Zeiteinheit (min oder s) ausführt, wird als Umdrehungsfrequenz (Drehzahl) bezeichnet. Meist wird die Drehzahl n mit der Einheit 1/min verwendet. Die Umfangsgeschwindigkeit für die kreisförmige Bewegung wird aus dem Durchmesser und der Drehzahl berechnet:

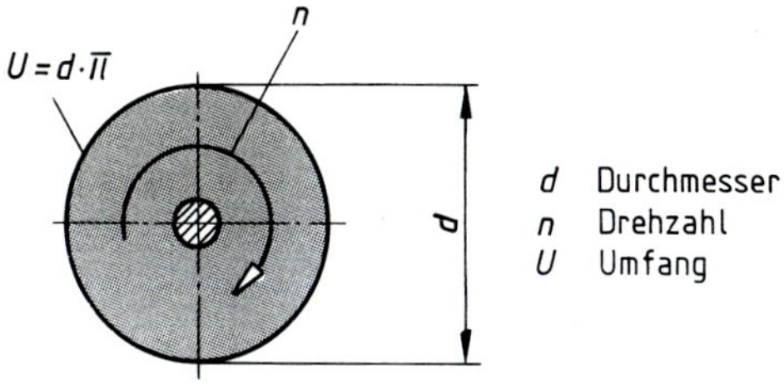

Umfangsgeschwindigkeit = Durchmesser · π · Umdrehungsfrequenz

$$v = d \cdot \pi \cdot n$$

- **Übersetzungsverhältnis**

Treibt ein Rad in einem Getriebe ein anderes Rad, ohne dass die Oberflächen aufeinander rutschen, so haben beide Räder die gleiche Umfangsgeschwindigkeit v, auch wenn die Räder unterschiedliche Durchmesser haben.

Es gilt dann die Beziehung:

$$v_1 = v_2$$
$$d_1 \cdot \pi \cdot n_1 = d_2 \cdot \pi \cdot n_2$$

Aus dieser Gleichung ergibt sich durch Umstellen und Kürzen von π das Verhältnis der Drehzahlen.

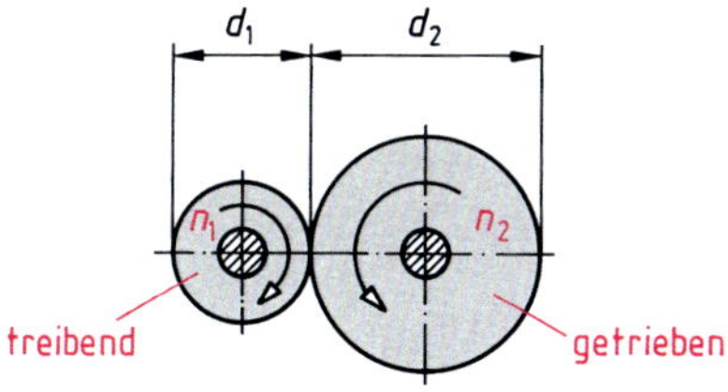

Einstufiges Getriebe

Das Verhältnis der Drehzahl des treibenden Rades zur Drehzahl des getriebenen Rades ist das **Übersetzungsverhältnis** i. Das Übersetzungsverhältnis wird als Bruch angegeben, z.B. i = 1:5.

$$\text{Übersetzungsverhältnis } i = \frac{\text{Drehzahl des treibenden Rades } n_1}{\text{Drehzahl des getriebenen Rades } n_2} = \frac{\text{Durchmesser des getriebenen Rades } d_2}{\text{Durchmesser des treibenden Rades } d_1}$$

$$i = \frac{n_1}{n_2} = \frac{d_2}{d_1}$$

Übungsaufgabe B-43

Will man die Drehzahl noch weiter verändern, bringt man auf die Welle des getriebenen Rades ein weiteres Rad, das ein viertes Rad auf einer dritten Welle treibt. Man hat nun ein zweistufiges Getriebe.
Kennzeichnung von Durchmessern und Drehzahlen:
- *treibende Räder ungerade Kennzahlen (d_1; d_3; n_1...)*
- *getriebene Räder geradzahlige Kennzahlen (d_2; n_2;...)*

Das Übersetzungsverhältnis eines Getriebes insgesamt (i_{ges}) ist das Verhältnis der Drehzahlen vom ersten treibenden zum letzten getriebenen Rad.

$$i_{ges} = \frac{n_A}{n_E}$$

n_A Drehzahl des ersten treibenden Rades
n_E Drehzahl des letzten getriebenen Rades

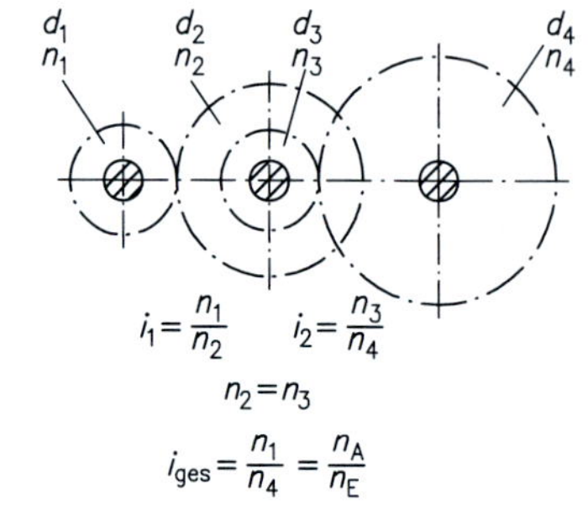

Zweistufiges Getriebe

Das gesamte Übersetzungsverhältnis kann auch aus dem Produkt der Übersetzungsverhältnisse der einzelnen Stufen berechnet werden, $i_{ges} = i_1 \cdot i_2 \cdot ...$

Bei mehrstufigen Getrieben ist das Gesamtübersetzungsverhältnis das Produkt der Übersetzungsverhältnisse jeder Stufe. Das Gesamtübersetzungsverhältnis lässt sich auch aus dem Verhältnis der Drehzahl des ersten Rades n_A zur Drehzahl des letztes Rades n_E berechnen.

$$i_{ges} = i_1 \cdot i_2 \cdot ... \quad \text{oder} \quad i_{ges} = \frac{n_A}{n_E}$$

• Drehmoment

Ein Drehmoment M_d an einer Welle oder einem Rad ist das Produkt aus Umfangskraft F und Radius r.

$$M_d = F \cdot r$$

Nach der Drehtrichtung unterscheidet man rechts drehende Momente M_r und links drehende Momente M_l.
Gleichgewicht herrscht an einem Bauelement, wenn die Summe der rechts drehenden Momente gleich der Summe der links drehenden Momente ist (Hebelgesetz).
Zur Berechnung der Drehmomente in Getrieben fasst man die Radien von Rädern und Wellen als Hebel auf, deren Drehpunkt die Drehachse ist.
Die Bestimmung der Kräfte und Momente erfolgt über das Gleichgewicht am Hebel.

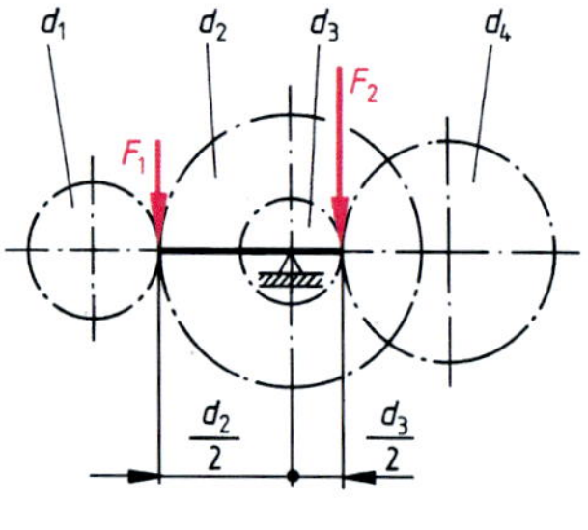

Hebelwirkung am Zahnrad

$$M_l = M_r$$
$$F_1 \cdot \frac{d_2}{2} = F_2 \cdot \frac{d_3}{2}$$

Gleichgewicht am Hebel:
Summe der rechts drehenden Momente = Summe der links drehenden Momente

Bei Getriebewellen ist meist die Umfangskraft, welche an den Rädern angreift, nicht gegeben. Bekannt sind dagegen die zu übertragende Leistung und die Umdrehungsfrequenz. Aus diesen Größen kann das Drehmoment berechnet werden.

$P = F \cdot v$
$P = F \cdot 2r \cdot \pi \cdot n$
$M_d = F \cdot r$

$$M_d = \frac{P}{2\pi \cdot n}$$

M_d Drehmoment
P Leistung
n Umdrehungsfrequenz
v Umfanggeschwindigkeit

Übungsaufgabe B-44

2.3 Getriebe zur Entformung im Schraubwerkzeug

2.3.1 Getriebe mit Steilgewindespindel

Zum Entformen von Teilen mit Innengewinde, wie sie z. B. an Verschlusskappen für Behälter vorkommen, sind für die Spritzgießwerkzeuge besondere Getriebe entwickelt worden, um den Kern, der das Gewinde abbildet, aus dem gespritzten Teil auszuschrauben.

Der Antrieb in dem Getriebe erfolgt über eine Steilgewindespindel. Über die Steigung dieser Spindel wird die notwendige Drehbewegung im Getriebe aus der Öffnungsbewegung des Werkzeuges abgeleitet.

Getriebe im Schraubwerkzeug

LF 6

2.3.2 Funktionsweise der Steilgewindespindel

Hinweis: Auf der DVD, die dem Buch „Werkzeugmechanik Prozesswissen" beigelegt ist, kann der Öffnungsvorgang eines Schraubwerkzeuges in Simulation verfolgt werden.

In dem ausschnittsweise dargestellten Mehrfach-Werkzeug sitzt die Steilgewindespindel drehgesichert in der düsenseitigen Werkzeughälfte. Dadurch dreht sich beim Öffnen des Werkzeuges die Mutter auf der Spindel.
Auf der Gewindemutter ist ein Stirnrad mit Passfeder montiert. Mithilfe der Zwischenräder wird die Drehbewegung von Gewindemutter und Stirnrad auf die Ritzel mit den Gewindekernen übertragen. Durch die Maschinenöffnungsbewegung um den Entformungsweg *s* treiben die Zwischenräder die Ritzel an. Die Gewindekerne schrauben sich dadurch in das jeweilige Führungsgewinde der Leitgewindebuchsen um den Ausschraubweg *t* ein und entformen so das Gewinde am Spritzling.
Gleichzeitig mit dem Öffnen des Werkzeuges in der 1. Trennebene entformt sich die Außenkontur der Spritzlinge. Durch eine Auswerfereinrichtung öffnet sich die 2. Trennebene und die Abstreiferplatte schiebt um den Weg *h* die Artikel aus dem Werkzeug.

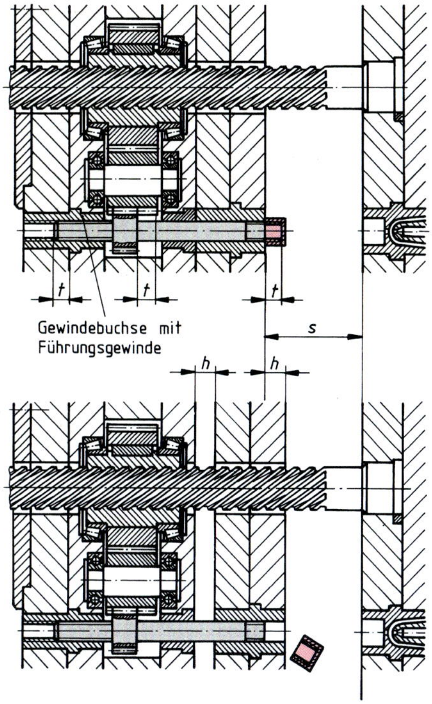

Entformung durch Steilgewindespindel

In Schraubwerkzeugen mit Steilgewindespindel entformt man Gewinde automatisch durch die Werkzeugöffnungsbewegung. Steilgewindespindeln sind für Artikel mit geringer Gangzahl geeignet.

Steilgewindespindeln und Muttern haben *mehrgängige Trapezgewinde* mit bis zu zwölf Gewindegängen. Die Steigungen können zwischen 60 und 200 mm liegen. Je größer die Gewindesteigung ist, desto günstiger ist die Kraftübertragung.
In Mehrfachwerkzeugen werden über Zwischenräder mehrere Gewindekerne angetrieben. Steilgewindespindeln mit den zugehörenden Muttern, Zahnrädern, Wälzlagern und Ritzelwellen sind im Handel als Normalien erhältlich. Sie werden in ihren Einbaumaßen dem jeweiligen Werkzeug angepasst. Ihr Einbau muss sehr genau erfolgen und erfordert große Erfahrung vom Werkzeugmechaniker.

Übungsaufgaben B-45; B-46

2.3.3 Berechnungsgrundlagen für Getriebe mit Steilgewindespindel

Zur Berechnung von Getrieben mit Steilgewindespindeln müssen die Steigung des Gewindes am Artikel und die Länge des zu entformenden Gewindes bekannt sein. Je nach der Anzahl der Formnester werden treibendes Stirnrad, Zwischenrad und Ritzel ausgelegt. Die zugehörige Steilgewindespindel wird berechnet und gemäß der Lagerhaltung des Normalienherstellers ausgewählt. Anschließend werden die notwendigen Wälzlager, Passfedern und Sicherungsteile ausgewählt.

Beispiel für den Aufbau eine Getriebes mit Steilgewindespindel für ein Mehrfachwerkzeug

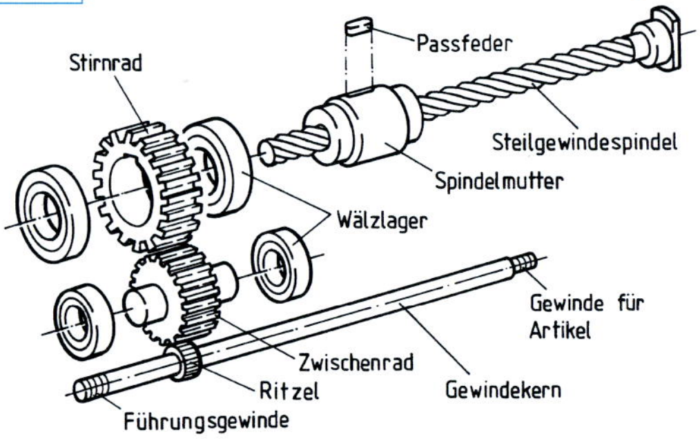

Bauteile des Getriebes

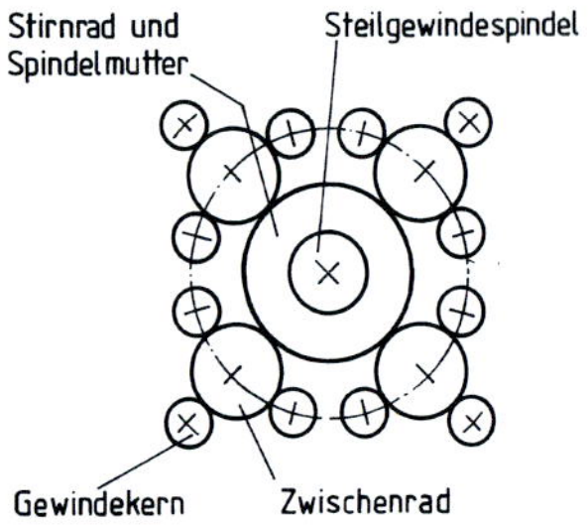

Anschlussschema für ein Zwölffach-Werkzeug

- **Info zur Berechnung von Getrieben mit Steilgewindespindel**

Artikel

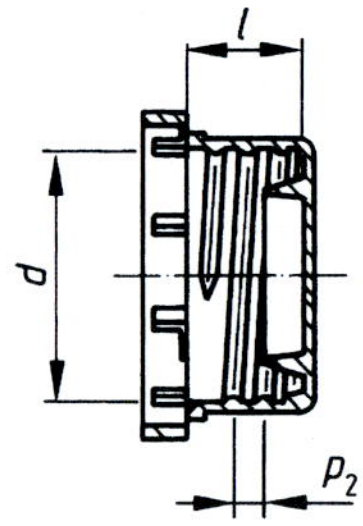

Getriebeaufbau

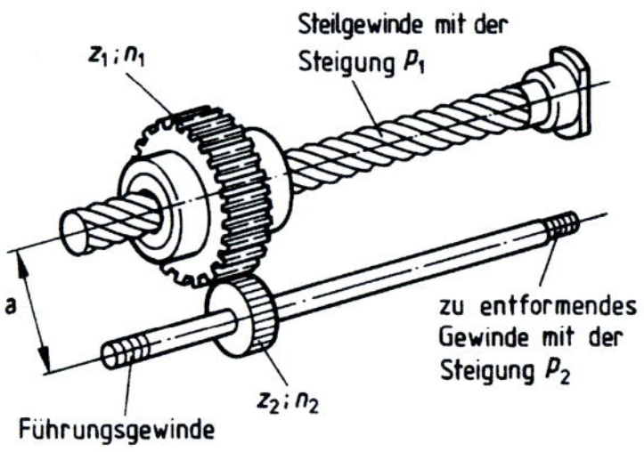

Achsabstand

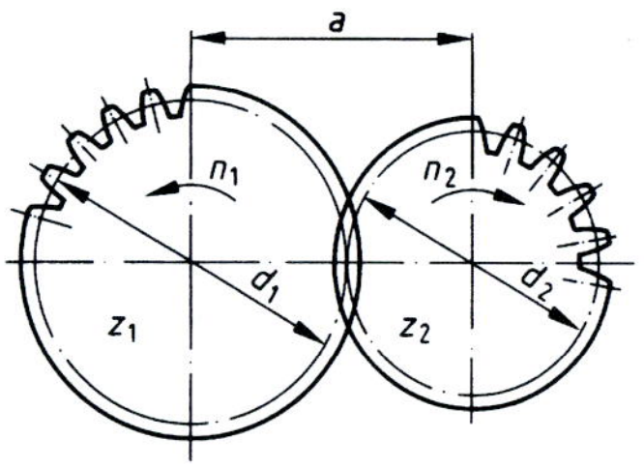

Formeln	Formelzeichen
Erforderliche Anzahl der Umdrehungen zum Entformen $n_2 = \frac{l}{P_2} + n_s$	d Gewindedurchmesser des Artikels l zu entformende Gewindelänge P_2 Steigung des Gewindes im Artikel n_2 Anzahl der Umdrehungen zum Entformen n_s Sicherheitsumdrehung (n_s etwa 0,25 bis 1,0) n_1 Anzahl der Drehungen an der Steilgewindespindel
Übersetzungsverhältnis $i = \frac{n_1}{n_2} = \frac{z_2}{z_1}$ $n_1 \cdot z_1 = n_2 \cdot z_2$	i Übersetzungsverhältnis (nicht unter 0,25) z_1 Anzahl der Zähne am Stirnrad auf Steilgewindespindel z_2 Anzahl der Zähne am Ritzel
Achsabstand – Teilkreisdurchmesser $a = \frac{d_1 + d_2}{2} = \frac{m \cdot (z_1 + z_2)}{2}$ $d_1 = m \cdot z_1 \qquad d_2 = m \cdot z_2$	a Achsabstand m Modulfür die Zahnräder d_1 Teilkreisdurchmesser am Stirnrad auf Steilgewindespindel d_2 Teilkreisdurchmesser am Ritzel
Entformungsweg (Maschinenöffnung) $s = \frac{P_1 \cdot n_2}{i}$	s erforderlicher Entformungsweg (mindestens) P_1 Steigung der Steilgewindespindel

- **Erfahrungswerte zur Auswahl der Steilgewindespindel und des Zahnradmoduls**

Anzahl der Formnester	**Gewindedurchmesser des Artikels** in mm	**Durchmesser der Spindel** in mm	**Steigung der Spindel** in mm	**Modul der Zahnräder** in mm
3 – 6	4	16	50 – 63	1 – 1,25
3 – 6	bis 8	16	63	1 – 1,25
1 – 2	16	16	63	1 – 1,25
6 – 12	4	20	63 – 100	1,25 – 1,5
3 – 6	bis 16	20	63 – 100	1,25 – 1,5
1 – 2	30	20	80 – 100	1,25 – 1,5
6 – 12	10	25	125 – 160	1,5 – 2
3 – 6	bis 20	25	80 – 160	1,25 – 1,5
2 – 4	30	25	100 – 160	1,25 – 1,5
1 – 2	50	25	125 – 160	2
6 – 12	30	32	100 – 160	2 – 2,5
3 – 6	bis 50	32	100 – 200	2 – 2,5
1 – 2	70	32	160 – 200	2

Beispiel für die Berechnung eines Getriebes mit Steilgewindespindel

Aufgabe

Ein Artikel hat ein eingängiges Rechtsgewinde mit einer Steigung von 3 mm. Es sollen fünf Gewindegänge entformt werden. Das Werkzeug muss einen Entformungsweg von mindestens 300 mm haben.

Aus dem Katalog eines Normalienherstellers wählt man eine Ritzelwelle mit 25 Zähnen und dem Modul 1,5 mm. Das Stirnrad auf der Steilgewindemutter hat 60 Zähne.

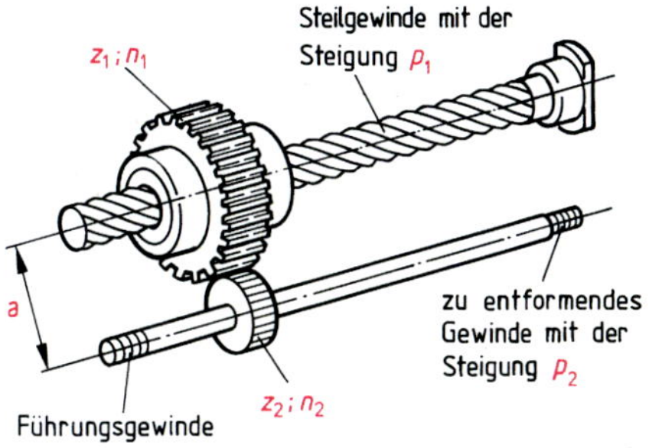

Gegeben

Steigung des Gewindes im Artikel	P_2 =	3,0 mm
Anzahl der Zähne am Ritzel	z_2 =	25
Anzahl der Umdrehungen zum Entformen	n_2 =	5
Anzahl der Zähne am Stirnrad	z_1 =	60
Modul für die Zahnräder	m =	1,5 mm
Entformungsweg (mindestens)	s =	300 mm

Gesucht

a) Anzahl der Drehungen n_1 an der Steilgewindespindel

b) Achsabstand a

c) Auswahl der Steilgewindespindel P_1

Lösung

a) $n_1 = \frac{z_2 \cdot n_2}{z_1}$ $n_1 = \frac{25 \cdot 5}{60}$

n_1 = **2,08 Umdrehungen**

b) $a = \frac{m \cdot (z_1 + z_2)}{2}$ $a = \frac{1{,}5\text{ mm }(60 + 25)}{2}$

a = **63,75 mm Achsabstand**

c) Bei einem Entformungsweg von 300 mm und den errechneten 2,08 Umdrehungen müsste die Steilgewindespindel eine Steigung von 144 mm haben.

$$P_1 = \frac{s}{n_1};\quad p = \frac{300\text{ mm}}{2{,}08}$$

P_1 = **144 mm Steigung**

Man wählt aus dem Normalienkatalog eine Spindel mit der Steigung **160 mm** und einer Gewindelänge von **400 mm.** Für die gewählte Steilgewindespindel ergibt sich somit ein Entformungsweg von 2,08 mm x 144 mm = **333 mm** für das Werkzeug. Die Spindel muss **Linksgewinde** haben, weil durch das Getriebe eine Richtungsänderung des Drehsinnes erfolgt.

Übungsaufgaben B-47 bis B-52

3 Festigkeitsberechnungen von Bauelementen

3.1 Grundlagen zur Festigkeitsberechnung

3.1.1 Beanspruchungs- und Belastungsarten

Jedes Werkstück wird beim Gebrauch durch Kräfte beansprucht. Die Beanspruchung der Werkstücke unterscheidet man nach Beanspruchungsarten: z. B. Zug-, Druck-, Biegebeanspruchung. Tritt an einem Bauelement nur eine dieser Beanspruchungsarten auf, so spricht man von einer *einfachen* Beanspruchung. Treten dagegen mehrere Beanspruchungsarten gleichzeitig auf, spricht man von einer *zusammengesetzten* Beanspruchung. Eine Welle wird z.B. auf Biegung und Verdrehung beansprucht.

- **Einfache Beanspruchungsarten**

Beanspruchungsarten	**Zug**	**Druck**	**Abscherung**	**Biegung**	**Verdrehung**	**Knickung**
	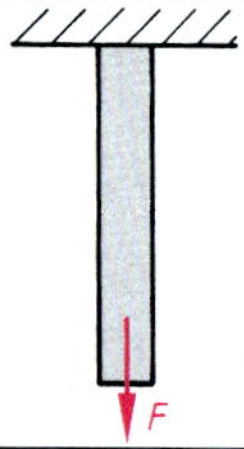	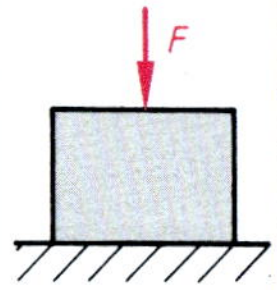	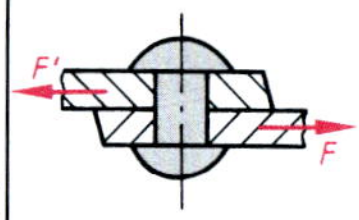	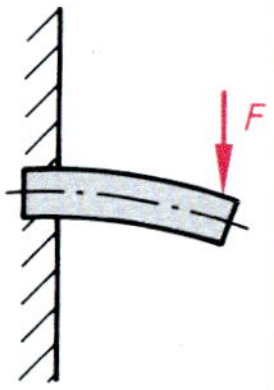	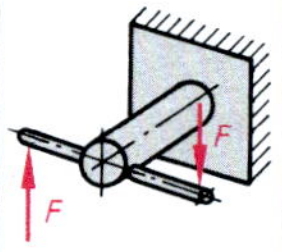	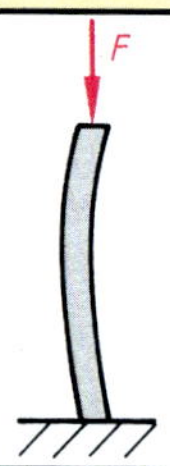
Beispiele	Kranseil Kette	Säule Maschinen-ständer	Niet Bolzen	Träger Achse	Welle Torsions-federstab	Schubstange Gerüststange

Bei Beanspruchungsarten unterscheidet man einfache und zusammengesetzte Beanspruchung.
Einfache Beanspruchungsarten sind:

- Zug,
- Druck,
- Abscherung,
- Biegung,
- Verdrehung,
- Knickung.

- **Belastungsarten**

Nach dem zeitlichen Verlauf der Belastung unterscheidet man statische und dynamische Belastungen.

Belastungsarten	**statisch** **ruhend**	**dynamisch** **schwellend**	**wechselnd**
Zeitlicher Verlauf der Belastung	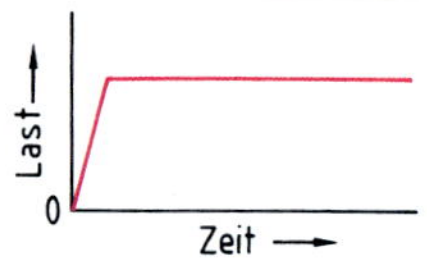 Last bleibt nach Aufbringen konstant	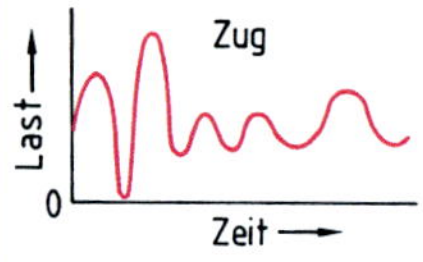 Last schwillt im Bereich zwischen Null und dem Höchstwert	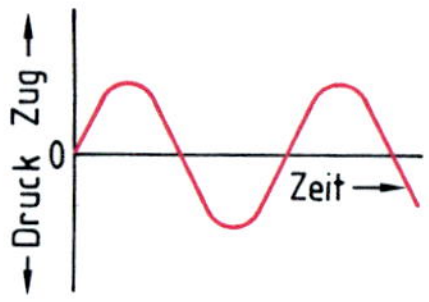 Last wechselt zwischen positivem und negativem Höchstwert
Belastungsfall	I	II	III
Beispiele	Säule, Gebäudefundament	Kranseil, feststehende Achse	Schraubendreher, umlaufende Achse

Nach dem zeitlichen Verlauf einer Belastung werden unterschieden:

- ruhende Belastung, Belastungsfall I,
- schwellende Belastung, Belastungsfall II,
- wechselnde Belastung, Belastungsfall III.

Übungsaufgabe B-53

3.1.2 Zugbeanspruchung

Wird ein Stab durch eine Zugkraft F beansprucht, so ruft diese Kraft im Inneren des Stabes, d. h. im Querschnitt S, Zugspannungen hervor, die senkrecht zum beanspruchten Querschnitt wirken. Sie werden auch als Normalspannungen bezeichnet.

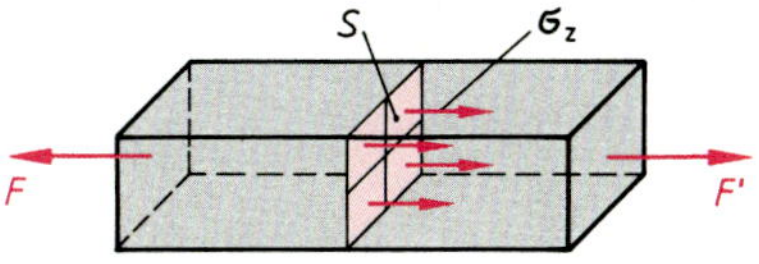

Zugspannungen im Zugstab

Aus der Bedingung, dass sich innere und äußere Kräfte das Gleichgewicht halten müssen, ergibt sich:

$$F = \sigma_z \cdot S$$

σ_z Zugspannung
F Zugkraft
S beanspruchter Querschnitt

Diese Zugspannung darf den Wert der zulässigen Spannung $\sigma_{z\,zul}$ nicht überschreiten. Es gilt also die Forderung: $\sigma_z \leq \sigma_{z\,zul}$

Die zulässige Zugspannung von **spröden Werkstoffen**, wie z. B. Gusseisen und Glas, berechnet man aus der Zugfestigkeit.

Da **plastisch verformbare Werkstoffe**, z. B. weicher Stahl und Aluminium, bereits bei Auftreten bleibender Verformungen zerstört sind, berechnet man die zulässige Spannung von diesen Werkstoffen aus der Streckgrenze.
Damit die zulässige Spannung unter der Zugfestigkeit bzw. der Streckgrenze bleibt, führt man eine Sicherheitszahl ν (nü) ein.

Dabei gilt für

– spröde Werkstoffe

$$\sigma_{z\,zul} = \frac{R_m}{\nu}$$

– plastisch verformbare Werkstoffe

$$\sigma_{z\,zul} = \frac{R_{eh}}{\nu}$$

$\sigma_{z\,zul}$ zulässige Zugspannung
R_m Zugfestigkeit
R_{eh} Streckgrenze
ν Sicherheitszahl

Die Sicherheitszahl ν liegt je nach Anwendung zwischen 1,5 und 3.
In den meisten Fällen greift man zur Wahl der zulässigen Spannungen auf Tabellenwerte zurück, in denen bereits die Sicherheit enthalten ist.

Zulässige Zugspannungen für Werkstoffe bei verschiedenen Belastungsfällen

Werkstoffe		**S235**	**E295**	**E360**	**GS-45**	**25CrMo4**	**G-AlSi 12**	**AlCuMg**	**Messing**
zulässige Spannung $\sigma_{z\,zul}$ in N/mm²	**ruhend I**	125	175	260	125	325	40	135	150
	schwellend II	80	110	170	80	220	22	60	90
	wechselnd III	55	80	115	55	145	17	45	50

Die zulässige Spannung für Werkstoffe errechnet man entweder aus der Grenzspannung und der verlangten Sicherheit oder man benutzt Tabellenwerte.
Für spröde Werkstoffe ist die Zugfestigkeit die Grenzspannung. Für plastisch verformbare Werkstoffe ist die Streckgrenze die Grenzspannung.

Berechnung des erforderlichen Querschnitts:

$$S_{erf} = \frac{F_{max}}{\sigma_{z\,zul}} \text{ in mm}^2$$

S_{erf} erforderlicher Querschnitt
F_{max} Höchstkraft
$\sigma_{z\,zul}$ zulässige Zugspannung

Beispiel für die Berechnung eines zugbeanspruchten Querschnittes

Aufgabe
Eine runde Stange aus E 295 (St 50) wird schwellend durch eine Zugkraft von max. 120 000 N belastet.
Der Durchmesser der Stange ist zu berechnen, $\sigma_{z\,zul}$ siehe Tabelle.

Lösung

$$S_{erf} = \frac{F_{max}}{\sigma_{z\,zul}} \qquad S_{erf} = \frac{120\,000 \text{ N} \cdot \text{mm}^2}{110 \text{ N}} = 1090{,}9 \text{ mm}^2 \qquad d = 37{,}2 \text{ mm} \qquad d_{gewählt} = \mathbf{38\ mm}$$

Übungsaufgaben B-54; B-55; B-56

3.1.3 Druckbeanspruchung

Eine Druckkraft ruft im *Inneren* eines Werkstoffes bei einem beanspruchten Bauelement als Reaktion **Druckspannungen** σ_d hervor.

Die in der *Grenzfläche* zu einem anderen Werkstoff infolge Druck entstehenden Spannungen bezeichnet man als **Flächenpressung** p.

Entsprechend der Gleichgewichtsbedingung gilt für das Werkstoffinnere $F = \sigma_d \cdot S$, für die Grenzfläche $F = p \cdot A$.

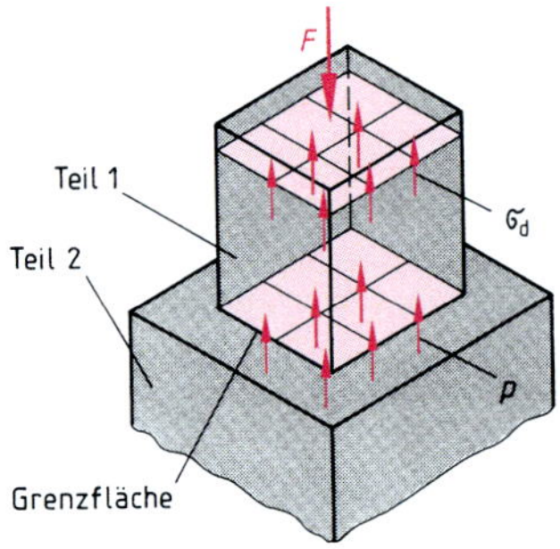

Druckspannungen und Flächenpressung

$$F = \sigma_d \cdot S \quad \text{bzw.} \quad F = p \cdot A$$

S Querschnittsfläche
A Berührungsfläche
σ_d Druckspannung
p Flächenpressung

Häufig sind die gepressten Flächen nicht eben, wie zum Beispiel bei Wellen im Lager, bei Gewindegängen und bei Prismenführungen. Die gepresste Fläche ist in solchen Fällen als Projektion der Berührungsfläche auf eine senkrecht zur Kraftrichtung liegende Ebene aufzufassen. Man spricht von *projizierter* Berührungsfläche.

Beispiele für projizierte Berührungsflächen

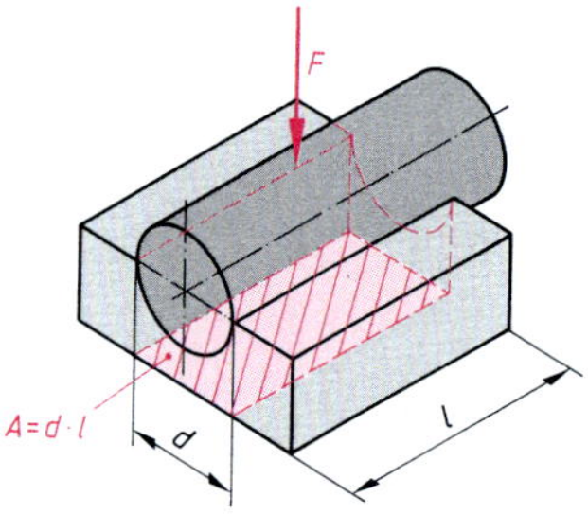

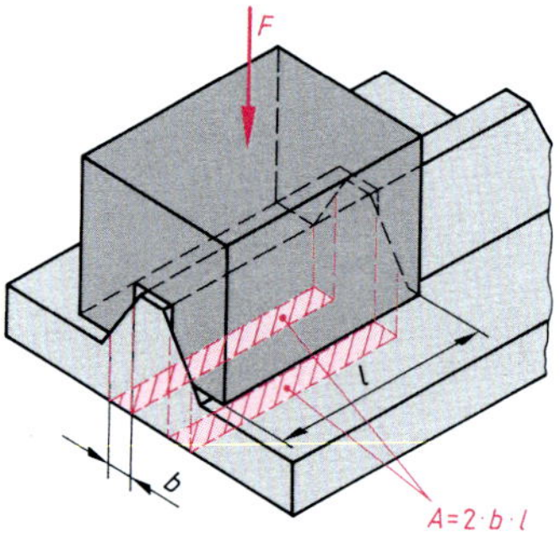

Für die Berechnung der erforderlichen Querschnitte gilt demnach:

$$S_{erf} = \frac{F_{max}}{\sigma_{d\,zul}} \quad \text{bzw.} \quad A_{erf} = \frac{F_{max}}{p_{zul}}$$

Bei der Flächenpressung ist darauf zu achten, dass die zulässige Flächenpressung des *schwächsten* Werkstoffes nicht überschritten werden darf.
Die zulässige Druckspannung entspricht bei Stählen und NE-Metallen der zulässigen Zugspannung. Bei sehr ungleichmäßig aufgebauten Werkstoffen, z. B. Gusseisen, ist die zulässige Druckspannung höher als die zulässige Zugspannung.

Die zulässige Flächenpressung ist besonderen Tabellen zu entnehmen.

Zulässige Flächenpressung für Werkstoffe bei verschiedenen Belastungsfällen

Werkstoffe		**S235**	**E 295**	**E 360**	**GS-45**	**25CrMo4**
zulässige Flächenpressung p_{zul} in N/mm²	**ruhend I**	80	120	180	100	210
	schwellend II	50	70	90	70	105

Übungsaufgabe B-57

Beispiel **für die Berechnung eines druckbeanspruchten Bauelementes**

Aufgabe

Es werden im Fließpressverfahren Hülsen aus Al 99,5 hergestellt. Die Presskraft beträgt nach Berechnungen 500 kN.

a) Welche Druckspannung tritt im engsten Querschnitt des Stempelschafts auf?

b) Kann der als Stempelwerkstoff vorgesehene Werkzeugstahl X165CrMo12 mit einer Sicherheit von 2 gegen das Erreichen seiner Streckgrenze von 1 900 N/mm² den Anforderungen genügen?

c) Welchen Durchmesser sollte der Stempelkopf erhalten, damit die zulässige Flächenpressung von 400 N/mm² auf die Druckplatte nicht überschritten wird?

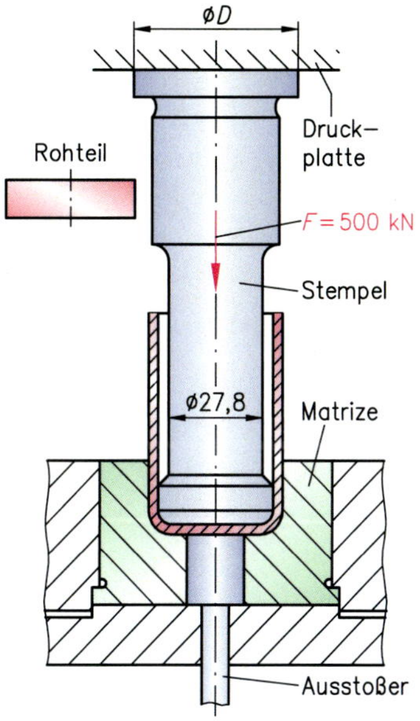

Gegeben

$F = 500\ \text{kN}$

$d_1 = 27{,}8\ \text{mm}$

$R_e = 1900\ \frac{\text{N}}{\text{mm}^2}$

$v = 2$

$P_{zul} = 400\ \frac{\text{N}}{\text{mm}^2}$

Gesucht

σ_d

$\sigma_d < \sigma_{dzul}$

D

Lösung

a) $S = \frac{d^2 \cdot \pi}{4}$

$S = \frac{27{,}8^2\ \text{mm}^2 \cdot \pi}{4}$; $S = 606{,}7\ \text{mm}^2$

$\sigma_d = \frac{F}{S}$

$\sigma_d = \frac{500\,000\ \text{N}}{606{,}7\ \text{mm}^2}$; $\sigma_d = \mathbf{824}\ \frac{\mathbf{N}}{\mathbf{mm^2}}$

b) $\sigma_{d\,zul} = \frac{R_e}{v}$

$\sigma_{d\,zul} = \frac{1\,900\ \text{N}}{2\ \text{mm}^2}$; $\sigma_{d\,zul} = \mathbf{850}\ \frac{\mathbf{N}}{\mathbf{mm^2}}$

c) $A_{erf} = \frac{F_{max}}{P_{zul}}$

$A_{erf} = \frac{500\,000\ \text{N mm}^2}{400\ \text{N}}$

$A_{erf} = 1\,250\ \text{mm}^2$

$D = \sqrt{\frac{4 \cdot 7}{\pi}}$

$D = \sqrt{\frac{4 \cdot 1\,250\ \text{mm}^2}{\pi}}$

$D = 39{,}9\ \text{mm}$

$D_{gewählt} = \mathbf{40\ mm}$

$\sigma_{d\ vorhanden} = 824\ \frac{\text{N}}{\text{mm}^2}$ ist kleiner als $\sigma_{d\ zul} = 850\ \frac{\text{N}}{\text{mm}^2}$, damit ist die Verwendung von X165CrMo12 **zulässig.**

Übungsaufgabe B-58

3.1.4 Scherbeanspruchung

Im Gegensatz zu den Zug- und Druckspannungen, die als Normalspannungen senkrecht zum beanspruchten Querschnitt stehen, wirken Scherspannungen *im* beanspruchten Querschnitt.
Wird ein Werkstück durch eine Scherkraft beansprucht, so ruft diese Kraft im Inneren des Werkstoffes in der Scherfläche Scherspannungen τ_s hervor.

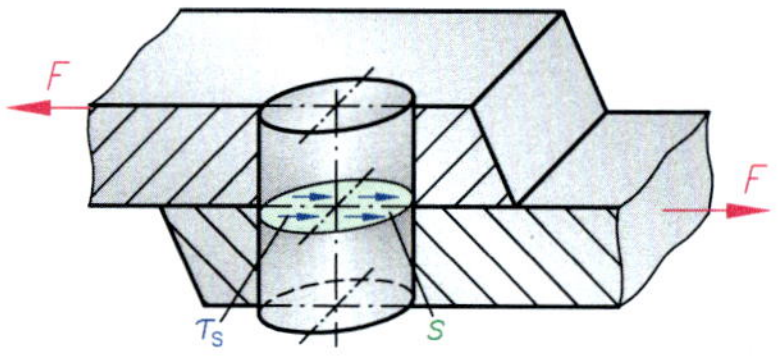

Scherspannungen

Gleichgewicht ergibt sich für:

$$F = \tau_s \cdot S$$

F Scherkraft
τ_s Scherspannung
S beanspruchter Querschnitt

Häufig wird bei der Beanspruchung auf Scherung ein Bauelement in *mehreren* Querschnitten gleichzeitig beansprucht.

Beispiel **für die Zahl der Scherquerschnitte**

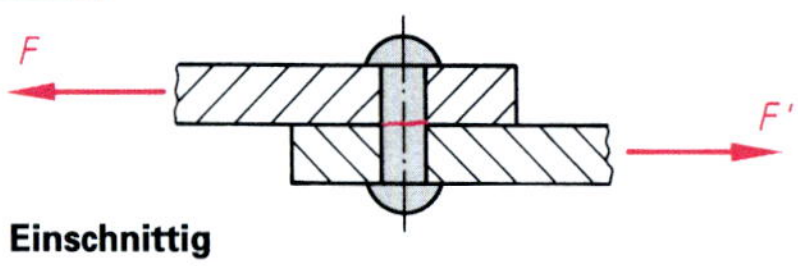

Einschnittig

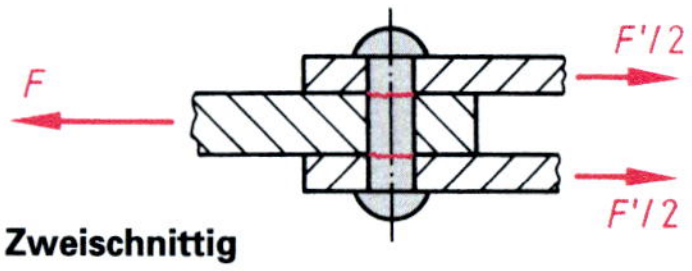

Zweischnittig

Für die Berechnung des erforderlichen Querschnitts unter Berücksichtigung der Zahl der Scherquerschnitte ergibt sich somit die Gleichung:

$$S_{erf} = \frac{F_{max}}{N \cdot \tau_{s\,zul}}$$

S_{erf} erforderlicher Querschnitt
F_{max} Höchstkraft
N Zahl der beanspruchten Scherquerschnitte
$\tau_{s\,zul}$ zulässige Scherspannung

Der Wert der zulässigen Scherspannung ist bei einer Scherbeanspruchung etwa 0,8 · $\sigma_{z\,zul}$ für Baustahl und etwa 1,1 · $\sigma_{z\,zul}$ für Gusseisen.

Beispiel **für die Berechnung eines durch Scherkräfte beanspruchten Bauelementes**

Aufgabe

Das dargestellte Gelenk soll eine Zugkraft von 40 000 N übertragen:
Es ist der Bolzendurchmesser zu berechnen. Die zulässige Scherspannung ist aus der Zugfestigkeit des Bolzenwerkstoffes E 295 zu ermitteln.

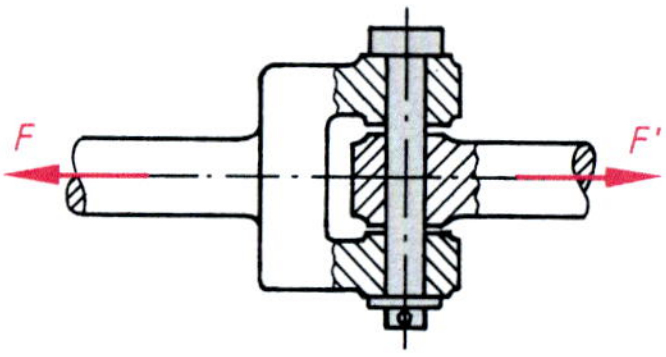

Gegeben

$F = 40\,000$ N

$v = 2$

E 295; $\sigma_{z\,zul}$ nach Tabelle $110\ \frac{N}{mm^2}$

Gesucht

d in mm

Lösung

$\tau_{s\,zul} = \sigma_{z\,zul} \cdot 0{,}8$

$\tau_{s\,zul} = 110 \frac{N}{mm^2} \cdot 0{,}8$

$\tau_{s\,zul} = \mathbf{88 \frac{N}{mm^2}}$

$S_{erf} = \frac{F_{max}}{N \cdot \tau_{s\,zul}}$

$S_{erf} = \frac{40\,000\ N \cdot mm^2}{2 \cdot 88\ N}$

$S_{erf} = \mathbf{227{,}2\ mm^2}$

$d = \sqrt{\frac{4 \cdot S_{erf}}{\pi}}$

$d = \sqrt{\frac{4 \cdot 227{,}2\ mm^2}{3{,}14}}$

$d = \mathbf{17\ mm}$

3.2 Berechnungen von Bauelementen und Verbindungen

3.2.1 Berechnung von Schrauben

- **Berechnung von Schrauben ohne Vorlast**

Wird eine Schraube nur durch *eine* Kraft, z. B. die angehängte Last oder nur durch die Spannkraft infolge des Anziehens belastet, so spricht man von Schrauben ohne Vorlast. Schrauben ohne Vorlast sind z. B. die Schrauben in Spannschlössern.

Die zulässige Spannung $\sigma_{z\,zul}$ errechnet man aus der Streckgrenze des Schraubenwerkstoffs R_{eH} und der Sicherheitszahl v, die für Schrauben ohne Vorlast mit 2 angenommen wird.
Aus der Betriebskraft F_B und der zulässigen Spannung $\sigma_{z\,zul}$ berechnet man den Spannungsquerschnitt S_s der Schraube.

$$S_s = \frac{F_B}{\sigma_{z\,zul}}$$

$$\sigma_{z\,zul} = \frac{R_{eH}}{v}$$

F_B Betriebskraft
S_S Spannungsquerschnitt
$\sigma_{z\,zul}$ zulässige Spannung
R_{eH} Streckgrenze
v Sicherheitszahl

Mit dem errechneten Spannungsquerschnitt wählt man aus Gewindetabellen den erforderlichen Gewindedurchmesser.

Beispiel für die Berechnung eines Gewindes

Aufgabe

Eine Schraube aus 5.6 soll eine Betriebskraft von 10 kN aufnehmen. $v = 2$
Das Gewinde der Schraube ist zu ermitteln.

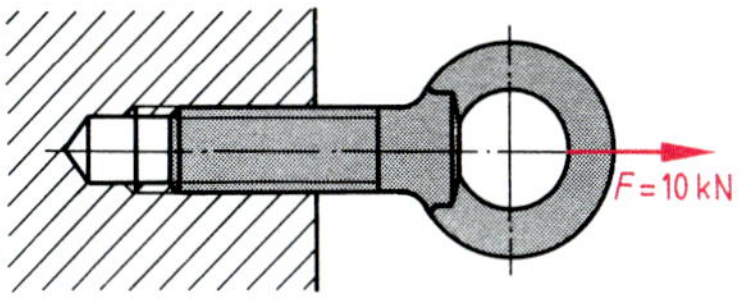

Gegeben

$R_{eH} = 300 \frac{N}{mm^2}$ (aus 5.6 ermittelt)

F = 10 000N

Gesucht

Gewindedurchmesser d

Lösungshilfe

Abmessungen metrischer ISO-Gewinde nach DIN 13 (Auszug)

d mm	***P*** mm	***d₂*** mm	***d₃*** mm	***Sₛ*** mm²	***H₁*** mm
10	1,5	9,026	8,160	58,0	0,812
12	1,75	10,863	9,853	84,3	0,947
16	2,0	14,701	13,546	157	1,083

Lösung

$$\sigma_{z\,zul} = \frac{R_{eH}}{v}$$

$$\sigma_{z\,zul} = \frac{300\ N}{mm^2 \cdot 2}$$

$$\sigma_{z\,zul} = 150\ \frac{N}{mm^2}$$

$$S_s = \frac{F_B}{\sigma_{z\,zul}}$$

$$S_s = \frac{10\,000\ N \cdot mm^2}{150\ N}$$

S_s = **66,6 mm²**
Gewählt **M 12** (S_s = 84,3 mm²)

- **Berechnung von Schrauben mit Vorlast**

Werden Schrauben angezogen, so erhalten sie dadurch eine Vorlast. Bei anschließender Belastung durch die Betriebskraft F_B erhöht sich die Belastung der Schraube. Die Gesamtbelastung F_{max} ist in diesem Fall die Summe aus Vorlast und Betriebslast.
In Überschlagsrechnungen berücksichtigt man die Vorlast, indem man als Gesamtbelastung das 1,7fache der Betriebslast annimmt.

$$F_{max} = 1{,}7 \cdot F_B$$

Übungsaufgaben B-59; B-60

3.2.2 Berechnung von Stiften

Stiftverbindungen sind lösbare Verbindungen, die ausschließlich Scherkräfte aufnehmen können. Die Berechnung der Stifte erfolgt auf Abscheren.
Die zulässige Scherspannung errechnet man aus der zulässigen Zugspannung und einem werkstoffabhängigen Faktor. Für Verbindungsstifte aus Stahl beträgt die zulässige Scherspannung $\tau_{s\,zul} = 0{,}8 \cdot \sigma_{z\,zul}$.

Beispiel **für die Berechnung eines Verbindungsstiftes**

Aufgabe

Das dargestellte Gelenk einer Zugstange wird durch einen Knebelkerbstift zusammengehalten. Welchen Durchmesser muss ein Stift aus E 295 (St 50) haben, wenn eine schwellende Last von 45 000 N übertragen wird?

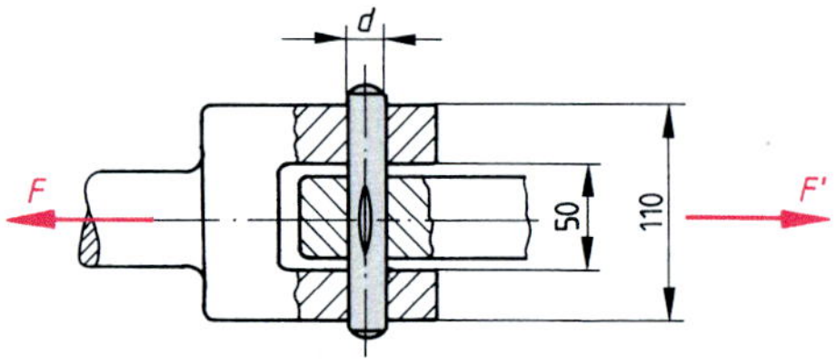

Gegeben

$F = 45\,000$ N $\quad N = 2$

E 295 $\Rightarrow \sigma_{z\,zul} = 110\ \frac{\text{N}}{\text{mm}^2}$

Gesucht

d in mm

Lösung

$\tau_{s\,zul} = 0{,}8 \cdot \sigma_{z\,zul}$

$\tau_{s\,zul} = 0{,}8 \cdot 110\ \frac{\text{N}}{\text{mm}^2}$

$\tau_{s\,zul} = \mathbf{88\ \frac{N}{mm^2}}$

$S_{erf} = \frac{F_{max}}{N \cdot \tau_{s\,zul}}$

$S_{erf} = \frac{45\,000\ \text{N} \cdot \text{mm}^2}{2 \cdot 88\ \text{N}}$

$S_{erf} = \mathbf{255{,}6\ mm^2}$

$S = \frac{d^2 \cdot \pi}{4}$

$d = \sqrt{\frac{4 \cdot S}{\pi}}$

$d = \sqrt{\frac{4 \cdot 255{,}6\ \text{mm}^2}{3{,}14}}$

$d = \mathbf{18{,}0\ mm}$

Bei Stiftverbindungen tritt in den Grenzflächen zwischen Bohrung und Stift auch Flächenpressung auf. Es ist zu überprüfen, ob in den Lagerstellen die zulässige Flächenpressung nicht überschritten wird.

Beispiel **für die Überprüfung der Abmessungen einer Stiftverbindung auf zulässige Flächenpressung**

Aufgabe

Die Abmessungen der im vorherigen Beispiel dargestellten Gabel aus S 235 sind auf Flächenpressung zu überprüfen.

Gegeben

$F = 45\,000$ N

S 235 $\Rightarrow p_{z\,zul} = 50\ \frac{\text{N}}{\text{mm}^2}$

$d = 18$ mm (aus vorherigem Beispiel)

$l = 110$ mm $- 50$ mm $= 60$ mm (aus Skizze)

Gesucht

p

Lösung

$p = \frac{F}{A} \qquad A = d \cdot l$

$p = \frac{45\,000\ \text{N}}{18\ \text{mm} \cdot 60\ \text{mm}}$

$p = \mathbf{41{,}6\ \frac{N}{mm^2}}$

Da p_{zul} für S 235 (St 37) $= 50\ \frac{\text{N}}{\text{mm}^2}$ beträgt, sind die Abmessungen ausreichend.

Übungsaufgaben B-61; B-62

3.2.3 Berechnung von Passfedern

Passfedern als Verbindungselemente siehe *„Lernfelder Metalltechnik Grundbildung,* Kapitel *Fügen mit Passfedern".*

Passfedern werden auf Abscheren und Flächenpressung beansprucht. Die Berechnung erfolgt jedoch nur auf Flächenpressung, da die Normmaße für Passfedern so gewählt sind, dass die zulässige Scherbeanspruchung nicht überschritten wird, wenn die zulässige Flächenpressung eingehalten wird. Für Passfedern sind die Maße *b* und *h* in Abhängigkeit vom Wellendurchmesser genormt.

LF 6

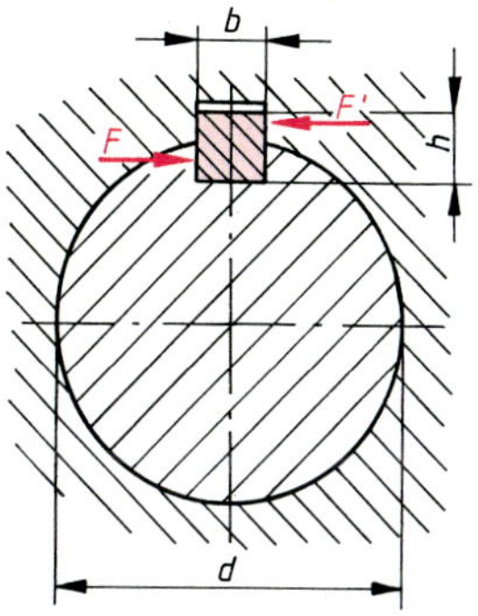

Beanspruchung einer Passfeder

$$M_d = F \cdot \frac{d}{2}$$

- F Umfangskraft
- b Breite der Passfedern
- h Höhe der Passfedern
- d Durchmesser der Welle
- M_d Drehmoment

Aus der Forderung $p \leq p_{zul}$ des schwächsten Werkstoffs ergibt sich für die Länge l_{erf} der Passfedern:

bei geradstirnigen Passfedern $$l_{erf} = \frac{4\,M_d}{d \cdot h \cdot p_{zul}}$$

bei rundstirnigen Passfedern $$l_{erf} = \frac{4\,M_d}{d \cdot h \cdot p_{zul}} + b$$

Beispiel für eine Federberechnung

Aufgabe

Eine Welle soll ein Drehmoment von 90 Nm übertragen. Welle und Nabe werden mit einer Passfeder Form A verbunden. p_{zul} des schwächsten Werkstoffes ist 70 N/mm². Der Wellendurchmesser beträgt 25 mm. Die Maße der Feder sind zu ermitteln.

Gegeben
d = 25 mm

Gesucht
l in mm

Lösungshilfe

Abmessung für Passfedern nach DIN 6885 (Auszug)

Wellendurchmesser *d*	10 bis 12	12 bis 17	17 bis 22	22 bis 30	30 bis 38	38 bis 44	44 bis 50	50 bis 58	58 bis 65	65 bis 75
Breite der Feder *b*	4	5	6	8	10	12	14	16	18	20
Höhe der Feder *h*	4	5	6	7	8	8	9	10	11	12
Passfederlängen *l*	6 8 10 12 14 16 18 20 22 25 28 32 36 40 45 50 56 63 70 80 90 100 110 125 140 160 180 200									

Lösung

Feder A 8 x 7 (nach Tabelle)

$$l_{erf} = \frac{4 \cdot M_d}{d \cdot h \cdot p_{zul}} + b; \quad l_{erf} = \frac{4 \cdot 90\,000 \text{ Nmm} \cdot \text{mm}^2}{25 \text{ mm} \cdot 7 \text{ mm} \cdot 70 \text{ N}} + 8 \text{ mm}; \quad l_{erf} = 37{,}3 \text{ mm}$$

l_{gew} = **40 mm**

Übungsaufgaben B-63; B-64

3.2.4 Berechnung von Klebeverbindungen

Klebeverbindungen sollen ausschließlich auf Scherung beansprucht werden. Fachgerechte Klebeverbindungen werden daher als Überlappungen oder Schäftungen ausgeführt. Die notwendige Klebefläche S (Überlappungsfläche) wird aus der zulässigen Scherspannung des Klebers errechnet.

$$S = \frac{F}{\tau_{s\ zul}}$$

Die zulässige Scherspannung der Kleber kann aus den Verarbeitungsrichtlinien der Kleberhersteller entnommen werden. Für überschlägige Berechnungen kann man als zulässige Scherspannung annehmen:

- für Kaltkleber $\tau_{s\ zul} = 6$ bis $12\ \text{N/mm}^2$
- für Warmkleber $\tau_{s\ zul} = 10$ bis $20\ \text{N/mm}^2$

Die Überlappungslänge ergibt sich aus:

$$l_ü = \frac{F}{\tau_{s\ zul} \cdot b}$$

$l_ü$ Überlappungslänge
F Belastung
b Breite der Klebeverbindung
$\tau_{s\ zul}$ zulässige Scherspannung

Die Überlappungslänge soll das 15fache der Dicke des schwächsten zu verbindenden Teils nicht überschreiten.

Beispiel für die Berechnung einer Klebeverbindung

Aufgabe

An ein 1,5 mm dickes Aluminiumblech soll eine 4 mm dicke und 40 mm breite Lasche aus einer Phenolharz-Schichtplatte geklebt werden. Der Kleber hat lt. Herstellerangabe eine zulässige Scherfestigkeit von 12 N/mm² bei einer vorherigen Reinigung der Flächen mit Aceton.
Die Verbindung soll mit 8000 N belastet werden.
Berechnen Sie die mindesterforderliche Überlappungslänge $l_ü$.

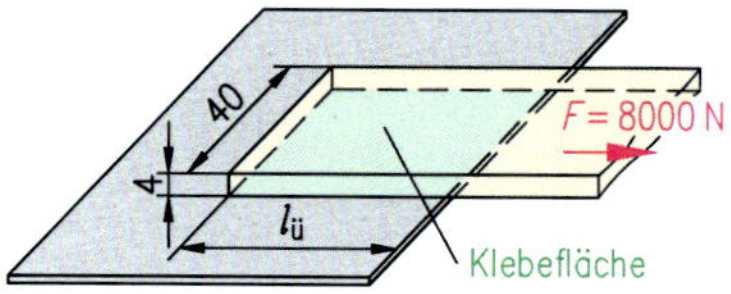

Gegeben

$F = 8\,000\ \text{N}$
$b = 40\ \text{mm}$
$\tau_{s\ zul} = 12 \frac{\text{N}}{\text{mm}^2}$

Gesucht

$l_ü$ in mm

Lösung

$$l_ü = \frac{F}{\tau_{s\ zul} \cdot b}$$

$$l_ü = \frac{8\,000\ \text{N} \cdot \text{mm}^2}{12\ \text{N} \cdot 40\ \text{mm}}$$

$$l_ü = \mathbf{16{,}6\ mm}$$

3.2.5 Berechnung von Lötverbindungen

Lötverbindungen sollen ebenso wie Klebeverbindungen ausschließlich auf Scherung beansprucht werden. Entsprechend sind auch Lötverbindungen als Überlappungen oder Schäftungen auszuführen.
Die zulässige Scherspannung für Lote beträgt etwa:

- für Hartlote $\tau_{s\ zul} = 70\ \text{N/mm}^2$
- für Weichlote $\tau_{s\ zul} = 20\ \text{N/mm}^2$

Die zulässige Scherspannung der Weichlote ist stark von der Temperatur der Lötstelle abhängig, bei der das gelötete Werkstück benutzt wird.

Die Überlappungslänge ergibt sich aus:

$$l_ü = \frac{F}{\tau_{s\ zul} \cdot b}$$

$l_ü$ Überlappungslänge
F Belastung
b Breite der Lötverbindung
$\tau_{s\ zul}$ zulässige Scherspannung

Übungsaufgaben B-65; B-66

3.2.6 Pressverbindungen

Pressverbindungen werden im Werkzeugbau bei Armierungen von Matrizen eingesetzt, die durch hohe Seitenkräfte beansprucht werden, wie z. B. Matrizen beim Fließpressen.

Die Beanspruchung einer Matrize oder einer Form durch Kräfte quer zur Pressrichtung verursacht in diesen Bauteilen Zugspannungen, die zu Verformung oder auch Bruch führen können, wenn keine Armierungsringe vorhanden sind. Durch Aufpressen oder Aufschrumpfen einer Armierung werden die Matrizen oder Formen zusammengedrückt. Es entstehen in ihnen starke Druckspannungen. Wenn in der Matrize oder Form ein Werkstück hergestellt wird, baut die auftretende Belastung zunächst die Druckspannungen in der Form ab, die darüber hinaus auftretenden Zugspannungen bleiben gering.

LF 6

Beispiel für Spannungen in einer Fließpressmatrize

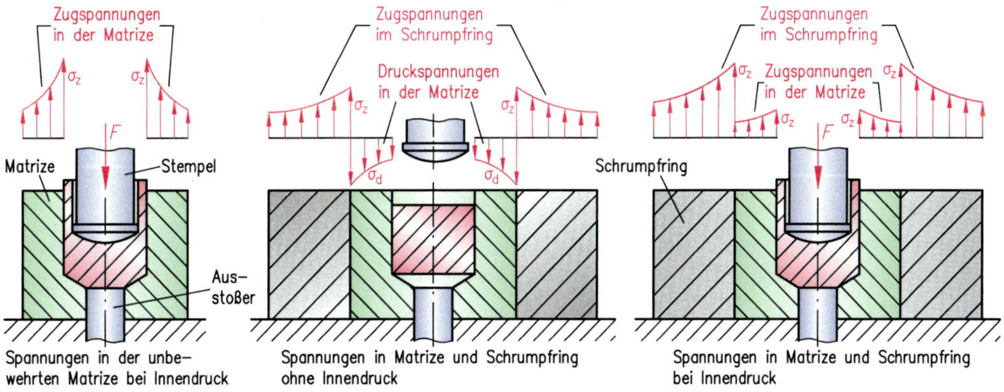

Durch aufgeschrumpfte oder aufgepresste Armierungen werden in Werkzeugteilen, die durch hohe Seitenkräfte auf Zug beansprucht werden, Druckspannungen erzeugt.
Auftretende Seitenkräfte bauen zunächst die Druckspannungen ab – erst dann wird das Werkzeug auf Zug beansprucht.

- **Kegelpressverbindung**

Zur Herstellung einer Kegelpressverbindung wird die leicht konische Armierung mithilfe einer Presse über den konischen Außenmantel der Matrize oder Form gepresst. Dabei wir die Armierung aufgeweitet und im Gegenzug die Matrize oder Form zusammengepresst.

Damit eine sichere Hemmung gegen selbsttätiges Lösen gewährleistet ist, darf ein Winkel von 1,5° nicht überschritten werden. Ferner müssen die Fügeflächen möglichst geringe Rauheit aufweisen, damit nicht durch Einebnen der Oberflächen geringere Spannungen erzeugt werden als geplant wurden. Schwaches Einfetten der Flügelflächen erleichtert den Einpressvorgang und verhindert „Festfressen".

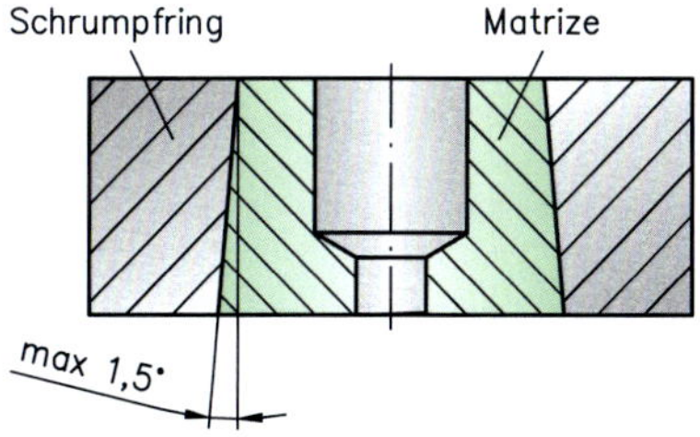

Kegelpressverbindung

Kegelpressverbindungen werden durch Aufpressen konischer Armierungen mit 1,5° Flankenwinkel erzeugt.

- **Schrumpfverbindung**

Zur Herstellung einer Schrumpfverbindung werden die Bauteile mit Übermaß zueinander gefertigt. Durch Erwärmen der Armierung wird diese soweit aufgeweitet, dass sie sich gut über das zu armierende Bauteil schieben lässt. Dies erfordert etwa ein Spiel von 10 bis 15 µm zwischen kaltem Formteil und erwärmter Armierung.

Die Durchmesseränderung beim Erwärmen ergibt sich aus der Gleichung für die Längenausdehnung

$$\Delta d = d_0 \cdot \alpha \cdot \Delta T$$

Δd Durchmesseränderung
d_0 Anfangsdurchmesser
α Längenausdehnungskoeffizient
ΔT Temperaturdifferenz

Unter Berücksichtigung des etwa 15 µm großen Spiels zum Fügen der Armierung und des Bauteils errechnet sich eine notwendige Temperaturerhöhung von

$$\Delta T = \frac{\Delta d + 15\ \mu m}{\alpha \cdot d_0}$$

ΔT Temperaturdifferenz zwischen Formteil und Armierung
Δd Durchmesserunterschied zwischen Formteil und Armierung im kalten Zustand
d_0 Anfangsdurchmesser der aufzuwärmenden Armierung
α Längenausdehnungskoeffizient des Armierungsmaterials

Die Temperaturerhöhung ist durch Gefügeänderungen, die bei höheren Temperaturen auftreten, und die Streckgrenze des Werkstoffes begrenzt. Die Streckgrenze eines Werkstoffes sinkt nämlich mit steigender Temperatur.
Bei Stahl liegt der Grenzwert, bis zu dem ein aufzuschrumpfendes Bauteil erhitzt werden darf, bei etwa 450 °C.

Beispiel **für die Berechnung der Erwärmungstemperatur für einen Schrumpfring**

Für ein Fließpresswerkzeug ist lt. Zeichnung eine Passung 80 H8/x6 vorgesehen. Nach der Herstellung der Bauteile wurden folgende Maße gemessen:

Außendurchmesser der Matrize 80,220 mm
Innendurchmesser des Schrumpfringes 80,005 mm

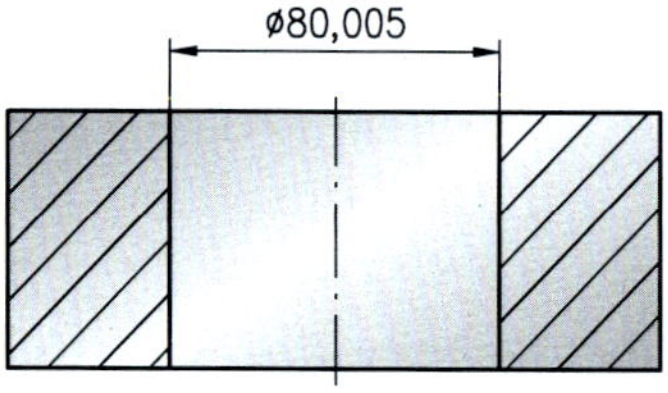

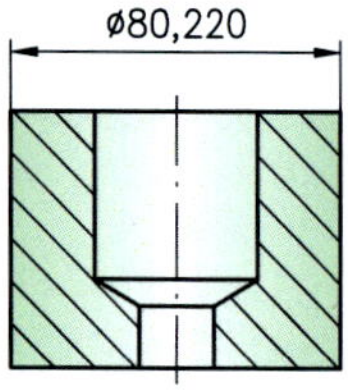

Die Temperatur der Matrize ist 20 °C.
Es ist die Temperatur zu bestimmen, auf die der Schrumpfring aus Stahl zu erwärmen ist, damit er leicht über die Matrize geschoben werden kann.

Lösung

$\Delta d = 80{,}220\ mm - 80{,}005\ mm$; $\Delta d = 0{,}215\ mm$

$$\Delta T = \frac{\Delta d + 15\ \mu m}{\alpha \cdot d_0};\ \Delta T = \frac{0{,}215\ mm + 0{,}015\ mm}{0{,}000012\ 1/K \cdot 80{,}220\ mm};\ \Delta T = 239\ K$$

Erwärmungstemperatur: 239 K + 20 °C = 259 °C

Das aufzuschrumpfende Bauteil muss so hoch erhitzt werden, dass ein Spiel von 10 bis 15 µm zwischen kaltem Formteil und erwärmter Armierung auftritt. Aufzuschrumpfende Stahlteile dürfen nicht höher als 400 bis 450 °C erwärmt werden.

Übungsaufgabe B-67

Handlungsfeld: Fertigung von Werkstücken auf CNC-Maschinen vorbereiten

Problemstellung

Auftrag

Auftrag
Welle drehen

Zeichnung

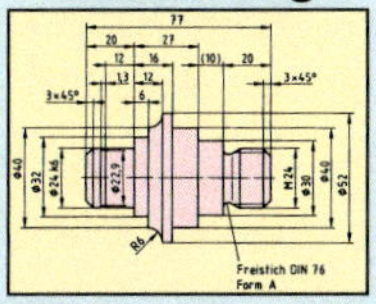

Analysieren

Zeichnung

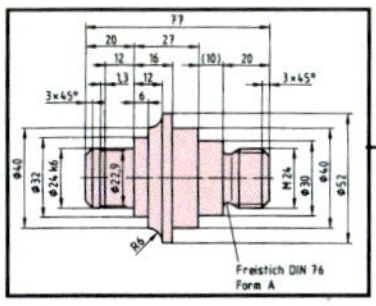

- Fertigmaße
- Toleranzen
- Oberflächengüte
- Rohteilform
- Werkstoff
- Fertigungsverfahren (Maschine)
- Stückzahl
- Termine

Auftrag

Auftrag
Welle drehen

Planen

Spannmitteldaten →
Werkzeugdaten →
Maschinendaten →

Spannplan

Werkzeugplan

Arbeitsablaufplan
1. Planschruppen
2. Außenlängsschruppen
3. Planschlichten

→ **Spannplan**
→ **Werkzeugplan**
→ **Arbeitsplan**

Programmieren

Konstruktion

CAD-Daten →

Programmier-handbuch →

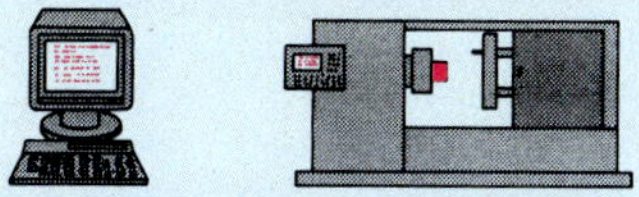

Programmier-platz oder Werkzeug-maschine

→ **Programm**

N1
N2 G1 .....
N3 .....
N4

Überprüfen und Speichern

Programm

N1
N2 G1 .....
N3 .....
N4

→

Simulation

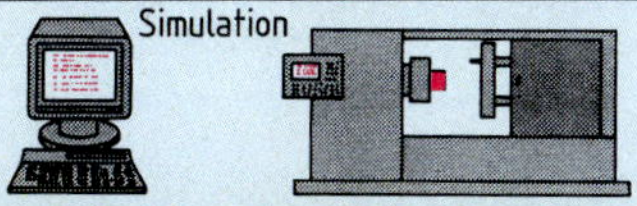

Programmierplatz oder Werkzeugmaschine

→ **Speichern**
- Ausdruck
- CD-ROM
- Diskette
- Magnetband

Fertigen und Optimieren

1 Grundlagen der CNC-Technik

1.1 CNC-Werkzeugmaschinen

1.1.1 Datenfluss in CNC-Maschinen

Bei der Bearbeitung von Werkstücken auf Werkzeugmaschinen müssen der Werkstückrohling und das Werkzeug so geführt werden, dass ein Werkstück in der vorgegebenen Form entsteht.
In der herkömmlichen Fertigung werden vom Maschinenbediener die Wege gesteuert, Bewegungen (z.B. Vorschub, Umdrehungsfrequenz) geschaltet und der Ablauf überwacht. In modernen Werkzeugmaschinen werden all diese Informationen als Programm, bestehend aus Buchstaben und Zahlen, eingegeben. Ein Computer verarbeitet dieses und gibt entsprechende Stellbefehle an die Steuerung der Maschinenantriebe. Gleichzeitig überwacht der Computer die Ausführung der Befehle. Man bezeichnet darum Maschinen mit solchen Steuerungen als „computerüberwacht und zahlenwertgesteuert" – engl. **c**omputerized **n**umerical **c**ontrol – als CNC-Maschinen.

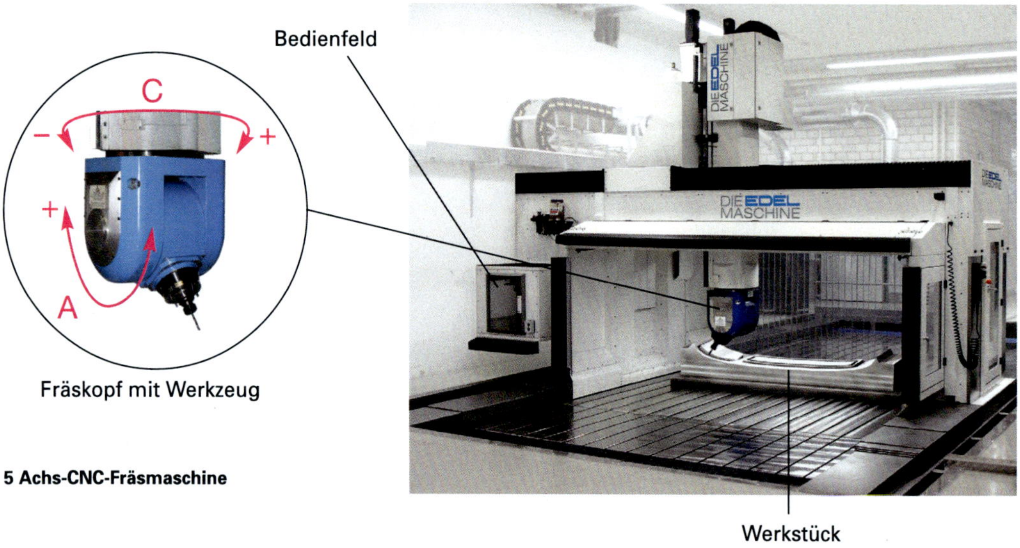

5 Achs-CNC-Fräsmaschine

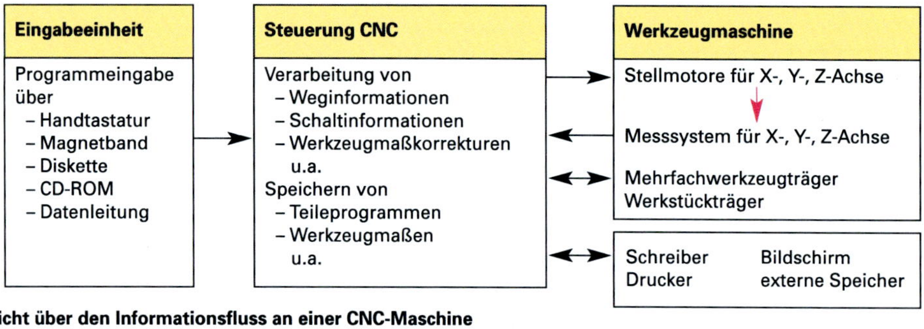

Übersicht über den Informationsfluss an einer CNC-Maschine

CNC-Maschinen sind Fertigungsmaschinen, die mit einer computergeführten Steuerung ausgestattet sind. Sie führen entsprechend einem aus Zahlen und Buchstaben bestehenden Programm einen selbstständigen Fertigungsablauf durch.

Eine CNC-Maschine besteht aus der eigentlichen Werkzeugmaschine und der Steuerung. Die Steuerung erhält Informationen über Eingabeeinheiten und von dem Messsystem der Maschine. Sie kann Befehle an die Werkzeugmaschine und Informationen an Anzeige- und Dokumentationseinrichtungen weitergeben.

1.1.2 Koordinatensysteme

Jeder Punkt eines Werkstücks, der bei der Bearbeitung auf einer Maschine angefahren wird, muss eindeutig festgelegt sein. Diese Festlegung geschieht im Sprachgebrauch z. B. durch die Angabe von Länge, Breite und Höhe. Für eine Bearbeitung auf CNC-Maschinen ist diese Angabe zu unpräzise, darum stellt man sich jedes Werkstück in einem rechtwinkligen Koordinatensystem vor und gibt die Abstände der Bearbeitungspunkte in X-, Y- und Z-Richtung an. Die Lage dieser Achsen zueinander ist in DIN 66217 festgelegt und wird durch die **„Rechte-Hand-Regel"** anschaulich gemacht.

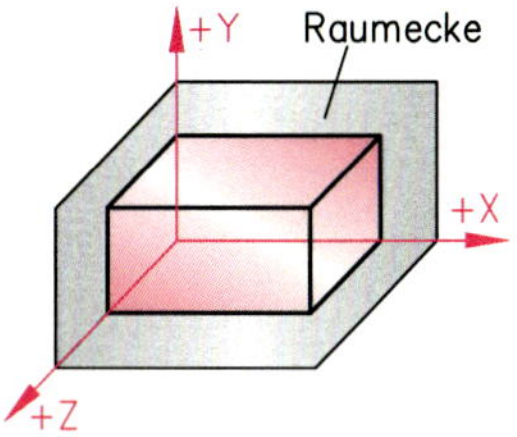

Dreiachsiges Koordinatensystem

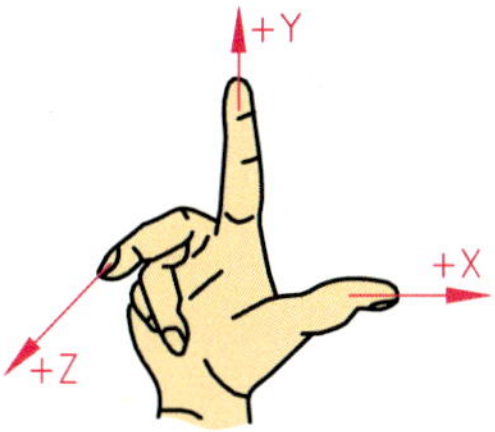

Rechte-Hand-Regel

Daumen	in + **X**-Richtung
Zeigefinger	in + **Y**-Richtung
Mittelfinger	in + **Z**-Richtung

In einem X-, Y-, Z-Koordinatensystem ist die Lage jedes Punktes im Raum eindeutig bestimmt. Für die Lage der Achsen zueinander gilt die „Rechte-Hand-Regel".

Die richtige Lage des Koordinatensystems am Werkstück richtet sich nach dem Bearbeitungsvorgang und ist für jeden Werkzeugmaschinentyp genormt.

Beispiele **für die Achsrichtungen bei Werkzeugmaschinen nach DIN 66217**

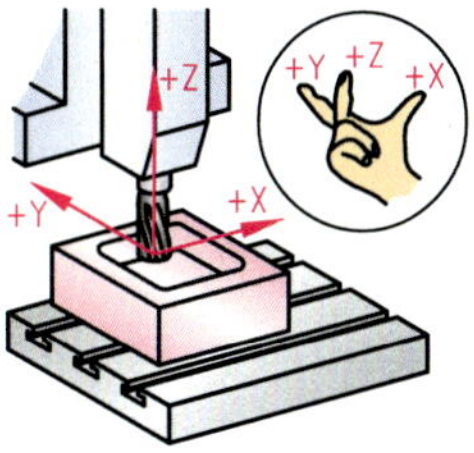

Fräsmaschine

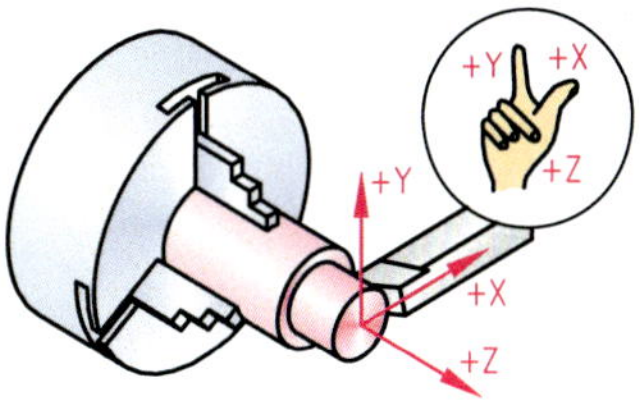

Meißel hinter der Drehmitte

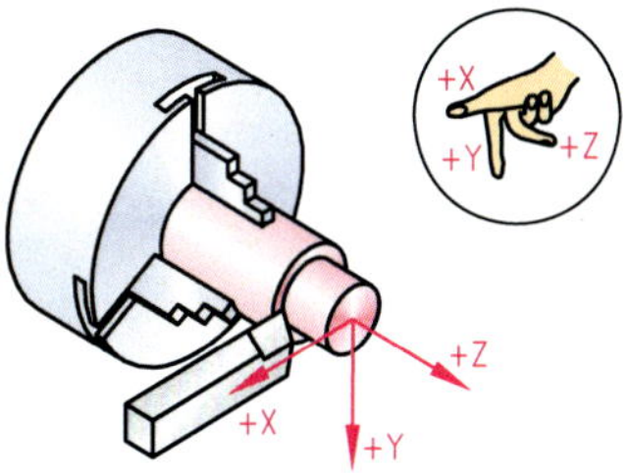

Meißel vor der Drehmitte

Die Festlegung der Achsrichtungen erfolgt immer parallel zu den Führungsbahnen der Maschine; sie ist jedoch stets im Zusammenhang mit dem aufgespannten Werkstück zu sehen.
Die Z-Richtung liegt immer parallel zur Arbeitsspindel. Ihre positive Richtung ist so festgelegt, dass mit zunehmendem Z-Wert der Abstand zwischen Werkzeug und Werkstück größer wird.

Die Achsrichtungen einer Werkzeugmaschine ergeben sich aus der Lage von Führungsbahnen und Werkzeugbewegung.
Die Achsrichtungen sind im Handbuch der jeweiligen Werkzeugmaschine angegeben.

Zur Bearbeitung komplizierter Konturen und Hinterschneidungen in hoher Oberflächengüte sowie zur Betätigung angetriebener Werkzeuge reichen Werkzeugbewegungen allein in Richtung der drei Achsen nicht aus. Durch Schwenkbewegungen um die einzelnen Achsen wird erst eine optimale Erreichbarkeit jeder Werkstückposition erreicht.
Die Schwenkbewegungen werden mit **A**, **B** und **C** gekennzeichnet. A ist die Bewegung um die X-Achse, B um die Y-Achse und C um die Z-Achse. Die positive Drehrichtung liegt vor, wenn in Achsrichtung gesehen die Drehung im Uhrzeigersinn erfolgt.

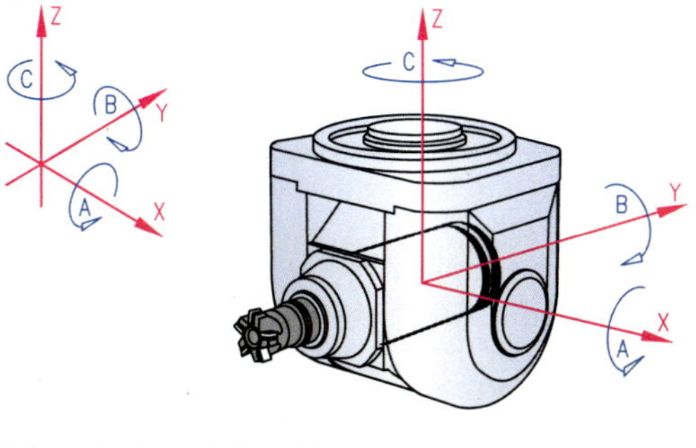

Schwenkachsen A, B und C

Übungsaufgabe C-2

1.1.3 Lageregelung an CNC-Maschinen

- **Lageregelkreis**

Die programmgemäße Bewegung von Werkstück und Werkzeug wird in einem **Lageregelkreis** geregelt. Dabei misst das zu einer Bearbeitungsrichtung gehörende Messsystem in jedem Augenblick den Istwert der Lage des Werkzeugs zum Werkstückträger. Eine elektronische Regeleinrichtung vergleicht ihn mit dem Sollwert und gibt einen entsprechenden Stellbefehl an den Stellmotor. Dies wird so lange fortgeführt, bis der Istwert – innerhalb festgesetzter Grenzen – mit dem Sollwert übereinstimmt.

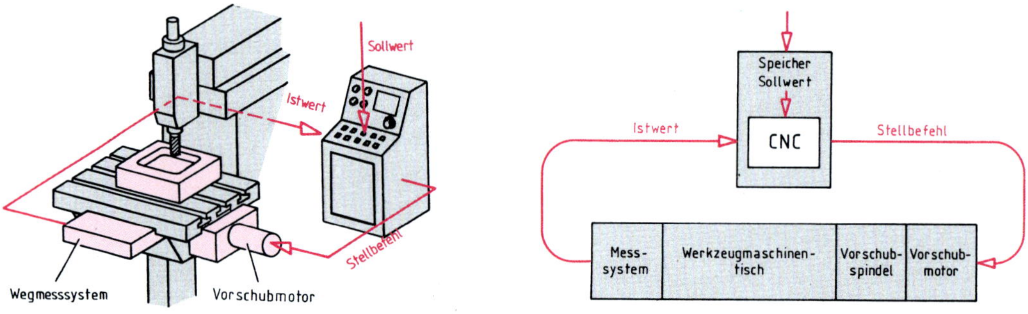

Lageregelung an einer CNC-Maschine

- **Messverfahren zur Lageregelung**

Inkrementales Messen geschieht, wenn man einen neuen Standort jeweils *vom letzten Standort aus* bestimmt, z. B. 30 mm nach rechts, von dort 20 mm zurück nach links, dann von dort 40 mm nach links. Man verwendet an Werkzeugmaschinen zum inkrementalen Messen in 0,001 mm geteilte Glaslineale, die von einer Lichtquelle beleuchtet werden. Eine Fotozelle zählt die bei einer Bewegung auftretenden Lichtreflexe und meldet ihre Zahl an den Rechner der Maschine. Dieser ermittelt dann aus dieser Zahl die Positionsänderung gegenüber dem letzten Standort.

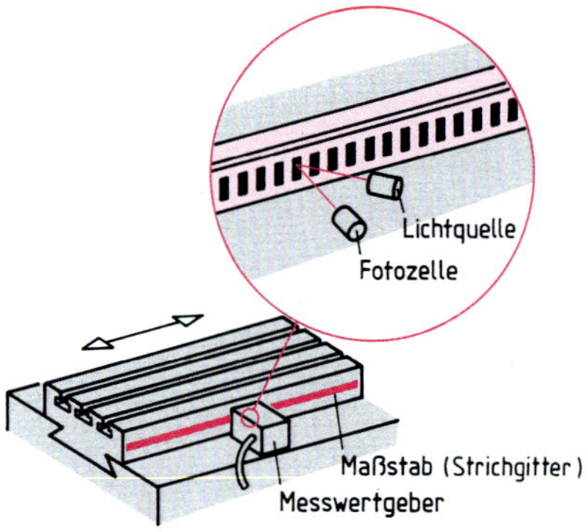

Inkrementales Messen

Inkrementale Messverfahren erfassen den Messwert in Schritten vom jeweils letzten Standort aus.

Absolutes Messen liegt vor, wenn man alle Standorte von einem *festen Nullpunkt* aus misst, z. B. nach rechts auf 120 mm vom Nullpunkt, zurück auf 80 mm vom Nullpunkt, wieder nach links auf 200 mm vom Nullpunkt.

Man verwendet zum absoluten Messen in 0,001 mm geteilte Code-Lineale, auf denen jeder Punkt ein ganz bestimmtes Hell-Dunkel-Muster aufweist.

Zur genauen Bestimmung der Maschinentischposition wird dieses Muster von Fotozellen aufgenommen und an den Rechner der Maschine weitergeleitet. Daraus ermittelt der Rechner die genaue Position auf dem Maschinentisch.

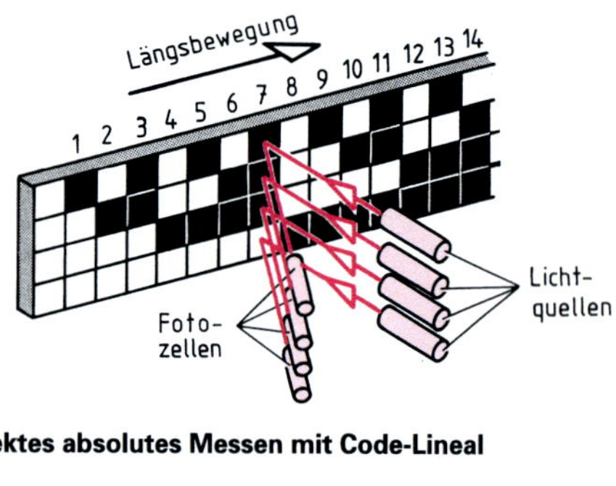

Direktes absolutes Messen mit Code-Lineal

Bei absoluten Messverfahren kann jeder Punkt auf der Messstrecke sofort zahlenmäßig bestimmt werden, weil er ein für die Messstrecke nur einmal auftretendes Signal liefert.

Übungsaufgaben C-3; C-4

1.1.4 Bahnsteuerungen an CNC-Maschinen

Mit einer Bahnsteuerung können in einer Ebene oder im Raum beliebige Schrägen oder Kurven gesteuert werden, das Werkzeug ist während der Bewegung im Eingriff. Beliebige Umrisse erreicht man durch das gleichzeitige Zusammenwirken von zwei oder mehreren Vorschubmotoren.

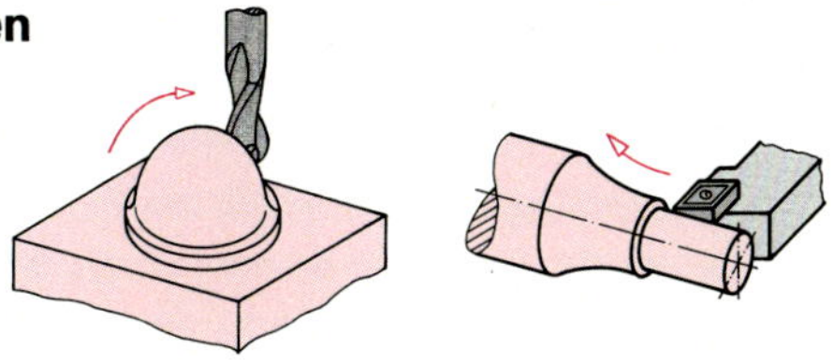

Bahnsteuerung

Bei Bahnsteuerungen erfolgt die Bearbeitung auf räumlichen Geraden oder Kurven, bei denen mehrere Achsen gleichzeitig mit voneinander unabhängigen Geschwindigkeiten gesteuert werden.

LF 7+10

- **2D-Bahnsteuerung**

Die Steuerung einer Senkrechtfräsmaschine, mit der nur in der X-Y-Ebene Geraden, Kreisbögen und beliebige Kurven gefahren werden, nennt man eine 2D-Bahnsteuerung. Dabei müssen Zustellbewegungen in Z-Richtung von Hand vorgenommen werden. Bei einer 2D-Bahnsteuerung werden nur die Bewegungen in X- und Y-Richtung programmiert.
An Fräsmaschinen werden 2D-Bahnsteuerungen nur an Maschinen zur Schriftgravur eingesetzt.
Bei Drehmaschinen können in der X-Z-Ebene Geraden, Kreisbögen und Kurven gefahren werden.

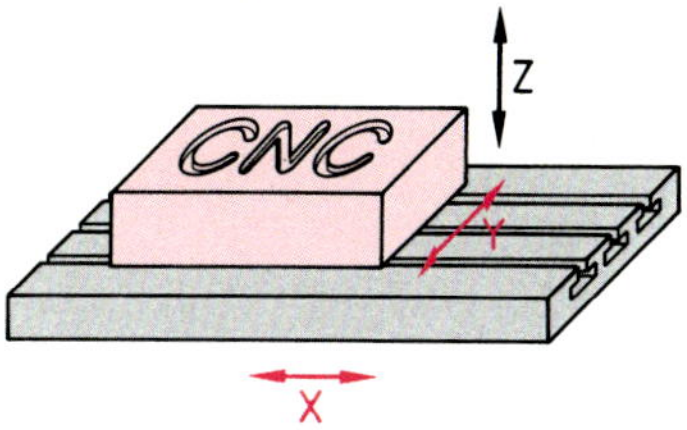

2D-Bahnsteuerung an Senkrechtfräsmaschine

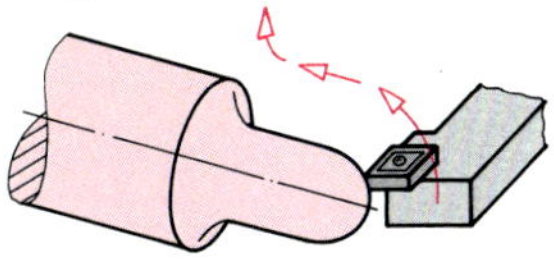

2D-Bahnsteuerung an Drehmaschine

Bei einer 2D-Bahnsteuerung erfolgt eine Steuerung in zwei Achsrichtungen. Alle Drehmaschinen sind mit einer 2D-Bahnsteuerung ausgestattet.

- **2½D-Bahnsteuerung**

Eine Steuerung, die zwar in jeder beliebigen Ebene Geraden, Kreisbögen und Kurven fahren kann, jedoch gleichzeitig immer nur in zwei Achsrichtungen, nennt man eine 2½D-Bahnsteuerung. Die beiden steuerbaren Achsrichtungen sind in allen Ebenen möglich.
Eine 2½D-Bahnsteuerung kann in einem Satz nur in zwei Achsrichtungen programmiert werden, z. B. in der X-Y-Ebene oder der X-Z-Ebene oder der Y-Z-Ebene.

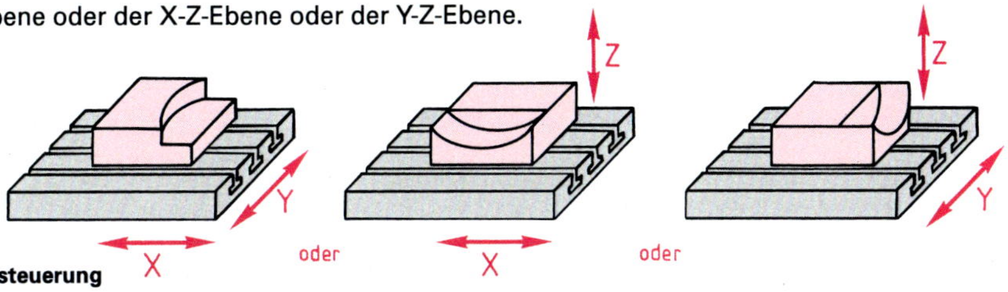

2½D-Bahnsteuerung

Bei einer 2½D-Bahnsteuerung sind die drei Achsen steuerbar, gleichzeitig können jedoch stets nur zwei Achsen gesteuert werden.

- **3D-Bahnsteuerung**

Die Steuerung einer Werkzeugmaschine, bei der alle drei Achsen gleichzeitig vom Computer aus steuerbar sind, nennt man eine 3D-Bahnsteuerung.
Bei einer 3D-Bahnsteuerung können in einem Satz gesteuerte Bewegungen in X-, Y- und Z-Richtung programmiert werden, d. h. es können beliebige räumliche Bewegungen ausgeführt werden.

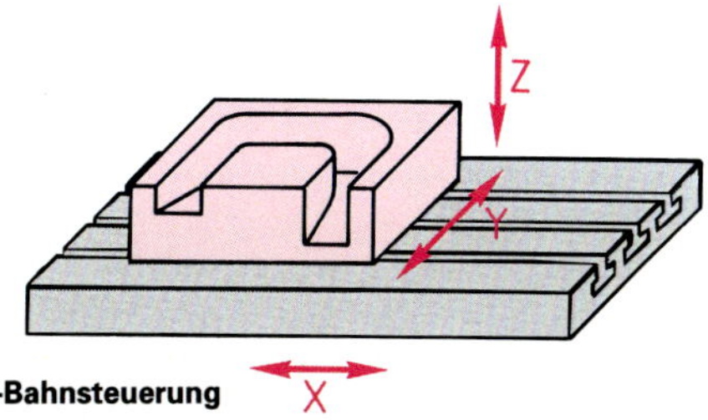

3D-Bahnsteuerung

Bei einer 3D-Bahnsteuerung können alle drei Achsen gleichzeitig gesteuert werden.

Übungsaufgaben C-5; C-6

1.2 Grundlagen zur manuellen Programmierung

1.2.1 Wahl des Werkstücknullpunktes

Bei der Programmierung werden die Werkstückabmessungen als Koordinaten erfasst, um die erforderlichen Wegbeschreibungen programmieren zu können. Daher bezieht man das Koordinatensystem immer auf das Werkstück; als Nullpunkt des Systems wählt man einen charakteristischen Punkt des Werkstücks.

Diesen frei gewählten Bezugspunkt bezeichnet man als Werkstücknullpunkt. In Zeichnungen trägt man ihn durch das abgebildete Symbol ein. Bei Werkstücken mit dreidimensionaler Ausdehnung muss die Nullpunktfestlegung sich auf alle drei Achsen erstrecken.

Symbol für Werkstücknullpunkt

Beispiele für die Lage von Werkstücknullpunkten

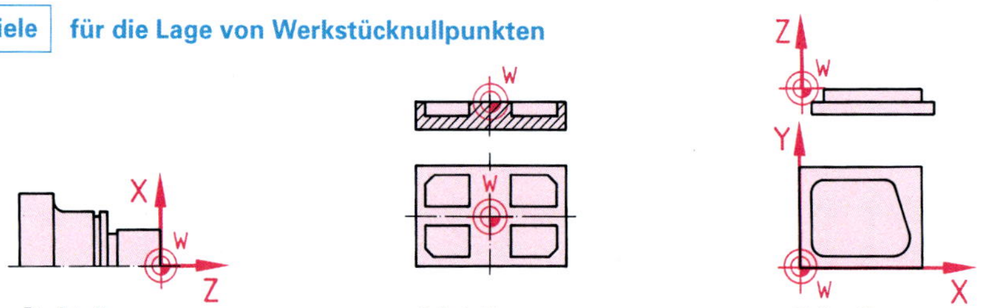

Drehteil **Frästeil** **Frästeil**

Als Ursprung des Werkstück-Koordinatensystems wählt man einen sinnvollen Punkt des Werkstücks als Werkstücknullpunkt. Der Werkstücknullpunkt wird in der Zeichnung durch ein Symbol angegeben.

1.2.2 Bemaßungsarten für die Programmierung

- **Absolutbemaßung**

In den meisten Fällen gibt man der Steuerung von CNC-Maschinen alle Maße so ein, dass sie sich auf den Werkstücknullpunkt beziehen. Die Maßangaben sind in einem solchen Falle Absolutmaße. Da der Werkstücknullpunkt jedoch nicht immer einem Eckpunkt entspricht, können sich Werkstückbereiche nach allen Seiten vom Nullpunkt aus erstrecken.

Beispiel für eine Konturbeschreibung durch Absolutmaße

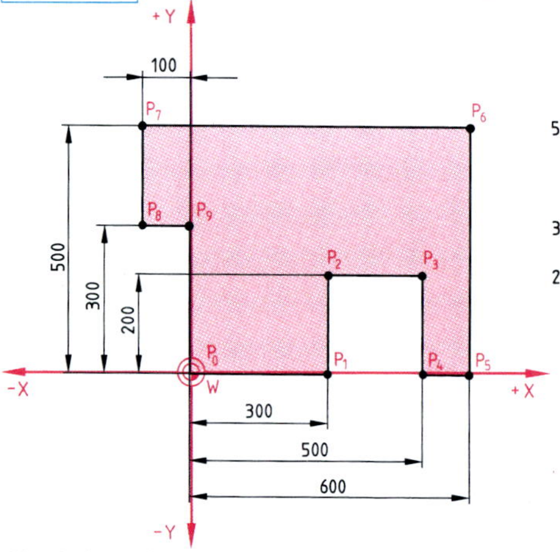

Absolutbemaßung als Parallelbemaßung

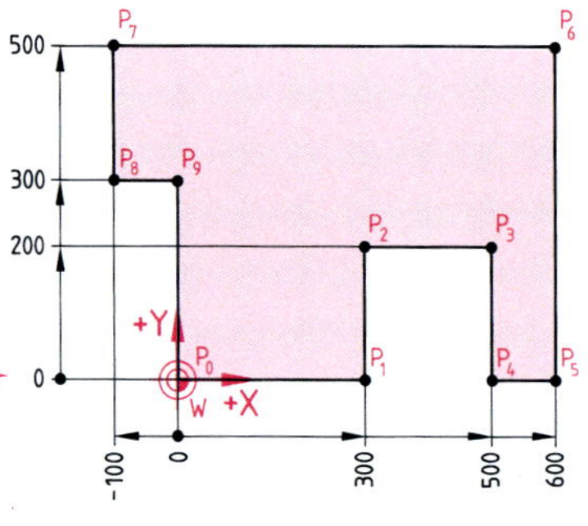

Absolutbemaßung als steigende Bemaßung

	G90	
	X	Y
P_0	X 0	Y 0
→ P_1	X + 300	Y 0
→ P_2	X + 300	Y + 200
→ P_3	X + 500	Y + 200
→ P_4	X + 500	Y 0
→ P_5	X + 600	Y 0
→ P_6	X + 600	Y + 500
→ P_7	X − 100	Y + 500
→ P_8	X − 100	Y + 300
→ P_9	X 0	Y + 300
→ P_0	X 0	Y 0

Koordinaten

CNC-Maschinen befinden sich nach dem Einschalten in der **Absolutmaßprogrammierung,** sodass kein zusätzlicher Befehl eingegeben werden muss. Wenn jedoch innerhalb eines Programmes von einer anderen Art der Maßangabe in die Absolutprogrammierung umgeschaltet werden soll, ist **G90** einzugeben.

Die Absolutmaßprogrammierung wird der Steuerung durch G90 eingegeben. Absolutmaße sind die tatsächlichen Abstände zum Werkstücknullpunkt.

LF 7+10

- **Inkrementalbemaßung**

Aus fertigungstechnischen Gründen kann es vorteilhaft sein, dass die Steuerung jeden angefahrenen Punkt als Startpunkt für die nachfolgende Bewegung ansieht. In diesem Falle muss die Entfernung und die Bewegungsrichtung von einem Punkt zum nächsten angegeben werden.
Die Abstände werden durch die Koordinaten in X-, Y- und Z-Richtung angegeben. Die Bewegungsrichtung wird entsprechend den Achsrichtungen des Koordinatensystems mit Vorzeichen gekennzeichnet. Das Pluszeichen braucht als Vorzeichen nicht geschrieben zu werden.
Die Bewegungen von Punkt zu Punkt erreicht man durch die erforderliche Anzahl von Verstellschritten. Da man den kleinsten Wegabschnitt (meist 1 µm) als Inkrement bezeichnet, nennt man diese Art, die Steuerung zu programmieren, die **Inkrementalmaßprogrammierung.**
Der Steuerung wird die Inkrementalmaßprogrammierung durch **G91** eingegeben.

Beispiel für eine Konturbeschreibung durch Inkrementalmaße

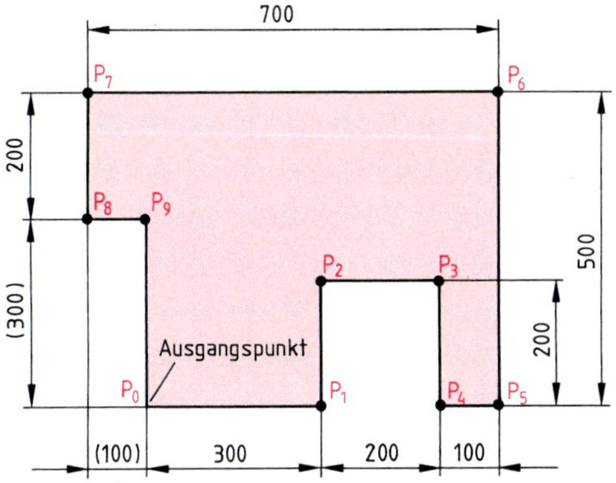

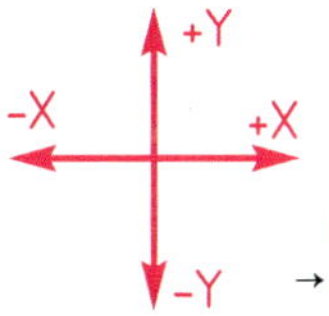

Bewegungsrichtungen

	G91	
	weiterzufahrende Strecke in **X**-Richtung	weiterzufahrende Strecke in **Y**-Richtung
P_0	Ausgangspunkt	
→ P_1	X + 300	Y 0
→ P_2	X 0	Y + 200
→ P_3	X + 200	Y 0
→ P_4	X 0	Y – 200
→ P_5	X + 100	Y 0
→ P_6	X 0	Y + 500
→ P_7	X – 700	Y 0
→ P_8	X 0	Y – 200
→ P_9	X + 100	Y 0
→ P_0	X 0	Y – 300

Die Inkrementalmaßprogrammierung wird der Steuerung durch G91 eingegeben.
Bei Inkrementalmaßprogrammierung gibt man die Entfernungen vom letzten bis zum nächsten Punkt in den jeweiligen Achsrichtungen an.

1.3 Programmierung von Bahnbewegungen

1.3.1 Bearbeitungsrichtung

Bei der Fertigung können die Anfahr- und Bearbeitungswege vom Werkzeugträger oder vom Werkstückträger ausgeführt werden. Die Bearbeitungsrichtung ändert sich jedoch dadurch nicht. Man betrachtet nur die relative Bewegung des Werkzeugs gegenüber dem Werkstück. Um keine Missverständnisse aufkommen zu lassen, hat man deshalb vereinbart, bei der Programmierung so vorzugehen, als stünde das Werkstück fest und es würde nur das Werkzeug bewegt.

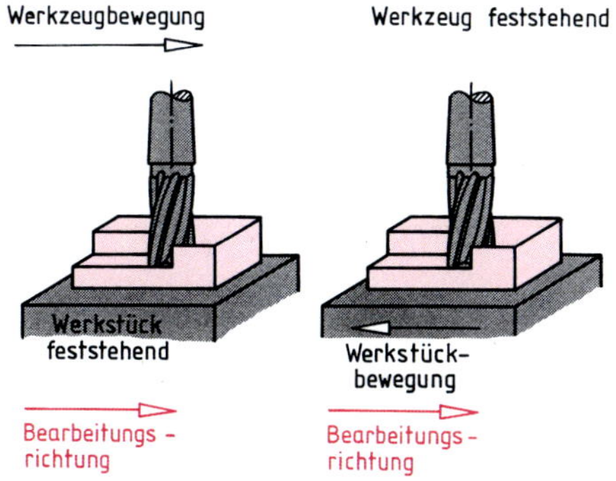

Bearbeitungsrichtung

Beim Programmieren geht man immer davon aus, dass sich das Werkzeug bewegt und das Werkstück stillsteht, auch wenn die Bearbeitung an der Maschine anders erfolgt.

Übungsaufgaben C-9; C-10

1.3.2 Bewegungen im Eilgang

Wenn ein Werkzeug, das nicht im Eingriff ist, von einem Punkt zu einem anderen verfahren werden soll, erwartet man, dass diese Bewegung möglichst schnell ausgeführt wird. Die Vorschubmotoren werden dann in jeder Achse den Werkzeug- oder Werkstückträger im Eilgang bewegen. Sobald das Werkzeug in die Nähe des anzufahrenden Punktes kommt, wird es abgebremst und am Zielpunkt genau gestoppt. Der Zielpunkt wird auf einer unbestimmten Bahn angefahren. Der Maschinensteuerung gibt man den Befehl, einen Punkt im Eilgang anzusteuern, durch **G00** (vereinfacht G0) ein. Es folgen die Koordinaten des Zielpunktes.

Beispiel für die Beschreibung einer Eilgangbewegung bei Absolutmaßprogrammierung

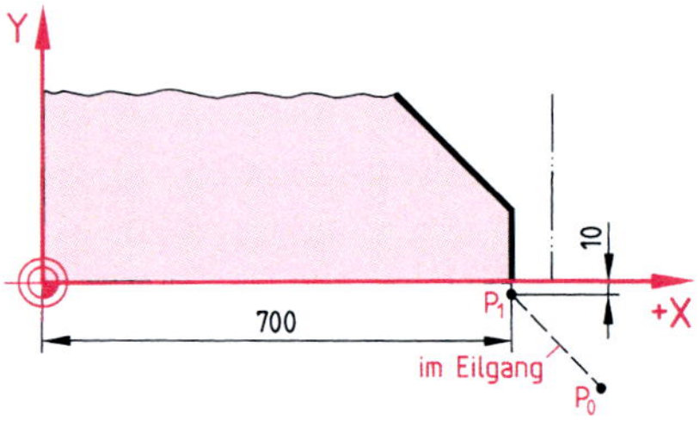

G00

	Wegbedingung	X	Y
	G 90		
→ P_1	G 00	X 700	Y – 10

Das exakte Ansteuern eines Punktes im Eilgang auf nicht vorgegebener Bahn wird durch G00 (auch G0) eingegeben.

1.3.3 Geradlinige Arbeitsbewegungen

Soll die Steuerung von einem bestimmten Anfangspunkt aus eine geradlinige Arbeitsbewegung zu einem Endpunkt hin ausführen, so ist dazu **G01** (vereinfacht G1) erforderlich. Es ist gleichgültig, ob die Bewegungsrichtung achsparallel oder schräg verläuft. Hat man den Befehl zur geradlinigen Bewegung und die Koordinaten des Bewegungsendpunktes eingegeben, dann ermittelt der Rechner die erforderliche Bahn.

Beispiel für die Beschreibung geradliniger Arbeitsbewegungen bei Absolutmaßprogrammierung

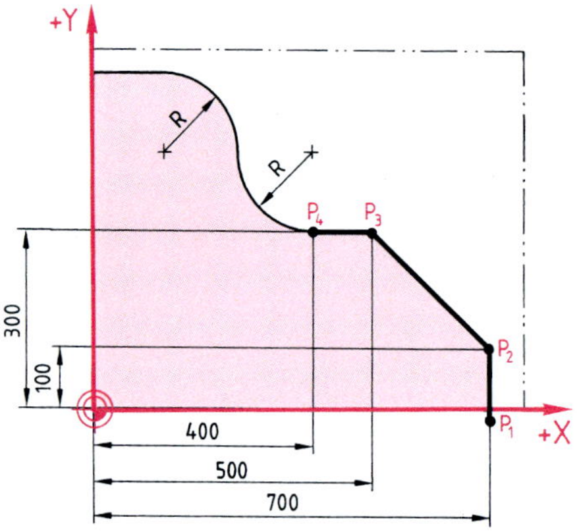

G01

	Wegbedingung	X	Y
	G 90		
→ P_1	G 00	X 700	Y – 10
→ P_2	G 01	X 700	Y 100
→ P_3	G 01	X 500	Y 300
→ P_4	G 01	X 400	Y 300

Der Wegbefehl G01 bleibt in der Steuerung so lange wirksam, bis er durch einen anderen Wegbefehl aufgehoben wird. Es genügt daher in einem Programm mit mehreren aufeinanderfolgenden geradlinigen Bewegungen G01 nur im ersten Satz einzugeben.

Geradlinige Arbeitsbewegungen mit vorgegebenem Vorschub werden auf G01 hin ausgeführt.

Übungsaufgabe C-11

1.3.4 Kreisförmige Arbeitsbewegungen

Zur eindeutigen Durchführung einer kreisförmigen Arbeitsbewegung sind neben den Zielkoordinaten auch Angaben zur Bewegungsrichtung und zur Lage des Kreismittelpunktes erforderlich.

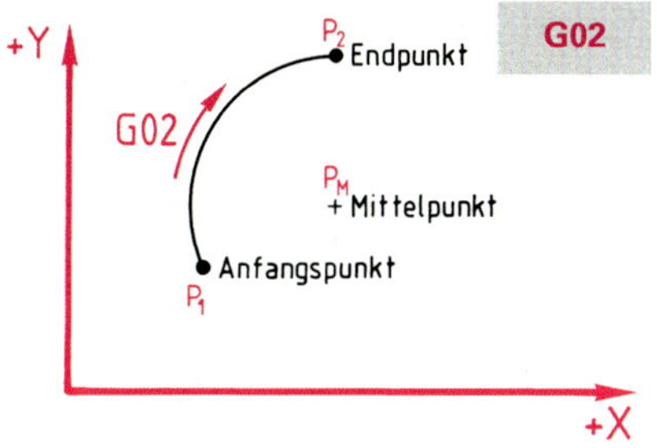

Kreisbewegung im Uhrzeigersinn

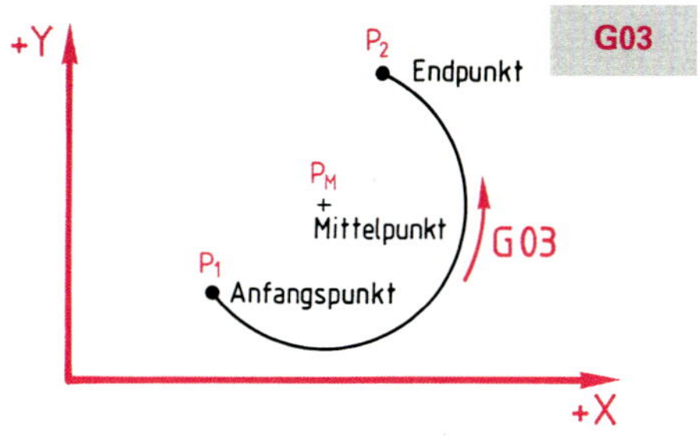

Kreisbewegung im Gegenuhrzeigersinn

LF 7+10

Kreisförmige Arbeitsbewegungen im Uhrzeigersinn werden auf den Befehl G02 hin ausgeführt, kreisförmige Arbeitsbewegungen im Gegenuhrzeigersinn erfolgen auf den Befehl G03.

Bei einer Bahnbeschreibung ist der Kreismittelpunkt im Gegensatz zum Anfangs- und Endpunkt ein Punkt, der außerhalb der Bewegungsbahn liegt; er dient der Steuerung lediglich als Information über Lage und Größe des Kreises. Daher gibt man die Koordination des Kreismittelpunkts – meist auch bei Absolutmaßprogrammierung – inkremental als Abstand vom Anfangspunkt in das Programm. Nähere Angaben findet man im Handbuch der entsprechenden Steuerung.

Die Kreismittelpunktkoordinaten bekommen die Adressbuchstaben:

I für den Abstand vom Anfangspunkt auf der **X-Achse,**
J für den Abstand vom Anfangspunkt auf der **Y-Achse,**
K für den Abstand vom Anfangspunkt auf der **Z-Achse.**

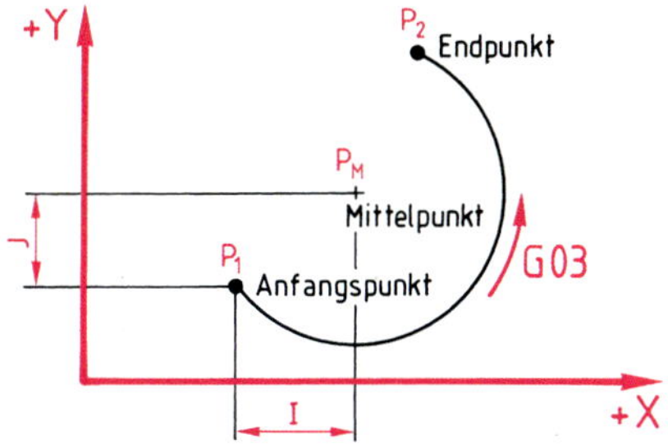

Inkrementale Mittelpunktbemaßung

Beispiel für die Beschreibung einer Kontur mit kreisförmiger Bewegung bei Absolutmaßprogrammierung

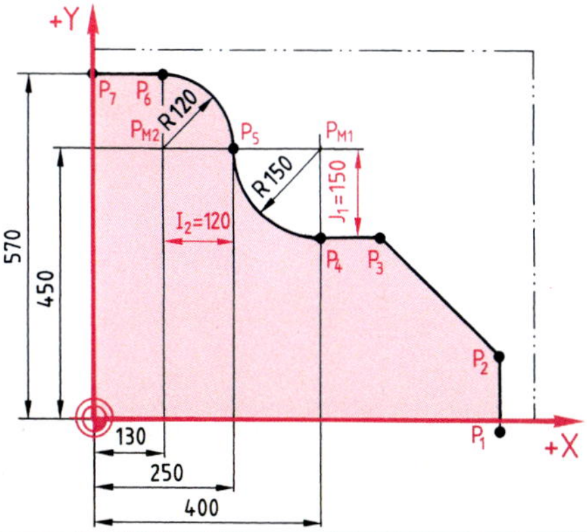

	Wegbedingung	X	Y	I	J
	G 90				
→ P_1	G 00	X 700	Y – 10		
→ P_2	G 01	X 700	Y 100		
→ P_3	G 01	X 500	Y 300		
→ P_4	G 01	X 400	Y 300		
→ P_5	G 02	X 250	Y 450	I - 0	J 150
→ P_6	G 03	X 130	Y 570	I - 120	J 0
→ P_7	G 01	X 000	Y 570		

Bei einer kreisförmigen Arbeitsbewegung werden die Koordinaten des Kreismittelpunkts häufig inkremental vom Anfangspunkt des Kreisbogens programmiert.

Übungsaufgaben C-12; C-13

1.4 Grafische Konturerstellung (GKE)

1.4.1 Konturerstellung extern am Computer

Für maschinelles Programmieren wurden so genannte höhere NC-Programmiersprachen geschaffen. Bei dieser Technik werden in einem steuerungsunabhängigen Quellenprogramm die Zeichnungsdaten, die Geometrie, eingegeben. Meist wird hier erst die Zeichnungsrohkontur und dann in einem zweiten Gang die Feinkontur über so genannte Piktogramme erstellt. Hierin werden im Dialog mit dem Bediener Maße und Angaben erfragt und von diesem eingegeben.

Beispiel **für die Erstellung der Konturerstellung aus Zeichnungsdaten**

Zeichnung

1. Erstellen der Rohkontur

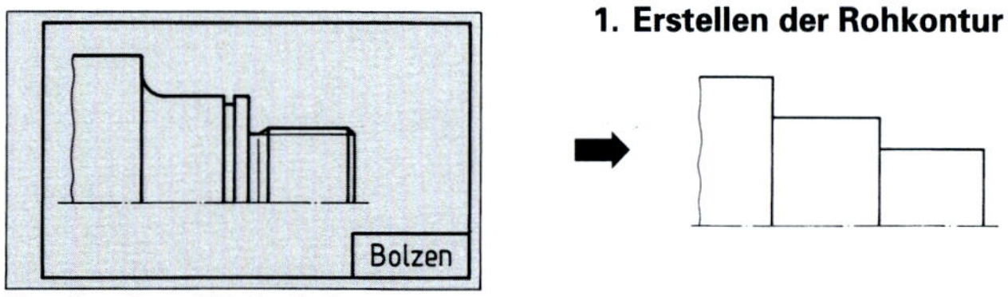

Gewünschtes Werkstück

2. Bearbeiten der Rohkontur

Piktogramm:

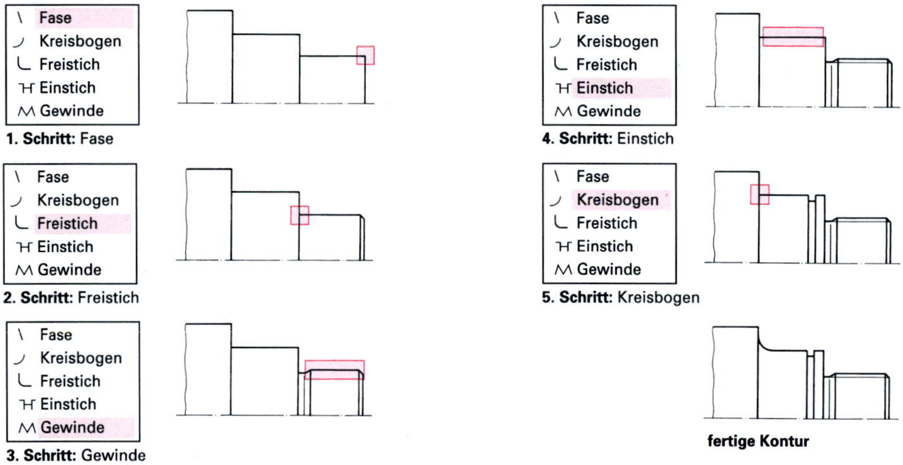

fertige Kontur

Nach Auswahl der Maschine und der Werkzeuge sowie der Eingabe der technologischen Daten wird nun durch ein spezielles Programm (Postprozessor) für die gewünschte Werkstückkontur und für die einzusetzende Maschine ein Arbeitsplan vorgeschlagen, der angenommen oder geändert werden kann. Anschließend wird ein fertiges CNC-Programm für die eingesetzte Maschine ausgegeben. Alle notwendigen Berechnungen, wie fehlende Kontur- und Hilfspunkte und Schnittaufteilungen werden vom Computer vorgenommen.

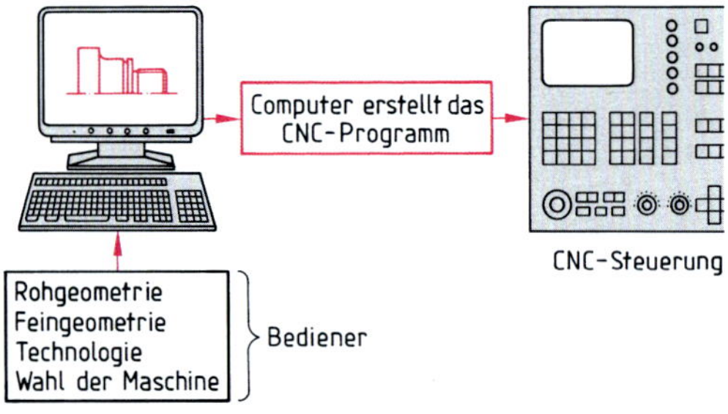

Ablauf der grafischen Konturerstellung am Computer

Die Ausgabe erfolgt über Magnetband, Diskette, CD-ROM oder direkt über einen Datentransfer an die CNC-Maschine. Für maschinelles Programmieren wird allerdings für jeden Maschinensteuerungstyp ein eigener Postprozessor benötigt, der das passende Programm erzeugt.

Beim maschinellen Programmieren wählt der Programmierer die Maschine aus, gibt die Werkstückgeometrie und Technologie ein. Der Rechner erstellt daraufhin automatisch das komplette CNC-Programm.

1.4.2 Konturerstellung mit automatischer Programmerstellung an CNC-Maschinen

Für zweidimensionale Bearbeitungen, wie z. B. Drehen oder Brennschneiden, gibt der Anwender an der CNC-Maschine zunächst die Rohteilkontur und die Lage des Werkstücknullpunktes ein. Danach zeichnet er mithilfe einfacher Symbole (Piktogramme) im Dialog mit der Steuerung die Werkstückumrisse auf dem Bildschirm.

Die fehlenden Koordinaten von Konturpunkten errechnet die Steuerung mithilfe eingegebener Geometrie-Programme automatisch.

Beispiel für die Bedienerführung bei grafischer Konturerstellung (steuerungsabhängiges Beispiel)

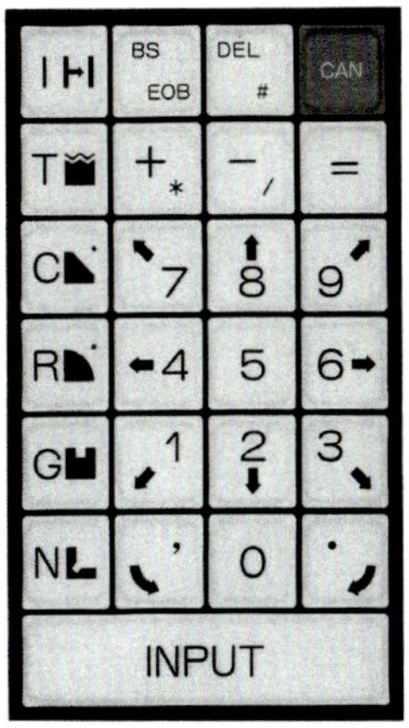

Tastenfeld

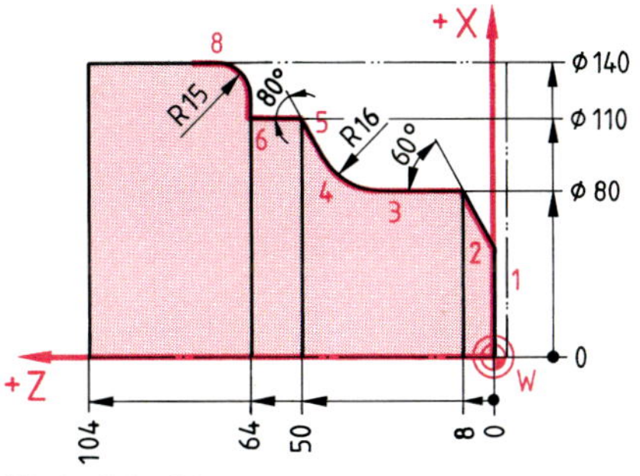

Werkstückzeichnung

Bedeutung der Piktogramme

- ↑ Gerade
- ◞ Kreisbogen
- I Inkrementalbemaßung
- T Gewinde
- C Fase
- R Radius
- G Einstich
- N Freistich

Programmeingabe im Dialog mit der Steuerung

Nr.	Symbol	Koordinaten des Elementen-endpunkes		Winkel zur Z-Achse	Zusatz-angaben
Startpunkt:		SDX = 0; SZ = 0			
1	↑	DX = – Wert wird intern errechnet			
2	↖	DX = 80	Z = 8	A = 60	
3	←		Z = –*)		
4	◞	Durchmesser für den Mittelpunkt des Radius = 144			R = 16
5	↖	DX = 110	Z = 50	A = 80	
6	←		Z = 64		
7	◣				R = 15
8	←		Z = 80		

*) Dieser Strich ist Platzhalter für einen Wert, den der Rechner intern ermittelt.

Durch die Anwahl des „Automatischen Verarbeitungsprozesses" wird der Fertigungsablauf von der Steuerung in einer bestimmten Reihenfolge festgelegt.

Nach dem Eingeben des Werkstückwerkstoffes werden dem Anwender auf dem Bildschirm entsprechend dem Werkzeugkatalog des Speichers die Werkzeuge mit den Schnittdaten angezeigt.

Der Anwender kann diese Werkzeug- und Schnittwerteauswahl bestätigen oder abändern.

Nach Betätigung der Starttaste für die Simulation werden die vorher angezeigten Bearbeitungsschritte in der angegebenen Reihenfolge auf dem Bildschirm ausgeführt. Unterhalb der Bildschirmgrafik erscheint der DIN-gerechte Satz für den jeweiligen Fertigungsschritt. Falls der Anwender den erstellten Fertigungsablauf akzeptiert, speichert er diese Daten in der NC-Steuerung unter einer gewählten Programmnummer ab. Im anderen Falle können über die Tastatur Korrekturen vorgenommen werden.

Übungsaufgaben C-14 bis C-16

1.5 Programmierung von Schaltinformationen

1.5.1 Programmierung von Technologiedaten

- **Schaltinformationen für die Vorschubbewegung**

Die Vorschubbewegung kann nach dem Adressbuchstaben **F** als Vorschub in mm (je Umdrehung) oder als Vorschubgeschwindigkeit in mm/min eingegeben werden.

Vorschubbewegung	Befehl	Beispiel
in mm/min in mm	G94 G95	G94 F100 bedeutet v_f = 100 mm/min G95 F0,25 bedeutet f = 0,25 mm (je Umdrehung)

- **Schaltinformationen für die Schnittbewegung**

Die Schnittbewegung kann beim Drehen entweder mit konstanter Schnittgeschwindigkeit oder konstanter Umdrehungsfrequenz mit dem Adressbuchstaben **S** eingegeben werden.
Beim Fräsen wird nur mit konstanter Umdrehungsfrequenz gearbeitet.

Schnittbewegung	Befehl	Beispiel
konstante Schnittgeschwindigkeit konstante Umdrehungsfrequenz	G96 G97	G96 S40 bedeutet v_c = 40 m/min G97 S900 bedeutet n = 900 1/min

Beim Drehen ist bei den meisten Maschinen eine konstante Schnittgeschwindigkeit programmierbar. Die Steuerung stellt entsprechend dem programmierten X-Wert die Umdrehungsfrequenz ein. Damit beim Plandrehen in Nähe der Werkstückmitte nicht extreme Umdrehungsfrequenzen auftreten, kann ein Höchstwert eingegeben werden, z. B. bedeutet bei PAL der Befehl G 92 S2000 höchste Umdrehungsfrequenz 2000 $^1/_{min}$.

1.5.2 Programmierung von Werkzeugeinsatz und Zusatzfunktionen

- **Schaltinformationen für den Werkzeugeinsatz**

Die benötigten Werkzeuge sind in einem Mehrfach-Werkzeugträger oder Magazin abgelegt und durch Nummerierung gekennzeichnet. Durch den Adressbuchstaben **T** werden die Schaltbefehle zum Werkzeugeinsatz erteilt. Das **T-Wort** enthält als Zahlenwert die Nummer des verlangten Werkzeugs.

T03 Einsatzbefehl für Werkzeug Nr. 3

Bei vielen Steuerungen löst allein der Buchstabe **T** einen Werkzeugwechsel aus. Aus Kollisionsgründen muss *vor* jedem Werkzeugwechsel eine sichere Werkzeugwechselposition angefahren werden.

Mehrfachwerkzeugträger: Revolverkopf mit angetriebenen Werkzeugen

- **Schaltinformationen für Zusatzfunktionen**

Zusatzfunktionen werden durch M-Wörter eingegeben.

M 00 Programmierter Halt
M 03 Spindel EIN, Rechtslauf
M 04 Spindel EIN, Linkslauf
M 06 Werkzeugwechsel
M 08 Kühlmittel EIN
M 09 Kühlmittel AUS
M 17 Unterprogrammende
M 30 Programmende mit Rücksprung auf Satz 1

Die Spindeldrehrichtung wird folgendermaßen beschrieben:

- Bei Drehmaschinen blickt man von der Antriebsseite auf die Werkstückeinspannung.
- Bei Fräsmaschinen blickt man von der Arbeitsspindel auf die Werkstückeinspannung.

Dreht sich die Spindel im Uhrzeigersinn, so ist das ein Rechtslauf, der mit M03 zu programmieren ist. Dreht sich die Spindel im Gegenuhrzeigersinn, so ist das ein Linkslauf mit dem Befehl M04.

Übungsaufgaben C-17; C-18

1.6 Zusammenstellung von Programmdaten zu Sätzen

In das Programm werden alle Daten eingegeben, welche die Steuerung benötigt, um am Werkstück einen Arbeitsschritt ausführen zu können. Dabei werden zusammengehörige Befehle zu Sätzen zusammengefasst. Die Sätze nummeriert man nach der Abfolge der Arbeitsschritte in Einer- oder Zehnerstufen.

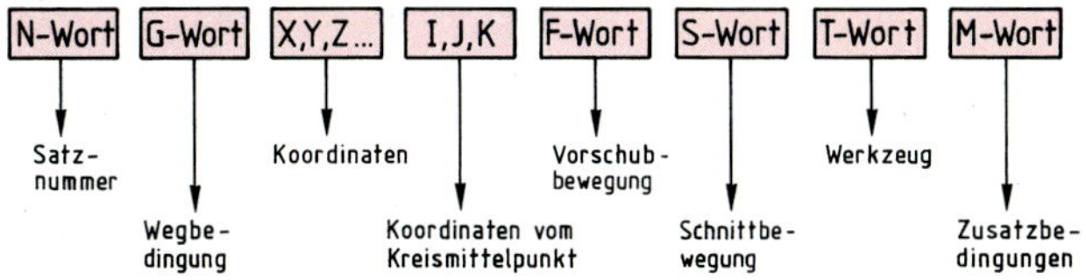

In einem Satz können Befehle und Wegangaben entfallen, die für den jeweiligen Arbeitsablauf nicht notwendig oder bereits wirksam sind. Man nennt solche Programmworte **modal** wirksam oder **selbst haltend.**

Beispiel für die Programmierung eines ebenen Werkstücks (nach PAL)

Aufgabe: Die unten bemaßte Nut soll in einem Schnitt durch Schruppen gefräst werden. Der Werkstückwerkstoff ist aus S 235. Der Fräser ist aus HSS und hat zwei Zähne.

Zeichnung

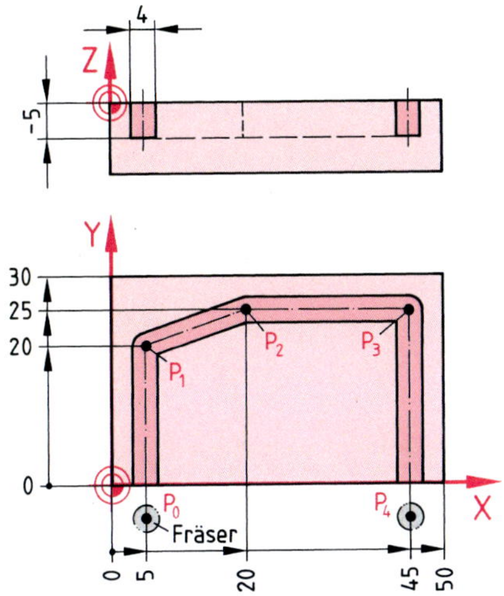

Programm

(mit Eintragung modal wirksamer Programmwerte)

N	G	X	Y	Z	F	S	T	M
N010	G90							
N020	G94				F540			
N030						S2700		M03
N040							T0100	M08
N050	G00	X5	Y-10					
N060	G00	(X5)	(Y-10)	Z2				
N070	G01	(X5)	(Y-10)	Z-5				
N080	(G01)	(X5)	Y20					
N090	(G01)	X20	Y25					
N100	(G01)	X45	(Y25)					
N110	(G01)	(X45)	Y-10					
N120	G00	(X45)	(Y-10)	Z50				M09
N130	G00	X-50	Y-20					M30

Die Werte in Klammern sind modal wirksam.
Sie werden normalerweise wegen Gefahr der Falscheingabe und zur Verbesserung der Übersichtlichkeit fortgelassen.

Erklärung

N010 Absolutmaße gelten bis auf Widerruf für alle Sätze
N020 Vorschub wird in mm/min angegeben, vorgesehen werden 540 mm/min
N030 Spindel soll im Uhrzeigersinn drehen, Umdrehungsfrequenz 2700 1/min
N040 Werkzeug T0100 einwechseln, Kühlschmiermittel einschalten
N050 Im Eilgang auf X5, Y-10 fahren
N060 Im Eilgang auf Z2 fahren.
N070 Mit Vorschubgeschwindigkeit (540 mm/min) geradlinig auf Z-5 herunterfahren
N080 Mit Vorschubgeschwindigkeit geradlinig bis Y20 fräsen
N090 Mit Vorschubgeschwindigkeit geradeaus bis X20 Y25 fräsen
N100 Mit Vorschubgeschwindigkeit geradeaus bis X45 (Y25) fräsen
N110 Mit Vorschubgeschwindigkeit geradeaus bis (X45) Y-10 fräsen
N120 Im Eilgang auf Z50 fahren, Kühlschmiermittel ausschalten
N130 Im Eilgang auf X-50, Y-20 fahren, Ende des Programms

Übungsaufgaben C-19; C-20

1.7 Erprobung und Optimierung von NC-Programmen an CNC-Werkzeugmaschinen

1.7.1 Simulation von NC-Programmen

Nach Erstellung der NC-Programme erfolgt die Überprüfung durch Simulation am Bildschirm des Programmierplatzes bzw. der Werkzeugmaschine. Dabei werden die Werkstückform und eventuelle Kollisionen von Werkzeug mit Werkstück bzw. Werkstückeinspannung überprüft. Auf dem Bildschirm wird eine Kollision als „Crash" bildlich dargestellt. Ein Crash ereignet sich, wenn z. B. ein Werkzeug in die Einspannung fährt oder das Werkzeug im Eilgang zum Schnitt kommt.
Gleichzeitig kann bereits mit der Simulation die tatsächliche Bearbeitungszeit (Echtzeit) ermittelt werden.

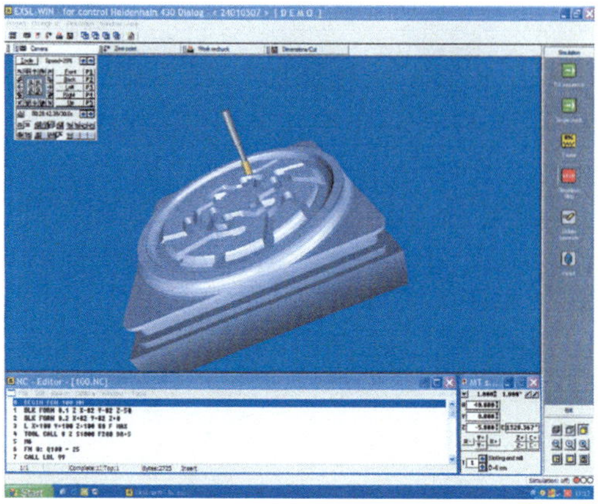

Simulation einer Fräsbearbeitung am Bildschirm

1.7.2 Überwachte Probefertigung

Mit einem neu erstellten NC-Programm wird die erste Fertigung eines Werkstücks unter großen Vorsichtsmaßnahmen durchgeführt, weil Programmierfehler zu Kollisionen, Werkzeugbruch und zu falschen Werkstückabmessungen führen können.

Mögliche Vorsichtsmaßnahmen sind:

- *Verminderung der Vorschubgeschwindigkeit*
  Mit einem Vorschub-Korrekturschalter stellt man Prozentanteile des programmierten Vorschubwertes ein. Durch eine starke Vorschubbegrenzung erleichtert man dem Bediener die Beobachtung des Bearbeitungsvorgangs und ermöglicht ein schnelles Abschalten.

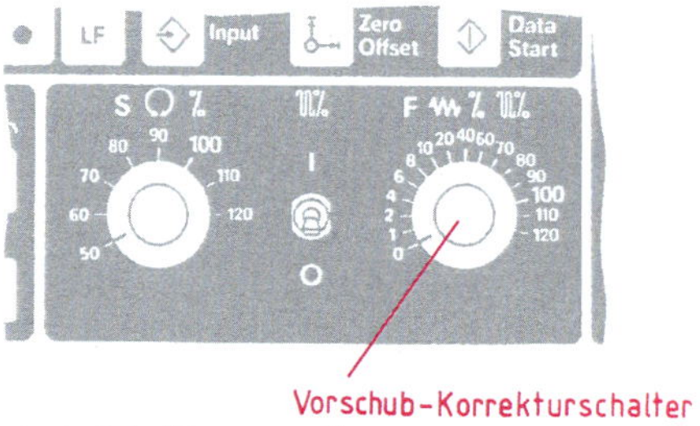

Prozentuale Schnittwertregulierung

- *Programmabarbeitung im Einzelsatzbetrieb*
  Die Taste „Single" der Betriebsartentastatur aktiviert die satzweise Bearbeitung eines Werkstücks. Der Bediener kontrolliert schrittweise den Arbeitsablauf. Der nachfolgende Satz wird erst nach einem Tastendruck abgearbeitet.

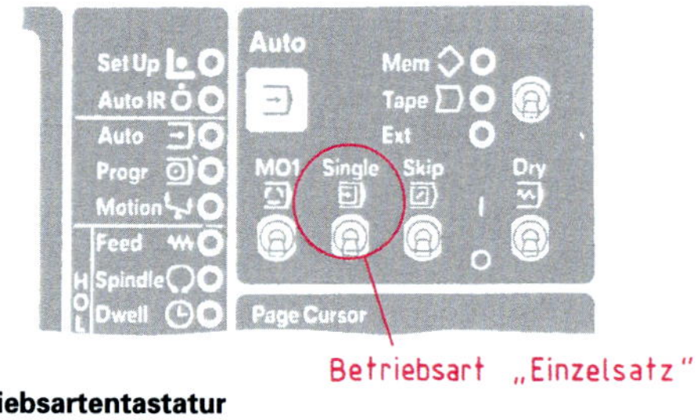

Betriebsartentastatur

- *Probefertigung eines Werkstückes aus einem Ersatzwerkstoff*
  Räumlich komplizierte, große Werkstücke können aus einem preiswerten, leicht zu bearbeitenden Werkstoff probeweise gefertigt werden. Der Ablauf der Arbeitsbewegungen eines Fertigungsvorgangs kann auch ohne Werkstück überprüft werden (Luftschnitte).

Nach der überwachten Probefertigung und erfolgten Programmkorrekturen kann die Fertigung erst nach einer abschließenden Probe erfolgen.

Eine Probeanfertigung führt man mit verminderter Vorschubgeschwindigkeit, im Einzelsatzbetrieb oder an Ersatzwerkstücken aus.

Übungsaufgabe C-21

2 Fertigung auf CNC-Drehmaschinen

2.1 Programmieren der Weginformationen beim Drehen

2.1.1 Koordinatensysteme

LF 7+10

Drehmaschinen werden mit Werkzeugträgern gebaut, bei denen das Werkzeug von vorne gesehen vor oder hinter der Drehmitte angeordnet ist. Im Gegensatz zu herkömmlichen Drehmaschinen werden CNC-Maschinen bevorzugt mit Werkzeugträgern ausgerüstet, die sich hinter dem Werkstück befinden. Daher muss je nach Bauform der Maschine zum Programmieren eine andere Lage des Koordinatensystems berücksichtigt werden. In beiden Fällen entspricht die Werkstückachse der Z-Achse.
Die positive X-Achse weist immer vom Drehteil aus in radialer Richtung auf das Werkzeug. Damit ergibt sich für beide Werkzeuganordnungen, dass größere Z-Werte eine größere Werkstücklänge und größere X-Werte einen größeren Werkstückdurchmesser zur Folge haben.

Drehmeißel vor der Drehmitte	Drehmeißel hinter der Drehmitte
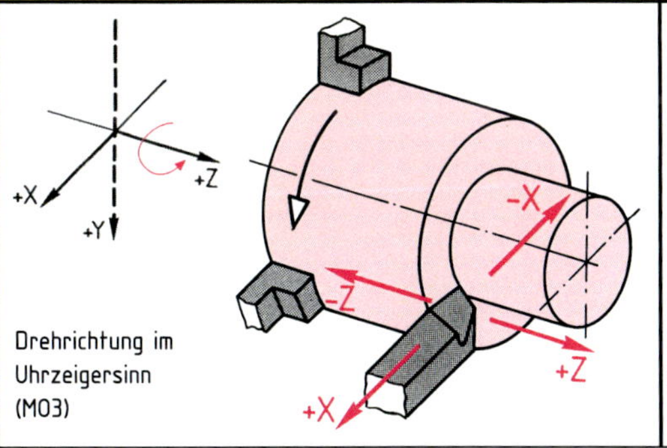	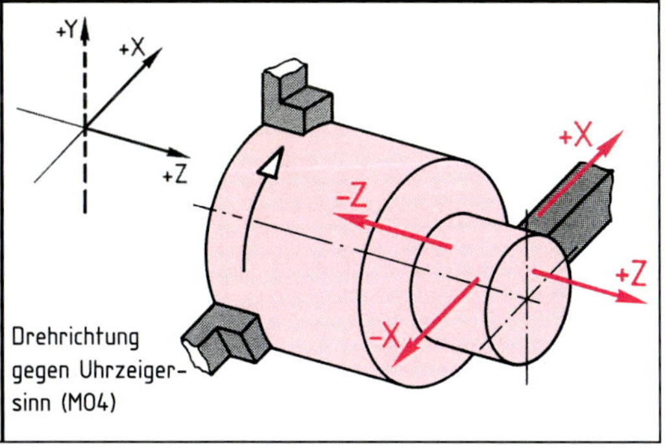

Die Z-Achse ist immer Drehachse des Werkstücks. Größerer Z-Wert bedeutet größere Werkstücklänge. Die X-Achse verläuft rechtwinklig zur Z-Achse auf das Drehwerkzeug zu. Größerer X-Wert bedeutet größerer Werkstückdurchmesser.

2.1.2 Nullpunkte und Bezugspunkte

- **Maschinennullpunkt, Referenzpunkt und Werkstücknullpunkt**

Nullpunkte legen für die Bearbeitung auf CNC-Maschinen das Koordinatensystem fest. Dabei unterscheidet man einen Maschinennullpunkt und einen Werkstücknullpunkt. Bezugspunkte – auch Referenzpunkte genannt – sind genau festgelegte Punkte, welche die Programmierung und das Bedienen der Maschine erleichtern.

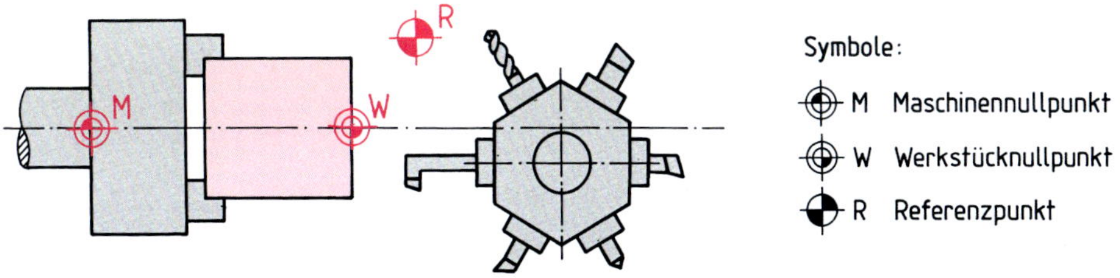

Nullpunkte und Bezugspunkte an einer Drehmaschine

Der **Maschinennullpunkt** ist der Ursprung des Maschinenkoordinatensystems. Er liegt bei CNC-Drehmaschinen im Schnittpunkt der Arbeitsspindelachse mit dem Werkstückträger.

Der **Referenzpunkt** ist ein festgelegter Punkt im Arbeitsbereich inkremental messender CNC-Drehmaschinen, welcher einen genau bestimmten Abstand zum Maschinennullpunkt hat. Der Referenzpunkt wird zum Nullsetzen des Messsystems angefahren, da der Maschinennullpunkt meist nicht angefahren werden kann.

Übungsaufgabe C-22

- **Werkstücknullpunkt**

Der Werkstücknullpunkt ist vom Programmierer frei wählbar. Meist legt man ihn auf die rechte Planseite des Werkstücks. Weniger üblich ist es, ihn auf die linke Planseite festzulegen.

Beispiele **für mögliche Lagen von Werkstücknullpunkten**

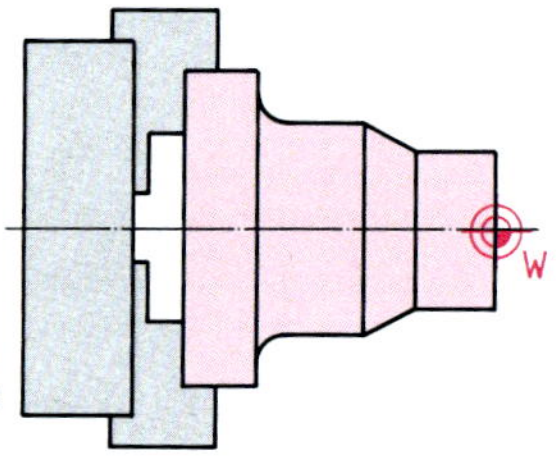

Werkstücknullpunkt auf rechter Planseite

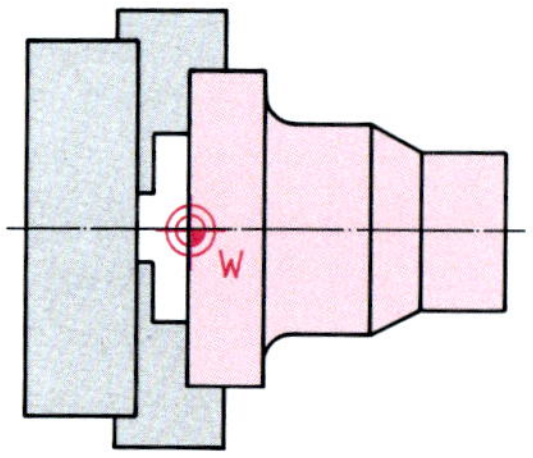

Werkstücknullpunkt auf linker Planseite

Ist zunächst eine Werkstückaußenbearbeitung an der rechten Planseite und danach eine Innenbearbeitung an der linken Planseite erforderlich, muss das Werkstück umgespannt werden. In solchen Fällen legt man zwei Nullpunkte fest.

Beispiel **für Umspannvorgang und Werkstücknullpunktlage**

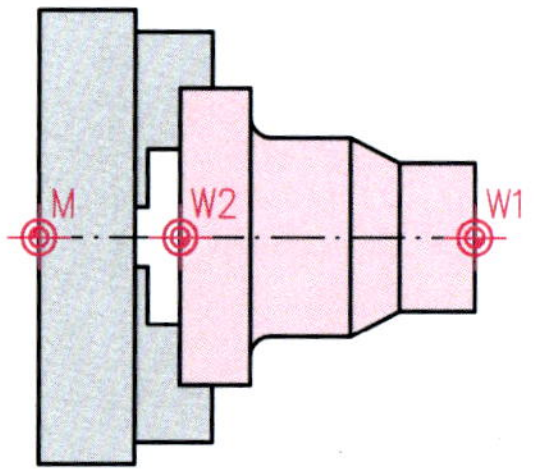

1. Aufspannung

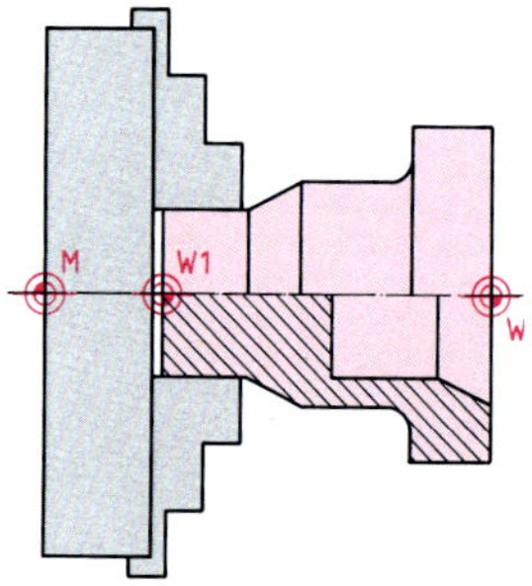

2. Aufspannung

Der Programmierer legt den Werkstücknullpunkt entsprechend der Bearbeitungsaufgabe an der linken oder rechten Planseite fest. Bei Werkstücken für die ein **Umspannvorgang** benötigt wird, werden zwei Werkstücknullpunkte angegeben.

2.1.3 Drehteile mit geradliniger Kontur

Geradlinige Drehteilkonturen werden mit dem Wegbefehl G01 programmiert. Der anzufahrende Endpunkt wird in X-Richtung nicht mit dem Radius, sondern mit dem Durchmesser programmiert. Abstände in Z-Richtung werden auf den Werkstücknullpunkt bezogen.

Beispiel **für die Konturbeschreibung eines Drehteils**

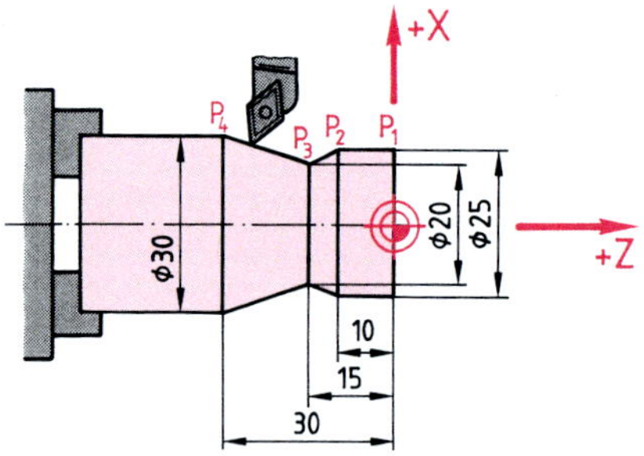

	Wegbedingung	X	Y
→ P_1	G 90		
→ P_2	G 01	X 25	Z – 10
→ P_3	(G 01)	X 20	Z – 15
→ P_4	(G 01)	X 30	Z – 30

Bei Drehteilen werden in X-Richtung Durchmesser und in Z-Richtung Längen programmiert.

Übungsaufgabe C-23

2.1.4 Drehteile mit kreisförmiger Kontur

Zur Festlegung des Richtungssinns von kreisförmigen Bewegungen muss ein Betrachter immer in Richtung der negativen Y-Achse auf die X-Z-Ebene blicken. Soll sich – aus dieser Sicht – der Meißel in Vorschubrichtung im Uhrzeigersinn bewegen, so ist das durch einen G02-Befehl zu programmieren, soll er sich im Gegenuhrzeigersinn bewegen, so ist ein G03-Befehl zu programmieren.

Werkzeug vor der Drehmitte	Werkzeug hinter der Drehmitte
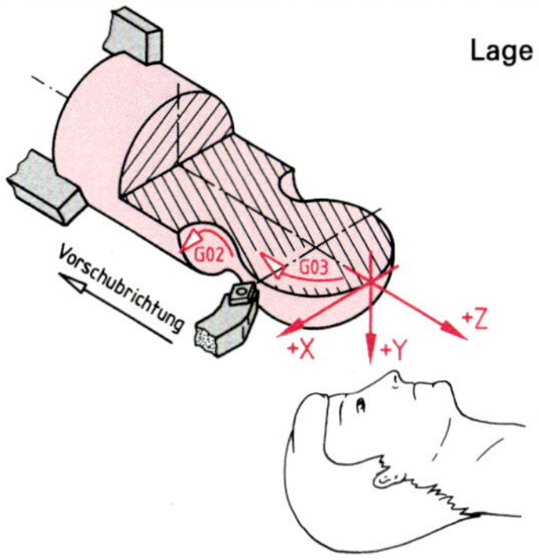	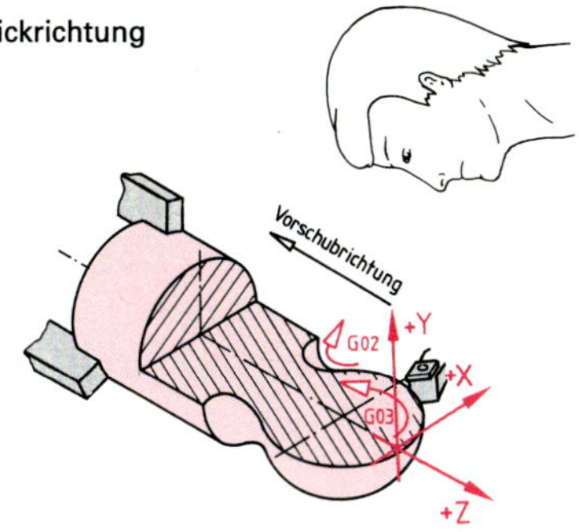

Lage der Achsen und Blickrichtung

Sowohl für den Werkzeugeinsatz „Drehmeißel vor der Drehmitte" als auch für den Werkzeugeinsatz „Drehmeißel hinter der Drehmitte" sind die Programme gleich.

Zur Beurteilung des Richtungssinns für die Wegbedingungen G02 und G03 blickt man bei einer Stellung des Drehmeißels **vor** der Drehmitte **von unten** auf das Werkstück,
bei Stellung des Drehmeißels **hinter** der Drehmitte **von oben** auf das Werkstück.

- **Kreisprogrammierung mit Angabe der Mittelpunktkoordinaten**

Bei der Programmierung kreisförmiger Bahnbewegungen des Werkzeuges in der X-Z-Ebene werden die Koordinaten des Endpunktes und die Mittelpunktkoordinaten angegeben. Die Mittelpunktkoordinaten werden immer inkremental auf den Anfangspunkt der kreisförmigen Arbeitsbewegung des Werkzeuges bezogen. Der Abstand des Mittelpunktes in X-Richtung hat dabei den Adressbuchstaben **I** und der Abstand in Z-Richtung den Adressbuchstaben **K.**

Beispiele für die Programmierung von Radien mit Mittelpunktkoordinaten

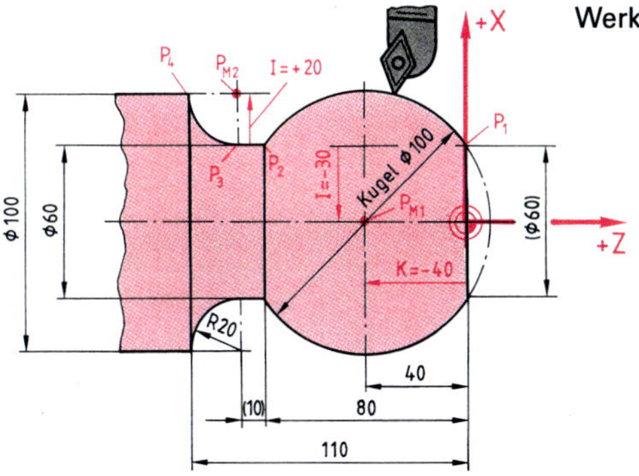

Werkzeug hinter der Drehmitte

	Wegbedingung	X	Z	I	K
	G 90				
→ P_1		X 60	Z 0		
→ P_2	G 03	X 60	Z – 80	I – 30	K – 40
→ P_3	G 01	X 60	Z – 90		
→ P_4	G 02	X 100	Z 110	I + 20	K 0

Angaben bei kreisförmiger Arbeitsbewegung mit Mittelpunktkoordinaten:
- Richtungssinn mit G02 im Uhrzeigersinn oder G03 im Gegenuhrzeigersinn
- Endpunktkoordinaten der Kreisbewegung mit X; Z
- Mittelpunktkoordinaten der Kreisbewegung mit I und K inkremental
  I für den Abstand vom Anfangspunkt auf der X-Achse
  K für den Abstand vom Anfangspunkt auf der Z-Achse

Übungsaufgabe C-24

- **Kreisprogrammierung mit Angabe des Radius**

Bei komplizierten Konturen ist es einfacher, statt der Mittelpunktkoordinaten den Radius der Werkzeugbewegung zu programmieren. Bei der Programmierung wird der Endpunkt mit seinen Koordinaten X und Z und der Radius mit der Adresse **R** in das Programm eingesetzt. Nicht alle CNC-Maschinensteuerungen bieten beide Möglichkeiten der Kreisprogrammierung.

Angaben bei kreisförmiger Arbeitsbewegung mit Radiusangabe:
- Richtungssinn mit G02 oder G03
- Endpunktkoordinaten der Kreisbewegung
- Radius der Kreisbewegung mit R

2.2 Programmierhilfen

2.2.1 Zyklen beim Drehen

Bei vielen Dreharbeiten gibt es Arbeitsgänge, die sich häufig wiederholen. Eine solche Abfolge nahezu gleicher Schnitte beim Drehen nennt man Drehzyklus.

- **Schruppzyklen**

Schruppzyklen vereinfachen die Programmierung des Schruppens. Sie fassen die Schnittfolgen des Spanens vom großen Durchmesser zum der Endkontur nahen Durchmesser in einem Satz zusammen.

Längsdrehzyklus	Plandrehzyklus	Konturenparalleler Zyklus
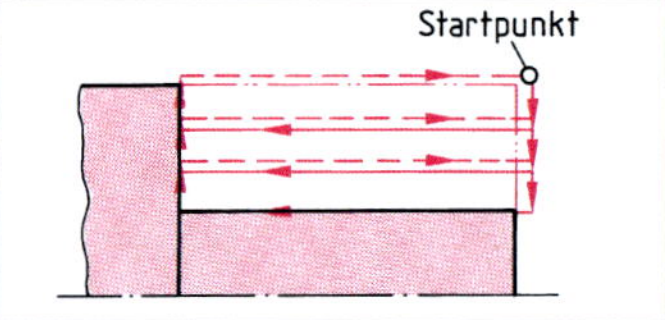	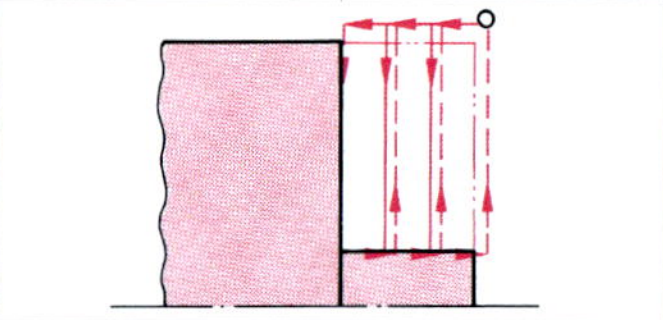	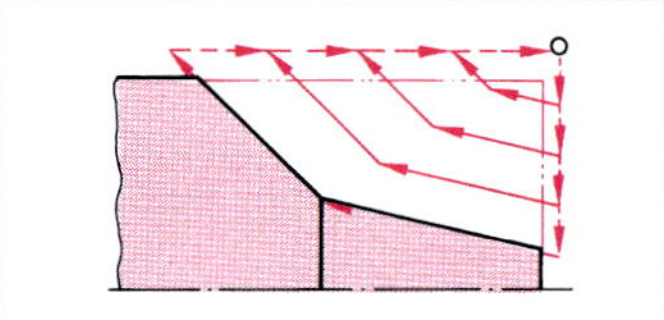

Beispiele für das Programmieren von Längsdrehzyklen

Abspanzyklus längs (nach PAL) Zustellung in X	
G 81 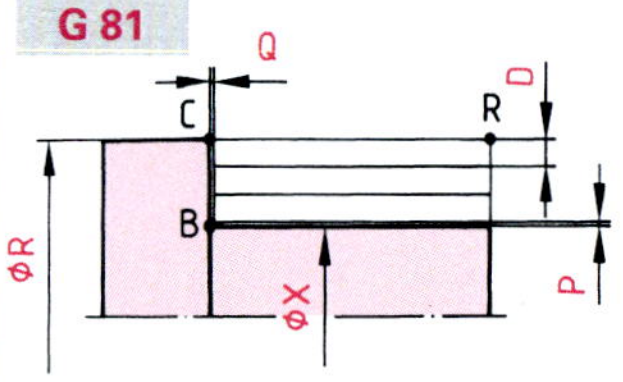 **G 83** 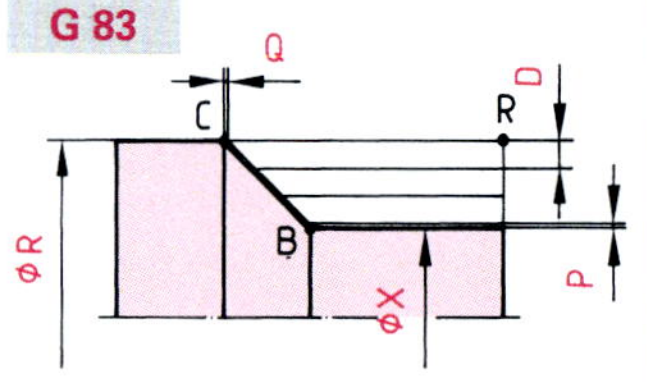	**X** Zielposition (Fertig-ø) **Z** Zielposition (Länge Punkt B) **H** Zielposition (Länge Punkt C) **R** Startposition (Anfangs-ø) **D** Zustellung pro Schnitt **P** Bearbeitungszugabe in X **Q** Bearbeitungszugabe in Z
G 82 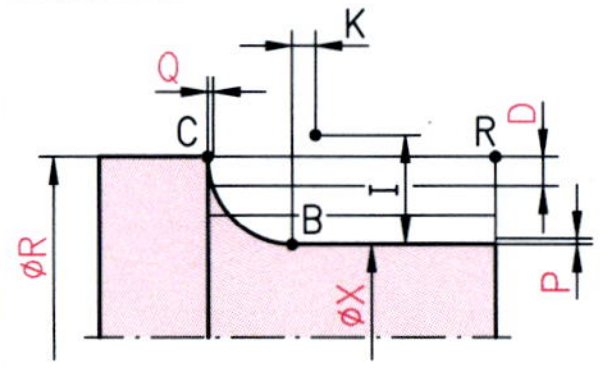 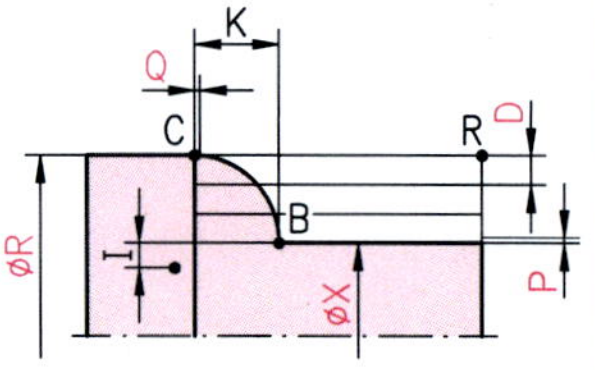	**X** Zielposition (Fertig-ø) **Z** Zielposition (Länge Punkt B) **H** Zielposition (Länge Punkt C) **R** Startposition (Anfangs-ø) **I** Kreismittelpunktkoordinate in I von B **K** Kreismittelpunktkoordinate in K von B **D** Zustellung pro Schnitt **P** Bearbeitungszugabe in X **Q** Bearbeitungszugabe in Z

Hinweis: Vor dem Zyklusaufruf ist das Werkzeug in eine Startposition kurz vor der Bearbeitungsstelle zu fahren. Alle Zyklen werden mit einem G-Wort aufgerufen und mit allen Parametern in einem Satz programmiert. In den Zyklen müssen alle Parameter belegt sein.

In den Steuerungen von CNC-Maschinen sind häufig verwendete Bearbeitungsprogramme fest als Zyklen enthalten. Zyklen werden durch ein G-Wort im Programm aufgerufen und durch Parameter mit Adressbuchstaben in einem Satz programmiert.

Übungsaufgaben C-25; C-26; C-27

Zum Vordrehen komplizierter Konturen kann man bei der DIN- und Zyklenprogrammierung die Kontur durch aufeinanderfolgende Zyklen freistellen.

Beispiel **für die Verarbeitung einer Kontur mit einer Folge von Zyklen**

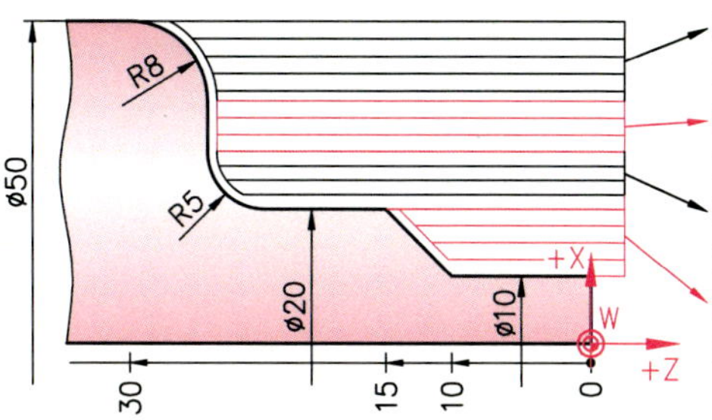


```
N... G00 X50 Z2 (Startposition)
N... G82 X34 Z-30 H-34 R50 I0 K-8 D3 P0.5 Q0.2
N...
N... G81 X30 Z-30 H-30 R35 D3 P0.5 Q0.2
N...
N... G82 X20 Z-25 H-30 R31 I5 K0 D3 P0.5 Q0.2
N...
N... G81 X10 Z-10 H-15 R21 D3 P0.5 Q0.2
N...
```


- **Gewindezyklen**

Gewindezyklen werden benutzt, um Rechts- und Linksgewinde mit speziellen Drehmeißeln zu erzeugen.

Beispiel **eines Gewindezyklus (G83) nach PAL**

Gewindezyklus längs Zustellung in X

G 83

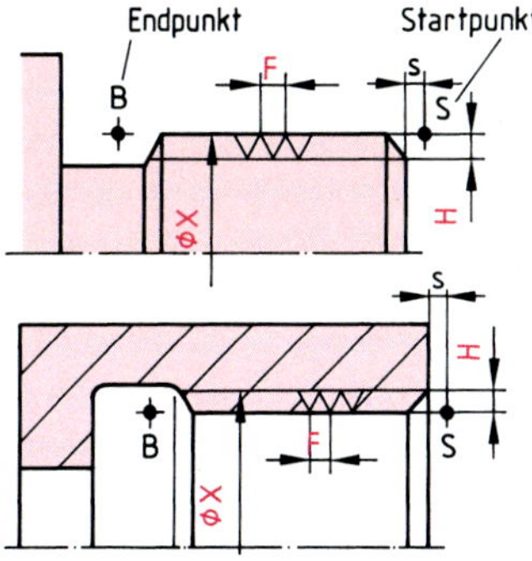

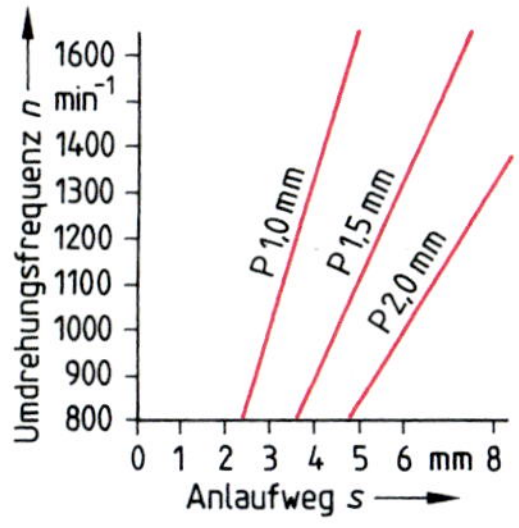

Diagramm zur Ermittlung des Anlaufweges *s*

X Gewinde-Außendurchmesser
Z Zielposition (Länge Punkt B)
F Gewindesteigung (P)
D Anzahl der Schnitte
H Gewindetiefe

Die Drehrichtung der Spindel im Zusammenhang mit der Vorschubrichtung bestimmt die Art des Gewindes – Rechts- oder Linksgewinde.

Beispiel **für die Anwendung eines Gewindezyklus**

Auf den dargestellten Zapfen soll Rechtsgewinde M20 x 1,5 geschnitten werden, Schneide des Werkzeugs nach unten gerichtet.

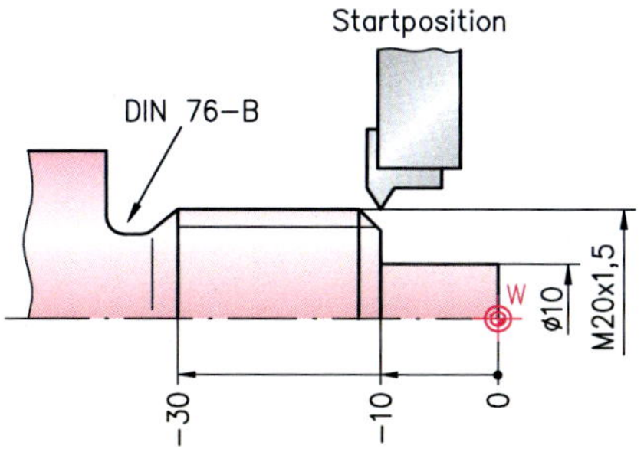


```
N63         T600  M00
N64  G97    S300  M04
N65  G00  X20  Z-5
N66  G83  X20  Z-28  F1.5  D6  H0.92
```

Soll in diesem Beispiel ein Linksgewinde mit gleichem Werkzeug geschnitten werden, muss in N65 der Z-Wert in Z-28 und in N66 in Z-5 geändert werden. Drehrichtung bleibt M03.

Übungsaufgabe C-28

2.2.2 Unterprogramme

- **Unterprogramme mit festen Zahlenwerten**

Für gleiche Bearbeitungsabläufe, die in der Fertigung an unterschiedlichen Stellen eingesetzt werden, werden Unterprogramme erstellt. Diese Unterprogramme können an jeder beliebigen Stelle eines Hauptprogramms aufgerufen werden.

Beispiel **für ein Unterprogramm mit festen Zahlenwerten** (nach PAL)

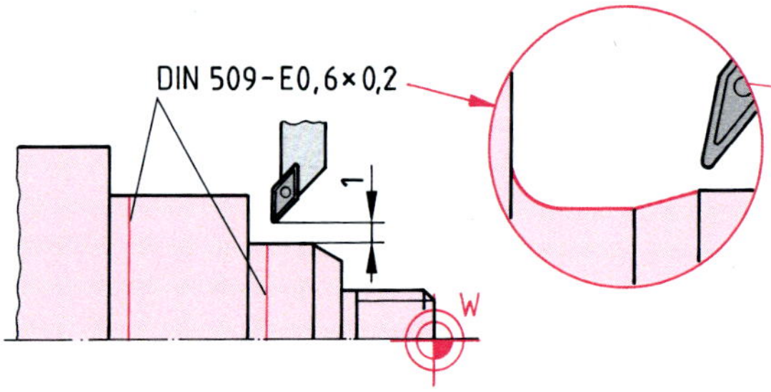

Unterprogramm Freistich
L 22

N	G	X	Z	I	K	M
N1	G91					
N2	G01	−1				
N3	G42					
N4	G01	−0.18	−0.671			
N5	G02	−0.02	−0.154	0.58	−0.154	
N6	G01		−0.575			
N7	G02	0.6	−0.6	0.6	0	
N8	G40					
N9	G01	0.2	2			
N10	G90					
N11						M17

Erklärungen:

L 22 01

- 01 – Zahl der Durchläufe: 1
- 22 – Unterprogrammnummer: 22
- L – Unterprogrammaufruf

M17 Unterprogrammende

Hinweis zum Programm: Das Werkzeug wird im Hauptprogramm jeweils 1 mm vor den Durchmessern platziert. Darum wird hier im 2. Satz X-1 programmiert.

Für gleiche Bearbeitungsabläufe, die an unterschiedlichen Stellen aufgerufen werden, erstellt man Unterprogramme.
Sie sind durch den Buchstaben L vor der Programmnummer gekennzeichnet. Das Unterprogrammende wird im letzten Satz mit M17 angegeben.

- **Unterprogramme mit Parametertechnik**

Für Bearbeitungsvorgänge, bei denen ähnliche Formen mit unterschiedlichen Maßen vorkommen, werden statt der Maße Parameter programmiert. Parameter werden von den Steuerungsherstellern unabhängig von Normen mit unterschiedlichen Buchstaben benannt – zum Beispiel **R**.

Beispiel **für ein Unterprogramm mit Parametertechnik (steuerungsabhängiges Beispiel)**

Werkstück Nr. 1

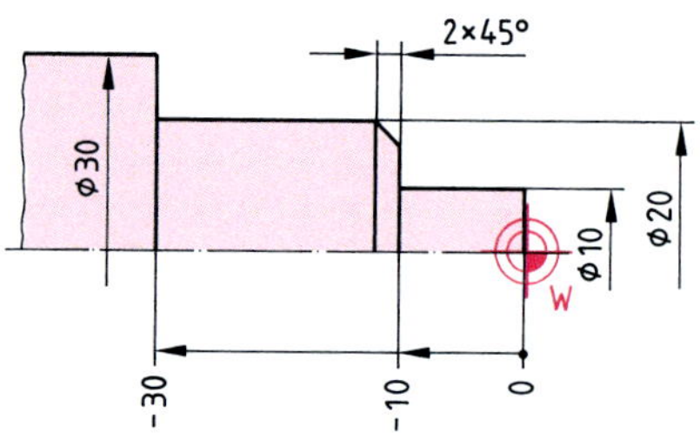

Werkstück Nr. 2

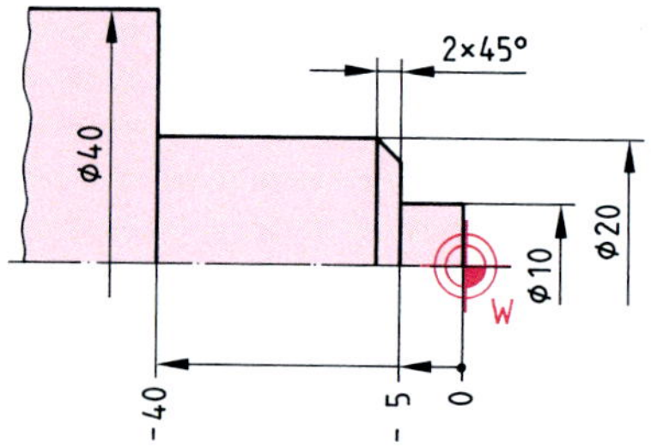

Werkstück Nr. 1 und Nr. 2 unterscheiden sich in der Länge ihrer zylindrischen Ansätze und im Wert des letzten Durchmessers. Es soll trotzdem ein gemeinsames Programm geschrieben werden. Dies geschieht dadurch, dass die unterschiedlichen Werte mit den Parametern R1, R2 und R3 belegt werden. Soll Werkstück Nr. 1 gefertigt werden, müssen *vor* Programmbeginn die Parameter mit den Werten von Werkstück Nr. 1 belegt werden; entsprechend wird bei Werkstück Nr. 2 vorgegangen:

Parameter von Werkstück Nr. 1
R1 = –10 (Länge des 1. Zylinders)
R2 = –30 (Länge des 2. Zylinders)
R3 = 30 (∅ des 3. Zylinders)

Parameter von Werkstück Nr. 2
R1 = –5 (Länge des 1. Zylinders)
R2 = –40 (Länge des 2. Zylinders)
R3 = 40 (∅ des 3. Zylinders)

N	G	X	Z	I	K
N1		R1=....			
N2		R2=....			
N3		R3=....			
N4					
N5	G90				
N6	G00	X0	Z0		
N7	G42				
N8	G01	X10			
N9	(G01)		Z=R1		
N10	(G01)	X20			
N11	(G01)		Z=R2		
N12	(G01)	X=R3			
N13	G40				

Bei Teilefamilien benötigt man mit Parametertechnik *ein* Programm. Unterschiedliche Werte werden unmittelbar vor dem Programm festgelegt.

LF 7+10

2.2.3 Einbau von Unterprogrammen und Zyklen in Hauptprogramme

In Hauptprogramme versucht man zur Verringerung des Programmieraufwandes, möglichst viele Zyklen oder bereits vorhandene Unterprogramme einzubauen. Im Verlauf des Hauptprogramms werden dem Fertigungsablauf entsprechend Unterprogramme mit Unterprogrammnummern, z. B. L22 und Zyklen mit G-Worten, z. B. G83 aus dem Programmspeicher aufgerufen. Es ist möglich, eingearbeitete Unterprogramme und Zyklen mehrfach in einem Hauptprogramm zu verwenden.

Beispiel für einen geschachtelten Aufbau eines Hauptprogramms (PAL-Simulation)

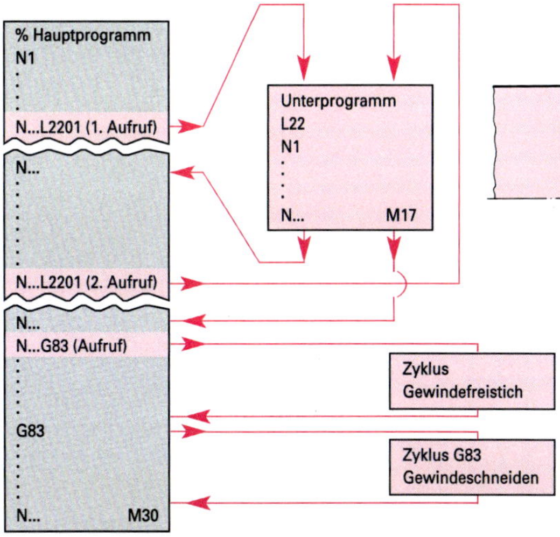

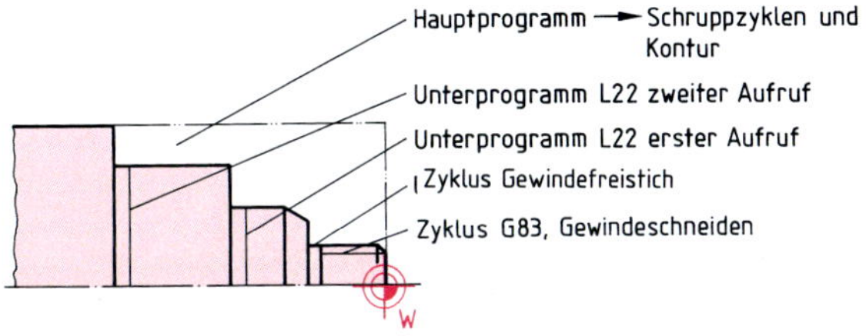

In Hauptprogrammen werden zur Verringerung des Programmieraufwands häufig Unterprogramme und Zyklen direkt oder geschachtelt eingearbeitet.

Übungsaufgabe C-29

2.3 Werkzeuge und Werkzeugmaße beim Drehen

2.3.1 Aufbau von Drehwerkzeugen

Auf CNC-Drehmaschinen setzt man ausschließlich Drehmeißel mit auswechselbaren Wendeschneidplatten ein. Der Drehmeißel wird in den Werkzeughalter eingesetzt. Werkzeughalter sind meist mit genormten Schäften nach DIN 69880 ausgestattet, mit denen sie in entsprechend gestaltete Mehrfachwerkzeugträger (Werkzeugrevolver) eingesetzt werden.

Beispiel für einen Werkzeughalter mit Schaft und einen Werkzeugrevolver einer CNC-Drehmaschine

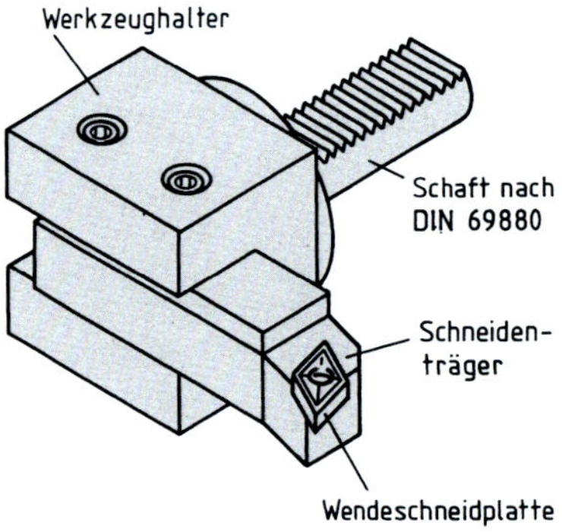

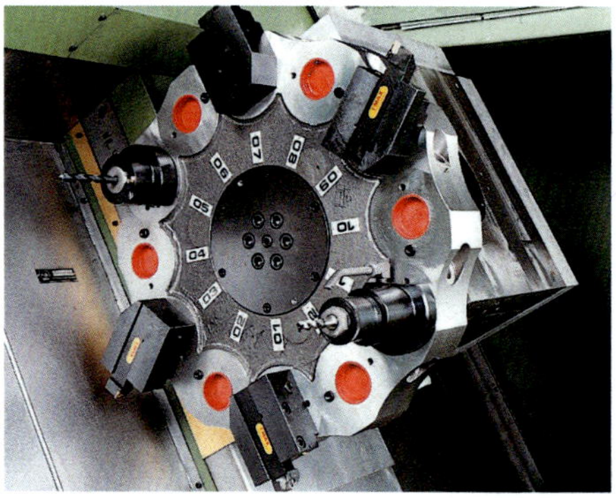

2.3.2 Werkzeugmaße

Der Steuerung müssen die Maße der eingesetzten Werkzeuge eingegeben werden. Bezugspunkt für die Ermittlung der Werkzeugmaße ist der sogenannte **Werkzeugeinstellpunkt.**

Der Werkzeugeinstellpunkt ist ein der Steuerung bekannter Punkt, der bei allen Werkzeugpositionen an der dem Futter zugewandten Seite des Revolvers liegt.

Zur Eingabe in den Werkzeugspeicher der Steuerung benötigt man folgende Daten des Werkzeugs:

- **Werkzeuglänge *L***
  Dies ist der Abstand der Schneidenspitze vom Werkzeugeinstellpunkt in Z-Richtung.
- **Querlage *Q***
  Dies ist der Abstand der Schneidenspitze vom Werkzeugeinstellpunkt in X-Richtung.
- **Schneidenradius *R***
  Dies ist die Rundung der Werkzeugschneide.

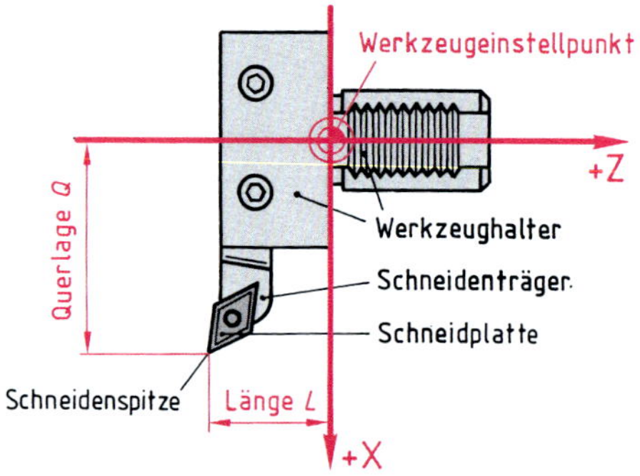

Für den Einsatz der Werkzeuge werden folgende Daten in den Werkzeugspeicher eingegeben:
- die Länge *L*
- die Querlage *Q*
- der Schneidenradius *R*.

- **Manuelle Ermittlung von Werkzeugmaßen an der Maschine**

Zuerst wird ein beliebiger Durchmesser angedreht und in Z-Richtung freigefahren. Nach dem Messen des Zylinderdurchmessers wird dieser Wert in die Steuerung eingegeben. Sie errechnet sich daraus die Querlage *Q*. Anschließend wird eine Planfläche angedreht und in X-Richtung freigefahren. Nach dem Ausmessen der Werkstücklänge wird dieser Wert ebenfalls der Steuerung eingegeben. Die Steuerung errechnet daraus die Werkzeuglänge *L*.

Aus der Eingabe des angedrehten Werkstückdurchmessers und der Werkstücklänge errechnet sich die Steuerung die Querlage *Q* und die Länge *L*.

Übungsaufgaben C-30; C-31

- **Optische Ermittlung von Werkzeugmaßen an der Maschine**

Eine optische Messeinrichtung wird in die dafür vorgesehene Aufnahme an der Maschine geschoben. Das Werkzeug wird so unter die Einrichtung verfahren, dass die Schneide im Fadenkreuz der Optik liegt. Der Nullpunkt des Fadenkreuzes wurde vom Maschinenhersteller genau mit dem Werkzeugeinstellpunkt am Werkzeughalter ausgemessen und der Steuerung unveränderbar eingegeben. Mit dem Verfahrweg des Werkzeugs auf das Fadenkreuz wird die Querlage *Q* und die Länge *L* des Werkzeugs ermittelt. Nun können diese Daten über einen Befehl in den Werkzeugspeicher übernommen werden.

Beispiel **für die optische Ermittlung der Werkzeugmaße an der Maschine**

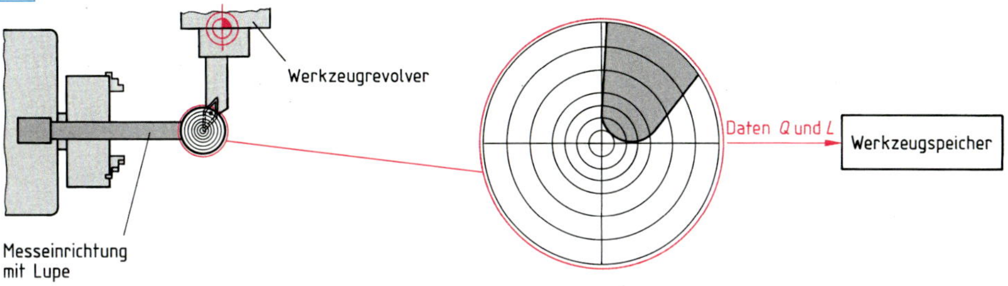

Nach dem Einrichten der Schneide in das Fadenkreuz der Lupe errechnet sich die Steuerung die Querlage *Q* und die Länge *L* des eingespannten Werkzeugs.

- **Ermittlung von Werkzeugmaßen mit Werkzeugvoreinstellgeräten außerhalb der Maschine**

Mit Werkzeugvoreinstellgeräten wird die Lage der Schneide zum Werkzeugeinstellpunkt außerhalb der Maschine gemessen. Das Werkzeug wird im genormten Werkzeughalter in das Voreinstellgerät geführt und ein Messtaster ermittelt die Maße der Querlage *Q* und der Länge *L*.

Die Übergabe der Werkzeugdaten an die Steuerung der CNC-Maschine kann unterschiedlich erfolgen,
- direkt durch die Datenleitung an die Steuerung,
- durch Speichern in einen Chip am Werkzeug und Datenübernahme beim Einwechseln des Werkzeugs oder
- durch Handeingabe der Werkzeugdaten in den Werkzeugspeicher der CNC-Maschine.

Identifikationssysteme mit einem Chip als Datenträger haben den Vorteil, dass die Dateneingabe vor jeder Einwechslung mit Angabe der Reststandzeit erfolgt. Verwechslungen sind somit ausgeschlossen.

Beispiel **für die Datenübertragung der Werkzeugmaße vom Werkzeugvoreinstellgerät in den Werkzeugspeicher**

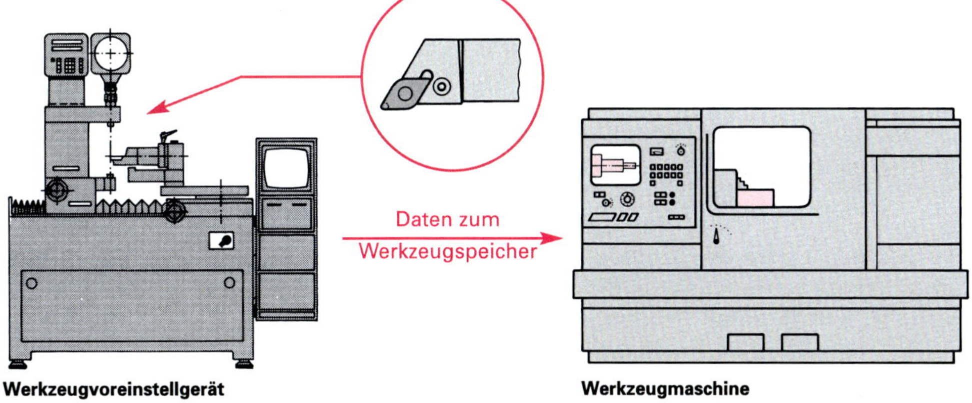

Mit Werkzeugvoreinstellgeräten werden die Querlage *Q* und die Länge *L* gemessen. Diese Daten werden entweder einem Chip auf dem Werkzeug oder mit einer Datenleitung in den Werkzeugspeicher übertragen.

2.3.3 Schneidenradiuskompensation

Die Schneide eines Drehmeißels endet nie in einer punktförmigen Schneidenspitze, sondern ist stets mit einem kleinen Radius versehen. Dadurch erhöht sich die Standzeit des Werkzeugs und die Oberflächenqualität des Werkstücks verbessert sich. Die Schneidenradien betragen etwa 0,2 bis 2 mm. Beim Drehen zylindrischer Werkstücke verursacht ein Schneidenradius keinen Fehler. Beim Drehen konischer Werkstücke und beim Drehen größerer Radien muss der Schneidenradius berücksichtigt werden. Dabei ist der Weg, den ein Meißel mit *punktförmiger* Schneidenspitze zur Erzeugung der programmierten Kontur zurücklegen würde, nicht gleich dem Weg einer *gerundeten* Schneidenecke. In der Praxis würde das gefertigte Werkstück nicht die vorbestimmte Form haben, sondern eine Formabweichung aufweisen.

Beispiele für die Entstehung von Konturfehlern durch einen Schneidenradius

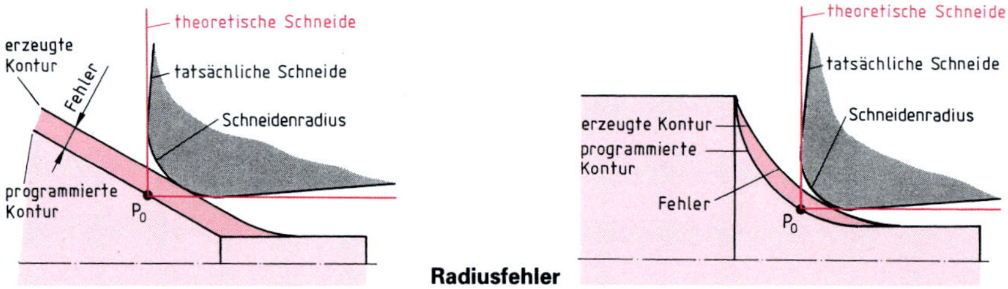

Fehler an Schrägen **Radiusfehler**

Beim Drehen mit Meißeln mit gerundeter Schneidenecke entstehen an Schrägen und in großen Radien Konturfehler, falls keine Korrekturen vorgenommen werden.

Um eine Schneidenradiuskompensation zutreffend ausführen zu können, benötigt die Steuerung folgende Angaben:

- Lage der Schneide zur Werkstückkontur in Vorschubrichtung und
- Schneidenradius und Stellung der Schneide zum Werkstück.

- **Lage der Schneide zur Werkstückkontur in Vorschubrichtung**

Bei dem Befehl **G41** erfolgt die Korrektur für ein Werkzeug, das links von der Kontur arbeitet – *betrachtet in Vorschubrichtung.*

Bei dem Befehl **G42** erfolgt die Korrektur für ein Werkzeug, das rechts von der Kontur arbeitet – *betrachtet in Vorschubrichtung.*

Die Schneidenradiuskompensation bleibt so lange wirksam, bis mit dem Befehl **G40** die vorherige Anweisung zur Werkzeugkorrektur aufgehoben wird.

Beispiele für die G-Funktionen zur Schneidenradiuskompensation bei Drehteilen

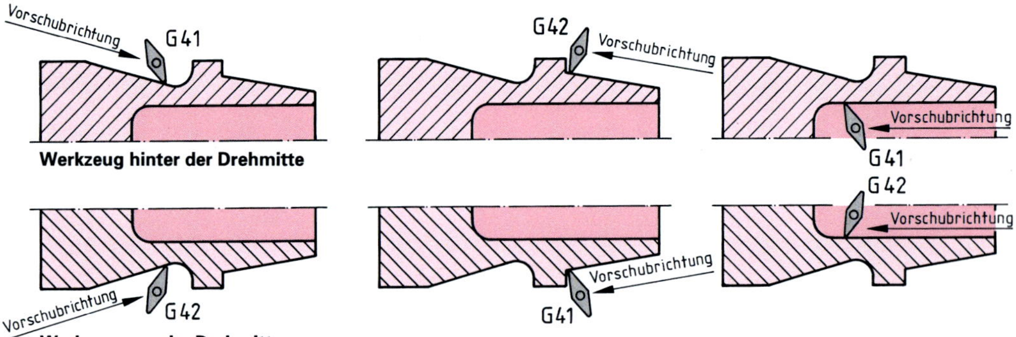

Werkzeug hinter der Drehmitte

Werkzeug vor der Drehmitte

Schneidenradiuskompensation:	G41 Werkzeug in Vorschubrichtung links von der Kontur, G42 Werkzeug in Vorschubrichtung rechts von der Kontur, G40 für das Aufheben der Schneidenradiuskompensation.

Übungsaufgabe C-32

• Schneidenradius und Stellung der Schneide zum Werkstück

Bei der Schneidenradiuskompensation muss der Schneidenradius und die Lage der theoretischen Schneidenspitze zum Werkstück eingegeben werden, damit die Steuerung die Korrektur in der richtigen Weise berechnen kann.

Häufig wird hierzu der sogenannte „Werkzeugquadrant" für die Festlegung der Schneidenlage verwendet. Hierbei soll das weiße Quadrat in der Mitte des Bildes das Werkstück darstellen. Je nachdem wie die Schneidenlage zum Werkstück (weißes Quadrat) gerichtet ist, kann die der Lage zugeordnete Zahl entnommen werden. Diese wird dann im Werkzeugspeicher unter einer Adresse angegeben.

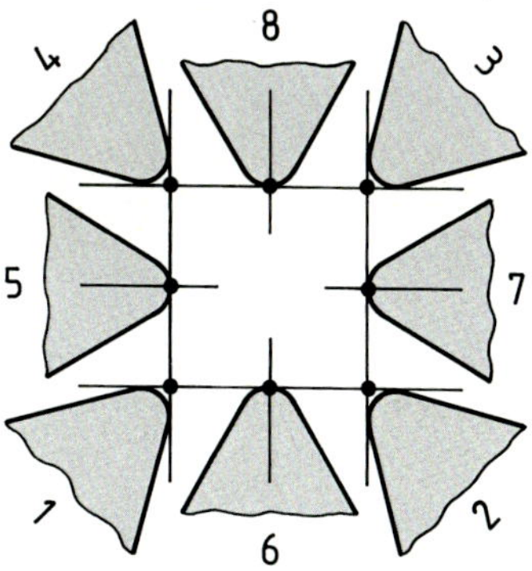

Werkzeugquadranten 1 bis 8

LF 7+10

Beispiele für die Festlegung der Schneidenlage (steuerungsabhängig, hier: Sinumerik)

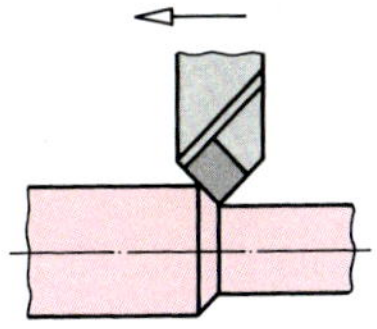
Schneidenanlage 8

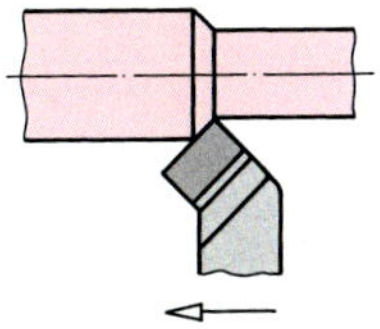
Schneidenanlage 6

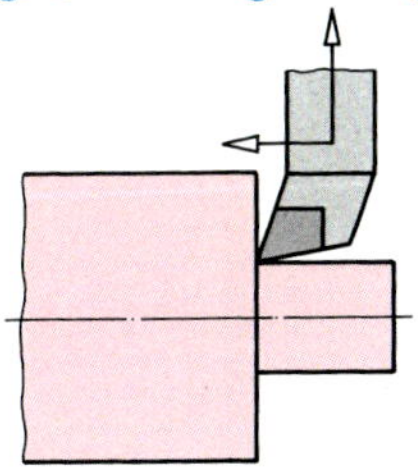
Schneidenanlage 3

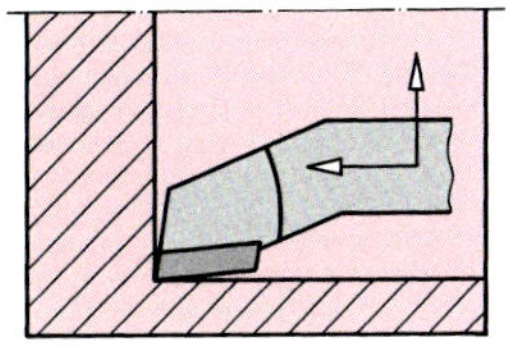
Schneidenanlage 3

• Eingaben von Schneidenradius und Stellung der Schneide in Programm und Werkzeugspeicher

Zur Berücksichtigung des Schneidenradius bei der Fertigung sind folgende Daten einzugeben:

- Ins Programm werden Werkzeugnummer und Nummer der Werkzeugkorrektur eingegeben.
- In den Werkzeugspeicher werden unter der Werkzeugnummer die Maße, die Korrekturen, der Schneidenradius und seine Lage im Werkzeugquadranten angegeben.

Beispiele für Eingaben in den Werkzeugspeicher (steuerungsabhängig)

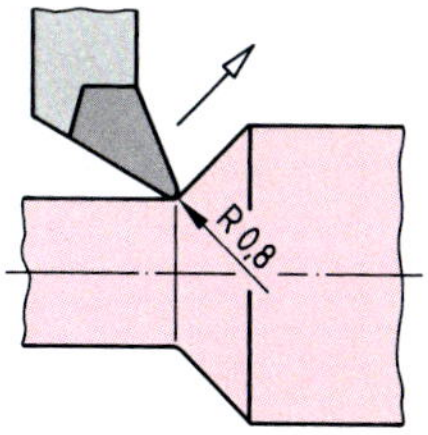

Werkzeugnummer: **T0101**
Schneidenlage (Werkzeugtyp): **4**
Radius: **0,8**

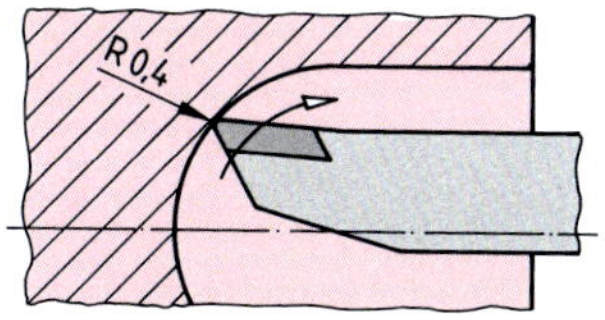

Werkzeugnummer: **T0808**
Schneidenlage (Werkzeugtyp): **2**
Radius: **0,4**

Schneidenradius und die Schneidenlage zum Werkstück müssen im Werkzeugspeicher angegeben werden.

Übungsaufgabe C-33

3 Fertigung auf CNC-Fräsmaschinen

3.1 Programmieren von Weginformationen beim Fräsen

3.1.1 Koordinaten an Fräsmaschinen

Bei Fräsmaschinen unterscheidet man nach der Lage der Arbeitsspindel Senkrechtfräsmaschinen und Waagerechtfräsmaschinen.

Senkrechtfräsmaschine	Waagerechtfräsmaschine
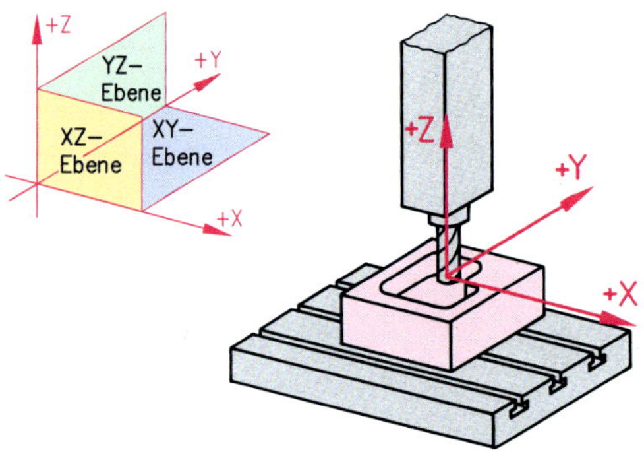	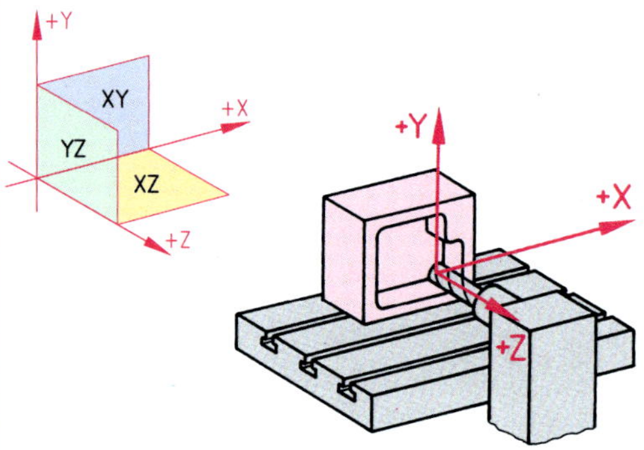

Zur Fertigung komplizierter Werkstücke müssen Fräsmaschinen über zusätzliche Bewegungsrichtungen verfügen. Solche Maschinen bezeichnet man als Bearbeitungszentren.

Zum Programmieren der Schwenkbewegungen um die drei Achsen sind Adressbuchstaben festgelegt, die durch Winkelangaben ergänzt werden.

Dabei bezeichnet der Buchstabe

A eine Schwenkbewegung um die **X-Achse,**
B eine Schwenkbewegung um die **Y-Achse,**
C eine Schwenkbewegung um die **Z-Achse.**

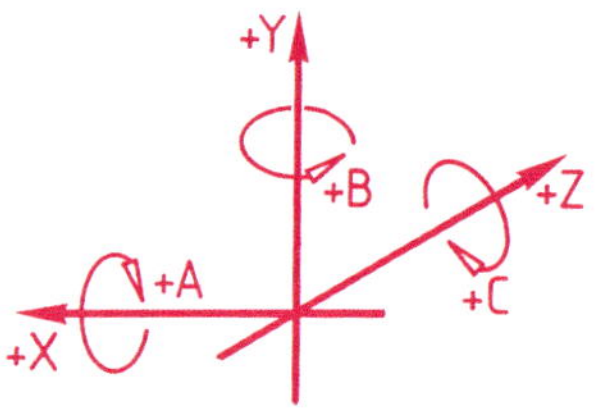

Die Bewegungen sind dann positiv, wenn sie in Richtung der positiven Achse gesehen im *Uhrzeigersinn* erfolgen.

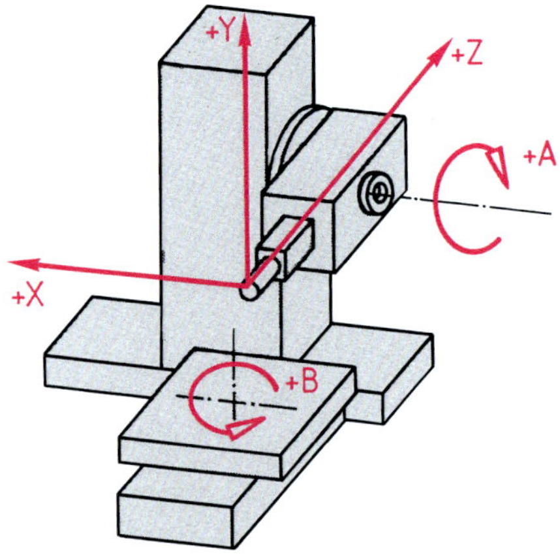

Waagerecht-Bohr-Fräsmaschine mit schwenkbarem Spindelkopf und Drehtisch

Programmgesteuerte Schwenkbewegungen um die X-, Y- und Z-Achse werden mit A, B und C bezeichnet. Die Bewegungen sind positiv, wenn sie sich in Richtung der positiven Achse gesehen im Uhrzeigersinn drehen.

Übungsaufgabe C-34

3.1.2 Maschinennullpunkt und Referenzpunkt

Der Maschinennullpunkt ist der Ursprung des Koordinatensystems. Er liegt bei CNC-Fräsmaschinen an der Grenze des Arbeitsbereiches. Bei Fräsmaschinen mit inkrementalen Messsystemen muss beim Einschalten der Maschine ein Nullpunkt angefahren, und die Messsysteme müssen dort in allen Achsrichtungen Null gesetzt werden. Einen solchen Punkt bezeichnet man als Referenzpunkt. An Fräsmaschinen sind der Referenzpunkt und der Maschinennullpunkt vielfach identisch. Zum Anfahren des Referenzpunktes sind auf allen Maßstäben der Bewegungsachsen Markierungen (Referenzmarken) vorhanden.
Kann bei einer Fräsmaschine der Maschinennullpunkt nicht angefahren werden, so wird ein Referenzpunkt ersatzweise an anderer Stelle im Arbeitsbereich festgelegt.

Beispiel für die Lage von Maschinennullpunkt und Referenzpunkt an Fräsmaschinen

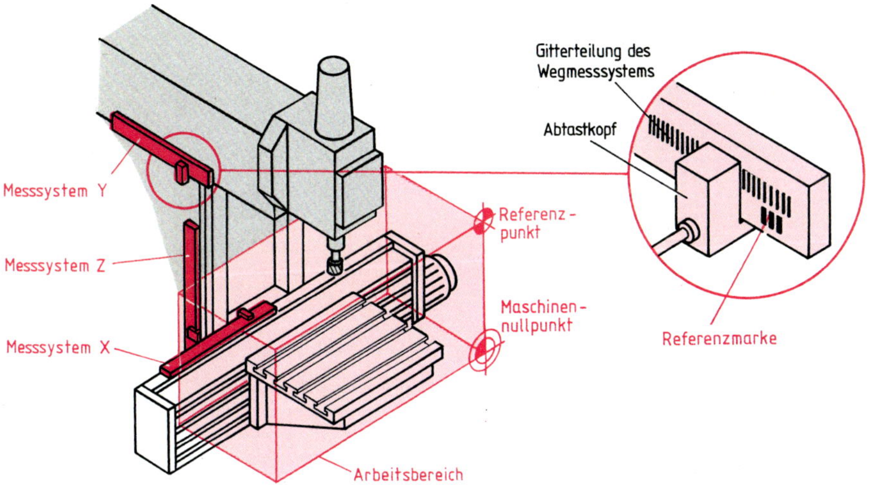

LF 7+10

3.1.3 Werkstücknullpunkte

- **Wahl des Werkstücknullpunktes**

Der Werkstücknullpunkt wird vom Programmierer frei gewählt. Die Festlegung erfolgt jedoch so, dass alle Werkstückmaße leicht auf den Nullpunkt zurückgerechnet werden können. Ferner muss nach dem Aufspannen des Werkstückes eine einfache Lagebestimmung des Nullpunktes möglich sein. Zweckmäßig wählt man bei einfachen Frästeilen den Nullpunkt an einer Werkstückecke.
Bei symmetrischen Werkstücken legt man den Werkstücknullpunkt auf die Symmetrieachse, bei radialen Anordnungen in den Kreismittelpunkt.

Beispiele für Nullpunktslagen an einfachen Frästeilen

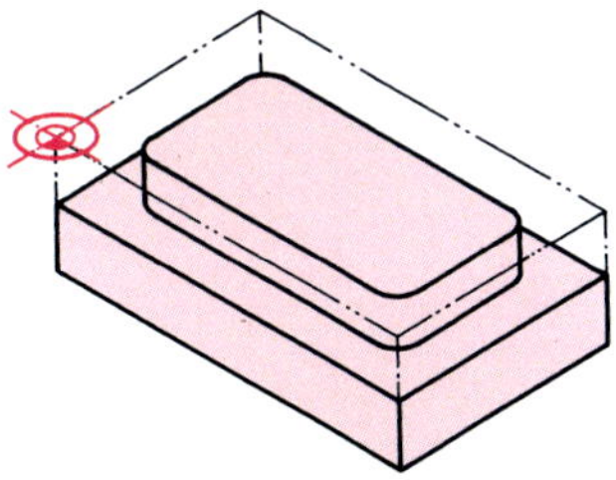

Werkstücknullpunkt an einem Werkstückeckpunkt

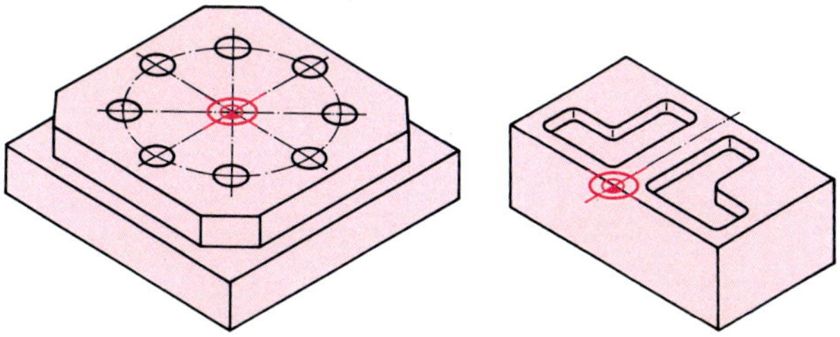

Werkstücknullpunkt in der Symmetrieachse

Den Werkstücknullpunkt legt man bei einfachen Werkstücken an einen Werkstückeckpunkt, bei symmetrischen Werkstücken auf die Symmetrieachse.

Übungsaufgabe C-35

- **Verschiebung des Werkstücknullpunktes**

Für die Bearbeitung auf CNC-Maschinen kann es vorteilhaft sein, den Werkstücknullpunkt innerhalb eines längeren Fertigungsprozesses zu verlegen. Dies geschieht mit dem Befehl **G54.** Der Befehl **G53** hebt die Verschiebung wieder auf.

Beispiel **für eine Nullpunktverschiebung mit dem Befehl G54** (nach PAL)

Eine programmierte Grundkontur kann mithilfe einer Nullpunktverschiebung an die gewünschte Stelle übertragen werden. Die Verschiebung wird mit dem Befehl G54 aufgerufen und durch die Angabe der Absolutmaße für die Nullpunktverschiebung programmiert. Weitere Verschiebungen können mit der Absolutbemaßung auf den neuen Nullpunkt programmiert werden.

```
N... G54 X120 Y100
```

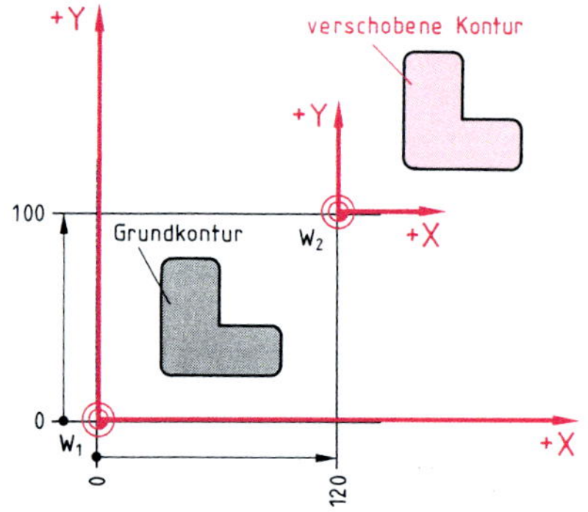

Für die Bearbeitung komplizierter Werkstücke können nacheinander mehrere Werkstücknullpunkte gesetzt werden. Die Verschiebung des Werkstücknullpunktes wird mit dem Befehl G54 programmiert. G53 hebt die Verschiebung wieder auf.

3.1.4 Werkzeugbahnkorrekturen

Die erforderliche Werkzeugbewegung für eine Fräsarbeit entspricht theoretisch der Bahn des Fräsermittelpunktes parallel zur zu fertigenden Werkstückkontur. Je nach Durchmesser des eingesetzten Fräsers muss die Bahn des Werkzeugmittelpunktes entlang der Werkstückkontur nach links oder rechts verlegt werden.

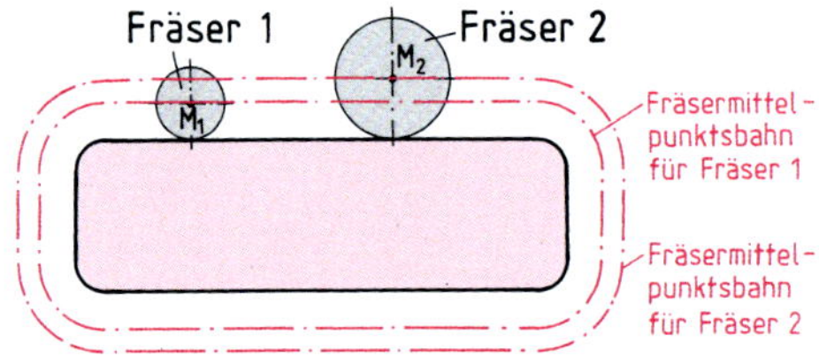

Lage der Fräsermittelpunktsbahn

Soll das Werkzeug in Vorschubrichtung links von der gewünschten Kontur arbeiten, dann ruft man die Korrektur durch den Wegbefehl **G41** auf.
Soll das Werkzeug in Vorschubrichtung rechts von der gewünschten Kontur arbeiten, dann ruft man die Korrektur durch den Wegbefehl **G42** auf.
Der Befehl **G40** hebt die Bahnkorrektur wieder auf.

Beispiele **zu Werkzeugbahnkorrekturen mit den Befehlen G41 und G42**

G41 korrigiert bei der Stellung des Werkzeugs in Vorschubrichtung links von der Kontur.
G42 korrigiert bei der Stellung des Werkzeugs in Vorschubrichtung rechts von der Kontur.
G40 hebt Korrekturen wieder auf.

Bei Fräsern mit der Schnittrichtung rechts führt G42 immer zu Gegenlauffräsen und G41 zu Gleichlauffräsen.

Übungsaufgaben C-36; C-37

3.2 Programmierhilfen

3.2.1 Zyklen beim Fräsen

Häufig sind bei Arbeiten auf Fräsmaschinen sich wiederholende, gleichartige Arbeiten durchzuführen, die in sehr vielen Einzelfällen programmiert werden müssten. Man fasst diese Arbeiten in Zyklen zusammen. Diese können in einem Satz programmiert werden.

Wichtige Zyklen für die Fräsbearbeitung sind

- *Bohrzyklen:* Durchbohren, Tiefbohren, Gewindebohren, Lochmusterbohren (z.B. Teilkreise)
- *Konturzyklen:* Taschenfräsen, Zapfenfräsen, Fasenfräsen, Eckenrunden
- *An- und Ausfahrzyklen:* sanftes Anfahren an die Kontur

Beispiele **für zyklisch zu programmierende Vorgänge:**

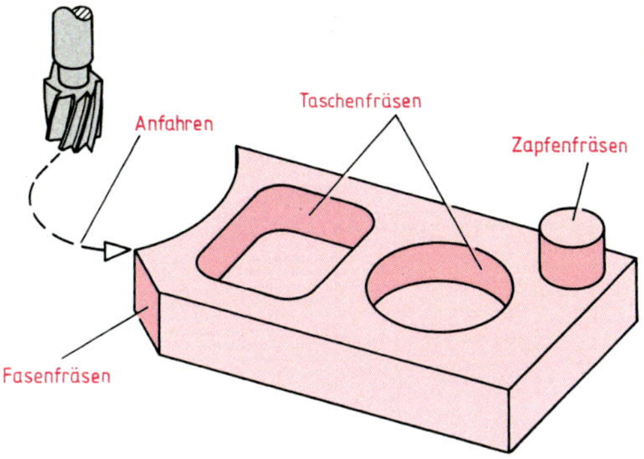

Bei Bohr- und Konturzyklen muss bei den meisten Steuerungen zunächst auf Teilkreis oder Taschenmitte mit einem geringen Sicherheitsabstand – meist 1 mm oder 2 mm – gefahren werden. Im nächsten Satz wird dann der Zyklus aufgerufen. Er muss mit allen vorgegebenen Parametern programmiert sein. Nach dem Abarbeiten des programmierten Zyklus fährt das Werkzeug wieder in die Startposition zurück.

Beispiele **für Fräszyklen** (nach PAL)

Teilkreisbohrzyklus	Taschenfräszyklus
G85	**G86**
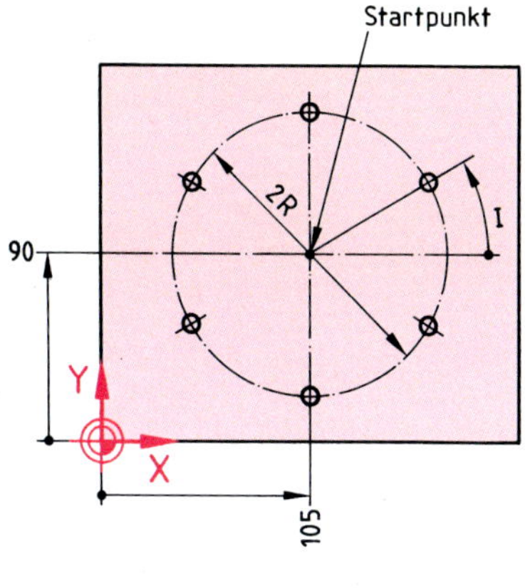	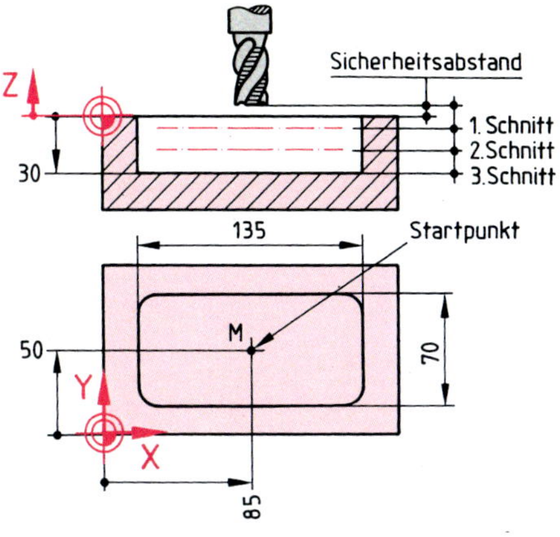
Satzformat für dieses Beispiel: **R** = 75 mm (Teilkreisradius) **Z** = 15 mm (Bohrungstiefe) **I** = 30° (Startwinkel bezogen auf X-Achse) **J** = 6 (Anzahl der Bohrungen)	Satzformat für dieses Beispiel: **X** = 135 mm (Taschenlänge) **Y** = 70 mm (Taschenbreite) **Z** = 30 mm (Taschentiefe) **D** = 10 mm (Einzelschnitttiefe) **I** = 0 (Drehwinkel)
N... G00 X105 Y90 Z1 –(Startpunkt) N... G85 R75 Z-15 I30 J6 –(Zyklus)	N... G00 X85 Y50 Z1 –(Startpunkt) N... G86 X135 Y70 Z-30 D10 IO –(Zyklus)

Übungsaufgabe C-38

3.2.2 Manipulation von Programmteilen

Der Programmieraufwand kann erheblich vermindert werden, wenn eine Grundkontur mithilfe von Befehlen in ihrer Lage, Form und Größe verändert werden kann. Vorgänge, mit denen solche Veränderungen wie *Verschieben*, *Drehen* und *Spiegeln* o. Ä. bewirkt werden, nennt man **Manipulationen.** Die Verschlüsselung von Manipulationen sind nicht genormt und daher steuerungsabhängig.

Beispiel **für eine Drehung einer Grundkontur** (nach PAL)

Eine in einem Unterprogramm programmierte Kontur kann um den wirksamen Nullpunkt mit einem steuerungsabhängigen Befehl G73 und z. B. I20 um einen Winkel von 20° gedreht werden. Die Winkelangabe wird in Gegenuhrzeigerrichtung mit *positiven* und in Uhrzeigerrichtung mit *negativen* Vorzeichen versehen. Der Winkel 0° liegt auf der positiven waagerechten Achse.

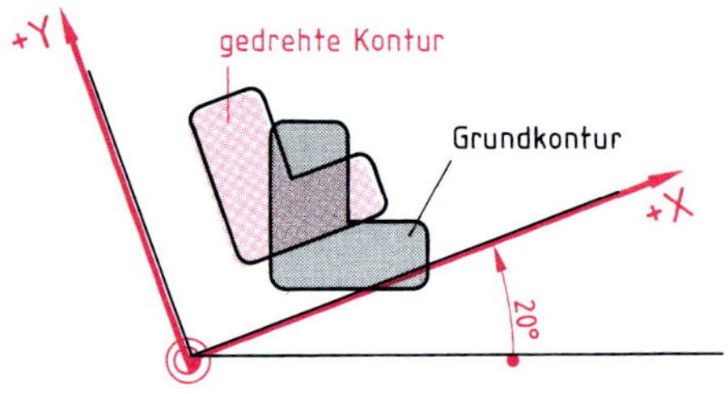

G73 Befehl zum Drehen einer Kontur
I Angabe des Drehwinkels

Programmierung:

```
N... G73 X0 Y0 I20
```

Beispiele **für Spiegelungen einer Grundkontur** (steuerungsabhängiges Beispiel)

Eine in einem Unterprogramm programmierte Kontur kann mit einem festgelegten Befehl, z.B. mit G74, durch eine Vorzeichenumkehr der Koordinatenwerte gespiegelt werden. Die Spiegelung ist um eine Achse oder um zwei Achsen möglich.

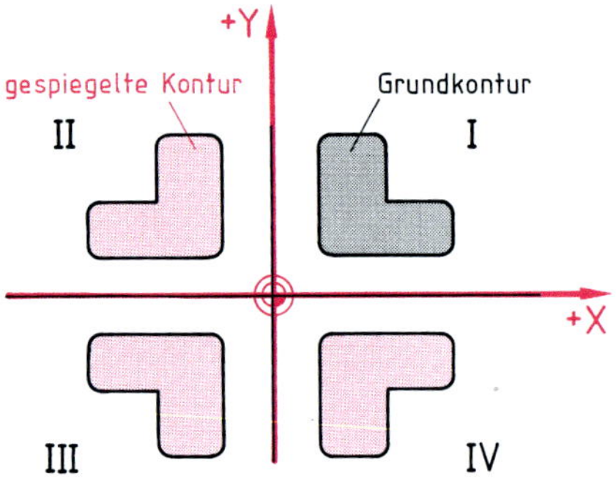

Programmierung:

von I nach II:
```
N... G74 X-1
```
von I nach III:
```
N... G74 X-1 Y-1
```

Beispiele **für Vergrößerung einer Grundkontur** (steuerungsabhängiges Beispiel)

Die Abmessungen einer Kontur, die in einem Unterprogramm programmiert ist, können mit dem Befehl G75 vergrößert oder verkleinert werden. Die Umwandlung der Längen wird mit A4 programmiert und die Größenveränderung mit einem Faktor angegeben. So wird eine Längenänderung auf 150 % mit dem Faktor 1,5 programmiert.

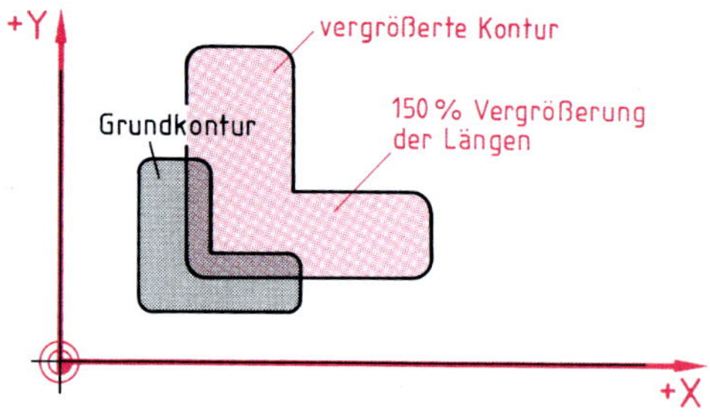

G75 Befehl zum Vergrößern einer Kontur
A4 Angabe des Vergrößerungsfaktors

Programmierung:

```
N... G75 A4=1.5
```

Eine in einem Unterprogramm programmierte Grundkontur kann mit kurzen Befehlen vielfach manipuliert werden. Häufige Manipulationen sind Verschiebung, Drehung, Spiegelung und Größenveränderung von Grundkonturen.

3.2.3 Unterprogramme

- **Unterprogramme mit festen Zahlenwerten**

Gleiche Bearbeitungsabläufe, die in der Fertigung an unterschiedlichen Stellen eingesetzt werden, werden als Unterprogramm geschrieben. Diese Unterprogramme können an jeder beliebigen Stelle eines Hauptprogramms aufgerufen werden.

Beispiel **für ein Unterprogramm mit festen Zahlenwerten** (nach PAL)

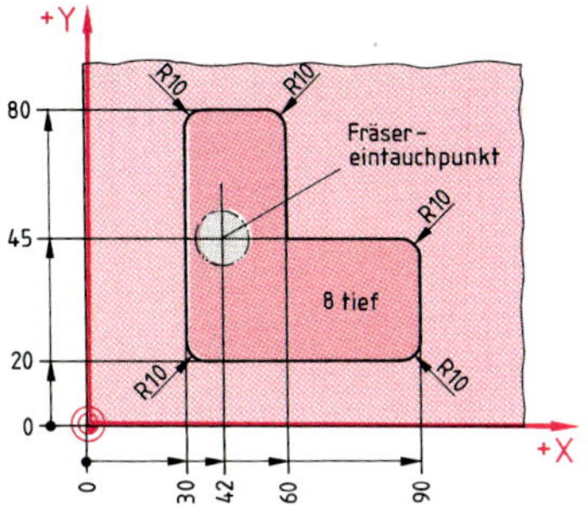

Fräserdurchmesser:
d = 20 mm
≙ Eckenradius

L 2201		**Unterprogramm** Ausfräsung			
N1	G90			S220	T1
N2	G00	X42	Y45	Z2	M3
N3	G01			Z–8	F25
N4	G43	X30			F50
N5	G42		Y80		
N6		X60			
N7			Y45		
N8		X90			
N9			Y20		
N10		X30			
N11			Y45		
N12				Z2	
N13	G40				
N14	G00	X0	Y0	Z40	
N15	M17				

Erklärungen:

L 22 01
- 01 – Zahl der Durchläufe: 1
- 22 – Unterprogrammnummer: 22
- L – Unterprogrammaufruf

M 17 Unterprogrammende

- **Unterprogramme mit Parametertechnik**

Für Bearbeitungsvorgänge, bei denen zwar ähnliche Formen mit unterschiedlichen Maßen vorkommen, werden statt der Maße Parameter programmiert. Parameter werden von den Steuerungsherstellern mit unterschiedlichen Buchstaben benannt, zum Beispiel **R.**

Die Arbeitsweise mit Unterprogrammen in Parametertechnik für Fräsarbeiten entspricht der bei Dreharbeiten (s. Kap. 3.2.2).

3.2.4 Einbau von Unterprogrammen und Zyklen in Hauptprogramme

In Hauptprogrammen versucht man zur Verringerung des Programmieraufwandes, möglichst viele Zyklen oder bereits vorhandene Unterprogramme einzubauen. Im Verlauf des Hauptprogramms werden dem Fertigungsablauf entsprechend Unterprogramme mit Unterprogrammnummern, z. B. L3501 und Zyklen mit G-Worten, z. B. G84 aus dem Programmspeicher aufgerufen. Es ist möglich, eingearbeitete Unterprogramme und Zyklen mehrfach in einem Hauptprogramm zu verwenden.

Beispiel **für einen geschachtelten Aufbau eines Hauptprogramms** (PAL-Simulation)

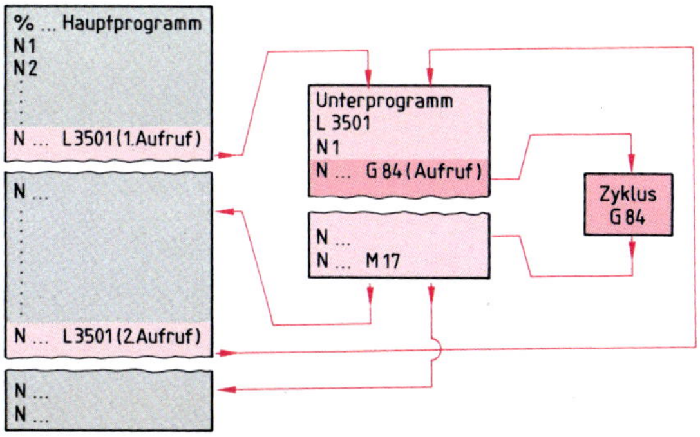

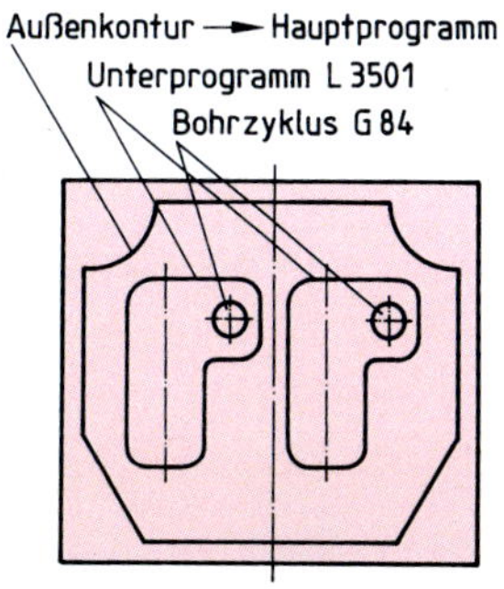

In Hauptprogrammen werden zur Verringerung des Programmieraufwands häufig Unterprogramme und Zyklen direkt oder geschachtelt eingearbeitet.

LF 7+10

3.3 Werkzeuge und Werkzeugmaße beim Fräsen

3.3.1 Aufbau des Werkzeugsystems

Zum Werkzeugsystem einer komplett ausgerüsteten CNC-Fräsmaschine gehören
- die Werkzeuge mit angearbeiteten Schneiden oder mit eingesetzten Schneidplatten,
- die Werkzeugaufnahme zum Einsetzen des Werkzeugs in die Arbeitsspindel,
- das Werkzeugmagazin, in dem die Werkzeuge gespeichert sind und
- die Werkzeugwechseleinrichtung.

Als Werkzeugaufnahmen werden vorwiegend Systeme verwendet, die in die keglige Bohrung der Arbeitsspindel eingezogen werden (siehe Kapitel „Fräsmaschinen").

3.3.2 Fräswerkzeuge im Einsatz

Die Planflächenebene der Frässpindel ist die Bezugsebene für die Angabe der Werkzeuglängen. In dieser Ebene legt man den Werkzeugeinstellpunkt auf die Drehachse der Spindel.
Als Abmessungen der Fräswerkzeuge werden Fräserdurchmesser, Fräserlänge und evtl. weitere Maße, z. B. bei Formfräsern, erfasst. Die Werkzeugabmessungen werden unter der Werkzeugadresse in der Werkzeugdatei und im Speicher der Werkzeugmaschine abgelegt.

Als Folge von Werkzeugabnutzung im Laufe der Standzeit, durch Nachschleifen der Schneiden oder durch Wechsel der Wendeschneidplatten können geringfügige Maßabweichungen gegenüber den im Werkzeugspeicher abgelegten Maßen auftreten.
Mithilfe von Tastsystemen können diese Abweichungen am stehenden oder rotierendem Werkzeug (Rotation gegen die Schneidrichtung) ermittelt werden.
Festgestellte Maßabweichungen werden in den Werkzeugkorrekturspeicher eingegeben, damit die Steuerung sie bei der weiteren Verwendung des Werkzeugs ausgleicht.

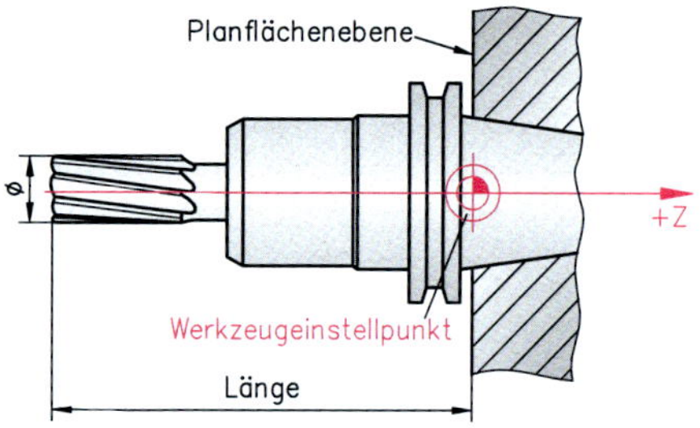

Werkzeugmaße am Fräser

3D-Tastsystem zum Vermessen von Werkzeugen

Außer den Standarddaten zu Länge und Durchmesser können weitere Daten, die mit der Nutzung zusammenhängen, in den Werkzeugspeicher eingegeben werden. Diese Daten werden von der Steuerung unmittelbar genutzt oder geben dem Programmierer und dem Maschinenbediener Hinweise beim geplanten Einsatz. Wichtige Daten dieser Art sind
- maximale Eintauchwinkel beim Eintauchen ins Volle,
- maximale Standzeit,
- verfügbare Standzeit,
- Standarddaten zu Länge, Durchmesser und Nummer des Schwesternwerkzeugs.

Beispiele **für Eintauchwinkel ins Volle**

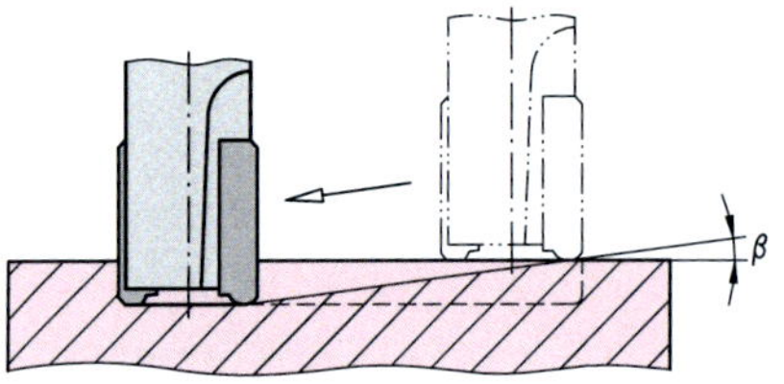

schräges Eintauchen

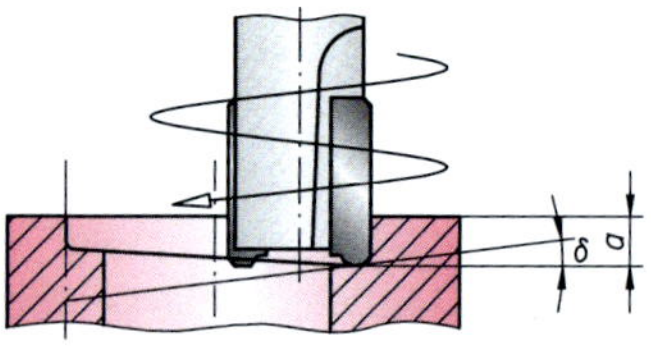

Spiraleintauchen

Übungsaufgabe C-42

4 3D-Digitalisierung von realen Objekten

Von Gegenständen, die von Künstlern oder Designern gestaltet wurden, stehen meist keine Zeichnungen zur Verfügung. Wenn diese Gegenstände – auch Modelle genannt – in digitaler Form gespeichert und bearbeitet werden sollen, benötigt man Daten, welche die Form des Gegenstands beschreiben.

Diese Daten können durch 3D-Digitalisierung gewonnen werden. Sie stehen dann für die verschiedensten Nachfolgearbeiten zur Verfügung, wie z. B. für das Erzeugen von NC-Programmen zur Herstellung von Formen für die Massenproduktion. Die Datenaufnahme kann mittels eines Laserscanners erfolgen.

Zur Datenaufnahme wird zunächst das Modell mit dem Laserscanner von allen Seiten gescannt. Dabei werden eine Vielzahl von Punkten auf der Modelloberfläche in Form von X-, Y-, und Z-Koordinaten erfasst. Die so entstandene dreidimensionale Punktwolke kann am Computerbildschirm aus jeder beliebigen Perspektive dargestellt werden. Sie spiegelt die Maße und Geometrien des originalen Modells wider.

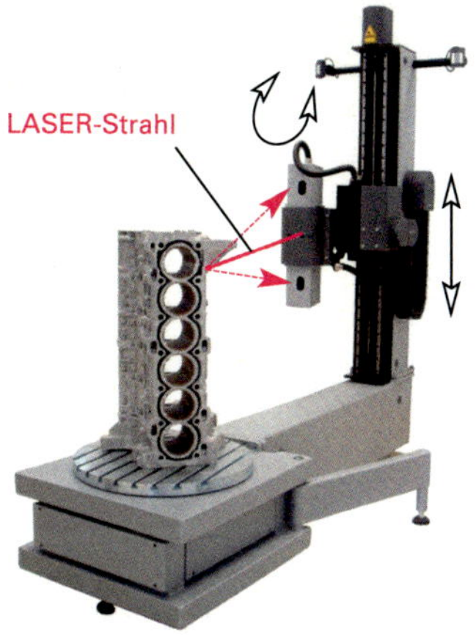

3D-Laser-Scansystem CALLIDUS 900

Durch 3D-Scannen werden auf der Oberfläche beliebig geformter Objekte viele Punkte mit hoher Genauigkeit gemessen und die Koordinaten der einzelnen Punkte gespeichert. Als Punktwolke können diese am Bildschirm dargestellt werden.

Um die 3D-Daten in CAD-Systemen weiter zu verarbeiten, muss eine Punktwolke in ein Kantenmodell (Drahtmodell), Flächenmodell oder Volumenmodell umgewandelt werden.
Die Erzeugung der häufig verwendeten Flächenmodelle, Flächenrückführung genannt, kann auf verschiedenen Wegen erfolgen:

- Die Oberfläche von weniger komplexen Modellen kann aus geometrischen Grundelementen (Fläche, Kugel, Kegel, Zylinder etc.) zusammengesetzt werden.
- Modelle, die keine Regelgeometrien auf ihrer Oberfläche aufweisen, sondern aus Freiformflächen bestehen (z. B. ein Portrait auf einer Münze), erhalten eine Oberfläche, indem benachbarte Punkte so verbunden werden, dass ein Netz aus vielen kleinen Flächen entsteht. Dieser Vorgang wird als Triangulation bezeichnet.

Beispiel für die Flächenrückführung nach dem Scannen einer Kunststoffflasche

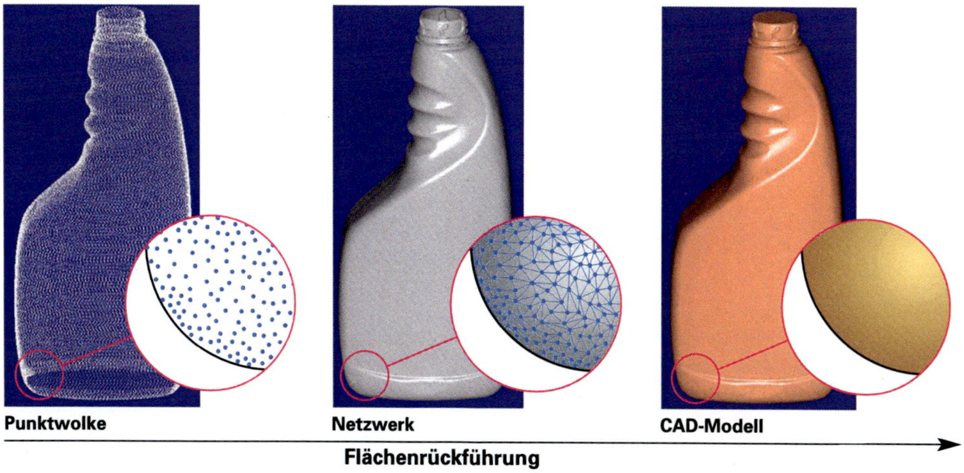

Übungsaufgabe C-43

Durch Nacharbeit am Rechner, z. B. durch Glätten von Übergängen, entsteht das rekonstruierte Modell. Mit bestimmten Software-Produkten ist es möglich, ein durch Triangulation entstehendes Netzwerk aus vielen kleinen Flächen in ein Modell aus komplexeren Flächen (z. B. NURBS-Flächen) zu überführen, sodass „organische" Formen noch besser wiedergegeben werden. Dies ist im Automobilbau von Bedeutung, denn z. B. dürfen an einer Karosseriefläche bei Beleuchtung die Lichtreflexe keine wellige Struktur zeigen.
Man bezeichnet das gesamte Verfahren dieser Rekonstruktion vom konkreten Modell zum CAD-Modell mit dem englischen Begriff **Reverse Engineering**.

Durch Flächenrückführung (reverse engineering) entsteht aus der vom Scanner aufgenommenen Punktwolke eine CAD-Konstruktion, die für weitere Anwendungen zur Verfügung steht.

Für die Weiterverwendung in der Werkzeug- und Formentechnik muss das CAD-Modell noch bearbeitet werden. Meist müssen dabei unvermeidliche und notwendige Formänderungen, die für den späteren Herstellungsprozess des Massenteils wichtig sind, z. B. die Schwindung und die Formschrägen beim Gießen, am Rechnermodell berücksichtigt werden. Danach können aus dem Modell Datensätze für die NC-Fertigung von Formen und Gießereimodellen oder das Rapid-Prototyping abgeleitet werden.

Beispiel **für Entwicklung der Fräserbahnen zum Schlichten einer Blasformhälfte aus der CAD-Konstruktion**

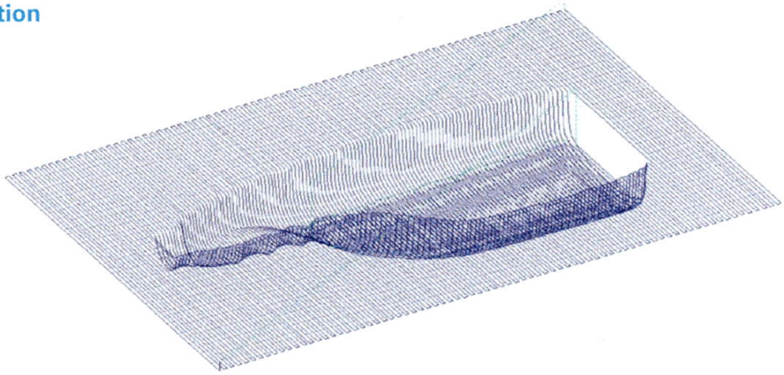

In der Qualitätssicherung können die CAD-Daten des Modells zum Soll-Ist-Vergleich genutzt werden. Bei einer derartigen Untersuchung eines nachgefertigten Produkts wird dieses eingescannt. Die dabei gewonnenen Ist-Daten des Produktes werden mit den im Rechner gespeicherten Soll-Daten des CAD-Modells verglichen. Die Differenzen werden in einem Falschfarbbild mit einer Farbskala dargestellt. Abweichungen werden so auf den ersten Blick erkennbar.

Beispiel **für die Kontrolle eines Turbinenrades durch Laserscannen**

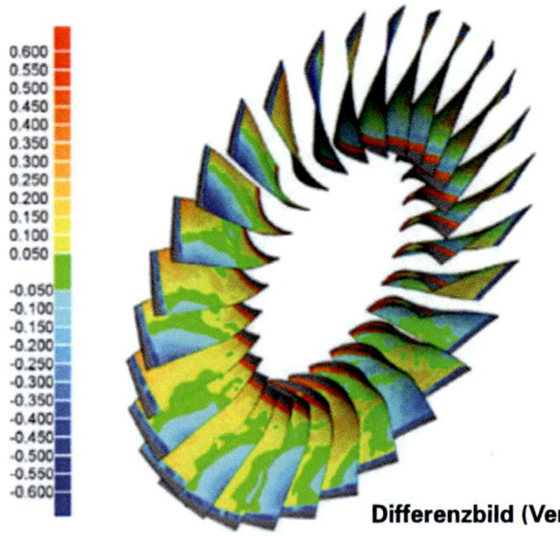

Differenzbild (Vergleich Soll/Ist)

Durch Laserscanner können zur Qualitätssicherung CAD-Modell und reales Werkstück auf einfache Weise verglichen werden. Dabei werden Maß- und Formabweichungen anschaulich dargestellt.

Übungsaufgaben C-44; C-45

5 CAD/CAM-Systeme

5.1 Einsatzmöglichkeiten für CAD-Systeme im Werkzeugbau

Im Werkzeug-, Formen- und Vorrichtungsbau werden CAD/CAM-Systeme in Entwurf und Fertigung eingesetzt.

CAD bedeutet = **C**omputer **A**ided **D**esign (Berechnen und Konstruieren mit dem Computer).
CAM bedeutet = **C**omputer **A**ided **M**anufacturing (Fertigen mit Unterstützung des Computers).

LF 7+10

Beispiele **für CAD/CAM-Anwendungen**

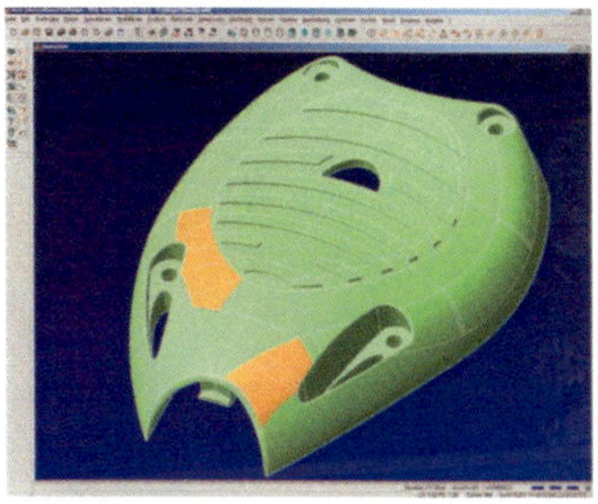

3D-Modellierung durchführen

Normalien auswählen

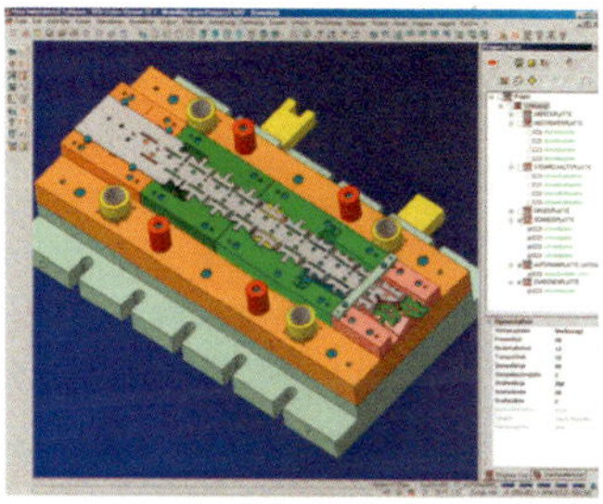

Werkzeuge konstruieren

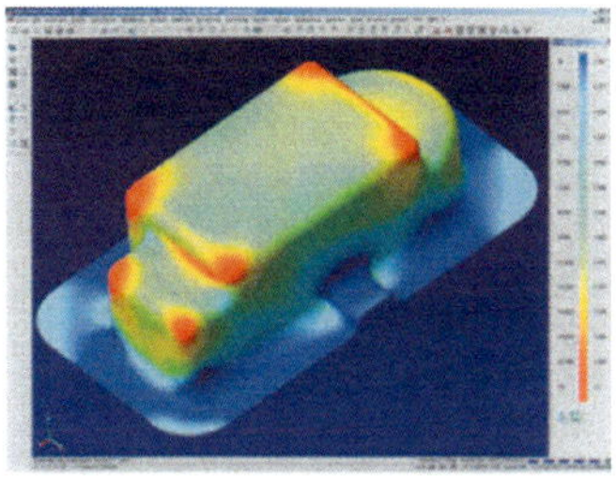

Konstruktion analysieren

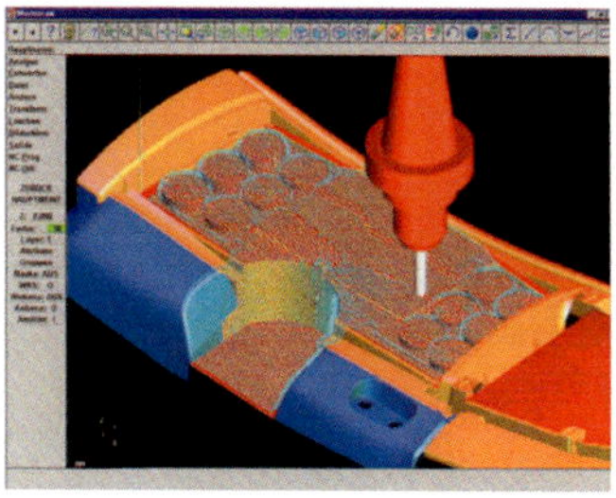

Fertigung planen

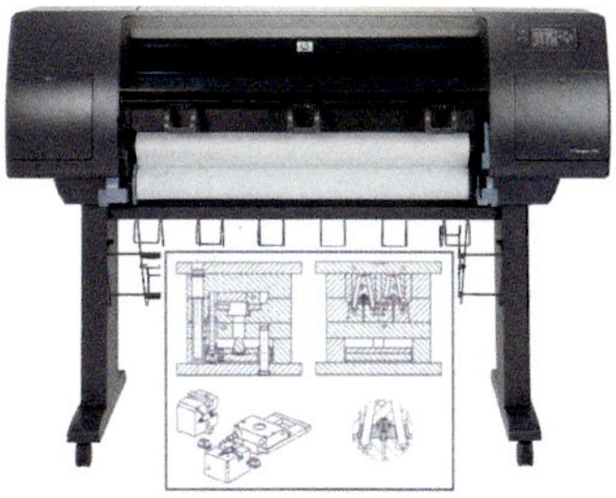

Zeichnungen ausdrucken

Daten an Werkzeugmaschinen weitergeben

Daten der Konstruktion und Fertigung speichern

Ausgangspunkt aller CAD-Tätigkeiten im Werkzeugbau ist meist die CAD-Werkstückzeichnung des Kunden. Auf Grundlage des Werkstücks konstruiert der Fachmann das Werkzeug, bzw. die Form im CAD-System. Für den Werkzeugmechaniker ist in diesem Rahmen die Umwandlung der CAD-Daten mithilfe von CAM-Systemen zu Fertigungsdaten die wichtigste Funktion von CAD/CAM-Systemen.

CAD/CAM-Anwendungen beinhalten:

- 3D-Modellieren von Werkstücken
- Berechnen und Konstruieren von Werkzeugen
- Simulieren und Analysieren von Konstruktionen
- Ermitteln von Konturdaten für die NC-Fertigung
- Zeichnen und Speichern von Konstruktionen

Übungsaufgaben C-46; C-47

5.2 Rechnerinterne Darstellungen von Werkstücken in CAD-Systemen

Die rechnerinterne Modellbildung dient der Verarbeitung und Speicherung des gezeichneten Bauteils im CAD-System. Die grafischen Eingaben des Zeichners werden in rechnerverständliche digitale Datenstrukturen umgewandelt und dargestellt.

5.2.1 2D-Modelle

Werden die Bauteile im CAD-System nur in der Ebene dargestellt, wie sie mit herkömmlichen Zeichnungen auf Papier vorliegt, so spricht man von einer 2D-Modellierung.

In der 2D-Darstellung werden nur X- und Y- Koordinaten gespeichert. Daten, die aus 2D-CAD-Zeichnungen stammen, können nur bei einfachen Konturen zur Erzeugung von NC-Programmen genutzt werden. Die 2D-Modellierung findet in modernen CAD-Systemen nur noch Anwendung, um entweder aus 3D-Konstruktionen normgerechte technische Zeichnungen zu erstellen oder als Konstruktionshilfsmittel, bei dem aus ebenen Werkstückkonturen durch Rotation oder Extrusion 3D-Modelle gebildet werden.

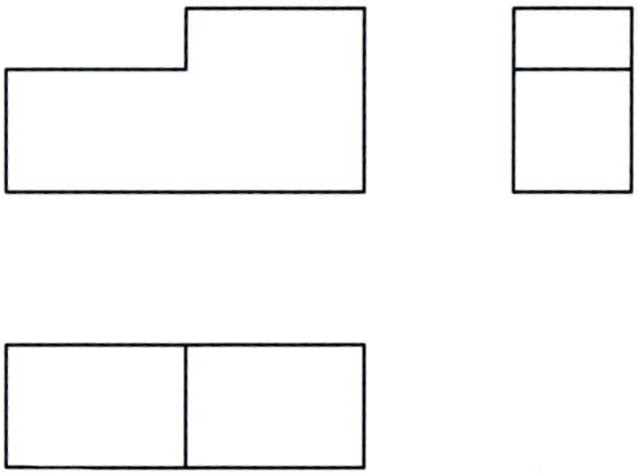

2D-Darstellung

In 2D-Darstellung werden nur X- und Y-Koordinaten gespeichert. Anwendung findet das 2D-Modell in der Erzeugung von Papierzeichnungen aus den CAD-Daten und als Konstruktionshilfsmittel im CAD-System.

5.2.2 3D-Modelle

Bei 3D-Modellen werden die Bauteile einer Konstruktion im CAD-System als räumliche Darstellung gespeichert. Diese räumlich Darstellung kann, je nach CAD-System als 3D-Kantenmodell, 3D-Flächenmodell oder 3D-Volumenmodell dargestellt und abgespeichert werden. Die Darstellungsarten unterscheiden sich hinsichtlich ihrer benötigten Rechenleistung und Aussagekraft.

3D-Kantenmodell

Das Werkstück wird nur durch seine Kanten abgebildet. Man spricht auch von Drahtmodellen, da es aus Eckpunkten besteht, welche durch Drähte miteinander verbunden werden.

Das 3D-Kantenmodell besitzt den geringsten Informationsgehalt und die geringste Aussagekraft, da z. B. Durchdringungen von dem Kantenmodell nicht erkannt oder verarbeitet werden können.
Aufgrund der geringen benötigten Rechenleistung wird das Drahtmodell zur schnellen Darstellung der Konstruktion am Bildschirm angewandt.
Weiterhin kann es zur Gewinnung von Daten für die Wegprogrammierung in der NC-Fertigung genutzt werden.

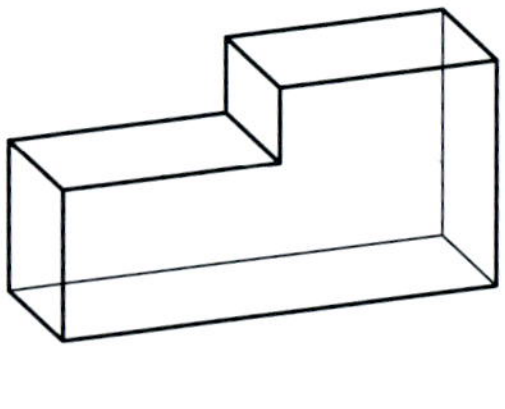

3D-Kantenmodell

3D-Kantenmodelle (3D-Drahtmodelle) bilden das Werkstück nur durch Kanten ab.

Übungsaufgaben C-48; C-49

3D-Flächenmodell

Das Flächenmodell ist eine Weiterentwicklung des Kantenmodells. Das Bauteil wird nur durch seine Begrenzungsflächen dargestellt. Der Informationsgehalt des 3D-Modells steigt, da Durchdringungen erkannt und berechnet werden können. Der Rechner speichert nur die reinen Oberflächen des Bauteils.

Dem CAD-System ist nicht bekannt, auf welcher Seite einer Fläche sich Material befindet. Das Flächenmodell bietet ein hohes Maß an Modellierungsmöglichkeiten von Oberflächen. Auch komplizierte Freiformoberflächen können dargestellt werden.

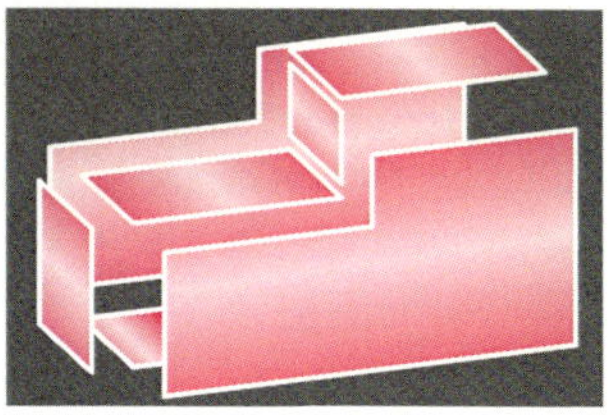

3D-Flächenmodell

LF 7+10

3D-Flächenmodelle bilden das Werkstück nur durch ihre Oberfläche ab.
3D-Flächenmodelle werden zur Erzeugung von Freiformflächen angewandt.

Erzeugung von Freiformflächen (NURBS)

Hochkomplexe organische 3D-Freiformflächen werden mithilfe von NURBS (Non-Uniform Rational B-Splines) dargestellt.

Spline-Linien sind mathematisch berechnete Kurven, die durch eine vorgegebene Anzahl von Stützpunkten verlaufen. Gedanklich läst sich die Spline-Linie als ein von den Stützpunkten frei gebogener Federstahldraht vorstellen.

Um eine Spline-Linie zu erzeugen, muss der Zeichner nur die Stützpunkte festlegen, worauf das CAD-System eine Linie mit gerundeten Übergängen berechnet und darstellt.

NURBS-Flächen stellen eine Erweiterung der Spline-Linien zu einem Gittergeflecht dar. Durch Angabe von Stützpunkten errechnet das CAD-System ein frei verformtes Drahtgitternetz. Die von dem Gitternetz aufgespannten Flächen werden vom CAD-System mit weichen, abgerundeten Übergängen aneinandergefügt und als Bauteiloberfläche im CAD-Sys-tem gespeichert.

Die 3D-Oberfläche kann einfach verändert werden, indem einzelne Stützpunkte verschoben oder ergänzt werden.

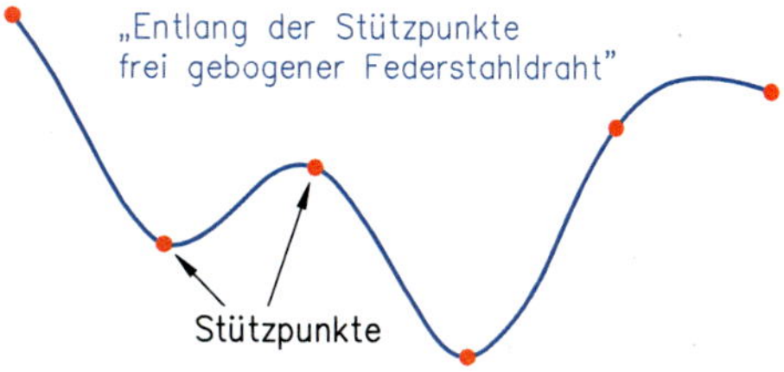

Spline-Linie

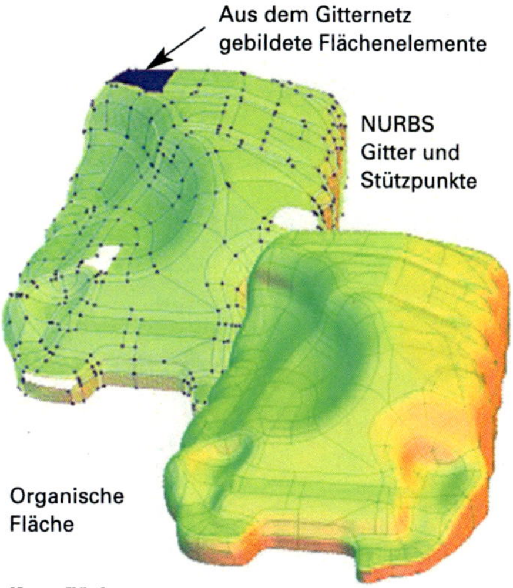

Freiformfläche

Freiformflächen werden aus frei gebogenen Gitternetzen gebildet.
Splines sind durch Stützpunkte verlaufende mathematische Kurven.
NURBS-Flächen bestehen aus Splines, welche durch Stützpunkte ein frei geformtes Drahtgitternetz bilden. Die vom Gitternetz eingerahmten Flächenelemente bilden die Oberfläche des Bauteils.

Übungsaufgabe C-50

3D-Volumenmodell

Das Bauteil wird in seinem vollständigem Volumen abgebildet. Sowohl die Oberfläche als auch Materialbereiche des Bauteils sind im CAD-System gespeichert. Ein als Volumenmodell dargestelltes Bauteil setzt sich meist aus verschiedenen Volumenelementen zusammen, welche durch sogenannten Boolesche Operationen zu einem Volumenteil addiert oder auch aus einem Volumenelement heraussubtrahiert werden.

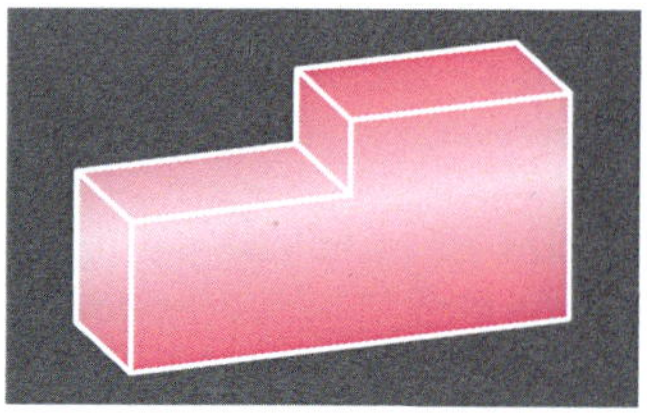

3D-Volumenmodell

3D-Volumenmodelle bilden das Bauteil in seiner gesamten Materialzusammensetzung ab.
3D-Modelle eines Bauteils werden im CAD durch schrittweise Addition und Subtraktion von geometrischen Grundkörpern erzeugt.

Die Bearbeitung von Flächen- und Volumenmodellen muss sich im CAD-System nicht unterscheiden, da die Darstellungsarten vom CAD-Programm systemintern angewandt werden. Ein auf dem Bildschirm dargestelltes Kantenmodell der Konstruktion kann im CAD-System als Volumenmodell vorliegen. Auch die Kombination der einzelnen Darstellungsarten, z. B. ein Volumenmodell mit Freiformflächenanteilen, ist möglich. Hierbei spricht man von Hybridmodellen.

5.3 Arbeiten mit CAD/CAM-Systemen

5.3.1 Erstellen von 3D-Modellen

3D-Modell aus Extrusion

Ein schnelle Erzeugung von Grundkörpern kann durch die Extrusion eines Grundrisses erfolgen. Der Zeichner erstellt in einer beliebigen Ebene eine 2D-Skizze der Werkstückkontur, welche durch die Angabe der Höhe entlang einer Richtung bewegt wird und so ein Volumenmodell des Formelements bildet.

Die Extrusion muss nicht geradlinig verlaufen, sondern kann auch entlang einer gekrümmten Linie geführt werden.

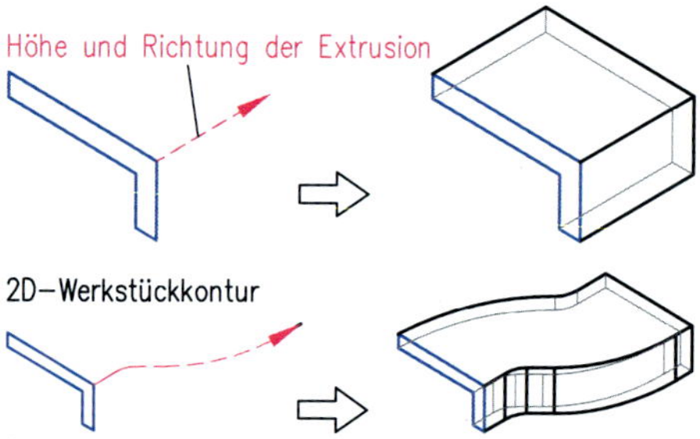

Extrusion einer 2D-Werkstückkontur

3D-Modell aus einer Rotation

Zylindrische Grundkörper werden häufig ebenfalls aus einem zweidimensionalen Umriss erzeugt, indem man diesen um eine Achse rotieren lässt. Je nach Angabe des Rotationswinkels kann ein vollzylindrisches oder teilzylindrisches Formelement erzeugt werden.

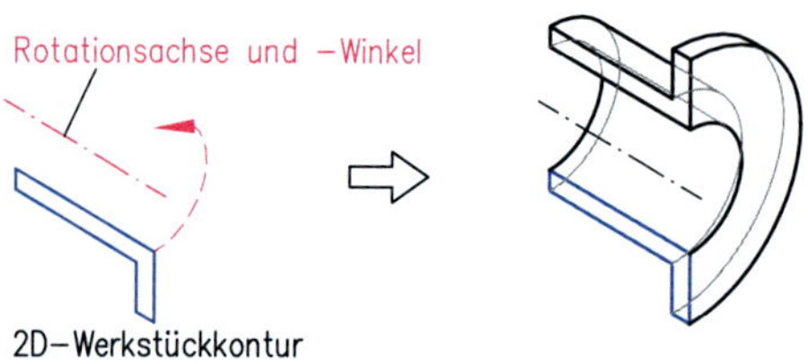

Rotation einer 2D-Werkstückkontur

Übungsaufgabe C-51

Anfügen und Ausschneiden von Formelementen

Um ein kompliziertes 3D-Modell zu erstellen, müssen vielfach mehrere Formelemente aneinandergefügt oder auch aus einem Grundkörper herausgeschnitten werden. Hierzu bedient sich der Zeichner je nach CAD-System sogenannter Boolescher Operationen oder Formelementoperationen. Durch Vereinigungs-, Differents- und Schnitt-Operationen kann Material zu dem Grundkörper hinzugefügt oder aus ihm entfernt werden.

Beispiel **für Vereinigungs- und Differenzoperationen**

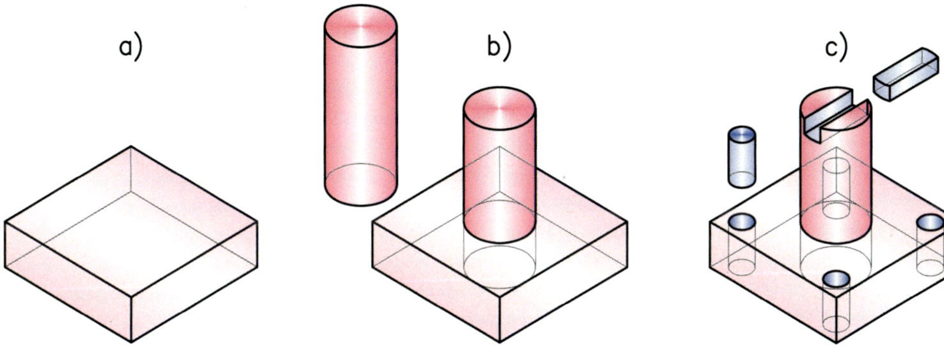

(A) Grundkörper

(B) Ein weiteres Formelement wurde auf dem Grundkörper positioniert und mit ihm zu einem Bauteil vereinigt

(C) Bohrungen und Nut werden auf dem Bauteil positioniert und schneiden mit einer Differenzoperation das Material aus dem Grundkörper heraus.

Beispiel **für eine Schnittoperation**

Ein Grundkörper wird halbiert, indem er durch eine vorher definierte Ebene geschnitten und das rechts von der Ebene liegende Material entfernt wird.

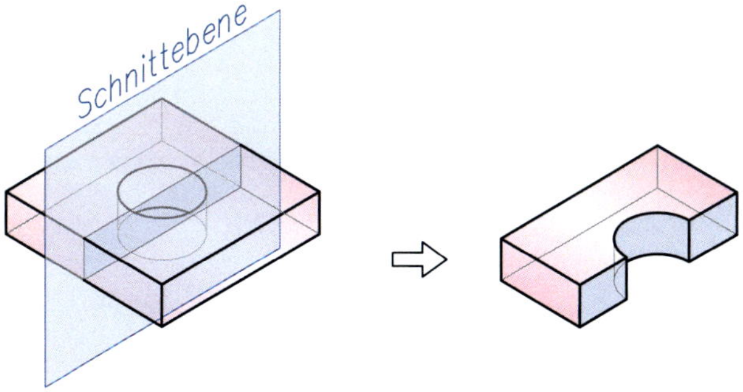

Zur 3D-Modellierung eines Bauteils wird ein Grundkörper erzeugt. Dazu nutzt man häufig die Extrusion oder Rotation der Werkstückkontur.
Mithilfe von Vereinigungs-, Differenz- oder Schnittoperationen werden weitere Formelemente an den Grundkörper angefügt oder von ihm abgetrennt.

Übungsaufgaben C-52; C-53

Beispiel für die Erstellung des 3D-Modells eines Spritzgussteils

Die 3D-Modellierung eines Bauteils beginnt mit der Erzeugung eines Grundkörpers.

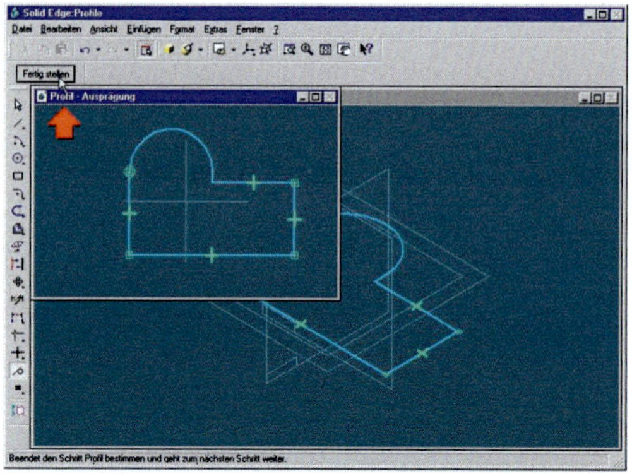

In diesem Fall wird eine 2D-Skizze der projizierten Auflagefläche gezeichnet, um aus ihr durch eine Extrusion den dreidimensionalen Grundkörper zu erzeugen.

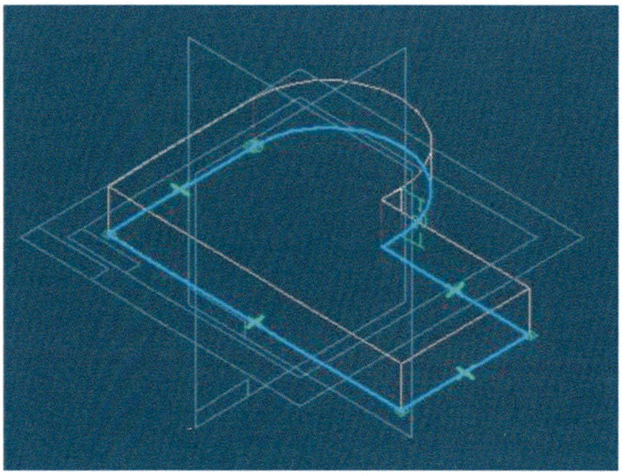

Extrusion der projizierten Grundfläche

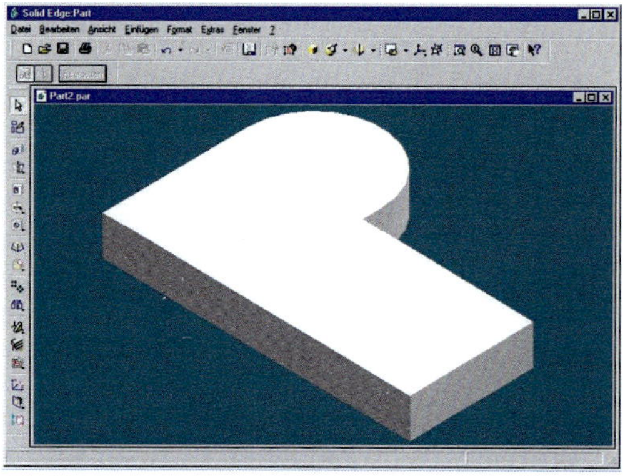

Aus dem Grundelement wird nun ein dünnwandiges Formelement, indem man das innere Volumen durch eine Boolesche Operation aus dem Teil entfernt bzw. subtrahiert.

CAD-Systeme bieten hierfür spezielle Werkzeuge an, bei denen aus dem vollvolumigen Grundkörper nach Angabe der Wandstärke und der offen bleibenden Teilflächen automatisch ein dünnwandiger Körper erzeugt wird.

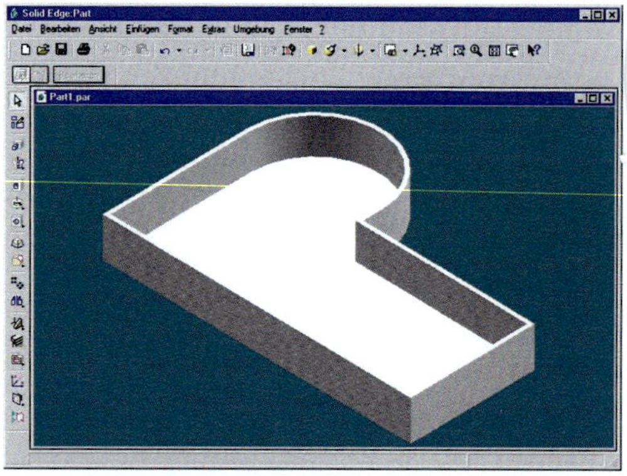

Werden Volumenbereiche aus einem Körper subtrahiert oder an einen Körper addiert, so spricht man von sogenannten Booleschen Operationen.

Die Kantenübergänge des 3D-Modells werden unter Angabe der Kante und des Rundungsradius mithilfe eines Bearbeitungswerkzeugs des CAD-Systems verrundet.

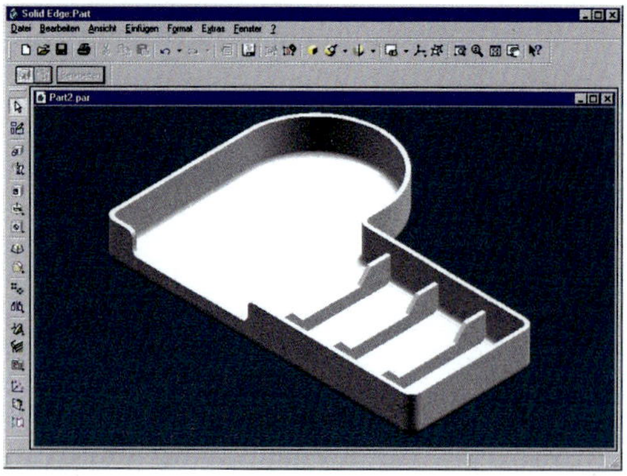

Als nächstes werden für das Bauteil die Rippen modelliert, an den vorhandene Grundkörper angesetzt und mit ihm zu einem Volumenkörper vereinigt. Um den Ausschnitt zu bilden, subtrahiert das CAD-System den zu entfernenden Volumenbereich aus dem 3D-Modell.

CAD-Systeme bieten in Katalogen 3D-Modelle von Normteilen, Bohrungen, Gewinden usw. an. In diesem Fall wird mithilfe des CAD-Systems ein Bohrbild erzeugt, welches die Volumenbereiche der Bohrungslöcher aus dem Grundkörper entfernt.

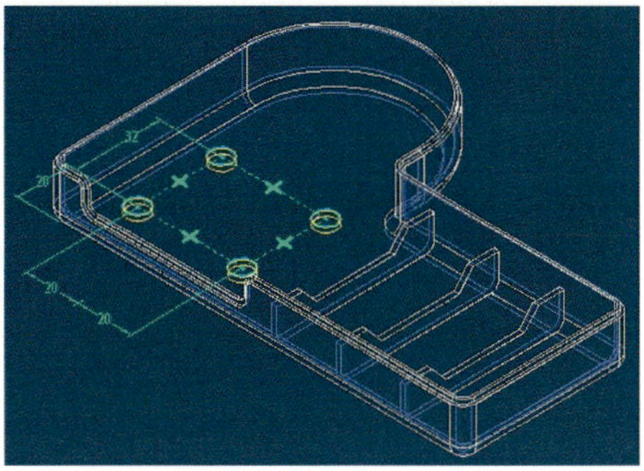

Erzeugung des Bohrbildes

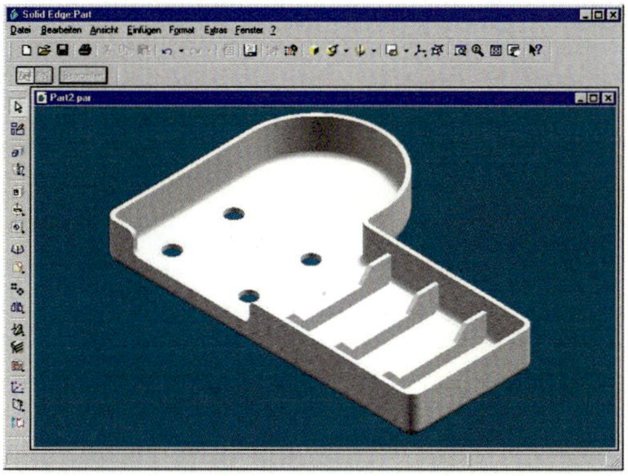

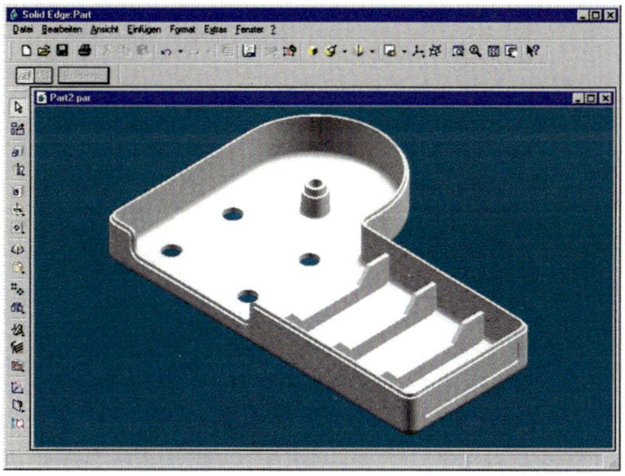

Das zylindrische Formelement wird als Rotationskörper modelliert und mit dem Bauteil vereinigt. Die Konstruktion wird abgeschlossen, indem mithilfe eines Manipulationswerkzeuges des CAD-Systems an der äußeren Kante eine Lippe erzeugt wird.

5.3.2 Erstellen von Baugruppen

Einzelne 3D-Modelle von Bauteilen können im CAD-System zu Baugruppen zusammengefügt werden. Um den Arbeitsaufwand zu minimieren, bieten CAD-Systeme hierzu schon vorgefertigte 3D-Modelle von gängigen Normalien an, welche in die bestehende Konstruktion integriert werden können. Weiterhin stellen Zulieferfirmen in eigens erstellten CAD-Modulen ihre Erzeugnisse als 3D-Modelle für die CAD-Konstruktion zur Verfügung.

Beispiel für Normalien und Baugruppen aus CAD-Modulen

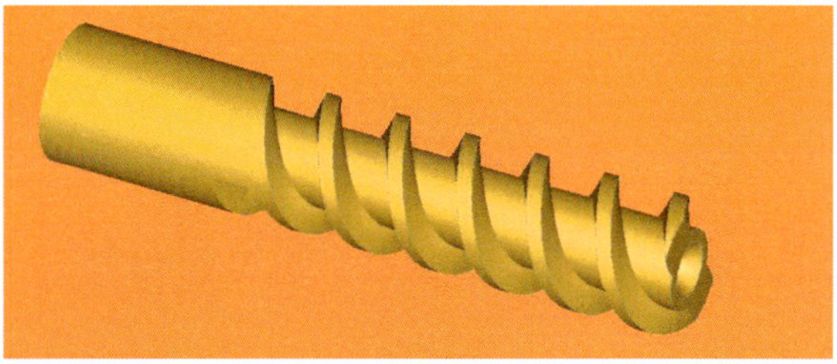

3D-Modell eines Wendeleinsatzes (HASCO)

Für die 3D-Modellierung eines Werkzeugs lädt und positioniert der Zeichner den vom Zulieferer angebotenen Wendeleinsatz als Bauteil in die CAD-Konstruktion des Formeinsatzes.
Für die Zusammenstellung eines Werkzeugs werden z. B. die gesamten zugekauften Grundbauteile eines Backenwerkzeugs in das CAD-System geladen und dann mit Formeinsatz, Temperiersystem, Auswerfersystem usw. komplettiert.

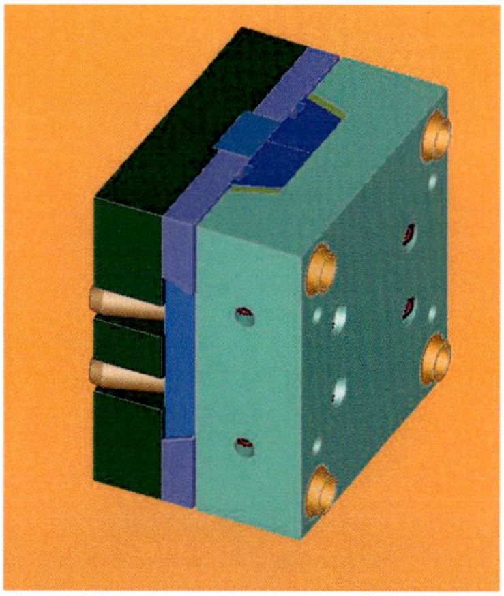

3D-Modell eines Backenwerkzeugs

Übungsaufgabe C-54

5.3.3 Programmierung der Fertigungsmaschine (NC-Fräsen)

Um die Fertigung von komplizierten Bauteilen mit Freiformflächenanteilen zu ermöglichen, bieten CAD-CAM-Systeme spezielle Module zur Fräsbearbeitung an, welche den Programmierer bei der Programmierung der jeweiligen Fertigungsmaschine unterstützen.

In dem CAD-CAM-System werden neben den CAD-Daten des Bauteils auch der Maschinentyp der Bearbeitungsmaschine sowie Werkzeugauswahl, Rohteillage und Sicherheitsbereiche abgebildet.
Der Programmierer wählt zum Erstellen des Fräsprogramms zunächst das Rohteil aus. Dann bestimmt er für die einzelnen Teile der Kontur die zu verwendenden Werkzeuge in Zusammenhang mit einer geeigneten Schruppstrategie. Die **Schruppstrategie** ergibt sich aus Überlegungen zum wirtschaftlichen Fräsen der groben Kontur. Mit der Schruppstrategie bestimmt der Programmierer auch die Bearbeitungsrichtung, Rückzugsbewegungen, An- und Abfahrtsbewegungen sowie Schnittdaten.

Beispiele für Werkzeugweg – Typen zur Schruppbearbeitung

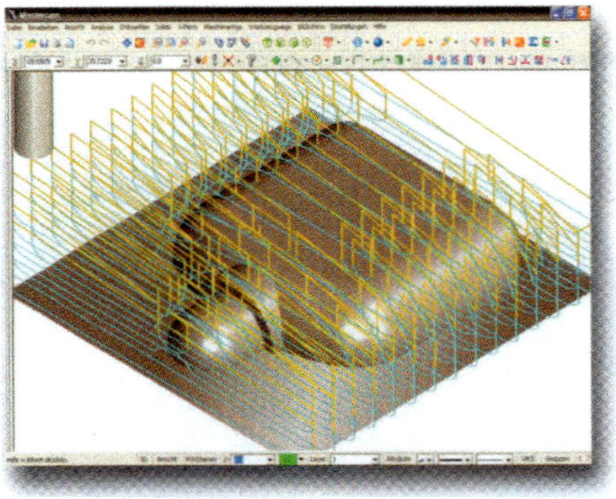

3D-Parallelschruppen
Schruppen mit parallelen Verfahrwegen und Kontrolle der Eintauchbewegung in Z-Richtung.

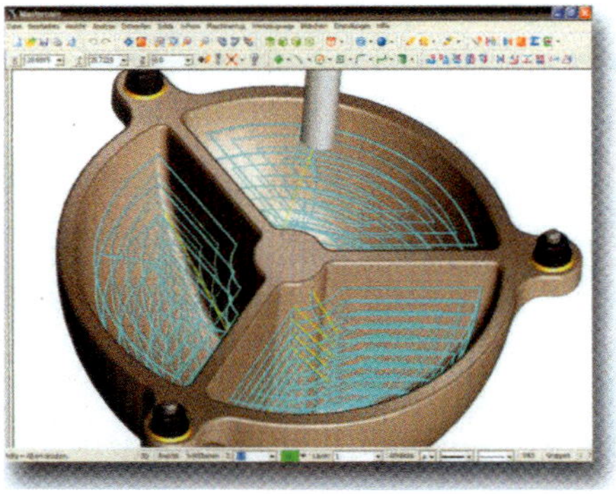

3D-Taschenschruppen
Z-konstantes Taschenschruppen mit spiralförmiger Abarbeitung der Konturen.

Für das nachfolgende Schlichten bestimmt der Programmierer neben Werkzeugen und Schnittdaten die optimale **Schlichtstrategie**. Die kann z. B., je nach Kontur, ein konturparalleles Schlichten oder ein Arbeiten auf gleichen Höhenschichten (Z-konstant) sein.

Beispiele für Werkzeugweg – Typen zur Schlichtbearbeitung

3D-Parallel- und Radialschlichten
Radialschlichten erzeugt Werkzeugwege, die von einem gewähltem Punkt aus strahlenförmig nach außen verlaufen.

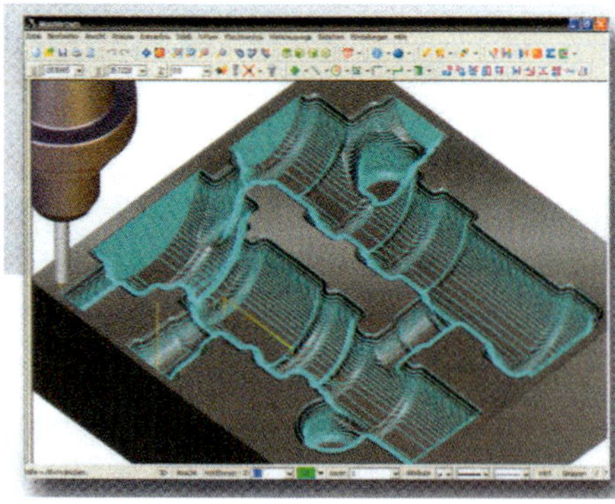

3D-Z-konstantes Konturschlichten
Z-Konstante Restmaterialbearbeitung identifiziert und bearbeitet Bereiche, die mit kleinerem Werkzeug gefertigt werden müssen.

Übungsaufgabe C-55

An Hohlkehlen (Flächenverschneidungen) kann aufgrund der Kontur des Fräsers Restmaterial stehen bleiben, welches mit einem kleinerem Werkzeug (Radien- oder Kugelfräser) entfernt werden muss. Auch hier bietet das CAM-System bei der Wahl der Werkzeugwege Unterstützung.

Beispiele für Werkzeugweg – Typen zur Restmaterialbearbeitung

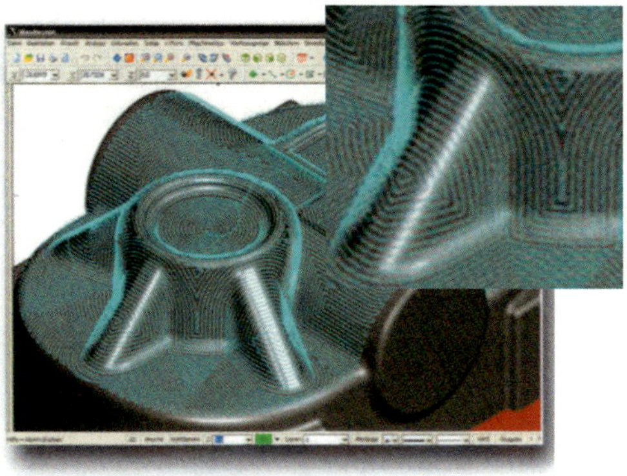

Hohlkehlschlichten
Restmaterial wird entfernt, indem die gesamte Kontur des Bauteils in logische Segmente unterteilt und abgearbeitet wird.

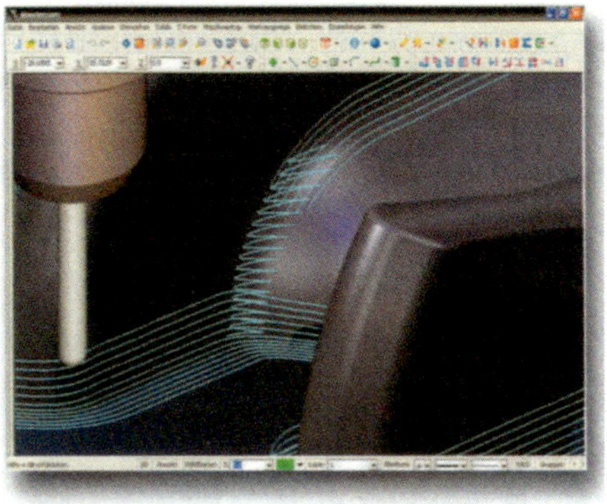

Hybridschlichten
Säuberung schwer zugänglicher Bereiche durch Abfahren der Flächenverschneidungen.
Bei der Restmaterialbearbeitung wechselt je nach Bauteilkontur die Strategie der Werkzeugwahl.

CAD-CAM-Systeme unterstützen den Programmierer bei der Erstellung des NC-Programms, indem die CAD-Daten des Werkstücks in die Programmierumgebung übernommen werden und vom CAM-System als Fräskontur erkannt werden.

6 Rapid Prototyping/Rapid Tooling

Mit **Rapid Prototyping** werden alle Urformverfahren bezeichnet, durch die unmittelbar aus 3D-CAD-Daten Anschauungsteile und Funktionsmodelle erzeugt werden. Nutzt man dieses Verfahren zur Herstellung von Feingussmodellen, Formen oder Formeinsätzen so spricht man vom **Rapid Tooling**.
Alle Verfahren erfordern zunächst eine Konstruktion in einem 3D-CAD-System. Die Daten des CAD-Modells müssen mithilfe einer STL-Datenschnittstelle in ein vereinheitlichtes Datenformat umgewandelt werden. Dabei filtert die STL-Schnittstelle aus den je nach CAD-System unterschiedlichen rechnerinternen Darstellungsformen der Konstruktion die geometrischen Informationen heraus und bildet daraus ein für die Rapid-Prototyping-Anlage lesbares Datenformat.
In der Rapid-Prototyping-Anlage wird das 3D-Modell in aufeinanderfolgende dünne Schichten zerlegt, die nach Erzeugung und „Stapelung" das Werkstück ergeben.

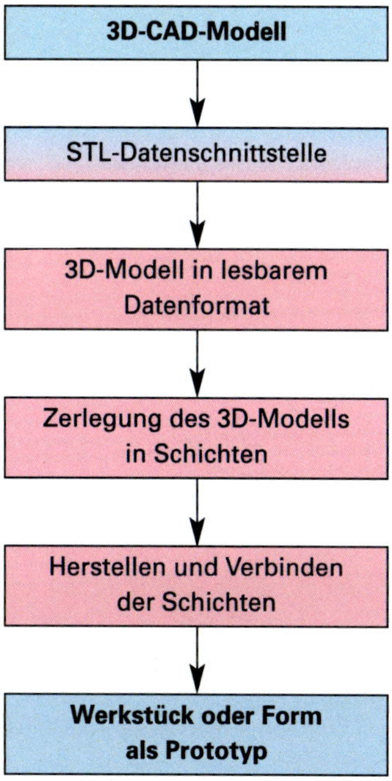

Übungsaufgabe C-56

6.1 LOM-Verfahren (Laminated-Objekt-Manufacturing)

Bei diesem Verfahren werden aus einseitig mit Heißschmelzkleber beschichteten Bahnen, wie zum Beipiel Papier- oder Kunststofffolien, Werkstücke erzeugt.
Eine heiße Laminierrolle klebt dabei die erste Lage auf die Basis. Danach werden mit einem Laserstrahl die Umrisse der entsprechenden Schicht ausgeschnitten. Sodann wird die nächste Lage aufgelegt, geklebt und geschnitten. Sind alle Lagen gefertigt, erhält man einen Block, in dem das gewünschte Teil enthalten ist. Damit das Werkstück nach dem Ende des Bauvorganges leicht aus dem Block gelöst werden kann, wird das nicht zum Werkstück gehörende Material bei jeder Lage vom Laser kreuzförmig geschnitten.

Beispiel **für die Arbeitsweise einer LOM-Anlage**

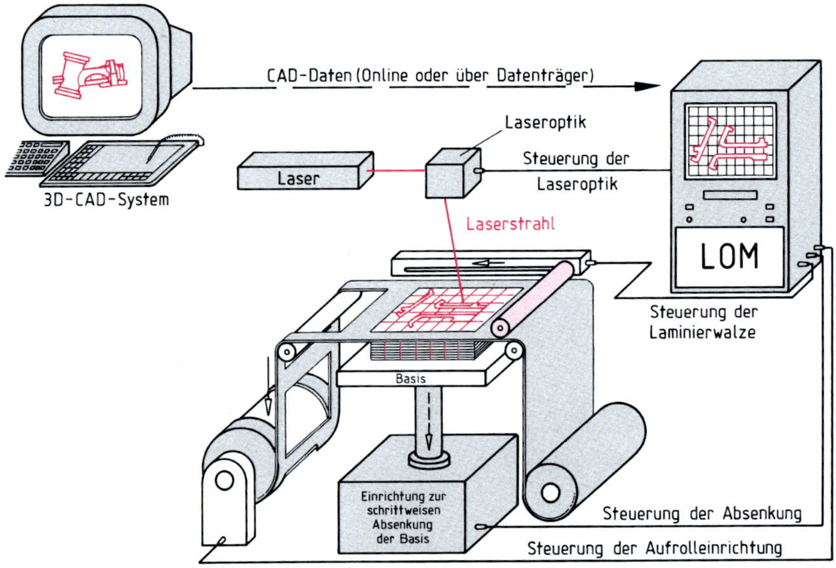

Bauteile, die nach dem LOM-Verfahren erzeugt werden, haben etwa die Festigkeit von Holz. Sie können durch Beschichten in der Oberfläche optimiert werden. Die Maßgenauigkeit liegt bei etwa ± 0,15 mm. Sie werden durch Infiltration von Epoxidharz wesentlich fester und erhalten gut schleifbare Oberflächen.

Ähnlich arbeitet das Metall-LOM-Verfahren. Dabei werden funktionsfähige Prototypen oder Kleinserienwerkzeuge aus LASER-geschnittenen Metallplatten zusammengesetzt.
Ausgangspunkt der Werkzeugherstellung nach dem Metal-LOM-Verfahren ist das 3D-CAD-Modell, welches durch eine spezielle Software in einzelne dünne Schichten zerlegt wird.
Ein Laser schneidet die Konturen der einzelnen Schichten aus speziellen Blechtafeln aus, welche mit „Backlack" beschichtet sind.
Die ausgeschnittenen Blechtafeln werden gestapelt und bilden dadurch die dreidimensionale Werkzeugform. Die mit einem warmvernetzendem Epoxidharzsystem beschichteten Bleche werden nun unter Druck und Temperatur verbacken. Um die Form noch haltbarer zu machen, wird die Form zusätzlich mit Zuganker verstärkt.

 Übungsaufgabe C-57

Beispiel für den Aufbau der Metal-LOM-Form

Fertiges Werkzeug mit Zugankern verstärkt

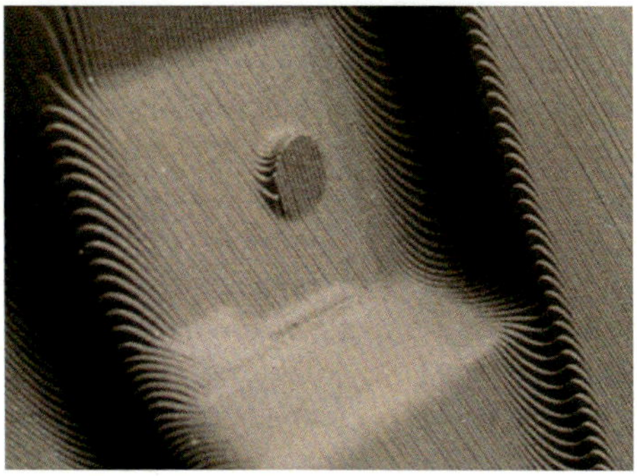

Makroskopische Aufnahmen der Schichten

Das Metal-LOM-Verfahren erzeugt direkt aus der 3D-CAD-Konstruktion eine funktionsfähige Werkzeugform.

6.2 Stereolithographie-Verfahren

Im Stereolithographie-Verfahren wird die Kontur durch schichtweises Aushärten von Kunststoff mittels Laserstrahl erzeugt. Verwendet wird dabei z. B. Epoxidharz. Die entstehenden Bauteile sind von hoher Genauigkeit und Oberflächengüte. Die Festigkeit ist jedoch relativ gering. Dadurch werden mit der Stereolithographie hauptsächlich Anschauungsmodelle oder Urmodelle für Gießformen erzeugt.

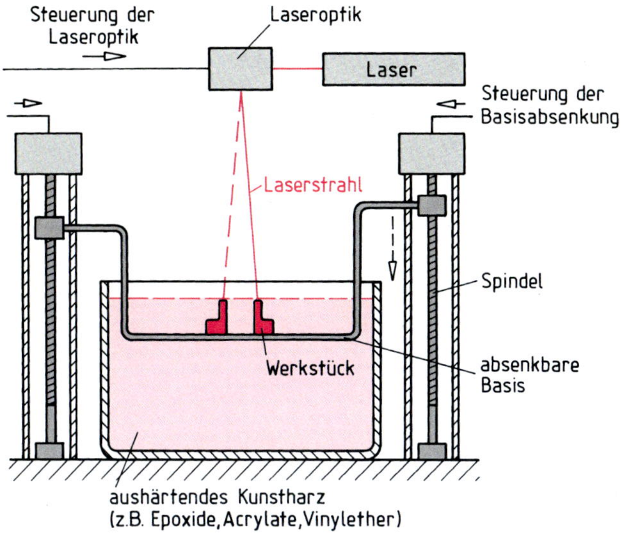

Schema einer Stereolithographie-Anlage

Zur Herstellung von Formeinsätzen wird aus dem 3D-CAD-Modell mithilfe des Stereolithographie-Verfahrens ein Urmodell des Positivteils erzeugt. Das Urmodell wird in einem vorbereiteten Formrahmen mit Formmasse umgossen und nach deren Aushärtung entfernt. Durch Tempern erhält die Formmasse ihre endgültige Festigkeit und Temperaturbeständigkeit. So entsteht die Stammform zur Herstellung weiterer Werkstücke.

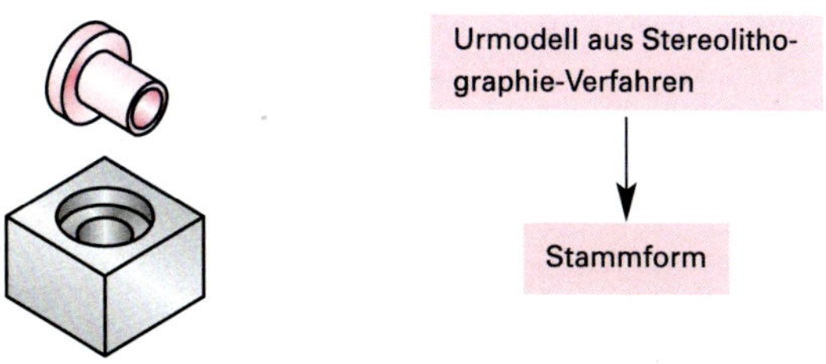

Vom Urmodell zur Stammform

Übungsaufgabe C-58

Beispiel für Rapid-Tooling mithilfe des Stereolithographie-Verfahrens

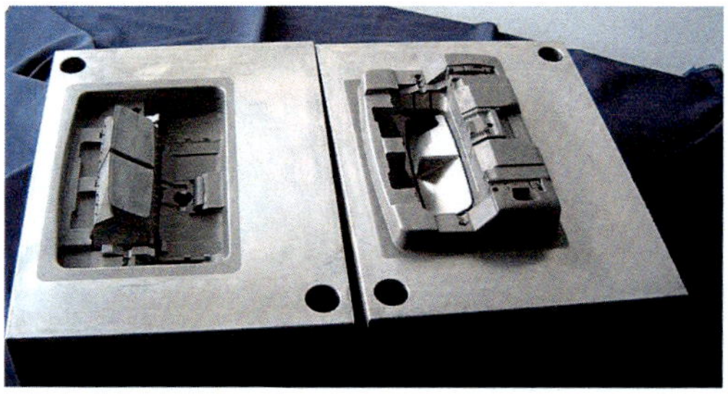

Formeinsätze für Lüfterklappen

Lüfterklappe

Zeitaufwand zur Herstellung des Werkzeugs:
Erzeugung des Urmodells: 2–3 Tage
Eingießen und Tempern der Stammform: 3–5 Tage
Komplettieren des Werkzeugs: 2 Tage

Abmusterung: 1 Tag
Gesamtzeit: 2–3 Wochen

Mit dem Stereolithographie-Verfahren können direkt aus der 3D-CAD-Konstruktion Anschauungsmodelle und Urformen mit geringer Festigkeit erzeugt werden.

6.3 Laser-Sintern

In Laser-Sinterverfahren werden Kunststoffpulver oder Metallpulver schichtweise mit dem Laser gesintert. Das Pulver wird in dünnen Schichten von einem Verteiler auf die Unterlage aufgetragen. Der Laser verschmilzt an der projizierten Fläche der Werkstückschicht das Pulver, sodass ein fester Formkörper entsteht. Das gesinterte Werkzeug bzw. Bauteil wird schrittweise, Schicht für Schicht mit der Bauplattform abgesengt, bis der Bauvorgang abgeschlossen ist.
Der Vorteil des Laser-Sinterns ist der Einsatz von unterschiedlichen pulverförmigen Werkstoffen, wie zum Beispiel Polyamid, Polystyrol, Wachsmaterialien, Metall- und Keramikpulver oder auch Quarz-Sand.

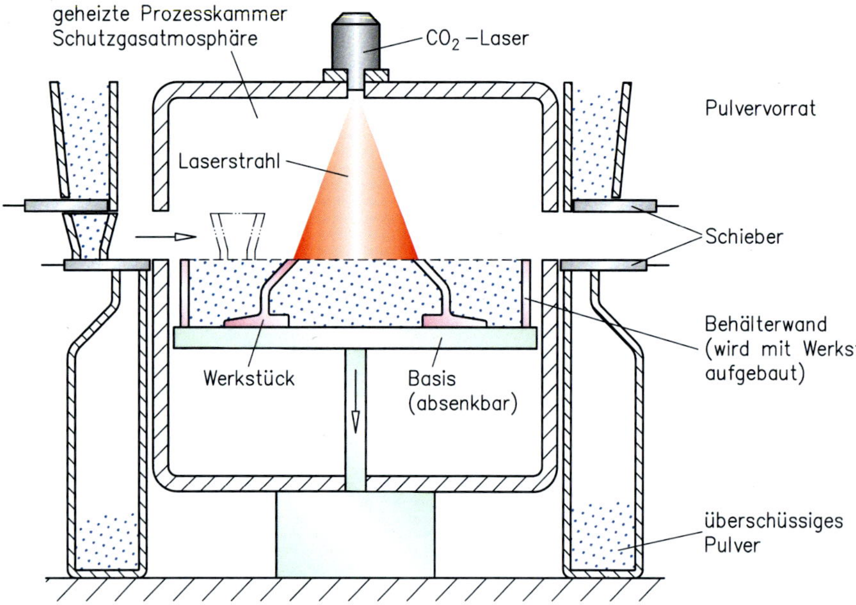

Schema einer Laser-Sinter-Anlage

- **Selektives Laser-Sintern (SLS)**

Beim selektiven Laser-Sintern (SLS) wird der pulverförmige Ausgangswerkstoff (meist thermoplastischer Kunststoff) schichtweise auf einer Trägerplatte aufgebracht und mittels eines CO_2-Lasers erhitzt. Die Energie des Lasers verschmilzt den Ausgangswerkstoff und verbindet sich mit der Trägerschicht.

Beispiele **für Anschauungs- und Funktionsmodelle, die durch Laser-Sintern hergestellt wurden**

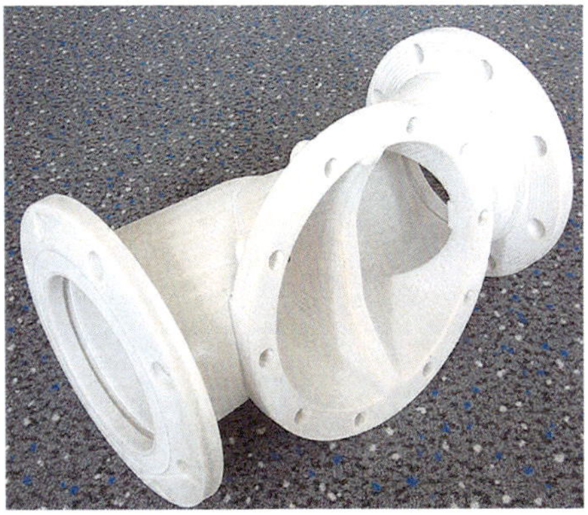

Rohrflansch als Anschauungsmodell

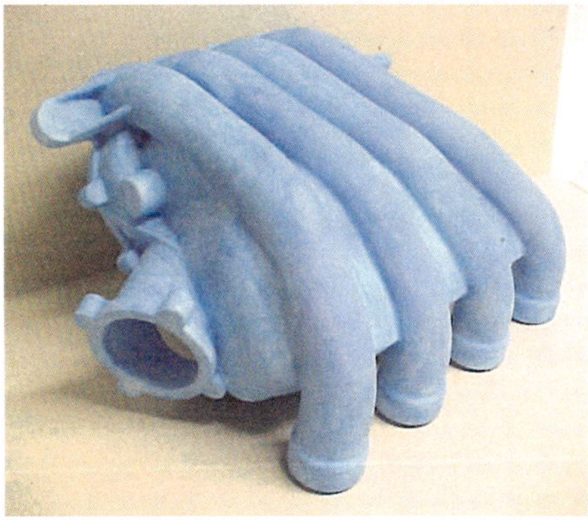

Polystyrolteile als Basis für den Feinguss

- **Direkt-Metall-Laser-Sintern (DMLS)**

Beim Direkt-Metall-Laser-Sintern (DMLS) wird metallisches Pulver durch die Laserenergie gesintert. Aufgrund der hohen Festigkeit des erzeugten Bauteils ermöglicht dieses Verfahren die direkte Herstellung von einsatzfähigen Prototypen und Formeinsätzen aus dem CAD-Modell.

Beispiel **für ein Direkt-Metall-Laser-Sintern (DMLS) von Formeinsätzen**

Im Laserverfahren werden Stahleinsätze für Prototypenwerkzeuge auf der Basis von 3D-CAD-Daten gefertigt.

Die Herstellung der Bauteile erfolgt durch das schichtweise Versintern eines feinen Metallpulvers. Hohlräume können problemlos in das Bauteil integriert werden. Die Genauigkeit der Bauteile beträgt +/– 20 µm +/– 0,03 % des Nennmaßes. Die Schichtstärke in Z beträgt 20 µm oder 40 µm. Die minimal herstellbaren Wandstärken liegen bei ca. 0,8 mm. Max. Abmaße eines einteilig hergestellten Bauteils: (240 x 40 x 180) mm.

Lasergesinterter Formeinsatz

Beim Laser-Sinter-Verfahren wird ein pulverförmiger Werkstoff schichtweise aufgetragen und durch einen Laser versintert. Vorteil dieses Verfahrens ist die Verarbeitungsmöglichkeit verschiedener Pulverwerkstoffe. Durch Laser-Sintern von Metallpulver können funktionsfähige Prototypenwerkzeuge erzeugt werden.

Handlungsfeld: Entwickeln von Steuerungen

Problemstellung

Auftrag

Auftrag
Lagerbuchsen in Laufrollen einpressen
Schaltung für die Presse entwickeln.

Anlage

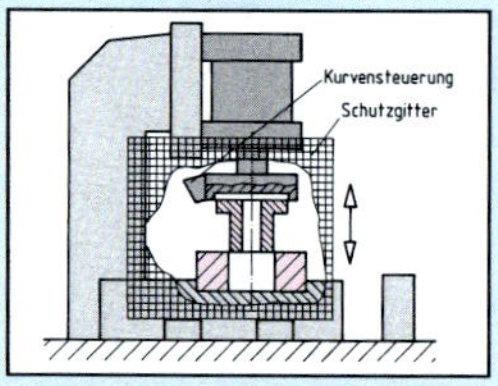

Analysieren

Technische Anforderungen:

- Art des Arbeitselements (z.B. Motor, Zylinder ...)
- Größe des zu steuernden Energie- oder Massestroms
- Länge der Zuleitungen
- Schrittfolgen
- Sicherheitsanforderungen (z.B. explosionssicher, NOT-AUS ...)

Anlagebeschreibung

Ablauf

Anforderungen
- Sicherheitsschaltung
- Gitter vor Start geschlossen

Ergebnisse:

- Anforderungskatalog
- Daten für Planungs-Entscheidung
- Ablaufbeschreibung
- Lagepläne

Planen

Entscheidung über:

- Art der Steuerung (z.B. pneumatisch, SPS ...)
- Ablauf
- Schaltung
- Einbau
- Bauelemente

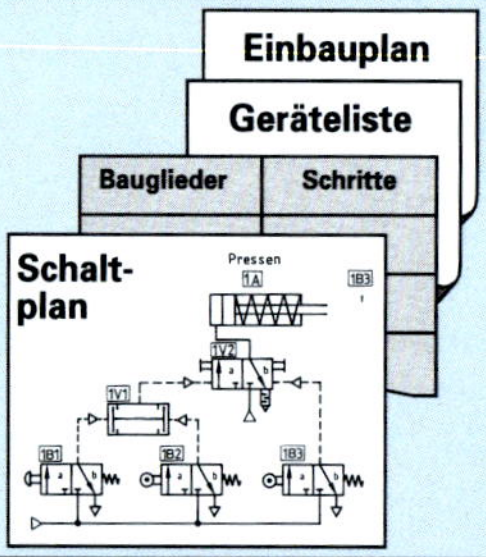

Ergebnisse:

1. Technologieschema
2. Funktionsplan
3. Schaltplan
4. Geräteliste
5. Einbaupläne

Realisieren (Aufbauen)

Geräte einbauen → Geräte verdrahten bzw. verrohren bzw. verschlauchen → Probelauf durchführen → Testergebnisse protokollieren

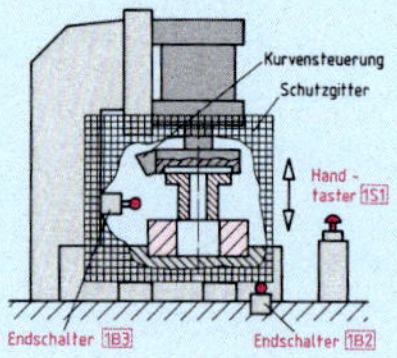

1 Pneumatische Steuerungen

1.1 Steuerung mit Zeitglied

In Steuerungen mit Zeitgliedern werden die eingegebenen Signale zeitlich verzögert weitergeleitet. Die Verzögerungszeit ist stufenlos einstellbar. Je nach dem Aufbau eines Verzögerungsventils unterscheidet man Ventile, die den Druck zeitverzögert zuschalten oder den Druck zeitverzögert abschalten.

Beispiel für eine Steuerung mit Zeitglied

Aufgabenstellung

In einer Klebepresse drücken drei Pneumatikzylinder Kunststoffplatten aufeinander. Die Platten werden von Hand eingelegt. Der Pressvorgang soll mit einem Handtaster eingeleitet werden und eine einstellbare Zeit andauern.

Schritt	Beschreibung des Ablaufes
1	Zylinder 1A fährt aus, Anpressen der Platten
2	Zylinder 2A1 und 2A2 fahren aus, pressen
3	Pressvorgang dauert eine einstellbare Zeit an
4	Alle drei Zylinder fahren ein

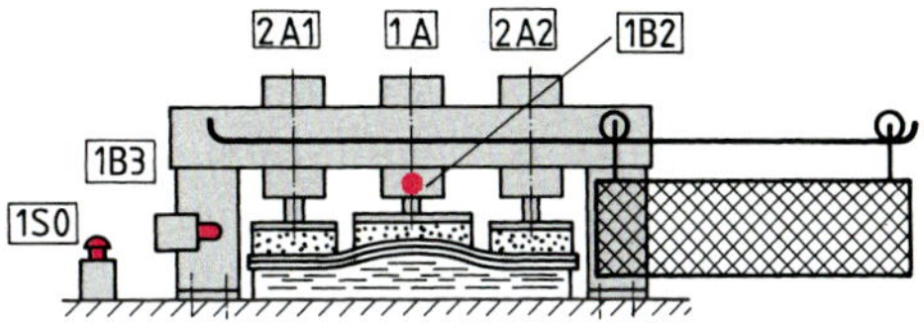

Technologieschema Kunststoffpresse

Anmerkungen:

- Die Anlage wird über ein Schutzgitter abgesichert; der Start ist nur möglich, wenn das Schutzgitter geschlossen ist (Endschalter 1B3).
- Der mittlere Presszylinder 1A soll dann ausfahren, wenn der Starttaster 1S0 betätigt wurde.
- Erst wenn Zylinder 1A seine Endlage erreicht hat, sollen die beiden anderen Zylinder ausfahren.
- Alle drei Zylinder bleiben eine einstellbare Zeit ausgefahren und pressen die Platten. Danach sollen die Zylinder einfahren.

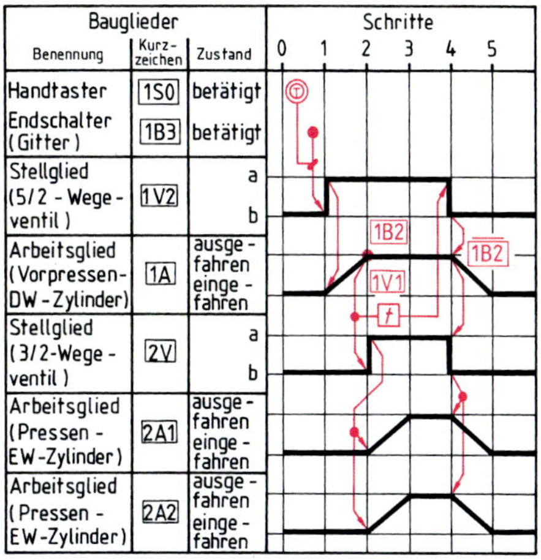

Funktionsdiagramm

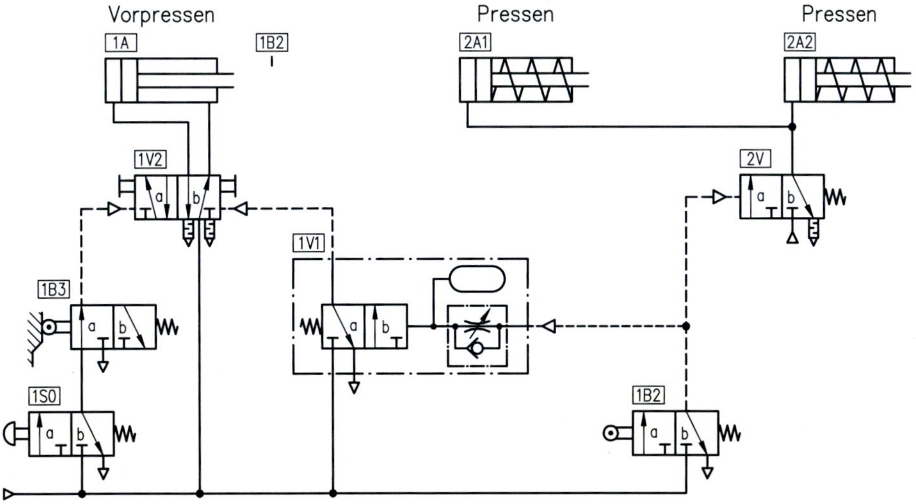

Pneumatikschaltplan

1.2 Steuerung mit Zweihandbetätigung

Beispiel für eine Steuerung mit verschiedenen Steuergliedern (Zweihandbetätigung)

Aufgabenstellung

In einer Vorrichtung sollen Lagerbuchsen in Laufrollen eingepresst werden. Die Laufrollen werden von Hand eingelegt und gespannt. Der Arbeitshub der Pressmaschine darf aus Sicherheitsgründen nur durch die gleichzeitige Betätigung von zwei Handtastern eingeleitet werden. Nach dem Pressvorgang soll der Pressenstößel selbsttätig in die Ausgangslage zurückfahren. Die Geschwindigkeit für den Arbeitshub soll einstellbar sein.

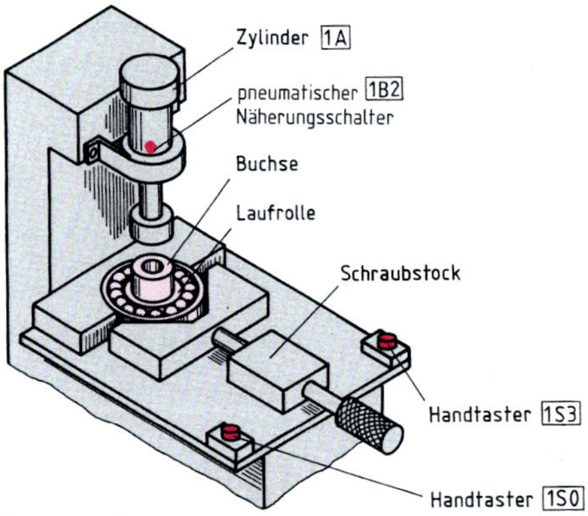

Technologieschema Presse

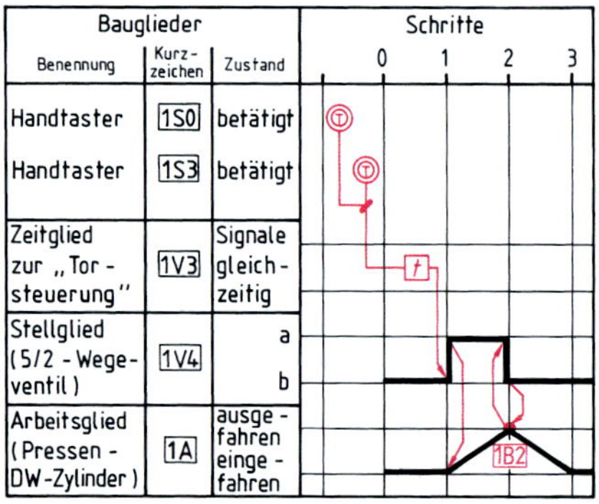

Funktionsdiagramm

Anmerkungen:

- Die Vorrichtung wird über eine Zweihandschaltung abgesichert. Nur durch das fast gleichzeitige Drücken der Handtaster 1S0 und 1S3 beginnt der Pressvorgang.
- Werden beide Handtaster nicht innerhalb einer kurzen Zeit gedrückt, so schaltet das Zeitglied 1V3 die Steuerleitung zum Stellglied 1V4 ab.
- Eine Manipulation der Handtaster ist durch die Schaltung unterbunden.
- Der Zylinder fährt ein, sobald der pneumatische Näherungsschalter 1B2 betätigt wurde.

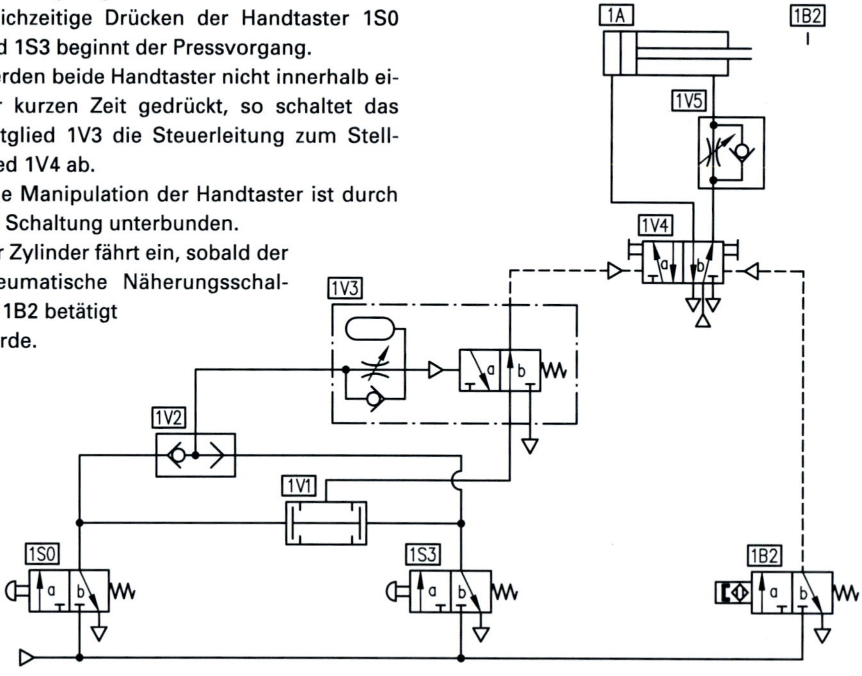

Pneumatikschaltplan

Eine Zweihandsicherheitsschaltung kann man durch die Kombination von UND-, ODER- und Verzögerungsventilen erreichen.

2 Elektropneumatik

In der Elektropneumatik steuern elektrische Signale den Energiefluss in pneumatischen Systemen. Im Steuerteil wird elektrische Energie benutzt. Im Leistungsteil setzt man Druckluft als Energieträger ein. Durch geeignete Bauteile werden die beiden Energiekreise verknüpft.

2.1 Bauteile in elektropneumatischen Anlagen

2.1.1 Magnetventil

- **Wirkungsweise**

Die elektromagnetische Betätigung eines Ventils über ein elektrisches Signal stellt die Verknüpfung zwischen dem Stromkreis und dem Druckluftkreis dar. Magnetventile nennt man auch **EP-Wandler.**
Schaltet man den Strom ein, wird die Magnetspule erregt und der Anker in die Spule hineingezogen. Dadurch öffnet sich das Ventil und Druckluft kann von 1 (P) nach 2 (A) strömen.
Schaltet man den Strom ab, ist die magnetische Wirkung erloschen und die Federkraft schließt das Ventil. Die Abluft kann dann von 2 (A) über 3 (R) ausströmen.
Elektromagnetische Ventile können direkt angesteuert oder als vorgesteuerte Ventile betätigt werden.

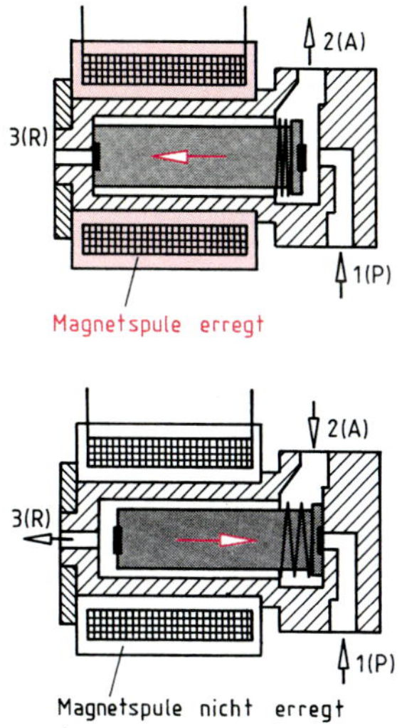

Elektropneumatisches Magnetventil

- **Symbole für Ventile**

Das elektromagnetische Betätigungselement wird im Pneumatikschaltplan und im Stromlaufplan mit einem ähnlichen Symbol dargestellt. In beiden Plänen erhält es die gleiche Ordnungsnummer (z. B. 2M1; früher Y1).
Das Symbol für das Ventil selbst wird in beiden Plänen unterschiedlich dargestellt. Für den Elektroschaltplan gelten DIN EN 60617 und DIN EN 61346-2 als Grundlage, für den Pneumatikschaltplan ist DIN ISO 1219-1 anzuwenden.

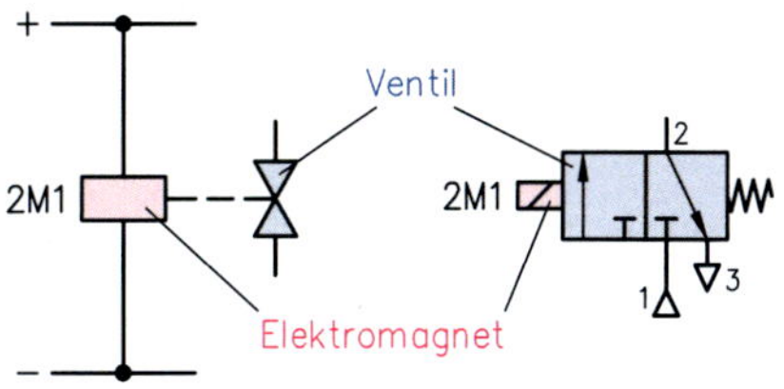

Symbole für Schaltpläne der Elektropneumatik

LF 8

- **Vorsteuerung und Handhilfsbetätigung von Magnetventilen**

Wird an die Magnetspule eines Magnetventils ein elektrisches Signal angelegt, so entsteht ein Magnetfeld. In diesem Feld wird auf einen Stößel eine Magnetkraft ausgeübt. Die Magnetkraft öffnet das Ventil gegen eine Federkraft und gibt den Durchfluss für die Druckluft frei. Aus der erforderlichen Magnetkraft ergibt sich die Leistung der Magnetspule.

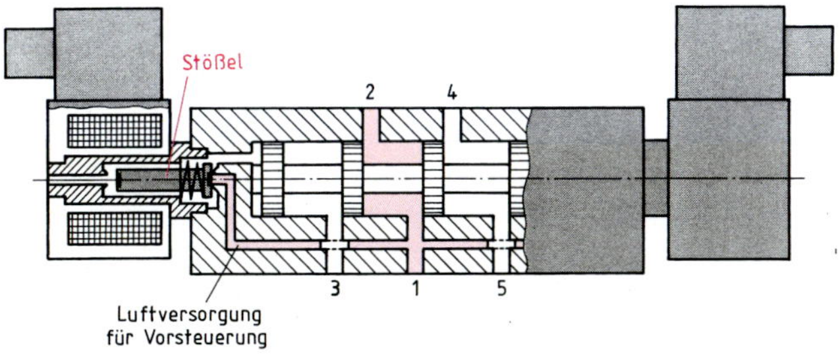

Magnetventil mit Vorsteuerung

Das Bestreben nach niedrigen Leistungsdaten für Magnetspulen hat zum Vorsteuerprinzip bei diesen Ventilen geführt. So haben auch Ventile mit großen Nennweiten eine geringe Leistungsaufnahme. Es können beispielsweise Ventile mit 14 mm Nennweite und einem Normal-Nenndurchfluss von 4000 l/min mit Leistungen von unter 5 W geschaltet werden.

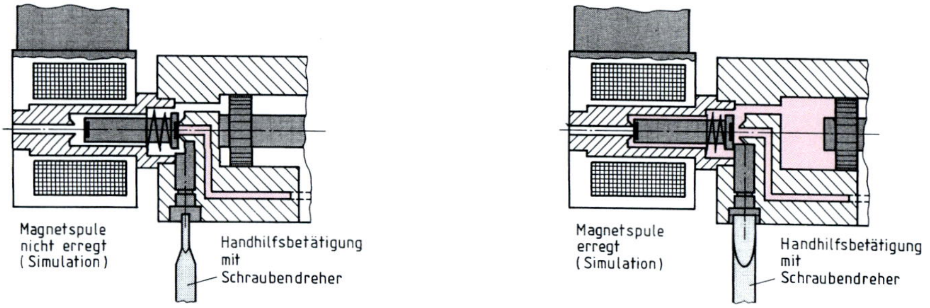

Magnetventil mit Handhilfsbetätigung

Auch bei Magnetventilen sind Handhilfsbetätigungen üblich. Die Handhilfsbetätigung dient zur Funktionskontrolle des Ventils und zum Einrichten der Anlage.

Die elektromagnetische Betätigung im Magnetventil stellt das Verbindungsglied zwischen dem Stromkreis und dem Druckluftkreis dar.
In dieser Schnittstelle findet die Signalumwandlung von der Elektrik zur Pneumatik statt, deswegen nennt man Magnetventile auch **EP-Wandler**.

2.1.2 Druckschalter

Müssen in elektropneumatischen Steuerungen pneumatische Signale in elektrische Signale umgewandelt werden, so benutzt man **pneumatische Druckschalter,** die auf einen elektrischen Mikroschalter wirken.
Steigt der Druck in der Steuerleitung des Druckschalters, so wird über eine Membrane ein kleiner Stößel gegen eine Federkraft betätigt. Bei genügend großem Betätigungsdruck schaltet dieser Stößel über einen Hebel den angebauten elektrischen Schalter.
Sinkt der Steuerdruck unter den eingestellten Wert, so drückt die Feder den Stößel mit dem Hebel zurück und das elektrische Signal wird umgeschaltet.
In dieser *Schnittstelle* findet die Signalumwandlung von der Pneumatik zur Elektrik statt. Aus diesem Grunde nennt man pneumatisch-elektrische Druckschalter auch **PE-Wandler.**

Je nach Kontaktanordnung ist der elektrische Schalter ein Öffner, Schließer oder Wechsler. Für die Auswahl der elektrischen Kenngrößen von Druckschaltern sind die Hinweise, die bei den Magnetventilen gemacht werden, zu beachten.

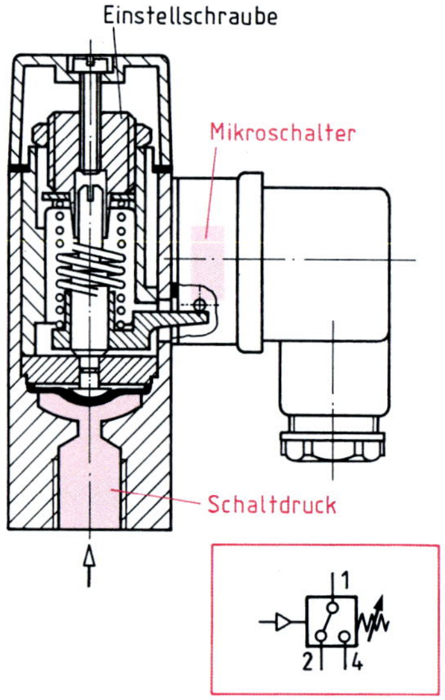

Druckschalter

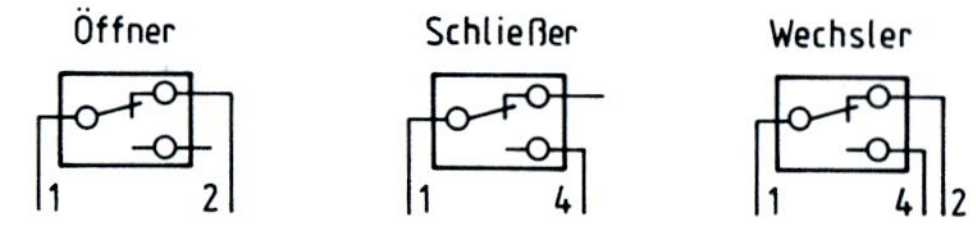

Mögliche Kontaktanordnungen eines Druckschalters

Der Druckschalter stellt ein Verbindungsglied zwischen dem Druckluftkreis und dem Stromkreis dar. Pneumatisch-elektrische Druckschalter sind PE-Wandler.

Übungsaufgaben D-5 bis D-8

2.1.3 Schutzbeschaltung

Beim Abschalten einer Magnetspule bricht das bestehende Magnetfeld schlagartig zusammen. Ein sich änderndes Magnetfeld erzeugt durch Induktion eine Spannung. Diese Induktionsspannung ist wegen des kurzen Abschaltaugenblickes besonders hoch. Es entstehen somit Gefahren für den Bediener, und der Verschleiß der Kontakte wird erheblich erhöht.

Beispiel **für Schutzbeschaltung eines Magnetventiles**

Die einfachste Schutzmaßnahme ist die Parallelschaltung eines Kondensators, **C-Glied,** zum Schalter. Um zu vermeiden, dass sich die Kondensatorladung beim erneuten Einschalten voll über die Kontakte entlädt, ist ein Widerstand, **R-Glied,** erforderlich. Dieser Widerstand wird in Reihe geschaltet und hält den Entladestrom klein. Dieses Element wird auch als **RC-Glied** bezeichnet.

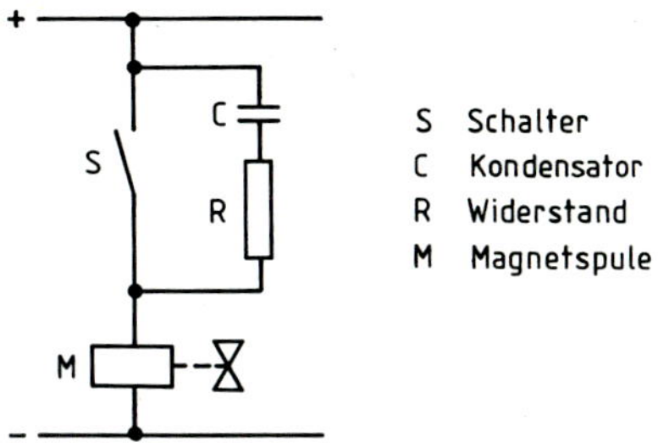

Schutzbeschaltung durch RC-Glied

2.1.4 Schutzarten

Magnetspulen sind elektrische Betriebsmittel, die wie alle elektrischen Betriebsmittel in Schutzarten eingeteilt werden. Dadurch werden dem Anwender die Einsatzmöglichkeiten und Einsatzgrenzen aufgezeigt. Die Norm DIN VDE 0470 umfasst unter anderem den Schutz für:

- **Personen,**
- **Betriebsmittel.**

Die Schutzarten werden durch ein Kurzzeichen angegeben, das sich aus den zwei stets gleich bleibenden Kennbuchstaben IP und zwei Kennziffern für den Schutzgrad zusammensetzt. Die **Kennbuchstaben IP** kommen von **I**nternational **P**rotection und weisen so auf übernationale Vereinbarungen im Bereich der Schutzarten hin.

Die *erste Kennziffer* zwischen **0** und **6** kennzeichnet die Schutzgrade gegen Berühren und gegen Eindringen von Fremdkörpern. Damit wird der Schutz von Personen gegen Berühren von Teilen, die unter Spannung stehen, oder von Teilen, die sich bewegen, beschrieben. Zusätzlich beschreibt man den Schutz des Betriebsmittels gegen das Eindringen von festen Fremdkörpern.

Die *zweite Kennziffer* zwischen **0** und **8** bezeichnet die Schutzgerade gegen das Eindringen von Wasser in das Betriebsmittel.

Schutzart IP ... nach DIN VDE 0470			
erste Ziffer: Schutz gegen das Eindringen von festen Körpern		**zweite Ziffer:** Schutz gegen das Eindringen von Wasser	
0	nicht vorhanden	**0**	nicht vorhanden
1	größer 30 mm Durchmesser	**1**	Tropfwasser senkrecht
2	größer 12 mm Durchmesser	**2**	Tropfwasser 15° schräg
3	größer 2,5 mm Durchmesser	**3**	Sprühwasser 60° schräg
4	größer 1 mm Durchmesser	**4**	Spritzwasser von überall
5	gegen Staubablagerungen	**5**	Strahlwasser von überall
6	absolut staubdicht	**6**	starkes Strahlwasser
	–	**7**	kurzzeitiges Druckwasser
	–	**8**	dauerndes Druckwasser

Beispiel **für Schutzart an Magnetventilen**

IP 65 in nassen Räumen verwendbar, geschützt gegen Strahlwasser aus allen Richtungen, absolut staubdicht **(übliche Schutzart für Magnetventile)**

Übungsaufgaben D-9; D-10, D-11

2.1.5 Auswahlkriterien für Magnetventile

Bei dem Einsatz von Magnetventilen muss man pneumatische und elektrische Gesichtspunkte beachten. Der Leistungsteil der Anlage bestimmt die Auswahlkriterien für die Wegeventile in Bezug auf Bauart und Nennweite. Die Auswahlkriterien für die elektrischen Elemente werden wesentlich vom Einsatzbereich her festgelegt. Neben den Schutzarten sind noch weitere Gesichtspunkte zu beachten.

Kriterien	Beschreibung	Hinweise
Einschaltdauer	Die Zeit, die ein Gerät eingeschaltet ist, bezeichnet man als Einschaltdauer. Die heute übliche Einschaltdauer beträgt 100 % und wird mit **ED 100 %** angegeben. Dies bedeutet, das Gerät darf dauernd eingeschaltet sein.	Umgebungstemperatur für Magnetventile nach Europa-Norm bei ED 100 % beträgt max. 50 °C
Stromart	Magnetventile gibt es sowohl für Gleichstrom als auch für Wechselstrom.	Anlagen über 24 V dürfen nur von autorisiertem Fachpersonal montiert werden VDO 0113
Spannung	Übliche Spannungen sind 24 V Gleich- oder Wechselspannung bzw. 230 V Wechselspannung.	
Frequenz	Die übliche Frequenz beträgt 50 Hz, in Sonderfällen auch 60 Hz.	
Explosionsgefahr	Für besonders explosionsgefährdete Räume gibt man nach VDE den Schutz durch die Buchstaben Eex, Kurzzeichen der verwendeten Zündschutzart, Betriebsmittelgruppe und Temperaturklasse an.	DIN VDE 0165

2.1.6 Grenztaster

Mit Grenztastern werden Hubkolben, Werkzeugschlitten und andere Maschinenteile beim Erreichen von Endlagen ein- bzw. ausgeschaltet. Dabei ist das genaue Einhalten der Position auch nach mehrmaligem Schalten sehr wichtig. In der Elektropneumatik stehen neben Grenzschaltern auch berührungslose Grenztaster zur Verfügung, die nach verschiedenen physikalischen Prinzipien arbeiten. In der Übersicht sind die im Handel erhältlichen Grenztaster aufgeführt.

Name des Grenztasters und Art des Kontaktes	Erklärung der Funktion	Schaltzeichen
Magnet-Grenztaster mit Reedkontakt magnetisch geschaltet	Ein Permanentmagnet fährt mit der Hubbewegung über die Kontakte und öffnet bzw. schließt so den Stromkreis berührungslos über das Magnetfeld. Vorteilhaft ist, dass der Schaltmagnet in den Zylinder selbst eingebaut werden kann.	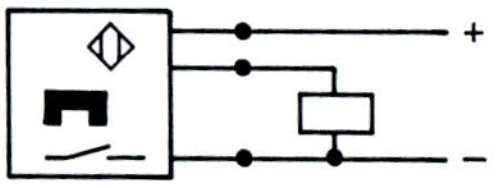
Fotoelektronische Grenztaster geschaltet über Lichtschranke	Bei fotoelektronischen Grenztastern ist der Stromkreis über eine Lichtschranke zwischen Sender und Empfänger geschlossen. Fährt der Hubkolben in seine Endlage, wird die Lichtschranke durchfahren und der Stromkreis ist unterbrochen.	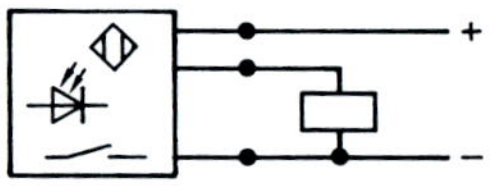
Näherungsschalter als Grenztaster induktiv geschaltet	Beim induktiven Näherungsschalter wird durch den Metallstößel des Hubkolbens ein elektromagnetisches Wechselstromfeld gestört und so der Schaltvorgang ausgelöst.	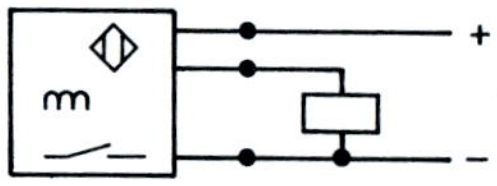
kapazitiv geschaltet	Beim kapazitiven Näherungsschalter wird durch die Hubbewegung die elektrische Kapazität von Kondensatoren gestört und dadurch ein Schaltvorgang ausgelöst. Kapazitive Näherungsschalter können durch jeden beliebigen Werkstoff geschaltet werden.	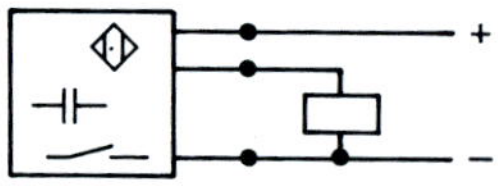

2.1.7 Schütz und Relais

Schütze und Relais sind Tastschalter, die durch Fernbetätigung elektromagnetisch schalten.
Wird z.B. eine Schützspule erregt, d.h. eingeschaltet, so wird der Anker mit den Kontakten in die Spule gezogen und die Kontakte werden geschaltet. Schütze und Relais schalten in der Regel mehrere Kontakte gleichzeitig. Der Unterschied zwischen Schütz und Relais liegt in der Schaltleistung.

- Schütze haben eine Schaltleistung von 1 kW bis 500 kW.
- Relais liegen mit der Schaltleistung wesentlich darunter – wenige mW bis 1 kW.

Zeitrelais schalten zeitverzögert. Ein ansprechverzögertes Zeitrelais schaltet verzögert ein, während ein rückfallverzögertes Zeitrelais verzögert ausschaltet.

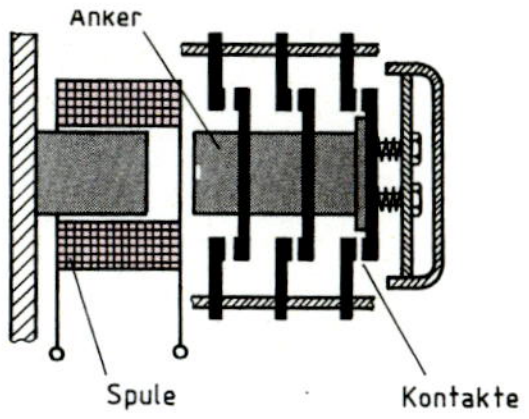

Schütz mit 3 Kontakten

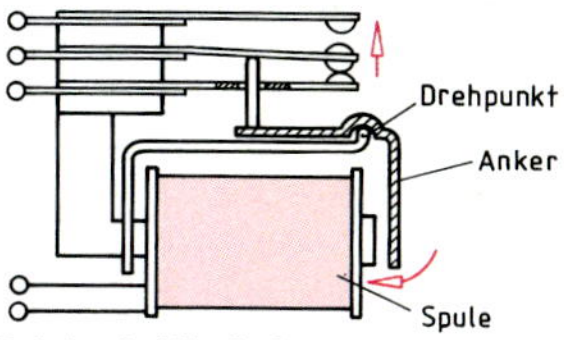

Relais als Wechsler

Schütz und Relais sind Schaltglieder, in denen durch die Magnetkräfte des Steuerstromes Kontakte im Laststromkreis betätigt werden.

LF 8

2.1.8 Anschlusskennzeichen an Relais

Anschlüsse an Relais und Schütze werden durch zweistellige Zahlen- bzw. Buchstabenkombinationen gekennzeichnet. Die Plusseite der Spule wird mit A1 und die Minusseite mit A2 gekennzeichnet. Für die Kontakte gilt folgendes: Die erste Ziffer kennzeichnet die Kontaktbahn, die zweite Ziffer kennzeichnet die Schalterart. Dabei steht 1–2 für Öffnerkontakte und 3–4 für Schließerkontakte.

Beispiel für Anschlusskennzeichen am Relais

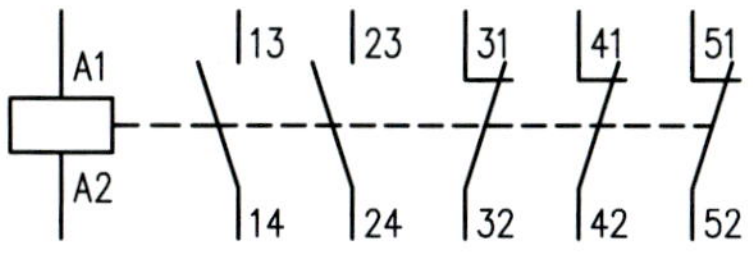

Schaltzeichen mit Anschlusskennzeichen

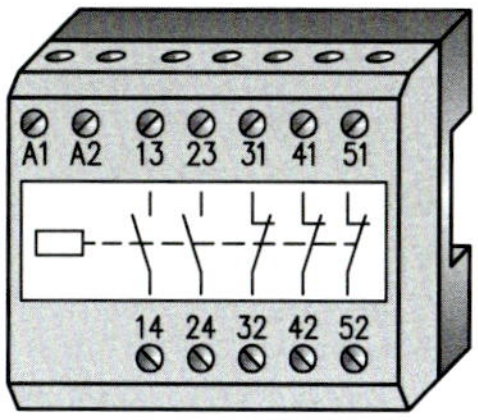

Bauteil

2.1.9 Schaltzeichen für elektrische Bauteile

Schaltzeichen für wichtige elektrische Bauteile in elektropneumatischen Anlagen (Beispiele)

elektrisches Bauteil (Funktion)	Erklärung	Schaltzeichen nach DIN EN 60617
Grenztaster (Wechsler)	Die Betätigung erfolgt über Kolbenhub mechanisch durch eine Rolle.	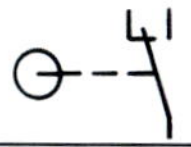
Zeitrelais (Schließer)	Nach Betätigung erfolgt der Schaltvorgang mit einstellbarer Verzögerung – hier Ansprechverzögerung.	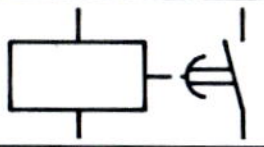
Zeitrelais (Öffner)	Nach Betätigung erfolgt der Schaltvorgang mit verstellbarer Verzögerung – hier Rückfallverzögerung.	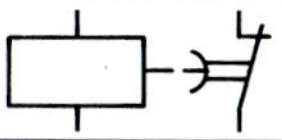
Schütz bzw. Relais (2 Schließer, 1 Öffner)	Die Betätigung mehrerer Schalter erfolgt elektromagnetisch, Fernbedienung und unterschiedliche Kombination von Schaltern sind möglich.	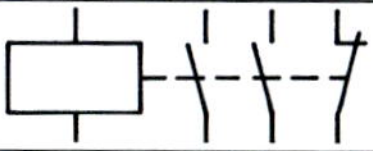
Elektromagnet (Ansprechverzögerung)	Nach Betätigung erfolgt der Schaltvorgang erst nach einer bestimmten einstellbaren Zeit. Über einen Widerstand und einen Kondensator wird die Schaltspannung zeitverzögert erreicht.	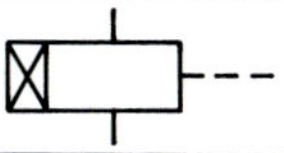
Elektromagnet (Rückfallverzögerung)	Wird das Eingangssignal gelöscht, d.h. ausgeschaltet, bleibt für eine einstellbare Zeit der Elektromagnet angezogen bzw. eingeschaltet.	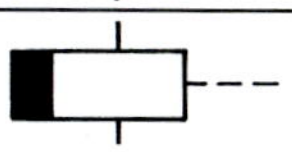

Übungsaufgaben D-15; D-16

2.2 Elektropneumatische Steuerungen

2.2.1 Pneumatikschaltplan und Stromlaufplan

In der Industrie hat sich zunehmend eine Verknüpfung von Pneumatik und Elektrik durchgesetzt. Dabei übernimmt die Elektrik die Signalgebung und Signalweiterleitung – **Signalfluss** –, während die Pneumatik die Druckluft als Energie für Maschinen und Vorrichtungen bereitstellt – **Energiefluss** –. In der zeichnerischen Darstellung elektropneumatischer Anlagen werden der Signalfluss durch Stromlaufpläne und der Energiefluss durch Pneumatikschaltpläne getrennt dargestellt.

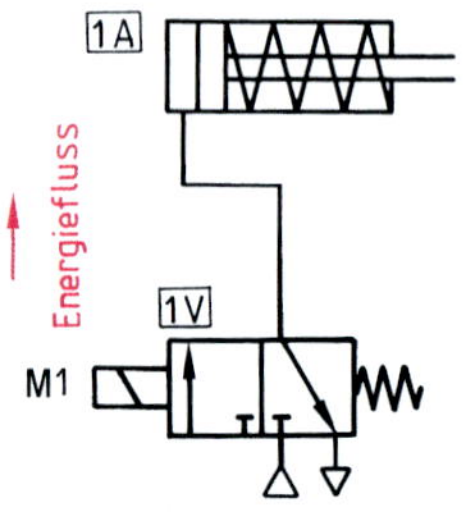

Auszug aus einem Pneumatikschaltplan

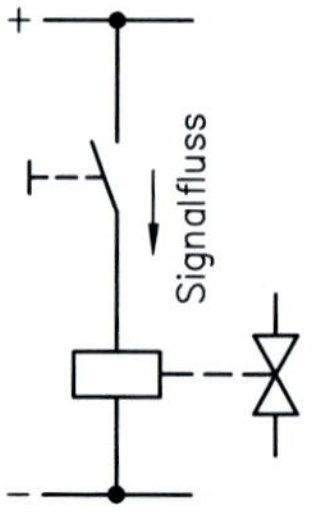

Auszug aus einem Stromlaufplan

Schaltpläne in der Elektropneumatik

Der Stromfluss wird im **Stromlaufplan** von oben (+) nach unten (–) angenommen. Die Bauteile sind durch genormte Schaltzeichen dargestellt und in der Reihenfolge des Stromdurchganges angeordnet. Die tatsächliche Lage der Bauteile in der Anlage oder in der Maschine ist aus dem Stromlaufplan nicht ersichtlich.

In der Elektropneumatik werden pneumatisch angetriebene Systeme durch elektrische Signale gesteuert. Als Schaltpläne dienen der Pneumatikschaltplan und der Stromlaufplan.

- **Kennzeichnung der Betriebsmittel**

Weil in der Elektropneumatik verschiedene Technologien ineinander greifen, hat man aus jedem Teilgebiet die entsprechenden Normen zu beachten. Für die Darstellung des pneumatischen Teils ist vor allem die Norm DIN ISO 1219 anzuwenden, während für die Kennzeichnung elektrischer Betriebsmittel auch im Pneumatikschaltplan die DIN EN 61346-2 berücksichtigt werden muss. Die Kennzeichnung der Betriebsmittel muss im Pneumatikschaltplan und im Stromlaufplan einheitlich sein.

Im Pneumatikschaltplan werden die Arbeitselemente mit den zugehörigen Stellgliedern dargestellt. Die lagemäßige Zuordnung der Sensoren zu den Arbeitselementen wird hier ebenfalls erfasst. Durch entsprechende Betätigungssymbole kennzeichnet man die elektromagnetische Betätigung der Stellglieder.

Kennbuchstabe	Art des Betriebsmittels (Beispiele)
B	Sensoren allgemein, Positionsschalter, Näherungsschalter usw.
F	Sicherungen, Schutzeinrichtungen, Druckwächter
H	Signalhorn, Lichthupe
K	Relais
Q	Schütz (für Last)
M	Antriebe (Stellantrieb, Betätigungsspule, Elektromotor, Linearmotor)
R	Widerstand
S	Signalgeber manuell, Tastschalter, Wahlschalter usw.
A	Zylinder
A+	ausfahrende Zylinder
A–	einfahrende Zylinder

- **Schaltgliedertabelle**

Weil in umfangreichen Steuerungen ein Schütz mehrere Schließer und Öffner in verschiedenen Strompfaden betätigt, erleichtert eine **Schaltgliedertabelle** die Übersicht. Schaltgliedertabellen zeichnet man unterhalb des Strompfades, in dem das entsprechende Schütz ist. Vereinbarungsgemäß stehen unter dem Buchstaben S die Pfadnummern, in denen sich Schließer befinden, und unter dem Buchstaben Ö die Pfadnummern mit Öffner.

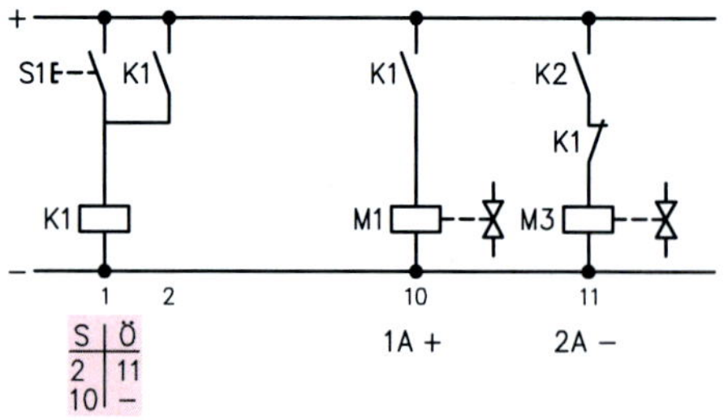

Schaltplanauszug mit Schaltgliedertabelle

Die Schaltgliedertabelle gibt darüber Aufschluss, in welchen Strompfaden sich Schließer bzw. Öffner des über der Tabelle gezeichneten Schützes befinden.

2.2.2 Reihen- und Parallelschaltung

Für die Ansteuerung von Ventilen können unterschiedliche Bedingungen gefordert sein. Einmal kann es nötig sein, ein Ventil von verschiedenen Stellen aus zu schalten; es kann aber auch erforderlich sein, dass erst mehrere Schalter bedient werden müssen, um ein Ventil zu betätigen. Im Hinblick auf die Ansteuerung unterscheidet man zwei Arten von Schaltungen.

Die **Reihenschaltung** ist eine **UND**-Schaltung. Ein Spannzylinder soll beispielsweise erst spannen, wenn das Werkstück eingelegt worden ist und die Schutzvorrichtung geschlossen wurde. Erst wenn **beide Bedingungen** erfüllt sind, darf das Magnetventil für den Spannzylinder betätigt werden. Schalter S1 und Schalter S2 sind also in Reihe geschaltet. In umfangreichen Schaltplänen wird die Darstellung durch Logikzeichen bevorzugt.

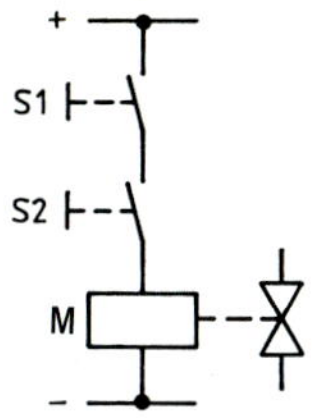

Stromlaufplan einer Reihenschaltung

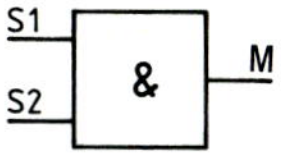

Logikzeichen einer UND-Schaltung

Die **Parallelschaltung** ist eine **ODER**-Schaltung. Mit einer solchen Schaltung kann man z.B. ein Ventil von verschiedenen Stellen aus schalten. **Entweder** wird der Stromkreis für die Ventilbetätigung über den Schalter S1 **oder** den Schalter S2 geschlossen. Die Schalter sind also parallel angeordnet.

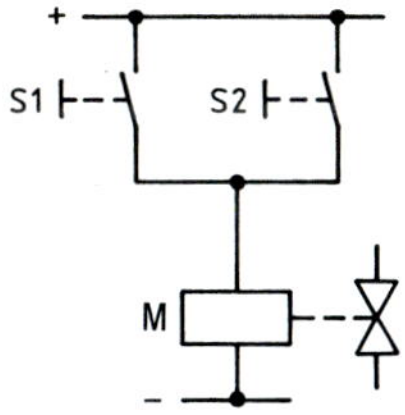

Stromlaufplan einer Parallelschaltung

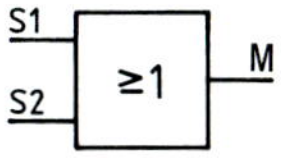

Logikzeichen einer ODER-Schaltung

Elektropneumatische Ventile können angesteuert werden durch:
- Reihenschaltung (UND-Schaltung)
- Parallelschaltung (ODER-Schaltung)

2.2.3 Ansteuerung von Wegeventilen

- **Ventil mit Speicherverhalten durch Permanentmagnete**

Ist z. B. ein 5/2-Wegeventil von beiden Seiten ansteuerbar, so bleibt die geschaltete Stellung erhalten, bis das Gegensignal erfolgt, denn in den Endlagen des Ventils sind Permanentmagnete eingebaut, die die jeweilige Lage der Ventilstellung sichern. Wird das Ventil beispielsweise zum Ansteuern eines Spannzylinders eingesetzt, so bleibt das Werkstück nach dem Spannvorgang so lange gespannt, bis der elektrische Taster zum Lösen betätigt wird.
Vorgesteuerte 5/2-Wegeventile lassen sich mit geringer elektrischer Energie schalten.

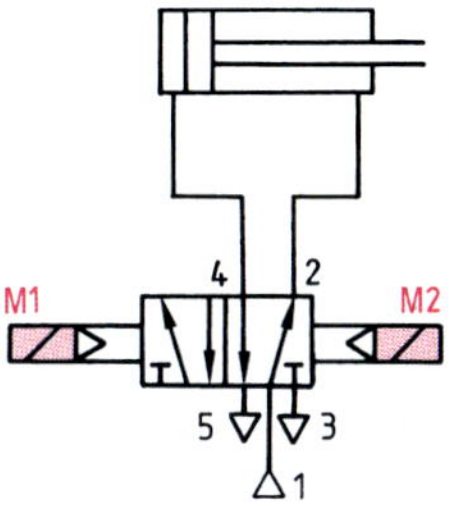

Pneumatikschaltplan

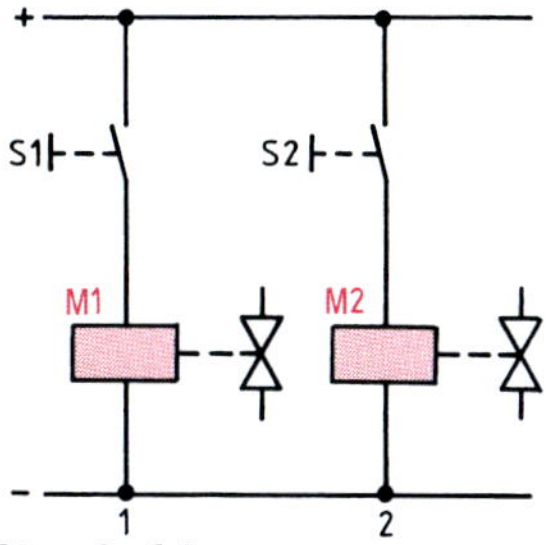

Stromlaufplan

Impulssignale bewirken in elektropneumatischen Wegeventilen mit Speicherverhalten eine andauernde Umschaltung des Ventiles.

- **Ventil mit Speicherverhalten durch Selbsthaltung im Relais**

Schütze und Relais sind fernbetätigte elektromagnetische Schalter, die als Schließer, Öffner oder Wechsler entsprechend der Gesamtaufgabe ausgebildet sind.
Die Ansteuerung eines Wegeventiles mithilfe eines Relais erlaubt eine Daueransteuerung des Ventiles, obwohl das Signalglied nur angetippt zu werden braucht (Taster).

LF 8

Übungsaufgaben D-19; D-20

Ein solches Speicherverhalten in der Steuerung kann man durch eine besondere elektrische Schaltung erreichen.
Von dem Relais wird eine Kontaktbahn genutzt, damit das Relais eingeschaltet bleibt. Man spricht von Selbsthaltung. Erst wenn über einen zusätzlichen Schalter der Steuerkreis unterbrochen wird, kann die Selbsthaltung des Relais aufgehoben werden.

Beispiel für ein schützgesteuertes Ventil mit Selbsthaltung im Relais

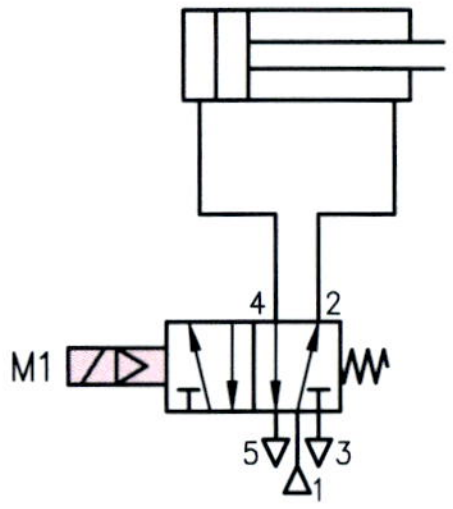

Pneumatikschaltplan

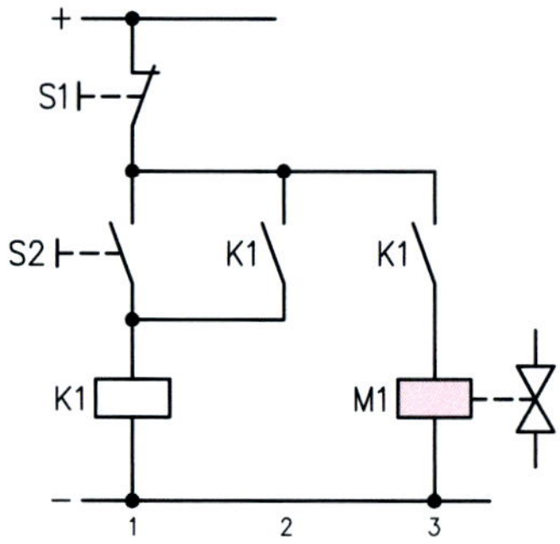

Stromlaufplan

Funktionsbeschreibung

Durch die Betätigung des Schließers S2 wird das Schütz an den Stromkreis geschlossen und schaltet seinerseits elektromagnetisch gleichzeitig zwei Schließer des Schützes K1 in den Strompfaden 2 und 3. Wird S2 durch Loslassen des Tasters wieder geöffnet, so bleibt das Schütz jedoch über K1 im Strompfad 2 an den Stromkreis angeschlossen. Das Schütz K1 fällt also nicht ab, sondern hält sich selbst **(Selbsthaltung eines Schützes)**.

Der geschlossene Kontakt K1 im Strompfad 3 bewirkt die elektromagnetische Betätigung des 5/2-Wegeventiles. Das Ventil schaltet durch und die Kolbenstange fährt aus. Die Selbsthaltung des Schützes hat zur Folge, dass die Kolbenstange ausgefahren bleibt. Wird der Taster S1 betätigt, so ist der gesamte Stromkreis unterbrochen. Das Schütz fällt ab und seine Kontakte K1 öffnen sich. Dadurch wird die Magnetspule M1 stromlos und das Ventil stellt sich durch die Feder in die Ausgangsstellung zurück. Der Weg von 1 nach 2 im Ventil öffnet sich und die Kolbenstange fährt ein.

Impulssignale lassen sich mithilfe von Schützschaltungen in Dauersignale umwandeln. Wegeventile werden dadurch so lange angesteuert, bis die Spannung abgeschaltet wird.

2.2.4 Wegabhängige Steuerungen

In wegabhängigen Steuerungen werden die Bauelemente in Abhängigkeit vom zurückgelegten Kolbenweg geschaltet. Mit Grenztastern und Schützsteuerungen lassen sich solche Schaltungen elektropneumatisch einfach verwirklichen. Grenztaster können Sensoren oder Endschalter sein.

Beispiel für eine wegabhängige Steuerung

Aufgabenstellung

Ein doppelt wirkender Zylinder soll aus einem Magazin Bauteile zur weiteren Bearbeitung bereitstellen. Ist das Bauteil verschoben, so soll die ausgefahrene Kolbenstange einen Grenztaster betätigen, der das Einfahren bewirkt.

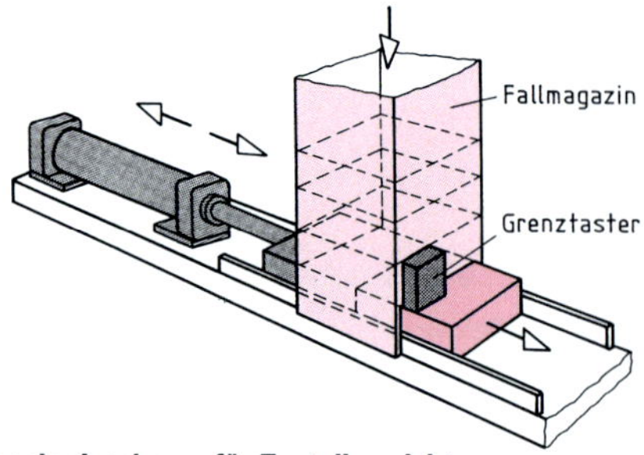

Technologieschema für Zustellvorrichtung

Übungsaufgabe D-21

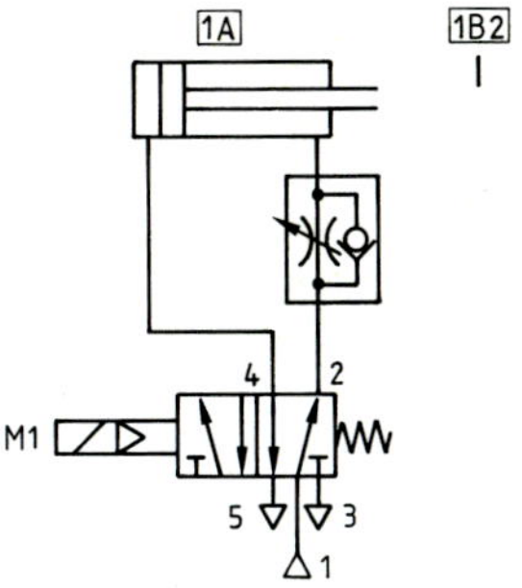

Pneumatikschaltplan

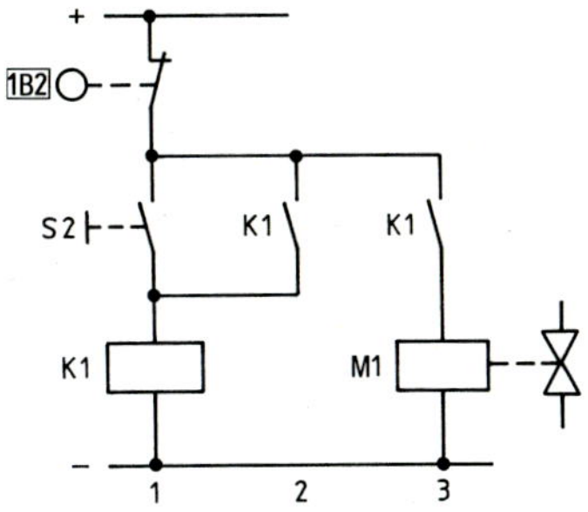

Stromlaufplan

Funktionsbeschreibung

Einschalttaster S2 gibt Strom auf Schütz K1; daraus folgt Selbsthaltung von K1 und Spannung auf Magnetspule M1. Die Kolbenstange fährt aus und betätigt in der Endlage Taster 1B2. Schütz K1 und dadurch Spule M1 werden spannungsfrei, das Ventil schaltet in die Ausgangsstellung, die Kolbenstange fährt ein.

Wegabhängige Steuerungen verwirklicht man in der Elektropneumatik vor allem über Grenztaster (Sensoren, Endschalter) mit Schützsteuerungen.

2.2.5 Weg- und zeitabhängige Steuerungen

Zeitabhängige Steuerungen können in der Elektropneumatik mit Hilfe von Zeitrelais verwirklicht werden. Im Zeitrelais wird über einen verstellbaren Widerstand ein Kondensator aufgeladen. Erst wenn der Kondensator aufgeladen ist, erfolgt der Schaltkontakt.
In einer Klebevorrichtung soll beispielsweise der Spannvorgang für eine bestimmte Zeit aufrechterhalten werden.

Beispiel für eine weg- und zeitabhängige Steuerung

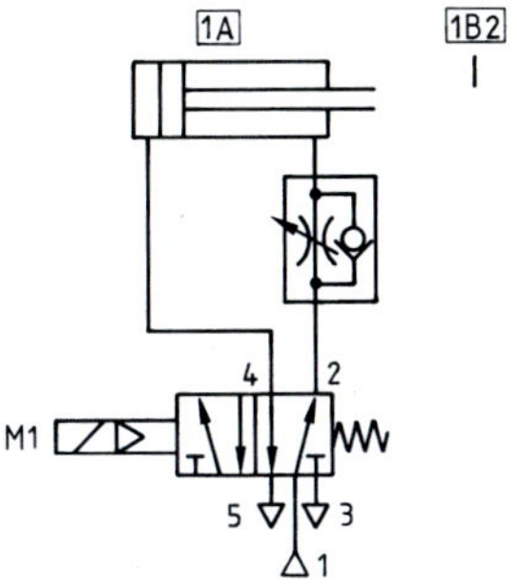

Pneumatikschaltplan

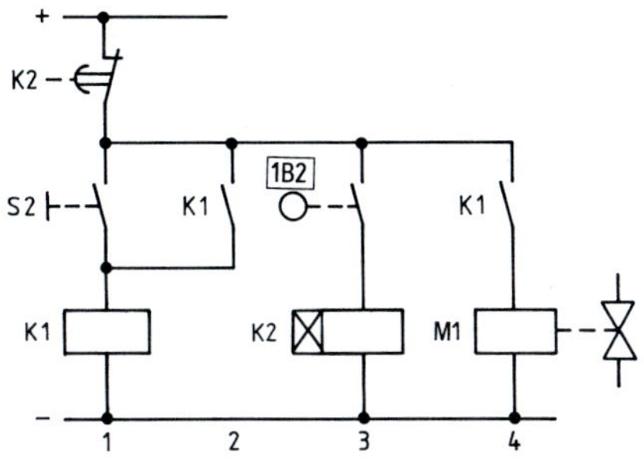

Stromlaufplan

Funktionsbeschreibung

Nach Betätigung von Taster S2 schaltet das Schütz die Kontakte K1 in den Strompfaden 2 und 4 und schließt den Stromkreis. Das Schütz K1 hält sich selbst. Das Ventil wird betätigt, und die Kolbenstange des Zylinders fährt aus. In der Endlage der Kolbenstange betätigt diese den Grenztaster 1B2, wodurch für das Schütz K2 der Stromkreis geschlossen wird. Dieses Schütz schaltet jedoch ansprechverzögert. Der Spannvorgang bleibt aufrechterhalten. Nach der eingestellten Zeitspanne öffnet Schütz K2 den Kontakt K2 im Strompfad 1. Alle Schütze in der Anlage werden stromlos, und die Magnetspule M1 ist spannungsfrei. Die Feder schaltet das Ventil zurück, die Kolbenstange fährt ein.

Zeitabhängige Steuerungen verwirklicht man in der Elektropneumatik vor allem über Zeitrelais, die Signale ansprech- oder rückfallverzögert weitergeben.

Übungsaufgaben D-22; D-23

3 Hydraulik

3.1 Leistungsumwandlung und Leistungsübertragung in der Hydraulik

Die Hydraulik ist ein Teilgebiet der Antriebstechnik und Steuerungstechnik. In der Antriebstechnik werden Kräfte und Wege in gewünschter Weise an den dafür vorgesehenen Funktionseinheiten einer Maschine wirksam.
Hydraulische Maschinenantriebe sind in erster Linie Funktionseinheiten für die Leistungsumwandlung und Leistungsübertragung.
In der Zerspanungstechnik werden hydraulische Funktionseinheiten zum Spannen und Handhaben von Werkstücken eingesetzt.

Beispiel **für eine hydraulische Spannvorrichtung für ein Bearbeitungszentrum**

In der Spannvorrichtung können vier Hebel gleichzeitig gespannt und nacheinander an den Augen und Bohrungen bearbeitet werden. Im vorliegenden Foto ist zur Verdeutlichung nur ein Hebel aufgelegt.
Zur Nutzung der hydraulischen Spannvorrichtung sind zusätzlich eine Hydraulikpumpe und eine Steuerung zur Übertragung der hydraulischen Leistung notwendig.

Die Leistungsumwandlung und Übertragung bei hydraulischen Antrieben erfolgt in drei Teilsystemen.

- Von außen wird der Maschine oder Anlage Leistung zugeführt. Diese Leistung wird z. B. über die Koppelung von Elektromotor und Hydraulikpumpe in hydraulische Leistung umgewandelt.
- Über Leitungen und Ventile überträgt man diese hydraulische Leistung in die Hydraulikzylinder und Rotationsmotoren.
- In den Zylindern und Rotationsmotoren wird die hydraulische Leistung in die gewünschte mechanische Leistung der Maschine oder Anlage umgewandelt.

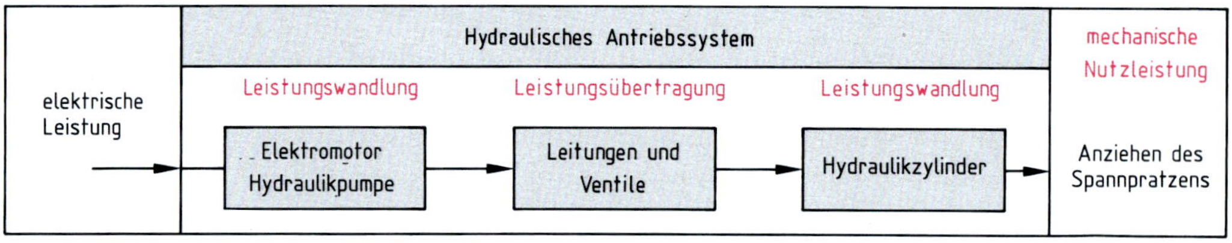

Hydraulisches Antriebssystem in einem hydraulischen Spannsystem

Fluidtechnische Systeme eignen sich besonders dafür, elektrische Signale aufzunehmen und so zu verarbeiten, dass die mechanische Leistung der Maschine in gewünschter Weise erreicht wird. Diese Signalverarbeitung wird mithilfe der Steuerungstechnik durchgeführt.

Übungsaufgaben D-24; D-25

3.2 Physikalische Grundlagen

3.2.1 Druck

Wird der geförderten Flüssigkeit in einer Hydraulikanlage kein Widerstand entgegengebracht, so arbeitet die Pumpe fast drucklos. In der Anlage entsteht nur dann ein Druck, wenn der geförderten Flüssigkeit ein Widerstand entgegengesetzt wird. Der Druck steigt so lange an, bis der Widerstand überwunden ist.
Druck p ist das Verhältnis der Kraft F zur Kolbenfläche A.

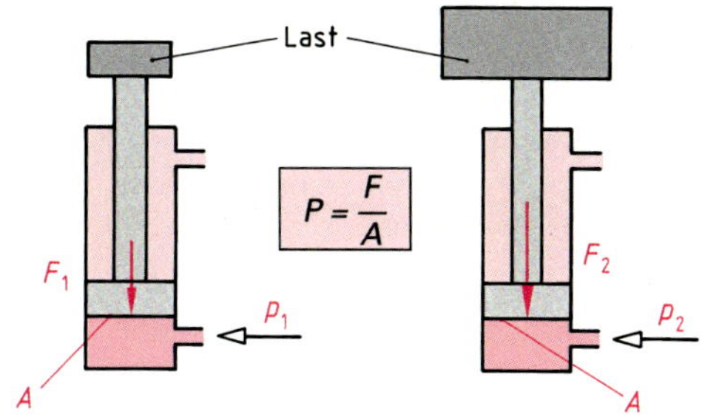

Druck in Hydraulikanlagen

In einer Hydraulikanlage entsteht ein Flüssigkeitsdruck dadurch, dass der geförderten Flüssigkeit ein Widerstand entgegengesetzt wird.

3.2.2 Volumenstrom

In einer Hydraulikanlage fördert die Pumpe die Flüssigkeit aus einem Vorratsbehälter in die Druckleitung der Anlage. Das durchfließende Volumen V errechnet man aus dem gefüllten Querschnitt A der Druckleitung und dem Weg s, den die Flüssigkeit in der Leitung zurücklegt.
Das Volumen, das in einer bestimmten Zeit t durch einen Querschnitt A fließt, bezeichnet man als den Volumenstrom q_V. Der Volumenstrom wird meist in Liter pro Minute angegeben.

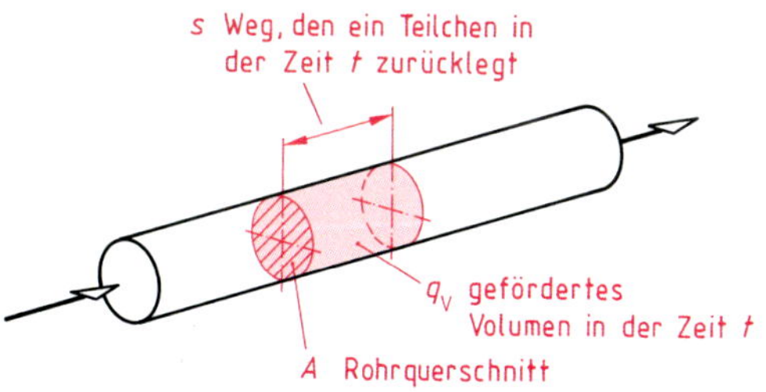

$$V = A \cdot s$$

$$q_V = \frac{V}{t} \Rightarrow q_V = \frac{A \cdot s}{t}$$

Volumenstrom in Hydraulikanlagen

Der Volumenstrom ist das Volumen der Druckflüssigkeit, das je Zeiteinheit durch einen Leitungsquerschnitt fließt.

3.2.3 Durchflussgesetz

Die Flüssigkeit in einer Hydraulikanlage durchströmt Rohre und Ventile mit unterschiedlichen Querschnitten. In gleichen Zeitabständen müssen gleiche Volumenströme durch diese unterschiedlichen Querschnitte der Anlage fließen. Daher muss der Volumenstrom vor einer Engstelle, in einer Engstelle und danach gleich groß sein. Der Volumenstrom passt sich durch unterschiedliche Strömungsgeschwindigkeiten den Querschnitten an. Je kleiner der Querschnitt ist, desto größer ist die Strömungsgeschwindigkeit.

$$A_1 \cdot V_1 = A_2 \cdot V_2$$

Kontinuitätsgleichung

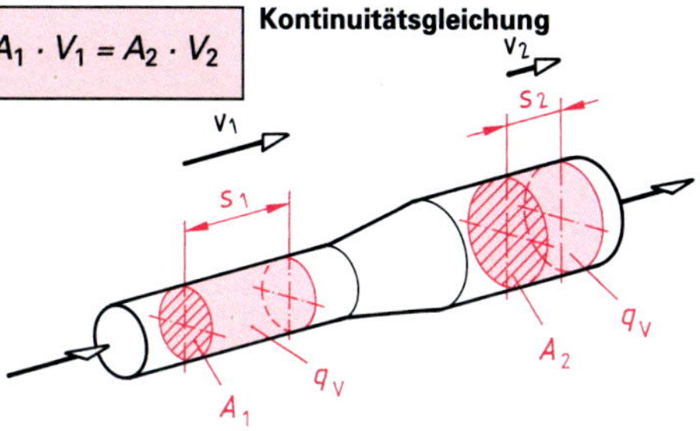

Volumenstrom an verschiedenen Rohrquerschnitten

In hydraulischen Leitungen und Ventilen ist der Volumenstrom unabhängig vom Querschnitt an allen Stellen gleich groß. Die Strömungsgeschwindigkeit ist in kleineren Querschnitten höher als in größeren Querschnitten.

3.2.4 Hydraulische Leistung

Bei der mechanischen Leistung P wird eine Last F in einer bestimmten Zeit t um eine Strecke s angehoben. Diese mechanische Leistung wird in einem Hydrauliksystem von der Hydraulikpumpe aufgebracht. Die Leistung im Hydraulikkreislauf wird von dem vorhandenen Druck p und dem Volumenstrom q_V bestimmt.

$$P = \frac{F \cdot s}{t}$$

$$P = \frac{F}{A}$$

$$q_r = \frac{A \cdot s}{t}$$

$$P = p \cdot q_V$$

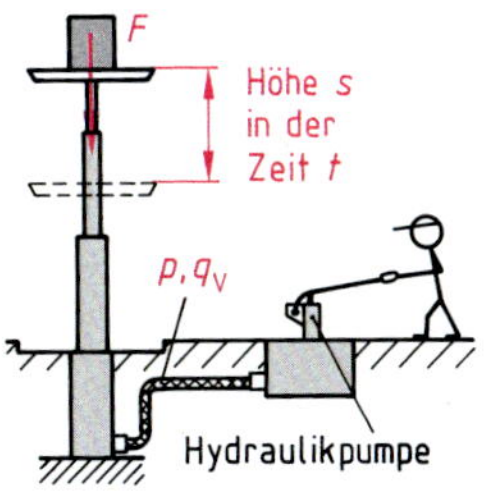

Leistung in Anlagen

LF 8

Übungsaufgaben D-26 bis D-30

3.3 Aufbau und Wirkungsweise einer Hydraulikanlage

3.3.1 Aufbau einer Hydraulikanlage

An einem einfachen Hydraulikantrieb sollen grundlegende Bauelemente einer hydraulischen Anlage dargestellt werden. Der Hydraulikantrieb ist als schematischer Halbschnitt und als Schaltplan nach DIN ISO 1219 gezeichnet.

Beispiel **für Hydraulikantrieb**

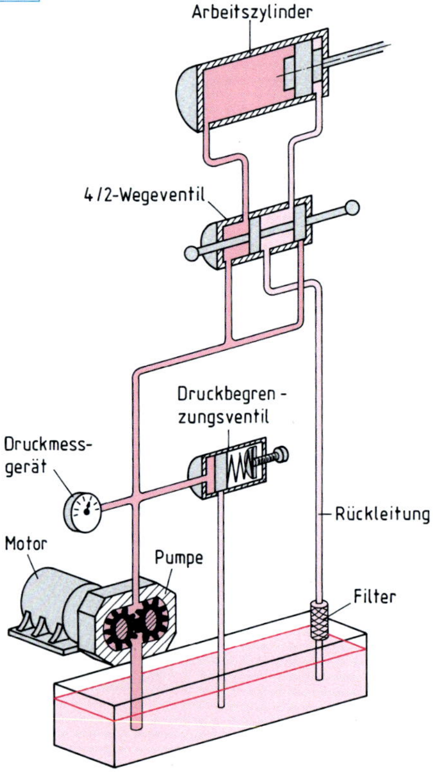

Schema für Hydraulikantrieb

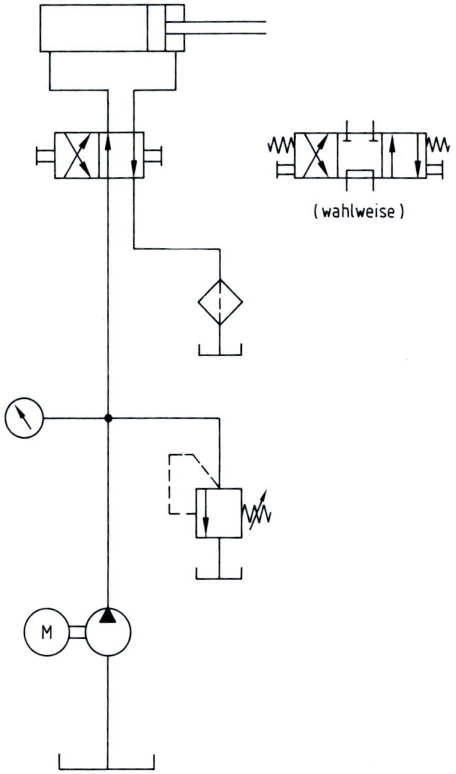

Schaltplan für Hydraulikantrieb

Funktionsbeschreibung

Die Hydraulikpumpe wird von einem Elektromotor angetrieben. Sie saugt aus einem Behälter die Betriebsflüssigkeit an und fördert sie durch Leitungen über ein 4/2-Wegeventil zum Hydraulik-Linearmotor (Zylinder). In der dargestellten Schaltstellung ist die Kolbenstange des Zylinders ausgefahren. Man sagt auch: „Der Zylinder hat die Bewegungsrichtung Ausfahren".

Nach dem Umschalten des Wegeventiles fährt die Kolbenstange des Zylinders ein. Man sagt: „Der Zylinder hat die Bewegungsrichtung Einfahren".

Wenn der Zylinder ohne Last fährt, baut sich erst in den jeweiligen Endlagen der Kolbenstange ein Druck auf. Dieser Druck nimmt dann den Maximaldruck an, den man am Druckbegrenzungsventil eingestellt hat. Die Pumpe fördert den gesamten Volumenstrom gegen den Maximaldruck über das Druckbegrenzungsventil in den Behälter.

Die zugeführte Leistung setzt sich dabei in Wärme um. Um solche Verluste zu vermeiden, wird oft ein 4/3-Wegeventil gewählt, das bei Mittelstellung einen freien Umlauf des Volumenstromes ermöglicht. Ein Filter im Rücklauf hält die Verschmutzung der Hydraulikflüssigkeit weitgehend zurück.

Die Pläne für Hydraulik- und Pneumatikanlagen werden nach ISO 1219 gezeichnet. Hydraulikanlagen sind geschlossene Kreisläufe, während Pneumatikanlagen offene Systeme darstellen. Die Hydraulik wird wegen ihrer hohen Leistungsdichte vor allem in der Antriebstechnik eingesetzt.

Übungsaufgaben D-31; D-32

3.3.2 Vergleich zwischen Pneumatik- und Hydraulikanlagen

Hydraulische Anlagen sind ähnlich wie pneumatische Anlagen aufgebaut. Man muss jedoch beachten, dass bei der Hydraulik nur mit geschlossenen Kreisläufen gearbeitet werden kann, weil die Flüssigkeit wieder in den Vorratsbehälter zurückgeführt werden muss.
Ein weiterer Unterschied liegt darin, dass in der Hydraulik wesentlich höhere Drücke und damit auch höhere Leistungen genutzt werden als in der Pneumatik.
Die Bildzeichen in der Hydraulik entsprechen weitgehend denen in der Pneumatik. In beiden Fluid-Technologien gilt die Norm DIN ISO 1219. Das Zeichen für die Art des Druckmittels wird anders dargestellt. Die Druckluft wird durch ein offenes Dreieck (△) symbolisiert. Für Flüssigkeiten gilt ein ausgefüllte Dreieck (▲).
Die Pläne für hydraulische Anlagen haben außerdem Bildzeichen für Bauteile, die in pneumatischen Anlagen nicht vorkommen. Solche Bauteile sind z.B.: Behälter, Rückleitungen und Leckleitungen.

Beispiel **für die Ähnlichkeit von pneumatischen und hydraulischen Schaltplänen**

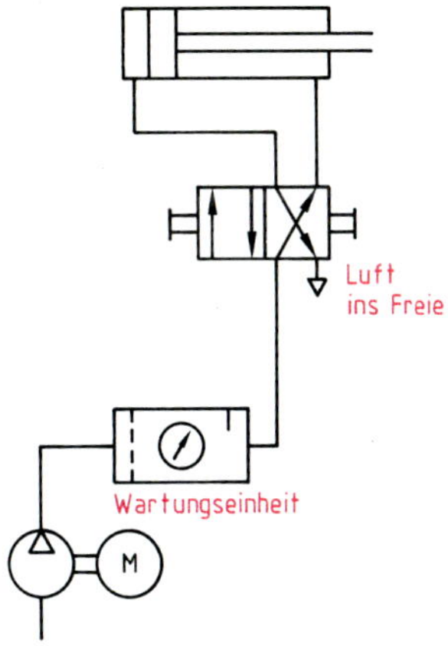

Pneumatikschaltplan

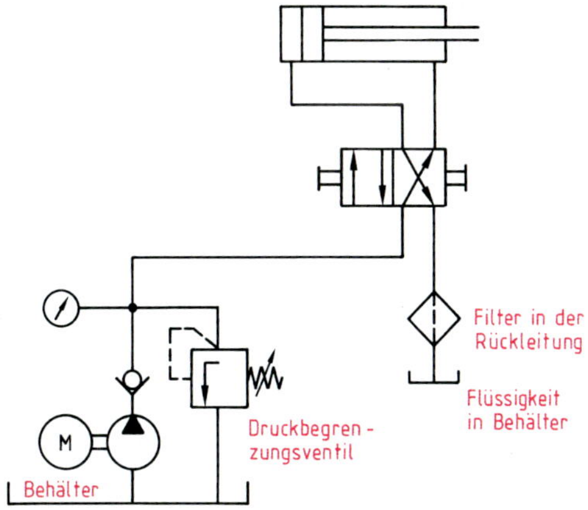

Hydraulikschaltplan

Ein besonders wichtiges Bauteil in Hydraulikanlagen ist das Druckbegrenzungsventil, das als Sicherheitsventil unbedingt notwendig ist. Ohne Druckbegrenzungsventil würden unzulässig hohe Drücke auftreten, die zu Schäden in der Anlage führen würden. Das Druckbegrenzungsventil wird unmittelbar nach der Pumpe eingebaut.

3.4 Teilsystem zur Leistungsbereitstellung (Antriebsaggregat)

3.4.1 Hydropumpen

In Hydropumpen wird die von außen zugeführte Leistung eines Elektromotors oder Verbrennungsmotors in hydraulische Leistung umgewandelt und für die Anlage bereitgestellt. Hydropumpen fördern einen Volumenstrom. Der Druck in der Anlage entsteht, wenn dem Volumenstrom ein Widerstand entgegengesetzt wird. Hydropumpen unterteilt man nach ihrem Aufbau in Zahnradpumpen, Flügelzellenpumpen und Kolbenpumpen. Weiterhin unterscheidet man sie nach der Arbeitsweise in Konstantpumpen und Verstellpumpen.

- **Konstantpumpen**

In Konstantpumpen ist das Fördervolumen je Umdrehung konstant. Laufen sie mit konstanter Drehzahl, so ist auch der Volumenstrom konstant. Wird in Arbeitspausen keine Druckflüssigkeit benötigt, so kann über das 4/3-Wegeventil mit freiem Umlauf die Flüssigkeit fast drucklos in den Tank zurückgepumpt werden.

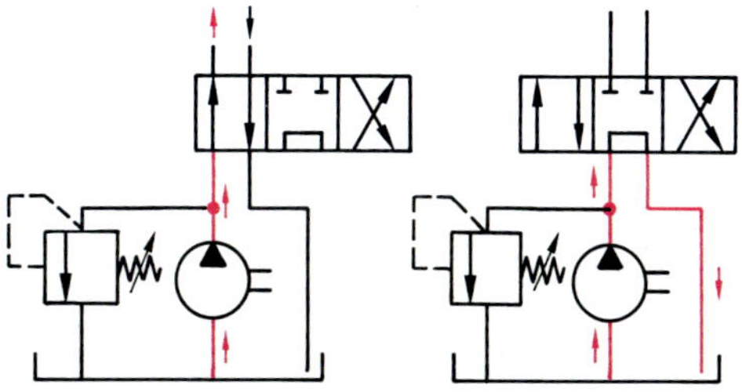
Arbeitsverrichtung Arbeitspause
Konstantpumpe im Einsatz

Übungsaufgaben D-33; D-34

- **Verstellpumpen**

An Verstellpumpen kann das Fördervolumen je Umdrehung verändert werden. Somit lässt sich der Volumenstrom in der Anlage beeinflussen. Über einen angeschlossenen Regler lassen sich Verstellpumpen so einrichten, dass die Geschwindigkeit des Arbeitshubes an Zylindern bzw. die Drehzahl an Rotationsmotoren den gewünschten Wert annimmt. Ebenso ist es möglich, die Pumpe so zu beeinflussen, dass der Druck konstant bleibt, ohne dass Druckflüssigkeit verlustreich über das Druckbegrenzungsventil in den Tank zurückgepumpt wird.

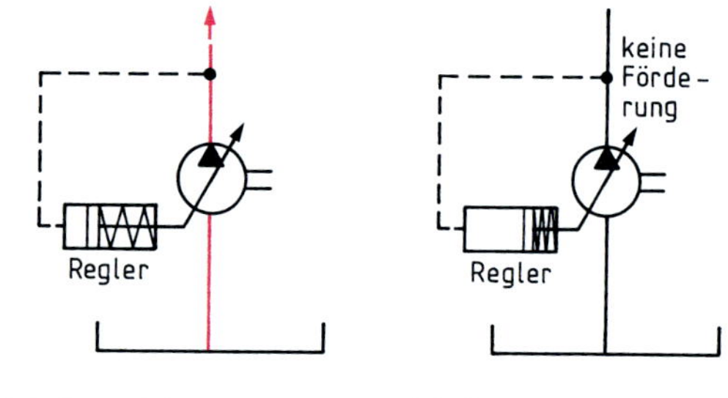

Verstellpumpe als Regelpumpe

In Konstantpumpen ist das spezifische Fördervolumen konstant. In Verstellpumpen kann das spezifische Fördervolumen verändert werden. Geregelte Verstellpumpen liefern gegebenenfalls nur so viel Druckflüssigkeit wie nötig ist, oder sie halten den Druck ohne Förderung konstant.

- **Zahnradpumpen**

Auf der Saugseite der Zahnradpumpe wird die Flüssigkeit aus dem Vorratsbehälter angesaugt und in den Zahnlücken auf der Außenseite der Zahnräder zur Druckseite transportiert. Durch die sich kämmenden Zahnräder wird die Flüssigkeit aus den Zahnlücken verdrängt und in die Druckleitung gefördert.
Beim Ansaugen der Flüssigkeit nutzt man den atmosphärischen Druck aus (maximal 1 bar). Dreht nun die Pumpe schneller als Flüssigkeit nachfließen kann, so werden die Zahnlücken nicht mehr vollständig gefüllt. Es treten Kavitationsschäden auf und zerstören die Pumpe.

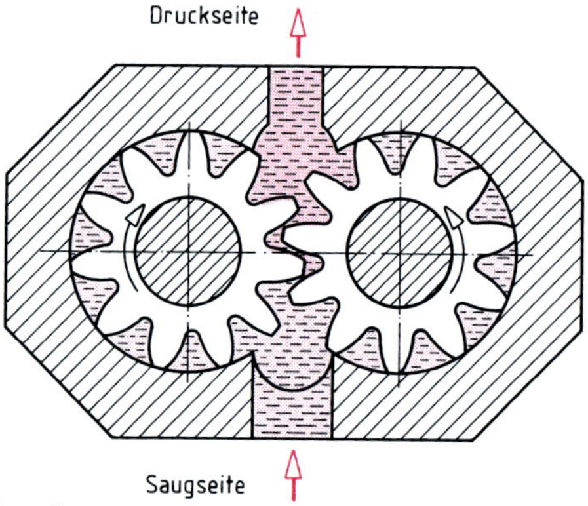

Zahnradpumpe

Zahnradpumpen fördern den Volumenstrom über Zahnlücken von der Saugseite zur Druckseite. In falsch installierten Pumpen, z. B. bei zu kleinen Saugquerschnitten, treten Kavitationsschäden auf.

Die Zahnradpumpe liefert einen nahezu konstanten Volumenstrom, der sich aus dem Verdrängungsvolumen je Umdrehung und der Antriebsfreqeunz errechnet. Zahnradpumpen sind aufgrund ihrer Konstruktion Konstantpumpen.
Da die beweglichen Teile der Pumpe Spiel aufweisen, ist der tatsächlich geförderte Volumenstrom geringer als der theoretisch mögliche Volumenstrom. Es treten Leckverluste auf, weil Flüssigkeit von der Hochdruckseite zur Niederdruckseite fließt. Bei höherem Druck nimmt der Volumenstrom etwas ab, weil mehr Flüssigkeit zwischen den beweglichen Teilen der Pumpe zurückgequetscht wird. Die Abhängigkeit des Volumenstromes vom Druck ist eine kennzeichnende Eigenschaft jeder Hydropumpe. Sie wird als **Pumpenkennlinie** dargestellt.

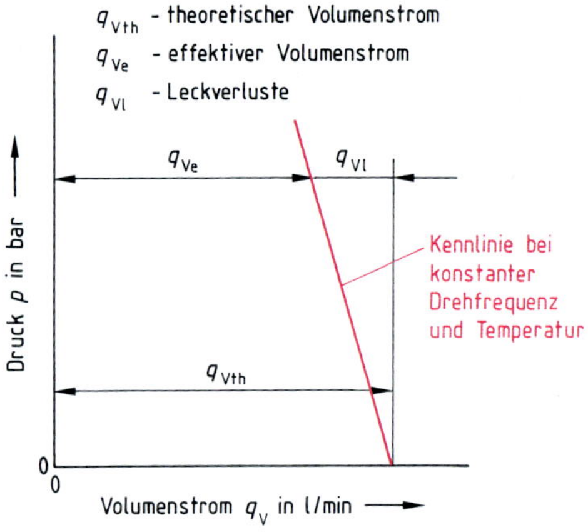

Pumpenkennlinie

Die Pumpenkennlinie einer Pumpe zeigt die Abhängigkeit des Volumenstromes vom Druck. Verschleiß in der Pumpe kann durch entsprechende Messungen festgestellt werden.

Übungsaufgaben D-35 bis D-38

3.4.2 Druckbegrenzungsventil

Das Druckbegrenzungsventil hat die Aufgabe, den Maximaldruck in einer Anlage auf einen bestimmten Wert zu begrenzen, um Bauteile und Leitungen vor Überlastung und Beschädigung zu schützen. Deshalb muss das Druckbegrenzungsventil in der Nähe der Pumpe und parallel zu ihr eingebaut werden. Druckbegrenzungsventile können direkt gesteuert oder vorgesteuert sein.

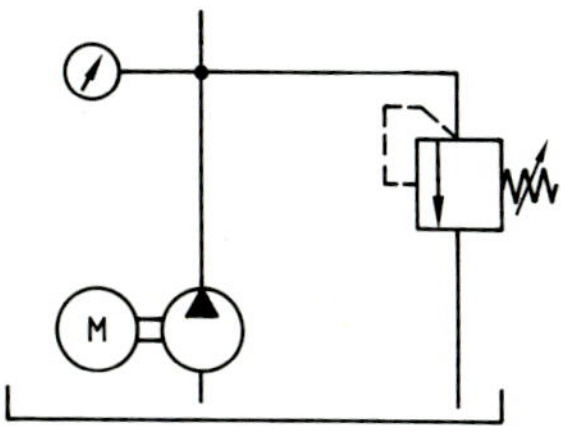

Druckbegrenzungsventil – Einbau

Beim direkt gesteuerten Druckbegrenzungsventil wirkt der Druck p aus der Anlage auf die Fläche A des Ventilkörpers. Die entstehende Druckkraft $F = p \cdot A$ wirkt der Federkraft entgegen, die mit einer Stellschraube verändert werden kann. Steigt der Druck in der Anlage so hoch an, dass die Druckkraft größer als die Federkraft ist, so öffnet das Ventil. Dieser Offenhaltedruck ist vom durchfließenden Volumenstrom abhängig.

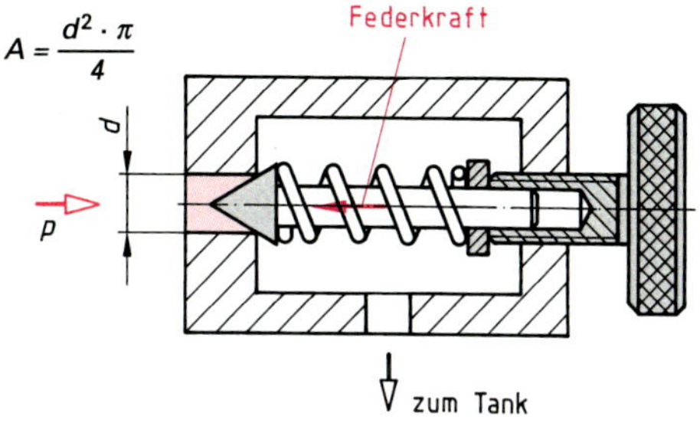

Druckbegrenzungsventil – Aufbau

Die Kennlinie eines direkt gesteuerten Druckbegrenzungsventiles zeigt die Abhängigkeit zwischen dem Druck, der das Ventil öffnet (Offenhaltedruck) und dem durchfließenden Volumenstrom.

Im Idealfall sollte der Offenhaltedruck unabhängig vom durchfließenden Volumenstrom sein. Tatsächlich steigt jedoch der Offenhaltedruck an, wenn der Volumenstrom größer wird.

Erklären kann man sich diesen Zusammenhang wie folgt:

Ein größerer Volumenstrom öffnet das Druckbegrenzungsventil weiter. Dadurch wird die Feder im Ventil mehr zusammengedrückt und die Federkraft erhöht sich. Durch die Erhöhung der Federkraft baut sich ein höherer Druck auf.

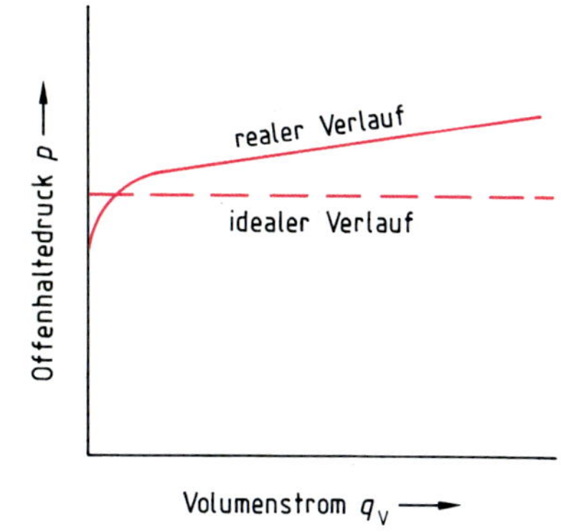

Druckbegrenzungsventil – Kennlinie

Es ist also notwendig, das Druckbegrenzungsventil bei maximalem Volumenstrom einzustellen. Wird der Maximaldruck bei kleinem Volumenstrom, z. B. im unteren Bereich einer Verstellpumpe eingestellt, so erfüllt das Druckbegrenzungsventil seine Aufgabe nicht mehr in der gewünschten Weise. In der Anlage entstehen dann bei größeren Volumenströmen unzulässig große Drücke.

Der Maximaldruck am Druckbegrenzungsventil muss stets bei maximalem Volumenstrom eingestellt werden.

3.4.3 Druckflüssigkeitsbehälter

Jede Hydraulikanlage hat einen eigenen Druckflüssigkeitsbehälter. Die Flüssigkeit wird im Kreislauf durch die Anlage in den Tank zurückgeführt; auch die Leckflüssigkeit leitet man in den Tank.

Im Antriebsaggregat bilden der Druckflüssigkeitsbehälter, die Pumpe und der Motor eine Einheit. Die Pumpe wird möglichst tief eingebaut, damit die Flüssigkeit nicht zusätzlich nach oben angesaugt werden muss. Man montiert die Pumpe möglichst seitlich in den Behälter oder setzt sie direkt in den Behälter unter dem Flüssigkeitsspiegel. Mit einer Flüssigkeitsanzeige lässt sich der Flüssigkeitsstand überwachen.

Übungsaufgaben D-39 bis D-42

3.4.4 Druckflüssigkeiten

Die Druckflüssigkeit hat die Aufgabe, Kräfte und Bewegungen und somit Leistung zu übertragen. Darüber hinaus soll die Flüssigkeit für die Schmierung und Korrosionsschutz sorgen. Durch die Reibung in den Bauteilen der Anlage entsteht Wärme, die von der Flüssigkeit abgeführt werden muss.

Die Druckflüssigkeit muss daher entsprechende Eigenschaften haben:

- möglichst geringe Änderung der Viskosität über einen größeren Temperaturbereich,
- gute Schmierwirkung und damit Schutz vor Reibung und Verschleiß,
- guter Korrosionsschutz gegenüber Bauelementen aus unterschiedlichen Metallen,
- Verträglichkeit gegenüber Dichtungen und anderen Kunststoffelementen,
- alterungsbeständig, d.h. geringe Neigung zur Verharzung bzw. Säurebildung,
- gutes Luftabscheidevermögen und geringe Neigung zur Schaumbildung.

Für Hydraulikflüssigkeiten setzt man vor allem Druckflüssigkeiten auf Mineralölbasis und schwer entflammbare Druckflüssigkeiten ein.

Mineralöle sind die am meisten verwendeten Druckflüssigkeiten. Sie werden mit entsprechenden Wirkstoffen vermischt, damit die gewünschten Eigenschaften erreicht werden.

Schwer entflammbare Druckflüssigkeiten weisen eine erheblich höhere Zündtemperatur als Mineralöle auf. Sie haben jedoch im Vergleich zu den Mineralölen geringere Schmierfähigkeit, schlechteres Korrosionsverhalten und niedrigere Viskosität.

Auswahl von Druckflüssigkeiten

Art	Einsatz
	Mineralöl
HL	Industriehydraulik; Druckbereich bis 250 bar
HLP	Industriehydraulik; Druckbereich über 250 bar
	schwer entflammbare Flüssigkeiten
HFC	in feuergefährdeten Anlagen; mäßige Drücke (Lösung mit 35 bis 55 % Wasser)
HFD	in feuergefährdeten Anlagen; hohe Drücke (synthetische wasserfreie Flüssigkeit)

3.4.5 Filter

Schmutzteilchen verursachen Störungen in der Hydraulikanlage. Staub, Späne oder Schweißrückstände, die bei der Montage der Anlage nicht entfernt worden sind, gelangen in die Hydraulikflüssigkeit. Durch den Verschleiß bewegter Teile bzw. durch Rostpartikel wird die Flüssigkeit ebenfalls verschmutzt. Auch durch den Fertigungsprozess dringen Verunreinigungen, wie Schleifstaub oder Gusssand, in die Hydraulikflüssigkeit ein. Die Schmutzteilchen selbst verursachen auch wieder Verschleiß oder sie verstopfen Ventilbohrungen bzw. verklemmen Kolben. Man setzt deshalb in Hydraulikanlagen Filter ein. Filter werden je nach Anforderungen an die Druckflüssigkeit in die Saugleitung, in die Hochdruckseite, in den Rücklauf oder in einem gesonderten Kreislauf eingebaut.

Rücklauffilter werden am häufigsten verwendet.

Hochdruckfilter baut man in hochwertige Anlagen zum Schutz für Proportional- bzw. Servoventile ein.

Saugfilter sind grobmaschig und dienen dazu, beim Pumpeneinlauf größere Verunreinigungen zurückzuhalten, sie ersetzen aber keinesfalls den Rücklauffilter.

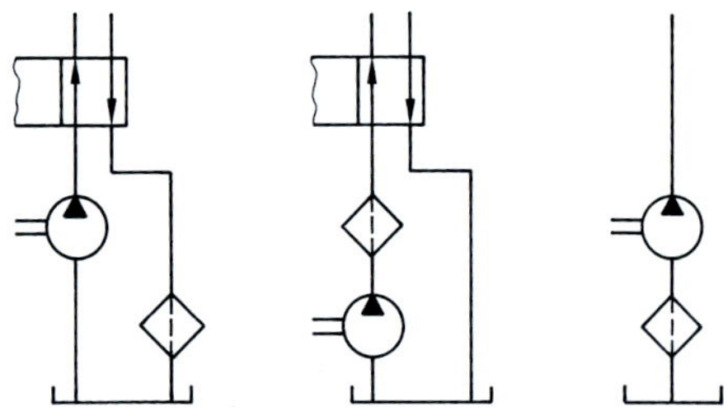

Rücklauffilter Hochdruckfilter Saugfilter

Einsatz von Filtern

Filter sind für die Funktion einer Hydraulikanlage notwendig, sie verringern die Störanfälligkeit und verlängern die Lebensdauer der Bauteile in der Anlage.

Übungsaufgabe D-43

Die Feinheit des Filters (Porenweite) wird in Mikrometer angegeben. In der Mobil- und Industriehydraulik verwendet man z. B. Filter mit einer Porenweite zwischen 10 µm und 60 µm. In der Servohydraulik dagegen beträgt die Porenweite etwa 5 µm.
Je nach der Filterwirkung unterscheidet man Oberflächenfilter und Tiefenfilter.

Oberflächenfilter halten die Schmutzteilchen nur an der Oberfläche des Filters zurück. Sie haben kleine Baugrößen, können leicht gereinigt werden, verschmutzen jedoch verhältnismäßig schnell.

Tiefenfilter filtern über den gesamten Querschnitt, sie können mehr Schmutz aufnehmen, lassen sich jedoch schlechter reinigen.

Filter bewirken in der Hydraulikanlage einen Druckabfall. Der Druckabfall ist vom Verschmutzungsgrad des Filters abhängig und wird messtechnisch zur Filterüberwachung genutzt.
Damit bei zugesetztem Filter die Anlage nicht überlastet wird, baut man eine Umgehungsleitung ein. Diese Leitung öffnet sich bei zugesetztem Filter über ein federbelastetes Rückschlagventil (Bypassventil).

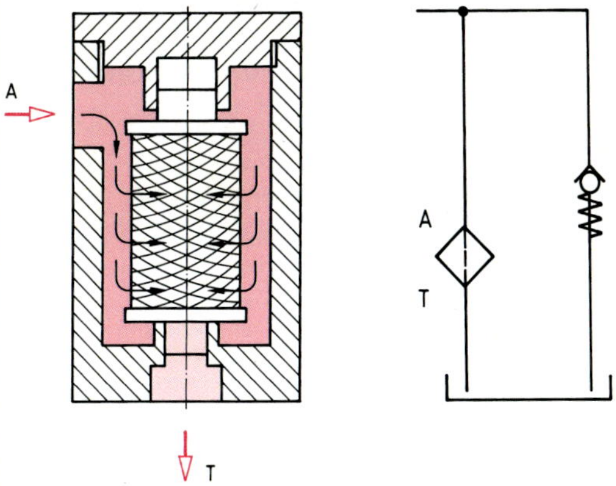

Rücklauffilter und Bypass

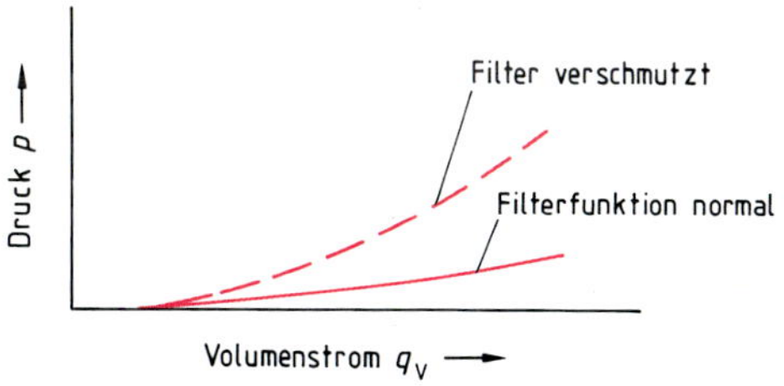

Filter – Kennlinie

Der Verschmutzungsgrad eines Filters wird in der Betriebspraxis meist durch eine am Filter angebrachte Druckmesseinrichtung angezeigt.

3.4.6 Hydrospeicher

In Hydraulikanlagen kann Druckflüssigkeit in begrenztem Maße in Behältern unter Druck gespeichert werden. Diese Behälter bezeichnet man als Hydrospeicher. Am häufigsten wird der gasbelastete Blasenspeicher eingesetzt. Ein **Blasenspeicher** besteht aus einem hochfesten Stahlbehälter, in den eine elastische Kunststoff- oder Gummiblase eingebaut ist. Diese Blase kann über ein Ventil mit Druckgas – meist Stickstoff – gefüllt werden. Leitet man von unten Druckflüssigkeit in den Behälter, so wird je nach Flüssigkeitsvolumen die Gasblase mehr oder weniger zusammengedrückt. Die gespeicherte Druckflüssigkeit kann bei Bedarf an die Anlage abgegeben werden.
Neben dem Blasenspeicher setzt man noch den Membranspeicher und den Kolbenspeicher ein.

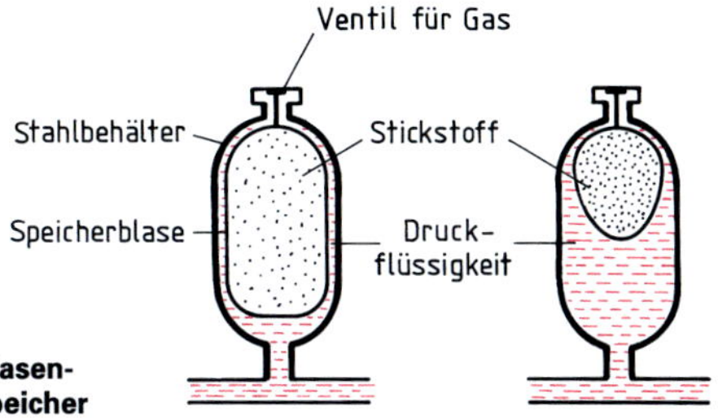

Blasenspeicher

Sicherheitsmaßnahmen
Da gasbelastete Hydrospeicher mit hohem Gasdruck beaufschlagt sind, ist bei ihnen erhöhte Sorgfalt geboten:
- *Füllung mit Sauerstoff* ist wegen der Explosionsgefahr (Öl und Sauerstoff) *verboten.*
- An *Speicherflaschen* dürfen *keine Nacharbeiten* vorgenommen werden. Weder Schweißen, Löten noch mechanische Nacharbeitung sind zulässig.
- Ein Speicher kann eine Hydraulikanlage lange unter Druck halten. *Vor Eingriff* in die Anlage muss sie *druckfrei* gemacht werden, um zu verhindern, dass bei abgeschalteter Pumpe noch Bewegungen ausgeführt werden.

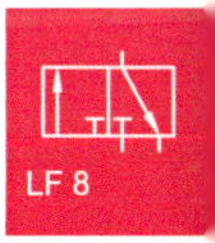

3.5 Teilsystem zur Leistungsübertragung

3.5.1 Leitungen und Verbindungen

Durch Rohrleitungen, Schläuche und Verbindungen werden die hydraulischen Bauelemente zu einem geschlossenen System gefügt. Als Rohrleitungen verwendet man fast ausschließlich nahtlose Präzisionsrohre aus Stahl bzw. aus nicht rostendem Stahl. Die Leitungen sind nach Möglichkeit gerade, bzw. in großen Radien zu verlegen. Dadurch werden die Strömungsverluste gering gehalten. Der Rohrquerschnitt ist so groß zu wählen, dass die maximalen Strömungsgeschwindigkeiten die Richtwerte nicht überschreiten.

Richtwerte für Strömungsgeschwindigkeiten:
- Saugleitungen : 0,5 bis 1,5 m/s
- Druckleitungen : 1,5 bis 7 m/s
- Rücklaufleitungen : 2 bis 4 m/s

Als Verbindung hat sich die **Schneidringverschraubung** bewährt. Bei der Schneidringverschraubung wird eine Überwurfmutter angezogen. Dadurch wird der Schneidring durch den Innenkegel verjüngt und der Ring schneidet sich in das Rohr ein. Am Rohr entsteht ein sichtbarer Bund. Die Verschraubung bleibt auch nach mehrmaligem Lösen und Fügen dicht.

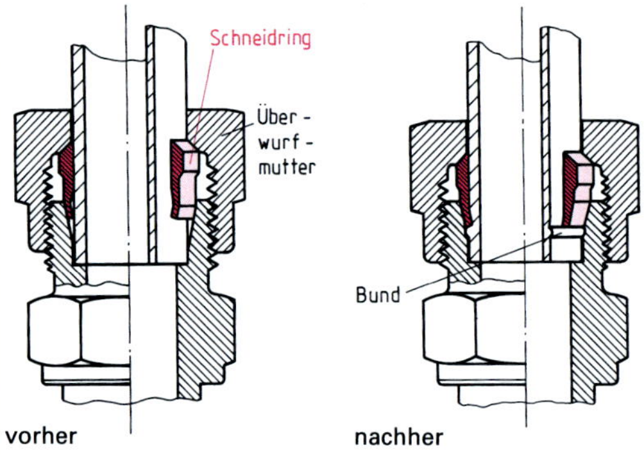

Schneidringverschraubung

Rohrleitungen verbinden die fest stehenden Bauteile in einer Hydraulikanlage. Schneidringverschraubungen benutzt man häufig als Verbindungselement zwischen den Geräten und Rohren.

Über **Schläuche** wird die Druckflüssigkeit beweglichen Arbeitsgliedern zugeführt. Schläuche verwendet man auch, wenn hydraulische Antriebssysteme wiederholt gewechselt werden müssen.

Schläuche werden außerdem dann eingesetzt, wenn in einer Anlage störender Körperschall auftritt und seine Weiterleitung vermieden werden soll.

Schlauchleitungen bestehen aus ölfesten Kunststoffen, die mit Textil- und Metallgeflechten verstärkt sind. Ihr Einsatz ist zeitlich begrenzt, da sie altern. Scharfe Biegungen, Impulsbelastungen und Torsionsbeanspruchungen verringern ebenfalls die Lebensdauer. Besonders sorgfältig muss der Einbau der Schläuche geplant und durchgeführt werden. Grundsätzlich ist darauf zu achten, dass die Schläuche genügend Bewegungsfreiheit haben.

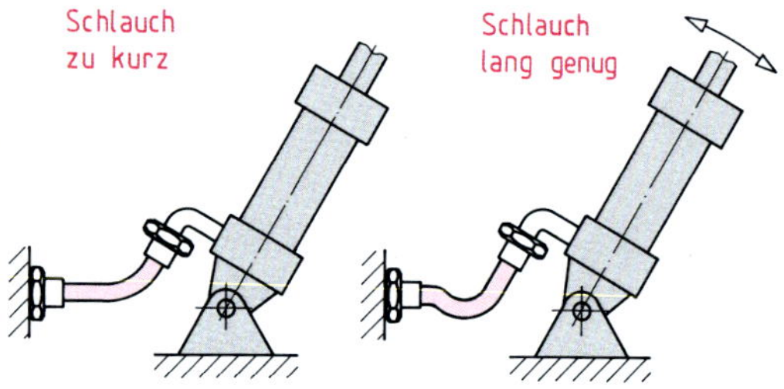

Schlauchverbindung zu Zylindern

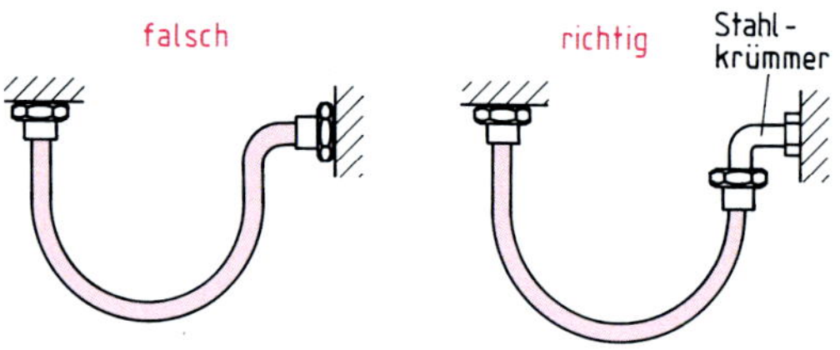

Einbaubeispiel für Schläuche

Schnelltrennkupplungen erlauben in drucklosem Zustand einen einfachen Wechsel von Einzelgeräten bzw. ganzen Baugruppen, wenn man sie mit Schlauchleitungen kombiniert. In Schnelltrennkupplungen tritt jedoch während des Betriebes ein zusätzlicher Druckabfall auf; weiterhin haben sie den Nachteil, dass sie beim Entkuppeln Restöl verlieren.

Schlauchleitungen verbinden bewegliche Bauteile in einer Hydraulikanlage. Werden Antriebssysteme häufig gewechselt, so schließt man die Schläuche mit Schnelltrennkupplungen an die Geräte an.

Übungsaufgaben D-50; D-51

3.5.2 Wegeventile

Wegeventile sind für die Hydraulik in Bezug auf Bauformen und Funktionen in großer Vielfalt entwickelt worden. Vorwiegend werden Kolbenschieberventile – meist 4/3-Wegeventile – eingesetzt.

Als Beispiel wird der Aufbau und die Funktion eines vorgesteuerten 4/3-Wegeventiles beschrieben.

Die Längsbohrung für den Kolben im Hauptventil hat fünf Ringkanäle. Diese sind mit den Anschlüssen P, A, B und T verbunden. Dem Anschluss T ist über eine Zusatzbohrung ein zweiter Ringkanal zugeordnet, damit das Rücköl in beiden Arbeitsstellungen zum Tank geführt werden kann. Das Vorsteuerventil wird über das Hauptventil mit Drukkflüssigkeit versorgt. Die Arbeitsleitungen des Vorsteuerventiles führen auf die Steuerseiten des Hauptkolbens. Eingebaute Druckfedern halten die Kolben in beiden Ventilen in Nullstellung (Mittellage).

Wird das Vorsteuerventil beispielsweise auf der rechten Seite elektromagnetisch betätigt, so verschiebt sich der Vorsteuerkolben nach rechts und verbindet die rechte Arbeitsleitung des Vorsteuerventiles mit dem Druckanschluss. Somit wirkt auf die rechte Seite des Hauptventiles die Druckflüssigkeit. Der Hauptkolben wird nach links umgeschaltet und versorgt die Arbeitsleitung A mit Arbeitsdruck. Die Rückleitung B öffnet sich gleichzeitig zum Tank hin.

Soll dagegen die Leitung B mit Arbeitsdruck versorgt werden, so muss der Elektromagnet auf der linken Seite des Vorsteuerventiles betätigt werden.

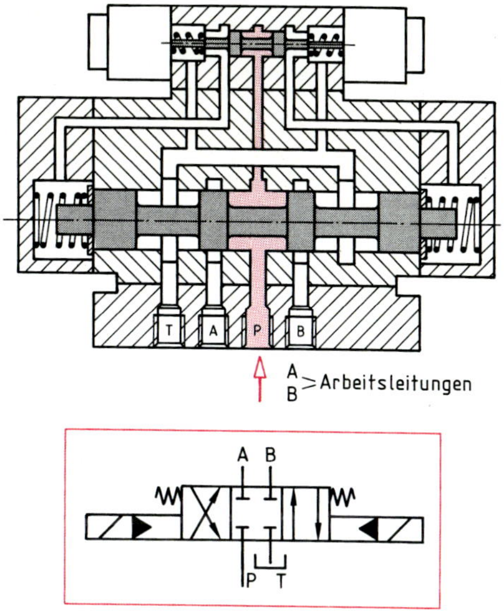

4/3-Wegeventil – Nullstellung

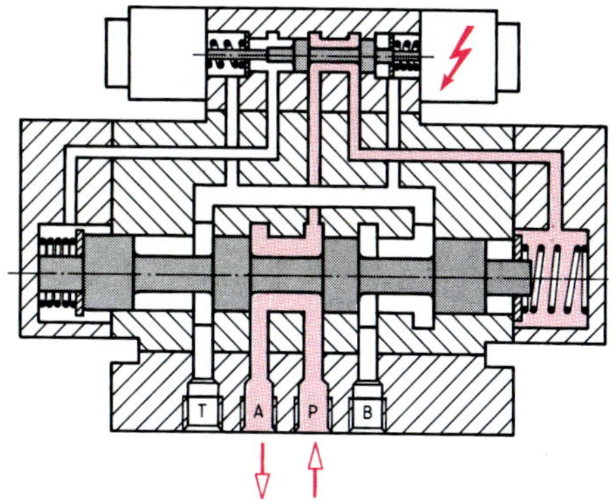

4/3-Wegeventil – Arbeitsstellung

Wegeventile haben in erster Linie die Aufgabe, die Richtung des Volumenstromes zu steuern. Je nach Ventilausführung haben Wegeventile auch die Aufgabe, den Volumenstrom abzusperren.

3.5.3 Druckventile

Hydraulische Druckventile benutzt man entweder als Druckbegrenzungsventile (siehe Kapitel *„Druckbegrenzungsventil"*) oder als Druckminderventile.

Druckminderventile werden eingesetzt, wenn in einem Teil der Hydraulikanlage ein geringerer, aber konstanter Druck herrschen soll als in der Gesamtanlage. Die Wirkung des Druckminderventiles beruht auf dem Vergleich der einstellbaren Federkraft zur Druckkraft aus dem gewünschten Druck p_2.

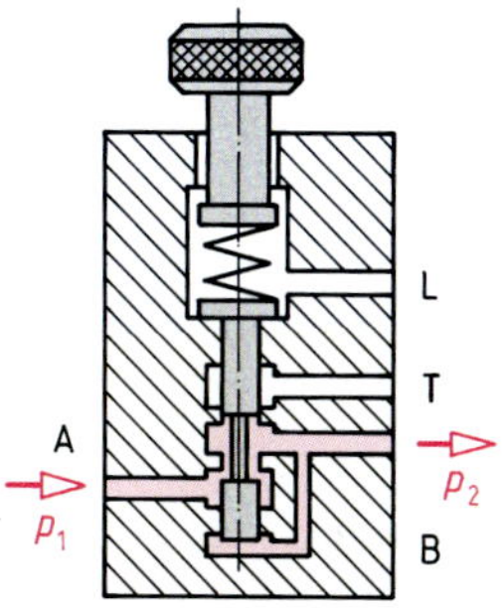

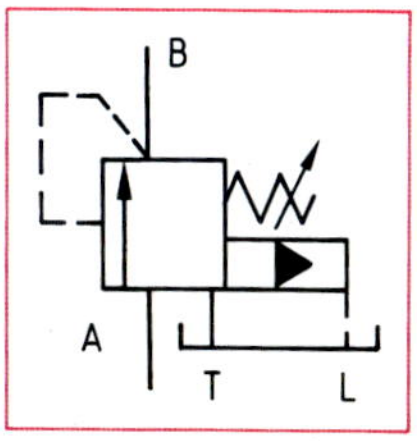

3.5.4 Stromventile

Will man den durchfließenden Volumenstrom in einer Hydraulikanlage beeinflussen, so können Stromventile eingesetzt werden. Durch die richtige Anordnung der Stromventile lässt sich die Geschwindigkeit von Zylindern bzw. die Drehfrequenz von Hydromotoren verändern.

• Drosselventil

In einem verstellbaren Drosselventil wird z.B. ein kegeliger Bolzen in den Strömungsquerschnitt geschraubt. Fördert die Pumpe einen Volumenstrom durch das Drosselventil, so steigt der Druck vor der Drosselstelle (dem Widerstand) an. Der gesamte Volumenstrom fließt jedoch durch das Drosselventil. Erst wenn der Widerstand am Drosselventil so groß wird, dass der Druck vor der Drosselstelle den Öffnungsdruck des parallel geschalteten Druckbegrenzungsventiles erreicht, teilt sich der Volumenstrom auf. Ein Teil des Volumenstromes fließt durch die Drosselstelle, während der Reststrom über das Druckbegrenzungsventil abfließt. Die Wirkung des Drosselventiles setzt also erst dann ein, wenn das Druckbegrenzungsventil öffnet und eine *Stromaufteilung* möglich ist.

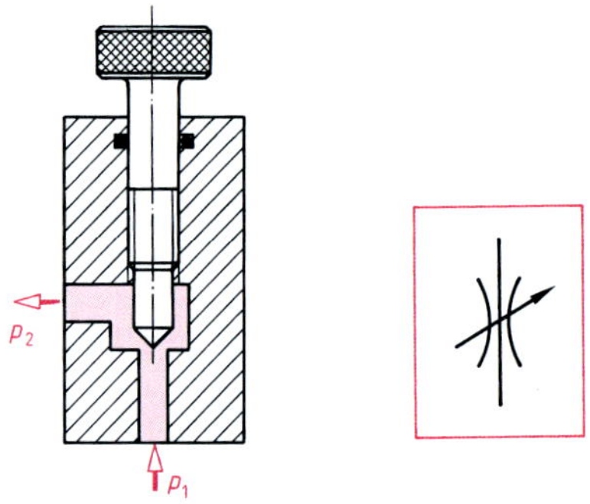

Drosselventil – Aufbau

Der Volumenstrom, der durch eine Drosselstelle fließen kann, ist abhängig von dem Druck vor der Drossel (p_1) und dem Druck nach der Drossel (p_2).
Man bezeichnet den Unterschied zwischen diesen Drücken als Druckdifferenz ($\Delta p = p_1 - p_2$).
Je kleiner die Druckdifferenz ist, desto geringer ist der Volumenstrom, der durch die Drossel fließt, wenn eine Stromaufteilung vorliegt.
Verändern sich die Betriebsbedingungen in einer Anlage, wie z.B. durch Lasterhöhung, so nimmt der Druck nach der Drosselstelle zu. Die Druckdifferenz in der Drossel wird geringer und es verringert sich der Volumenstrom, der durch die Drossel fließt.

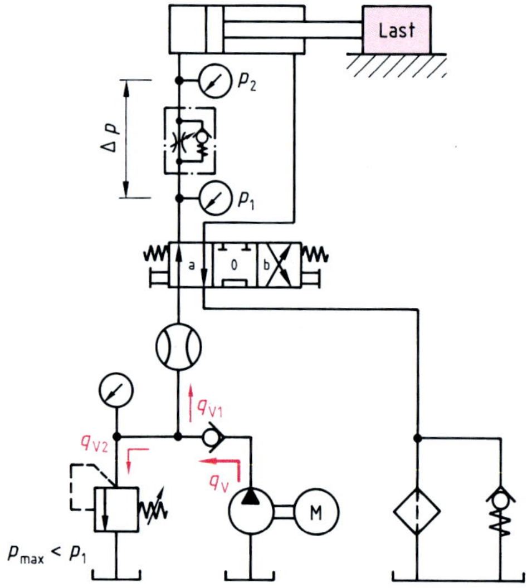

Drosselventil und Stromaufteilung

Wegen der Stromaufteilung fließt jetzt ein größerer Anteil des Volumenstromes über das Druckbegrenzungsventil ab.
Lastschwankungen verursachen daher auch Geschwindigkeitsschwankungen der Arbeitsglieder.
Drosselventile werden deswegen nur dann eingesetzt, wenn kein genauer Volumenstrom notwendig ist, wie z.B. bei Hebebühnen und Spannvorrichtungen.

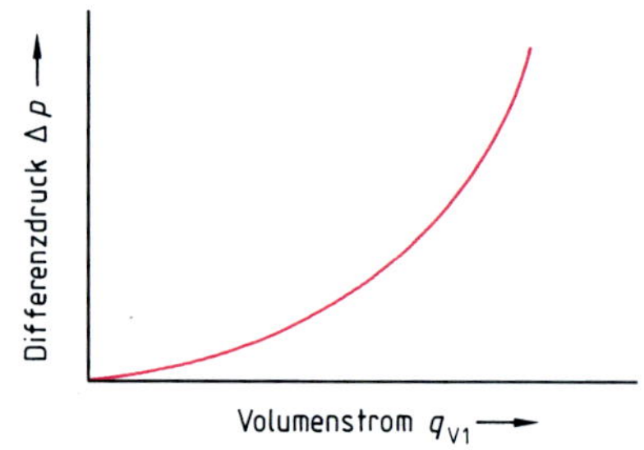

Drosselventil – Kennlinie

Das Drosselventil ist ein hydraulischer Widerstand, vor dem sich ein Druck aufbaut. Die Stromaufteilung und damit die Wirkung des Drosselventiles tritt erst dann auf, wenn sich das parallel geschaltete Druckbegrenzungsventil öffnet.

- **Stromregelventile**

Benötigt man an einem Arbeitsglied eine konstante Geschwindigkeit, z. B. bei einer Vorschubbewegung die unabhängig von der auftretenden Last sein muss, so setzt man Stromregelventile ein. Man unterscheidet Zweiwege-Stromregelventile und Dreiwege-Stromregelventile.

Zweiwege-Stromregelventil

Durch das Zweiwege-Stromregelventil fließt unabhängig von Druckschwankungen in der Anlage ein weitgehend konstanter Volumenstrom. Eine Stromaufteilung ist notwendig und erfolgt meist über das Druckbegrenzungsventil.
Über eine verstellbare Drossel wird der Querschnitt und somit die Größe des durchfließenden Volumenstromes eingestellt. Vor der Drossel herrscht der höhere Druck p_2, dahinter der kleinere Druck p_3. Nur die Druckdifferenz Δp zwischen p_2 und p_3 ist für die Größe des durchfließenden Volumenstromes maßgebend. Durch die vorgeschaltete Druckwaage wird die Druckdifferenz auch bei Druckänderung konstant gehalten. Wird z.B. an der Arbeitsseite der Druck p_3 verringert, so verringert sich gleichzeitig der Druck auf der linken Kolbenfläche der Waage. Der Kolben wandert etwas nach links; dadurch ändert sich der Einströmquerschnitt und somit auch der Druck p_2 vor der Drossel. Hierdurch wird die ursprüngliche Druckdifferenz zwischen p_2 und p_3 beibehalten.

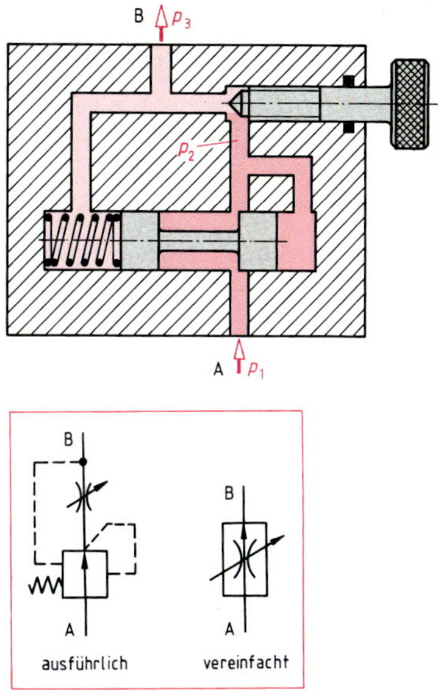

Zweiwege-Stromregelventil

3.5.5 Sperrventile

Sperrventile haben die Aufgabe, den Volumenstrom in einer Richtung zu sperren und in der anderen Richtung freien Durchfluss zu gestatten. In der Hydraulik werden vor allem das Rückschlagventil und das entsperrbare Rückschlagventil eingesetzt.

- **Rückschlagventil**

Das Rückschlagventil ist ein Sitzventil, dessen Abschlusselement als Kegel oder Kugel ausgeführt sein kann. Normalerweise wird das Abschlusselement durch eine schwache Feder in den Ventilsitz gedrückt. Die Feder hat den Vorteil, dass das Ventil in beliebiger Einbaulage montiert werden kann und dass es in seiner Ruhestellung geschlossen ist.
Der Öffnungsdruck eines Rückschlagventiles hängt von der gewählten Feder ab und ist gegenüber den übrigen Widerständen in einem Hydrauliksystem meist vernachlässigbar klein.

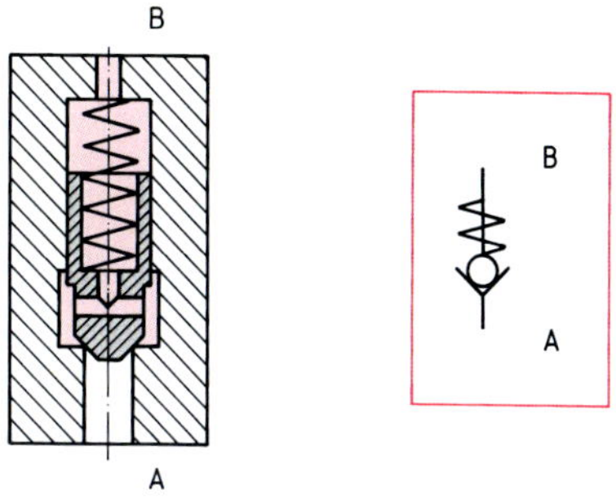

Rückschlagventil

- **Entsperrbares Rückschlagventil**

Wird in einem Rückschlagventil Durchfluss unter bestimmten Bedingungen auch in Sperrstellung gefordert, so steuert man das Rückschlagventil entsprechend an. Die Ansteuerung erfolgt hydraulisch über einen zusätzlichen Kolben, der bei Druckbeaufschlagung den Ventilsitz entgegen der Schließkraft aus seiner Schließstellung hoch hebt. Eingesetzt wird das entsperrbare Rückschlagventil in Verbindung mit einem Wegeventil in Kolbenschieberausführung, wenn eine schwere Last gegen unerwünschtes Absinken über längere Zeit sicher gehalten werden muss.

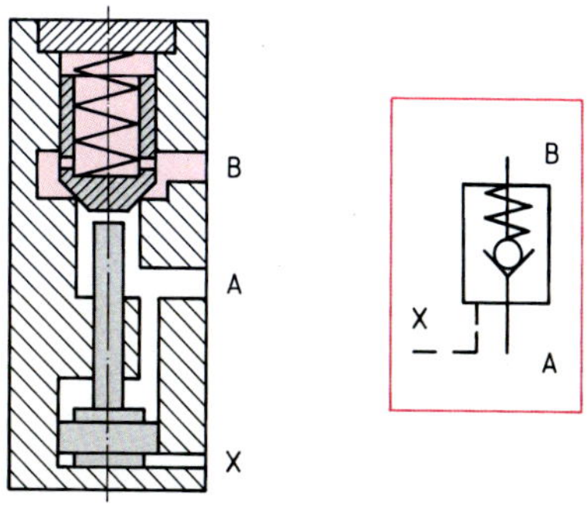

Entsperrbares Rückschlagventil

Übungsaufgaben D-59 bis D-64

3.6 Teilsystem zur Leistungswandlung (Motorgruppe)

Die hydraulische Leistung wird mit Arbeitselementen in mechanische Leistung umgewandelt. Je nach Art der Umwandlung unterscheidet man Hydraulikzylinder und Hydraulikmotoren.

3.6.1 Hydraulikzylinder

Hydraulikzylinder, die auch Linearmotore genannt werden, dienen dazu, in Achsrichtung wirkende Kräfte auszuüben. Der Vorteil der Hydraulikzylinder besteht darin, dass sie für sehr große Kräfte verwendet werden können, ohne dass man mechanische Übersetzungssysteme benötigt.

- **Aufbau**

Ein Hydraulikzylinder besteht grundsätzlich aus einem Zylinderrohr, einem Kolben mit Kolbenstange, den Zylinderdeckeln und den Dichtungen und Schmutzabstreifern. Entlüftungs- und Prüfanschlüsse sollten möglichst nah am Zylinder angebracht sein. Die Maße der Zylinder, die Anschlüsse und die verwendeten Druckbereiche sind genormt.

Beispiel für Maße am Zylinder

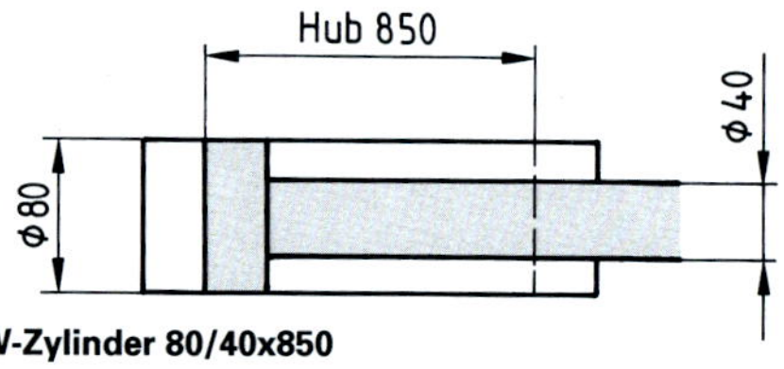

DW-Zylinder 80/40x850

Beispiel für den Aufbau eines doppelt wirkenden Hydraulikzylinders

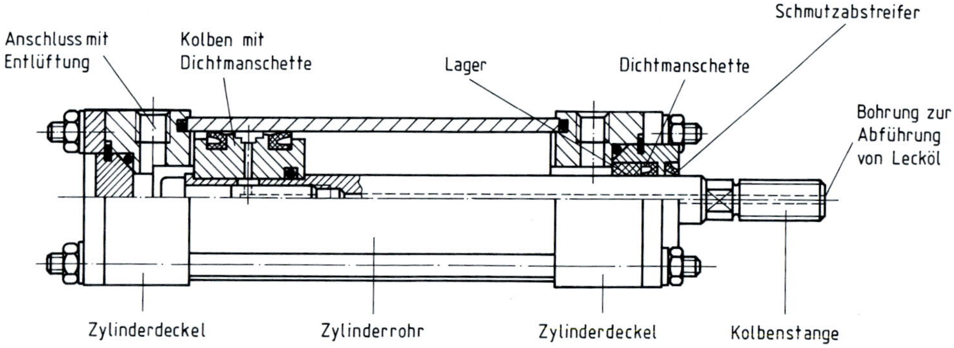

Hinweise:

Bei dem dargestellten Hochdruckzylinder ist der Raum zwischen den Dichtungen am Kolben mit einer Leckölleitung verbunden, die durch die Kolbenstange führt. Je nach Einbaulage sieht man für den Zylinder an der höchstgelegenen Stelle Entlüftungsanschlüsse vor.

- **Wirkungsgrad bei Hydraulikzylindern**

In Hydraulikzylindern mit elastischen Dichtungen sind die Leckverluste vernachlässigbar klein. Bei einwandfreien Dichtungen beträgt der volumetrische Wirkungsgrad nahezu 100 %. Durch die gute Dichtwirkung ergeben sich an den Zylindern jedoch erhöhte Reibungskräfte, die den hydraulisch mechanischen Wirkungsgrad vermindern. Lufteinschlüsse sind schädlich, weil es durch die zusammengepressten Luftbläschen zu Zerstörungen an den Dichtungen kommt. Deshalb müssen die Zylinder sorgfältig entlüftet werden.

3.6.2 Hydraulikmotor

Hydraulikmotoren als Rotationsmotoren dienen dazu, die hydraulische Leistung in Drehmomente und Drehbewegungen umzuwandeln. Hydraulische Rotationsmotoren lassen meist in beide Richtungen eine stufenlose Änderung der Drehfrequenz zu. Gegenüber den Elektromotoren haben sie folgende Vorteile: sehr kleine Baugröße, Überlastschutz und große Drehmomentenübertragung auch bei kleinen Drehfrequenzen. Die hydraulischen Rotationsmotoren unterscheidet man nach ihrem Aufbau in Axialkolbenmotoren, Radialkolbenmotoren, Rollflügelmotoren und Zahnradmotoren.

Übungsaufgaben D-65 bis D-69

3.7 Grundsteuerungen in der Hydraulik

In den Schaltplan für Hydraulikanlagen wird meist das Teilsystem der Leistungswandlung und Leistungsbereitstellung mit eingerechnet. Zu diesem Teilsystem gehören u.a. Pumpe mit Motor (Elektromotor oder Verbrennungsmotor), Druckbegrenzungsventil, Filter mit Bypass, Druckmessgerät, Temperaturmessgerät und Prüfanschlüsse für Druck- und Volumenstrommessungen.
Da dieser Teil der Anlage in allen hydraulischen Steuerungen durchweg gleich ist, wird er in den folgenden Steuerungsbeispielen nicht mehr gezeichnet.

Beispiel für Schaltplanausschnitt (Leistungswandlung und Leistungsbereitstellung)

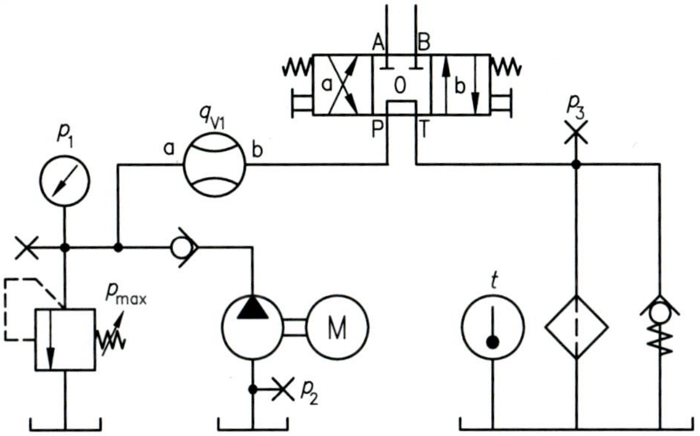

Messanschlüsse für Druckmessungen

Messstelle	Erklärung
p_1	Fest eingebautes Druckmessgerät für die Einstellung des Maximaldruckes mit zusätzlichem Anschluss für ein Prüfmanometer
p_2	Prüfanschluss für die Unterdruckmessung an der Pumpensaugleitung
p_3	Prüfanschluss am Rücklauffilter
q_{v1}	Volumenstrom-Messgerät im Zulauf des Hydraulikkreislaufes
t	Fest eingebautes Temperaturmessgerät zur Messung der Öltemperatur

Steuerungen in der Hydraulik haben meist ein eigenes Antriebsaggregat. Jede Anlage in der Hydraulik muss über ein Druckbegrenzungsventil abgesichert sein.

3.7.1 Richtungssteuerung durch Wegeventile

- **Steuerung mit 4/2-Wegeventil**

Ein doppelt wirkender Zylinder kann mit einem 4/2-Wegeventil angesteuert werden. Die Druckflüssigkeit wird dabei wahlweise auf die eine oder andere Seite des Kolbens gegeben und bewirkt ein Aus- bzw. Einfahren des Kolbens. In beliebigen Zwischenstellungen kann der Kolben nicht gehalten werden, da stets auf einer Seite der Volumenstrom wirkt. Nach dem Aufbau des am Druckbegrenzungsventil eingestellten Druckes öffnet dies, und die Flüssigkeit fließt in den Tank. Der Maximaldruck wird erreicht, wenn die Kolbenstange in die Endlage fährt oder wenn die Last zu groß ist.
Rotationsmotoren lassen sich ebenfalls mit 4/2-Wegeventilen steuern. Beim Umschalten ist nur eine unmittelbar gegenläufige Drehung möglich.

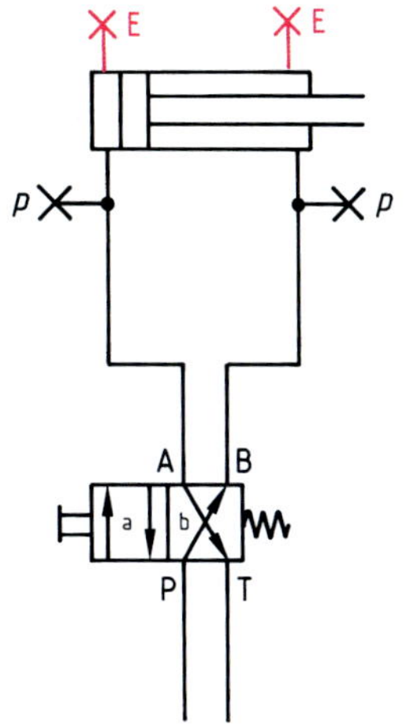

X Entlüftungsstelle (E)
X Messanschluss, Druck (p)
Richtungssteuerung durch ein 4/2-Wegeventil

4/2-Wegeventile dienen zur Richtungsänderung von Volumenströmen und damit auch zur Steuerung der Bewegungen von Hydraulikmotoren.

Übungsaufgaben D-70; D-71

- **Steuerung mit 4/3-Wegeventil**

4/3-Wegeventile dienen zur Sperrung oder zur Richtungsänderung von Volumenströmen. Doppelt wirkende Zylinder oder Rotationsmotoren können somit auch über 4/3-Wegeventile angesteuert werden. Das 4/3-Wegeventil hat eine Mittelstellung (0), die unterschiedliche Funktionen haben kann.

Bei der *Umlaufmittelstellung* wird die Hydraulikflüssigkeit mit freiem Umlauf in den Tank zurückgepumpt. Der Hydraulikzylinder bleibt bei der Mittelstellung des 4/3-Wegeventiles in der Position stehen, die er beim Umschalten hat. Wirkt jedoch auf den Zylinder eine äußere Last, so verändert die Kolbenstange durch Lecköl am Kolbenschieber des Wegeventils langsam ihre Stellung.

Das genaue Festhalten des Zylinders unter Belastung in jeder Position wird beispielsweise durch den Einsatz eines Rückschlagventiles erreicht. Damit die Kolbenstange einfahren kann, wird das Rückschlagventil entsperrt.

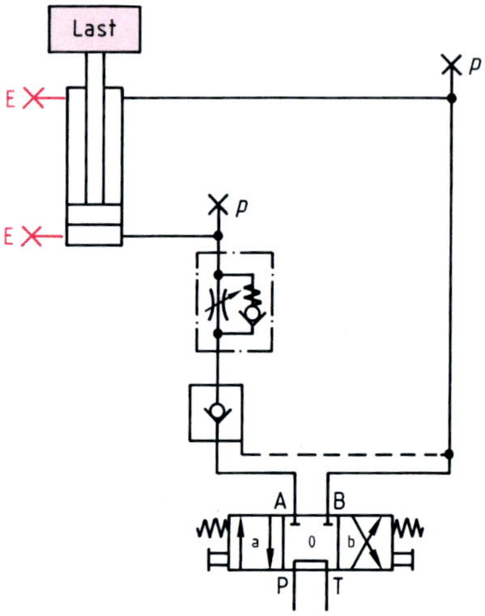

Richtungssteuerung durch ein 4/3-Wegeventil

Durch die unterschiedliche Gestaltung der Mittelstellung bei 4/3-Wegeventilen können unterschiedliche Funktionen im Hydraulikkreislauf verwirklicht werden.

Beispiele **für Gestaltung von Mittelstellungen in 4/3-Wegeventilen**

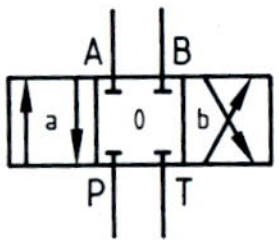

Sperr-Mittelstellung

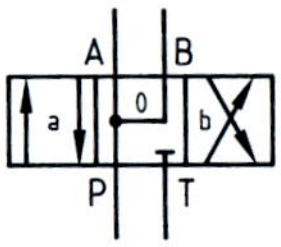

Differential-Mittelstellung (Eilgang-Mittelstellung)

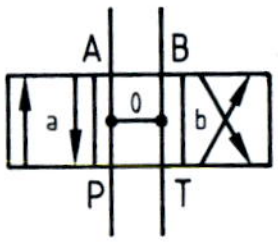

Schwimm-Mittelstellung

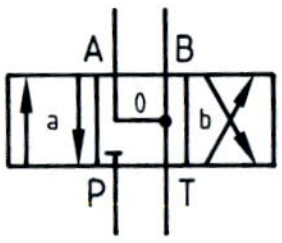

Freigang-Mittelstellung (Schwimm-Ruhestellung)

3.7.2 Geschwindigkeitssteuerung

- **Geschwindigkeitssteuerung im Zulauf**

Die Geschwindigkeitssteuerung im Zulauf ist nur dann möglich, wenn eine Stromaufteilung erfolgt. Erst wenn der Druck in der Anlage den Öffnungsdruck am Druckbegrenzungsventil erreicht, tritt diese Stromaufteilung ein. Bleibt der Druck in der Anlage niedriger als der Druck, der am Druckbegrenzungsventil eingestellt wurde, so wird die Ausfahrgeschwindigkeit des Zylinders nur vom Pumpenförderstrom bestimmt. Sobald das Druckbegrenzungsventil öffnet, wird bei weiterem Anstieg der Last die Abhängigkeit der Steuerung von der Last sichtbar.

Für die praktische Anwendung bedeutet diese Art der Geschwindigkeitssteuerung über Drosselventile eine Abnahme der Geschwindigkeit bei Lastzunahme bzw. eine Zunahme der Ausfahrgeschwindigkeit bei Lastabnahme.

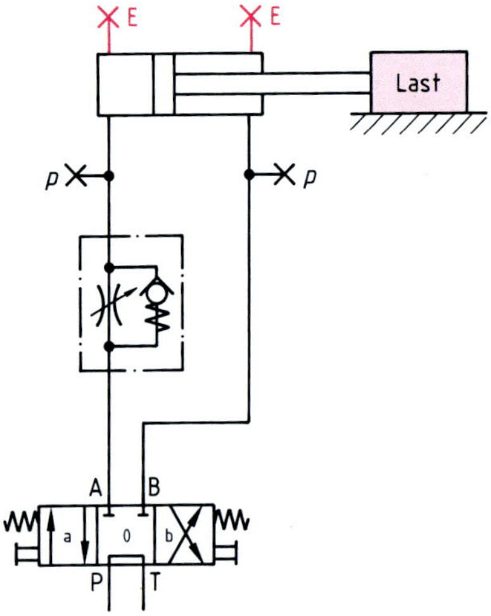

Geschwindigkeitssteuerung im Zulauf

Übungsaufgabe D-72

- **Geschwindigkeitssteuerung im Ablauf**

Die Geschwindigkeitssteuerung im Ablauf ist ebenfalls nur möglich, wenn eine Stromaufteilung erfolgt. Der Druck im Kolbenringraum kann jedoch durch die Druckübersetzung unzulässig hoch ansteigen. Die Druckübersetzung entsteht wegen der unterschiedlichen Flächen auf der Kolbenseite und der Kolbenringseite. Deshalb muss bei der Einstellung des Druckbegrenzungsventiles dieser Zusammenhang berücksichtigt werden.
Die Geschwindigkeitssteuerung im Ablauf mit Drosselventilen ist ebenfalls lastabhängig. Die Geschwindigkeit nimmt bei Lastzunahme ab, bei Lastabnahme erhöht sich die Geschwindigkeit. Im Gegensatz zur Geschwindigkeitssteuerung im Zulauf erlaubt der Einbau der Drossel im Ablauf auch eine kontrollierte Bewegung, wenn Lastrichtung und Bewegungsrichtung übereinstimmen.

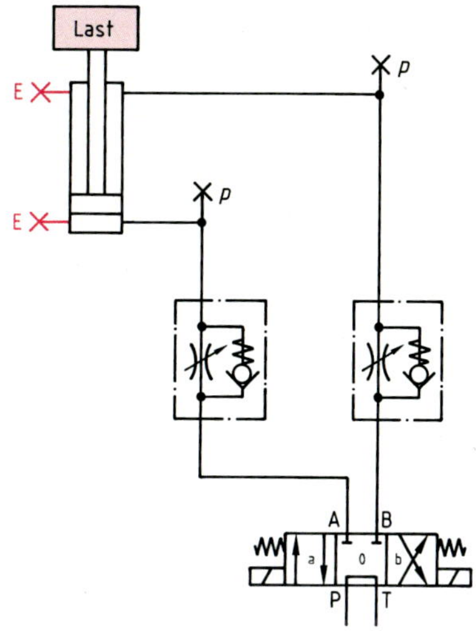

Geschwindigkeitssteuerung im Ablauf

3.7.3 Eilgang-Vorschub-Steuerung

Eine typische Anwendung der Hydraulik in der Fertigungstechnik ist die Eilgang-Vorschub-Steuerung von Werkzeugschlitten. Dabei führt die Hydraulik folgende Bewegungen aus:

- Das Werkzeug wird im Eilgang an das Werkstück herangefahren.
- Der Spanungsvorgang wird mit einem einstellbaren Vorschub durchgeführt.
- Nach dem Spanen wird das Werkzeug mit dem Werkzeugschlitten im Eilrücklauf in die Ausgangsstellung zurückgefahren.

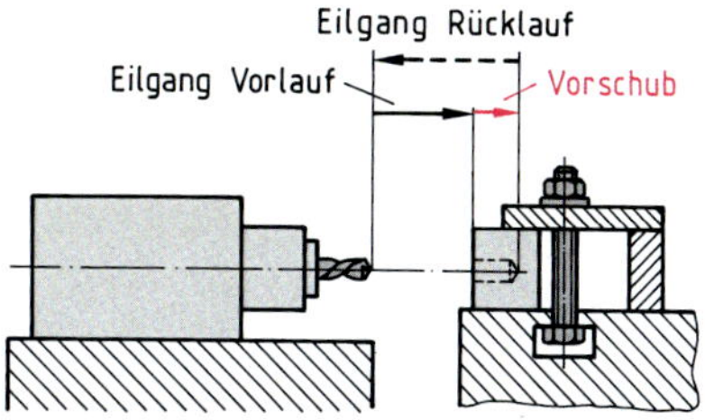

Bewegungen eines Werkzeugschlittens

Aufbau der vereinfachten Steuerung

Vom Antriebsaggregat wird die Anlage mit Druckflüssigkeit versorgt. In der Ausgangsstellung ist der Zylinder eingefahren. Die Anlage ist über das Druckbegrenzungsventil abgesichert. Schaltet man das 4/3-Wegeventil in Schaltstellung a, so fährt der Kolben des Zylinders im Eilgang aus, da das Rücköl über das geöffnete 2/2-Wegeventil ungedrosselt zum Tank abfließen kann. Sobald die Kolbenstange den induktiven Sensor erreicht, wird über ein elektrisches Signal das 2/2-Wegeventil in die Stellung b geschaltet. Das Rücköl kann deshalb nur über das Zweiwege-Stromregelventil in den Tank zurückfließen. Diese ablaufseitige Regelung des Volumenstromes ermöglicht eine einstellbare langsame Vorschubbewegung. Die notwendige Stromaufteilung erfolgt über das Dreiwege-Stromregelventil im Zulauf. Ist der Spanungsvorgang beendet, wird das 4/3-Wegeventil in die Schaltstellung b umgeschaltet; die Kolbenstange fährt schnell ein.

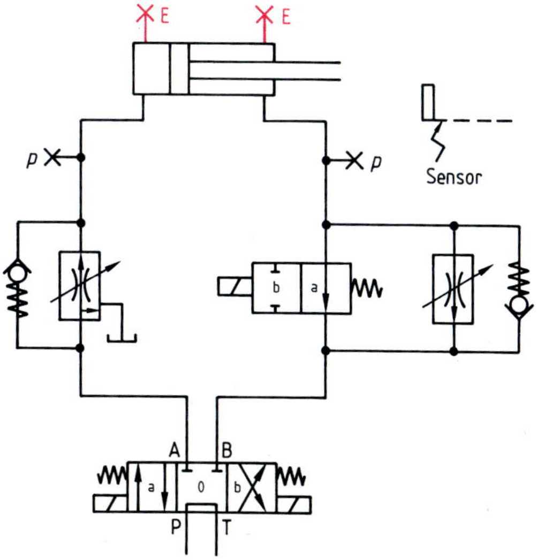

Übungsaufgaben D-73; D-74

4 Inbetriebnahme, Wartung und Fehlersuche in Steuerungen

4.1 Inbetriebnahme von Steuerungen

4.1.1 Elektropneumatische Anlagen in Betrieb nehmen

Bei der Inbetriebnahme einer neuen, reparierten oder geänderten Anlage ist nicht auszuschließen, dass ein Arbeitsglied eine unvorhergesehene Bewegung ausführt. Dies kann zu Verletzungen führen oder die Zerstörung von Bauteilen und Werkzeugen zur Folge haben. Es ist daher wichtig, bei der Inbetriebnahme von Steuerungen besondere Sicherheitsmaßnahmen einzuhalten und in einer bestimmten Reihenfolge vorzugehen.

- **Sicherheitsmaßnahmen (Personenschutz) bei Inbetriebnahme**
  - Im Hubbereich von Zylinderbewegungen die Betätigungen von Sensoren nur mit Hilfsmitteln vornehmen.
  - Druckleitungen nur lösen, wenn die Anlage drucklos ist.
  - Leitungsenden beim Lösen festhalten – Restdruck.
  - Änderungen im elektrischen Teil der Anlage nur im Niederspannungsbereich und nur im spannungslosen Zustand durchführen.
  - Für sonstige Aufgaben im elektrischen Anlagenteil autorisiertes Fachpersonal anfordern.

- **Reihenfolge der Schritte zur Inbetriebnahme**

1. Schritt: **Anlage in Grundeinstellung bringen**
- Anlage drucklos und spannungslos schalten.
- Aktoren in Grundstellung bringen.
- Ventile in Ausgangsstellung setzen.
- Drosselventile schließen.
- Sicherheitsventile auf niedrigst zulässigen Betriebsdruck einstellen.

2. Schritt: **Anlage anfahren**
- Spannung anlegen und Arbeitsdruck langsam erhöhen.
- Leckstellen und Undichtigkeiten in der Anlage beheben.
- Ventile mit Speicherverhalten – eventuell über Handhilfsbetätigungen – einstellen.
- Funktion der Anlage in Schritten prüfen und dabei Drosselventile nacheinander langsam öffnen.
- Probelauf ohne Werkzeug und Werkstück durchführen.

3. Schritt: **Anlage hochfahren**
- Probelauf mit Werkzeug und Werkstück vornehmen.
- Druckeinstellungen und Geschwindigkeiten optimieren.
- Testlauf mit allen geforderten Daten durchführen.

Bei der Inbetriebnahme von Steuerungen treten erhöhte Gefährdungen auf. Die einschlägigen Vorschriften für den Personenschutz und die Schrittfolge der Inbetriebnahme sind einzuhalten.

Übungsaufgaben D-75; D-76

4.1.2 Inbetriebnahme von Steuerungen mit Industrierobotern

Besondere Sicherheitsmaßnahmen für Industrieroboter sind in VDI 2853 festgelegt. Aus Sicherheitsgründen unterscheidet man bei ihnen die beiden Betriebsarten *Automatik* – dies ist der reguläre Arbeitsablauf – und *Einrichten* der Robotereinstellungen.

> Die Bedienung von Produktionseinrichtungen mit Industrierobotern darf nur durch entsprechend geschultes Personal erfolgen.

Beispiele für Sicherheitskomponenten eines Industrieroboters

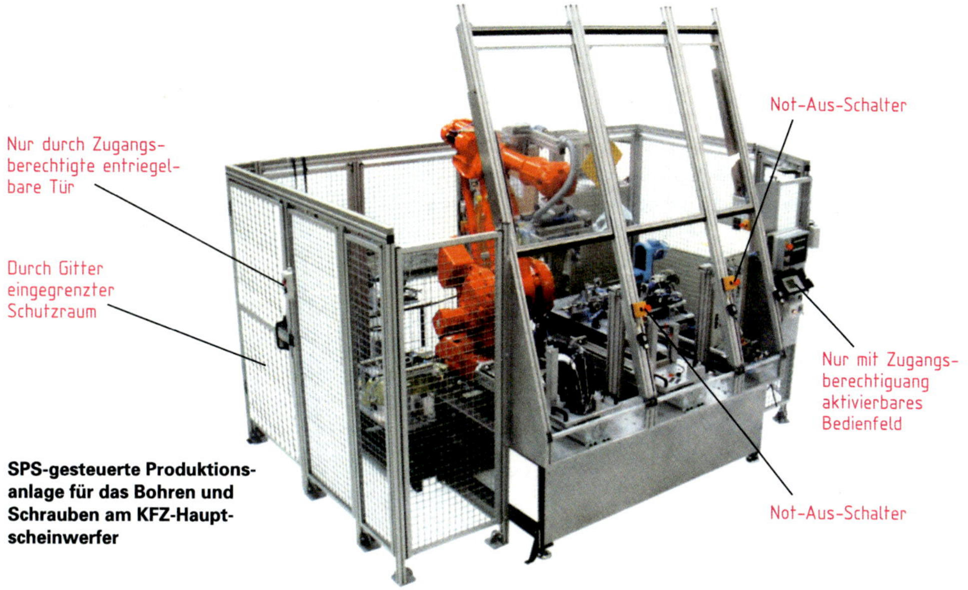

SPS-gesteuerte Produktionsanlage für das Bohren und Schrauben am KFZ-Hauptscheinwerfer

Not-Aus-Funktion

Wird diese Funktion ausgelöst, so werden alle Steuerspannungen für die Roboterantriebe abgeschaltet und deren Bremsen aktiviert, sodass keine Bewegungen möglich sind. Diese Funktion darf nur dann rückgesetzt werden, wenn die Ursache bekannt ist und behoben wurde.

Arbeitsstopp

Hierbei werden die Antriebe des Roboters in den sicheren Betriebszustand *„Bereitschaft"* geschaltet. Die Antriebe sind dabei stromlos und die Bremsen der Roboterachsen aktiviert.

Geschwindigkeitsüberwachung

Das integrierte Wegmesssystem für die einzelnen Achsantriebe des Roboters führt einen ständigen Soll-Ist-Wert-Vergleich durch und verhindert somit die Überschreitung der festgelegten Maximalgeschwindigkeit.

Arbeitsbereichüberwachung

Der Arbeitsbereich des Roboters wird durch mechanische Anschläge an den Hauptachsen des Roboters begrenzt. Zusätzlich wird die Annäherung an den maximal möglichen Achswinkel per Software überwacht.

Bedienerschutz

Die Schnittstelle Mensch/Roboter kann sowohl mechanisch oder mittels Lichtschranken abgesichert werden. Die Unterbrechung dieser Schutzeinrichtung löst Arbeitsstopp aus.

Begehungsschutz

Roboteranlagen sind durch einen geeigneten Schutzzaun vom Arbeitsfeld der Umgebung zu trennen. Der Zugang ist nur durch elektrisch überwachte Türen möglich. Bei Öffnen der Türen wird Arbeitsstopp ausgelöst.

Automatikbetrieb

Hierbei müssen alle Sicherheitsfunktionen aktiv sein. Das Roboterprogramm wird automatisch abgearbeitet. Es kann in den Bewegungsablauf nicht mehr eingegriffen werden. Der Aufenthalt im Arbeitsbereich des Roboters ist verboten.

Übungsaufgabe D-77

4.1.3 Hydraulische Anlagen in Betrieb nehmen

Bei der Inbetriebnahme von hydraulischen Anlagen sind grundsätzlich die entsprechenden Sicherheitsmaßnahmen wie bei anderen steuerungstechnischen Anlagen einzuhalten. Besonderheiten sind

- für das Druckmedium,
- für die Einstellung des Druckbegrenzungsventils und
- bei dem Einsatz von Hydrospeichern

zu beachten.

- **Verunreinigungen im Hydrauliksystem**
  Schmutz und Luft in der Druckflüssigkeit sind die Hauptursache für den Ausfall von Hydrauliksystemen. Bei der Inbetriebnahme muss daher der Schmutz ausgefiltert, gegebenenfalls das Öl ausgetauscht und die Anlage entlüftet werden.

- **Einstellung des Druckbegrenzungsventils**
  Das Druckbegrenzungsventil ist als Sicherheitsventil unmittelbar nach der Pumpe eingebaut und ist notwendig, damit in der Anlage keine unzulässig hohen Drücke auftreten. Damit der maximal zulässige Druck in der Hydraulikanlage nicht überschritten wird, muss das Druckbegrenzungsventil bei maximalem Volumenstrom in der Anlage eingestellt werden. Würde z. B. der Druck bei einer Verstellpumpe im unteren Förderbereich eingestellt, so erfüllte das Druckbegrenzungsventil seine Aufgabe nicht mehr in der gewünschten Weise. In der Anlage entstünden bei größeren Volumenströmen unzulässig hohe Drücke.

- **Sicherheitsmaßnahmen bei Hydrospeichern**
  Da gasbelastete Hydrospeicher mit hohem Gasdruck beaufschlagt werden, ist bei ihnen erhöhte Sorgfalt geboten. Ein Speicher kann eine Hydraulikanlage lange unter Druck halten. Vor dem Eingriff in eine Anlage muss sie druckfrei gemacht werden, um zu verhindern, dass bei abgeschalteter Pumpe noch Bewegungen ausgeführt werden.

Bei der Inbetriebnahme von Hydraulikanlagen müssen Verunreinigungen aus dem Druckmedium entfernt werden, darf man das Druckbegrenzungsventil nur bei vollem Volumenstrom einstellen und muss man besondere Sicherheitsmaßnahmen bei Hydrospeichern einhalten.

4.2 Wartung von Steuerungen

Steuerungsanlagen müssen in vorgeschriebenen Zeitintervallen systematisch gewartet werden, damit lange Betriebszeiten gewährleistet sind und die Anlage wirtschaftlich arbeitet. Die systematische Wartung und Kontrolle einer Steuerung wird erleichtert, indem man die Anlage so unterteilt, dass einzelne Teilbereiche unter besonderen Wartungsgesichtspunkten betrachtet werden können. Bei der Wartung kann man die Teilbereiche Druckversorgung, Leitungssystem und Bauelemente unterscheiden.

4.2.1 Wartung im Bereich der pneumatischen Druckversorgung

Für Druckluft gilt, dass sie möglichst wasser-, staub- und schmutzfrei ist. Die Wartungseinheiten sind regelmäßig zu kontrollieren. Angesammeltes Kondensat muss abgelassen werden.
Die Filter in der Wartungseinheit halten Staubteilchen und Kondensat zurück. Deshalb müssen sie in bestimmten Zeitabständen gesäubert oder ausgewechselt werden.
Bei stark beanspruchten Anlagen kann die Druckluft nach Bedienungsvorschrift mit Öl angereichert werden. Branchenspezifische Vorschriften sind dabei zu beachten (z. B. die Hygienevorschriften in der Lebensmittelindustrie). Wegen der Umweltbelastung durch Ölnebel in der Abluft ist bei neueren Pneumatikbauteilen eine Anreicherung der Luft mit Öl nicht mehr vorgesehen.

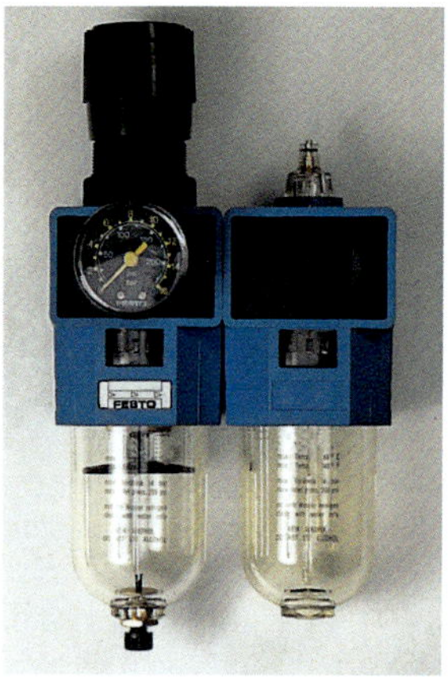

Wartungseinheit

Übungsaufgaben D-78 bis D-81

4.2.2 Wartung pneumatischer Leitungssysteme

Vorbeugende Maßnahmen verhindern Störungen in der Versorgung der Anlagen mit Druckluft. Hierzu gehört vor allem die richtige Verlegung des Rohrleitungsnetzes. Insbesondere ist darauf zu achten, dass Abzweigungen von der Hauptleitung zur Luftentnahme *nach oben* erfolgen und dass die Abzweigungen für die Kondensatenleerung nach unten angebracht werden.
Bei der Montage von Leitungen oder Anschlüssen ist unbedingt darauf zu achten, dass in den Rohren oder Schläuchen keine Schmutzteilchen oder Späne zurückbleiben.

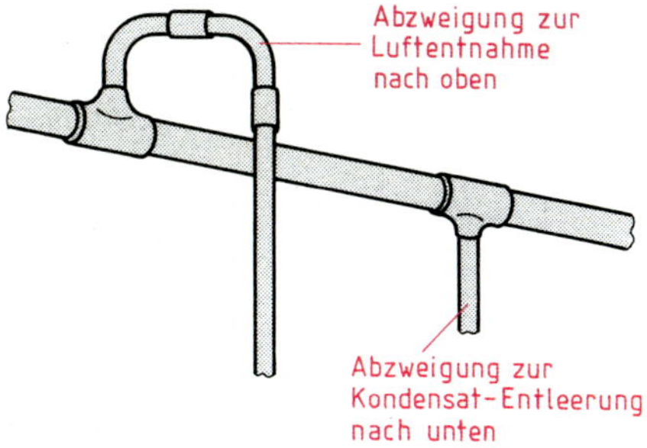

Montage von Druckluftleitungen

Während des Betriebes müssen die Druckluftleitungen und die Anschlüsse regelmäßig auf Dichtigkeit überprüft werden. Schadhafte Leitungen und undichte Anschlüsse in einer Anlage können Verluste von mehreren tausend EURO verursachen.

LF 8

Beispiel für Betriebskosten durch Leckverluste

Leckgröße in mm	Luftverbrauch bei 6 bar in l/s	Verlustleistung in kW	Kosten bei 8 000 Betriebsstunden in EUR
d = 1 •	1,3	0,32	250,–
d = 5 ●	30,9	8,3	6.900,–

4.2.3 Wartung von hydraulischen Anlagen

Hydraulische Anlagen müssen mit sauberem Öl gefahren werden. Durch vorbeugende Instandhaltung kann die Zahl hydraulikbedingter Ausfälle in einer Anlage erheblich gesenkt werden. Die Lebensdauer der Hydraulikkomponenten und die Betriebssicherheit werden durch die Qualität des Druckmediums entscheidend beeinflusst.

Filterwechsel nach der Einlaufphase sind für einen einwandfreien Betrieb notwendig. Je nach Belastung ist auch das Öl in der Einlaufphase auszutauschen.

Filterelemente in einer Hydraulikanlage sammeln den Schmutz aus dem Druckmedium. Mit zunehmender Verschmutzung des Filters steigt die Druckdifferenz im Filter. Wartungsanzeigen optischer oder elektrischer Art, die diese Druckdifferenz auswerten, weisen auf den Verschmutzungsgrad des Filterelementes hin.

Eine langfristige Sicherheit für den Betrieb von hochwertigen Hydraulikanlagen, wie sie z. B. in Werkzeugmaschinen zu finden sind, erreicht man durch regelmäßige Aufzeichnungen über den Zeitpunkt des Wechsels der Filterelemente und durch Ölanalysen.

Ölprobenentnahme

Übungsaufgaben D-82; D-83

4.2.4 Wartung von Bauelementen in Steuerungen

Die Wartung von fluidischen Bauelementen erfolgt zunächst dadurch, dass Verschleißteile beobachtet und im Bedarfsfall ausgewechselt werden.

Verschleißerscheinungen von Dichtungen an Zylindern lassen sich durch den Abrieb an den Kolbenstangen beobachten. Bei Zylindern sind zusätzliche Abdeckungen einzubauen, wenn sehr hoher Schmutz- bzw. Staubanfall vorliegt.

Insbesondere in der Einlaufphase einer Anlage können Schmutzpartikel und Späne die Funktionen beeinträchtigen. Hydraulikanlagen müssen entlüftet werden.

Verschleiß in Ventilen ist nicht vorbeugend zu erkennen. Verschleißerscheinungen in Ventilen werden erst deutlich, wenn Störungen im Steuerungsablauf auftreten.

Die Befestigungen der Bauteile müssen regelmäßig überprüft werden, weil sich durch Erschütterungen die Bauteile lockern und lösen können.

Ein wirkungsvolles Mittel zur vorbeugenden Schadensbekämpfung ist die systematische Erfassung von aufgetretenen Fehlern und Störungen in einer Anlage. Dazu benutzt man ein Protokollbuch mit entsprechenden Schadenslisten.

Beispiel **für Verschleißteile an einem Pneumatikzylinder**

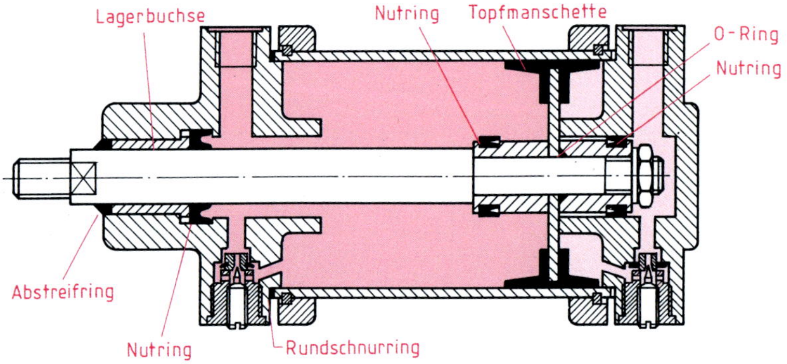

Die beste Wartung für die Funktion von Steuerungsanlagen ist die Bereitstellung eines einwandfreien Druckmediums, das sorgfältig gefiltert sein muss. In Pneumatikanlagen muss das Kondensat regelmäßig entfernt werden. Bauteile sind regelmäßig auf Verschleiß und auf festen Sitz zu überprüfen.

Für die verschiedenen Wartungsarbeiten sind bei Steuerungen unterschiedlich große Wartungsintervalle vorgeschrieben. Diese Zeitabstände richten sich nach der Betriebszeit der Anlage und den Einsatzbedingungen.

Beispiel **für wichtige regelmäßige Wartungsarbeiten an pneumatischen Anlagen**

Wartungsintervall	Maßnahmen
Täglich	Kondensat ablassen (bei nicht automatischen Geräten). Öler in der Wartungseinheit kontrollieren.
Wöchentlich	Funktion der Signalglieder überprüfen. Druckmesser nachprüfen. Ölmenge im Öler prüfen.
Vierteljährlich	Leitungen und Anschlüsse auf Dichtigkeit prüfen. Filterpatronen reinigen. Funktionsprüfungen am automatischen Kondensatablass. Befestigungen der Bauteile überprüfen.
Halbjährlich	Kolbenstangenführungen auf Verschleiß untersuchen. Abstreifringe und Dichtungen gegebenenfalls erneuern.

Übungsaufgaben D-84; D-85

Nur besonders geschultes Fachpersonal darf Wartungsarbeiten an und die Inbetriebnahme von hydropneumatischen Speichern durchführen. Folgende Wartungsarbeiten müssen an einem Speicher durchgeführt werden:

- Gasfülldruck prüfen,
- Sicherheitseinrichtungen, Armaturen prüfen,
- Leitungsanschlüsse prüfen,
- Speicherbefestigung prüfen.

Beispiel **für Wartungsarbeiten an einem hydropneumatischen Speicher (Auszug aus einem Firmenmerkblatt)**

Prüfintervalle

Nach der Inbetriebnahme des Speichers ist der Fülldruck in der ersten Woche mindestens einmal zu prüfen. Wird kein Gasverlust festgestellt, ist eine zweite Prüfung nach drei Monaten durchzuführen. Ist erneut keine Druckänderung eingetreten, kann auf jährliche Prüfungen übergegangen werden.

Messen auf der Flüssigkeitsseite

Nachdem das Manometer (3) an den Speicher angeschlossen ist, muss wie folgt vorgegangen werden:

- *Druckflüssigkeit in den Speicher füllen,*
- *Absperreinrichtung (5) schließen,*
- *durch Öffnen des Entlastungsventils (2) Druckflüssigkeit langsam abfließen lassen (Temperaturausgleich)*
- *während des Entleerungsvorganges Manometer (3) beobachten. Sobald der Fülldruck im Speicher erreicht ist, fällt der Zeiger schlagartig auf Null ab.*

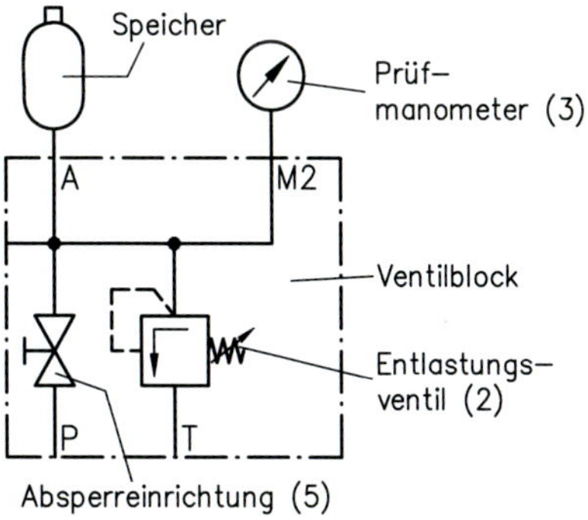

Werden Abweichungen von diesem Verhalten gemessen, ist zunächst zu prüfen, ob die Rohrleitungen und Armaturen dicht sind, oder ob die Abweichungen auf unterschiedliche Umgebungs- oder Gastemperaturen zurückzuführen sind. Erst wenn hier kein Fehler festgestellt werden kann, ist eine Überprüfung des Speichers erforderlich.

4.3 Fehlersuche in Steuerungen

In Steuerungen können unterschiedliche Fehler auftreten. Diese Fehler haben sehr unterschiedliche Ursachen. Es ist daher nicht möglich, für jeden Fall konkrete Hinweise zu geben. Die Fehlersuche wird jedoch durch sorgfältige Planung und Dokumentation der Anlage sowie durch die zweckmäßige Auswahl und Montage der Bauelemente erleichtert.

Grundvoraussetzung für die Fehlersuche und die daraus folgende Instandsetzung in komplexen Steuerungen ist das Verständnis für das vorgegebene technische System. Der Fachmann muss den Soll-Zustand eines Systems kennen. Bei Störungsmeldungen wird der Ist-Zustand in dem System festgestellt und mit dem Soll-Zustand verglichen.

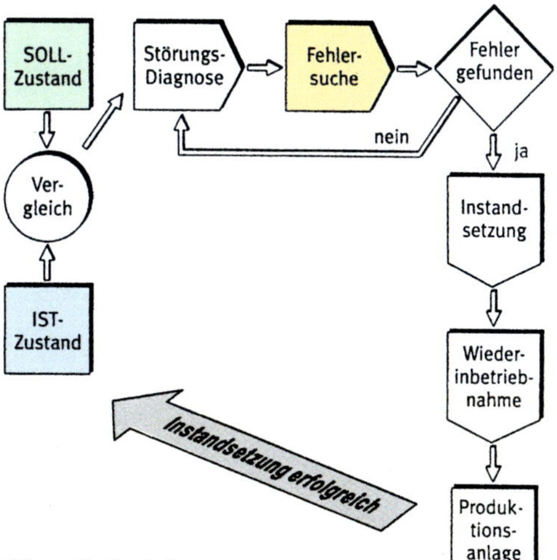

Fehlersuche in Anlagen

LF 8

4.3.1 Maßnahmen zur Vereinfachung der Fehlersuche

- **Übersichtliche Planungsunterlagen**
  - Schaltpläne, Funktionspläne und Funktionsdiagramme müssen nach einheitlichen Gesichtspunkten aufgebaut sein.
  - Bauteile, Rohrleitungen und Anschlüsse sollen sowohl in den Konstruktionsunterlagen als auch in der Anlage eindeutig und gleich gekennzeichnet sein.

- **Zweckmäßige Auswahl der Bauteile**
  - Bei elektrischen Bauteilen solche bevorzugen, die ihre Signalzustände durch Leuchtdioden anzeigen (LED-Anzeige).
  - Pneumatische bzw. hydraulische Ventile mit Druckanzeigen auswählen, sodass die jeweilige Schaltstellung von außen ersichtlich ist.
  - Bei größeren Anlagen Anzeigegeräte zur zentralen Überwachung von Prozessdaten und Prozesszuständen auf Schalttafeln vorsehen.

- **Übersichtliche Anordnung der Bauelemente**
  - Geräte mit gleichen Funktionen sind möglichst nach dem gleichen Aufbauschema anzuordnen.
  - Leitungen mit der gleichen Funktion kennzeichnet man durch gleiche Farbgebung.
  - Bauteile und ihre Anschlüsse werden möglichst so montiert, dass eine Demontage mit normalen Werkzeugen ohne großen Aufwand erfolgen kann.

4.3.2 Fehlersuche mithilfe von Fehlerursachen-Tabellen

Mithilfe von Fehlerursachen-Tabellen in der Betriebsanleitung können mögliche Fehler in einer Anlage eingegrenzt werden. Man vergleicht die beschriebene Art der Störung mit den Beobachtungen im Ist-Zustand. Die Hinweise zur Fehlerbehebung führen zu entsprechenden Instandsetzungsarbeiten.

Beispiel für eine Fehlerursachen-Tabelle bei einer elektropneumatischen Anlage

Art der Störung	Fehlerursache	Fehlerfolge	Hinweise zur Behebung
Luftversorgung ist nicht ausreichend	Anlage ist zu klein ausgelegt, Querschnittsverringerung durch Schmutz, Luftverlust durch Undichtigkeiten in der Anlage	In der Taktfolge der Zylinder treten Störungen auf. Die Kräfte an den Arbeitselementen reichen zeitweise nicht aus.	Ist die Anlage erweitert worden? Leckstellen aufsuchen, Filter überprüfen, korrodierte Leitungen austauschen
Hoher Kondensatanfall oder feuchte Druckluft	Trockner arbeitet nicht, Kondensat ist nicht entfernt worden, automatischer Kondensatablass ist defekt, Anschlussleitungen sind falsch verlegt	Schaltfunktionen sind beeinträchtigt, Ventilteile sitzen fest, Korrosionsschäden treten auf, Schmierstoffe in der Anlage emulgieren und verharzen	Tägliche Kontrolle der Wartungseinheiten, Filter austauschen
Zylinder führt vorgesehene Bewegungen nicht aus	Rückschlagventil ist undicht, Ringdüse am Stromregelventil ist verklebt, Stellglieder steuern nicht um, Rückstellfeder im Zylinder gebrochen	Kolbengeschwindigkeit lässt sich nicht mehr regeln, Kolben fährt nicht mehr ein oder aus, Kolben fährt ruckartig	Verschleißteile oder Federn in den Bauteilen auswechseln, elektrischen Anlagenteil auf Spannung überprüfen
Ventile führen vorgesehene Funktionen nicht aus	Ventil ist verschmutzt, Feder im Ventil ist gebrochen, Dichtsitze in den Ventilen sind beschädigt, Dichtringe sind gequollen, Entlüftungsbohrungen sind verstopft, Magnetspule ist durchgebrannt	Taktfolge in der Anlage ist gestört, Kolben fahren nicht mehr ein oder aus, elektrischer Anlagenteil ist ohne Spannung, an Ventilen treten Leckverluste auf	Verschleißteile oder Federn in den Bauteilen auswechseln, elektrischen Anlagenteil auf Spannung überprüfen, Ventile komplett austauschen.

Übungsaufgaben D-88 bis D-92

4.3.3 Fehlersuche mithilfe von Ablaufplänen

Mithilfe von Ablaufplänen in der Betriebsanweisung können ebenfalls mögliche Fehler in einer Anlage eingegrenzt werden. Diese Art der Fehlersuche ist vorteilhaft bei größeren Anlagen und bei Anlagen mit geschlossenen Kreisläufen, wie sie vor allem in der Hydraulik vorliegen.
Man vergleicht auch hier den Ist-Zustand mit dem Soll-Zustand. Falls erforderlich, versucht man über geeignete Messverfahren den Fehler einzugrenzen. Ist der Fehler lokalisiert und die Fehlerursache erkannt, so führen die Hinweise zur Fehlerbehebung aus der Betriebsanleitung zu entsprechenden Instandsetzungsarbeiten.

Beispiel für einen Ablaufplan zur Fehlersuche bei einer hydraulischen Anlage

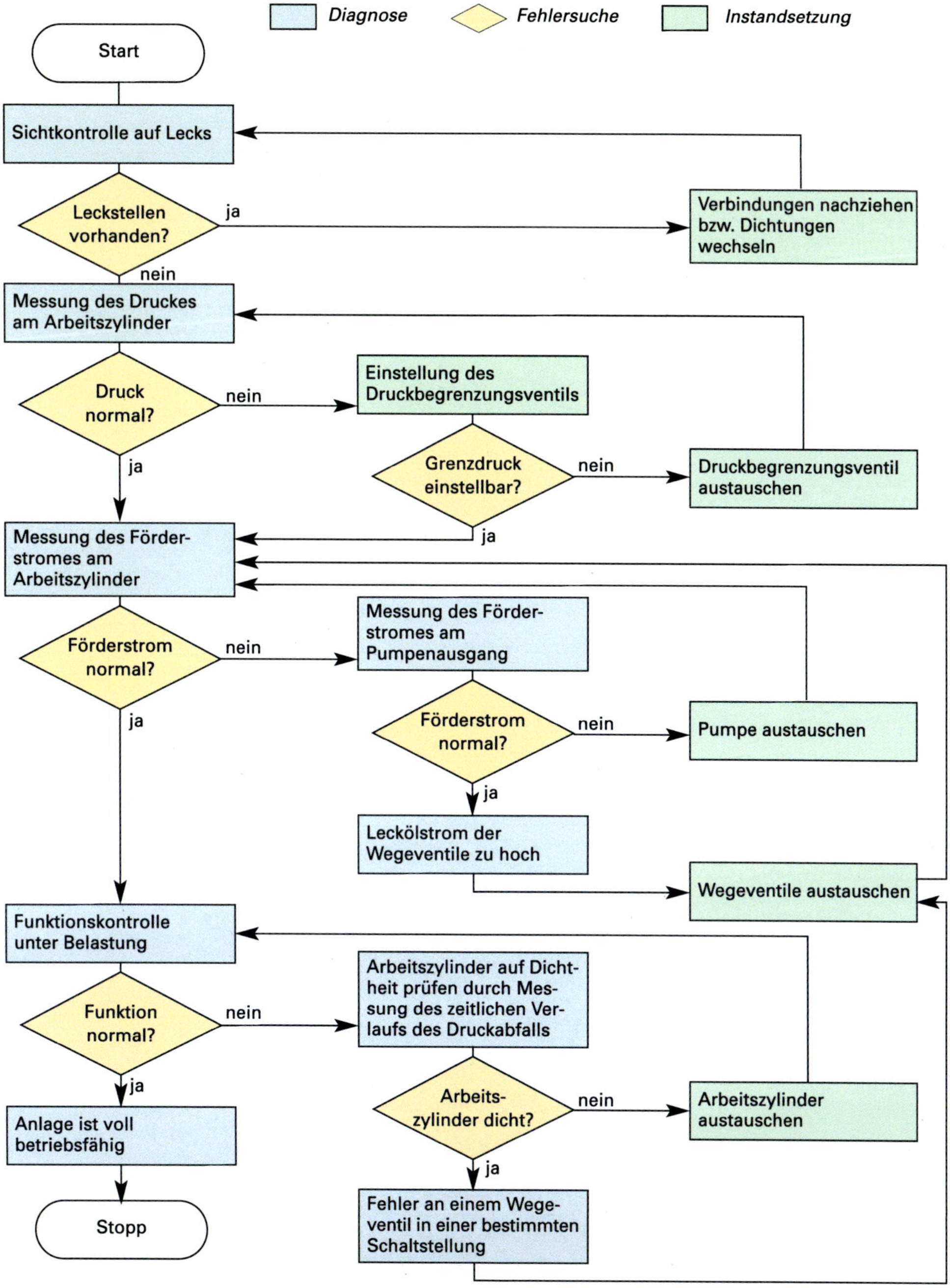

Übungsaufgaben D-93; D-94

Handlungsfeld: Fertigen durch funkenerosives Schneiden

Problemstellung

Auftrag

Auftrag
Die Schneidplattendurchbrüche (Schneidplattenwerkstoff: 90MCrV8) zur Herstellung des nebenstehenden Tischbeinverbinders (Schnittteil) aus S235JR mithilfe eines Schneidewerkzeuges sind zu fertigen.

Schnittteil- und Schneidplattenzeichnung

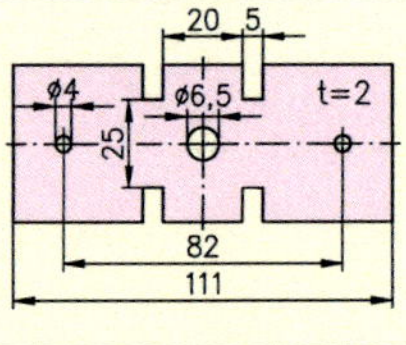

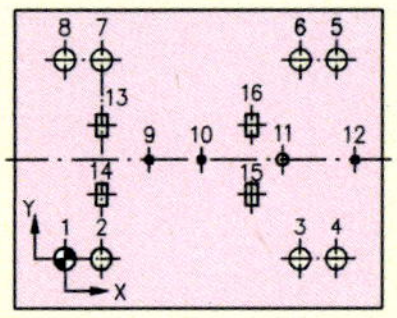

Pos.	X	Y	Kontur
1	0,0	0,0	ø12H7
2	30,0	0,0	ø13
3	116,0	0,0	ø13
4	146,0	0,0	ø12H7
5	146,0	106,0	ø12H7
6	116,0	106,0	ø13
7	30,0	106,0	ø13
8	0,0	106,0	ø12H7
9	40,4	53,0	ø4
10	69,5	53,0	ø4
11	110,5	53,0	ø6,5
12	151,5	53,0	ø4
13	14,5	71,0	11x5
14	14,5	35,0	11x5
15	95,5	46,0	11x5
16	95,5	71,0	11x5

Auftrag und Zeichnungen analysieren hinsichtlich
- Werkstück (Form, Maße, Toleranzen und Oberflächengüte)
- Werkstoff
- Stückzahl
- Liefertermin

Analysieren

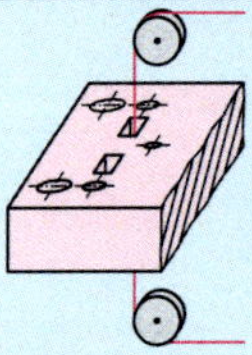

Vollschneiden mit Schnittüberlagerung zur Fertigung des konischen Durchbruchs, Rohteil: Platte *(Normalie)*

Ergebnisse
- Verfahrensvariante und
- Bearbeitungstechnik
- Rohteil (Form und Maße)

Entscheidungen hinsichtlich
- Verfahrwegen und Angaben zu Bahnkorrekturen, Mindestradien u. Ä.)
- Prozesskenngrößen (Impulsdauer und -pause ...) in Abhängigkeit von Werkstückwerkstoff und -dicke, Drahtwerkstoff und -durchmesser sowie den Fertigungsbedingungen.

Planen

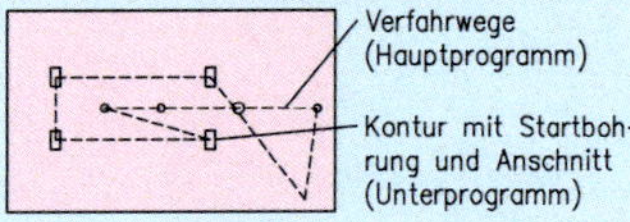

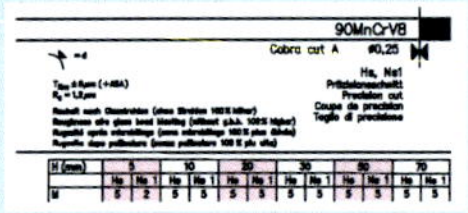

Ergebnisse
- NC-Programme mit Verfahrwegen und Angaben zu Bahnkorrekturen, Mindestradien u. Ä.)
- Prozesskenngrößen (Richtwerte)

- Einstellen nicht gespeicherter Prozesskenngrößen
- Einrichten der Werkstücke (Positionieren, Spannen u. Ä.)
- Einrichten der Drahtelektrode
- Bereitstellen von Hilfsstoffen (Dielektrikum)

Schneiden

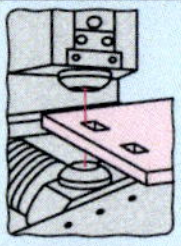

- Vorbereiten der Spüleinrichtungen
- Schneidprozess starten
- Zwischenkontrolle durchführen
- Sicherheitsvorschriften beachten

Kontrolle der
- Maße
- Form
- Oberfläche

Qualität kontrollieren

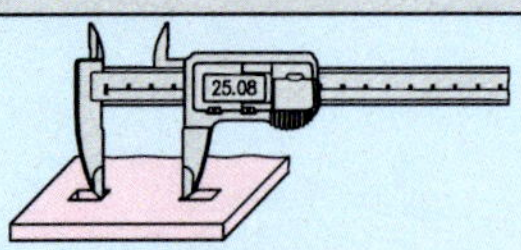

- Entscheidungen über Verwendung (gut, Nacharbeit, Ausschuss)
- ggf. Fehleranalyse (Formfehler, Konturfehler u. Ä.)

1 Fertigen durch Abtragen

Die abtragenden Fertigungsverfahren sind Trennverfahren, bei denen Stoffteilchen nicht mechanisch, sondern durch thermische, chemische oder elektrochemische Einwirkung abgetrennt werden.
Bei der Werkzeug- und Formenherstellung werden zur Bearbeitung von elektrisch leitenden Werkstoffen hauptsächlich thermische Abtragverfahren, wie funkenerosives Senken und Schneiden, eingesetzt. International werden die Funkenerosionsverfahren unter der Kurzbezeichnung **EDM** (engl. **E**lectro-**D**ischarge-**M**achining) geführt.

Durch funkenerosives Schneiden hergestellte Formteile

Neben der Funkenerosion kommt im Werkzeugbau auch das Abtragen durch Laserstrahl zur Anwendung.

Die Vorteile der Herstellung von Bauteilen durch Abtragen gegenüber einer Fertigung durch Spanen sind:
- leichte Bearbeitung von Werkstoffen mit hoher Härte,
- äußerst geringe Einwirkung von äußeren Kräften auf das Werkstück und
- Herstellung komplizierter Konturen in einem Arbeitsgang.

Die im Werkzeugbau angewendeten Verfahren sind zudem automatisierbar und ermöglichen so einen selbsttätigen Fertigungsverlauf.

1.1 Funkenerosives Senken und Schneiden

1.1.1 Wirkprinzip

Der Werkstoffabtrag wird durch Schmelzen und Verdampfen räumlich begrenzter Werkstückbereiche mithilfe von Wärme erzielt, die durch Funkenentladung erzeugt wird. Der Vorgang geschieht in einer elektrisch nichtleitenden Flüssigkeit, dem Dielektrikum. Das Dielektrikum spült den Werkstoffabtrag aus dem Arbeitsbereich heraus.
Auf der Grundlage dieses Prinzips beruhen das funkenerosive Senken und das funkenerosive Schneiden.

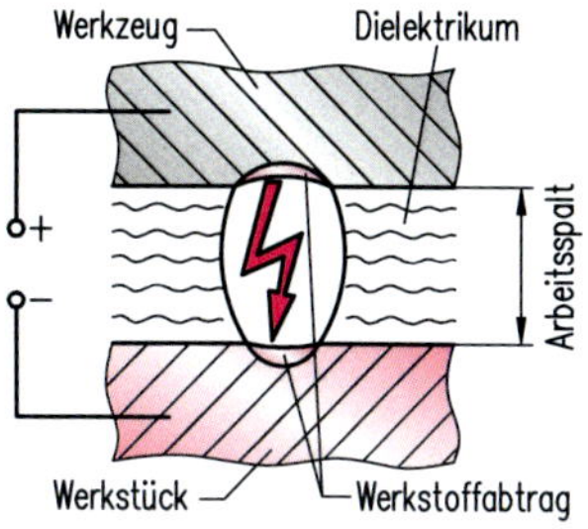

Wirkprinzip

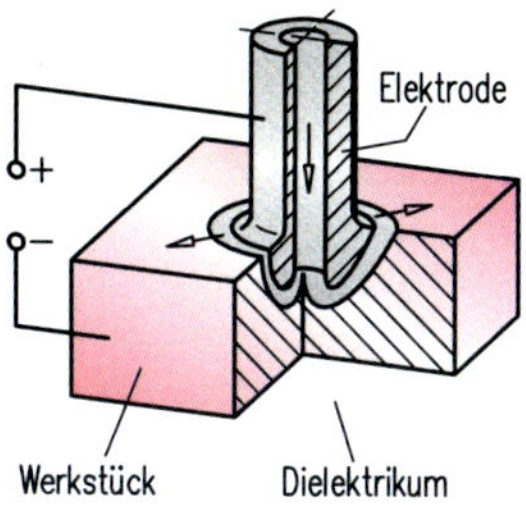

Funkenerosives Senken

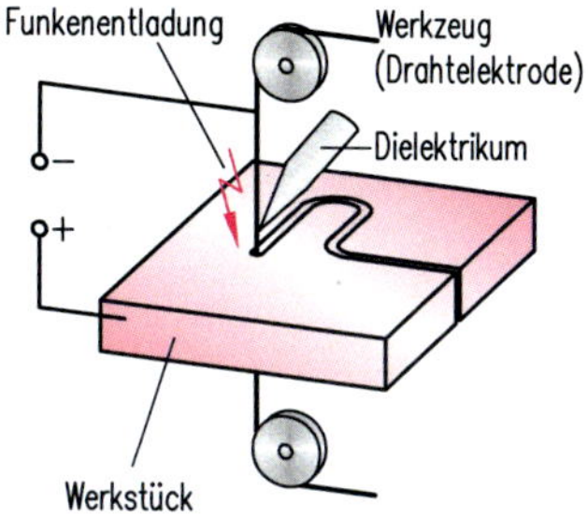

Funkenerosives Schneiden

1.1.2 Physikalische Grundlagen

Beim funkenerosiven Senken und Schneiden wird eine Gleichspannung an das Werkstück und die Elektrode angelegt, die Spannung in schneller Folge ein- und abgeschaltet. Die Einschaltdauer liegt zwischen 10 µs und 200 µs. Die Vorgänge innerhalb dieser kurzen Einschaltzeit lassen sich in vier Phasen einteilen. Jede dieser Phasen zeichnet sich durch einen bestimmten, zeitabhängigen **Stromspannungsverlauf** aus. Der Vorgang selbst ist in dem engen Arbeitsspalt nicht direkt beobachtbar.

Die vier Phasen sind:
- der **Aufbau eines elektrischen Feldes** beim Anlegen der Spannung,
- das **Zünden** des Lichtbogens,
- das **Entladen**,
- der **Abbau des Feldes** bei Abschalten der Spannung.

Übungsaufgaben E-1 bis E-5

	Feldaufbau (Spannung anlegen)	**Zünden**	**Entladen**	**Feldabbau (Spannung abschalten)**
Vorgänge im Arbeitsspalt	Es wird Spannung angelegt. Ein elektrisches Feld entsteht. An der engsten Stelle des Arbeitsspaltes (Entladestrecke) ist die Feldstärke am größten. Dort konzentrieren sich leitende Partikel. Es fließt ein kleiner Strom. 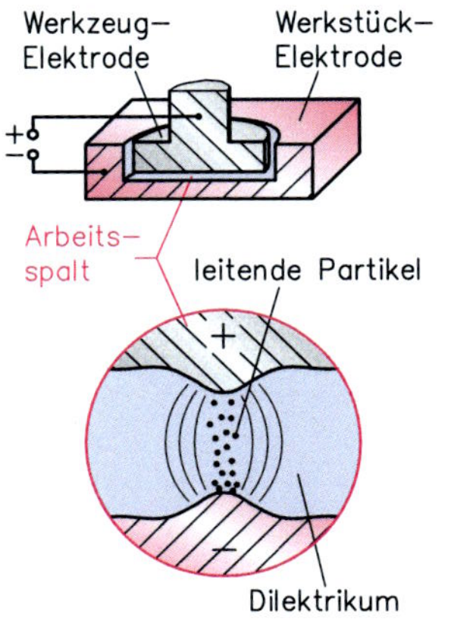 	Der Strom steigt an. Die in Richtung des Pluspols beschleunigten Elektronen lassen Dielektrikum verdampfen und entreißen neutralen Teilchen weitere Elektronen. Es entsteht ein Entladekanal mit einem Plasma aus Elektronen und Ionen. Der hohe Stromfluss lässt die Elektrodenoberfläche im Bereich des Entladekanals verdampfen. 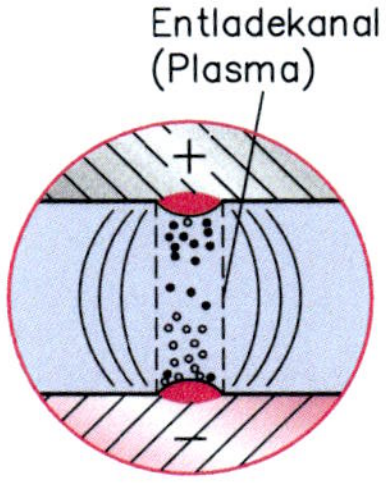 	Die Stromstärke hat ihren Höchstwert (bis zu 500 A) erreicht und bleibt in etwa konstant. Ständig wird Material abgeschmolzen und verdampft. Um den Entladekanal bildet verdampftes Dielektrikum eine Gasblase. Es entsteht kurzfristig ein Lichtbogen mit Temperaturen bis etwa 12 000 °C. 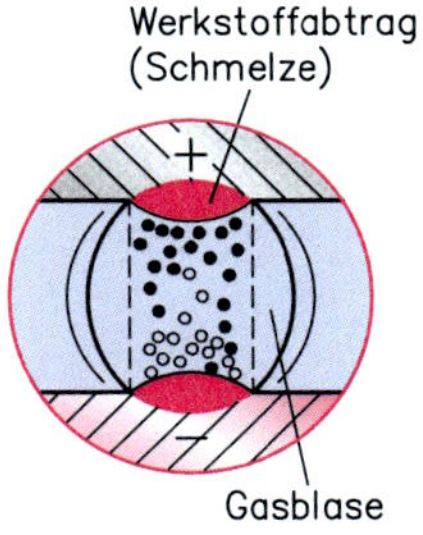 	Die Spannung wird abgeschaltet. Der Entladekanal bricht zusammen. Temperatur und Druck in der Gasblase fallen schlagartig ab. Explosionsartig verdampft infolge des Druckabfalls Schmelze und reißt weiter Schmelze mit. Der Werkstoffabtrag wird mit dem Dielektrikum herausgespült. 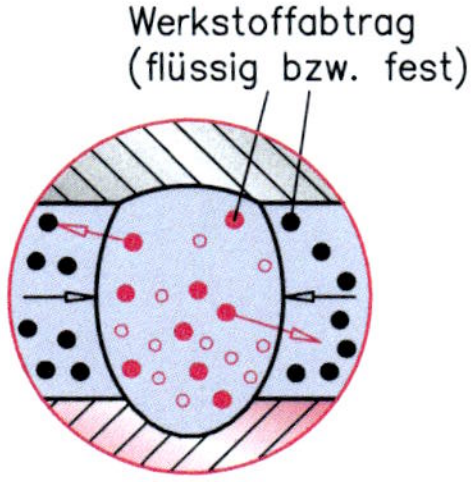
Verlauf von **Spannung** **und** **Stromstärke**	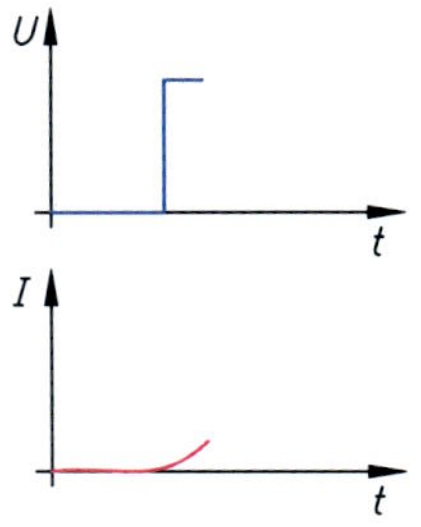 	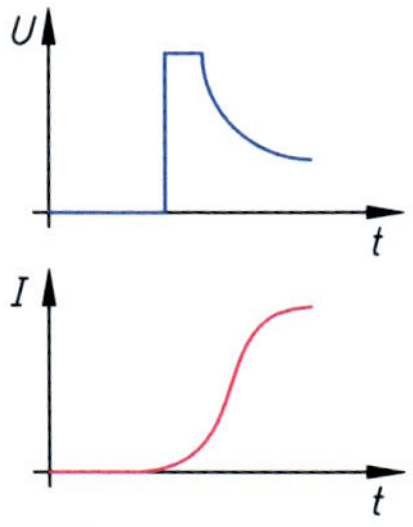 	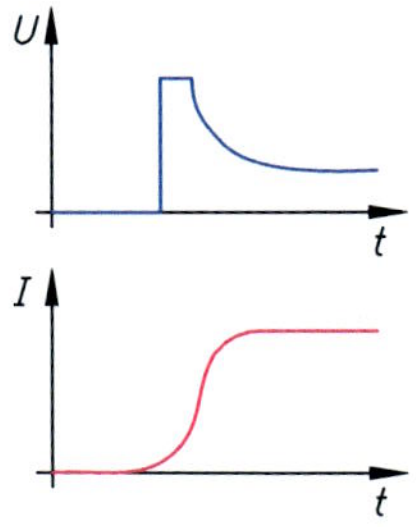 	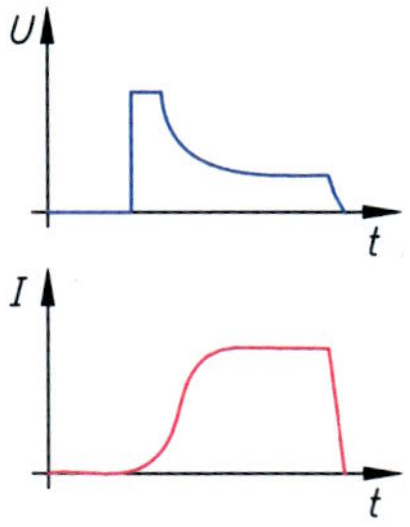

1.1.3 Technologische Grundlagen

Der **Werkstoffabtrag** erfolgt bei der Funkenerosion durch das millionenfache Aneinanderreihen von einzelnen Entladevorgängen, bei denen jeweils nur einige Milligramm Werkstoff abgetragen werden. Durch diese Art des Werkstoffabtrags entsteht eine geraute, kraterförmige Werkstückoberfläche. Das Bearbeitungsergebnis hängt entscheident ab von:

- der Generatoreinstellung,
- dem Dielektrikum und der Spülmethode,
- der Elektrodenpolarität und der Auswahl des Elektrodenwerkstoffs.

Entladevorgänge im Arbeitsspalt

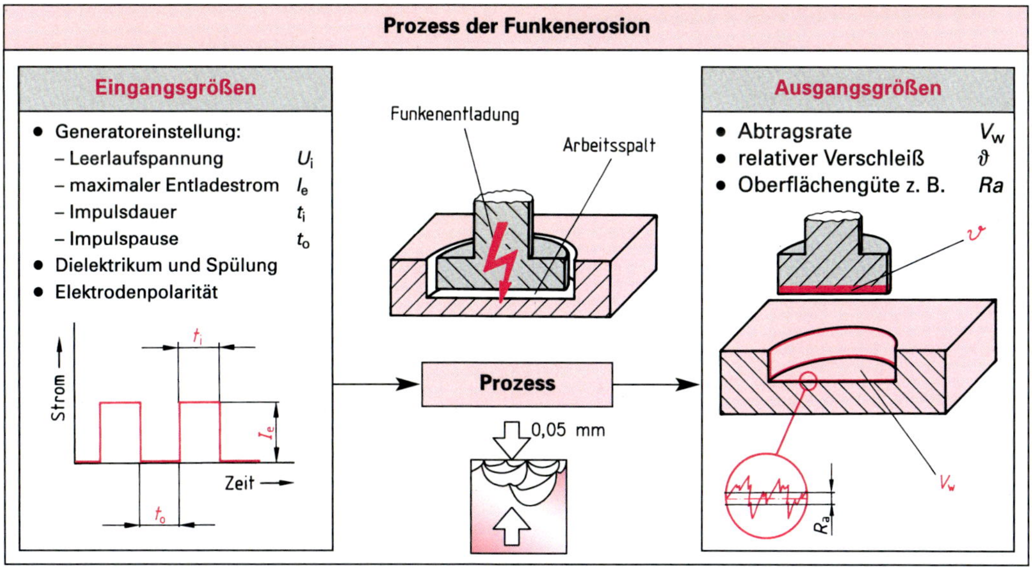

- **Einstellgrößen am Generator**

Der Generator erzeugt und steuert die für den Erodierprozess notwendigen Stromspannungsverläufe. Dazu formt er die vom Netz kommenden Wechselspannungen und -ströme in rechteckige Spannungs- und Stromimpulse um. Für das Bearbeitungsergebnis besonders wichtig ist dabei die Impulsdauer während des Entladevorgangs sowie die Pause zwischen zwei Entladungen.

Leerlaufspannung

Die *Leerlaufspannung* U_i tritt an der Entladestrecke als Maximalwert auf, wenn kein Strom fließt. Sie leitet den Entladevorgang ein und beeinflusst wesentlich die Größe des sich einstellenden Arbeitsspalts. Eine Erhöhung der Leerlaufspannung führt zu einem größeren Arbeitsspalt, der wiederum verbessert die Spülbedingungen zwischen Werkstück-Elektrode (Werkstück) und Werkzeug-Elektrode (Elektrode). Ein großer Arbeitsspalt verringert jedoch die Abbildungsgenauigkeit. Die Arbeitsspaltbreiten liegen je nach Bearbeitungsvorgang zwischen einigen zehntel Millimeter bis zu einigen tausendstel Millimeter.

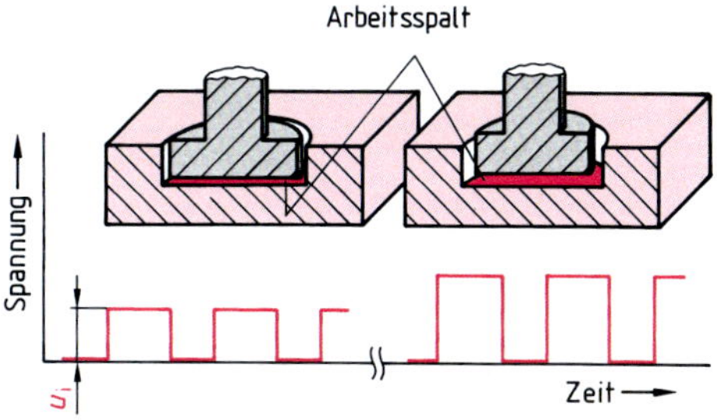

Einfluss der Leerlaufspannung auf die Größe des Arbeitsspalts

Die Höhe der Leerlaufspannung beeinflusst die Größe des Arbeitsspalts. Dabei gilt, je größer der Arbeitsspalt, desto günstiger die Spülbedingungen; dies jedoch auf Kosten der Abbildungsgenauigkeit.

Übungsaufgaben E-9; E-10; E-11

Entladestrom

Eine der wichtigsten Kenngrößen des Erodierprozesses ist der *Entladestrom* i_e. Der Entladestrom ist der Strom, der während einer Entladung durch die Entladestrecke fließt. Der **maximale Entladestrom** I_e ist durch die Leistungsfähigkeit des Generators begrenzt und lässt sich in Stufen (Stromstufen) einstellen. Je größer der Entladestrom gewählt wird, desto mehr Material wird während des Entladevorgangs an den Elektrodenoberflächen geschmolzen. Dies führt zu:

- einer Erhöhung der Abtragsrate V_w,
- einer Vergrößerung des relativen Verschleißes ϑ,
- einer Vergrößerung der Rauheitskenngröße *Ra*.

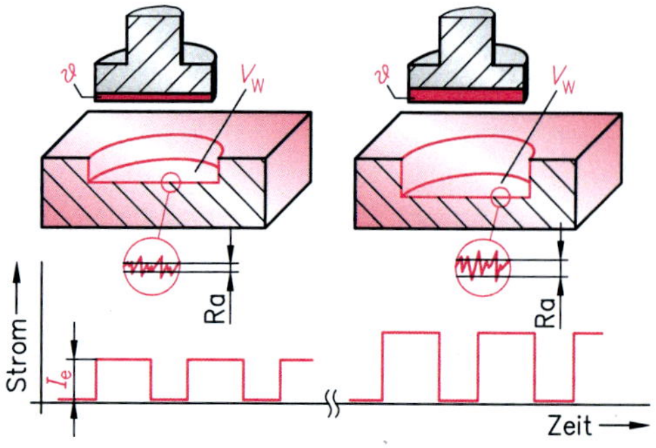

Einfluss des Entladestroms auf die Abtragsrate, den relativen Elektrodenverschleiß und den Mittenrauwert

Die **Abtragsrate** V_w ist ein Maß für die Erodiergeschwindigkeit und wird aus dem abgetragenen Werkstückvolumen *V* pro Zeit *t* berechnet.

$$V_w = \frac{V}{t} \qquad \text{Einheit: } [V_w] = \frac{\text{mm}^3}{\text{min}}$$

Der **relative Verschleiß** ϑ ist das Verhältnis von absolutem Werkzeugverschleiß V_E (in mm³) zur Abtragsrate Vw (in mm³) und wird in % angegeben.

$$\vartheta = \frac{V_E}{V_w} \cdot 100\,\%$$

Hinweis zu Entladestrom und Elektrodenwerkstoff

Grafitelektroden zeigen gegenüber anderen Elektrodenwerkstoffen bei einer Erhöhung des Entladestroms ein abweichendes Verhalten. So nimmt etwa beim funkenerosiven Senken von Stahl der relative Elektrodenverschleiß mit zunehmender Stromstärke zunächst ab und bleibt dann weitgehend konstant. Das ist ein Grund dafür, dass Grafitelektroden bei hohen Entladeströmen zum Schruppen eingesetzt werden.

Der Entladestrom ist die wichtigste Kenngröße des Erodierprozesses. Bei seiner Erhöhung nehmen die Abtragsrate sowie der relative Elektrodenverschleiß zu und die Oberflächengüte ab.

Impulsdauer

Die *Impulsdauer* t_i ist die Länge des Zeitintervalls des eingeschalteten Spannungsimpulses. Je größer die Impulsdauer gewählt wird, desto länger fließt der Entladestrom. Dies führt zur:

- Erhöhung der Abtragsrate
- Verringerung der Oberflächengüte und
- Verringerung des relativen Elektrodenverschleißes.

Die Abtragsrate steigt bei einer Erhöhung der Impulsdauer bis zu einem Maximalwert an. Wird eine zu hohe Impulsdauer eingestellt, so fällt die Abtragsrate aufgrund von Wärmeableitungen in das Dielektrikum und die Werkstückrandzone wieder ab.

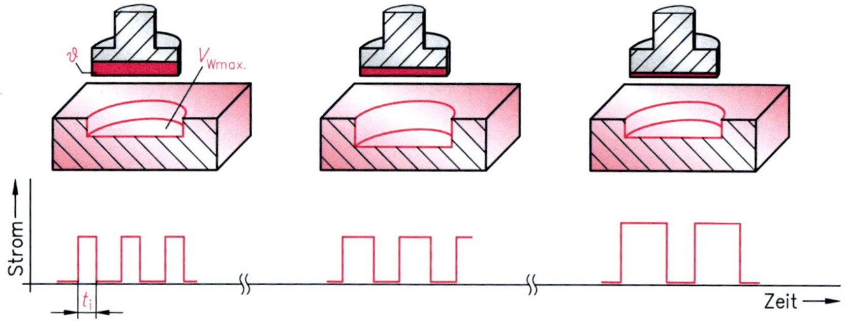

Zusammenhang zwischen Impulsdauer, Abtragsrate und relativem Elektrodenverschleiß

Bei dem relativen Elektrodenverschleiß besteht ein Zusammenhang zwischen der Polung und der Impulsdauer:
Zu Beginn der Entladephase sind die Elektronen am +Pol aktiver als die positiven Ionen am −Pol. Im Verlauf der weiteren Entladung werden die Ionen am −Pol aktiver.
Liegt eine Standardpolung (Elektrode +, Werkstück −) vor, kommt es deshalb zu einer Verringerung des relativen Elektrodenverschleißes mit zunehmender Impulsdauer.

Hinweis zur Auswahl der Impulsdauer

- Beim Schruppen von Stahl mit Kupfer- oder Grafitelektroden wird eine Impulsdauer gewählt, die zwischen dem Abtragsmaximum und dem Verschleißminimum liegt.
- Um den Elektrodenverschleiß gering zu halten wählt man bei
  - kurzer Impulsdauer eine positive Werkstückpolung und
  - bei langer Impulsdauer eine negative Werkstückpolung.

Mit zunehmender Impulsdauer kommt es zu einer Erhöhung der Abtragsrate bei gleichzeitiger Verringerung des relativen Elektrodenverschleißes und der Oberflächengüte.

Impulspause

Die *Impulspause* t_0 ist die Länge des Zeitintervalls zwischen zwei Impulsen. Mit kurzen Impulspausen erreicht man:

- eine große Abtragsrate und
- einen geringen relativen Elektrodenverschleiß.

Die Impulspausen dürfen allerdings nicht beliebig kurz gewählt werden, da es sonst zu Prozessstörungen, z. B. Lichtbogenbildung, kommt. Dabei benutzen alle Folgeentladungen den jeweils vorangegangenen Entladekanal. Die **Prozessstörungen** sind zurückzuführen auf:

- eine ungenügende Deionisierung (Entfernung geladener Teilchen) des Entladekanals,
- einen ungenügenden Abtransport der Abtragspartikel und
- eine Überhitzung der Werkstückoberfläche.

Hinweis zu Entladestrom und Elektrodenwerkstoff

Je nach Bearbeitungsvorgang wird ein bestimmtes Verhältnis von Impulsdauer t_i zur Impulspause t_0 gewählt.

Bearbeitungsvorgang	Verhältnis $\frac{t_i}{t_0}$
Schruppen	= 10
Schlichten	5 – 10
Feinschlichten	< 1

Wird die Impulspause zu kurz gewählt, so nehmen Abtragsrate und Oberflächengüte ab und es kommt zu erheblichen Verschleißerscheinungen an den Elektrodenoberflächen.
Die Prozessstörungen treten besonders schnell bei kleinen Arbeitsspalten, z. B. bei der Schlichtbearbeitung, auf.

Kurze Impulspausen sorgen für eine große Abtragsrate und einen geringen relativen Elektrodenverschleiß. Wird allerdings eine Mindestpausendauer unterschritten, so treten Prozessstörungen auf.

- **Dielektrikum**

Der Erodierprozess findet in einem Behälter statt, der mit einer nichtleitenden Flüssigkeit gefüllt ist. Die Flüssigkeit wird als Dielektrikum bezeichnet. Je nach Abtragsverfahren werden unterschiedliche Dielektrika eingesetzt:

- synthetische Öle (Kohlenwasserstoffprodukte) beim funkenerosiven Senken und
- deionisiertes Wasser für die Feinstbearbeitung, z. B. beim funkenerosiven Schneiden.

Auf Kombimaschinen, z. B. zum Schleifen und Rotationserodieren, werden Multifunktionsfluide (z. B. IONOGRIND®) eingesetzt, die für beide Verfahren gleichermaßen geeignet sind.

Übungsaufgaben E-17 bis E-21

- **Aufgaben des Dielektrikums**

Das Dielektrikum hat im Rahmen des Erodierprozesses mehrere Aufgaben zu erfüllen:

Isolation

Das Werkstück und die Elektrode müssen gegeneinander isoliert werden, um eine hohe Leerlaufspannung bei möglichst kleinem Arbeitsspalt zu erreichen. Hohe Leerlaufspannung und kleiner Arbeitsspalt haben zur Folge:
- eine große Abtragsrate und
- eine gute Abbildungsgenauigkeit

Begrenzung und Deionisierung

Das Dielektrikum muss:
- die Größe des Entladekanals begrenzen, um eine hohe Energiedichte zu erzielen und
- für schnelle Deionisierung nach dem Feldabbau sorgen, damit jeweils die nächste Entladung an einer anderen Stelle stattfindet, um so einen flächendeckenden Abtrag zu erzielen.

Dielektrikum

Kühlung

Bei der Funkenentladung entstehen Temperaturen von über 8 000 °C. Das Werkstück und die Elektrode müssen deshalb gekühlt werden, um:
- einen hohen Elektrodenverschleiß und
- eine thermische Schädigung der Werkstückoberfläche zu vermeiden.

Abtransport der Abtragpartikel

Die beim Erodierprozess entstehenden Abtragpartikel müssen weggespült werden, damit Prozessstörungen, wie Leerlaufimpulse, Kurzschlussströme und Lichtbogenentladungen, vermieden werden. Folgen der Prozessstörungen sind:
- Verminderung der Abtragsrate und
- Oberflächen- und Randzonenschädigung.

- **Ökologische Hinweise zum Dielektrikum:**

Dielektrika und Erodierschlämme gehören zu den wassergefährdenden Stoffen. Deshalb sind Maßnahmen zu treffen, die das Versickern oder Ablaufen in Abwasserkanäle verhindern. Die Stoffe sind den Vorschriften entsprechend zu entsorgen.

Das Dielektrikum erfüllt im Rahmen des Erodierprozesses folgende Aufgaben:
- Isolation von Werkstück und Elektrode,
- Begrenzung und Deionisierung des Entladekanals,
- Kühlung von Werkstück und Elektrode,
- Abtransport der Abtragpartikel.

Dielektrika sind den Vorschriften entsprechend zu entsorgen.

1.2 Funkenerosives Senken

Das funkenerosive Senken wird in zwei Verfahrensvarianten durchgeführt:

Bei den **formabbildenden Verfahren** werden speziell hergestellte Formelektroden zur Erzeugung von Gravuren und Durchbrüchen eingesetzt. Die Formelektrode führt dabei eine Vorschubbewegung in einer Richtung aus.

Die **formerzeugenden Verfahren** arbeiten meist mit *einfachen Elektrodenformen* und erzeugen die gewünschte Werkstückform durch eine Elektrodenbewegung, die in mehreren Richtungen gesteuert werden kann. Bei beiden Verfahrensvarianten wird der gesamte Werkstoff, der zur Erzeugung einer bestimmten Werkstückform abgetrennt werden muss, durch Funkenentladungen abgetragen.

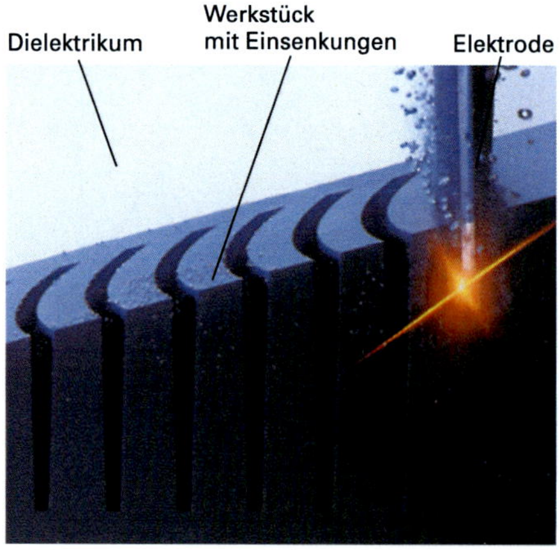

Funkenerosives Senken (formabbildend)

1.2.1 Funkenerosives Senken mit abbildenden Verfahren

Bei den formabbildenden Verfahren können die Formelektroden die komplette Form der zu erzeugenden Kontur oder Teilbereiche der Kontur enthalten. Im Falle einer Aufteilung der Kontur in Teilbereiche, die nacheinander eingesetzt werden, spricht man von segmentierten Elektroden. Der wirtschaftliche Vorteil der Segmentierung liegt in der Möglichkeit, handelsübliche Elektrodenformen (Elektrodenrohlinge bzw. Normalien) z. B. Rund- und Quadratstäbe, einzusetzen. Diese sind preisgünstiger als speziell angefertigte Elektroden.

Beispiele für die Konturerzeugung mit abbildenden Elektroden

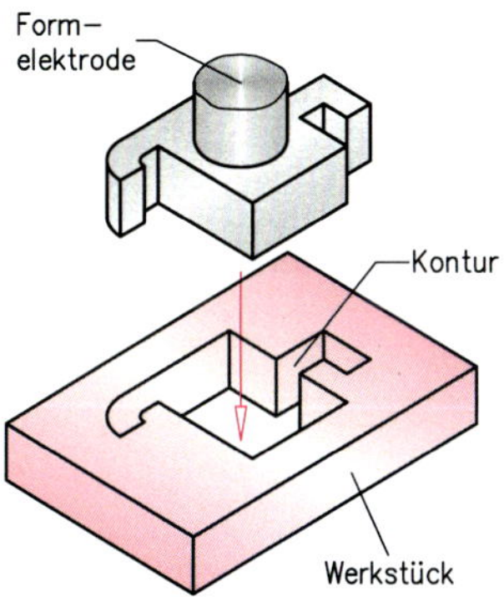

Einsatz einer speziell gefertigten Formelektrode

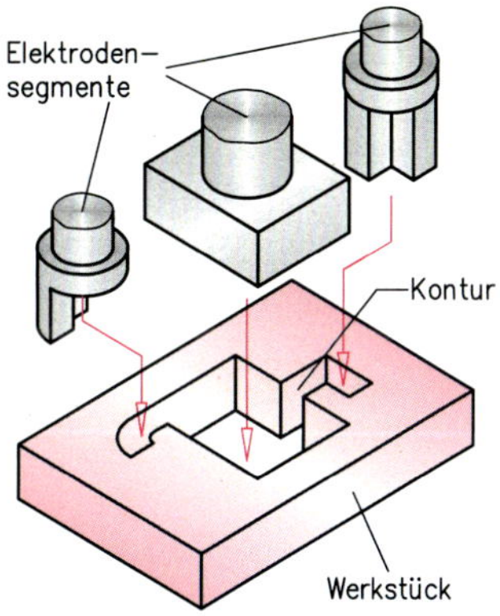

Elektrodensegmentierung

Beim funkenerosiven Senken mit abbildenden Elektroden enthält die Elektrode die Form der zu erzeugenden Kontur. Beim Arbeiten mit segmentierten Elektroden enthalten die Elektroden Teilbereiche der Kontur, die nacheinander eingearbeitet werden.

1.2.2 Funkenerosives Senken mit formerzeugendem Verfahren (Planetärerosion)

Bei den formerzeugenden Verfahren werden einfache Elektroden ähnlich den Bewegungen eines Fräsers so geführt, dass die gewünschte Kontur entsteht. Man nennt das Verfahren **Planetärerosion**. Für häufig vorkommende Konturen sind in den Steuerungen der Erodiermaschinen entsprechend **Bearbeitungszyklen** gespeichert.

Beispiele für die Planetärerosion mit Bearbeitungszyklen und mit einfachen Elektrodenformen

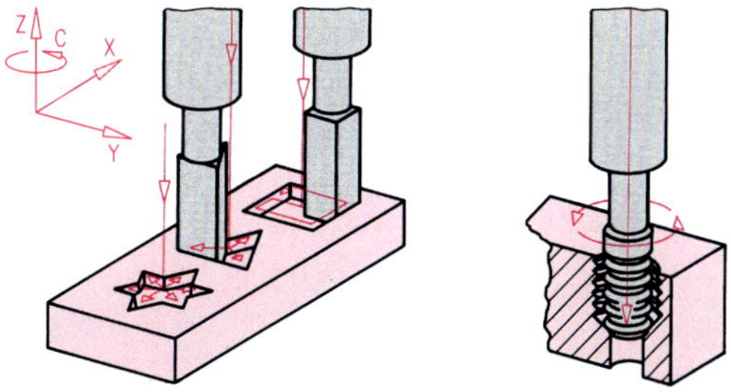

Sternförmiges und quadratisches Planetär-Aufweiten

Kreisendes planetäres Aufweiten in einer oder zwei Hauptebenen.

Planetärerosion mit Bearbeitungszyklen

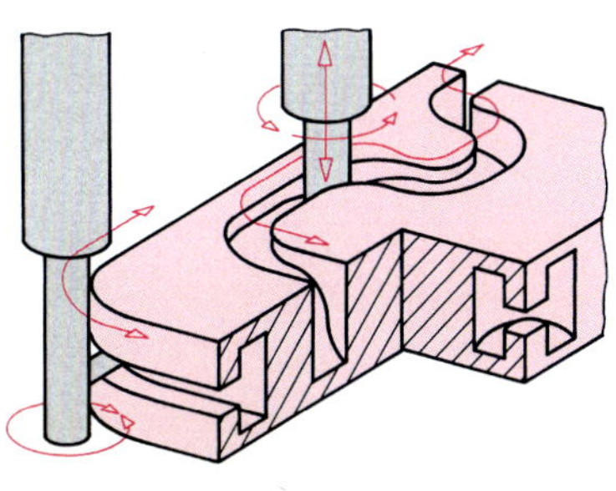

Planetärerosion mit einfacher Elektrodenform

Bei der Planetärerosion wird die Kontur durch Elektrodenbewegungen in den verschiedenen Maschinenachsen (X, Y, Z und C) erzeugt.

Übungsaufgaben E-23 bis E-26

1.2.3 Elektroden zum funkenerosiven Senken

• Elektrodenwerkstoffe

Erodierkupfer ist fast reines Kupfer (99,90 %) mit geringem Sauerstoffgehalt. Es wird wegen seiner guten spanenden Bearbeitbarkeit, seiner sehr guten elektrischen Leitfähigkeit und der Möglichkeit, Elektroden auch durch Umformen und Ätzen herzustellen, häufig verwendet. Im Erodierprozess ergeben Kupferelektroden meist bessere Oberflächenqualität, weisen aber auch höheren Elektrodenverschleiß auf. Die relativ hohe Wärmedehnung des Kupfers beeinträchtigt ebenfalls die maßgenaue Fertigung.

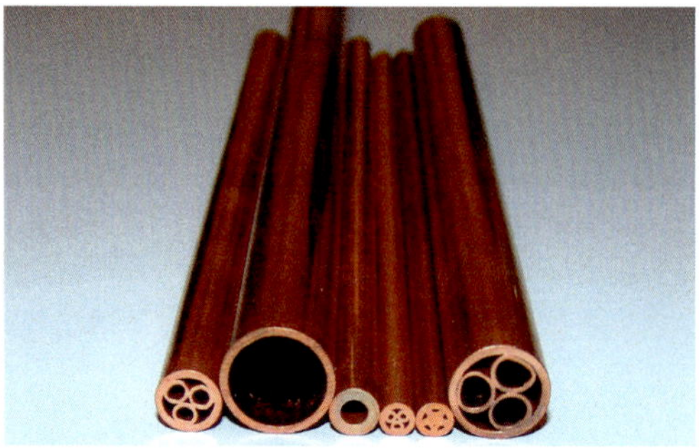

Mehrkanal- und Einkanal-Rohrelektroden aus Kupfer
(Quelle: Precitec GmbH, Teltow)

Wolframkupfer ist ein Sinterwerkstoff aus Wolfram mit ca. 20 % Kupfer zur Verbesserung der Leitfähigkeit. Dieser Elektrodenwerkstoff ist sehr teuer. Er weist im Erodierprozess hohe Maßbeständigkeit und geringen Verschleiß auf.
Bei der Elektrodenherstellung muss seine Sprödigkeit berücksichtigt werden. Darum werden dünnwandige Konturen in Wolframkupfer nur mit kleinen Vorschüben bzw. durch Schleifen bearbeitet.

Grafit ist fast reiner Kohlenstoff. Er ist bis über 3 000 °C stabil, weist geringe thermische Ausdehnung auf und kann mit hohen Stromdichten belastet werden. Für den Erodierprozess ergibt sich daraus, dass hohe Abtragsraten und hohe Genauigkeiten mit Grafitelektroden zu erreichen sind.
Elektrodengrafit wird heißgepresst und weist darum eine Porenstruktur auf. Je feinkörniger der Grafit ist, desto geringer ist der Elektrodenverschleiß.

• Fertigen von Elektroden

Für die **Elektrodenherstellung** können eine Reihe von Fertigungsverfahren eingesetzt werden. Die Auswahl richtet sich nach dem Elektrodenwerkstoff und der Elektrodengröße.

Fertigen von Kupferelektroden

Kleine bis mittlere Elektroden aus Kupfer werden hauptsächlich durch Zerspanen oder funkenerosives Schneiden hergestellt.
Bei der Herstellung großer Elektroden wird nur die äußere Schicht aus Kupfer gefertigt, der Rest besteht aus unterschiedlichen Trägermaterialien. Durch Gesenkbiegen werden z. B. Hohlkörper aus Kupferblech hergestellt, die die äußere Schicht der Elektrode bilden. Durch Galvanoformen werden Kupferschichten mit bestimmter Dicke auf einem Modell aus Kunststoff oder Metall erzeugt.

Beispiele für die Elektrodenherstellung durch unterschiedliche Verfahren

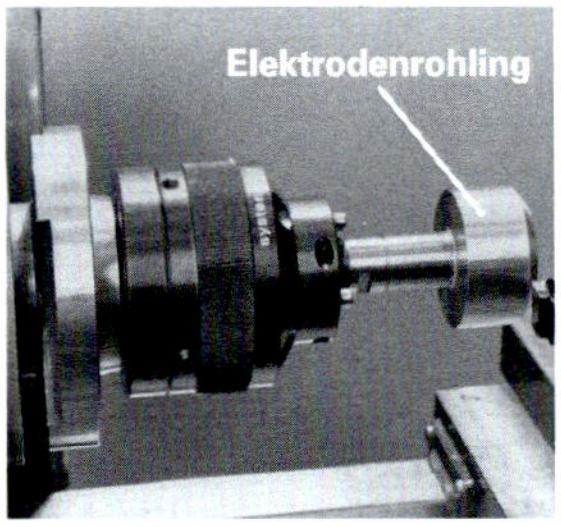

Spanen

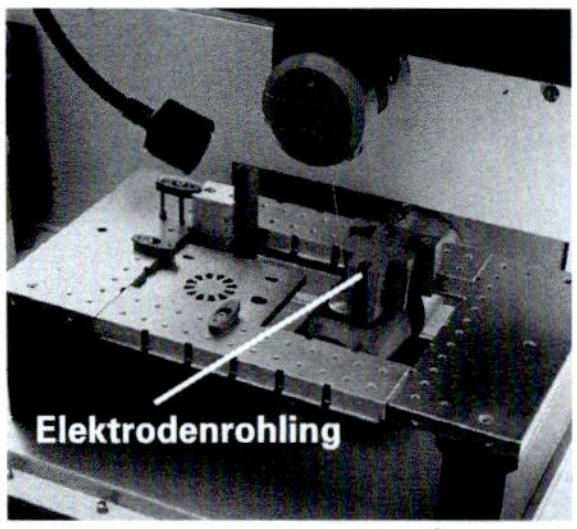

Funkenerosives Schneiden

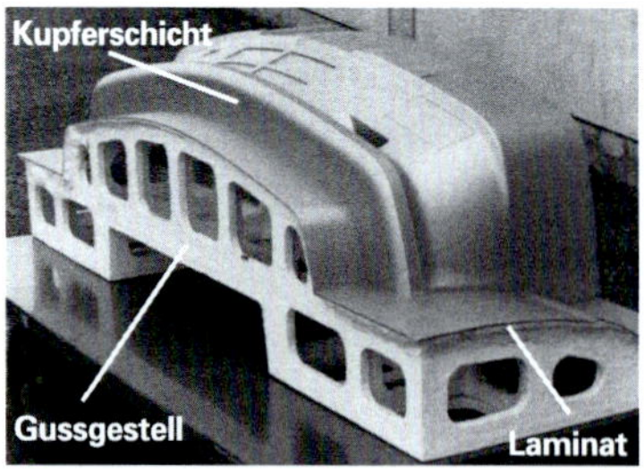

Galvanoformen

Kleine bis mittlere Elektroden aus Kupfer werden hauptsächlich durch Zerspanen oder funkenerosives Schneiden hergestellt. Große Elektroden fertigt man durch Gesenkbiegen oder Galvanoformen.

 Übungsaufgaben E-27; E-28; E-29

Fertigen von Grafitelektroden

Grafitelektroden können in allen Größen durch Spanen hergestellt weden. Es entstehen aber im Gegensatz zur Zerspanung von Metallen keine Späne sondern feiner Staub. Darum ist bei Zerspanung auf herkömmlichen Werkzeugmaschinen der Einsatz von Absauganlagen oder Wasservorhängen zur Abschirmung der Zerspanungsstelle notwendig.

Für die Zerspanung von Grafit werden auch speziell ausgestattete Bearbeitungszentren zur Hochgeschwindigkeitszerspanung eingesetzt. Als Werkzeuge haben sich dort mit polykristallinen Diamant bestückte Schneiden als vorteilhaft erwiesen.

Grafit ist elektrisch leitend. Darum können Graphitelektroden auch durch Drahterodieren hergestellt werden.

Grafitelektroden können mit Cyanakrylatkleber (Sekundenkleber) aus Teilen zusammengeklebt werden.

Elektrodenrohlinge aus Graphit
(Quelle: Precitec GmbH, Teltow)

Ein spezielles Verfahren zur Fertigung mehrerer gleichartiger Elektroden aus Grafit ist das **Formschleifen**. Bei diesem Verfahren wird gegen eine grob vorgearbeitete Grafitelektrode ein maskenartiges Schleifwerkzeug mit der Kontur der zu fertigenden Elektrode gedrückt. Durch kreisförmige Bewegungen mit einem Radius von 0,3 mm bis ca. 2 mm und Druck des Schleifwerkzeuges auf den Grafit wird die Kontur der Maske auf den vorgearbeiteten Block übertragen.

Ausgangspunkt zur Herstellung des Formenschleifwerkzeuges, welches aus Kunststoff oder Stahl gefertigt werden kann, ist ein Modell.

Ein Kunststoffschleifwerkzeug wird von einem Postivmodell aus Gemischen von Kunstharz und Korund abgegossen. Nach dem Aushärten wird die Arbeitsfläche durch Ablösen einer sehr dünnen Schicht des Kunststoffes geschärft.

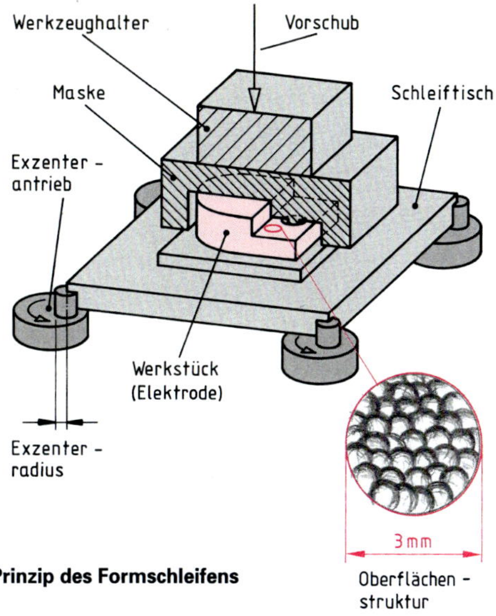

Prinzip des Formschleifens

LF 9

Beispiel für eine durch Formschleifen hergestellte Elektrode aus Grafit

Kunststoffmaske, die zum Schleifen der Elektrode verwendet wurde

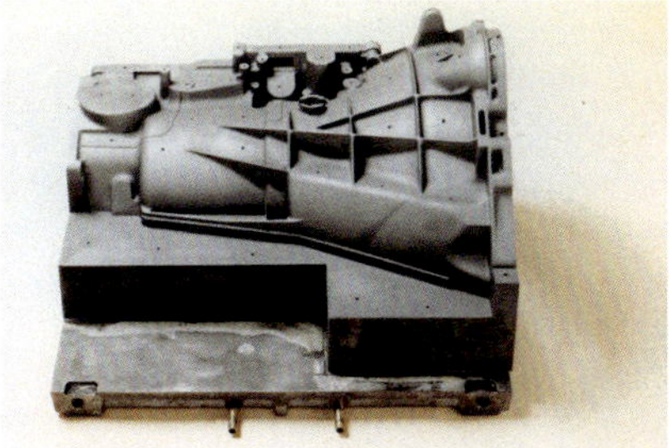

Elektrode zur Herstellung einer Druckgießform für ein Getriebegehäuse

Elektroden aus Grafit werden durch Zerspanen auf Maschinen mit speziellen Absaug- oder Abschirmeinrichtungen hergestellt. Ein wichtiges Verfahren zur Herstellung von Elektroden aus Grafit ist das Formschleifen.

Übungsaufgabe E-30

• Einrichten und Spannen von Elektroden

Die beim funkenerosiven Senken erreichbare Form- und Maßgenauigkeit hängt sowohl von der Genauigkeit der gefertigten Elektrode als auch von ihrer lagegenauen Positionierung beim Einricht- und Spannvorgang ab.
Die Elektrodensposition muss zum Koordinatensystem der Funkenerosionsanlage eindeutig festgelegt werden, zu diesem Zweck sind spezielle Spannsysteme entwickelt worden. Die Spannsysteme bieten die Möglichkeit, das Einrichten und Spannen außerhalb der Anlage vorzunehmen und damit die Maschinennutzungszeiten erheblich zu steigern. Wichtiger Bestandteil des Spannsystems ist das Verbindungselement zwischen Elektrode und Spannfutter. Als Verbindungselemente werden bei kleineren Elektroden bis etwa 1 kg Gewicht Halter und bei größeren Elektroden bis etwa 80 kg Gewicht Paletten mit großer und ebener Aufspannfläche eingesetzt. Sowohl die Halter als auch die Paletten werden bereits mit dem Elektrodenrohling durch Kleben, Löten, Schrauben o. Ä. verbunden und dienen im gesamten Herstellungsprozess als Verbindungselement zwischen Maschine und Elektrode. Einige Spannsysteme sind mit Bohrungen für den Durchfluss des Dielektrikums versehen.

Die mit einem Halter oder einer Palette verbundene Elektrode kann zwischen den Spannsystemen einzelner Maschinen mit einer Positioniergenauigkeit von 0,002 mm gewechselt werden. Besonders wichtig ist diese Genauigkeit z. B. dann, wenn zur Elektrodenfertigung unterschiedliche Werkzeugmaschinen eingesetzt werden müssen oder zur Bearbeitung eines Werkstücks unterschiedliche Elektroden zum Einsatz kommen.

Durch die Verbindung von Elektroden mit Haltern oder Paletten ist die Voraussetzung für eine automatisierte Fertigung geschaffen worden. Die für die Fertigung benötigten Elektroden werden dabei mithilfe von Handhabungssystemen aus einem Magazin entnommen und mit dem Spannsystem der Maschine ohne weitere Einrichtarbeiten verbunden. Die Automatisierung führt zu einer Erhöhung der Maschinennutzungszeiten, da zum einen alle Einrichtarbeiten außerhalb der Maschine vorgenommen werden können und zum anderen ein Nacht- und Wochenendbetrieb ohne Maschinenbediener auch bei Verwendung unterschiedlicher Elektroden möglich wird.

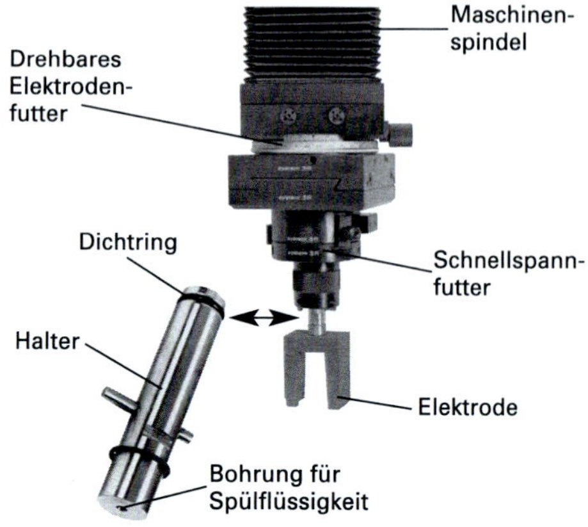

Spannsystem mit Elektrode und Halter

Spannsystem mit Elektrode und Palette
(Quelle: System 3R)

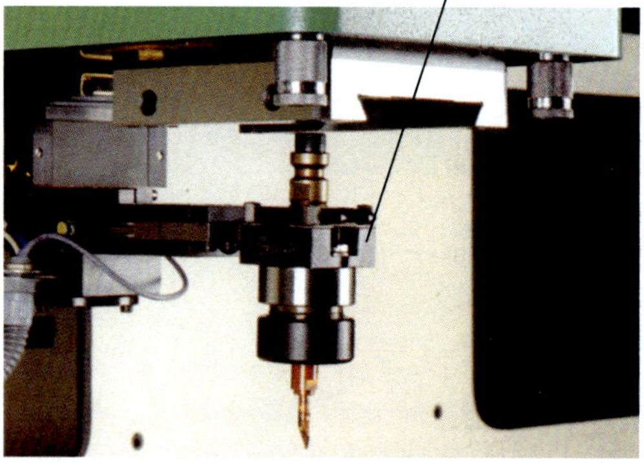

Greifer während eines Elektrodenwechsels

Zum Positionieren und Spannen von Elektroden bei der Fertigung und im Einsatz in der Funkenerosionsanlage werden Spannsysteme eingesetzt. Zur Aufnahme in die Spannsysteme müssen die Elektroden an speziellen Haltern und Paletten befestigt werden.

Übungsaufgaben E-31; E-32; E-33

1.2.4 Spülung beim funkenerosiven Senken

Der Erosionsprozess findet in einem Behälter statt, der mit Dielektrikum gefüllt ist. Zusätzlich wird eine Spülung benötigt, welche die bei der funkenerosiven Bearbeitung entstehenden Abtragpartikel aus dem Arbeitsspalt spült. Ist die Spülung unzureichend, können die Abtragpartikel eine leitende Brücke zwischen Elektrode und Werkstück bilden. Die Folge sind Kurzschlüsse bzw. Lichtbögen, die große Krater in die Elektrode und das Werkstück brennen. Je geringer die Viskosität des Dielektrikums ist, desto besser kann die Spülaufgabe bewältigt werden, weil die Flüssigkeit leichter durch den Arbeitsspalt fließen kann.

Spülvorgang beim funkenerosiven Senken

Bei der funkenerosiven Bearbeitung hat die Spülung die Aufgabe, die entstehenden Abtragpartikel aus dem Arbeitsspalt zu spülen. Bei einer unzureichenden Spülung kann es zu Prozessstörungen kommen, die große Krater in die Elektrode und das Werkstück brennen.

- **Offene Spülung**

Als offene Spülung bezeichnet man eine Spülmethode, bei der Dielektrikum über eine Spüldüse in den Arbeitsspalt gefördert wird. Der Anstellwinkel der Düse variiert je nach Einsenktiefe. Dabei gilt: Je größer die Einsenktiefe, desto steiler die Düsenstellung. Die offene Spülung wird am häufigsten eingesetzt. Bei zu großen Einsenktiefen oder komplizierten Werkstückformen ist sie allerdings nicht mehr wirkungsvoll.

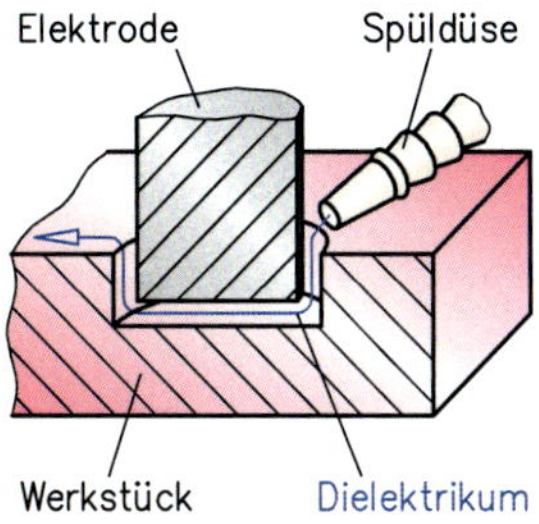

Offene Spülung

Die offene Spülung wird bei einfachen Werkstückformen und geringen Einsenktiefen eingesetzt.

- **Druckspülung**

Lässt die Elektroden- bzw. Werkstückgröße eine Spülbohrung zu, so wird die Druckspülung eingesetzt. Dabei wird die Spülflüssigkeit entweder von oben durch die Elektrode oder von unten durch das Werkstück gedrückt.

Bei der Druckspülung ist die Durchflussmenge wichtiger als der Spüldruck. Spülbohrungen erleichtern den Spülvorgang erheblich, weil durch die günstigeren Strömungsverhältnisse im Erosionsbereich der Abtransport der Abtragspartikel erleichtert wird. Die bei der Druckspülung aufsteigenden Abtragpartikel bewirken im *lateralen* Spalt eine ständige Erosion. Dieser Werkstoffabtrag führt zu Abbildungsfehlern. Die Abbildungsfehler müssen durch eine erweiterte Untermaßberechnung kompensiert werden.

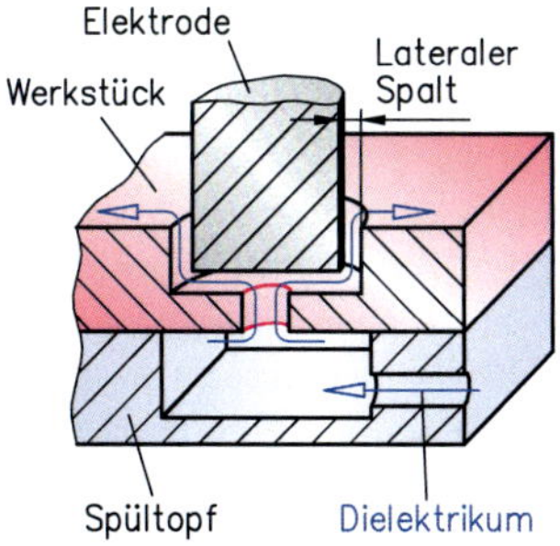

Druckspülung durch das Werkstück

Bei der Druckspülung wird über Bohrungen Spülflüssigkeit in den Erosionsbereich gedrückt, um den Abtransport der Abtragpartikel zu verbessern. Beim Abtransport kommt es jedoch zu einer unerwünschten Erosion im *lateralen* Spalt, die bei der Untermaßberechnung berücksichtigt werden muss. Diese Spülmethode ist nur einsetzbar, wenn Spülbohrungen möglich sind.

LF 9

Übungsaufgabe E-34

- **Saugspülung**

Im Gegensatz zur Druckspülung wird bei der Saugspülung das Dielektrikum mithilfe von Vakuumpumpen durch den Arbeitsspalt gesaugt. Die Absaugung kann sowohl durch die Elektrode als auch durch das Werkstück erfolgen. Der Vorteil der Saugspülung liegt darin, dass die Abtragpartikel nicht durch den lateralen Arbeitsspalt geleitet werden. Es tritt keine unerwünschte Erosion auf. Deshalb ist die Saugspülung besonders für die Feinbearbeitung geeignet.

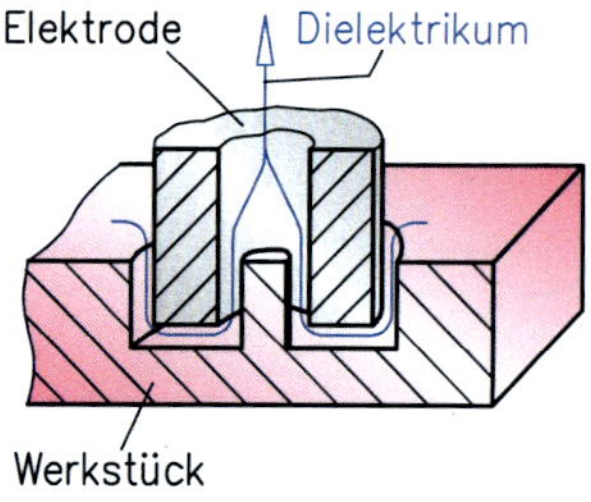

Saugspülung durch die Elektrode

Die Spülflüssigkeit wird bei der Saugspülung durch den Arbeitsspalt gesaugt. Dabei tritt keine unerwünschte Erosion auf. Die Saugspülung ist deshalb besonders für die Feinbearbeitung geeignet.

- **Kombinierte Spülung**

Durch den Einsatz der kombinierten Spülung sollen die Vorteile der Druck- und Saugspülung kombiniert werden, um auch bei komplizierten Werkstückformen eine möglichst genaue Abbildung zu erzielen.

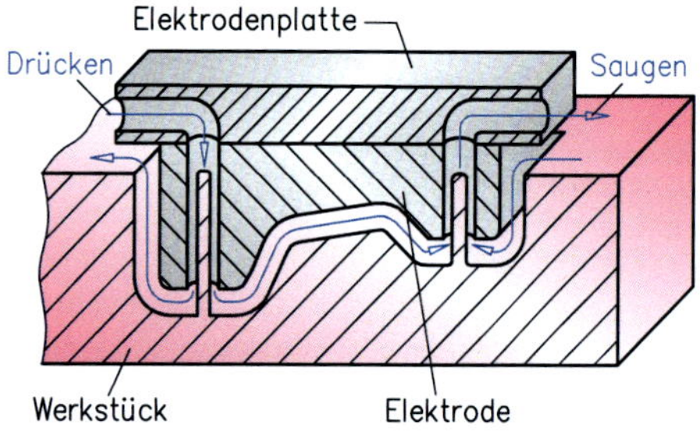

Kombinierte Spülung

Die kombinierte Spülung vereint die Vorteile der Druck- und Saugspülung. Sie wird bei komplizierten Werkstückformen eingesetzt.

- **Intervallspülung**

Bei der Intervallspülung wird der Erosionsvorgang kurzzeitig unterbrochen (0,1 s – 10 s) und die Elektrode zurückgefahren (0,02 mm – 10 mm), um den Spülvorgang bei kleinen Elektrodenabmessungen, tiefen Einsenkungen oder bei der Schlichtbearbeitung mit engen Arbeitsspalten zu verbessern. Der durch das Abheben vergrößerte Arbeitsspalt erleichtert den Abtransport der Abtragpartikel. Das sich periodisch wiederholende Zurückfahren bzw. Zustellen der Elektrode führt zu einer *Saug-* bzw. *Pumpwirkung,* wodurch die Spülung verbessert wird. Die Auswahl der Unterbrechungsdauer und des Rückzugswegs richtet sich nach der Werkstückgröße und der Werkstückgeometrie.

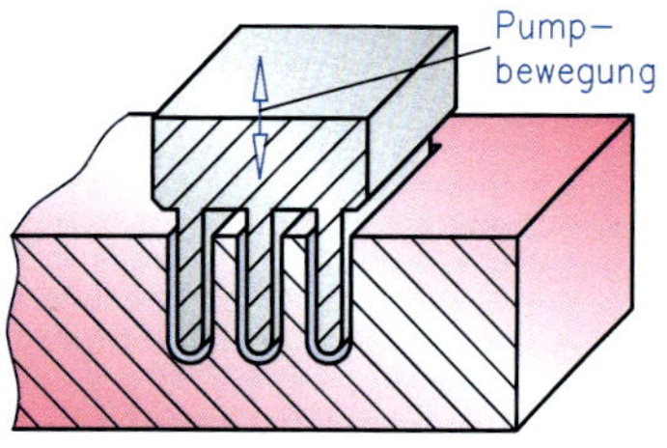

Intervallspülung

Bei der Intervallspülung wird durch kurzzeitiges Unterbrechen des Erosionsvorgangs bei gleichzeitigem Zurückfahren der Elektrode der Abtransport der Abtragpartikel erleichtert. Die Intervallspülung wird bei kleinen Elektrodenabmessungen, tiefen Einsenkungen oder bei der Schlichtbearbeitung mit engen Arbeitsspalten eingesetzt.

Übungsaufgabe E-35

1.2.5 Einsatzmöglichkeiten des funkenerosiven Senkens

In der Werkzeug- und Formentechnik wird das funkenerosive Senken hauptsächlich eingesetzt zur Fertigung von:

- Spritzgießwerkzeugen,
- Druckgießwerkzeugen,
- Schmiedegesenken,
- Hartmetallwerkzeugen zum Spanen und
- Schneidwerkzeugen.

Beispiele für durch funkenerosives Senken hergestellte Werkzeuge

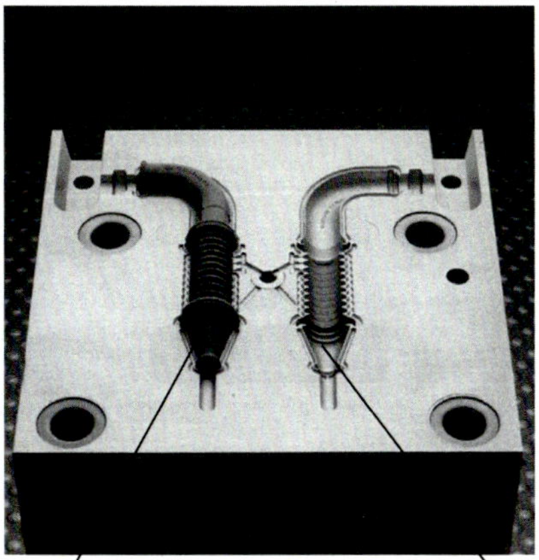

Werkstück — Form

Teil eines Spritzgießwerkzeugs

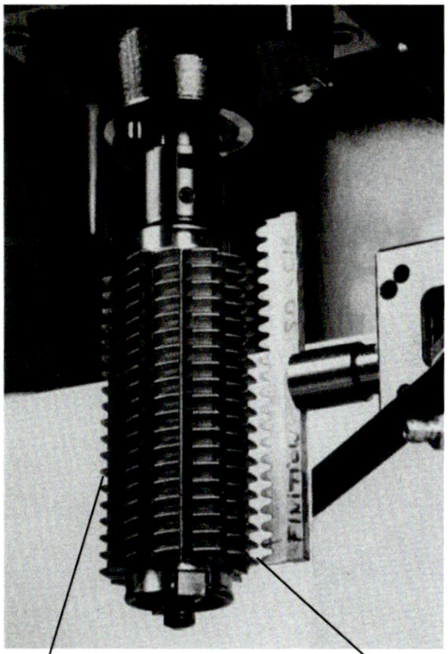

Werkzeug — Elektrode

Hartmetallwerkzeug (Walzenfräser)

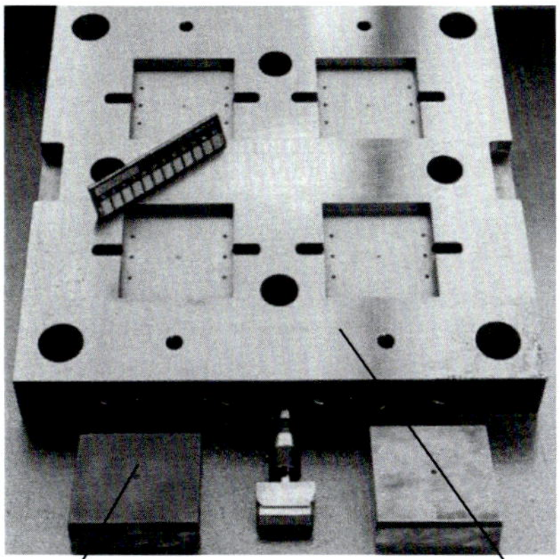

Werkstück — Form

Werkzeug für Kunststoffschachteln

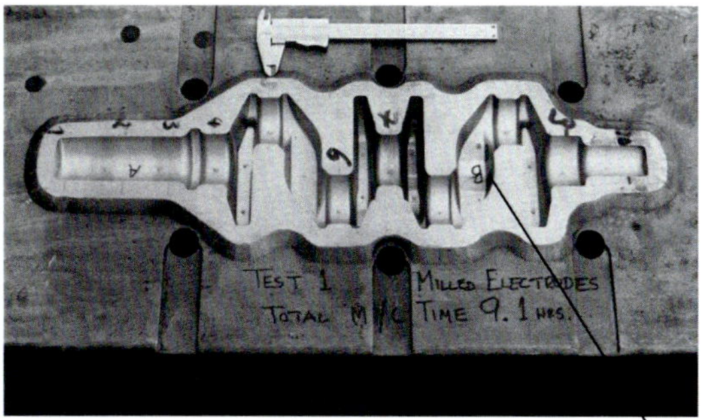

Gravur

Teil eines Schmiedegesenks

Das funkenerosive Senken wird hauptsächlich zur Herstellung von Formwerkzeugen und Gravuren in Gesenken eingesetzt.

LF 9

Übungsaufgabe E-36

1.3 Funkenerosives Schneiden

Das funkenerosive Schneiden ist ein formerzeugendes Verfahren, bei dem ein Draht als Elektrode eingesetzt wird. Um den Verschleiß der Drahtelektrode auszugleichen, wird mithilfe einer Transporteinrichtung ständig Draht von einer Rolle abgewickelt und durch den **Schnittspalt** geführt.

Die gewünschte Werkstückform wird durch eine Drahtbewegung erzeugt, die in mehreren Richtungen gesteuert werden kann. Dabei entsteht meist ein Schnitt, der ein bestimmtes Werkstückvolumen umschließt. Das umschnittene Werkstückvolumen wird als **Ausfallteil** bezeichnet. Als Werkstück kann sowohl das Ausfallteil als auch das Einspannteil vorgesehen werden.

Ist das Ausfallteil als Werkstück vorgesehen, so muss die **Startbohrung** zur Drahteinfädelung und der **Anschnitt** zwischen Startbohrung und Werkstückkontur im Bereich des Einspannteils liegen.

Funkenerosives Schneiden

Beispiel für die Erzeugung einer Werkstückkontur durch funkenerosives Schneiden

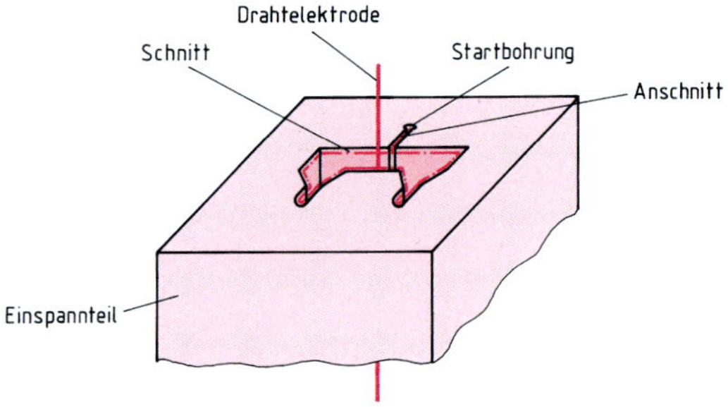

Einspannteil mit Startbohrung und Anschnitt

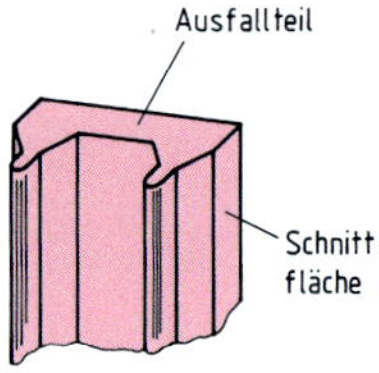

Ausfallteil wird als Schnittstempel benötigt

Ein wesentlicher Vorteil des funkenerosiven Schneidens gegenüber dem funkenerosiven Senken ist, dass nicht der gesamte Werkstoff des Einspannteils durch Funkenentladungen abgetragen werden muss, sondern nur der Werkstoff im Schnittspalt.

Durch funkenerosives Schneiden sind Schnittflächen zu erzeugen, die sowohl zylindrisch (parallel) als auch konisch verlaufen können.

Beispiele für Werkzeuge mit unterschiedlichen Schnittflächenverläufen

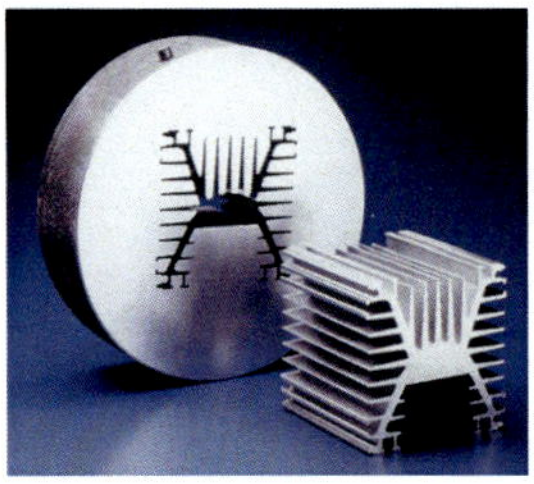

Strangpressmatrize
(zylindrischer Schnittflächenverlauf)

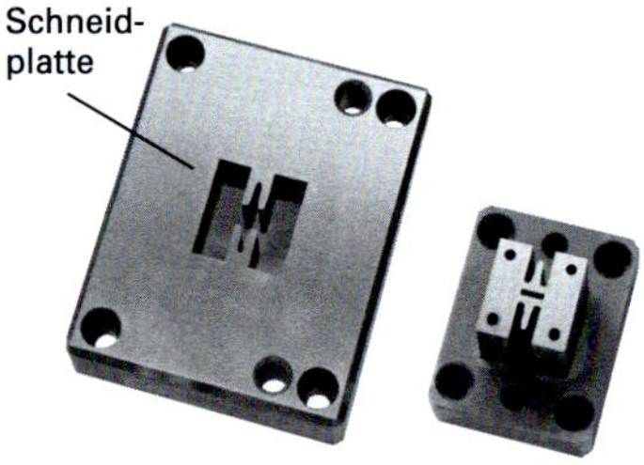

Schneidwerkzeug
(zylindrischer Schnittflächenverlauf)

Werkzeugeinsatz
(konischer Schnittflächenverlauf)

Das funkenerosive Schneiden ist ein formerzeugendes Verfahren, bei dem die Werkstückform durch die gesteuerte Bewegung einer Drahtelektrode erzeugt wird. Die dabei entstehende Schnittfläche kann sowohl zylindrisch als auch konisch verlaufen.

Übungsaufgaben E-37; E-38; E-39

1.3.1 Elektroden zum funkenerosiven Schneiden

Die beim funkenerosiven Schneiden eingesetzten **Drahtelektroden** werden im Bereich der Erodierzone kontinuierlich erneuert. Der Elektrodenverschleiß spielt deshalb bei diesem Verfahren eine untergeordnete Rolle. Für die vielfältigen Bearbeitungsmöglichkeiten des funkenerosiven Schneidens werden Drähte aus unterschiedlichen Werkstoffen und mit verschiedenen Durchmessern eingesetzt. Die wichtigsten Kriterien bei der Auswahl des Elektrodenwerkstoffs sind die elektrische Leitfähigkeit und die Zugfestigkeit.

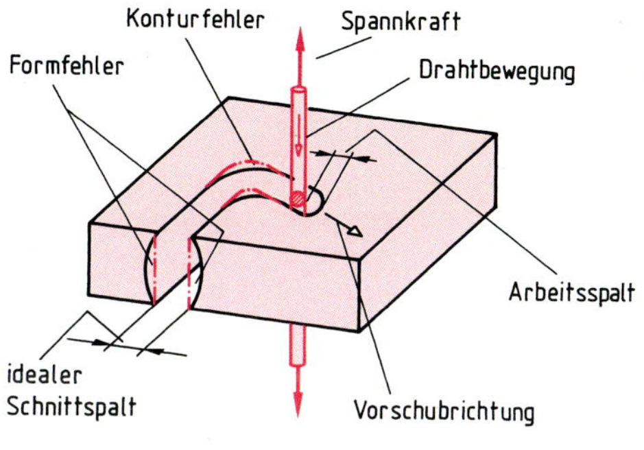

Form- und Konturfehler beim funkenerosiven Schneiden

Die **elektrische Leitfähigkeit** hat entscheidenden Einfluss auf die **Schneidrate.** Die Schneidrate ist die pro Zeiteinheit erodierte Fläche in mm²/min. Sie ist ein Maß für die Bearbeitungsgeschwindigkeit, ähnlich wie die Abtragsrate beim funkenerosiven Senken. Die **Zugfestigkeit** begrenzt die mögliche Drahtspannung. Der Draht wird gespannt, um eine eindeutige Bearbeitungsposition des Drahtes während des Erodierprozesses sicherzustellen. Die Drahtposition wird nicht durch die Berührung mit dem Werkstück beeinflusst, sondern durch elektrostatische und elektromagnetische Kräfte, die beim Erodierprozess wirksam werden. Da die Kräfte entsprechend der eingegebenen Impulse periodisch auftreten, wird der Draht in Schwingung versetzt. Die auftretenden Kräfte führen insbesondere bei Werkstückkonturen mit starken Richtungsänderungen zu **Konturfehlern.** Die ebenfalls auftretenden Schwingungen führen zu **Formfehlern** im Schnittspalt. Die auftretenden Fehler sind umso größer, je höher die Schneidrate gewählt wird. In modernen Schneiderosionsanlagen wird deshalb die Drahtlage fortlaufend vermessen und korrigiert.

Zum funkenerosiven Schneiden werden Drahtelektroden mit guter elektrischer Leitfähigkeit und hoher Zugfestigkeit eingesetzt. Die Drahtelektroden werden während des Erodierprozesses kontinuierlich erneuert.

Beispiele für Eigenschaften und Anwendungen unterschiedlicher Drahtwerkstoffe

Drahtwerkstoff	Eigenschaften: Zugfestigkeit in N/mm²	Eigenschaften: elektrische Leitfähigkeit in m/Ω · mm²	Übliche Draht durchmesser in mm	Anwendung
Messing	400 – 900	13,5	0,2 – 0,3	universell
Molybdän	1 900	18,5	0,025 – 0,125	Präzisionsschnitte, komplizierte geometrische Formen und kleine Radien
Wolfram	2 500	18,2	0,025 – 0,125	Erodieren kleiner Eckradien mit kleinen Drahtdurchmessern

Zur Erhöhung der Schneidrate beschichtet man Messingdrähte mit Zink. Das Zink verdampft und verbessert die Zündfähigkeit. Der entstehende Oxidfilm erschwert gleichzeitig das Zusammenklumpen der abgetragenen Werkstoffpartikel. Ähnlich wirkende Beschichtungen werden auch bei Molybdän und Wolframdrähten eingesetzt

Zum funkenerosiven Schneiden werden Drahtelektroden eingesetzt, die während des Erodierprozesses kontinuierlich erneuert werden. Die eingesetzten Drahtwerkstoffe sollten eine gute elektrische Leitfähigkeit und eine hohe Zugfestigkeit besitzen.

Übungsaufgaben E-40; E-41

1.3.2 Schneidverfahren

Das funkenerosive Schneiden wird in mehreren Verfahrensvarianten durchgeführt. Je nach Lage der Schnittfläche wird zwischen dem Vollschneiden und dem Nachschneiden unterschieden. Beim **Vollschneiden** wird eine neue Werkstückkontur erzeugt und beim **Nachschneiden** eine vorhandene Kontur nachgearbeitet, um z. B. eine höhere Oberflächenqualität oder Formgenauigkeit bei der Schlichtbearbeitung zu erreichen. Die Schnittfläche kann bei beiden Varianten sowohl rechtwinklig zur Werkstückoberfläche verlaufen *(zylindrischer Schnitt)* als auch unter einem beliebigen Winkel zwischen 0° und 30° *(konischen Schnitt).*

Verfahrensvariante	**Schnittflächenverlauf**	
	zylindrisch	**konisch**
Vollschneiden	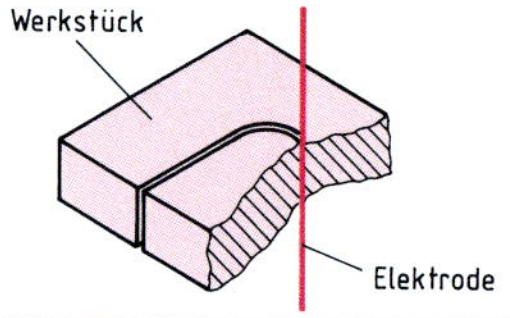	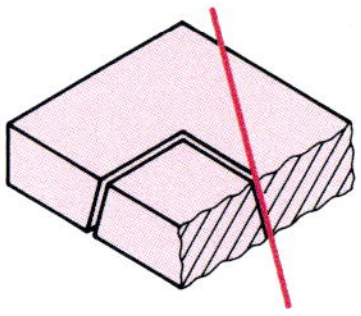
Nachschneiden	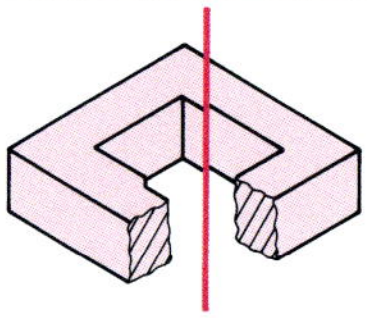	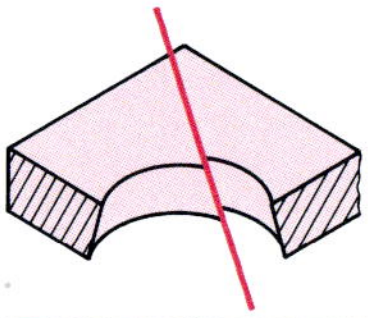

Verfahrensvarianten beim funkenerosiven Schneiden

Beispiele **für konische Schnittflächenverläufe**

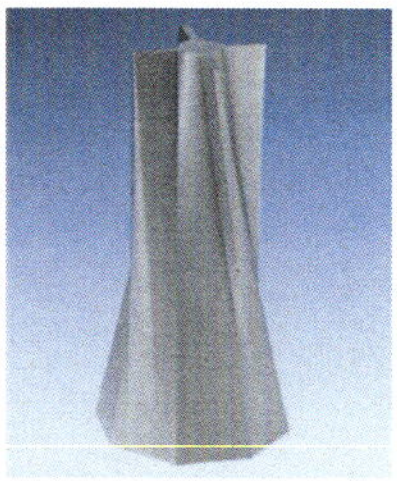

Unterschiedliche Endprofile

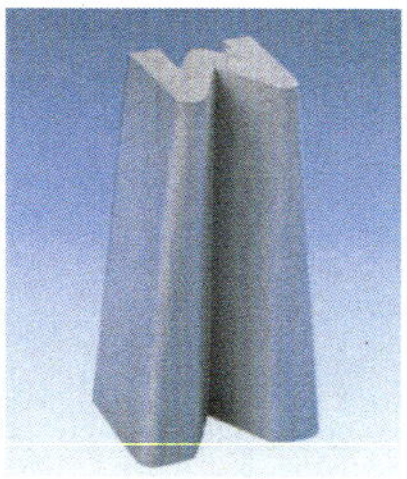

Unterschiedliche Profilradien

Scharfe Profilkanten

Beim funkenerosiven Schneiden kann zwischen dem Vollschnitt zur Erzeugung einer Kontur und dem Nachschnitt zur Nachbearbeitung einer Kontur unterschieden werden. Bei beiden Verfahrensvarianten kann die Schnittfläche sowohl zylindrisch als auch konisch verlaufen.

1.3.3 Bearbeitungstechniken

Die Verfahrensvarianten des funkenerosiven Schneidens werden in unterschiedlichen Bearbeitungstechniken eingesetzt:

- **Stapelschnitt**

Beim Stapelschnitt werden mehrere Werkstückrohlinge gleichen Werkstoffs zu einem Block zusammengelegt und durch Schrauben, Schweißen oder Löten fest zusammengefügt. Anschließend wird der gesamte Block bearbeitet. Durch den Stapelschnitt werden z. B. Schneidplatten, Extrudiermatrizen oder Formteile kostengünstiger hergestellt als durch viele Einzelschnitte.

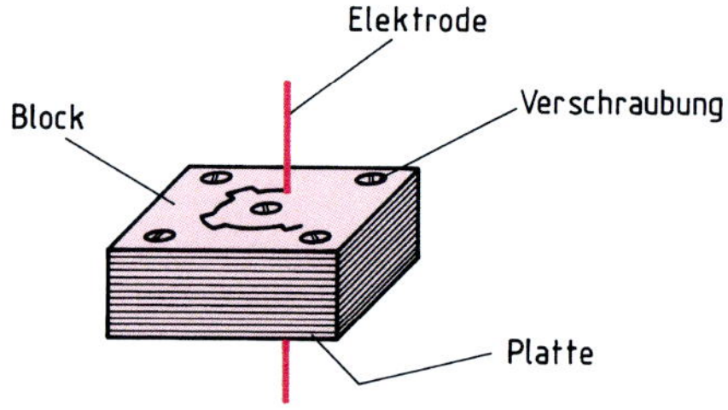

Formteilherstellung im Stapelschnitt

Beim Stapelschnitt werden mehrere Werkstücke von gleicher Form und aus gleichem Werkstoff in einem Schnitt hergestellt.

Übungsaufgabe E-42

- **Verbundschnitt**

Der Verbundschnitt wird zur Bearbeitung von Werkstücken eingesetzt, die aus zusammengefügten Einzelteilen bestehen. Die Werkstoffe der Einzelteile sind unterschiedlich. Durch den Verbundschnitt werden z. B. Schneidplatten und -stempel, Formdrehmeißel oder Ziehmatrizen hergestellt, die aus unterschiedlichen Werkstoffen bestehen.

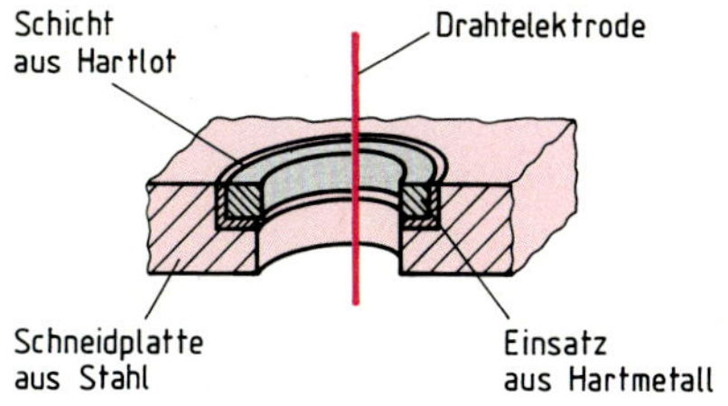

Nachschneiden im Verbundschnitt

Durch den Verbundschnitt werden Werkstücke bearbeitet, die aus unterschiedlichen Werkstoffen bestehen.

- **Schnittüberlagerung**

Die Schnittüberlagerung wird zur Herstellung von Schnittflächen eingesetzt, die sich aus einem zylindrischen und einem konischen Teilbereich zusammensetzen. Die Reihenfolge der Teilschnitte wird anhand der jeweiligen Schnitthöhe bestimmt. Dabei gilt

- *erst der höhere Teilschnitt,*
- *dann der niedrigere Teilschnitt.*

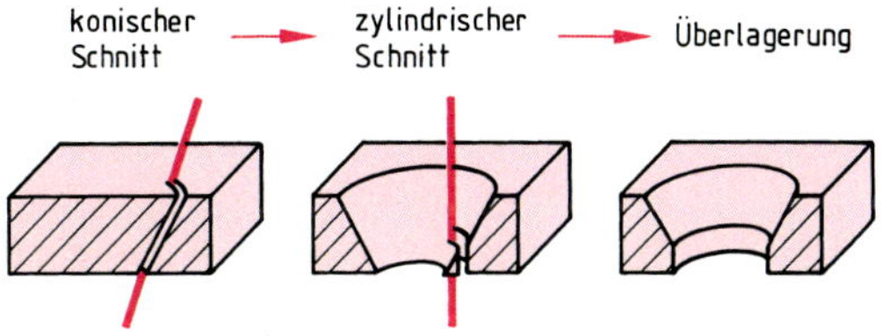

Schnittüberlagerung

Durch Schnittüberlagerung können Schnittflächen erzeugt werden, die sich aus einem zylindrischen und einem konischen Teil zusammensetzen.

- **Vollabtragstechnik**

Zur Herstellung von Formteilen oder Matrizen mit kleinen Abmessungen wird die Vollabtragstechnik eingesetzt. Durch den Einsatz dieser Technik soll verhindert werden, dass es bei einer Überlagerung der **Schnittspuren** zu ungewollten Ausfallteilen kommt. Die Ausfallteile können den Erodierprozess, z. B. durch Verklemmen des Drahtes im Schnittspalt, stören. Bei dieser Bearbeitungstechnik werden die einzelnen Schnittspuren so aneinander gereiht, dass das gesamte zu entfernende Volumen durch Funkenentladungen abgetragen wird.

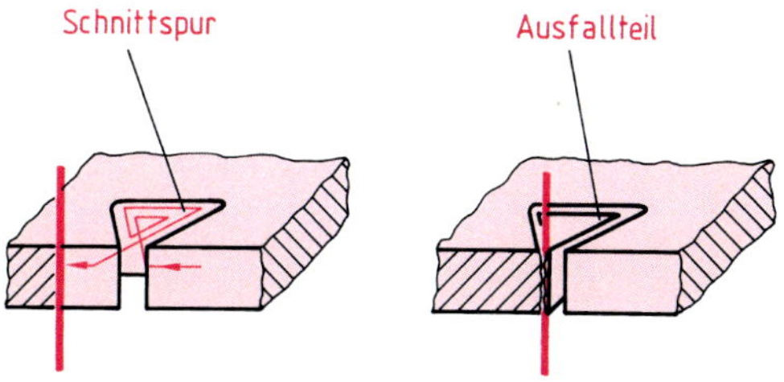

Vergleich zwischen Vollabtrag und Schnitt mit Ausfallteil

Formteile oder Matrizen mit kleinen Abmessungen werden mithilfe der Vollabtragstechnik hergestellt. Dabei wird das gesamte zu entfernende Volumen durch Funkenentladungen so abgetragen, dass kein Ausfallteil entsteht.

- **Simultanschnitt**

Durch den Simultanschnitt werden Stempel und Schneidplatte eines Schneidwerkzeugs in einem Schnitt gefertigt. Der Schnittflächenverlauf ist konisch auszuführen, um die Schnittspaltbreite so weit auszugleichen, dass der gewünschte Schneidspalt entsteht. Der Simultanschnitt wird hauptsächlich zur Herstellung von großen Werkzeugen mit geringen Toleranzanforderungen eingesetzt.

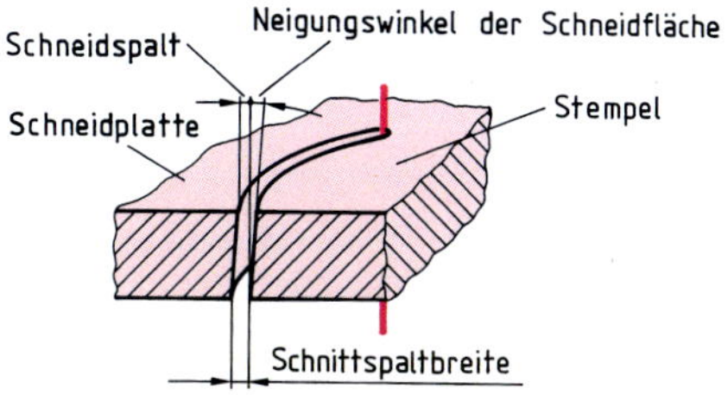

Simultanschnitt von Stempel und Schneidplatte

Durch einen Simultanschnitt können Stempel und Schneidplatte eines Schneidwerkzeugs in einem Schnitt gefertigt werden.

- **Bahnverlagerung (Offset)**

Durch die Verlagerung einer programmierten Bahn nach außen oder innen ist es möglich, in zwei Schnitten eine beliebige Passung zwischen einem Innenteil, z. B. einem Stempel, und einem Außenteil, z. B. einer Schneidplatte, herzustellen. Dabei wird zunächst die Schneidplatte durch Verlagerung nach außen und anschließend der Stempel durch Verlagerung nach innen geschnitten. In einem gesonderten Programm kann die Schneidplatte anschließend noch konisch nachgeschnitten werden.

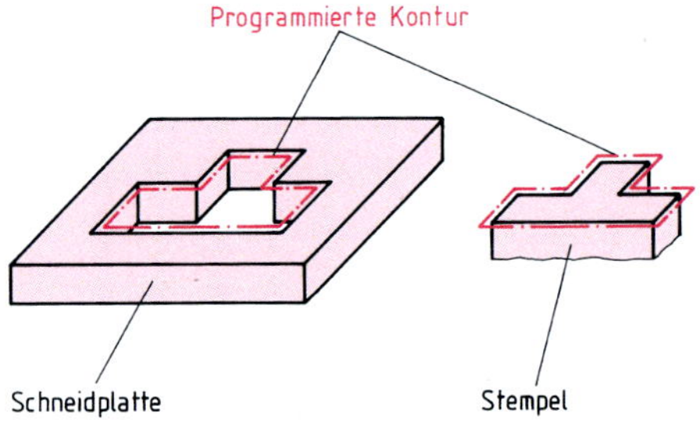

Herstellung von Schneidplatte und Stempel durch Bahnverlagerung

Die Möglichkeit der Bahnverlagerung wird auch genutzt, um bei einer Konturerstellung in mehreren Schnitten, wie z. B. bei geringen Maß- und Formtoleranzen oder hohen Anforderungen an die Oberflächengüte parktiziert wird, den Abstand zur Fertigkontur nach jedem Schnitt zu verändern. Die jeweiligen Schnitte werden mit unterschiedlichen Technologiedaten, z. B. mit verringerter Schneidrate und höherer Drahtspannung, durchgeführt, um die geforderte Werkstückqualität zu erreichen.

Die Bahnverlagerung wird zur Herstellung von Passungen zwischen zwei Bauteilen und bei der Konturerstellung in mehreren Schnitten eingesetzt.

1.3.4 Schnittverlauf

- **Anschneiden**

Eigenspannungen innerhalb der Rohlinge können zu Verzug führen, wenn die Schnitte nicht so gelegt werden, dass nach dem Ausschneiden ein geschlossener „Rahmen" erhalten bleibt. Aus diesem Grund wird der Anschnitt von einer **Startbohrung** ausgehend ausgeführt, die innerhalb des Rohlings und abseits der Werkstückkontur liegt. Ihr Durchmesser beträgt je nach Drahtdurchmesser, Werkstückdicke und Präzision der Maschine zwischen 0,05 mm und 1 mm über dem Drahtdurchmesser. Die Startbohrung wird durch Bohren oder funkenerosives Senken erzeugt.

Damit sich der Erodierprozess nach dem Start zunächst stabilisieren kann und Bahnkorrekturen wirksam werden, liegt zwischen Startbohrung und Konturbeginn ein **Anschnitt**. Die Anschnittlänge richtet sich im Wesentlichen nach der Werkstückhöhe. Die Startbohrung und der Anschnitt sollten möglichst dicht am Schwerpunkt des Ausfallteils positioniert werden, damit freigeschnittene Werkstücke möglichst geringe Kräfte ausüben und es nicht zu elastischen Verformungen durch Lageabweichungen kommt. Aus diesem Grund wird auch möglichst nur ein Bauteil von einer Startbohrung aus geschnitten.

Beispiel **für die Ermittlung von Startbohrungsposition und Anschnittlänge**

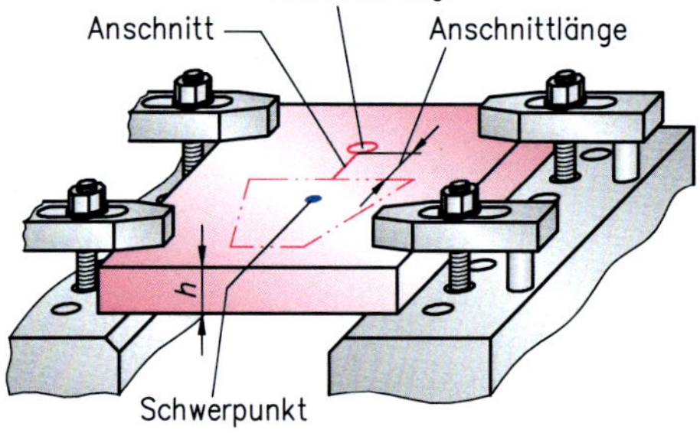

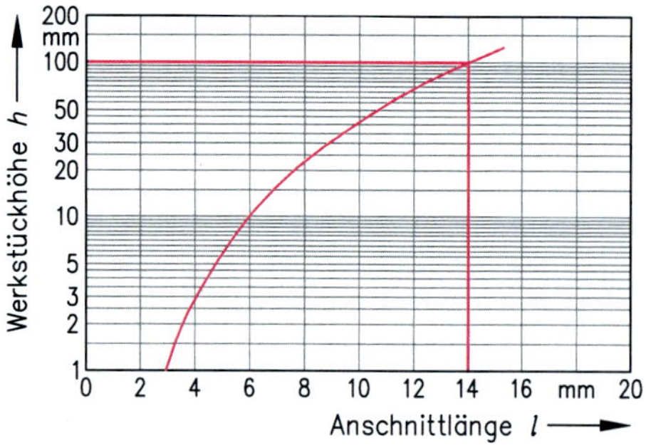

Beim funkenerosiven Schneiden beginnt der Schneidevorgang nicht direkt auf der zu fertigenden Kontur, sondern von einer Startbohrung aus. Die Strecke zwischen Kontur und Startbohrung wird als Anschnitt bezeichnet. Er sollte möglichst dicht am Werkstückschwerpunkt positioniert werden.

Übungsaufgaben E-43; E-44

• **Schnittende**

Am Ende des Schnittes lösen sich Ausfallteile und ausgeklinkte Werkstücke vom fest eingespannten Rest. Sie können dabei verkanten und zu Beschädigungen führen. Darum müssen sich lösende Teile gesichert werden. Dies geschieht vor dem völligen Durchtrennen durch Klemmen, aufgeklebte Laschen oder bei magnetischen Werkstoffen durch Magnete. Wenn mannlos, d. h. ohne Maschinenbediener erodiert wird, muss der Schneidvorgang vor dem völligen Durchtrennen abgebrochen werden, damit ein **Haltesteg** als Anbindung stehen bleibt. Der Haltesteg wird möglichst nicht an Funktionsflächen positioniert, sondern z. B. an Stellen, die ein späteres Durchtrennen im Schnellschnitt zulassen.

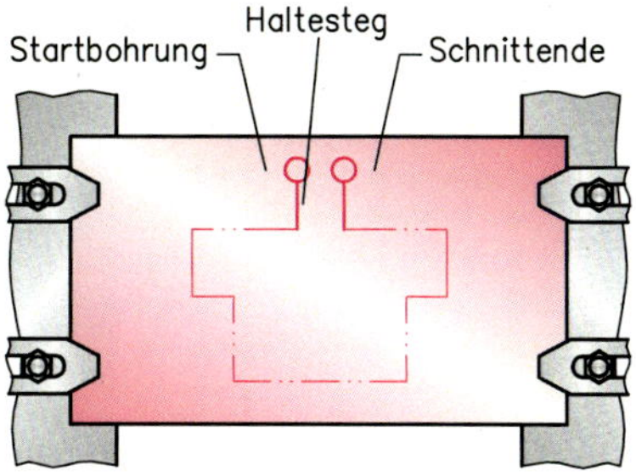

Bauteil mit Haltesteg

Zwischen Startbohrung und Schnittende muss bei mannloser Schicht ein Haltesteg zwischen Ausfallteil und Restrohling als Anbindung stehen bleiben, um Beschädigungen zu vermeiden. Der Haltesteg sollte nicht an Funktionsflächen positioniert werden.

1.3.5 Spülung beim funkenerosiven Schneiden

Der Erosionsprozess beim funkenerosiven Schneiden findet meist in einem Spülstrahl statt, der den Draht koaxial umschließt. Ist eine vollständige koaxiale Umspülung nicht möglich, wie z. B. bei konischen Schnittflächenverläufen oder bei der Erosion von Hohlkörpern, so wird der Erosionsprozess in einem Behälter durchgeführt, der mit Dielektrikum gefüllt ist. Als Dielektrikum wird **deionisiertes Wasser** eingesetzt. Unter deionisiertem Wasser versteht man in diesem Fall Leitungswasser, das in einem Dielektrikumsaggregat entsalzt worden ist. Die Leitfähigkeit des Dielektrikums sollte so gewählt werden, dass keine Prozessstörungen wie Kurzschlüsse oder Lichtbögen auftreten.

LF 9

Damit es nicht zu Prozessstörungen kommt, muss auch bei der Erosion in einem gefüllten Dielektrikumsbehälter zusätzlich eine Spülung eingesetzt werden, welche die Abtragpartikel aus dem Arbeitsspalt spült. Die Spülung wird durch die Werkstückhöhe beeinflusst. Dabei gilt: je höher das zu erodierende Werkstück ist, desto schwieriger sind die Spülaufgaben zu bewältigen.

Für die verschiedenen Schnittbedingungen sind eine Reihe von Spülmethoden entwickelt worden, die den Draht im Bereich der Erodierzone umspülen. Je nach Spülanordnung wird unterschieden zwischen den **Spülarten:**

- Strahlspülung (Druckspülung),
- Saug-, Druckspülung,
- Koaxialspülung (einseitig) und
- Koaxialspülung (zweiseitig).

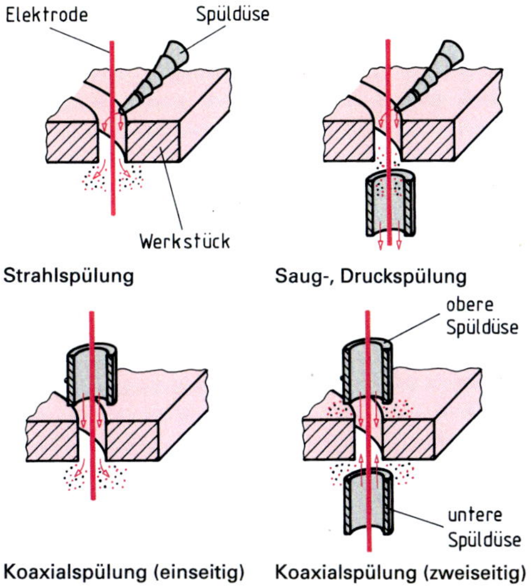

Spülarten beim funkenerosiven Schneiden

Beim funkenerosiven Schneiden wird deionisiertes Wasser als Dielektrikum verwendet. Das von einem Dielektrikumsaggregat aufbereitete Wasser umspült den Draht während des Erodierprozesses. Durch eine gute Spülung werden Prozessstörungen vermieden und wird die Schneidrate erhöht.

Übungsaufgaben E-45; E-46

2 Anlagen zum funkenerosiven Abtragen

2.1 Baueinrichtungen einer Funkenerosionsanlage

Für das funkenerosive Abtragen werden spezielle Funkenerosionsanlagen eingesetzt. Wichtige Baueinrichtungen an Funkenerosionsanlagen sind:

- Arbeitskopf mit Vorschubregelung,
- Generator,
- Steuerung,
- Dielektrikumsgerät.

Die Funkenerosionsanlagen werden im Werkzeug- und Formenbau zur Fertigung von Werkstücken mit engen Toleranzen eingesetzt. Dieser Einsatz setzt eine Werkzeugmaschine voraus, die mit hoher Präzision hergestellt wurde und sich durch hohe Steifigkeit sowie thermische Stabilität auszeichnet.

Anlage zum funkenerosiven Senken

Für den Einsatz im Werkzeug- und Formenbau stehen unterschiedliche Anlagentypen in verschiedenen Größen zur Verfügung. Typisch für Funkenerosionsanlagen sind die Baueinrichtungen: Arbeitskopf mit Vorschubregelung, Generator, Steuerung und Dielektrikumsgerät.

2.2 Die Funkenerosionsanlage als technisches System

Die nachfolgende Darstellung zeigt eine Funkenerosionsanlage als technisches System mit den unterschiedlichen Teilsystemen in ihren Funktionszusammenhängen.

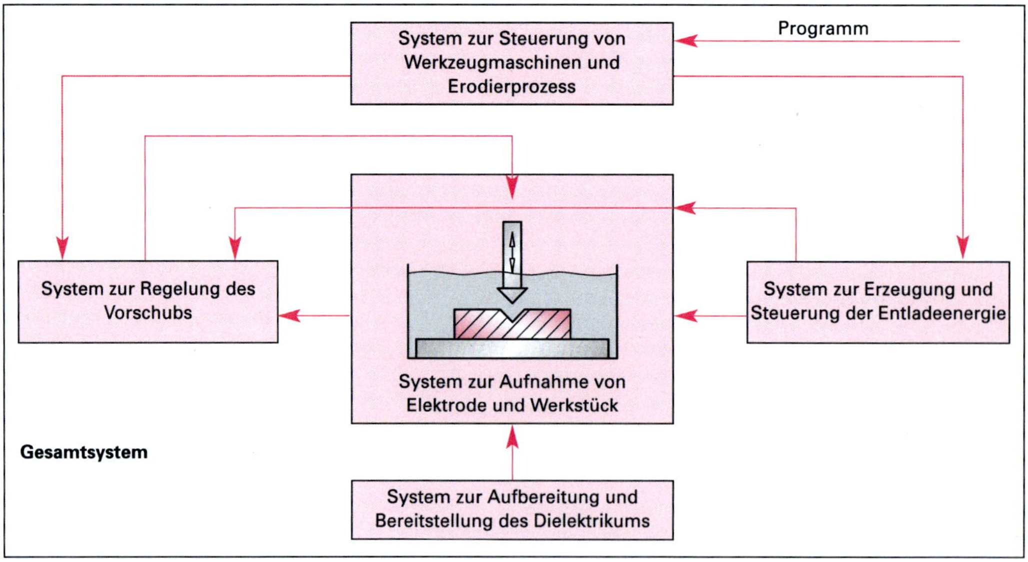

Übungsaufgabe E-47

2.2.1 System zur Erzeugung und Steuerung der Entladeenergie

Zur Erzeugung und Steuerung der Entladeenergie wird ein Generator eingesetzt. Der Generator besteht aus folgenden Baueinheiten:

- Spannungsquelle,
- Taktgenerator,
- elektronischer Leistungsschalter,
- Widerstand zur Strombegrenzung.

Die *Spannungsquelle* liefert eine Gleichspannung in Höhe der gewünschten Leerlaufspannung. Der *Taktgenerator* wandelt die erzeugte Gleichspannung in Spannungsimpulse um, indem er den *Leistungsschalter* steuert. Der Leistungsschalter wird so gesteuert, dass sich am Arbeitsspalt die gewünschte Impulsdauer und die gewünschte Impulspause einstellen. Der verstellbare *Widerstand* dient zur Begrenzung der maximalen Entladestromstärke.
Durch das Parallelschalten mehrerer Generatorstromkreise lassen sich unterschiedliche Entladestromstärken realisieren.

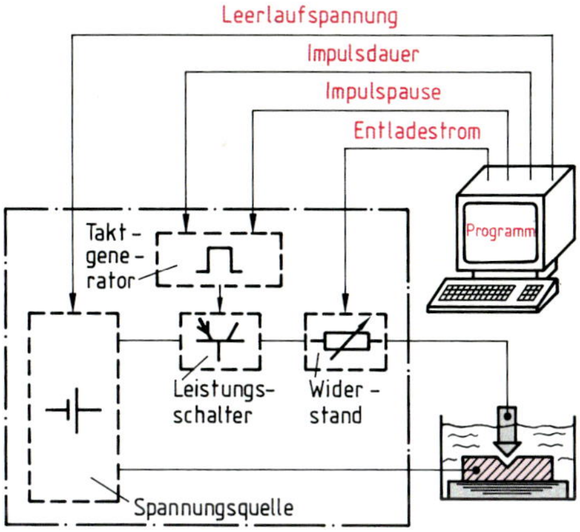

Baueinheiten im Generator

Zur Erzeugung und Steuerung der Entladeenergie wird ein Generator eingesetzt. Nach einem vorgegebenen Programm werden vom Generator die gewünschten Prozesskenngrößen (Leerlaufspannung, Impulsdauer, Impulspause, maximaler Entladestrom) am Arbeitsspalt eingestellt.

2.2.2 System zur Steuerung von Maschine und Prozess

Die Anlagen zum funkenerosiven Abtragen sind mit CNC-Steuerungen ausgestattet. Nach einem vorgegebenen Programm werden die Werkzeugmaschinen und der Erodierprozess gesteuert.

Die **Maschinensteuerung** schließt u. a. die Steuerung der Achsbewegungen ein. Für die Achsbewegungen setzt man unterschiedliche Steuerungsarten ein. Gesteuert werden:

- *Senkerosionsanlagen* mit 3D-Bahnsteuerungen und
- *Schneiderosionsanlagen* mit 5D-Bahnsteuerungen.

Häufig werden Senkerosionsanlagen noch mit einer steuerbaren C-Achse ausgestattet, um die Bearbeitungsmöglichkeiten zu erweitern. Mit einer gesteuerten **C-Achse** ist es möglich, Drehbewegungen um die Z-Achse auszuführen.
Die **Prozesssteuerung** wird über den Generator vorgenommen. Bei Senkerosionsanlagen kommt noch die Intervallsteuerung hinzu. Sie sorgt für die Unterbrechung des Erodierprozesses während der Zurückfahr- und Zustellbewegung der Elektrode bei der Intervallspülung.

Senkerosionsanlage mit 3D-Bahnsteuerung und gesteuerter C-Achse

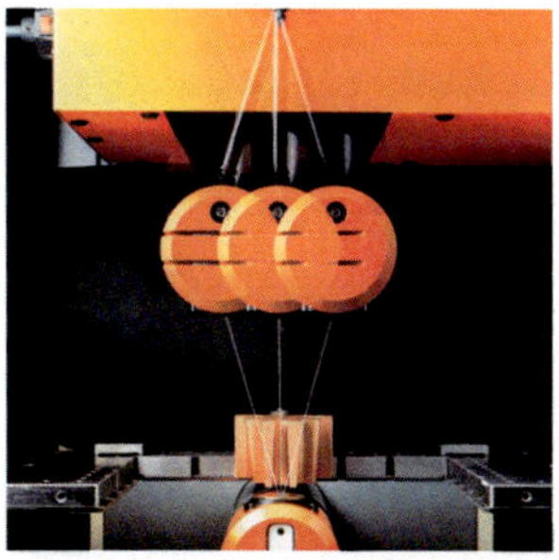
Schneiderosionsanlage mit 5D-Bahnsteuerung

Funkenerosionsanlagen sind mit CNC-Steuerungen ausgestattet, die sowohl den Erodierprozess als auch die Werkzeugmaschine steuern. Der Erodierprozess wird hauptsächlich über die Generatoreinstellung gesteuert. Für die Achsbewegung werden Bahnsteuerungen eingesetzt.

2.2.3 System zur Regelung des Vorschubs

Die **Vorschubregelung** sorgt für die Nachführung der Elektrode während des Erodierprozesses. Die Nachführung wird entsprechend dem Arbeitsfortschritt vorgenommen, um die Arbeitsspaltbreite konstant zu halten. Als Regelgröße wird die am Arbeitsspalt anliegende **Arbeitsspannung** verwendet. Die Arbeitsspannung ist der Mittelwert der während der Bearbeitung an der Entladestrecke anliegenden Spannung. Die Stellgröße im Regelkreis ist die Arbeitsspaltbreite. Eine entsprechende Regelung muss für alle Achsrichtungen vorgenommen werden, in denen erodiert wird.

Die Schneiderosionsanlagen werden zusätzlich mit einer Einrichtung zur **Leistungsregelung** ausgestattet. Bei der Leistungsregelung dient die aktuelle Vorschubgeschwindigkeit als Regelgröße. Mithilfe der Vorschubgeschwindigkeit wird der aktuelle Leistungs-Ist-Wert ermittelt. Ein Vergleich mit dem eingestellten Soll-Wert führt gegebenenfalls zu einer Korrektur der Generatoreinstellung, um den Draht vor einer Überlastung zu schützen.

Korrekturen werden insbesondere aufgrund von unterschiedlichen **Schnittbedingungen** notwendig, die beim funkenerosiven Schneiden infolge von schwankenden Eingriffsverhältnissen auftreten.

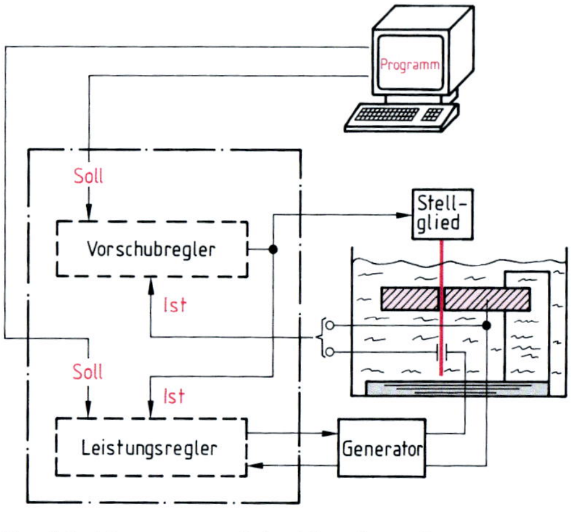

Regeleinrichtungen von Schneiderosionsanlagen

Beispiele für unterschiedliche Schnittbedingungen beim Erodierprozess

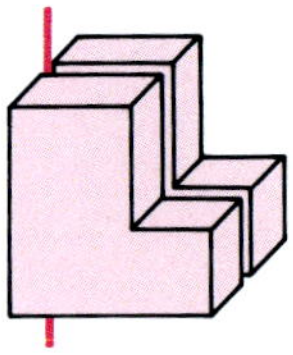

Absätze

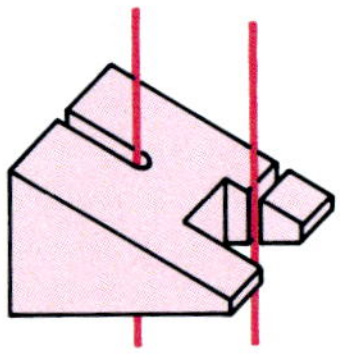

Schrägen und Ausklinkungen

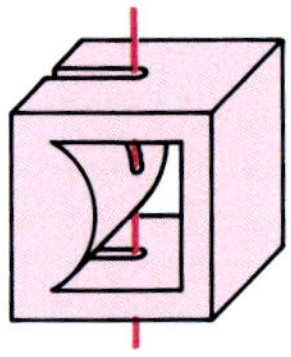

Konvexe Öffnungen

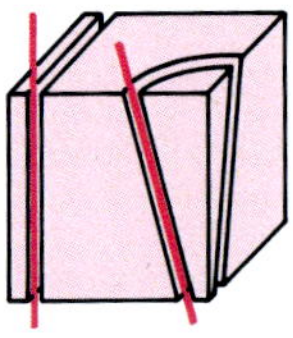

Konische Schnitte und Randschnitte

Die Vorschubregelung sorgt für eine konstante Arbeitsspaltbreite während des Erodierprozesses. Schneiderosionsanlagen sind zusätzlich mit einer Leistungsregelung ausgestattet, die den Draht bei unterschiedlichen Schnittbedingungen vor Überlastung schützt.

2.2.4 System zur Aufbereitung und Bereitstellung des Dielektrikums

Für den Erodierprozess muss das Dielektrikum aufbereitet werden und im gewünschten Zustand verfügbar sein. Dazu gehören die folgenden Maßnahmen:

- *Bereitstellung* des Dielektrikum für das schnelle Befüllen des Behälters, in dem der Erodierprozess stattfindet. Für die Spülung selbst muss außerdem das Dielektrikum in der geforderten Menge und mit dem geforderten Druck in die Erodierzone gepumpt werden,
- *Kühlung* des beim Erodierprozess erwärmten Dielektrikums,
- *Reinigung* des mit Abtragpartikeln verunreinigten Dielektrikums.

In Funkenerosionsanlagen werden diese Aufgaben von **Dielektrikumsaggregaten** erledigt. Diese Aggregate sind mit Pumpen, Filtern und Wärmetauschern ausgestattet. Bei Schneiderosionsanlagen kommt noch ein *Deionisierungsgerät* und eine *Leitwertsonde* hinzu. Diese beiden Geräte werden für die **Leitwertregelung** benötigt. Der gewählte Leitwert muss sehr genau eingehalten werden, um Konturfehler zu vermei-

Übungsaufgaben E-50; E-51

den. Die Einstellungen am Dielektrikumsaggregat können manuell oder über die Steuerung vorgenommen werden. Bei Schneiderosionsanlagen wird gesteuert

- das Füllen des Dielektrikumsbehälters,
- der Leitwert des Dielektrikums und
- die Spülart.

Die Einstellung der gewünschten Spülart wird in einem **Verteiler** vorgenommen. Der Verteiler ist mit Absperrventilen und Leitungen bestückt. Die Absperrventile werden elektromagnetisch betätigt und lenken den Dielektrikumsstrom so, dass die gewählten Düsen mit Dielektrikum beaufschlagt werden. Auch die Saugspülung wird durch eine entsprechende Steuerung der Absperrventile eingestellt.

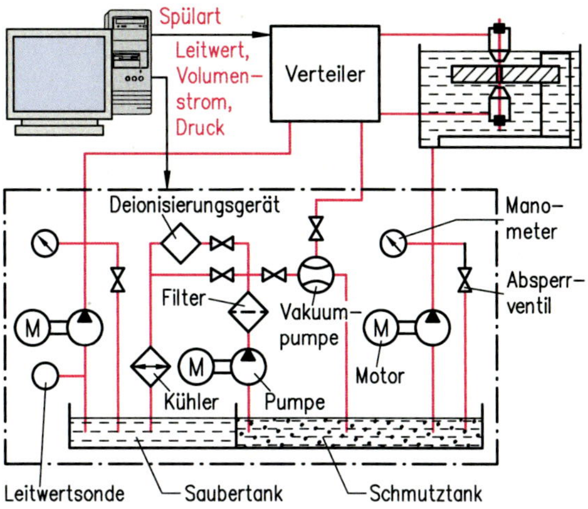

Dielektrikumsgerät einer Schneiderosionsanlage

Die Anlagen zum funkenerosiven Abtragen sind mit Dielektrikumsaggregaten ausgestattet, die für die Bereitstellung, Reinigung und Kühlung des Dielektrikums sorgen. Schneiderosionsanlagen besitzen zusätzlich Einrichtungen zur Leitwertregelung.

2.3 Spezielle Einrichtungen an der Werkzeugmaschine

2.3.1 Einrichtungen zur Aufnahme von Elektrode und Werkstück

Die Einrichtungen zur Elektroden- und Werkstückaufnahme müssen eine genaue Positionierung und Einspannung von Elektrode und Werkstück ermöglichen. Diese Fixierung muss insbesondere im Werkzeug- und Formenbau schnell und flexibel erfolgen, um im Kleinserienbau bzw. bei der Einzelteilfertigung kürzere Rüstzeiten zu erreichen. Aus diesem Grund werden Elektrode und Werkstück meist in gesonderten Spannsystemen aufgenommen. Ein weiterer Vorteil der Spannsysteme liegt in der Möglichkeit, die Elektroden- und Werkstückaufspannung außerhalb der Erosionsanlage vornehmen zu können. Das Aufspannen außerhalb der Maschine erhöht die Maschinennutzungszeiten.

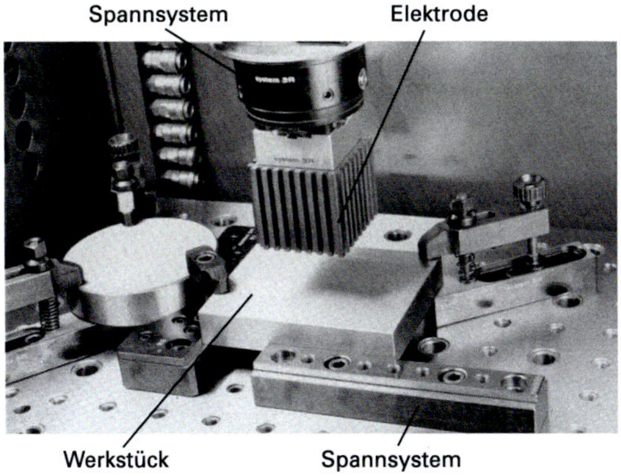

Werkstück- und Elektrodeneinspannung mit System beim funkenerosiven Senken

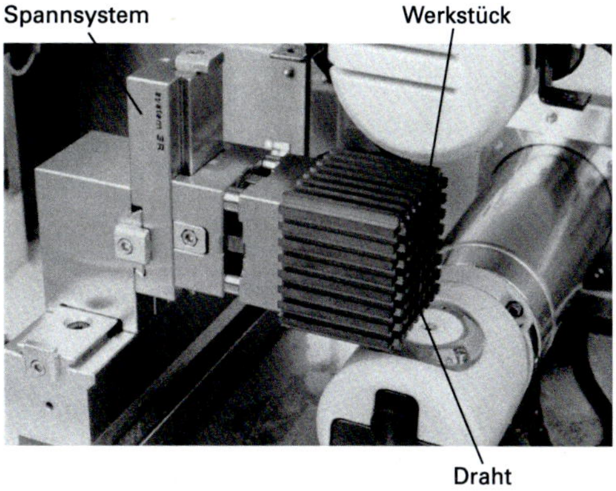

Werkstückeinspannung mit System beim funkenerosiven Schneiden einer Elektrode

Bei Funkenerosionsanlagen werden zur Positionierung und Einspannung von Werkstückrohlingen und Senkelektroden an der Werkzeugmaschine meist Spannsysteme eingesetzt. Die Spannsysteme verkürzen die Rüstzeiten und ermöglichen einen automatischen Wechsel der Senkelektroden.

Übungsaufgabe E-52

2.3.2 Einrichtungen für das Drahtsystem bei Schneiderosionsanlagen

Die bei Schneiderosionsanlagen eingesetzte Drahtelektrode wird während des Erodierprozesses kontinuierlich von einer Spule abgewickelt und über Rollen und Drahtführungseinrichtungen zur Schneidzone transportiert. Gleichzeitig wird die notwendige mechanische Drahtspannung erzeugt.

Die gewünschte **Drahtgeschwindigkeit** und die **Drahtspannung** können über die Steuerung der Anlage eingegeben werden. Die maximalen Drahtgeschwindigkeiten liegen bei etwa 250 mm/s und die Spannkräfte zwischen 2 N und 25 N. Die Höhe der Spannkraft ist u. a. vom Drahtwerkstoff und dem Drahtdurchmesser abhängig.

Drahtführung in einer Schneiderosionsanlage

Für den Fall des Drahtbruchs, sind die Schneiderosionsanlagen mit einer automatischen **Drahteinfädeleinrichtung** ausgestattet. Bei einem Drahtbruch wird der Draht automatisch abgeschnitten und aus dem Schnittspalt entfernt. Für den Einfädelvorgang fährt die Anlage wieder zur Startbohrung zurück und fädelt neu ein. Anschließend wird der Draht mit einem mittleren Tischvorschub durch die Schnittspur zur Bruchstelle bewegt und der Erodierprozess fortgesetzt.

Die automatische Drahteinfädelung wird auch zur Bearbeitung von Werkstücken eingesetzt, bei denen mehrere Konturen erodiert werden müssen, die jeweils eigene Startbohrungen besitzen. In diesem Fall wird der Draht nach der Fertigstellung der 1. Kontur automatisch abgeschnitten und aus dem Werkstückbereich entfernt. Die Anlage fährt dann zur Startbohrung der 2. Kontur und fädelt den Draht automatisch wieder ein. Auf diese Weise werden z. B. Schneidplatten von Folgeschneidwerkzeugen oder Formplatten im Automatikbetrieb bearbeitet.

Beispiel für eine Formplatte mit mehreren Konturen

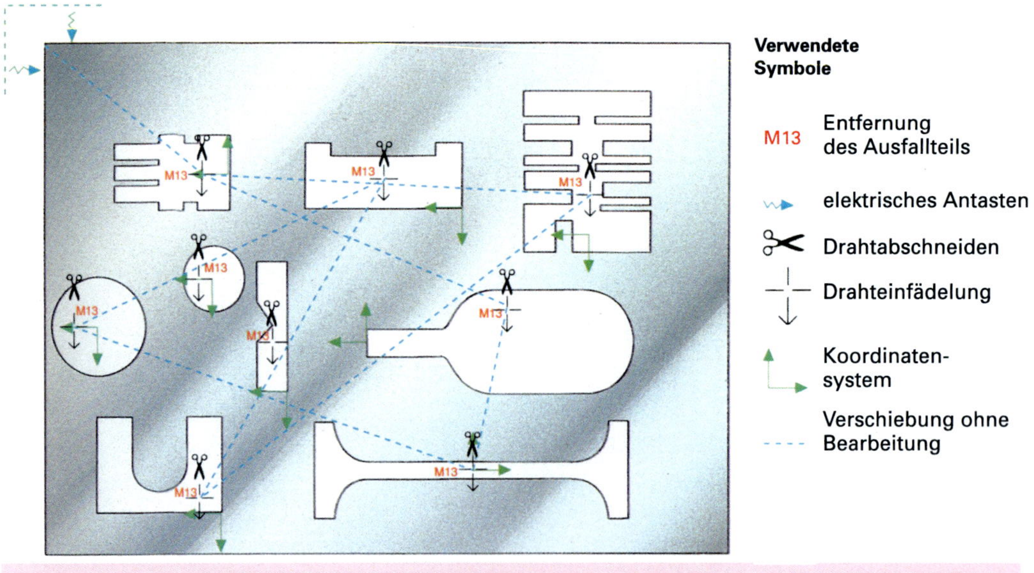

Die bei den Schneiderosionsanlagen eingesetzte Drahtelektrode wird von einer Spule abgewickelt und automatisch in die Startbohrung eingefädelt. Die Drahtgeschwindigkeit und die Drahtspannung sind über die Maschinensteuerung einstellbar.

Übungsaufgabe E-53

2.4 Sicherheitsmaßnahmen bei Funkenerosionsanlagen

Der Werkzeugmechaniker muss die **Vorschriften für die Arbeitsräume** sowie die **Betriebsvorschriften** für Funkenerosionsanlagen kennen, um Schäden zu vermeiden.

Vorschriften für Arbeitsräume mit Funkenerosionsanlagen

- Werden leicht entzündliche Dielektrika eingesetzt, muss die Elektroinstallation den Bedingungen für feuergefährliche Betriebsstätten genügen.
- Im Bereich der Funkenerosionsanlagen muss der Umgang mit offenem Feuer und Licht sowie das Rauchen verboten sein.
- Die Arbeitsräume müssen ausreichend belüftet sein, damit sich keine gesundheitsschädlichen oder entzündbaren Dämpfe bilden können. Reicht die Belüftung nicht aus, so sind Absauganlagen zu installieren.

Maßnahmen zur Arbeitssicherheit

Betriebsvorschriften für den Einsatz von Funkenerosionsanlagen

- Funkenerosionsanlagen dürfen nur von Personen bedient werden, die vom Unternehmer eingewiesen und beauftragt sind. Bei den in regelmäßigen Abständen durchzuführenden Unterweisungen ist besonders auf Gefahren und Sicherheitsmaßnahmen einzugehen.
- Funkenerosionsanlagen, besonders aber die Sicherheitseinrichtungen, müssen regelmäßig einer Funktionsprüfung unterzogen werden. Werden Sicherheitsmängel festgestellt, ist die Anlage stillzulegen, bis die Mängel beseitigt sind.
- Jeder unnötige Hautkontakt mit Dielektrikum ist zu vermeiden.
- Der Dielektrikumsspiegel muss beim Betrieb der Anlage über der Funkenstrecke liegen.
- Die Temperaturüberwachung des Dielektrikums muss so eingestellt sein, dass bei einer Temperatur von 15 °C unter dem Flammpunkt, die Dielektrikumspumpe abgeschaltet wird.
- Funkenerosionsanlagen dürfen nur dann ohne Aufsicht (z. B. nachts) betrieben werden,
  - wenn die Arbeitsspannung abgeschaltet wird, sobald die Wirkfläche der Elektrode sich weniger als 30 mm unterhalb des Dielektrikumspiegels befindet.
  - wenn zwei voneinander unabhängige Sicherheitssysteme zur Überwachung des Dielektrikumspiegels sowie der Dielektrikumstemperatur vorhanden sind.
  - wenn automatische Feuerlöscheinrichtungen installiert sind.

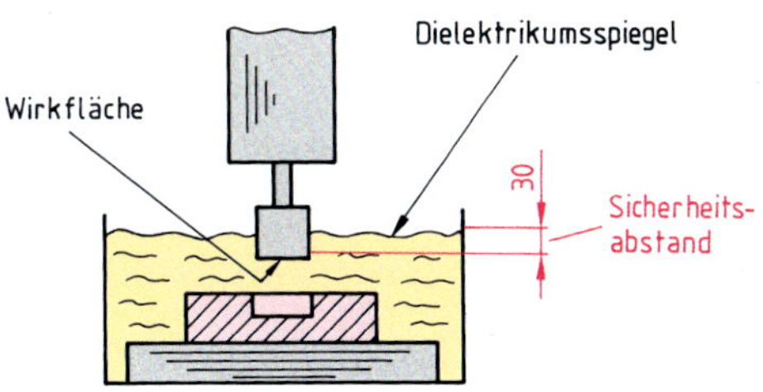

Dielektrikumsspiegel und Elektrodenwirkfläche

Beim Einsatz von Funkenerosionsanlagen sind die Vorschriften für die Arbeitsräume und die Betriebsvorschriften zu beachten. Die Anlagen dürfen nur von Personen bedient werden, die vom Unternehmer eingewiesen und beauftragt worden sind.

Übungsaufgabe E-54

3 Hochgeschwindigkeitsfräsen

Hochgeschwindigkeitsbearbeitung (high-speed-cutting) wird dort eingesetzt, wo hohe Zerspanleistung im Zerspanungsprozess bei gleichzeitig hoher Oberflächenqualität des Produkts erwartet werden. Im Werkzeug- und Formenbau wird vorwiegend das Hochgeschwindigkeitsfräsen (HSC-Fräsen) eingesetzt.

3.1 Grundlagen

3.1.1 Prinzip der Hochgeschwindigkeitsbearbeitung

Bei herkömmlichen Zerspanungsverfahren steigen mit wachsender Schnittgeschwindigkeit die Temperaturen am Werkstück, an der Werkzeugschneide und in den Spänen. Als Folge der Temperaturerhöhung sinkt die Standzeit der Werkzeuge.

Erhöht man aber Vorschub- und Schnittgeschwindigkeit der Werkzeugschneide auf das 5- bis 10-fache der üblichen Werte, so ist die Geschwindigkeit an der Schneide der Werkzeuge höher als die Geschwindigkeit, mit der sich die Wärme im Werkstück ausbreitet.

Beispiel **für die Wärmeausbreitung bei herkömmlichem Fräsen und beim HSC-Fräsen (Schema)**

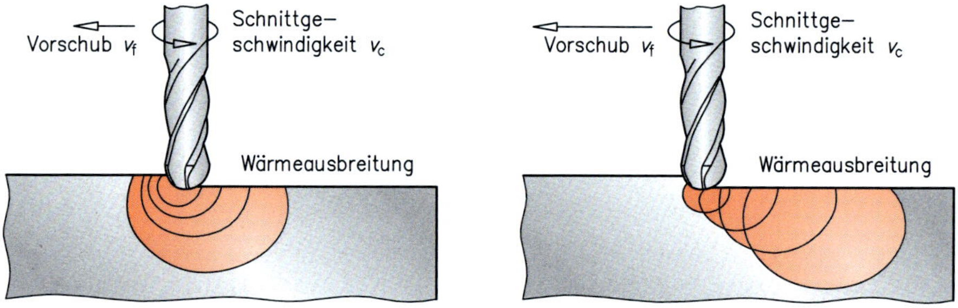

Herkömmliches Fräsen **Hochgeschwindigkeitsfräsen**

Die in der Kontaktzone der Werkzeugschneide beim Zerspanen durch Reibung entstehende Wärme geht wegen der hohen Geschwindigkeiten von v_f und v_c weitgehend in den Span über und senkt den Widerstand der abgetrennten Werkstoffteilchen gegen die Verformung. Dadurch fließt der Span leichter über die Spanfläche ab und krümmt sich sehr stark. Weil nur ein kleiner Teil der entstehenden Wärme in das Werkzeug fließt, bleibt die Werkzeugschneide länger schneidhaltig.

Bei der Hochgeschwindigkeitsbearbeitung (HSC) ist die Geschwindigkeit der Spanabnahme höher als die Ausbreitungsgeschwindigkeit der Wärme. Deshalb geht die Zerspannungswärme weitgehend an den Span über.

3.1.2 Vorteile des Hochgeschwindigkeitsfräsens

Der Einsatz des Hochgeschwindigkeitsfräsens (HSC-Fräsen) im Werkzeug und Formenbau bringt gegenüber dem herkömmlichen Fräsen erhebliche Vorteile:

- Infolge der hohen Schnitt- und Vorschubgeschwindigkeit steigt die Zerspanleistung um bis zu 50 % gegenüber dem herkömmlichen Fräsen. Dies verkürzt die Bearbeitungszeiten erheblich.
- Die Schnittkräfte sind gegenüber der herkömmlichen Bearbeitung erheblich geringer. Darum sind sehr dünne Stege auch in spröden Werkstoffen, z. B. Grafit, problemlos zu fräsen.
- Die geringen Schnittkräfte erlauben den wirtschaftlichen Einsatz von Fräsern mit kleinem Durchmesser. Dadurch sind feine Konturen sauber und schnell auszuarbeiten. Die stabilisierende Wirkung der hohen Umdrehungsfrequenzen erlaubt auch die Verwendung langer Fräser mit geringem Durchmesser.

HSC-Fräsen feiner Konturen
(Quelle: Fraunhofer IPT)

- Die schnelle Wärmeabfuhr, die fast ausschließlich über den Span erfolgt, ermöglicht mit beschichteten Fräsern das Bearbeiten von Werkstoffen mit Härten bis etwa 68 HRC. Damit können Wärmebehandlungen vor die Zerspanung gelegt werden und damit evtl. Verzug und Nacharbeit vermieden werden.
- Durch geringe Zustellung und hohe Schnittgeschwindigkeit werden sehr gute Oberflächen erzielt und damit Kosten für Nacharbeit, z. B. Polieren, erheblich gesenkt.

Vorteile des HSC-Fräsens:
- Bearbeitung feiner Konturen auch in spröden Werkstoffen,
- Erziehung hoher Oberflächenqualität,
- hohe Zerspanleistung,
- Bearbeitung harter Werkstoffe.

3.2 HSC-Fräsmaschinen und Fräswerkzeuge

3.2.1 HSC-Fräsmaschinen

HSC-Fräsmaschinen arbeiten mit sehr hohen Umdrehungsfrequenzen bis ca. 80 000 1/min und sehr hohen Vorschubgeschwindigkeiten.

Beispiel für eine 5-Achs-HSC-Fräsmaschine

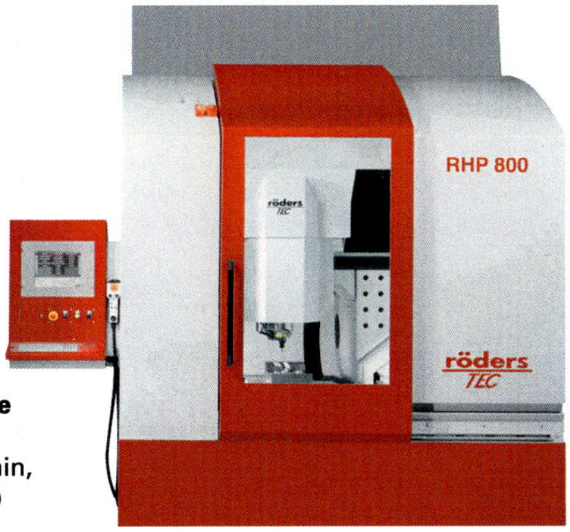

HSC-Fräsmaschine Roeders RHP 800
(n_{max} = 36 000 1/min,
$v_{c\,max}$ = 80 m/min)

Die hohen Vorschubgeschwindigkeiten verursachen bei Geschwindigkeits- und Richtungsänderungen hohe Beschleunigungs- bzw. Bremskräfte. Die hohen Umdrehungsfrequenzen haben hohe Fliehkräfte zur Folge. Diese Arbeitsbedingungen stellen an die Konstruktion der Maschine besondere Anforderungen.

Die Maschinen besitzen
- hohe Steifigkeit und Schwingungsdämpfung. Es werden gegossene und zum Teil auch mit Mineralguss gefüllte Grundgestelle eingesetzt;
- geringe Massen von Spindelantrieben. Es werden mit Hochfrequenz arbeitende Motoren ohne Zwischengetriebe verwendet;
- geringe Massen für Vorschubantriebe. Bevorzugt werden Linearmotoren als Vorschubantriebe benutzt;
- gekapselte Arbeitsbereiche, da die Späne hohe Temperaturen besitzen und fast die Geschwindigkeit eines Geschosses haben können;
- Staubabsaugung, um feine Spanartikel und Stäube (z. B. Grafitstaub) von Führungen und den Werkstückoberflächen fern zu halten.

HSC-Fräsmaschinen haben
- hohe Steifigkeit und Schwingungsdämpfung,
- geringe Massen in beweglichen Baugruppen,
- hohe Massen in feststehenden Baugruppen,
- gekapselte Arbeitsbereiche,
- Absaugeinrichtungen.

LF 9

3.2.2 Steuerung der HSC-Fräsmaschine

HSC-Fräsmaschinen verfügen über mindestens 5 unabhängig voneinander gesteuerte Achsen. Zur Steuerung der Maschine sind darum hohe Datenmengen zu verarbeiten. Die hohe Vorschubgeschwindigkeit in jeder Achsrichtung erfordert für die Bearbeitung dieser Datenmengen hohe Rechengeschwindigkeiten:

- Zum Einlesen der Programmdaten und dem Berechnen der Verschiebungswege jeder einzelnen Achse zur Erreichung des nächsten Bahnpunktes stehen extrem kurze Zeiten zur Verfügung. Für eine in allen Raumrichtungen verlaufende Bahnkurve sind oft mehr als 100 NC-Sätze in nur einer Millisekunde zu verarbeiten.
- Die Steuerung muss vorausschauend die Fräserbahn berechnen, damit vor scharfen Änderungen der Bahn rechtzeitig der Vorschub verringert und anschließend wieder hochgefahren wird. Man nennt diese vorausschauende Berechnung **„Look-ahead-Funktion"**. Durch sie werden auch Schleppfehler weitgehend vermieden.
- Die Steuerung soll möglichst eine dynamische Kollisionsüberwachung durchführen, damit bei der Bearbeitung kein Zusammenstoß zwischen einzelnen Teilen der Maschine eintritt. Bei den hohen Verfahrgeschwindigkeiten – bei 60 m/min ist dies 1 Meter in einer Sekunde – und den unvorhersehbaren Bahnbewegungen im Formanbeu kann kein Überwachungspersonal die Maschine vor dem Crash schützen (Die Kollisionskontrolle mit dem Werkstück geschieht bei der Programmierung.).

Steuerungen von HSC-Fräsmaschinen benötigen hohe Rechenleistung. Sie müssen weit vorausschauend Bahnpunkte berechnen (**„Look-ahead-Funktion"**). Zur Absicherung der Maschine ist eine dynamische Kollisionsüberwachung zweckmäßig.

3.2.3 Fräswerkzeuge und Spannmittel

Für das HSC-Fräsen werden spezielle Fräser eingesetzt. Bis etwa 20 mm Durchmesser werden die Fräser komplett aus Feinstkornhartmetall (Korngröße ≤ 0,5 µm) gefertigt. Die Fräser sind ausnahmslos beschichtet. Der am häufigsen verwendete Beschichtungsstoff ist Titan-Aluminium-Nitrid (TiAlN).

- Da nur ein relativ kleines Spanvolumen in einem Schnitt abgetrennt wird, haben Vollhartmetallfräser für das HSC-Fräsen kleinere Spannuten und damit einem größeren Kerndurchmesser als herkömmliche Fräser und sind entsprechend stabiler.
- Durch spezielle Schneidengeometrie und Formung von Spanleitstufen an Wendeschneidplatten sind die Fräser an die zu bearbeitenden Werkstoffe angepasst. Die Schneiden der Werkzeuge werden feinst bearbeitet.
- Um möglichst glatte Oberflächen auch an Schrägen und Radien zu erzeugen, werden im Werkzeugbau häufig Kugelfräser oder torische Fräser eingesetzt.

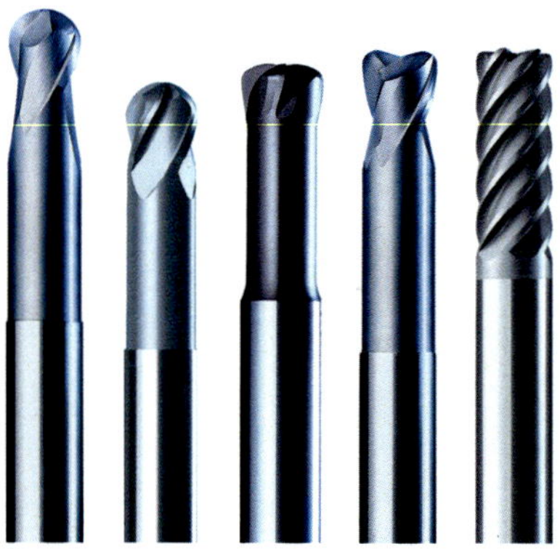

HSC-Fräser
(Quelle: Hartmetall-Werkzeugfabrik Paul Horn GmbH)

- Da kleinste Unwuchten zu ungleichmäßiger Schneidenbelastung und damit zu höherem Werkzeugverschleiß und schlechterer Oberflächenqualität führen, müssen HSC-Fräser mit größtmöglicher Rundlaufgenauigkeit gefertigt und dynamisch ausgewuchtet sein.
- Die Werkzeugaufnahmen müssen minimale Unwucht, hohes übertragbares Drehmoment, hohe Rundlaufgenauigkeit, hohe Wiederholgenauigkeit beim Wechseln, hohe Steifigkeit und Sicherheit bei hohen Umdrehungsfrequenzen aufweisen.

HSC-Fräser sind aus beschichtetem Feinstkornhartmetall. Sie haben hochgenauen Werkzeugrundlauf und meist auf den zu zerspanenden Werkstoff abgestimmte Schneidengeometrie.

Übungsaufgabe E-58

3.3 Programmierung von HSC-Fräsmaschinen

Programme für das HSC-Fräsen werden ausschließlich mit CAM-Systemen erzeugt. Diese Systeme bieten für das Schruppen, das Vorschlichten, das Schlichten und die Bearbeitung des Restmaterials Strategien an, die das HSC-Fräsen möglichst optimal begünstigen.
Ebenso sind in den CAM-Systemen oft auch Strategien zur Fertigung komplizierter Bauteile enthalten, z. B. Strategien für das Fräsen von Grafitelektroden mit Folgen von Taschen, zwischen denen sehr dünne Stege stehen bleiben.
Alle CAM-Systeme erlauben die Simulation der Bearbeitung und die Kollisionskontrolle zwischen Werkzeug und Werkstück.

3.3.1 Gleichlauf und Gegenlauffräsen

Beim HSC-Fräsen von Metallen sollte Gleichlauffräsen eingesetzt werden. Gegenüber dem Gegenlauffräsen und Pendelfräsen wird eine deutlich bessere Oberfläche erzeugt und der Werkzeugverschleiß wird vermindert.
Für die Bearbeitung von Modellwerkstoffen und Grafit wird vorteilhaft das Gegenlauffräsen eingesetzt.

Beim HSC-Fräsen werden Metalle vorwiegend im Gleichlauf gefräst. Für Kunststoffmodellwerkstoffe und Graphit wird Gegenlauf eingesetzt.

3.3.2 Schruppstrategien

Durch Schruppen soll in möglichst kurzer Zeit eine konturnahe Oberfläche erzeugt werden. Der Schwerpunkt der Schruppbearbeitung liegt damit auf hoher Zerspanleistung und weniger auf präziser Abbildung der Kontur. Strategien für den Werkzeugweg beim Schruppen sind:

- Die Werkzeugschneide soll möglichst stetig im Eingriff sein und das spezifische Spanvolumen, also das Spanvolumen je Zeiteinheit, soll konstant bleiben.
- Die Werkzeugbahn soll gerundete Kurven und keine abrupten Richtungsänderungen aufweisen.
- Scharfe Ecken werden durch „Loopings" erzeugt.
- Vollschnitte, bei denen der Fräser über seinen gesamten Durchmesser schneidet, müssen ebenso vermieden werden wie enge Nuten, die kaum den Fräserdurchmesser überschreiten.
- Falls Schnitte unterbrochen werden, ist vorsichtiges, bogenförmiges Anfahren an die Kontur zu gewährleisten. Durch kreisförmige Bewegungen des Werkzeugs, die teilweise im Material und teilweise außerhalb des Materials verlaufen – nach der Bahnkurve **trochoidales Fräsen** genannt – kann dabei die Schneidenbelastung verringert werden.

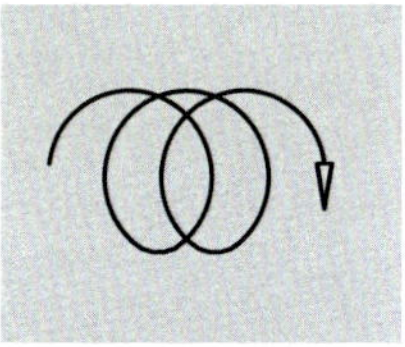

Trochoidales Fräsen

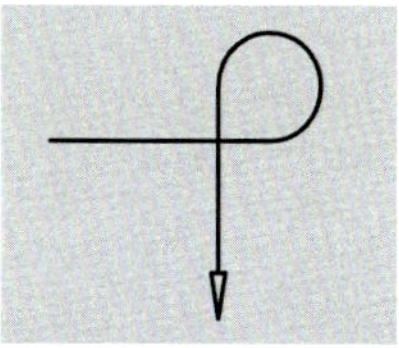

„Looping"

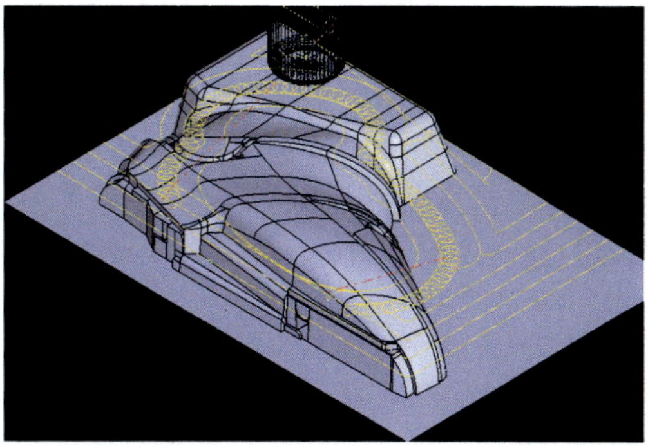

Schruppstrategien

Um den späteren Aufwand zum Schlichten gering zu halten, werden meist nach dem Schruppen mit großem Werkzeugdurchmesser Nacharbeiten mit kleineren Schruppwerkzeugen durchgeführt.

Durch spezielle HSC-Schruppstrategien wird die Werkzeugschneide möglichst gleichmäßig belastet. Die Vermeidung abrupter Richtungsänderungen hat dabei besondere Bedeutung.

Übungsaufgabe E-59

3.3.3 Schlichtstrategien

Durch Schlichten sollen hohe Oberflächenqualität und hohe Maßgenauigkeit erzielt werden. Aus diesem Grund sind Schlichtstrategien weitgehend an der Kontur orientiert.

Beispiele für verschiedene Schlichtstrategien und Restmaterialbearbeitung (Sescoi WorkNC)

Paralleles Schlichten (Kopieren)

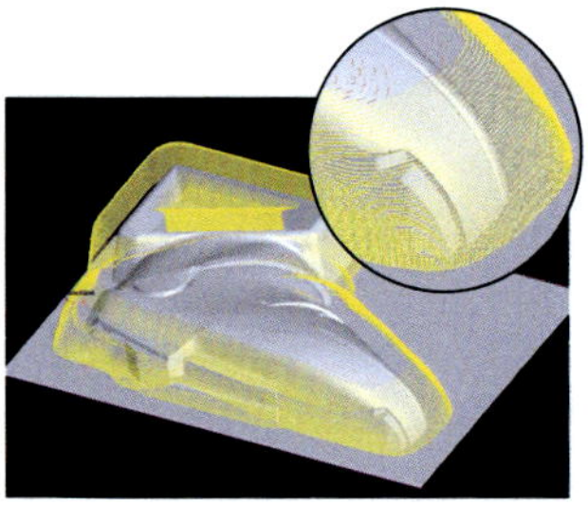

Schlichten entlang einer Führungskurve

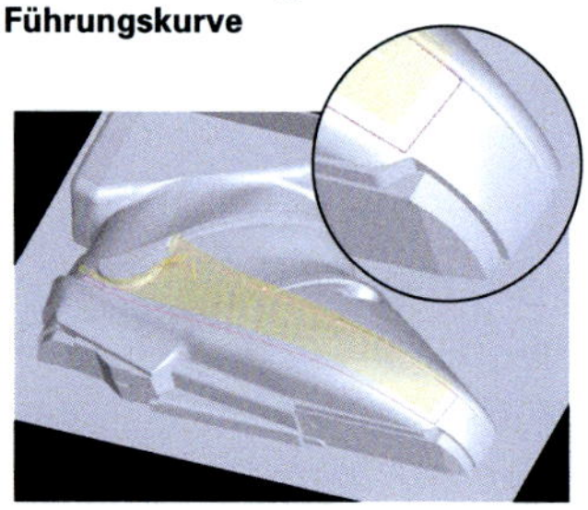

Restmaterialbearbeitung

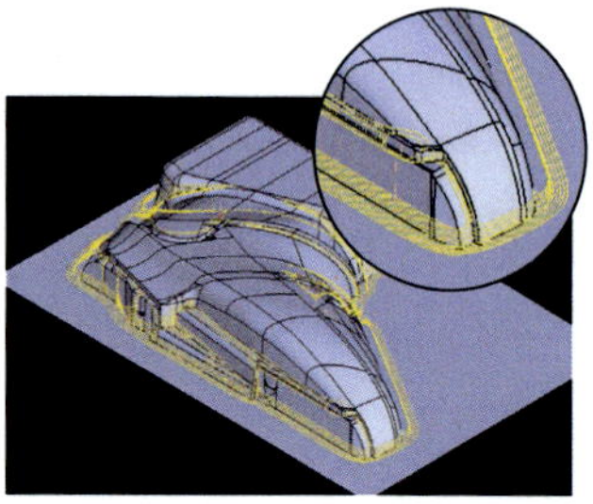

Beim **parallelen Schlichten** nähert sich der Fräser der Kontur auf Bahnen, die parallel zu einer Ebene liegen, z. B. zur X-Y-Ebene.

Beim Schlichten **entlang einer Führungskurve** verläuft die Fräserbahn stets parallel zu einer vorgegebenen Kurve, z. B. zur Kontur der Draufsicht.

Abwärtsschlichten ist eine Strategie zur Erzeugung guter Oberflächen an hohen senkrechten oder nahezu senkrechten Wänden.

Bei der **Restmaterialbearbeitung** werden mit kleinem Fräserdurchmesser Hohlkehlen und andere feine Konturen präzise ausgearbeitet.

3.3.4 Auswahl von Werkzeugen und Schnittwerten

Die Hersteller von Fräswerkzeugen für das HSC-Fräsen geben in ihren Datenblättern die Schnittdaten an, unter denen die Werkzeuge eingesetzt werden sollen. Diese Werte wurden in umfangreichen Versuchen ermittelt und sollten auf jeden Fall beachtet werden. Andernfalls arbeiten die Werkzeuge nicht im optimalen Bereich und verschleißen entsprechend schneller.

Beispiel für die Auswahl von Werkzeugen für eine HSC-Fräsbearbeitung

Auftrag:
Es ist für eine Demonstration auf einer Messe ein Modell von Skischuhen aus dem Werkzeugstahl 1.2312 (40 CrMnMoS 8-6) zu fräsen.
Es sind Werkzeuge und Schnittdaten zu wählen.

Schruppenbearbeitung

KIENINGER
Premium-Kopierfräser
Kat.-Bez. ECC R12.035TH40-04-I

d_1 = 35 mm, z = 4
Ident No. 9082892
Wendeplatte: RDKX12T3MO-TT
Hartmetallsorte: LC280TT
Ident No. 1055738

Schnittwerte

v_c = 260 m/min
n = 2 400 min^{-1}
f_z = 0,5 mm
v_f = 4 800 mm/min
a_e = 15 mm
a_p = 1 mm

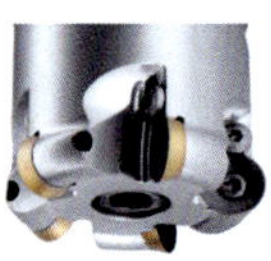

Vorschlichten (trochoidal)

KIENINGER
MultiEdge 2Feed Kopierfräser mit HM-Schaft
Kat.-Bez. EBG V12.012AN080-C-I

d_1 = 12 mm, z = 2
Ident No. 131514
Wendeplatte: WPB 12-HF
Hartmetallsorte: LC630Q
Ident No. 6132176

Schnittwerte

v_c = 270 m/min
n = 7 200 min^{-1}
f_z = 0,7 mm
v_f = 10 000 mm/min
a_e = 6 mm
a_p = 0,5 mm

Profilschlichten

KIENINGER
Kugel-Kopierfräser mit HM-Schaft
Kat.-Bez. EBG R0.6006AP100-C

d_1 = 6 mm, z = 2
Ident No. 130086
Wendeplatte: WPR 06-D
Hartmetallsorte: LC610Q
Ident No. 9079231

Schnittwerte

v_c = 360 m/min
n = 19 000 min^{-1}
f_z = 0,08 mm
v_f = 3 000 mm/min
a_e = 0,15 mm
a_p = 0,15 mm

4 Laserabtragen (Lasercaving)

Durch Abtragen mit Laserstrahlen können unterschiedlichste Materialien, wie Metall, Keramik, Grafit und Hartmetall spanlos geformt werden. Im Werkzeug- und Formenbau werden Laserstrahlen zur Herstellung von Formnestern, Gravuren, Reliefs, Stempeln, Logos u. a. eingesetzt.

- **Eigenschaften der Laserstrahlen**

Laserstrahlen sind Licht- oder Wärmestrahlen mit besonderen Eigenschaften:

- Die Strahlen eines einzelnen Lasers haben alle die gleiche Wellenlänge, sie enthalten also nur eine bestimmte Farbe des Lichtes.
- Laserstrahlen verlaufen fast genau parallel, die Abweichung beträgt weniger als 1/3600 Grad.
- Die Strahlen sind gut auf einen Punkt – den Brennfleck – zu konzentrieren, z. B. beim Rubinlaser auf einem Fleck von 0,005 mm Durchmesser.
- Laserstrahlen haben eine sehr hohe Leistungsdichte. Dies ist die Leistung bezogen auf die Fläche. So bringt ein Laserstrahl aus einem CO_2-Laser von 1 kW Leistung auf einer Stelle von 0,3 mm Durchmesser eine Leistungsdichte von fast 1500 W/mm^2. (Die Sonne bringt im Durchschnitt nur 1,5 milliardstel Watt auf einen Quadratmillimeter der Erde.)

- **Erzeugen von Laserstrahlen**

Ein Laser ist ein Lichtverstärker. Er besteht im einfachsten Falle aus folgenden Baugruppen:

- einem **System zur Zufuhr von Energie,** die das Lasermedium angregt und zum Teil in Energie des Laserstrahls umgesetzt wird. Die Energiezufuhr kann durch Lampen oder Dioden erfolgen.
- dem **Lasermedium,** in dem die Laserstrahlung durch Lichtverstärkung erzeugt wird. Lasermedien zum Laserabtragen sind Festkörper (z. B. Rubin-Kristall) oder Gase (z. B. CO_2).
- einem **Resonator.** Dieser besteht aus einem total reflektierendem und einem teilweise durchlässigen Spiegel zum Auskoppeln des Laserstrahls. Zwischen den Spiegeln schwingen die „Lichtteilchen" so lange hin und her, bis sie eine bestimmte Stärke erreicht haben und alle im Gleichtakt schwingen. Ein Teil des so verstärkten Lichtes wird über den halbdurchlässigen Spiegel ausgekoppelt.

LF 9

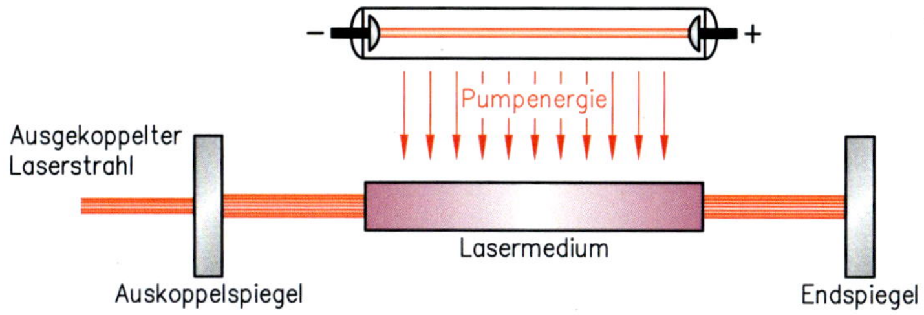

Aufbau eine lampengepumpten Festkörperlasers (Schema)

Zum Laserabtragen im Formenbau werden meist **Nd:YAG-Laser** (**N**eodym **d**otierter **Y**ttrium-**A**luminium-**G**ranat-Laser) eingesetzt. Nd:YAG-Laser sind Festkörperlaser, die als Lasermedium einen Granat-Kristall enthalten, der mit geringen Mengen des Metalles Neodym durchsetzt ist.
Durch eine Blitzlampe oder Dioden wird dem Lasermedium Energie zugeführt. Das Resonatorsystem aus einem total reflektierendem und einem halbdurchlässigen Spiegel bewirkt, dass erst bei einer bestimmten Menge an Energie, die durch die Blitzlampe „eingepumpt" wird, ein energiereicher impulsartiger Laserstrahl von 2 µs bis 10 µs Dauer durch den halbdurchlässigen Spiegel austritt. Das Laserlicht ist beim **Nd:YAG-Laser** eine infrarote Stahlung mit der Wellenlänge von 1 064 nm.

Im Festkörperlaser wird Energie, die durch Blitzlampen oder Dioden zugeführt wird, im festen aktiven Medium in Laserstrahlung umgesetzt. Nd:YAG-Laser geben infrarotes Licht ab.

- **Steuerung des Laserstrahls zur Konturerzeugung**

Der ausgekoppelte Laserstrahl wird zur besseren Fokussierbarkeit zunächst in einer Optik aufgeweitet. Zur Positionierung des Laserstrahls auf kleinen Flächen in X- und Y-Richtung wird der Strahl über ein Spiegelsystem aus zwei NC-gesteuerten Spiegeln zum Objektiv geleitet. Dort wird er fokussiert und auf die abzutragende Stelle des Werkstücks gerichtet.
Die Steuerung in Z-Richtung geschieht durch Verschieben des Werkstücks oder der Einheit zur Strahlerzeugung.
Zum Laserabtragen größerer Werkstücke wird die Laserquelle mit der zugehörigen Optik wie eine Fräseinheit auf einem NC-gesteuerten 3-Achs-Portal verschoben.

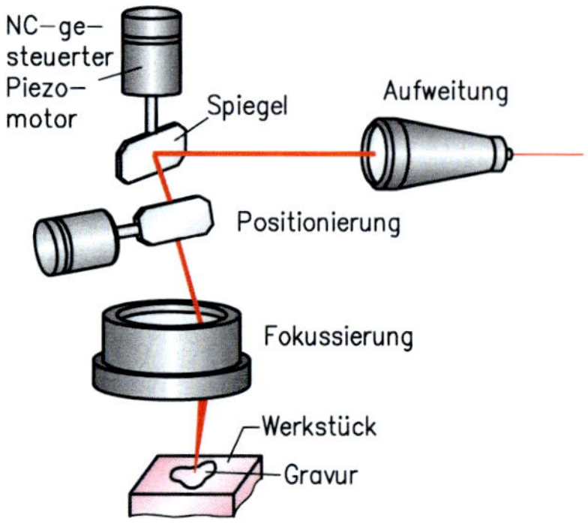

Steuerung des Laserstrahls

- **Abtragende Wirkung des Laserstrahls**

Durch den impulsartig auf das Werkstück treffenden Laserstrahl entstehen an der Auftreffstelle Temperaturen von mehreren tausend Grad Celsius. Dadurch gehen Teile der belichteten Randschicht sofort vom festen in den gasförmigen Zustand über und werden abgesaugt. Es entsteht ein Laserkrater. Dieser ist je nach abzutragendem Werkstoff und Energie es Strahles zwischen 1 µm und 12 µm tief.

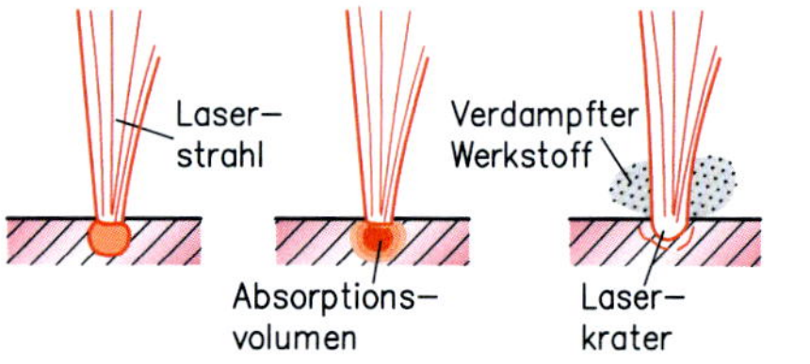

Abtragprozess

Aufgrund des sehr feinen Strahldurchmessers im Brennfleck mit einer Feinheit bis zu 0,01 mm und durch zeilenweises Verfahren des Laserstrahls und seine Positionierung in der Tiefe lassen sich sehr filigrane 2D- oder 3D-Konturen erzeugen.

- **Anwendungen des Laserabtragens im Werkzeugbau**

Das Laserabtragen dient im Werkzeug- und Formenbau vorwiegend zum Gravieren von Prägestempeln und Formeinsätzen. Es wird dabei häufig in Kombination mit Spanen und Erodieren eingesetzt. Vorteile des Verfahrens sind:
- Der Materialabtrag erfolgt nahezu kräftefrei.
- Hartmetalle, gehärtete Stähle, Grafit und Keramik sind gut bearbeitbar.
- Es gibt keinen Werkzeug- und Elektrodenverschleiß.
- Es fallen keine umweltschädlichen Stoffe wie z. B. Kühlschmiermittel und Erodierschlämme an.

Beispiel für die Fertigung eines Stempels auf einer Lasergravuranlage

Auftrag:
Auf der Lasergraviermaschine FOBA GP 9000 soll ein Stempel zur Münzherstellung graviert werden.

Vorgaben:

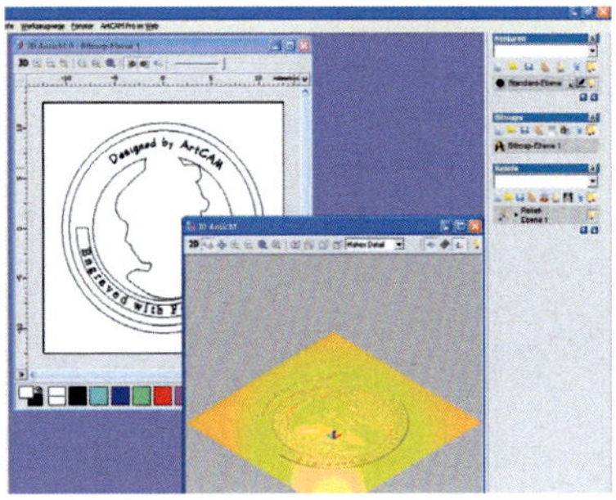
CAD-Modell

Rohling

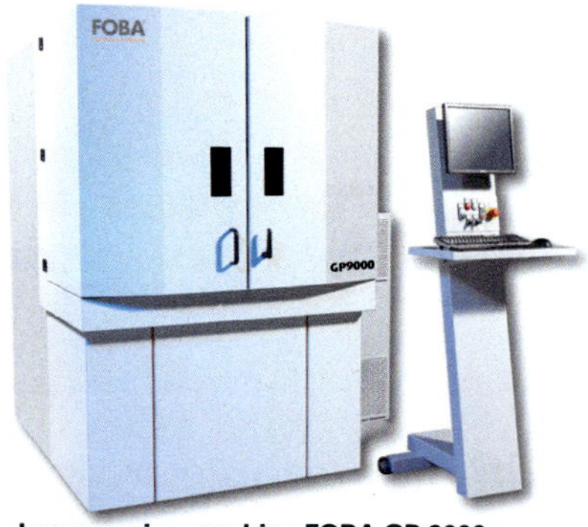

Lasergraviermaschine FOBA GP 9000

Übungsaufgabe E-60

Datenaufbereitung und Eingabe der Prozessdaten

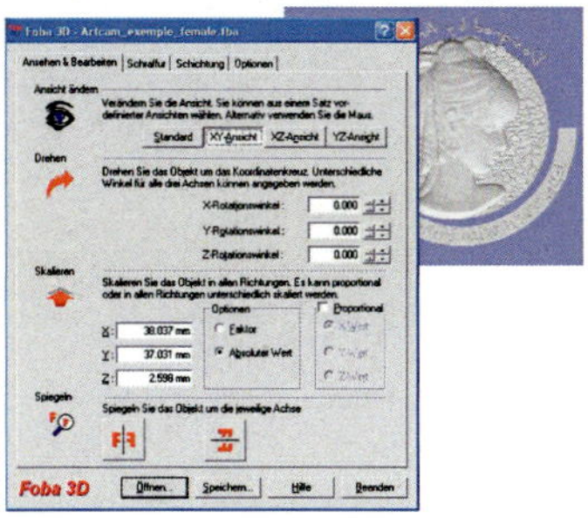

Schichtmodell erzeugen

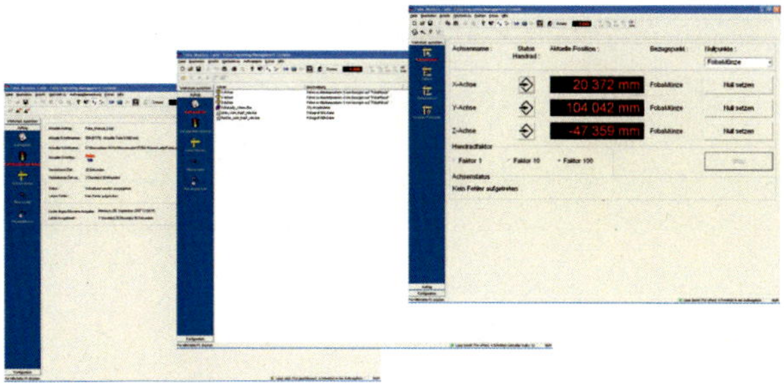

Prozessdaten und Verfahrenswege bestimmen

Maschine einrichten und Werkstück gravieren

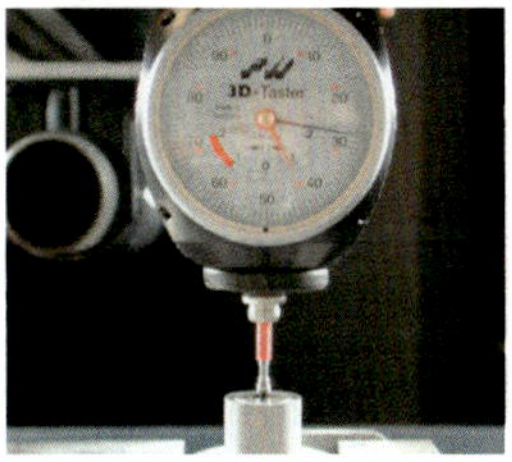

Werkstück einrichten

Lasergravieren

Fertige Stempelgravur

5 Festklopfen von Formoberflächen

Das Festklopfen von Oberflächen wurde speziell für den Formenbau entwickelt. Es dient zur Verbesserung der Oberflächenqualität und zur Erhöhung der Härte und Verschleißfestigkeit der Oberfläche.

Das Klopfwerkzeug ist eine Hartmetallkugel, die mit einer Schwingungszahl von 30 000 Schlägen pro Minute auf die Oberfläche aufschlägt.

Beim Festklopfen können Kugeldurchmesser, Schlagkraft und Schlagfrequenz sowie der Hub des Klopfwerkzeuges in gewissen Grenzen dem Werkstoff und der gewünschten Oberflächenqualität angepasst werden.

Das Festklopfen erfolgt unmittelbar nach dem Feinschlichten der Oberfläche in einer Aufspannung mit der Fräsbearbeitung. Dazu wird in die Spindel der CNC-Fräsmaschine das Klopfwerkzeug eingesetzt. Das Werkzeug fährt eine Bahn ab, die aus der zuletzt durchgeführten Schlichtbearbeitung errechnet wurde.

Festklopfen einer Werkzeugoberfläche

Durch das Festklopfen wird die Randschicht des Werkzeugs verdichtet. Es entstehen Druckspannungen in der Grenzfläche, die zu einer Erhöhung der Härte führen. Die Härtesteigerungen der Randschicht können in speziellen Fällen Wärmebehandlungen und Beschichtungen der Oberfläche entfallen lassen.

Festgeklopfte Oberflächen sind auch ein guter Untergrund für harte Beschichtungen. Diese werden vom festgeklopften Untergrund bei Druckbelastung besser abgestützt und brechen nicht so leicht wie bei einem weicheren Untergrund.

Durch das Festklopfen der Oberfläche wird die Oberflächenqualität erheblich verbessert. Es sind Ra-Werte unter 0,1 µm erzielbar. Durch unterschiedliche Kugelgrößen und Schlagabstände lassen sich auch besonders strukturierte Oberflächenformen erzielen.

Durch Festklopfen werden die Härte der Oberfläche erhöht und die Rauheit der Oberfläche verringert.

Übungsaufgabe E-61

6 Fertigen durch Feinbearbeiten

Handlungsfeld: Flächen durch Honen feinbearbeiten

Problemstellung

Auftrag

Auftrag:
Bohrung
ø25 honen
Rz 3µ

Werkstück

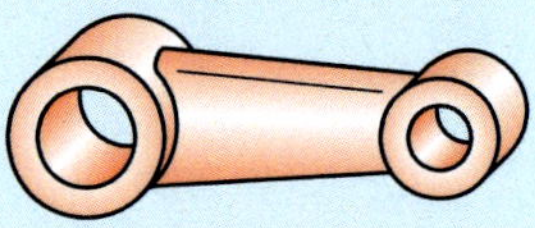

Zeichnung

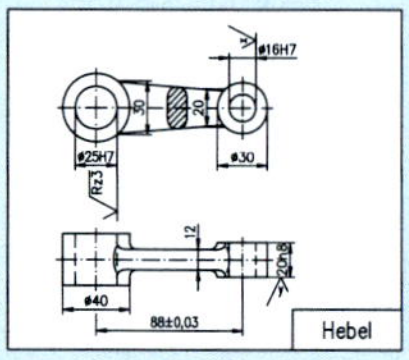

Analysieren

Vorgaben:
- Auftrag
- Werkstück
- Werkstoff
- Stückzahl
- Termine
- Maschinenausstattung

Ergebnisse:
- Maschinenauswahl
- Verfahrensauswahl
- Qualitätsanforderungen
- Oberflächengüte des Rohteils

Planen

Vorgaben:
- Oberflächengüte des Rohteils
- Qualitätsanforderungen
- Maschine
- Verfahren

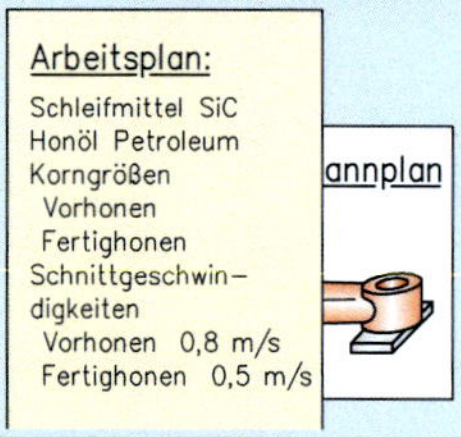

Ergebnisse:
- Arbeitsplan
  - Arbeitsfolge
  - Einstelldaten
  - Spannmittel
- Schleifmittel
  - Art
  - Körnung
- Kühlschmiermittel
- Hinweise zu Arbeitssicherheit

Fertigen

Tätigkeiten:
- Einstellen:
  - Hub
  - Drehzahl
  - Kühlschmiermittelmenge
  - Bearbeitungszeit

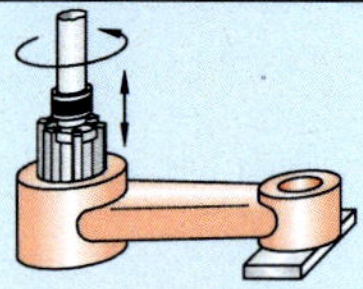

- Fertigung starten und überwachen
- Zwischenkontrollen durchführen
- Sicherheitshinweise beachten

Kontrollieren/Bewerten

Bewertung des Arbeitsprozesses:
- Güte der Planung
- Arbeitszeit
- Materialverbrauch
- Kosten

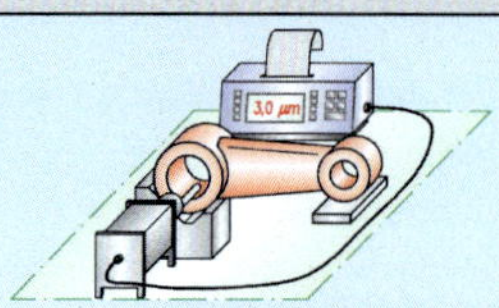

Bewertung des Arbeitsprodukts:
- Oberflächengüte
- Formgenauigkeit

6.1 Honen

Honen ist ein spanendes Feinbearbeitungsverfahren. Durch Honen werden solche Werkstückoberflächen endbearbeitet, die vor allem durch Bohren oder Innen- und Außenrunddrehen vorgearbeitet sind. Ziel ist es, die Oberflächengüte, die Maß- und Formgenauigkeit und weniger die Lagegenauigkeit zu verbessern. Bei Sinterteilen kann durch Honen der Endzustand ohne weitere spanende Vorbearbeitung erreicht werden.

Honbearbeitung setzt man ein, um

- die Passgenauigkeit zu verbessern,
- den Reibungswiderstand von Führungselementen zu verringern,
- an beweglichen Führungselementen eine Verschleißminderung zu erzielen,
- die Dosiergenauigkeit von Einspritzdüsen zu steigern,
- eine Lärmreduzierung in Getrieben herbeizuführen.

6.1.1 Honverfahren

Die Werkstoffabtragung erfolgt durch Honsteine. Sie bestehen aus einer großen Anzahl feiner Schleifkörner, die durch Bindemittel zusammengehalten werden. Während des Honvorgangs befinden sich die Honsteine im ständigen Kontakt mit der zu bearbeitenden Werkstückfläche.

Nach der Lage der zu bearbeitenden Flächen am Werkstück unterscheidet man *Innenhonen* und *Außenhonen*. Nach der Art der Arbeitsbewegungen und der Länge des ausgeführten Arbeitshubes wird das Innenhonen als Langhubhonen und das Außenhonen als Kurzhubhonen ausgeführt.

<table>
<tr><th>Innenhonen als Langhubhonen</th><th>Außenhonen als Kurzhubhonen</th></tr>
<tr><td>
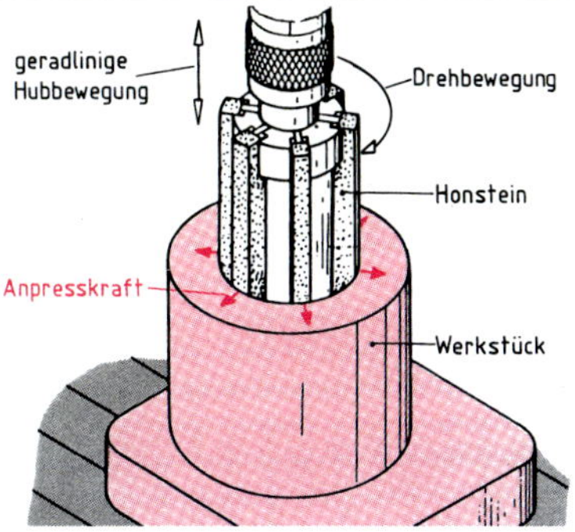

Gehont wird mit einer der Werkstücklänge angepassten großen Hubbewegung.
</td><td>
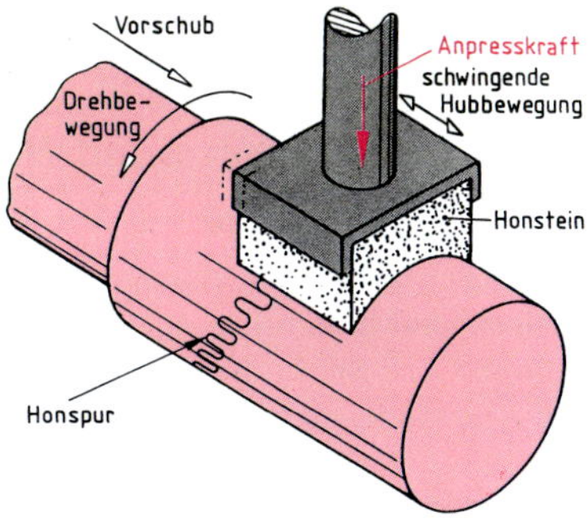

Zum Honen wird zusätzlich zu den übrigen Bewegungen ein kurzer Schwinghub ausgeführt.
</td></tr>
<tr><td>
Erforderliche Bewegungen:
• Gleichförmige Drehbewegung – von Werkzeug oder Werkstück – mit einer Geschwindigkeit von etwa 15 bis 40 m/min.
• Geradlinige Hubbewegung – von Werkzeug oder Werkstück – mit einer Geschwindigkeit von etwa 12 bis 15 m/min.
</td><td>
Erforderliche Bewegungen:
• Gleichförmige Drehbewegung – von Werkzeug oder Werkstück – mit einer Geschwindigkeit von etwa 15 bis 25 m/min.
• Geradlinige Vorschubbewegung – von Werkzeug oder Werkstück – mit einer Geschwindigkeit von etwa 8 bis 12 m/min.
• Schwingender Hub des Werkzeugs in einer Hublänge von 1 bis 6 mm bei ca. 700 bis 2 500 Schwingungen pro Minute
</td></tr>
</table>

Der Zerspanvorgang kommt durch die Überlagerung von zwei oder drei Bewegungen zustande. Dabei sind die Honsteine gleichzeitig im Eingriff, sie werden mit einem Anpressdruck von 20 bis 200 N/cm² gegen die Werkstückoberfläche gedrückt. Die abgetragenen Werkstoffteilchen und die stumpfen, ausgebrochenen Schleifkörner werden durch eine Spülflüssigkeit, dem Honöl, weggeschwemmt.

Übungsaufgaben E-62; E-63

Weitere Honverfahren

<table>
<tr><th>Spitzenloses Einstechhonen</th><th>Durchlaufhonen</th></tr>
<tr><td>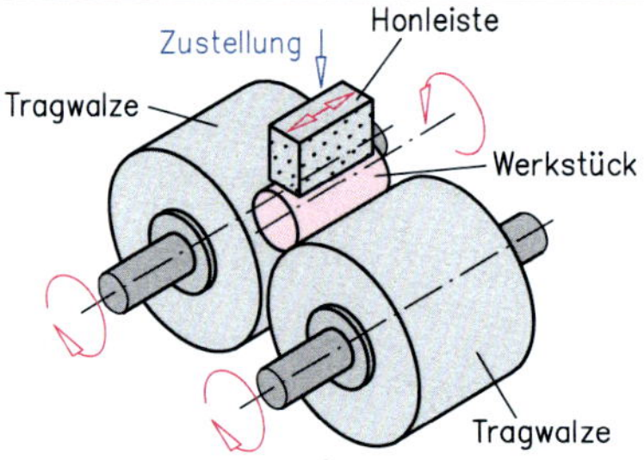
Verfahrensmerkmale:
• Werkstückaufnahme durch 2 parallele Tragwalzen
• Werkstückzentrierung nicht erforderlich
• Axialpositionierung durch einen Längsanschlag
• schrittweise Werkstückzufuhr
• eine Honleiste je Bearbeitungsfläche im Einsatz
• für automatisierte Fertigung in Kleinserien</td><td>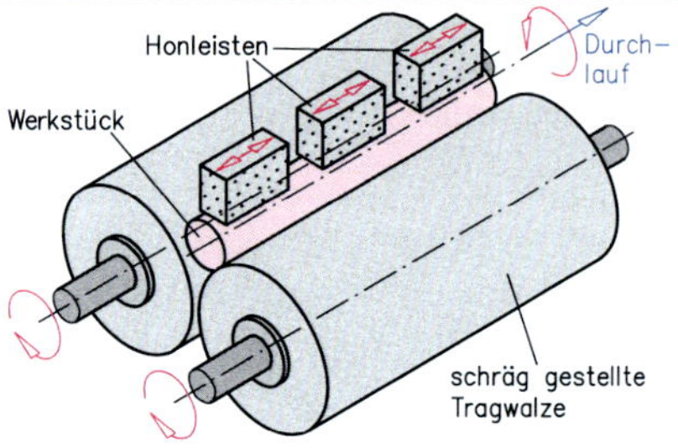
Verfahrensmerkmale:
• Werkstückaufnahme durch die Trag- und Vorschubwalzen
• Längsvorschub durch Walzenschrägstsellung
• kontinuierliches Arbeiten im Durchlaufverfahren
• mehrere Honleisten sind gleichzeitig im Einsatz
• nur für Großserien geeignet</td></tr>
<tr><td>Erforderliche Bewegungen:
• Kurzhub
• Werkzuführung einzeln gegen den Anschlag
• gleichförmige Drehbewegung der Werkstücke durch die Drehung der Tragwalzen
• schwingender Längshub der Honleiste
• Werkstückentnahme nach der Bearbeitung</td><td>Erforderliche Bewegungen:
• Kurzhub
• kontinuierliche Werkstückzuführung
• gleichförmige Drehbewegung der Werkstücke durch die Drehung der Trag- und Vorschubwalzen.
• schwingender Längshub aller Honleisten
• geradliniger Längsvorschub als Durchlauf</td></tr>
<tr><td>Anwendungen:
• kurze Wellen, Passstifte</td><td>Anwendungen:
• Führungssäulen, Auswerferstifte</td></tr>
</table>

6.1.2 Bearbeitungsmittel und Werkzeuge

- **Schleifmittel und Bindemittel**

Honleisten bestehen, wie Schleifsteine, aus einem Schleifmittel, welches mit geeigneten Bindemitteln zu einem Schleifkörper geformt ist. Honleisten werden für die Kleinserienfertigung aus keramischen Schleifmitteln, Korund und Siliziumkarbid oder für die moderne Großserienfertigung aus kubischem Bornitrid (CBN) oder Diamantbelag hergestellt.

Die Schleifmittel Korund und Siliziumkarbid werden in Keramik- oder Kunststoff gebunden.
Bornitrid- und Diamantschleifmittel werden in metallischer Bindung eingebettet. Diese Schleifmittel haben eine große Härte und erfordern wegen der geringen Abnutzung ein festeres Bindemittel. Damit erfüllen diese Honleisten wegen ihrer langen Standzeit eine gute Voraussetzung, um in Fertigungsprozessen mit hohem Automatisierungsgrad eingesetzt zu werden.

Diamantkörner in metallischem Bindemitel

Schleifmittel	Werkstoff der Werkstücke
Normalkorund	unlegierte Stähle, Werkstoffe mit niedriger Festigkeit
Elektrokorund (Al_2O_3)	legierte oder gehärtete Stähle, Hartchrom, Werkstoffe mit hoher Festigkeit
Siliziumkarbid (SiC)	nitrierte Stähle, Gusswerkstoffe
Bornitrid (CBN)	hoch legierte Stähle, gehärtete Stähle
Diamant	unlegierte oder niedrig legierte Stähle, Gusswerkstoffe

Übungsaufgabe E-64

• Honwerkzeuge

Honleisten

Die Abmessungen der Honleisten sind auf die Anforderungen der Honwerkzeuge abgestimmt. Es werden kleine Leisten mit Querschnitten im Millimeterbereich und Längen bis etwa 10 mm und große Leisten bis zu Querschnitten von 20 mm x 20 mm und Längen bis zu 150 mm geliefert.
Meist befindet sich der Schneidenteil einer Honleiste auf einem Stahlfuß, der zum direkten Einbau in den Werkzeugkörper geeignet ist.

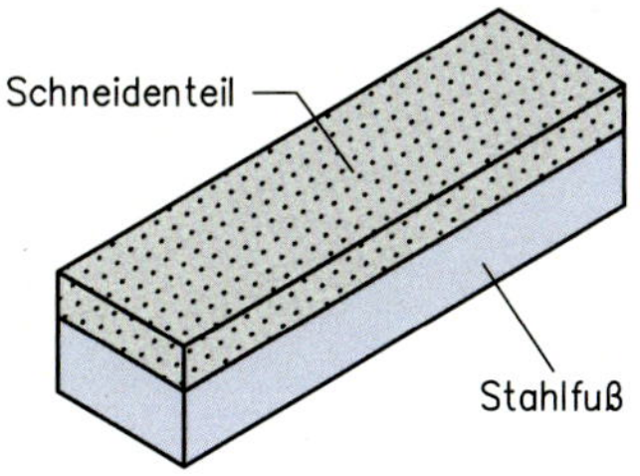

Honleiste auf Stahlfuß

Im Anlieferzustand haben Honleisten eine ebene Arbeitsfläche, die vor dem Einsatz auf die Werkstückkrümmung vorgearbeitet wird.

Honleisten sind Schleifkörper aus feinen unbestimmten Schleifkörnern, die durch verschiedenartige Bindemittel zusammengehalten werden.

Honleisten werden in Trägerwerkzeuge eingebaut. Dabei unterscheidet man Einsteinhonwerkzeuge und Mehrsteinhonwerkzeuge. Die Arbeitsbewegungen werden vom Maschinenantrieb auf das Honwerkzeug übertragen.

• Einleistenhonwerkzeuge

Beim Honen von Bohrungen mit geringen bis mittleren Durchmessern werden Einleistenhonwerkzeuge eingesetzt, wenn sehr hohe Anforderungen an die Formgenauigkeit gestellt werden.
Die Werkzeuge enthalten nur eine schneidende Honleiste, die einstellbar ist. Sie wird auf der gesamten Länge durch eine keilförmige Auflage unterstützt und beim Vorlauf gegen die Werkstückoberfläche gepresst. Der Rückhub erfolgt jeweils ohne Anpressdruck. Das Werkzeug weist eine hohe Stabilität auf.
Die Führung bzw. Abstützung des Werkzeugs erfolgt über asymmetrisch angeordnete Hartmetallleisten oder – bei kleinen Durchmessern – durch verschleißfeste Flächenanteile am Werkzeugrücken.

Beispiel für den Aufbau eines Einleisten-Honwerkzeugs

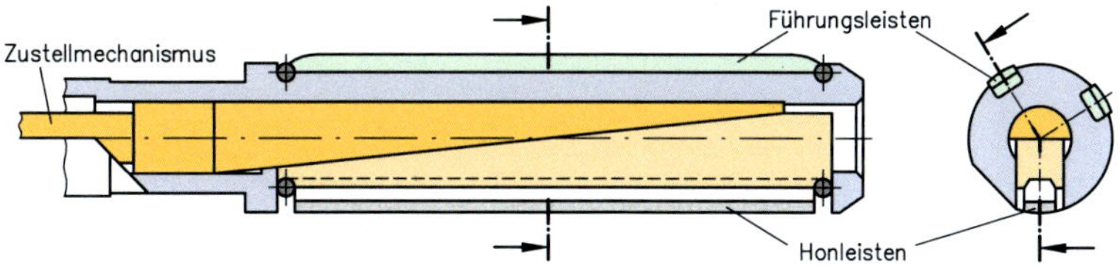

• Mehrleistenhonwerkzeuge

Bei Mehrleistenhonwerkzeugen werden die radial angeordneten Honleisten durch einen im Werkzeuginnern befindlichen Zustellmechanismus voreingestellt. Die Kompensation des Werkzeugverschleißes erfolgt automatisch während des Arbeitsprozesses. Gesteuert wird das Nachstellen durch eine pneumatische Messeinrichtung mit den im Honwerkzeug integrierten Messdüsen. Am Ende des Honvorgangs bewirken die Rückstellfedern eine größere Rückholung der Honleisten.

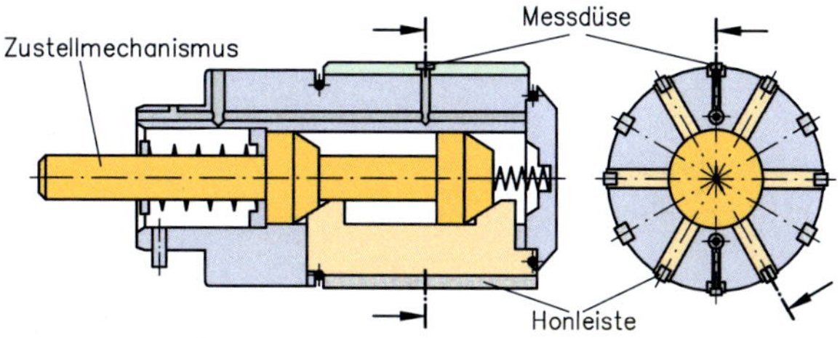

Mehrleistenhonwerkzeug

Mehrleistenhonwerkzeuge werden zur Bearbeitung von Durchgangsbohrungen und Sacklochbohrungen in unterschiedlicher Ausführung eingesetzt. Für Grundlochbohrungen schließen die Honsteinkanten mit der Werkzeugunterkante ab.

Übungsaufgaben E-65; E-66

Beispiel für den Einsatz von Mehrleistenhonwerkzeugen

- **Anpassen und Schärfen von Honwerkzeugen**

Honwerkzeuge stehen mit eingesetzten, zustellbaren Leisten oder auch mit Vollmantel- und Segmentschneidenteil zur Verfügung. Auch solche auf das Passmaß einer Bohrung fest eingestellte, sogenannte Reibhonwerkzeuge gewinnen an Bedeutung. Mit diesen werden Bohrungen mit der sonst üblichen Umfangsgeschwindigkeit, aber sehr niedriger Vorschubgeschwindigkeit in ein bis drei Hüben bearbeitet.

Honleisten aus Korund oder Siliziumkarbid müssen vor dem Einsatz meist durch mechanischen Abtrag der Werkstückkrümmung angepasst und geschärft werden. Dies ist bei breiten Honleisten und kleinen Bohrungen immer erforderlich. Der Profiliervorgang erfolgt in Egalisierhülsen aus gehärtetem Stahl. Danach müssen sie nachgeschärft werden. Dazu kann man kurzzeitig den Anpressdruck erhöhen oder die schwingende Hubgeschwindigkeit steigern. Durch Verschleiß abgestumpfte Honleisten werden in gleicher Weise geschärft, wenn die Selbstschärfung im weiteren Einsatz nicht ausreicht.

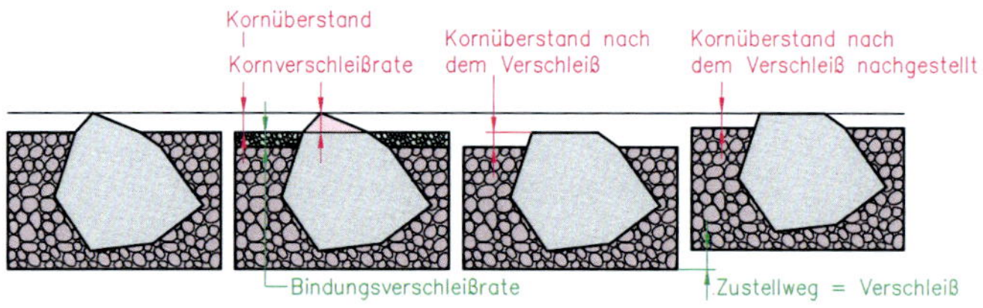

Selbstschärfung von Honleisten

Honleisten aus Bornitrid- oder Diamantschleifmittel müssen immer der Werkstückform angepasst werden. Das erfolgt durch Schleifen mit Siliziumkarbid- oder Edelkorundscheiben. Danach müsssen diese Honwerkzeuge duch einen Läppvorgang mit losen Schleifkörnern in feuchtem Zustand schneidfähig gemacht werden.

Honleisten werden vor dem Einsatz durch Abtrag an die Werkstückkrümmung angepasst. Das Schärfen von Honleisten aus Siliziumkarbid erfolgt durch Steigerung von Anpressdruck und Hubgeschwindigkeit oder, bei Bornitrid, durch einen Läppvorgang mit losen Schleifkörnern.

- **Honöle**

Honöle haben hauptsächlich die Aufgabe, die abgetrennten Werkstoffteilchen und den Werkzeugabrieb aus dem Bearbeitungsbereich zu spülen. Darüber hinaus wirken sie kühlend und schmierend. Das Honöl muss daher dünnflüssig und in hohem Maße spülfähig sein. Außerdem muss es leicht zu reinigen sein.

Honöle	Einsatz bei folgenden Werkstoffen
Petroleum (dünflüssig)	harte, kurzspanende Werkstoffe
Petroleum-Hydrauliköl	Baustähle, Vergütungsstähle, Gusseisen
Hydrauliköl (höhere Viskosität)	zähe, langspanende Werkstoffe wie Aluminium, Kupfer, austenitische Stähle

Übungsaufgaben E-67; E-68

6.1.3 Einstellwerte für den Honprozess

Die Eingabe optimaler Einstellwerte bestimmt auch beim Honen die erzielbaren Ergebnisse hinsichtlich Oberflächengüte, Maß- und Formgenauigkeit, sowie das Zeitspanvolumen. Allerdings ist beim Honprozess eine sehr starke Wechselwirkung der einzelnen Einstellgrößen zu beachten.

Eingang: Anlage	Eingang: Einstellgrößen		Ausgang: Ergebnisse
Maschine: Art, Antriebe, Werkzeugaufnahme, Werkstückaufnahme	Vorschubgeschwindigkeit, Umfangsgeschwindigkeit, Hubgeschwindigkeit, Hubfrequenz	HON-PROZESS	**Werkstück:** Oberflächengüte, Formgenauigkeit, Randzonenabweichungen
Honwerkzeug: Art, Gesamtaufbau, Zusammensetzung der Honsteine	Kontaktfläche, Anpressdruck		**Werkzeug:** Verschleiß
			Kühlschmierstoff: Verschmutzung, Alterung
Kühlschmierstoff: Art, Zuführung	Zuführdruck, Durchflussmenge		**Wirtschaftlichkeit:** Fertigungszeit, Kosten

Neben der Art der eingesetzten Honleisten sind der Anpressdruck und die Arbeitsgeschwindigkeit die wichtigsten Einstellgrößen.
Ein hohes Zeitspanvolumen erreicht man beim **Vorhonen** mit grobkörnigen Honleisten, hohem Anpressdruck und hoher Arbeitsgeschwindigkeit. Die Oberflächengüte ist gering.
Beim **Fertighonen** erreicht man bei feinkörnigen Honleisten mit geringem Anpressdruck und verringerter Arbeitsgeschwindigkeit eine hohe Oberflächenqualität.

LF 9

Beispiele für vorgehonte und fertig gehonte Oberflächen

Bohrung – ausgedreht mit Oberflächengüte von Rz = 25 µm

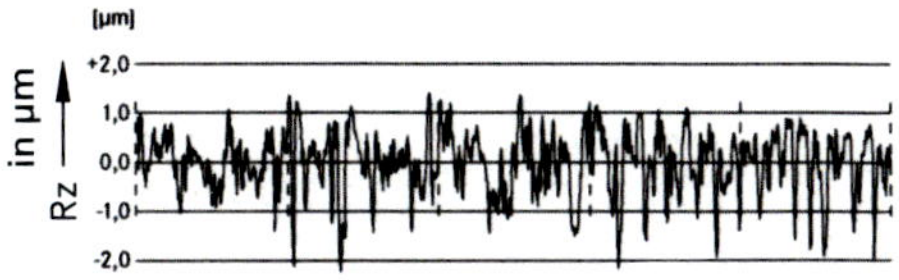

Oberflächengüte Rz = 3,05 µm
nach Vorhonen mit Korngrößenzahl 107

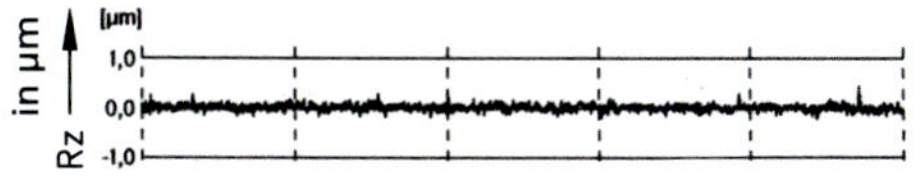

Oberflächengüte Rz = 0,05 µm
nach Fertighonen mit Korngrößenzahl 015

- **Hublänge und Überlauf**

Die Festlegung der Honleistenlänge für einen bestimmten Honvorgang erfolgt abhängig von der Werkstücklänge. Schlecht bemessene Hublängen und ungünstige Honsteinlängen haben meist Formfehler am Werkstück zur Folge. Die Einstellung der Hublänge wird beim Langhubhonen so vorgenommen, dass an den Umkehrpunkten des Hubes ein angemessener Überlauf $l_ü$ der Honleisten stattfindet.

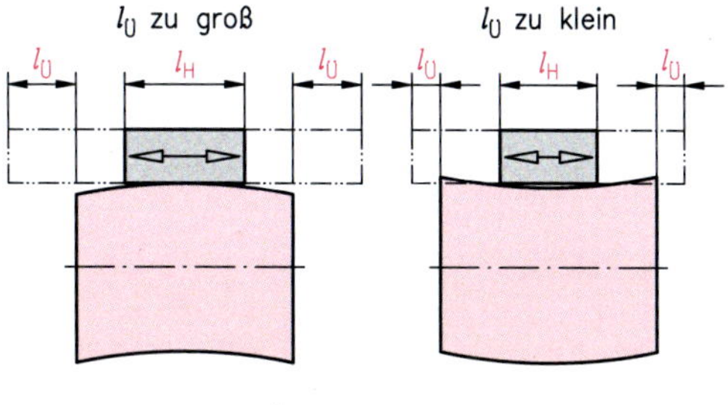

Formfehler durch falsche Überlauflänge

Mit hohen Schnittgeschwindigkeiten erzielt man beim Vorhonen große Zerspanleistungen. Geringe Rautiefen erreicht man beim Fertighonen durch niedrige Anpressdrücke. Durch günstig gewählte Überlaufwege am Hubende vermeidet man Formfehler am Werkstück.

6.2 Läppen

Das Läppen ist ein Feinbearbeitungsverfahren an vorgearbeiteten Werkstücken zur Verbesserung der Ebenheit, der Maßhaltigkeit und der Oberflächengüte. Eine größere Anzahl paralleler, gleich hoher Werkstücke wird gleichzeitig auf einer Läppmaschine bearbeitet.

Die Werkstücke werden in mehrere Aufnahmeringe gelegt, die sich auf einer waagerechten runden Läppscheibe bewegen. Zum Läppen werden lose feinkörnige Schleifmittel eingesetzt, die in einer Trägerflüssigkeit verteilt sind. Aufgrund der Rotation der Läppscheibe findet eine Relativbewegung zwischen den Werkstücken und der Läppscheibe statt. Die Abtragung kleinster Werkstoffpartikel erfolgt bei leichtem Anpressdruck durch die Läppkörner.

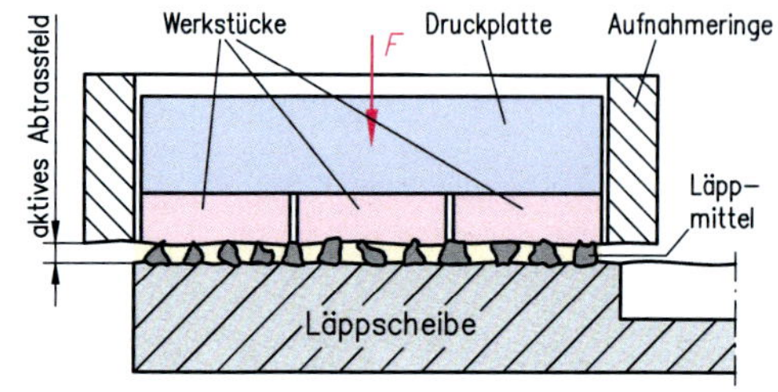

Aubau einer Läppanlage

6.2.1 Läppvorgang

Das Läppgemisch wird auf die Läppscheibe aufgetragen oder aufgespült und gelangt beim Läppvorgang zwischen Läppscheibe und Werkstück. Der eigentliche Abtrag wird durch eine vielfach überlagerte Roll- und Gleitbewegung der unzähligen Läppkörner erreicht.

Die Oberflächenbearbeitung erfolgt auf zweifache Weise. Einerseits dringen während der Rollbewegung Kornspitzen der Läppkörner in die Werkstückoberfläche ein. Dabei werden kleinste Werkstoffteilchen eingeebnet oder teilweise abgetragen. Andererseits kommt es zum Festsetzen anderer Läppkörner in der porigen Läppscheibe. Diese fixierten Körner trennen, ähnlich wie beim Schleifen, Werkstoffpartikel aus der Oberfläche ab.

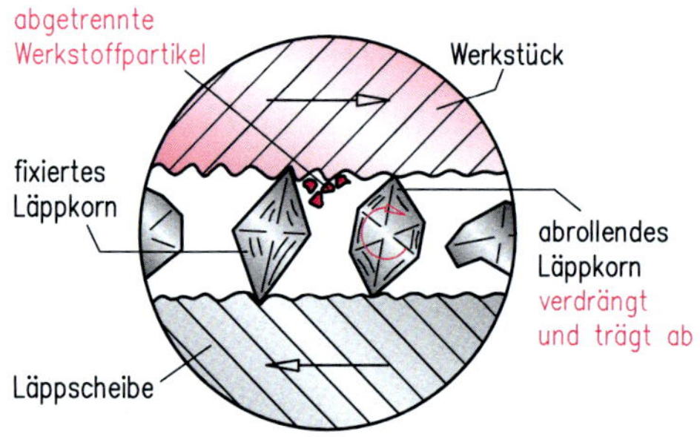

Wirkungsweise der Läppkörner (Schema)

Das Läppen ist ein spanabhebendes Fertigungsverfahren, bei dem durch ein feinkörniges Schleifmittel kleinste Werkstoffpartikel aus der Werkstückoberfläche abgetragen werden.
Durch Läppen werden ebene und planparallele Werkstücke mit hoher Oberflächengüte bearbeitet.

6.2.2 Läppmittel

Die Läppmittel bestehen aus Gemischen von Läpppulver und Trägerflüssigkeiten. Als **Trägerflüssigkeiten** kommen wässrige Lösungen mit chemischen Zusätzen zur Steigerung der Benetzbarkeit und der Tragfähigkeit oder ölige Lösungen aus Gemischen von Öl, Paraffin, Vaseline und Petroleum zur Erhöhung des Rostschutzes zum Einsatz.

Die Auswahl eines **Läpppulvers** trifft man nach der Werkstoffart und der Härte der Werkstücke. Nach der verlangten Oberflächengüte werden die Korngröße, die Gleichmäßigkeit der Körner und die Art und Anzahl der Kornschneiden ausgewählt.

Läpppulver und Trägerflüssigkeiten werden in unterschiedlichen Konzentrationen gemischt. Zum **Schruppläppen** mischt man etwa 80 bis 100 g Läpppulver in 1 l Flüssigkeit und beim **Feinstläppen** etwa 65 bis 80 g Läpppulver in Läppöl. Bei der Verwendung von Trägerflüssigkeiten auf Wasserbasis muss die Menge des Läpppulvers beim Feinstläppen um das Drei- bis Vierfache erhöht werden.

Läppmittel bestehen aus feinen Schleifkörnern gleicher Größe in einer Trägerflüssigkeit. Beide Bestandteile werden in unterschiedlichen Zusammensetzungen und Konzentrationen auf den Läppvorgang abgestimmt.

Übungsaufgaben E-70; E-71

6.3 Polieren

Das Polieren ist ein dem Läppen verwandtes Feinbearbeitungsverfahren, das dazu dient, ebene oder gewölbte Werkstückoberflächen in ihrer Oberflächengüte weiter zu verbessern. Zweck des Polierens ist es, hochglänzende Oberflächen mit extrem geringer Rauheit zu erzeugen. Besonders im Formenbau werden Formhohlräume mit ebenen oder gewölbten Begrenzungsflächen und Konturübergänge poliert. Dabei ist das erste Ziel die Verbesserung der Oberflächengüte. Von untergeordneter Bedeutung ist eine Verbesserung der Formgenauigkeit.

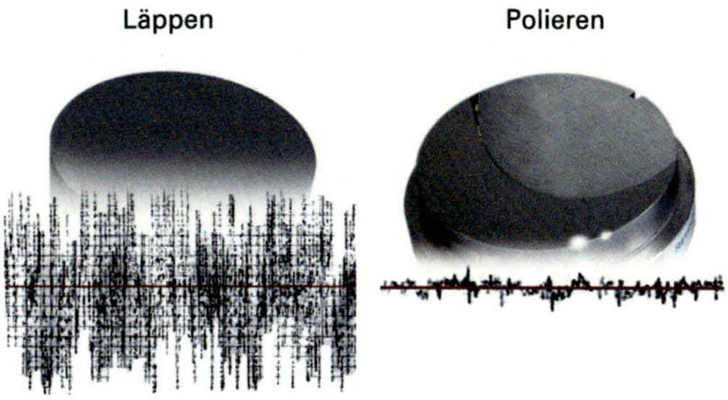

Oberflächengüten durch Feinbearbeitung

6.3.1 Poliervorgang

Zum Polieren wirken sehr feine Schleifmittel in einem elastischen Trägerkörper, z. B. aus Filz, auf die Werkstückoberfläche ein. Ähnlich wie beim Läppen befinden sich die Schleifkörner in einem flüssigen bzw. pastenförmigen Trägermedium, das auf den Trägerkörper aufgetragen ist. Die erforderlichen Arbeitsbewegungen werden von Hand oder maschinell aufgebracht.

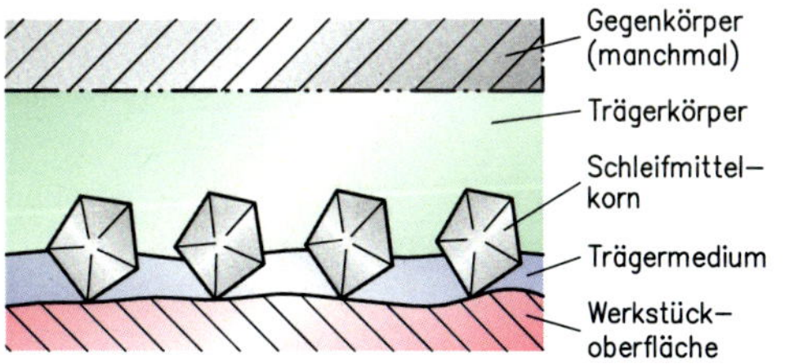

Prinzip des Poliervorgangs

LF 9

Als Poliermaschinen dienen meist kleine Handgeräte, die mit Elektroantrieb oder Druckluft betrieben werden. Sie führen Rotationsbewegungen oder oszillierende Bewegungen aus, wobei der Bediener das Polierwerkzeug mit dem erforderlichen Druck an der Werkstückoberfläche entlang bewegt.

Polieren ist ein Feinbearbeitungsverfahren, in dem durch sehr feinkörnige Schleifmittel in elastischen Trägerkörpern ebene oder gewölbte Oberflächen mit extrem hoher Oberflächenqualität erzeugt werden.

6.3.2 Poliermittel und Poliermittelträger

Poliermittel in Form von Lösungen oder Pasten werden gleichmäßig auf einen Poliermittelträger aufgetragen. Die Poliermittel haften locker auf dem Trägerkörper. Durch die Arbeitsbewegungen vom Trägerkörper mit dem Poliermittel wird der Werkstoffabtrag erreicht. Der Trägerkörper unterstützt den Vorgang, indem er als elastischer, stabiler Gegenkörper das Poliermittel auf die Werkstückoberfläche drückt und sich der Werkstückform anpasst.

Es kommen weiche, elastische Poliermittelträger, wie Filzmatten oder Filzstifte, zum Einsatz, und härtere Poliermittelträger aus harten Filzen oder Hart- bzw. Weichholz. Teilweise werden Poliermittelträger durch formstabile Grundkörper unterstützt, z. B. Polierscheiben.

Harte, formstabile Politurträger werden zur Vorpolitur eingesetzt, wenn großer Werkstoffabtrag erreicht werden soll. Weiche werden mit geeigneter Paste zur Hochglanzpolitur verwendet.

Formen von Poliermittelträgern

Übungsaufgabe E-72

- **Poliermittel**

Poliermittel kommen meist in einem Trägermedium als Paste, Gel oder Polierflüssigkeit zum Einsatz. Zum Polieren von Stahlformen werden vor allem Naturdiamant- von synthetische Diamantkörner in den Korngrößen von 1 bis 50 µm verwendet, für sehr feine Polituren auch bis zu 0,1 µm. Synthetische Diamantkörner werden wegen ihrer Vielschneidigkeit und langen Schneidhaltigkeit bevorzugt. Die Qualität der polierten Oberfläche hängt im Wesentlichen davon ab, dass Körnungen in gleicher Größe im Einsatz sind.
Neben Diamanten kommen in der Metallbearbeitung auch weitere Poliermittel, wie Tonerde, Aluminiumoxid, Chromoxid und Siliziumoxid, zum Einsatz.
Diamantpasten haben einen breiten Einsatzbereich. Dieser reicht von weichem Aluminium über alle Stahlsorten bis zu Hartmetallen und Keramik.
Die Abtragsmenge und die Polierqualität ergeben sich vor allem über die gewählte Korngröße.

- **Trägermedien**

Das Trägermedium hat die Aufgaben, die Poliermittel gleichmäßig auf die Werkstückoberfläche zu übertragen und zu verteilen. Ferner soll die Neigung zum Anhaften des Poliermittels am Werkstück verringert werden. Als Trägermedium werden Fette und Öle, sowie Emulsionen verwendet. Polierpasten und Gele haben als Trägermedien Öle und Fette. Polierflüssigkeiten enthalten Zusätze von Wasser.
Je nach Einsatzbedingungen muss die Konsistenz des Trägermediums angepasst werden. Polierpasten müssen vielfach durch eine Zugabe von Öl oder anderen Flüssigkeiten eine gebrauchsfähige Konsistenz erhalten.

Größe und Anwendung von Diamantpoliermitteln (Auswahl)

Korngröße in µm	Anwendung	Kennfarbe
0,1	Sehr feine Politur	Nur Hersteller-angaben
1	Endpolitur	
8	Läppvorpolieren	
45	Hohe Abtragleistung	

Arten von Poliermittel	
Metallische Werkstoffe	Tonerde Aluminiumoxid Chromoxid Siliziumoxid Diamant
Harte und spröde Metalle	Siliziumoxid Diamant

Diamantpaste Diamantgel Zusatzfluid

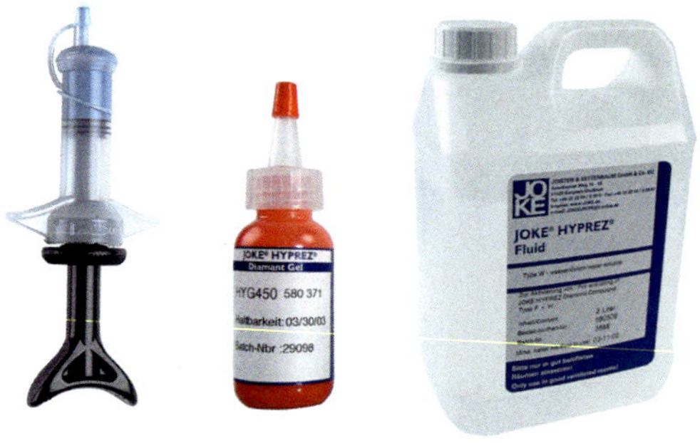

Poliermittel und Trägermedien – Gebinde

Als Poliermittel für die Metallbearbeitung dienen hauptsächlich Diamantpasten. Sie bestehen meist aus synthetischen Diamantkörnern einer bestimmten Größe, die in einem öl- oder fetthaltigen Trägermedium eingebettet sind.

Beispiel **für polierte Metallformen**

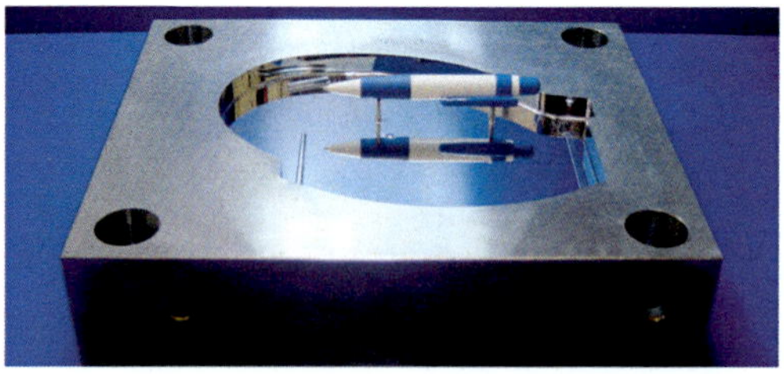

Hinweis: Zur Bearbeitung von Formnestoberflächen siehe auch Kap. „Formnestoberflächen" ab Seite 232 in diesem Buch.

Planen, Fertigen und Inbetriebnehmen technischer Systeme des Formenbaus — LF 11 bis LF 14

Handlungsfeld: Spritzgießwerkzeuge planen und herstellen

Problemstellung

Auftrag

Auftrag
Werkzeug herstellen um Flaschen-Verschlüsse in einem Arbeitszyklus ohne Nacharbeit zu produzieren und zwar in großer Stückzahl.

Zeichnung

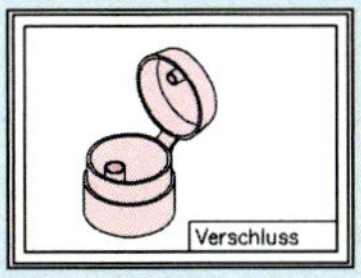

Werkstoff

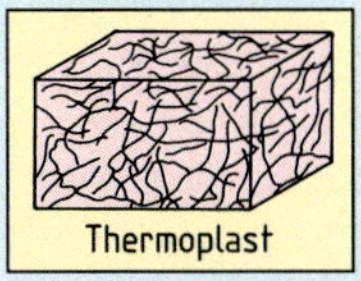

Maschine

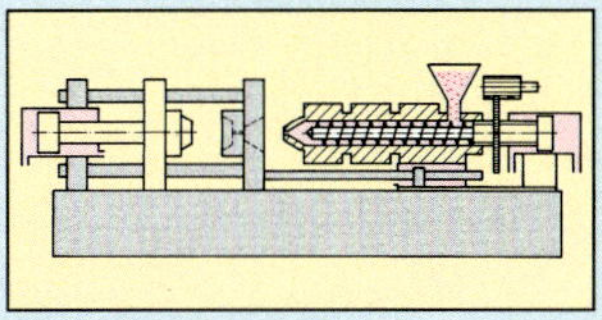

Analysieren (hinsichtlich des Artikels)

Ermitteln von Artikeldaten hinsichtlich
- Werkstoff
- Form
- Größe
- Spritzgießmaschine

Artikel
- Werkstoff
- Projektionsfläche

Maschine
- Spritztemperatur
- Spritzdruck

Ergebnisse
- Daten zum Artikelwerkstoff
  - Spritzgießtemperatur
  - Entformungstemperatur
  - Trennmittel
- Daten zum Artikel
  - Größe der Teilungsfläche
  - Zahl der Trennebenen
  - Stückzahl
  - Artikelteilung
- Spritzgießmaschinendaten
  - Schließkraft
  - Spritzvolumen
  - Werkzeugspannsystem

Planen und Konstruieren

Entscheidungen hinsichtlich des Werkzeugs
- Normalieneinsatz
- Zahl und Anordnung der Formnester in einem Werkzeug
- Aufbau des Werkzeuges
- Angusssystem mit Anschnitten
- Temperiersystem
- Entformungssystem
- System zur Führung

Entscheidungen hinsichtlich der Maschine
- Spannsystem
- Einspritzsystem

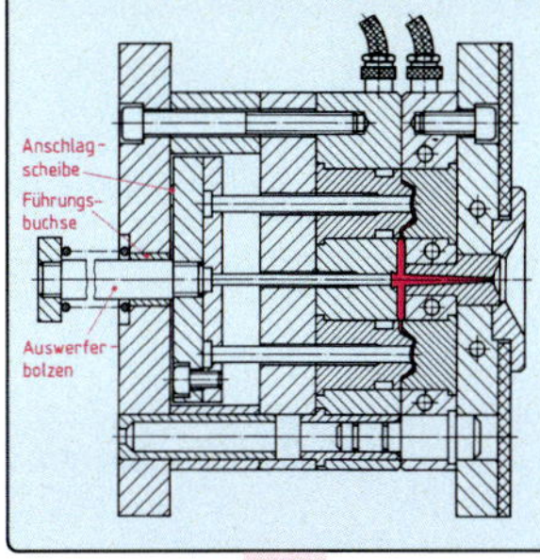

Ergebnisse
- Gesamtzeichnung des Werkzeuges
- Teilzeichnungen
- Zeichnung des Formnestes
- Stückliste
- Programme
- Arbeitspläne

Fertigen der Einzelteile und Montage

- Einstellen bzw. Eingeben von Technologiedaten
- Einrichten der Werkstücke (Positionieren, Spannen ggf. Stützen)
- Einrichten der Werkzeuge
- Bereitstellen der Hilfsstoffe

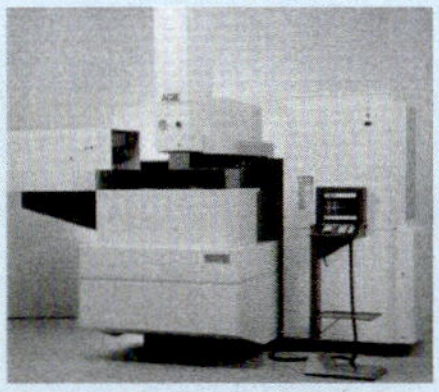

- Fertigung starten und überwachen
- Zwischenkontrollen durchführen
- Sicherheitsvorschriften beachten

1 Fertigungsverfahren mithilfe der Formentechnik

Für das Urformen und Umformen von Kunststoffen und Metallen benutzt man Werkzeugsysteme der Formentechnik. Die mit diesen Werkzeugen hergestellten Produkte sollen möglichst ohne nachträgliche Bearbeitung einsetzbar sein.
Die Werkzeugmacherin bzw. der Werkzeugmacher, Fachrichtung Formentechnik, muss deswegen Formen, Gesenke und andere Werkzeugsysteme von hoher Präzision herstellen.
Für die Elektroindustrie werden beispielsweise Gehäuse für Küchenmaschinen, Isolierschutz für Steckdosen und Schalter sowie Bauteilträger für Computer aus verschiedenen Kunststoffen in Spritzgießwerkzeugen gefertigt. Die Fertigung ist so ausgelegt, dass die Bauteile nicht mehr nachgearbeitet werden müssen.
Für die Kraftfahrzeugindustrie produziert man viele Bauteile in Formen und Gesenken möglichst so, dass eine Nachbearbeitung nur für Passsitze erforderlich ist. Der Motorblock wird beispielsweise in einem Druckgießwerkzeug gegossen, die Pleuelstange geschmiedet oder gesintert.

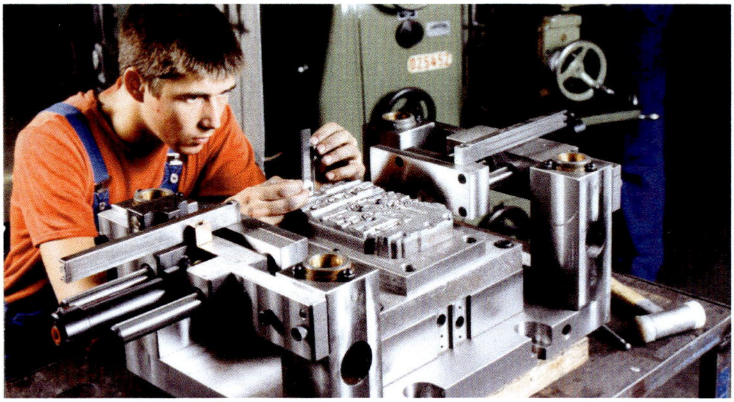

Werkzeug in der Formentechnik

Beispiele **für Bauteile, die mithilfe der Formentechnik hergestellt wurden**

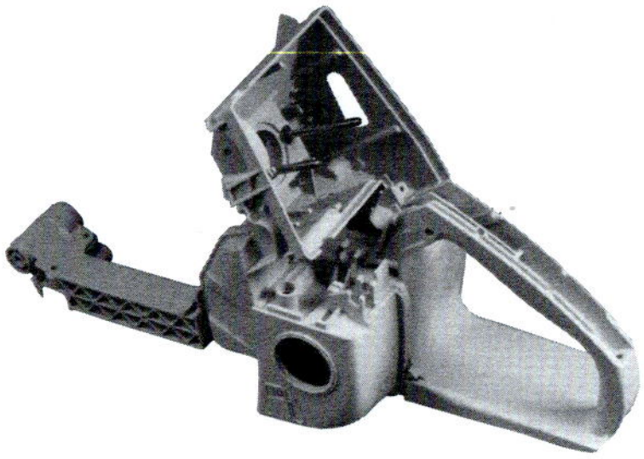

Gegossenes Gehäuse

Geschmiedete Kurbelwelle

1.1 Urformen

1.1.1 Urformverfahren für Kunststoffe

Kunststoffe werden als Pulver, Granulat, Schnitzel oder Bahnen dem Verarbeiter geliefert. Diese Vorprodukte sind in umfangreichen Aufbereitungsverfahren dem jeweiligen Verwendungszweck angepasst worden. Dabei werden thermoplastischen Kunststoffen z. B. Stabilisatoren, Gleitmittel, Farbstoffe, Weichmacher und Füllstoffe zugemischt (Kunststoffe siehe auch Kap. „Werkstofftechnik").

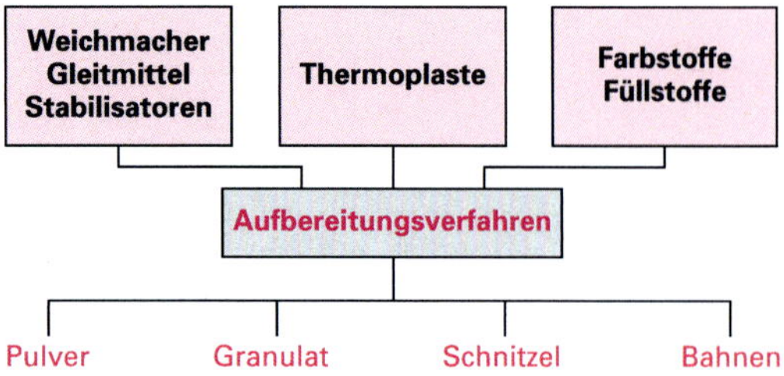

Vorprodukte für Kunststoffartikel

Die im festen Zustand vorliegenden Kunststoffe werden in verschiedenen Urformverfahren zu technischen Bauteilen und fertigen Artikeln geformt. Man unterscheidet dabei grundsätzlich folgende Verfahren:

- **Spritzgießen:** Das Material wird mit Schnecken unter Druck- und Wärmezufuhr plastifiziert und in einem Formhohlraum zu Artikeln gespritzt oder gepresst.
- **Pressen:** Das Material wird dem Formhohlraum in dosierten Portionen zugeführt und durch Druck und Wärme zum Erstarren gebracht.
- **Strangpressen (Extrudieren):** Das Material wird mit Schnecken unter Druck- und Wärmezufuhr kontinuierlich zu Profilen gepresst.

Beispiele für Formteile aus Kunststoff

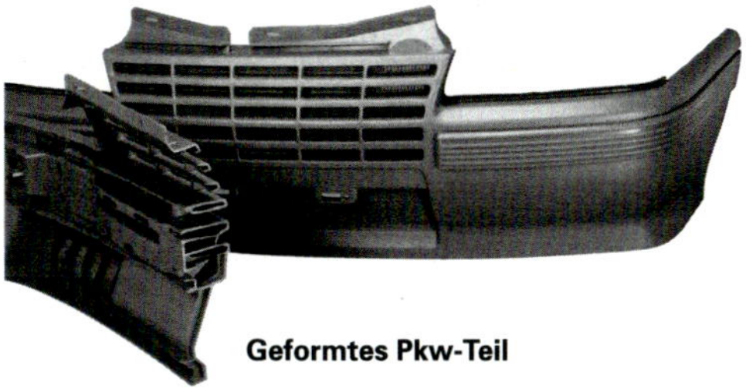
Geformtes Pkw-Teil

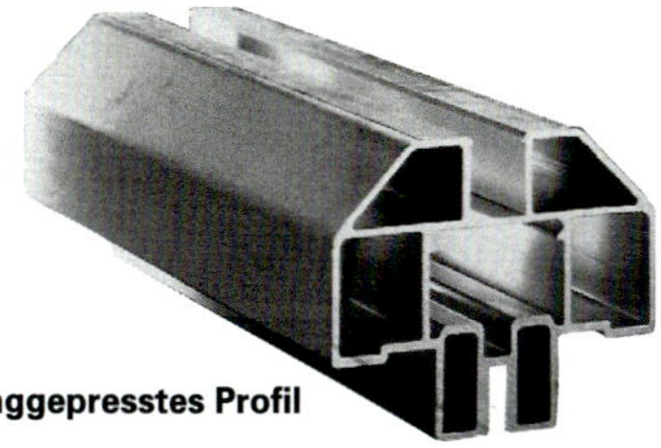
Stranggepresstes Profil

1.1.2 Urformverfahren für Metalle

Metallschmelzen verhalten sich wie andere Flüssigkeiten. Sie bestehen aus kleinsten Teilchen, die sich regellos mit hoher Geschwindigkeit bewegen (brownsche Molekularbewegung). Zwischen diesen Teilchen wirken nur geringe Zusammenhangskräfte (Kohäsionskräfte). Wegen der geringen Kohäsionskräfte passen sich Flüssigkeiten beliebigen Hohlräumen an. Ein flüssiger Gusswerkstoff kann daher auch komplizierte Formhohlräume ausfüllen.

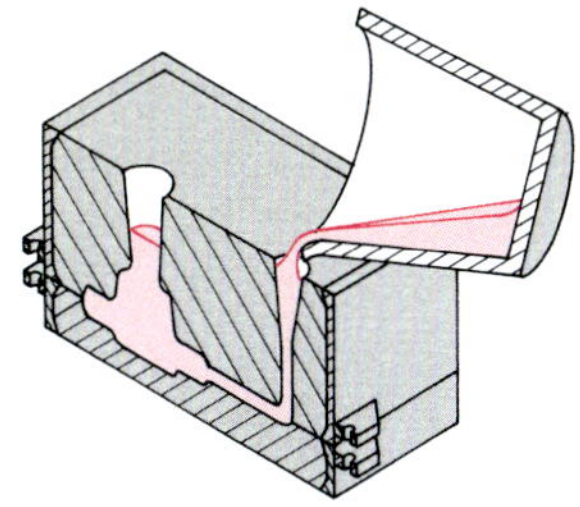
Anpassung der Flüssigkeit an die Gefäßform

Beim Gießen von Metallen wird der flüssige Gusswerkstoff in einen vorher gefertigten Hohlraum – die Form – gefüllt. Das flüssige Metall erstarrt in dieser Form und erhält damit die Gestalt des Formhohlraumes.

Durch Gießen erreicht man, dass die geforderte Gestalt und Genauigkeit von Bauteilen im hohen Maße eingehalten werden kann. Der Gießwerkstoff und das eingesetzte Gießverfahren beeinflussen die Eigenschaften der Bauteile. Das Urformen durch Gießen ist besonders bei hohen Stückzahlen wirtschaftlich.

Beispiele für Formteile aus Metall

Saugrohr – Kokillengussteil aus Aluminiumlegierung

Felge – Druckgussteil aus Aluminiumlegierung

Eine Form kann man mit einer Metallschmelze auf unterschiedliche Art füllen. Wird die Form aufgrund der Schwerkraft der Schmelze gefüllt, so spricht man vom **Schwerkraftgießen.**

Wird die Form durch hohen äußeren Druck auf die Schmelze gefüllt, so spricht man vom **Druckgießen.** Wird die Form aufgrund der Zentrifugalkraft, die auf die Schmelze wirkt, gefüllt, so spricht man vom **Schleudergießen.**

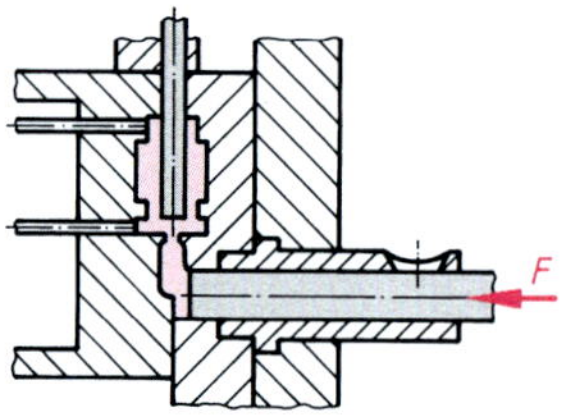

Druckgießen (Schema)

1.1.3 Urformverfahren für Sinterwerkstoffe

Durch das Urformverfahren Sintern stellt man aus pulverförmigen Ausgangsstoffen Bauteile in ihrer Endform her. Als Ausgangsstoffe benutzt man Metallpulver, keramische Werkstoffe oder Kombinationen von metallischen mit nichtmetallischen Werkstoffen. Die Herstellung der meisten Sinterteile erfolgt in einem *dreistufigen Verfahren.* Je nach Bedarf kann sich eine vierte Stufe, z. B. Kalibrieren anschließen.

Werkstücke aus Sintermetall

Beispiel für die Fertigungsstufen beim Urformen durch Sintern

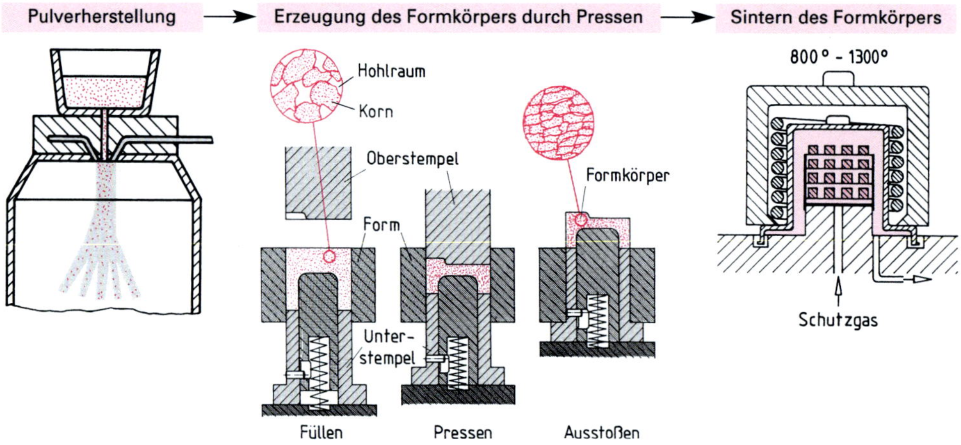

Die Formgebung des Sinterteiles erfolgt in Presswerkzeugen. Wichtige Formgebungsverfahren für Sinterteile sind das einseitige und zweiseitige Pressen.

Die Formgebung bestimmt entscheidend die Eigenschaften des Sinterteiles. Meist erfolgt die Formgebung in Werkzeugen und Maschinen, die mit *zweiseitiger Druckanwendung* arbeiten. Da das Pulver in der Nähe der Druckstempel stärker verdichtet wird, entsteht in der Mitte des Presslings ein schwächer verdichteter Bereich. Man bezeichnet diesen Bereich als *pressneutrale Zone.*

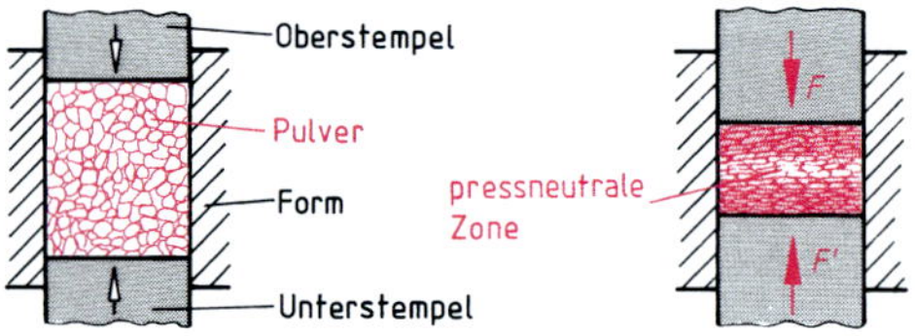

Pulverteilchen vor der Verdichtung

Pressen mit Ober- und Unterstempel

Beim Sintern wird aus Pulvern unter hohem Druck ein Rohling gepresst und unter Wärmewirkung ein zusammenhängendes Werkstoffgefüge erzeugt.

Übungsaufgaben F-3; F-4; F-5

1.2 Umformen

Durch Umformen ändert man ein Werkstück in seiner Form, in seiner Oberfläche und in seinen Werkstoffeigenschaften. Der Stoffzusammenhang und die Masse des Werkstückes bleiben beim Umformen erhalten. Durch Umformverfahren lassen sich Werkstücke oder Halbzeuge aus Kunststoffen oder Metallen fertigen.

Beispiele für Werkstücke, die durch Umformverfahren hergestellt wurden

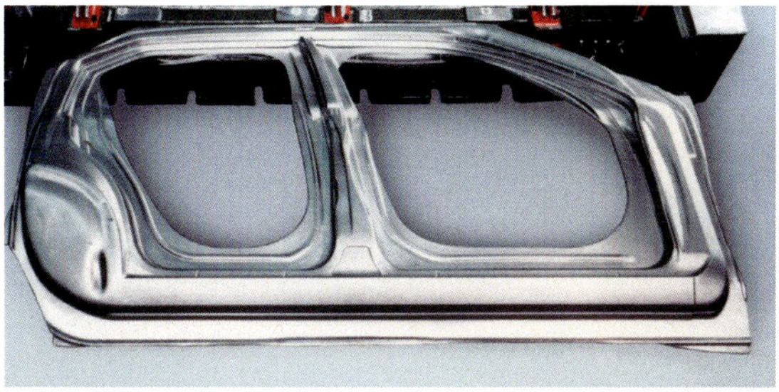

Karrosserieteile aus Stahl

Koffer aus Kunststoff

1.2.1 Umformverfahren für Kunststoffe

Das Umformen großer, massiver Teile ist bei Kunststoffen nicht üblich, weil das Material wegen seiner schlechten Wärmeleitfähigkeit nur schwer gleichmäßig durchgewärmt werden kann. Dagegen ist das Umformen dünnwandiger Teile aus Platten bzw. schlauchförmigen Rohteilen in verschiedenen Verfahren für Kunststoffe gebräuchlich.
Hohlkörper aus Kunststoff mit bauchigen Konturen werden in der Serienfertigung durch **Zugumformen** aus platten- oder schlauchförmigen Rohteilen hergestellt. Man unterscheidet Verfahren, bei denen die Formgebung durch *Druckluft* (Blasen) oder durch *Unterdruck* (Vakuumformen) erfolgt.

- **Blasen von Hohlkörpern**

Beim Umformen durch Blasen werden die erwärmten Rohteile durch Druckluft an die Formwand des Werkzeuges gepresst und erkalten dort. Je nach der Einbringung des Rohmaterials in die Form unterscheidet man Extrusionsblasen bzw. Spritzblasen. Durch Blasumformen stellt man z. B. Gießkannen, Flaschen u. ä. Produkte her.

Beispiel für das Blasformen eines Hohlkörpers

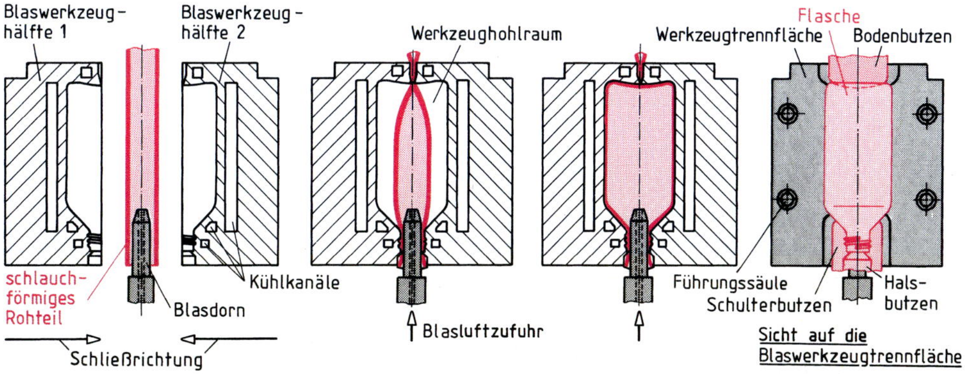

Durch Blasformen werden Hohlkörper aus schlauchförmigen Rohteilen mit Druckluft hergestellt.

Übungsaufgaben F-6; F-7

- **Vakuumformen**

In diesem Verfahren nutzt man den Luftdruck zur Formgebung, indem im Werkzeug ein Vakuum hergestellt wird. Das Verfahren bezeichnet man als Vakuumformen.
Die erwärmte Kunststofffolie, die als Rohteil eingesetzt wird, spannt man über dem Werkzeug ein. Das Werkzeug wird anschließend evakuiert. Auf der Werkzeugseite entsteht ein Unterdruck. Der Luftdruck drückt nun von außen die Kunststofffolie in das Werkzeug. Das Material legt sich exakt an die Kontur des Werkzeuges an, erkaltet und verfestigt sich. Dieses Verfahren findet Anwendung bei großflächigen und flachen Formteilen wie z. B. für Einsätze in Pralinenschachteln.

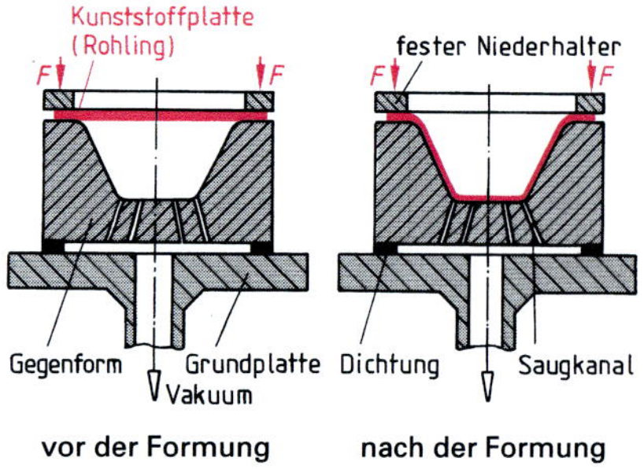

Vakuumformen (Verfahren mit oder ohne Gegenform möglich)

Beim Zugumformen durch Vakuumformen nutzt man den Unterdruck im Werkzeug zur Formgebung aus.

1.2.2 Umformverfahren für Metalle

Beim Umformen von massiven Teilen aus Metallen – dem *Massivumformen* – werden durch äußere Kräfte große Spannungen erzeugt, die zu plastischen Formänderungen in allen drei Ausdehnungsrichtungen führen. Umformverfahren werden nach der Krafteinwirkung auf Rohteile in Druck-, Zugdruck-, Zug-, Biege- und Schubumformen unterschieden. In der Großserienfertigung kommen hauptsächlich Verfahren des Druckumformens und des Zugdruckumformens zum Einsatz.

- **Druckumformen**

Durch äußere Krafteinwirkungen auf das feste Rohteil werden im Umformbereich Druckspannungen erzeugt. Durch die Werkzeugform und die Bewegungen zwischen Werkzeug und Werkstück führen die Druckspannungen zur plastischen Formänderung.
Beispiele für Druckumformverfahren sind
- Walzen,
- Freiformen und Gesenkformen,
- Strangpressen und Fließpressen,
- Rändeln und Gewindefurchen.

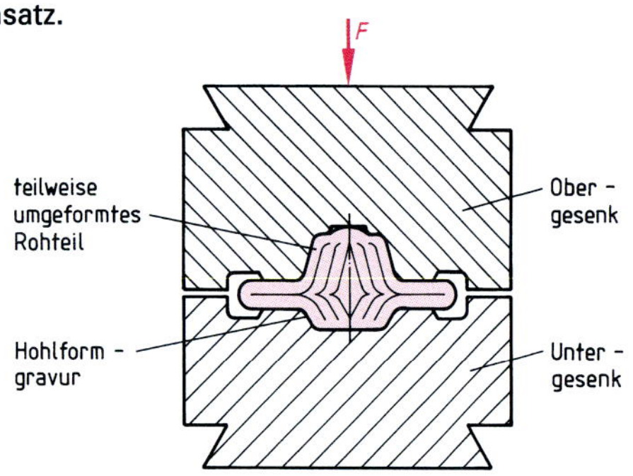

Druckumformen im Gesenk

- **Zugdruckumformen**

Durch äußere Krafteinwirkungen auf das feste Rohteil werden Zug- und Druckspannungen im Umformbereich erzeugt. Durch die Werkzeugform und die Bewegungen zwischen Werkzeug und Werkstück führen die zusammengesetzten Zug- und Druckspannungen zur plastischen Formänderung.
Ein Beispiel für Zugdruckumformverfahren ist Gleitziehen.

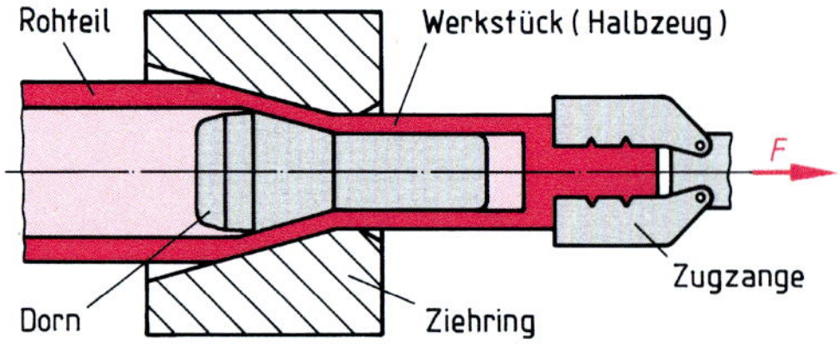

Zugdruckumformen durch Gleitziehen

In der Serienfertigung werden Halbzeuge und Werkstücke durch Druckumformen oder Zugdruckumformen hergestellt.

Übungsaufgaben F-8; F-9; F-10

2 Werkzeuge zum Spritzgießen

2.1 Das Spritzgießwerkzeug als technisches System

In Spritzgießwerkzeugen werden Artikel aus Kunststoff in entsprechend gestalteten Formhohlräumen hergestellt. Dies geschieht in einem Arbeitsgang, dem *Spritzzyklus.* Dabei wird der Kunststoff unter Druck in den Formhohlraum gespritzt und erstarrt dort während einer bestimmten Zeit. Nach dem Spritzvorgang muss über die Bewegung der Spritzgießmaschine das geschlossene Werkzeug so geöffnet werden, dass sich der fertige Artikel ohne Beschädigung aus der Form nehmen lässt.

Weitere Merkmale für Spritzgießwerkzeuge ergeben sich aus der Materialzuführung und der Temperierung. Alle Spritzgießwerkzeuge sind von ihrer Funktion her so aufgebaut, dass die jeweiligen Teilaufgaben durch entsprechende Teilsysteme erfüllt werden. Das technische System „Spritzgießwerkzeug" ist nach DIN 16750 genormt und kann in folgende Teilsysteme untergliedert werden:

- Das **Angusssystem** führt die Schmelze zu und verteilt sie.
- Im **System zur Formgebung** wird aus der Schmelze der fertige Artikel.
- Das **Temperiersystem** dient in den meisten Fällen dazu, die Schmelze kontrolliert abzukühlen. Bei Kunststoffen, die unter Wärme aushärten, wird über das Temperiersystem Wärme zugeführt.
- Das **Entformungssystem** dient dazu, das fertige Formteil auszuwerfen. Das Entformungssystem ist mit einem System der Bewegungsübertragung verbunden.
- Das **System zur Führung und Zentrierung** der Werkzeughälften ist notwendig, damit der Formhohlraum ohne Versatz gebildet werden kann.
- Das **Spannsystem** dient dazu, das Werkzeug auf die Spritzgießmaschine zu spannen.

Beispiel **für Teilsysteme an einem Spritzgießwerkzeug**

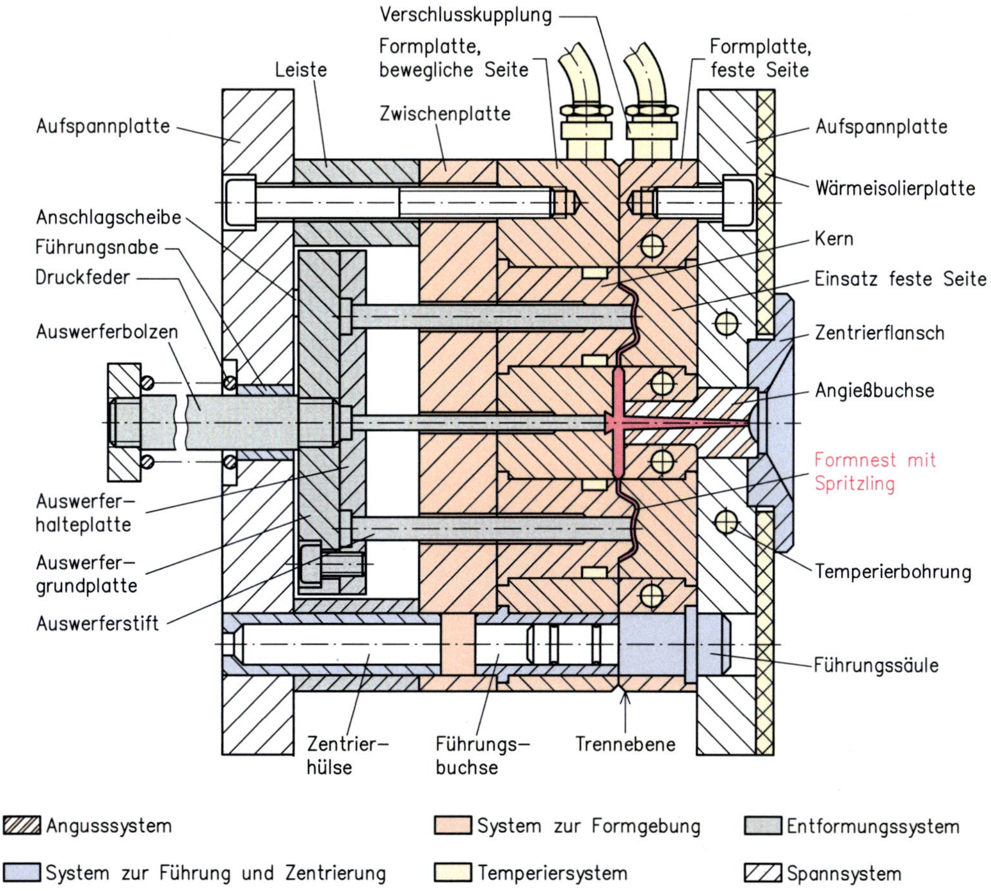

2.2 Einteilung der Spritzgießwerkzeuge

Die zunehmende Bedeutung der Spritzgießtechnik hat zur Folge, dass eine immer größer werdende Zahl von verschiedenen Spritzgießwerkzeugen entstanden ist. Die unterschiedlichen Anforderungen an den jeweiligen Artikel, die Losgröße und verfahrenstechnische Gesichtspunkte haben zu einer Vielfalt von Spritzgießwerkzeugen geführt.

Man teilt die Spritzgießwerkzeuge nach folgenden Gesichtspunkten ein:

- Anzahl der Formhohlräume (Formnester),
- Art des Angusssystems,
- Anzahl der Trennebenen,
- Art der Entformung.

- **Einteilung der Werkzeuge nach der Anzahl der Formnester (Kapitel 2.3)**

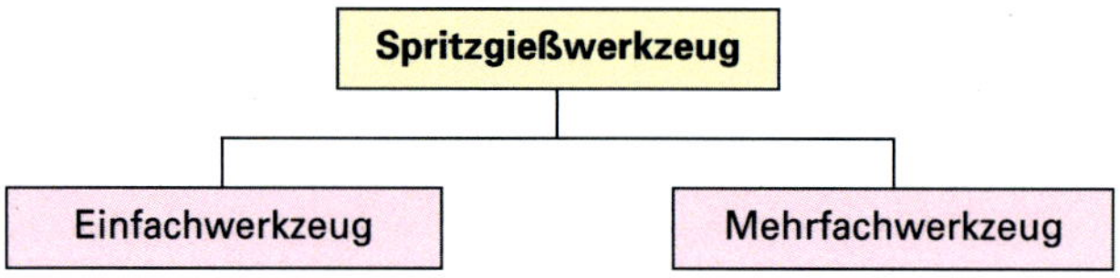

- **Einteilung der Werkzeuge nach der Art des Angusssystems (Kapitel 2.4)**

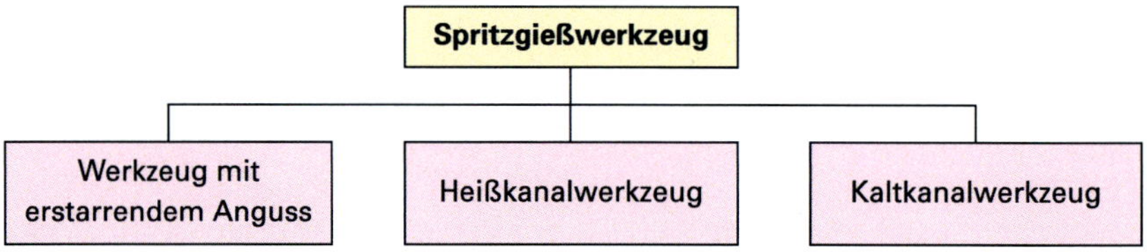

- **Einteilung der Werkzeuge nach der Anzahl der Trennebenen (Kapitel 2.3.2)**

- **Einteilung der Werkzeuge nach der Art der Entformung (Kapitel 2.6)**

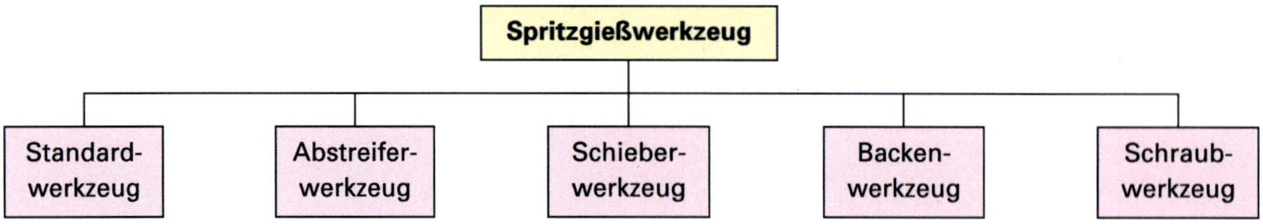

Die gezeigten Unterscheidungsmerkmale werden durchweg kombiniert. So kann z. B. ein Spritzgießwerkzeug als Mehrfachwerkzeug mit Heißkanalsystem und Abstreiferplatte ausgeführt sein.

2.3. System zur Formgebung (Formnester)

Die Festlegung der Anzahl der Formnester in einem Werkzeug hängt sowohl von technischen als auch von wirtschaftlichen Überlegungen ab.
Die technischen Daten der eingesetzten Spritzgießmaschine beeinflussen wesentlich die Abmessungen des Werkzeuges. Außerdem muss man die Größe des Formteiles berücksichtigen. Bei kleinen Artikeln können mehr Formnester als bei großen Artikeln angelegt werden.
Große Stückzahlen erlauben teurere Mehrfachwerkzeuge.
Außerdem beeinflussen die geforderte Qualität des Artikels und der Liefertermin die Entscheidung, ob ein Einfachwerkzeug oder ein Mehrfachwerkzeug hergestellt wird.

Spritzgussteile aus Einfach- und aus Mehrfachwerkzeugen

Nach der Anzahl der Formnester unterscheidet man Einfach- und Mehrfachwerkzeuge. Mehrfachwerkzeuge sind teuer; große Stückzahlen wiegen jedoch die Herstellungskosten für das Werkzeug auf.

2.3.1 Formteilung

Im Spritzgießwerkzeug ist die Trennebene (Formteilung) so zu wählen, dass beim Öffnen des Werkzeuges das Spritzteil entformt werden kann. Durch die Wahl der Formteilung wird zwangsläufig die Richtung der Ausformschrägen festgelegt. Die Vielzahl der Artikel und die unterschiedlichen Ausführungsformen der Werkzeuge zwingen dazu, bei neuen Artikeln jeweils neue individuelle Lösungen zu suchen. Die Erfahrung mit ähnlichen Artikeln erleichtert die Entscheidung.

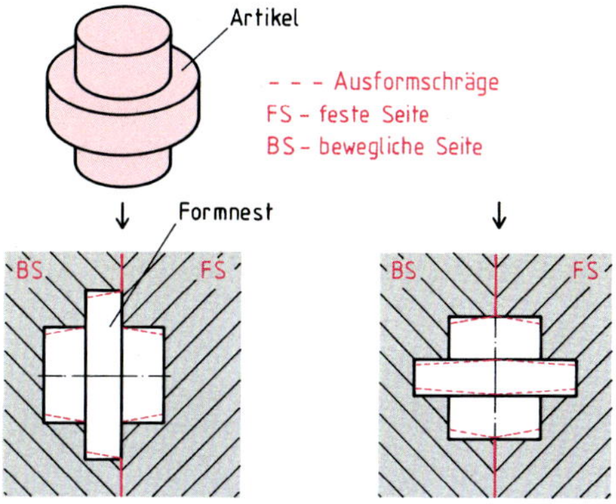

Mögliche Formteilungen

LF 11F-14F

2.3.2 Anzahl und Anordnung der Formnester

- **Ring- und Sternverteilung**

Bei Mehrfachwerkzeugen müssen Anzahl und Anordnung der Formnester bestimmte Bedingungen erfüllen. Man ordnet die Formnester so an, dass sie gleichzeitig mit Schmelze gefüllt werden. Außerdem wird das Angusssystem so gewählt, dass die Fließwege möglichst kurz sind. Diese Anforderungen werden durch eine entsprechende Ring- oder Sternverteilung der Formnester erfüllt. Besonders vorteilhaft ist die Ring- bzw. Sternverteilung für die Entformung bei Teilen mit Innengewinden.

Nachteilig ist die beschränkte Anzahl der Formnester. Bei Formteilen mit Schiebern bzw. Kernzügen sind Ring- oder Sternverteilung nicht geeignet.

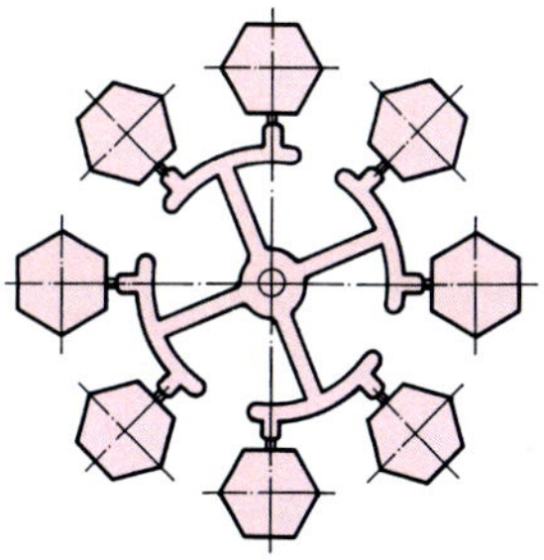

Ringverteilung (unterbrochen)

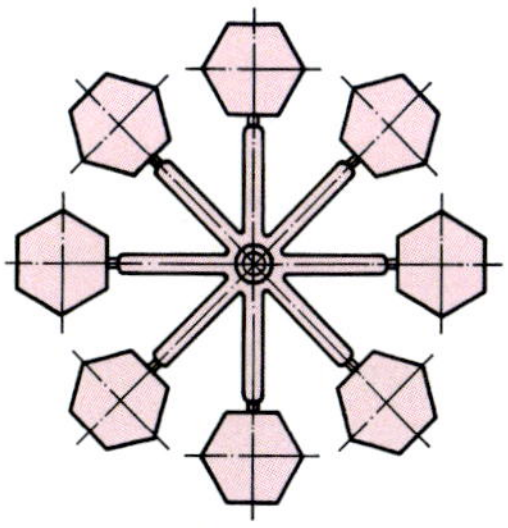

Sternverteilung

Übungsaufgaben F-13; F-14

- **Reihenverteilung und Symmetrieverteilung**

Die Geometrie der Formnesteranordnung wird auch durch die Art der Entformung beeinflusst. Die Reihenverteilung ist besonders geeignet für Artikel mit Hinterschneidungen, bei denen Kernzüge oder Schieber in den Werkzeugen notwendig sind. Außerdem lassen sich bei der Reihenverteilung mehr Formnester unterbringen als bei der Ring- oder Sternverteilung.

Nachteilig bei der Reihenverteilung sind unterschiedlich lange Fließwege zu den einzelnen Formnestern. Die gleichzeitige Füllung der Formnester erreicht man durch unterschiedlich gestaltete Kanäle. Die Reihenverteilung mit Symmetrieanordnung führt zu gleich langen Fließwegen, erfordert jedoch ein großes Angussvolumen.

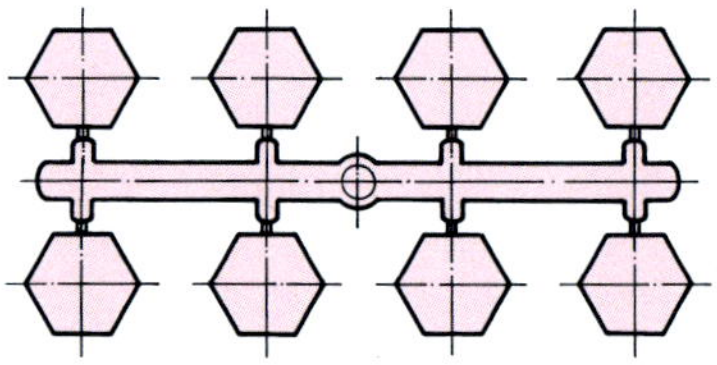

Reihenverteilung

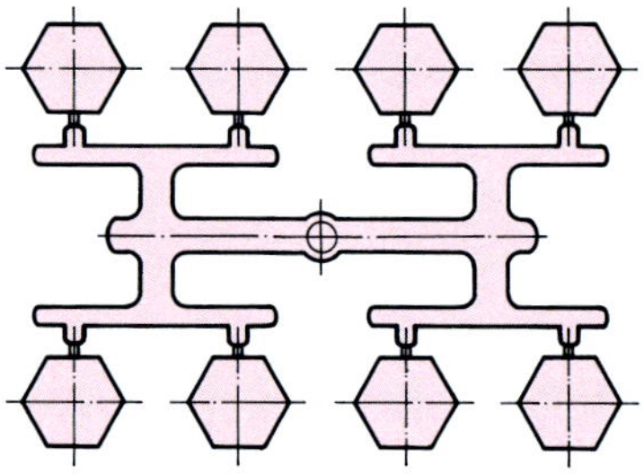

Symmetrieverteilung

In Mehrfachwerkzeugen müssen die Formnester so angeordnet sein, dass alle Formhohlräume möglichst gleichzeitig mit Schmelze gleicher Temperatur gefüllt werden. Man verwendet für die Anordnung der Formnester die Sternverteilung, Ringverteilung, Reihenverteilung und Symmetrieverteilung.

Die Festlegung der Formnester nach der Anzahl und der Anordnung in einem Spritzgießwerkzeug erfolgt vor allem unter fertigungstechnischen und wirtschaftlichen Gesichtspunkten. Darüber hinaus beeinflussen jedoch auch die verwendeten Werkstoffe, die Formteilgestaltung und Gesichtspunkte der Endmontage die Formnesteranordnung.

Beispiel **für die Anordnung von Formnestern unter Montagegesichtspunkten**

In dem gezeigten Beispiel werden die Tastenführungen für die Eingabestation an einem PC in einem Werkzeug mit 58 Formnestern gespritzt. Die Formnester sind entsprechend der Endmontage angeordnet. Die einzelnen Formnester sind lagegerecht so in das Werkzeug eingearbeitet, wie die Tastenführungen in der Eingabestation positioniert sind.

Der komplette Spritzling, bestehend aus Tastenführungen und Verteilerkanälen, wird bei der Montage mit dem Tastenfeld zusammengeführt. Alle Tasten werden in einem Arbeitsgang gleichzeitig durch Aufpressen montiert. Dabei werden die Verteilerkanäle von den einzelnen Tastenführungen getrennt und die Tastatur ist funktionsfähig.

Die Voraussetzung für eine solche Gestaltung des Werkzeuges ist ein sehr leicht fließender Kunststoff. Eingesetzt wurde hier ein besonderer Typ aus Polyacetal (POM) mit dem Handelsnamen Hostaform C 32021.

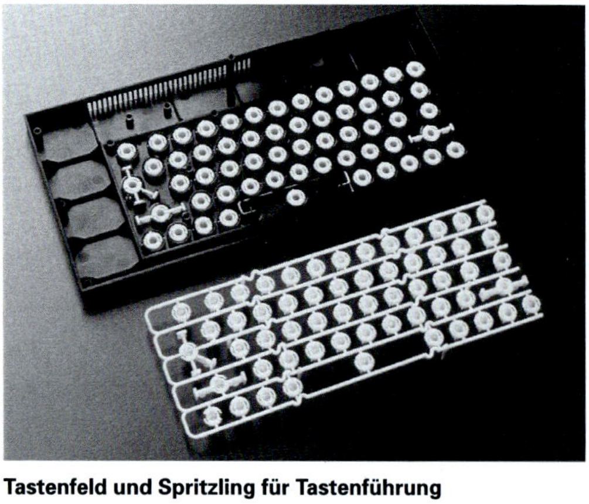

Tastenfeld und Spritzling für Tastenführung

- **Anzahl der Trennebenen**

Ein anderer Gesichtspunkt für die Einteilung von Werkzeugen ist die Anzahl der Trennebenen.

Das Standardwerkzeug hat nur eine Trennebene. Formteil und Anguss werden gemeinsam entformt. Schieber-, Backen- und Schraubenwerkzeuge haben in der Regel ebenfalls nur eine Trennebene **(2-Plattenwerkzeuge).**

Zwei Trennebenen sind dann notwendig, wenn der Anguss beim Entformungsvorgang automatisch vom Formteil getrennt werden soll. Das so eingerichtete Werkzeug ist ein **3-Plattenwerkzeug.** Man bezeichnet es nach dem Entformungsprinzip als Abreißwerkzeug.

Mehrere Trennebenen setzt man auch dann ein, wenn die Formteile übereinander in Etagen angeordnet sind. Ein solches Werkzeug nennt man **Etagenwerkzeug.**

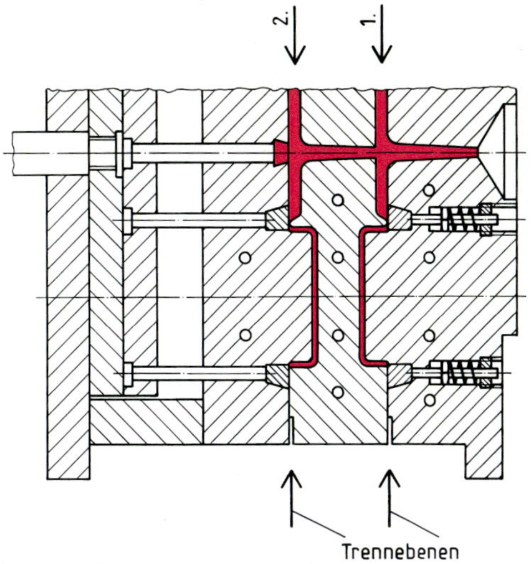

Etagenwerkzeug

Nach der Anzahl der Trennebenen unterscheidet man 2-Plattenwerkzeuge, 3-Plattenwerkzeuge und Etagenwerkzeuge.

2.3.3 Formeinsätze und Einsatzbaukastensystem

- **Formeinsätze**

Die Formnester werden häufig in sogenannte Formeinsätze eingearbeitet. Die Formeinsätze selbst werden meist in den Formplatten gehalten. Die Sicherung der Einsätze geschieht über Schraubverbindungen oder über Schultern an den Einsätzen und Gegenplatten.

Beispiele für Formeinsätze

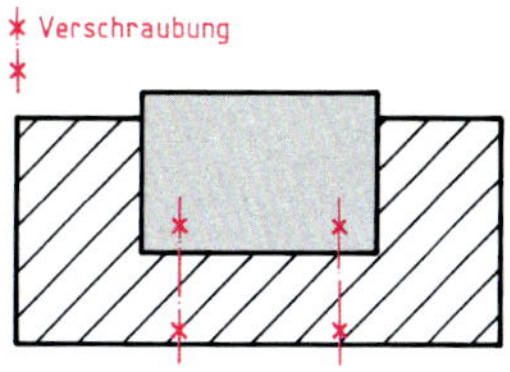

Einsatz im Rahmen

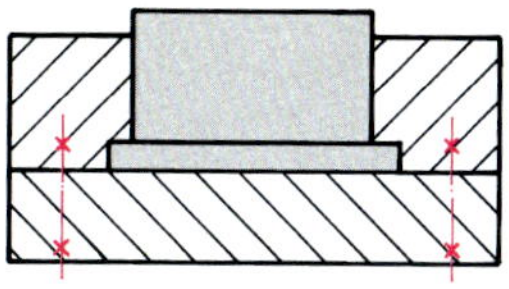
Einsatz mit Schulter

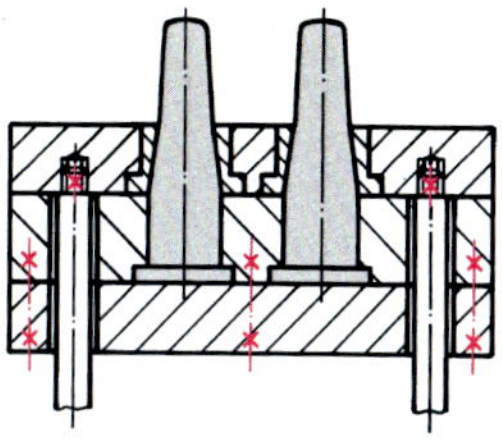
Einsatz und Abstreifbuchse

Der Einbau von Formeinsätzen hat verschiedene Vorteile:

- Der Formeinsatz ist wegen seiner geringen Größe verhältnismäßig leicht zu bearbeiten; für die Fertigung kann man kleinere Werkzeugmaschinen benutzen.
- Da nur der jeweilige Formeinsatz direkt mit dem Spritzmaterial in Berührung kommt, lässt sich die Formplatte aus preiswerterem Material herstellen.
- Die Wärmebehandlung von Einsatz und Formplatte kann getrennt vorgenommen werden; Verzugserscheinungen lassen sich minimieren.
- Für ähnliche Konturen von Formteilen verwendet man austauschbare Formeinsätze, die in das gleiche Stammwerkzeug eingebaut werden.
- Änderungen oder Reparaturen sind an Formeinsätzen verhältnismäßig leicht durchführbar.
- Ist das Formnest wegen Abnutzung nicht mehr maßhaltig genug, so braucht nur der Formeinsatz erneuert zu werden.
- Einsätze erlauben besondere konstruktive Möglichkeiten im Hinblick auf die gezielte Temperierung des Formnestes und die Entformung von Spritzlingen.

LF 11F-14F

- **Einsatzbaukastensystem**

Für viele Teile an Spritzgießwerkzeugen werden heute *„Normalien"* angeboten, welche die Kosten bei der Fertigung kalkulierbar machen. Zu dem Plattensystem für den Grundaufbau der Form, erhält man auch entsprechend abgestimmte Einsätze.
Durch die systematische maßliche Abstufung sind die Formeinsätze beliebig kombinierbar.
Die Formplatte besteht aus vergütetem Stahl und ist gehärtet. Die Aufnahmen für die Einsätze sind allseitig in engen Toleranzen geschliffen.
Die Formeinsätze haben als Schleifzugabe zum Einpassen etwas Übermaß und bestehen meist aus hochpolierfähigem Stahl entweder als Einsatzstahl oder als Durchhärterstahl. Für Kleinserienwerkzeuge oder für Prototypen benutzt man für die Formeinsätze auch warm ausgehärtetes Aluminium.

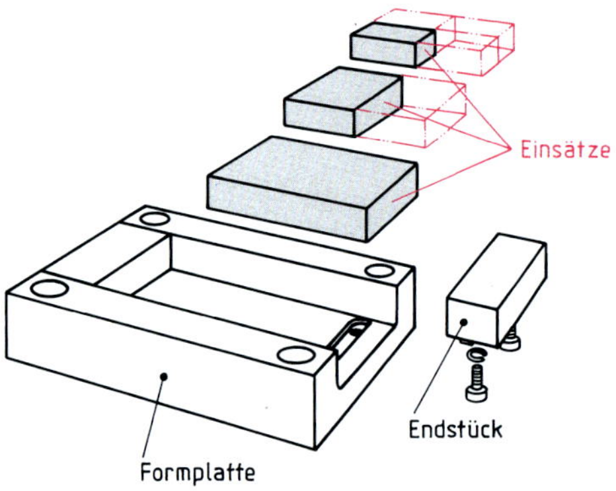

Einsatzbaukastensystem

Beispiel für ein Mehrfachwerkzeug zur Herstellung von Bechern mit verschiedenen Einsätzen

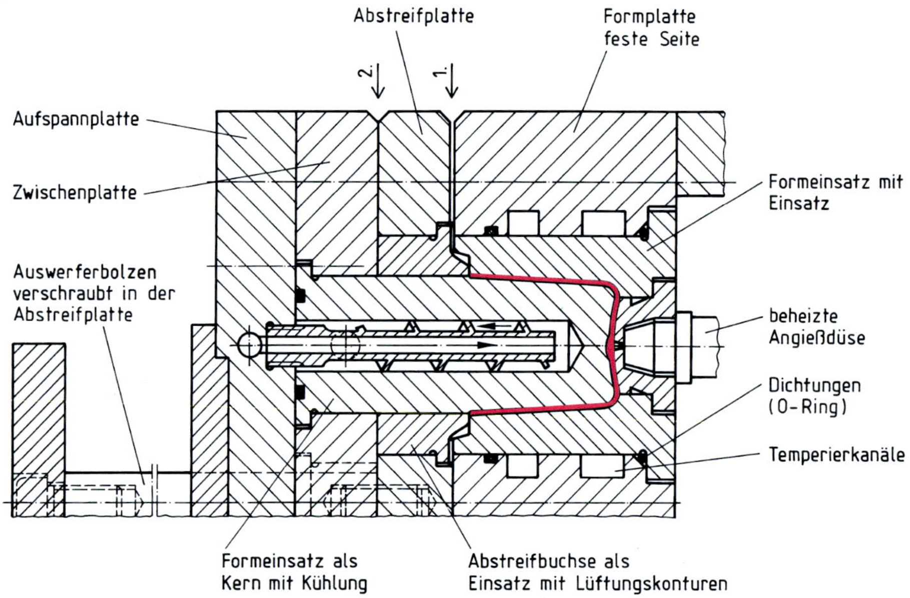

2.3.4 Entlüftung des Formhohlraumes

Beim Spritzgießprozess wird der Formhohlraum mit pastifiziertem Kunststoff ausgefüllt. Der Kunststoff verdrängt während des Füllvorganges die Luft aus dem Formhohlraum. Die Luft muss vollständig entweichen. Kann sie nicht entweichen, so bildet sich durch die Verdichtung ein *Luftpolster.* Die Luft erhitzt sich durch das plötzliche Zusammenpressen so sehr, dass der Kunststoff im Grenzbereich verbrennt. Man bezeichnet diesen Vorgang als **Dieseleffekt.**

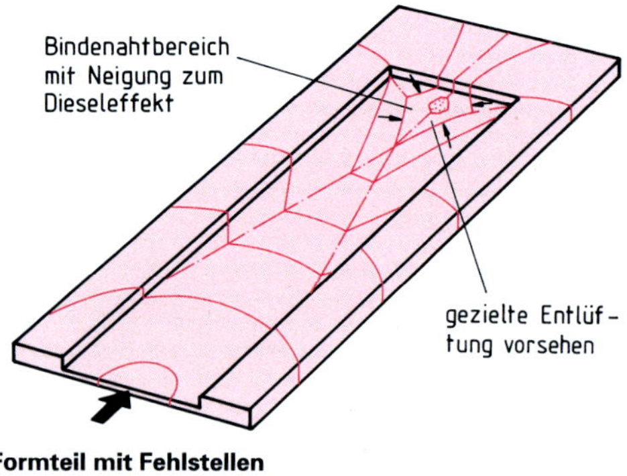

Formteil mit Fehlstellen

Übungsaufgaben F-20; F-21

Tritt der Dieseleffekt auf, so zeigen die Spritzgießteile an den Brandstellen dunkle Verfärbungen. Selbst wenn es nicht zu Brandstellen kommt, tritt im Bereich der Bindenähte ein schlechtes Verschmelzen des Kunststoffes ein. Eine Verminderung der Festigkeit ist die Folge. Durch hohe Füllgeschwindigkeit vergrößert sich die Gefahr des Dieseleffektes. Mit verschiedenen Maßnahmen wird die notwendige Entlüftung erreicht. Manche Entlüftungsmaßnahmen hinterlassen auf den Artikeln Markierungen. Bei der Konstruktion von Artikeln und Werkzeug sorgt man dafür, dass diese Markierungen nicht störend wirken.

Fehlerfreie Artikel können beim Spritzgießen nur hergestellt werden, wenn der Formhohlraum entlüftet wird. Der Dieseleffekt führt zu Verbrennungsspuren am Artikel.

- **Entlüftung über die Werkzeugtrennebene**

Bei Spritzgießwerkzeugen mit flachen Konturen kann die Luft über die Werkzeugtrennebenen entweichen. Durch Planschleifen dieser Ebenen mit einer grobkörnigen Schleifscheibe erreicht man die notwendige Entlüftung.
Besonders günstig für die Entlüftung ist es, wenn man die düsenseitige und schließseitige Werkzeugplatte jeweils diagonal und um 90 Grad versetzt schleift.

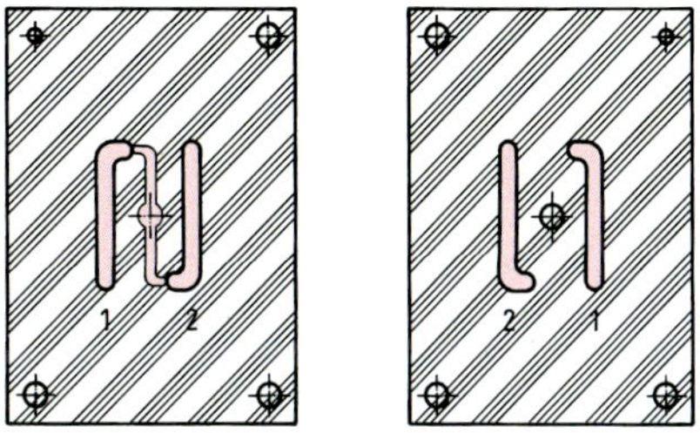

Werkzeugentlüftung über Schliffstruktur

- **Entlüftungskanäle**

Eine zusätzliche Möglichkeit zur Entlüftung besteht darin, in die Werkzeugtrennflächen besondere Entlüftungskanäle zu schleifen. Die Entlüftungskanäle sind etwa 0,01 bis 0,03 mm tief und haben etwa eine Breite von 3 mm. Der so dimensionierte Kanal ist nur 1,5 bis 2,5 mm lang und erweitert sich nach außen. Die entweichende Luft kann somit unmittelbar hinter dem Formnest expandieren.

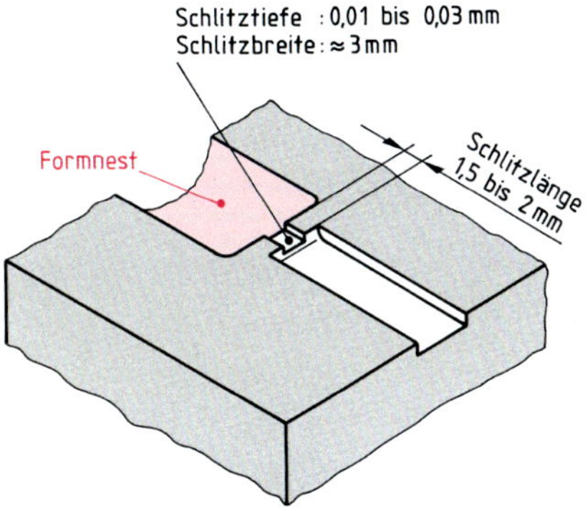

Werkzeugentlüftung über Kanäle

Der Hauptanteil der Luft aus dem Formhohlraum wird über die Werkzeugtrennebenen abgeführt. Durch gesondert eingearbeitete Entlüftungskanäle verbessert man die Entlüftung.

- **Entlüftung über Auswerfer und Einsätze**

Die Entlüftung von tieferen Konturen kann auch über das Auswerfersystem erfolgen. Die Auswerferelemente sind mit Spielpassung eingebaut. Die Passflächen dienen der Entlüftung. Kann nicht genügend Luft über die Passflächen entweichen, so werden an die Stifte oder Hülsen besondere Profile angeschliffen.

Auch über die Passflächen von Einsätzen, die in das Formnest hineinragen, können taschenförmige Werkzeugkonturen gezielt entlüftet werden. Verwendet man Sintermetalle als Einsätze oder für Stifte, so erreicht man eine Entlüftung durch die Poren im Sinterwerkstoff.

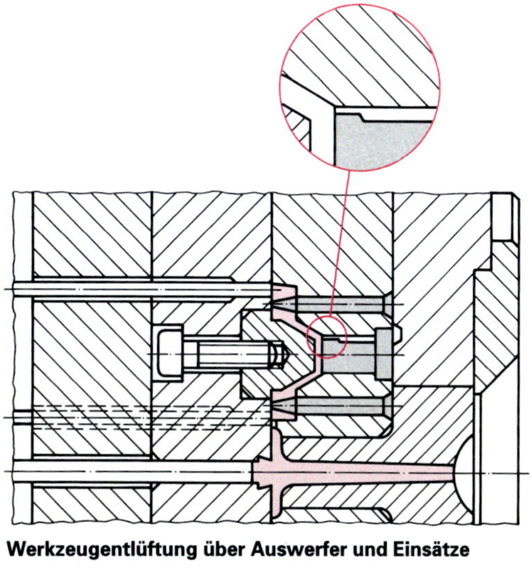

Werkzeugentlüftung über Auswerfer und Einsätze

Übungsaufgaben F-22 bis F-25

2.3.5 Formnestoberflächen

Der optische Eindruck eines Artikels aus Kunststoff wird neben der Form und der Farbe vor allem durch seine Oberfläche bestimmt. Diese Oberfläche ist annähernd das Spiegelbild der Formnestoberfläche im Spritzgießwerkzeug.
Man unterscheidet hochglänzende und strukturierte Oberflächen.

- **Hochglänzende Oberflächen**

Vor allem transparente Artikel erhalten hochglänzende Oberflächen. Die Formnestoberfläche wird nach Funkenerosion oder einem anderen spanenden Verfahren zunächst grob und dann fein geschliffen. Durch anschließendes Polieren mit *Diamantpaste* erreicht man eine spiegelklare Oberfläche.
Will man nur eine glänzende Oberfläche bei nichttransparenten Kunststoffartikeln erreichen, so genügt ein Feinschleifen (Schmirgeln) mit einer Körnung von 400.
Darf die Strichpolitur auf dem Artikel sichtbar sein, so schmirgelt man mit einer Körnung von 280 bis 320.

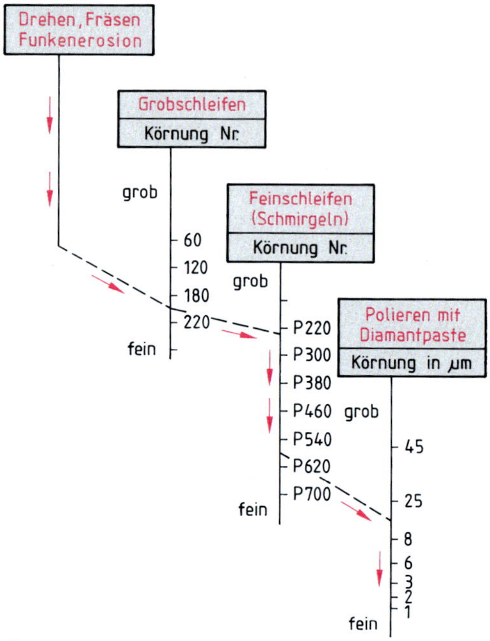

Übliche Arbeitsschritte bei der Herstellung von Stahl-Hochglanzpolituren

Transparente Artikeloberflächen erreicht man dadurch, dass die Formnestoberfläche mit Diamantpaste poliert wird. Die Herstellung solcher Oberflächen ist verhältnismäßig teuer.

- **Strukturierte Oberflächen**

Grob strukturierte Oberflächen an Kunststoffartikeln sind heute immer beliebter, weil solche Flächen natürlichen Werkstoffen nachempfunden werden.
So hat eine erodierte Oberfläche eine narbenartige Struktur, die einer Apfelsinenschale vergleichbar ist. Formeinsätze mit erodierten Oberflächen sind nie frei von Mikrorissen und unterliegen daher einem erhöhten Verschleiß. Will man hohe Werkzeugstandzeiten erreichen, so poliert man die erodierten Oberflächen zunächst vor und bringt die gewünschten Strukturen dann durch *Ätzen* ein.

Strukturierte Artikeloberflächen erreicht man durch Funkenerodieren oder durch Funkenerodieren mit anschließendem Vorpolieren und Ätzen.

- **Polieraufwand**

Polierarbeiten sind zeitaufwendige Tätigkeiten, die vielfach noch manuell durchgeführt werden müssen. *Handgeführte Poliermaschinen* erleichtern diese Arbeiten. *Polierautomaten* setzt man bei zweidimensionalen Konturen ein. Die Herstellung von Oberflächen mit zunehmender Qualität durch Polieren verteuert die Fertigung. Das Polieren ist jedoch in vielen Fällen aus Entformungsgründen nicht zu umgehen. Man spricht auch von der sogenannten *„Entformungspolitur"*.
Das Fließverhalten der Kunststoffe im Angussbereich erfordert dort ebenfalls eine Oberflächeneinebnung durch Polieren. Sollen Formnestbereiche mit Chrom, Nickel o. Ä. beschichtet werden, so müssen diese Flächen sogar auf Hochglanz poliert werden.

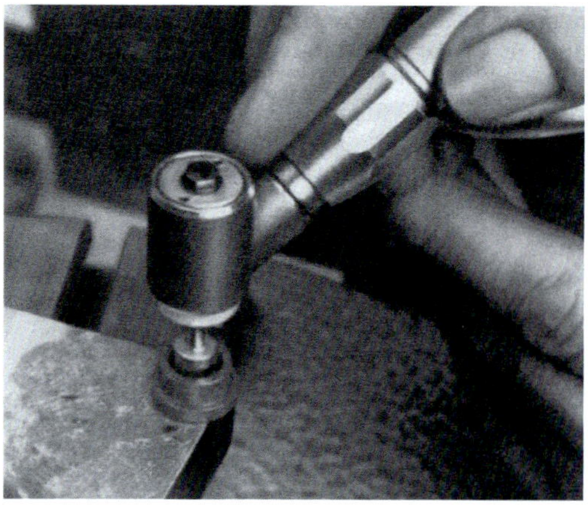

Polierarbeiten

Übungsaufgaben F-26; F-27

Polieraufwand in Prozent zur Abhängigkeit von der gewünschten Oberflächenqualität

Oberflächencharakter	Zeichnungsangabe Kurzzeichen	Anwendungsbeispiele	Aufwand in %
spiegelklar ohne Mulden, Schlieren, sichtbare Riefen und Wellen	hochglanzpoliert, Rz1	transparente Sichtteile	**100**
glänzend ohne Mulden, sichtbare Riefen und Wellen (Ausgangsgüte für mattierte Oberfläche)	glanzpoliert, Rz 6,3	Flächen, die einen guten optischen Eindruck erzielen sollen	**85**
glatt ohne fühlbare Riefen	poliert, Rz10	sichtbare Flächen innerhalb eines Gerätes	**60**
matt fühlbare Rauheit ohne Ansätze	Rz16	nicht nachpolierte Flächen, Entformung darf jedoch nicht beeinträchtigt werden	**40**
ohne besondere Anforderungen	√	Flächen, die keine Funktion haben, Entformung darf nicht beeinträchtigt werden	**30**

2.3.6 Schwindung – Verzug – Toleranzen

• Schwindung und Verzug

Im Spritzgießwerkzeug wird plastifizierter Kunststoff zum Erstarren gebracht. Beim Abkühlen des Formteiles setzt eine *maßliche Verkleinerung* ein, die man als Schwindung bezeichnet. Die Schwindung kann Verzug an dem Kunststoffartikel bewirken.

Kunststoffe haben im Unterschied zu Metallen ein anderes Schwindungsverhalten. Der Kunststoff schwindet noch weiter, obwohl das Bauteil schon Raumtemperatur besitzt. Deshalb unterteilt man bei Kunststoffen die Gesamtschwindung in Verarbeitungsschwindung und Nachschwindung.

LF 11F-14F

Verarbeitungsschwindung *VS*

Nach DIN 16 901 bezieht sich die Verarbeitungsschwindung auf den maßlichen Unterschied zwischen dem kalten Werkzeug L_W und dem erkalteten Formteil L_F.

Gemessen wird bei (23±2) °C frühestens 24 h, spätestens 168 h nach der Entformung. Die Schwindung wird in Prozent angegeben.

$$VS = \frac{L_W - L_F}{L_W} \cdot 100\ \%$$

Nachschwindung *NS*

Die Schwindung der meisten Kunststoffteile ist mit der Verarbeitungsschwindung noch nicht abgeschlossen. Die Schwindung setzt sich fort und nähert sich schließlich einem Endwert L_1. Diese sogenannte Nachschwindung wird durch Kristallisationsvorgänge im Kunststoff verursacht. Die Nachschwindung kann durch erhöhte Lagerungstemperatur beschleunigt werden.

$$NS = \frac{L_F - L_1}{L_F} \cdot 100\ \%$$

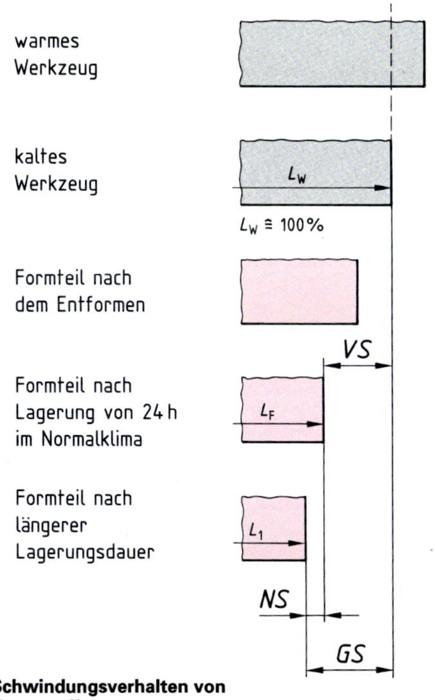

Schwindungsverhalten von Kunststoffen

Übungsaufgabe F-28

Gesamtschwindung *GS*

Die Summe aus Verarbeitungsschwindung und Nachschwindung wird Gesamtschwindung genannt.

$$GS \approx VS + NS$$

Beispiel **für die Berechnung der Schwindung an Formteilen aus Kunststoff**

Aufgabe

An einem Artikel wurde 30 h nach der Entformung das Maß 128,2 mm gemessen. Zwei Wochen später wurde nachgemessen und man stellte den Wert 127,7 mm fest. Das entsprechende Maß im kalten Werkzeug betrug 130 mm.

Wie groß sind Verarbeitungsschwindung, Nachschwindung und Gesamtschwindung?

Lösung

$$VS = \frac{130\text{ mm} - 128{,}2\text{ mm}}{130\text{ mm}} \cdot 100\ \%$$

Verarbeitungsschwindung $VS = \mathbf{1{,}38\ \%}$

$$NS = \frac{128{,}2\text{ mm} - 127{,}7\text{ mm}}{128{,}2\text{ mm}} \cdot 100\ \%$$

Nachschwindung $NS = \mathbf{0{,}39\ \%}$

$GS \approx 1{,}38\ \% + 0{,}39\ \%$

Gesamtschwindung $GS = \mathbf{1{,}77\ \%}$

Bei Kunststoffen ergibt sich die Gesamtschwindung aus der Verarbeitungsschwindung und der Nachschwindung. Die jeweilige Schwindung wird in Prozent angegeben; Vergleichsmaß ist dabei das Maß des kalten Werkzeuges.

Die Schwindung ist eine stoffspezifische Größe. Bei manchen Kunststoffen ist die Nachschwindung so gering, dass sie maßlich vernachlässigt werden kann. Man sagt, diese Kunststoffe haben praktisch keine Nachschwindung. Die Höhe der Schwindung ist von der Art des Kunststoffes, aber auch von den Verarbeitungsbedingungen wie Spritzdruck und Nachdruck, von der Spritztemperatur und der Werkzeugtemperatur, der Einspritzgeschwindigkeit und den Angussverhältnissen abhängig (siehe auch „Maschinen und Gerätetechnik" Kapitel *„Prozesskenngrößen und Formteilqualität")*.

Richtwerte für die Verarbeitungsschwindung *VS*

Name des Kunststoffes	Kurzzeichen	*VS* in % g = glasfaserverstärkt
Polyamid	PA	0,7 bis 2,0 g 0,2 bis 0,8
Polycarbonat	PC	0,6 bis 0,8 g 0,2 bis 0,5
Polyethylen	PE	1,2 bis 2,8
Polyoxymethylen	POM	1,8 bis 3,0 g 0,2 bis 0,6
Polyvinylchlorid	PVC-hart	0,4 bis 0,7

Die Schwindung in einem Kunststoffartikel führt zu Eigenspannungen. Sind diese Spannungen zu groß, so verzieht sich der Artikel. Dieser Verzug an einem Kunststoffteil kann in der Fertigung größere Probleme bereiten als die Schwindung selbst. Durch geeignete konstruktive Maßnahmen bzw. durch den Wechsel des Werkstoffes verringert man den Verzug (siehe auch Kapitel *„Prozesskenngrößen und Formteilgestaltung beim Spritzgießen")*.

• Toleranzen

Die Maßhaltigkeit als Qualitätsmerkmal bei Spritzgießteilen unterliegt besonderen Bedingungen. Fertigungsbedingte Maßabweichungen sind abhängig vom Zustand des Werkzeuges und der Streuung der Prozessgrößen während der Verarbeitung.

Das Schwindungsverhalten des jeweiligen Kunststoffes, die Stabilität des Werkzeuges, der Werkzeugverschleiß und die Einstellung an der Spritzgießmaschine beeinflussen die Maßhaltigkeit erheblich.

Nach DIN 16 901 unterscheidet man bei den Maßen **werkzeuggebundene Maße** und **nicht werkzeuggebundene** Maße. Für jede Maßart sind in der Norm eigene Toleranzen vorgesehen, weil ihre Zuordnung zu den entsprechenden Nennmaßen anderen Gesetzmäßigkeiten unterliegt als es bei den ISO-Grundtoleranzen der Fall ist.

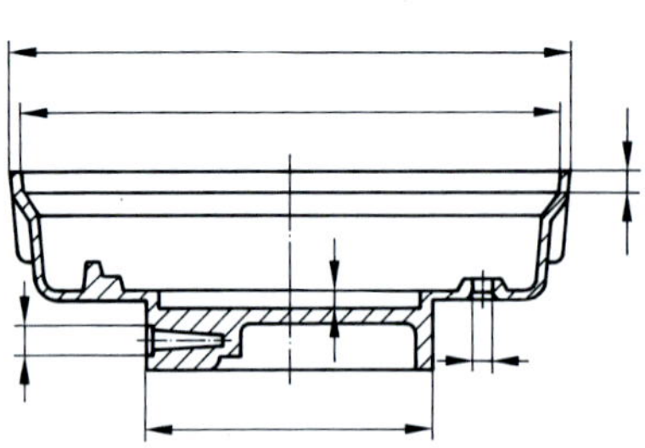

Werkzeuggebundene Maße

Werkzeuggebunden sind die Maße, die durch die *Kontur an einem Werkzeugteil* gegeben sind.
Nichtwerkzeuggebunden sind die Maße, die durch das *Zusammenwirken beweglicher Werkzeugteile* entstehen. Dies können Wanddicken, Bodenstärken oder Maße sein, die durch bewegliche Bauteile beeinflusst sind.

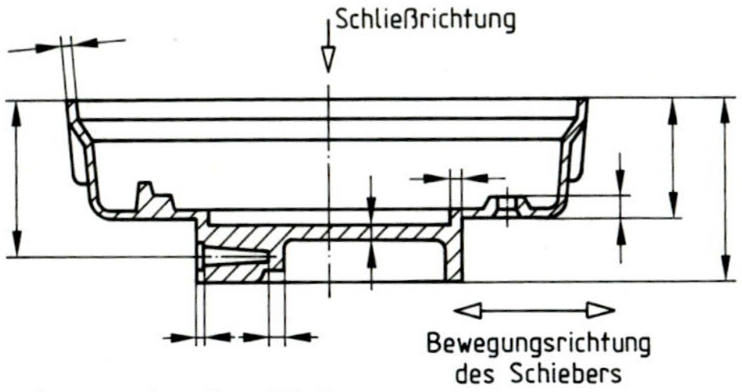

Nichtwerkzeuggebundene Maße

Die Toleranzen für die nichtwerkzeuggebundenen Maße sind größer als die Toleranzen für werkzeuggebundene Maße, da die beweglichen Werkzeugteile beim Schließen des Werkzeuges nicht immer die gleiche Endlage erreichen.

Werkzeuggebundene Maße sind jeweils Maße im gleichen Werkzeugteil. Nichtwerkzeuggebundene Maße sind Maße, die durch das Zusammenwirken beweglicher Werkzeugelemente geformt werden.

- **Toleranzgruppen und Kunststoffe**

Da die Schwindung auch eine stoffspezifische Größe ist, hat man den Kunststoffen Toleranzgruppen zugeordnet, die durch Kennzahlen festgelegt sind. Man unterscheidet **Allgemeintoleranzen** und **Maße mit direkt eingetragenen Abmaßen.** Die Toleranzen der Reihe 2 erfordern einen höheren Fertigungsaufwand. Die Toleranzen der Reihen 1 und 2 werden nach den technischen Erfordernissen in die oberen und die unteren Abmaße aufgeteilt.

Festlegung der Toleranzgruppen (nach DIN 16 901)

Name des Kunststoffes	Kurzzeichen	Toleranzgruppen für Allgemeintoleranzen	Maße mit direkt eingetragenen Abmaßen Reihe 1	Reihe 2
Polyamid	PA	130	120	110
Polycarbonat	PC	130	120	110
Polyethylen	PE	150	140	130
Polyoxymethylen	POM	140	130	120
Polypropylen	PP	150	140	130
Polyvinylchlorid	PVC-hart	130	120	110

Beispiel für die Aufteilung der Toleranz 0,6 mm

$\pm 0{,}3$ mm oder $^{+0{,}1}_{-0{,}5}$ mm oder $^{+0{,}6}_{0}$ mm oder $^{-0{,}2}_{-0{,}8}$ mm usw.

- **Toleranzen für Kunststoffartikel** (Auszug aus DIN 16901, alle Längenangaben in mm)

Toleranzgruppe aus Tabelle	Kennbuchstabe[1]	über 0 bis 1	1 bis 3	3 bis 6	6 bis 10	10 bis 15	15 bis 22	22 bis 30	30 bis 40	40 bis 53	53 bis 70	70 bis 90	90 bis 120	120 bis 160
		Allgemeintoleranzen												
150	A	± 0,23	± 0,25	± 0,27	± 0,30	± 0,34	± 0,38	± 0,43	± 0,49	± 0,57	± 0,68	± 0,81	± 0,97	± 1,20
	B	± 0,13	± 0,15	± 0,17	± 0,20	± 0,24	± 0,28	± 0,33	± 0,39	± 0,47	± 0,58	± 0,71	± 0,87	± 1,10
140	A	± 0,20	± 0,21	± 0,22	± 0,24	± 0,27	± 0,30	± 0,34	± 0,38	± 0,43	± 0,50	± 0,60	± 0,70	± 0,85
	B	± 0,10	± 0,11	± 0,12	± 0,14	± 0,17	± 0,20	± 0,24	± 0,28	± 0,33	± 0,40	± 0,50	± 0,60	± 0,75
130	A	± 0,18	± 0,19	± 0,20	± 0,21	± 0,23	± 0,25	± 0,27	± 0,30	± 0,34	± 0,38	± 0,44	± 0,51	± 0,60
	B	± 0,08	± 0,09	± 0,10	± 0,11	± 0,13	± 0,15	± 0,17	± 0,20	± 0,24	± 0,28	± 0,34	± 0,41	± 0,50
		Toleranzen für Maße mit direkt eingetragenen Abmaßen												
	A	0,46	0,50	0,54	0,60	0,68	0,76	0,86	0,98	1,14	1,36	1,62	1,94	2,40
	B	0,26	0,30	0,34	0,40	0,48	0,56	0,66	0,78	0,94	1,16	1,42	1,74	2,20

[1] A für nichtwerkzeuggebundene Maße; B für werkzeuggebundene Maße

LF 11F-14F

• Beispiel für die maßliche Festlegung von Kunststoffartikel und Werkzeug

Aufgabenstellung

Es soll eine Kunststoffabdeckung aus Polyethylen hergestellt werden. Der Deckel darf 130 mm lang, 50 mm breit und maximal 5 mm hoch sein. Die Wanddicke soll 1,5 mm betragen. Der Deckel erhält zwei symmetrisch angeordnete Bohrungen mit Nabe über die ganze Höhe. Der Durchmesser der Bohrungen soll 8 mm betragen, ihr Mittenabstand von 80 mm muss möglichst genau eingehalten werden. Das Nennmaß von 80 mm darf nicht unterschritten werden.

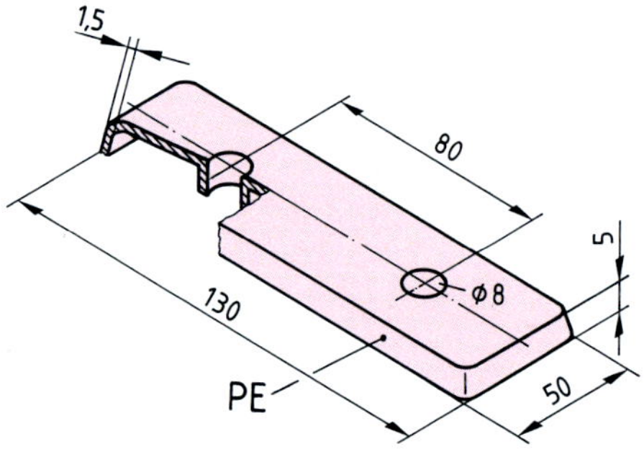

Artikelskizze mit Nennmaßen

Hinweis zur Festlegung der Maße für Artikel und Werkzeug

- Unter Berücksichtigung der Trennebenen nichtwerkzeuggebundene Maße A bzw. werkzeuggebundene B unterscheiden.
- Toleranzgruppen für den vorgesehenen Kunststoff auswählen.
- Artikelmaße mit Abmaßen nach DIN 16901 festlegen.
- Richtwert für die Verarbeitungsschwindung aus der Tabelle entnehmen.
- Formnestmaße berechnen.

Lösung (dargestellt am Maß für die Höhe)

- Das Nennmaß für die Höhe von 5 mm ist ein nichtwerkzeuggebundenes Maß (A).
- Als Toleranzgruppe wird die Reihe 2 für Maße mit direkt eingetragenen Abmaßen gewählt, da der Wert von 5 mm am Artikel nicht überschritten werden darf (Toleranzgruppe 130).
- Die Toleranz von 0,4 mm wird aus der Tabelle nach DIN 16 901 entnommen, und die Abmaße werden mit $^{0}_{-0,40}$ festgelegt.
- Als Ausgangsmaß für die Berücksichtigung der Schwindung dient der Mittelwert des Artikelmaßes; hier ergibt sich das Maß:

  $$\frac{5{,}00 + 4{,}60}{2}\ \text{mm} = 4{,}80\ \text{mm}$$

- Bei einer angenommenen Verarbeitungsschwindung von 2 % für PE beträgt das Maß im Werkzeug:

  $$L_W = \frac{L_F}{0{,}98}\ ;\ L_W = \frac{4{,}80\ \text{mm}}{0{,}98}\ ;\ L_W = \mathbf{4{,}90\ mm}$$

- Das Formnest muss also mit einer Tiefe von **4,90 mm** gefertigt werden.

Nennmaß am Artikel	Art	Toleranzgruppe für **PE** allgem.	Reihe 1	Reihe 2	Artikelmaße mit Abmaßen	Ausgangsmaß für die Berechnung	Maß im Werkzeug bei **2 %** Schwindung
1,5	A	150	–	–	$1{,}5 \pm 0{,}25$	1,50	1,53
5	A	–	–	130	$5\ ^{0}_{-0,40}$	4,80	4,90
8	B	–	140	–	$8\ ^{+0,20}_{-0,08}$	8,06	8,22
50	B	150	–	–	$50\ \pm 0{,}47$	50,00	51,02
80	B	–	–	130	$80\ ^{+0,68}_{0}$	80,34	81,98
130	B	150	–	–	$130\ \pm 1{,}10$	130,00	132,65

Alle Maße in mm

Übungsaufgaben F-38; F-39

2.3.7 Ausformschräge

Der Spritzling muss sicher und ohne Beschädigung entformt werden. Aus diesem Grunde haben alle Konturen, die in Entformungsrichtung liegen, Ausformschrägen. Solche Ausformschrägen haben auch Konturen an Schiebern, Backen oder Kernzügen, die seitlich entformt werden.
In der Artikelzeichnung sind alle Nennmaße mit Abmaßen eingetragen. Deshalb muss auch aus der Zeichnung hervorgehen, an welcher Stelle der Ausformschräge das Nennmaß gilt.
Wird die Ausformschräge zum Nennmaß dazugerechnet, so hat man eine Materialzugabe zur Formteil-Nenngestalt; die Ausformschräge ist *„plus"*.
Wird die Ausformschräge vom Nennmaß abgezogen, so besteht Materialabzug gegenüber der Formteil-Nenngestalt; die Ausformschräge ist *„minus"*.

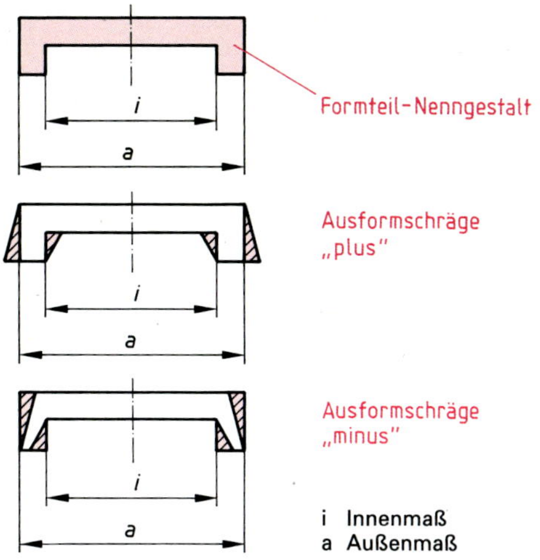

Ausformschräge und Nennmaße

Die Ausformschräge bezieht sich auf die Formteil-Nenngestalt des Artikels. Die Ausformschräge ist „plus", wenn Materialzugabe erfolgt. Die Ausformschräge ist „minus", wenn Materialabzug erfolgt.

Die Ausformschräge wird im Allgemeinen in Grad angegeben. Sie richtet sich vor allem nach dem verwendeten Kunststoff und nach der Tiefe des Artikels. Die Abhängigkeit zwischen dem zu verarbeitenden Kunststoff und der Artikeltiefe wird in Tabellen erfasst.
Die Ausformschräge richtet sich auch nach der Oberflächenqualität des Artikels. Je glatter die Oberfläche ist, desto geringer kann die Ausformschräge gewählt werden. Aus konstruktiven Gründen kann es notwendig sein, eine möglichst geringe oder gar keine Ausformschräge zuzulassen. Liegen diese Konturen im Außenbereich, d.h. schwinden sie von der Werkzeugwand weg, so kann man je nach Werkstoff mit einer Ausformschräge von fast Null auskommen. Geringe Ausformschrägen bei Innenkonturen bedingen in der Regel einen zusätzlichen konstruktiven Aufwand.

2.3.8 Kräfte im Formhohlraum

- **Auftreibkraft und Schließkraft**

Beim Spritzgießen entsteht im geschlossenen Werkzeug durch den Spritzdruck eine sehr hohe Kraft, die das Werkzeug auftreibt. Die entstehende Kraft bezeichnet man als **Auftreibkraft,** sie wird manchmal auch *Sprengkraft* genannt. Die Auftreibkraft muss eine genügend große **Schließkraft** durch die Spritzgießmaschine entgegenwirken. Die Schließkraft wirkt über die Säulen und Werkzeugplatten der Spritzgießmaschine auf das Werkzeug. Die Schließkraft wird entweder über eine Kniehebelschließeinheit oder über eine direkt hydraulisch arbeitende Schließeinheit erzeugt.

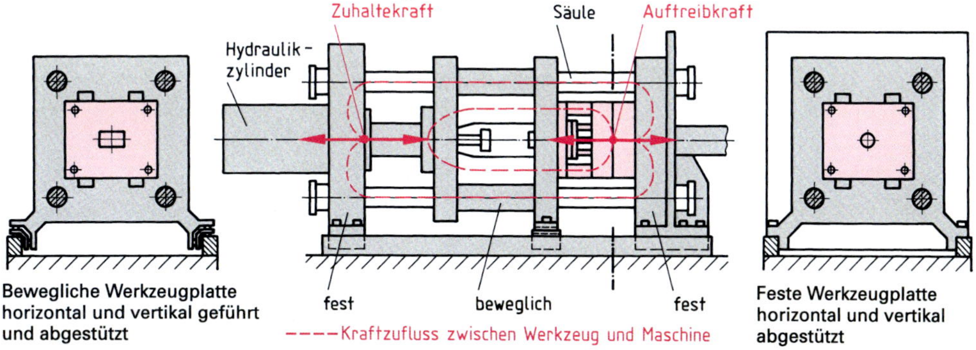

Kräfte im Werkzeug und in der Spritzgießmaschine

Die Auftreibkraft entsteht durch den Spritzdruck im Werkzeug, ihr entgegen wirkt die Schließkraft der Spritzgießmaschine.

• Berechnung der Auftreibkraft

Die Auftreibkraft berechnet man überschlägig aus dem höchsten Spritzdruck und der belasteten Fläche in der Trennebene.

Der Druck im Werkzeug erreicht während der Kompressionsphase seinen höchsten Wert. Dieser Druck ist vor allem von dem zu verarbeitenden Kunststoff abhängig. Für die Berechnung der Auftreibkraft benötigt man außerdem noch die druckbelastete Fläche in der Trennebene, die so genannte *Spritzteilfläche*. Diese Fläche ergibt sich als die Projektionsfläche des Spritzlings in der Trennebene. Zur Berechnung berücksichtigt man alle Formnester und das Angusssystem.

Richtwerte für die Berechnung der Auftreibkraft beim Spritzgießen

Kunststoff Kurzzeichen	Werkzeuginnendruck in kN/cm²	bar
PA	**3,5** bis **8,0**	**350** bis **800**
PC	**3,5** bis **7,0**	**350** bis **700**
PE	**2,5** bis **5,0**	**250** bis **500**
POM	**7,0** bis **12,0**	**700** bis **1200**
PP	**3,5** bis **8,0**	**350** bis **800**
PS	**1,8** bis **5,0**	**180** bis **500**

Beispiel für die Berechnung der Auftreibkraft

Spritzgießteil (direkt angespritzt)

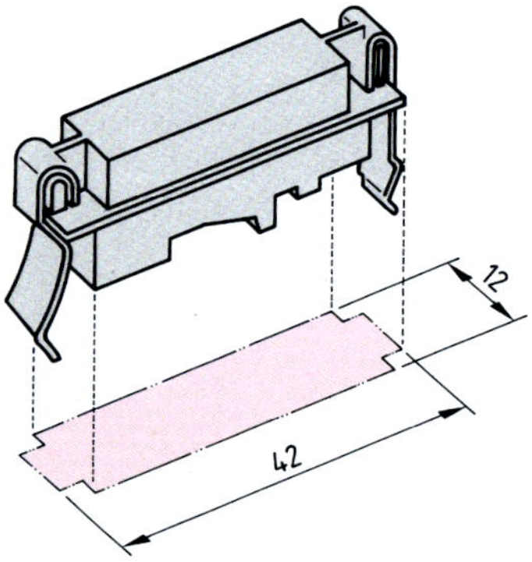

Lampenträger aus POM im 4-fach-Werkzeug

Auftreibkraft
4fach-Werkzeug
Innendruck für POM = $12 \frac{kN}{cm^2}$
Projektionsfläche
(aus Sicherheit den Größtwert)

$F_A = 4 \cdot p \cdot A$

$F_A = 4 \cdot 12 \frac{kN}{cm^2} \cdot 1{,}2\ cm \cdot 4{,}2\ cm$

$F_A = \mathbf{242\ kN}$

Die Auftreibkraft beträgt **242 kN.**

Die Auftreibkraft berechnet sich überschlägig aus dem höchsten Spritzdruck und der Projektionsfläche des Spritzlings in der Trennebene.

• Genaue Ermittlung der Schließkraft

Über die errechnete Auftreibkraft bestimmt man die Schließkraft und somit die Maschinengröße. Beim Anfahren eines neuen Werkzeuges beginnt man mit der errechneten Schließkraft und vermindert sie schrittweise so weit, dass gerade keine *Überspritzungen* auftreten. Überspritzungen liegen dann vor, wenn sich das Werkzeug aufgrund des Innendruckes zu sehr aufgeweitet hat. Überspritzte Artikel sind zu groß und weisen *Filmhäute* oder *Gratbahnen* auf. Die Schließkraft sollte so klein wie möglich sein, weil sich das Werkzeug besser entlüftet und der Energiebedarf geringer ist.

• Stabilität des Werkzeuges

Für die Funktionssicherheit des Werkzeuges und die Einhaltung der Toleranzen am Formteil ist es notwendig, dass das Spritzgießwerkzeug stabil gebaut ist und dass die Dichtflächen genügend groß sind. Stabile Formplatten und lange Führungen für Schieber sind vorteilhafter als Anbauten. Sind die Stützweiten für die Formplatten zu groß und besteht die Gefahr unzulässig großer Durchbiegungen, so muss man gesonderte Abstützungen vorsehen oder die Plattendicken größer wählen.

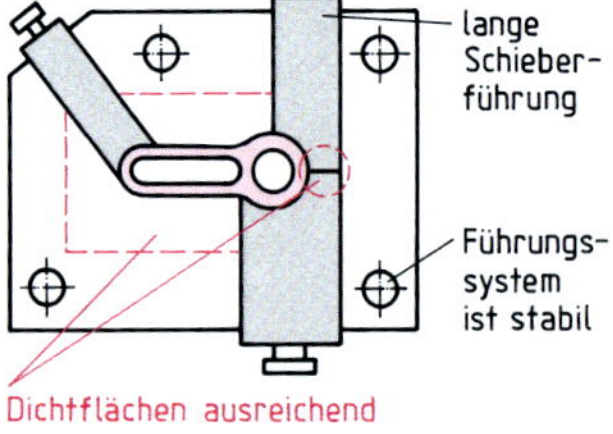

Auslegung des Werkzeuges

Die Stabilität des Werkzeuges und die richtige Schließkraft sind entscheidend dafür, dass die Toleranzen am Artikel eingehalten werden können.

Übungsaufgaben F-43; F-44; F-45

- **Angriffspunkt von Auftreibkraft und Schließkraft**

Die Auftreibkraft und die entgegenwirkende Schließkraft müssen möglichst im Zentrum des Werkzeuges angreifen. Dadurch erreicht man, dass das Werkzeug während des Spritzgießvorganges gleichmäßig geschlossen bleibt und die Säulen der Spritzgießmaschine gleichmäßig belastet werden.
Mit einer entsprechenden Anordnung der Formnester oder durch einen Kräfteausgleich durch Zwischenplatten erreicht man, dass die Kräfte zentral angreifen.

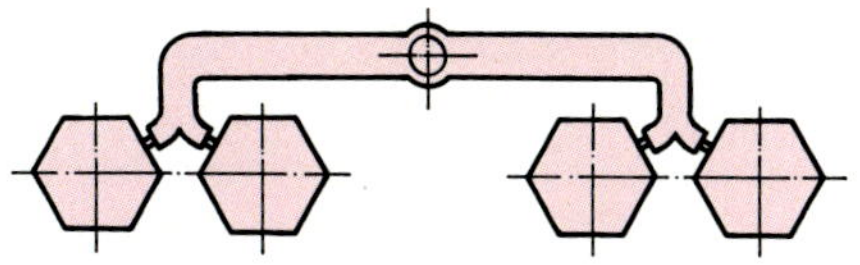

Exzentrische Lage von Anguss und Formnestern

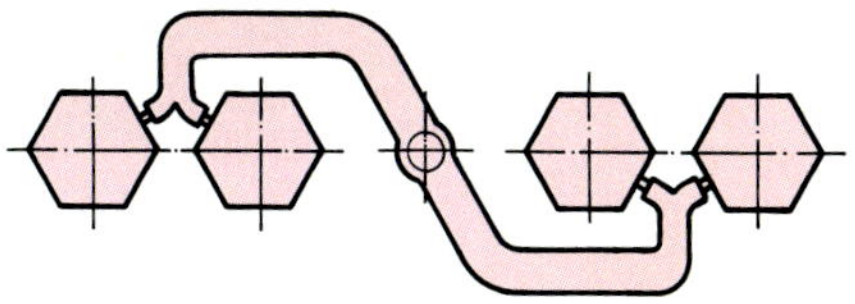

Zentrische Lage von Anguss und Formnestern

Die Formnester werden möglichst zentrisch zum Angusskegel angeordnet, damit Werkzeug und Schließeinheit während des Spritzgießprozesses gleichmäßig belastet werden.

2.4 Angusssystem

Aus der Spritzeinheit der Spritzgießmaschine wird die plastifizierte Formmasse über die Düse und die Angießbuchse dem Werkzeug zugeführt. Die Spritzeinheit endet maschinenseitig in der Düse; die Angießbuchse ist ein Teil des Werkzeuges.
Über das Angusssystem wird der Formhohlraum mit Schmelze gefüllt. Das Angusssystem besteht meist aus dem *Angusskegel,* den *Angusskanälen, den Verteilerkanälen* und den *Anschnitten.*

Bei den Spritzgießwerkzeugen beeinflussen Anguss und Anschnitt die wirtschaftliche Fertigung des Artikels und die erreichbare Qualität.

Bei den Angusssystemen unterscheidet man grundsätzlich Systeme mit *erstarrendem Anguss* und Systeme, bei denen der *Anguss nicht erstarrt.*
Die nichterstarrenden Angüsse, die man auch als *„angusslose Angusssysteme"* bezeichnet, werden in Heißkanalsysteme und Kaltkanalsysteme unterteilt.

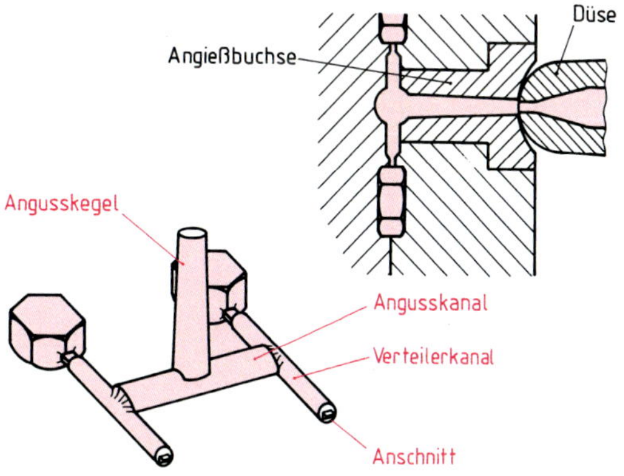

Angusssystem (Abbild)

Angusssysteme beim Spritzgießen

- mit Anguss
  - **erstarrende Angusssysteme**
- ohne Anguss
  - **Heißkanal-systeme**
  - **Kaltkanal-systeme**

LF 11F-14F

Beispiel für Angusssystem mit automatischer Trennung von Artikel und Anguss durch Druckluft

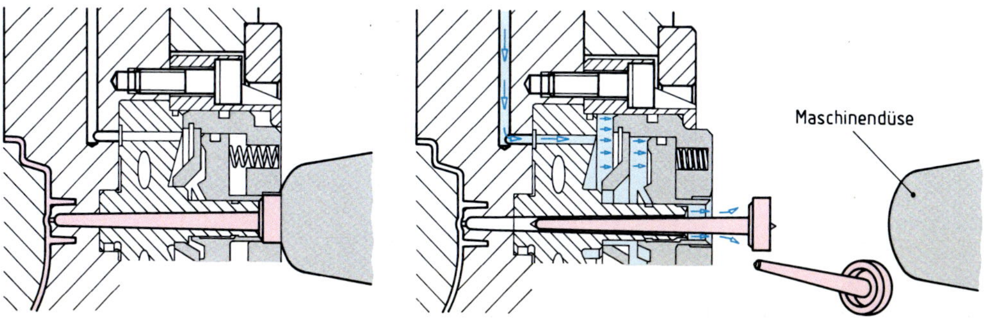

Art und Ausführung des Angusssystems beeinflussen die Wirtschaftlichkeit des Spritzgießens und die Qualität der Artikel.

2.4.1 Angießbuchse

Der Übergang zwischen maschinenseitiger Düse und werkzeugseitiger Angießbuchse muss so gestaltet sein, dass die plastifizierte Formmasse ohne Druck- und Temperaturverlust in das Werkzeug eingespritzt werden kann. Während des Spritzvorganges muss die Düse mit einem hohen Anpressdruck auf die Angießbuchse gepresst werden, damit die Übergangsstelle abgedichtet bleibt.

Ebene Kontaktflächen erfordern einen höheren Anpressdruck zum Abdichten als gekrümmte Kontaktflächen.
In Heißkanalwerkzeugen bevorzugt man jedoch ebene Kontaktflächen, weil die Wärmedehnung zwischen Werkzeug und Maschine besser ausgeglichen werden kann.
Bei den gekrümmten Kontaktflächen ist in die Angießbuchse eine kugelförmige Vertiefung gedreht. Der Kugelradius ist etwas größer als der Kugelradius an der Düse. So wird eine gute Abdichtung gewährleistet. Ist jedoch der Kugelradius an der Düse größer, so entsteht durch den Hinterschnitt beim Spritzvorgang ein Grat und der Anguss kann nicht entformt werden.
In die Angießbuchse, die meist als Normteil zur Verfügung steht, wird der Angusskegel eingearbeitet. Die Dimensionierung des Angusskegels hängt von der Größe des Formteiles, insbesondere von der Wanddicke ab. Die plastifizierte Formmasse muss im Angusskegel am längsten schmelzflüssig bleiben, damit der Nachdruck über die *„plastische Seele“* auf das Formteil übertragen werden kann.

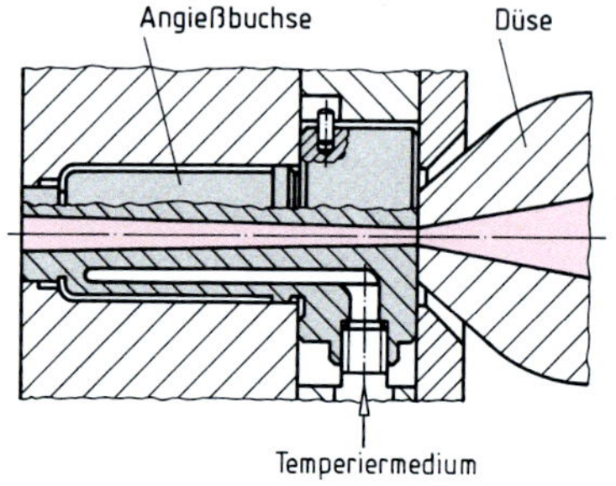

Angießbuchse mit ebener Kontaktfläche und Temperiersystem

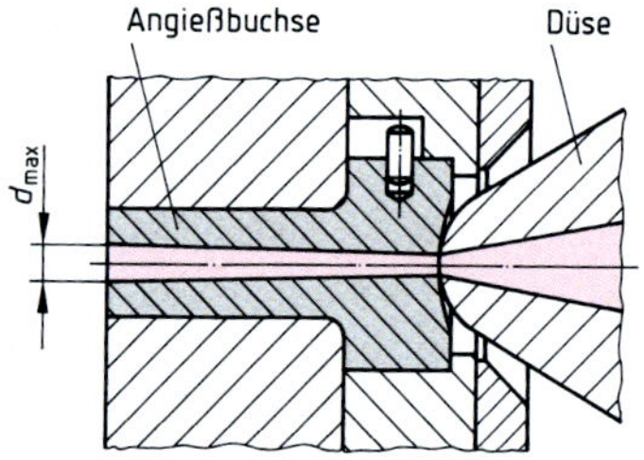

Angießbuchse mit gekrümmten Kontaktflächen

Für Überschlagsrechnungen gilt folgende Beziehung:

d_{max} = größter Durchmesser des Angusskegels ≥ größte Wanddicke + 1,5 mm

2.4.2 Anguss- und Verteilerkanäle

Die Anguss- und Verteilerkanäle verbinden den Angusskegel über die Anschnitte mit den Formnestern. In den Kanälen soll die plastifizierte Formmasse möglichst mit gleicher Temperatur und mit gleichem Druck dem Formhohlraum zugeführt werden. Dies erreicht man vor allem durch einen günstigen Fließquerschnitt und die richtige Größe der Kanäle.

- **Querschnittsformen von Kanälen**

Rundkanal

Der Rundkanal bietet den günstigsten Fließquerschnitt. Bei einem Kanal mit rundem Querschnitt treten die geringsten Wärme- und Reibungsverluste auf. Die Formmasse erstarrt im Mittelpunkt des runden Kanals zuletzt. Dadurch ergibt sich eine gute *Nachdruckwirkung* während des Erstarrungsvorganges.
Weil der Rundkanal aus Entformungsgründen zu gleichen Hälften in die beiden Formplatten eingearbeitet werden muss, verteuert sich die Werkzeugherstellung erheblich.

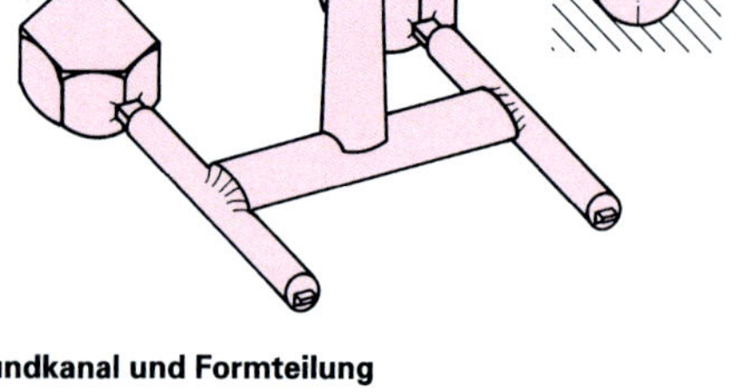
Rundkanal und Formteilung

Übungsaufgabe F-49

Parabelförmiger und trapezförmiger Kanal

Die Formmasse gelangt in einem Kanal mit parabelförmigen bzw. trapezförmigen Querschnitt unter etwas ungünstigeren Bedingungen in den Formhohlraum als beim Rundkanal, wobei der Wärmeverlust und der Druckabfall beim trapezförmigen Querschnitt höher ist als beim parabelförmigen Querschnitt.

Beide Kanalquerschnitte müssen nur in die schließseitige Formplatte eingearbeitet werden und sind dadurch in der Herstellung wirtschaftlicher.

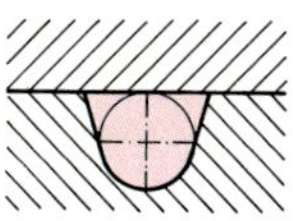

Parabelförmiger Kanal

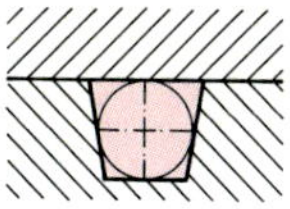

Trapezförmiger Kanal

Der Querschnitt für Anguss- und Verteilerkanäle richtet sich nach dem Fließverhalten der Kunststoffe. Rundkanäle haben den günstigsten Querschnitt, sind jedoch in der Herstellung teuer. Parabelförmige oder trapezförmige Kanäle sind wirtschaftlicher herzustellen. Ihre Querschnittsform ist ungünstiger.

- **Größe des Kanalquerschnittes**

Neben der Querschnittsform sind auch die Abmessungen der Kanäle für die Qualität des Artikels von Bedeutung. Die Dimensionierung der Kanalquerschnitte richtet sich vor allem nach folgenden Einflussfaktoren:

- Volumen des Spritzlings,
- Viskosität der Formmasse,
- Temperatur von Werkzeug und Spritzmasse,
- größte Wanddicke des Artikels,
- Druckabfall in Formhohlraum.

Eine erste Festlegung der Abmessungen für die Kanäle wird im Vergleich zu ähnlichen Spritzteilen vorgenommen. Eine Optimierung ist vor allem durch große Erfahrung zu erreichen.

2.4.3 Anschnitte

Der Anschnitt ist der Teil des Angusssystems, welcher den Verteilerkanal mit dem Formnest verbindet. Die Größe des Anschnittes, seine Lage zum Verteilerkanal und seine Lage zum Spritzling werden von verschiedenen Faktoren bestimmt.

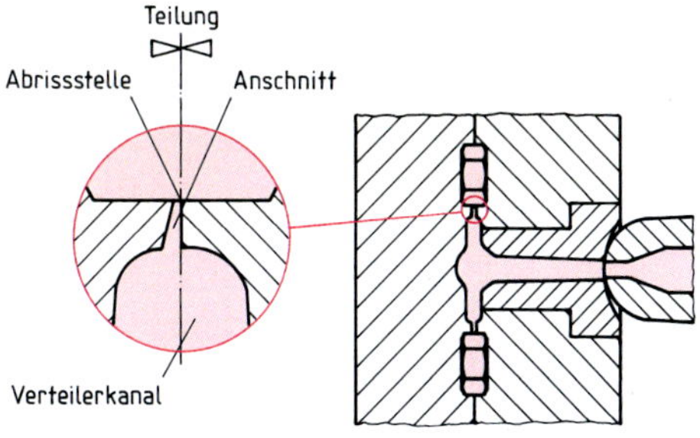

Anschnitt und Formnest

- **Einflussfaktoren für die Anschnittgestaltung**

Die Eigenschaften des verwendeten Kunststoffes sowie die geometrische Form und die Wanddicke des Artikels haben Einfluss auf den Anschnitt. Im Angusssystem hat der Anschnitt den engsten Querschnitt. An dieser Stelle erwärmt sich der eingespritzte Kunststoff durch Reibungswärme zusätzlich. Diese Temperaturerhöhung ist erwünscht, darf jedoch nicht zur Schädigung des Kunststoffes führen. Bei der Festlegung des Anschnittes muss man auch darauf achten, dass am Formteil kein unzulässiger Verzug entsteht und keine störenden Markierungen am Artikel sichtbar sind.

Kunststoffeigenschaften →
Geometrische Form des Artikels →
Wanddicke des Artikels →

Anschnitt im Spritzgießwerkzeug

→ Erwärmung des Materials
→ gut entformbar und abtrennbar
→ geringer Verzug
→ keine störenden Markierungen

Einflüsse zwischen Artikel und Anschnitt

- **Anschnitt im Angusssystem**

Die Lage des Anschnittes zum Verteilerkanal beeinflusst vor allem die Herstellungskosten des Werkzeuges und die Entformbarkeit des Spritzlings. Man unterscheidet dabei den *zentrischen* und den *exzentrischen Anschnitt.*

Übungsaufgabe F-50

Beim zentrischen Anschnitt ist die *runde* Querschnittsform günstig, weil die Reibungsverluste gering sind.
Der exzentrische Anschnitt mit *halbrundem* bzw. *rechteckigem* Querschnitt ist einfacher herzustellen und dadurch kostengünstiger. Exzentrische Anschnitte lassen sich zudem leichter entformen und vom Spritzling trennen.
Ist der Anschnitt in nur eine Formhälfte eingearbeitet, besteht jedoch die Gefahr, dass während des Spritzvorganges schon erstarrte Außenhaut aus dem Angusssystem in den Formhohlraum gepresst wird. Diese so genannte *„Gefrierspur"* ist unansehnlich und mindert die Qualität des Artikels.

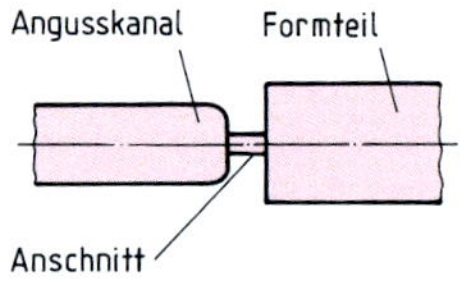

Zentrische Anschnitte

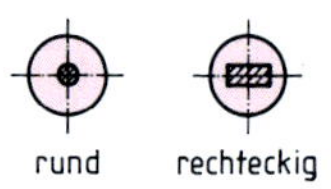

Querschnittsformen

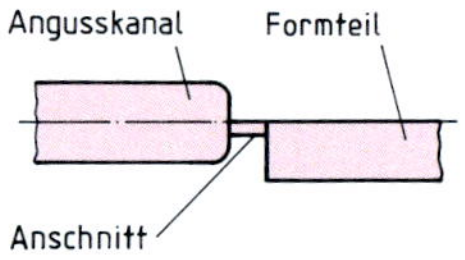

Exzentrische Anschnitte

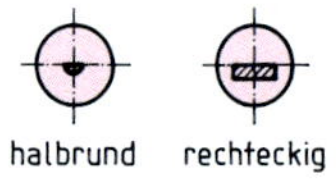

Querschnittsformen

Der Anschnitt im Angusssystem muss so gestaltet sein, dass die plastifizierte Formmasse möglichst nicht als freier Strahl in den Formhohlraum gelangt. Durch den Freistrahl entstehen Bereiche, in denen die Erstarrung unterschiedlich weit fortgeschritten ist. Beim Zusammentreffen solcher Bereiche bilden sich an den Grenzen Nähte mit geringerer Festigkeit. Diese **Bindenähte** mindern die Qualität des Artikels. Man gestaltet die Anschnitte durch Radien oder *„Überlaufbohnen"* so, dass die Schmelze laminar einströmt.

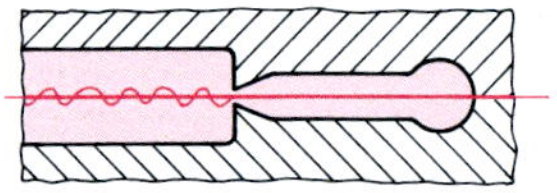
Ungünstiger Anschnitt

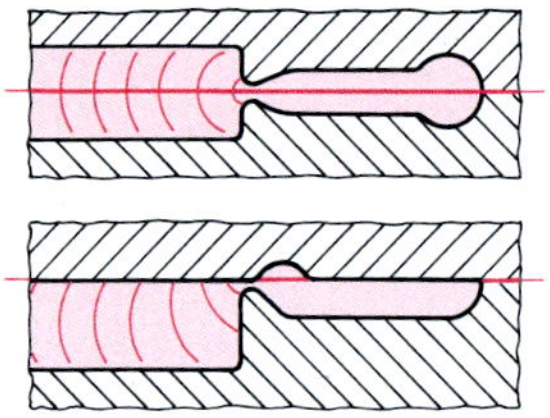
Günstige Anschnitte

• Anschnitt und Formteil

Die Abmessungen des Formteiles haben nicht nur Einfluss auf die Gestalt, sondern auch auf die Lage des Anschnittes. Der Anschnitt wird möglichst an den größten Querschnitt des Formteiles gelegt. An dieser Stelle kann die Wirkung des Nachdruckes am längsten aufrechterhalten werden.
Bei der Verarbeitung von aufschäumenden Kunststoffen wird der Anschnitt jedoch an den kleinsten Querschnitt gelegt, da der Druck des Kunststoffes nicht von außen, sondern durch ein Treibmittel im Schaumstoff erzeugt wird.
Weiterhin ist darauf zu achten, dass bei der Formfüllung *gleich lange Fließwege* eingehalten werden. Je nach Artikel kann es notwendig sein, einen Formhohlraum über mehrere Anschnitte zu füllen. Durch mehrere Anschnitte erreicht man besser gleich lange Fließwege und kurze Füllzeiten.
Es besteht jedoch die Gefahr, dass an den Stellen, an denen die Formmassen im Formhohlraum zusammenfließen, Bindenähte entstehen.
Durch die Lage des Anschnittes zum Formteil wird auch die Fließrichtung des plastifizierten Kunststoffes in das Formnest bestimmt. Weil bei Kunststoffen die Moleküle richtungsorientiert erstarren, sind die Festigkeitseigenschaften und das Schwindungsverhalten je nach Fließrichtung unterschiedlich. Die mechanischen Eigenschaften in Fließrichtung sind günstiger als quer zur Fließrichtung.

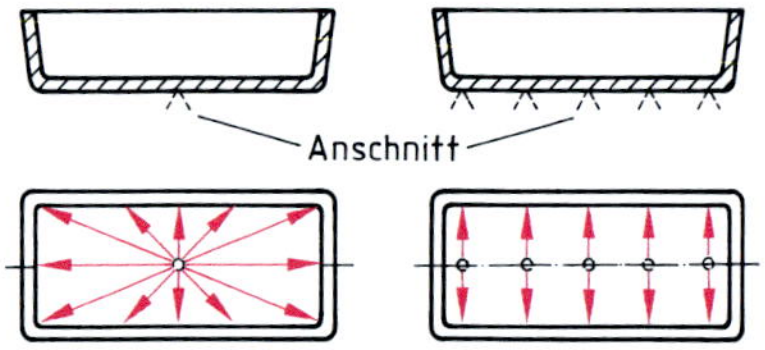

Fließwege bei verschiedenen Anschnittlagen

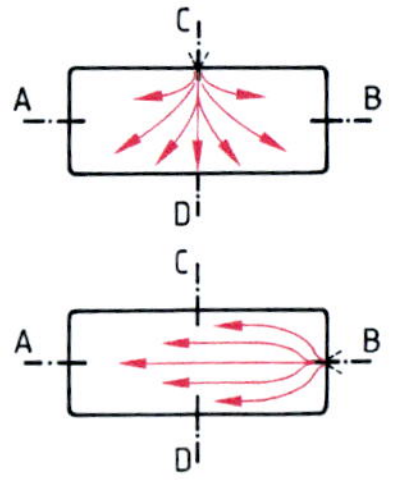

Festigkeiteigenschaften im Schnitt:
A-B ungünstig
C–D günstig

A–B günstig
C–D ungünstig

Fließrichtung und Festigkeitseigenschaften

Die Anschnittart und die Lage des Anschnittes werden bei der Werkzeugkonstruktion festgelegt. Der Anschnittquerschnitt wird bei der Bemusterung durch umfangreiche Anspritzversuche ermittelt. Man dimensioniert daher die Anschnitte zunächst wesentlich kleiner und vergrößert sie jeweils nach den Anspritzversuchen bis die Formnester gleichmäßig ausgespritzt werden und die geforderte Qualität erreicht ist.

Übungsaufgaben F-51 bis F-54

2.4.4 Ausführungsformen von erstarrenden Angusssystemen

Bei erstarrenden Angusssystemen muss der Weg der Schmelze in den Formhohlraum *möglichst kurz* sein. Dadurch wird der Druckabfall und Temperaturverlust vermindert. Das erstarrte Material des Angusssystems muss vom Spritzling getrennt werden und wird bei Thermoplasten wieder als Kreislaufmaterial eingesetzt.

- **Stangen- oder Kegelanguss**

Der Stangenanguss hat einen runden Querschnitt und ist zum Formhohlraum hin etwas kegelig. An seinem größten Querschnitt geht der Stangenanguss ohne Anschnitt in das meist rotationssymmetrische Formnest über.

Der Stangenanguss ist für technisch hochwertige Artikel aus zähflüssigen und temperaturempfindlichen Kunststoffen geeignet.

Die Vorteile beim Stangenanguss liegen in der guten Qualität und hohen Maßhaltigkeit der Artikel.

Nachteilig sind die sichtbare Anspritzstelle und die notwendige Nacharbeit zum Entfernen des Angusses.

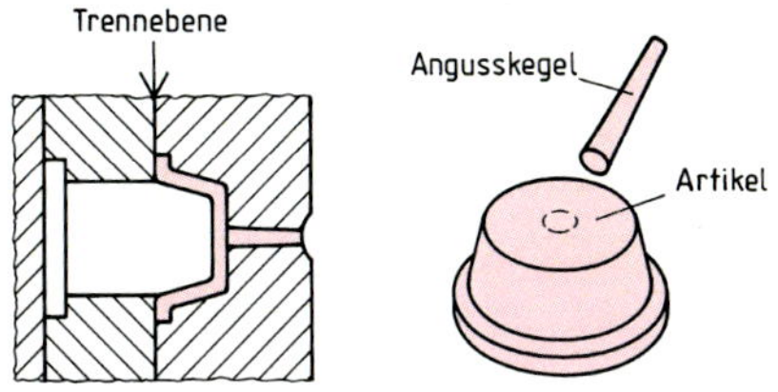

Stangen- oder Kegelanguss

Der Stangen- oder Kegelanguss wird hauptsächlich für rotationssymmetrische Artikel mit hoher Maßhaltigkeit verwendet.

- **Band- oder Filmanguss**

Im Band- oder Filmanguss gelangt die Formmasse zunächst in einem lang gestreckten Verteilerkanal. Dieser Kanal verbindet das Angusssystem über einen, jedoch engen Anschnitt mit dem Formhohlraum.

Der Band- oder Filmanguss ist vor allem für flächige Teile z. B. Leisten oder Platten geeignet; man benutzt ihn vorwiegend für Thermoplaste, bei denen richtungsabhängige Schwindung besteht.

Die Vorteile bei dieser Angussart liegen in der guten Qualität und Maßhaltigkeit. Wegen der günstigen Fließverhältnisse entstehen keine Bindenähte.

Von Nachteil ist die notwendige Nacharbeit durch das Entfernen des Angusses.

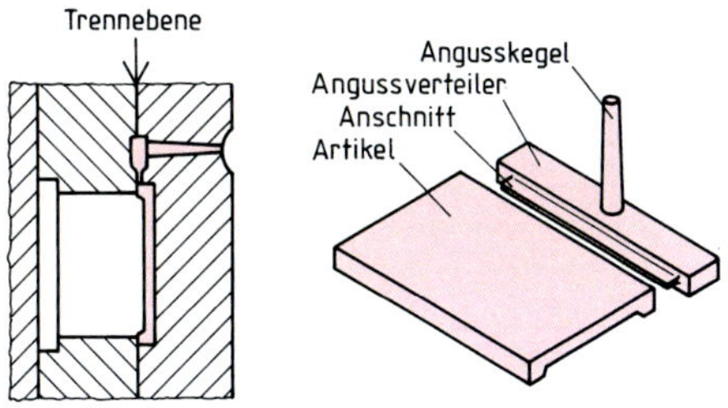

Band- oder Filmanguss

Der Band- oder Filmanguss wird besonders bei flächigen Artikeln eingesetzt, die hohe Maßhaltigkeit und gute Qualität erfordern.

- **Schirmanguss**

Beim Schirmanguss wird der Angusskegel mit einem trichterförmigen Kanal – dem Schirm – verbunden und über den gesamten Querschnitt angeschnitten. Der Kern kann normalerweise bei diesem Anguss nur einseitig gelagert werden. Wegen der Belastung des Kernes beim Spritzvorgang soll das Verhältnis von Kernlänge zu Kerndurchmesser *kleiner* als 5 : 1 gewählt werden (siehe auch Kap. 3.4.2).

Mit dem Schirmanguss werden kurze rotationssymmetrische Artikel gespritzt.

In diesem Verfahren können qualitativ hochwertige Artikel hergestellt werden. Es treten keine Bindenähte auf, die zur Verminderung der Festigkeit führen.

Die notwendige Nacharbeit zum Entfernen des Angusses muss als Nachteil angesehen werden.

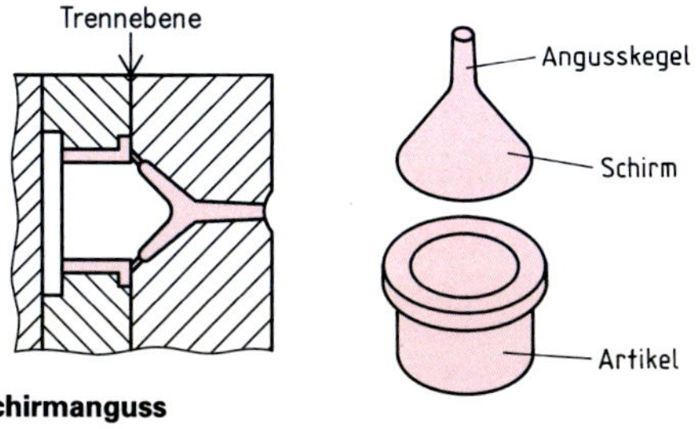

Schirmanguss

Der Schirmanguss eignet sich für kurze, hülsenförmige Artikel. Die mechanischen Eigenschaften der Artikel sind gut, weil keine Bindenähte auftreten.

LF 11F-14F

Übungsaufgaben F-55; F-56

- **Ringanguss**

Im Ringanguss gelangt die Formmasse vom Angusskegel zunächst in den ringförmigen Angussverteiler. Der Anschnitt erfolgt vom Verteiler aus über den gesamten Durchmesser des Spritzteiles. Der Ringanguss erlaubt es, den Kern beidseitig zu lagern. Dadurch ist es möglich, dass Artikel hergestellt werden können, bei denen das Verhältnis Länge zu Kerndurchmesser *größer* als 5 : 1 ist.

Der Ringanguss wird vor allem bei rotationssymmetrischen, längeren hülsenförmigen Artikeln eingesetzt.

Der Ringanguss eignet sich besonders für Mehrfachwerkzeuge, da die Angussverteiler symmetrisch zum Angusskegel gelegt werden können.

Die notwendige Nacharbeit durch Entfernen des Angusses muss als Nachteil angesehen werden.

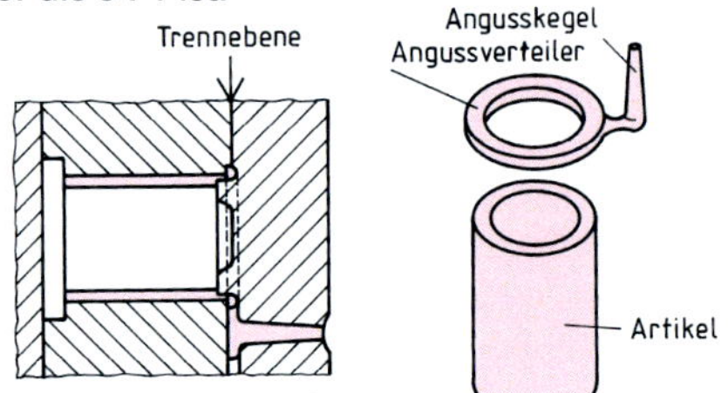

Ringanguss

Der Ringanguss eignet sich für lange, hülsenförmige Artikel. Die mechanischen Eigenschaften der Artikel sind gut, weil keine Bindenähte auftreten.

- **Abreiß-Punktanguss**

Der Abreiß-Punktanguss ist dadurch gekennzeichnet, dass das Formteil und der Anguss in verschiedenen Werkzeugtrennebenen liegen. Zwei Trennebenen lassen sich in einem Dreiplattenwerkzeug verwirklichen.

In einem Dreiplattenwerkzeug werden die Trennebenen nacheinander so geöffnet, dass der Artikel vom Angusssystem durch die Öffnungsbewegung abgerissen wird.

Der Abreiß-Punktanguss eignet sich besonders für Artikel, die in Mehrfachwerkzeugen gefertigt werden. Der besondere Vorteil liegt in der *automatischen Entformung* des Angusses.

Nachteilig sind die erhöhten Werkzeugkosten und der größte Abfall durch das Angussvolumen.

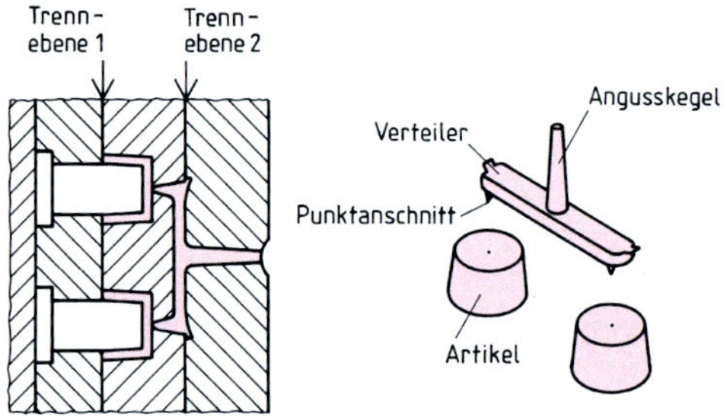

Abreiß-Punktanguss

Der Abreiß-Punktanguss wird in Mehrfachwerkzeugen verwendet. Der Vorteil des Abreiß-Punktangusses liegt im automatischen Entfernen des Angusses, notwendig dazu ist ein Dreiplattenwerkzeug.

- **Tunnelanguss**

Beim Tunnelanguss liegen Formteil und Angusssystem in einer Trennebene. Die Verteilerkanäle werden kurz vor dem Formnest umgelenkt und enden jeweils in einer kegeligen Bohrung – dem Tunnel. Dieser Tunnel verbindet den Anguss mit dem Formhohlraum über einen punktförmigen Anschnitt. Durch die Schräglage des Tunnels vom Verteilerkanal zum Formnest entsteht im Werkzeug eine Kante, über diese Schneidkante wird das Angusssystem beim Öffnen des Werkzeuges vom Artikel abgetrennt.

Der Tunnelanguss wird besonders für kleine Artikel in Mehrfachwerkzeugen benutzt. Man spritzt vor allem Elastomere mit dieser Angussart. Die *automatische Entformung* des Angusses ist ein weiterer Vorteil.

Da in diesem Angusssystem hohe Druckverluste auftreten, kann es nur für einfache Artikel verwendet werden.

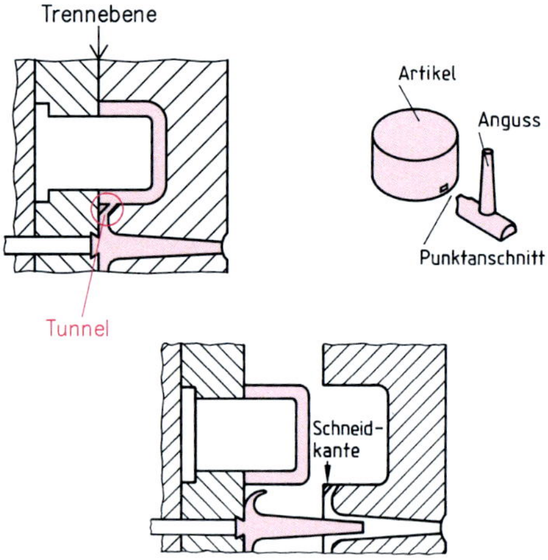

Tunnelanguss

Der Tunnelanguss wird besonders in Mehrfachwerkzeugen für Artikel mit einfachen Konturen eingesetzt. Bei der Öffnung des Werkzeuges wird der Anguss automatisch entformt.

Übungsaufgaben F-57 bis F-61

2.4.5 Ausführungsformen von Heißkanalsystemen

Im Heißkanalwerkzeug wird die Schmelze möglichst ohne Wärmeverluste und Druckverluste von der Maschinendüse in den Formhohlraum geführt.
Durch die gezielte Temperaturregelung im Heißkanal bleibt der Kunststoff schmelzflüssig. Der Inhalt des Kanales steht daher für den nächsten Arbeitszyklus (Schuss) zur Verfügung. Verluste durch Angussmaterial treten nicht auf. Dadurch kann das Hubvolumen einer Spritzgießmaschine besser ausgenutzt werden.
Das Heißkanalwerkzeug ist erheblich aufwendiger im Aufbau und in der Herstellung, weil das Angusssystem bis hin zum Anschnitt beheizt ist und die anderen Teile des Werkzeuges gekühlt werden müssen.

- **Aufbau des Heißkanalsystems**

Ein Heißkanalsystem besteht aus einem beheizten Angusskanal, den beheizten Verteilerkanälen und den beheizten Angießdüsen. Die Temperaturführung erfolgt über Thermofühler und eine entsprechende Regelung. Der Heißkanalverteilerblock ist in der Heißkanalplatte eingebaut. Maschinenseitig wird die Heißkanalplatte von einer Stützplatte abgeschlossen. Werkzeugseitig endet der Heißkanal in einem beheizten Düsengehäuse mit Düse. Diese Düse ragt in die Formplatte hinein und bildet den Anschnitt.
Zwischen dem Heißkanalverteilerblock und der Heißkanalplatte verhindert ein umlaufender Luftspalt den Wärmeübergang. Ein zusätzlicher Kühlkreislauf hält die notwendige Temperaturdifferenz zum Werkzeug hin aufrecht.
Die Temperaturführung an den Angießdüsen geschieht über eine besondere Heizung und eine besondere Anschnittkühlung.

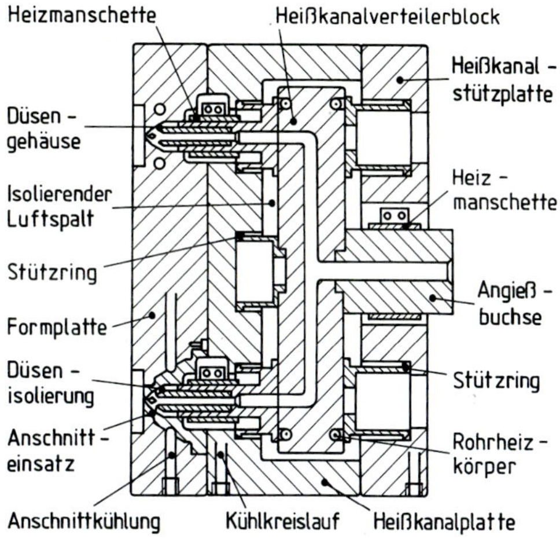

Aufbau eines Heißkanalsystems

Die Temperaturführung im Heißkanalsystem ist so geregelt, dass die Schmelze bis zur Düse ohne Überhitzung plastisch bleibt und dass das wesentlich kühlere Werkzeug die Erstarrung des Kunststoffes gewährleistet. Für das angusslose Spritzgießen von Formteilen aus Thermoplasten benutzt man Heißkanalsysteme.

LF 11F-14F

- **Art der Beheizung**

Im Heißkanalsystem wird in gesonderten Heizkörpern elektrische Energie in Wärmeenergie umgewandelt.
Die im Heißkanal benötigte Wärme zur Temperierung der plastifizierten Formmasse wird dabei entweder durch ein außen beheiztes System oder durch ein innen beheiztes System zugeführt.
Die wichtigsten Elemente zur Beheizung von Heißkanalverteilerblöcken sind je nach Werkzeugaufbau **Heizpatronen** oder **Rohrheizkörper.** Der Wärmetransport vom Metallmantel des Heizkörpers zum Heißkanalblock erfolgt durch Wärmeleitung. Die Bohrung für die Patrone im außen beheizten Heißkanalblock muss daher die von den Herstellern geforderte Passqualität aufweisen. Bei ungenauem Sitz der Patrone erfolgt der Wärmeabfluss von der Patrone zum Kanalblock nur teilweise über Wärmeleitung und es kommt wegen der Überhitzung der Patrone zu einem elektrischen Kurzschluss. Kegelförmige Heizpatronen lassen sich besser ein- und ausbauen.

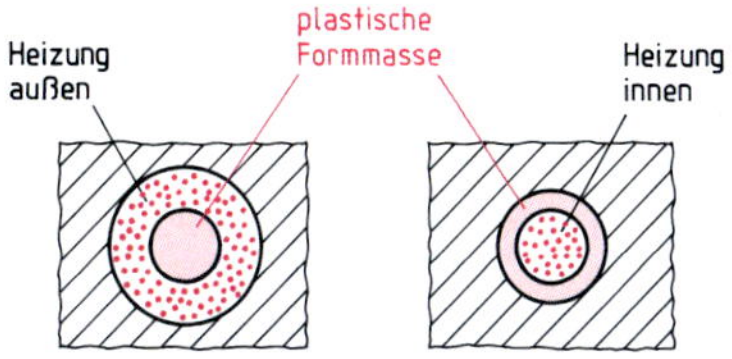

Beheizung von Heißkanälen

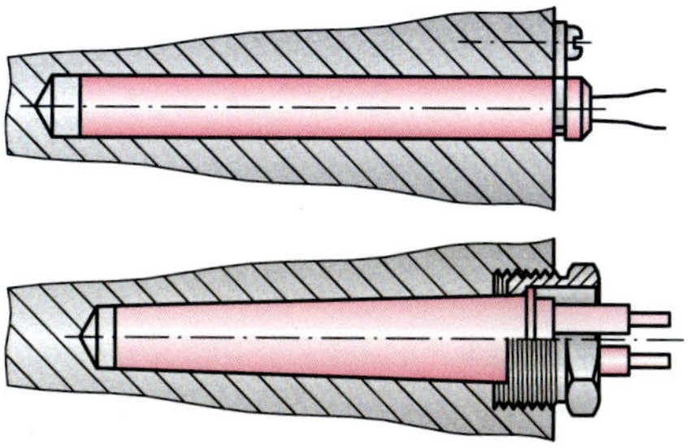

Heizpatronen

Übungsaufgaben F-62 bis F-65

Die Auswahl der Heizpatronen wird bestimmt nach der notwendigen Heizleistung und den vorhandenen Platzverhältnissen. Die Heizpatronen werden in außen beheizten Systemen beidseitig entlang der Fließkanäle angeordnet. Der Abstand zwischen der Heizpatrone und dem Verteilerkanal ist abhängig von der Art des Regelsystems, von der Höhe der Leistung und von den Eigenschaften des zu verarbeitenden Kunststoffes.

Beispiel für den Einsatz von Heizpatronen

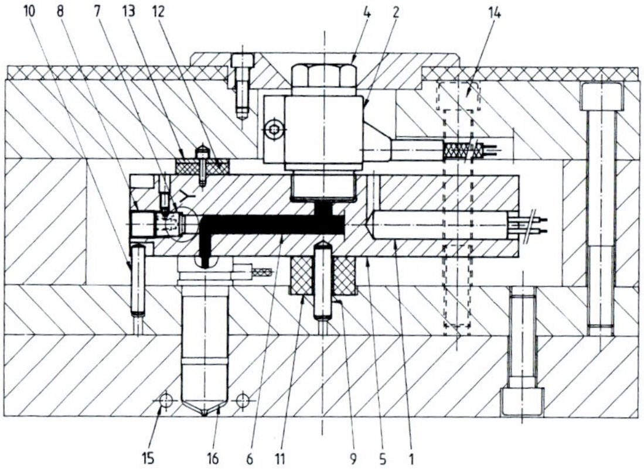

1 Heizpatrone, zylindrisch
2 Heizmanschette mit Thermofühler
3 Thermofühler (nicht dargestellt)
4 Zwischenbuchse
5 Heißkanalverteilerblock
6 Masseverteilerkanal
7 Verschlussstopfen
8 Verschlussschraube
9 Zylinderstift (Zentrierung)
10 Zylinderstift (Verdrehsicherung)
11 Druckscheibe (Keramik)
12 Stützscheibe (Keramik)
13 Druckscheibe (Stahl)
14 Zusätzliche Verschraubung
15 Temperierbohrung
16 Beheizte Angießdüse

In Heißkanalverteilern für Mehrfachwerkzeuge setzt man *Rohrheizkörper* ein. Diese Rohrheizkörper sind im Innern wie Heizpatronen aufgebaut. Man formt sie jedoch entsprechend dem Verlauf der Verteilerkanäle.

Diese Rohrheizkörper werden auf die beiden Seiten eines außen beheizten Heißkanalblockes in Nuten gepresst und dabei so verformt, dass der notwendige metallische Kontakt erreicht wird.
Manchmal werden Rohrheizkörper auch mit einem wärmeleitfähigen Zement eingeklebt oder mit Kupfer eingegossen. Durch alle Verfahren erreicht man, dass der gleichmäßige Wärmeübergang an allen Stellen des Verteilerkanales gewährleistet ist.

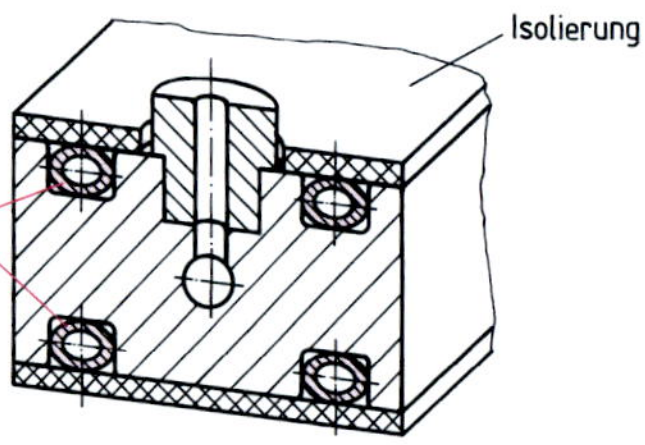

Rohrheizkörper

Der Heißkanalblock wird zwischen Leisten oder in eine entsprechend gestaltete Heißkanalplatte so eingebaut, dass ein umlaufender Luftspalt zur Isolierung vorhanden ist. Über Zentrierungen, Stützringe und eine Stützplatte auf der Maschinenseite erreicht man eine genügend große Steifigkeit des gesamten Werkzeuges.

Beispiel für den Einbau eines Heißkanalblockes

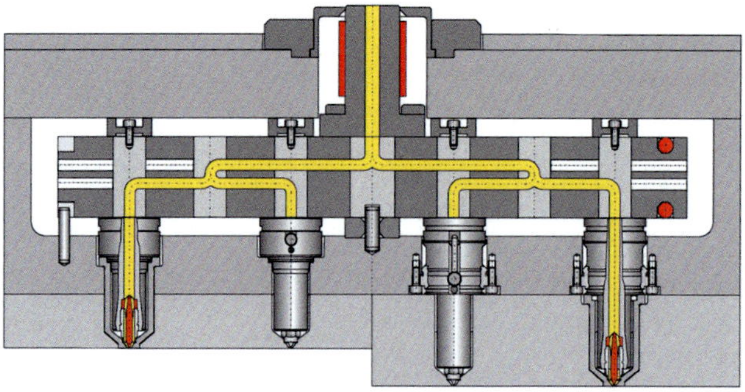

Heißkanäle werden mit Heizpatronen bzw. Rohrheizkörpern beheizt. Da der Wärmetransport durch Wärmeleitung erfolgen soll, müssen die Heizpatronen mit der vom Hersteller geforderten Passqualität eingebaut werden.

Übungsaufgaben F-66; F-67

• Angießdüsen

Die Angießdüse stellt die Verbindung zwischen dem Verteilerkanal und dem Formhohlraum dar. In der Angießdüse muss der Kunststoff bis an das vordere Ende der Düse schmelzflüssig bleiben, das gilt auch für den Entformungsvorgang. Die thermische Trennung zwischen heißem Kanal und kälterem Werkzeug geschieht an der Anschnittstelle und ist technisch unterschiedlich gelöst.

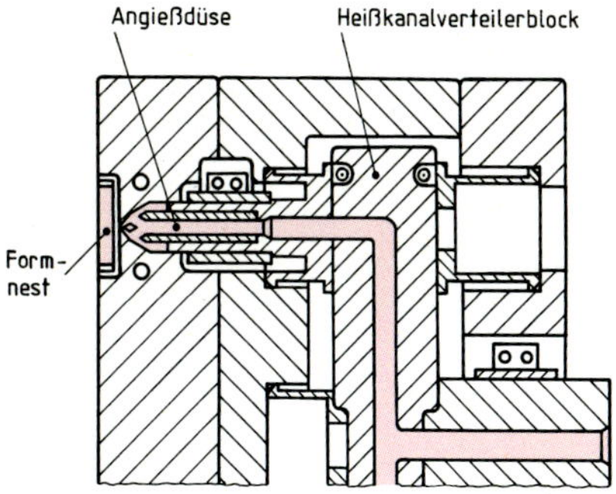

Angießdüse und Verteilerkanal

Je nach Qualitätsanforderung und verwendetem Kunststoff setzt man *offene* oder *verschlossene Düsen* ein. Düsen können außen oder innen beheizt sein. Bleiben während des Entformungsvorganges die Düsen geöffnet, dann benutzt man offene Düsen. Geschlossene Düsen trennen mit Nadelventilen die Schmelze vom erstarrenden Spritzling ab.

Außen beheizte Düsen

In außen beheizten Düsen wird die schmelzflüssige Formmasse vom Heißkanalblock zentral durch eine Düse, die mit einer Heizwendel umgeben ist, zu dem Anschnitt geleitet. Über einen Thermofühler wird die Temperatur gemessen. Ein angeschlossenes Regelsystem sorgt dafür, dass die Heizwendel die notwendige Temperatur hat. Für die austauschbare Düsenspitze benutzt man Material mit guter Wärmeleitfähigkeit. Die Spitze ist vernickelt und besteht z. B. aus einer Kupfer-Beryllium-Legierung.

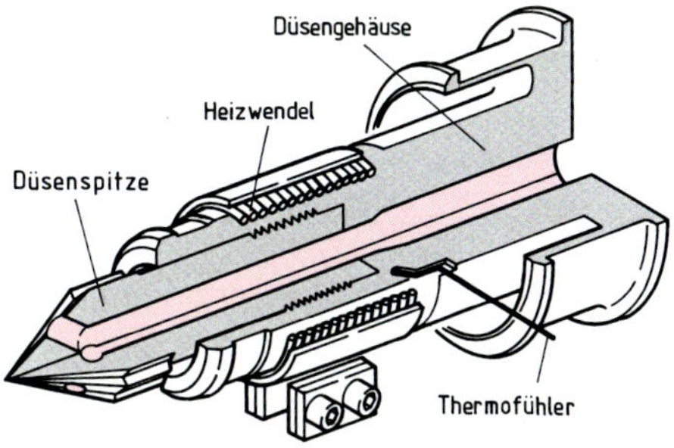

Außen beheizte Düse

Innen beheizte Düsen

Von innen beheizte Düsen arbeiten mit Heizpatronen. Die Heizpatrone befindet sich im Zentrum der Düse. Die Wärmeabgabe erfolgt von innen nach außen. Um den Heizleiter befindet sich jeweils die Kunststoffschmelze, welche um die Patrone herum flüssig ist und zur Werkzeugwandung hin erstarrt. Von innen beheizte Düsen sind nach außen thermisch isoliert und dichten sich selbst ab.

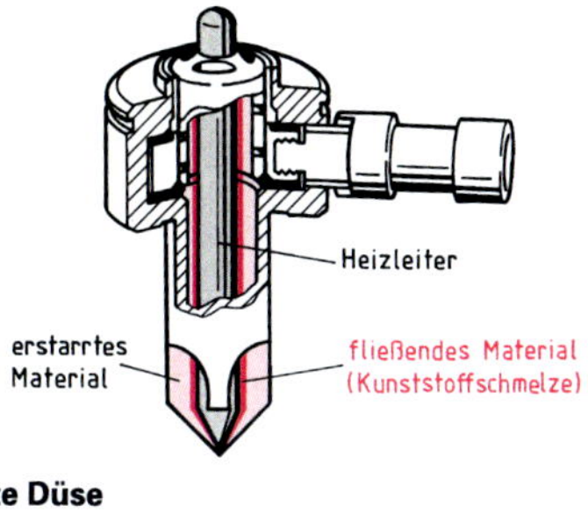

Innen beheizte Düse

Die Angießdüsen bilden den Abschluss des Heißkanales zu den Formnestern hin. Man unterscheidet innen beheizte und außen beheizte Düsen. Der Kunststoff bleibt bis zum vorderen Ende der jeweiligen Düse schmelzflüssig.

2.4.6 Ausführungsformen von Kaltkanalsystemen

Für die Verarbeitung von duroplastischen Kunststoffen oder von Elastomeren verwendet man Werkzeuge, bei denen der Formhohlraum besonders beheizt wird, damit der Kunststoff aushärten kann. Das Angusssystem dagegen muss gekühlt werden. Da in diesen Werkzeugen im Angussbereich die Temperatur niedriger ist als im Formhohlraum, bezeichnet man solche Systeme als Kaltkanalsysteme. Die Betriebstemperatur im Formhohlraum beträgt beispielsweise 170 °C, während die Temperatur im Kaltkanalsystem unter 100 °C liegt.

Übungsaufgaben F-68 bis F-74

Beispiel für den Aufbau eines Kaltkanalwerkzeuges

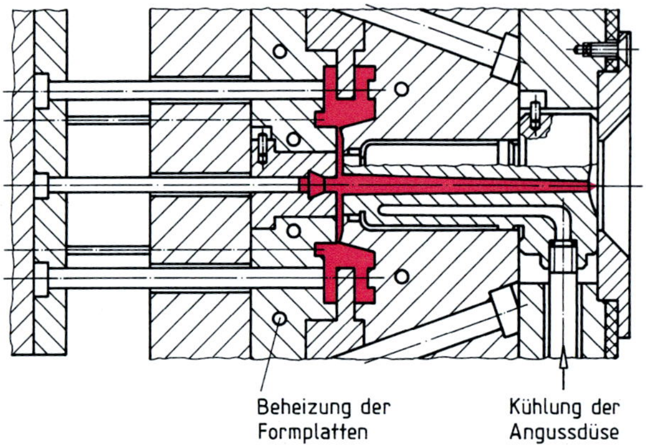

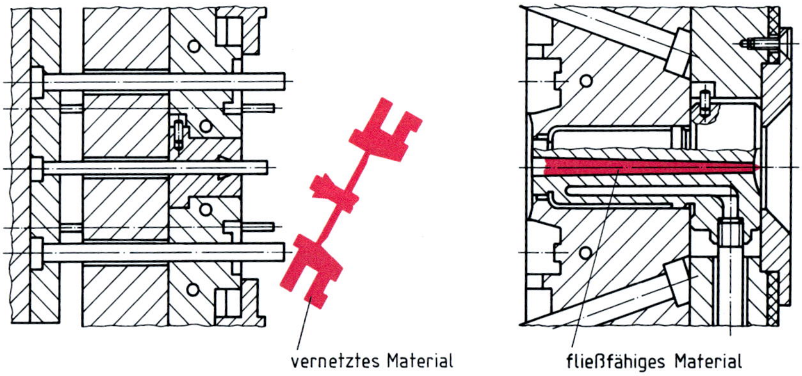

Das Kaltkanalsystem zeichnet sich dadurch aus, dass das Angusssystem kühler sein muss als der Formhohlraum. Weil duroplastisches Material nach dem Aushärten nicht wieder verwendbar ist, bevorzugt man zunehmend die angusslose Verarbeitung solcher Formmassen.

2.5 Temperiersystem

Beim Spritzgießen wird der Formhohlraum mit flüssigem oder plastifiziertem Kunststoff gefüllt. Dieser Kunststoff soll unter Druck möglichst schnell erstarren.

- **Verarbeitung von Thermoplasten**

Verarbeitet man *Thermoplaste,* so muss durch ein entsprechendes Kühlsystem dem Werkzeug Wärme entzogen werden. Der in das Werkzeug eingespritzte plastifizierte Kunststoff hat nämlich eine hohe Temperatur. Diese hohe Temperatur muss bis zur Düsenspitze aufrechterhalten bleiben, damit die Düse nicht einfriert. Im Werkzeug dagegen muss die Temperatur so niedrig gehalten werden, dass der Kunststoff erstarrt.

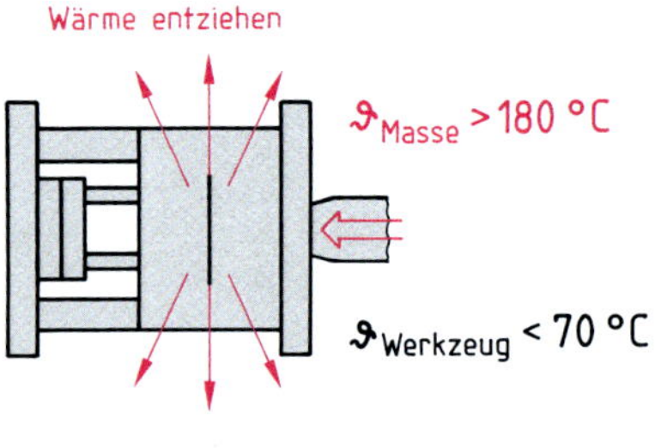

Verarbeitung von Thermoplasten

Bei der Verarbeitung von Thermoplasten muss der Formhohlraum über das Temperiersystem Wärme entzogen werden.

Übungsaufgabe F-75; F-76

- **Verarbeitung von Duroplasten**

Verarbeitet man *Duroplaste* bzw. *Elastomere,* so wird dem Werkzeug über ein entsprechendes Heizsystem Wärme zugeführt. Der in das Werkzeug eingebrachte Kunststoff hat eine niedrigere Temperatur. Im Werkzeughohlraum muss ihm Wärme zugeführt werden, damit er aushärtet.

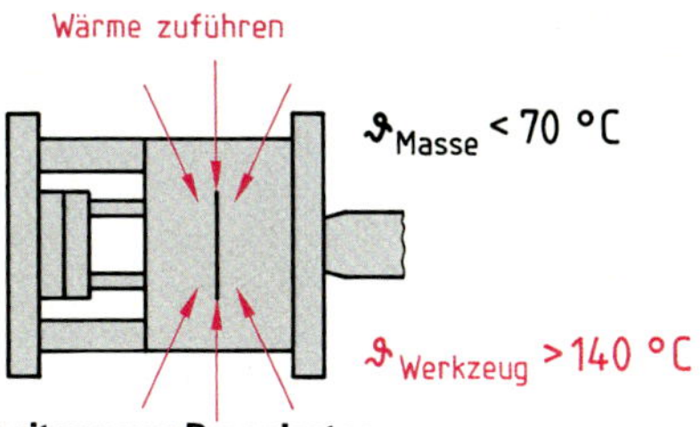

Verarbeitung von Duroplasten

Bei der Verarbeitung von Duroplasten muss dem Formhohlraum über das Temperiersystem Wärme zugeführt werden.

2.5.1 Wärmeenergie und Wärmeleitung

Der Wärmeaustausch zwischen der Formmasse und dem Spritzgießwerkzeug beim Spritzgießen beeinflusst die Qualität des Artikels und die Wirtschaftlichkeit der Herstellung.
Eine möglichst optimale Temperaturführung im Werkzeug kann verwirklicht werden, wenn das Spritzgießwerkzeug mit einem entsprechenden Temperiersystem ausgerüstet ist. Zum Verständnis der physikalischen Vorgänge bei der Temperierung gehören Kenntnisse über *Wärmeenergie* und *Wärmeleitung.*

- **Wärmeenergie (Wärmemenge)**

Erwärmt man einen thermoplastischen Kunststoff für einen Spritzling von Raumtemperatur auf Schmelztemperatur, so muss man dem Kunststoff Energie zuführen.
Der Kunststoff wird also aus einem bestehenden niedrigen Energiezustand in einen höheren Energiezustand gebracht. Die zugeführte Energie wird auch als Wärmeenergie oder Wärmemenge bezeichnet. Das Formelzeichen für die Wärmemenge ist *Q;* die Einheit für die Wärmemenge ist das Joule (Einheitenzeichen: J).
Soll der thermoplastische Kunststoff im Formhohlraum erstarren, so muss ihm Wärmeenergie bzw. eine bestimmte Wärmemenge entzogen werden. Der Kunststoff wird von einem hohen Energiezustand in einen niedrigeren Energiezustand gebracht.
Aus entsprechenden Diagrammen ermittelt man die Wärmemenge, die einem System zugeführt bzw. entzogen werden muss, wenn man die Temperatur ändern will.
In solchen Diagrammen ist der Energieinhalt für Kunststoffe über der Temperatur aufgetragen. Aus praktischen Gründen wird dieser Energiegehalt auf ein Kilogramm bezogen und in kJ/kg angegeben. Aus Gründen der Vereinfachung setzt man den Energieinhalt für 20 °C gleich Null. Man kann so vorgehen, weil für die Bestimmung der Wärmeenergie nur der Energieunterschied eine Rolle spielt.
Die Energieinhaltskurven sind werkstoffabhängig und werden durch Versuche ermittelt.

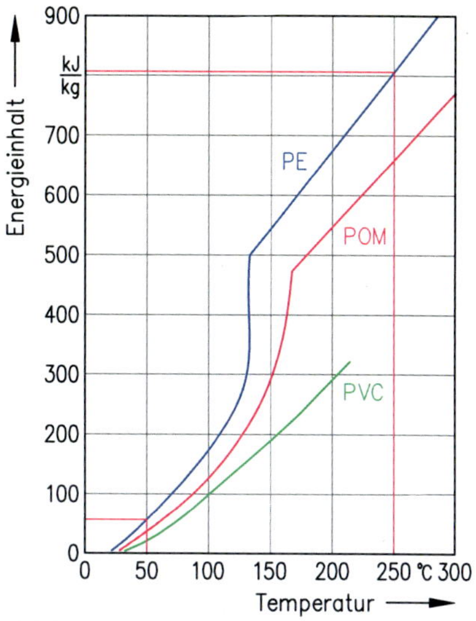

Energieinhaltskurven von Kunststoffen (bezogen auf 20 °C)

Beispiel für die Ermittlung der abzuführenden Wärmeenergie beim Spritzgießen

Aufgabe

Eine Schmelze aus Polyethylen (PE) soll aus einer Verarbeitungstemperatur von 250 °C auf eine Temperatur von 50 °C abgekühlt werden. Welche Wärmeenergie muss je kg Schmelze durch das Temperiersystem abgeführt werden?

Lösung

Energieinhalt bei 250 °C	=	800 kJ/kg
Energieinhalt bei 50 °C	=	60 kJ/kg
abzuführende Wärmeenergie		**740 kJ/kg**

Die Wärmemenge ist eine Energieform und wird auch als Wärmeenergie bezeichnet. Aus thermoplastischen Kunststoffen müssen beim Erstarrungsvorgang große Wärmemengen abgeführt werden.

LF 11F-14F

Übungsaufgabe F-77

• Wärmeleitung und Wärmeaustausch

Die Wärmeenergie aus der Schmelze von thermoplastischen Kunststoffen soll aus dem Formhohlraum möglichst schnell, gleichmäßig und kontrolliert abgeführt werden.
Die Kunststoffmasse erstarrt nach dem Einspritzen an der kühleren Werkzeugwand zuerst. In diesem Bereich erfolgt der Wärmeübergang vom heißen Kunststoff zum kühleren Metall. Die Wärmeenergie im Inneren des Artikels gelangt durch Wärmeleitung an die Werkzeugwand. Weil die Wärmeleitfähigkeit bei Kunststoffen sehr schlecht ist und viel Wärmeenergie abgeführt werden muss, dauert der Erstarrungsvorgang relativ lange. Deshalb sind Kunststoffartikel dünnwandig gestaltet.

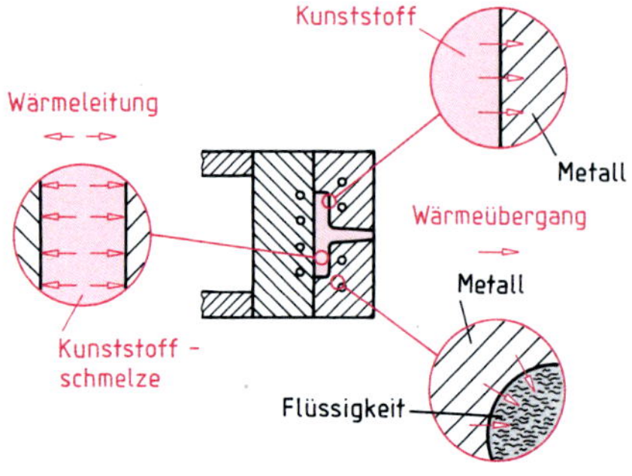

Wärmeleitung und Wärmeaustausch

Ein Maß für die Wärmeleitfähigkeit ist die Wärmeleitzahl λ (gesprochen *lambda)*. Die Wärmeleitzahl gibt an, welche Wärmeenergie pro Sekunde durch einen Vergleichskörper fließt. Dieser Vergleichskörper hat einen Querschnitt von 1 m^2 und ist 1 m dick; der Temperaturunterschied von Wand zu Wand beträgt dabei 1 K. Die Einheit der Wärmeleitzahl ergibt sich demnach wie folgt:

$$[\lambda] = \frac{J \cdot m}{s \cdot m^2 \cdot K} = \frac{W}{m \cdot K}$$

Einheit der Wärmeleitzahl

Beispiele für Wärmeleitzahlen

Werkstoff	Kupfer	Aluminium	Stahl je nach Sorte	Wärmeleitzement	Kunststoff je nach Sorte	Luft je nach Temperatur
Wärmeleitzahl in $\frac{W}{m \cdot K}$	395	220	17 bis 40	13	0,2 bis 1,2	0,02 bis 0,05
Zuordnung	gute Wärmeleiter				schlechte Wärmeleiter	

Die Formnestwand aus Metall leitet die Wärmeenergie sehr gut weiter. Somit entzieht das Werkzeug dem Formteil Wärmeenergie. Das Werkzeug selbst gibt diese Wärmeenergie auf unterschiedliche Arten ab:

- durch *Wärmeleitung* an die Spritzgießmaschine,
- durch *Wärmeabgabe* an die Luft in der Umgebung,
- durch *Wärmeaustausch* mit einem Temperiersystem.

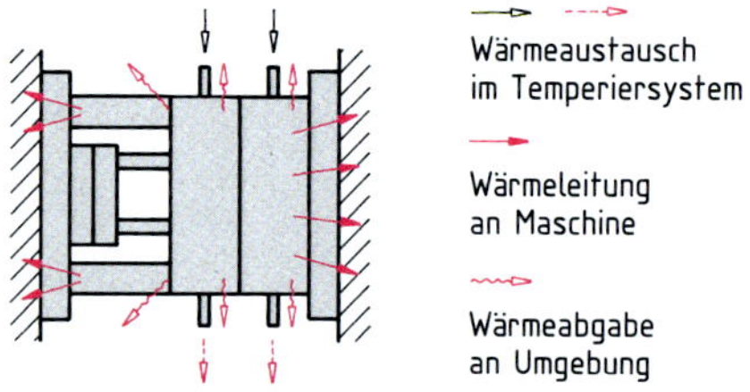

Energieaustausch am Spritzgießwerkzeug

Der notwendige Energieaustausch beim Erstarrungsvorgang von thermoplastischen Kunststoffen in einem Spritzgießwerkzeug erfolgt durch Wärmeübergang und Wärmeleitung.

2.5.2 Technologische Grundlagen zur Temperierung

Eine gleichmäßige und kontrollierte Temperierung des Spritzgießwerkzeuges erreicht man durch ein *Temperiersystem.* Früher benutzte man Werkzeuge, bei denen sich die gewünschte Temperatur des Werkzeuges beim Spritzgießvorgang durch Wärmeabgabe an die Umgebung von selbst ohne Temperiersystem einstellen sollte. Diese Art der Temperaturführung hatte jedoch geringe Qualitäten der Artikel und hohe Ausschussraten zur Folge.

Übungsaufgabe F-78

Durch Temperiersysteme können die Werkzeugwandtemperaturen genau eingestellt und auch geregelt werden. Eine optimale Temperaturführung erhöht die Qualität der Artikel und verbessert die Wirtschaftlichkeit des Prozesses.

Ein Temperiersystem besteht aus Kanälen in der Nähe der Formnester. Durch diese Kanäle wird eine Flüssigkeit gepumpt. Diese Flüssigkeit kann dem Werkzeug Wärme entziehen oder dem Werkzeug Wärme zuführen. Mithilfe von Temperaturfühlern und Regeleinrichtungen kann die Temperierung überwacht und eingestellt werden.

Der Unterschied zwischen der Eingangs- und der Ausgangstemperatur des Temperiermediums soll möglichst unter 5 K liegen. Nur durch annähernd gleiche Werkzeugwandtemperaturen im Formnest lassen sich Qualitätsartikel herstellen.

Temperiersystem

- **Harte und weiche Temperierung**

Führt man die Wäremeenergie aus dem Formnest durch ein Kühlmedium ab, sodass die Werkzeugwandtemperatur unter 60 °C liegt, so spricht man von *„harter Temperierung"*. Durch harte Temperierung erreicht man niedrige Werkzeugwandtemperaturen. Die schnelle Abkühlung erlaubt kurze Zykluszeiten. Sie führt jedoch zu Schwankungen in den Abmessungen der Artikel sowie zu Unregelmäßigkeiten im Gefüge und damit zu höheren Eigenspannungen.

Harte Temperierung setzt man bei der Herstellung von Massenartikeln mit geringen Qualitätsanforderungen ein.

Ist die Auskühlung des Formnestes durch Wärmeleitung zu groß, so muss über das Temperiersystem weniger Wärmeenergie abgeführt bzw. Wärmeenergie zugeführt werden. Diese Art der Temperaturführung bezeichnet man als *„weiche Temperierung"*. Durch weiche Temperierung erreicht man Werkzeugwandtemperaturen oberhalb von 60 °C. Die Abkühlung der Schmelze in Werkzeugen mit hohen Temperaturen setzt man dann ein, wenn Präzisionsartikel hergestellt werden müssen. Die langsame Abführung der Wärme aus dem Werkzeug führt zu einem besseren Schwindungsverhalten. Dadurch haben die Artikel hohe Maß- und Formgenauigkeit und gute mechanische Eigenschaften. Die längeren Zykluszeiten nimmt man dabei in Kauf.

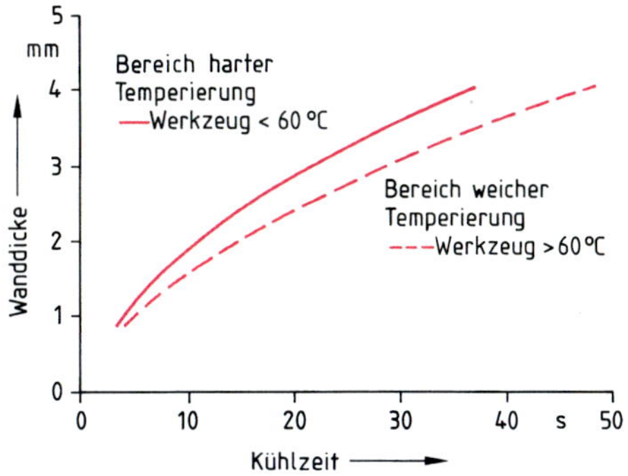

Temperierbereich und Kühlzeiten (Beispiel)

Die harte Temperierung setzt man zum Spritzgießen von Massenartikeln aus Thermoplasten ein. Mit weicher Temperierung arbeitet man bei technisch hochwertigen Formteilen aus Thermoplasten.

- **Entformungstemperatur**

Nach der Erstarrung muss der Spritzling solange im Formnest bleiben, bis seine mechanischen Eigenschaften es erlauben, ihn ohne Schaden zu entformen. Die Temperatur, bei der diese Entformung stattfindet, bezeichnet man als Entformungstemperatur. Die Entformungstemperatur ist werkstoffabhängig und liegt bei amorphen Thermoplasten mindestens 10 °C unter der Einfriertemperatur, weil die Festigkeitseigenschaften erst unterhalb der Einfriertemperatur genügend groß sind.

Amorphe Thermoplaste lassen sich deshalb nicht im „gummielastischen Bereich" zwischen Schmelztemperatur ϑ_S und der Einfriertemperatur ϑ_E entformen.

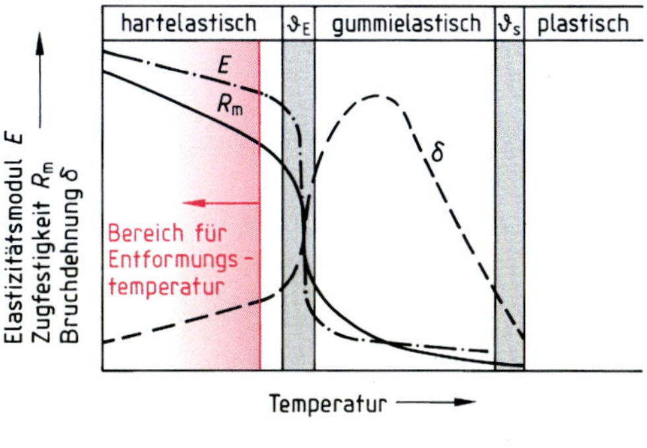

Formänderungsverhalten amorpher Thermoplaste

LF 11F-14F

Bei teilkristallinen Thermoplasten kann die Entformungstemperatur zwischen der Schmelztemperatur ϑ_s und der Einfriertemperatur ϑ_E gewählt werden, weil die Festigkeitseigenschaften im „zähharten Bereich" für die Entformung ausreichen.
Die Entformungstemperatur liegt bei teilkristallinen Thermoplasten im zähharten Bereich.

- **Temperiermedium**

Die genaue Temperierung der Formnester erfolgt meist mit Wasser oder Öl. Für eine harte Temperierung benutzt man in der Regel Wasser. Dabei muss bedacht werden, dass durch Wasser die Kanäle korrodieren bzw. sich durch Kalkablagerungen zusetzen. Die gewünschte Temperierung setzt eine regelmäßige Wartung der Temperaturkanäle voraus. Weiche Temperierung wird mit Wasser oder mit Öl erreicht. Für Kunststoffe, die höhere Entformungstemperaturen erfordern, benutzt man Öl.

- **Temperierkanäle**

Die Lage und die Abmessungen der Temperierkanäle beeinflussen die Temperaturverteilung im Formnest.
Bei härterer Temperierung ordnet man mehr Kanäle an, außerdem haben sie einen geringeren Abstand zum Formnest.
Für weichere Temperierung wählt man einen größeren Abstand der Kanäle untereinander und zum Formnest. Dadurch bleibt die Temperaturverteilung an der Werkzeugwand im Formnestbereich während des Spritzgießvorganges gleichmäßiger.
Aus Fertigungsgründen werden Temperierkanäle meist mit rundem Querschnitt durch Bohren hergestellt. Mit zunehmender Wanddicke der Artikel wählt man Kanäle mit größeren Durchmessern.
Durch *Verschlussstopfen* bzw. *Verschlussschrauben* kann man die gewünschten Temperierkreisläufe gestalten.

- **Temperierung von Kernen**

Während des Erstarrungsvorganges schwindet der Kunststoff („Schwindung" siehe Kapitel *„Prozesskenngrößen und Formteilgestaltung beim Spritzgießen"*). Bei Werkzeugen mit Kernen schrumpft der Werkstoff kernseitig auf und löst sich von der gegenüberliegenden Wandung. Dadurch entsteht ein kleiner Luftspalt. Die schlechte Wärmeleitfähigkeit der Luft hat zur Folge, dass der größte Teil der Wärmeenergie über die Werkzeughälfte mit den Kernen abgeleitet werden muss.
Aus diesem Grunde muss der Kerntemperierung besondere Aufmerksamkeit geschenkt werden. Je nach dem Kerndurchmesser und der Kernhöhe werden unterschiedliche Temperiermethoden verwendet.

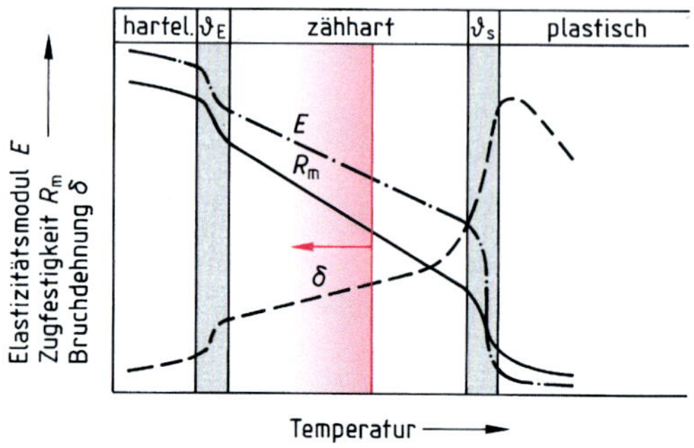

Formänderungsverhalten teilkristalliner Thermoplaste

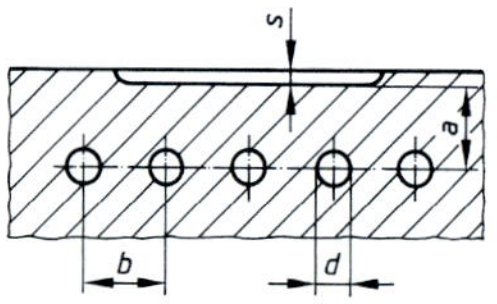

Wanddicke *s* in mm	**Kanal-∅ *d* in mm**	**Abstand *a* in mm**	**Teilung *b* in mm**
2	8 bis 10	16 bis 30	bis 30
4	10 bis 12	20 bis 36	bis 36
6	12 bis 15	24 bis 45	bis 45

b soll größer oder gleich *a* gewählt werden

Temperierkanäle – Abstände

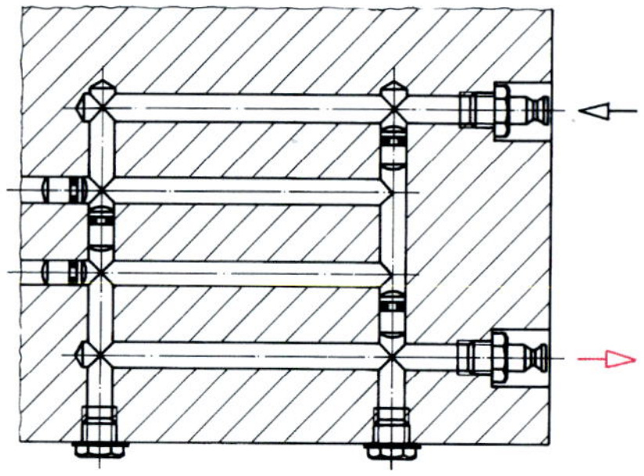
Temperierkanäle – Kreislaufgestaltung

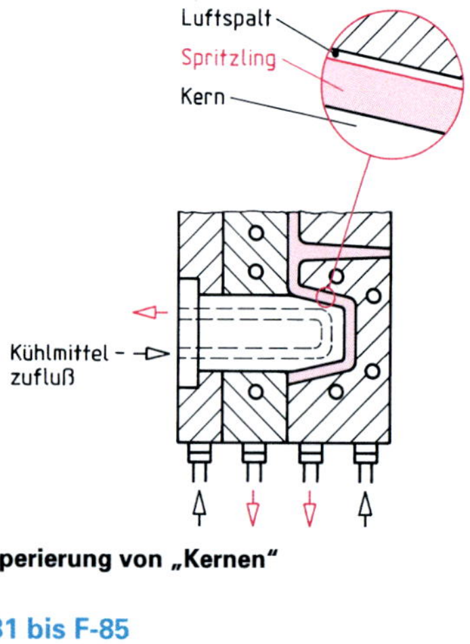

Temperierung von „Kernen"

Übungsaufgaben F-81 bis F-85

Beispiele für Kerntemperierung

Kern-∅	Erklärung	Darstellung
> 5 mm	Einbau eines **Kupferbolzens** in den Kern. Der Kupferbolzen leitet die Wärmeenergie vom Kern zum Temperierkanal und gibt so die Wärme an das Temperiermedium ab.	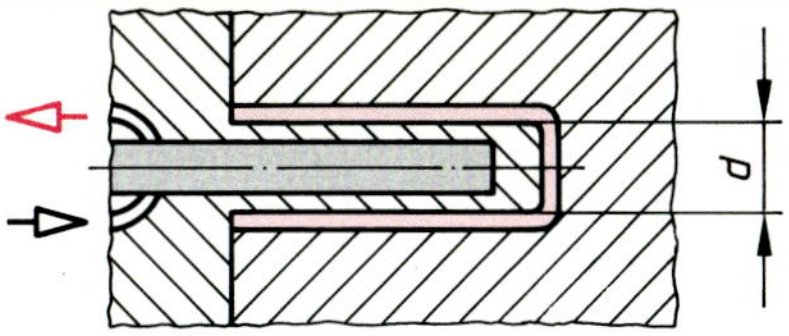
> 8 mm	Einbau eines **Temperierfingers** in den Kern. Durch das Innenrohr wird das Temperiermedium dem Kern zugeführt und fließt zwischen Rohrwandung und Kernbohrung ab. Die Kernkuppe wird dadurch besonders gut temperiert. Als günstig hat sich eine Anschrägung des Rohrendes erwiesen.	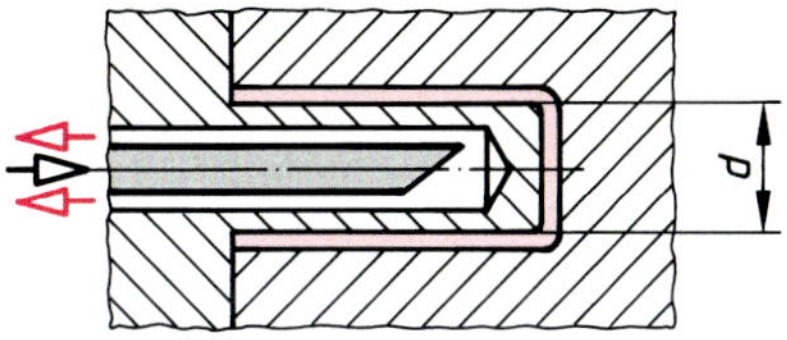
	Einbau einer **Wärmeleitpatrone** in den Kern. Die Wärmeleitpatrone besteht aus einem geschlossenen, vernickelten Kupferrohr. In dem Rohr befindet sich unter Druck eine Flüssigkeit, die bei niedriger Temperatur siedet. Wird das eine Ende des Rohres im Kernbereich erwärmt und das andere Ende gekühlt, so verdampft die Flüssigkeit kernseitig und kondensiert im Kühlbereich. Wegen der großen Verdampfungswärme wird somit viel Wärmeenergie von einem Ende der Patrone zum anderen Ende transportiert. Dieses Ende ragt in Bohrungen, durch die Kühlwasser geleitet wird. Das Kondensat in der Patrone fließt durch die Kapillarwirkung zum heißen Ende zurück und wird dort wieder wirksam.	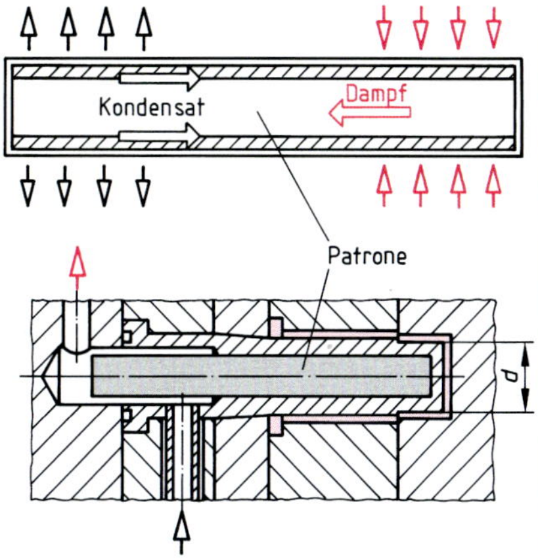
> 40 mm	Einbau von **Einsätzen mit Wendeln.** Einsatz mit *zentraler Bohrung und Wendel:* Durch die Bohrung wird das Temperiermedium zur Stirnfläche des Einsatzes geführt und von dort wendelförmig zwischen Kern und Einsatz nach außen geleitet. Einsatz mit *Doppelwendel:* Bei der zweigängigen Wendel führt man das Temperiermedium über die eine Wendel zu und über die andere Wendel zurück.	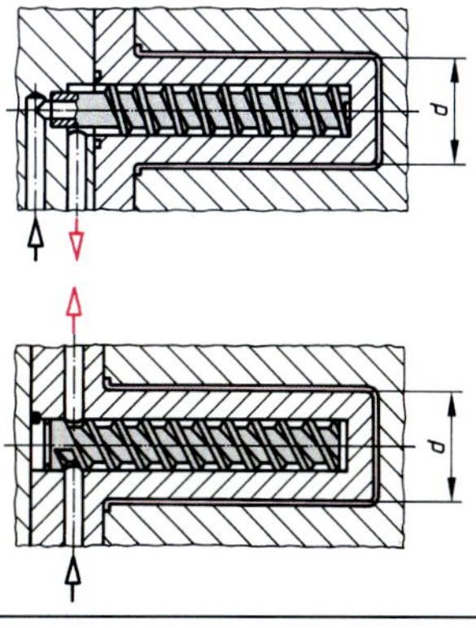

Übungsaufgaben F-86; F-87; F-88

- **Temperierkreisläufe**

Die richtige Werkzeugwandtemperatur erreicht man durch zweckmäßig geschaltete Temperierkreisläufe. Dabei lassen sich Temperierkreisläufe *hintereinander* in Reihe oder *parallel* schalten. Große Werkzeuge und Werkzeuge für Qualitätsartikel haben mehrere voneinander unabhängige Temperierkreisläufe.

Reihenschaltung

Bei der Reihenschaltung durchströmt das Medium nacheinander den gesamten Temperierkreis. Eine in Reihe geschaltete Temperierung ist einfach herzustellen. Sie hat jedoch den Nachteil, dass sich das Temperiermedium mit der Länge des Strömungsweges zunehmend aufheizt; dadurch entstehen unterschiedliche hohe Werkzeugwandtemperaturen. Durch zu hohe Temperaturunterschiede im Werkzeug heizt sich das Medium zu stark auf. Die Differenz zwischen der Austrittstemperatur des Temperaturmediums und der Eintrittstemperatur sollte jedoch nicht mehr als 5 °C betragen.

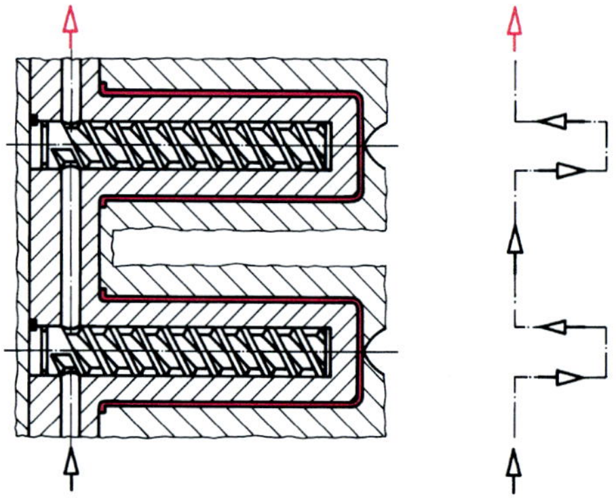

Temperierung mit Reihenschaltung

Die Reihenschaltung von Temperierkreisläufen benutzt man für kleinere Werkzeuge. Wichtig ist dabei, dass die Temperaturdifferenz des Mediums zwischen Eintritt und Austritt nicht mehr als 5 °C beträgt.

Parallelschaltung

Bei der Parallelschaltung durchströmt das Medium gleichzeitig in verschiedenen Kanälen den Temperierkreis.
Die parallel geschaltete Temperierung ist aufwendiger in der Herstellung. Der Vorteil dieser Schaltung liegt darin, dass der Energieaustausch an mehreren Stellen gleichzeitig erfolgt; dadurch bleiben die Werkzeugwandtemperaturen weitgehend gleich.

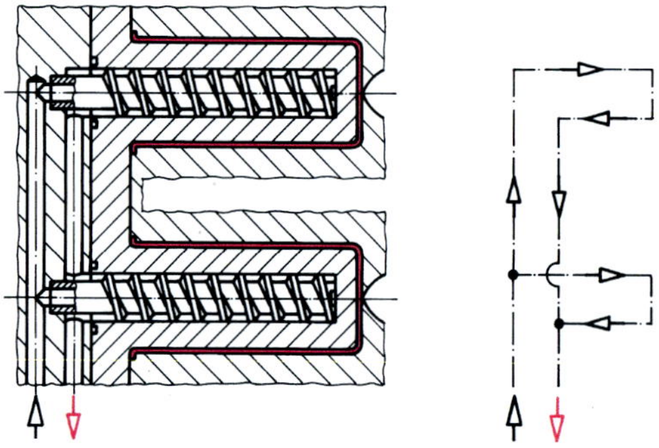

Temperierung mit Parallelschaltung

Durch die Parallelschaltung von Temperierkreisläufen erreicht man eine gleichmäßige Temperaturführung im Werkzeug.

Mehrere Kreisläufe

Bei großen Werkzeugen bzw. bei Werkzeugen für hochwertige Artikel setzt man mehrere voneinander getrennte Temperierkreisläufe ein. Durch Temperaturfühler und Regelsysteme können die Werkzeugwandtemperaturen den unterschiedlichen Bedingungen des Wärmeaustausches optimal angepasst werden.

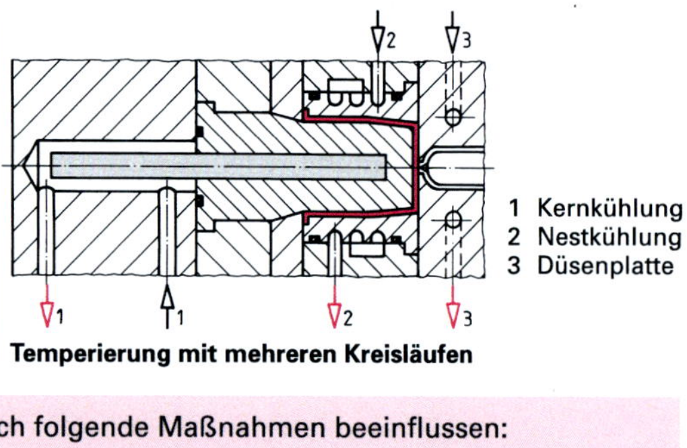

Temperierung mit mehreren Kreisläufen

Die Temperaturführung im Formnest kann man durch folgende Maßnahmen beeinflussen:
- die Auswahl des Kanaldurchmessers,
- den Abstand der Kanäle untereinander,
- den Abstand der Kanäle zum Formnest,
- die Art des Kreislaufes.

Übungsaufgaben F-89 bis F-92

2.5.3 Elemente für Temperiersysteme

Die Temperiersysteme des Werkzeuges werden mit einem Temperiergerät oder mit dem Leitungsnetz verbunden. Für eine schnelle und saubere Verbindung benutzt man unterschiedliche Elemente, die durchweg als *Normalien* angeboten werden. Im Temperiersystem des Werkzeuges benutzt man ebenfalls normierte Elemente wie Stopfen, Dichtringe, Kühlfinger, Thermoelemente, Heizpatronen oder Temperierschutzplatten.

- **Einbau von Dichtringen (O-Ringe)**

Der Einbau von Dichtringen ist dann notwendig, wenn sich ein Temperierkreislauf über *mehrere einzelne Bauteile* des Werkzeuges erstreckt. An den Trennstellen dichten O-Ringe den Temperierkreislauf nach außen ab. Die Dichtringe sind aus wärmebeständigem Kunststoff, z. B. Viton, das bis 200 °C erwärmt werden kann.

Der Durchmesser und die Tiefe der Ringnuten müssen den Maßen der Dichtringe angepasst werden, damit eine wirkungsvolle Abdichtung erfolgt. Mit entsprechenden Senkern werden die Ringnuten eingearbeitet. Ein Führungszapfen an dem Senker gewährleistet den zentrischen Sitz der O-Ringe.

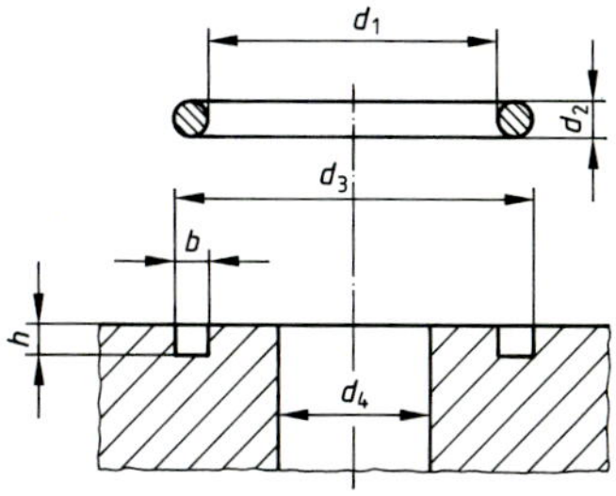

Maße für den Einbau von O-Ringen

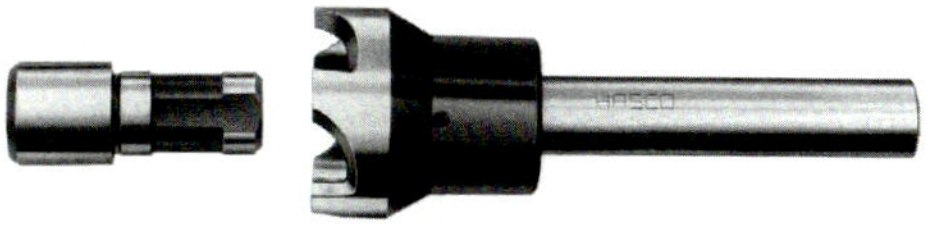

Ringnutsenker

Hinweise für den Einbau von Dichtringen

Ringmaße in mm		Nutzabmessungen in mm			
d_1	d_2	d_3	b	h	d_4
8	2	12,5	2,5	1,6	5
10	2,4	15,5	3,1	1,9	6
12	2	17,3	3,15	1,6	8
13,9	2,4	19,5	3,15	1,9	10
15,3	2,4	20,8	3,15	1,9	10
21,3	2,4	26,8	3,15	1,9	12

Dichtringe aus Kunststoff müssen dann eingebaut werden, wenn ein Temperierkreislauf über mehrere Bauteile eines Spritzgießwerkzeuges verläuft. Bei der Einarbeitung von Ringnuten muss man die Angaben der Hersteller von Dichtringen einhalten.

- **Einbau von Verschlussstopfen und -schrauben**

Verschlussstopfen baut man in Temperierkreisläufe ein, um das Temperiermedium umzulenken oder zu unterteilen. Außerdem verwendet man Verschlussschrauben um Bohrungen von Temperierkreisläufen nach außen zu verschließen. Die Verschlusselemente sind aus Messing und können von Normalienherstellern bezogen werden. Je nach Fabrikat werden unterschiedliche Verschlussstopfen angeboten. Die Montage erfolgt mit gesonderten Werkzeugen.

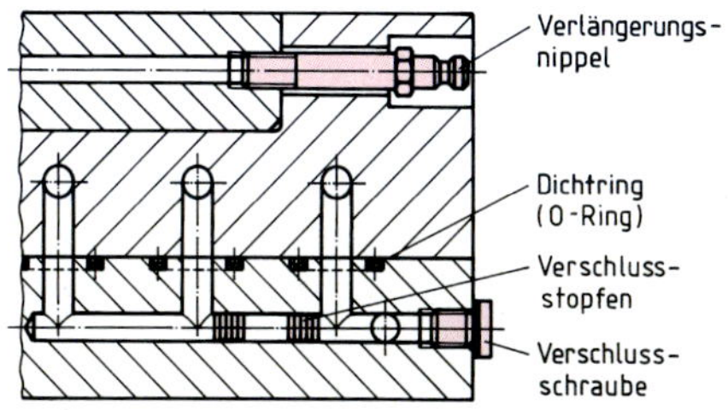

Einbau von Temperierelementen

LF 11F-14F

Übungsaufgabe F-93

2.6 Entformungssystem

Der Spritzling muss nach dem Erstarren aus dem Werkzeug entformt werden, ohne dass er dabei beschädigt wird. Die beim Abkühlen einsetzende Schwindung des Formteiles und die konstruktive Gestaltung des Artikels verhindern in der Regel, dass beim Öffnen des Werkzeuges der Spritzling aufgrund der Schwerkraft herausfällt. Daher wird das Werkzeug mit einem besonderen Entformungssystem ausgestattet (siehe auch Kapitel *„Ausformschräge")*.

Das Entformungssystem richtet sich nach der Gestalt des Spritzteiles. Man unterscheidet Artikel *mit* und *ohne Hinterschneidungen.* Hinterschneidungen liegen dann vor, wenn quer zur Entformungsrichtung Werkstoffkonturen vorhanden sind. Bei äußeren Werkstoffkonturen spricht man von äußeren Hinterschneidungen.
Liegen die Konturen innen, so bezeichnet man sie als innere Hinterschneidungen.

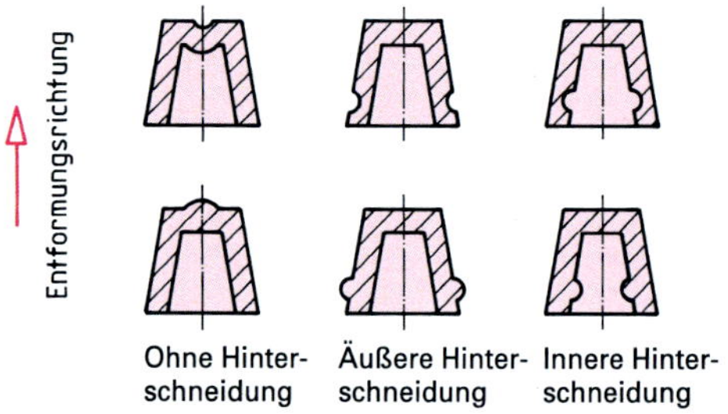

Hinterschneidungen an Artikeln

Beispiele für Artikel mit und ohne Hinterschneidungen

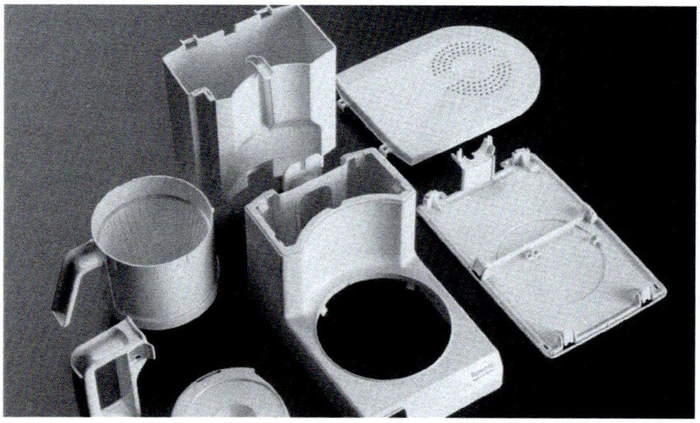

Hinterschneidungen sind Werkstoffkonturen, die quer zur Entformungsrichtung liegen. Hinterschneidungen an Spritzlingen beeinflussen wesentlich die konstruktive Gestaltung des Werkzeuges.

In den meisten Fällen ist das Entformungssystem in der beweglichen Formhälfte eingebaut, weil man die Maschinenbewegung zur Entformung ausnutzt. Die Maschinenbewegung wird bei einfachen Werkzeugen direkt als Entformungsbewegung benutzt. Bei Formteilen mit Hinterschneidungen wird die Maschinenbewegung aber auch in seitliche oder schraubende Entformungsbewegungen umgesetzt.

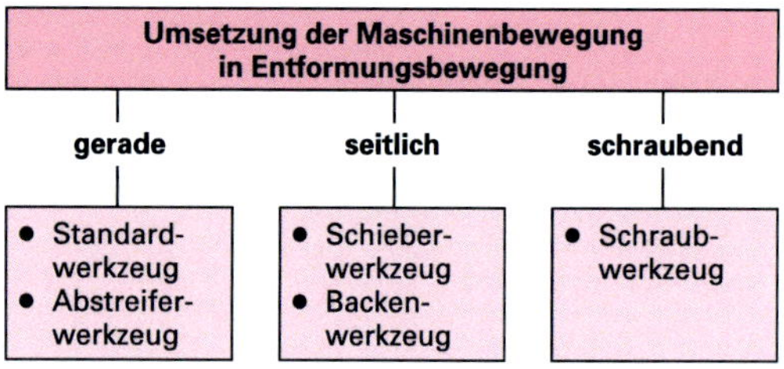

Werkzeugeinteilung nach Entformungssystem

2.6.1 Entformung im Standardwerkzeug

Das Standardwerkzeug wird auch als *Normalwerkzeug* bezeichnet. Es hat eine Trennebene und besteht aus zwei Werkzeughälften. Die Entformungsbewegung erfolgt in Richtung der Maschinenbewegung. Entformt wird das Spritzteil durch Auswerferelemente oder bei sehr einfachen Teilen durch das Eigengewicht.
Die Auswerferelemente und die dazu notwendigen Führungs- und Halteelemente bezeichnet man als Funktionselemente zum Entformen. Wichtige Funktionselemente zum Entformen, die in fast allen Werkzeugen eingesetzt werden sind:

- *Auswerferstifte,*
- *Auswerferhülsen,*
- *Auswerferplatten,*
- *Führungselemente.*

Übungsaufgaben F-94; F-95; F-96

Die Betätigung des Entformungssystems erfolgt durchweg mechanisch unter Ausnutzung der Maschinenbewegung. In besonderen Fällen jedoch wird die Entformungsbetätigung *pneumatisch* oder *hydraulisch* vorgenommen.

Beispiel für Funktionselemente zum Entformen in einem Spritzgießwerkzeug

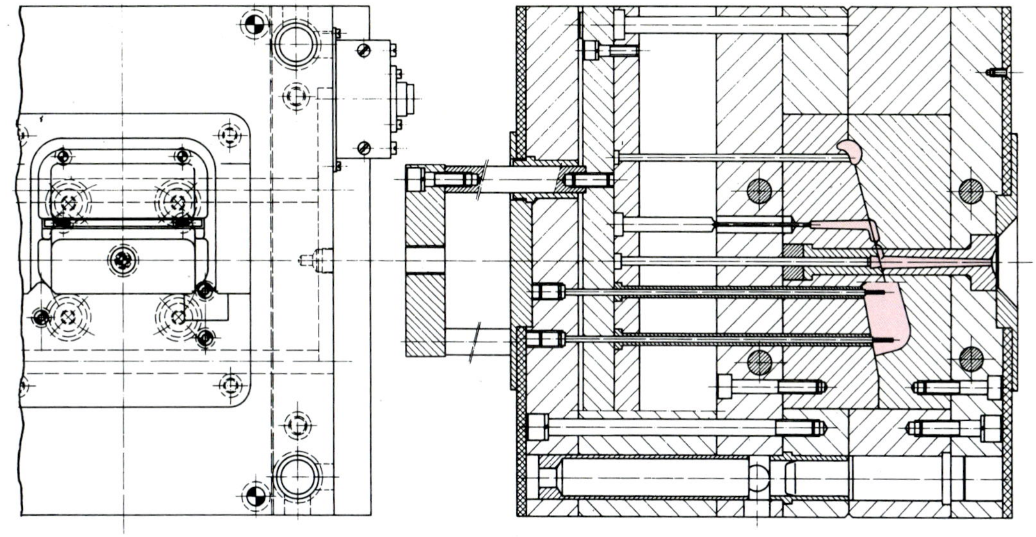

Mit dem Standardwerkzeug können Artikel hergestellt werden, die keine Hinterschneidungen haben. Für die Entformung setzt man Auswerferstifte bzw. Auswerferhülsen ein.

- **Auswerfer und Formnest**

Die Entformungskräfte erfordern die Verteilung der Auswerfer so über die Artikelfläche, dass der Spritzling gleichmäßig entformt werden kann. Weil die Auswerfer Markierungen am Artikel hinterlassen, setzt man sie an solche Stellen, an denen sie nicht stören. Neben der Entformung übernehmen die Auswerfer noch zusätzlich die Aufgabe der Entlüftung der Formnester während des Spritzvorganges. Deshalb wird am Umfang der Auswerferstifte oder -hülsen eine Abflachung angebracht. Bei einem Auswerfer von 6 mm Durchmesser beträgt die Abflachung beispielsweise 0,02 bis 0,05 mm. Wegen der Vermeidung von Lufteinschlüssen an Stegen und im Bereich tiefer Konturen baut man vor allem dort Auswerfer ein.

- **Auswerfer im Werkzeug**

Auswerferstifte (1) werden im Spritzgießwerkzeug in die Auswerferhalteplatte eingepasst und mit der Auswerfergrundplatte gesichert. Auswerferstifte werden normmäßig mit zylindrischen oder kegeligem Kopf angeboten.
Runde Auswerferstifte, die an schrägen Konturen liegen, müssen gegen Verdrehen in der Auswerferhalteplatte gesichert sein.

Rückdruckstifte (2), manchmal auch *blinde Auswerferstifte"* genannt, werden ebenfalls in die Auswerferhalteplatte eingepasst. Sie führen das Entformungssystem und drücken es beim Schließen des Werkzeuges zurück.

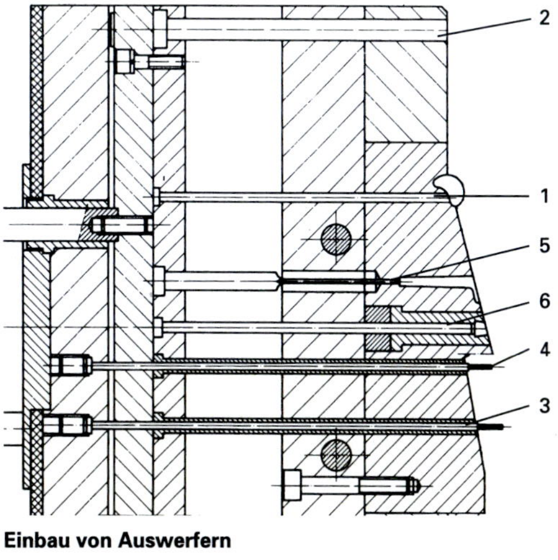

Einbau von Auswerfern

Auswerferhülsen (3) setzt man dann ein, wenn durch Kerne Aussparungen oder Löcher im Artikel entstehen sollen. Die Auswerferhülse wird ebenfalls in die Auswerferplatte eingepasst.
Kernstifte (4) dagegen werden in der Auswerferspannplatte gehalten.
Flachauswerferstifte (5) benutzt man dann, wenn für runde Auswerferstifte kein Platz vorhanden ist.

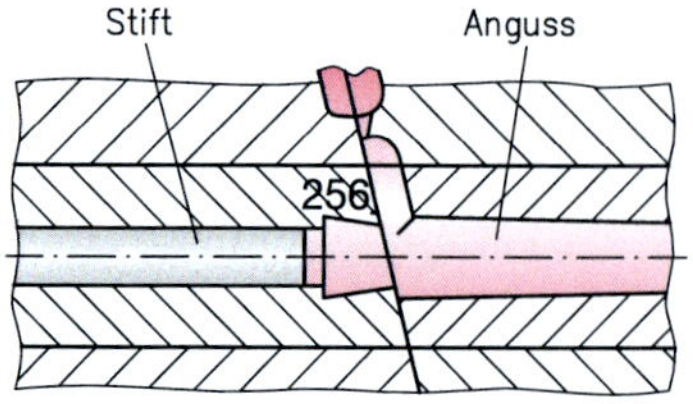

Angussauswerferstift

Angussauswerferstifte (6) haben manchmal eine Hinterschneidung, die dafür sorgt, dass der Anguss herausgezogen wird. Es ist zweckmäßiger normalisierte Angussbuchsen zu verwenden.

- **Auswerfer als Normteile (Tabellenauszug)**

Zeichnung	Bezeichnung/DIN	Symbol nach DIN 16750	Werkstoff	Härte
	Auswerferstift mit zylindrischem Kopf DIN 1530 Form A		Warmarbeitsstahl 1.2343/1.2344	nitriert > 950 HV 0,3 Kernfestigkeit ~ 1500 N/mm²
			legierter Werkzeugstahl z. B. 1.2516	durchgehärtet 62 HRC
	Auswerferstift mit zylindrischem Kopf, Schaft abgesetzt DIN 1530 Form C		Warmarbeitsstahl 1.2343/1.2344	nitriert > 950 HV 0,3 Kernfestigkeit ~ 1500 N/mm²
	Flachauswerfer mit zylindrischem Kopf, Schaft rechteckig abgesetzt DIN 1530 Form E		Warmarbeitsstahl 1.2343/1.2344	nitriert > 950 HV 0,3 Kernfestigkeit ~ 1500 N/mm²
			legierter Werkzeugstahl z. B. 1.2516	durchgehärtet 62 HRC

- **Auswerferstifte (Tabellenauszug)**

Nach DIN 1530 sind die Auswerferstifte in den Maßen und den verwendeten Werkstoffen genormt. Außerdem wird der Behandlungszustand angegeben.

Beispiel für Auswerferstifte mit zylindrischem Kopf

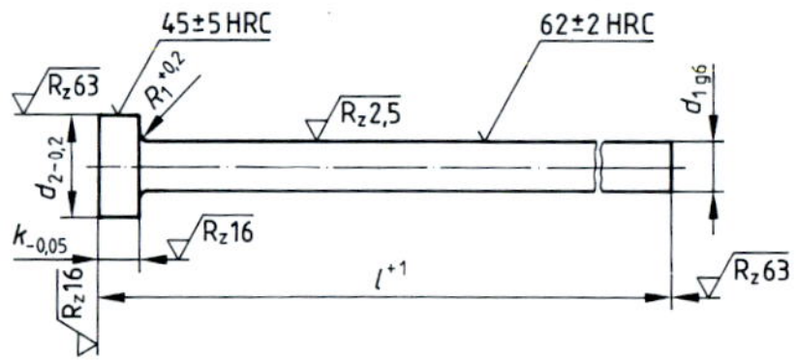

nach DIN 1530, Blatt 1, Form A H
Material: 1.2516
(WS = legierter Kaltarbeitsstahl)
Wärmebeständigkeit: ≈ 250 °C
Härte Schaft: 62 ± 2 HRC
Härte Kopf: 45 ± 5 HRC
Ausführung: gehärtet

d_1 g6	d_2 −0,2	k −0,05	R_1 + 0,2	Länge l + 1 mm 40	60	80	100	125	160	200	250	315	400	
1,5	3	1,5	0,2											
1,6	3	1,5	0,2											
2,0	4	2	0,2											

Beispiel für Flachauswerferstifte mit zylindrischem Kopf und rechteckig abgesetztem Schaft

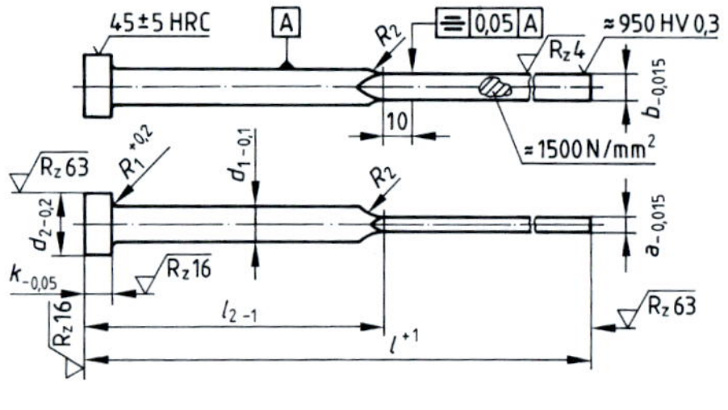

nach DIN 1530, Blatt 4, Form E
Material: 1.2344
Kernfestigkeit: ≈ 1500 N/mm²
Wärmebeständigkeit: ≈ 600 °C
Härte Schaft: ≈ 950 HV 0,3
Härte Kopf: 45 ± 5 HRC
Ausführung: gasnitriert, phosphatiert

d_1 −0,1	a −0,015	b −0,015	d_2 −0,2	k −0,05	R_1 +0,2	R_2	Länge l + 1 mm								
							60	80	100	125	160	200	250	315	400
							Länge l_2 − 1 mm								
							30	40	50	63	80	100	125	160	200
4,0	**1,0**	**3,5**	8	3	0,3	5									
4,2	**0,8**	**3,8**	8	3	0,3	5									
4,2	**1,0**	**3,8**	8	3	0,3	5									

Beispiel **für die Bestellungsangaben eines Flachauswerferstiftes**

Artikel Nummer / 4,0 x 1,0 x 3,5 x 80

- Artikel Nummer: Herstellerspezifische Angabe – sie gibt verschlüsselt den Werkstoff und den Behandlungszustand an
- 4,0: Stiftdurchmesser
- 1,0: Dicke des Schaftes
- 3,5: Breite des Schaftes
- 80: Gesamtlänge des Stiftes

- **Führung des Auswerfersystems**

Die Auswerferplatten müssen mit den eingebauten Auswerferstiften und Auswerferhülsen gesondert geführt werden. Diese Führung ist notwendig, damit sich die Auswerfer beim Entformen des Spritzlings nicht verkanten bzw. verklemmen. Je nach Größe des Werkzeuges und der Anzahl der Formnester kennt man unterschiedliche Konstruktionen.

In kleineren Werkzeugen ist der **Auswerferbolzen** meist mittig angebracht. Er ist mit der Auswerfergrundplatte verschraubt und gleitet in der **Führungsbuchse** der Aufspannplatte.

Die Auswerfer selbst gleiten in der Formplatte, da sie dort mit Spiel eingepasst sind. Das Auswerfersystem wird somit in der Aufspannplatte und in der Formplatte geführt und kann nicht verkanten.

Beim Öffnen des Werkzeuges schlägt der Auswerferbolzen auf einen feststehenden Anschlag an der Spritzgießmaschine, dadurch entformen die Auswerfer den Spritzling.

Beim Schließen des Werkzeuges wird das Entformungssystem über eine Feder zurückgedrückt bzw. über Rückdruckstifte in die Ausgangslage gebracht. Die Ausgangslage wird durch Anschläge gewährleistet. Diese **Anschlagscheiben** sind so zwischen Auswerfergrundplatte und Aufspannplatte eingepasst, dass die Auswerfer bei Betriebstemperatur des Werkzeuges nicht in den Formhohlraum hineinragen oder zurückliegen.

In großen Werkzeugen führt man die Auswerferplatten an mehreren Stellen über gesonderte **Führungssäulen** oder **Führungshülsen.** Diese gleiten in Führungsbuchsen und sind fest mit der Auswerfergrundplatte verbunden.

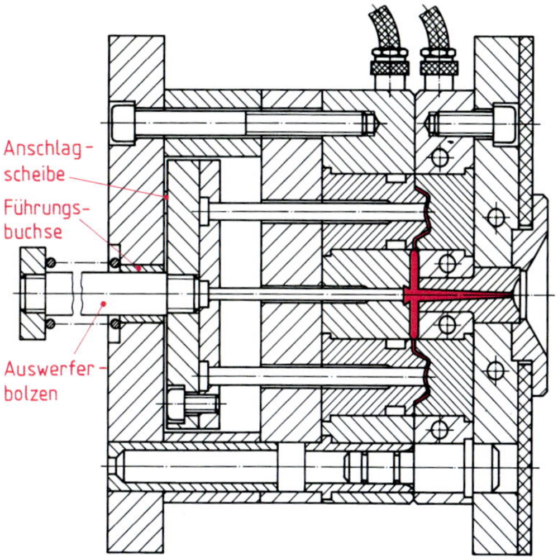

Werkzeug mit mittiger Führung

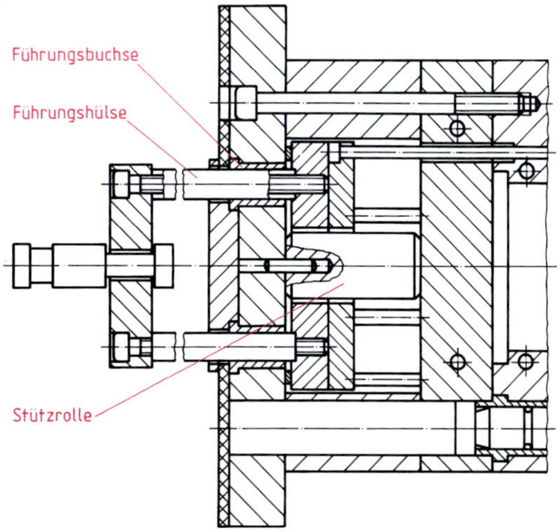

Werkzeug mit außenmittiger Führung

Übungsaufgabe F-97

Sie dienen entweder selbst als Ausstoßbolzen oder sind über eine Anschlagplatte zu einem gemeinsamen Ausstoßsystem verbunden. Zur genauen Führung von Auswerferplatten verwendet man auch **Kugelführungen** (siehe auch Kapitel „System zur Führung und Zentrierung"). Der Einsatz von außermittigen Führungen hat den Vorteil, dass man die Formplatte in der Werkzeugmitte zusätzlich abstützen kann, dadurch wird das Werkzeug stabiler.

Das Auswerfersystem wird durch besondere Führungselemente im Bereich der Auswerferplatten und durch den Passsitz der Auswerfer in der Formplatte gelagert und geführt. Ein Verkanten oder Verklemmen des Auswerfersystems wird verhindert, weil die Führungen weit auseinander liegen.

2.6.2 Entformung im Abstreiferwerkzeug

Das Abstreiferwerkzeug oder auch Abstreifwerkzeug genannt, ist ähnlich aufgebaut wie das Standardwerkzeug, es hat jedoch zwei Trennebenen. Die Entformung erfolgt mit einer **Abstreifplatte** oder mit **Abstreifbuchsen.**

In einem Abstreifwerkzeug wird die Maschinenbewegung benutzt, um den Spritzling aus der Form zu schieben. Der Entformungsvorgang läuft folgendermaßen ab:

Öffnen der 1. Trennebene

Das Werkzeug wird in der 1. Trennebene geöffnet, der Spritzling bleibt zunächst auf dem Kern haften und die Anschlagplatte des Auswerfersystems stößt auf den Auswerferbolzen der Spritzgießmaschine.

Öffnen der 2. Trennebene

Beim weiteren Öffnen des Werkzeuges wird das gesamte Auswerfersystem mit der Abstreifplatte zur Düsenseite geschoben und streift den Spritzling vom Kern.

Die Entformung mithilfe einer Abstreifplatte oder mit Abstreifbuchsen wird vor allem dann durchgeführt, wenn die Entformungskräfte auf den ganzen Umfang des Artikels verteilt werden sollen.
Mit Abstreifplatten bzw. Abstreifbuchsen können becherförmige Artikel vorteilhaft entformt werden. Diese Art der Entformung verwendet man auch, um unerwünschte Markierungen auf dem Artikel zu vermeiden. Man setzt diese Entformungssysteme auch dann ein, wenn kein Platz für Auswerferstifte vorhanden ist.

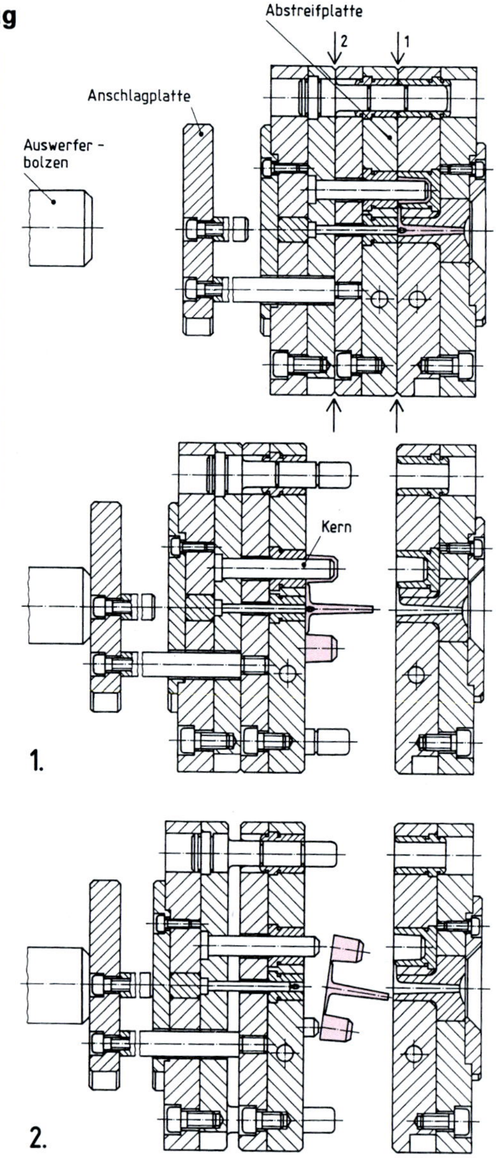

Abstreiferwerkzeug

Abstreifplatten bzw. Abstreifbuchsen verwendet man für dünnwandige, becherförmige Artikel, bei denen die Entformungskräfte auf den ganzen Umfang verteilt werden müssen. Markierungen durch Auswerfersysteme treten nicht auf.

2.6.3 Entformung im Schieberwerkzeug

Beim Schieberwerkzeug erfolgt die Entformungsbewegung sowohl in Richtung der Maschinenbewegung als auch in seitlicher Richtung. Dadurch können Artikel mit äußeren Hinterschneidungen entformt werden. Die seitliche Bewegung wird über **Schieber** ausgeführt. Die Schieber sind über **Schrägsäulen** oder **Schieberkurven** geführt. Gesonderte **Druckstücke** oder **Druckleisten** sichern die Schieber während des Spritzgießervorganges gegen Verschieben.

• Schieber und Schieberführung

Schieber sind bewegliche Teile in einem Werkzeug, die mit einzelnen Werkstückkonturen in das Formnest hineinragen.
Schieber und Führungen sind in der Formplatte eingebaut, die den Schrägsäulen gegenüberliegt. Die Schieber gleiten meist in T-förmigen Flachführungen. Diese Flachführungen können aus dem Vollen herausgearbeitet sein oder sie sind aus einzelnen Führungsleisten aufgebaut.

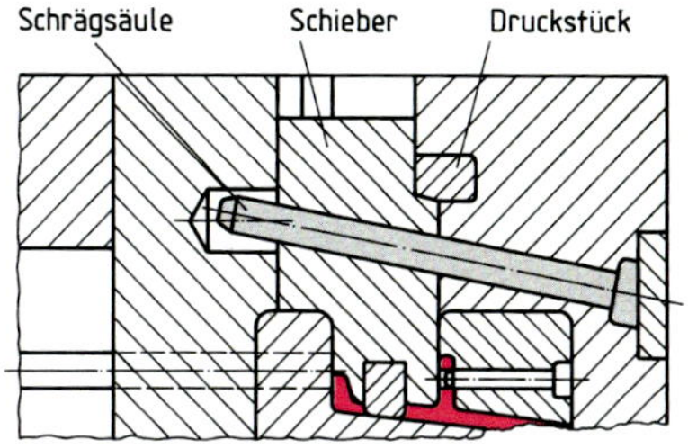

Schieber und Schieberführung

Schieberwerkzeuge benutzt man für Artikel mit äußeren Hinterschneidungen.

• Entformung mit Schrägsäulen

Die Schrägsäulen sind meist in der düsenseitigen Platte des Werkzeuges eingepasst und ragen in die Schrägbohrungen der Schieber. Beim Öffnen des Werkzeuges verschieben die Schrägsäulen die Schieber quer zur Maschinenbewegung. Durch diese seitliche Bewegung geben die Schieber die Hinterschneidungen frei. Die resultierende Bewegung aus Längsbewegung und seitlicher Bewegung muss so abgestimmt sein, dass der Schieber die Hinterschneidung freigibt, bevor der Artikel in Maschinenrichtung entformt wird.
Der notwendige Entformungsweg für die Hinterschneidung wird durch die Länge und die Schrägstellung der Schrägsäule erreicht. Für die Stellung der Schrägsäulen haben sich Winkel zwischen 15° und 25° als vorteilhaft erwiesen. Größere Winkel erlauben zwar einen größeren Entformungshub, sie führen jedoch auch zu größeren Kräften beim Schließen und Öffnen des Werkzeuges.

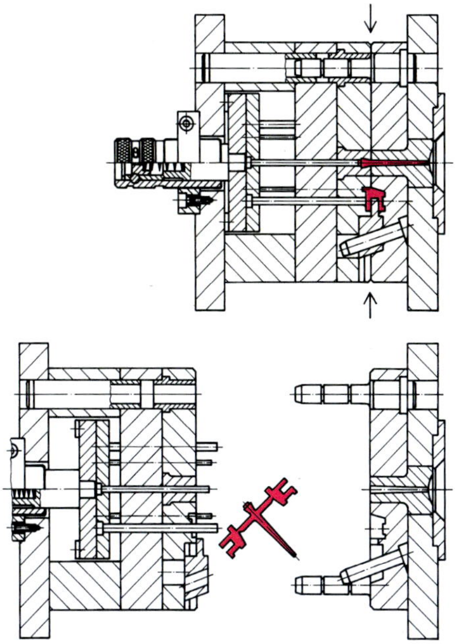
Schieber mit Schrägsäule

Im Schieberwerkzeug wird die Maschinenbewegung beim Schließen und Öffnen des Werkzeuges durch Schrägsäulen in seitliche Bewegungen der Schieber umgeformt. Maschinenbewegung und Schieberbewegung erfolgen gleichzeitig.

• Entformung mit Schieberkurven

Für die Entformung bestimmter Artikel kann es vorteilhaft sein, die Entformungsbewegung von Werkzeug und Schieber *gestuft* vorzunehmen.
Mit Schieberkurven kann man erst eine kurze Längsbewegung vornehmen und so eine teilweise Entformung des Artikels in Maschinenrichtung herbeiführen. Anschließend erfolgt die Entformung der Hinterschneidung durch die seitliche Bewegung der Schieber, die entsprechend über die Schieberkurven geführt werden. Die endgültige Entformung des Artikels geschieht dann durch die weitere Öffnung des Werkzeuges.

LF 11F-14F

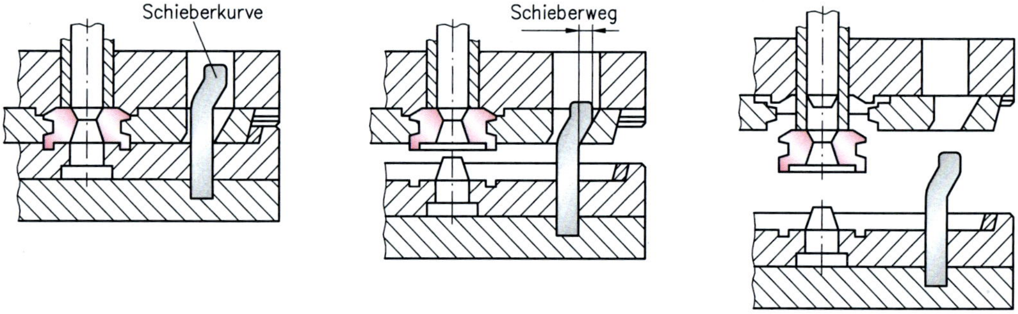

Entformung mit Schieberkurven

Mit Schieberkurven kann die Entformungsbewegung gestuft vorgenommen werden. Das Werkzeug wird zunächst etwas geöffnet. Dabei wird der Artikel teilweise in Längsrichtung entformt. Die endgültige Öffnung des Werkzeuges bewirkt gleichzeitig die Entformung der Hinterschneidung.

- **Kräfte an Schiebern**

Während des Spritzgießvorganges wirken auf den Schieber durch den Spritzdruck auch *seitliche Kräfte.* Damit der Schieber durch den Spritzdruck nicht verschoben wird, sichert man ihn durch gesonderte Druckstücke bzw. Druckleisten. Diese übernehmen die Druckkräfte durch schräge Konturen auf der entsprechenden Passfläche am jeweiligen Schieber. Durch sorgfältige Einpassarbeiten des Schiebers mit der Druckleiste oder mit dem Druckstück erreicht man einen materialdichten Sitz der Teile im geschlossenen Zustand des Werkzeuges. Außerdem wird dadurch auch die seitliche Atmung des Werkzeuges im Schieberbereich auf die vorgegebene Toleranz begrenzt.

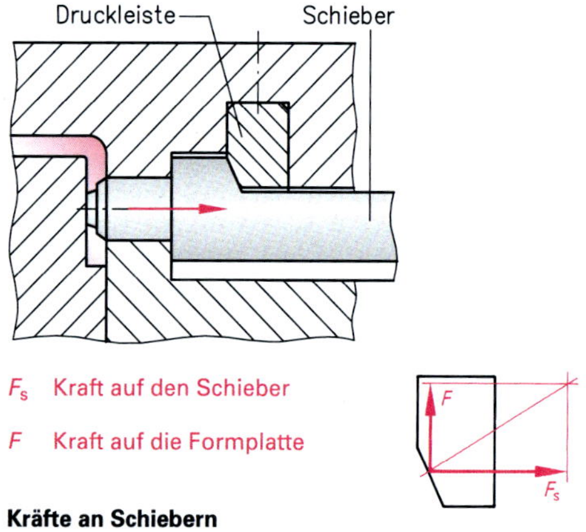

Kräfte an Schiebern

Auf Schieber wirken beim Spritzgießvorgang seitliche Druckkräfte. Über geneigte Druckleisten oder Druckstücke und entsprechende Passflächen an Schiebern werden diese Druckkräfte aufgefangen.

- **Positionierung von Schiebern**

Ist das Werkzeug geöffnet, so müssen die Schieber in einer genauen Position gehalten werden. Beim Schließen des Werkzeuges können dann die Schrägsäulen oder Schieberkurven in die Bohrungen der Schieber sicher einfahren.

Die genaue Positionierung der Schieber erreicht man durch **federnde Druckstücke** oder durch **Schieberklammern.**

Die Schieberklammer funktioniert wie eine Wäscheklammer. Beim Öffnen des Werkzeuges rastet ein Stift, der mit dem Schieber fest verbunden ist, in die Klammer ein. Die federbelastete Klinke dieser Klammer hält den Schieber an der vorgesehenen Position.

Wird das Werkzeug geschlossen, so gibt die Klammer wegen der elastischen Bewegungsmöglichkeit der Klinke den Schieber wieder frei.

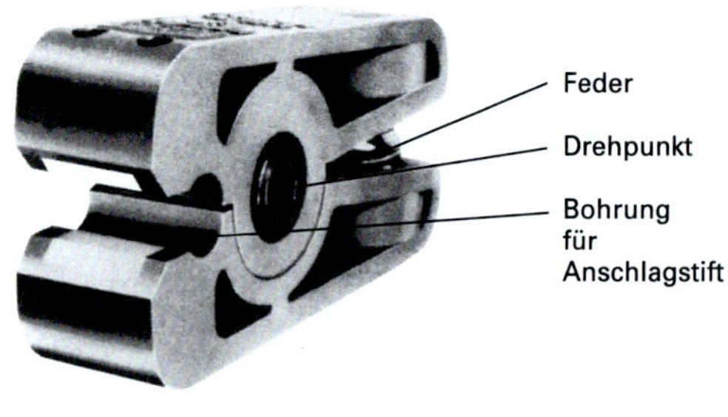

Schieberklammer

Übungsaufgaben F-102; F-103; F-104

Beispiel für ein Schieberwerkzeug mit Schieberklammer

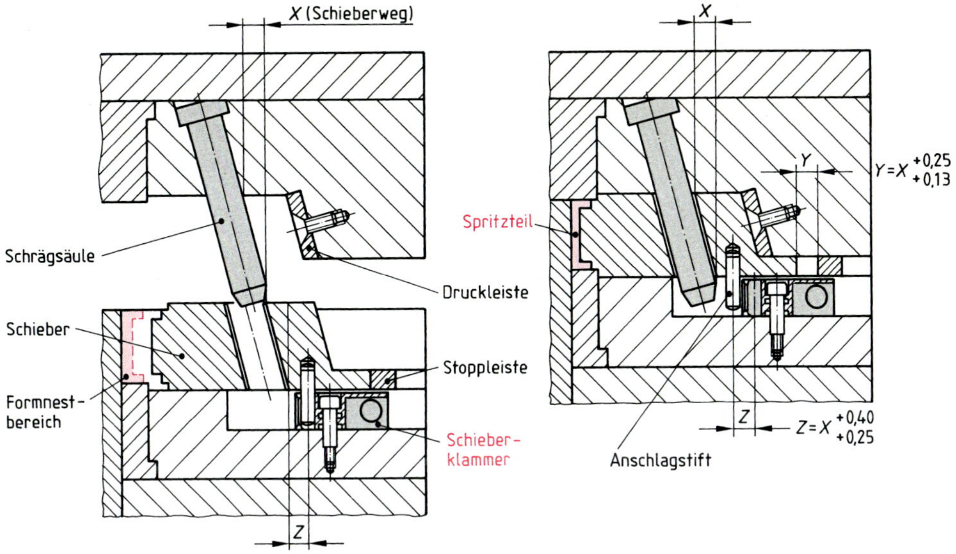

Schieber werden im geöffneten Zustand des Werkzeuges in einer genauen Position mit federnden Elementen wie Druckstücken oder Schieberklammern gehalten.

2.6.4 Entformung im Backenwerkzeug

Das Backenwerkzeug ist ähnlich aufgebaut wie das Schieberwerkzeug. Beide Werkzeuge setzt man dann ein, wenn Hinterschneidungen am Artikel entformt werden müssen.

Beim Schieberwerkzeug werden einzelne Konturen mit Hinterschneidungen entformt, während mit dem Backenwerkzeug Hinterschneidungen entformt werden können, die über die gesamte Seite bzw. den gesamten Umfang reichen.

Die konstruktive Verwirklichung der seitlichen Entformungsbewegung erfolgt beim Backenwerkzeug entweder durch Schrägsäulen oder durch keilförmige Backen, die in einem Futter gleiten.

Backenwerkzeug mit Schrägsäulen

Die Backen können wie beim Schieberwerkzeug mithilfe von Schrägsäulen bewegt werden. Geführt werden die Backen in eingearbeiteten Flachführungen.

Beim Schließen des Werkzeuges werden die Backen in der gegenüberliegenden Formplatte durch entsprechende Ausfräsungen oder Druckleisten verriegelt. Dadurch können die beim Spritzgießen auftretenden Kräfte die Backen nicht verschieben.

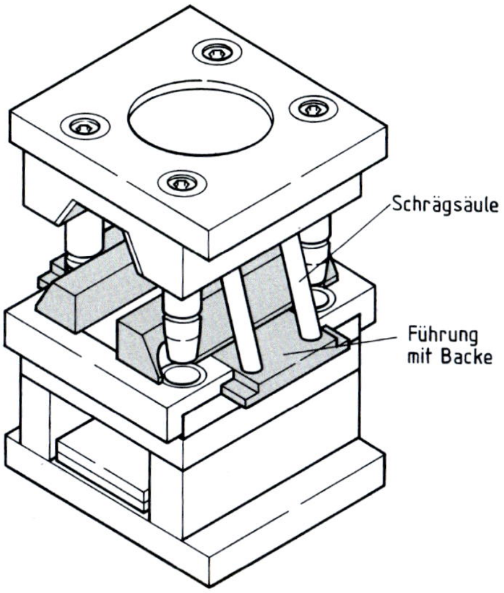

Backenwerkzeug mit Schrägsäulen

Mit Backenwerkzeugen stellt man Artikel her, bei denen sich die seitlichen Hinterschneidungen über den gesamten Umfang erstrecken können. Die Entformungsbewegung geschieht über Schrägsäulen oder keilförmige Backen.

2.6.5 Entformung über hydraulisch betätigte Baugruppen

Werkzeuge, bei denen Kerne, Schieber oder Backen zur Entformung von Hinterschneidungen relativ lange Wege zurücklegen müssen, stattet man mit hydraulischen Arbeitszylindern aus. Die Hydraulikzylinder führen unabhängig von der Maschinenöffnungsbewegung die Entformungsbewegung aus. Die Koordination dieser beiden unabhängigen Bewegungen ist bei modernen Spritzgießmaschinen über eine entsprechende Steuer- bzw. Regeleinrichtung vollautomatisch durchführbar.

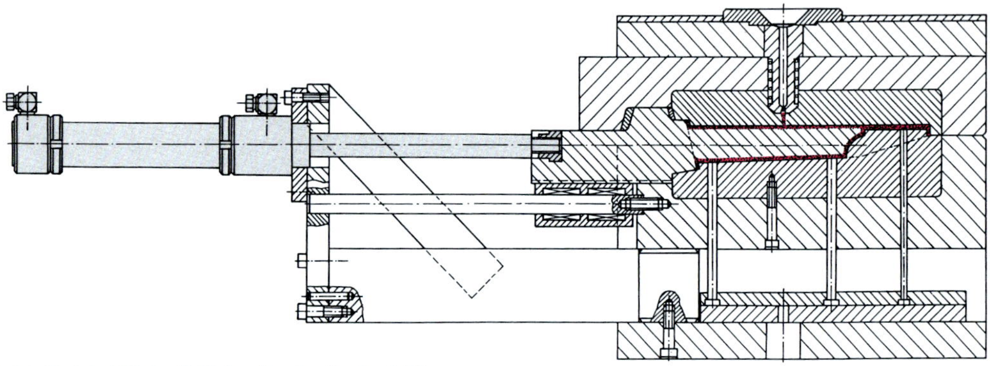

Hydraulisch betätigter Schieber für eine Spritzgießform

2.6.6 Entformung im Schraubwerkzeug

Spritzgussteile mit Gewinde stellen für die Entformung ein besonderes Problem dar.

Für *Außengewinde* benutzt man meistens Schieber- oder Backenwerkzeuge. Die unvermeidlichen Trennfugen in diesen Werkzeugen hinterlassen jedoch auf den Gewindegängen unerwünschte Markierungen.

Bei *Innengewinden* und bei *hochwertigen Außengewinden* erfolgt die Entformung der Spritzlinge durch Abschrauben oder durch Ausschrauben. Dazu sind unterschiedliche Entformungseinrichtungen wie Einlegekerne, Steilgewindespindeln und hydraulische Ausschraubeinrichtungen entwickelt worden.

Artikel mit Gewinde

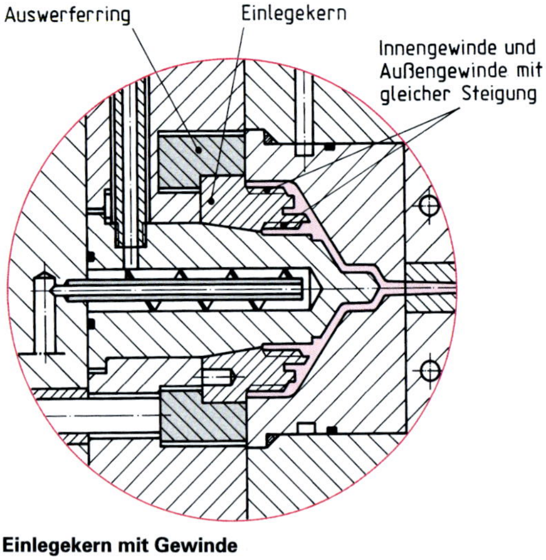

Einlegekern mit Gewinde

- **Einlegekern**

Bei geringen Stückzahlen verwendet man Einlegekerne. Der Einlegekern trägt das Gewinde. Er wird als loses Bauteil in das Werkzeug eingelegt und dort umspritzt. Gemeinsam mit dem Spritzling wird der Kern entformt und außerhalb des Werkzeuges vom Gewinde abgeschraubt. Dies geschieht entweder von Hand oder mit geeigneten Vorrichtungen. Benutzt man mehrere Einlegekerne (Wechselkerne), so lässt sich die Zykluszeit verkürzen.

Werkzeuge mit Einlegekernen sind verhältnismäßig preiswert.

Mithilfe von Einlegekernen fertigt man Spritzgussteile mit Gewinde von hoher Maßgenauigkeit in Kleinserien. Das Werkzeug ist vergleichsweise preiswert, die Lohnstückkosten für den Artikel sind jedoch hoch.

Übungsaufgabe F-106; F-107

- **Entformung durch Steilgewindespiegel**

Zum Entformen von Teilen mit Innengewinde, wie sie z. B. an Verschlusskappen für Behälter vorkommen, sind für die Spritzgießwerkzeuge besondere Getriebe entwickelt worden, um den Kern, der das Gewinde abbildet, aus dem gespritzten Teile auszuschrauben.
Hinweis: Die Funktionsweise und die Berechnungsgrundlagen zu Getrieben mit Steilgewindespindel sind im Kapitel *Getriebetechnik* in diesem Buch ab Seite 79 dargestellt.

- **Ausschraubeinheit**

Mit gesondert angetriebenen Ausschraubeinheiten kann unabhängig von der Maschinenbewegung die Entformung von Gewinden vorgenommen werden. Ausschraubeinheiten sind elektrisch oder hydraulisch angetrieben. Solche Einheiten erlauben auch die Entformung von tiefen Gewinden.
Im Gegensatz zur Entformung mit einer Steilgewindespindel ermöglicht die gesondert angetriebene Ausschraubeinheit die Entformung von Gewinde auch bei geschlossenem Werkzeug. Dies ist dann notwendig, wenn das Gewinde quer oder schräg zur hauptsächlichen Entformungsrichtung liegt.

Beispiel für ein Werkstück mit schräg zur Entformungsrichtuntg liegenden Innengewinden

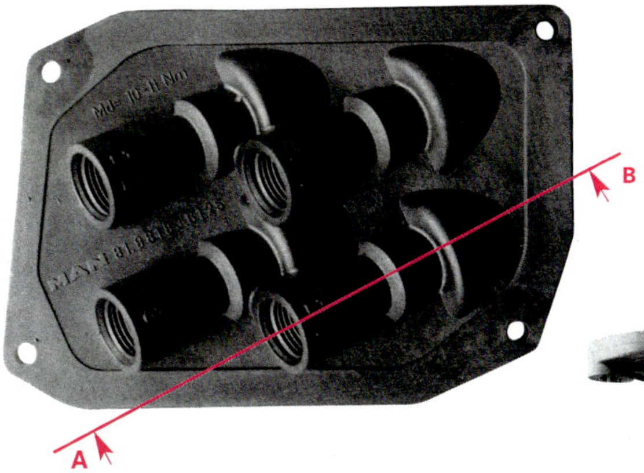

2.6.7 Entformung durch besondere Maßnahmen

- **Zweistufiges Entformen**

Bei bestimmten Artikeln ist ein zweistufiges Entformen erforderlich. Dies ist insbesondere bei dünnwandigen Formteilen notwendig, damit ein möglichst schonender Entformungsvorgang ausgeführt wird. So kann z. B. ein Artikel zunächst von einem Innenkern getrennt werden und anschließend in einer zweiten Entformungsstufe von dem Außenkern abgestreift werden.

Der Zweistufenauswerfer ist ein normalisiertes Bauteil. In ihm wird die Entformungsbewegung in zwei gleich gerichtete Hubbewegungen unterteilt. Die beiden Hublängen H1 und H2 sind stufenlos einstellbar.
Bei Hub 1 fahren Ausstoßbolzen und Schiebehülse gemeinsam aus. Dieser erste Hub ist in seiner Länge stufenlos mit der Spannbuchse einstellbar. Der Hub 1 wird durch den linken Bund begrenzt, wenn dieser an die Spannbuchse anschlägt. Dadurch wird Hub 2 eingeleitet. Die Hublänge des zweiten Hubes ist durch die Maschinenbewegung festgelegt.

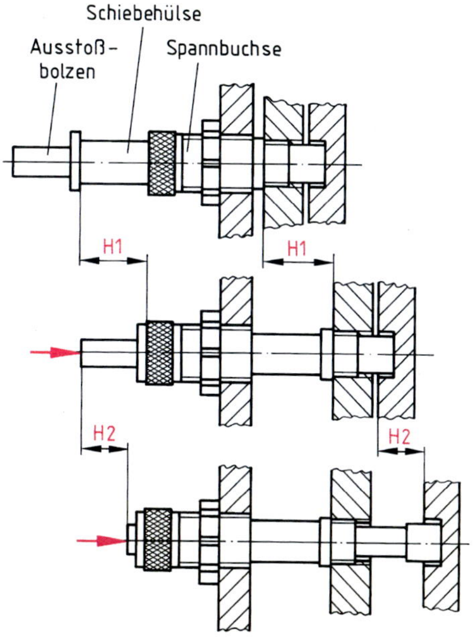

Zweistufenauswerfer

Übungsaufgabe F-108; F-109

Beispiel **für zweistufiges Entformen von Artikel und Anguss**

Die Entformung mithilfe eines Zweistufenauswerfers, der nacheinander eine Abstreiferplatte und den Angussauswerfer betätigt, geschieht wie folgt:

Werkzeugöffnung
Durch Öffnen des Werkzeuges wird die Außenkontur des Artikels entformt.

Bewegung der Abstreiferplatte – Hub H 1
Im Hub 1 des Zweistufenauswerfers wird der becherförmige Artikel mit der Abstreiferplatte entformt.

Bewegung der Auswerfer – Hub H 2
Im Hub 2 wird der Anguss mithilfe des Angussauswerfers entformt.

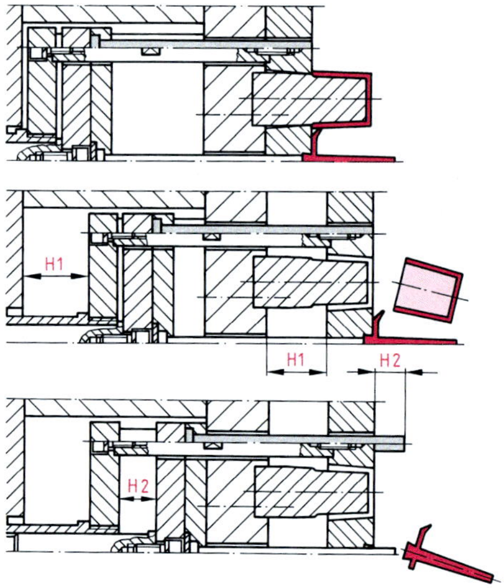

- **Zwangsentformung**

Bei Artikeln mit kleinen Hinterschneidungen, wie z. B. bei Deckeln mit Wulsten, ist es möglich, eine direkte Entformung ohne Schieber oder Backen vorzunehmen. Solche Formteile entformt man zwangsweise mithilfe von Abstreiferplatten, Abstreifringen oder Auswerfern.

Im rechts gezeigten Beispiel wird nach dem Öffnen der Form zunächst der Kern mit dem Artikel gemeinsam herausgeschoben. Anschließend entformen Auswerfer zwangsweise den Artikel, indem sie ihn über die Aufwulstung schieben.
Die Zwangsentformung kann man nur bei *teilkristallinen Thermoplasten* oder *Elastomeren* anwenden.

Die Zwangsentformung setzt folgende Bedingungen voraus:

- Die Entformungstemperatur muss so gewählt werden, dass die Festigkeitseigenschaften des Kunststoffes bei der Entformung im zähharten Bereich liegen.
- Nach der Zwangsentformung muss der Artikel aufgrund seiner elastischen Eigenschaften die gewünschte Gestalt annehmen.

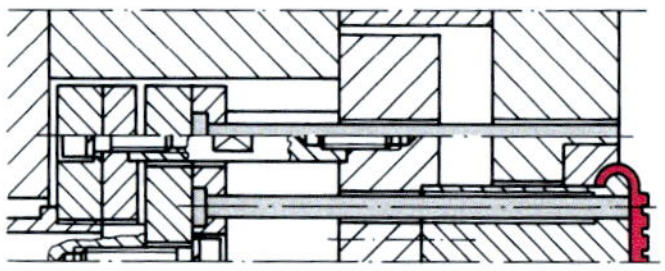

Form geöffnet

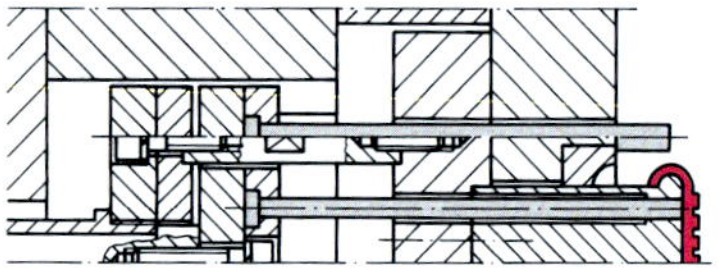

Hub 1 – Kern vorfahren / Kontur frei

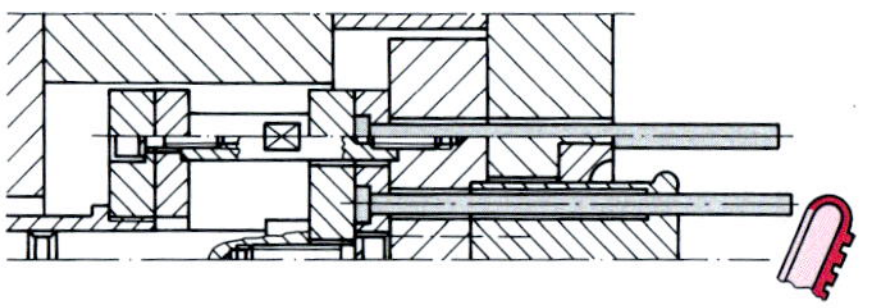

Hub 2 – Teil zwangsentformen
Zwangsentformung

Die Zwangsentformung von Artikeln mit kleinen Hinterschneidungen ist bei Formteilen aus Thermoplasten oder Elastomeren möglich. Werkzeuge mit Zwangsentformung sind relativ preiswert. Artikel mit sogenannten Schnappverbindungen werden vorzugsweise zwangsentformt.

- **Klinkenzug**

Bei Spritzgießwerkzeugen mit mehreren Trennebenen können Klinkenzüge verwendet werden. Dabei muss man je Werkzeug mindestens zwei Klinkenzüge einbauen.

Übungsaufgabe F-110

Beispiel **für zweistufiges Auswerfen mit einem Klinkenzugsystem**

Werkzeug geschlossen

Der einzelne Klinkenzug besteht aus dem Klinkengehäuse, einer Steuerplatte und der Ausstoßerleiste. Die Ausstoßerleiste ist mit den Auswerferplatten des Werkzeuges verschraubt. Das Klinkengehäuse ist an die Abstreifplatte und die Steuerplatte an die schließseitige Zwischenplatte geschraubt.

Im geschlossenen Zustand des Spritzgießwerkzeuges ist die Ausstoßerleiste über Rasten formschlüssig mit dem Klinkengehäuse verbunden.

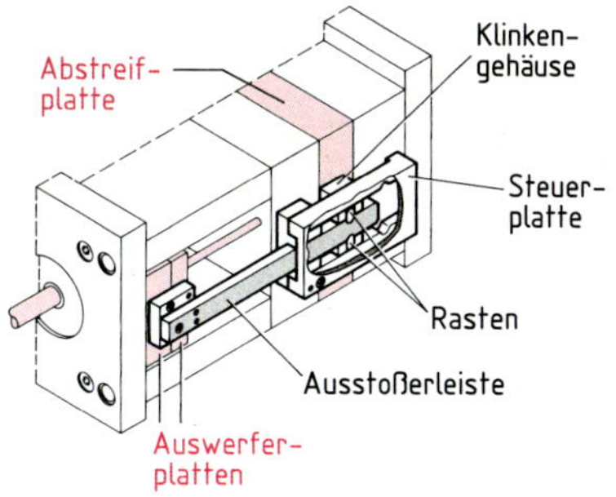

Werkzeugöffnung – Hub S1

Wird das Werkzeug geöffnet, so fährt die Schließseite um den festgelegten Hub S1 in Pfeilrichtung auf, ohne dass vom Klinkenzug eine Funktion ausgeübt wird.

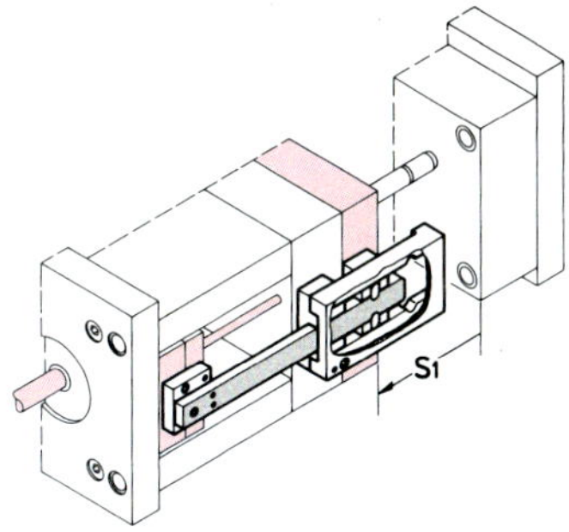

Bewegung der Abstreifplatte – Hub S2

Die Auswerferstange der Spritzgießmaschine schiebt das Auswerfersystem um den Hub S2 in Düsenrichtung vor. Die Ausstoßerleiste des Klinkenzuges schiebt die Abstreifplatte ebenfalls um den Hub S2 weiter, weil die Klinke an der Abstreifplatte befestigt ist. Am Ende des Hubes schlägt das Klinkengehäuse an die Steuerplatte an.

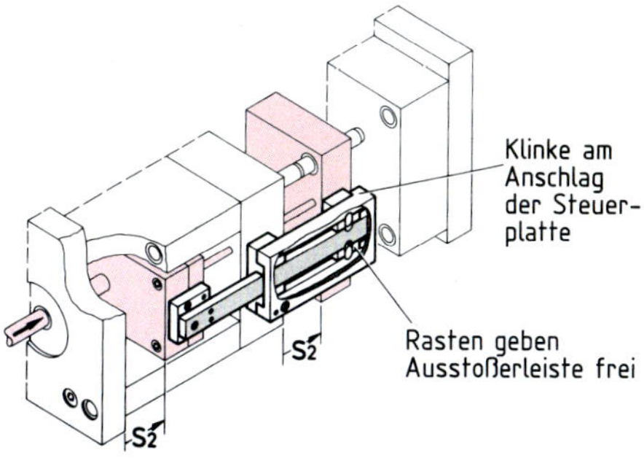

Bewegung des Auswerfers – Hub S3

Gleichzeitig mit dem Anschlagen des Klinkengehäuses an die Steuerplatte fahren die Rasten in die Aussparungen der Steuerplatte und geben die Ausstoßerleiste frei. Durch die Arretierung der Abstreifplatte und die weitere Vorwärtsbewegung der Auswerferplatten kann der Spritzling über die Auswerferstifte entformt werden.

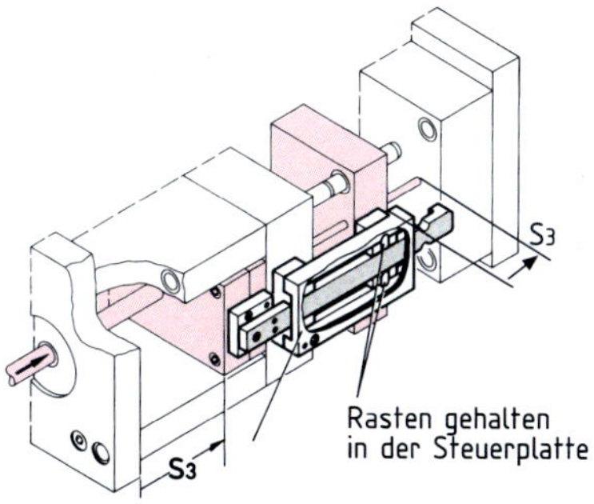

2.7 System zur Führung und Zentrierung

Das System zur Führung und Zentrierung im Spritzgießwerkzeug ist vor allem notwendig, damit der Formhohlraum keinen Versatz hat. Das System dient weiterhin dazu, alle Werkzeugplatten, aus denen das Werkzeug aufgebaut ist, zu zentrieren.

Das Führungssystem ermöglicht auch, dass die Form im geschlossenen Zustand transportiert werden kann. Dadurch lässt sich das Werkzeug auf den Werkzeugspannplatten der Spritzgießmaschine leicht einrichten und aufspannen.

Das System zur Führung und Zentrierung dient auch dazu, das Spritzgießwerkzeug auf die Spannplatten der Maschine zu zentrieren. Ein Zentrierflansch am Werkzeug gewährleistet, dass die Angießbuchse und die Düse der Plastifiziereinheit fluchten.

2.7.1 Führen und Zentrieren im Werkzeug

Durchweg sind heute Werkzeuge im Baukastenprinzip konstruiert. Für diese Werkzeuge bezieht man als Normalien sowohl die Platten als auch die Führungs- und Zentrierelemente. Dazu gehören Führungssäulen, Führungsbuchsen, Zentrierhülsen und Zentriereinheiten.

Die Normalien sind entsprechend aufeinander abgestimmt. Die Platten haben ein durchgehendes Bohrungssystem nach dem Prinzip der Einheitsbohrung. Diese Bohrungen werden für zwei Aufgaben verwendet:

- Sie dienen zur *Aufnahme* der Zentrier- und Führungselemente.
- Sie bilden die *Bezugspunkte* (Referenzpunkte) für die Bemaßung und für die Fertigung des gesamten Werkzeuges.

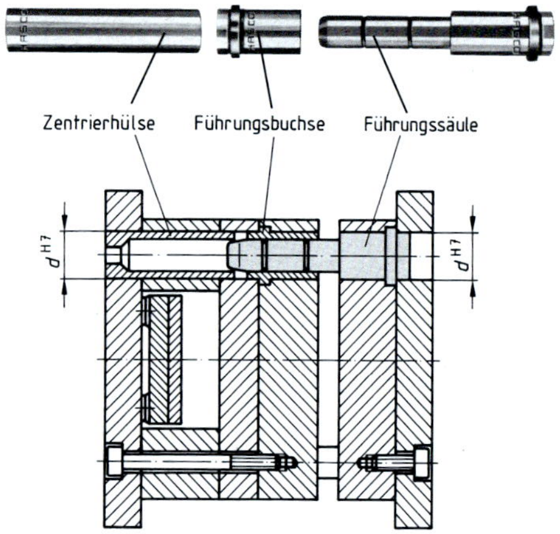

Bohrungssystem in Platten für Führungs- und Zentrierelemente

Wird das Spritzgießwerkzeug geschlossen, so gleiten die Führungssäulen in Führungsbuchsen und zentrieren die Werkzeughälften. Zwischen den Säulen und Buchsen besteht *Spielpassung.* Die Buchsen setzt man als Verschleißteile ein, weil das Führungssystem im Spritzgießprozess stark belastet wird. Das Führungssystem wird mit *hochwertigen Gleitmitteln* geschmiert. Die Führungssäulen haben dazu Schmierrillen. Die Führungssäulen sind so lang, dass beim Schließvorgang die Führung bereits beginnt, bevor die Werkzeugeinsätze ineinander fahren.

Ein leichteres Einführen der Werkzeughälften erreicht man durch unterschiedliche Längen der Führungssäulen. Dabei sind jeweils zwei diagonal gegenüberliegende Bolzen gleich lang. Damit die Werkzeughälften nicht seitenverkehrt montiert werden, hat eine Führungssäule einen anderen Durchmesser.

Die Führungseinheiten werden so weit nach außen gelegt, dass für die Formnester und die Temperiereinheiten genügend Platz vorhanden ist.

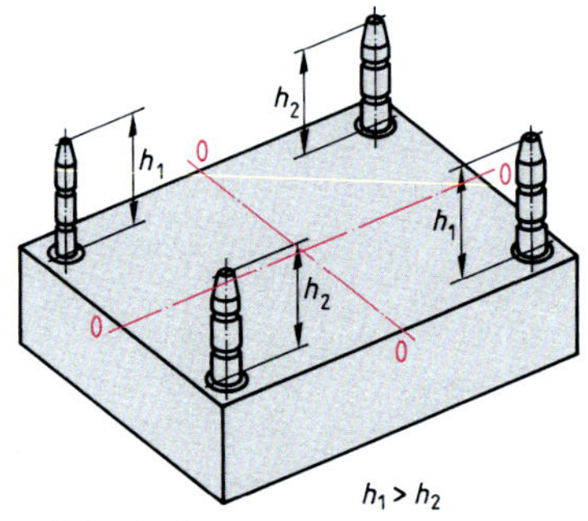

Führungssäulen in Werkzeugplatten

Normalien zum Führen und Zentrieren ermöglichen einen Werkzeugaufbau nach dem Baukastenprinzip. Führungs- und Zentrierelemente gewährleisten ein versatzfreies Schließen der Werkzeughälften.

2.7.2 Führen und Zentrieren des Werkzeuges in der Maschine

Bei großen und tiefen Werkzeugen benutzt man die Führungsmöglichkeiten an der Spritzgießmaschine über Holme und Führungsschienen auch zur Führung des Werkzeuges. Die Führungseinheiten am Werkzeug werden meist nur noch für Einpassarbeiten und zur Montage auf der Spritzgießmaschine benötigt. Nach dieser Montage werden die Führungssäulen aus dem Werkzeug geschraubt.

Zentriert werden die Werkzeughälften unmittelbar vor dem endgültigen Schließen des Werkzeuges. Diese Zentrierung erfolgt durch besondere *Zentrierelemente* oder *Zentriereinrichtungen,* die in das Werkzeug eingebaut werden.

Beispiel für die Führung und Zentrierung von Werkzeug und Spritzgießmaschine

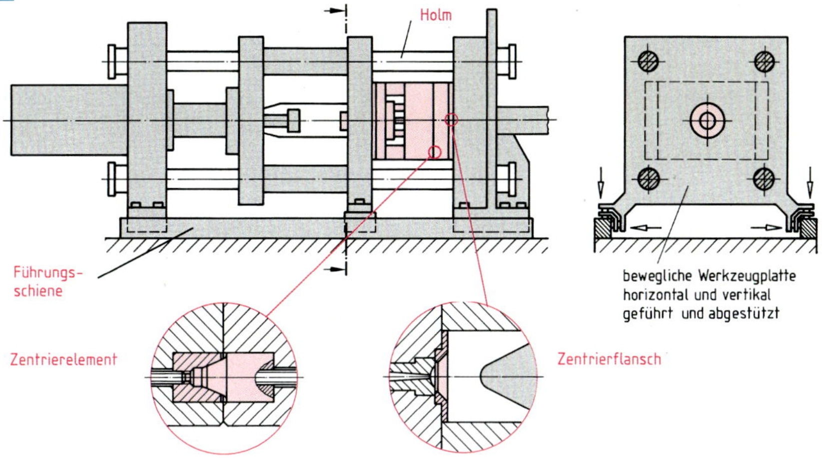

Das Einrichten und Aufspannen des Spritzgießwerkzeuges auf der Spritzgießmaschine wird durch einen besonderen *Zentrierflansch* erleichtert. Ein Zentrierflansch am Werkzeug gewährleistet, dass die Angießbuchse am Werkzeug und die Düse der Plastifiziereinheit fluchten. Der Zentrierflansch befindet sich entweder auf der Düsenseite oder auf der Schließseite des Werkzeuges. Will man beide Werkzeughälften auf den Werkzeugaufspannplatten über Flansche zentrieren, so ist die schließseitige Zentrierung mit einer großen Spielpassung ausgeführt. Dadurch wird eine Überpositionierung des Werkzeuges vermieden.

Das Positionieren von Spritzgießwerkzeugen auf den Werkzeugspannplatten erfolgt durch Zentrierflansche. Die Holme und Führungsschienen moderner Spritzgießmaschinen übernehmen die Führung des Werkzeuges. Besondere Zentrierelemente im Werkzeug gewähren das versatzfreie Schließen der Form.

LF 11F-14F

2.8 Spannsystem

Das Spritzgießwerkzeug wird im geschlossenen Zustand zwischen den Werkzeugspannplatten positioniert und an diesen Platten befestigt. Die Zentrierung des Werkzeuges erreicht man über die Zentrierflansche, die am Werkzeug montiert sind.

Das Festspannen des Werkzeuges in der Schließeinheit kann *mechanisch* oder *hydraulisch* erfolgen.

Die Werkzeuge sind so aufgebaut, dass sie auf den Außenseiten Aufspannplatten besitzen. Diese Platten stehen mindestens auf zwei Seiten des Werkzeuges über, sodass Spannränder entstehen, an denen die Spannelemente angreifen.

2.8.1 Mechanisches Spannen

Mit Spannpratzen oder Spannstücken können die Werkzeuge in der Schließeinheit befestigt werden. Das *mechanische – meist manuelle* – Aufspannen der Spritzgießwerkzeuge auf die Maschine ist zeitaufwendig und dadurch sehr teuer.

Aufspannen mit Spannpratzen

Bei mechanischen Schnellspannvorrichtungen werden die Werkzeuge auf Zylinderstiften oder anderen Positionierelementen in die Schließeinheit horizontal eingefahren und genau positioniert und zentriert. Einheitliche Spannstücke erlauben ein schnelles Festspannen der Werkzeughälften. Die Rüstzeiten für den Werkzeugeinbau werden erheblich verkürzt.

Man geht immer mehr dazu über, gleich große Aufspannplatten auch bei unterschiedlich großen Werkzeugen einzusetzen. Dadurch können immer die gleichen Positionierelemente verwendet werden.

Beispiel für Werkzeugeinbau mit Einbauhilfen und Spannstücken

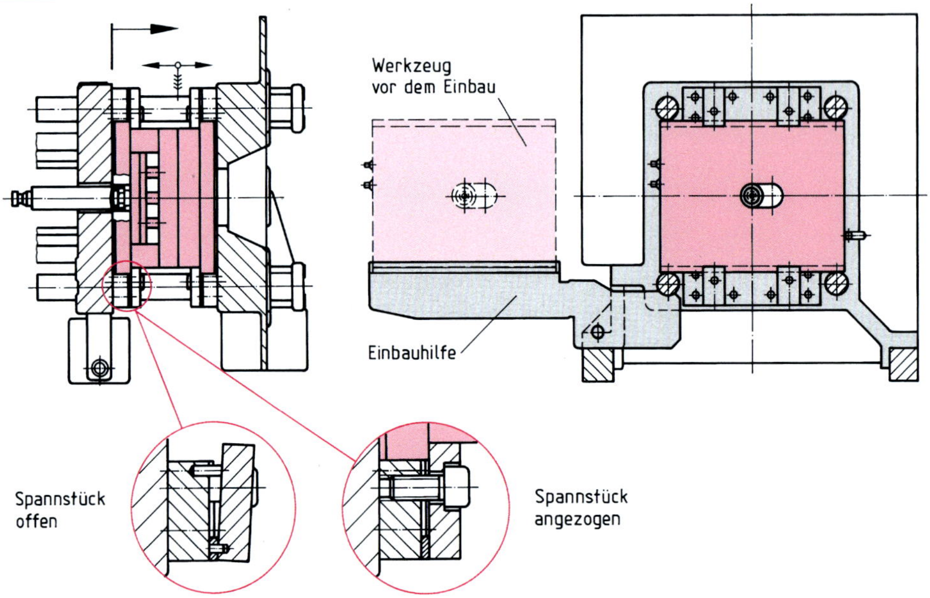

Durch die Vereinheitlichung der Werkzeugspannplatten lässt sich der Werkzeugwechsel erheblich verkürzen.

2.8.2 Hydraulisches Spannen

Bei hydraulischen Spannvorrichtungen wird das Werkzeug mit einer „Einbauhilfe" horizontal in der Schließeinheit positioniert und zentriert. An jeder Werkzeugaufspannplatte sind meist vier doppelt wirkende Hydraulikzylinder als Spannelemente angebracht, die auf Knopfdruck das Werkzeug gleichzeitig festspannen (siehe auch *„Maschinen- und Gerätetechnik")*.

Das hydraulisch betätigte Spannelement besteht aus einem Gehäuse, in dem ein zweiteiliger keilförmiger Spannbolzen von der Kolbenstange geführt wird. Beim Spannen fährt der Spannbolzen aus und drückt die Druckstücke, die in Schwalbenschwanzführungen gehalten werden, auf den Spannrand des Spritzgießwerkzeuges. Das Spannen über die Druckstücke vermeidet das Verschieben der Werkzeugaufspannplatten.

Die keilförmigen Druckstücke sind so gestaltet, dass sie selbsthemmend spannen. Dadurch bleiben die Werkzeuge auch dann gespannt, wenn ein Druckabfall in den Hydraulikelementen erfolgen sollte.

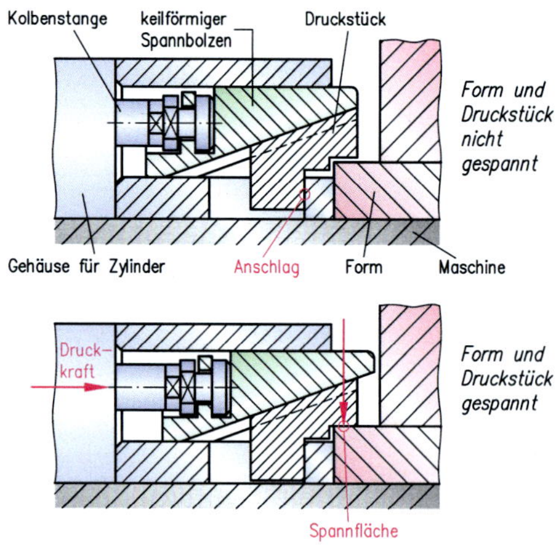

Hydraulisches Spannelement

Hydraulische Spannvorrichtungen eignen sich in Verbindung mit Einbauhilfen besonders gut für die Rationalisierung des Werkzeugwechsels.

Übungsaufgaben F-116; F-117

3 Formteilgestaltung von Spritzgießteilen

3.1 Lösungskonzept zur Gestaltung von Spritzgießteilen

Die allgemeinen Ziele bei der Konstruktion von Bauteilen sind auch maßgebend für die Entwicklung von Spritzgießteilen. Man muss daher bei der Entwicklung der Formteile bestimmte konstruktive Gesichtspunkte beachten. Der Artikel sollte folgenden Eigenschaften genügen:

- gebrauchsgerecht,
- werkstoffgerecht,
- fertigungsgerecht,
- vertriebsgerecht,
- recyclinggerecht.

Die Entwicklung von Spritzgießteilen und die Gestaltung der entsprechenden Werkzeuge bedingen einander. Auch das Verhalten von Kunststoffen im Spritzgießprozess und die gewünschte Qualität der Artikel beeinflussen die konstruktive Entwicklung und erfordern spezielle Kenntnisse und langjährige Erfahrungen (siehe auch „Maschinen- und Gerätetechnik“, Kapitel „Prozesskenngrößen und Formteilqualität“).

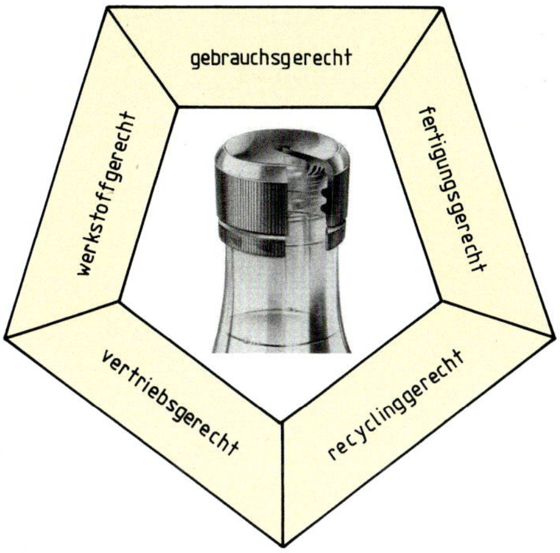

Konstruktionsgesichtspunkte

Die Anforderungen an ein Produkt lassen sich zunächst unter dem Gesichtspunkt der Gesamtfunktion dieses Produktes beschreiben und erfassen. Für die konstruktive Gestaltung des Spritzgießteiles und der daraus folgenden Werkzeuggestaltung ist es vorteilhaft, die *Gesamtfunktion* des Artikels in *Teilfunktionen* zu zerlegen. Bei der Entwicklung des Artikels sucht man zunächst für die Teilfunktionen optimale Lösungen. Die Teillösungen werden miteinander kombiniert und ergeben die möglichen Lösungskonzepte für das Spritzgießteil.

Beispiel für die Entwicklung von Lösungskonzepten

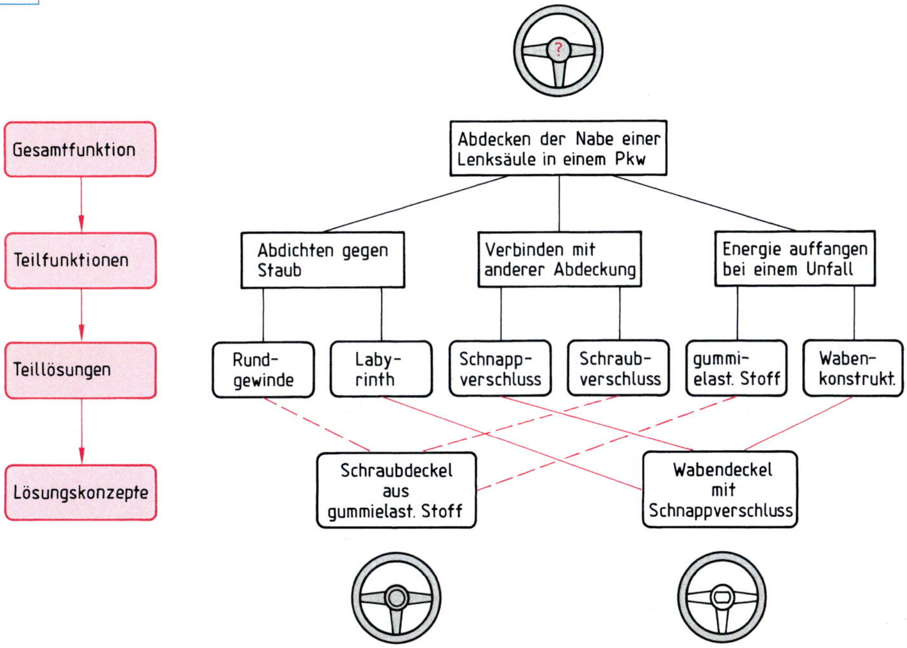

Die Verwirklichung des Lösungskonzeptes für einen Artikel nimmt man unter den Gesichtspunkten der Werkstoffgerechtigkeit, Funktionsgerechtigkeit und Fertigungsgerechtigkeit vor.

Übungsaufgabe F-118

Die verschiedenen Gesichtspunkte bei der Formteilgestaltung beeinflussen sich gegenseitig. In den nachfolgenden Kapiteln werden diese Bereiche jedoch wegen der Übersichtlichkeit einzeln dargestellt.

3.2 Werkstoffgerechte Gestaltung von Spritzgießteilen

3.2.1 Werkstoffauswahl

Die Auswahl des richtigen Werkstoffes für ein Produkt aus Kunststoff wird dadurch erschwert, dass für die verschiedenen Kunststoffklassen über 10 000 Handelstypen angeboten werden. Im Spritzgießen verarbeitet man über 5 000 Handelstypen im Bereich der Thermoplaste.

Den günstigsten Werkstoff sucht sich der Konstrukteur entweder über Prospektangaben der verschiedenen Rohstoffhersteller aus oder er benutzt Datenbanken. In diesen Datenbanken sind alle wichtigen Informationen über eine Fülle von Werkstoffen gesammelt. Die Werkstoffinformationen lassen sich in Form von Übersichten, Tabellen, Kenngrößengruppen und Funktionskurven abrufen.

Bei der Werkstoffauswahl spielen zunehmend auch ökologische Gesichtspunkte eine Rolle. Neben der Wiederverwertbarkeit (Recyclingfähigkeit) achtet man besonders auf das Verhalten der Werkstoffe im Gefahrenfall, z. B. bei Bränden.

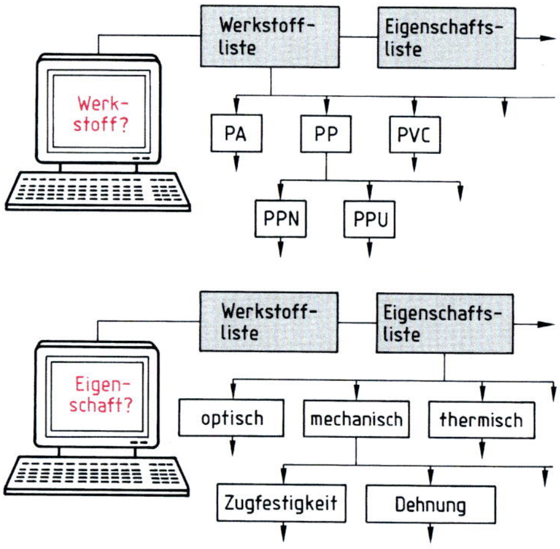

Datenbanken zur Werkstoffauswahl

3.2.2 Regeln für werkstoffgerechte Gestaltung

Kunststoffe haben besondere Eigenschaften, die bei der Gestaltung des Spritzgießteiles beachtet werden müssen. Aus der Erfahrung und aus wissenschaftlichen Untersuchungen hat man daher bestimmte Gestaltungsregeln entwickelt.

- **Wanddicke und Werkzeuginnendruck**

Die Wanddicke von Kunststoffartikeln sollte *so dünn wie möglich* sein. Man erreicht dadurch einen geringen Werkstoffverbrauch und kurze Kühlzeiten. Die Mindestwanddicke ist jedoch begrenzt durch die erforderliche Festigkeit, die das Bauteil haben muss, und durch das Fließverhalten des Kunststoffes im Fertigungsprozess.

Qualitätsartikel sollten weitgehend *verzugsfrei* und *spannungsarm* sein. Dazu ist es notwendig, dass der Werkzeuginnendruck an allen Stellen im Formnest möglichst gleich groß ist. Die Verarbeitungsschwindung ist nämlich von der Höhe des jeweiligen Werkzeuginnendruckes abhängig.

Die Maximalforderung nach gleichem Werkzeuginnendruck ist in der Praxis nur angenähert zu erfüllen, weil entlang eines Fließweges im Kunststoff ein *Druckverlust* entsteht.

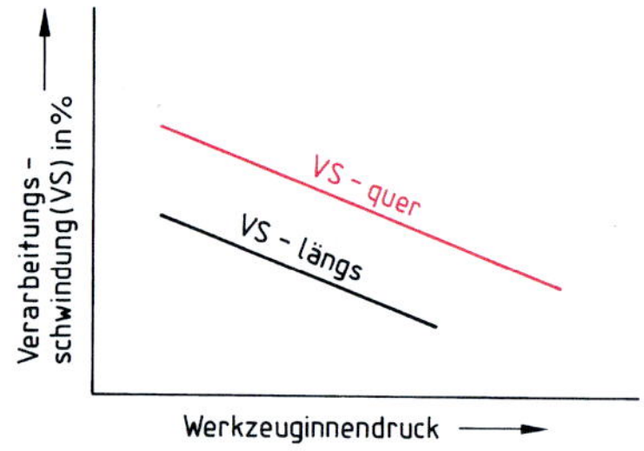

Werkzeuginnendruck und Schwindung

- **Wanddicke und Fließweglänge**

Der Druckverlust steigt, wenn der Fließweg lang ist. Man verkürzt daher den Fließweg durch eine entsprechende Anordnung des Anschnittes als mittiger Anschnitt oder man wählt Mehrfachanschnitte. Bei Mehrfachanschnitten ergeben sich jedoch Bindenähte, die bei Qualitätsartikeln zu mechanischen Schwachstellen führen und das Aussehen beeinträchtigen.

Übungsaufgabe F-119; F-120

Beispiele zur Verringerung des Druckverlustes durch Änderung der Fließweglänge

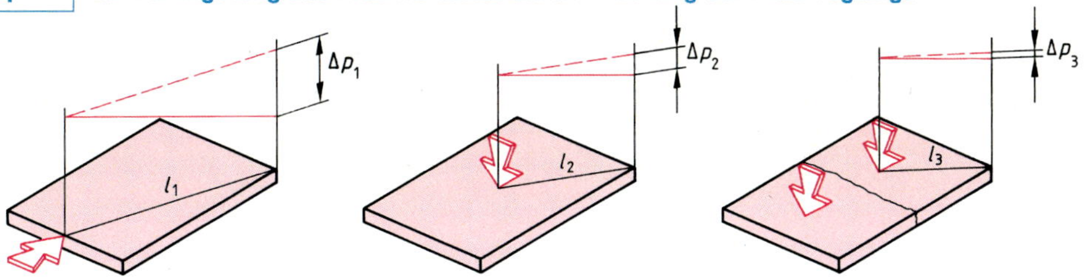

Der Druckverlust steigt auch, wenn der Kunststoff im geschmolzenen Zustand eine hohe Viskosität hat. Für Qualitätsartikel verwendet man daher Kunststoffe mit *niedriger Schmelzviskosität,* sie sollen also möglichst dünnflüssig sein.

Der Druckverlust lässt sich mindern, wenn die Wanddicke nicht zu dünn gewählt wird. Dieser Möglichkeit steht jedoch die Forderung entgegen, dass Spritzgießteile wegen der Herstellungskosten und Werkstoffkosten möglichst dünnwandig ausgebildet werden sollten.

Das Fließverhalten ist eine Werkstoffkenngröße und hängt außerdem von der Wandstärke ab. Aus entsprechenden Datenblättern oder Diagrammen kann man ablesen, welche Fließweglänge bei der gewählten Wanddicke möglich ist.

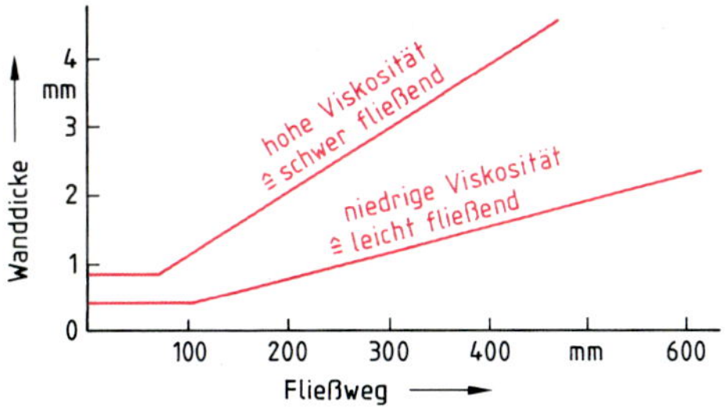

Schmelzviskosität und Fließweglänge

Beispiel für ein Datenblatt zur Fließweglänge von PBT (Celanex 2500)

Für Kunststoffe hat man durch Versuche die Abhängigkeit der Fließweglänge von der Wanddicke und dem Spritzdruck festgestellt. Die Ergebnisse für den Kunststoff PBT sind in dem nebenstehenden Diagramm erfasst. Zusätzlich ist angegeben, dass die Fließweglänge im Werkzeug nur 0,7 bis 0,8 der experimentell ermittelten Fließweglänge betragen darf.

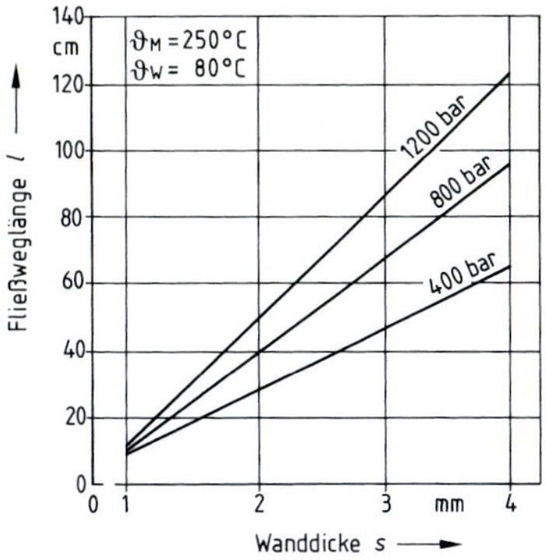

Die Wanddicken für Spritzgießteile werden so dünn wie möglich gestaltet. Leicht fließende Kunststoffe erlauben dünnwandige Konstruktionen. Gleichmäßiger und hoher Werkzeuginnendruck ist für Qualitätsartikel anzustreben, damit die Schwindung in Grenzen bleibt.

- **Wanddicke und Schwindung**

Unterschiede in der Wanddicke von Spritzgießteilen führen in den meisten Fällen zu Verzug der Bauteile durch unterschiedliche Schwindungen. Die Ursache für diese Erscheinung besteht darin, dass die Schwindung wanddickenabhängig ist. Eine dünnere Wand schwindet weniger als eine dickere Wand. Sind unterschiedliche Wanddicken unbedingt erforderlich, so gestaltet man die Übergänge konisch.

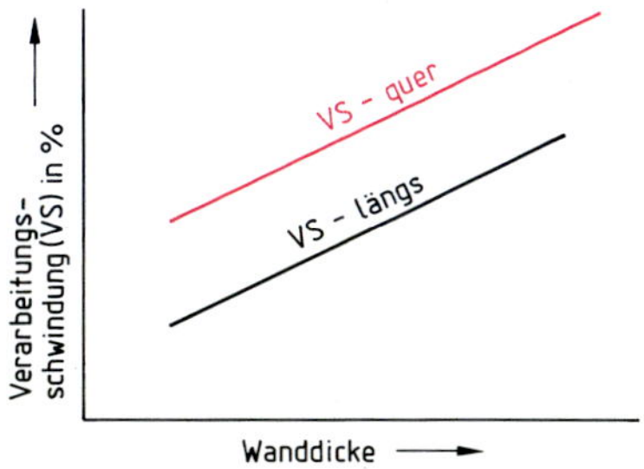

Wanddicke und Schwindung

Übungsaufgabe F-121

Stufenplatte

Die rechts gezeigte Stufenplatte weist eine typische Gestaltabweichung auf. Die dünnere Platte schwindet weniger als die dickere Platte. Die dünnere Platte ist nach der Schwindung etwas länger als die dickere Platte. Im Bereich der geringeren Wandstärke entsteht Verzug und Faltenbildung.

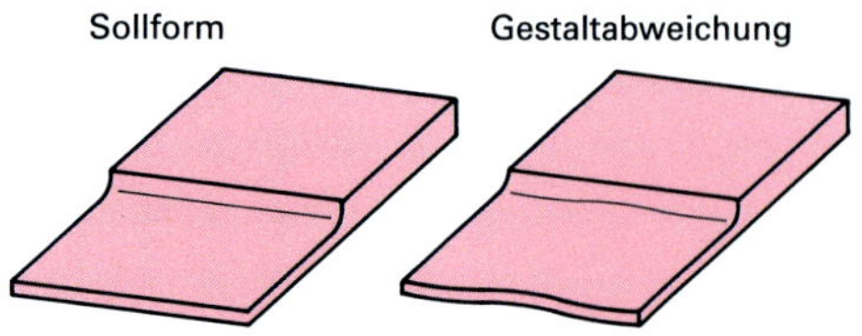

Verzug an einer Stufenplatte

Kasten mit Trennwand

Ein Kasten mit Trennwand hat eine deutliche Gestaltabweichung, wenn die Wanddicken unterschiedlich sind. Trennwand und Außenwand sollten gleich stark sein. Gestaltet man den Übergang etwas enger, so lassen sich Einfallstellen vermeiden (siehe auch Abschnitt *„Masseanhäufungen")*.

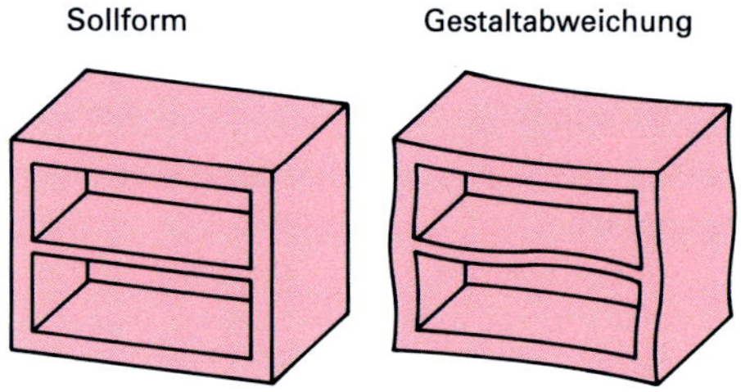

Verzug an einem Kasten mit Trennwand

Rippenanbindung

Zur Anbindung von Rippen gilt grundsätzlich: Dicke re Rippen ziehen Wandungen nach innen, dünnere Rippen drücken Wandungen nach außen.

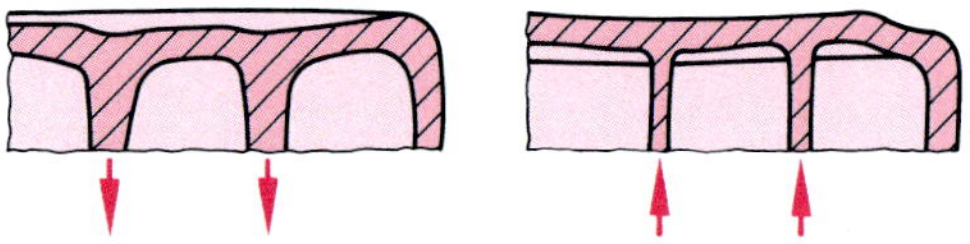
Verzug durch verschiedene Rippendicke

Beispiel **für den Verzug an einem Kasten aus PP**

Infolge der unterschiedlichen Wanddicken entsteht ein deutlicher Verzug an den Trennwänden.
Als besondere konstruktive Maßnahme ist zu beachten, dass Deckel und Kasten über ein *Filmscharnier* als ein Spritzling in einem Werkzeug hergestellt wurden. (Siehe auch Kapitel „Filmgelenk").

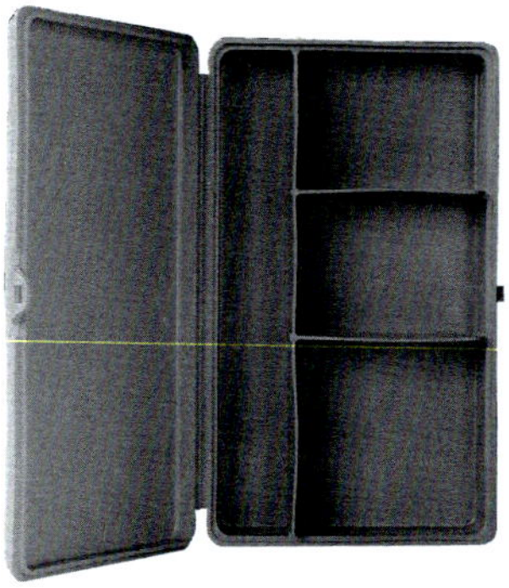
Kasten mit unterschiedlichen Wanddicken

Die Verarbeitungsschwindung von Kunststoffen ist wanddickenabhängig. Unterschiedliche Wanddicken führen zu Spannungen und zu Verzug im Bauteil.

- **Werkzeugwandtemperatur und Schwindung**

Das Schwindungsverhalten von Kunststoffen ist auch abhängig von der Werkzeugwandtemperatur. Generell gilt, dass die Seite des Artikels, die an der wärmeren Werkzeugwand erstarrt, stärker schwindet als die gegenüberliegende Seite. Durch geeignete Temperiermaßnahmen im Werkzeug und im Spritzgießprozess sucht man möglichst gleiche Werkzeugwandtemperaturen zu erreichen.

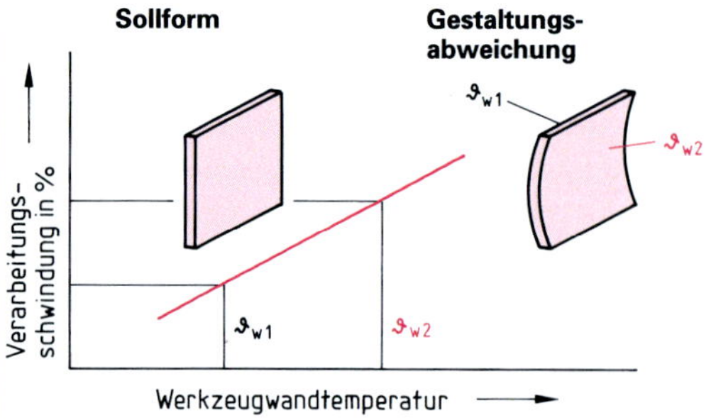

Verzug durch Temperaturunterschiede

An Winkeln ist jedoch auch bei gleichen Werkzeugwandtemperaturen eine Gestaltabweichung durch Verzug zu beobachten. Das liegt daran, dass an solchen Winkeln Außenbereiche mit zweiseitigem Werkzeugwandkontakt vorhanden sind, die zu einer erhöhten Abkühlung und damit zu geringerer Schwindung führen. Auf den Innenseiten von Winkeln liegen Bereiche mit verminderter Abkühlung vor, weil die Masseteilchen keinen oder zu wenig Werkzeugwandkontakt haben. Hier erstarrt der Kunststoff bei höheren Temperaturen und hat dadurch ein größeres Schwindungsverhalten.

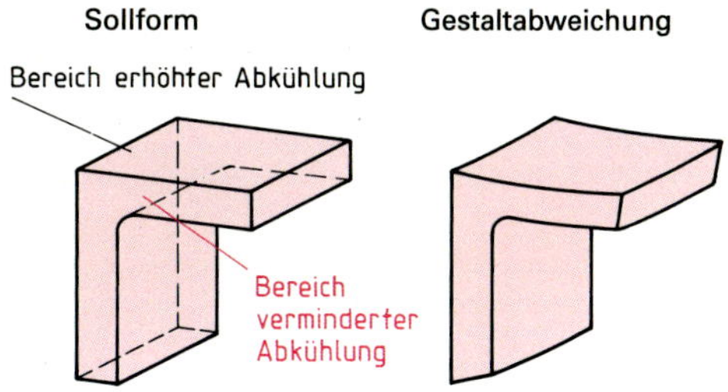

Verzug durch unterschiedliche Abkühlung

Beispiele für die Gestaltung von Ecken

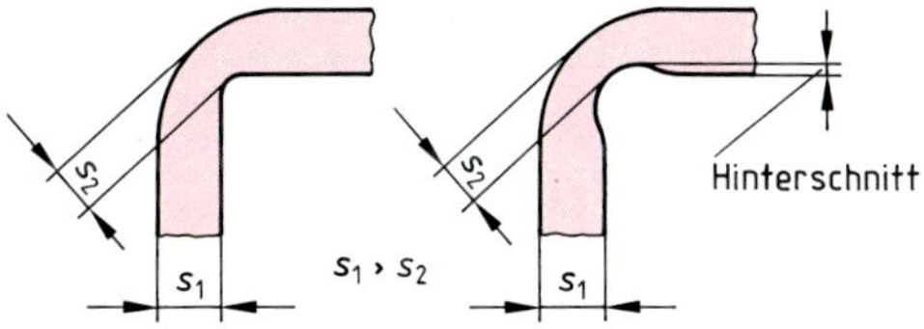

Werkzeugtechnisch einfache Ausführung

Werkzeugtechnisch aufwendigere Ausführung, jedoch wirksamer

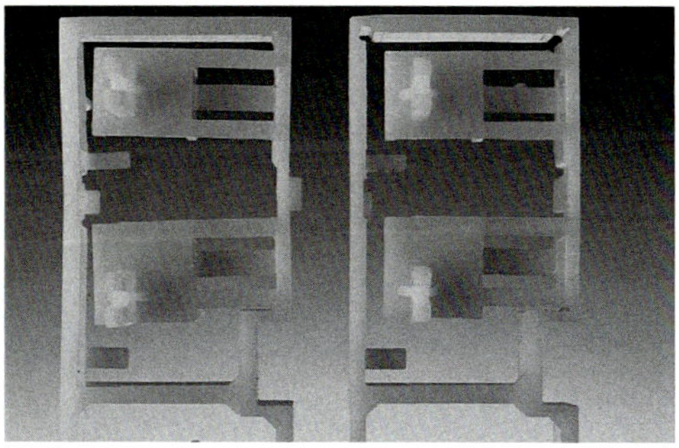
Verminderung des Verzuges durch Neugestaltung des oberen Eckenbereiches

In einem Formnest sollte die Werkzeugwandtemperatur möglichst überall gleich sein, da die Schwindung auch von der Temperatur abhängig ist. Eckenbereiche erfordern besondere Gestaltungsmaßnahmen.

LF 11F-14F

- **Massenhäufungen**

Im Bereich von Masseanhäufungen in einem Artikel entstehen *Lunker, Einfallstellen* und *Eigenspannungen.*

In der Nachdruckphase können diese Masseanhäufungen nicht mehr gespeist werden, weil andere Bereiche im Spritzling schon erstarrt sind.

Durch geeignete konstruktive Maßnahmen lassen sich örtliche Masseanhäufungen vermeiden. Unvermeidbare Einfallstellen im Bereich von Rippenanbindungen überdeckt man mit Ziernuten oder Zierrippen.

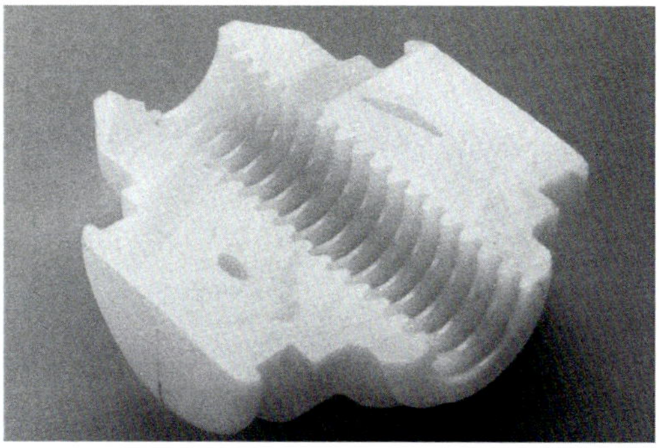
Lunkerbildung im Bereich von Masseanhäufungen

Beispiel zur Vermeidung von Masseanhäufungen

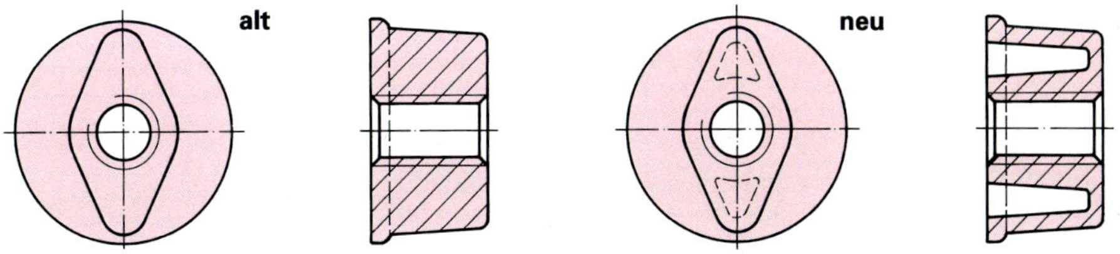

Übungsaufgaben F-123; F-124; F-125

Beispiele für werkstoffgerechte Gestaltung

Kupplungsteil aus POM als Ersatz für Metallteil (oben)

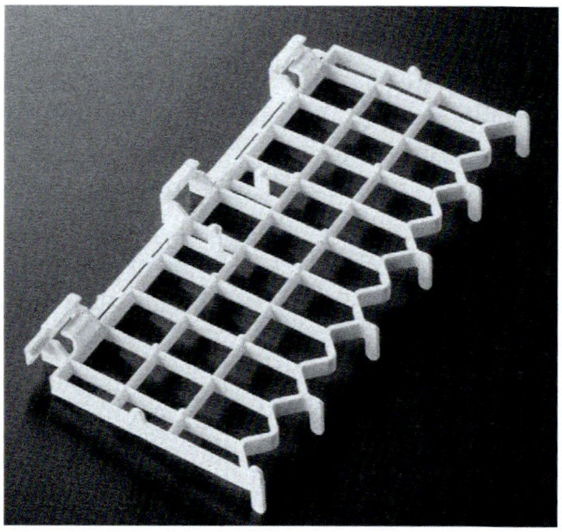

Spüleinsatz aus POM

Masseanhäufungen an Spritzgießartikeln führen zu Lunkern, Einfallstellen und Eigenspannungen. Masseanhäufungen müssen durch konstruktive Maßnahmen vermieden werden.

3.3 Funktionsgerechte Gestaltung von Spritzgießteilen

Durch eine funktionsgerechte Gestaltung von Spritzgießteilen, bei denen man die kunststoffspezifischen Eigenschaften ausnutzt, sind besondere konstruktive Lösungen entwickelt worden. Dazu gehören:

- Schnappverbindung,
- Filmgelenk (Filmscharnier),
- Verbundbauteile.

3.3.1 Schnappverbindung

Mithilfe von Schnappverbindungen können Bauteile aus thermoplastischen Kunststoffen einfach und schnell gefügt werden.

Je nach Verwendung sind unterschiedliche Lösungen entwickelt worden. Allen Ausführungsformen von Schnappverbindungen ist gemeinsam, dass zumindest ein Fügeteil während des Fügens kurzzeitig ausgelenkt wird. Anschließend federt dieses Teil in die Ruhestellung zurück. Weicht die Ruhestellung von der Ausgangsstellung ab, so bleibt in der Schnappverbindung eine Restspannung, die eine zusätzliche Verklemmung in der Verbindung bewirkt.

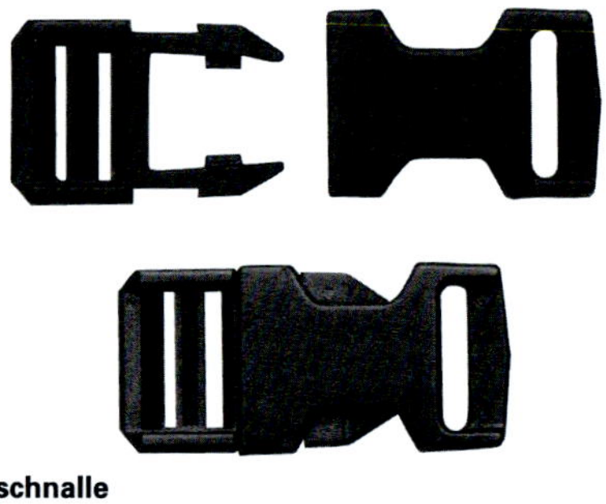

Gurtschnalle

Beispiel für die Gestaltung eines Schnapphakens mit Rastnase und Ausnehmung

Sollform

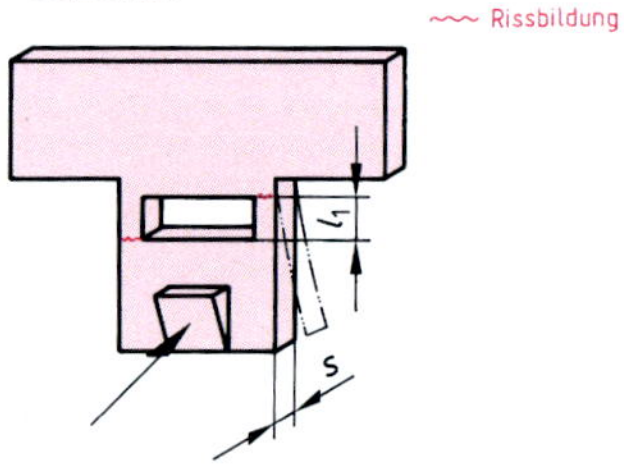

Vermeiden der Rissbildung durch biegeweiche Konstruktion mit folgenden Änderungen:

- $l_2 > l_1$
- *s* etwas kleiner
- Radien in Übergängen

Funktionsgerechte Lösung

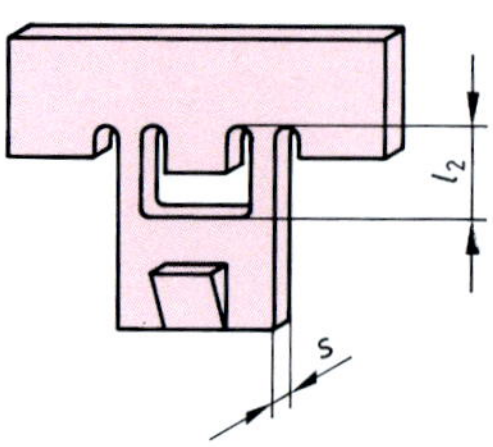

Übungsaufgaben F-126; F-127; F-128

Beispiel für die Gestaltung eines Clips mit Versteifungsrippe

Sollform

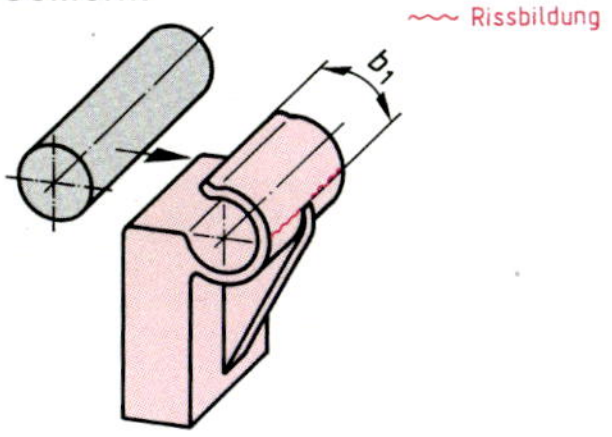

Vermeiden der Rissbildung durch biegeweiche Konstruktion mit folgender Änderung:

- $b_2 > b_1$

(die Haltekraft der Schnappverbindung verringert sich jedoch)

Funktionsgerechte Lösung

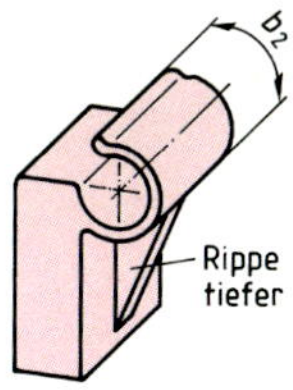

Beim Fügen von Bauteilen durch Schnappverbindungen rasten Haken, Nocken oder Wülste in entsprechende Hinterschneidungen ein und ergeben so eine formschlüssige Verbindung.

3.3.2 Filmgelenk (Filmscharnier)

Filmgelenke stellen eine bewegliche und elastische Verbindung zwischen verschiedenen Bauteilen aus thermoplastischen Kunststoffen her. Sie wirken wie ein Scharnier. Für die Konstruktion des Filmgelenkes benutzt man die kunststofftypischen Eigenschaften wie hohe Zähigkeit, leichte Verformbarkeit und hohe Biegewechselfestigkeit.

Die Bauteile werden mit dem Filmgelenk als elastisches Bindeglied in einem *gemeinsamen Formnest* hergestellt.

Filmgelenke haben keine Flächen, die aufeinander gleiten und reiben. Filmgelenke sind daher verschleißfrei. Die geringe Gelenkdicke begrenzt die Belastbarkeit der Verbindung. Die Biegezahl von Filmgelenken kann je nach Kunststoff und Konstruktion bis zu mehreren Millionen betragen.

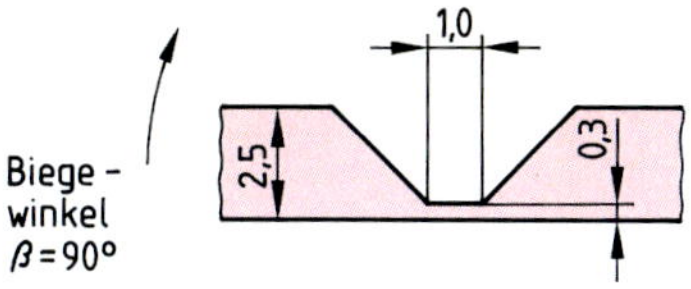

Filmgelenk an Kassettenbox

LF 11F-14F

Beispiele für die Anschnittgestaltung bei Formteilen mit Filmgelenken

Gleichmäßige Formfüllung durch annähernd parallele Fließfront beim Filmanschnitt oder Reihen-Punktanschnitt

Bindenaht außerhalb des Filmgelenkes durch unterschiedliche Füllvolumen von Deckel und Kasten

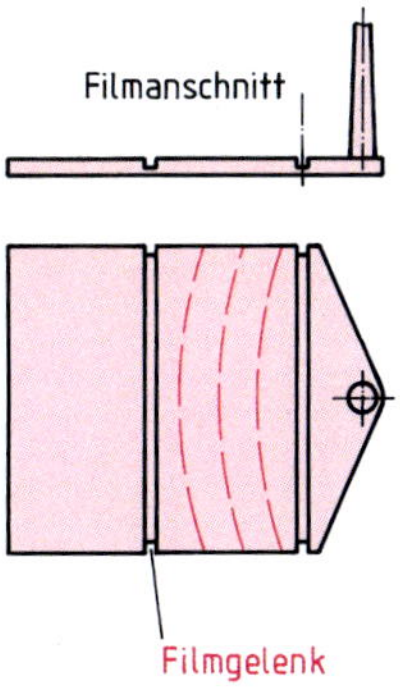

Filmanschnitt

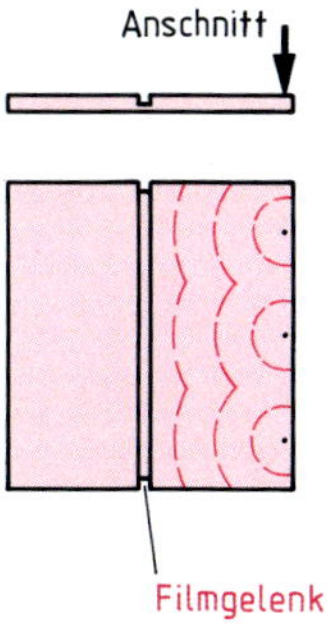

Reihen-Punktanschnitt

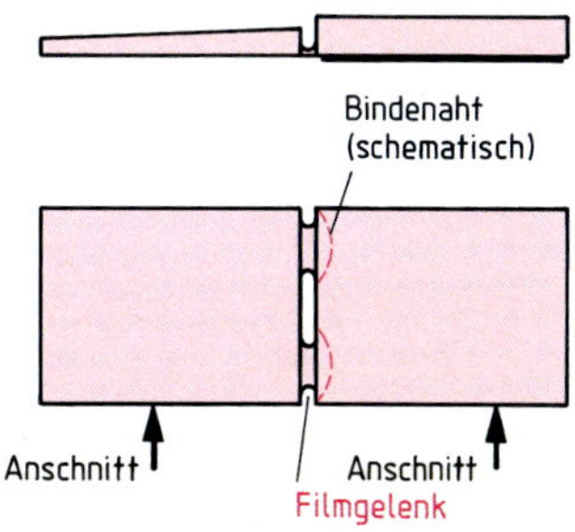

2-fach-Tunnelanschnitt

Filmgelenke wirken wie ein Scharnier. Filmgelenke sind besonders preiswert, da sie im Urformverfahren gemeinsam mit den Bauteilen in einem Spritzgießwerkzeug hergestellt werden.

Übungsaufgaben F-129; F-130

3.3.3 Verbundbauteile

In Verbundbauteilen sind verschiedene Werkstoffe in einem Bauteil kombiniert. Dadurch nutzt man die unterschiedlichen Eigenschaften der einzelnen Werkstoffe aus. Man unterscheidet dabei die *„Insert-Technik" und die „Outsert-Technik".*

- **Insert-Technik**

Bei der Insert-Technik werden metallische Funktionsteile in thermoplastische Kunststoffe durch Urformen oder andere Verfahren gefügt. So werden z. B. Gewindebuchsen aus Messing durch Umspritzen oder durch nachträgliches Eindrücken bzw. Einschmelzen in ein Kunststoffbauteil eingebettet. Beim Fügen der Metallteile mit dem Kunststoff muss man berücksichtigen, dass die Wärmedehnung für die beiden Werkstoffe unterschiedlich ist.

Gewindeeinsätze für Kunststoffteile

Eine entsprechende Gestaltung solcher Bauteile muss verhindern, dass die auftretenden unterschiedlichen Spannungen zur *Rissbildung* führen. Durch folgende Gestaltungsregeln kann man die Rissbildung vermindern:

- die Metallteile mit einer genügend dicken Kunststoffschicht umgeben,
- die Masse der Metallteile möglichst klein halten,
- die Schwindung des Kunststoffes gezielt zulassen.

Beispiele für die Gestaltung von Verbundteilen in der Insert-Technik

Vorgabe

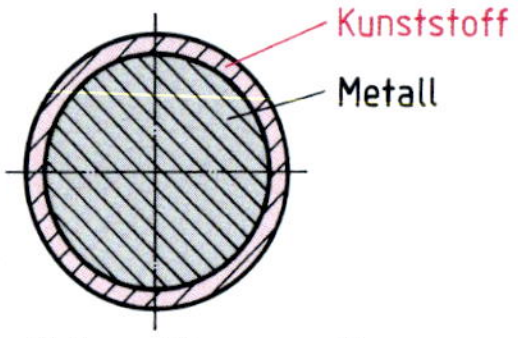

dickere Kunststoffschicht wählen

Vorgabe

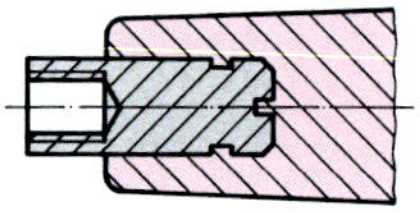

Masse der Metallteile verringern

Vorgabe

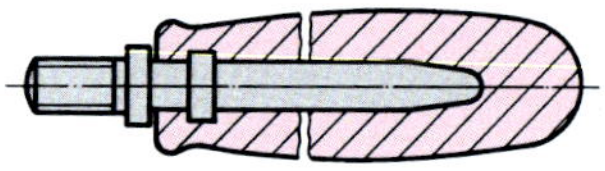

Schwindung zur Mitte hin vermeidet Spannungsrisse

Lösung

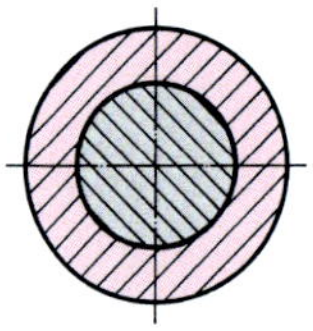

Kunststoffmantel

Lösung

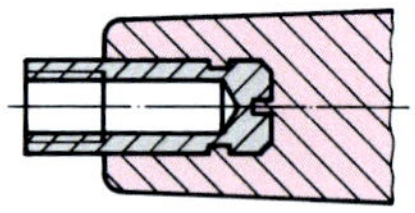

Rohreinbettung

Lösung

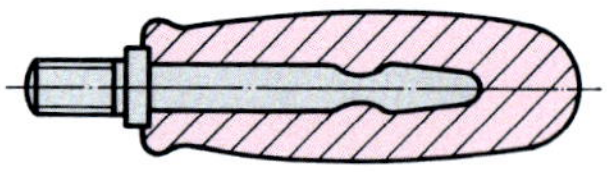

Schwindungsausgleich

Die Insert-Technik setzt man ein, wenn metallische Funktionsteile in Formteile aus Kunststoff eingebettet werden müssen. Die Funktionsteile aus Metall sind an den Stellen des Formteiles eingebettet, an denen höhere Festigkeitswerte erforderlich sind, bzw. eine häufige Wiederlösbarkeit der Verbindung erwartet wird.

- **Outsert-Technik**

Bei der Outsert-Technik benutzt man metallische Grundbaukörper als Träger. Auf diesen meistens als Platinen ausgebildeten Trägern werden mehrere Funktionsteile aus Kunststoff durch Spritzgießen aufgebracht.
Die Metallplatine wird in das Spritzgießwerkzeug eingelegt, die Form geschlossen und in einem Arbeitsgang auf beiden Seiten der Platine mit Funktionsteilen durch Spritzgießen bestückt.

Metallplatte im Spritzgießwerkzeug

Die Anschnitttechnik muss so gestaltet sein, dass eine gleichmäßige Formfüllung der verschieden großen Formnester gewährleistet ist. Das unterschiedliche Schwindungsverhalten von Metall und Kunststoff führt zu Spannungen, die zum *Abscheren der Kunststoffteile* oder zum *Verbiegen der Platine* führen können. Verkürzt man die Bauteile, so verringert man diese Gefahr.

Mit der Outsert-Technik kann besonders kostengünstig gefertigt werden, weil die Kunststoffteile durch das Spritzgießen an die gewünschten Stellen platziert werden und ohne weitere Bearbeitung funktionstüchtig sind.
Dadurch entfällt die Einzelfertigung von mehreren Bauteilen und deren Montage. Einsparungen von 40 bis 50 % gegenüber der Einzelfertigung sind fast immer erreichbar.
Durch die Outsert-Technik ist eine größere Genauigkeit in der Baugruppe als durch die Einzelmontage zu erreichen.

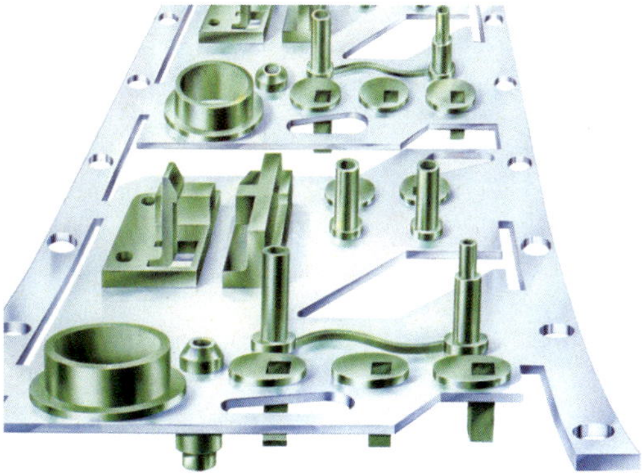

Bestückte Metallplatine mit Angussverteiler

LF 11F-14F

Beispiele für den Einsatz der Outsert-Technik in der Feinwerktechnik

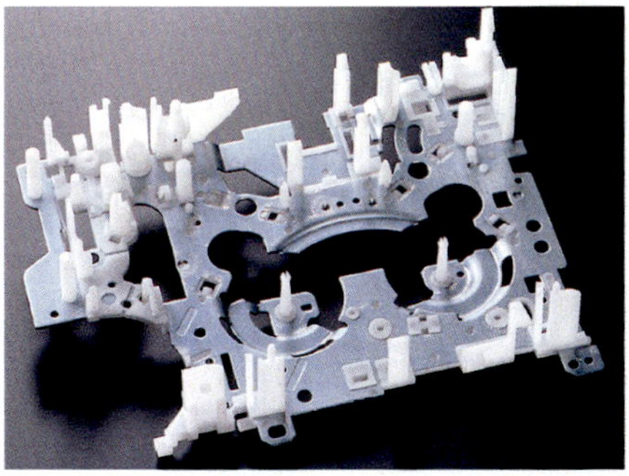

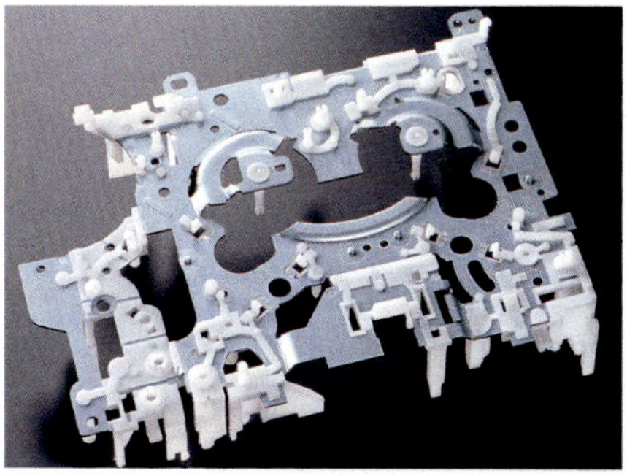

Platine für Kassettenlaufwerk (Vorderseite und Rückseite)

Die Outsert-Technik setzt man ein, um Metallplatinen und mechanische Bauteile aus Kunststoff ohne zusätzlichen Fertigungsaufwand zu fügen.

Übungsaufgaben F-131; F-132

3.4 Fertigungsgerechte Gestaltung von Spritzgießteilen

Bei der fertigungsgerechten Gestaltung von Spritzgießartikeln müssen auch die werkstoffspezifischen Besonderheiten bei der Verarbeitung von Kunststoffen berücksichtigt werden.
Eine fertigungsgerechte Kontur des Spritzgießteiles senkt nicht nur die Kosten für das Werkzeug und den Spritzgießprozess, sondern verbessert gleichzeitig die Qualität der Artikel.
In den bisher behandelten Kapiteln über das Spritzgießwerkzeug wurden die Lösungsmöglichkeiten vorgestellt, die im Laufe der Entwicklung des Werkzeugbaues gefunden worden sind, um auch anspruchsvolle Artikel aus Kunststoff herzustellen.

Die grundlegenden Richtlinien für eine fertigungsgerechte Gestaltung der Kunststoffartikel müssen die jeweiligen Besonderheiten des Werkzeugbaues und des Spritzgießens beachten. Dabei ergeben sich folgende Teilbereiche:

- Formfüllung,
- Werkzeugsteifigkeit,
- Werkzeugtemperierung,
- Entformung.

3.4.1 Formfüllung

Die Formfüllung soll so stattfinden, dass die Schmelze vom Anschnitt her überall das Ende des Fließweges möglichst gleichzeitig erreicht. Der Spritzling soll zum Anguss hin erstarren, damit der Nachdruck möglichst lange wirksam bleibt.

Ungünstige Fließorientierung und Bindenähte treten vor allem dann auf, wenn aus leicht füllbaren Bereichen im Formhohlraum Bereiche abzweigen, die einen erheblich höheren Fließwiderstand haben.

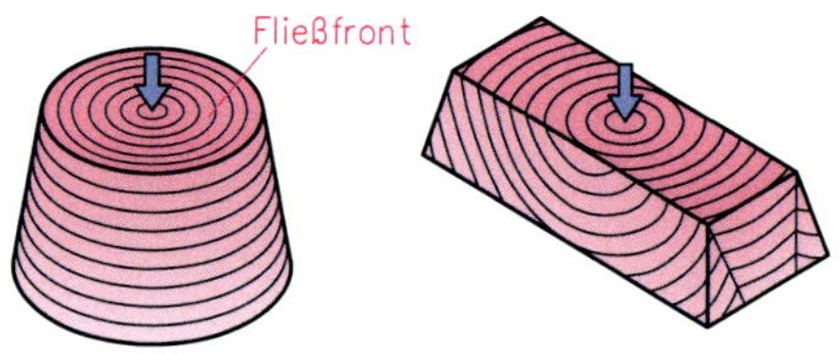

Radiale Strömung bei zentralem Anschnitt

Aus Erfahrungen und Berechnungen hat man Grundformen der Formfüllung entwickelt, die auf den jeweiligen Einzelfall übertragen werden.
Als Grundformen für die Formfüllung kennt man die **radiale Strömung** mit *kreisbogenförmiger Fließfront* und die **parallele Strömung** mit *gerader Fließfront.* Strömungshindernisse führen zur Bildung von Bindenähten.

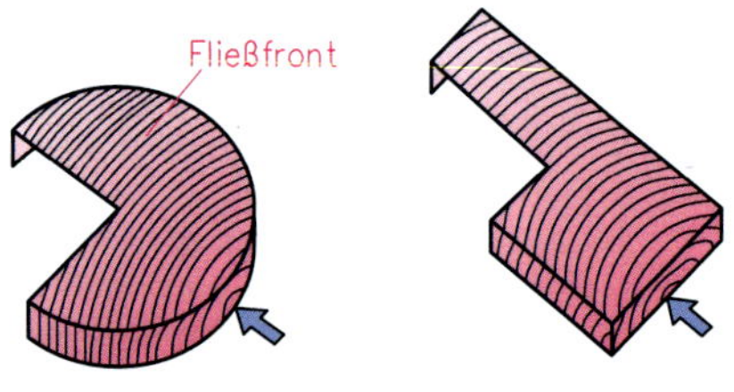

Radiale Strömung bei punktförmigem Anschnitt vom Rand

Mithilfe des Computers lassen sich Füllbilder darstellen. Diese Bilder zeigen, wie sich die Fließfront vom Anschnitt her ausbreiten würde. Durch simulierte Änderung der Anschnittlage bzw. der Wanddicken kann man die Formfüllung optimieren.

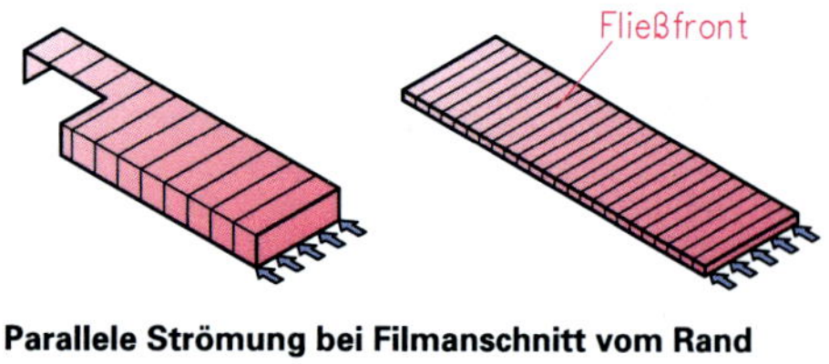

Parallele Strömung bei Filmanschnitt vom Rand

Füllbilduntersuchungen am Computer vor dem Bau des Werkzeuges vermindern die sonst anfallenden Kosten für Spritzgießversuche und Werkzeugänderungen. Eine ungünstige Formfüllung führt zu verminderter Festigkeit und zu fehlerhaften Konturen der Spritzgießartikel.

3.4.2 Werkzeugsteifigkeit

Die Verformung des Spritzgießwerkzeuges und der einzelnen Bauteile im Werkzeug ist unmittelbar abhängig von der Werkzeugsteifigkeit und vom Formfüllvorgang. Der beim Füllvorgang bestehende hohe Druck beansprucht die formgebenden Oberflächen im Werkzeug.
Besonders kritisch in Bezug auf die Verformung sind Kerne, Schieber oder Backen. Sie müssen hohen Drücken standhalten und dürfen nur geringe Deformationen aufweisen. Daher muss man schon bei der Gestaltung des Artikels darauf achten, dass Kerne, Schieber und Backen mit genügend hoher Steifigkeit ausgebildet werden können.

- **Gestaltung von Kernen**

Freistehende Kerne deformieren sich unter seitlichem Druck. Sind diese Kerne zu schlank, so können sie bei sehr hohen Belastungen abbrechen. Bereits die elastische Verformung solcher Kerne führt zu unzulässigen Wanddickenänderungen des Artikels. Außerdem wird die Entformung erheblich erschwert oder ist gar nicht möglich.
Vermeiden lässt sich diese Gefahr, indem man bei der Konstruktion des Artikels auf einseitig gelagerte schlanke Kerne verzichtet. Lässt sich dies nicht verwirklichen, so muss man das Formteil so abändern, dass der Kern beidseitig gelagert werden kann. Es entsteht jedoch im Formteil ein zusätzliches Loch.

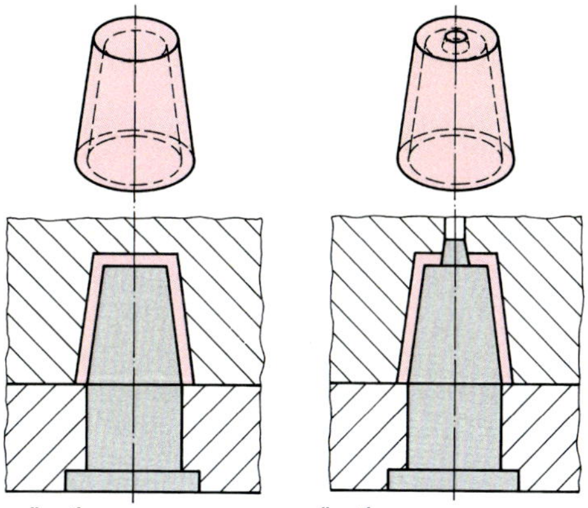

Gestaltung von schlanken Kernen

- **Lage des Anschnittes und Kernbelastung**

Durch die Lage des Anschnittes kann vermieden werden, dass Kerne im Werkzeug seitlich belastet werden.

Zylindrische Artikel spritzt man zentrisch an oder man wählt exzentrisches Anspritzen von mehreren Seiten. Bei Mehrfachanspritzung bilden sich jedoch Bindenähte.

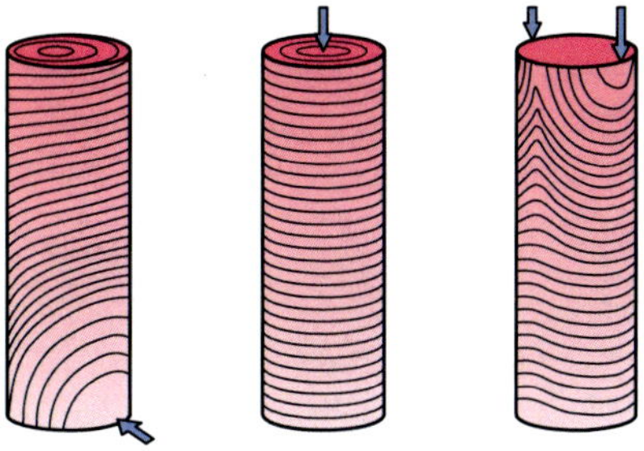

Anschnittlage und Kernbelastung bei Zylindern

Artikel mit mehreren Kernen, z. B. für Rippen, spritzt man nicht zentrisch an, weil die seitlichen Kräfte auf die Kerne zu groß werden. Die Kernbelastung wird durch Mehrfachanspritzung verringert. Bindenähte lassen sich nicht vermeiden.

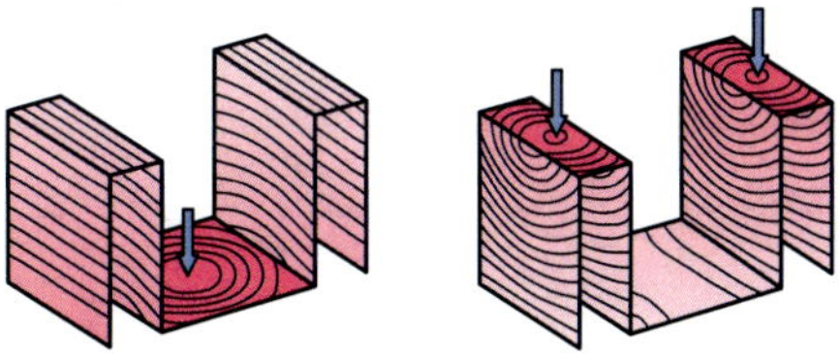

Anschnittlage und Kernbelastung bei Rippen

Bei der Gestaltung des Artikels muss man besonders auf den Kernbereich achten, damit das Werkzeug auch in diesem kritischen Bereich eine genügende Steifigkeit besitzt.
Auch durch die Lage der Anschnitte kann die Deformation schlanker Kerne begrenzt werden.

LF 11F-14F

3.4.3 Werkzeugtemperierung

Die Werkzeugtemperierung beeinflusst nicht nur die Zykluszeit, sondern auch die Qualität der Kunststoffartikel. Berücksichtigt man bereits bei dem Entwurf des Formteiles die konstruktiven Bedingungen für entsprechende Temperierkreisläufe, so vermindert man die Zykluszeit, erhält maßgerechtere Formteile und verbessert die mechanischen Eigenschaften der Artikel.

Bei der fertigungsgerechten Gestaltung der Artikel muss man darauf achten, dass im Formnestbereich genügend Platz für Temperierkanäle vorhanden ist. Dies gilt besonders für Kerne.
Die Höhe der Werkzeugwandtemperatur hat unmittelbar Einfluss auf die Verarbeitungsschwindung und damit auf den Verzug der Artikel.
Innerhalb eines Werkzeuges kann man mit getrennten Kreisläufen das unterschiedliche Schwindungsverhalten, welches zum Verzug führt, ausgleichen.

ϑ_K Kerntemperatur (Oberfläche)
ϑ_G Gesenktemperatur (Oberfläche)

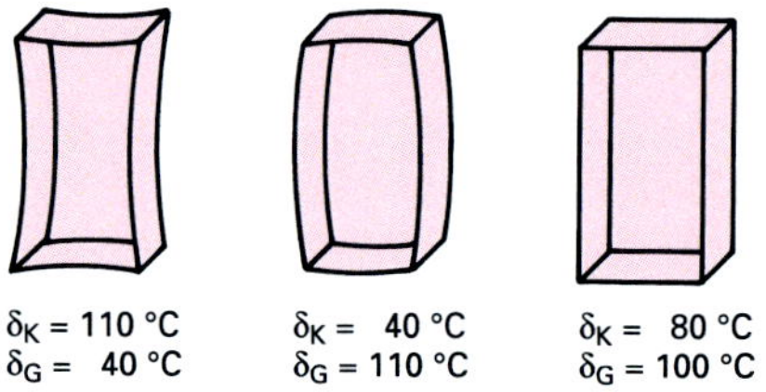

Werkzeugtemperierung und Verzug

Eine fertigungsgerechte Formteilgestaltung muss auch unter dem Gesichtspunkt der Werkzeugtemperierung vorgenommen werden. Qualitätsartikel lassen sich nur durch eine exakte Temperaturführung wiederholgenau herstellen.

3.4.4 Entformung

Die spritzgießgerechte Konstruktion von Kunststoffartikeln sollte schon im Entwurf die Entformung berücksichtigen.
Der Spritzling muss auf der beweglichen Seite des Werkzeuges hängen bleiben, da die Auswerfereinrichtung auf dieser Seite angebracht ist. Durch entsprechend vorgesehene Ausformschrägen kann das Werkzeug geöffnet werden, ohne dass der Artikel beschädigt wird.

Äußere Hinterschneidungen lassen sich durch Backen, Schieber oder Kernzüge entformen. Die Öffnungswege dieser Werkzeugteile sollten möglichst kurz sein, damit keine gesonderten Antriebe nötig sind.

Innere Hinterschneidungen sollten nach Möglichkeit vermieden werden. Bewegliche Teile in Kernen lassen sich nur schwer verwirklichen und sie schwächen außerdem die Kerne in unzulässiger Weise.

Öffnung durch Kernzug | Öffnung durch Umkonstruktion des Artikels

Vermeiden von Hinterschneidungen

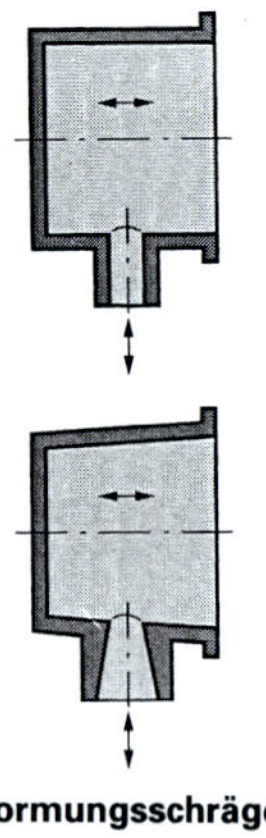

ungünstig:
keine Entformungsschrägen
hohe Entformungskräfte
langer Auswerferhub

günstig:
Entformungsschrägen in allen Entformungsrichtungen, mindestens 0,5°
zusätzlich für strukturierte Oberflächen
1,5° pro 0,02 mm Rauhtiefe

Entformungsschrägen

Die Entformung eines Artikels mit Hinterschneidungen stellt besondere konstruktive Anforderungen an den Artikel und an das Werkzeug.

Übungsaufgabe F-135

4 Der Spritzgießprozess

4.1 Baueinrichtungen einer Spritzgießanlage

Spritzgießanlagen werden zur Fertigung von Formteilen aus Kunststoff von einigen Milligramm bis zu 90 kg Masse eingesetzt. Die Kunststoffverarbeitung aus Granulat zu Formteilen wird zu etwa 60 % mit Spritzgießanlagen vorgenommen. Vorwiegend werden Thermoplaste, jedoch auch zunehmend Duroplaste und Elaste durch Spritzgießen in entsprechenden Werkzeugen zu Formteilen verarbeitet. Die heutigen Spritzgießanlagen sind konstruktiv so ausgereift, dass Werkstücke gratfrei mit hoher Form- und Maßgenauigkeit entstehen. Große Krafteinwirkungen und Temperaturschwankungen erfordern eine hohe mechanische und thermische Stabilität der Anlagen.

Für das Spritzgießen werden spezielle Anlagen aus der eigentlichen Spritzgießmaschine und weiteren Baueinrichtungen zusammengestellt. Die charakteristischen Teilaufgaben einer Spritzgießmaschine erfordern stets einen Aufbau aus den folgenden funktionalen Einheiten:

- **Plastifiziereinheit,**
- **Einspritzeinheit,**
- **Schließeinheit,**
- **Steuer- und Regeleinheit.**

Zu den weiteren Baueinrichtungen gehören Hydraulikaggregate, Temperiergeräte, Kühlanlage, Handhabungsroboter, automatische Werkzeugwechsler, automatische Granulatzuführung, Qualitätskontrolle u. a.

LF 11F-14F

Beispiel für eine Spritzgießanlage

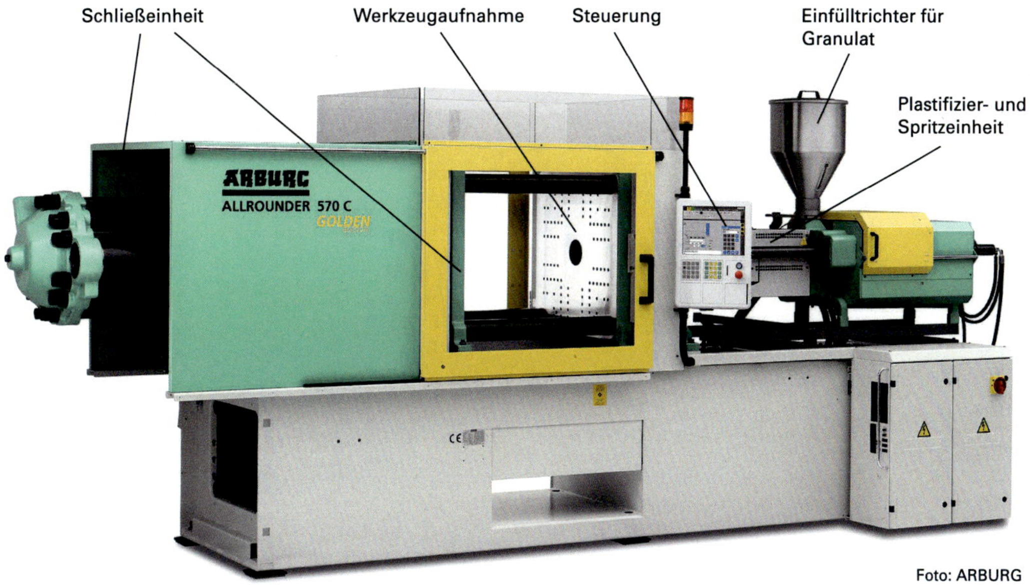

Foto: ARBURG

Die Baueinheiten einer Spritzgießmaschine erfüllen die folgenden Aufgaben:

- In der **Plastifiziereinheit** wird das Granulat bereitgestellt und in einen teigigen Zustand überführt.
- Die **Einspritzeinheit** dient dazu, den spritzgießfähigen Kunststoff mit hohem Druck in das formgebende Werkzeug zu fördern.
- Die **Schließeinheit** dient dazu, die Werkzeugteile für den Spritzvorgang zu schließen und zur Formteilentnahme zu öffnen.
- Mit der **Steuerungs- und Regelungseinheit** werden alle für den Fertigungsablauf notwendigen Einstellwerte in ihrem zeitlichen Ablauf geregelt.

Übungsaufgabe F-136

4.2 Arbeitsgänge im Spritzgießprozess

4.2.1 Spritzgießzyklus

Beim Spritzgießen wird plastifizierter Kunststoff durch äußeren Druck in einen Formhohlraum gepresst. Nachdem die Form gefüllt ist, bleibt der Druck als sogenannter **Nachdruck** noch für eine kurze Zeit aufrechterhalten. Durch das Nachdrücken der Schmelze während der Abkühlzeit wird die Volumenschrumpfung im Artikel verringert. Nachdem der Artikel erstarrt ist, wird die Spritzgießmaschine geöffnet und das Spritzgießteil entformt.

Während der Produktion wiederholen sich diese Arbeitsgänge periodisch. Man spricht daher auch vom Spritzgießzyklus.

Beispiel für den Spritzgießzyklus bei der Verarbeitung von thermoplastischen Kunststoffen

Einspritzen des Kunststoffes

- Das geschlossene Werkzeug und die Spritzeinheit werden zusammengepresst.
- Mithilfe eines Druckkolbens wird die stillgesetzte Schnecke nach vorne geschoben, dadurch wird Formmasse aus dem Sammelraum unter hohem Druck in den Formhohlraum gespritzt.

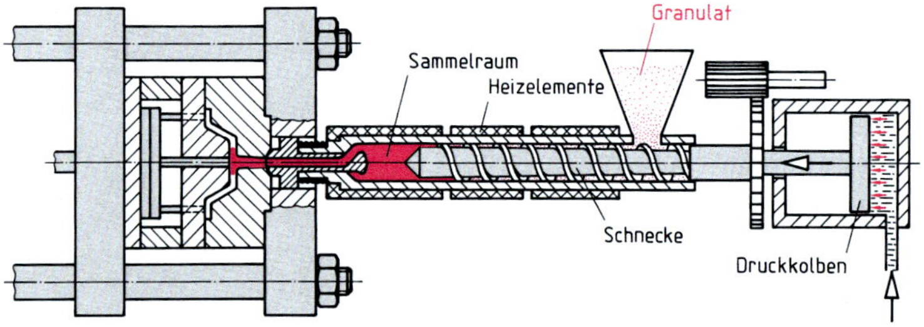

Nachdrücken und Plastifizieren

- Der Nachdruck wird aufrecht erhalten, indem die Schnecke wieder in Drehung versetzt wird.
- Die Schnecke fördert das Granulat aus dem Massetrichter durch den beheizten Spritzzylinder in den Sammelraum, der Kunststoff wird geschmolzen und gleichmäßig durchgeknetet.
- Im Sammelraum staut sich der nach vorn geförderte Kunststoff. Dadurch wird die Förderschnecke nach hinten geschoben.

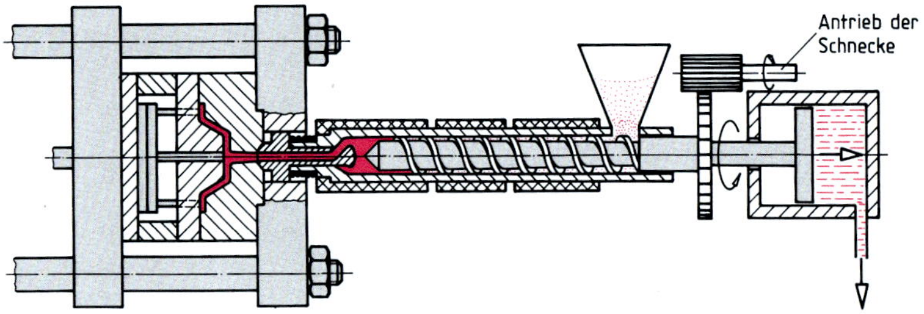

Entformen des Formteiles

- Das Werkzeug und die Spritzeinheit werden voneinander getrennt.
- Das abgekühlte Formteil wird ausgestoßen.

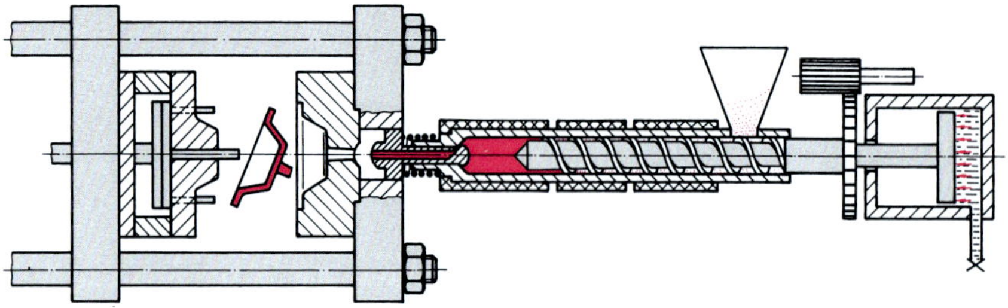

Übungsaufgaben F-137; F-138; F-139

4.2.2 Zeitliche Abfolge der Arbeitsgänge beim Spritzgießen

Die Fertigung der Spritzgießteile setzt voraus, dass die Bewegungsabläufe von Plastifizier-, Einspritz-, Schließ- und Entformungseinheit in ihrer Dauer und ihrer Abfolge genau aufeinander abgestimmt sein müssen. Die teilweise gleichzeitigen Bewegungsabläufe mehrerer Einheiten bringen eine Optimierung des Fertigungsablaufes und senken die Fertigungszeiten erheblich.
Während der Produktion wiederholen sich nach jedem Spritzgießteil alle Arbeitsgänge periodisch. Die gesamte Zeit für die Fertigung eines Werkstückes wird **Zykluszeit** genannt.

Beispiel für die zeitliche Abfolge der Arbeitsgänge eines Spritzgießzyklus

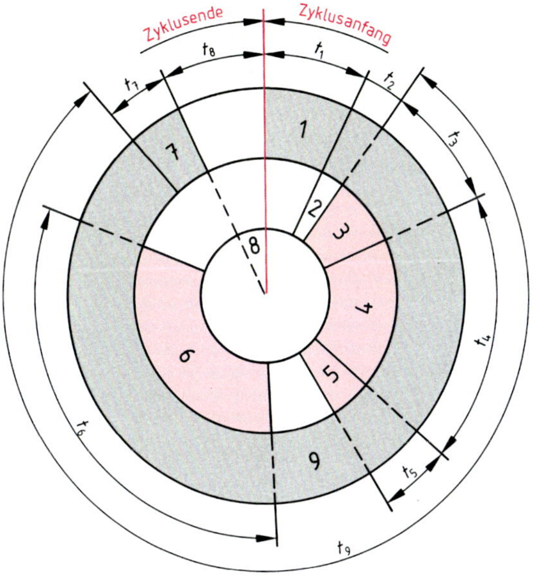

Zeitanteile der Arbeitsschritte:

- t_1 Schließzeit des Werkzeugs
- t_2 Verfahrzeit der Einspritzeinheit an das Werkzeug
- t_3 Einspritzzeit
- t_4 Nachdruckzeit
- t_5 Verfahrzeit der Einspritzeinheit in Ausgangsstellung
- t_6 Plastifizier- und Dosierzeit
- t_7 Öffnungszeit des Werkzeugs
- t_8 Entformungszeit
- t_9 Kühlzeit für das Formteil
- t_2+t_9 Wirkzeit der Schließkraft

LF 11F-14F

Die verschiedenen Kreise stellen die Abläufe der einzelnen Einheiten dar:

Äußerer Kreis entspricht der *Schließeinheit.*
Mittlerer Kreis entspricht der *Plastifizier- und Einspritzeinheit.*
Innerer Kreis entspricht der *Entformungseinheit.*

Die mit Zahlen markierten Ausschnitte entsprechen den Wirkzeiten der jeweiligen Einheit.

Erläuterung der Arbeitsgänge

1 Schließeinheit schließt das Werkzeug und bringt die Schließkraft auf.
2 Einspritzeinheit wird an die Angussbuchse des Werkzeugs gefahren.
3 Einspritzeinheit spritzt plastifizierte Formmasse in den Formhohlraum.
4 Einspritzeinheit fördert Formmasse nach, um die Schwindung auszugleichen.
5 Plastifiziereinheit fördert Granulat, plastifiziert und homogenisiert Formmasse bis Dosiermenge erreicht ist.
6 Plastifizier- und Einspritzeinheit fahren in die Ausgangsstellung zurück.
7 Schließeinheit öffnet das Werkzeug.
8 Entformungseinheit entformt das Spritzgießteil, Handhabungsystem entnimmt es.
9 Schließeinheit bringt Schließkraft auf.

Der periodische Ablauf aller Vorgänge zur Fertigung eines Spritzgießteils ist der Spritzgießzyklus. In einem Zyklus vollziehen sich in genauer zeitlicher Abstimmung die Bewegungsabläufe von Plastifizier-, Einspritz-, Schließ- und Entformungseinheit.

Übungsaufgabe F-140

4.3 Prozesskenngrößen und Formteilqualität

Zur Steuerung des Fertigungsablaufs sind mehrere Einstellgrößen in die Steuerung der Spritzgießmaschine einzugeben. Die richtige Festlegung dieser Einstellgrößen hat entscheidenden Einfluss auf die Qualität der erzeugten Spritzgießteile. Zu den Einstellgrößen beim Spritzgießen zählen z. B. die Schneckendrehzahl, die Plastifizierzylindertemperatur, der Dosierweg, Zykluszeit u. a. Die veränderlichen Einstellgrößen der Spritzgießmaschine bezeichnet man als **Maschinenparameter.**

Von den Maschinenparametern sind wiederum wichtige Größen, wie z. B. das Volumen und die Temperatur der plastifizierten Formmasse oder der Spritzdruckverlauf, abhängig. Diese von den Eingangsparametern abhängigen Werte bezeichnet man als **Zwischenparameter.**

Die Qualität der Formteile wird jedoch hauptsächlich durch den Formgebungsprozess im Werkzeug bestimmt. Daher müssen die Maschinen- und Zwischenparameter darauf abgestimmt sein, im Werkzeug einen optimalen Formgebungsprozess zu gewährleisten. Die dafür verantwortlichen Endgrößen bezeichnet man als **Zielparameter.** Solche Zielparameter sind vor allem Druck- und Temperaturverlauf im Formhohlraum.

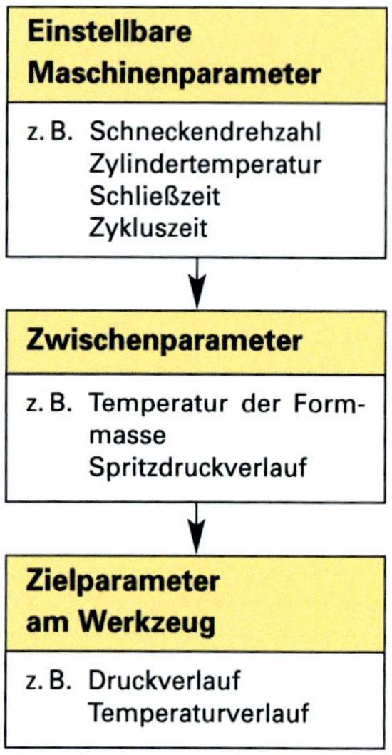

Wichtige Parameter für die Fertigung von Spritzgießteilen

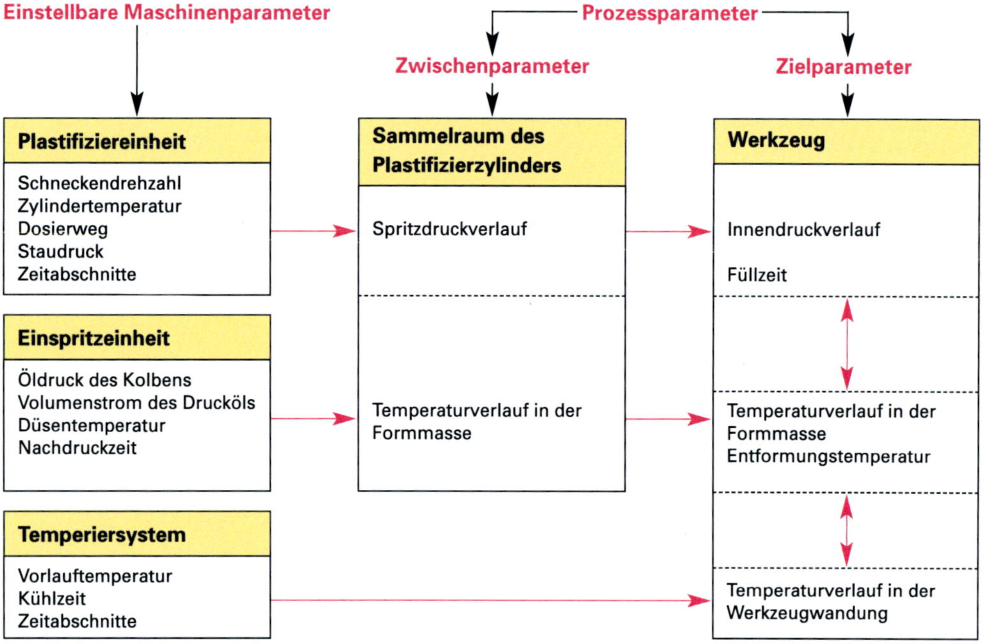

Weitere Parameter, wie Schließkraft, Öffnungs- bzw. Schließgeschwindigkeit des Werkzeuges, Anpressdruck der Düse, Entformungsbewegungen und -zeiten haben keinen direkten Einfluss auf die Formteilqualität. Sie sind so zu wählen, dass der Spritzgießprozess störungsfrei abläuft.

Hohe Formteilqualitäten erzielt man beim Spritzgießen durch angemessene Abstimmungen der Prozessparameter auf die Einstellungen der Maschinenparameter.

4.3.1 Antriebsdruck, Spritzdruck und Werkzeuginnendruck

Die Qualität der Formteile ist im Wesentlichen vom Druckverlauf im Werkzeug während des Spritzgießzyklus abhängig. Aus diesem Grunde wird zunächst der Zusammenhang zwischen Einstellparametern und dem Innendruckverlauf dargestellt.

Über den Druck des Hydrauliköls für den Kolbenantrieb des Schneckenkolbens steuert man den Spritzdruck im Sammelraum des Plastifizierzylinders. Dabei verhält sich der Antriebsdruck zum Spritzdruck proportional. Durch Strömungsverluste im Angusssystem ergibt sich jedoch ein kleinerer Werkzeuginnendruck.

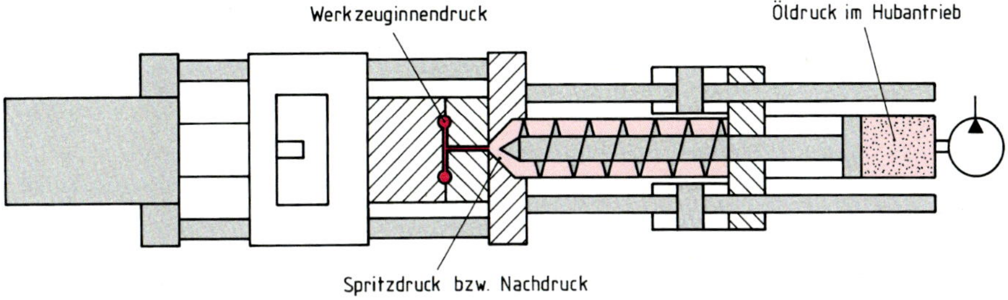

Erzeugung des Werkzeuginnendrucks durch die Einspritzeinheit

- **Antriebsdruck und Werkzeuginnendruck**

Im folgenden Diagramm ist der Verlauf des Antriebsdrucks für den Schneckenkolben mit dem sich ergebenden Werkzeuginnendruck in Abhängigkeit von der Zeit dargestellt.

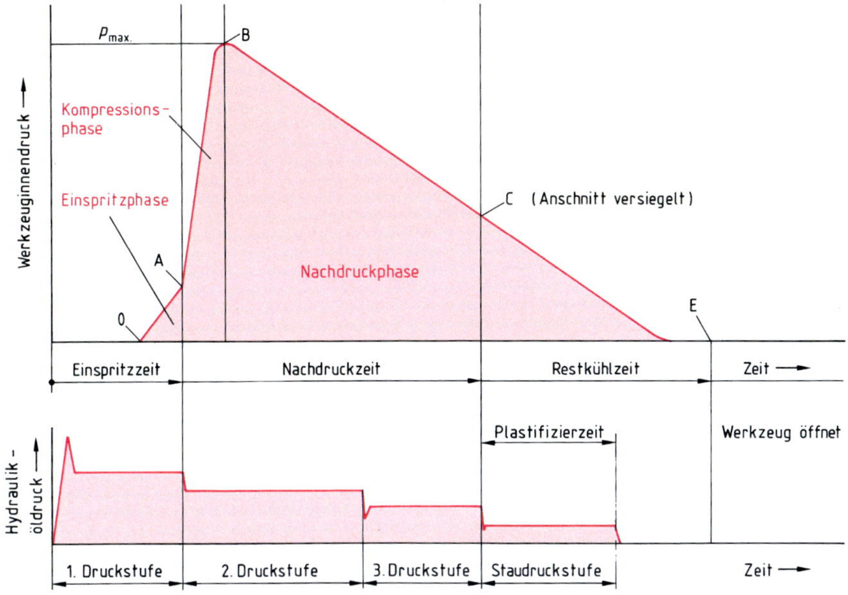

Verlauf von Antriebsdruck und Werkzeuginnendruck

Beim Vergleich der beiden Druckverläufe fällt auf, dass der Werkzeuginnendruck nur zeitverzögert dem Antriebsdruck des Schneckenkolbens und damit dem Einspritzdruck folgt.

Man unterscheidet beim Werkzeuginnendruck drei Phasen, die durch den Antriebsdruck des Hydrauliköls gesteuert werden:

- O bis A *Einspritzphase,*
- A bis B *Kompressionsphase* und
- B bis C *Nachdruckphase.*

Einspritzphase

Der Formhohlraum wird mit hoher Einspritzgeschwindigkeit völlig mit Formmasse gefüllt.

In der 1. Druckstufe für den Hydraulikantrieb wird der höchste Druck benötigt, um die Formmasse gegen Fließwiderstände im Angusssystem in den Formhohlraum zu spritzen. Der Werkzeuginnendruck steigert sich leicht zum Ende dieser Phase.

Übungsaufgaben F-142; F-143

LF 11F-14F

Kompressionsphase

Die eingespritzte Formmasse wird mit hohem Druck verdichtet. Am Ende dieser Phase wird der höchste Werkzeuginnendruck erreicht.
Bei Polymerisaten kann bei einem maximalen Werkzeuginnendruck von 1000 bar bis zu 7 % Formmasse nachgefördert werden.
Außerdem beginnt man in der 2. Druckstufe, den Druck im Kolbenantrieb abzusenken.

Nachdruckphase

Formmasse muss mit maximalem Druck nachgefördert werden, um die Volumenabnahme der noch flüssigen Formmasse durch Abkühlung auszugleichen. Aufgrund der Abkühlung und der steigenden Viskosität sinkt der Werkzeuginnendruck bis zum Siegelpunkt weiter ab. Zum Ende dieser Phase wird in die 3. Druckstufe eine weitere Druckabsenkung im Hydrauliköl vorgenommen.
Ab dem Siegelpunkt ist die Formmasse im Anschnitt erstarrt, es kann keine Schmelze mehr nachgefördert werden. Der Druck aus der Einspritzeinheit wird auf den Staudruck abgesenkt. Er beeinflusst den Werkzeuginnendruck nicht mehr, sodass der Innendruck aufgrund der weiteren Schwindung schnell abnimmt.

Der Werkzeuginnendruck wird über den Einspritzdruck erzeugt, der über den Antriebsdruck des Hydrauliköls gesteuert wird. Die Steuerung der Druckhöhe und der Zeitabschnitte in den einzelnen Druckstufen beeinflusst die Qualität der Formteile.

4.3.2 Richtwerte für Drücke im Spritzgießprozess

Hohe Spritzgießqualitäten erzielt man durch eine druckabhängige Umschaltung von Druckstufe zu Druckstufe. Beim Erreichen eines einstellbaren Spritzdruckes bzw. eines Werkzeuginnendrucks schaltet die Steuerung auf die nächste programmierte Stufe um. Die Einstellwerte müssen in Abhängigkeit von der Kunststoffsorte den Richtwertetabellen der Kunststoffhersteller entnommen werden.

Richtwerttabelle

Name des Kunststoffs	Kurzzeichen	Spritzdruck in bar	Nachdruck in bar	Werkzeuginnendruck in bar	Staudruck in bar	Dichte in g/cm^3
Polyethylen	**PE**	600 bis 1500	300 bis 800	250 bis 500	40 bis 80	0,91 bis 0,96
Polypropylen	**PP**	800 bis 1800	500 bis 1100	350 bis 800	60 bis 90	0,9
Polyvinylchlorid	**PVC**	1000 bis 1500	500 bis 900	500 bis 700	40 bis 80	1,2 bis 1,40
Polyoximethylen	**POM**	800 bis 1700	500 bis 1200	500 bis 1200	40 bis 80	1,41 bis 1,42
Polyamid	**PA**	700 bis 1200	350 bis 1050	350 bis 800	40 bis 80	1,13
Polycarbonat	**PC**	850 bis 1600	600 bis 1300	350 bis 700	80 bis 120	1,20 bis 1,24

In der Richtwertetabelle ist bei den Druckangaben ein Bereich angegeben, innerhalb dessen die Spritzgießteile einwandfrei ausfallen können. Der optimale Druck ist von der Form des Spritzgießteils und von den Qualitätsanforderungen abhängig. Er muss durch Versuchsspritzungen und Messreihen ermittelt werden.

- **Fehlerursachen und Druckverlauf**

Für die Erzielung einer guten Formteilqualität ist besonders in der Nachdruckphase die Höhe des Drucke und die Länge der Zeitabschnitte von großer Bedeutung. Bei mehreren Druckstufen im Antrieb des Schneckenkolbens muss das Umstellen vom Spritzdruck auf die 2. Druckstufe besonders sorgfältig abgestimmt sein. Der optimale Schaltpunkt ist dann gefunden, wenn sich der Spritzdruck im Werkzeug noch nicht als Druckspritze bemerkbar macht.

Fehlerart	Ursache	Abhilfe
Maßschwankungen am Spritzgießteil, Werkzeugschäden	Druckspitze im Werkzeug	Umschaltzeitpunkt nach vorn verschieben
Oberflächenfehler am Spritzgießteil	Fließverzögerung	Umschaltzeitpunkt nach hinten verschieben

Übungsaufgaben F-144 bis 149

5 Werkzeuge zum Druckgießen

5.1 Das Druckgießwerkzeug als technisches System

Das Druckgießwerkzeug entspricht in seinem Aufbau und in seinen Bezeichnungen dem Spritzgießwerkzeug. Für beide Werkzeuge gilt ab Juni 1991 die gleiche Norm DIN 16750. In dieser Norm sind die Benennungen und Symbole für Press-, Spritzgieß- und Druckgießwerkzeuge festgelegt. In den nachfolgenden Kapiteln wird daher das Druckgießwerkzeug in Anlehnung an das Spritzgießwerkzeug dargestellt und nur in den Abweichungen behandelt.

5.1.1 System zur Formgebung

- **Beanspruchung des Formhohlraumes**

Das Druckgießwerkzeug ist kompakt aufgebaut und hat typischerweise die Formplatten meist als Formrahmen ausgebildet, welche die eigentlichen Formeinsätze umschließen.

Druckgießwerkzeuge sind besonders im Formnestbereich wesentlich höheren thermischen und verschleißenden Belastungen ausgesetzt als Spritzgießwerkzeuge. Die Formeinsätze werden daher aus durchhärtbaren Stählen gefertigt.

Die Lebensdauer der Druckgießform ist vor allem vom *Druckgießwerkstoff,* von der *Größe* und der *Wanddicke* der Gussstücke und von den *Ansprüchen* an die Maßgenauigkeit und an die *Oberflächengüte* der Artikel abhängig.

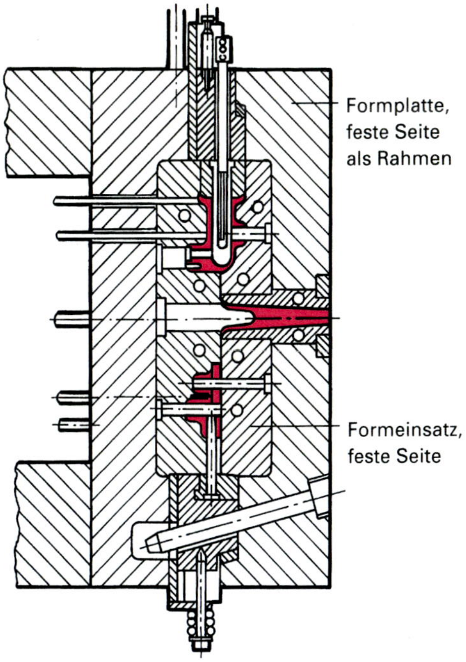

Druckgießwerkzeug mit Einsätzen

LF 11F-14F

- **Oberflächenqualität von Druckgussteilen**

Durch das Druckgießen lassen sich die glattesten Oberflächen von allen metallischen Gießverfahren erreichen.

In der Norm DIN 4766 gibt man für Druckguss einen *Ra*-Wert-Bereich von 0,8 bis 30 µm an. Durch Messungen an Gussoberflächen hat man folgende *Ra*-Werte ermittelt:

- Aluminiumlegierungen 2,0 bis 18 µm,
- Zinklegierungen 0,4 bis 10 µm,
- Magnesiumlegierungen 2,0 bis 18 µm,
- Kupferlegierungen 4,0 bis 35 µm.

Je nach Anspruch an die Qualität können aus Druckgießformen etwa folgende Stückzahlen gegossen werden:

- Aluminiumlegierungen bis zu 200 000 Abgüsse,
- Zinklegierungen bis zu 500 000 Abgüsse,
- Magnesiumlegierungen bis zu 250 000 Abgüsse,
- Kupferlegierungen bis zu 20 000 Abgüsse.

Die Formnester und Kerne von Druckgießwerkzeugen sind höheren thermischen und verschleißenden Belastungen ausgesetzt als die Formnester und Kerne von Spritzgießwerkzeugen. Die Oberflächenrauheit von Druckgussstücken nimmt mit dem Formnest- und Kernverschleiß zu.

Übungsaufgaben F-150; 151

- **Entlüftung des Formhohlraumes durch Überläufe**

Das Hauptproblem beim Druckgießen ist es, während der sehr kurzen Füllzeiten Luft sowie Gase und Dämpfe der Schmiermittel aus der Druckkammer der Gießmaschine und aus dem Formhohlraum zu verdrängen.

Anders als beim Spritzgießwerkzeug sieht man im Druckgießwerkzeug zur Formentlüftung daher *besondere Überläufe* vor, die mit Entlüftungskanälen verbunden sind. Die Schmelze wird aus dem Formhohlraum über Anschnitte in die Überläufe weitergeleitet und presst dadurch das Gasgemisch nach außen.

Die Überläufe werden so groß gewählt, dass auch zu dünnwandigen und weit vom Anguss entfernten Bereichen ein ununterbrochener Metallfluss aufrechterhalten bleibt. Der Formnestbereich kann somit durch die Schmelze gleichmäßig temperiert werden.

Weiterhin dienen die Überläufe dazu, Reste von Schmiermitteln und verschäumter Schmelze aufzufangen.

Jeder Überlauf hat meist einen eigenen Auswerfer. Die wirksamste Formentlüftung kann man oft erst beim Probegießen festlegen und in die Form einarbeiten lassen.

Die Kanaltiefen (A) für die Anschnitte der Überläufe betragen für Aluminiumlegierungen etwa 0,6 bis 1,2 mm, für Zinnlegierungen etwa 0,3 bis 0,8 mm.

Die Überläufe selbst werden durch Entlüftungskanäle (E) von geringer Tiefe entlüftet. Diese Kanaltiefen betragen für Aluminiumlegierungen etwa 0,1 bis 0,15 mm, für Zinnlegierungen etwa 0,06 bis 0,1 mm.

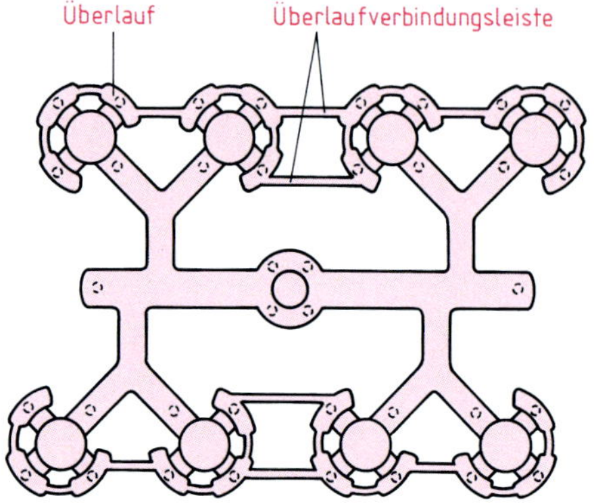

Mehrfachwerkzeug mit Überläufen

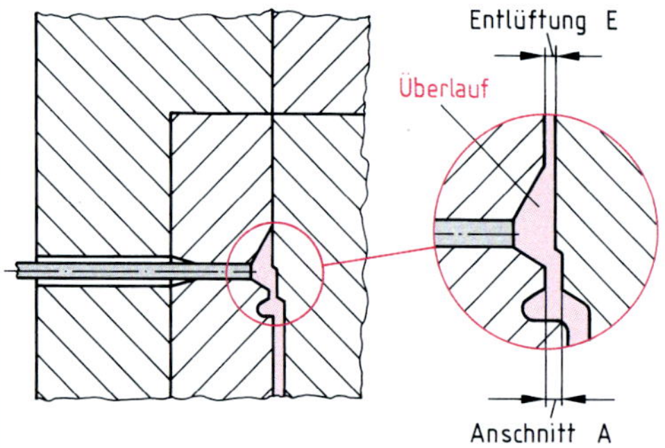

Anschnitt und Entlüftung des Überlaufes

Beispiele für Druckgussteile mit Überläufen

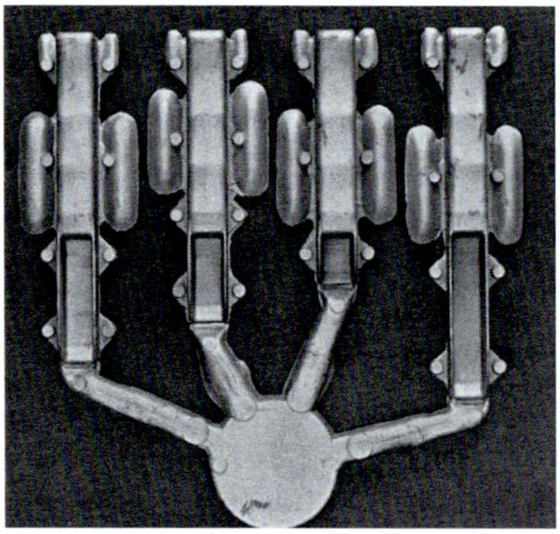

Durch die Überläufe erreicht man eine gute Durchspülung und Entlüftung des Formhohlraumes. Der kontinuierliche Metallfluss durch Überläufe sorgt für eine gleichmäßigere Formtemperatur.

Übungsaufgaben F-152; F-153

5.1.2 Angusssystem

Das Angusssystem im Druckgießwerkzeug ist prinzipiell genauso aufgebaut wie das Angusssystem im Spritzgießwerkzeug. Der wesentliche Unterschied zwischen den Werkzeugen besteht darin, dass man bei Druckgießwerkzeugen *nur mit einem Anguss* arbeiten kann und auch *kein Heißkanal* möglich ist.

Beim Druckgießen bekommt man in allen Fällen einen erstarrenden Anguss und im Kaltkammerverfahren zusätzlich einen Gießrest. Die Gestaltung und die maßliche Auslegung von Gießlauf und Anschnitt für Druckgießwerkzeuge erfordern langjährige Erfahrungen.

Gießlauf und Anschnitt werden so gelegt, dass beim Druckgießvorgang möglichst wenig Wirbel entstehen und sich der Formhohlraum gleichmäßig füllt.

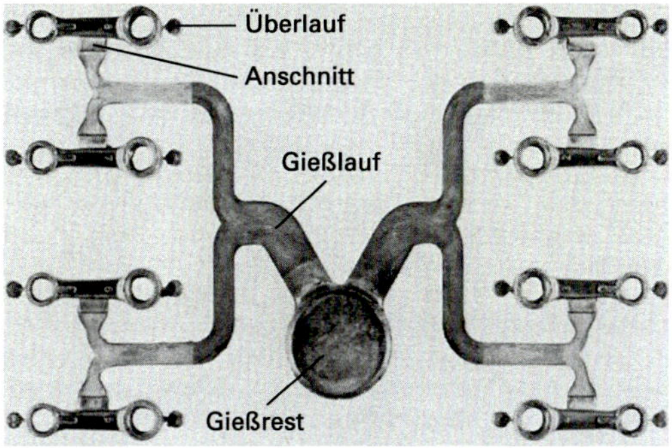

Angusssystem von Druckgussteilen

- **Das Angusssystem in Druckgießwerkzeugen für die Kaltkammer-Druckgießmaschine (waagerecht)**

Waagerechte Gießkammer (2-Platten-Bauweise)

Das Druckgießwerkzeug für die Kaltkammer-Druckgießmaschine in 2-Platten-Bauweise hat einen seitlichen Gießlauf. Über den Angussverteiler und die Gießläufe wird die Schmelze meist nur über einen Anschnitt dem Formnest zugeführt. Der Gießrest ist Teil des Angusssystems und wird mit dem Abguss insgesamt entformt.

Der Angussverteiler und der Kühlring im Bereich des Gießrestes sind typische Bauteile für Druckgießwerkzeuge.

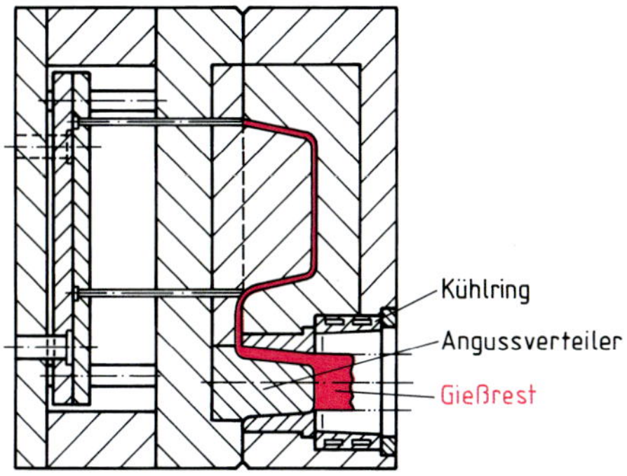

Druckgießwerkzeug für Kaltkammer-Druckgießmaschine mit waagerechter Gießkammer (Schema)

Waagerechte Gießkammer (3-Platten-Bauweise)

Das Druckgießwerkzeug für die Kaltkammer-Druckgießmaschine in 3-Platten-Bauweise ist entwickelt worden, damit auch auf Maschinen mit waagerechter Gießkammer Gussstücke mit einem Zentralanguss hergestellt werden können. Beim Öffnen der Form in der 1. Trennebene reißt zunächst der Gießrest vom zentralen Anguss ab. Nachdem sich die 2. Trennebene geöffnet hat, kann der restliche Abguss entformt werden.

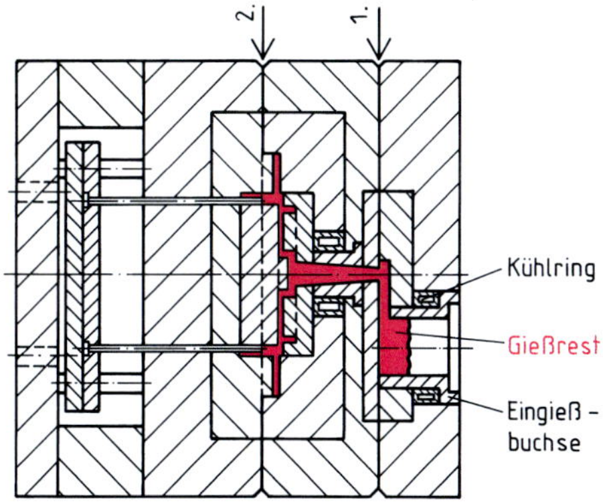

Druckgießwerkzeug für Kaltkammer-Druckgießmaschine mit waagerechter Gießkammer, 3-Platten-Bauweise (Schema)

Die Gießkammer der Druckgießmaschine mit waagerechter Gießkammer muss tiefer liegen als der Gießlauf, damit die Schmelze beim Füllen der Gießkammer nicht in die Kanäle fließt und diese verstopft.

LF 11F-14F

- **Angusssysteme für sonstige Druckgießwerkzeuge**

Druckgießwerkzeuge für die Kaltkammer-Druckgießmaschine mit senkrechter Gießkammer erlauben einen zentrischen Anguss. Der Gießrest verbleibt in der Gießkammer und wird nach dem Gießvorgang vom Gegenkolben entfernt (siehe auch Kapitel *„Druckgießen")*.

Das Druckgießwerkzeug für die Warmkammer-Druckgießmaschine ähnelt dem Druckgießwerkzeug für die Kaltkammer-Druckgießmaschine mit senkrechter Gießkammer. Bei diesem Verfahren tritt jedoch kein Gießrest auf.

In beiden Werkzeugtypen kann die Schmelze über einen besonderen Angussverteiler dem Gießlauf strömungstechnisch günstig zugeführt werden. Der Angussverteiler lässt sich auch als Angussziehstift ausbilden.

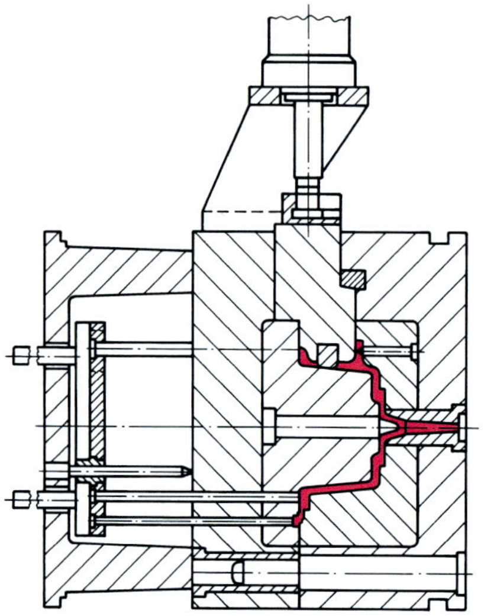

Druckgießwerkzeug für Kaltkammer-Druckgießmaschine mit senkrechter Gießkammer (Schema)

5.1.3 Temperiersystem

Die Temperatur des Formhohlraumes im Gießwerkzeug muss so hoch sein, dass die Formfüllzeit auch an entfernt liegenden Stellen des Formhohlraumes unterhalb der Abkühlzeit liegt. Setzt die Erstarrung in solchen Bereichen zu früh ein, so werden Überläufe gelegt und entsprechend groß gestaltet. Zu den Überläufen strömt dann so viel Schmelze, dass in diesem Formbereich eine Temperaturerhöhung auftritt.

Auf der anderen Seite gibt es Stellen in der Form, die zu heiß werden. Dies tritt vor allem im Bereich des Angusssystemes und in Kernpartien auf. An solchen Stellen muss die Form gekühlt werden, sonst bilden sich *Hitzeblasen* im Metall und der *Abguss verklebt* mit dem Werkzeug.

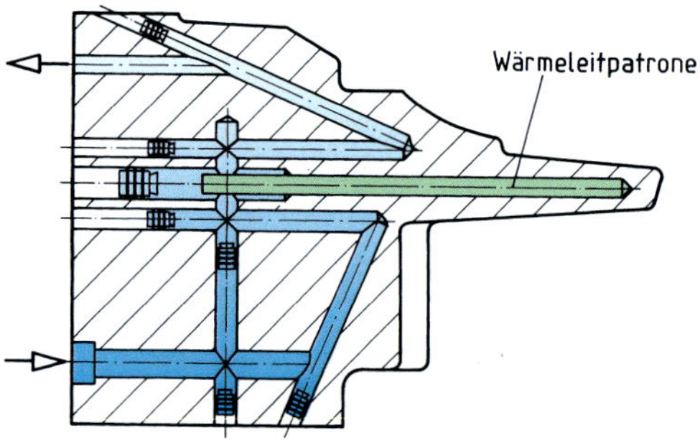

Kühlkanäle in einem Kern

Druckgießwerkzeuge erfordern eine gesonderte Temperierung im Bereich der Angießbuchse über Kühlringe.

Entsprechend den vorgestellten Möglichkeiten der Temperierung von Spritzgießwerkzeugen verfährt man auch bei Druckgießwerkzeugen. Bei der Auswahl der Dichtungsmaterialien muss man jedoch die insgesamt höheren Temperaturen im Druckgießwerkzeug beachten.

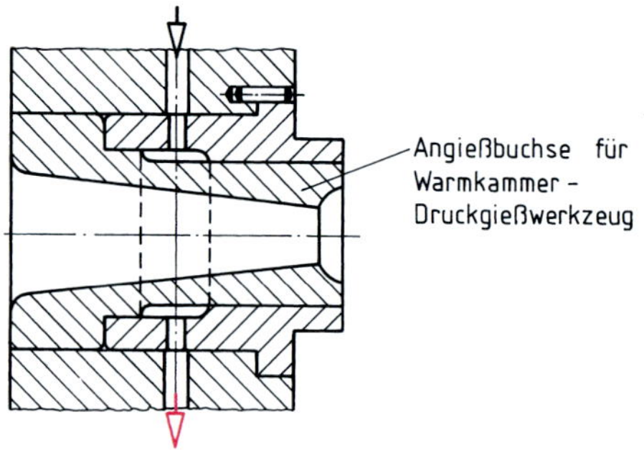

Kühlring für die Angießbuchse

An Stellen, die zur Auskühlung neigen, erreicht man die erforderliche Mindesttemperatur im Formhohlraum von Druckgießwerkzeugen durch die Anordnung von Überläufen. Die Formtemperierung im Bereich des Angusssystems und in Kernpartien erfolgt über gesonderte Kühlmittelkreisläufe.

Übungsaufgaben F-156; F-157

5.2 Aufbau und Funktion eines Druckgießwerkzeuges

Das Druckgießwerkzeug und das Spritzgießwerkzeug unterscheiden sich in den Systemen zum Entformen, Führen, Zentrieren und Spannen kaum voneinander.
Druckgießwerkzeuge haben jedoch häufig *Kernzüge für größere Kernpartien,* die hydraulisch betätigt werden. Über Kernzugkupplungen und Kupplungszapfen werden die Kernschieber mit dem Hydrauliksystem verbunden.
Bei den Kernen unterscheidet man zwischen Kernen, die bei offener Form einfahren oder ausfahren, und solchen Kernen, die nur bei geschlossener Form einfahren oder ausfahren dürfen. Die zeitliche Rangfolge, in der die Kernzüge betätigt werden, muss in den Prozessschritten des Gießzyklusses festgelegt werden.
Die Positionierung der Kerne wird über die Maschinensteuerung der Druckgießmaschine abgefragt und gemäß dem Prozessfortschritt werden dann die Kerne gefahren.

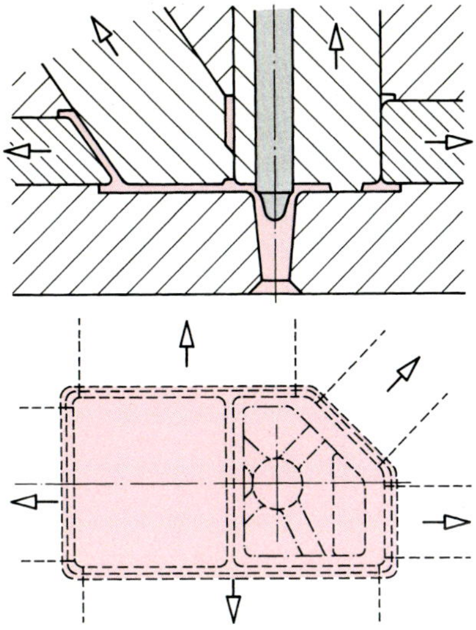

Entformen in einer Druckgießform

Beispiel für eine Druckgießform mit mehreren hydraulisch betätigten Kernen

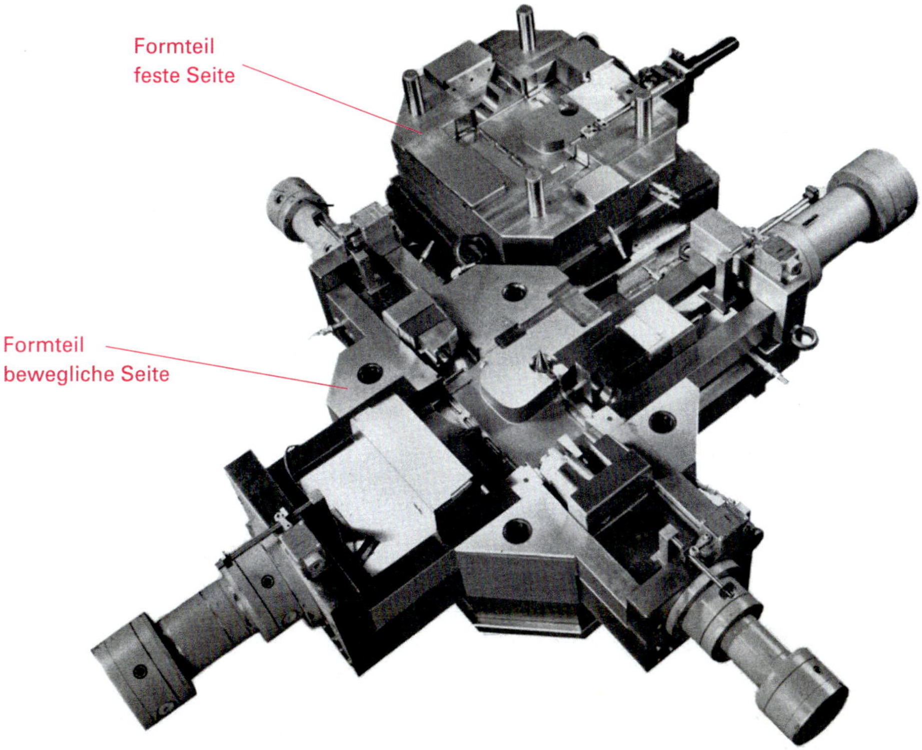

LF 11F-14F

6 Werkzeuge zum Gesenkformen

Beim Gesenkformen wird ein Rohteil durch äußere Krafteinwirkung zu einem Werkstück umgeformt. Diese Umformung erfolgt in einem Werkzeug mit einem entsprechenden Formhohlraum. Das Werkzeug wird als **Gesenk** bezeichnet, der Formhohlraum wird **Gravur** genannt. Die Gravur ist meist in unterschiedlichen Anteilen in Ober- und Untergesenke enthalten. Die Gravur kann das Werkstück vollständig oder zu einem wesentlichen Teil umschließen.

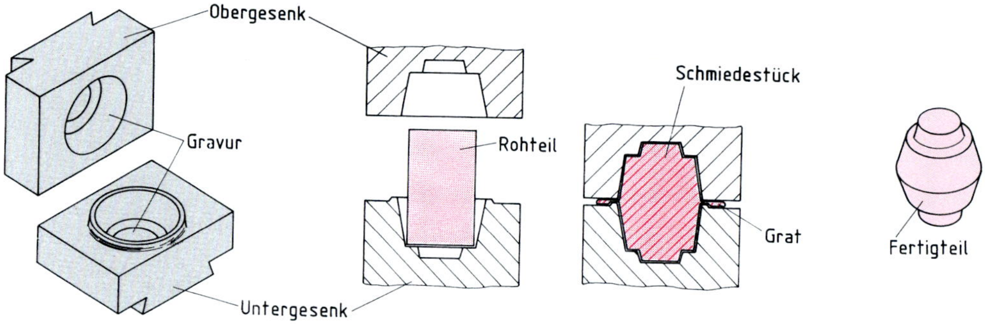

Prinzip eines Werkzeuges zum Gesenkformen

Das auf Schmiedetemperatur erwärmte Rohteil wird unter der Wirkung von Druckkräften in die Gravur des Gesenkes geschlagen oder gepresst. Damit die Hohlform vollständig ausgefüllt wird, muss überschüssiger Werkstoff vorhanden sein. Dieser überschüssige Werkstoff wird in der Teilungsebene zwischen Ober- und Untergesenk herausgepresst und bildet einen Grat.

Beispiel für die Umformstufen einer Vierzylinder-Pkw-Kurbelwelle

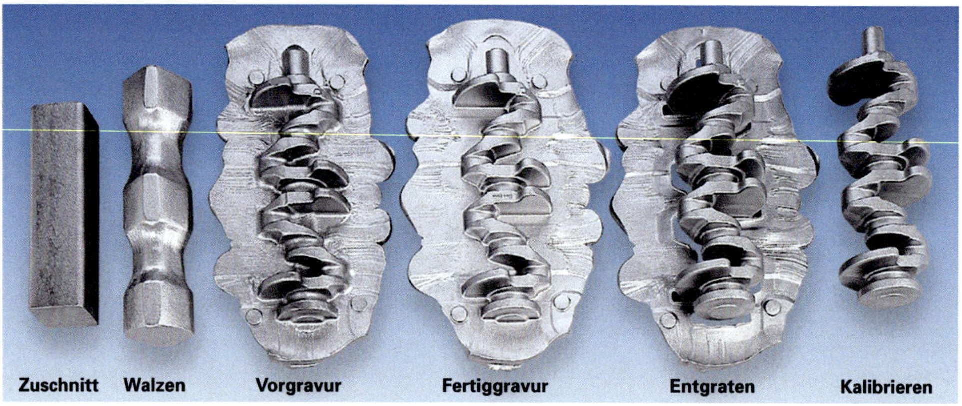

(Quelle: ThyssenKrupp Gerlach GmbH, Homburg)

6.1 Das Gesenk als technisches System

Alle Gesenkwerkzeuge sind von ihrer Funktion her so aufgebaut, dass die erforderlichen Teilaufgaben von entsprechenden Teilsystemen erfüllt werden. Das technische System „Gesenkwerkzeug" kann daher in Teilsysteme für die Formgebung, die Führung und die Entformung untergliedert werden:

- Das **Formgebungssystem** stellt einen hinreichend stabilen und temperaturbeständigen Formhohlraum bereit.
- Das **Führungssystem** der Werkzeugteile gewährleistet ein versatzarmes Zusammenführen des mehrteiligen Werkzeuges.
- Mit dem **Entformungssystem** werden die Werkstücke aus der Gravur gelöst und entfernt.

Übungsaufgaben F-160; F-161; F-162

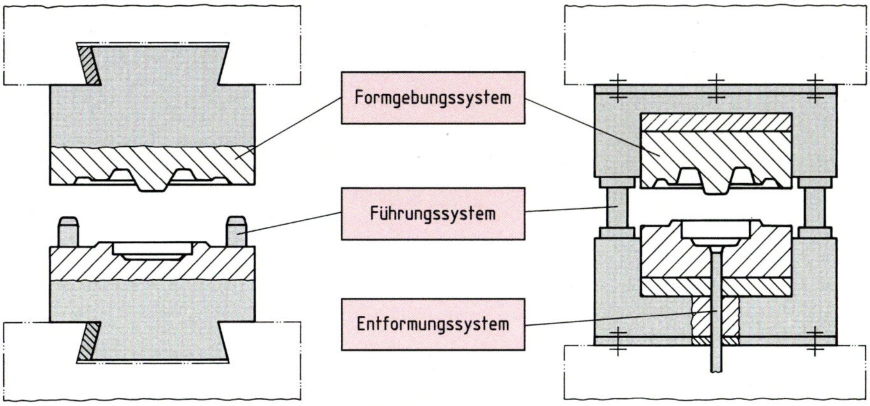

Gesenkwerkzeug mit direkter Einspannung für eine manuelle Produktion

Gesenkwerkzeug im Kassettenhalter für eine automatisierte Produktion

Teilsysteme an Gesenkwerkzeugen

Werkzeuge zum Gesenkformen enthalten immer ein Formgebungs- und ein Führungssystem. Häufig werden sie durch ein Entformungssystem ergänzt.

Beispiel **für ein Gesenkwerkzeug für die automatisierte Produktion**

Ober- und Untergesenk sind in eine Werkzeughalterung eingesetzt, die Gesenkhälften werden hydraulisch gespannt und fixiert. Die Säulenführung übernimmt eine exakte räumliche Zuordnung der Gesenke und damit der Gravurhälften. Die abgebildete Werkzeugausführung eignet sich besonders für eine automatisierte Fertigung.

Neben dem eigentlichen Gesenkwerkzeug sind für die automatisierte Fertigung folgende Zusatzsysteme erforderlich:

- **Kühl- und Schmiersystem,**
- **Reinigungssystem,**
- **Handhabungs- und Transportsystem.**

6.2 System zur Formgebung

6.2.1 Bedeutung des Werkstoffflusses für die Gravurgestaltung

Beim Gesenkformen wird das auf Schmiedetemperatur vorgewärmte Rohteil in die Gravur gelegt und durch Umformkräfte zu einem bestimmten Werkstofffluss gezwungen. Der Werkstoff fließt dabei stets in Richtung des geringsten Widerstandes. Je nach der Richtung des Werkstoffflusses unterscheidet man Stauchen, Breiten und Steigen.

- **Stauchen**

Beim Stauchen fließt der Werkstoff überwiegend *in Richtung der Werkzeugbewegung.* Durch die auf den Werkstoff ausgeübten Kräfte wird die ursprüngliche Höhe des Rohlings verringert, ohne dass eine nennenswerte Gleitbewegung zwischen Rohling und Gesenkwandung stattfindet. Dabei erfolgt eine geringe Querschnittsvergrößerung, welche zur Werkstücksmitte hin zunimmt.

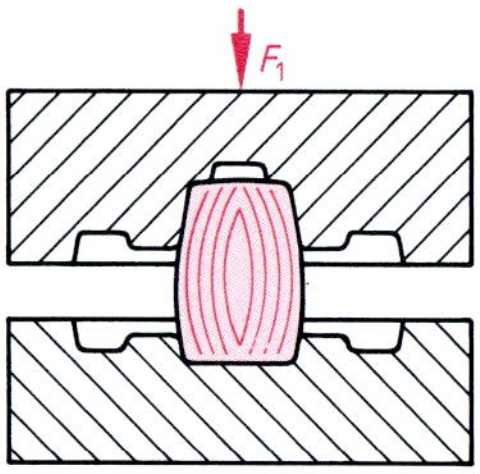

Stauchen im Umformprozess

- **Breiten**

Beim Breiten fließt der Werkstoff überwiegend *quer zur Werkzeugbewegung.* Zwischen Werkstück und Gesenkwandung findet eine ausgeprägte Gleitbewegung statt, welche Werkzeugverschleiß verursacht. Der Werkstoff erreicht den größten Werkstückumfang oder gegebenenfalls den Gratspalt. Wird das Breiten behindert, so beginnt der Werkstoff zu steigen.

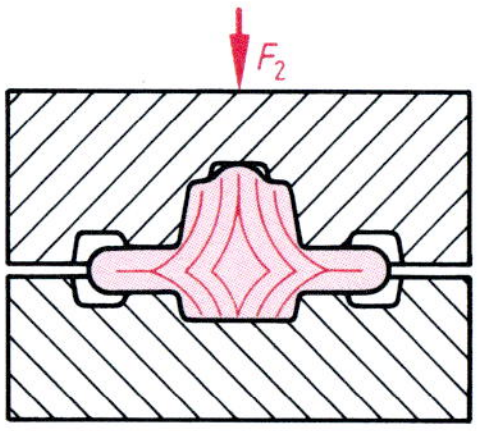

Breiten im Umformprozess

- **Steigen**

Beim Steigen fließt der Werkstoff *entgegengesetzt zur Werkzeugbewegung.* Die Ausgangshöhe des Schmiedeteils wird örtlich vergrößert. Auch hier gleitet der Werkstoff entlang der Gesenkwandung. Vielfach bedingt die Gestaltung der Gravur ein gleichzeitiges Breiten und Steigen. In der Endphase der Umformung steigt der Umformwiderstand auf den Höchstwert an.

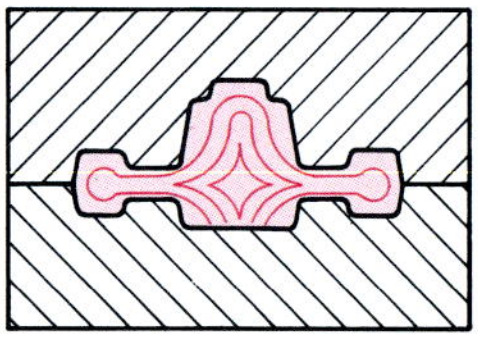

Steigen im Umformprozess

6.2.2 Gratspalt, Gratbahn und Werkstofffluss

- **Gratspalt und Gratrille**

In Gesenken mit einer Gravurerweiterung entweicht beim Schmieden überschüssiger Werkstoff durch einen Gratspalt in eine Gratrille. Solche Gesenke bezeichnet man als Gesenke mit Gratspalt. Der Gratspalt ist im Bereich des größten Werkstückumfangs vorzusehen.

In Gesenken ohne Gratspalt entspricht die Rohteilmasse genau der Werkstückmasse. Ein sorgfältiger Zuschnitt der Rohteile ist erforderlich. Bei diesen Gesenken muss der Formhohlraum schon geschlossen sein, bevor das Obergesenk auf das Untergesenk aufschlägt.

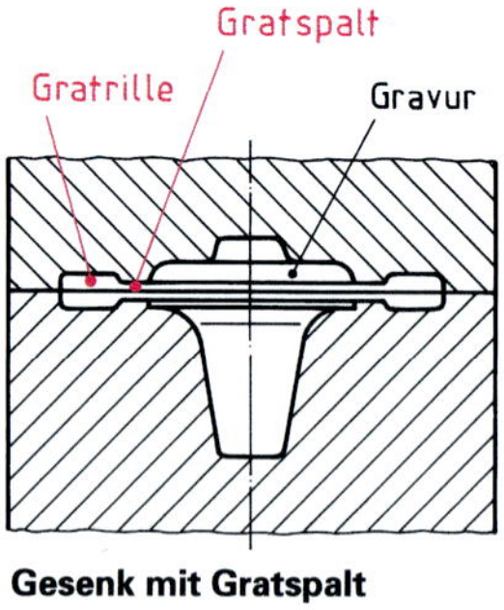

Gesenk mit Gratspalt

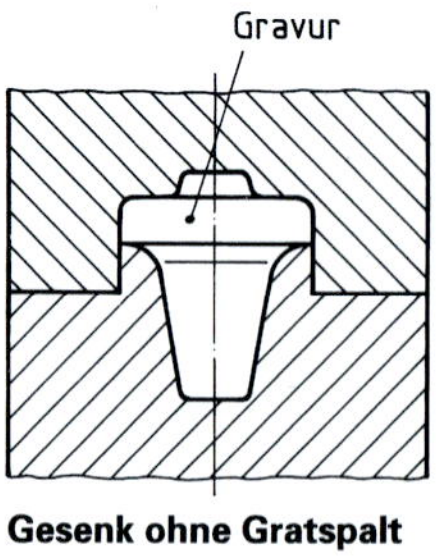

Gesenk ohne Gratspalt

Übungsaufgaben F-163 bis F-166

- **Gratbahn und Werkstofffluss**

Der vorgesehene Werkstoffüberschuss gelangt durch den Gratspalt in die Gratrille. Die Ausbildung des Gratspaltes hat entscheidenden Einfluss auf das vollständige Ausfüllen der Gravur. Die Gratrille nimmt lediglich den überschüssigen Werkstoff auf. Die Begrenzungsfläche des Gratspaltes bezeichnet man als Gratbahn.

Beim Umformen fließt der Werkstoff in der Phase des Breitens aus der Gravur in den engen Gratspalt. Dabei steigt der Fließwiderstand infolge größerer Reibung und einer schnelleren Werkstoffabkühlung im Gratbahnbereich stark an. Der in der Gravur befindliche wärmere Werkstoff fließt in noch nicht ausgefüllte Hohlräume. Der überschüssige Werkstoff entweicht durch den Gratspalt in die Gratrille.

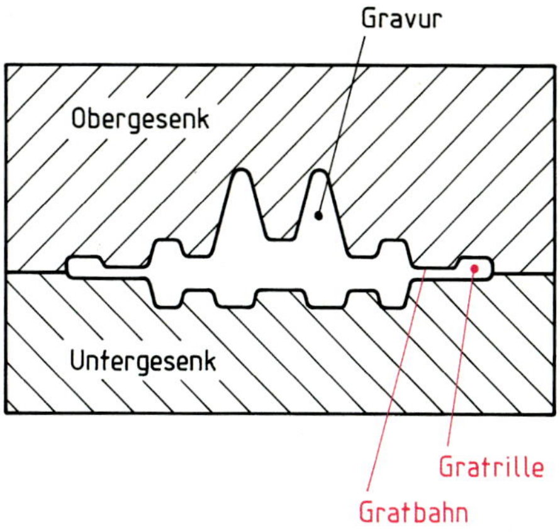

Gesenk mit Gratspalt und Gratrille

Gratbahn und Gratspalt beeinflussen den Fließwiderstand des Werkstoffes beim Schmieden. Ein bestimmter Fließwiderstand muss vorhanden sein, damit die Gravur voll ausgefüllt wird.

- **Auslegung von Gratspalt und Gratbahn**

Die Wirkung der Gratbahn auf den Werkstofffluss wird durch die Weite des Gratspaltes und die Breite der Gratbahn bestimmt. Aus Gratbahnbreite *b* und Gratspaltweite *s* bildet man einen Quotienten, den man als **Gratbahnverhältnis** bezeichnet. Für das Gratbahnverhältnis sind Richtwerte ermittelt worden. Das Gratbahnverhältnis *b/s* wird in Abhängigkeit von der Masse und der Endform des Schmiedestückes gewählt. Bei komplizierten Werkstückformen wird ein höheres Gratbahnverhältnis benötigt als bei einfacheren Werkstückformen.

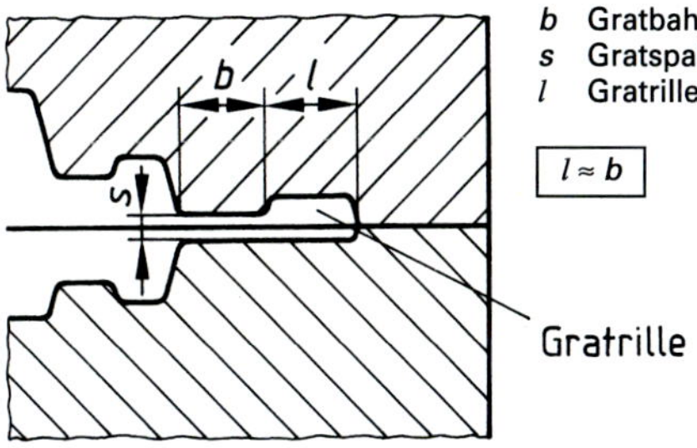

b Gratbahnbreite
s Gratspaltweite
l Gratrillenbreite

$l \approx b$

Gratspaltabmessungen

LF 11F-14F

Hinweis zur Bestimmung der Gratbahnabmessungen

1. Gratspaltweite nach der **Werkstoffmasse** festlegen (Diagramm)
   - Je größer die Masse, desto weiter der Gratspalt.
2. Gratbahnverhältnis nach Werkstoffmasse und Werkstückform bestimmen
   - Je komplizierter die Werkstückform, desto größer das Gratbahnverhältnis.
3. Gratbahnbreite anhand von Gratspaltweite und Gratbahnverhältnis berechnen.

Bei einem großen Gratbahnverhältnis, z. B. 4 : 1, ergibt sich für eine festgelegte Gratspaltweite *s* eine viermal so große Gratbahnbreite *b*. Das hat zur Folge, dass der Werkstoff in dem langen Gratspalt schnell abkühlt. Dadurch wird das Ausfließen des Werkstoffs aus der Gravur behindert, der Werkstoff fließt in die noch nicht ausgefüllten Hohlräume der komplizierten Gravur. Für einfache Werkstückformen wählt man ein kleines Gratbahnverhältnis.

Richtwerte für das Gratbahnverhältnis *b/s*

Werkstückform	Gratbahnverhältnis *b/s* kleine Werkstücke (bis 2 kg)	Gratbahnverhältnis *b/s* große Werkstücke (2,1 bis 100 kg)
einfach	3,0 : 1	2,2 : 1
kompliziert	4,5 : 1	4,0 : 1

Übungsaufgaben F-167 bis F-170

Zunächst ermittelt man aus der Tabelle das Gratbahnverhältnis *b/s.* Dann wird aus dem Diagramm die Gratspaltweite *s* in Abhängigkeit von der Werkstückmasse abgelesen. Aus dem Verlauf des Grafen erkennt man, dass mit steigender Masse die Weite des Gratspaltes zunehmen muss. Über die ermittelten Werte für Gratbahnverhältnis und Gratspaltweite lässt sich die Gratbahnbreite errechnen.

Ablesebeispiel

Schmiedestück mit 10 kg Masse, einfache Form
→ Gratspaltweite *s* = 3,5 mm

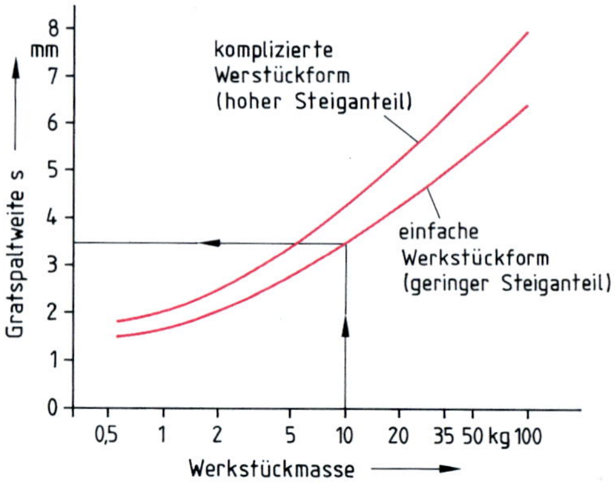

Diagramm zur Bestimmung der Gratspaltweite

Beispiel **zur Bestimmung der Gratbahnabmessungen**

Aufgabe

Der Spulenträger aus C 15 soll durch Gesenkformen mit Grat gefertigt werden. Die Berechnung der Masse ergab 14 kg. Es sind die Gratspaltweite *s* und die Gratbahnbreite *b* zu ermitteln. Es ist zu berücksichtigen, dass die Werkstückform einen hohen Steiganteil hat.

Lösung

Gratspaltweite: s = 4,7 mm (Ablesewert aus Diagramm)
gewählt s = 5,0 mm

Gratbahnverhältnis: $\frac{b}{s}$ = 4 : 1 (nach Tabelle)

Gratbahnbreite: $b = 4 \cdot s$
$b = 4 \cdot 5$ mm
b = **20 mm**

Für komplizierte Werkstückformen wählt man ein großes Gratbahnverhältnis. Werkstücke mit großer Masse erfordern Gesenke mit großer Gratspaltweite.

6.2.3 Gesenkteilung

Die Trennfläche zwischen Ober- und Untergesenk nennt man Gesenkteilung. Die Festlegung der Gesenkteilung hat sowohl für den Bau des Werkzeuges als auch für die Qualität des Schmiedeteils große Bedeutung. Aufgrund langjähriger Erfahrungen hat man Regeln aufgestellt, die bei der Gesenkgestaltung eingehalten werden sollen.

Die Gesenkteilung soll
- in einer Ebene senkrecht zur Umformrichtung liegen,
- in der Ebene des größten Werkstückumfangs liegen,
- die Gravurtiefen an allen Stellen halbieren,
- den Werkstofffluss in der Gravur begünstigen,
- so gewählt werden, dass Bearbeitungszugaben nicht auf Seitenschrägen oder Gratansätzen liegen.

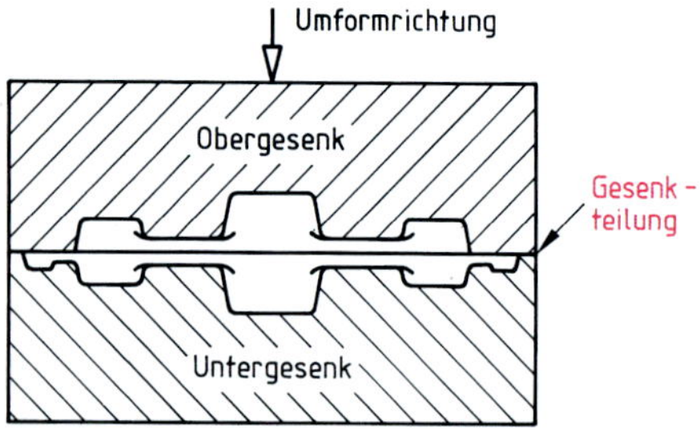

Teilungsebene beim zweiteiligen Gesenk

Die aufgezeigten Regeln erfordern je nach Form des Schmiedestückes eine andere Festlegung der Gesenkteilung. Sie soll einerseits schmiedetechnisch günstig gewählt werden, und andererseits die Herstellung der Form nicht unnötig verkomplizieren.
Nach dem Verlauf der Gesenkteilung unterscheidet man ebene und gekröpfte Gesenkteilung.

6.2.4 Äußere Abmessungen der Gesenke

Die Gesenkblöcke mit eingearbeiteten Gravuren bilden das *Formgebungssystem.* Nach der Form und Größe der Gravuren werden die äußeren Abmessungen der Gesenkblöcke so bestimmt, dass ein hinreichend stabiles Formgebungssystem entsteht. Die Blockhöhen von Ober- und Untergesenk werden nach der jeweiligen Gravurtiefe festgelegt.

Für die Festlegung der äußeren Abmessungen ist auch die sogenannte **Aufschlagfläche** von Bedeutung. Als Aufschlagfläche bezeichnet man die Oberfläche in der Teilungsebene abzüglich der Gravur. Die Aufschlagfläche muss groß genug festgelegt werden, damit die Verformung der Gesenkblöcke gering bleibt.

Um Gravuren versatzfrei in Ober- und Untergesenken einarbeiten zu können, erhalten die Gesenkblöcke besondere **Bezugsflächen** für die Bearbeitung und Prüfung.

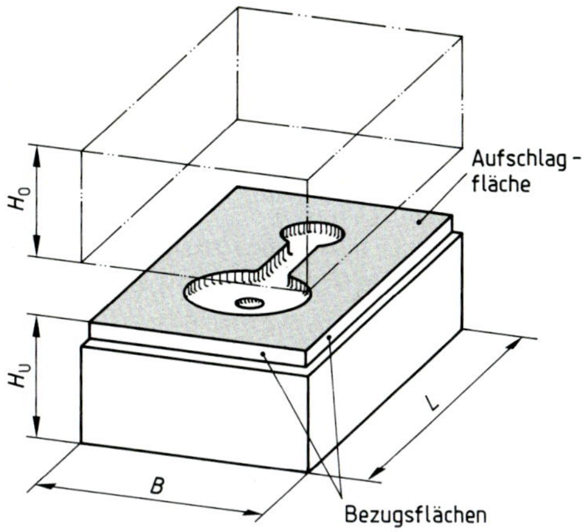

Gesenkblockabmessungen

Die Entfernungen der Gravur von den Außenkanten der Gesenke oder von Gravur zu Gravur legt man meist nach der Tiefe der Gravur fest. Diese Entfernungen werden **Wanddicken** genannt. Mit ihnen werden die Länge und die Breite der Gesenkblöcke ermittelt. Die Gesenkhöhe kann sofort aus der Richtwertetabelle in Abhängigkeit von der Gravurtiefe abgelesen werden.

Da Gesenke meist bis zu viermal nachgearbeitet werden, muss ebenfalls eine Höhenzugabe berücksichtigt werden. Im Werkzeugbau spricht man vom **„Nachsetzen"** eines Gesenkes. Die maximale Höhe für einen Gesenkblock legt man für ein viermaliges Nachsetzen fest.

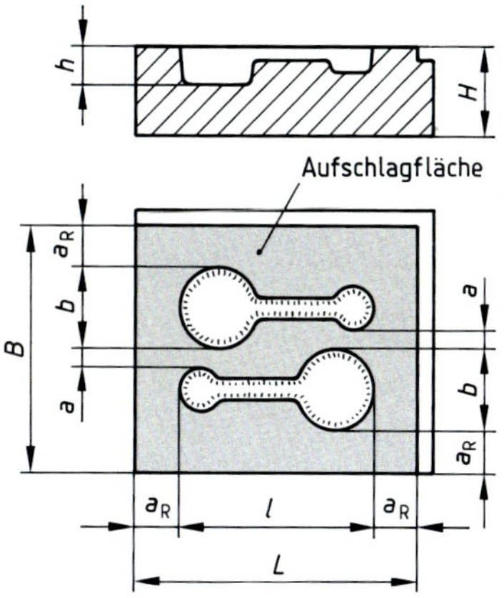

Lage der Gravur in der Aufschlagfläche

Die Festlegung der Mindestwanddicken nach der Gravurtiefe gilt nicht für großflächige Gravuren, die nur eine geringe Tiefe aufweisen. Die ermittelte Aufschlagfläche wäre zu klein. Eine zu geringe Aufschlagfläche würde bei den hohen Druckbelastungen schnell zu Verformungen an der Gesenkoberfläche führen. Daher muss bei zu kleiner Aufschlagfläche die Gesenkblockbreite *B* nach der größten Gravurbreite *b* festgelegt werden. Dabei soll die Gesenkblockbreite dreimal so groß gewählt werden wie die größte Gravurbreite ($B = 3 \cdot b$). Die Gesenkblocklänge wird nicht verändert.

Richtwerte für Schmiedegesenkabmessungen
(nach DIN 7529)

Gravurtiefe	Mindestwanddicken		Gesenkblockhöhe	
	Außenkante – Gravur	Gravur – Gravur	ohne Nachsetzen	für 4-maliges Nachsetzen
h in mm	a_R in mm	*a* in mm	H_{min} in mm	H_{max} in mm
bis 6	12	10	100	140
> 6 bis 16	32	25	125	180
> 16 bis 40	56	40	200	270
> 40 bis 100	110	80	315	

Gratbahn- und Gratrillenbreite sind in den Abständen *a* und a_R enthalten.

Die Abmessungen der Schmiedegesenke werden in Abhängigkeit von der Gravurtiefe nach Richtwerten bestimmt. Ergibt sich nach den Berechnungen eine zu kleine Aufschlagfläche, so wird die Gesenkblockbreite vergrößert.

Übungsaufgaben F-173; F-174

6.3 System zur Führung

Die Führung der Gesenke in der Umformmaschine muss durch *zusätzliche Führungselemente* an den Gesenkteilen oder an den Werkzeughalterungen ergänzt werden. Dadurch erzielt man versatzarme Schmiedestücke; ferner werden beim Umformen von unsymmetrischen Werkstücken durch solche Führungen Schubkräfte aufgenommen.

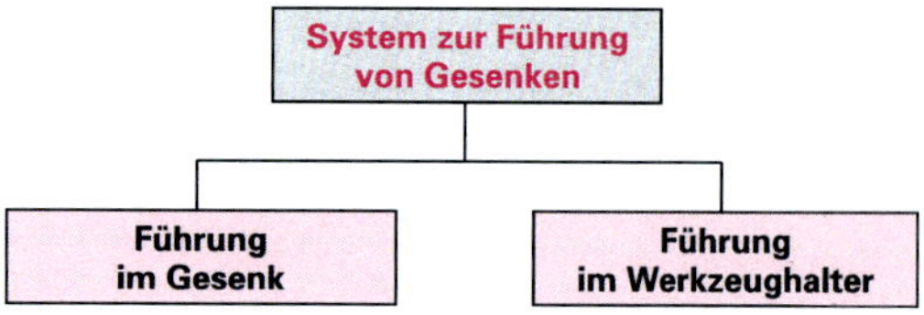

Führungen an Gesenkwerkzeugen gewährleisten ein formgenaues Aufeinandertreffen der Gravuren und die Fertigung versatzarmer Schmiedeteile. Die Gesenke selbst oder die Werkzeughalter können mit Führungselementen versehen werden.

6.3.1 Führung im Gesenk

Bei einer nicht automatisierten Fertigung auf Schmiedehämmern werden die Gesenke mit Führungen im Gesenk selbst versehen. Die Führungen werden nach Form und Größe der Gesenke und der Schmiedeteile ausgewählt.

- **Bolzenführung**

Die Gesenkteile werden durch Bolzen im Untergesenk und entsprechende Aufnahmebohrungen im Obergesenk geführt. Meist werden zwei oder drei Bolzen eingeschrumpft. Sie gleiten durch ein kegeliges Bolzenende beim Schließen der Gesenke sicher in die Aufnahmebohrung. Der Bolzendurchmesser wird nach der Größe des Werkstücks ausgewählt. Die Länge der Bolzen ist so festgelegt, dass eine Führung in den Bohrungen des Obergesenkes erfolgt, bevor das Rohteil berührt wird. Bolzenführungen werden bei ebenen Aufschlagflächen und bei kleineren Gesenkwerkzeugen bevorzugt.

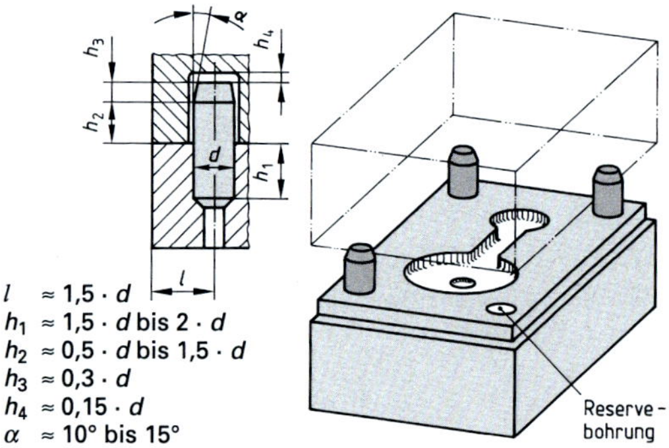

Bolzenführung in Gesenken

Die Bolzenführung von Gesenken setzt man bei kleinen Gesenken mit ebener Aufschlagfläche und geringen seitlichen Schubkräften ein.

- **Rundführung**

Die Gesenkteile werden durch einen kegelförmigen Ansatz am Obergesenk und einer entsprechenden Ausnehmung im Untergesenk geführt. Diese Art der Führung ist wegen des großen Werkstoffbedarfs sehr aufwendig. Sie ergibt jedoch eine gute zentrische Führung und nimmt größere seitliche Schubkräfte auf. Eine offene Form der Rundführung erfordert einen geringeren Werkstoffbedarf.
Bei rotationssymmetrischen großen Werkstücken werden häufig Rundführungen gewählt.

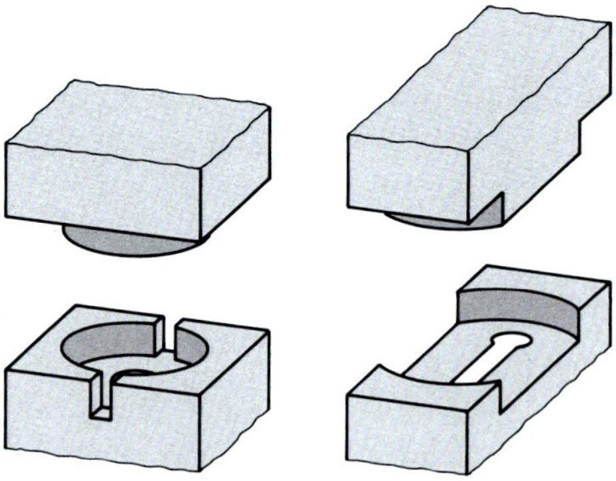

Geschlossene Form Offene Form

Rundführungen in Gesenken

Die Rundführung von Gesenken setzt man bei rotationssymmetrischen Gesenken ein.

- **Flachführung**

Die Gesenkteile werden durch geneigte, ebene Ansätze am Obergesenk und eine entsprechende Aufnahme im Untergesenk geführt. Man benennt eine durchgehende Flachführung als *Leistenführung.* Sie bringt nur eine einseitige Führung. Eine zweiseitige, unterbrochene Flachführung bezeichnet man als *Eckenführung.* Sie ergibt eine vollständige Führung der Gesenkteile zueinander.
Bei großen Gesenken mit hohen Belastungen durch seitliche Schubkräfte werden Eckenführungen bevorzugt.

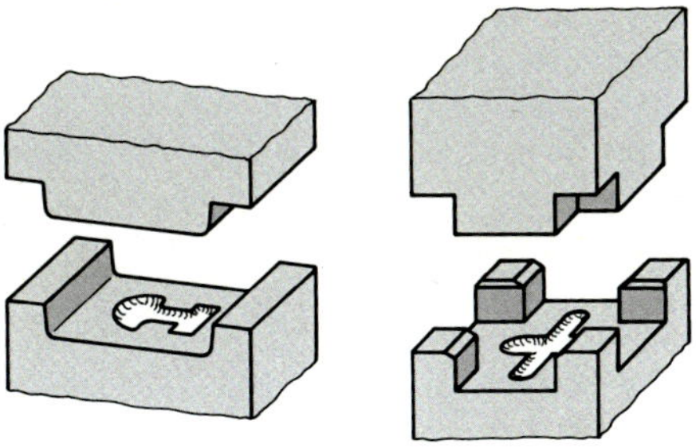

Leistenführung Eckenführung
Flachführungen in Gesenken

Die Flachführung von Gesenken setzt man dann ein, wenn die Gesenke hohen Schubkräften ausgesetzt sind.

6.3.2 Führung in Werkzeughaltern für Gesenke

- **Werkzeughalter mit Säulenführung**

Bei einer automatisierten Produktion von Gesenkschmiedestücken werden die Gesenke in Werkzeughaltern mit Führungselementen eingespannt. Diese übernehmen die zusätzliche Führung der Gesenkblöcke. Als Führungselemente werden vielfach Säulen und Führungsbuchsen verwendet. Die Gesenkherstellung wird dadurch vereinfacht, weil eigene Führungselemente nicht erforderlich sind. Die Gesenkblockabmessungen können klein gehalten werden. Der Werkzeughalter kann mit unterschiedlichen Gesenken bestückt werden.

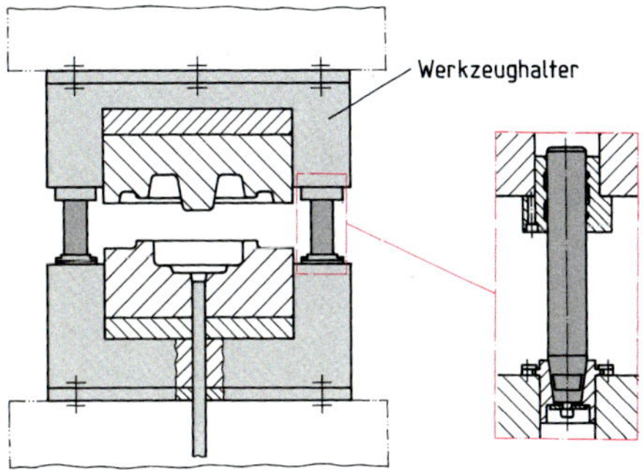

Werkzeughalter mit Säulenführung

LF 11F-14F

- **Normalien für Führungen im Werkzeugbau**

Führungselemente – wie Säulen und Führungsbuchsen – werden im Werkzeugbau für vielfältige Verwendungszwecke benötigt. Daher haben sich Zulieferfirmen auf die Fertigung solcher Bauteile spezialisiert. Diese vorwiegend im Werkzeugbau verwendeten Bauteile werden von den Herstellern als Normalien bezeichnet. Für die Werkzeugkonstruktion mithilfe von CAD-Systemen stehen dem Konstrukteur auch Normaliendateien zur Verfügung. Sie enthalten die Bauformen, ihre Abmessungen und Oberflächengüten sowie Werkstoffangaben und Einbauhinweise. Der Konstrukteur hat die Aufgabe, geeignete Führungselemente auszuwählen.

6.4 Entformungssystem

Schmiedeteile müssen nach dem Umformvorgang aus der Gravur entfernt werden. Dazu werden bei manueller Entnahme die Schmiedeteile mit einem Hebelwerkzeug am Grat angehoben, mit einer Zange gefasst und aus dem Untergesenk entnommen. Bei diesem Verfahren sind keine besonderen Vorrichtungen zur Entformung an Umformmaschine und Umformwerkzeug notwendig.

Bei einer automatisierten Produktion wird ein Entformungssystem eingesetzt, um die Werkstücke aus der Gravur zu drücken. Zum Entformen des Schmiedeteils setzt man meist einen Auswerferstempel ein. Dieser Auswerferstempel wird durch einen Auswerferstößel an der Umformmaschine betätigt. Nach dem Entformen werden die Schmiedeteile durch ein Greifer- und Transportsystem erfasst und zum nächsten Schmiedegesenk oder zum Abgratwerkzeug transportiert.

Übungsaufgabe F-177

- **Gesenk mit Auswerferstempel**

Die Schmiedeteile bleiben meist nach dem Öffnen des Gesenkwerkzeugs aufgrund der Schwerkraft im Untergesenk liegen. Daher werden die Auswerferelemente in das Untergesenk eingearbeitet. Die Oberfläche des Auswerferstempels schließt die Gravur nach unten ab. Um ein gratfreies Werkstück zu erhalten, muss der Auswerferstempel in eine kegelförmige Aufnahme eingepasst sein. Nach Beendigung des Umformvorgangs wird der Auswerferstempel durch den Auswerferstößel der Maschine betätigt. Das Werkstück wird zwangsweise aus der Gravur gehoben und von einem Greifer aufgenommen.

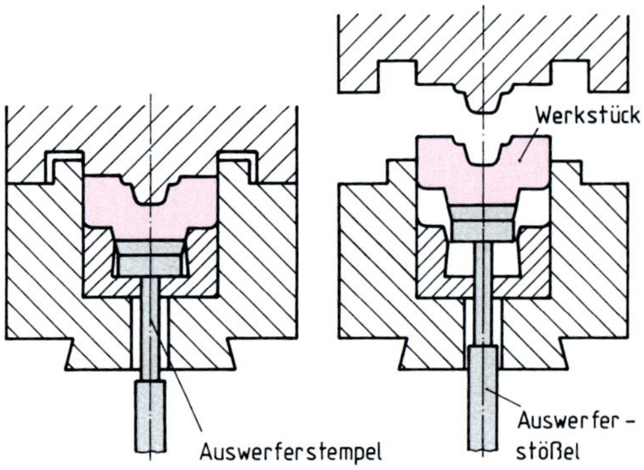

Gesenk mit Auswerferstempel

- **Backengesenk**

Für die Fertigung von Schmiedeteilen mit Hinterschneidungen sind Gesenkwerkzeuge mit mindestens zwei Teilungsebenen erforderlich. Dabei trennt eine senkrechte Teilung vielfach die als Backen bezeichneten Formteile. Nach dem Umformen bewegt sich der Pressenstößel mit dem Obergesenk vom Schmiedeteil weg. Zum Öffnen der Gravur hebt der Auswerferstempel die das Schmiedeteil umschließenden Formteile aus der Halterung. Die Backen werden geöffnet und das Werkstück kann entnommen werden.

Nach der Entnahme fährt der Auswerferstempel zurück, die Backen gleiten in die kegelförmige Halterung. Das Gesenkwerkzeug ist für den nächsten Umformvorgang geschlossen.

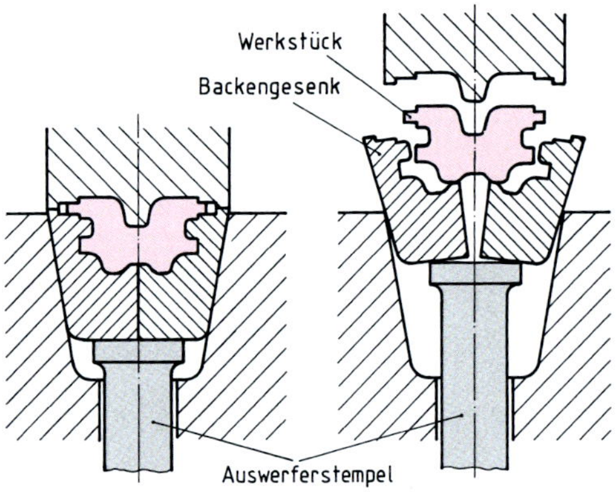

Backengesenk mit Auswerferstempel

In einer automatisierten Fertigung und bei Werkstücken mit Hinterschneidungen müssen die Gesenkwerkzeuge mit einem Entformungssystem ausgestattet sein.
Die Betätigung des Auswerfersystem erfolgt stets durch die Maschinensteuerung.

6.5 Standmenge von Gesenkwerkzeugen

6.5.1 Beanspruchung von Gesenkwerkzeugen

Große Kräfte wirken beim Umformen auf das Gesenkwerkzeug ein. Dabei ist das Werkzeug gleichzeitig folgenden unterschiedlichen Beanspruchungsarten ausgesetzt:

- thermische Beanspruchung,
- mechanische Beanspruchung,
- Verschleißbeanspruchung.

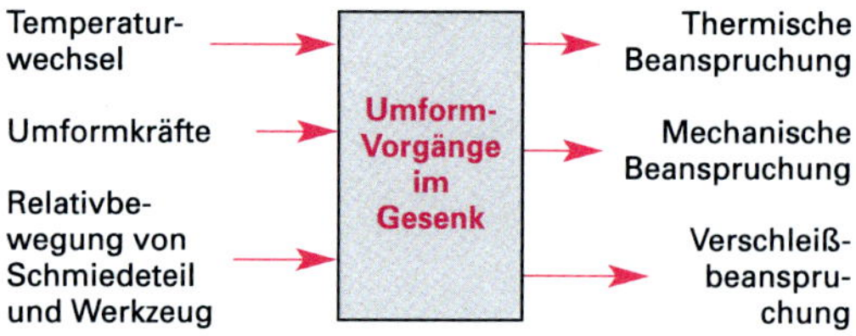

Beanspruchung von Gesenkwerkzeugen

Schäden an Gesenkwerkzeugen kommen meist durch das Zusammenwirken aller Beanspruchungsarten zustande. Ein Maß für den Einsatz eines Gesenkes ist die Anzahl der Schmiedeteile, welche in einem Gesenk gefertigt werden, bevor die Schäden einen festgelegten Grenzwert übersteigen. Diese Anzahl bezeichnet man als die **Standmenge** des Gesenkes.

Übungsaufgaben F-178; F-179; F-180

- **Thermische Beanspruchung**

Die Rohteile führen dem Gesenk während der „Kontaktzeit" zwischen Werkstück und Werkzeug Wärme zu, die Werkzeugtemperatur steigt. Nach der Entnahme des Schmiedeteils wird die Gravur gereinigt und mit Schmiermittel gesprüht, die Temperatur wird abgesenkt. Die Gravuroberfläche ist einer thermischen Wechselbeanspruchung ausgesetzt. Temperaturerhöhung und Temperaturwechsel bewirken Längenänderungen, welche zu Wärmespannungen führen.

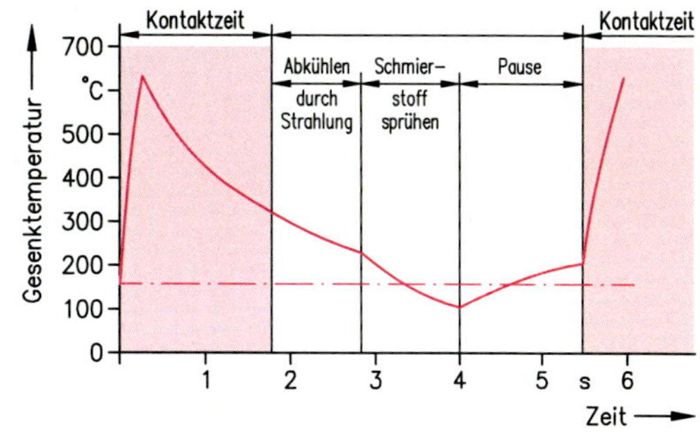

Temperaturverlauf im Gesenk

Der wechselnde Temperaturverlauf im Gesenk während eines Arbeitszyklusses führt zu hohen Wärmespannungen im Gesenk.

- **Mechanische Beanspruchung**

Die Umformkräfte erzeugen im Gesenk hohe mechanische Spannungen, welche zum Ende des Umformvorganges infolge des Staudrucks stark ansteigen. Innerhalb des Gesenkes können daher in den Boden- und Seitenflächen reine Druckspannungen vorliegen, wogegen in Hohlkehlen zusätzlich noch Biegespannungen auftreten. Im Bereich II ergibt sich durch die Spannungsüberlagerung eine Höchstbelastung.

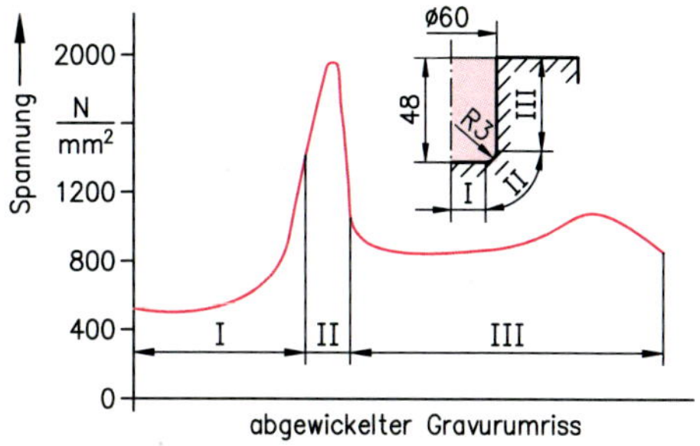

Spannungsverteilung in der Gravur

Die notwendigen Umformkräfte während des Schmiedeprozesses führen im Gesenk zu hohen mechanischen Spannungen, Konturänderungen sind besonders belastet.

- **Verschleißbeanspruchung**

Die Belastung der Gesenkwerkzeuge, die durch die Relativbewegung zwischen Werkzeug und Schmiedeteil auftritt, nennt man *Verschleiß* oder *tribologische Beanspruchung.*

Ein tribologisches System besteht stets aus Grundkörper, Gegenkörper und Zwischenstoff. Beim Gesenkformen besteht es aus dem Gesenk als Grundkörper, dem Schmiedeteil als Gegenkörper und dem Schmierstoff mit eingelagerten Fremdstoffen als Zwischenstoff.

Die Verschleißbeanspruchung ist beim Gesenkformen besonders hoch, weil bei hohen Temperaturen große Umformkräfte mit hoher Geschwindigkeit wirksam sind und ungünstige Reibungsverhältnisse zur Folge haben.

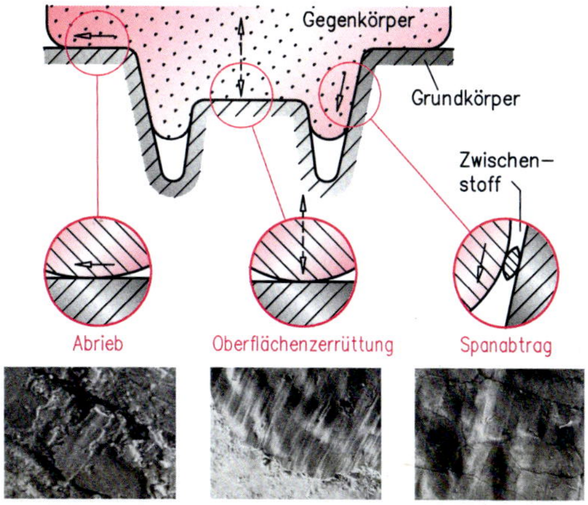

Verschleißbeanspruchungen während des Gesenkformens

Die Relativbewegung von Schmiedeteil, Werkzeugwandung und Zwischenstoffen beim Gesenkformen führt zu starken Verschleißbeanspruchungen im Gesenk.

Übungsaufgaben F-181; F-182; F-183

6.5.2 Schadensarten

Die genannten Beanspruchungsarten führen im Gesenk zu verschiedenartigen Schäden. Je nach Beanspruchungsart ergeben sich die Schadensarten:

- *mechanische Rissbildung,*
- *thermische Rissbildung,*
- *plastische Verformung,*
- *Verschleiß.*

Mit zunehmender Einsatzdauer der Gesenkwerkzeuge zeigen sich an verschiedenen Stellen der Gravur unterschiedliche Schäden. Die Art des Schadens ergibt sich aus der überwiegenden Beanspruchungsart in der betreffenden Zone. Schließlich erreicht eine der Schadensarten einen kritischen Wert und verursacht den Ausfall des Gesenkes. Verschleiß ist mit etwa 70 % Hauptursache der Gesenkausfälle.

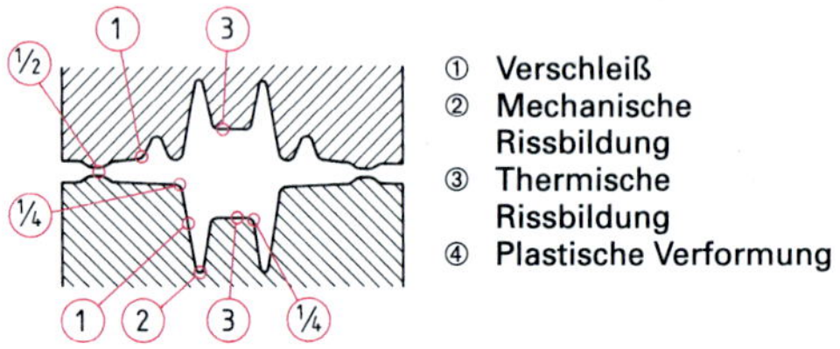

Schadensarten im Schmiedegesenk

- **Thermische Rissbildung**

Thermische Wechselbelastungen bewirken in der Gravurrandschicht Wärmespannungen, welche mit zunehmender Einsatzdauer der Gesenke zur Rissbildung führen. Die Risse treten als Rissnetz an den Gravurstellen auf, die keinem nennenswerten Verschleiß unterliegen. An Stellen mit Verschleiß und thermischer Beanspruchung erfolgt ein zusätzlicher Werkstoffabtrag.

Thermische Rissbildungen treten erst nach einer großen Anzahl von Schmiedevorgängen auf und führen nur selten zum Ausfall der Gesenke.

Temperaturwechselrisse in einer Gravur (nach 1000 Schmiedevorgängen)

Thermische Rissbildung erfolgt durch häufigen Temperaturwechsel in der Gravurrandschicht.

- **Plastische Verformungen**

An bestimmten Gravurstellen, wie Kanten und Zapfenrundungen, kann die durch Schmiederohteile eingebrachte Wärme nur schlecht abgeleitet werden. Dort erwärmt sich das Werkzeug besonders stark.

Im Randbereich des Radius ist das veränderte feinkörnige Gefüge durch die hohe Flächenpressung stark plastisch verformt. Das vergrößerte Schliffbild zeigt deutlich, wie in der Randschicht durch Werkstoffverschiebungen Überlappungen, Krater und Risse entstanden sind. Diese Veränderungen schreiten mit steigender Stückzahl fort.

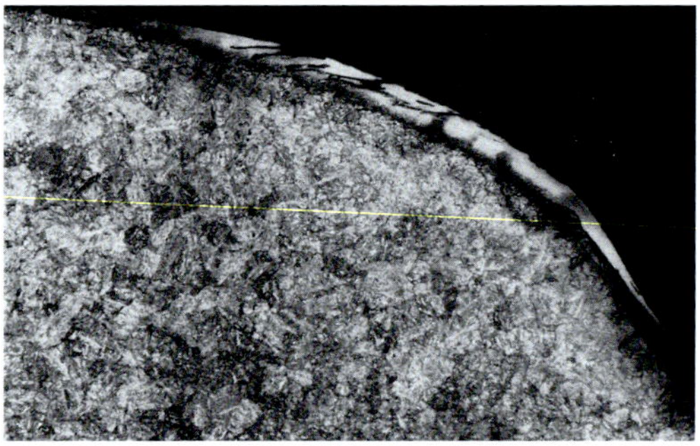

Randgefüge am Kantenradius (nach 1000 Schmiedevorgängen)

Plastische Verformungen treten an Kanten und Zapfen durch hohe Temperaturbelastungen auf.

- **Gravurabnutzung durch Verschleiß**

Das Umformen in Gesenken wird bei Temperaturen um 1000 °C vorgenommen. Dabei kommt es zu chemischen Reaktionen an der Oberfläche der beteiligten Werkstoffe. Insbesondere ist es eine Oxidbildung, die zusammen mit den Bewegungen zwischen Werkstück und Werkzeug zu einer starken Abnutzung der beanspruchten Werkzeugstellen führt. Diese Verschleißart wird Reaktionsschichtverschleiß genannt.

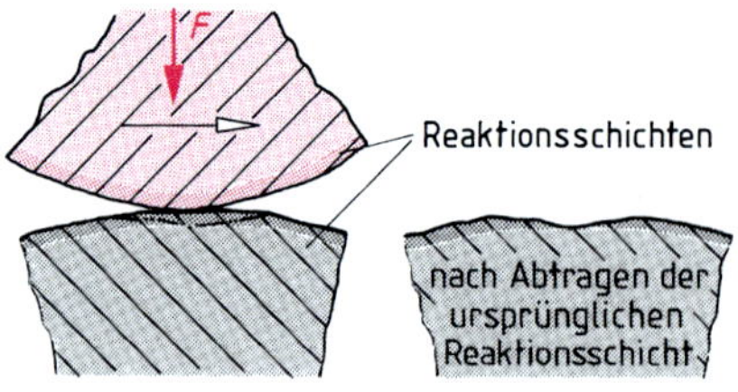

Reaktionsschichtverschleiß

Reaktionsschichtverschleiß zwischen Werkstück und Gesenk führt zu starken Gravurabnutzungen.

Übungsaufgaben F-184; F-185; F-186

6.5.3 Maßnahmen zur Erhöhung der Standmenge

Für die Produktion ist es ein vorrangiges Ziel, die Anzahl der Schmiedeteile zu steigern, welche ohne Nachsetzen in einem Gesenkwerkzeug hergestellt werden kann. Gesenke müssen nachgearbeitet werden, wenn durch Verschleiß, Rissbildung oder Geometrieabweichungen die Qualitätsanforderungen nicht mehr erfüllt sind.

Die Produktionskosten beim Gesenkformen sind neben den Fertigungskosten abhängig von Werkzeug, Rüst- und Wartungskosten sowie den Kosten zur Behebung von Störungen an Werkzeug und Maschine. Durch optimale Werkzeuggestaltung und geeignete Werkstoffe für das Gesenk wird der Werkzeug- und Rüstkostenanteil pro Schmiedeteil verringert. Man erzielt eine Kostensenkung durch Vergrößerung der Standmenge, weil der Anteil der Stillstandszeiten gesenkt wird.

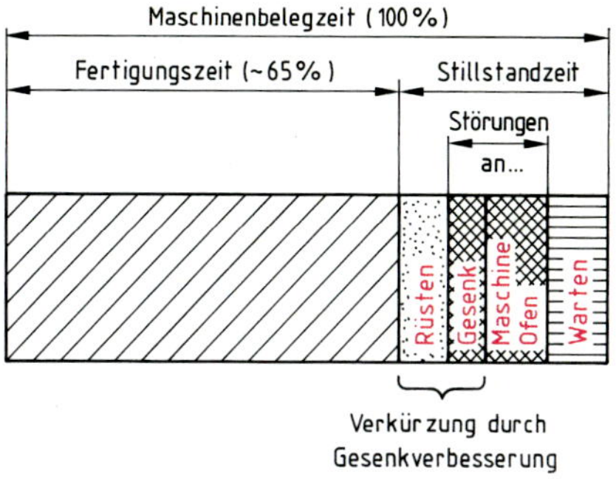

Anteile der Maschinenbelegzeit

Eine Standmengenerhöhung ergibt eine Kostenersparnis bei der Fertigung von Schmiedeteilen.

Die Standmenge in Gesenken lässt sich durch Verbesserungen der Gravurrandschicht erhöhen. Die örtliche Bearbeitung der Randschicht in der Gravur kann durch Stoffeigenschaftändern oder durch Beschichten erfolgen.
Gebräuchliche Verfahren sind das Anlassen, Legieren und Auftragsschweißen.

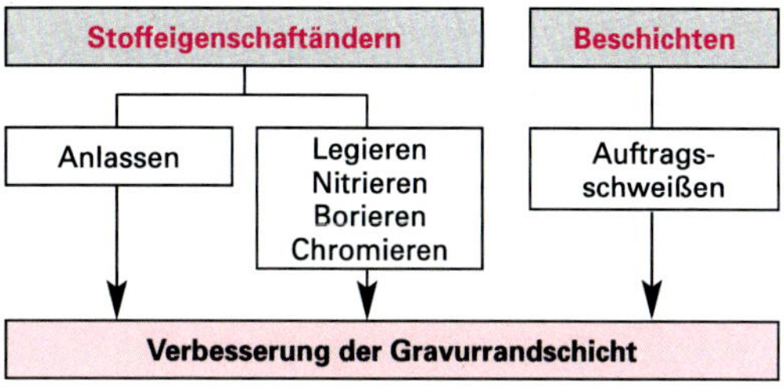

- **Stoffeigenschaftändern bei Gesenken**

Anlassen von Gravurbereichen

Zur Verbesserung der Standmengen in neuen Gesenken werden die Bereiche rissgefährdeter Hohlkehlen angelassen. Die örtliche Erwärmung zum Anlassen wird mit Laserstrahlen vorgenommen. Die Temperaturen und die Einwirkungszeiten werden so gewählt, dass an diesen Stellen die Zähigkeit der Gravurrandschicht erhöht und die Härte verringert wird.

Durch örtliches Anlassen vermindert man die Gefahr der Rissbildung in Hohlkehlen der Gravur.

Legieren

Gesenke können an kritischen Verschleißzonen auflegiert werden. Dazu werden Gravurrandschichten im Laserstrahl aufgeschmolzen und geeignete Zusatzwerkstoffe in Pulverform zugeführt. Als Legierungszusätze eignen sich Chrom, Bor, Wolfram, Molybdän, Titan und Vanadium. Bei einer Einschmelztiefe von ca. 0,5 mm erzielt man eine dünne hochlegierte Randschicht. Ihre Zusammensetzung und Struktur führt zu einer deutlichen Verbesserung der Werkstoffeigenschaften gegenüber thermischer und mechanischer Beanspruchung. Eine Nachbearbeitung ist nur in Einzelfällen erforderlich, man erreicht Oberflächengüten von $R_z < 10\ \mu m$.

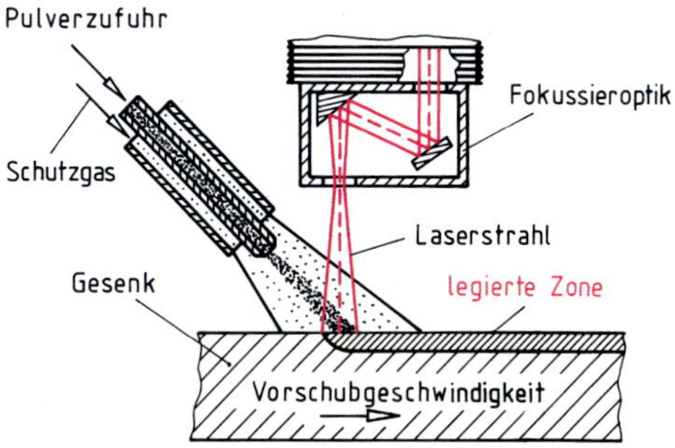

Legieren einer Gravurrandschicht

Durch Legieren mit geeigneten Zusatzstoffen werden gefährdete Gravurbereiche verschleißfest.

Übungsaufgabe F-187; F-188; F-189

- **Beschichten von Gesenken**

Das Beschichten wird durch **Auftragsschweißen** im Lichtbogen-, Plasma- oder Laserstrahlverfahren vorgenommen. Es werden Kobaltbasislegierungen als Zusatzwerkstoffe verwendet.
Diese enthalten neben dem Hauptbestandteil Kobalt (35 bis 55 %), Chrom (25 bis 35 %), Wolfram (10 bis 25 %), Eisen (bis 10 %) und Kohlenstoff (2 bis 3 %). Nach dem Beschichten liegen im Feingefüge der Randschicht mehr oder weniger große Karbidnadeln in einer eutektischen Grundmasse vor. Man spricht von **Stelliten**. Diese Auftragsschicht ist extrem verschleißfest.
Das Auftragsschweißen erfordert eine Berücksichtigung der Schichtdicke bei der Gravurausarbeitung. Die Auftragsschicht wird so gewählt, dass nach funkenerosiver Fertigbearbeitung eine Schichtdicke von 1 bis 2 mm vorhanden ist.
Man erzielt durch Beschichten mit Stelliten eine Standmengenverbesserung von etwa 300 % gegenüber nicht beschichteten aber nitrierten Gesenken. Durch Beschichten werden abgeschmiedete Gesenke wieder aufgearbeitet.

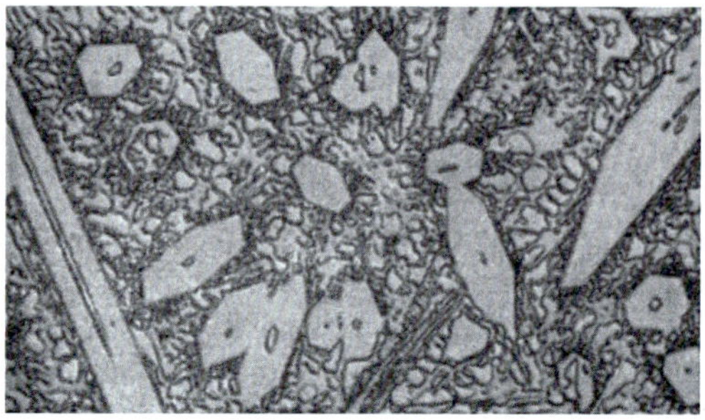

Stellit mit 2,2 % C; 29 % Cr; 11 % W; 44 % Co; Rest Fe
Auftragsschicht aus Stelliten

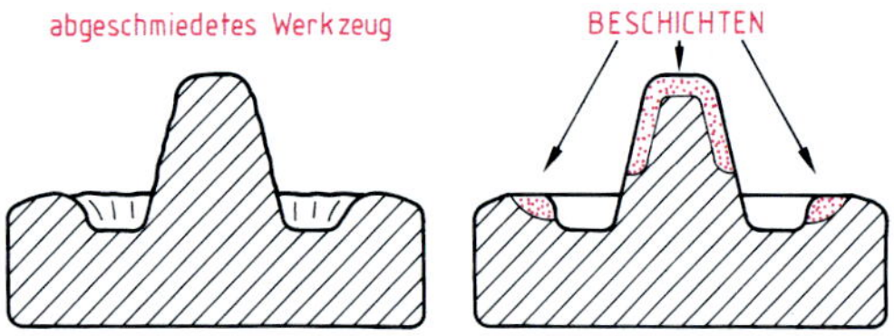

Beschichten eines Gesenkes

7 Werkstück- und Werkzeuggestaltung beim Gesenkformen

Beim Gesenkformen ist der Formhohlraum stets die Negativform des jeweiligen Werkstücks. Merkmale wie sie nachfolgend für Werkstücke aufgezeigt werden, gelten demnach entsprechend auch für Gesenke. Für eine umformgerechte Gestaltung von Schmiedeteilen aus Stahl sind in DIN 7523 zu den nachfolgenden Merkmalen Richtwerte festgelegt.

Einflussgrößen auf die Gestaltung von Schmiedeteilen

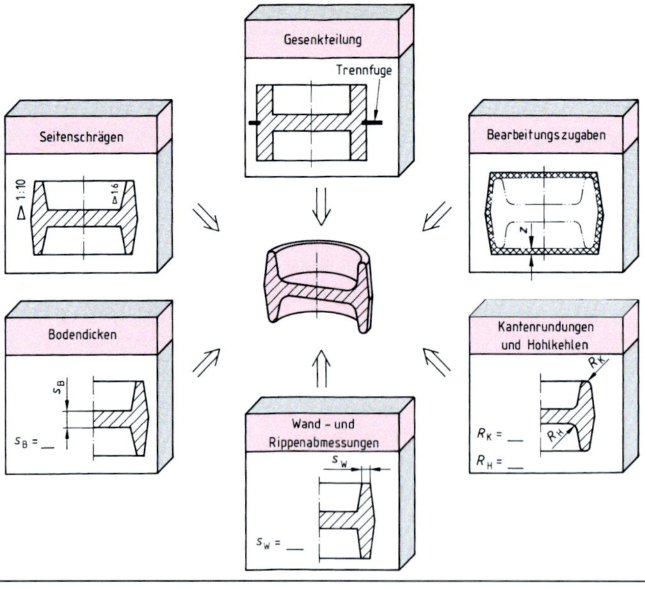

Da der Werkstofffluss während der Umformung einen entscheidenden Einfluss auf die Ausbildung des Schmiedeteils und den Verschleiß des Gesenkes hat, müssen bei der Konstruktion schmiedetechnische Besonderheiten beachtet werden. Die Werkstückformen müssen dem Umformverfahren entsprechend gewählt werden. Da beim Gesenkformen das Formgebungssystem die Negativform des Werkstückes ist, gelten die Gestaltungsmerkmale gleichermaßen für Schmiedeteil und Gravur.

7.1 Gesenkteilung

Die verschiedenen Einflussgrößen auf die Gestaltung von Schmiedeteilen sind zum Teil voneinander abhängig. Dabei hat die Festlegung der Gesenkteilung eine übergeordnete Bedeutung. Als Gesenkteilung bezeichnet man die Ebene, welche die Gesenkteile trennt.
Aus der *Lage der Gesenkteilung* ergeben sich direkt die Gravurtiefen in den Gesenkhälften. Von diesen Tiefen sind die Größen der Übergangsradien und die Durchmesseränderungen durch die Seitenschrägen abhängig. Eine günstig gewählte Lage der Gesenkteilung erleichtert die Entnahme des Schmiedeteils aus dem Gesenk und das nachfolgende Abgraten.

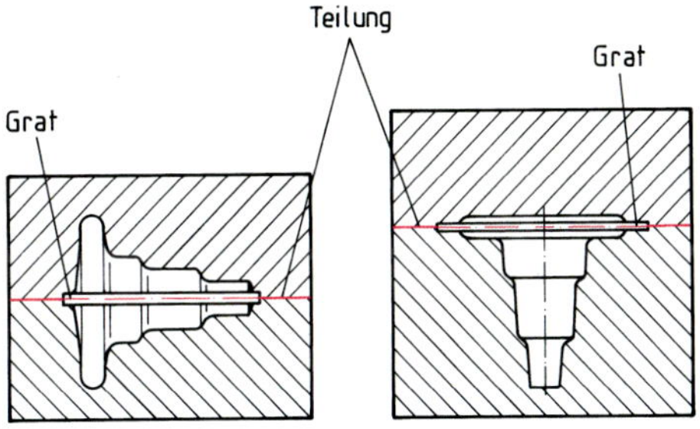

Lage der Gesenkteilung

Die Form eines Gesenkschmiedeteils wird von der Lage der Gesenkteilung beeinflusst. Von der Gesenkteilung sind Seitenschrägen, Übergangsradien, Wand-, Boden- und Rippenabmessungen und Bearbeitungszugaben abhängig.

7.2 Seitenschrägen

Gesenkschmiedeteile können nur dann aus der Gravur gehoben werden, wenn ihre in Umformrichtung liegenden Flächen geneigt sind. Die erforderliche Neigung der Seitenschrägen ist je nach Größe und Form der Schmiedeteile an Innen- und Außenflächen verschieden groß. Da die Gefahr für ein Aufschrumpfen bei Innenflächen besteht, muss die Neigung bei Innenschrägen größer als bei Außenschrägen gewählt werden.

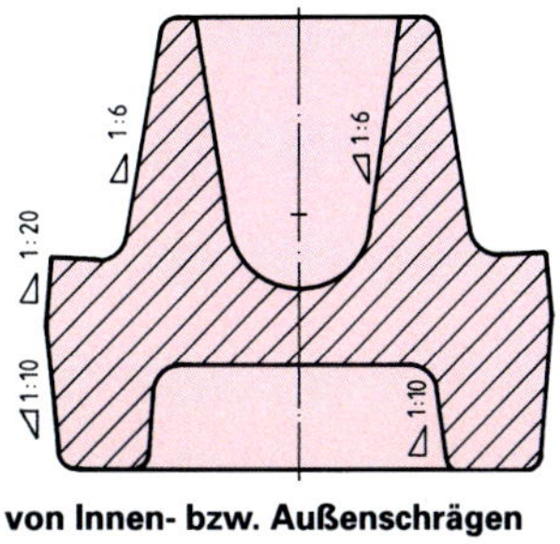

Neigungen von Innen- bzw. Außenschrägen

Richtwerte für Seitenschrägen bei Schmiedeteilen aus Stahl

		Innenschrägen
Neigung	α	**Anwendung**
1 : 6	9°	normal
1 : 10	6°	bei niedrigen Ausnehmungen

		Außenschrägen
Neigung	α	**Anwendung**
1 : 10	6°	normal
1 : 20	3°	bei kleinen Werkstückhöhen
1 : 6	9°	bei hohen Rippen

In den häufigsten Fällen wird für Schmiedeteile die Neigung der Seitenschrägen bei Innenflächen mit 1 : 6 und bei Außenflächen mit 1 : 10 gewählt.

Übungsaufgaben F-192 bis F-195

7.3 Bodendicken, Wanddicken und Rippenbreiten

Mit abnehmender Wanddicke wird der Werkstofffluss immer mehr behindert, die Umformkraft steigt und damit auch der Gesenkverschleiß. Um die Umformkräfte in Grenzen zu halten, müssen Mindestwanddicken in Abhängigkeit vom Durchmesser bzw. von der Breite und Höhe eingehalten werden.
Dabei können Bodendicken kleiner als Wanddicken ausgeführt werden. Im Allgemeinen sollten die Wanddicken innerhalb eines Schmiedeteils nicht stark voneinander abweichen.

Beispiele **für Schmiedeteile mit der Angabe von Bodendicken, Wanddicken und Rippenbreiten**

s_B Bodendicke
d Durchmesser

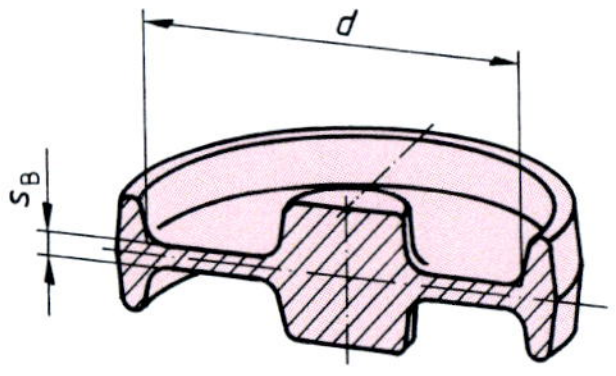

s_W Wanddicke
h Wand- oder Rippenhöhe

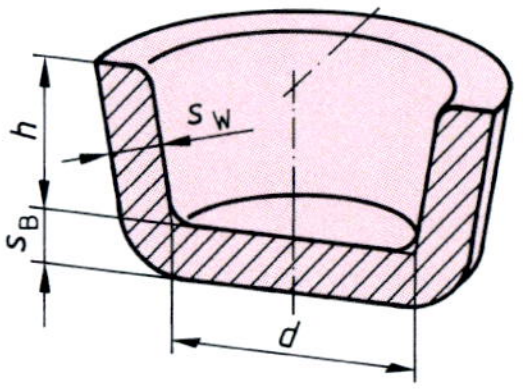

s_R Rippenbreite
R_K Rippenkopfradien

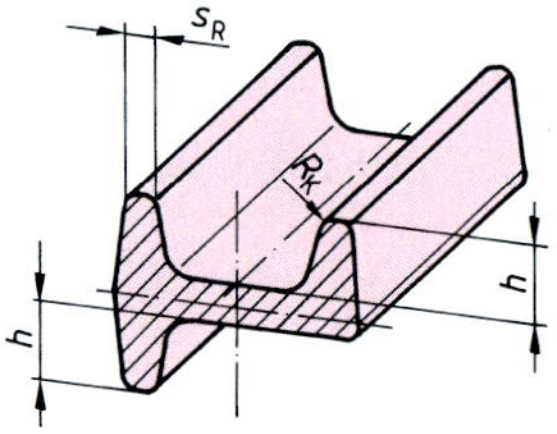

Die Richtwerte für Bodendicken, Wanddicken und Rippenbreiten in den nachfolgenden Tabellen sind als Mindestwerte anzusehen.

Richtwerte für Bodendicken an Schmiedeteilen aus Stahl

Durchmesser *d* bzw. Breite *b* in mm	**Bodendicke s_B in mm**
bis 20	**2**
> 20 bis 50	**4**
> 50 bis 80	**5**
> 80 bis 125	**7**
> 125 bis 200	**11**

Richtwerte für Wanddicken und Rippenbreiten an Schmiedeteilen aus Stahl

Wand- bzw. Rippenhöhe in mm	**Wanddicke s_W bzw. Rippenbreite s_R in mm**
bis 16	**4**
> 16 bis 40	**8**
> 40 bis 63	**12**
> 63 bis 100	**20**
> 100 bis 160	**32**

Bei Gesenkschmiedeteilen können Bodendicken kleiner als Wanddicken bzw. Rippenbreiten gewählt werden. Wegen des Werkstoffflusses sind jedoch große Querschnittsveränderungen möglichst zu vermeiden.

7.4 Kantenrundungen und Hohlkehlen

Scharfe Kanten an Gesenken würden bei der Umformung den Werkstofffluss behindern und das Gesenk einem starken Verschleiß aussetzen. Die Umformkraft wäre sehr hoch und an scharfkantigen Vertiefungen würde die Kerbrissgefahr stark erhöht. Um die Standmenge der Gesenke zu erhöhen, dürfen die Richtwerte für Radien von Kantenrundungen und Hohlkehlen nicht unterschritten werden.
Bei gleichen Werkstückhöhen sind für Hohlkehlen größere Radien zu wählen als bei Kantenrundungen.

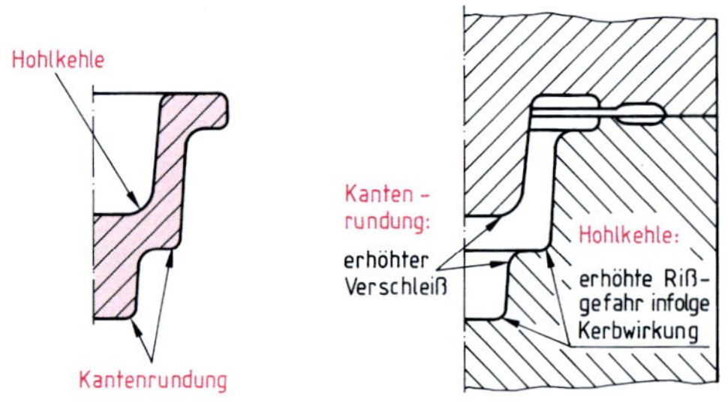

Schmiedeteil Gesenk

Radien am Schmiedeteil und Gesenk

Übungsaufgabe F-196; F-197

Die Radiengrößen von Kantenrundungen und von Hohlkehlen werden in Abhängigkeit von den Höhenmaßen der verschiedenen Formanteile in einer Gesenkhälfte bestimmt.

R_K Kantenrundung R_H Hohlkehle

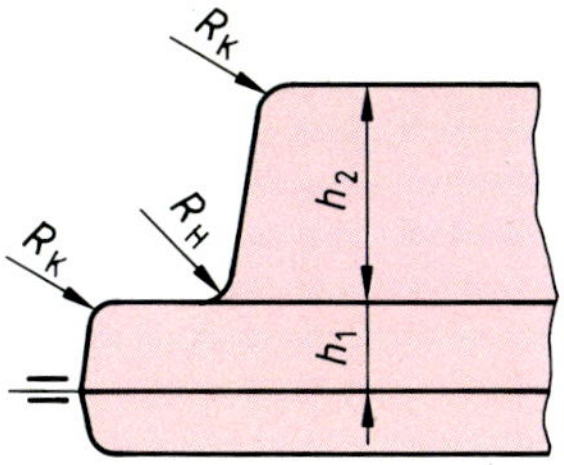

Richtwerte für Kantenrundungen an Schmiedeteilen aus Stahl

Maß *h* in mm	Radien Kantenrundungen R_K in mm	Hohlkehlen R_H in mm
bis 25	**2**	**4**
> 25 bis 40	**3**	**6**
> 40 bis 63	**4**	**10**
> 63 bis 100	**6**	**16**

Beispiel **für die Festlegung der Radien von Kantenrundungen und Hohlkehlen**

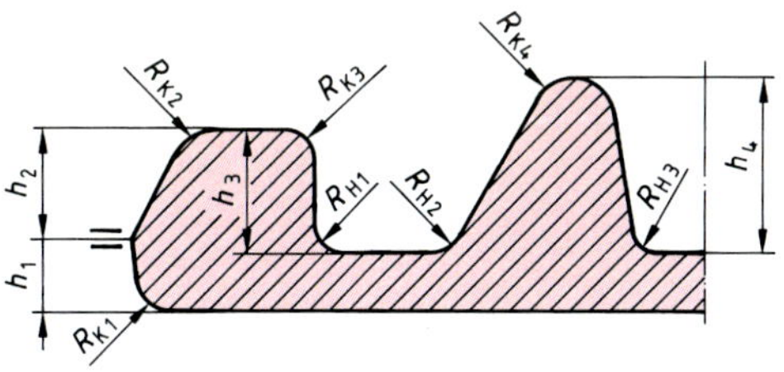

h_1 = 20 mm; h_2 = 28 mm; h_3 = 32 mm; h_4 = 45 mm

Kantenrundungen in mm

$R_{K1} = 2 \leftarrow h_1$
$R_{K2} = 3 \leftarrow h_2$
$R_{K3} = 3 \leftarrow h_3$
$R_{K4} = 4 \leftarrow h_4$

Hohlkehlen in mm

$R_{H1} = 6 \leftarrow h_3$
$R_{K2} = 10 \leftarrow h_4$
$R_{K3} = 10 \leftarrow h_4$

Bei Schmiedeteilen müssen die Radien für Hohlkehlen größer gewählt werden als für Außenkanten. Dadurch wird der Verschleiß im Gesenk stark vermindert und der Werkstofffluss verbessert.

LF 11F-14F

7.5 Bearbeitungszugaben

Flächen an Gesenkschmiedeteilen, die spanend nachgearbeitet werden, erhalten eine Bearbeitungszugabe. Da bei Schmiedeteilen die zulässigen Maßabweichungen verhältnismäßig groß sind, muss für eine ausreichende Mindestspanabnahme eine entsprechende Bearbeitungszugabe gewählt werden.

Die Größe der Bearbeitungszugabe hängt von den Ausmaßen und von der Form des Schmiedeteiles ab. Außerdem sollte die Mindestbearbeitungszugabe von 1,5 mm nicht unterschritten werden, weil sonst die beim Schmieden entstandene entkohlte Randschicht nicht völlig abgearbeitet wird.

Bei lang gestreckten Schmiedeteilen richtet sich die Bearbeitungszugabe nach der größten Länge und dem Größtmaß der Breite bzw. der Dicke. Die größte Bearbeitungszugabe wird meist allen Bearbeitungsstellen eines Werkstückes zugeschlagen.

Bei rotationssymmetrischen Schmiedeteilen richtet sich die Bearbeitungszugabe nach dem größten Durchmesser und der größten Höhe.

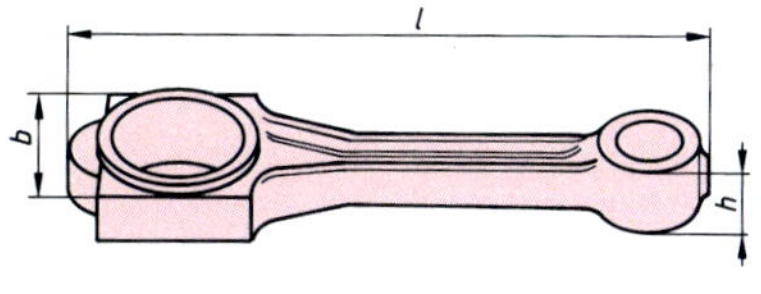

Lang gestrecktes Schmiedestück

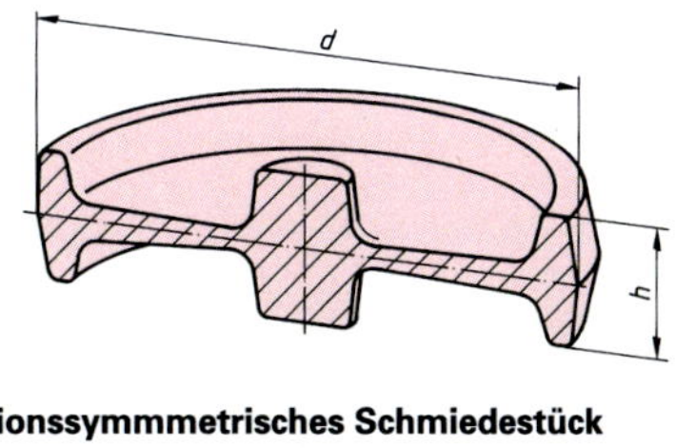

Rotationssymmmetrisches Schmiedestück

Übungsaufgabe F-198

Richtwerte für Bearbeitungszugaben an Schmiedeteilen aus Stahl

Größtmaß für Breite bzw. Höhe in mm	Bearbeitungszugabe *z* in mm für lang gestreckte bzw. rotationssymmetrische Werkstücke mit größter Länge bzw. größtem Durchmesser					
	bis 40	>40 bis 63	>63 bis 100	>100 bis 160	>160 bis 250	>250 bis 400
bis 40	1,5	1,5	2	2	2,5	3
> 40 bis 63	1,5	2	2	2,5	3	3,5
> 63 bis 100	2	2	2,5	3	3	3,5
> 100 bis 160	–	2,5	3	3	3,5	4
> 160 bis 250	–	–	3	3,5	4	5

Für jedes Schmiedeteil wird die Größe der Bearbeitungszugabe (*z*) aus der Richtwerttabelle entnommen. Die Bearbeitungszugabe richtet sich nach den Abmessungen und der charakteristischen Werkstückform.

Beispiele für die Festlegung von Bearbeitungszugaben

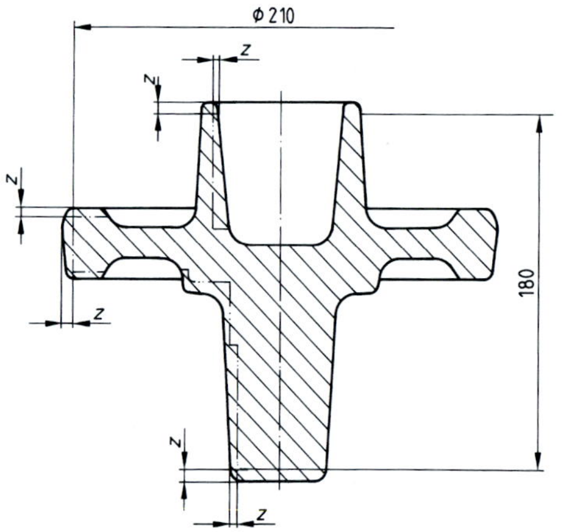

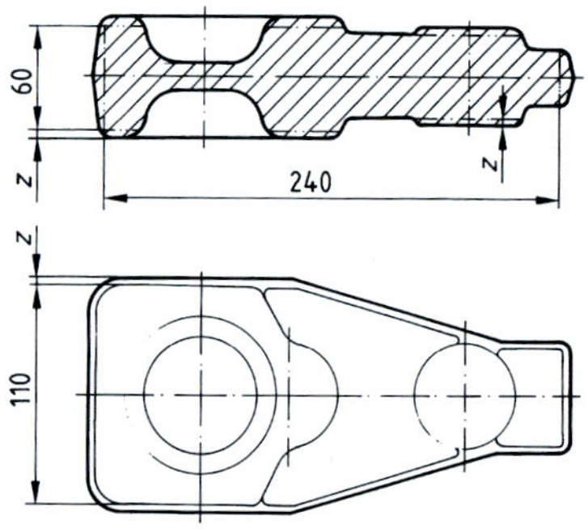

Teil 1: Rotationssymmetrisches Werkstück

Teil 2: Lang gestrecktes Werkstück

Bearbeitungszugabe

Teil 1: Nach dem *Durchmesser* 210 mm und der *Höhe* 180 mm ergibt sich
z = 4 mm

Teil 2: Nach der *Länge* 240 mm und der *Breite* 110 mm ergibt sich
z = 3,5 mm

Die Bearbeitungszugabe für ein Schmiedeteil wird in Abhängigkeit von der Form und den Abmessungen des Schmiedeteils ermittelt und für alle Bearbeitungsstellen verwendet.

Übungsaufgabe F-199

8 Werkzeuge zum Extrudieren

Extrusionswerkzeuge werden eingesetzt, um Voll- oder Hohlprofile aus thermoplastischen Kunststoffen zu formen. Nach der eigentlichen Formgebung im Extrusionswerkzeug werden die Profile meist unter Einhaltung der gewünschten Abmessung abgekühlt. Diesen Vorgang nennt man **Kalibrieren.** Beim Kalibriervorgang werden die Profile mithilfe einer *Abzugsvorrichtung* durch die Kalibriervorrichtung gezogen.

Beispiele für extrudierte Profile

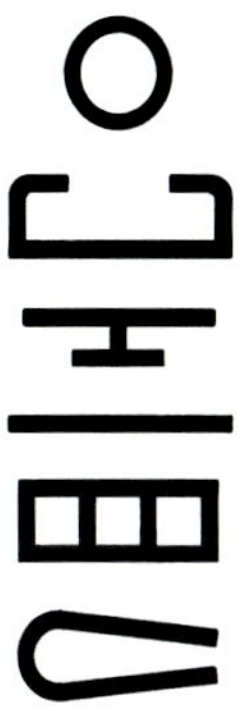

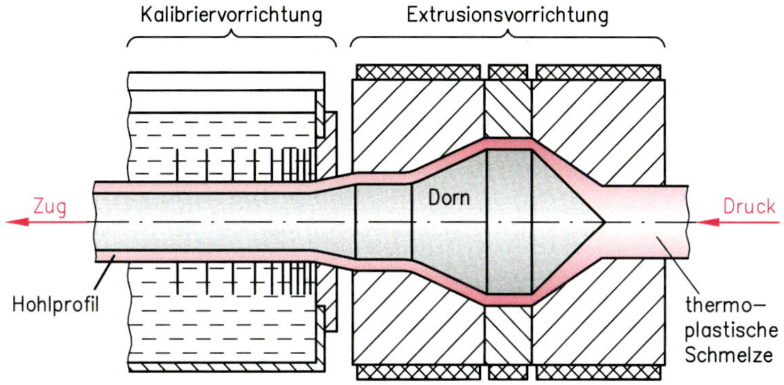

Extrusionswerkzeuge werden zur Fertigung von Voll- oder Hohlprofilen eingesetzt. Spezielle Kalibriervorrichtungen sorgen für die Maßhaltigkeit der extrudierten Profile.

8.1 Das Extrusionswerkzeug als technisches System

8.1.1 Aufbau von Extrusionswerkzeugen

Der Aufbau von Extrusionswerkzeugen wird im Wesentlichen von den zu formenden Extrudaten bestimmt. Als **Extrudat** wird z. B. das von einem Extrusionswerkzeug geformte Voll- oder Hohlprofil bezeichnet. Die Werkzeuge für die häufig herzustellenden Hohlprofile sind unabhängig von der Profilform nach dem gleichen Prinzip gebaut. Die wesentlichen Bauelemente sind:

- Gehäuse,
- Dorn,
- Mundstück.

Durch das Ineinanderschieben von *Mundstück* und *Dorn* wird eine *Düse* mit einem bestimmten Querschnitt erzeugt. Der erzeugte Querschnitt entspricht der geforderten Profilform. Der Dorn wird von einem *Dornhalter* über *Dornhalterstege* gehalten und muss gegenüber dem Mundstück genau positioniert werden. Aufgrund der Befestigung des Dorns mit Dornhalterstegen, wird die beschriebene Art eines Extrusionswerkzeugs als **Dornhalterwerkzeug** bezeichnet.

Beispiel für den Aufbau eines Extrusionswerkzeugs

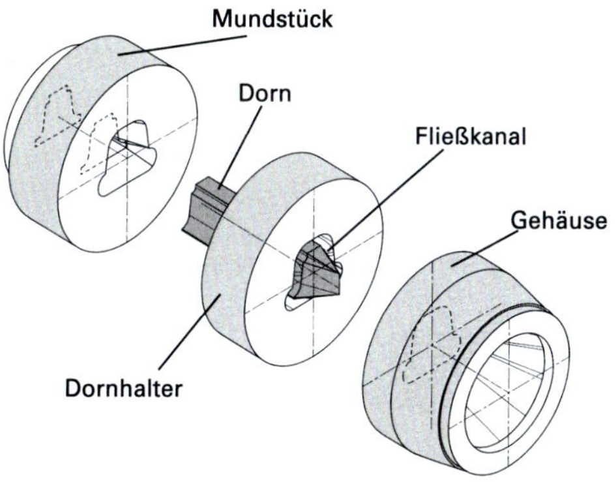

Der Aufbau von Extrusionswerkzeugen wird von dem zu formenden Extrudat bestimmt. Die Werkzeuge für Hohlprofile bestehen im Wesentlichen aus Gehäuse, Dorn und Mundstück.

Übungsaufgabe F-200

8.1.2 Funktionseinheiten von Extrusionswerkzeugen

Im Extrusionswerkzeug wird die von einem Extruder kommende flüssige Formmasse zu einem Extrudat, z. B. einem Hohlprofil, geformt. Die Formmasse wird dabei kontinuierlich und mit möglichst konstanter Temperatur durch das Werkzeug gedrückt. Das technische System „Extrusionswerkzeug" kann man in Teilsysteme mit unterschiedlichen Funktionen aufteilen.

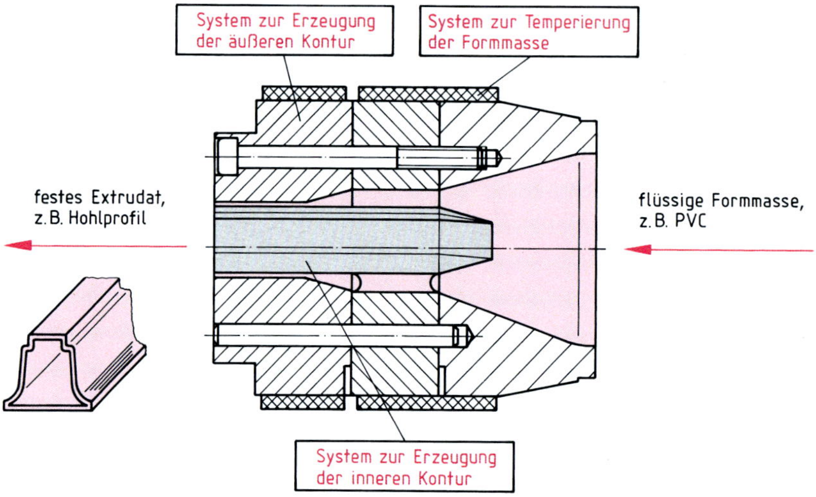

Funktionsbeschreibung

Der vom Extruder kommende *Formmassestrom* wird von der Dornspitze in einen spaltförmigen *Fließkanal* umgelenkt. Da der Dorn im Dornhalter über Stege gehalten wird, teilt sich der Formmassestrom im Bereich des Dornhalters in mehrere Teilströme auf.

Die einzelnen Teilströme müssen deshalb im Bereich des *Mundstücks* wieder zu einem homogenen Formmassestrom zusammengeführt werden. Damit sich die einzelnen Teilströme wieder vereinen, ist ein bestimmter *Rückdruck* im Mundstück erforderlich. Der Rückdruck wird durch die zunehmende Verjüngung des Fließkanals (10° bis 15°) erreicht. Bei einer unzureichenden Verjüngung des Fließkanals, kann es zu unerwünschten **Fließmarkierungen** kommen, die am fertigen Profil z. B. als Streifen sichtbar sind und eine mechanische Schwächung des Profils hervorrufen.

Die Querschnittsübergänge im Fließkanal müssen strömungsgünstig ausgebildet sein, damit die Formmasse kontinuierlich fließen kann und keine thermischen Schäden auftreten.

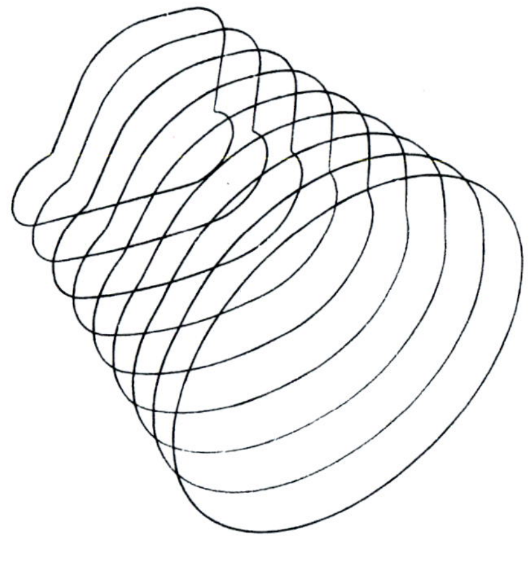

Querschnittsübergänge im Fließkanal

Im letzten Teil des Mundstücks verlaufen die Fließkanalwände wieder parallel; dieser Bereich wird als **Bügelzone** bezeichnet. In der Bügelzone wird ein Teil der bei der Vereinigung der Teilströme entstandenen Scherspannungen abgebaut und eine glatte Oberfläche erzeugt.

In einem Extrusionswerkzeug wird flüssige Formmasse zu einem festen Extrudat, z. B. einem Profil, geformt. Die Formmasse wird dabei kontinuierlich durch das Werkzeug gedrückt.

Übungsaufgaben F-201; F-202

8.2 Aufbau und Funktion von Kalibriervorrichtungen

Der Aufbau von Kalibriervorrichtungen hängt ab von:

- dem zu *kalibrierenden Extrudat* und
- der *Lage der Funktionsfläche* des Extrudats.

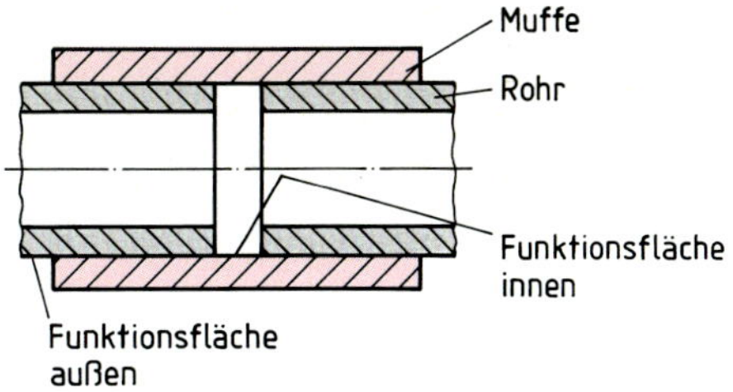

Funktionsflächen von Extrudaten

Bei Hohlprofilen liegt die Funktionsfläche meist außen, d. h. der äußere Durchmesser ist für die Funktion des Profils ausschlaggebend und muss deshalb kalibriert werden. Man spricht in diesem Fall von **Außenkalibrierung.** Die unterschiedlichen Vorrichtungen zur Außenkalibrierung setzen häufig Vakuum als Wirkmedium ein. Durch das Anlegen eines Unterdrucks wird dabei der zur Kalibrierung und Kühlung notwendige Kontakt zwischen dem Extrudat und der Kalibriervorrichtung erreicht. Durch den innigen Kontakt kühlt das Extrudat unter Beibehaltung der gewünschten Abmessungen ab.

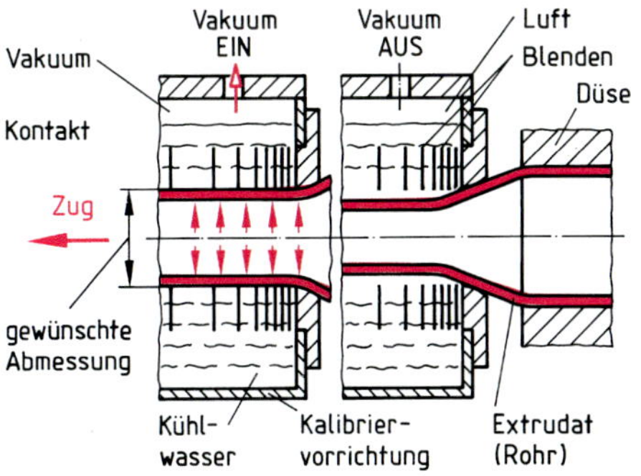

Vakuum-Wasserbad-Kalibrierung

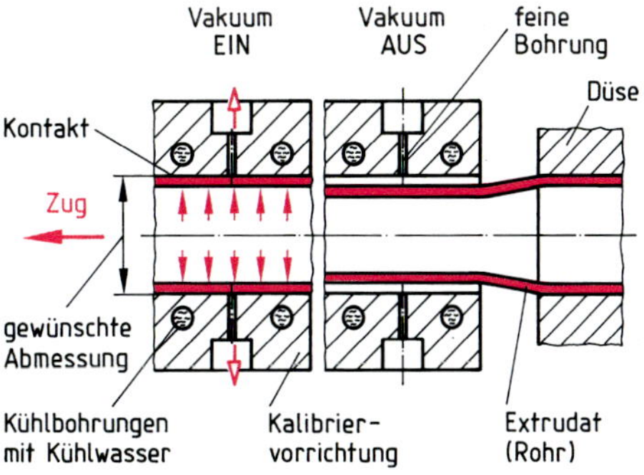

Geschlossene Vakuumkalibrierung

Funktionsprinzipien von Vorrichtungen zur Außenkalibrierung mit Vakuum

LF 11F-14F

Die Länge der Kalibriervorrichtung muss dabei so bemessen sein, dass eine ausreichende Abkühlung der flüssigen Formmasse stattfindet. Die Abkühlung ist ausreichend, wenn nach dem Verlassen der Kalibriervorrichtung das Profil seine Abmessungen beibehält.

Beispiel für eine Kalibriervorrichtung

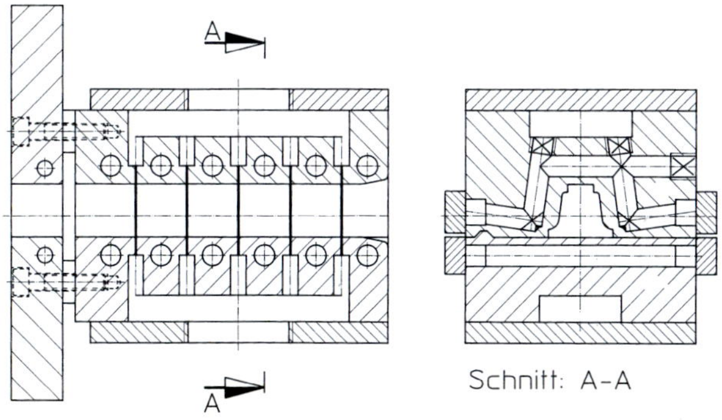

Für die Außenkalibrierung von Hohlprofilen werden meist Kalibriervorrichtungen eingesetzt, die mit Vakuum als Wirkmedium arbeiten. Beim Kalibrieren wird z. B. ein Profil unter Einhaltung der gewünschten Abmessungen abgekühlt.

Übungsaufgabe F-203

Handlungsfeld: Bauen von Werkzeugen

Problemstellung

Auftrag

Auftrag
Werkzeuge herstellen um Scharniere in zwei Arbeitsgängen ohne Nacharbeit in großer Stückzahl zu produzieren.

Zeichnung

Werkstoff

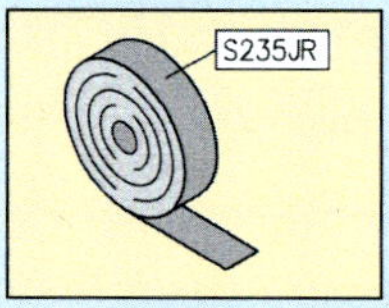

Maschine

Ermitteln von Artikeldaten hinsichtlich
- Maschinen
- Werkstoff
- Form, Größe
- geforderte Qualität

Analysieren des Auftrages
(hinsichtlich des Artikels und der Fertigungsmöglichkeiten)

Analysebogen:
- Maschinen: Presskraft von 50 kN bis 15 000 kN
- Artikelwerkstoff: 1.0037 G
- Schneidkraft: 150 kN ...

Ergebnisse
- Daten zum Artikel
  - Stückzahl
  - Fertigungsverfahren
  - Anzahl der Folgen/ Schnittstreifen
- Daten zum Artikelwerkstoff
  - Schneidkraft
  - Schneidspalt
  - Schmierung
- Daten zur Pressmaschine
  - Schneidkraft
  - Materialflusssystem
  - Werkzeugspannsystem

Entscheidungen hinsichtlich des Werkzeuges
- Zahl der Schneidfolgen
- Aufbau des Werkzeuges
- System zum Entfernen des Materials
- System zur Streifenführung

Entscheidungen hinsichtlich der Maschine
- Spannsystem
- Steuerungssystem

Planen und Konstruieren

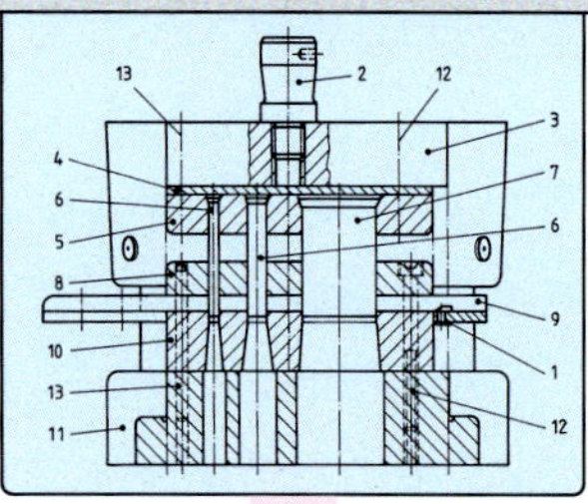

Ergebnisse
- Gesamtzeichnung des Werkzeuges
- Teilzeichnungen
- Zeichnung zur Schnittstreifenführung
- CNC-Programme
- Arbeitspläne
- Normalienliste
- Sicherheitsvorschriften
- Schmiersysteme

Fertigen der Einzelteile und Montage

- Einstellen bzw. Eingeben von Technologiedaten
- Programme eingeben
- Einrichten des Werkstückes (Positionieren, Spannen ggf. Stützen)
- Einrichten der Werkzeuge
- Bereitstellen der Hilfsstoffe

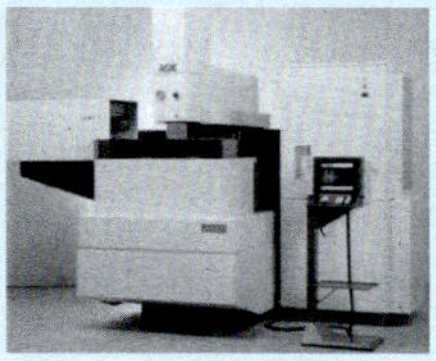

- Fertigung starten und überwachen
- Zwischenkontrollen durchführen
- Sicherheitsvorschriften beachten
- Endkontrolle durchführen

1 Fertigungsverfahren mithilfe der Stanztechnik

1.1 Begriffsbestimmung und Verfahren

Der nicht genormte Begriff Stanzen umfasst verschiedene Fertigungsverfahren nach DIN 8560. Im Werkzeugbau hat sich der Begriff allerdings stets behauptet. Neben den Verfahren der Hauptgruppe 3 – Trennen durch Zerteilen – integriert er auch z. B. Verfahren des Umformens und Fügens. Die spanlose Fertigung ermöglicht eine äußerst wirtschaftliche Herstellung durch optimale Werkstoffausnutzung bei geringem Abfall. Es werden komplizierte und genaue Erzeugnisse u. a. für die Elektro-, Elektronik-, Automobil-, Foto- oder Haushaltsgeräteindustrie gefertigt.

Die Stanzerzeugnisse werden aus Bändern oder Platten in einem oder mehreren Arbeitsfolgen hergestellt.

Die Werkzeuge heißen entsprechend ihres Einsatzes Schneid-, Umform- oder Fügewerkzeuge. In sogenannten Verbundwerkzeugen werden die Verfahren miteinander verknüpft.

Die Werkzeuge werden in Pressen eingebaut und besitzen ein Werkzeugoberteil und ein Werkzeugunterteil.

Die nachfolgenden Kapitel beschränken sich auf die drei wesentliche Bereiche Zerteilen, Tiefziehen und Biegen. In weiteren Kapiteln werden die Verbundwerkzeuge und die Maschinen behandelt.

Presse

Werkzeugunterteil

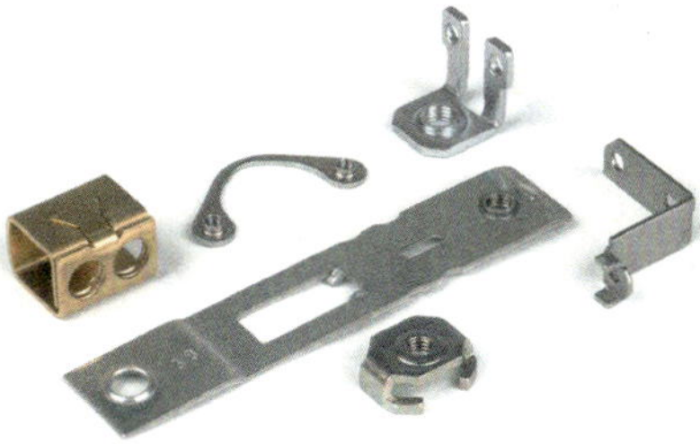
Stanzerzeugnisse

LF 11S-14S

1.2 Trennen durch Zerteilen

Die Gruppe „Zerteilen" nach DIN 8588 unterscheidet u. a. die Untergruppen *Keilschneiden* und *Scherschneiden.*

Beim Zerteilen durch Keilschneiden, z. B. das Verfahren Messerschneiden, macht man sich die zerteilende Wirkung des Keils zunutze. Eine keilförmige Werkzeugschneide trennt den Werkstoff durch Kerben, Spalten und Auseinanderdrängen.

Beim Zerteilen durch Scherschneiden bewegen sich zwei Schneiden aneinander vorbei und verschieben Werkstoffteilchen bis zur vollständigen Trennung gegeneinander.

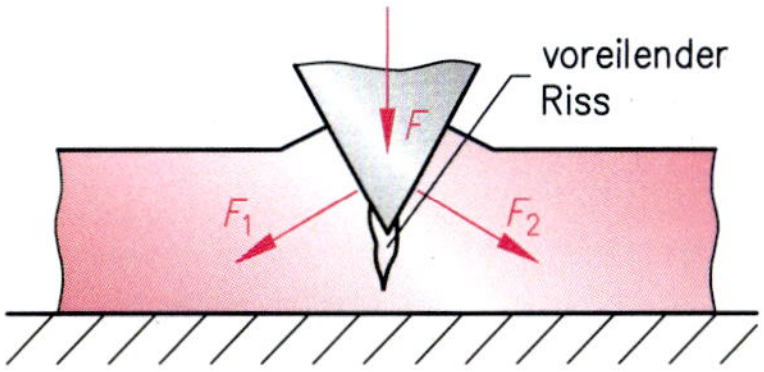

Zerteilen durch Keilschneiden:
Teile werden durch einen Keil auseinander gedrängt.

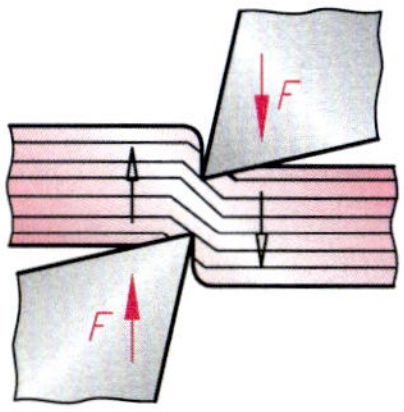

Zerteilen durch Scherschneiden:
Teile werden durch zwei Keile gegeneinander verschoben; die Keile bewegen sich aneinander vorbei.

Übungsaufgaben G-1; G-2

1.3 Zerteilen durch Scherschneiden

1.3.1 Prinzip des Schneidvorgangs

Der Ablauf des Schneidvorganges wird von der Werkzeuggeometrie z. B. der Größe des Schneidspaltes und von den Eigenschaften des Werkstoffes, z. B. den Festigkeitswerten, beeinflusst. Der Ablauf des Schneidvorganges beim Lochen eines Bleches aus Stahl kann in *vier Phasen* eingeteilt werden:

Phase 1: Elastische Verformung
Die Schneidkräfte werden über den Schneidstempel und die Schneidplatte auf das Blech übertragen. Zu Beginn des Lochvorgangs wird das Blech somit elastisch verformt.

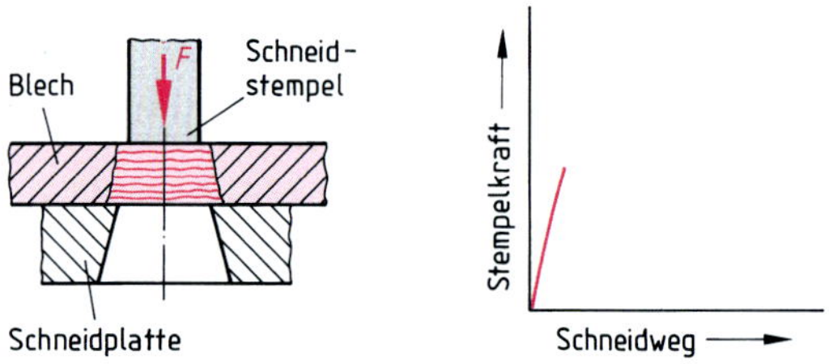

Elastische Verformung

Phase 2: Plastische Verformung
Bei zunehmender Kraft dringt der Schneidstempel weiter in den Werkstoff ein. Die Elastizitätsgrenze wird überschritten. Es tritt eine plastische Verformung ein.
Der Werkstoff wird etwas zur Schneide des Stempels hingezogen. Am Schnittteil bildet sich eine Einziehrundung aus.

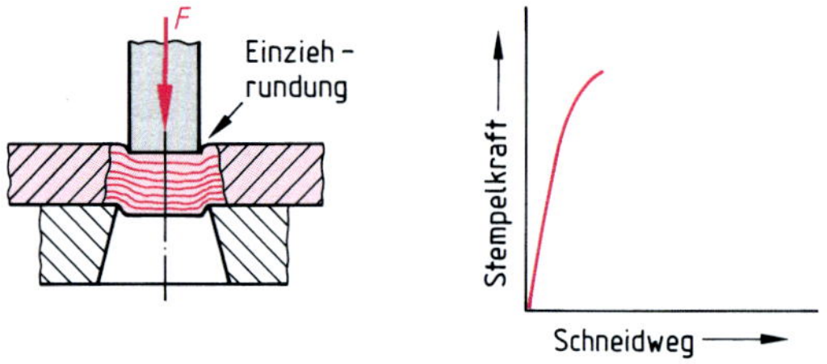

Plastische Verformung

Phase 3: Abscherung
Ein weiteres Eindringens des Schneidstempels führt zur Abscherung des Werkstoffes an der Schneide. Die Scherfestigkeit des Werkstoffes ist überschritten. Die Stempelkraft nimmt ab.
Es entstehen an den Schneidkanten des Schneidstempels und der Schneidplatte Risse, die aufeinander zulaufen.

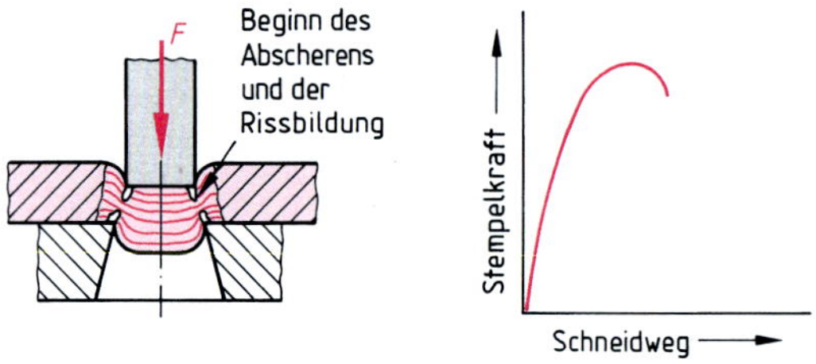

Abscherung und Rissbildung

Phase 4: Durchtrennung
Die Rissbildung setzt sich bei weiterem Eindringen des Schneidstempels fort. Hierbei fällt die zur Trennung notwendige Kraft steil bergab und geht nach Durchtrennung auf den Wert Null zurück.

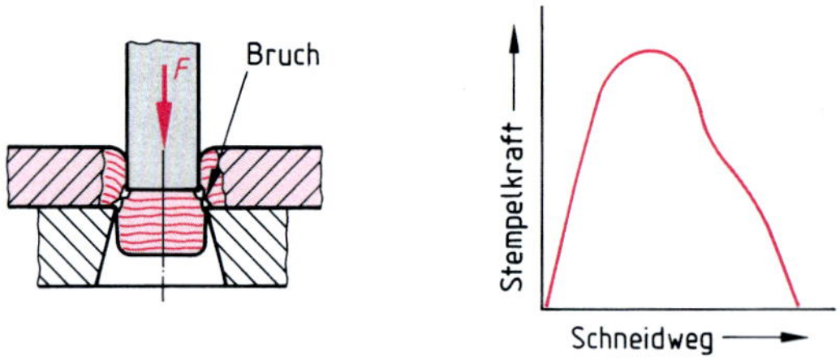

Durchtrennung

Der Schneidvorgang ist mit dem Durchtrennen des Bleches beendet. Die Vorgänge beim Stempelrückhub und die daraus resultierenden Werkzeugmaßnahmen sind im Kapitel *„System zum Entfernen des Materials"* näher beschrieben.

Der Schneidvorgang vollzieht sich in vier Phasen:
1. Elastische Verformung des Werkstoffes,
2. plastische Verformung mit Kanteneinzug,
3. Abscherung des Werkstoffes und Rissbildung,
4. Durchtrennung des Werkstoffes.

1.3.2 Der Schneidspalt

Der Schneidstempel und die Schneidplatte müssen so geführt werden, dass zwischen den beiden Bauteilen des Werkzeuges ein geringer Abstand vorhanden ist. Diesen Abstand nennt man Schneidspalt. Die Größe des Schneidspalts ist von der Werkstückdicke abhängig. Mit zunehmender Werkstückdicke nimmt die Größe des Schneidspalts zu.

Untersuchungen haben gezeigt, dass ein kleiner Schneidspalt die Fertigungsgenauigkeit verbessert. Andererseits nimmt die Verformung in der Scherzone zu. Das führt zu einer größeren Kaltverfestigung mit der Folge einer Erhöhung der Schnittkraft. Somit muss bei der Auslegung des Werkzeuges zwischen minimaler Schneidkraft und hinreichender Fertigungsgenauigkeit optimiert werden.

Anhaltswerte für die Größe des Schneidspalts u_S sind im Kapitel „Schneidsystem" angeführt.

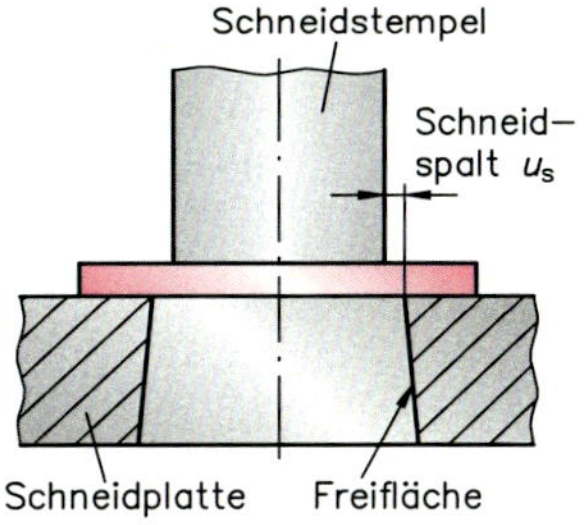

Schneidspalt

Der Abstand zwischen den Schneiden wird Schneidspalt genannt. Der Schneidspalt soll möglichst klein sein. Mit zunehmender Werkstoffdicke wird er größer eingestellt.

1.3.3 Schnittlinienverlauf

Nach dem Verlauf der Schnittlinie und der Lage zum Werkstück ergeben sich unterschiedliche Scherschneidverfahren, wie z. B. Ausschneiden, Lochen, Einschneiden.

Geschlossener Schnitt		**Offener Schnitt**		
Ausschneiden	**Lochen**	**Einschneiden**	**Ausklinken**	**Zerschneiden**
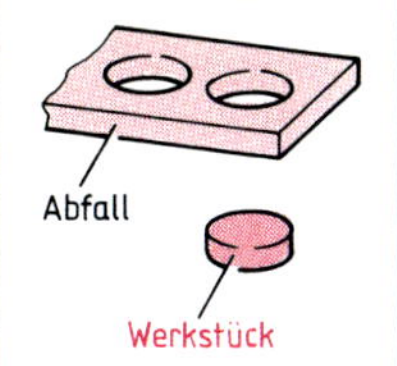	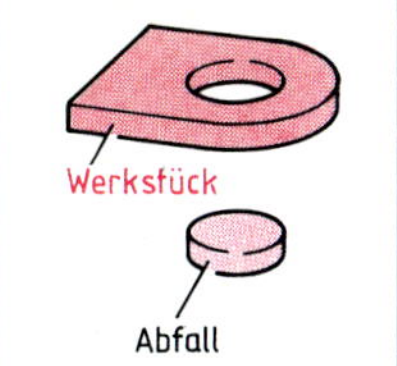		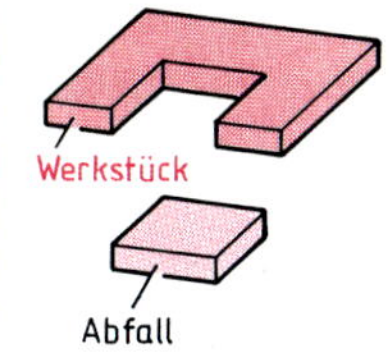	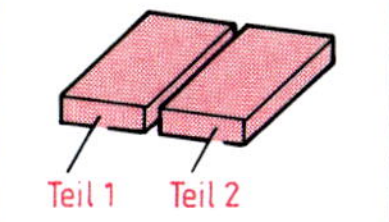

1.3.4 Grundbegriffe der Schneidtechnik

Beim Schneiden erhalten die Begriffe, die sich auf das Werkzeug beziehen, die Vorsilbe *„Schneid-"*, wie z. B. Schneidspalt oder Schneidplatte.

Begriffe, die sich auf das Werkstück beziehen, erhalten die Vorsilbe *„Schnitt-"*, wie z. B. Schnittkante oder Schnittfläche.

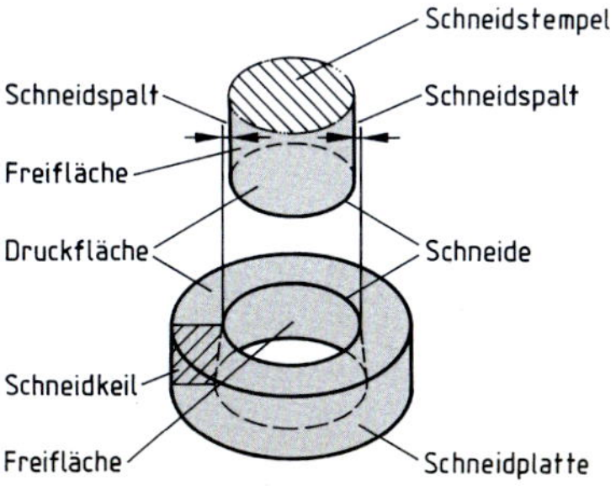

Grundbegriffe am Werkzeug

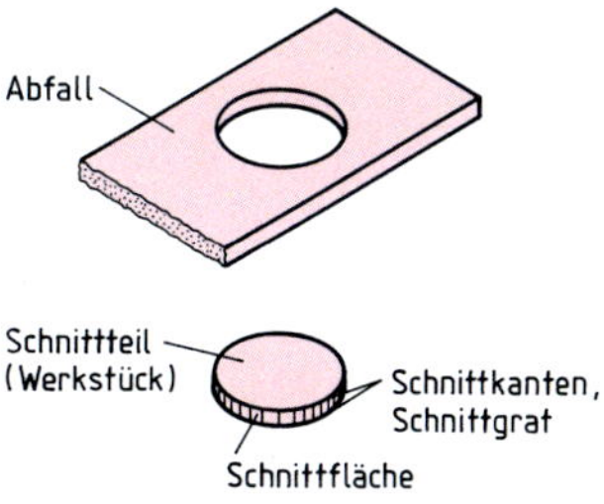

Grundbegriffe am Werkstück

Für die Verfahren des Schneidens beginnen die Begriffe am
- Werkzeug mit der Vorsilbe „Schneid-" und am
- Werkstück mit der Vorsilbe „Schnitt-".

Übungsaufgaben G-4 bis G-7

LF 11S-14S

1.3.5 Spezielle Schneidverfahren

Die Schnittfläche bei schergeschnittenen Werkstücken macht in vielen Fällen eine Nacharbeit erforderlich, denn sie ist nicht eben, weicht von der Senkrechten ab und hat eine schlechte Oberflächengüte. Mithilfe *spezieller Schneidverfahren* können Werkstücke mit großer Maß- und Formgenauigkeit sowie hoher Oberflächengüte hergestellt werden. Dies erreicht man durch besonders gestaltete Werkzeuge und einem entsprechenden Verfahrensablauf. Spezielle Schneidverfahren sind z. B. das *Feinschneiden* und das *Nachschneiden.*

- **Feinschneiden**

Feinschneiden ist das Schneiden einer Außen- oder Innenform, wobei sich eine rechtwinklig zur Planfläche des Werkstückes liegende Schnittfläche mit hoher Oberflächengüte ergibt. Das Feinschneiden erfolgt einhubig mit geschlossener Schnittlinie.

Verfahrensablauf

Zunächst wird das Werkstück durch den Niederhalter auf die Schneidplatte gedrückt. Durch das Einkerben der Ringzacke wird dabei Druckspannung senkrecht zur Stempelachse im Werkstoff erzeugt. Nachdem der Gegenhalter gegen das Blech gefahren ist, wird durch den Schneidstempel bei konstanter Gegenkraft geschnitten. Nach dem Schneidvorgang wird durch den Gegenhalter das Werkstück aus der Schneidplatte ausgeworfen.

Arbeitsschritte beim Feinschneiden

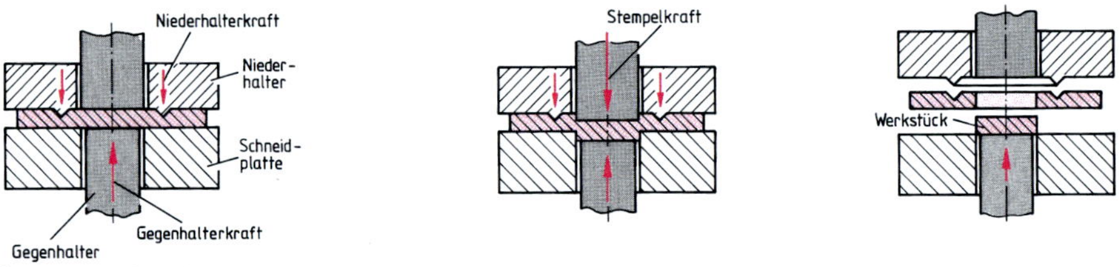

a) Einspannen des Blechs b) Feinschneiden c) Auswerfen des Werkstücks

Beim Feinschneiden wird der Werkstoff durch einen Niederhalter mit keilförmiger Ringzacke eingespannt. Durch den Nieder- und Gegenhalter wird eine ebene und senkrechte Schnittfläche erzeugt.

- **Nachschneiden**

Nachschneiden ist Abtrennen schmaler Ränder von vorgearbeiteten Werkstücken, um maßhaltige und saubere Schnittflächen zu erzielen. Die Schnittfläche kann offen oder geschlossen sein.

Verfahrenablauf

Durch normales Scherschneiden werden die Werkstücke vorbereitet. Hierbei muss das Außenmaß des Schnittteils größer und das Innenmaß kleiner als das Fertigmaß sein. Der Schneidstempel drückt das durch Scherschneiden vorgearbeitete Schnittteil durch die Schneidplatte. Da der Durchmesser des Schneidstempels geringfügig größer ist als der Durchbruch in der Schneidplatte, wird der Stempelhub dicht vor der Schneidplatte beendet. Die nachgeschnittenen Werkstücke werden entweder durch einen Ausstoßer nach oben oder durch die nachfolgenden Werkstücke nach unten ausgestoßen.

Arbeitsschritte beim Nachschneiden

a) Einlegen des vorgeschnittenen Teils b) Nachschneiden

Beim Nachschneiden werden von einem vorgeschnittenen Werkstück schmale Ränder abgetrennt. Die Sauberkeit der Schnittfläche und die Maßhaltigkeit werden dadurch erhöht.

Übungsaufgabe G-8

1.4 Zugdruckumformen durch Tiefziehen

Das wichtigste Zugdruckumformverfahren in der Blechverarbeitung ist das **Tiefziehen.** Das Tiefziehen wird zur Herstellung von Hohlkörpern eingesetzt. Es wird auch eingesetzt, um Hohlkörper mit großem Umfang in Hohlkörper mit kleinerem Umfang umzuformen. Beim Tiefziehvorgang wird der Werkstoff durch den Stempel in die Matrize gezogen. Da der Umfang des Zuschnittes erheblich größer ist als der Umfang des tiefgezogenen Teiles, versucht der Werkstoff Falten zu bilden. Der Niederhalter verhindert dies. Der Werkstoff wird zwischen Niederhalter und Matrize gestaucht und gleichzeitig zwischen Stempel und Matrizenöffnung gestreckt. Die Wanddicke bleibt beim Ziehvorgang etwa gleich.

Beispiel für einen Tiefziehvorgang mit Werkzeugen

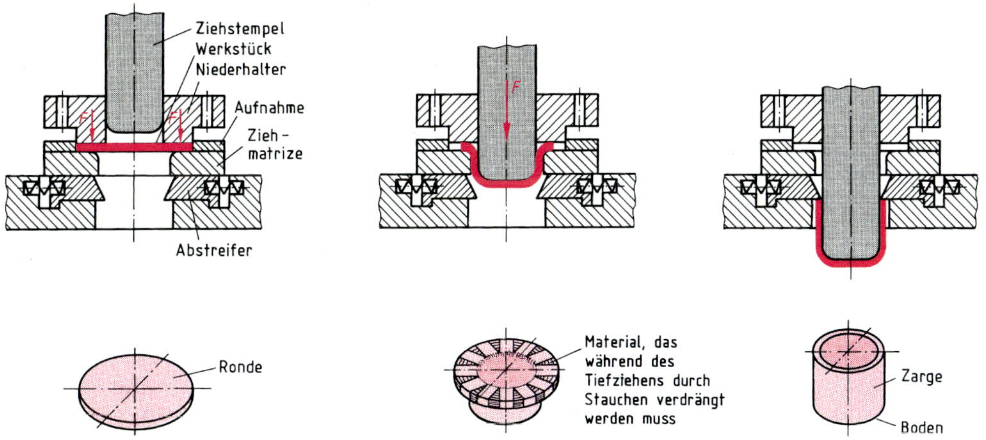

Vor dem Tiefziehvorgang | Während des Tiefziehvorgangs | Nach dem Tiefziehvorgang

Die Tiefziehverfahren werden nach den *formgebenden Mitteln* unterschieden. Außer dem Tiefziehen mit Werkzeugen sind das Tiefziehen mit Wirkmedien und Wirkenergie von Bedeutung.

Von den Tiefziehverfahren sind die Verfahren, die mit Werkzeugen arbeiten, am gebräuchlichsten.

Tiefziehen ist Zugdruckumformen mit Werkzeugen, Wirkmedien oder Wirkenergie.

LF 11S-14S

1.5 Biegeumformen in der Blechverarbeitung

Das Biegeumformen nach DIN 8586 ist dadurch gekennzeichnet, dass ein Teil des Werkstückes seine Winkelstellung gegenüber dem anderen Teil des Werkstückes verändert. Die Biegeverfahren werden nach der Werkzeugbewegung *in Biegeumformen mit geradliniger Werkzeugbewegung und Biegeumformen mit drehender Werkzeugbewegung* eingeteilt.

Beispiele für Verfahren des Biegeumformens

<table>
<tr><td>Biegeumformen mit geradliniger Werkzeugbewegung: Gesenkbiegen ist Biegen in Werkzeugen mit Konturen, an denen das Biegeteil nach der Umformung anliegt.</td><td>Biegeumformen mit drehender Werkzeugbewegung: Schwenkbiegen ist Biegen, bei dem das Werkstück mithilfe einer Wange um eine Biegekante geschwenkt wird.</td></tr>
<tr><td>
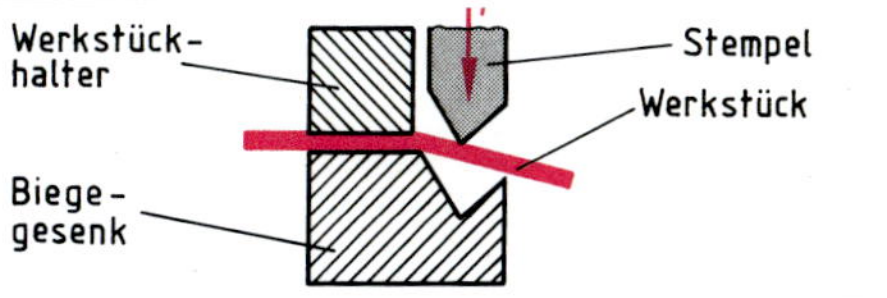

</td><td>
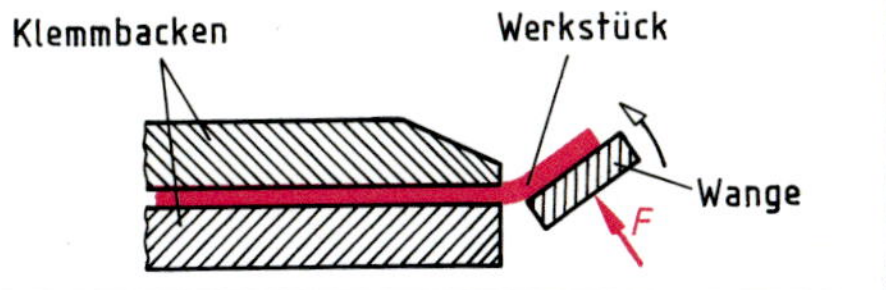

</td></tr>
</table>

Übungsaufgaben G-9; G-10

2 Werkzeuge zum Scherschneiden

2.1 Das Schneidwerkzeug als technisches System

Werkzeuge zum Scherschneiden werden nach DIN 8588 kurz als Schneidwerkzeuge bezeichnet. Mithilfe von Schneidwerkzeugen stellt man flächige Werkstücke durch Scherschneiden her. Hierzu wird dem Werkzeug ein Blechstreifen, ein Band oder eine Blechtafel zugeführt. Die erforderliche Kraft zum Scherschneiden wird von einer Presse auf das Werkzeug übertragen. Nach dem Schneidvorgang muss das Schnittteil und eventuell auch der Abfall aus dem Werkzeug entfernt werden.
Alle Schneidwerkzeuge bestehen aus einem Werkzeugober- und einem Werkzeugunterteil.
Das funktional abgegrenzte System „Schneidwerkzeug" lässt sich entsprechend den auszuführenden Teilfunktionen in Teilsysteme gliedern:

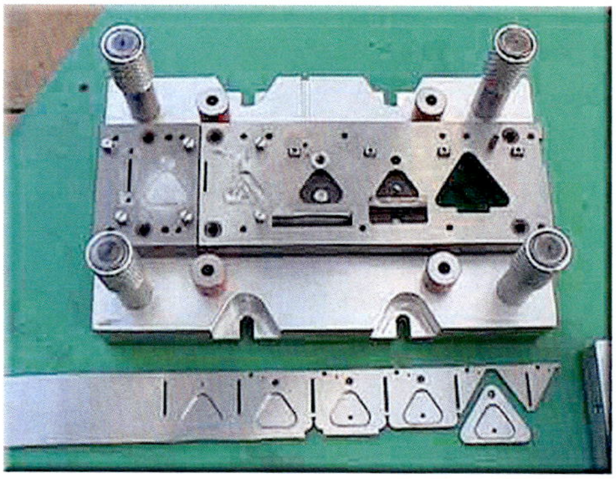

Schneidwerkzeug (Werkzeugunterteil)

- Das *Spannsystem* verbindet das Werkzeugoberteil mit dem Pressenstößel und das Werkzeugunterteil mit dem Pressentisch.
- Das *System zur Materialführung* sichert den Durchlauf des Streifens und dessen Lage zu den Stempeln.
- Das *Werkzeugführungssystem* führt die Schneidstempel zur Schneidplatte entweder durch den Pressenstößel oder durch Führungen innerhalb des Werkzeuges.
- Das *Schneidsystem* schneidet das Werkstück aus einem Streifen oder Band aus.
- Das *System zum Entfernen* des Materials dient dazu, die nach dem Schneidvorgang festhaftenden Schnittteile beziehungsweise Schnittstreifen aus dem Werkzeug zu entfernen.

Beispiel für die Teilsysteme und den Aufbau eines Schneidwerkzeuges

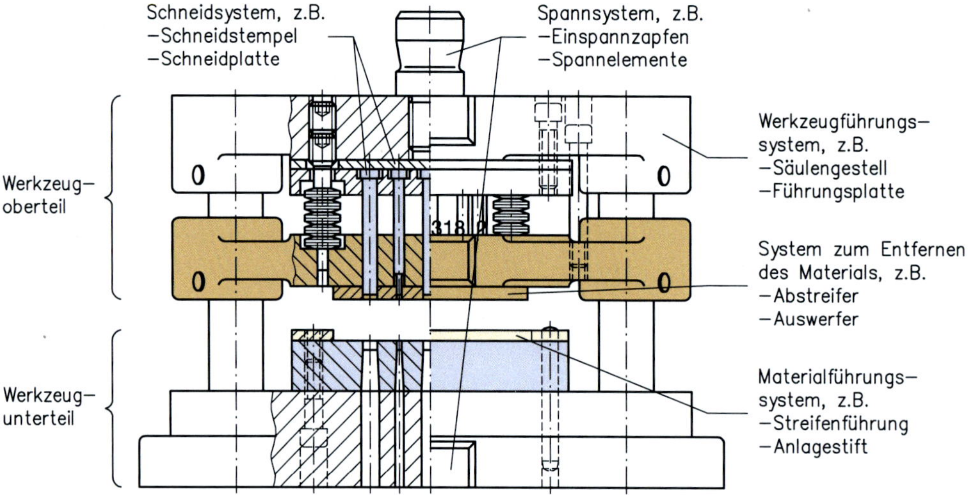

Entsprechend den zu erfüllenden Aufgaben lässt sich das System „Schneidwerkzeug" in fünf Teilsysteme untergliedern. Die Schneidwerkzeuge bestehen aus dem Oberteil mit dem Schneidstempel und dem Unterteil mit einer Schneidplatte.

2.2 Einteilung der Werkzeuge zum Schneiden

Die Einteilung der Werkzeuge zum Scherschneiden wird nach dem konstruktiven Aufbau, dem Fertigungsablauf oder dem Fertigungsverfahren vorgenommen.

2.2.1 Einteilung nach dem konstruktiven Aufbau

Beim konstruktiven Aufbau wird zwischen Scherschneidwerkzeugen ohne und mit Führung der Schneidstempel unterschieden. Die Führung des Schneidstempels erfolgt bei Scherschneidwerkzeugen mit Führung

- durch eine Führungsplatte,
- durch Führungssäulen oder
- durch eine Schneidplatte.

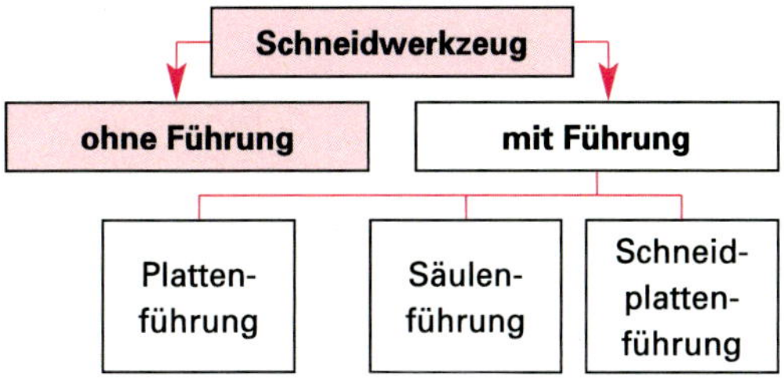

Einteilung nach dem konstruktiven Aufbau

- **Schneidwerkzeuge ohne Führung**

Schneidwerkzeuge ohne Führung werden zur Herstellung einfacher Werkstücke mit geringer Maßgenauigkeit, z. B. Lochscheiben und bei geringen Stückzahlen eingesetzt.

Bei Schneidwerkzeugen ohne Führung wird der Schneidstempel zur Schneidplatte innerhalb des Werkzeuges nicht geführt. Die Führung wird vom Pressenstößel übernommen.

Damit ein Aufsetzen des Stempels auf die Schneidplatte vermieden wird, darf der Pressenstößel nur geringes Spiel haben.

Wegen der Gestellauffederung der Presse beim Schneiden sollten Schneidwerkzeuge ohne Führung nur in kräftigen Einständerpressen oder in Zweiständerpressen eingebaut werden.

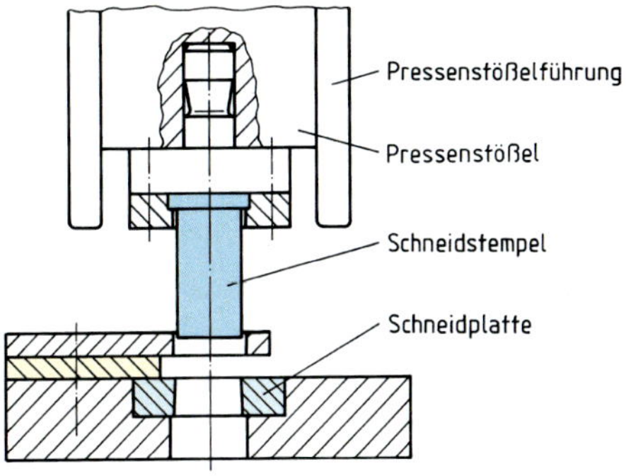

Schneidwerkzeuge ohne Führung

Bei Schneidwerkzeugen ohne Führung wird der Schneidstempel zur Schneidplatte allein durch den Pressenstößel geführt. Sie werden zur Herstellung einfacher Schnittteile und bei geringen Stückzahlen eingesetzt.

LF 11S-14S

- **Schneidwerkzeuge mit Führung**

Bei Schneidwerkzeugen mit Führung werden die Schneidstempel durch Platten oder Säulen innerhalb des Schneidwerkzeuges geführt.

Durch diese Führung wird einseitiger Verschleiß und ein Aufsetzen des Schneidstempels auf der Schneidplatte vermieden, was eine längere Lebensdauer zur Folge hat.

Sie werden besonders dann eingesetzt, wenn von einem Schnittteil große Stückzahlen hergestellt werden sollen.

Man unterscheidet Schneidewerkzeuge mit *Plattenführung, Säulenführung und Schneidplattenführung.*

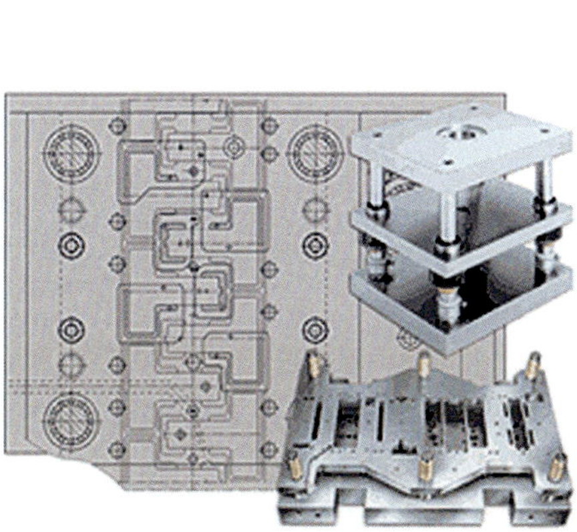
Schneidwerkzeug mit Säulenführung

Schneidwerkzeuge mit Plattenführung

Schneidwerkzeuge mit Plattenführung haben eine mit dem Werkzeugunterteil fest verbundene Führungsplatte zur Führung des Schneidstempels. Zwischen der Schneid- und Führungsplatte befinden sich Zwischenlagen, die gleichzeitig als Streifenführung dienen.

Beide Platten, die Zwischenlagen und die Grundplatte, sind mithilfe von Zylinderstiften genau festgelegt und verschraubt, sodass ein seitliches Ausweichen der Stempel nicht möglich ist. Da die Zwischenlagen nur wenige Millimeter hoch sind, werden die Stempel bis dicht über die Schneidplatte geführt. Dadurch erhöht sich die Maßgenauigkeit der Schnittteile.

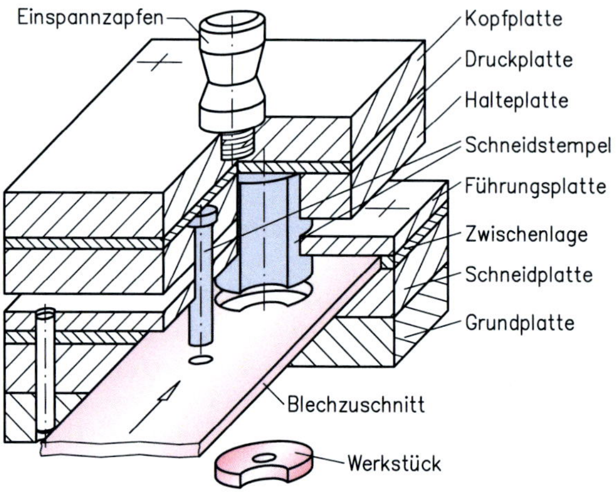

Schneidwerkzeug mit Plattenführung

Die Dicke der Stempelführungsplatten liegt in der Regel zwischen 18 mm und 23 mm. Mit zunehmender Dicke erzielt man eine bessere Stempelführung. Auf der anderen Seite ist die Herstellung aufwendiger. Somit ergeben sich folgende Vorteile:

- höhere Maßgenauigkeit der Schnittteile im Vergleich zu Werkzeugen ohne Führung,
- geringe Bauhöhe,
- Unfallschutz durch geschlossene Bauweise.

Auf der anderen Seite ergeben sich auch folgende Nachteile:

- Der Aufwand, um die Durchbrüche in der Führungsplatte den oft komplizierten Stempelformen anzupassen, ist sehr groß.
- Die Überwachung des Schneidvorganges und des Werkstofftransportes ist behindert.
- Bei der Führung handelt es sich um eine kurze Gleitführung mit oft ungünstigen Gleitwerkstoffen.

Schneidwerkzeuge mit Plattenführung ergeben größere Maßhaltigkeit der Schnittteile und besitzen eine längere Lebensdauer als Schneidwerkzeuge ohne Führung.

Schneidwerkzeuge mit Säulenführung

Bei säulengeführten Schneidwerkzeugen werden Schneidstempel und Schneidplatte in vorgefertigte, genormte Säulengestelle eingebaut. Dabei wird der Stempel am Oberteil und die Schneidplatte am Unterteil des Säulengestells verschraubt. Die Säulengestelle besitzen zwei, bei schweren Werkzeugen auch vier, meist in das Unterteil eingepresste Säulen.

Im Gegensatz zur Plattenführung wird nicht der einzelne Stempel geführt, sondern das ganze Oberteil.

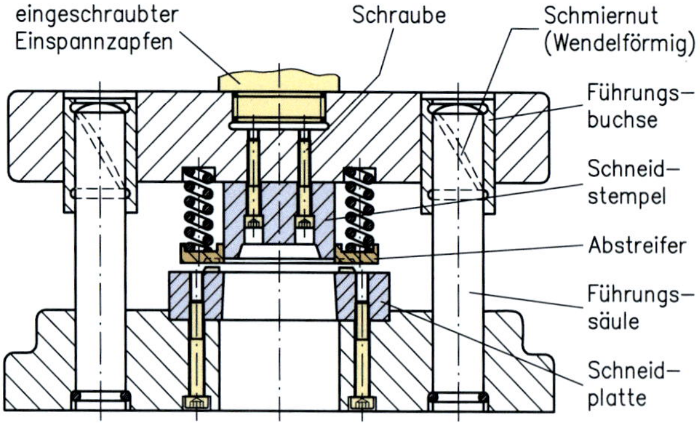

Schneidwerkzeug mit Säulenführung

Übungsaufgaben G-12; G-13

Damit ergeben sich im Vergleich zur Plattenführung folgende Vorteile:

- genauere Führung durch den großen Abstand der Führungssäulen,
- längere Gleitflächen und besser aufeinander abgestimmte Gleitwerkstoffe,
- Einsatz von Rollen- bzw. Kugelführungen möglich.

Die Schneidwerkzeuge mit Säulenführung weisen aufgrund der genannten Vorteile nur geringen Verschleiß auf und besitzen somit eine hohe Lebensdauer. Mit ihnen lassen sich auch Schnittteile herstellen, bei denen ungünstige Schneidverhältnisse vorliegen.

Bei Werkzeugen mit vielen dünnen Stempeln baut man in die Gestelle zusätzlich eine bewegliche Führungsplatte ein und vereint so die Vorzüge beider Führungsarten.

Bei Schneidwerkzeugen mit Säulenführung übernehmen genormte Säulengestelle die Führung der Schneidstempel. Säulengeführte Schneidwerkzeuge werden für sehr hohe Stückzahlen und komplizierte Schnittteile mit hoher Maßhaltigkeit eingesetzt.

Schneidwerkzeuge mit Schneidplattenführung

Bei Schneidwerkzeugen mit Schneidplattenführung werden die Stempel durch die Schneidplatte geführt. Der nichtschneidende Teil des Stempels erhält eine Verlängerung, sodass er ständig in den Schneidplattendurchbruch eingetaucht bleibt. Damit wird verhindert, dass der Schneidstempel durch die hohen Seitenkräfte abgedrängt wird. Die Werkzeuge mit Schneidplattenführung werden zum Schneiden einfacher Formen mit offener Schnittlinie, wie z. B. *Ausklinken* und *Abschneiden*, verwendet.

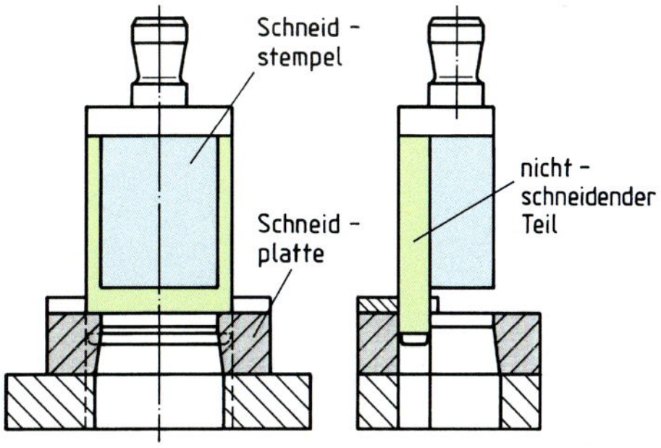

Schneidwerkzeug mit Säulenführung

Bei Schneidwerkzeugen mit Schneidplattenführung werden die einseitig schneidenden Stempel durch die Schneidplatte geführt. Sie werden zur Herstellung einfacher Schnittteile mit offener Schnittlinie eingesetzt.

2.2.2 Einteilung nach dem Fertigungsablauf

Je nach Fertigungsablauf werden die Schneidwerkzeuge in Einverfahrenschneidwerkzeuge und Mehrverfahrenschneidwerkzeuge unterschieden. Die Anzahl der im Schneidwerkzeug angewendeten Verfahren und die Abfolge der Arbeitsschritte sind dabei für die Bezeichnung von Belang.

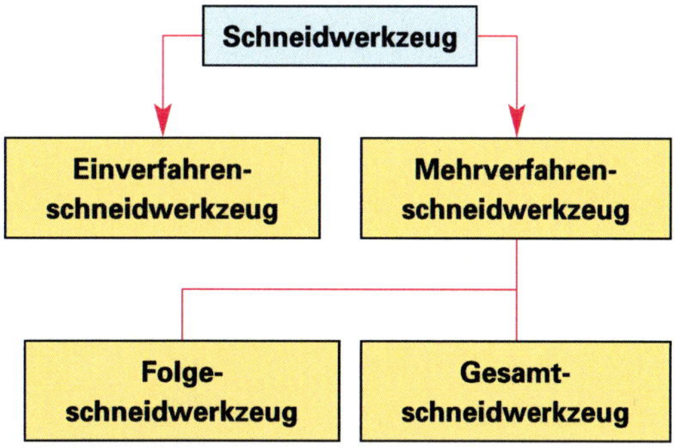

Einteilung nach dem Fertigungsverlauf

- **Einverfahrenwerkzeug**

Mit Einverfahrenschneidwerkzeugen werden die Schnittteile unter Anwendung eines einzelnen Verfahrens, z. B. Ausschneiden oder Lochen, in einem Hub gefertigt.

Die Genauigkeit der Schnittteile hängt beim Ausschneiden allein von der Stempelführung ab.

Übungsaufgabe G-14

Soll ein ausgeschnittenes Teil gelocht werden, so hat darüber hinaus die Güte der Werkstückaufnahme einen Einfluss auf die Lage der Außen- zur Innenform.

Um beim Ausschneiden den Schnittstreifen bzw. beim Lochen das Schnittteil aus dem Werkzeug zu lösen, ist ein Abstreifer erforderlich. Er kann mit dem Werkstück verbunden sein oder verstellbar an der Presse befestigt werden. Soll ein gelochtes Werkstück nicht mithilfe von Zangen oder Pinzetten aus dem Werkzeug entnommen werden, ist zusätzlich noch ein Auswerfer vorzusehen.

Beispiel für die Herstellung von Schnittteilen mithilfe von Einverfahrenschneidwerkzeugen

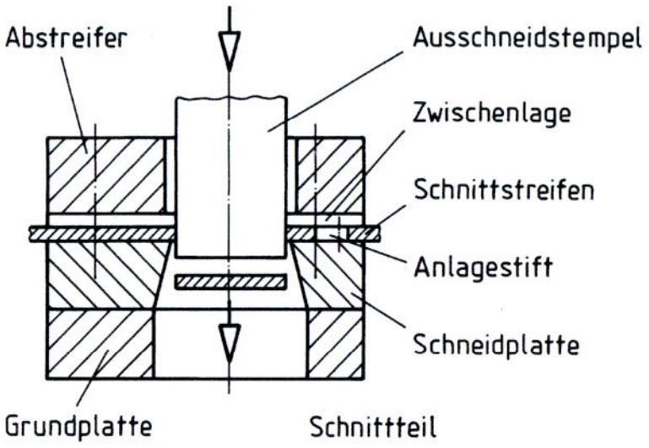

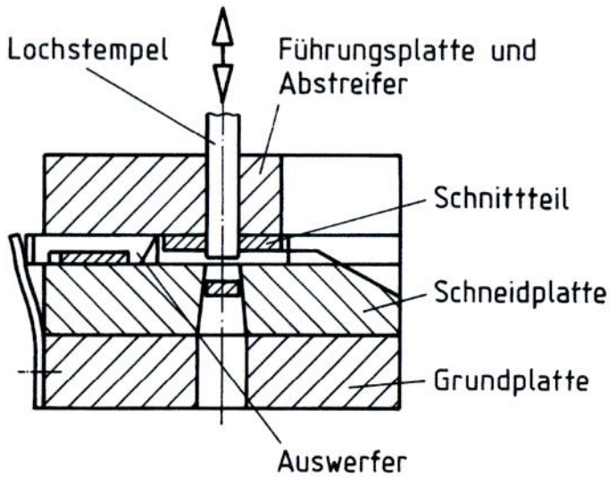

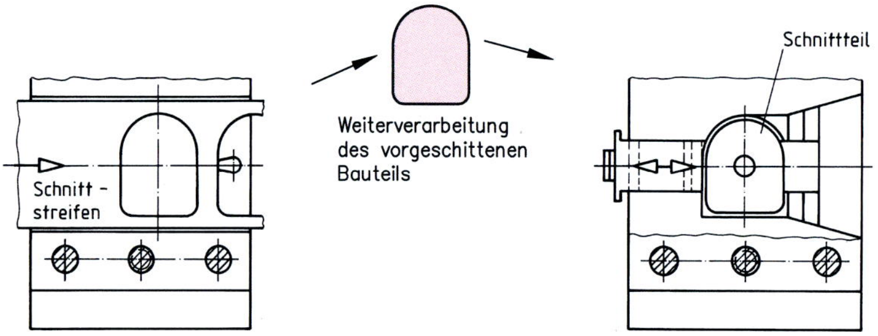

Draufsichten ohne Abstreifer

Bei Einverfahrenschneidwerkzeugen kommt immer nur ein Verfahren zur Anwendung. Mit ihnen werden einfache Schnittteile hergestellt.

- **Mehrverfahrenwerkzeug**

Sind zur Herstellung eines Schnittteiles verschiedene Schneidverfahren erforderlich, so kommen meist Mehrverfahrenschneidwerkzeuge zum Einsatz.

Je nach Reihenfolge der Schneidverfahren und Anzahl der Hübe unterscheidet man zwischen *Folgeschneidwerkzeugen* und *Gesamtschneidwerkzeugen.*

Beispiel für ein Folgeschneidwerkzeug

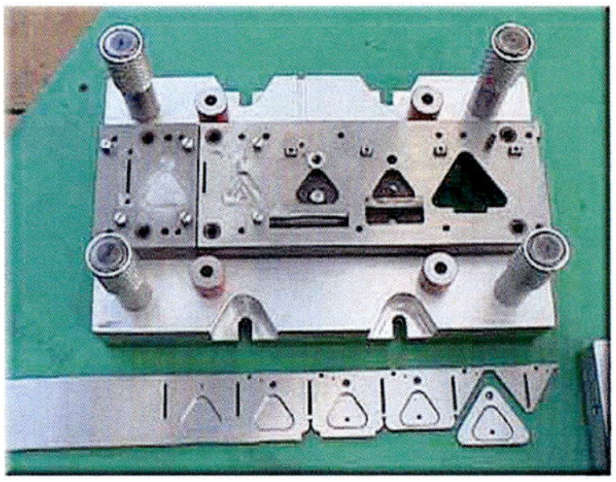

Werkzeugunterteil

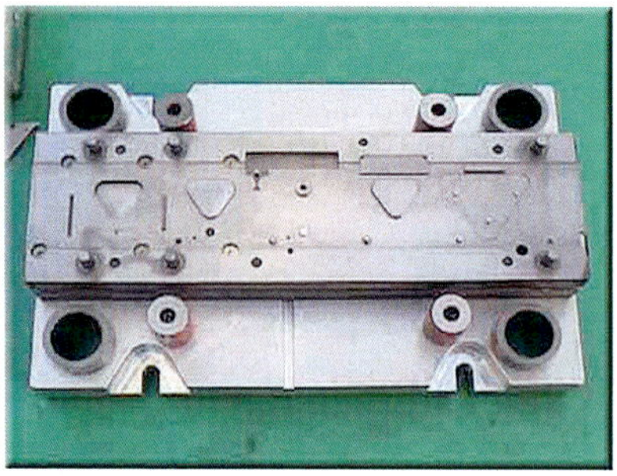

Werkzeugoberteil

Übungsaufgaben G-15; G-16

Folgeschneidwerkzeug

Im Folgeschneidwerkzeug werden die Werkstücke in mehreren direkt aufeinander folgenden Hüben unter Anwendung verschiedener Schneidverfahren, meist Lochen und Ausschneiden, gefertigt. Die Anzahl der Hübe ist davon abhängig, in wie viele Stufen der Fertigungsablauf aufgeteilt wird. Die Mindesthubzahl ist aber durch die Zahl der zur Anwendung kommenden Schneidverfahren festgelegt.

Die Art und Reihenfolge der Schneidverfahren werden nach Möglichkeit so gewählt, dass das Werkstück dabei so lange im Streifenverband verbleibt, bis es in der letzten Arbeitsstufe aus- bzw. abgeschnitten wird.

Die Genauigkeit des Schnittteiles ist hierbei nicht allein von der Genauigkeit der Schneidstempel und Schneidplattendurchbrüche abhängig, sondern im großen Maße auch von der Streifenführung und Vorschubbegrenzung, da dadurch die Lage der ausgeschnittenen Einzelheiten zueinander festgelegt wird.

Mit Folgeschneidwerkzeugen lassen sich, da die Fertigung in mehreren Stufen erfolgt, auch schwierige Schnittteilformen bei großer Maßgenauigkeit herstellen. Allerdings lohnt sich der große Herstellungsaufwand nur bei größeren Stückzahlen.

Beispiel für die Herstellung eines Schnittteils mithilfe eines Folgeschneidwerkzeuges

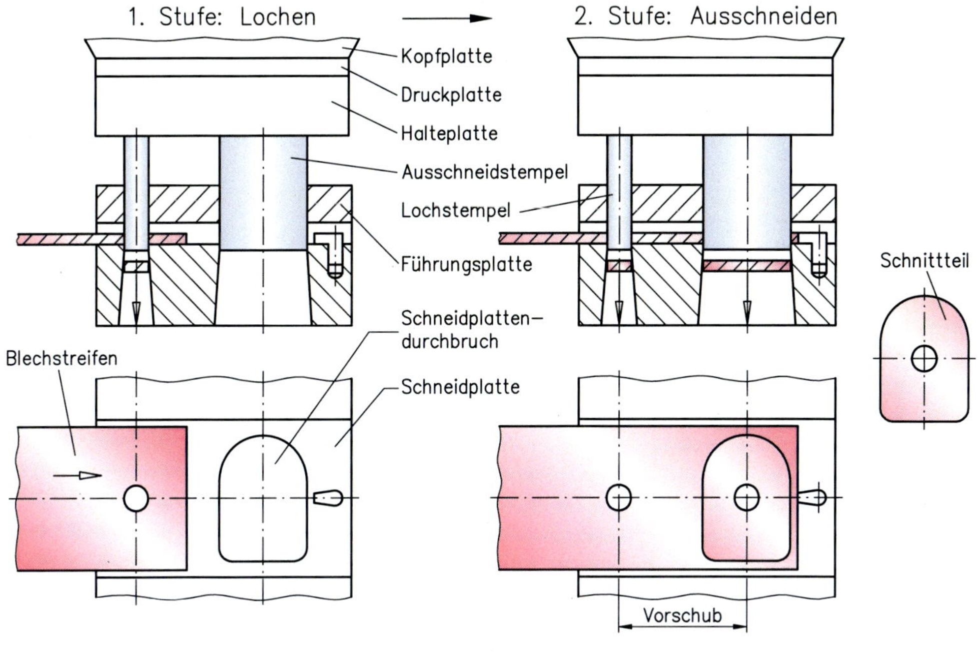

Im Folgeschneidwerkzeug kommen mehrere Schneidverfahren zur Anwendung. Die Werkstückfertigung erfolgt mittels mehrerer aufeinander folgender Hübe.
Mit ihm lassen sich komplizierte Schnittformen bei guter Maßhaltigkeit herstellen.

Gesamtschneidwerkzeug

In einem Gesamtschneidwerkzeug wird mit einem Arbeitshub die Außen- und Innenform des Schnittteils geschnitten. Die meist zur Anwendung kommenden Schneidverfahren sind das Lochen und das Ausschneiden.

Im Gegensatz zu anderen Schneidwerkzeugen ist bei den Gesamtschneidwerkzeugen der Ausschneidstempel ruhend im Unterteil des Werkzeuges befestigt und dient gleichzeitig als Schneidplatte für die im Werkzeugoberteil eingespannten Lochstempel. Die Lochstempel werden durch einen Ausstoßer, der sich innerhalb der Schneidplatte bewegt, geführt. Das Abstreifen des Abfalls vom Ausschneidstempel übernimmt ein auf Federn abgestützter Abstreifer.

Der wesentliche Vorteil der Gesamtschneidwerkzeuge besteht darin, dass alle gefertigten Teile deckungsgleich sind. Die Maßgenauigkeit, insbesondere die Lage von Außen- zur Innenform, ergibt sich unmittelbar aus der Herstellungsgenauigkeit des Werkzeuges.

Die Abhängigkeit von der Vorschubgenauigkeit, die bei den Folgeschneidwerkzeugen von großer Bedeutung ist, bleibt ohne jeden Einfluss. Da der Werkstoff zwischen Stempel und Ausstoßer und zwischen Schneidplatte und Abstreifer eingespannt ist, lassen sich auch sehr dünne Bleche ausschneiden.

Nachteilig sind bei Gesamtschneidwerkzeugen die hohen Herstellungskosten. Diese kommen durch die ineinander liegenden und sich gegenseitig führenden Stempel, Ausstoßer, Schneidplatten und Abstreifer zustande.

Wirtschaftlich ist der Einsatz deshalb nur, wenn Werkstücke in großen Stückzahlen hergestellt werden sollen, bei denen die Lage der Werkstückumrissform zur Innenform sehr genau sein muss. Werkstücke bei denen die Durchbrüche zu eng nebeneinander oder zu nah am Werkstückrand liegen, lassen sich mit Gesamtwerkzeugen nicht herstellen.

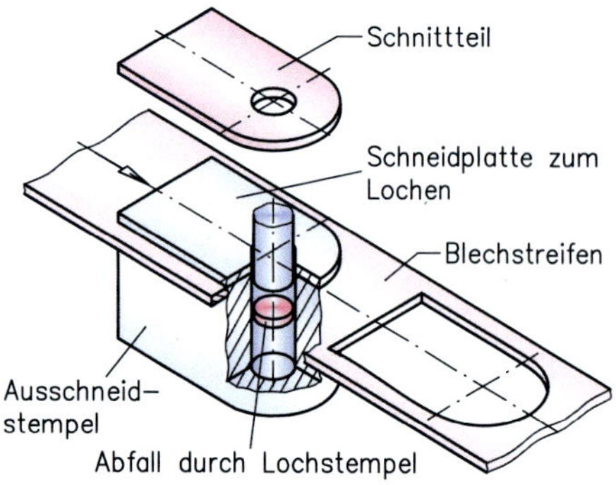

Gesamtschneid-Prinzip

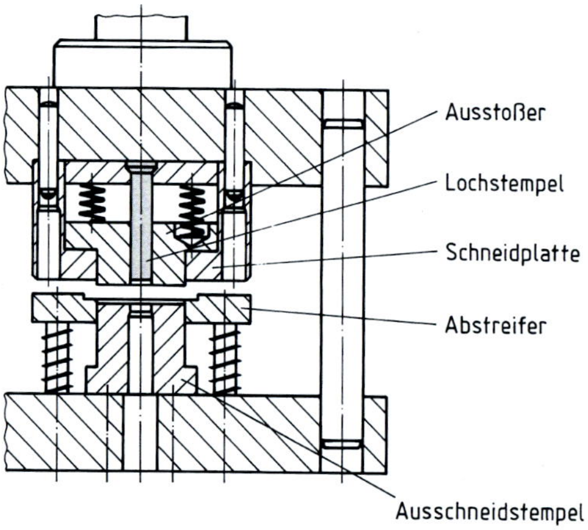

Aufbau eines Gesamtschneidwerkzeuges

Beispiel für einen Schneidvorgang mit einem Gesamtschneidwerkzeug

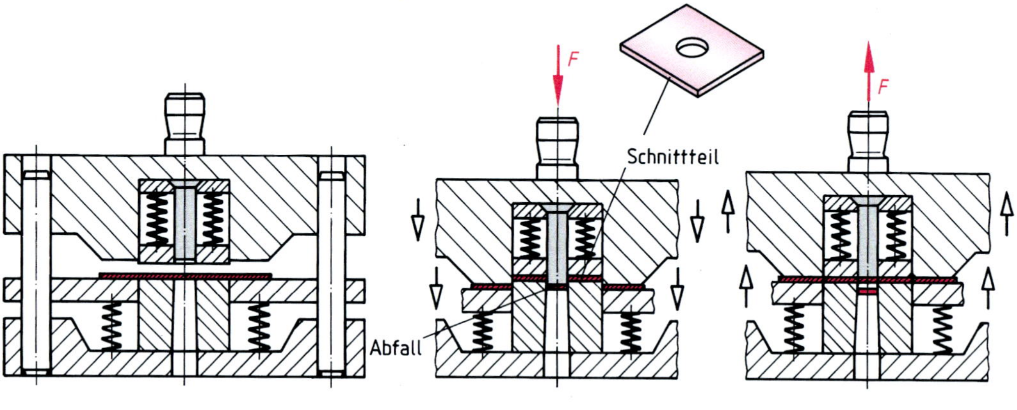

Vor dem Schneidvorgang | **Während des Schneidvorganges** | **Nach dem Schneidvorgang**

In einem Gesamtschneidwerkzeug werden die Werkstücke unter Anwendung verschiedener Schneidverfahren in einem Hub gefertigt.
Mit diesen Werkzeugen lassen sich vollkommen deckungsgleiche Schnittteile herstellen.

2.2.3 Einteilung nach dem Fertigungsverfahren

Bei der Einteilung der Schneidwerkzeuge nach dem Fertigungsverfahren unterscheidet man z. B. zwischen Ausschneidwerkzeugen, Beschneidwerkzeugen, Feinschneidwerkzeugen oder Nachschneidwerkzeugen. Wichtige Verfahren der Stanztechnik sind das Nachschneiden und Feinschneiden.

Nachschneiden	**Feinschneiden**
Für vorgefertigte Schnittteile, die eine glatte und senkrechte Schnittfläche benötigen. Es werden schmale Ränder bereits vorgefertigter Schnittteile nachbearbeitet. *Prinzipskizze:* 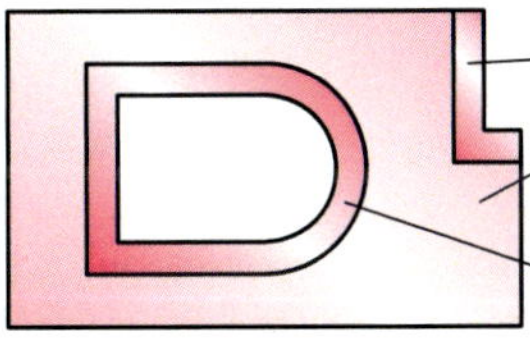 	Für Schnittteile die eine glatte und senkrechte Schnittfläche bei hoher Maß- und Formgenauigkeit benötigen. Es können Innen- und Außenformen mit hoher Oberflächengüte hergestellt werden. *Prinzipskizze:* 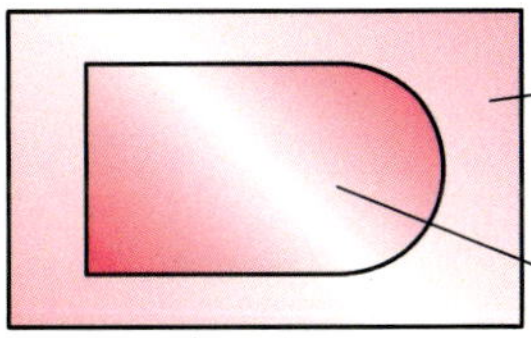

- **Nachschneidwerkzeug**

Mit Nachschneidwerkzeugen werden Schnittteile mit glatten und senkrechten Schnittflächen hergestellt, die sich durch Feinschneiden nicht herstellen lassen.

In Schneidwerkzeugen werden in einem ersten Arbeitsschritt Schnittteile mit Bearbeitungszugaben ausgeschnitten. Im zweiten Arbeitsschritt erfolgt dann z. B. auf Exzenterpressen oder Repassierpressen der eigentliche Nachschneidvorgang. Bei Blechdicken über 3 mm erhöht sich die Anzahl der Nachschnitte.

Die Bearbeitungszugabe je Schnittfläche bei Stahlblechen beträgt für Innenformen ca. 4 % der Blechdicke und für Außenformen ca. 8 % der Blechdicke. Der notwendige Schneidspalt des Nachschneidwerkzeuges beträgt etwa 0,006 mm bis 0,01 mm.

Die Oberflächengüte der nachgeschnittenen Werkstücke kann Mittenrauchwerte R_a bis etwa 1 µm annehmen. Je nach Blechdicke liegen die zu erreichenden Toleranzen zwischen ±1 µm und ± 3 µm.

Beispiel für ein Nachschneidwerkzeug

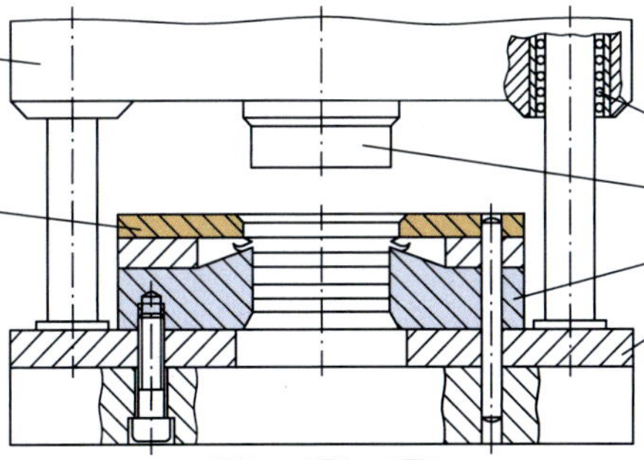

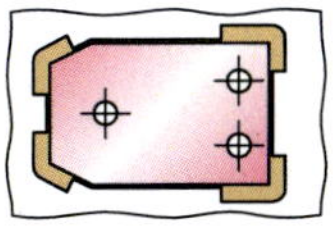

In einem Nachschneidwerkzeug werden vorgeschnittene Werkstücke mit hoher Oberflächengüte und geringen Toleranzen hergestellt.

Übungsaufgabe G-19

- **Feinschneidwerkzeug**

Feinschneidwerkzeuge sind Werkzeuge, mit denen in einem Arbeitsgang Schnittteile mit glatten Schnittflächen und hoher Form- und Maßgenauigkeit hergestellt werden.

Dies wird dadurch möglich, dass der Werkstoff vor dem eigentlichen Schneiden festgeklemmt wird. Außerhalb der Schnittkontur wird der Werkstoff durch die Ringzacke der Pressplatte gehalten; innerhalb der Schnittkontur durch den Gegenhalter, der auch gleichzeitig Auswerfer ist.

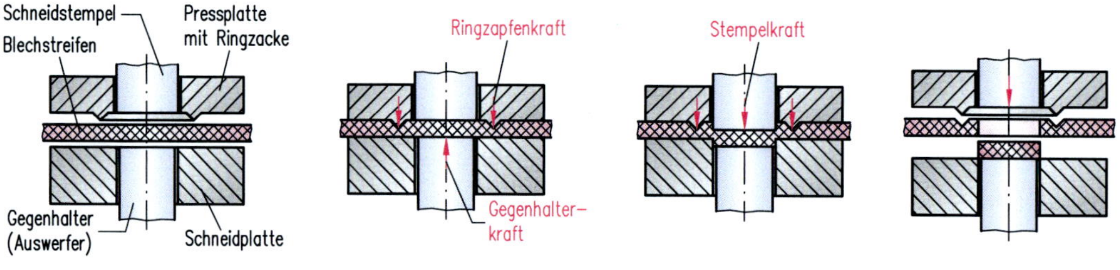

Werkzeug geöffnet **Blechstreifen einspannen** **Feinschneiden** **Schnittteil auswerfen**

In *Feinschneidwerkzeugen mit beweglichem Schneidstempel* ist die Schneidplatte im Werkzeugoberteil befestigt. Die Pressplatte mit der Ringzacke ist im Werkzeugunterteil angebracht. Sie führt den Schneidstempel und legt die Lage von Schneidstempel und Schneidplattendurchbruch fest. Die zum Eindringen der Ringzacke in den Werkstoff benötigte Kraft wird direkt von der Presse über das Gestellunterteil auf die Pressplatte übertragen. Die Gegenhalterkraft für den Innenformgegenhalter wird über Druckbolzen und eine Brücke aufgebracht. Die Druckbolzen und die Brücke schwächen den Stempelkopf, der die Schneidkräfte von der Presse auf den Schneidstempel überträgt. Aus diesem Grund eignet sich das System mit beweglichem Schneidstempel nur für kleine, dünne Feinschnittteile, bei denen nur geringe Schneidkräfte erforderlich sind.

In *Feinschneidwerkzeugen mit festem Schneidstempel* ist die Schneidplatte im Werkzeugunterteil und der Schneidstempel im Werkzeugoberteil befestigt. Die auf den Schneidstempel und die Schneidplatte wirkenden Kräfte werden großflächig auf das Gestellober- bzw. Gestellunterteil übertragen. Aufgrund dieser stabilen Bauweise eignet sich das System mit festem Schneidstempel besonders für große und dicke Feinschnittteile.

Beispiel **für Feinschneidwerkzeuge mit beweglichem und festen Schneidstempel**

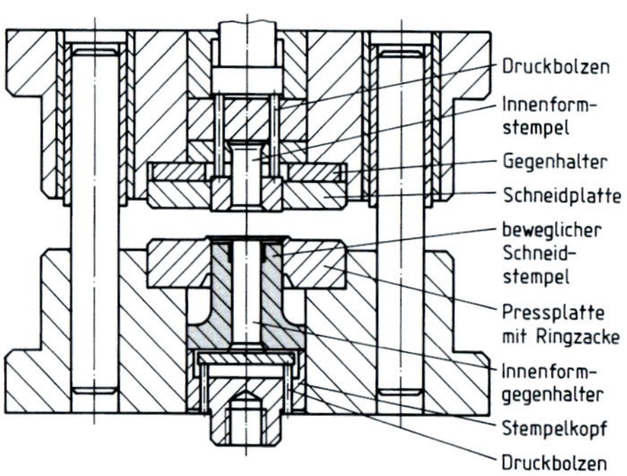

Feinschneidwerkzeug mit beweglichem Schneidstempel

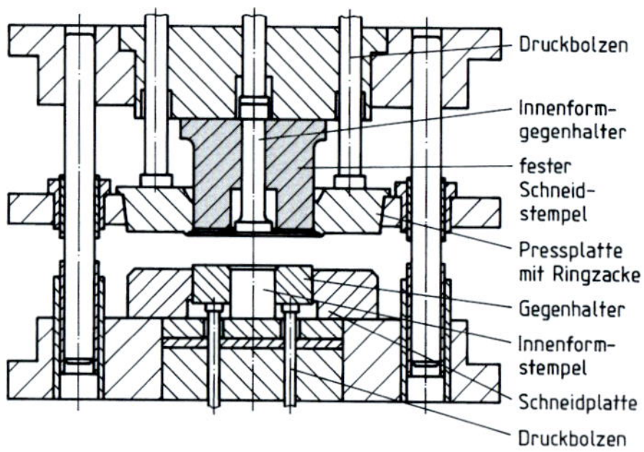

Feinschneidwerkzeug mit festem Schneidstempel

Feinschneidwerkzeuge mit beweglichem Stempel werden für kleine und dünne Schnittteile eingesetzt.
Feinschneidwerkzeuge mit festem Stempel eignen sich besonders für große und dicke Schnittteile.

2.3 Gestaltung der Funktionseinheiten an Schneidwerkzeugen

2.3.1 Schneidsystem

Das Schneidsystem ist die Arbeitseinheit des Schneidwerkzeuges. Der Aufbau des Schneidsystems und die Gestaltung seiner Elemente werden wesentlich durch folgende Prozessgrößen bestimmt:

- Schnittlinienlänge bzw. Schnittlinienverlauf,
- Blechdicke der Schnittteile,
- Werkstoff der Schnittteile und
- Güte der Schnittteile.

Darüber hinaus kann z. B. die Forderung nach Begrenzung der Schneidkraft besondere Gestaltungsmaßnahmen erforderlich machen.

Die Elemente erfüllen folgende Aufgaben:

- Die *Schneidplatte und* die *Schneidstempel* führen den Schneidvorgang durch.
- Dünne Schneidstempel werden durch *Docken* verstärkt, um dadurch ein Verbiegen oder Knicken der Schneidstempel zu verhindern.
- Die *Stempelplatte* dient der Lagebestimmung der Stempel zur Schneidplatte.
- Die *Kopfplatte* überträgt die Stößelkraft auf die Schneidstempel bzw. stützt die Schneidstempel gegen die Schneidkraft ab.
- Eine *Druckplatte* wird eingebaut, wenn die zulässige Flächenpressung am Stempelkopf überschritten wird, um ein Eindrücken der Stempel in die Kopfplatte zu verhindern.

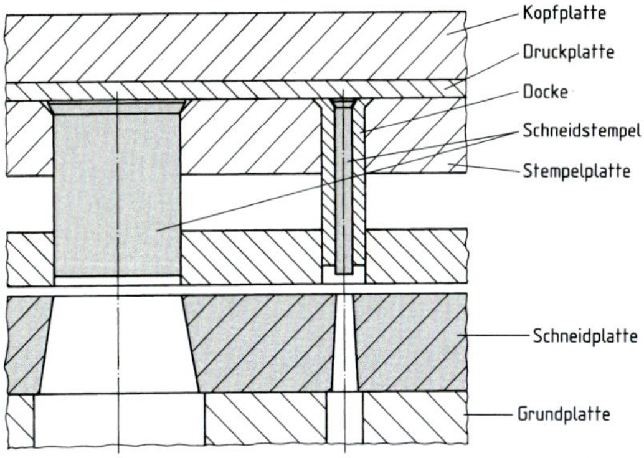

Schneidsystem als Arbeitseinheit des Schneidwerkzeuges

- **Schneidkraft**

Während des Schneidvorganges muss die Scherfestigkeit des Werkstoffes durch eine äußere Kraft überwunden werden. Die größte Kraft, die während des Schneidvorganges auftritt, wird als Schneidkraft bezeichnet. Die Schneidkraft ist eine wichtige Kenngröße für die Auswahl der Presse.

Die Schneidkraft hängt vom *Werkstoff*, von der *Blechdicke und der Schnittlinienlänge*, vom *Schneidspalt*, von der *Güte der Werkzeuge*, von der *Schmierung* und vom *Eingriff* der *Schneiden* ab.

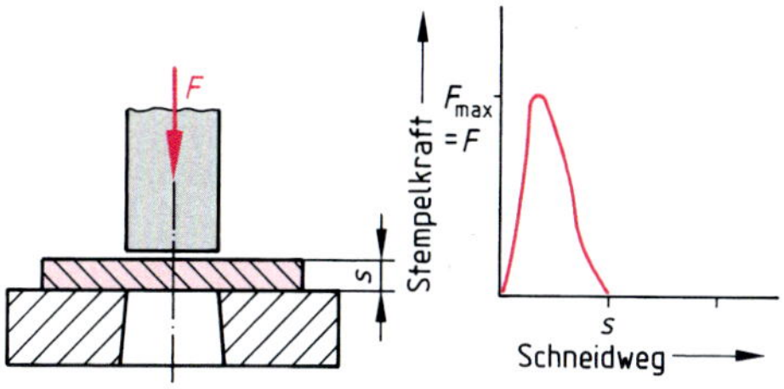

Schneidkraft und Schneidweg

Durch nicht parallel wirkende, sondern sich kreuzende Schneiden wird die Schneidkraft verringert.

Die Schneidkraft überwindet die Scherfestigkeit des Werkstoffes und ist für die Auswahl der Presse entscheidend. Durch geeignete Maßnahmen kann die Schneidkraft verringert werden.

Schneidkraft bei vollkantigem Schnitt

Die wesentlichen Einflussgrößen auf die Schneidkraft sind der Werkstoff, die Werkstückdicke und die Länge der Schnittlinie. Sie erlauben die Berechnung der Schneidkraft.

Die auftretende Reibung, z. B. zwischen Stempel und Führungsplatte sowie Stempel und Schnittstreifen, oder die Abnutzung der Schneidkanten erhöht die Schneidkraft um ca. 20 %. Für die Auswahl der Presse ist dieser Zuschlag zu berücksichtigen.

LF 11S-14S

Bei Planschliff des Stempels und vollkantigem Auftreffen mit scharfen Schneiden beträgt die notwendige Schneidkraft F:

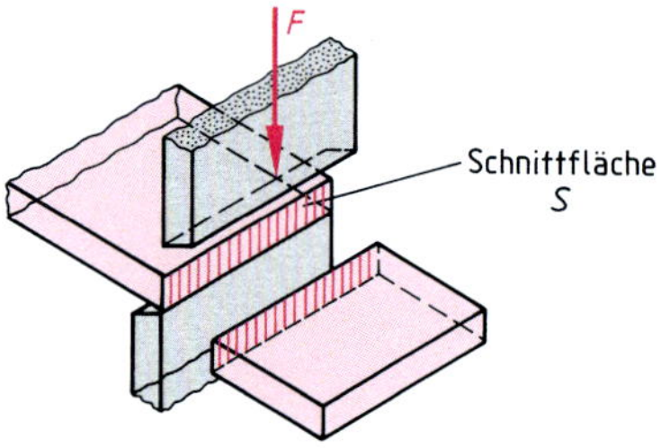

$$F = \tau_{aB} \cdot S$$

F Schneidkraft
τ_{aB} Scherfestigkeit
S Schnittfläche

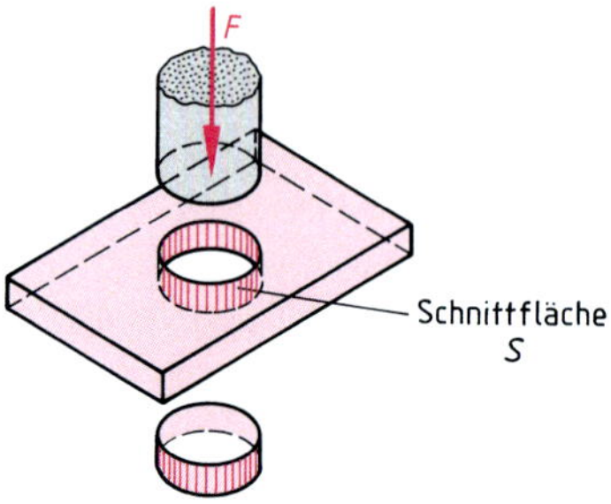

Die Scherfestigkeit τ_{aB} wird mithilfe eines werkstoffabhängigen Faktors aus der Zugfestigkeit R_m errechnet. Für Stahl gilt $\tau_{aB} = 0{,}8 \cdot R_m$.

Beispiel **für die Berechnung der Schneidkraft**

Aufgabe

Für das dargestellte Schnittteil (Lasche) aus S 235 JR ist die erforderliche Schneidkraft zu berechnen.
(R_m = 360 N/mm² bis 510 N/mm²

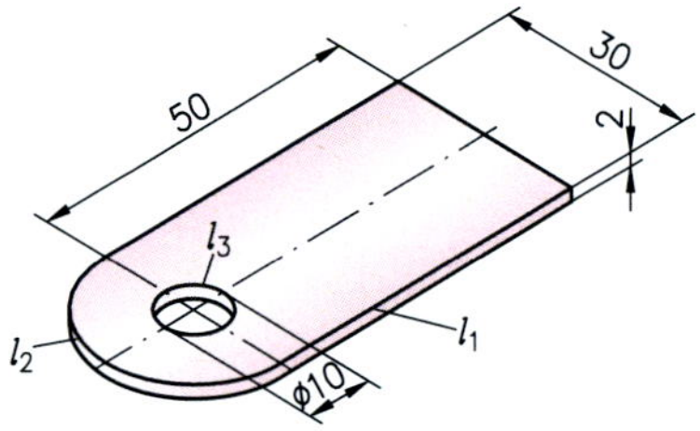

Lösung

Schneidkraft

$F = \tau_{aB} \cdot S$

$F = 408 \dfrac{\text{N}}{\text{mm}^2} \cdot 416{,}8\ \text{mm}^2$

$F = 170054{,}4\ \text{N}$

$F = 170\ \text{kN}$

Scherfestigkeit

$\tau_{aB} = 0{,}8 \cdot R_m$

$\tau_{aB} = 0{,}8 \cdot 510 \dfrac{\text{N}}{\text{mm}^2}$

$\tau_{aB} = 408 \dfrac{\text{N}}{\text{mm}^2}$

Schnittfläche

$S = (l_1 + l_2 + l_3) \cdot s$

$l_1 = 2 \cdot 50\ \text{mm} + 30\ \text{mm} = 130\ \text{mm}$

$l_2 = \dfrac{d_2 \cdot \pi}{2} = \dfrac{30\ \text{mm} \cdot \pi}{2} = 47\ \text{mm}$

$l_3 = d_3 \cdot \pi = 10\ \text{mm} \cdot \pi = 31{,}4\ \text{mm}$

$S = (130 + 47 + 31{,}5)\ \text{mm} \cdot 2\ \text{mm}$

$S = 416{,}8\ \text{mm}^2$

Die um 20 % erhöhte Schneidkraft beträgt **F = 204 kN.**

Schneidkraft bei kreuzendem Schnitt

Durch *Schrägschleifen* der Flächen an den Stempeln oder Schneidplatten treffen die Schneiden nicht mehr vollkantig auf, sondern kreuzen sich während des Schneidvorganges.

Dadurch wird das Schnittteil allmählich entlang der Schnittlinie zerteilt. Die Schrägstellung h wird etwa gleich der Blechdicke t gewählt.

Der *Anschrägwinkel* sollte bei einseitigem Anschliff aber nicht mehr als 5° betragen, da sonst das Schnittteil und die Schneidkanten durch die auftretenden Kräfte beschädigt werden können.

Die Schneidkraft kann durch Schrägschleifen bis zu 30 % gemindert werden.

Die Senkung der Schneidkraft durch Schrägstellung der Flächen an Stempeln oder Schneidplatten hat jedoch einen längeren Schneidweg und eine stärkere Verformung des Abfalls zur Folge.

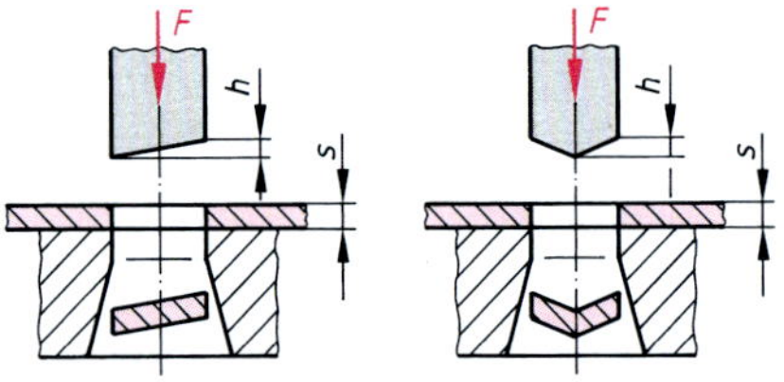

Anschliff der Stempel zur Schneidkraftverringerung beim Lochen

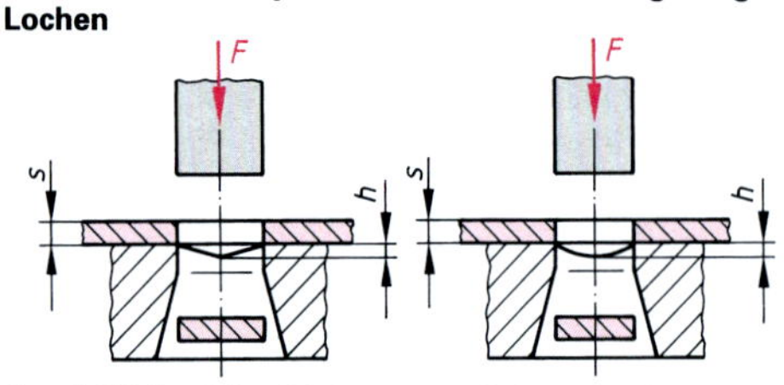

Anschliff der Schneidplatten zur Schneidkraftverringerung bem Ausschneiden

Beispiel für den Einfluss der Schrägstellung von Stempelschneiden auf die Stempelkraft und den Schneidweg

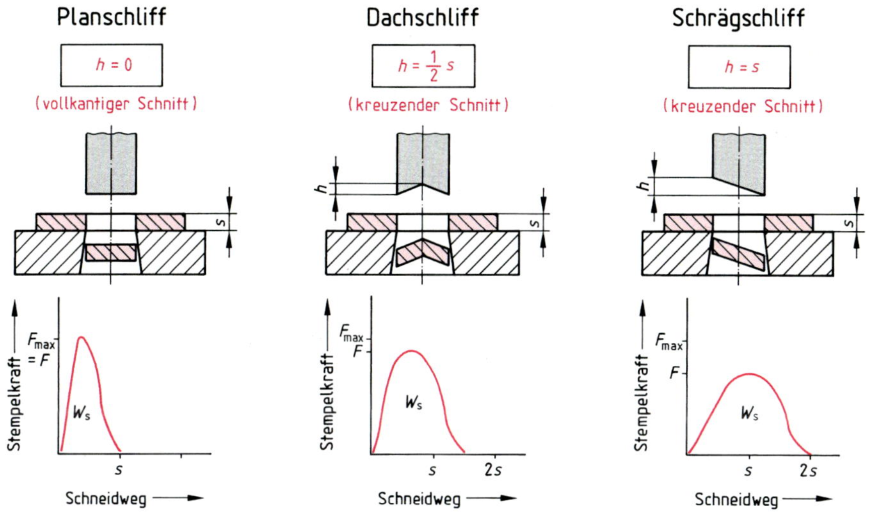

Durch die Schrägstellung der Stempelschneiden wird die Schneidkraft kleiner, der Schneidweg jedoch größer. Die Presse muss zwar eine kleinere Kraft aufbringen, die Schneidarbeit W_s verändert sich jedoch nur unwesentlich. Die Arbeit entspricht der Fläche unter der Kurve in dem jeweiligen Diagramm.

Durch Schrägstellung der Schneiden an Stempeln oder Schneidplatten um einen Betrag, der etwa der Blechdicke entspricht, sinkt die Schneidkraft um etwa 30 %.

- **Schneidspalt**

Zwischen den Schneiden eines Schneidwerkzeuges muss ein Schneidspalt vorhanden sein, damit einerseits die Schneiden nicht aufeinander gleiten und andererseits ein Einreißen des Werkstoffes erfolgen kann.

Ermittlung des Schneidspaltes

Die Größe des Schneidspaltes wird bestimmt durch
- die Blechdicke,
- die Scherfestigkeit des Werkstoffes,
- die Gestaltung des Werkzeuges,
- den Werkstoff des Werkzeuges,
- die geforderte Qualität der Schnittfläche.

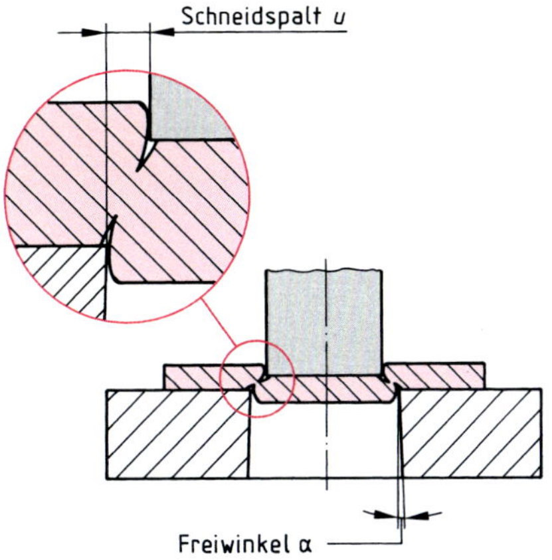

Schneidspalt

Der Schneidspalt kann in Abhängigkeit von Werkstoff und Blechdicke mithilfe von Tabellen bestimmt werden. Für Stahlbleche bis 5 mm liegt die erforderliche Schneidspaltbreite überschlägig zwischen 2 % und 6 % der Blechdicke.
Genauer lässt sich der Schneidspalt mithilfe versuchsmäßig ermittelter Gleichungen (siehe Tabellenbuch) berechnen.

Der Schneidspalt ist der Abstand zwischen der Schneide des Stempels und der entsprechenden Schneide der Schneidplatte.
Seine Größe kann mithilfe von Tabellen oder Gleichungen ermittelt werden.

Übungsaufgabe G-28

Auswirkung des Schneidspaltes auf die Güte des Schnittteiles

Nur wenn der Schneidspalt die richtige Größe hat und gleichmäßig zwischen Schneidplattendurchbruch und Stempel liegt, erhält man Schnittteile mit guter Schnittflächenqualität und normalen Grathöhen. Die Schnittfläche lässt sich in eine Schnittzone und in eine Bruchzone unterteilen.

Der Grat entsteht immer auf derjenigen Seite des Schnittteiles, mit der das Schnittteil am Schneideelement anliegt. Beim Lochen hat das Schnittteil also den Grat auf der Schneidplattenseite, beim Ausschneiden auf der Schneidstempelseite.

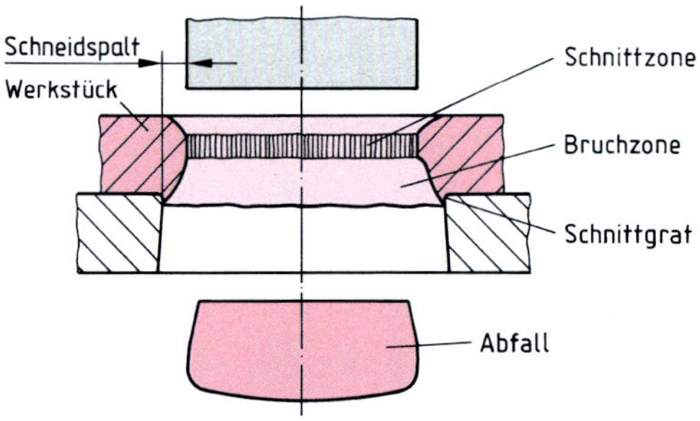

Schnittfläche und Schnittgrat beim Lochen

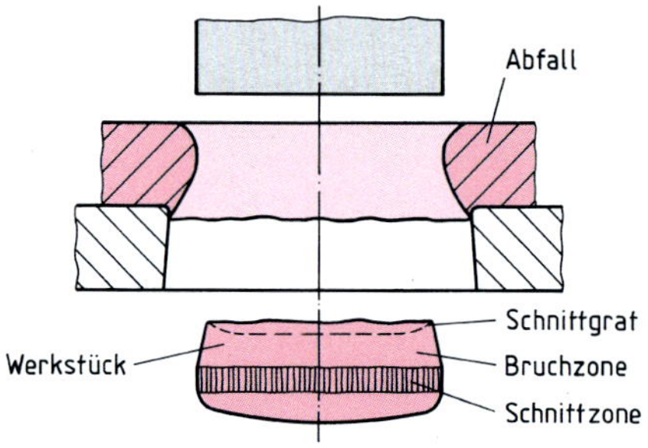

Schnittfläche und Schnittgrat beim Ausschneiden

Die Schnittflächenqualität lässt sich anhand der Schnitt- und Bruchzone sowie des Schnittgrates beurteilen.

• Schneidplatte

Die Schneidplatte ist eine 20 mm bis 40 mm dicke gehärtete Stahlplatte mit einem oder mehreren Durchbrüchen. Die Konturen der Durchbrüche werden durch die Kontur des Schnittteiles bestimmt. Zur Befestigung der Schneidplatte auf der Grundplatte sind Bohrungen für Stifte und Schrauben vorzusehen.

Bei der Werkzeugkonstruktion müssen für die Schneidplatte folgende Gestaltungsmaßnahmen festgelegt werden:

- die Form der Durchbrüche,
- die äußeren Abmessungen sowie die Abmessungen der Bohrungen für die Befestigung,
- der Werkstoff.

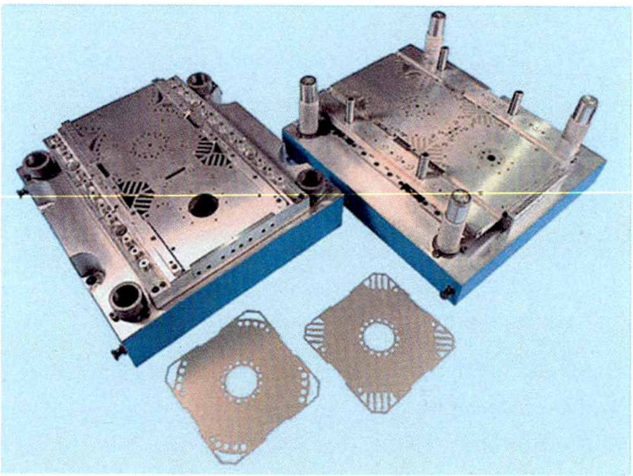

Schneidwerkzeug mit Schneidplatte

Gestaltung der Schneidplattendurchbrüche

Der Werkstoff der Schneidplatte muss für den Schneidvorgang ausreichende Härte und Verschleißfestigkeit besitzen. Darüber hinaus beanspruchen die Schneidkräfte die Platte auf Biegung und Flächenpressung. Der Werkstoff sollte aus diesen Gründen druckbelastbar sein und eine bestimmte Zähigkeit aufweisen.
Die Auswahl des Werkstoffes der Schneidplatte erfolgt aufgrund der Höhe der Beanspruchung und Kontur der Schnittteile. Gängige Werkstoffe sind u. a. unlegierte und legierte Werkzeugstähle, wie z. B. C70U, 90MnV8, 105WCr7, hochlegierte Werkzeugstähle, wie z. B. X210CrW12, und Hartmetallsorten, wie z. B. G20, G30.

Weitere in der Praxis gängige Werkstoffe für Schneidplatten sind dem Tabellenbuch und Herstellerunterlagen zu entnehmen.

Übungsaufgabe G-29

Gestaltung der Schneidplattendurchbrüche

Um Störungen während des Schneidvorganges zu vermeiden, sind die Durchbrüche so zu gestalten, dass die Schnittteile ohne zu verkanten herausfallen können.
Die Form der Durchbrüche ist je nach Blechdicke, Stückzahl, Verfahren und der Genauigkeit der Schnittteile unterschiedlich gestaltet.

Form des Durchbruchs	Freiwinkel α	Anwendung		
		Blechdicke/ Stückzahl	Genauigkeit des Schnittteils	Vorteil/Nachteil
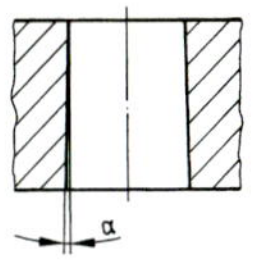	10′ bis 40′	bis 3 mm kleine bis mittlere Stückzahl	große Toleranzen	• Schnittteile fallen leichter durch • Durchbruchvergrößerung beim Nachschliff • Einfache Herstellung
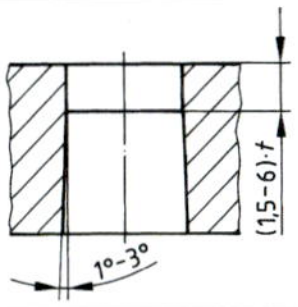	0 °	über 3 mm große Stückzahl	kleine Toleranzen	• Schnittteile fallen leichter durch • Durchbruch bleibt beim Nachschliff gleich • Aufwendige Herstellung
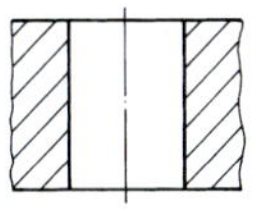	0 °	bis 3 mm, über 3 mm große Stückzahl	hohe Maß- und Formgenauigkeit	• Schnittteile klemmen/ Auswerfer notwendig • Durchbruch bleibt beim Nachschliff gleich • Bessere Führung der Auswerfer

Die **Schneidplattendurchbrüche für dünne Lochstempel** müssen besonders sorgfältig gefertigt werden, da die kleinen, fettigen Abfallbutzen dazu neigen, aufgrund ihres Gewichtes aneinander zu kleben.
Bei freigebohrten Durchbrüchen besteht dadurch die Gefahr, dass sich die aneinander hängenden Abfallbutzen verkanten und den Durchbruch verstopfen. Damit die Abfallbutzen vom Schneidstempel leicht nach unten geschoben werden können, erhalten die Schneidplatten leicht konische Durchbrüche mit hoher Oberflächengüte.
Die Durchbrüche von Schneidplatten werden heute meist durch Drahterodieren hergestellt. Für einfache Durchbrüche besteht die Möglichkeit, **Schneideinsätze** in die Schneidplatte einzupressen bzw. einzukleben. Dies ermöglicht die schnelle Erneuerung der Schneidplattendurchbrüche durch Auswechseln der Einsätze.
Schneideinsätze mit zylindrischer Außenform werden als Schneidbuchsen bezeichnet. Sie sind als Normalien im Handel erhältlich.
Als Werkstoff werden Werkzeugstähle mit 12 % Chrom-Gehalt sowie Schnellarbeitsstähle eingesetzt. Die Härte dieser Stähle beträgt 60 HRC bis 64 HRC. Damit erreicht man eine gute Verschleißfestigkeit.

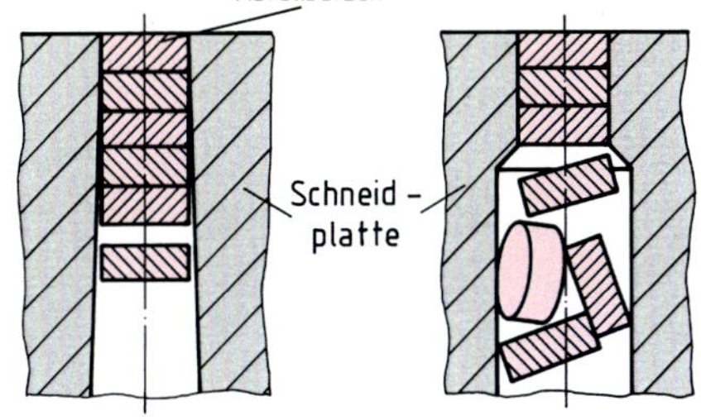

Schneidplattendurchbrüche für dünne Lochstempel

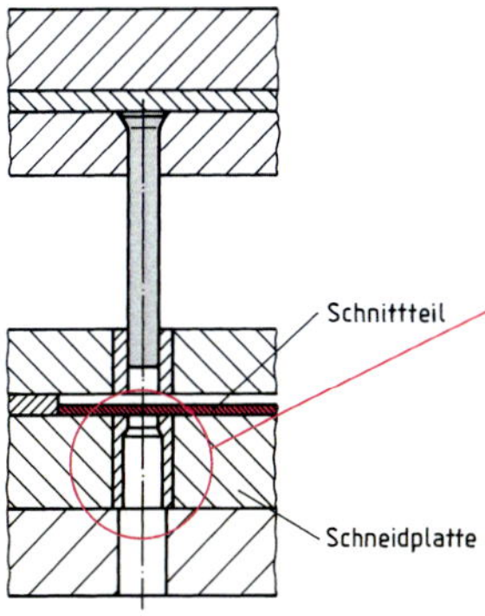

Schneidbuchse in die Schneidplatte eingepresst

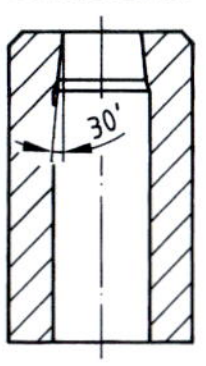

Weitere Formen

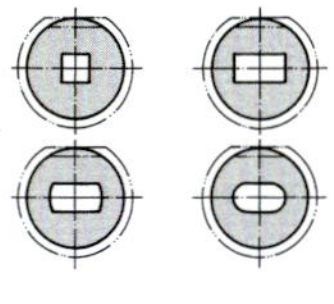

Schneidplattenabmessungen

Die Schneidplattenabmessungen sind abhängig von:

- der Schneidkraft,
- der Anzahl der Arbeitsstufen,
- der Streifenbreite und
- dem Vorschub des Streifens bzw. der Teilung.

Formeln zur Berechnung der Schneidplattenabmessungen können dem Tabellenbuch entnommen werden.

Die Schneidplatten werden mit der Grundplatte verschraubt oder verstiftet. Die hierzu erforderlichen Bohrungen für die Zylinderstifte und das Gewinde in der Schneidplatte müssen wegen der Rissgefahr in einem ausreichend großem Abstand von den Durchbrüchen und Plattenseiten vorgenommen werden.

Die Mindestabstände der Bohrungen für die Befestigung der Schneidplatte lassen sich wie folgt berechnen:

$$l_{1\,\min} = d + 2\ \text{mm}$$

$$l_{2\,\min} = 3 \cdot d + 2\ \text{mm}$$

Darüber hinaus werden die Bohrungen für Zylinderstifte und Gewinde in der Schneidplatte angefast. Die Schneidkantendurchbrüche sind am unteren Ende abzurunden.

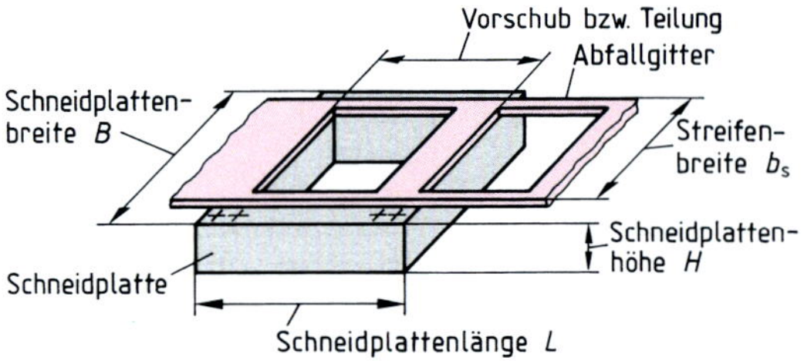

Begriffe an der Schneidplatte und am Schnittstreifen

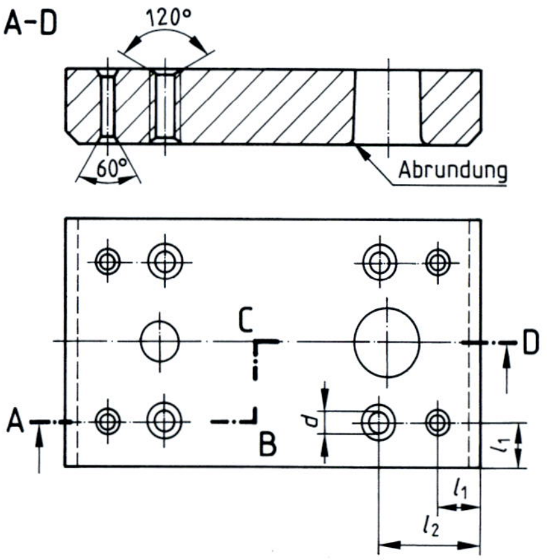

Mindestabstände der Bohrungen zur Befestigung der Schneidplatte

Bei der Werkzeugkonstruktion müssen für die Schneidplatten der Werkstoff, die Form der Durchbrüche, die äußeren Abmessungen und die Abmessungen der Bohrungen für die Befestigungen bestimmt werden.
Schneidplattendurchbrüche werden durch Drahterodieren hergestellt. Genügend große Abstände mindern die Rissgefahr.

- **Schneidstempel**

Der Schneidstempel ist ein säulenförmiges Bauelement, das zum Ausschneiden des Werkstückes eingesetzt wird. Die Kontur im Schneidbereich entspricht der Form des Schnittteils. Die Form und die Größe des Stempelquerschnittes werden durch die Kontur des Schnittteils festgelegt. Profilstempel können durch Schleifen oder Drahterodieren hergestellt oder als Normalien bezogen werden.

Schneidwerkzeuge bestehen aus verschiedenartigen Schneidstempeln, wie z. B. Lochstempel, Ausschneidstempel oder Seitenschneider.

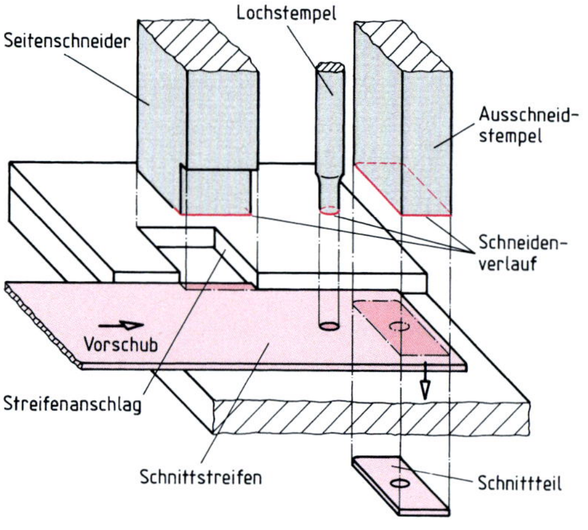

Verschiedenartige Schneidstempel

Übungsaufgaben G-32; G-33

Lochstempel dienen zur Herstellung von Innenformen am Schnittteil.

Ausschneidstempel werden zur Herstellung von Außenformen aus Blechstreifen oder Blechbändern eingesetzt.

Ausschneidstempel und Lochstempel schneiden allseitig. Sie haben einen geschlossenen Schneidenverlauf.

Mit dem *Seitenschneider* klinkt man auf einer Seite oder auf beiden Seiten des Blechstreifens schmale Ränder aus. Der Seitenschneider wird zur Vorschubbegrenzung eingesetzt und schneidet zweiseitig.

Schneidstempel mit einfachen Formen gibt es als Normalien (vgl. Kapitel „Normalien für Stanz- und Umformwerkzeuge").

Die Schneidstempel werden im Werkzeug von der Stempelplatte gehalten. Je nach Befestigung besitzen sie unterschiedliche Kopfformen. Die Ausführung des Stempelschaftes wird wesentlich von der Führung der Stempel bestimmt.

Durch bestimmte Gestaltungsmaßnahmen an der Stempelstirnseite kann die Beseitigung des Abfallbutzens nach dem Schneiden erleichtert werden.

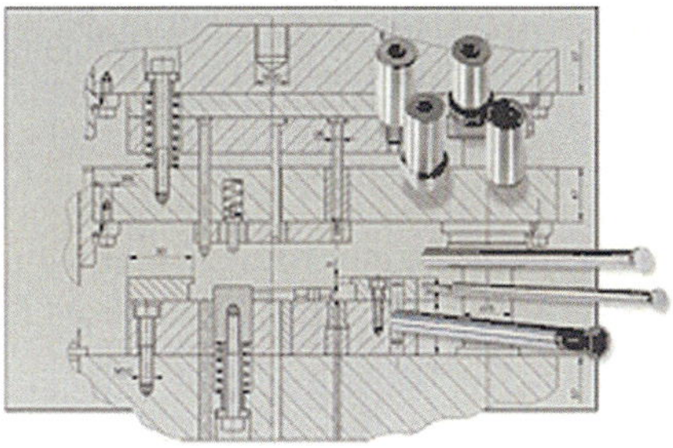

Schneidstempel als Normalien

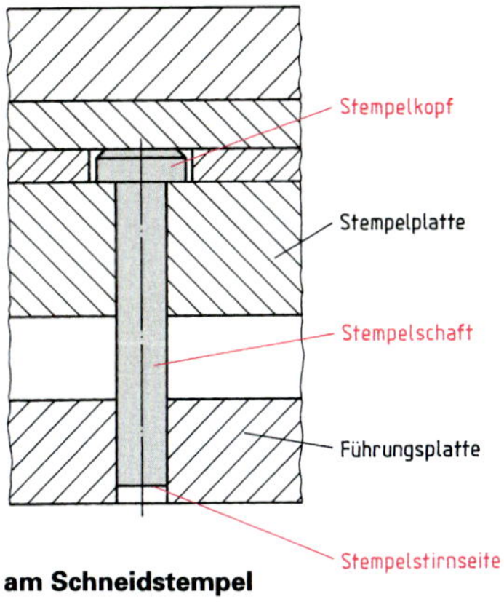

Begriffe am Schneidstempel

Folgende Merkmale müssen bei der Konstruktion der Schneidstempel bzw. bei der Auswahl der Stempel als Normalien beachtet werden:

- Schaftform der Schneidstempel,
- Kopfform der Schneidstempel,
- Werkstoffe für Schneidstempel,
- Schneidform und Stempelabmessungen,
- Gestaltung der Stempelstirnseite.

Grundsätzlich unterscheidet man Schneidstempel mit durchgehendem Schaft und abgesetztem Schaft. Die Auswahl erfolgt je nach Einsatzgebiet. So werden Stempel mit durchgehendem Schaft häufig in Schneidwerkzeugen mit Plattenführungen eingebaut. Abgesetzte Schneidstempel werden z. B. als Lochstempel verwendet, wenn das Verhältnis Stempeldurchmesser (*d*) zu Blechdicke (*t*) kleiner oder gleich „1" ist. Bei gleicher Schnittfläche besitzen abgesetzte Stempel eine höhere Festigkeit gegen Knickung.

Schneidstempel mit durchgehendem Schaft		**Schneidstempel mit abgesetztem Schaft**	

Runder Schneidstempel mit konischem Kopf	Runder Schneidstempel mit zylindrischem Kopf	Runder Schneidstempel mit konischem Kopf	Runder Schneidstempel mit zylindrischem Kopf
Alle Schneidstempel sind in den gängigen Werkstoffen HWS, HSS, pulvermetallurgischer Hochleistungsschnellarbeitsstahl bei Schafthärten zwischen HRC 62 und HRC 64 und Kopfhärten um HRC 50 erhältlich.			

Beispiele für den Einsatz von Schneidstempeln mit durchgehendem oder abgesetztem Schaft

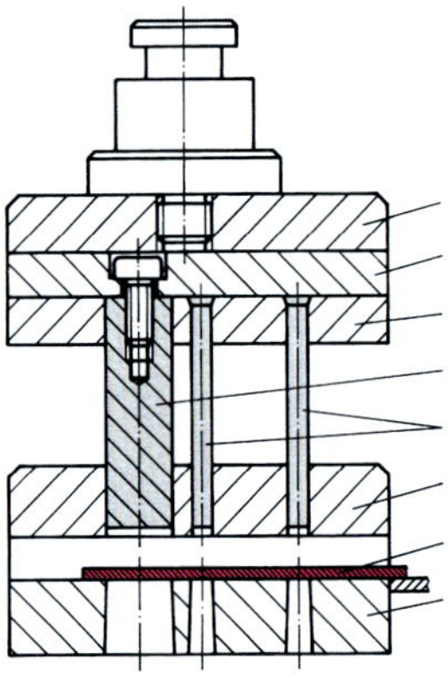

Schneidwerkzeug mit Plattenführung, Schneidstempel mit durchgehendem Schaft

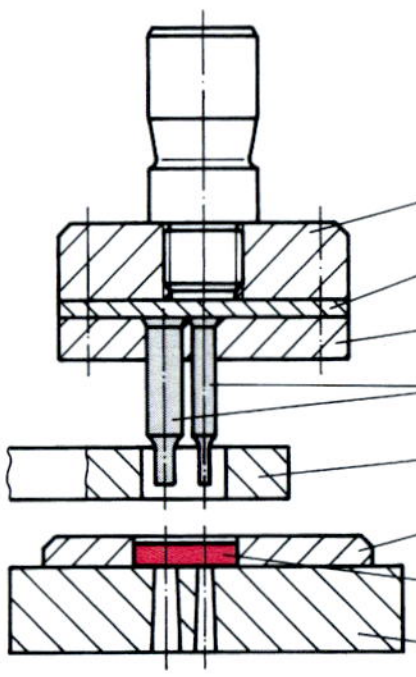

Freischneidwerkzeug, Schneidstempel mit abgesetztem Schaft

Die Schaftform der Schneidstempel richtet sich nach der Art der Stempelführung. Schneidstempel mit abgesetztem Schaft besitzen eine höhere Festigkeit gegen Knickung.

Dünne Schneidstempel

Dünne Schneidstempel, deren Durchmesser kleiner als die Blechdicke ist, neigen trotz Führung zum Ausknicken. Um dies zu verhindern, setzt man entweder Schneidstempel mit abgesetztem Schaft ein oder führt die dünnen Schneidstempel in Buchsen, den sogenannten Docken oder Aufnahmehülsen.

Fliegende Docke

Fliegende Docke werden zwischen der Stempelplatte und der Führungsplatte über den Stempel geschoben. Sie verstärken den Schneidstempel und dienen beim Einrichtvorgang als Hubbegrenzung.

Durchgehende Docke

Die Führung von Stempeln mit einem Durchmesser unter 2 mm erfolgt durch Docken, die durch die Führungsplatte hindurchgehen. Der Einsatz von Docken, die durch die Führungsplatte hindurchgehen, erfordert beim Einrichten des Werkzeuges eine Hubbegrenzung.

Docke mit Druckstift

Bei sehr kleinen Schneiddurchmessern kann der Stempel in der Docke durch einen dickeren Druckstift verstärkt werden.

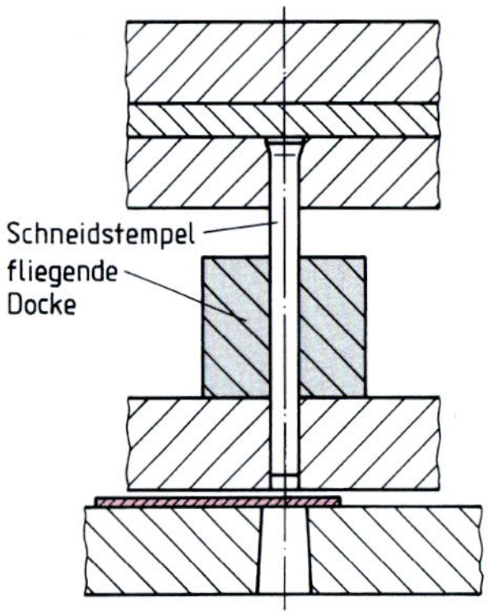

Fliegende Docke

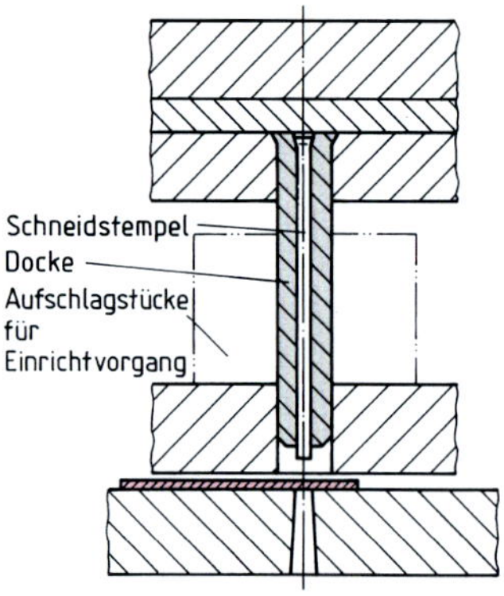

Durchgehende Docke

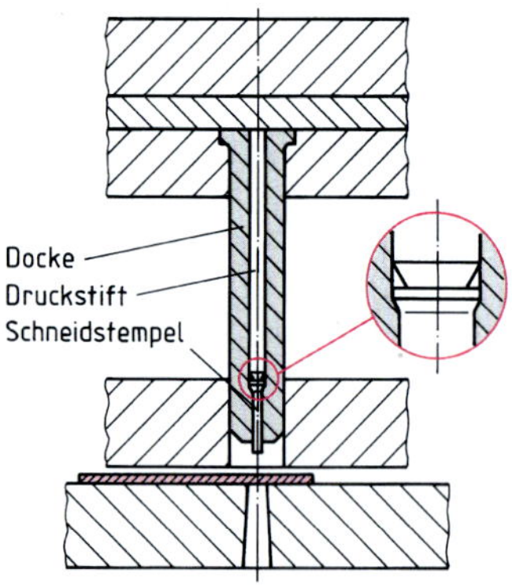

Docke mit Druckstift

Dünne Schneidstempel werden durch einen abgesetzten Schaft oder durch Docken gegen Knickung verstärkt.

Kopfform und Stempelstirnseite

Schneidstempel können je nach Art der Befestigung in der Stempelplatte verschiedene Kopfformen erhalten.

Für die Befestigung in der Stempelplatte muss eine geeignete Kopfform gewählt werden.

Nach dem vorhandenen Platz und nach den wirkenden Schneidkräften bzw. Abstreifkräften setzt man Stempel mit *zylindrischen* und *konischen* Köpfen ein.

Wirken nur geringe Abstreifkräfte auf dem Stempel, reicht es aus, an dem Kopf einen schmalen Rand anzustauchen.

Schneidstempel mit großer Querschnittsfläche können stumpf an die Druckplatte oder Kopfplatte angeschraubt werden.

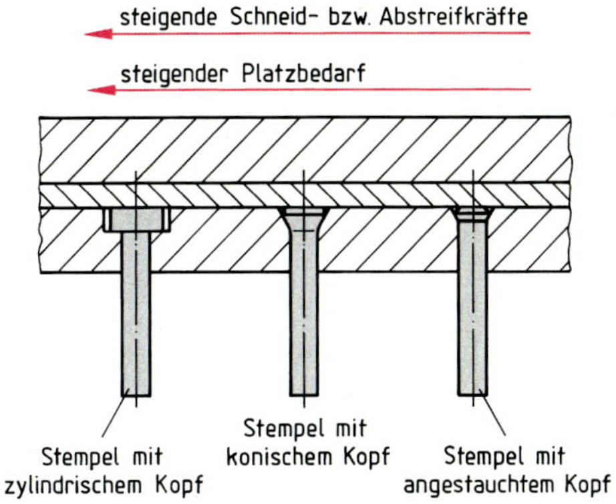

Kopfformen von kleineren Schneidstempeln

Der Schneidstempel kann zur Befestigung an der Kopfplatte oder Druckplatte mit einem Flansch versehen werden. Diese Maßnahme wird notwendig, wenn der Querschnitt des Stempels vergrößert werden muss oder wenn sich aus konstruktiven Gründen die Verschraubung außermittig befindet.

Ein schnelles Auswechseln der Stempel ist mit Schnellwechsel-Schneidstempeln nach DIN 9843 möglich.

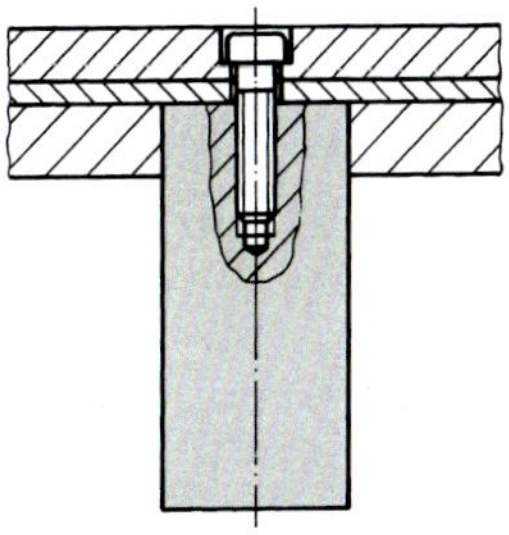

Verschraubung des Schneidstempels

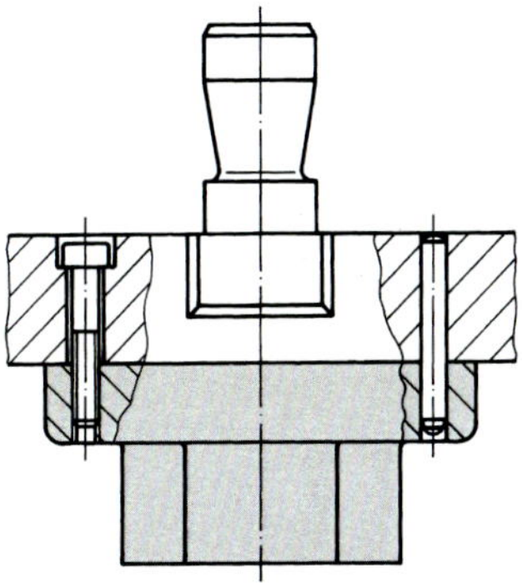

Schneidstempel mit Flansch

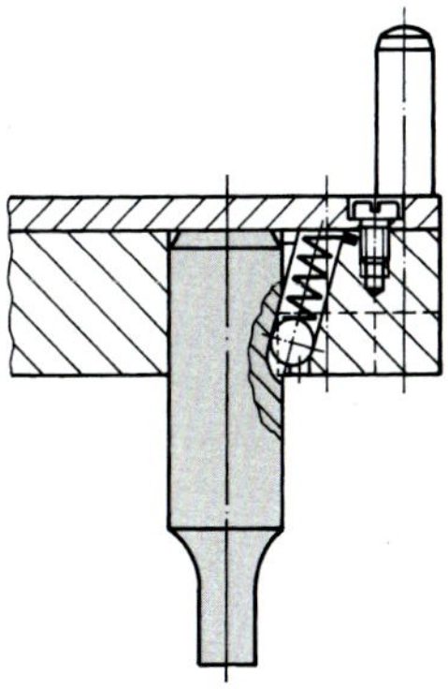

Schnellwechsel-Schneidstempel

Schneidstempel erhalten oft an der Stempelstirnseite einen Planschliff. Bei dieser Gestaltung besteht die Gefahr, dass der Abfallbutzen beim Zurückgehen des Schneidstempels an der Stempelstirnseite „kleben" bleibt und mit hochgerissen wird.

Dadurch kann es zur Beschädigung des Blechstreifens kommen, was bei Folgewerkzeugen zur Behinderung des Streifenvorschubes führt.

Die Ursachen für das Anhaften des Abfallbutzens an der Stempelstirnseite können sein:

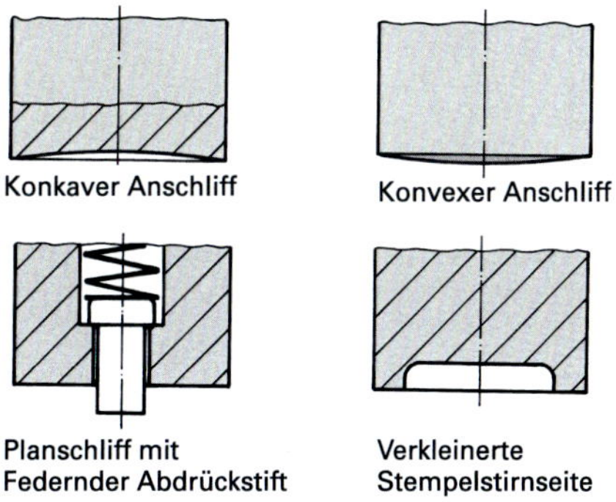

Gestaltung der Stempelstirnseite

- fehlende Reibung im Schneidplattendurchbruch, aufgrund hoher Oberflächengüte,
- starke Gratbildung am Abfallbutzen durch Verschleiß an den Schneidkanten,
- übermäßige Schmierung oder Verwendung eines dickflüssigen Schmiermittels.

Mit dem Querschnitt des Stempelkopfes steigen auch die Schneid- und Abstreifkräfte. Das Anhaften des Abfallbutzens kann durch spezielle Gestaltung der Stempelstirnseite vermieden werden.

Übungsaufgabe G-36

Verschleiß der Schneidstempel

Schneidstempel unterliegen einer hohen mechanischen Belastung. Aufgrund dieser Belastung unterscheidet man drei verschiedene Verschleißarten:

- Stirnflächenverschleiß,
- Kolkverschleiß und
- Mantelflächenverschleiß.

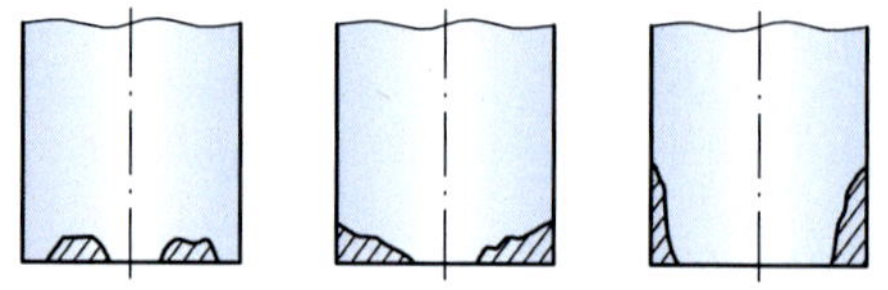

Stirnflächenverschleiß **Kolkverschleiß** **Mantelflächenverschleiß**

Der Stirnflächenverschleiß und Kolkverschleiß treten vorwiegend bei dünnen Blechen ($t < 2$mm) auf. Der Mantelflächenverschleiß entsteht durch Reibung parallel zur Schneidrichtung beim Eindringen und beim Rückzug des Schneidstempels. Er tritt vorwiegend bei dickeren Blechen ($t > 2$mm) auf.
Geeignete Gegenmaßnahmen sind z. B. eine geeignete Schmierung, die richtige Werkstoffauswahl und der sachgerechte Einbau der Stempel.

Werkstoffe für Schneidstempel

Der Werkstoff für die Schneidstempel und Schneidplatten sollte gleich sein. In der Praxis gängige Werkstoffe für die Schneidstempel sind dem Tabellenbuch oder Herstellerkatalogen zu entnehmen.
Die Härte des Stempelschaftes ist etwas höher zu wählen als die Härte der Schneidplatte. Schneidstempel mit Stempelkopf, die hohe Rückzugskräfte nach dem Schneidvorgang aufnehmen müssen, erhalten im Stempelkopf eine geringere Härte als im Stempelschaft. Der Stempelkopf wird z. B. warmgestaucht und angelassen. Dadurch erhält er eine höhere Zähigkeit. Bei einem Schnellarbeitsstahl beträgt z. B. die Härte des Stempelkopfes etwa 52 HRC und die des Stempelschaftes 64 HRC. Titannitridbeschichtete Werkstoffe oder pulvermetallurgisch hergestellte Werkstoffe erhöhen die Standzeit der Schneidstempel.

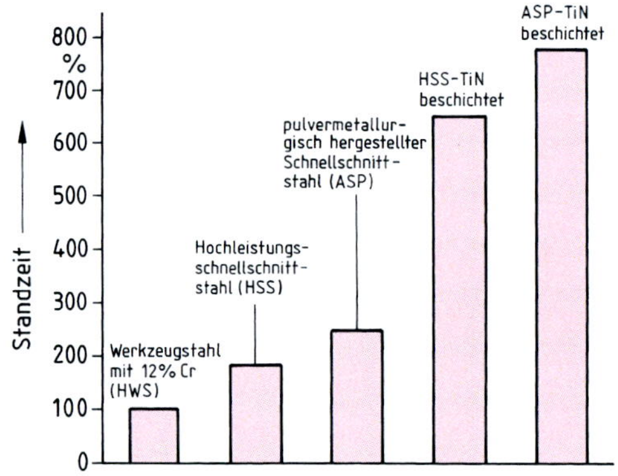

Standzeiten von Schneidwerkstoffen

> Werkstoffe für Schneidstempel und Schneidplatten sollten jeweils gleich sein. Durch die Werkstoffwahl, Wärmebehandlung oder Beschichtung wird die Standzeit erhöht.

- **Stempelplatte, Kopfplatte und Druckplatte**

Stempelplatte

Die Stempelplatte ist eine 10 mm bis 25 mm dicke Stahlplatte mit einem oder mehreren Durchbrüchen. Die Durchbrüche nehmen die Stempel auf. Für die Befestigung der Stempelplatte an der Kopfplatte sind Bohrungen für Stifte und Schrauben vorgesehen.
Die Stempelplatte hat folgende Aufgaben:

- In der Stempelplatte werden die Schneidstempel lagegerecht zur Schneidplatte gehalten.
- In der Stempelplatte werden die Schneidstempel befestigt.

Aus den Aufgaben für die Stempelplatte ergibt sich, dass die Durchbrüche von Stempel- und Schneidplatte lagegerecht übereinstimmen müssen. Bei der Werkzeugkonstruktion werden die Durchbrüche

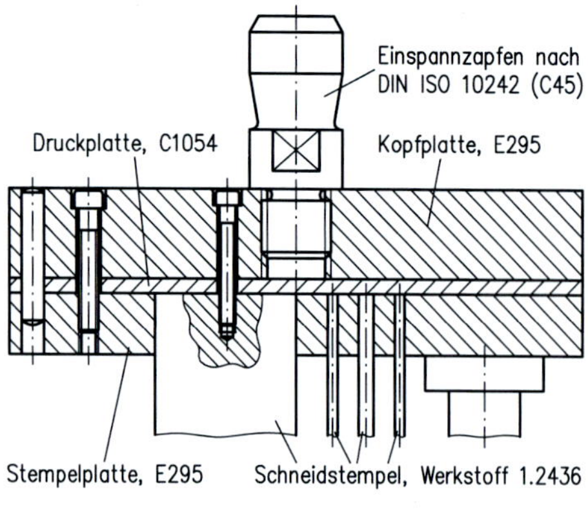

Werkzeugoberteil mit Stempel-, Kopf- und Druckplatte

entsprechend der Schaft- und Kopfform der Schneidstempel gestaltet. Entsprechend der jeweiligen Kopfform des Stempels erhält die Schneidplatte eine konische oder zylindrische Senkung. Größere Stempel können verschraubt werden. Eine weitere Möglichkeit der Befestigung ist das Eingießen der Stempel mit Kunststoffgießharz (Epoxitharz).

Konische Senkung	Zylindrische Senkung	Verschraubung	Eingießen mit Kunststoffgießharz
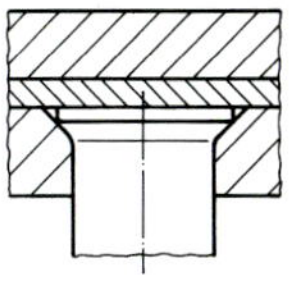	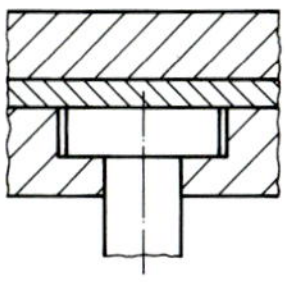	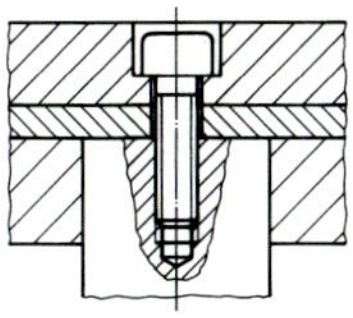	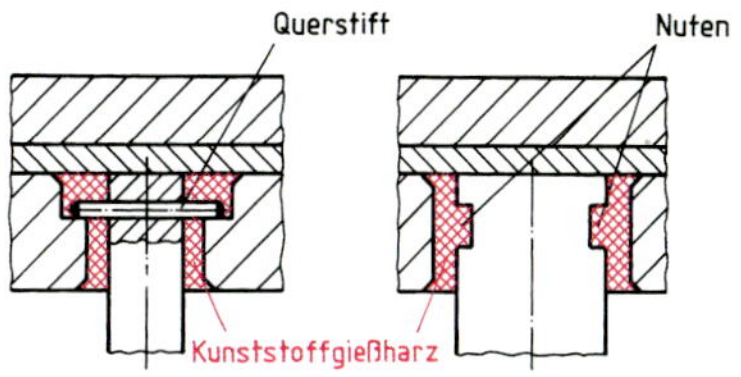

Stempelplattenabmessungen

Die Länge der Stempelplatte ist von der Anzahl der Arbeitsstufen im Werkzeug abhängig. Die Breite der Stempelplatte ist abhängig von:

- der Anordnung der Schneidstempel,
- der Größe des Stempelkopfes und
- der Größe und Anordnung der Schrauben und Stifte zur Stempelplattenbefestigung.

Die Höhe der Stempelplatte wird im Wesentlichen von der Größe und Form des Stempelkopfes bestimmt.

Werkstoffe für Stempelplatten

Die Werkstoffauswahl richtet sich nach der Beanspruchung der Stempelplatte durch die auftretenden Abstreifkräfte und der Zahl der herzustellenden Schnittteile.

Hinweis zu Abmessungen und Werkstoffen von Stempelplatten

Abmessungen

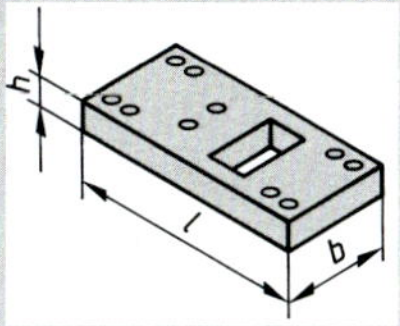

l ≈ Schneidplattenlänge
b > max. Schneidstempelbreite (Befestigungsbohrungen berücksichtigen)
h = 10–25 mm

Werkstoffe

- normale Beanspruchung: E 295
- höhere Beanspruchung: C 45 U

Die Stempelplatte dient der lagegerechten Positionierung und Befestigung der Schneidstempel. Die Stempel können durch Einsenken, Verschrauben oder Vergießen befestigt werden.

Kopfplatte und Druckplatte

Die **Kopfplatte** dient zur Aufnahme des Einspannzapfens. Sie überträgt die Kraft vom Pressenstößel auf die Schneidstempel.

Bei dünnen Lochstempeln und großer Schneidkraft besteht die Gefahr, dass sich die Stempelköpfe in die Kopfplatte eindrücken und dadurch ihren festen Halt verlieren.

Aus diesem Grunde wird ab einer Flächenpressung von 250 N/mm^2 am Stempelkopf eine **Druckplatte** eingesetzt. Die Druckplatte ist eine gehärtete Stahlplatte, die beidseitig geschliffen ist.

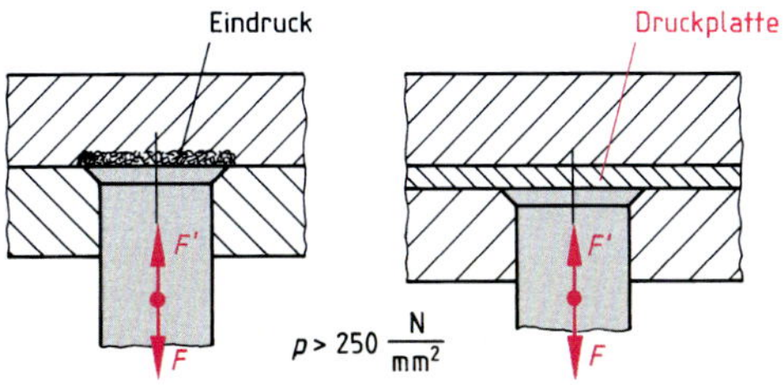

Lochstempel mit großer Schneidkraft

Zur Berechnung der Flächenpressung (p) am Stempelkopf benutzt man folgende Formel:

$$p = \frac{F}{S_{St}}$$

F Schneidkraft des Stempels
p Flächenpressung
S_{St} Stempelschaftquerschnittsfläche

Kopfplatten übertragen die Kräfte vom Pressenstößel auf die Schneidstempel. Gehärtete Druckplatten werden eingesetzt, wenn die zulässige Flächenpressung 250 N/mm² überschreitet.

Die Länge und die Breite der Kopfplatte entspricht den Abmessungen der Stempelplatte. Die Dicke der Kopfplatte ist von der Größe des Einspannzapfens abhängig.
Die Druckplatte hat die gleiche Form, gleiche Länge und Breite wie die Stempelplatte.
Die Dicke der Druckplatte richtet sich nach der Größe des Werkzeuges.

Der Werkstoff für die Kopfplatte stimmt meist mit dem Werkstoff der Stempelplatte überein. Es werden Baustähle und unlegierte Werkzeugstähle eingesetzt. Die Kopfplatten werden aber auch aus *Aluminiumlegierungen* hergestellt. Die Festigkeit der Aluminiumlegierungen sind vergleichbar mit der Festigkeit von Stahl. Der wesentliche Vorteil ist die geringere Masse der Platte. Kopfplatten aus Aluminiumlegierungen setzt man aus diesem Grunde für Werkzeuge auf schnell laufende Pressen ein.
Die Druckplatten werden aus unlegierten oder niedrig legierten Werkzeugstählen hergestellt.
Sie werden meist gehärtet.

Hinweis **zu Abmessungen und Werkstoffen für Kopf- und Druckplatten**

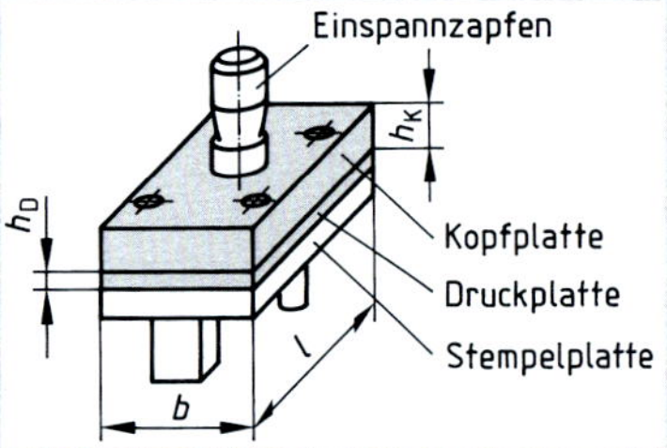

Abmessungen

Kopfplatte	Druckplatte
h_K = 18 ... 28 mm	h_D = 5 ... 8 mm

Werkstoffe

E 295	90 MnCrV 8 gehärtet
C 45 U	C 105 U auf
AlZn 5,5 MgCu	51 Cr V 4 45-58 HRC

- **Werkzeugoberteil**

Das Werkzeugoberteil besteht aus Stempelplatte, Druckplatte und Kopfplatte mit Einspannzapfen. Die Kopfplatte, Druckplatte und Stempelplatte werden miteinander verschraubt und verstiftet.
Bei Werkzeugoberteilen für Schneidwerkzeuge mit Plattenführung kann auf die Stifte verzichtet werden, da die Führung direkt im Werkzeugunterteil erfolgt.
Bei Schneidwerkzeugen mit Säulenführung werden die Schneidstempel indirekt über die Kopf- und Stempelplatte geführt. Damit die Stempelplatte und Kopfplatte sich nicht gegeneinander verschieben, müssen sie verstiftet werden.

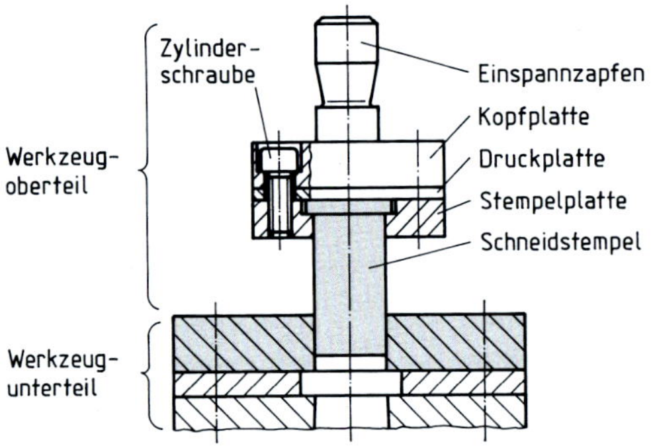

Schneidwerkzeug mit Plattenführung

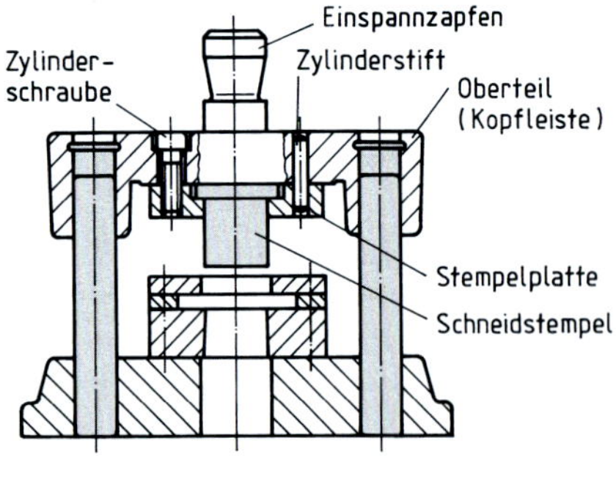

Schneidwerkzeug mit Säulenführung

Die Platten des Werkzeugoberteils von Schneidwerkzeugen mit Säulenführung werden verschraubt und verstiftet. Werkzeugoberteile von Schneidwerkzeugen mit Plattenführung werden nur verschraubt.

Übungsaufgaben G-41; G-42; G-43

2.3.2 System zum Entfernen des Materials

Das System zum Entfernen des Materials hat die Aufgabe, das nach dem Schneiden am Stempel bzw. im Schneidplattendurchbruch anhaftende Material von den Werkzeugteilen zu trennen und aus dem Werkzeug zu entfernen. Hierzu werden folgende Bauelemente bzw. Baugruppen eingesetzt:
– Abstreifer, – Ausstoßer, – Auswerfer.

Zur Abfallsicherung dienen ebenfalls die konstruktiven Maßnahmen an der Stempel-Stirnseite (vgl. Kap. „Schneidstempel").
Die Bauteile haben folgende Aufgaben:

- Abstreifer entfernen den Schnittstreifen oder das Schnittteil vom Schneidstempel,
- Ausstoßer entfernen das Schnittteil bzw. den Abfall aus der Schneidplatte,
- Auswerfer befördern das Schnittteil aus dem Werkzeug.

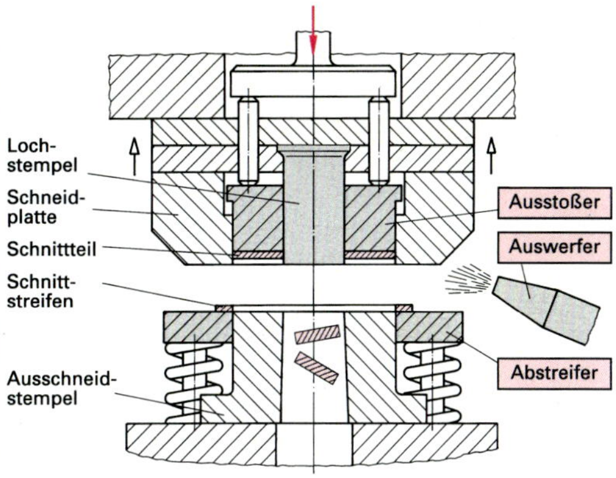

Schneidwerkzeug mit Abstreifer, Ausstoßer und Auswerfer

Die Auswahl des geeigneten Bauteiles zum Entfernen des Materials hängt von der Art des Schneidwerkzeuges ab.
In Einverfahrenschneidwerkzeugen und Folgeschneidwerkzeugen werden Abstreifer und Auswerfer zum Entfernen des Materials eingesetzt. In Gesamtschneidwerkzeugen und Feinschneidwerkzeugen sind Abstreifer und Ausstoßer erforderlich.

- **Auswerfer**

Neben den mechanischen Auswerfern wird Druckluft als Medium zum Auswerfen der Schnittteile häufig eingesetzt.

Mechanische Auswerfer treiben nach erfolgtem Schnitt und Abstreifen das Schnittteil aus dem Werkzeug. Anwendung finden die Auswerfer im Wesentlichen nur bei kleineren Schneidwerkzeugen zum Lochen. Das mechanische Auswerfen läuft wie folgt ab:

- Der Lochvorgang wird durchgeführt.
- Das Schnittteil wird vom Stempel nach dem Lochvorgang angehoben.
- Der angeschrägte Auswerfer wird zurück geschoben und spannt die Blattfeder.
- Das Schnittteil wird an der Führungsplatte abgestreift.
- Der gespannte Auswerfer treibt das Schnittteil aus dem Werkzeug.

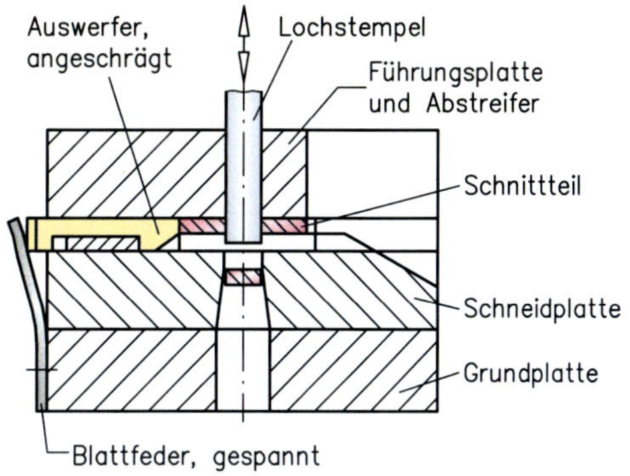

Mechanischer Auswerfer

Das *Auswerfen mit dem Medium Druckluft* erfolgt nach Fertigstellung des Schnittteils. Die Presse hat den oberen Umkehrpunkt erreicht, einen Endschalter betätigt und die Druckluft, z. B. über eine Ausblasdüse, bläst das Schnittteil aus dem Werkzeug.

Über entsprechende Sensoren kann sichergestellt werden, dass die Schnittteile das Werkzeug verlassen haben.

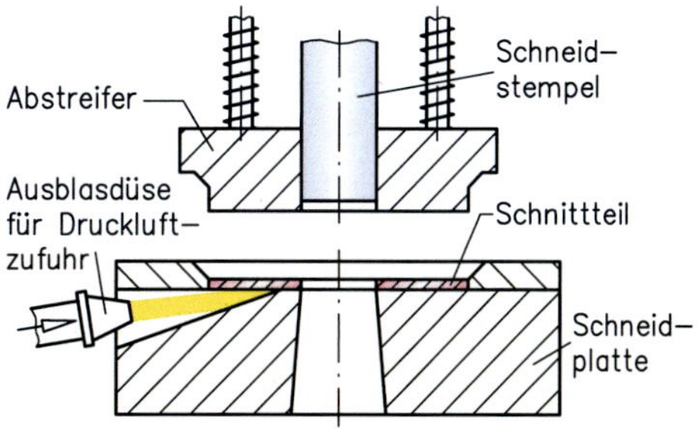

Auswerfen mit Druckluft

LF 11S-14S

- **Abstreifer**

Feste Abstreifer sind mit der Schneidplatte oder mit den Führungssäulen des Werkzeuges fest verbunden. In vielen Fällen wird die Führungsplatte auch als Abstreifer eingesetzt. Feste Abstreifplatten können darüber hinaus die seitliche Streifenführung übernehmen. Sie werden hierzu in der Breite des Schnittstreifens ausgearbeitet. Die Tiefe der Aussparung ist von der Blechdicke abhängig. Feste Abstreifer werden vorwiegend in Freischneidwerkzeugen und Schneidwerkzeugen mit Plattenführung eingebaut.
Federnde Abstreifer sind beweglich. Sie werden durch den Schneidstempel oder durch Führungssäulen geführt. Die Federn werden zwischen dem Abstreifelement und dem Werkzeugoberteil eingebaut. Federnde Abstreifer wirken *zusätzlich als Niederhalter.* Sie drücken den Schnittstreifen während des Schneidens gegen die Schneidplatte und verhindern so eine Verschiebung und Verformung des Schnittstreifens. Das ist besonders bei dünnen Blechstreifen erforderlich.
Federnde Abstreifer werden vorwiegend in säulengeführten Folgeschneidwerkzeugen und Gesamtschneidwerkzeugen eingesetzt.

Beispiele **für feste und federnde Abstreifer**

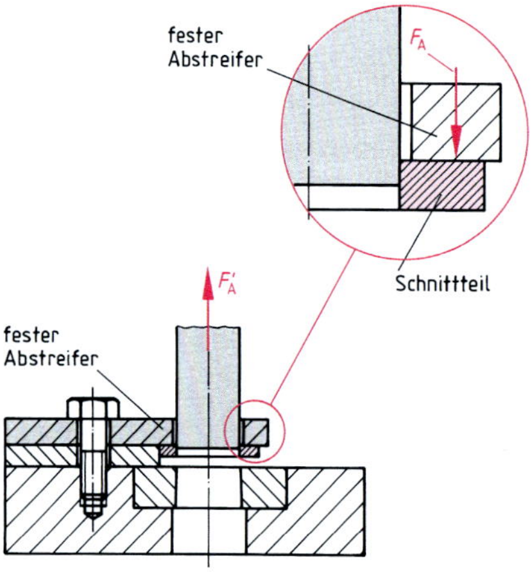

Schneidwerkzeug mit festem Abstreifer

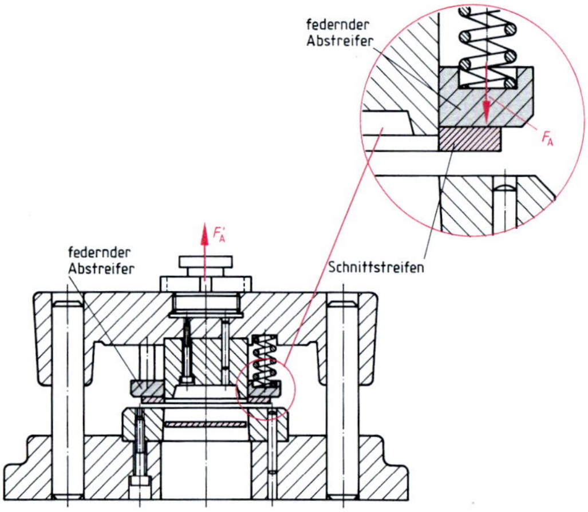

Schneidewerkzeug mit federndem Abstreifer

Abstreifer entfernen nach dem Lochen das Schnittteil oder nach dem Ausschneiden den Schnittstreifen vom Schneidstempel. Hierzu werden je nach Aufbau des Werkzeuges und der Blechdicke des Schnittteiles feste oder federnde Abetreifer eingesetzt.

Abstreifkraft

Nach dem Schneiden drückt der abgetrennte Werkstoff des Schnittstreifens auf die Freifläche des Schneidstempels. Während des Stempelrückzuges muss der anhaftende Werkstoff von der Freifläche des Schneidstempels abgestreift werden. Die Größe der hierzu notwendigen Abstreifkraft ist von folgenden Faktoren abhängig:
- vom Schneidverfahren,
- von der Form und *Größe* des Stempelquerschnitts,
- von der *Oberflächengüte* der Freifläche des Schneidstempels,
- von der *Blechdicke* und vom *Werkstoff* des Schnittteiles,
- von der *Schmierung.*

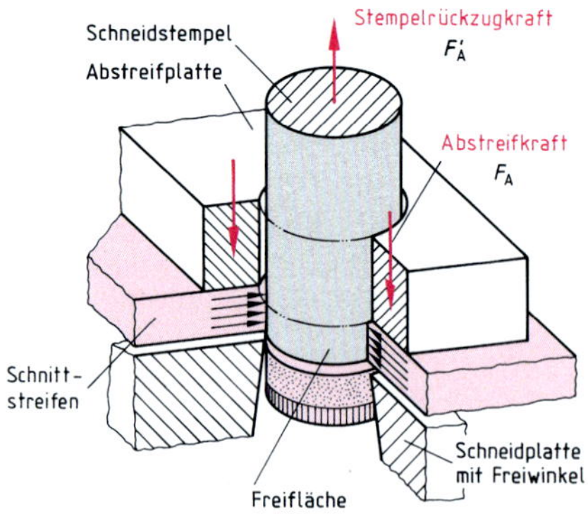

Abstreifvorgang

Die verschiedenen Faktoren lassen sich quantitativ nicht eindeutig erfassen. Die Größe der Abstreifkraft F_A wird üblicherweise in Prozent der Schneidkraft „F" angegeben. Aus Versuchen wurden folgende Richtwerte für die Abstreifkraft F_A ermittelt:

Ausschneiden: F_A etwa 10 % bis 20 % von F **Lochen:** F_A etwa 15 % bis 30 % von F

Allgemein kann man sagen, dass die Abstreifkraft größer ist

- bei kleinen, nicht runden Stempelquerschnitten und kleinen Schneidspalten,
- bei größeren Blechdicken und zähelastischen Werkstoffen der Schnittteile.

Anderseits trägt eine gute Schmierung zur Verringerung der Abstreifkraft bei.

- **Ausstoßer**

Ausstoßer entfernen nach dem Ausschneiden das Schnittteil oder nach dem Lochen den Abfall aus der Schneidplatte. Je nach Größe der Schnittteile und der Blechdicke werden federnde Ausstoßer oder zwangsweise Ausstoßer eingesetzt.

Federnde Ausstoßer

Federnde Ausstoßer drücken bei beginnendem Stößelrückhub das Schnittteil sofort wieder in den Schnittstreifen zurück. Die Schnittteile werden mit dem Schnittstreifen aus dem Werkzeug gezogen. Sie lassen sich dann durch Krümmen des Schnittstreifens leicht entfernen. Federnde Ausstoßer besitzen folgende Vorteile:

- dünne Blechstreifen werden während des Schneidens plangedrückt,
- der erforderliche Stößelhub ist kurz.

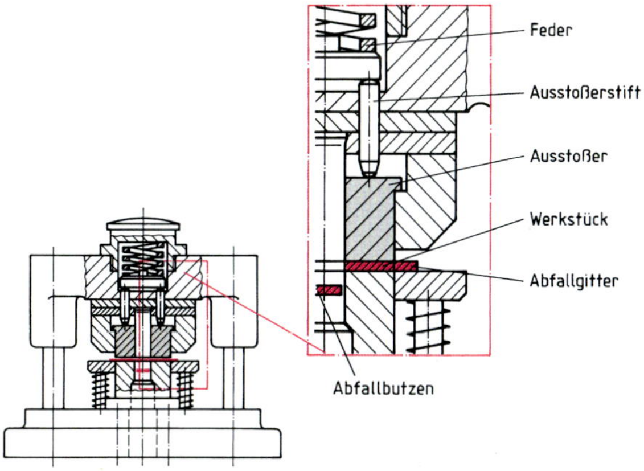

Schneidwerkzeug mit federndem Ausstoßer

Zwangsweise Ausstoßer

Bei zwangsweisen Ausstoßern besteht die Möglichkeit, das Schnittteil und den Abfall getrennt zu entfernen. Die Schnittteile bleiben zu Beginn des Stößelrückganges zunächst in der Schneidplatte. Erst kurz vor Beendigung des Rückhubes erfolgt das Ausstoßen über die an der Pressenführung sitzenden verstellbaren Ausstoßanschläge. Die ausgestoßenen Schnittteile werden dann während des Fallens, z. B. mit Druckluft, aus dem Werkzeug geblasen.

Damit die Schnittteile aus dem Werkzeug auf diese Weise entfernt werden können, ist ein großer Stößelhub erforderlich.

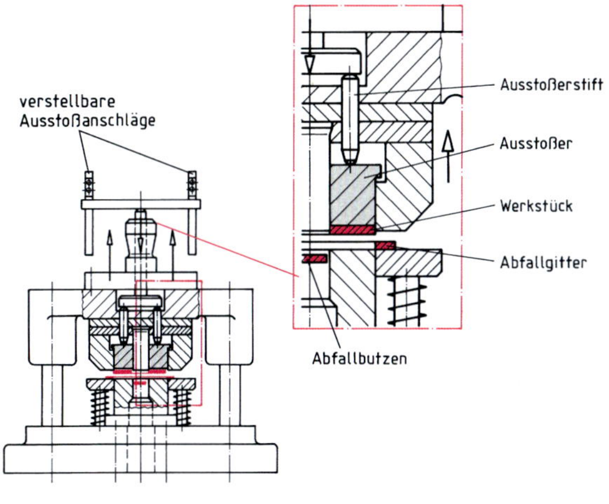

Schneidwerkzeug mit zwangsweisem Ausstoßer

LF 11S-14S

Bei Systemen zum Entfernen des Materials, der Schnittteile und des Abfalls unterscheidet man zwischen Auswerfern, Abstreifern und Ausstoßern.

Übungsaufgaben G-44; G-45; G-46

2.3.3 Federelemente im Werkzeugbau

In Stanz- und Umformwerkzeugen werden Federn eingebaut. Sie dienen u. a. dazu Niederhalter abzufedern, Ausstoßer und Abhebestifte zu betätigen und Werkstücke auszuwerfen.
Zu diesen Aufgaben werden Schraubendruckfedern, Tellerfedern, Elastomerfedern und Gasdruckfedern eingesetzt.

- **Grundlagen**

Federn haben die Eigenschaft, sich unter Einwirkung einer äußeren Kraft elastisch zu verformen und nach Abnehmen der Last durch Rückfedern wieder in ihre Ausgangsform zurückzukehren.
Eine wichtige Kenngröße einer Feder ist der Zusammenhang zwischen Belastung und Längenänderung einer Feder. Dieser Zusammenhang wird in der Federkennlinie dargestellt. Je steiler diese Kennlinie ist, desto härter ist eine Feder.

Beispiel für die Aufnahme der Federkennlinie von zwei Schraubendern (Schema)

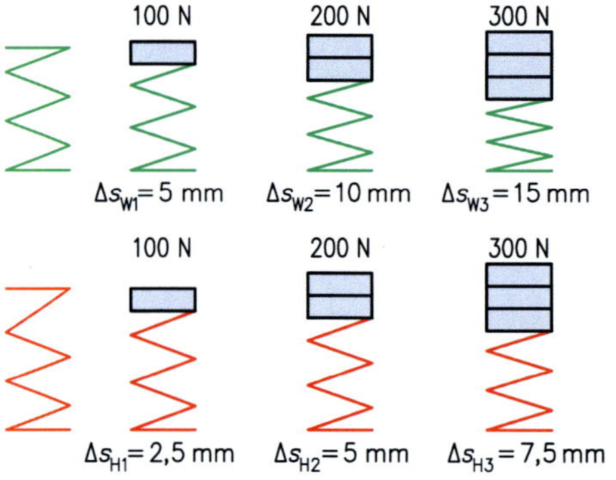

F N	Δ*s* mm
0	0
100	5
200	10
300	15

F N	Δ*s* mm
0	0
100	2,5
200	5
300	7,5

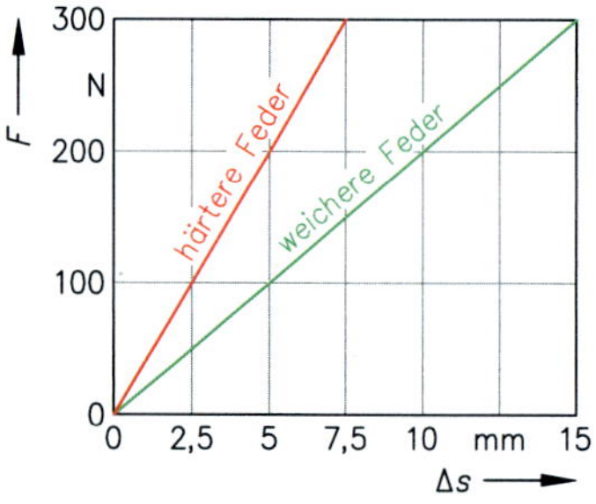

Wenn die Kennlinie eine Gerade ist, spricht man von einer linearen Kennlinie. Man bezeichnet bei einer solchen Kennlinie das Verhältnis von Kraft zu Längenänderung als die Federrate oder die Federkonstante eine Feder.

$$R = \frac{F}{\Delta s}$$

R = Federrate
F = Belastung der Feder
Δ*s* = Längenänderung der Feder

Je nach Bauart weisen Federelemente unterschiedliche Kennlinien auf. Man bezeichnet Kennlinien von Federn, die mit steigender Belastung immer geringere Verformung zeigen, als progressive Kennlinen, die Kennlinen von Federn, die mit steigender Belastung größere Verformungen aufweisen, als degressiv.

Beispiele für unterschiedliche Kennlinien von Federelementen

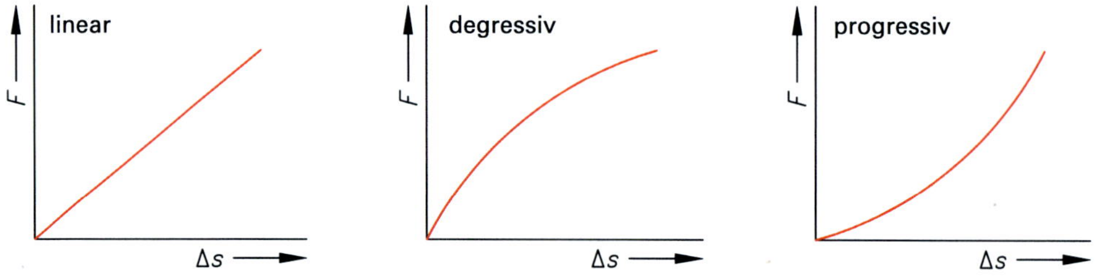

Nach der Form der Kennlinien unterscheidet man Federelemente mit linearer, mit dregressiver und mit progressiver Kennlinie.

Übungsaufgabe G-47

• Zylindrische Schraubendruckfedern

Zylindrische Schraubendruckfedern werden bei großen Federwegen und hohen Hubzahlen in Stanzwerkzeugen eingesetzt. Sie sind wenig anfällig gegen Dauerbruch, erwärmen sich bei der Verformung nur wenig und weisen in weiten Bereichen einen linearen Verlauf der Kennlinie auf.
Die Federn werden sowohl aus runden als auch aus rechteckigen Drähten hergestellt. Federn mit rechteckigem Querschnitt des Federdrahtes verhalten sich günstiger bei völligem Zusammendrücken der Feder. Federn mit rundem Querschnitt des Federdrahtes haben höhere Lebensdauer. Zylindrische Schraubendruckfedern für den Werkzeugbau werden als Normalien mit plan aufliegenden und flach geschliffenen Enden geliefert.
Zur Unterscheidung werden sie farblich entsprechend ihrer zulässigen Beanspruchung gekennzeichnet:

- grün für leichte Beanspruchung
- blau für mittlere Beanspruchung
- rot für starke Beanspruchung
- gelb für sehr starke Beanspruchung

Zylindrische Schraubendruckfedern

Schraubendruckfedern müssen geführt werden. Bei Führungen in Bohrungen ist zu beachten, dass die Federn bei Belastung ihren Außendurchmesser vergrößern und bei zu kleinem Bohrungsdurchmesser an der Wand reiben. Besser ist eine Innenführung der Feder über einen Bolzen und ein Distanzrohr. Als Normalien werden neben Federn auch komplett montierte Federeinheiten geliefert. Sie bestehen neben der Feder aus Schraube, Distanzrohr und Scheiben.
Schraubendruckfedern werden immer vorgespannt eingebaut.

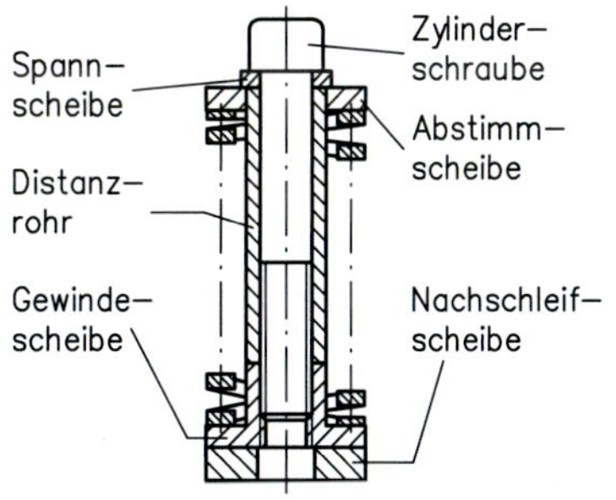

Federeinheit

Zylindrische Schraubendruckfedern haben eine lineare Kennlinie. Sie werden bei großen Federwegen und hohen Hubzahlen in Stanzwerkzeugen eingesetzt.

• Tellerfedern

Tellerfedern sind Ringscheiben in Form eines flachen Kegelmantels. Sie werden dort eingesetzt, wo hohe Federkräfte bei kleinem Hub und geringer Einbauhöhe aufgebracht werden müssen. Das einzelne Federelement hat nur einen geringen Federweg und eine begrenzte Federkraft. Durch Zusammenstellen gleich großer Federelemente zu Federsäulen kann der Hubweg vergrößert werden. Durch Federpakete kann die Federkraft erhöht und den geforderten Bedingungen angepasst werden.

Beispiele für die Veränderung von Federweg und Federkraft von Tellerfedern

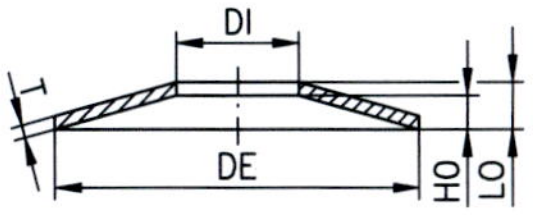

Tellerfeder

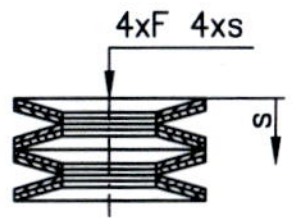

Federsäule mit 4-fachem Federweg

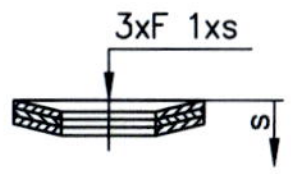

Federpaket mit 3-facher Federkraft

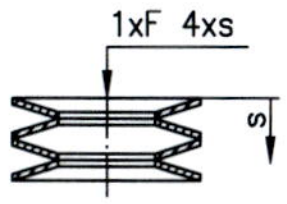

Federsäule mit 2-facher Federkraft, 4-fachem Federweg

Tellerfedern reiben sich beim Abfedern aneinander. Dadurch verringert sich die Federkraft und die Federn erwärmen sich. Aus diesem Grund werden Tellerfedern in Stanzwerkzeugen nur bis zu einer Hubzahl von etwa 100 Hübe je Minute eingesetzt. Tellerfedersäulen werden auch vormontiert als Normalien geliefert.

Übungsaufgaben G-48; G-49

Die Kennlinien von Tellerfedern sind annähernd linear. Infolge der Reibung weicht die beim Belasten aufgenommene Kennlinie von der Kennlinie ab, die sich beim Entlasten ergibt.

Tellerfedern werden dort eingesetzt, wo hohe Federkräfte bei kleinem Hub und geringer Einbauhöhe verlangt werden. Durch entsprechende Schichtung von Tellerfedern können Federkraft und Federweg den Erfordernissen angepasst werden.

• Elastomerfedern

Federn aus Elastomeren, z.B. Polyurethanen, sowie Federn aus Gummi werden eingesetzt, wenn hohe Federkräfte bei großen Federwegen gefordert werden. Wegen der hohen inneren Reibung bei der Verformung erwärmen sich die Elastomerfedern. Darum sind sie nur für geringe Hubzahlen geeignet. Da das Volumen der elastischen Massen bei Belastung unverändert bleibt, vergrößern Elastomerfedern bei Belastung stark ihren Außendurchmesser. Aus diesem Grunde sind ein entsprechendes Volumen beim Einbau und möglichst Innenführung der Feder vorzusehen.
Elastomerfedern weisen progressive Kennlinien auf.

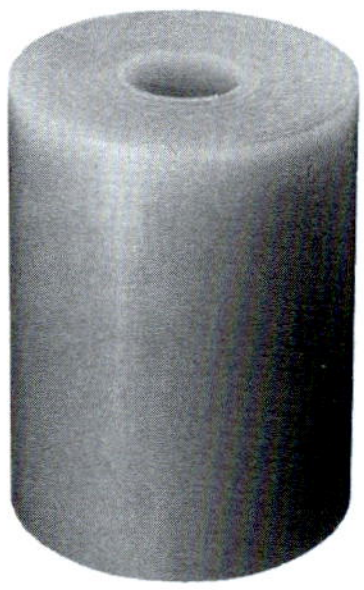

Elastomerfederelement

Beispiele für die Kennlinien einer Elastomerfeder

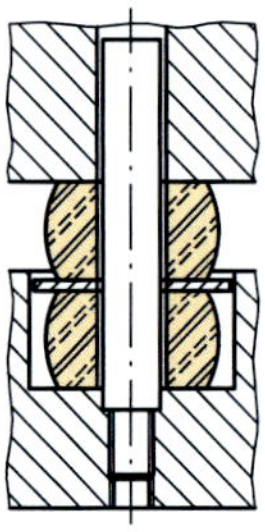

Zweifachschichtung

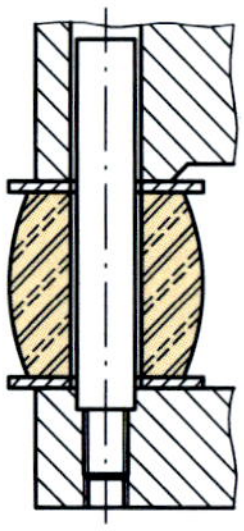

Einfachschichtung

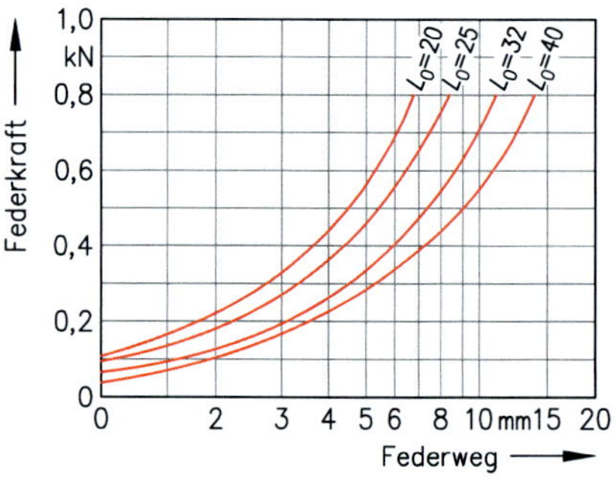

Elastomerfedern werden eingesetzt, wenn hohe Federkräfte bei großen Federwegen gefordert werden.

• Gasdruckfedern

Gasdruckfedern sind mit Stickstoff gefüllte Zylinder mit Kolben, die als fertig montierte Einheiten geliefert werden. Sie sind geeignet, goße Kräfte auf kleinstem Raum aufzunehmen. Sie sind einfach zu montieren, da sie durch den Innendruck bereits vorgespannt sind. Der Fülldruck der Gasdruckfedern liegt je nach Anwendung zwischen 70 bis über 200 bar. Wegen des hohen Druckes sind Arbeiten an Gasdruckfedern, z.B. das Ändern des Fülldrucks oder die Zusammenschaltung mehrerer Federn zu einem System, nur durch entsprechend geschultes Personal zulässig.
Eine Gasdruckfeder besteht aus einem Zylinderrohr. In diesem befindet sich ein Kolben in Form einer Stange. Er trägt am Ende ein Kolbenführungsband, das aber zur Zylinderwand nicht abdichtet. Die Kolbenstange liegt dabei in einer Führung und ist nach außen abgedichtet. Im Zylinder entsteht durch das Einschieben der Kolbenstange ein Innendruck, wobei das Gas komprimiert wird und die benötigte Federkraft erzeugt.

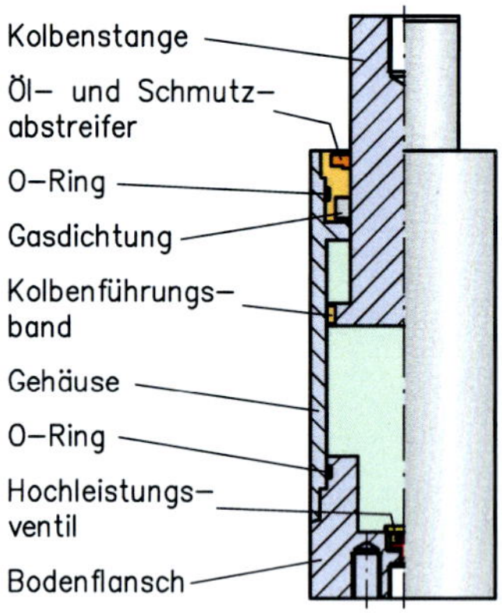

Gasdruckfeder

Gasdruckfedern können große Kräfte auf kleinstem Raum aufnehmen. Sie dürfen nur von Fachkräften eingebaut, gewartet und instand gehalten werden.

Übungsaufgaben G-50; G-51

2.3.4 Werkzeugführungssystem

Das Werkzeugführungssystem hat die Aufgabe, die Schneidstempel genau in die Durchbrüche der Schneidplatte zu führen. Es soll einen einwandfreien Lauf des Werkzeugoberteils zum Werkzeugunterteil gewährleisten. Durch das Führungssystem wird der Zusammenbau des Werkzeuges und das Einrichten des Werkzeuges in der Presse erleichtert.

Die Stempel in Schneidwerkzeugen lassen sich unterschiedlich führen. Je nach konstruktivem Aufbau kommen folgende Bauelemente bzw. Baugruppen zum Einsatz:

- Führungsplatte,
- Schneidplatte,
- Säulengestell.

Die Führung des Schneidstempels durch die Schneidplatte wird zum Schneiden einfacher Formen mit offener Schnittlinie, wie z. B. zum Abschneiden, Ausklinken oder Knabberschneiden, eingesetzt.

Für Schnittteile mit geschlossener Schnittlinie, die durch Lochen und Ausschneiden hergestellt werden, kommen die Führungsplatte und die Säulenführung zum Einsatz.
Für große Stückzahlen und hohe Genauigkeit der Schnittteile werden Säulengestelle verwendet.

- **Führungsplatte**

Die Führungsplatte ist eine 18 mm bis 30 mm dicke Stahlplatte mit Durchbrüchen zur Führung der Schneidstempel. Dünne Schneidstempel erfordern eine längere Führung als dicke Stempel. Die Länge und Breite entsprechen der Länge und Breite der Schneidplatte.

Die Werkstoffauswahl richtet sich nach den zu fertigenden Stückzahlen und nach der Größe der Gleitgeschwindigkeit.

Die Führungsplatte dient darüber hinaus als Abstreifer für den Schnittstreifen, der vom Stempel hochgerissen wird. Sie wird mit der Grundplatte und der Schneidplatte verschraubt und verstiftet. Die Lage und Form der Durchbrüche in der Führungsplatte stimmen mit den Durchbrüchen in der Schneidplatte überein.

Hinweis zu Abmessungen und Werkstoffen für Führungsplatten

Abmessungen

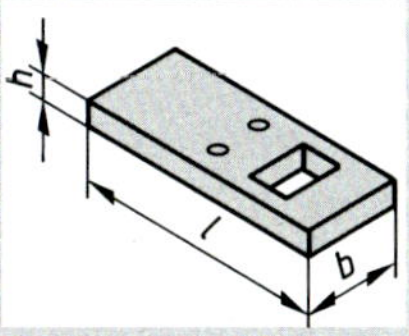

l, b ≙ Schneidplattenmaße
h = 18–30 mm

Werkstoffe
- normale Beanspruchung: E 295
- höhere Beanspruchung: C 45 W, 90 MnCrV 8

LF 11S-14S

Führungsplattendurchbrüche

Die Durchbrüche können durch Bohren, Fräsen, Schleifen oder Erodieren hergestellt werden. Diese Fertigungsverfahren erfordern zum Teil aufwendige Einpassarbeiten der Schneidstempel. Damit die Führung aufgrund der Reibung zwischen Schneidstempel und Platte nicht so schnell verschleißt, muss eine ausreichende Schmierung erfolgen. Hierzu kann man zur Schmierung in die Führungsplatte eine Tasche einfräsen, die mit Öl gefüllt wird.

Der Einsatz von *Stempelführungsbuchsen* ermöglicht eine einfache Herstellung und schnelle Erneuerung der Führungen von Lochstempeln. Die Stempelführungsbuchsen können als Normalien im Handel bezogen werden (vgl. Kapitel „Normalien für Stanz- und Umformwerkzeuge“).

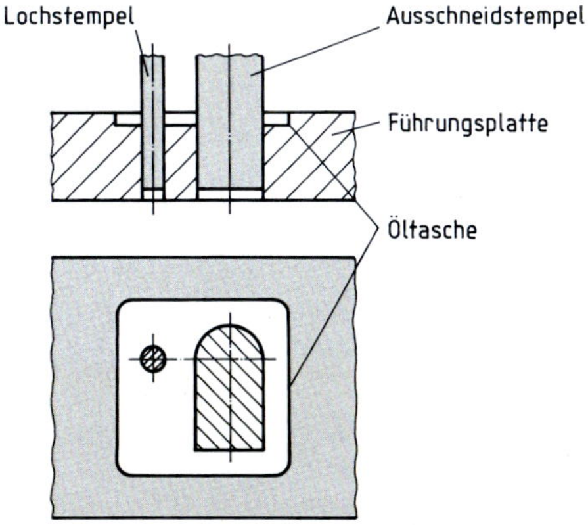

Führungsplatte mit Öltasche

Übungsaufgaben G-52; G-53; G-54

Werkzeugunterteil

Das Werkzeugunterteil besteht aus der *Führungsplatte,* den *Zwischenlagen,* der *Schneidplatte* und der *Grundplatte.* Diese Bauelemente werden zu einer Baugruppe verschraubt und verstiftet.
Die Führungsplatte übernimmt neben der Führung der Schneidstempel auch das Abstreifen des Blechstreifens nach dem Schneidvorgang. Die hierzu erforderliche Kraft ist die Gegenkraft zur Abstreifkraft. Sie entspricht der Kraft, die von den Stempeln auf das Werkzeugoberteil ausgeübt wird. Die Schrauben im Werkzeugunterteil haben deshalb den gleichen Gewindedurchmesser wie die Schrauben im Werkzeugoberteil.
Die Bohrungen für die Schrauben und Stifte sind so angeordnet, dass eine Demontage des Unterteils möglich ist, ohne dass die Schneidstempel aus der Führungsplatte gezogen werden müssen. Dadurch ist gewährleistet, dass auch nach mehrmaligem Nachschleifen der Schneidplatte ein guter Sitz besteht und einwandfreie Gleitverhältnisse zwischen Führungsplatte und Stempel vorliegen.

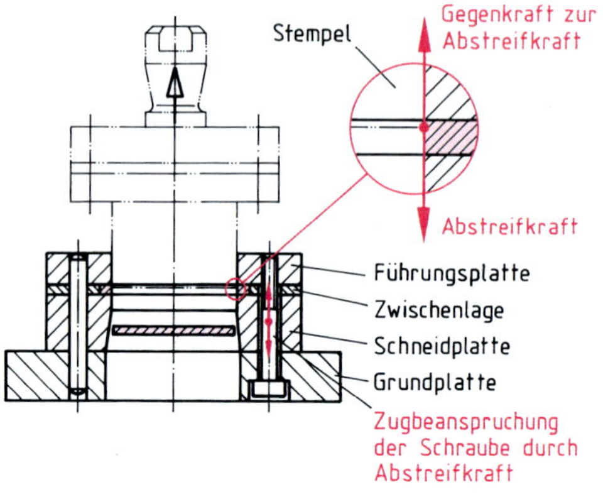

Werkzeugunterteil

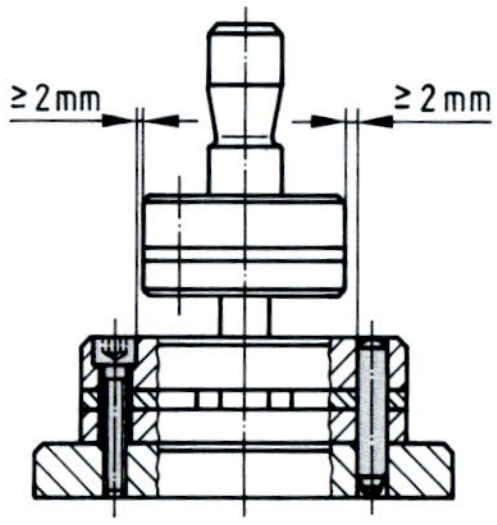

Führungsplatte von oben verschraubt

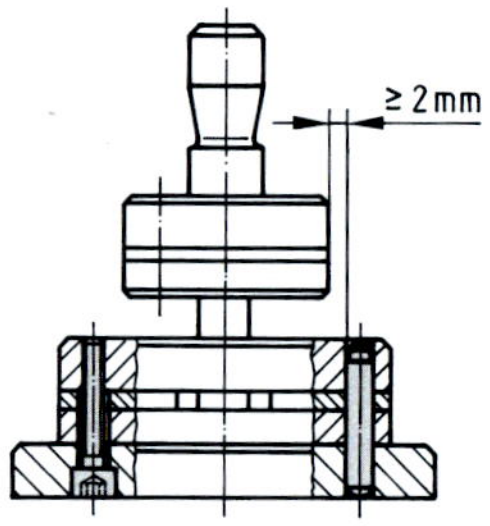

Führungsplatte von unten verschraubt

Führungsplattendurchbrüche werden durch spanende Fertigungsverfahren oder durch Erodieren hergestellt.
Das Werkzeugunterteil besteht aus Führungsplatte, Zwischenlagen, Schneidplatte und Grundplatte.
Die Verschraubung gewährleistet eine Demontage, ohne dass der Stempel aus der Führungsplatte gezogen werden muss.

Säulengestelle als Normalien

Säulengestelle bestehen aus einem *Oberteil,* einem *Unterteil* und den *Führungssäulen.* Einige Ausführungen sind zusätzlich noch mit einer beweglichen Führungsplatte ausgestattet. Säulengestelle werden bei großen Stückzahlen und hoher Genauigkeit der Schnittteile eingesetzt.
Die Säulengestelle unterscheidet man nach:

- dem Werkstoff,
- der Art der Führung,
- der Bauart des Gestells,
- der Anzahl und Anordnung der Säulen,
- der Form der Arbeitsfläche.

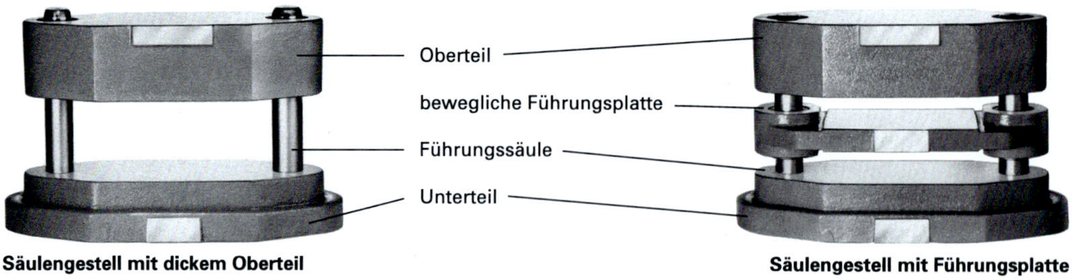

Säulengestell mit dickem Oberteil **Säulengestell mit Führungsplatte**

Übungsaufgaben G-55; G-56

Bauarten von Säulengestellen

Die Säulengestelle können in verschiedenen Ausführungen und in verschiedenen Größen als Normalien im Handel bezogen werden. Darüber hinaus ist bei vielen Herstellern eine Bestellung nach Kundenangaben möglich. Hierzu ist ein Pflichtenheft zu erstellen.
Weitere Angaben zum Säulengestell als Normalie sind im Kapitel „Normalien für Stanz- und Umformwerkzeuge" zusammengestellt.

Beispiele für die Bestellung eines Säulengestells nach Kundenangaben

Pflichtenheft „Säulengestell"
Bitte Maße nach Ihren Wünschen eintagen!

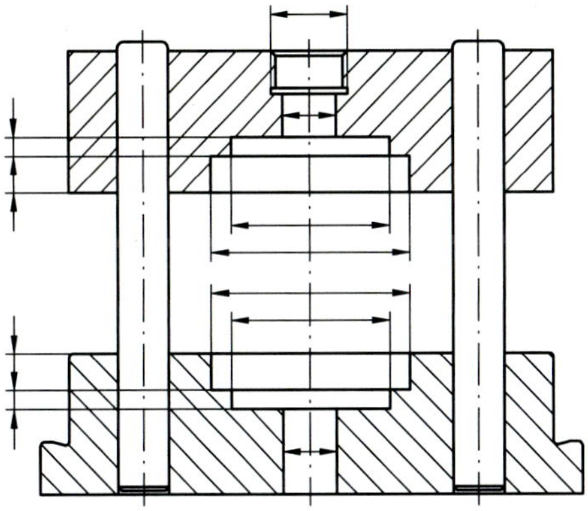

Werkstoff(e) der Platten: ______________
Führungsart: ______________________

Bemerkungen/Remarks:

Die Masse der Ausdrehungen sind mit den gewünschten Ausführungstoleranzen einzutragen. Für andere Ausdrehungen ist eine Skizze beizulegen.

Please insert the dimensions for the cut-outs, together with the tolerances required. For specially shaped cut-outs enclose your own sketch.

Wird die Ausdrehung von Ober- und Unterteil genau konzentrisch gewünscht? ... Wenn ja, muss der Oberteil mit einer durchgehenden Bohrung von mindestens Ø 10 mm ausgeführt werden.

Must the cut-outs in top and bottom bolsters be precisely concentric? ... If yes, the top bollster must have a through of at least Ø 10 mm.

☐ **Anfrage/Inquiry** ☐ **Auftrag/Order** **Nr./No.** ....

Stückzahl/Quantity ☐ Norm ☐☐☐☐☐☐☐☐☐☐

☐ Mit/with ☐ Ohne/without Gewindezapfen/ coupling plug Norm ☐☐☐☐☐☐☐☐☐☐

Firma/Company .... Telefon/Phone ....

Adresse/Address .... Telefax ....

.... Ort, Datum/Place, Date ....

....

Zuständige Person/Responsible person .... Stempel, Unterschrift/Stamp. Signature ....

Es gibt Säulengestelle mit zwei oder vier Führungssäulen. Die Führungssäulen können in den Gestellen mittig, hinten oder übereckstehend angeordnet sein.

Anzahl und Anordnung der Säulen	zwei Säulen mittigstehend	zwei Säulen hintenstehend	zwei Säulen übereckstehend	vier Säulen
Bild				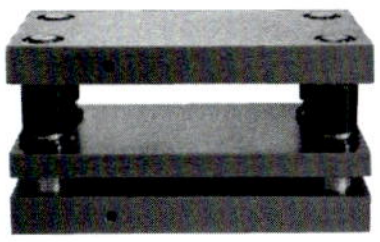
DIN-Beispiele	DIN 9814	DIN 9868	DIN 9819	DIN 9868
Hinweise	• Unterschiedlicher Säulendurchmesser	• Handeinlage möglich	• Streifendurchgang längs und quer möglich	• Unterschiedlicher Säulendurchmesser

Bei symmetrischen Gestellen besteht die Gefahr, dass das Oberteil seitenvertauscht aufgesetzt wird. Um dies zu verhindern haben die Führungssäulen unterschiedliche Durchmesser.
Bei Gestellen mit hintenstehenden Führungssäulen sind die Durchmesser der Säulen gleich, da hierbei ein seitenvertauschtes Aufsetzen nicht möglich ist. Hintenliegende Führungssäulen ermöglichen die Einlage des Blechstreifens bzw. des Schnittteiles von Hand.
Die Säulengestelle mit vier Säulen und die mit übereckstehenden Säulen lassen einen Streifendurchgang in Längs- und Querrichtung zu.

Übungsaufgabe G-57

Form der Arbeitsfläche

Die Arbeitsfläche des Säulengestelles wird bei Einverfahrenwerkzeugen und Gesamtschneidwerkzeugen von der Form der Schnittteile bestimmt. Für Folgeschneidwerkzeuge werden Säulengestelle mit rechteckiger Arbeitsfläche eingesetzt. Sie werden so eingebaut, dass die längere Seite in Vorschubrichtung des Schnittstreifens liegt.

	rund	**rechteckig $a \approx b$**	**rechteckig $a > b$**
Form der Arbeitsfläche	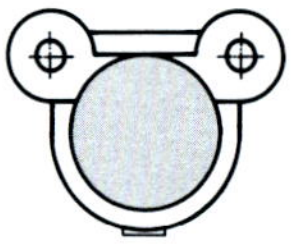	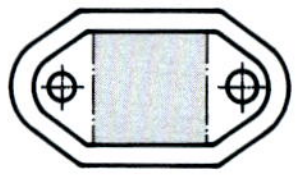	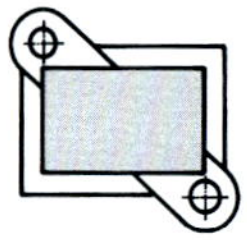
	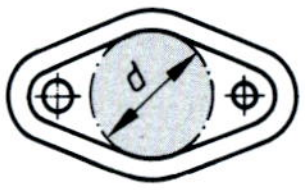	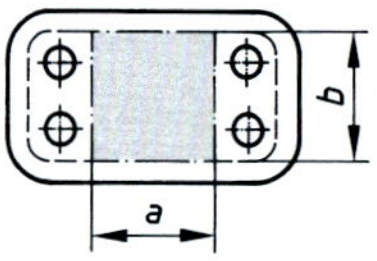	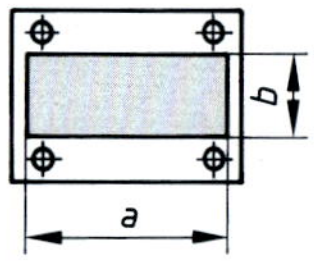
Hinweise	runde Schnittteile – Einverfahrenschneidwerkzeuge – Gesamtschneidwerkzeuge	unterschiedliche Schnittteilformen – Einverfahrenschneidwerkzeuge – Gesamtschneidwerkzeuge	unterschiedliche Schnittteilformen – Folgeschneidwerkzeuge

Führungsarten

Die Qualität der Schnittteile hängt nicht unwesentlich von der Führungsart ab. Im Kapitel „Normalien für Stanz- und Umformwerkzeuge“ sind weitere Hinweise zur Auswahl der Führungselemente dargelegt. Man unterscheidet im Wesentlichen drei Arten:

- Gleitführung,
- Rollenführung,
- Kugelführung.

Beispiele **für Führungsarten an Guss-Säulengestellen**

Führungsart	**Gleitführung**	**Rollenführung**	**Kugelführung**
Bild	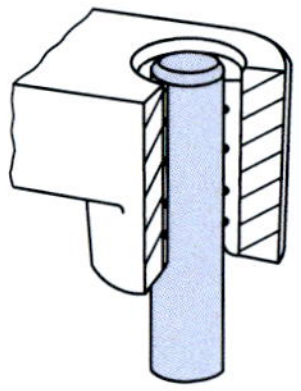	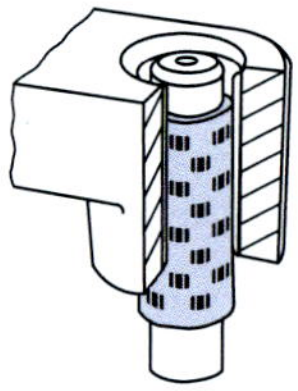	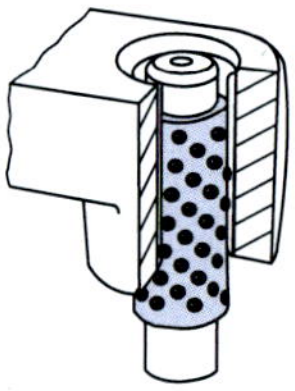
Hinweis	• Teils mit Gleitführungsbuchsen im Oberteil ausgestattet • Laufspiel ca. 0,003 mm bis 0,017 mm bei optimaler Schmierung	• Wird vorwiegend bei Folgeverbundwerkzeugen eingesetzt • Große seitliche Kräfte möglich • Bei Werkzeugen mit geringem Schnittspiel	• Lauf absolut spielfrei • Für Stanzwerkzeuge mit hohen Qualitätsanforderungen • Sehr leichtgängig

Säulengestelle sind Baugruppen, die aus einem Oberteil, einem Unterteil und aus zwei bis vier Führungssäulen bestehen.
Je nach Einsatzgebiet und geforderter Schnittgüte werden die Säulenarten und Führungsarten ausgewählt.

2.3.5 Materialführungssystem

Das System zur Materialführung hat die Aufgabe, den Blechstreifen, das Band oder das Schnittteil zu den Schneidstempeln und Schneidplattendurchbrüchen so zu führen, dass

- möglichst wenig Materialverlust entsteht und
- eine genaue Lage von Innenkontur zur Außenkontur am Schnittteil erreicht wird.

Die Materialführung besteht aus den Bauteilen zur Streifenführung und zur Vorschubbegrenzung. Die Streifenführung übernimmt die seitliche Führung des Materials innerhalb des Werkzeuges. Die genaue Lage von Innenkontur zur Außenkontur am Schnittteil in Längsrichtung des Streifens bzw. Bandes wird durch Bauteile zur Vorschubbegrenzung wie Anlagestifte, Seitenschneider und Anlageanschläge festgelegt.

Die Auswahl eines geeigneten Streifenführungssystems und eines Vorschubbegrenzungssystems ist von folgenden Einflussgrößen abhängig:

- vom konstruktiven Aufbau des Schneidwerkzeuges,
- vom Fertigungsablauf,
- von der Form und der Genauigkeit des Schnittteiles,
- von der Schnittteilanordnung im Schnittstreifen.

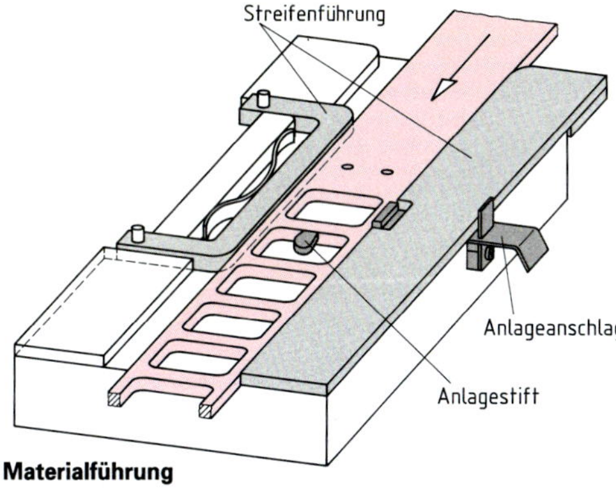

Materialführung

- **Schnittstreifenabmessungen**

Schnittteile werden aus Streifen oder Bändern ausgeschnitten. Nach dem Ausschneiden erhält man neben dem Streifen ein Abfallgitter, das aus dem Werkzeug geschoben wird. Die Stege und Ränder des Abfallgitters sollten möglichst schmal sein, um den Werkstoffverlust gering zu halten. Andererseits müssen sie aber so groß gewählt werden, dass das Abfallgitter ausreichende Stabilität aufweist, damit der Streifen störungsfrei weitertransportiert werden kann (Berechnungen von Streifen und Bändern unter Berücksichtigung des Ausnutzungsgrades können dem Tabellenbuch entnommen werden).

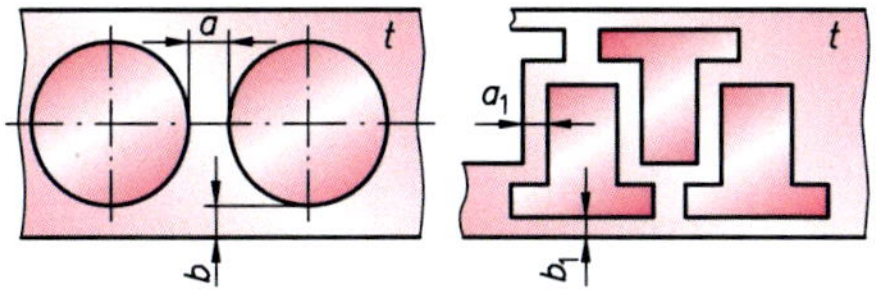

a = Steg für kleine Teile; b = einseitige Streifenniederhaltung
a_1 = Steg für große/komplizierte Teile; b_1 = Steg ohne Niederhalter

Stegbreite beim Ausschneiden

Streifendicke in mm		**0,5**	**1,0**	**1,5**	**2,0**	**3,0**
Stege	**a_1 und b_1**	1,0	1,2	1,4	1,6	2,0
	a und b	1,8	2,0	2,2	2,5	3,0

LF 11S-14S

- **Streifenführung**

Die Streifenführung hat die Aufgaben, den Durchlauf des Streifens bzw. Bandes zu sichern und den Streifen oder das Band zu den Schneidstempeln so zu führen, dass kein seitlicher Versatz zwischen den Lochungen und der Außenkontur des Schnittteils entsteht. Damit ein störungsfreier Transport und eine einwandfreie Führung des Streifens bzw. Bandes gewährleistet ist, müssen je nach Werkzeugausführung folgende Forderungen beachtet werden:

- Der Streifen bzw. das Band darf in der Führung nicht klemmen.
- Die Führung muss eine ausreichende Höhe besitzen, wenn das Band zum Weitertransport z. B. über einen Anlagestift gehoben werden muss.
- Die Toleranz der Streifen- bzw. Bandbreite muss ausgeglichen werden.

Übungsaufgabe G-58

Es wird zwischen *festen Streifenführungen* und *federnden Streifenführungen* unterschieden.
Eine feste Streifenführung besteht z. B. aus zwei parallelen Leisten, die als Zwischenlagen bezeichnet werden. Feste Streifenführungen sind nicht in der Lage, die Fertigungstoleranzen von Streifen und Bändern auszugleichen. Sie werden deshalb in Gesamt- und in Folgeschneidwerkzeugen eingesetzt, wenn die Genauigkeitsansprüche an das Schnittteil gering sind.
Federnde Streifenführungen bestehen aus einer festen Zwischenlage oder einer festen Führungsleiste und einer Gegenseite. Federnde Seitenführungen gleichen Toleranzen in der Streifenbreite aus. Sie werden eingesetzt, wenn hohe Genauigkeitsanforderungen an die Schnittteile gestellt werden.

Übersicht über Streifenführungen (Ausschnitt)

Feste Streifenführung		**Federnde Streifenführung**
Streifenführung mit Zwischenlagen	**Streifenführung mit Führungsspitzen**	
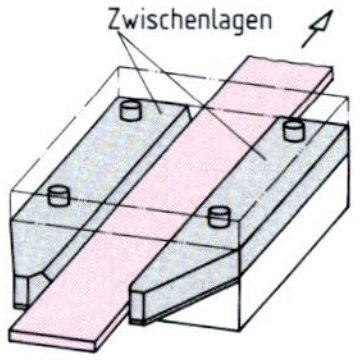	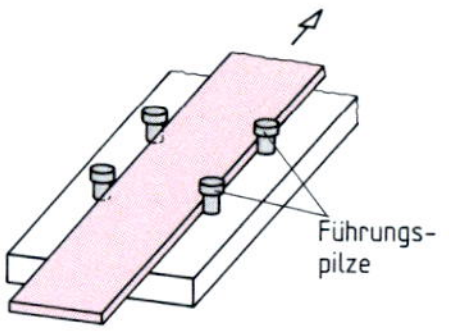	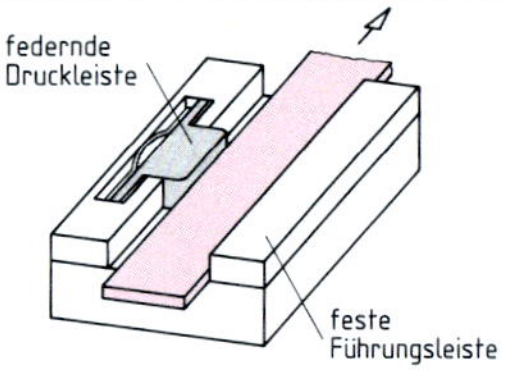
• Höhe der Zwischenlage etwa 5 mm bis 8 mm • Durchlassbreite $b_D = b_S + 0{,}2$ mm; (b_S = Streifenbreite) → Klemmen wird dadurch vermieden	• Kostengünstigere Lösung gegenüber den Zwischenlagen • Auch Führungsstifte im Einsatz	• Hoher Verschleiß der Zwischenlagen und Führungen • Deshalb werden Werkstoffe höherer Härte eingesetzt, z. B. C 85 U oder 90 MnCrV 8

Die Streifenführungen gewährleisten den einwandfreien Durchlauf des Vormaterials (Streifen, Bänder).
Je nach Anforderungen an das Schnittteil werden feste oder federnde Streifenführungen eingesetzt.

- **Vorschubbegrenzung**

Die Elemente oder Baugruppen zur Vorschubbegrenzung haben die Aufgabe, den Abfall zu beschränken und in Folgeschneidwerkzeugen die genaue Lage der Durchbrüche zu den Außenkonturen der Schnittteile in Längsrichtung zu sichern. Damit dies erreicht wird, ist ein genauer, gleich bleibender Streifenvorschub erforderlich. Je nach Aufgabe und Einsatzmöglichkeiten werden Anschneidanschläge, Anlagestifte, Anlageplatten, Seitenschneider, Suchstifte und automatische Vorschubeinrichtungen eingesetzt.

Anschneideanschläge, Anlagestifte und Anlageplatten

Anschneideanschläge werden in Folgeschneidwerkzeugen zum Schneiden der ersten Löcher benötigt, um die Ausnutzung des Streifens zu verbessern.
Von dem ersten Niedergang des Werkzeugoberteiles wird der Anschneideanschlag nach innen gedrückt und der Schnittstreifen dagegen geschoben. Jetzt wird der Streifen gelocht, angeschnitten. Durch eine Feder wird der Anschneideanschlag zurückgezogen. Der Streifen wird bis zu dem Anlagestift vorgeschoben und das erste Schnittteil wird ausgeschnitten.

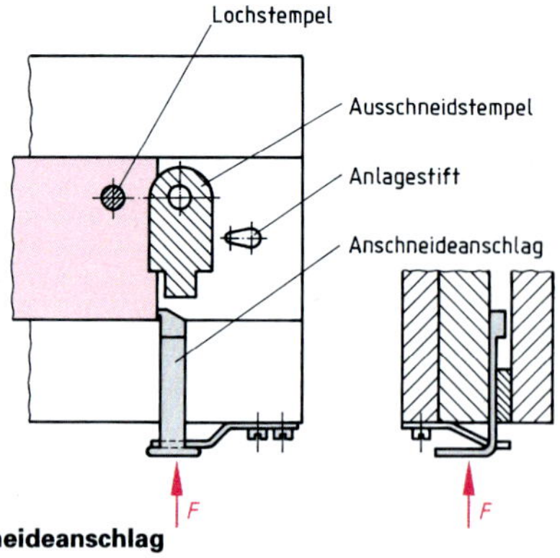

Anschneideanschlag

Anlagestifte sind einfache Vorschubbegrenzungselemente. Sie werden in die Schneidplatte eingepresst. Dabei ist zu beachten, dass der Abstand zwischen dem Stiftloch und dem Schneidplattendurchbruch nicht zu klein wird, damit keine Rissgefahr besteht. Die Anlagestifte erhalten aus diesem Grund einen *Kopf* oder einen *Haken.*

Anlageplatten werden für größere Ausschnitte verwendet. Die Form der Anlageplatten wird im Anlagebereich der Schnittteilform angepasst:

Die Höhe der Anlagestifte und Anlageplatten hängt von der Blechdicke des Streifens ab. Die Höhe beträgt etwa 0,8 mal Streifendicke.

Übersicht über konstruktive Ausführungen von Anlagestiften und Anlageplatten (Auswahl)

Anlagestift mit Kopf	Anlagestift mit Haken	Zylindrischer Anlagestift	Anlageplatte
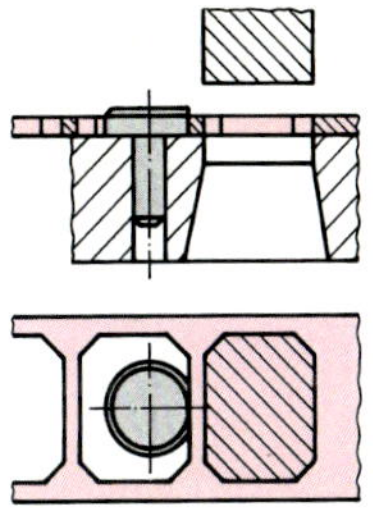	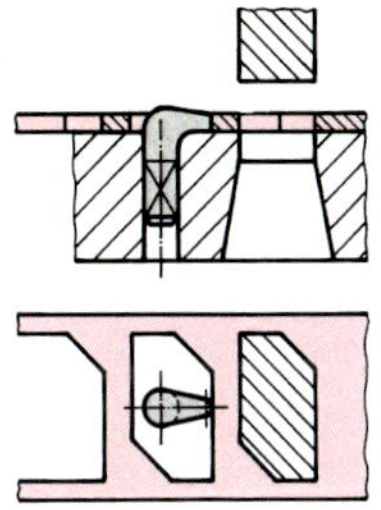	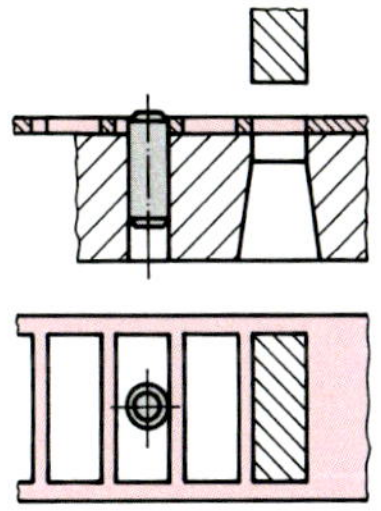	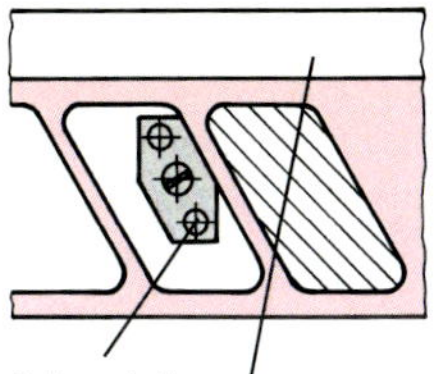

Suchstifte

Durch ungenaues Vorschieben des Schnittstreifens, durch Spiel in der Streifenführung oder durch Streckung des Materials können *Lageabweichungen* zwischen der Außenform und Innenform des Schnittteiles entstehen.

Um diese Fehler zu vermeiden, werden in Folgeschneidwerkzeugen Suchstifte eingesetzt. Sie werden nur in Verbindung mit Anlagestiften, Anlageplatten oder Seitenschneidern verwendet.

Suchstifte korrigieren die Lage des Schnittstreifens zu den Stempeln, indem sie in vorgeschnittene Lochungen eintauchen und den Streifen in die richtige Lage schieben.

Hierzu wird der Streifen zunächst um ein bis zwei Zehntelmillimeter zu weit vorgeschoben, um dann durch die Suchstifte in die richtige Lage zurückgezogen zu werden.

Damit die Suchstifte leicht in die Lochungen des Schnittteils oder in Hilfslochungen gleiten, sind sie *kegelförmig* angeschrägt oder *angerundet.* Der kegelige Teil hat eine Länge von ungefähr 0,8 mal Blechdicke, mindestens aber 0,5 mm und einen Spitzenwinkel von 60°. Der Durchmesser im Eingriffsbereich ist ungefähr 0,02 mm kleiner als die Lochung.

Diese zusätzlichen Lochungen sind erforderlich bei kleinen Schnittteilen, bei Schnittteilen mit komplizierter Innenform oder bei Schnittteilen ohne Durchbrüche. Für dünne und weiche Werkstoffe sollten Suchstifte nicht eingesetzt werden, da sie die Lochränder weiten. Die Lagesicherung ist dann nicht mehr gegeben.

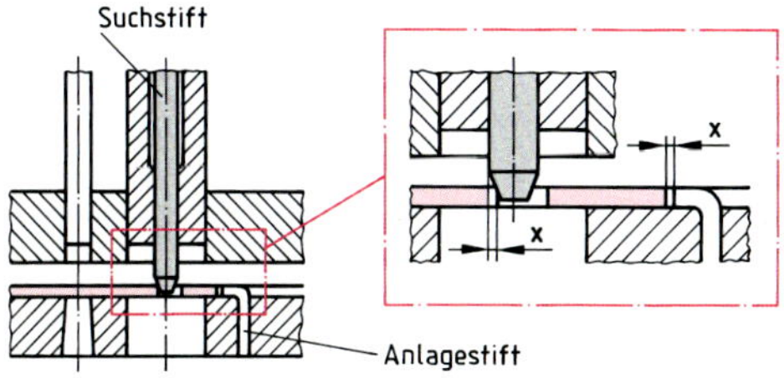

Lagekorrektur mit Suchstift

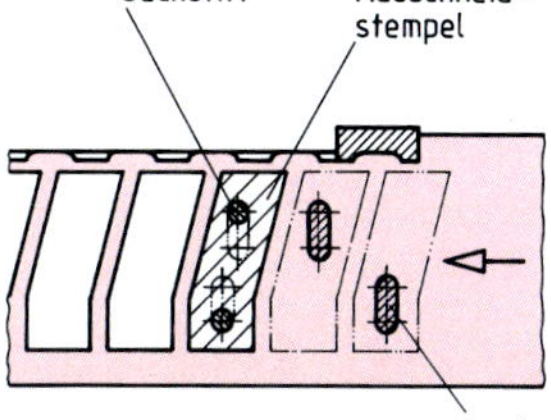

Suchstifte im Ausschneidstempel

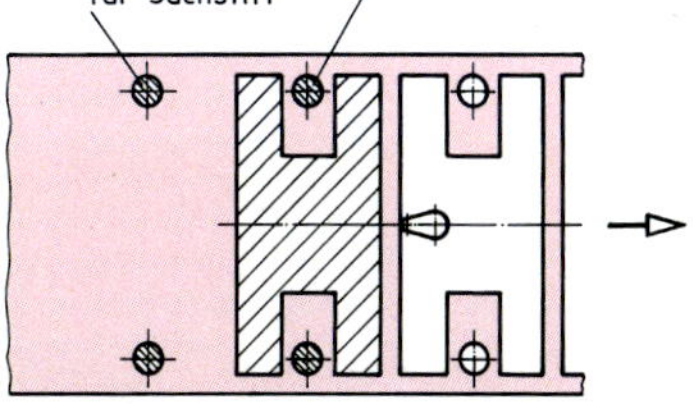

Suchstifte nicht im Stempel

Seitenschneider

Seitenschneider sind rechteckige Schneidstempel, die an den Seiten des Schnittstreifens kleine Rechtecke von der Länge des Streifenvorschubes *f* und der Breite *i* ausschneiden. Der Schnittstreifen wird durch den Seitenschneider genau auf die verringerte Breite der Streifenführung hinter dem Seitenschneider geschnitten. Die senkrecht zum Streifenrand stehende Kante der Ausklinkung wird zur Vorschubbegrenzung benutzt. Der Streifen wird nach dem Hochfahren des Seitenschneiders weitertransportiert und schlägt gegen den Anschlag. Der Streifen wird dadurch genau um die Länge der Ausklinkung vorgeschoben.

Man unterscheidet *gerade* und *ausgesparte* Seitenschneider.
Bei geraden Seitenschneidern entsteht oft an der Übergangsstelle von zwei Ausklinkungen ein Grat, der den Streifendurchlauf behindert und der eine Unfallgefahr darstellt.
Bei ausgesparten Seitenschneidern verschwindet der Grad an den Übergangsstellen in den Vertiefungen und kann damit den Streifenvorschub nicht stören.

Dadurch, dass die Seitenschneider überwiegend einseitig schneiden, besteht gerade bei dicken Blechen die Gefahr, dass er durch die großen Querkräfte abgedrängt wird. Um dies zu verhindern, setzt man ab einer Blechdicke von 2,5 mm Seitenschneider mit verlängerter *Rückenführung* ein. Über die verlängerte Rückenführung wird die auf den Seitenschneider wirkende Querkraft von der Schneidplatte abgefangen.

Bei einem Folgeschneidwerkzeug mit vielen Folgen, auf dem Schnittteile aus Streifenmaterial ausgeschnitten werden, entsteht durch den Einsatz eines Seitenschneiders ein großer Werkstoffverlust am Streifenende. Die letzten Werkstücke können nicht mehr ausgeschnitten werden, da der Streifen keinen Anschlag mehr hat. Um eine bessere Werkstoffausnutzung zu erreichen, wird auf der anderen Seite der Streifenführung ein zweiter Seitenschneider hinter die letzte Arbeitsstufe gesetzt.

Seitenschneider können auch so gestaltet sein, dass sie dem Schnittteil an den Seiten ihre Form geben. Dadurch vereinfacht sich die Form des nachfolgenden Ausschneidstempels. In vielen Fällen wird das Schnittteil nur noch vom Schnittstreifen abgeschnitten. Die Gratbildung an der Übergangsstelle kann durch eine *Vorschneidnase* vermieden werden.

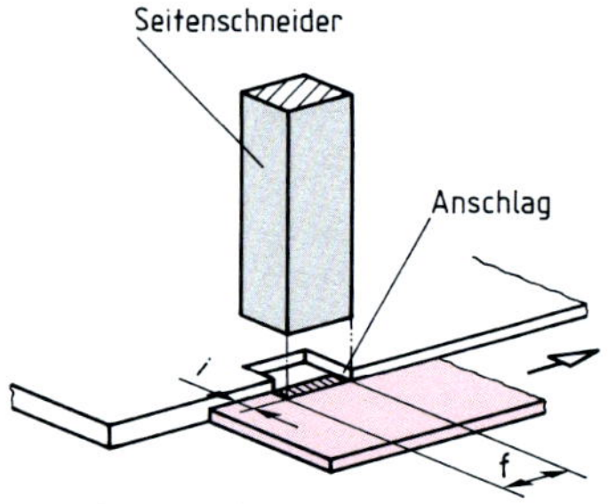

Streifenvorschub mit Seitenschneider

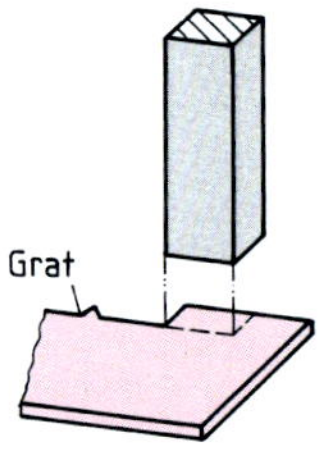

Gerader Seitenschneider

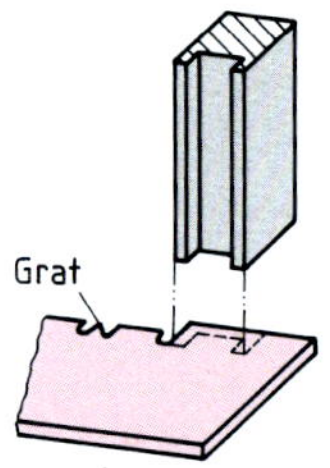

Ausgesparter Seitenschneider

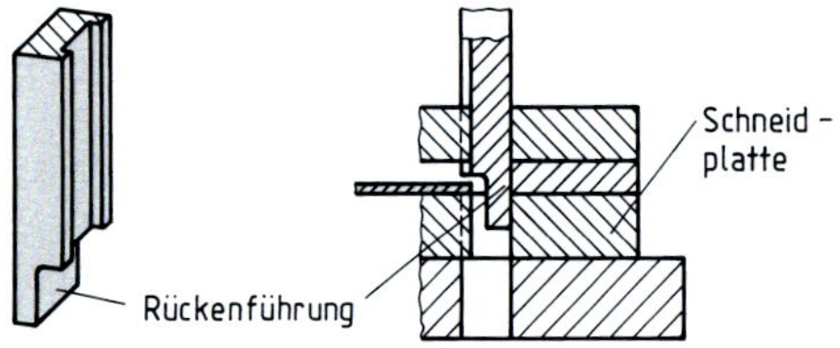

Seitenschneider mit Rückenführung

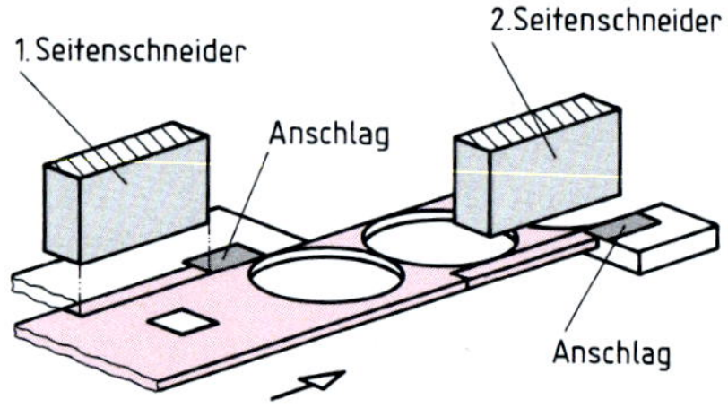

Gegenüberliegende, seitlich versetzte Seitenschneider

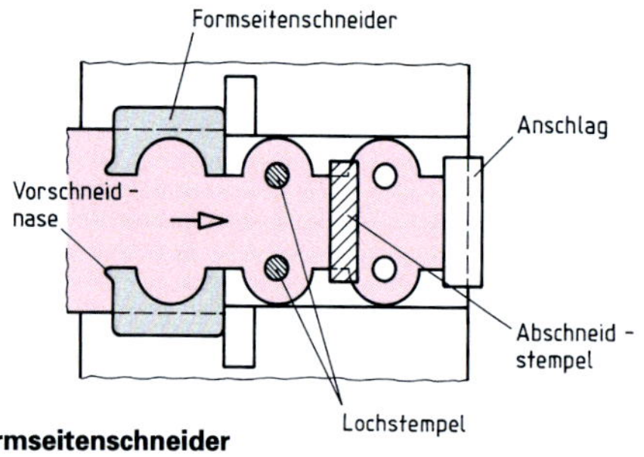

Formseitenschneider

Die Auswahl der Vorschubbegrenzung hängt von der Art des Schneidwerkzeuges und von der geforderten Genauigkeit des Schnittteils ab. Wesentliche Systeme sind: Anschneideanschläge, Anlagestifte, Anlageplatten, Suchstifte und Seitenschneider.

Übungsaufgaben G-61; G-62

2.3.6 Spannsystem

Das Spannsystem eines Schneidwerkzeuges stellt die Verbindung zwischen Werkzeug und Presse her. Zum Verbinden des Werkzeugoberteiles mit dem Pressenstößel werden je nach Ausführung und Größe des Werkzeuges *Einspannzapfen, Kupplungszapfen* mit Aufnahmefutter oder *Spannplatten* mit Spannelementen verwendet. Das Werkzeugunterteil wird mithilfe von Spannelementen auf dem Pressentisch befestigt.

Mithilfe der *Einspannzapfen* werden die Werkzeugoberteile von kleinen und mittleren Werkzeugen mit dem Pressenstößel verbunden.
Nach Art ihrer Befestigung im Werkzeug unterscheidet man:

- Einspannzapfen mit Gewindeschaft und
- Einspannzapfen mit Flansch.

Einspannzapfen nach DIN ISO 10242, C 4

Einspannzapfen nach DIN 9859, ISO 10242, C 45

Damit ein Kippen des Pressenstößels und des Werkzeugoberteils vermieden wird, muss der Einspannzapfen mittig angeordnet sein. Die Berechnung des Kräftemittelpunktes geschieht mithilfe des Hebelgesetztes (siehe Tabellenbuch).

Kupplungszapfen mit Aufnahmefutter bilden eine bewegliche Verbindung zwischen Pressenstößel und Schneidwerkzeug. Das Aufnahmefutter für den Kupplungszapfen wird im Pressenstößel befestigt.

Kupplungszapfen mit Flansch aus C 45

Aufnahmefutter für Kupplungszapfen aus C 45

Werkzeugoberteile großer Werkzeuge werden direkt mit einer Spannplatte am Pressenstößel befestigt. Als *Spannplatte* kann die Kopfplatte oder eine zusätzliche Platte, die mit der Kopfplatte verschraubt wird, verwendet werden. Die Befestigung der Spannplatte am Pressenstößel erfolgt z. B. über einen Spannrand und Spannpratzen.

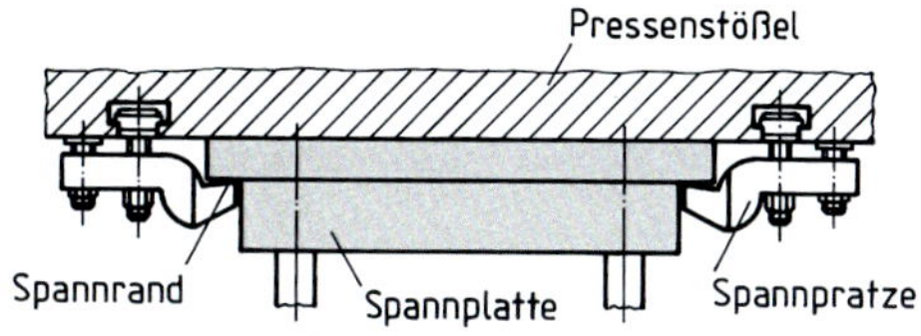

Spannplatte mit Spannrand

Die *Grundplatte* stellt eine Verbindung zwischen dem Werkzeugunterteil und dem Pressentisch dar. Sie ist je nach Größe des Werkzeuges 25 mm bis 60 mm dick. Die Länge und Breite der Grundplatte ist von der Art der Befestigung abhängig. Für die Befestigung mithilfe von Spannpratzen und Schrauben mit T-Nuten muss die Grundplatte um einen Spannrand größer als die Schneidplatte gefertigt werden oder seitliche Schlitze erhalten. Damit die Schnittteile störungsfrei durchfallen können, werden die Durchbrüche ringsherum ca. 2 mm größer als die Durchbrüche in der Schneidplatte gefertigt.

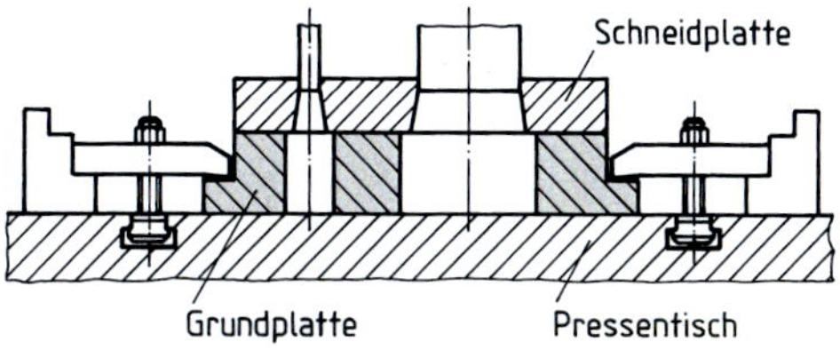

Grundplatte mit Spannrand

Häufig eingesetzte Werkstoffe für Grundplatten sind z. B. C 45 U, EN-GJL-200 oder AlZnMgCu 15 F 53.

Mit den Spannsystemen Einspannzapfen, Kupplungszapfen, Spannplatte und Grundplatte wird eine Verbindung zum Pressenstößel oder zum Pressentisch hergestellt.

LF 11S-14S

Übungsaufgaben G-63; G-64

3 Werkzeuge zum Biegeumformen

Durch Biegeumformen werden aus Blechen, Bändern und Profilen (z.B. Rohren) abgewinkelte oder ringförmige Werkstücke erzeugt. Die plastische Umformung wird dabei durch eine Biegebeanspruchung erzeugt.

3.1 Grundlagen der Biegeumformung

3.1.1 Werkstoffverhalten beim Biegen

Trifft das Biegewerkzeug auf das eingelegte Werkstück auf, so wird es auf Biegung beansprucht. Im Querschnitt des Biegeteiles treten zwei unterschiedliche Formänderungen auf.

- **Elastische Formänderung**

Auf der gedehnten Seite des Werkstückes treten Zugspannungen auf und auf der gestauchten Seite Druckspannungen. Die höchsten Spannungen liegen jeweils in der Randzone. In der Mitte des Querschnittes ist eine spannungsfreie Zone, die **neutrale Faser.**

Biegt man ein Werkstück so, dass die Spannungen an keiner Stelle die Elastizitätsgrenze des Werkstoffes überschreiten, so kehrt der Werkstoff nach Entlasten in seine ursprüngliche Form zurück. Man spricht vom elastischen Biegen.

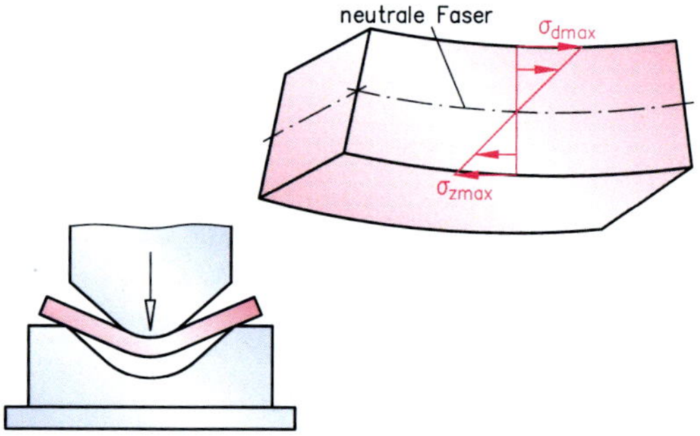

Spannungen im elastisch gebogenen Werkstück

- **Plastische Formänderung**

Biegt man über den elastischen Bereich hinaus, so wird der Werkstoff auch **plastisch verformt.** Auf der gestauchten Seite wird der Werkstoff dicker, auf der gestreckten Seite dünner. Durch diese Querschnittsänderung verlagert sich die sonst spannungsfreie Faser von der neutralen Faser, die in der Flächenmitte lag, in Richtung Druckseite. Solange noch nicht entlastet wurde, ist der nebenstehende Spannungsverlauf zu beobachten.

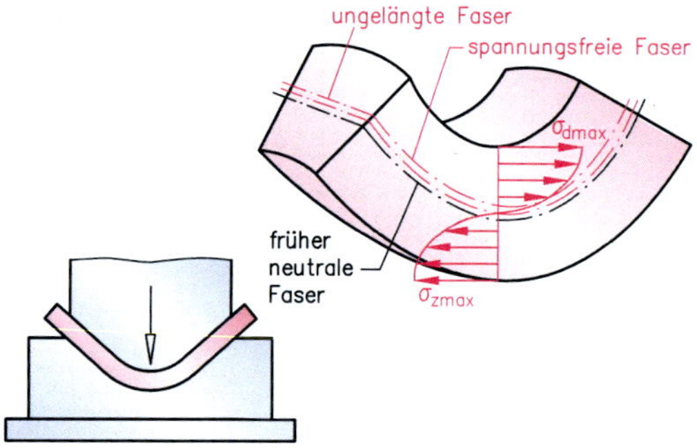

Spannungsverteilung vor der Entlastung

- **Rückfederung nach plastischem Biegen**

Entlastet man das gebogene Teil, so bewirken die Spannungen unterhalb der Elastizitätsgrenze eine **Rückfederung** des Materials. Dadurch wird nicht nur die zuvor erreichte Form geändert, sondern es werden auch Spannungen in der Randzone verursacht. Sie bleiben als Restspannungen erhalten.

Diese senken bei Werkstoffen, die zum Kriechen neigen, die Dauerstandfestigkeit und führen bei spanender Bearbeitung der Randzone zu Verzug.
Aus diesen Gründen kann Spannungsarmglühen vor dem Zerspanen erforderlich sein.

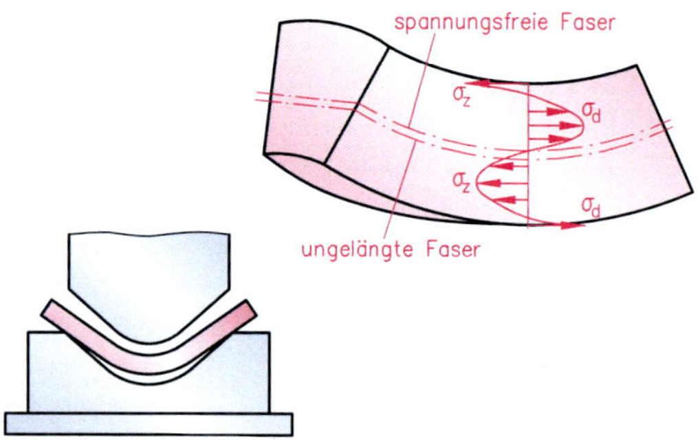

Spannungen im gebogenen Werkstück nach Rückfedern

Nach Entlastung eines plastisch gebogenen Bauteiles tritt Rückfederung ein.
Die verbleibenden Restspannungen müssen notfalls durch Spannungsarmglühen gemindert werden.

Übungsaufgabe G-65

3.1.2 Rückfederung beim Biegen

Damit eine hohe Maß- und Formgenauigkeit der Biegeteile erzielt wird, muss bei der Konstruktion der Biegewerkzeuge die Rückfederung des Materials durch Biegen berücksichtigt werden. Man wählt dabei einen etwas größeren Biegewinkel und einen etwas kleineren Biegeradius.

Die Rückfederung nach dem Biegen hängt ab von

- der Streckgrenze des umzuformenden Materials. Bei Werkstoffen mit höherer Streckgrenze ist die Rückfederung größer;
- dem Verhältnis von Biegeradius zur Blechdicke. Je kleiner der Biegeradius bei gleicher Blechdicke, desto geringer ist die Rückfederung;
- der Art des Biegens. Bei freiem Biegen ist die Rückfederung höher als beim Gesenkbiegen mit hart aufsitzendem Stempel.

Der erforderliche Biegewinkel und den notwendigen Biegeradius zur Erzeugung einer festgelegten Werkstückform kann überschlägig mit einem Rückfederungsfaktor errechnet werden.

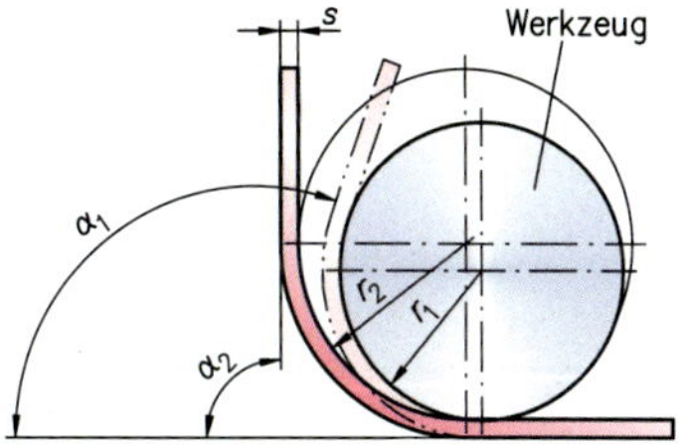

α_1 Biegewinkel vor Rückfederung (am Werkzeug)
α_2 Biegewinkel nach Rückfederung (am Werkstück)
r_1 Radius am Werkzeug
r_2 Biegeradius am Werkstück
k_R Rückfederungsfaktor
s Blechdicke

Radius am Werkzeug

$$r_1 = k_R \cdot (r_2 + 0{,}5 \cdot s) - 0{,}5 \cdot s$$

Biegewinkel am Werkzeug

$$\alpha_1 = \frac{\alpha_2}{k_R}$$

Richtwerte für Rückforderungsfaktor k_r

Werkstoff		Radius am fertigen Werkstück: Blechdicke (r_2:s)				
		1	2,5	4	10	100
Allgemeiner Baustahl	S235JR	0,98	0,98	0,97	0,95	0,65
Nichtrostender Stahl	X6CrNi 18-10	0,99	0,97	0,95	0,98	–
Messing	CuZn33 R290	0,97	0,96	0,95	0,93	0,73
Aluminiumknetlegierung	EN AW-AlCuMg1	0,98	0,98	0,98	0,97	0,87

Beispiel **für eine Berechnung der Werkzeugmaße unter Berücksichtigung der Rückfederung**

Auftrag

Ein Winkelblech aus 3 mm dickem Stahlblech soll nach dem Ausstanzen durch Gesenkbiegen fertiggestellt werden. Der Werkstoff ist S235 JR.

Es sind der Radius des Biegestempels, der Biegewinkel am Werkzeug und der Winkel des Biegestempels (β) zu berechnen.

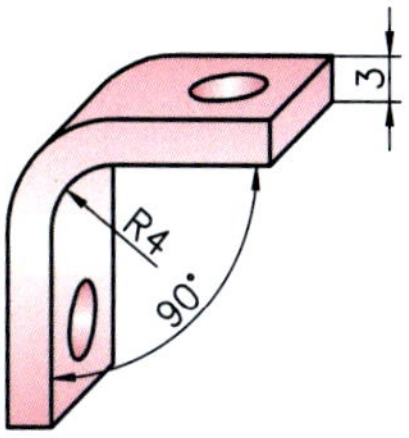

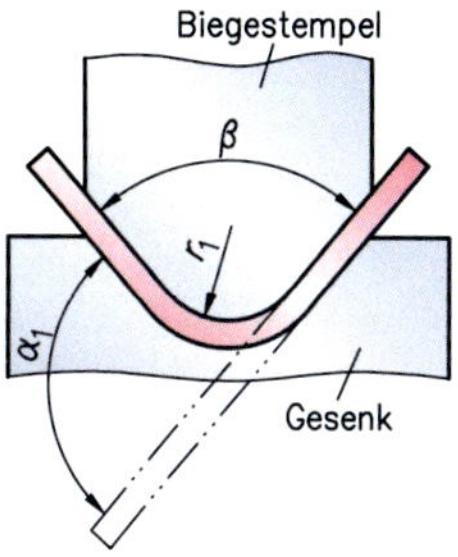

Lösung

Gegeben	*Gesucht*	*Lösungsweg*
$r_2 = 4$ mm	r_1	$k_r = \frac{r_2}{s}$
$\alpha_2 = 90°$	α_1	$k_r = \frac{4\text{ mm}}{3\text{ mm}} = 1{,}33 \rightarrow k_r = 0{,}98$ (Tabellenwert)
$s = 3$ mm	β	
S235JR		

$$r_1 = k_r\,(r_2 + 0{,}5\,s) - 0{,}5\,s$$

$$r_1 = 0{,}98\,(4\text{ mm} + 0{,}5 \cdot 3\text{mm}) - 0{,}5 \cdot 3\text{ mm} = \mathbf{3{,}9\text{ mm}}$$

$$\alpha_1 = \frac{\alpha_2}{k_r}$$

$$\alpha_1 = \frac{90°}{0{,}98} = \mathbf{91{,}8°}$$

$$\beta = 180° - \alpha_1$$

$$\beta = 180° - 91{,}8° = \mathbf{88{,}2°}$$

Übungsaufgaben G-66; G-67

3.2 Verfahrensgerechte Gestaltung von Biegeteilen

3.2.1 Kleinster zulässiger Biegeradius

Der Biegeradius eines Werkstückes muss mindestens so groß gewählt werden, dass auf der durch Zug beanspruchten Seite keine Risse auftreten. Die auf Druck beanspruchte Seite sollte möglichst keine Quetschfalten aufweisen. Damit diese Bedingungen erfüllt werden, ist ein Mindestbiegeradius erforderlich.

Der Mindestbiegeradius ist abhängig von der Bruchdehnung des Werkstoffs, der Blechdicke, dem Biegewinkel und häufig auch der Walzrichtung des Materials.

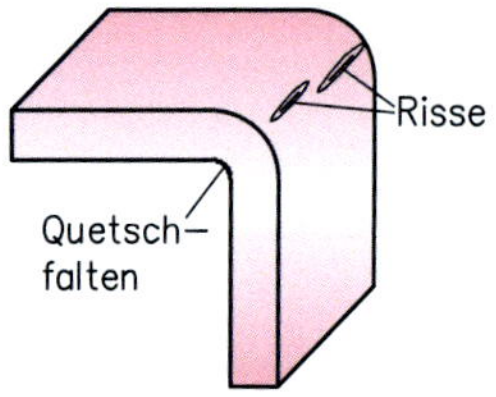

Fehler durch zu kleinen Biegeradius

Richtwerte für kleinste zulässige Biegeradien

Werkstoff	Blechdicke in mm				
	1	2	4	6	10
S235	1	2	5	8	16
E360	1,2	2,5	6	10	20
CuZn37 R600	2,5	5	12	20	–
EN AW-AlSi1MgMn ausgehärtet	4	12	23	36	–

3.2.2 Mindestabstände von Durchbrüchen

Bei Bauteilen, die vor dem Biegeumformen durch Stanzen oder Bohren Durchbrüche aufweisen, besteht die Gefahr, dass diese ihre Form beim Biegen ändern. Damit dies vermieden wird, soll der Abstand zwischen dem Ende des Biegeradius und dem Beginn des Durchbruchs mindestens gleich der doppelten Werkstückdicke sein.

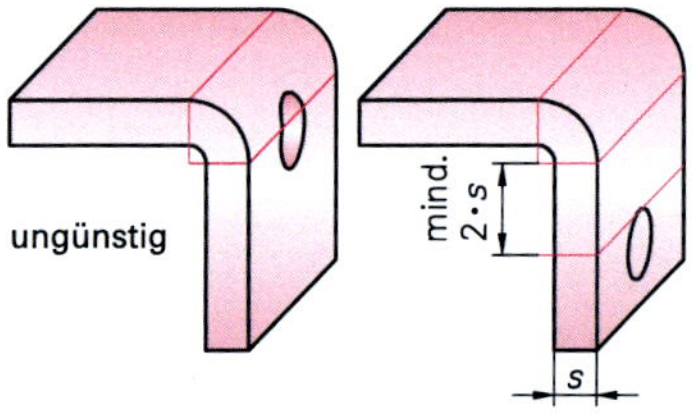

‚Abstand von Durchbruch und Biegeradius

Falls dies aus konstruktiven Gründen nicht eingehalten werden kann, können Durchbrüche in gebogenen Bereichen erst nach dem Biegen hergestellt werden.

Der Abstand zwischen dem Ende des Biegeradius und dem Beginn des Durchbruchs muss mindestens gleich der doppelten Werkstückdicke sein.

3.2.3 Mindestlänge des kleinsten Schenkels beim Biegen

Damit Kanten einwandfrei so gebogen werden können, dass ein sauberer Übergang vom Biegeradius zum geraden Schenkel entsteht, soll die Länge des kleinsten Schenkels mindestens gleich der doppelten Blechdicke sein.

Aufbiegungen nur eines Teiles einer Kante müssen vorher seitlich ausgeschnitten werden. Der Einschnitt sollte um 1- bis 1,5-mal der Blechdicke über den Beginn des Biegeradius hinausragen.

Beispiele für Mindestlängen des kleinsten Biegeschenkels

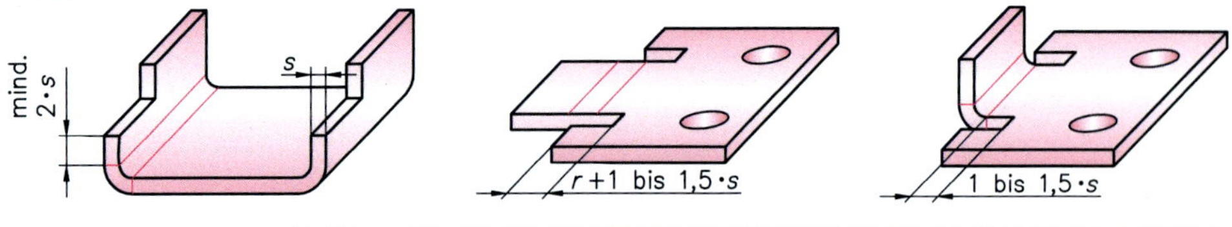

Die Mindestlänge des kleinsten Schenkels beim Biegen soll gleich der doppelten Materialstärke sein. Bei Einschnitten genügen das ein- bis anderthalbfache der Materialstärke.

Übungsaufgaben G-68; G-69; G-70

3.3 Biegeverfahren

Die Biegeverfahren werden nach der Art der Werkzeugbewegung in Verfahren mit geradliniger und Verfahren mit drehender Werkzeugbewegung unterschieden.
Zu den Verfahren mit geradliniger Werkzeugbewegung zählen alle Biegeverfahren, in denen die Umformung in Gesenken stattfindet.

Beispiele **für Umformverfahren mit geradliniger Werkzeugbewegung**

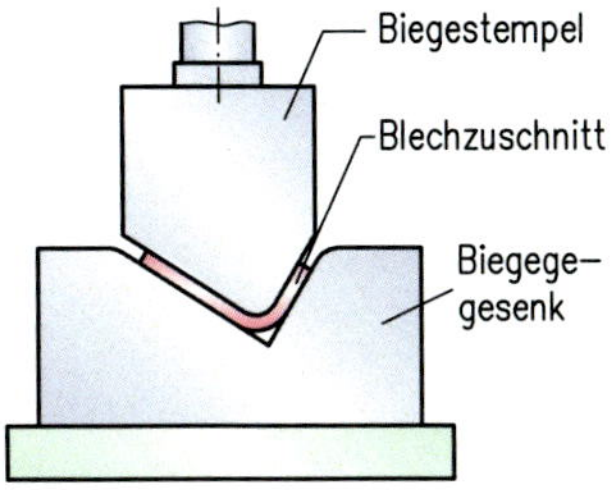

Gesenkbiegen

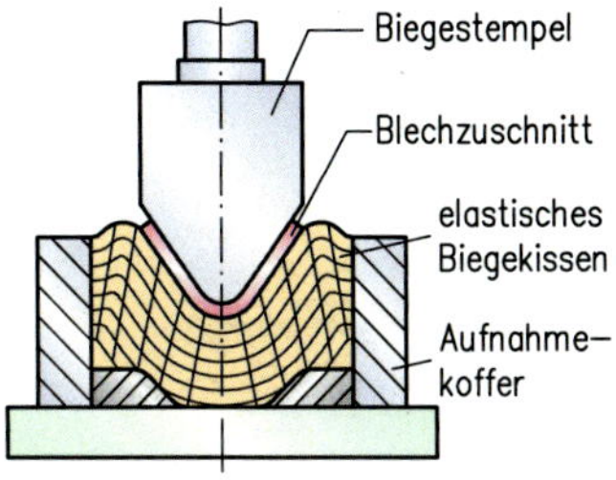

Biegen im elastischen Kissen

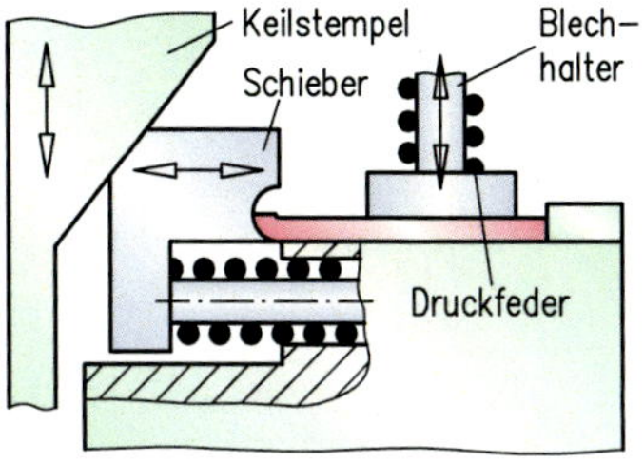

Rollbiegen

Bei den Verfahren mit drehender Werkzeugbewegung führen die Werkzeugteile eine Drehbewegung aus.

Beispiele **für Umformverfahren mit drehender Werkzeugbewegung**

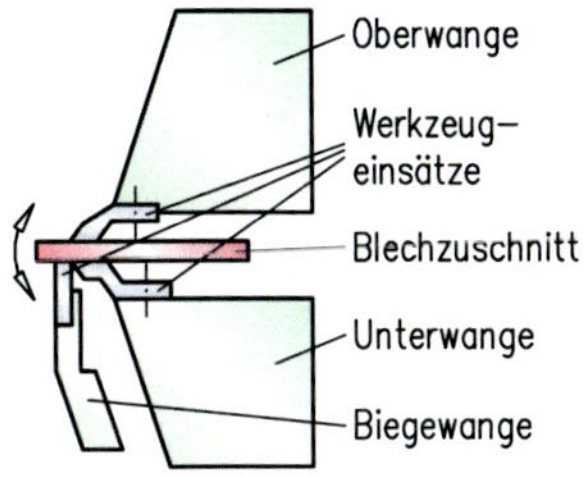

Schwenkbiegen

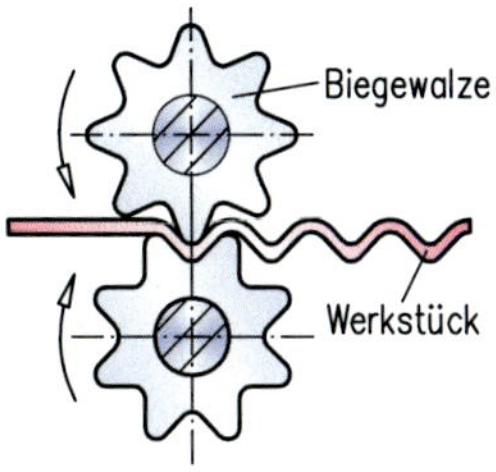

Wellbiegen

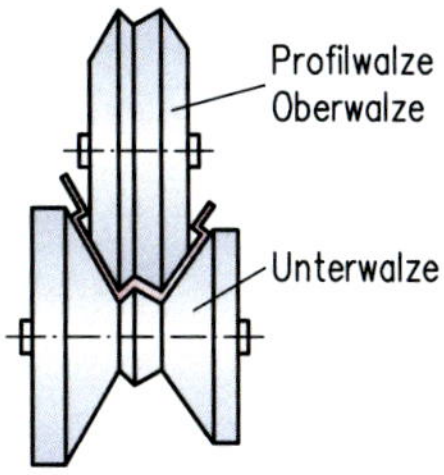

Profilwalzen

Biegeverfahren werden nach der Werkzeugbewegung in Verfahren mit geradliniger und Verfahren mit drehender Werkzeugbewegung unterschieden.

3.4 Werkzeuge zum Gesenkbiegen

3.4.1 Funktionseinheiten an Werkzeugen zum Gesenkbiegen

Biegewerkzeuge zum Gesenkbiegen sind aufgrund der Vielzahl der herzustellenden Werkstückformen sehr unterschiedlich gestaltet. Sie weisen aber alle bestimmte Teilsysteme auf. Diese sind:

- **Biegesystem.** Es bestimmt durch den Spalt zwischen Biegestempel und Biegegesenk die durch Umformen zu erzeugende Kontur.
- **Werkzeugführungsystem.** Es bestimmt den Weg des Stempels. Die Werkzeugführung geschieht durch die Säulen des Säulengestells. Durch Schieber, Hebel u. a. können auch vom senkrechten Hug abweichende Bewegungen des Biegestempels erzeugt werden.
- **Materialflusssystem.** Es hat die Aufgabe, die Rohteile zuzuführen, im Werkzeug zu positionieren und nach der Umformung auszustoßen.
- **Spannsystem.** Seine Aufgabe ist das Spannen des Werkzeuges auf der Presse und die Übertragung der Energie der Maschine auf das Werkzeug.

Übungsaufgabe G-71

Beispiel für die Funktionseinheiten an einem Gesenkbiegewerkzeug

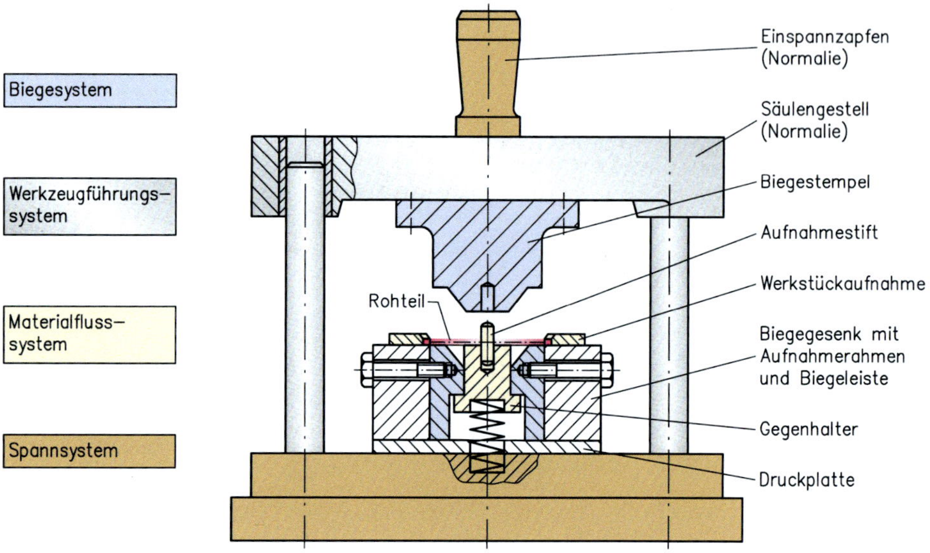

3.4.2 Biegestempel

Mithilfe des Biegestempels wird die gewünschte Werkstückform erzeugt. Sehr häufig erfordern die Werkstückformen V-, U-, oder Z-förmige Biegestempel.

Bei Biegestempeln, die gleichzeitig mehrere Biegungen erzeugen, ist der Stempel so zu gestalten, dass er mit seinen Biegekanten gleichzeitig auf das Rohteil auftrifft. Andernfalls kippt das Rohteil beim Auftreffen der ersten Biegkante und kann sich im Gesenk verschieben.

Beispiele für Biegestempel

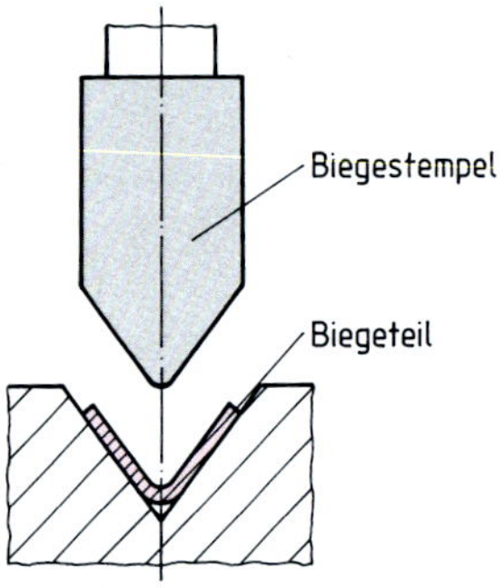

Biegestempel für V-förmige Biegeteile

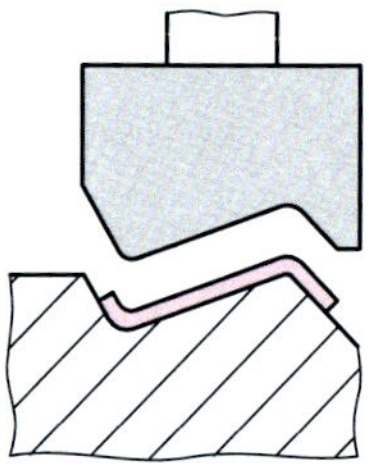

Biegestempel für Z-förmige Biegeteile

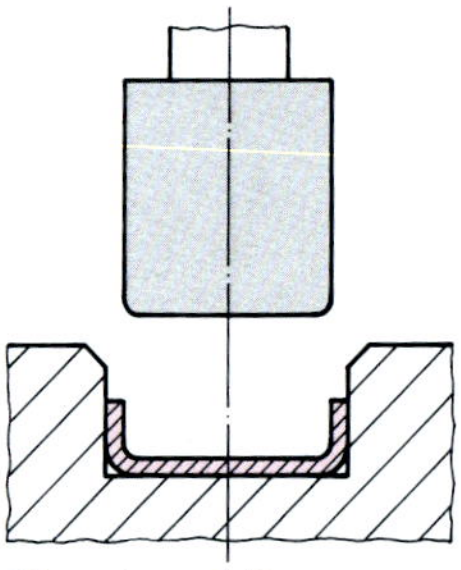

Biegestempel für U-förmige Biegeteile

Die konstruktive Ausführung der Biegestempel ist vielgestaltig. Für große Biegekräfte können Biegestempel aus Werkzeugstahl eingesetzt werden. Nachteilig ist hierbei jedoch der große Bedarf an höherwertigen Materialien.

Aus fertigungstechnischen bzw. wirtschaftlichen Gründen verwendet man zusammengesetzte Stempel. Hierbei setzt man z. B. in einem Grundkörper aus GJL-250 *Stahlleisten* aus 90 MnV 6 ein. Bei Verschleiß sind die Stahlleisten schnell austauschbar.

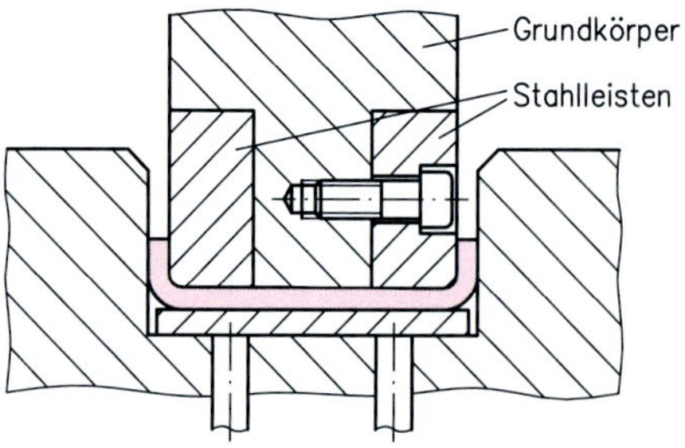

Biegestempel mit Stahlleisten

Für höhere Genauigkeitsanforderungen an die äußeren Abmessungen eines Biegeteils werden zusammengesetzte Biegestempel mit *beweglichen Biegebacken* eingesetzt. Das Gesenk erhält hierbei das äußere Sollmaß des Biegeteils. Setzt der Biegestempel am Ende des Biegevorganges auf, drückt er über den Keiltrieb die beweglichen Backen nach außen. Anschließend fährt der Biegestempel hoch und die Biegebacken werden durch die Federn zurückgedrückt.

Die beanspruchten Flächen des Stempels müssen gehärtet sein. Für die beweglichen Biegebacken im Stempel werden z. B. die Werkstoffe C 105 W 1 oder 105 MnCrV 8 eingesetzt.

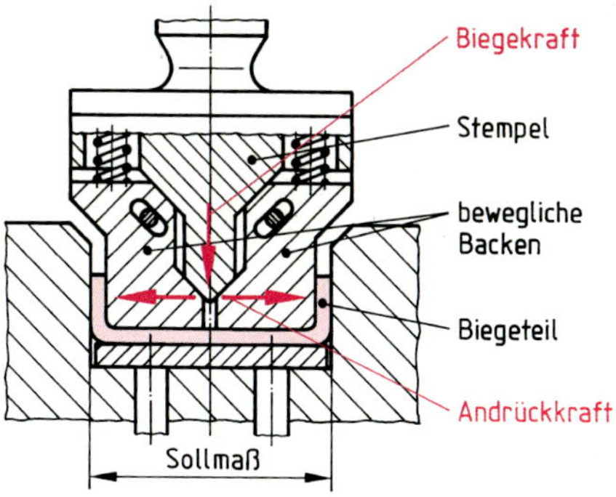

Biegestempel mit beweglichen Backen

3.4.3 Biegegesenk

Der Blechstreifen wird in das Biegegesenk eingelegt und durch den Biegestempel umgeformt. Damit der Blechstreifen einwandfrei eingezogen werden kann, müssen die Einlaufkanten und der Ziehspalt in bestimmter Weise gestaltet sein.

- **Gestaltung von Biegegesenken**

Die Biegekante des Biegegesenkes sollte mit einer *Einlaufrundung* oder *Einlaufschrägen* versehen werden. Hierdurch wird die Oberflächenbeschaffenheit des Biegeteils verbessert. Auch lassen sich Biegefehler wie Risse im Bereich des Biegeradius oder Querschnittsänderungen vermeiden.

Bei U-förmigen Biegewerkzeugen wird bei dünnen Blechen mit einer Blechdicke von $s < 2{,}75$ mm eine Einlaufrundung und bei dickeren Blechen eine Einlaufschräge angearbeitet. Die Schenkel des Biegeteiles sollten bis zu einer Schenkelhöhe von 25 mm vollständig in das Gesenk eintauchen. Dadurch kann ein gerader Schenkel gewährleistet werden. Der Abstand zwischen dem eingetauchten Schenkel des Biegeteiles und dem Einlaufende sollte $a > 2 \cdot s$ betragen.

Bei V-förmigen Biegewerkzeugen ist eine Einlaufrundung vorzusehen, die etwa der Blechdicke des Biegeteils entspricht. Um Oberflächenbeschädigungen, wie z. B. Druckstellen am Biegeteil, zu vermeiden, sollte die Gesenkweite w etwa (6 bis 10) s betragen.

Richtwerte für die Rundungen im Gesenk R_G und die Breite des Biegespaltes Z lassen sich für beide Gesenkformen wie folgt ermitteln:

Hinweise **zur Gestaltung der Gesenke**

U-Biegen

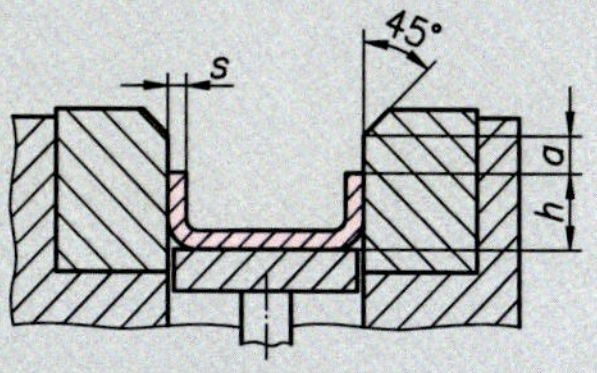

- $s < 2{,}75$ mm → Einlaufrundungen
  $s > 2{,}75$ mm → Einlaufschrägen
- bis $h = 25$ mm sollen die Schenkel des Biegeteils vollständig eintauchen
- $a > 2 \cdot s$

V-Biegen

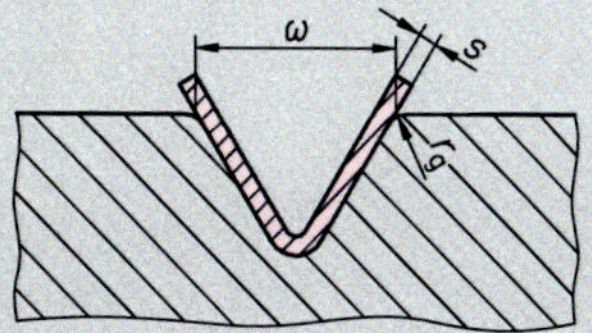

- $r_G = s$
- $w = (6 \text{ bis } 10) \cdot s$

$$R_G = 0{,}7 \cdot (R + s)$$

R_G	Rundungen im Gesenk in mm
R	Biegestempelradius in mm
s	Werkstückdicke in mm

$$Z = s_{max} + 0{,}1 \cdot s$$

Z	Breite des Biegespaltes in mm
s_{max}	Nennmaß der Blechdicke + oberes Grenzmaß in mm

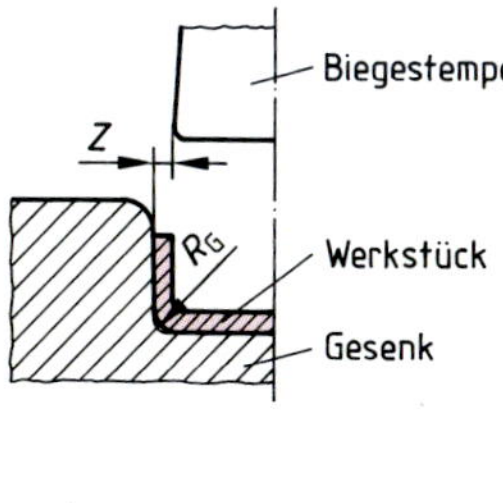

LF 11S-14S

Beispiel für die Gestaltung eines U-Gesenkes

Aufgabe

Eine Blechabdeckung aus S 235 JR soll in einem U-Gesenk gebogen werden. Bestimmen Sie:

a) die Rundungen R_G im Gesenk,

b) die Spaltbreite Z,

c) den Abstand a vom Blechende bis zur Einlaufschrägen.

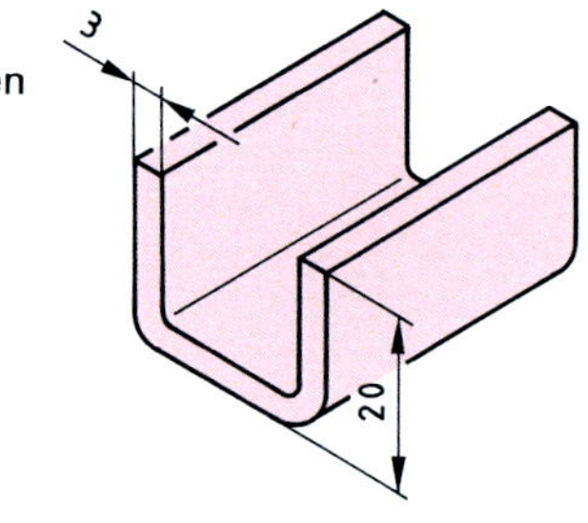

Gegeben:

$h = 20$ mm; $s = 3$ mm;

$s_{max} = 3{,}1$ mm; $R = 3$ mm (Mindestbiegeradius)

Gesucht:

a) R_G; b) Z; c) a

Lösung

a) $R_G = 0{,}7\,(R + s)$

$R_G = 0{,}7$ (3 mm + 3 mm)

$R_G =$ **4,2 mm**

b) $Z = t_{max} + 0{,}1 \cdot s$

$Z = 3{,}1$ mm $+ 0{,}1 \cdot 3$ mm

$Z =$ **3,4 mm**

c) $a > 2 \cdot s = 2 \cdot 3$ mm

$a >$ **6 mm (gewählt 8 mm)**

Biegefehler beim Biegen im Gesenk vermeidet man, indem man folgende Konstruktionshinweise berücksichtigt:

- Einlaufrundungen oder Einlaufschrägen an den Biegekanten anbringen,
- Rundungen innerhalb des Gesenkes vorsehen,
- die Breite des Biegespaltes ausreichend bemessen.

In der einfachsten und kostengünstigsten Form ist das Gesenk als ein Bauteil gefertigt. Weitere Ausführungen sind Biegegesenke mit *eingesetzten Biegebacken* und Biegegesenke mit *beweglichen Biegebacken.*

- **Biegegesenke mit eingsetzten Biegebacken**

Bei den Biegegesenken mit eingesetzten Biegebacken wird das Gesenk aus einem allgemeinen Baustahl und die eingesetzten Biegebacken aus Werkzeugstahl bzw. gehärtetem Stahl gefertigt. Ist durch die mechanische Belastung der Verschleiß zu groß geworden, können die eingesetzten Biegebacken ausgewechselt werden. Diese Ausführung ist besonders bei größeren Serien vorteilhaft. Nachteilig ist jedoch der größere Fertigungsaufwand für Biegegesenke mit eingesetzten Biegebacken.

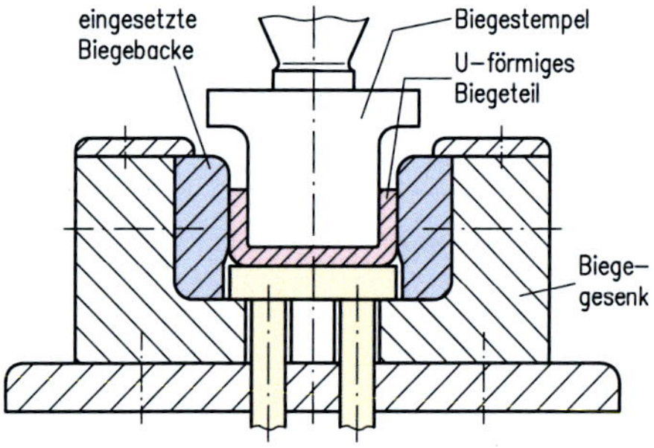

Biegegesenk mit eingesetzten Biegebacken

- **Biegegesenke mit beweglichen Biegebacken**

Werden höhere Genauigkeitsanforderungen an die inneren Abmessungen des Biegeteils gestellt, können Biegegesenke mit beweglichen Biegebacken eingesetzt werden. Die äußeren Abmessungen des Biegestempels entsprechen dem inneren Sollmaß des Biegeteils. Ist der Biegevorgang beendet, drückt der Biegestempel auf die Biegebacken. Die beweglichen Biegebacken werden über eine Schräge gegen die Schenkel des Biegeteils gedrückt und erzeugen dadurch einen seitlichen Druck. Biegegesenke mit beweglichen Backen werden für Biegeteile mit höheren Genauigkeitsanforderungen eingesetzt.

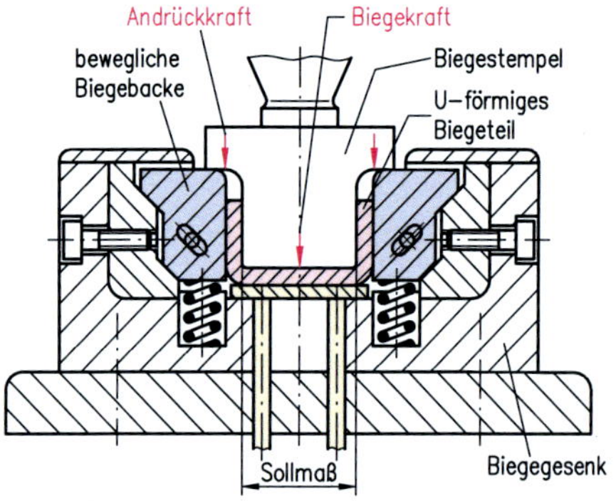

Biegegesenk mit beweglichen Biegebacken

Biegegesenke mit eingesetzten Biegebacken erlauben den schnellen Austausch der Backen bei Verschleiß. Biegegesenke mit beweglichen Biegebacken benutzt man, wenn die inneren Abmessungen des Biegeteils sehr genau sein müssen.

3.4.4 Gegenhalter

Während des Umformprozesses darf das Werkstück im Biegewerkzeug nicht verrutschen. Hierzu werden *federnde Gegenhalter* eingebaut, die schon zu Beginn des Umformvorganges den Zuschnitt gegen das Biegewerkzeug drücken. Der Gegenhalter sollte in seiner obersten Position etwa 0,5 mm über der Biegekante liegen.
Ist der Umformvorgang beendet, fährt das Biegewerkzeug zurück. Der federnde Gegenhalter drückt das Biegeteil aus dem Werkzeug heraus.

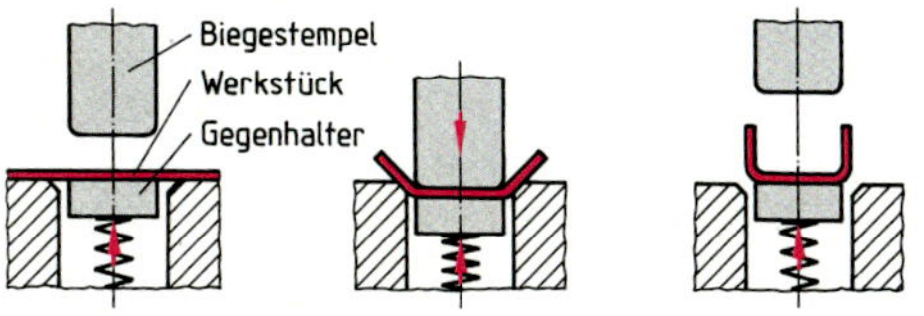

Vor dem Biegevorgang — Während des Biegevorganges — Nach dem Biegevorgang

Wirkungsweise des Gegenhalters

Gegenhalter verhindern das Verrutschen des Bleches während des Biegevorganges und erleichtern das Entformen des Biegeteiles.

3.5 Gestaltung von Werkstückaufnahmen

Werkstückaufnahmen sollen das zugeführte Werkstück in eine bestimmte Lage zur Biegeform bringen, um ein maßgerechtes Biegeteil herzustellen. Diese Lagebestimmung kann z. B. durch eine geteilte oder geschlossene Werkstückaufnahme bzw. durch Aufnahmestifte oder Anschläge erfolgen. Bei der Gestaltung der Werkstückaufnahmen gelten folgende Grundsätze:

- Der Biegevorgang darf nicht behindert werden,
- Das Werkstück muss schnell und sicher zugeführt bzw. das Biegeteil herausgenommen werden können.
- Werkstückaufnahmen, die das Werkstück umgrenzen, müssen mit einer Einlaufschräge von 30° bis 45° versehen werden.
- Aufnahmestifte sind keglig und mit abgerundeter Spitze auszuführen.
- Die Werkstückaufnahme und die Biegeform sind getrennt voneinander zu gestalten, damit Instandhaltungsarbeiten bzw. Umrüstarbeiten schnell durchgeführt werden können.
- Die Werkstückaufnahme, der Aufnahmestift oder der Anschlag sind etwa 1,3-mal so dick wie das Werkstück auszuführen.

Beispiele für Werkstückaufnahmen

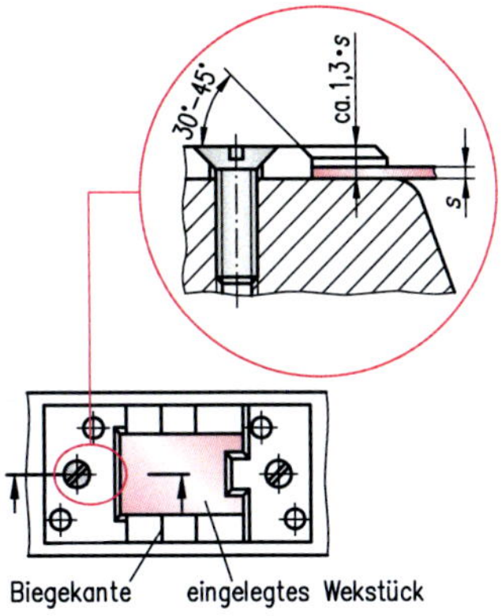

Geteilte Werkstückaufnahme

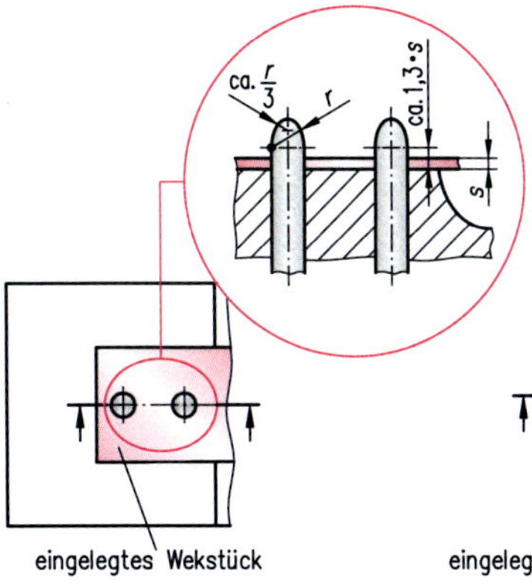

Werkstückaufnahme durch Aufnahmestifte

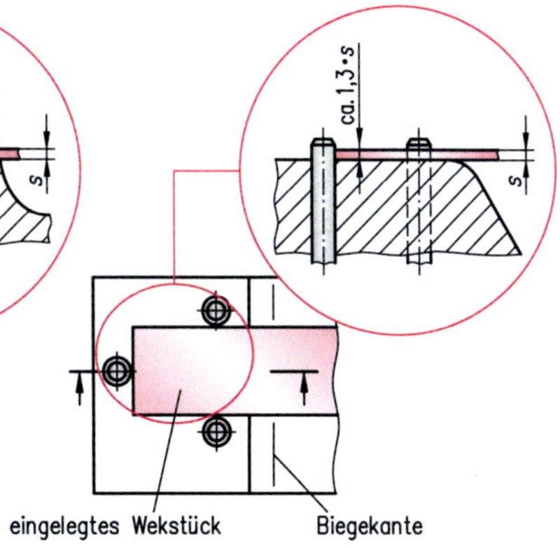

Werkstückaufnahme durch Anschläge

Werkstückaufnahmen müssen das Werkstück positionieren.
Durch Aufnahmestifte kann das Werkstück in einer Richtung fixiert werden.

Übungsaufgaben G-75 bis G-80

3.6 Werkzeuge zum Biegen in elastischen Kissen

Das Biegen in elastischen Kissen wird hauptsächlich in der Klein- und Mittelserienfertigung eingesetzt, da es ein kostengünstiges Verfahren ist.
Aufwendige Umrüstarbeiten der Biegewerkzeuge bei Maß- und Formänderungen des Biegeteils entfallen. Es ist oftmals nur das elastische Kissen auszutauschen.
Die Werkzeuge zum Biegen in elastischen Kissen erlangen bei beschichteten Blechen oder bei Blechen mit polierten Oberflächen eine immer größere Bedeutung. Es werden z. B. Kratzer bei polierten Blechen oder Risse bei beschichteten Blechen in der Umformzone vermieden.

- **Aufbau des Biegewerkzeuges**

Die Arbeitseinheit des Biegewerkzeuges setzt sich aus einem *Werkzeugoberteil* und einem *Werkzeugunterteil* zusammen.
Das Werkzeugoberteil besteht aus einem Biegestempel aus Stahl und einem Einspannzapfen. Mit dem genormten Einspannzapfen wird der Stempel über ein Säulengestell mit dem Pressenstößel verbunden.
Im Werkzeugunterteil wird das elastische Kissen entweder in ein herkömmliches Gesenk oder in eine einfach herzustellende Vorrichtung, einer sogenannten Koffer-Aufnahme, eingesetzt. In der Praxis werden **Elastomer-Biegekissen** verwendet. Elastomer-Kissen erhält man im Handel als Voll- und Hohlprofile.
In der Blechumformung werden heute im Wesentlichen synthetisch hergestellte Elastomere, wie z. B. **Polyurethan-Kautschuk,** eingesetzt.

Im elastischen Kissen umgeformte Teile

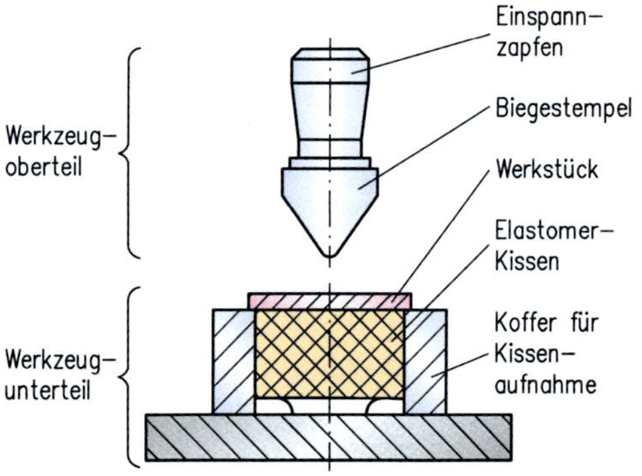

Elastomer-Biegewerkzeug

> Das Biegewerkzeug setzt sich aus einem Werkzeugoberteil mit dem Biegestempel und einem Werkzeugunterteil mit dem Elastomerkissen zusammen.
> Das Biegen mithilfe des elastischen Kissens ist ein kostengünstiges Verfahren.

Für die Gestaltung des Werkzeuges ist zu berücksichtigen, dass das Volumen des elastischen Werkstoffes während des Umformprozesses konstant bleibt. Das durch die Umformung verdrängte Volumen des Elastomers muss in konstruktiv vorgegebene Hohlräume ausweichen können. Diese Hohlräume werden durch folgende Maßnahmen erreicht:

- eine entsprechende Kofferkonstruktion,
- innere Hohlräume im Elastomerkissen.

Die Eindringtiefe des Biegestempels in das Elastomerkissen beeinflusst den Biegewinkel. Dringt der Biegestempel jedoch zu weit ein, so reißt die Oberfläche des Elastomerkissens und ist nach kurzer Zeit zerstört. Man wählt daher einen möglichst kleinen Stempelweg. Kennwerte für die Verdrängung des elastischen Materials und der daraus folgenden höchsten Eindringtiefe sind den Herstellerunterlagen zu entnehmen.

> Das Volumen des elastischen Werkstoffes, das während des Umformvorganges verdrängt wird, muss in Hohlräume ausweichen können. Diese Hohlräume können durch Gestaltung der Kofferkonstruktion oder durch innere Hohlräume im Elastomerkissen geschaffen werden.

Übungsaufgabe G-81

3.7 Rollbiegesystem

Beim Rollbiegen wird ein angekippter durch das Biegesystem eingerollt. Durch Rollbiegen werden z. B. Rollungen an Scharnieren und Wülste an tiefgezogenen Bauteilen erzeugt.
Nach dem Aufbau der Werkzeuge unterscheidet man senkrecht bzw. waagerecht angeordnete Rollbiegewerkzeuge.
Senkrecht arbeitende Rollbiegesysteme werden vorwiegend bei kleinen Biegeradien und zum Umrollen von Rändern an Tiefziehteilen eingesetzt.

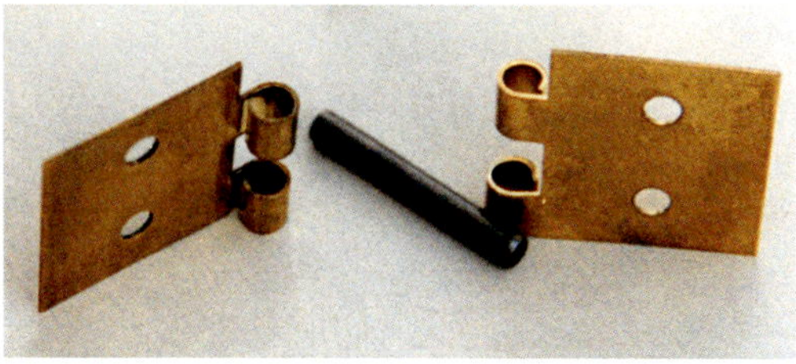

Scharniere

Die waagerecht angeordneten Rollbiegewerkzeuge werden hauptsächlich bei längeren Zuschnitten eingesetzt, da hierbei nicht die Gefahr des seitlichen Ausknickens während des Biegevorganges besteht.

Beispiele für Rollbiegesysteme

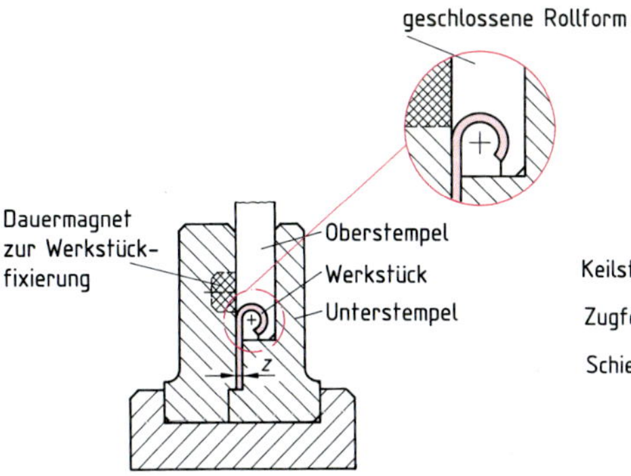

Senkrecht angeordnetes Rollbiegewerkzeug

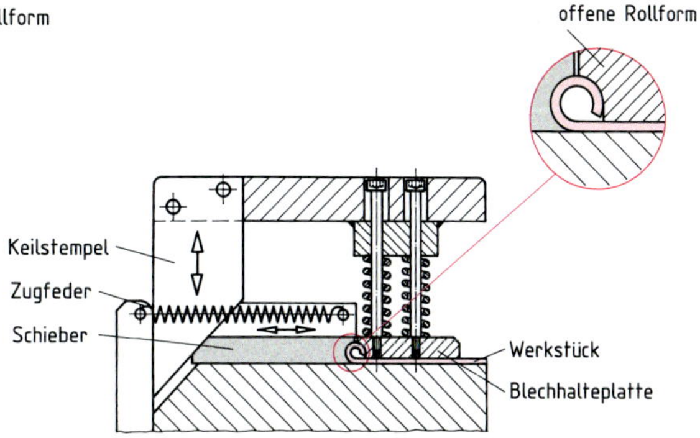

Waagerecht angeordnetes Rollbiegewerkzeug

Da das Werkstück vor dem Biegevorgang eine geradlinige Kante besitzt, muss es vor dem Rollbiegen vorgebogen, d. h. angekippt werden. Nicht angekippte Werkstücke neigen zu seitlichem Ausbrechen mit anschließender Knickung. Das Ankippen kann bei Schnittteilen durch den Schneidstempel erfolgen. Die Blechdicke beim Ankippen durch den Schneidstempel muss jedoch unter 2 mm liegen. Bei dickeren Werkstücken wird ein Ankippwerkzeug eingesetzt.

LF 11S-14S

Beispiele für das Ankippen von Werkstücken vor dem Rollbiegen

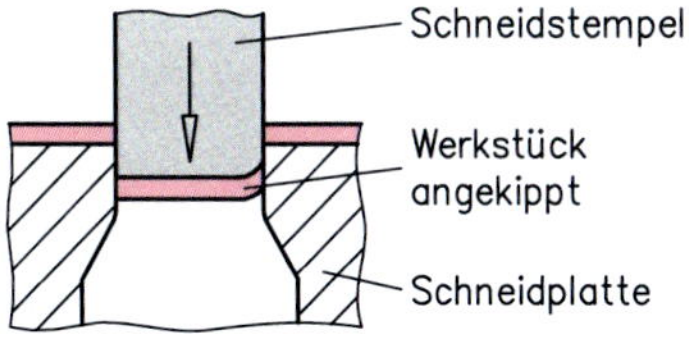

durch Schneidstempel

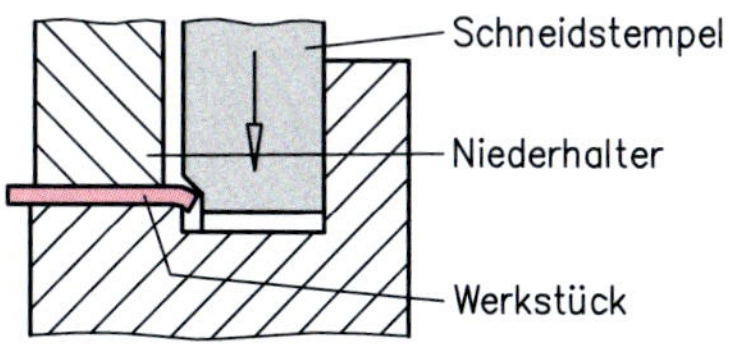

durch Ankippwerkzeug

Durch Rollbiegen werden z. B. Rollungen an Scharnieren und Wülste an tiefgezogenen Bauteilen erzeugt.
Um ein seitliches Ausknicken während des Rollbiegevorgangs zu vermeiden, ist ein Ankippen der Werkstücke erforderlich.

Übungsaufgabe G-82

4 Werkzeuge zum Tiefziehen

4.1 Tiefziehen

Die DIN 8584-3:2003-09 definiert Tiefziehen als ein Zugdruckumformen eines Blechzuschnitts zu einem Hohlkörper oder Zugdruckumformen eines Hohlkörpers zu einem Hohlkörper mit kleinerem Umfang ohne beabsichtigte Veränderung der Blechdicke.

Durch Tiefziehen lassen sich Werkstücke mit hohem Genauigkeitsgrad sowohl in Großserien, z. B. in der Haushaltsmittel- oder Fahrzeugindustrie, wie auch in Kleinserien, z. B. in der Flugzeugindustrie, herstellen.

Tiefziehteile

Das Tiefziehwerkzeug besteht im Wesentlichen aus den Bauteilen *Ziehstempel, Ziehring* und *Niederhalter.* Die Kraftübertragung auf das Werkzeugoberteil erfolgt über den Pressenstößel. Das Werkzeugunterteil ist auf dem Pressentisch aufgespannt.

Während der Umformung wird der Werkstoff durch den Ziehstempel in den Ziehspalt gezogen und zu einem Hohlkörper umgeformt. Der Ziehspalt wird durch den Ziehstempel und Ziehring gebildet. Der Verfahrensablauf ist durch vier Phasen gekennzeichnet:

- Die Blechronde zentrisch auf den Ziehring auflegen.
- Der Niederhalter drückt die Blechronde auf den Ziehring.
- Der Ziehstempel zieht die Blechronde durch den Ziehspalt der Öffnung zwischen Ziehstempel und Ziehring.
- Hohlkörper können durchgezogen oder durch eine zusätzliche Einrichtung, z. B. einem Auswerfer, entformt werden.

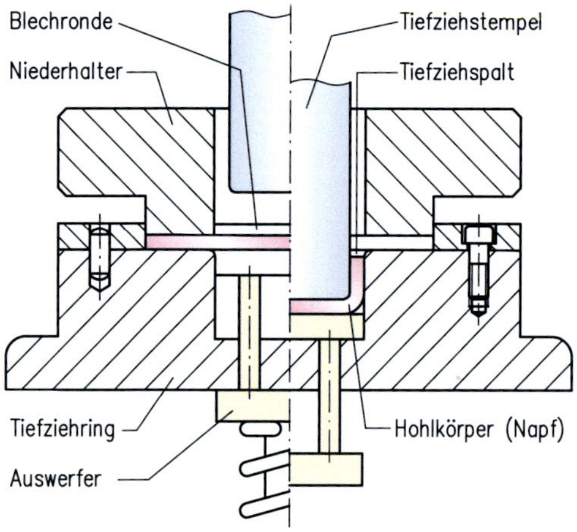

Werkzeuganordnung mit Auswerfer

Mithilfe von Tiefziehwerkzeugen werden Hohlkörper hergestellt.
Die wesentlichen Bauteile sind Ziehstempel, Niederhalter und Ziehring.

Übungsaufgabe G-83

4.2 Formänderungen und Spannungen beim Tiefziehen

- **Formänderung**

Zur Herstellung eines Tiefziehteiles wird eine Kraft über den Stempel eingeleitet. Dadurch wird der Blechzuschnitt in den Ziehring hineingezogen. Der Bereich der eigentlichen Umformung liegt jedoch im Flansch und im Übergang vorn Flansch zur Zarge.

Ausgehend von einem runden Blechzuschnitt kann man sich die Erzeugung des zylindrischen Hohlkörpers durch das Hochklappen von Rechtecken vorstellen. Die nebenstehende Veranschaulichung zeigt, dass beim Hochklappen dreieckige Blechabschnitte übrig bleiben würden. Dieses Material würde beim Tiefziehen ohne Niederhalter im Flansch zu einer *Faltenbildung* führen.

Beim Tiefziehen mit Niederhalter wird das Blech zwischen Niederhalter und Ziehring gestaucht. Da das Blechvolumen vor und nach dem Tiefziehvorgang gleich groß sein muss, bleibt dem Material nur noch ein Ausweichen in axialer Richtung (Verlängerung). Der Niederhalter verhindert somit die Faltenbildung.

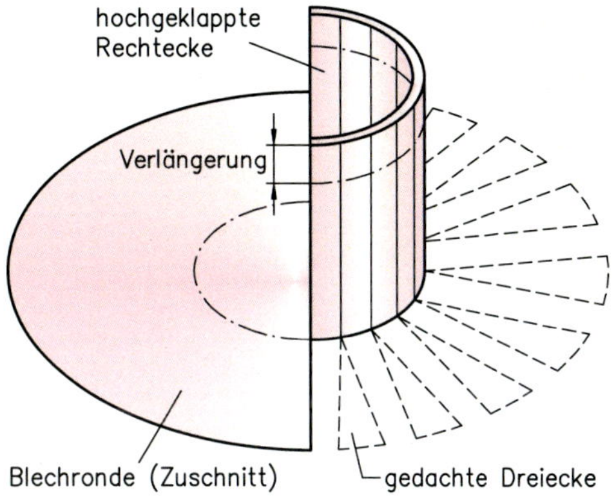

Tiefziehvorgang

Beim Tiefziehvorgang bleibt das Blechvolumen konstant.
Das überschüssige Material wird beim Tiefziehen mit Niederhalter in axialer Richtung verdrängt.

- **Spannung**

Betrachtet man die Spannungen, die sich durch diese Formänderung ergeben, muss der Hohlkörper in die Bereiche Flansch, Übergang Flansch zur Zarge und Zarge unterteilt werden.

Die Tiefziehkraft erzeugt im Flansch eine radiale Zugspannung σ_Z, die zu einer Streckung des Materials führt. In tangentialer Richtung wird das Material gestaucht, wodurch eine Druckspannung σ_{D1} entsteht.

Im Übergang vom Flansch zur *Zarge* wird das Material gebogen.

In der Zarge des Hohlkörpers erzeugt die Tiefziehkraft im Material im Wesentlichen eine axiale Zugspannung.

Die Zugspannungen sind im Bereich der Stempelrundungen und in der Zarge des Hohlkörpers besonders groß. Diese hohen Zugspannungen können zu einer Wandschwächung führen und sind demnach besonders rissgefährdend.

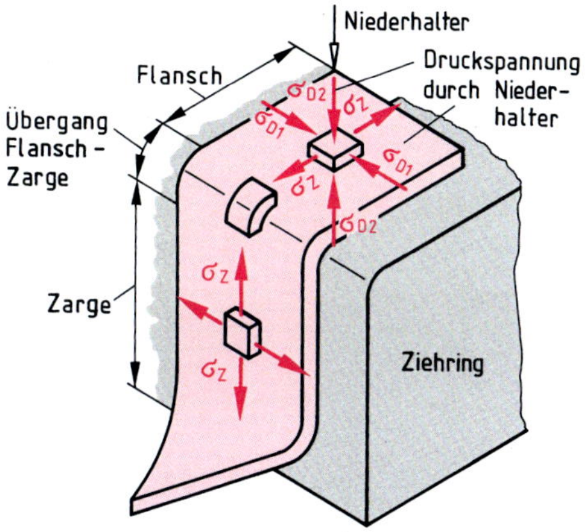

Spannungen in einem Ziehteil

Beim Tiefziehvorgang entstehen im Flansch des Hohlkörpers radiale Zugspannungen und tangentiale Druckspannungen. In der Zarge des Hohlkörpers herrschen axiale Zugspannungen vor.

Übungsaufgabe G-84

4.3 Einteilung der Werkzeuge zum Tiefziehen

Nach DIN 8584-3: 2003-09 wird das Fertigungsverfahren Tiefziehen in die drei Bereiche Tiefziehen mit Werkzeugen, Tiefziehen mit Wirkmedien und Tiefziehen mit Wirkenergie unterteilt.
Beim Tiefziehen mit Werkzeugen wird ein Zuschnitt oder ein Hohlkörper mit einem Ziehstempel in einen Ziehring oder in ein nachgiebiges Kissen gezogen.

Tiefziehen mit Werkzeugen

- **Tiefziehen mit starrem Werkzeug**
- **Tiefziehen mit nachgiebigem Werkzeug**

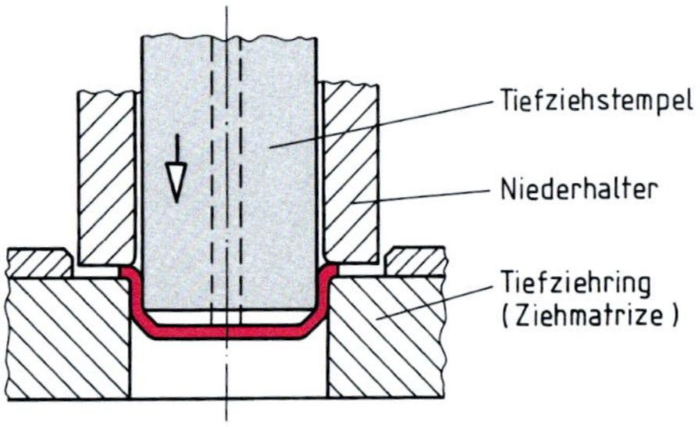

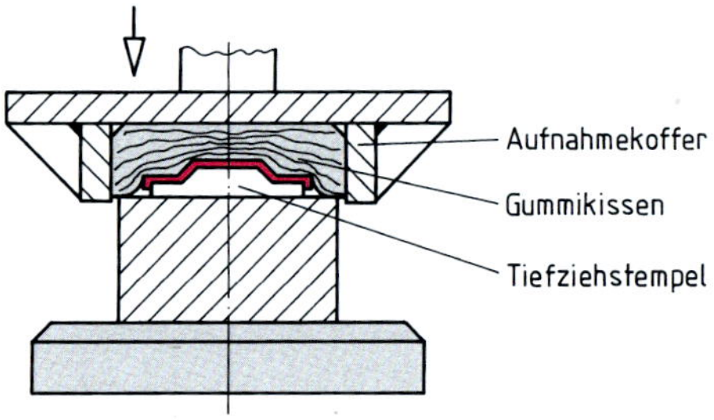

Im Folgenden wird ausschließlich das **Tiefziehen mit starren Werkzeugen** behandelt.

4.4 Gestaltung der Funktionseinheiten an Tiefziehwerkzeugen

Für die Herstellung von Hohlkörpern mit Tiefziehwerkzeugen muss dem Werkzeug ein Blechzuschnitt zugeführt werden. Der Blechzuschnitt muss eine bestimmte Lage zum Werkzeug einnehmen. Die für den Tiefziehvorgang notwendige Kraft wird durch eine Presse auf das Werkzeug übertragen. Nach dem Tiefziehvorgang kann es erforderlich sein, das Werkstück aus dem Werkzeug zu entformen.

Beispiel für ein Tiefziehwerkzeug, mit Teilsystemen

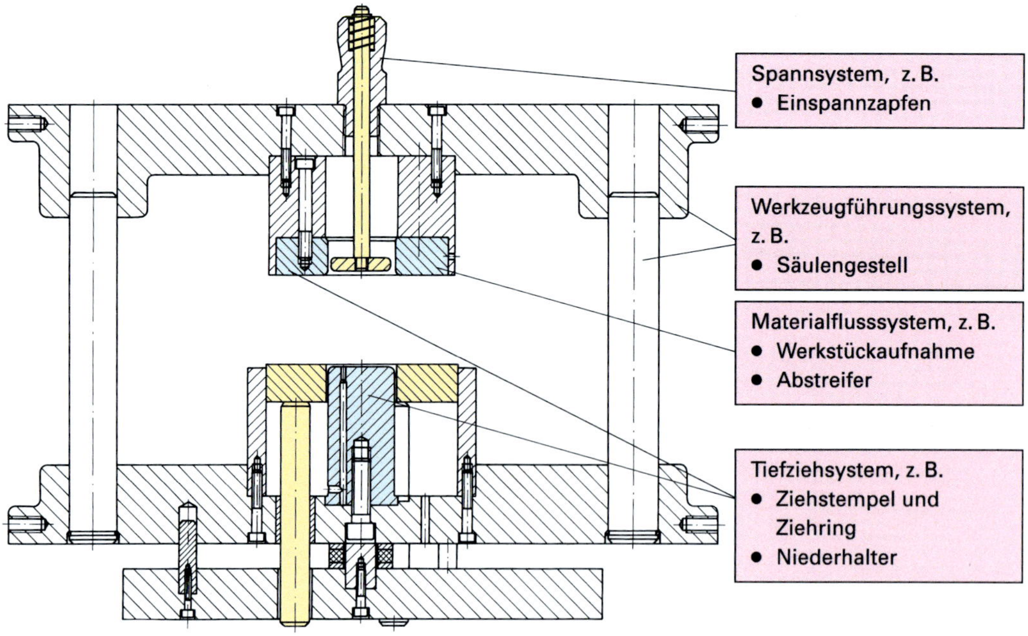

Übungsaufgaben G-85; G-86

Die Teilsysteme erfüllen folgende Aufgaben:

- Das **Tiefziehsystem** erfüllt unmittelbar als das Arbeitssystem die Hauptfunktion „Stofffluss".
- Das **Spannsystem** verbindet das Werkzeugoberteil mit dem Pressenstößel und das Werkzeugunterteil mit dem Pressentisch.
- Das **Materialflusssystem** soll den Blechzuschnitt zuführen, die Lage des Bleches zum Werkzeug sichern und das Tiefziehteil gegebenenfalls entformen.
- Das **Werkzeugführungssystem** führt den beweglichen Teil des Tiefziehwerkzeuges.

4.4.1 Tiefziehsysteme

Das Tiefziehsystem für das „Tiefziehen mit Werkzeugen" ist die Arbeitseinheit des Tiefziehwerkzeuges. Für die Gestaltung der Elemente des Tiefziehsystems sind im Wesentlichen folgende Prozesskenngrößen zu berücksichtigen:

- die herzustellende Stückzahl,
- die Blechdicke,
- die erforderliche Tiefziehkraft,
- der Tiefziehspalt,
- der Werkstoff des Blechzuschnitts,
- die Genauigkeitsanforderungen an das Tiefziehteil,
- die Verringerung des Durchmessers je Arbeitsgang.

Bei der Gestaltung der Funktionseinheiten des Tiefziehwerkzeuges sind diese Kenngrößen zu berücksichtigen. Die Elemente erfüllen folgende Aufgaben:

- Der Ziehstempel und der Ziehring führen den Schneidvorgang durch.
- Der Niederhalter hat die Aufgabe, die Faltenbildung beim Tiefziehteil zu verhindern.

Das Tiefziehsystem als Arbeitseinheit des Tiefziehwerkzeuges besteht aus:
- dem starren Ziehstempel, • dem Ziehring und • dem Niederhalter.

• Tiefziehstempel

Die Form des Tiefziehstempels richtet sich nach dem Werkstück. Man unterscheidet Ziehstempel aus einem Stück und zusammengesetzte Ziehstempel. Die zusammengesetzten Tiefziehstempel haben den Vorteil, dass bei Verschleiß nur der Einsatz ausgetauscht werden muss. Andererseits erhöhen sich die Fertigungskosten.

Die Tiefziehstempel sind mit *Luftkanälen* zu versehen. Diese Kanäle dienen der Be- und Entlüftung und vermeiden damit eine Formänderung des Tiefziehteiles, da der Aufbau eines Unterdruckes während des Rückzuges verhindert wird. Des Weiteren erleichtert man das Abstreifen des Ziehteiles vom Stempel.

LF 11S-14S

Ziehstempel aus einem Stück		**Zusammengesetzter Ziehstempel**
Stempel ohne Luftkanal	**Stempel mit Luftkanal**	

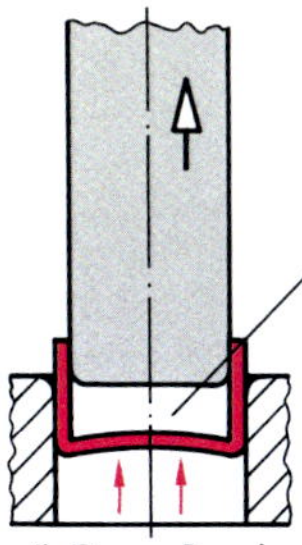

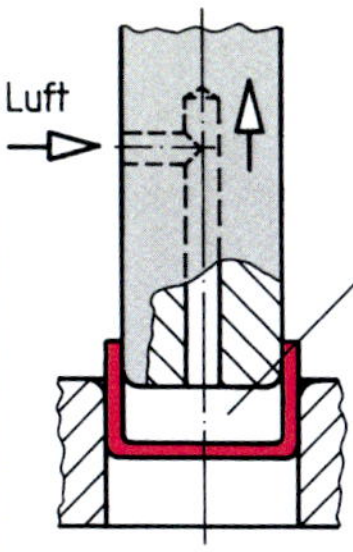

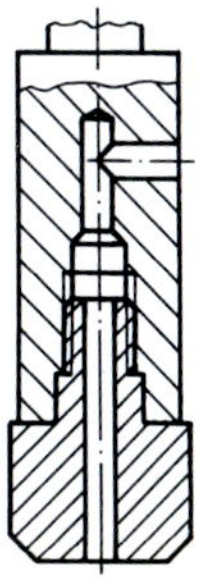

Die Be- und Entlüftung durch Luftkanäle verhindert Formänderungen der Tiefziehteile.

Übungsaufgabe G-87

• Tiefziehring

Das Tiefziehsystem im starren Werkzeug setzt sich im Wesentlichen aus den Bauteilen Tiefziehring und Tiefziehstempel zusammen. Zur Herstellung eines Hohlkörpers wird der Blechzuschnitt durch den Tiefziehstempel in den Tiefziehring hineingezogen. Der Tiefziehring wird in der Regel aus einem Stück gefertigt.

Die geometrische Form der Tiefziehringe wird je nach Werkstückform und Einsatzgebiet ausgewählt. Ein zylindrischer Tiefziehring kann nur bei geringer Ziehtiefe eingesetzt werden. Mit größer werdender Ziehtiefe steigen die Reibungskräfte zwischen Ziehteil und Ziehring. Dadurch erhöht sich die Tiefziehkraft. Darüberhinaus verschlechtert sich die Oberflächengüte des Tiefziehteiles.

Bei größeren Ziehtiefen werden bevorzugt Ziehringe mit kurzem zylindrischen Durchbruch eingesetzt, der dann aufgeweitet wird. Die Reibungskräfte und damit die Ziehkraft verringern sich dadurch.

Tiefziehringe für den Weiterzug werden mit einer Einlaufschrägen versehen. Der Winkel der Einlaufschrägen beträgt erfahrungsgemäß etwa 40°.

Die Qualität des Tiefziehteiles ist wesentlich von der Bestimmung der Ziehkantenrundung abhängig. Bei zu großer Ziehkantenrundung besteht die Gefahr der Faltenbildung (siehe Kapitel „Tiefziehfehler"). Fertigt man einen Ziehring mit zu kleiner Ziehkantenrundung, erhöhen sich die Spannungen in der Umformzone und es besteht die Gefahr, dass es zu *Bodenreißern* kommt.

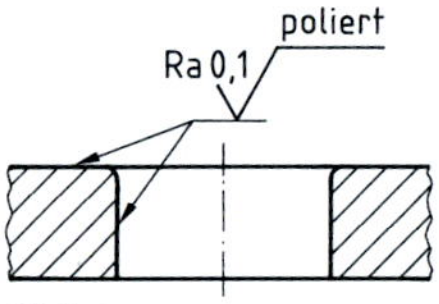

Zylindrischer Ziehring

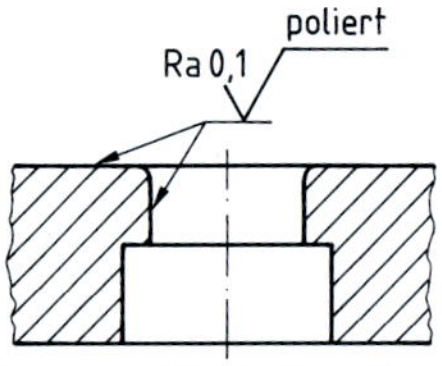

Ziehring mit kurzem zylindrischen Durchbruch

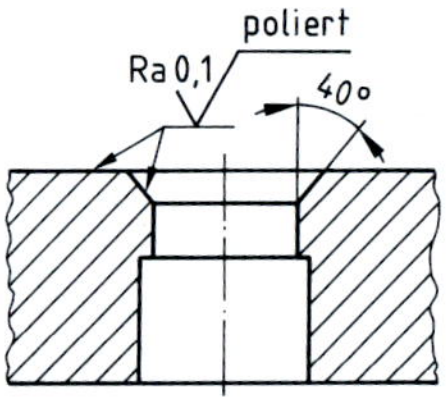

Ziehring für Weiterzug

Tiefziehringformen

Der Tiefziehring bestimmt die Außenkontur des Tiefziehteiles. Die Qualität des Tiefziehteiles hängt maßgeblich von der richtigen Bestimmung der Ziehkantenrundung ab.

• Niederhalter

Durch den Niederhalter wird der Blechzuschnitt mit einer bestimmten Niederhalterkraft auf den Flansch gedrückt. Dadurch wird eine Faltenbildung vor allem bei Dünnblechen vermieden.
Im Erstzug setzt man plattenförmige Niederhalter ein. Für den vorgezogenen Hohlkörper benötigt man dann im Weiterzug einen hülsenförmigen Niederhalter.

Beispiele für Ausführungen von Niederhaltern

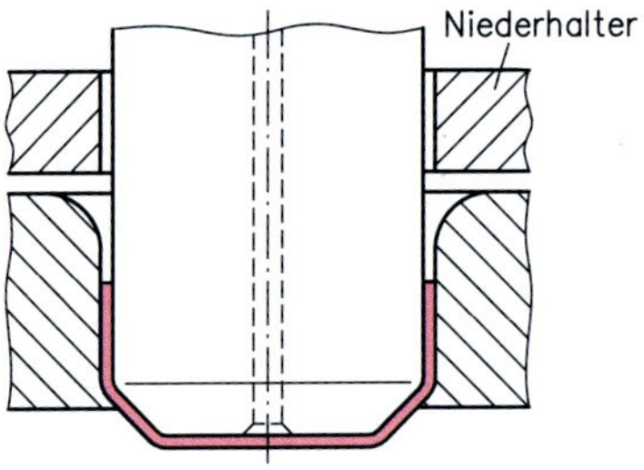

Niederhalter für den Erstzug

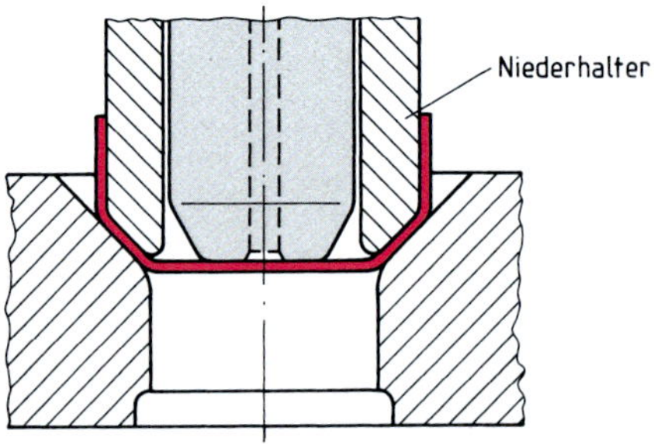

Niederhalter für den Weiterzug

Der notwendige Niederhalterdruck kann durch *Federn* oder durch pneumatische bzw. *hydraulische Ziehkissen* aufgebracht werden. Beim Einsatz von Federn sollte man darauf achten, dass der Federweg möglichst lang ist. Ein zu kurzer Federweg erzeugt einen zu hohen Niederhalterdruck. Die Veränderung des Niederhalterdruckes ist nur durch einen relativ großen Montageaufwand möglich.
Beim Einsatz pneumatischer bzw. hydraulischer Zieheinrichtungen ist die Einstellung des Niederhalterdruckes wesentlich einfacher. Während des Ziehvorganges kann der Niederhalterdruck etwa konstant gehalten werden.

Beispiele **für konstruktive Ausführungen von Niederhaltern**

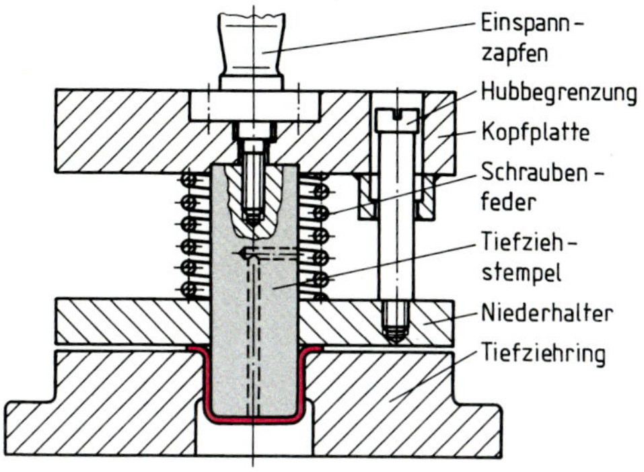

Durch Federn betätigter Niederhalter

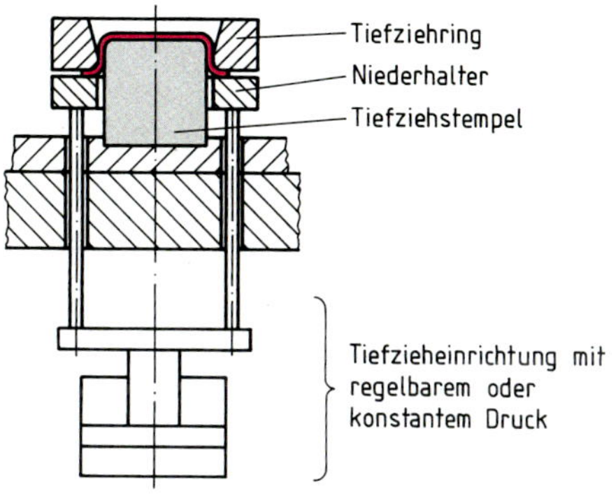

Pneumatisch bzw. hydraulisch betätigter Niederhalter

Durch den Einsatz von federbetätigtem Niederhalter oder pneumatisch bzw. hydraulisch betätigtem Ziehkissen soll eine Faltenbildung an dem Ziehteil verhindert werden.

- **Berechnungsgrundlagen zum Tiefziehsystem**

Die wesentlichen Berechnungsgrößen des Tiefziehsystems sind:

- die Stempelkantenrundung r_{St},
- der Abrundungshalbmesser am Ziehring r_Z,
- der Ziehspalt u_Z.

In der nachfolgenden Tabelle sind für das Tiefziehsystem die entsprechenden Formeln zusammengestellt:

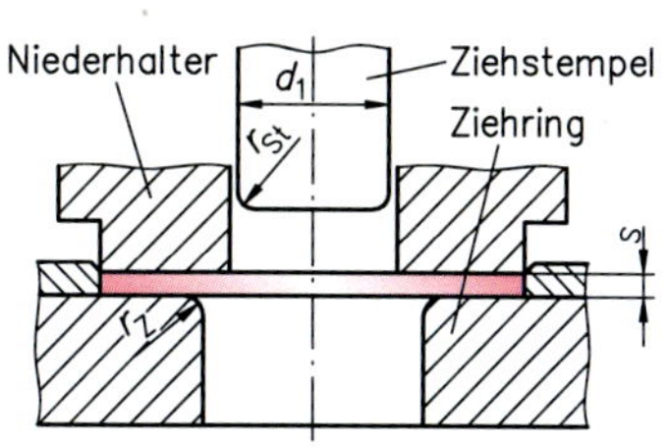

Tiefsiehsystem (Benennungen)

Berechnungsgröße	Formel	Hinweis
Stempelkantenrundung r_{St}	$\mathbf{r_{St} = (3 \text{ bis } 5) \cdot r_Z}$ r_{St} Stempelkantenrundung in mm r_Z Radius am Ziehring in mm	Die Stempelkantenrundung r_{St} ist notwendig, um das Einschneiden des Stempels in das Werkstück zu verhindern.
Abrundungshalbmesser am Ziehring r_Z	$\mathbf{r_Z = 0{,}035 \cdot [50\ mm + (D_0 - d_1)] \cdot \sqrt{s}}$ D_0 Durchmesser des Blechzuschnittes in mm d_1 Durchmesser des Tiefziehstempels in mm s *Zahlenwert* der Blechdicke	Die Stempelkantenrundung r_{St} muss immer größer als die Rundung an dem Ziehring r_Z sein.
Ziehspalt u_Z	$\mathbf{u_Z = t + K \cdot \sqrt{10 \cdot s}}$ u_Z Ziehspalt in mm Werkstoffbeiwert K: Stahl 0,07; Al-Legierungen 0,02; NE-Metalle 0,04, hochwarmfeste Legierungen 0,2.	Der Ziehspalt u_z ist etwas größer als die Blechdicke *t*; er hängt vom Werkstückwerkstoff (Faktor K) und von der Blechdicke ab.

- **Berechnungsbeispiel zum Tiefziehsystem**

Eine Abdeckkappe für Elektrobauteile aus DC04 (1.0338) soll durch Tiefziehen hergestellt werden. Bestimmen Sie folgende Kennwerte für die Gestaltung der Bauteile eines Tiefziehsystems für den Erstzug:

a) den Abrundungshalbmesser r_Z für den Ziehring,
b) die Stempelkantenrundung r_{St},
c) den Ziehspalt u_Z.

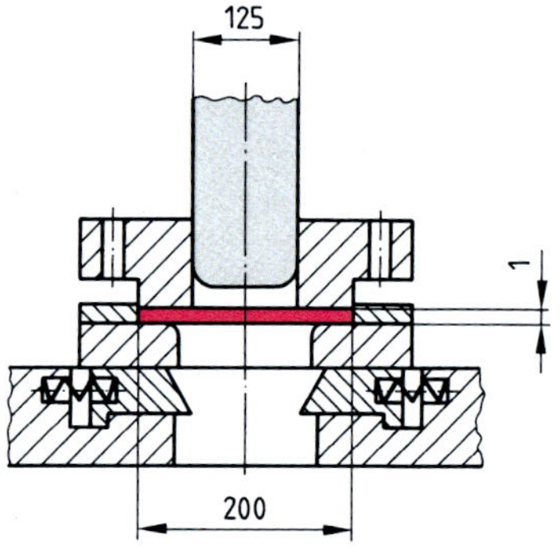

Gegeben:
d_1 = 125 mm
D_0 = 200 mm
Blechdicke = 1 mm

Gesucht:
a) r_Z
b) r_{St}
c) u_Z

Lösung:

$r_Z = 0{,}035 \cdot [50\text{ mm} + (D_0 - d_1)] \cdot \sqrt{s}\,]$
$= 0{,}035 \cdot [50\text{ mm} + (200\text{ mm} - 125\text{ mm})] \cdot \sqrt{1}\,]$
$r_Z = 4{,}375\text{ mm}$
gewählt $\mathbf{r_Z = 4{,}5\text{ mm}}$

$r_{St} = (3\text{ bis }5) \cdot r_R$
$= 4 \cdot 4{,}5\text{ mm}$
$\mathbf{u_{St} = 18\text{ mm}}$

$u_Z = s + K \cdot \sqrt{10 \cdot s}\text{ mm}$
$= 1\text{ mm} + 0{,}07 \cdot \sqrt{10 \cdot 1}\text{ mm}$
$\mathbf{u_Z = 1{,}22\text{ mm}}$

4.4.2 Materialflusssystem

Das Tiefziehwerkzeug muss den Blechzuschnitt aufnehmen und nach dem Ziehvorgang das Werkstück aus dem Tiefziehring herausheben bzw. von dem Stempel abzustreifen.

- **Auswerfer und Abstreifer**

Ist der Tiefziehvorgang beendet, muss das Werkstück *entformt* werden. Man unterscheidet aufgrund des Aufbaus des Tiefziehwerkzeuges zwischen Auswerfer und Abstreifer.

Der Auswerfer kann z. B. durch eine Feder betätigt werden, um das Werkstück, nachdem der Stempel zurückgefahren ist, aus dem Ziehring zu stoßen. Diese Bauart ist jedoch nur bei kleinen Auswerferkräften möglich. Darüber hinaus werden federnde Auswerfer nur bei kleinen Ziehtiefen eingesetzt. Für größere Auswerferkräfte werden *maschinengebundene Auswerfereinrichtungen* eingesetzt.

Löst sich aufgrund der Reibungsverhältnisse das Werkstück nicht vom Tiefziehstempel, muss ein **Abstreifer** diese Aufgabe übernehmen. Die Abstreifer sind so konstruiert, dass sie beim Abwärtshub des Stempels zurückgeschoben werden. Die Abstreifer müssen so angeordnet werden, dass sie am Ende des Tiefziehvorganges am Stempel anliegen. Während des Aufwärtshubes können die an dem Stempel anliegenden Abstreifer das Tiefziehteil abstreifen.

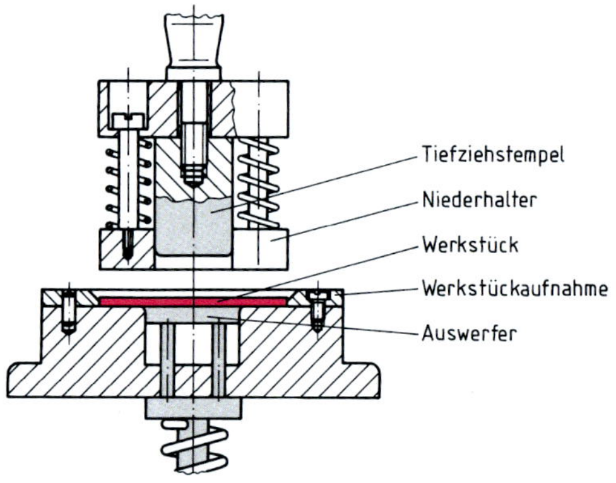

Tiefziehwerkzeug mit Auswerfer

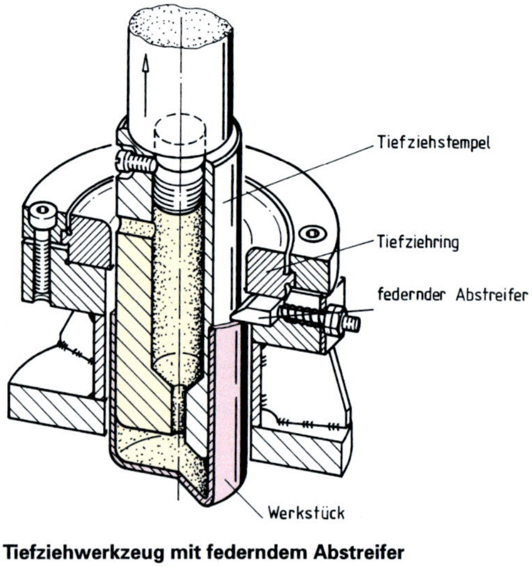

Tiefziehwerkzeug mit federndem Abstreifer

Übungsaufgaben G-88; G-89; G-90

• Berechnungsgrundlagen zum Materialflusssystem

Die Werkstückaufnahme hängt von der Kontur und dem Durchmesser des Blechzuschnittes ab. Um die Werkstückaufnahme auszulegen, muss der Blechzuschnitt berechnet werden. Darüber hinaus wird über das Tiefziehverhältnis die Anzahl der Ziehstufen berechnet. Mit den so gewonnenen Erkenntnissen über die Ziehstufen ist eine Auslegung des Materialflusssystems möglich.

Formel	Hinweis/Darstellung
Tiefziehverhältnis β $\beta_1 = \frac{D_0}{d_1}$ β Tiefziehverhältnis D_0 Durchmesser des Zuschnitts d_1 Innendurchmesser des Napfes nach Erstzug 1. Weiterzug $\beta_1 = \frac{d_1}{d_2}$ 2. Weiterzug $\beta_1 = \frac{d_2}{d_3}$ usw. $\beta_{ges} = \beta_1 \cdot \beta_2 \cdot \beta_3 \ldots$ β_{ges} Gesamtziehverhältnis β_1 Ziehverhältnis beim Erstzug β_2 Ziehverhältnis beim Zweitzug (1. Weiterzug) β_3 ... weitere Züge	Das Tiefziehverhältnis ist eine Kenngröße für die Umformung. 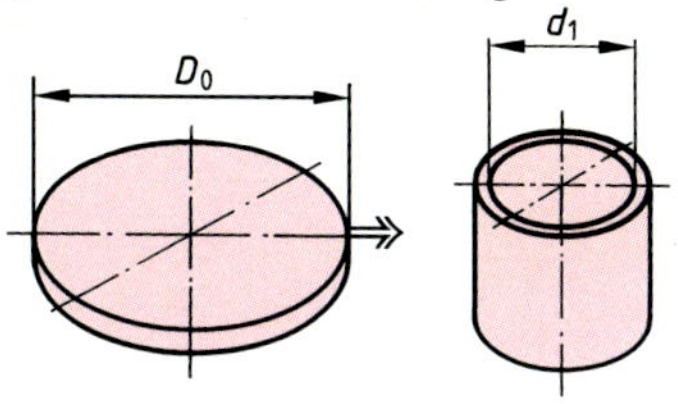 *Erstzug:* Verhältnis des Durchmessers des Blechzuschnittes zum Innendurchmesser des gezogenen Napfes (= Stempeldurchmesser). *Weitere Züge:* Verhältnis der Innendurchmesser vor und nach dem Zug. *Gesamtziehverhältnis:* Produkt der Einzelwerte.

Grenzziehverhältnis

Nach Möglichkeit möchte man ein Tiefziehteil in einem Zug fertig stellen. Wird die Kraft, die man dazu benötigt jedoch zu groß, dann reißt das Werkstück am Bodenrand aufgrund zu großer Zug- und Druckspannungen.

Das größte Ziehverhältnis, das ein Werkstoff ohne Schädigung zulässt, nennt man das Grenzziehverhältnis β_{max}. Das Grenzziehverhältnis hängt u. a. von dem Werkstoff, der Anzahl der Züge und der Art der Wärmebehandlung ab. Das Grenzziehverhältnis ist für den Erstzug und Weiterzug für verschiedene Werkstoffe in einer Tabelle aufgeführt (siehe Tabellenbuch).

Der Werkstoff erfährt während des Tiefziehvorganges eine Kaltverfestigung. Diese Werkstoffeigenschaft ist bei der Festlegung des Grenzziehverhältnisses berücksichtigt. Der Tabelle ist zu entnehmen, dass das Grenzziehverhältnis für den Erstzug größer ist als beim Weiterzug. Durch Zwischenglühen lässt sich die Kaltverfestigung teilweise beseitigen und das Grenzziehverhältnis steigt wieder an.

Bodenreißer nach Überschreiten des Grenzziehverhältnisses

In Kenntnis dieser Kenngrößen für den Tiefziehvorgang können dann die aufzuwendenden Kräfte, wie z. B. die Tiefziehkraft und Niederhalterkraft berechnet werden. Aufgrund dieser Berechnungen lassen sich geeignete Maschinen auswählen.

Übungsaufgaben G-91; G-92

Formel	Hinweis/Darstellung

Tiefziehverhältnis F_Z

$$F_Z = d_1 \cdot \pi \cdot s \cdot K \cdot R_m$$

F_Z Tiefziehkraft in N
s Blechdicke in mm
K Beiwert (Tabellenwert)
R_m Zugfestigkeit in N/mm²
d_1 Stempeldurchmesser in mm
D_0 Durchmesser des Blechzuschnittes in mm

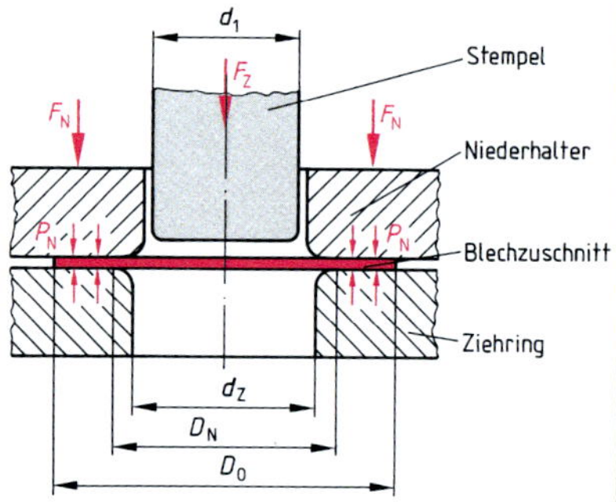

Niederhalterkraft F_N

$$F_N = p_N \cdot A_N$$

F_N Niederhalterkraft in N
p_N Niederhalterdruck in N/cm²
A_N Fläche, die vom Niederhalter beaufschlagt wird, in cm²

K-Werte

$\frac{d_1}{D_0}$	K	$\frac{d_1}{D_0}$	K
0,550	1,00	0,700	0,60
0,575	0,93	0,725	0,55
0,600	0,86	0,750	0,50
0,625	0,79	0,775	0,45
0,650	0,72	0,800	0,40
0,675	0,66		

Für eine kreisförmig beaufschlagte Fläche A_N gilt:

$$A_N = \frac{\pi}{4}(D_0^2 - d_N^2)$$

$$d_N = d_Z + 2 \cdot r_Z$$

D_0 Durchmesser des Blechzuschnittes in mm
d_N tatsächlicher Auflagedurchmesser des Niederhalters in mm
r_Z Abrundungshalbmesser in mm
d_Z Ziehringdurchmesser in mm

Die Tiefziehkraft ist vor allem vom Stempeldurchmesser, von der Blechdicke, von der Zugfestigkeit des Werkstoffes und von dem Durchmesser des Blechzuschnittes abhängig.

- **Berechnungsbeispiel zum Materialflusssystem**

Es soll eine zylindrische Kappe aus einem Tiefziehblech DC04 (1.0338), 1 mm dick, ohne Rand und ohne Zwischenglühen gezogen werden. Dabei soll der Innendurchmesser 50 mm und die Höhe 60 mm betragen.

Schritt 1: Berechnung des Durchmessers des Zuschnitts

$$D_0 = \sqrt{d^2 + 4 \cdot d \cdot h}$$
$$D_0 = \sqrt{50^2\ \text{mm}^2 + 4 \cdot 50\ \text{mm} \cdot 60\ \text{mm}}$$
$$D_0 = \mathbf{120\ mm}$$

Schritt 2: Berechnen der Stempeldurchmesser d_1 und d_2

Erstzug: $d_1 = \frac{D_0}{\beta_1} = \frac{120\ \text{mm}}{2} = \mathbf{60\ mm}$; **Zweitzug:** $d_2 = \frac{d_1}{\beta_2} = \frac{60\ \text{mm}}{1{,}3} = \mathbf{46{,}2\ mm}$

Die jeweiligen Werte für das Ziehverhältnis β_1 und β_2 sind dem Tabellenbuch entnommen.

Schritt 3: Schlussfolgerungen ziehen

- Da der errechnete Wert für d_2 (= 46,2 mm) niedriger ist als der gewünschte Innendurchmesser (d_2 = 50 mm) der Kappe, wird das Grenzziehverhältnis nicht überschritten. Es sind keine Bodenreißer zu erwarten.
- Die Werkstückaufnahme muss einen Durchmesser von 120 mm aufweisen.
- Der Stempeldurchmesser für den Erstzug beträgt 60 mm und für den Zweitzug 50 mm.

Übungsaufgaben G-93 bis G-97

4.4.3 Werkzeugführungs- und Spannsystem

Die Spannsysteme und Werkzeugführungssysteme für Tiefziehwerkzeuge sind durchweg so aufgebaut wie die entsprechenden Systeme beim Schneiden und Biegen. (Siehe Kapitel „Werkzeuge zum Schneiden").

4.5 Schmierstoffe und Werkstoffe für Bauteile von Tiefziehwerkzeugen

Das Tiefziehen erfordert den Einsatz geeigneter Schmierstoffe. Hierdurch soll die Reibung vermindert und die auftretende Wärme abgeleitet werden. Die Schmierstoffe wirken sich darüber hinaus noch positiv auf die Oberflächenqualität des Tiefziehteiles und die Standzeit des Werkzeuges aus.
Die Schmierstoffe benutzt man in fester und flüssiger Form. Sie können auf Mineral- oder Fettbasis hergestellt worden sein. Die Auswahl der Werkstoffe für die Bauteile eines Tiefziehwerkzeuges hängt von der Art der Beanspruchung, von der Anzahl der herzustellenden Werkstücke und dem Tiefziehwerkstoff ab.

4.6 Tiefziehfehler

Nach der Fertigung des Werkzeuges führt man Probezüge durch. Für die Probezüge muss das Werkzeug unter Betriebsbedingungen eingerichtet und unter Produktionsbedingungen in Betrieb genommen werden.

Beispiele für Tiefziehfehler, deren Ursache und Vermeidung

	Darstellung	Beschreibung	Ursache	Vermeidung
Fehler im Material	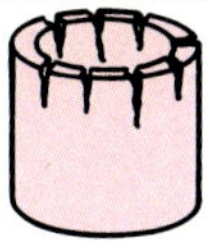	*Rissbildung* Risse am oberen Rand des Tiefziehteils	– hohe Spannungen	– vor dem Tiefziehvorgang glühen
Fehler im Werkzeug	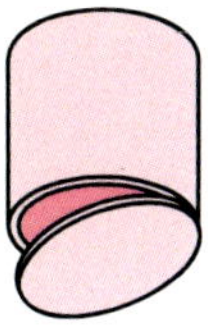	*Bodenabriss* keine Zargenbildung, Boden wird abgerissen	– Ziehkantenrundung zu klein – Ziehspalt zu eng – Niederhalterdruck zu groß – Ziehgeschwindigkeit zu hoch	– Ziehkantenradien vergrößern – Ziehspalt vergrößern – Niederhalterdruck und Ziehgeschwindigkeit verkleinern
	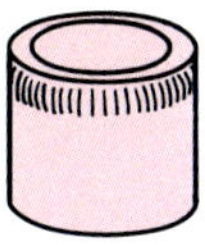	*Druckspuren* im oberen Bereich der Zarge eine blanke, hohe Druckspur	– Ziehspalt zu eng	– Stempel- bzw. Niederhalter nachschleifen.
Fehler im Blechzuschnitt	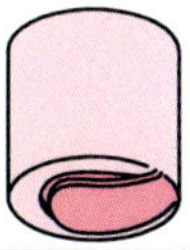	*Bodenreißer* Abriss nach kurzer Zargenbildung	– zu hohes Ziehverhältnis – zu hohe Tiefziehkraft	– mehr Ziehstufen – kleineres Ziehverhältnis
	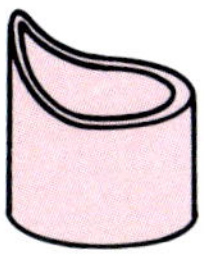	*einseitige Zipfelbildung* am Zargenrand bzw. Blechflansch einseitige Zipfelbildung	– Zuschnitt außermittig – Niederhalterdruck ungleichmäßig – Stempel zum Ziehring außermittig – Blechdicke unterschiedlich	– Werkzeug ausrichten – Anlagestifte prüfen

Übungsaufgaben G-98; G-99

5 Verbundwerkzeuge

Verbundwerkzeuge vereinigen verschiedene Fertigungsverfahren in einem Werkzeug. Entsprechend der Zahl der Hübe, die in einem Werkzeug notwendig sind, um ein Werkstück zu erzeugen, unterscheidet man:

Folgeverbundwerkzeuge, in denen mit jedem Hub am Schnittstreifen ein weiterer Fertigungsschritt durchgeführt wird, bis am Ende das Werkstück vorliegt.

Gesamtverbundwerkzeuge, in denen während eines Hubes verschiedene Fertigungsverfahren durchgeführt werden, sodass nach einem Hub das fertige Werkstück vorliegt.

5.1 Folgeverbundwerkzeuge

5.1.1 Fertigungsverfahren in Folgeverbundwerkzeugen

In Folgeverbundwerkzeugen sind am häufigsten Verfahren des Trennens und des Umformens vereinigt. Es können auch Montageprozesse wie Nieten, Schweißen u. a. eingefügt sein.

Folgeverbundwerkzeuge zum Trennen und Umformen enthalten mindestens drei Fertigungsstufen:

- **Schneidstufe:** Hier geschehen Einschneiden, Lochen u.s.w.;
- **Umformstufe:** In dieser Stufe werden Umformarbeiten, wie Biegen, Tiefziehen u. a. durchgeführt;
- **Trennstufe:** Das fertige Werkstück wird vom Schnittstreifen abgetrennt.

Beispiel **für ein Folgeverbundwerkzeug zum Trennen und Umformen**

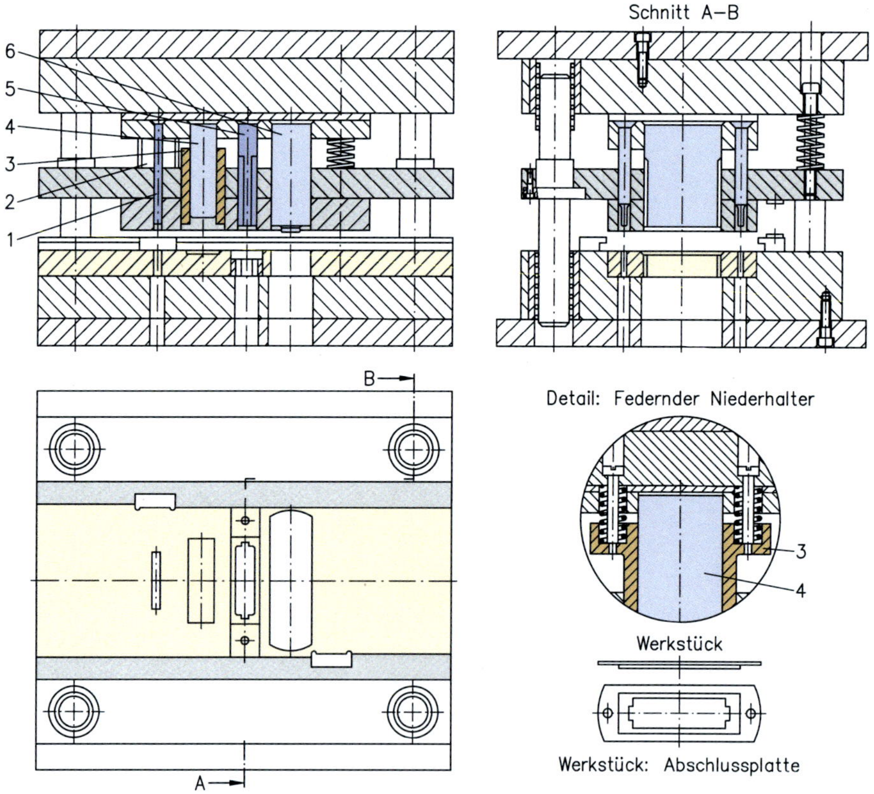

1 Schlitzstempel
2 Seitenschneider
3 gefederter Niederhalter
4 Biegestempel
5 Fensterausschnittstempel
6 Formschnittstempel

Übungsaufgabe G-100

In dem auf der Vorseite dargestellten Folgeverbundwerkzeug werden Abschlussbleche durch Ausstanzen und Tiefziehen hergestellt:

1. Zunächst wird in die Mitte des Blechstreifens ein Schlitz eingestanzt. Er soll den Schnittstreifen beim anschließenden Tiefziehen entlasten.
2. Es folgt das Tiefziehen durch einen Stempel.
3. Im nächsten Schritt werden das Fenster und die Löcher ausgestanzt.
4. Am Ende erfolgt das Ausschneiden der Außenform mit einem Formstempel.

Die Vorschublänge wird durch Seitenschneider und Anschläge eingestellt. Am Formschnittstempel für die Außenkontur ist zusätzlich ein Sucher angebracht, der in den Fensterausschnitt eingreift und den Versatz zwischen Außen- und Innenkontur vermeiden soll.

Folgeverbundwerkzeuge vereinigen verschiedene Fertigungsverfahren in einem Werkzeug.
Folgeverbundwerkzeuge zum Trennen und Umformen enthalten mindestens drei Fertigungsstufen:

- Schneidstufe
- Umformstufe,
- Trennstufe.

5.1.2 Gestaltung von Folgeverbundwerkzeugen zum Trennen und Umformen

- **Schneidstufe**

In der ersten Fertigungsstufe werden meist zunächst Lochungen und Seitenabschnitte vorgenommen, die später zur genauen Positionierung des Schnittstreifens verwendet werden.
Weiterhin wird die Kontur soweit freigeschnitten, dass Umformvorgänge ohne starken Verzug und damit verbundenen Positionsänderungen im Schnittstreifen durchgeführt werden können. Das Freischneiden muss besonders beim Tiefziehen und bei Prägevorgängen so erfolgen, dass die Abstände im Schnittstreifen vor und nach der Umformung gleich bleiben.

Beispiele für Freischneiden

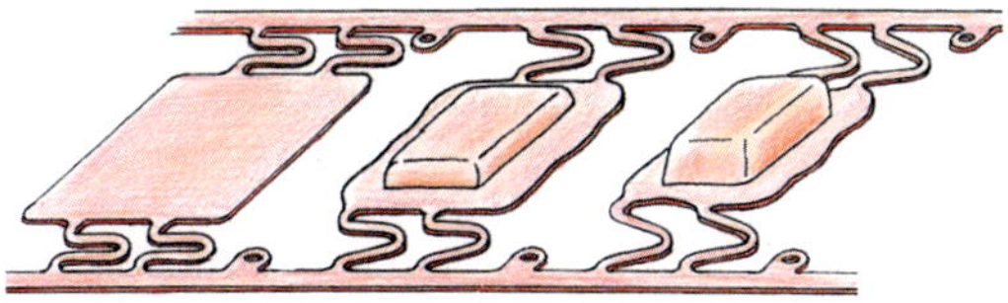

Ronde **1. Zug** **2. Zug**

Freischneiden **Umformen** **Ausschneiden**

In der Schneidstufe wird meist zunächst gelocht und die Kontur soweit freigeschnitten, dass Umformvorgänge ohne starken Verzug des Schnittstreifens durchgeführt werden können.

- **Umformstufe**

Die Umformungen in der Umformstufe sollen möglichst so geplant werden, dass sie in Richtung der Abwärtsbewegung des Stößels erfolgen. Falls daneben auch Umformungen in entgegengesetzter Richtung notwendig sind, soll die Umformung mit dem größten Kraftaufwand oder der größeren Umformung mit der Abwärtsrichtung des Stößels zusammenfallen.
Bei Biegeumformungen oder Prägungen, die unbedingt eine Umformung entgegen der Stößelrichtung erfordern, kann die Aufwärtsbewegung durch eine Wippe erfolgen.

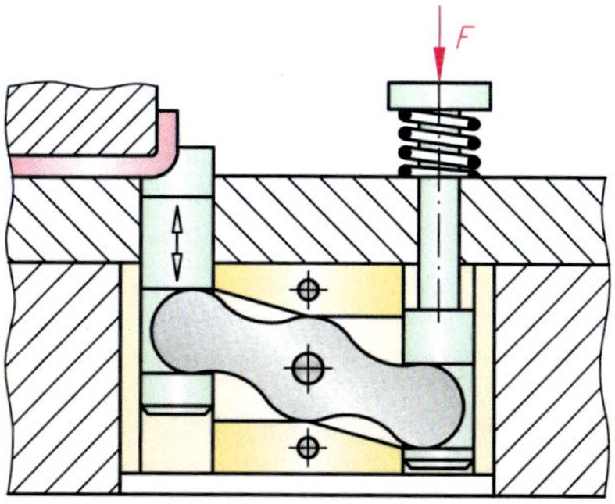

Wippe zur Umlenkung der Biegekraft

Umformungen durch Werkzeugbewegung schräg oder quer zur Stößelbewegung können durch keilförmige Stempel erzeugt werden. Diese Stempel bewegen Schieber in der gewünschten Richtung. Durch die Gestaltung und die Lage der Keilflächen zueinander kann der zeitliche Verlauf der Schieberbewegung eingestellt werden.

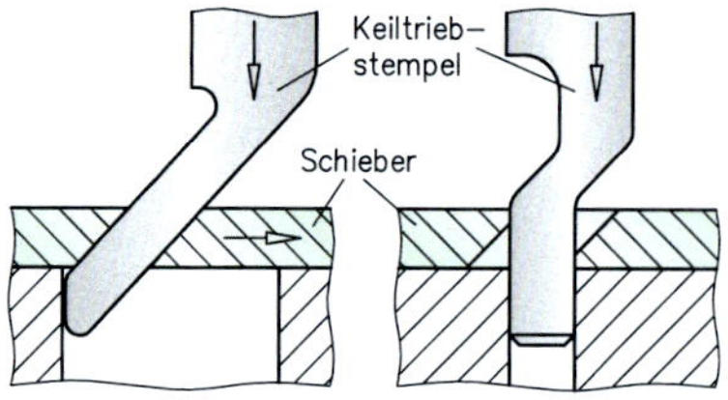

Keiltriebstempel

Zur Vereinfachung des Werkzeugaufbaus können Zusatzbewegungen in beliebiger Richtung auch durch hydraulisch, seltener pneumatisch und elektrisch angetriebene Zusatzbaugruppen erfolgen. Diese werden als Normalien angeboten, z. B. Kurzhubzylinder.

Umformungen sollen möglichst in die Richtung der Stempelbewegung gelegt werden. Bewegungen entgegen der Stempelbewegung erzeugt man mechanisch durch Wippen und Bewegungen in Querrichtung durch Keiltriebstempel. Hydraulisch erzeugt man die Bewegungen durch Kurzhubzylinder.

Falls durch die Anordnung und Größe mehrerer Stempel die Zwischenräume zwischen diesen so eng werden, dass die Gefahr von Rissen zwischen den Stempeldurchbrüchen besteht, werden **Leerstufen** in die Bearbeitungsfolge eingefügt. Bei Ihnen wird der Schnittstreifen ohne Bearbeitung um eine Position weitergeführt.

- **Trennstufe**

In der Trennstufe wird das fertige Werkstück vom Schnittstreifen abgetrennt. Wenn präzise Abstände z. B. von Bohrungen, auf umgeformten Bereichen eingehalten werden müssen oder Konturen auf tiefgezogenen oder geprägten Flächen exakt ausgeschnitten werden müssen, geschieht das Ausschneiden meist auch in dieser Stufe unmittelbar vor dem endgültigen Abtrennen des Schnittteils.

5.1.3 Planung und Entwicklung von Folgeverbundwerkzeugen

Folgeverbundwerkzeuge sind meist aus einzelnen Modulen aufgebaut, in denen die einzelnen Fertigungsverfahren ablaufen. Der modulare Aufbau hat den Vorteil, dass Änderungen der Werkstückform nur den Austausch oder die Änderung eines einzelnen Moduls erforderlich machen und nicht mehr die Änderung des gesamten Werkzeugs.

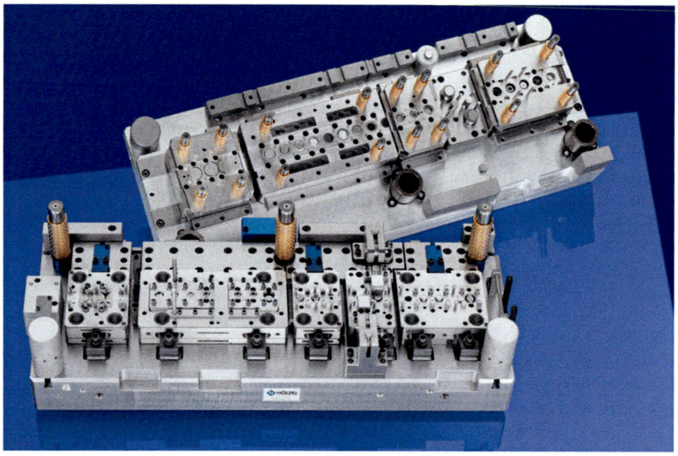

Tiefziehwerkzeug in Modulbauweise mit 6 Ziehstufen und Beschneidestation

Folgeverbundwerkzeuge werden heute fast ausschließlich unter Einsatz von CAD/CAM-System geplant. Ausgehend von einer CAD-Darstellung des Werkstücks als Flächen- oder Volumenmodell berechnen diese Systeme die Länge der neutralen Faser und die Abwicklung. Dabei werden werkstoffspezifische Eigenschaften, z. B. die Längenkorrektur bei Biegeradien, berücksichtigt.

Durch Übertragen der Abwicklung auf den Schnittstreifen können die einzelnen Bearbeitungsstufen abgegrenzt und die Lage der Stanzwerkzeuge eingetragen werden. Durch stufenweise Rückführung der CAD-Darstellung bis hin zur Abwicklung entsteht die Folge der Umformstufen und am Ende das Streifenlayout.

Beispiel für die Erzeugung des Streifenlayouts (VISI-Progress)

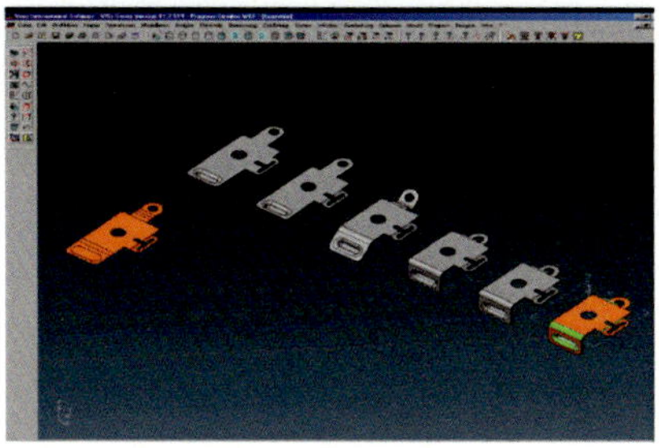

Konstruktion der Umformstufen

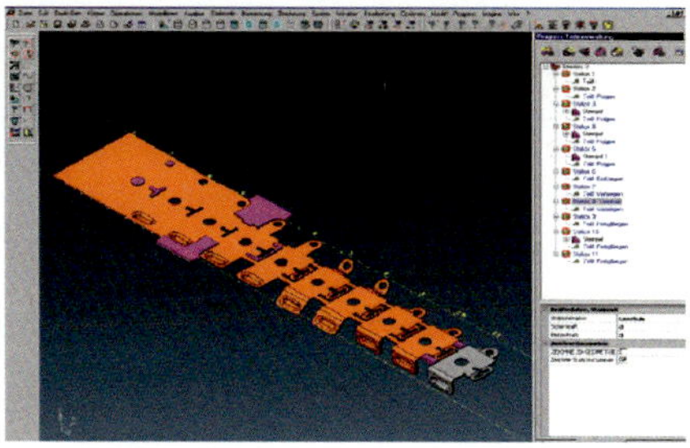

Streifenlayout

Zur Konstruktion des Werkzeugaufbaus wird Plattenmaterial in Normmaßen verwendet. Auf diesen Maßen aufbauend werden die für das Werkzeug individuell anzufertigenden Baugruppen konstruiert.

Beispiel für die Entwicklung des Werkzeugaufbaus (VISI-Progress)

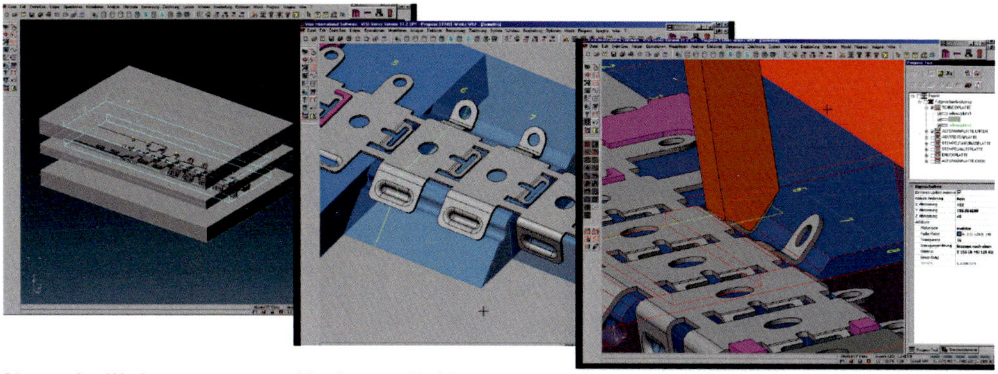

Platten des Werkzeugs **Matrize zum Vorbiegen** **Stempel zum Vorbiegen**

LF 11S-14S

Nach Klärung des Werkzeugaufbaus werden die Fügeelemente, Sicherungselemente, Führungselemente u. a. eingesetzt. Hier wird weitgehend auf Normalien zurückgegriffen.

Beispiel für den Einbau von Montage- und Führungselementen (VISI-Progress)

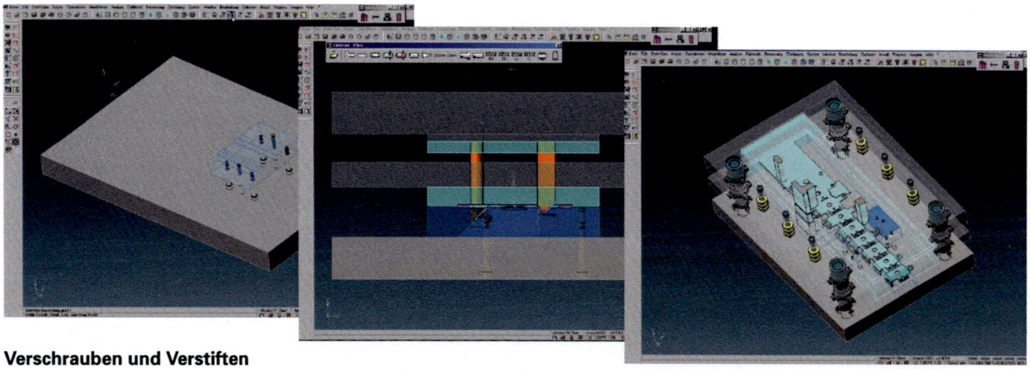

Verschrauben und Verstiften der Matrize **Vorderansicht des Werkzeugs** **Werkzeugaufbau mit Führungssystem**

5.2 Gesamtverbundwerkzeug

Mit Gesamtverbundwerkzeugen werden in einem Pressenhub verschiedene Fertigungsverfahren zur Herstellung des Werkstücks angewendet. Besonders häufig werden Verfahren des Zerteilens und des Umformens in einem Werkzeug vereinigt.

Der Vorteil von Gesamtverbundwerkzeugen liegt in der hohen Genauigkeit, mit der die Werkstücke gefertigt werden, da alle Bearbeitungen von einer Position aus erfolgen und nicht, wie bei Folgeverbundwerkzeugen, eine mit jeder Folge verbundene Neupositionierung notwendig ist. Von Nachteil ist jedoch der häufig sehr komplizierte Aufbau der Gesamtverbundwerkzeuge. Er erschwert besonders Änderungsarbeiten am Werkzeug und erfordert oft völlige Neukonstruktion bei nur geringen Änderungen der gewünschten Werkstückform.

Beispiel für ein Gesamtverbundwerkzeug zum Ausschneiden und Tiefziehen

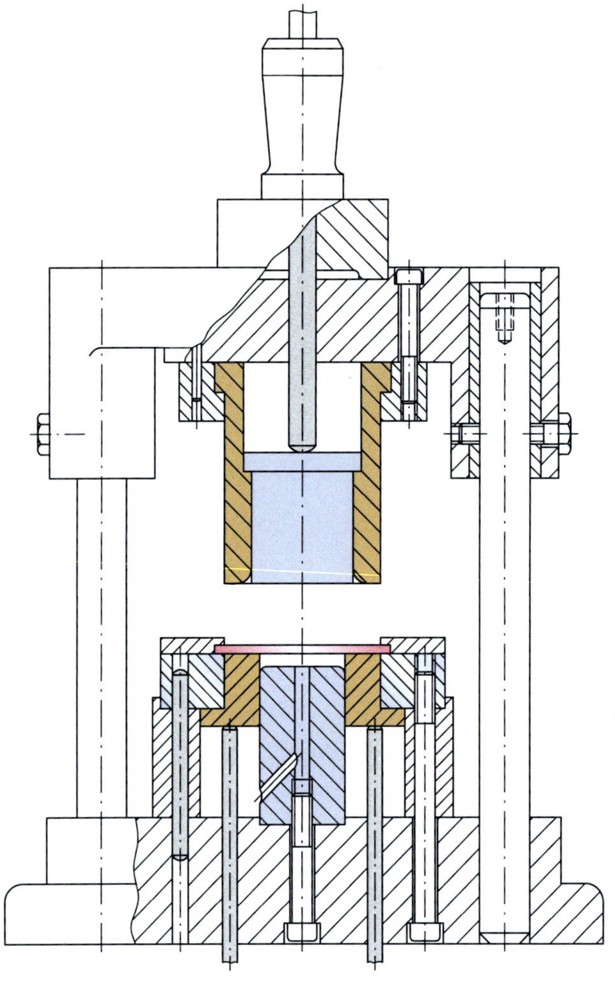

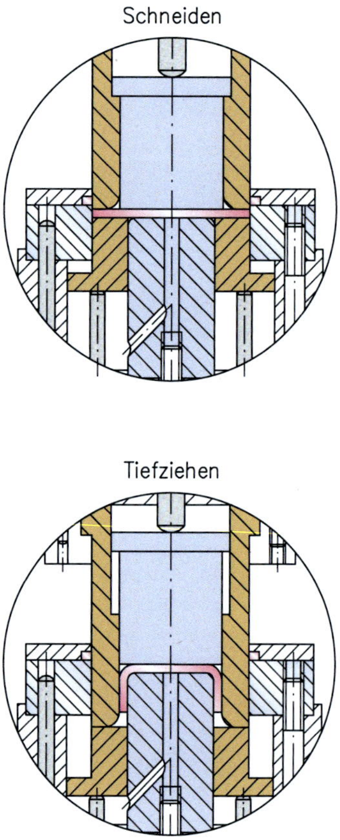

In Gesamtverbundwerkzeugen werden in einem Pressenhub verschiedene Fertigungsverfahren zur Herstellung des Werkstücks angewendet.
Vorteil gegenüber Folgeverbundwerkzeugen ist die hohe Fertigungsgenauigkeit der Werkstücke, nachteilig sind die hohen Werkzeugkosten bei der Werkzeugherstellung und bei evtl. Änderungen des Werkzeugs.

Übungsaufgaben G-104; G-105

6 Komplexe Fertigungssysteme zum Stanzen, Umformen und Fügen

Maschinensysteme zur Vielfachbearbeitung ermöglichen durch Bearbeitungsschritte wie Stanzen, Umformen, Montieren, Gewinden, Schrauben, Schweißen u. v. m. die Komplettfertigung von Bauteilen und komplexen Baugruppen wie Schaltern, Gurtgehäusen, Nadellagerkäfigen oder Kontaktklemmen. Die einzelnen Elemente werden dabei in optimal gestalteten Fertigungsabläufen aus Band- und Drahtmaterial gefertigt und anschließend unmittelbar oder mit weiteren zugeführten Bauteilen (z. B. Kunststoff- oder Keramikteilen) in einem kontinuierlichen Prozess zur fertigen Baugruppe montiert.

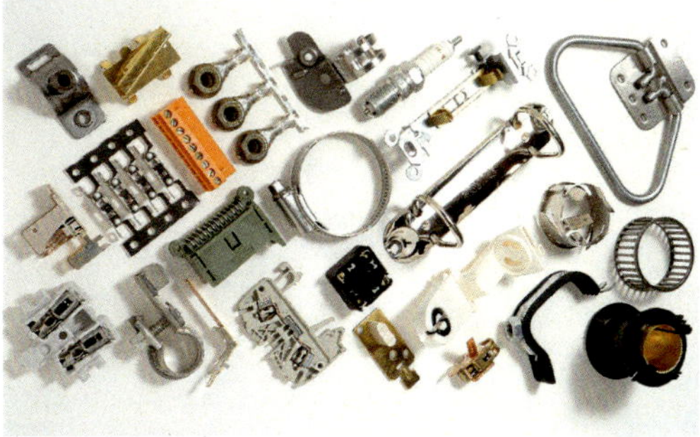

Bauteile nach Vielfachbearbeitung

Beispiel für ein Maschinensystem zur Vielfachbearbeitung (Bihler Multicenter MC 82)

Das Maschinensystem Bihler Multicenter MC 82 zur Vielfachbearbeitung besteht in der Grundausstattung aus:

- Maschinengrundkörper mit Antriebspositionen für die Bearbeitungseinheiten
- zentralem Antrieb mit Getriebe und Kupplungen
- CNC-Steuerung mit Bedienpult
- Presse zum Ausstanzen von Blechen und Ablängen von Drähten
- austauschbaren Schlittenaggregaten
- Zuführ- und Vorschubeinheit für Bänder und Drähte
- Pneumatik- und Hydraulikeinheit
- Zentralschmierung

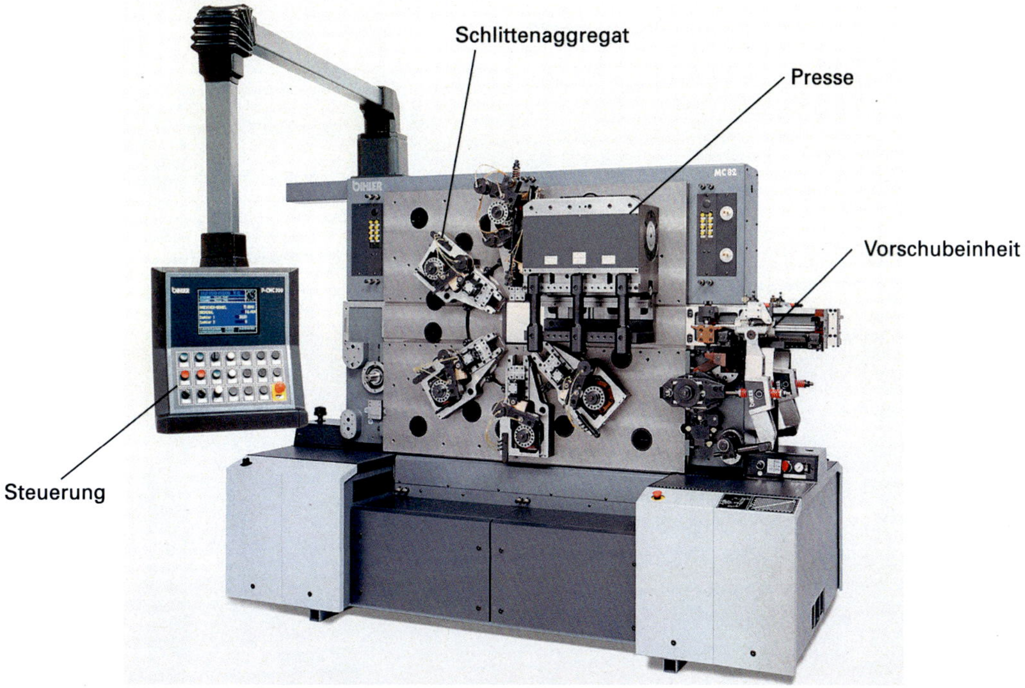

Maschinensystem Bihler Multicenter MC 82

LF 11S-14S

Der Grundkörper der Maschine besteht aus dem Grundgestell und zwei parallelen Aufspannplatten, zwischen denen ein Großrad eingebaut ist, von dem aus alle Zusatzaggregate angetrieben werden. Ein frequenzgesteuerter Asynchronmotor überträgt mittels Keilriemen die Energie auf die Brems-Kupplungskombination. Von dieser gelangt die Arbeitsenergie über ein Schneckenrad und ein Zwischenrad auf das Großrad.

Auf der linearen Seite der Maschine befinden sich 16 horizontal angeordnete Antriebspositionen, an denen die Zahnräder der entsprechenden Umformeinheiten direkt auf das Großrad zugreifen, wodurch sich eine geradlinig verlaufende Bearbeitung ergibt.
Auf der radialen Seite der Maschine ermöglichen 24 kreisförmig angeordnete Antriebspositionen die Ankupplung von Umformeinheiten derart, dass eine radiale Bearbeitung möglich ist.

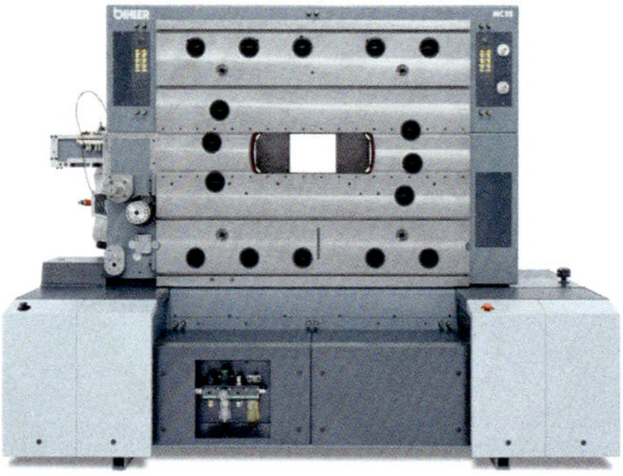

Lineare Seite der Aufspannplatte

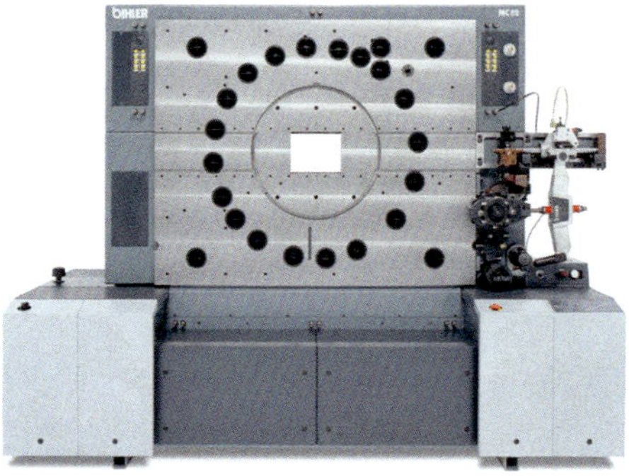

Radiale Seite der Aufspannplatte

Zweipunkt-Exzenterpressen mit 100 kN bzw. 300 kN Presskraft können links oder rechts auf der Grundplatte montiert und mittels Zahnrädern mit dem Großrad verbunden werden. Die Pressen setzen dabei dessen radiale Bewegung über eine Exzenterwelle und Pleuelstangen in eine Linearbewegung um. Der Pressenhub ist fest und beträgt bei den beiden genannten Pressen 12 und 16 mm. Bei Verarbeitung breiter Bänder können die Pressen auch mittig eingebaut werden.

Rückseite einer Aufspannplatte mit Teilen des Getriebes

In Pressen finden Schnittgestelle mit Stanz- und Prägewerkzeugen ihren Einsatz, die mit zusätzlichen Einheiten zu Folgeverbundwerkzeugen erweitert werden können.

Presse

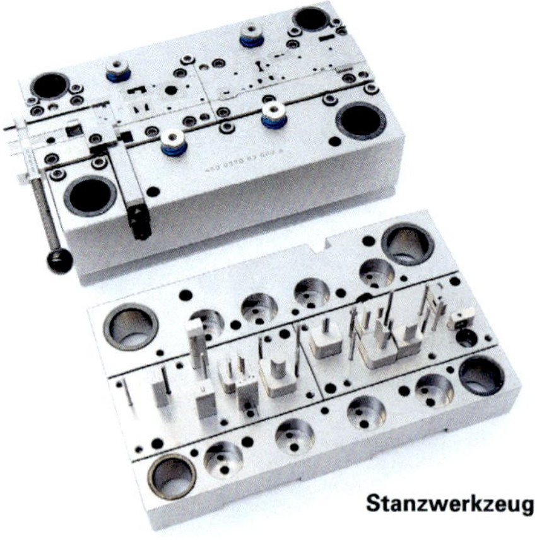

Stanzwerkzeug

Entsprechend dem geplanten Fertigungskonzept werden Schlittenaggregate in den verschiedensten Ausführungen an den Antriebspositionen der Grundplatte installiert.

Die Schlittenaggregate werden mit den jeweiligen Werkzeugen bestückt. Die Form der auf den Schlittenaggregaten montierten Kurvenscheibe bestimmt den Bewegungsablauf des aufmontierten Werkzeuges.

Schlittenaggregat

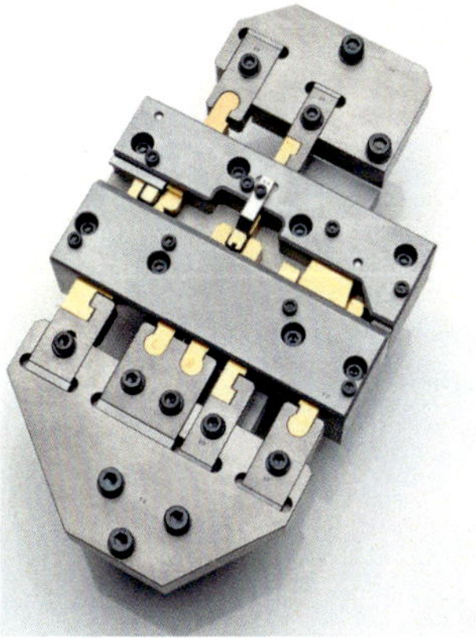

Umformwerkzeug

Schlittenaggregate mit Umformwerkzeugen

Neben den traditionellen Bearbeitungsaggregaten wie Umformwerkzeugen, Presse oder Mittelstempel können weitere Technologien mechanisch oder NC-gesteuert in das Maschinenkonzept integriert werden. Dazu zählen Schweißeinheiten, Gewindeformer, Multischrauber u. v. m. Abhängig von der jeweiligen Ausstattung ergeben sich für Stanz- und Umformvorgänge stufenlos einstellbare Hubzahlen zwischen 5 und max. 250 1/min.

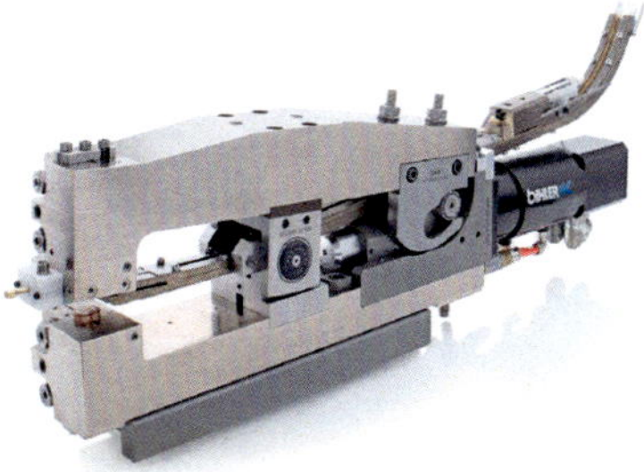

Schweißeinheit

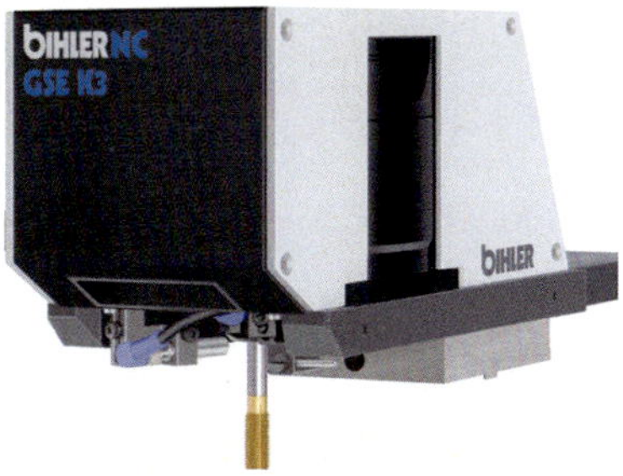

Gewindeformer

Multischrauber

Handlungsfeld: Vorrichtungen planen, bauen und warten

Problemstellung

Auftrag

Auftrag
Vorrichtung bauen zum Planfräsen und Bohren der Löcher.

Zeichnung

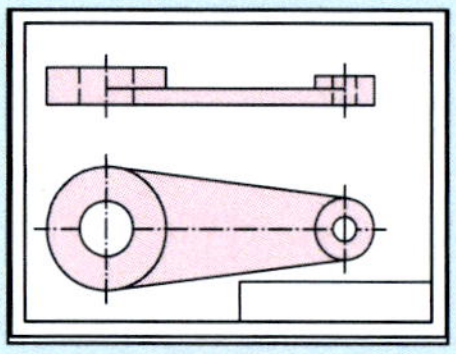

Rohteil

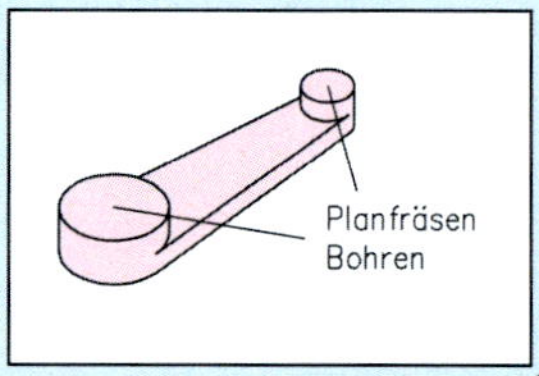

Analysieren

Vorgaben berücksichtigen

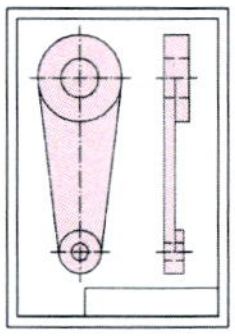

- Toleranzen
- Bezugsebene
- Bearbeitungsstellen

Entscheiden für eine Vorrichtungsart

Vorgaben berücksichtigen
- wirtschaftliche
- auftragsspezifische
- firmenspezifische

Planen

Überlegungen zu
- Positionieren
- Spannen
- Stützen
- Führen
- Sicherheit
- Handhabung

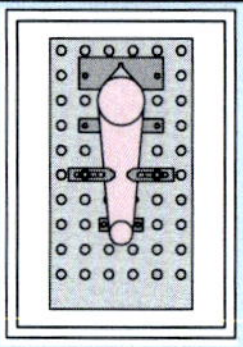

Zeichnung der Vorrichtung

Entscheiden für
- Normalien

oder
- Sonderanfertigung

oder
- universelle Vorrichtung

Fertigen

- Fertigen der Einzelteile bzw. Auswählen der Normalien
- Montieren

- Einrichten
- Kontrollieren

Warten

- Auf Maschinentisch montieren
- Ausrichten

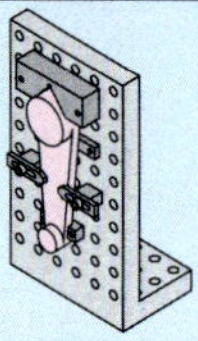

- Kontrollieren
- Korrigieren
- Instandhalten

1 Die Vorrichtung als Fertigungsmittel

1.1 Vorrichtungen im Fertigungsprozess

1.1.1 Aufgaben und Funktionen von Vorrichtungen

Vorrichtungen haben die Aufgabe Werkstücke, Werkzeuge oder Messmittel in arbeitsgerechte Lage zu bringen und so die Handhabung zu erleichtern sowie die Fertigung wirtschaftlich zu gestalten. Vorrichtungen dienen zum

- **Positionieren,** d. h. Teile in eine arbeitsgerechte und wiederholgenaue Lage zu bringen,
- **Spannen,** d. h. Teile in einer bestimmten Position zu halten,
- **Stützen,** d. h. den funktionssicheren Kraftfluss durch Verhindern von Deformationen zu gewährleisten,
- **Führen,** d. h. die Bewegung von Teilen auf vorgegebenen Bahnen sicherzustellen,

Diese Funktionen bezeichnet man als Grundfunktionen bei Vorrichtungen.

Beispiel für Grundfunktionen an einer Bohr-Fräsvorrichtung

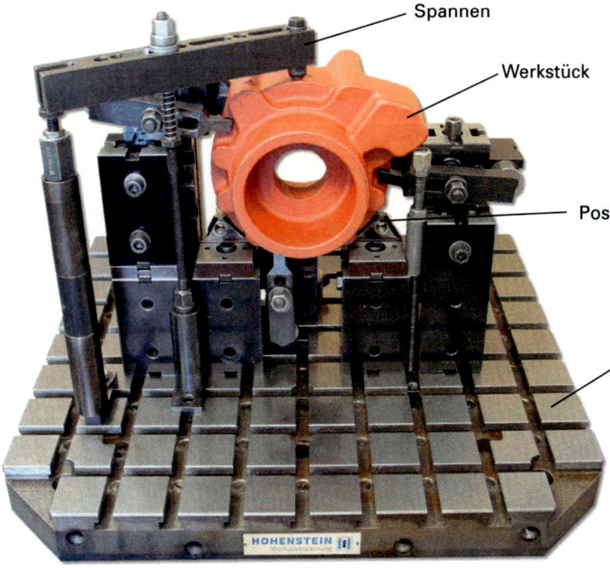

Die Aufgabe von Vorrichtungen ist es, Produkte leichter, sicherer und damit wirtschaftlicher herzustellen. Vorrichtungen erfüllen dies durch die Funktionen Positionieren, Spannen, Stützen und Führen.

LF 11V-14V

1.1.2 Wirtschaftlichkeit von Vorrichtungen

Mithilfe von Wirtschaftlichkeitsrechnungen kann ein möglicher Einsatz von Vorrichtungen bewertet und entschieden werden. Als Entscheidungshilfen dienen unter anderem die Größen Grenzstückzahl und Grenzstückkosten.

Unter der **Grenzstückzahl X** versteht man beim Einsatz von Vorrichtungen die Zahl der Werkstücke, für die bei der Fertigung mit und ohne Vorrichtung Kostengleichheit besteht. Die **Grenzstückkosten** sind die Kosten, die bei der Fertigung der Grenzstückzahl entstehen.

$$X = \frac{\text{Vorrichtungskosten}}{\text{Stückkosten ohne Vorrichtung} - \text{Stückkosten mit Vorrichtung}}$$

Bei der Grenzstückzahl herrscht Kostengleichheit zwischen Fertigung mit und ohne Vorrichtung. Bei größeren Stückzahlen wird die Fertigung mit der Vorrichtung preiswerter und damit wirtschaftlicher.

Übungsaufgaben H-1; H-2

1.2 Einteilung der Vorrichtungen

Vorrichtungen werden nach ihren Einsatz- und Anwendungsmöglichkeiten in universelle und spezielle Vorrichtungen unterteilt.

Wenn Vorrichtungen an unterschiedlichen Werkzeugmaschinen oder für unterschiedliche Werkstücke verwendet werden können, so bezeichnet man sie als **universelle Vorrichtungen.**

Beispiel **für eine universelle Vorrichtung**

Mit dem Maschinenschraubstock können sehr unterschiedliche Werkstücke gespannt werden. Als Werkstückspanneinheit kommt der Maschinenschraubstock universell auf Bohrmaschinen und Fräsmaschinen, aber auch auf Bohrwerken zum Einsatz.

Maschinenschraubstock

Universelle Vorrichtungen sind in der Fertigung an verschiedenen Stellen für unterschiedliche Aufgaben einsetzbar.

Werden Vorrichtungen für ein bestimmtes Werkstück oder eine bestimmte Werkzeugmaschine angefertigt, bezeichnet man sie als **spezielle Vorrichtungen.**

Beispiel **für eine spezielle Vorrichtung**

Mit der Schweißvorrichtung werden Laschen auf einer Grundplatte ausgerichtet und für das Anschweißen durch zwei Magnete gehalten. Diese Schweißvorrichtung kann nur für bestimmte Werkstücke und ein bestimmtes Fertigungsverfahren verwendet werden.
(Darstellung ohne Spritzschutz der Magnete)

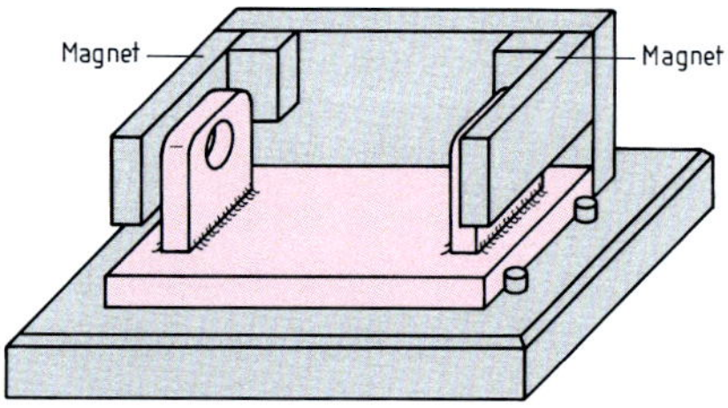

Schweißvorrichtung

Spezielle Vorrichtungen sind in der Fertigung nur für eine bestimmte Aufgabe einsetzbar.

Spezielle Vorrichtungen sind auch Vorrichtungen, die aus normalisierten Einzelteilen zusammengesetzt werden. Man nennt sie auch **flexible Vorrichtungen.** Vorteil flexibler Vorrichtungen ist, dass sie nach Gebrauch zerlegt und die Einzelteile zum Aufbau anderer Vorrichtungen wieder verwendet werden können.

Beispiel **für eine flexible Vorrichtung**

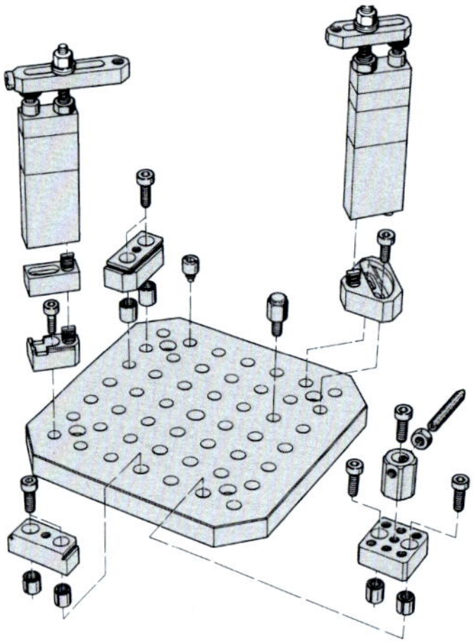

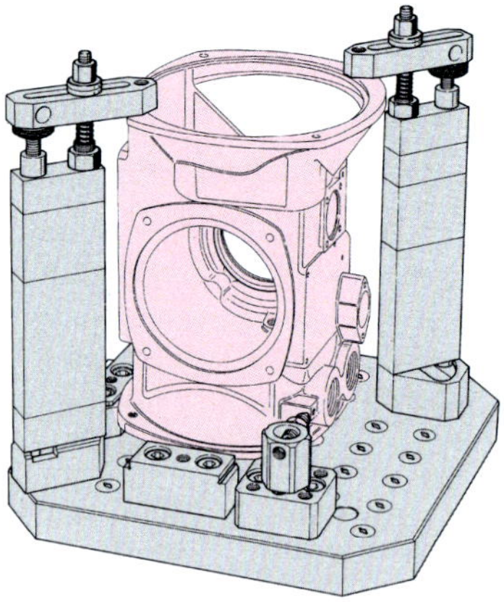

Flexible Vorrichtungen sind spezielle Vorrichtungen, die aus normalisierten Bausätzen aufgebaut sind und für verschiedene Aufgaben zusammengebaut werden können.

2 Die Vorrichtung als technisches System

Grundlage für den Aufbau einer Vorrichtung ist das Werkstück. Dabei sind die erforderlichen Einsatz- und Verwendungsmöglichkeiten und die zu erfüllenden Funktionen der Vorrichtung von Bedeutung. Unabhängig von teilspezifischen Lösungen im Aufbau einer Vorrichtung haben alle Vorrichtungen in ihrem Aufbau Gemeinsamkeiten.

Diese Gemeinsamkeiten zeigen sich dadurch, dass sich alle Vorrichtungstypen in folgende Teilsysteme gliedern lassen:

- Teilsystem zum Tragen,
- Teilsystem zum Positionieren,
- Teilsystem zum Spannen,
- Teilsystem zum Stützen,
- Teilsystem zum Führen.

2.1 Teilsystem zum Tragen

Alle Bauelemente einer Vorrichtung sind auf dem Grundkörper angeordnet. Die Teilsysteme und Bauelemente können lösbar oder unlösbar mit dem Grundkörper verbunden sein. Die Hauptfunktion des Grundkörpers ist somit das Tragen der übrigen Vorrichtungsteilsysteme und Vorrichtungsbauelemente.

Gegossene Grundkörper haben wegen des notwendigen Modellbaus meist höhere Herstellungskosten als Schweiß- oder Schraubkonstruktionen. Grundkörper aus Gusseisen, in seltenen Fällen Al-Si-Legierungen, bevorzugt man, wenn mehrere gleiche Vorrichtungen gebaut werden sollen. Solche gegossenen und spannungsarm geglühten Grundkörper sind besonders verzugsarm.

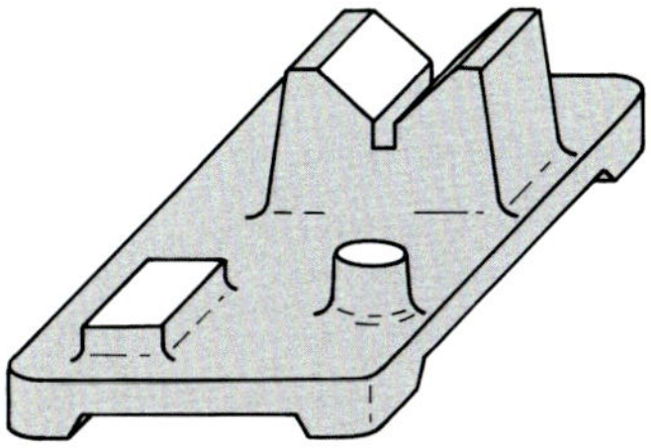
Gegossener Grundkörper

Gegossene Grundkörper wählt man aus, wenn mehrere gleichartige oder besonders genaue Vorrichtungen zu fertigen sind.

Geschweißte Grundkörper werden bei großen Vorrichtungen bevorzugt. Die notwendige Steifigkeit erreicht man bei dieser Konstruktion, indem Rippen angebracht werden. Durch Spannungsarmglühen werden nach dem Schweißen die Eigenspannungen in der Vorrichtung herabgesetzt. Dadurch verringert sich der Verzug bei der anschließenden spanenden Bearbeitung, z. B. beim Fräsen von Anlageflächen.

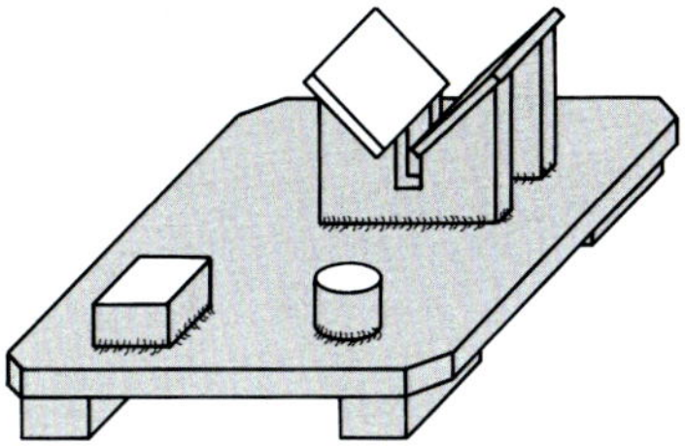
Geschweißter Grundkörper

Geschweißte Grundkörper bevorzugt man für große Vorrichtungen.
Geschweißte Grundkörper sind preiswerter als gegossene.

LF 11V-14V

Bei **flexiblen Vorrichtungen** besteht der Grundkörper aus Platten, Winkeln oder Blöcken. Diese Grundkörper sind meist aus Gusseisen. Für den speziellen Verwendungszweck werden auf die Grundkörper, die mit Positionier- und Gewindebohrungen versehen sind, weitere Elemente, z. B. Spannelemente, mithilfe von Stiften, Schrauben u. a., montiert.

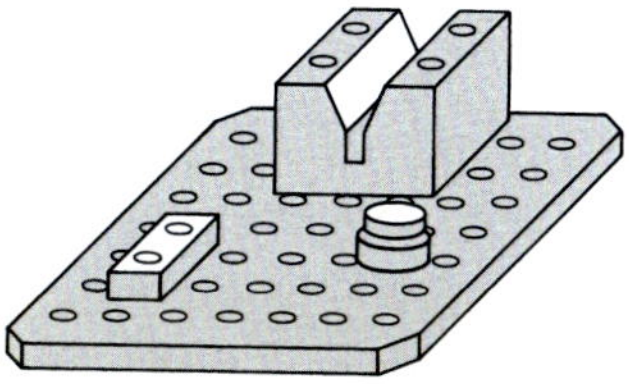
Grundkörper aus Vorrichtungsbaukasten

Bei flexiblen Vorrichtungen besteht der Grundkörper zum Stützen und Tragen aus Platten, Winkeln oder Blöcken mit Bohrungen zum Positionieren und Spannen.

Übungsaufgabe H-5

2.2 Teilsystem zum Positionieren

Durch Positionieren wird die Lage des Werkstückes eindeutig und ständig wiederholbar festgelegt. Das bedeutet
- das Werkstück muss in der Vorrichtung genau positioniert sein,
- die Vorrichtung mit dem Werkstück muss auf dem Maschinentisch genau positioniert sein.

2.2.1 Grundlagen des Positionierens

Jedes Werkstück kann im Koordinatensystem sechs verschiedene Bewegungen durchführen. Man unterscheidet jeweils drei geradlinige Bewegungen (Translationsbewegungen) und drei drehende Bewegungen (Rotationsbewegungen). Durch das Positionieren werden dem Werkstück so viele Bewegungsmöglichkeiten entzogen, dass seine Lage mit den geforderten Genauigkeiten wiederholbar ist.

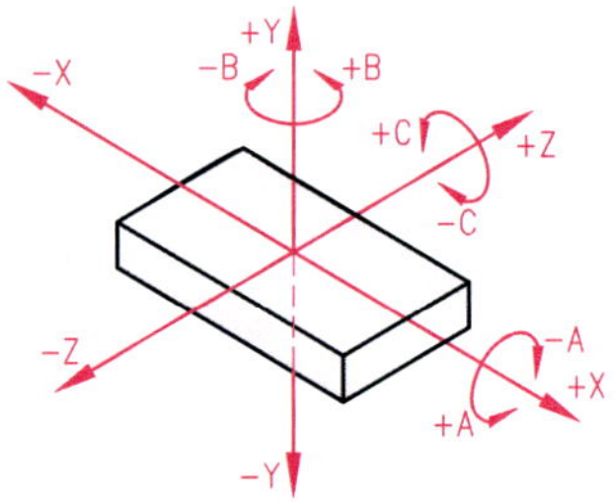

Bewegungsmöglichkeiten des Werkstücks im Koordinatensystem

Positionieren heißt, das Werkstück in seiner Lage so festlegen, dass die Lage des Werkstückes entsprechend den Forderungen reproduzierbar ist.

Im Vorrichtungsbau unterscheidet man folgende Positioniermöglichkeiten des Werkstückes: *Halbpositionieren, Positionieren* und *Vollpositionieren.* Welche Positionierung gewählt werden muss, ist von den Maßbezugsebenen des Werkstückes und den gewünschten Bearbeitungen abhängig.

Beispiel für die notwendigen Positionierungen eines quaderförmigen Werkstückes

Positionieren nach einer Ebene = Halbpositionieren	**Positionieren nach zwei Ebenen** = Positionieren	**Positionieren nach drei Ebenen** = Vollpositionieren
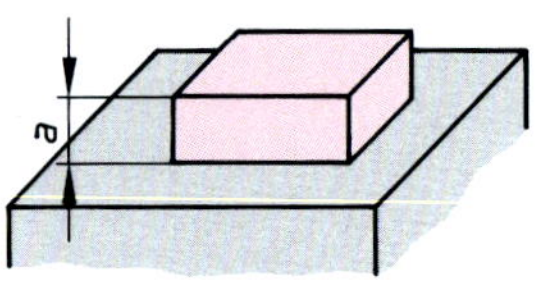	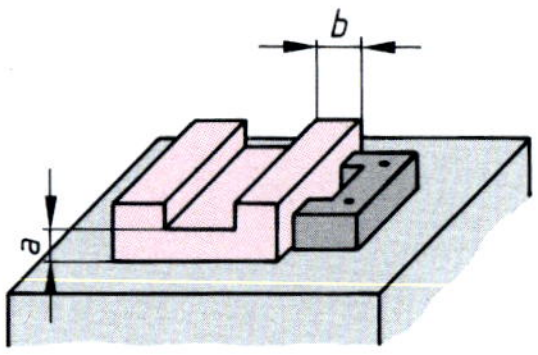	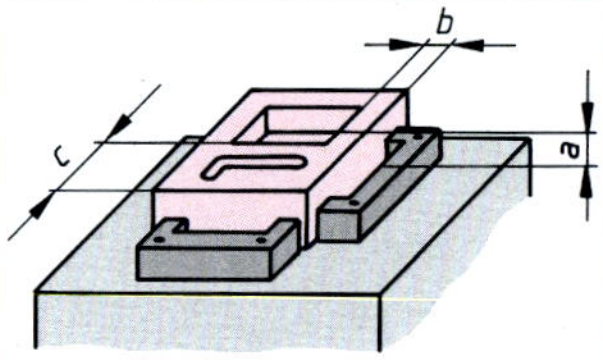
notwendig, z. B. bei • Schleifen von Flächen • Messen von Dicken	notwendig, z. B. bei • Fräsen von Nuten • Schleifen von Absätzen	notwendig, z. B. bei • Fräsen von Taschen • Fräsen von Bahnen

Im Vorrichtungsbau verwendet man statt der Begriffe Halbpositionieren, Positionieren und Vollpositionieren häufig noch die Begriffe **Halbbestimmen, Bestimmen** und **Vollbestimmen.**
Bei runden Werkstücken spricht man entsprechend vom Halbzentrieren, Zentrieren und Vollzentrieren.
Werden Werkstücke nach mehr als drei Ebenen positioniert, so sind sie **überpositioniert.** Überpositionierungen von Werkstücken müssen auf alle Fälle vermieden werden. Das Gleiche gilt für das Überzentrieren.

Beispiele für Überpositionierungen

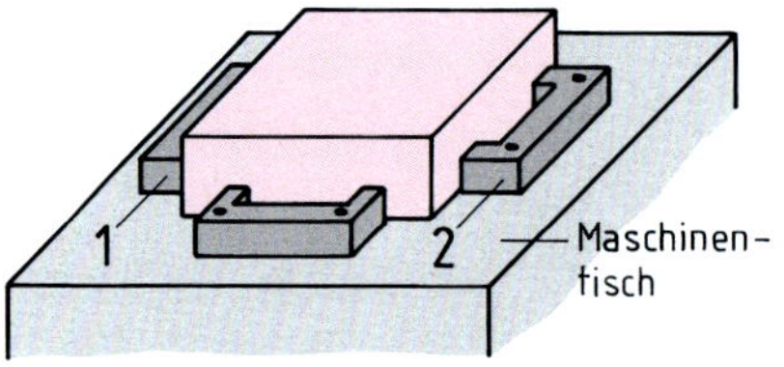

Werkstück kann nicht an Positionierelement 1 und Positionierelement 2 gleichzeitig genau anliegen

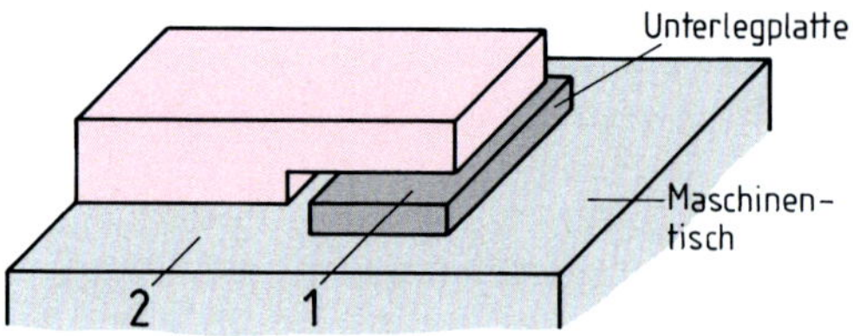

Werkstück kann nicht an Ebene 1 und Ebene 2 gleichzeitig genau anliegen

Übungsaufgaben H-6; H-7

2.2.2 Positionieren der Werkstücke

Werkstücke werden durch Positionierelemente in der Vorrichtung positioniert. Die Art dieser Elemente und ihre Lage in der Vorrichtung hängen von unterschiedlichen Faktoren ab. Stets muss sich die Auswahl der Elemente am Werkstück orientieren. Wichtige Gesichtspunkte sind:

- die geometrische Form,
- die verlangte Genauigkeit,
- die Oberflächenbeschaffenheit,
- der Werkstoff,
- die Anzahl der gleichzeitig positionierten Werkstücke.

• Positionieren an ebenen Positionierflächen

Werkstücke mit ebenen Positionierflächen werden an den Seiten durch Stifte, Anschlagleisten u. a. positioniert.

Element	Erläuterung	Darstellung
Zylinderstift nach DIN 6325	Zylinderstifte können grundsätzlich als Positionierelemente verwendet werden. Nachteilig ist, dass durch die Linienberührung zwischen Stift und Werkstück erhöhter Verschleiß entsteht. Durch das Abflachen des Stiftes wird dieser Nachteil beseitigt. Es wird Flächenberührung erreicht.	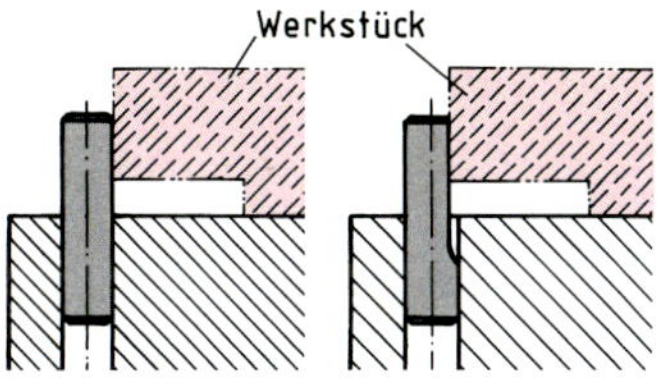
Anschlagleisten bzw. Aufnahmebleche	Anschlagleisten werden zur Positionierung ebener und bearbeiteter Seitenflächen des Werkstückes verwendet. Dünne, ebene Werkstücke mit bearbeiteten Seitenflächen können durch Aufnahmebleche positioniert werden.	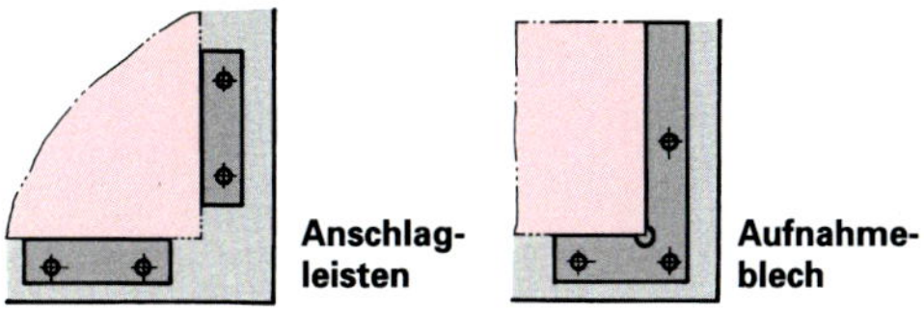

Zum Positionieren der Grundfläche verwendet man Auflageelemente in Form von Bolzen oder Leisten.

Element	Erläuterung	Darstellung
Auflagebolzen	Auflagebolzen werden benutzt, um Werkstücke auf einer Unterlage positionieren zu können. Man unterscheidet Auflageelemente mit balliger und mit gerader Auflagefläche. Elemente mit balliger Auflagefläche eignen sich besonders für Werkstücke mit rauen Oberflächen.	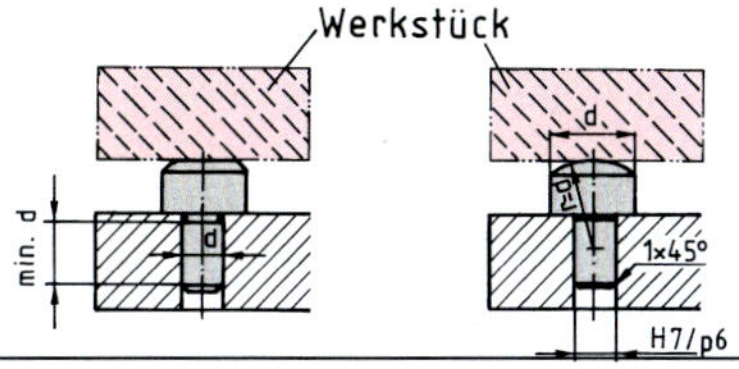
Auflageleisten	Für längere und vorgearbeitete Werkstückflächen werden Auflageleisten gewählt. Sie gewährleisten eine sicherere Positionierung als eine einheitliche ebene Fläche.	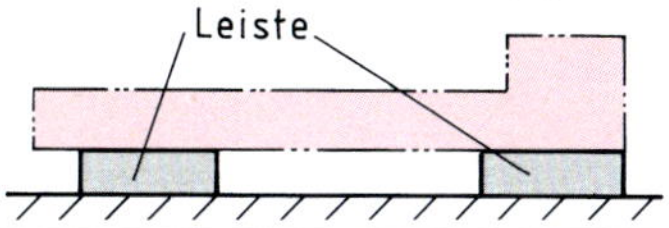

Zum Ausgleich von Verschleiß sowie zur schnellen Änderung der Positionierung bei evtl. Maßänderungen werden verstellbare Positionierelemente eingesetzt.

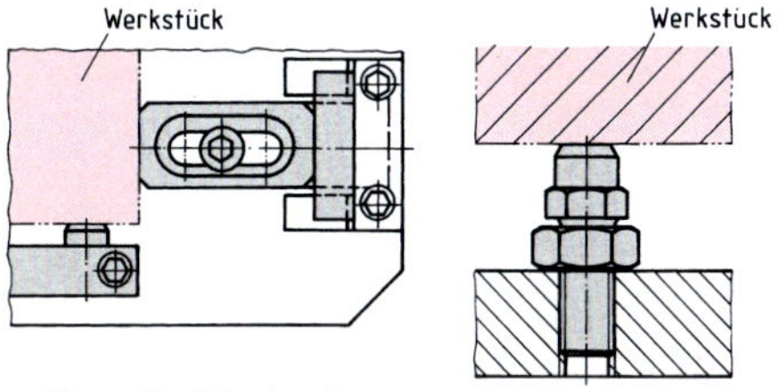

Verstellbare Positionierelemente

Zum Positionieren an ebenen Seitenflächen dienen Zylinderstifte, Anschlagleisten und Aufnahmebleche.
Zum Positionieren der Grundfläche werden Auflageelemente und Auflageleisten verwendet.
Verstellbare Positionierelemente erlauben einfache Positionskorrekturen.

LF 11V-14V

- **Positionieren an zylinderförmigen und drehsymmetrischen Werkstückkonturen**

Zur Positionierung von zylinderförmigen Werkstücken von außen verwendet man Spitzen, Ringaufnahmen und Prismen.

Spannzangen und Futter, die ebenfalls für das Außenpositionieren verwendet werden, spannen gleichzeitig. Zum Positionieren von Bohrungen werden Bolzen eingesetzt. Spreizhülsen kombinieren das Positionieren und das Spannen.

Beispiel für das Positionieren eines Werkstücks an zylinderförmigen Konturen

Der dargestellte Hebel aus Gusseisen wurde in der vorgegossenen Bohrung gebohrt. Zum Bohren der kleineren Bohrungen wird er in einer Vorrichtung mit einem Dorn zentriert und an der abgerundeten Kante mit einem beweglichen Prisma positioniert.

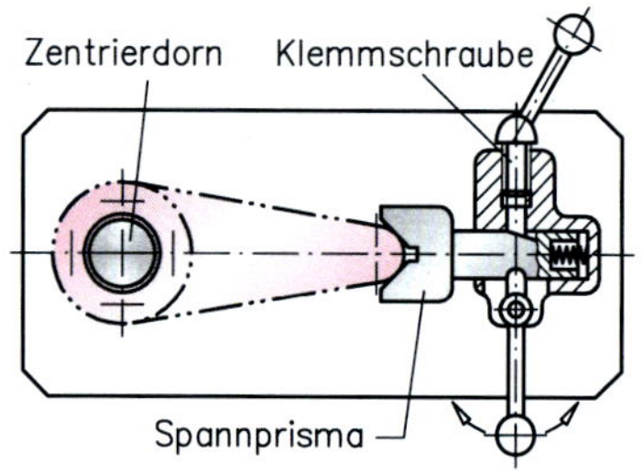

Zum Positionieren an zylinderförmigen Konturen werden besonders häufig Prismen eingesetzt. Beim Positionieren mit einem Prisma geht jedoch nur die Achse, welche die Winkelhalbierende des Prismas bildet, exakt durch den Mittelpunkt des Werkstücks. Dadurch ergeben sich zwischen Werkstücken mit Höchst- und Mindestmaß erhebliche Abweichungen in der zum Prisma längs verlaufenden Achse. Als Folge können bei der Bearbeitung von Werkstückserien im gleichen Prisma erhebliche Maßunterschiede auftreten. Man nennt den zwischen Höchst- und Mindestmaß auftretenden Unterschied in der Lage der Mittelachse die Exzentrizität *e*.

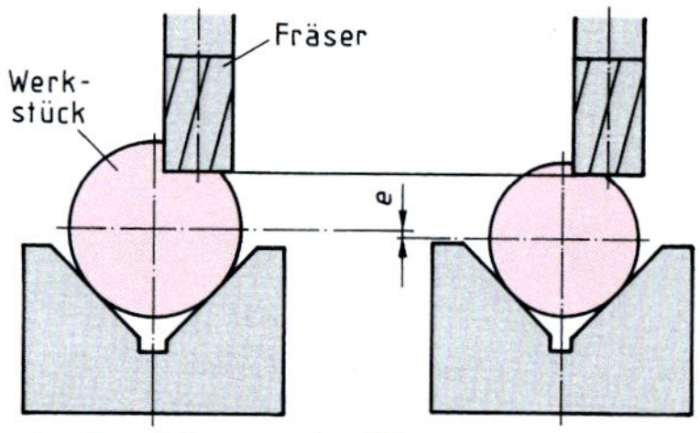

Positionierabweichungen im Prisma

Beim Positionieren im Prisma entsteht in der waagerechten Achse bei Werkstücken mit unterschiedlichen Durchmessern eine Exzentrizität.
Je größer der Prismenwinkel und je kleiner die Maßtoleranz des Werkstücks, desto kleiner ist die auftretende Exzentrizität.

Zylindrische Werkstücke werden ohne Exzentrizität positioniert, wenn eine Doppelprismenanordnung gewählt wird.

- **Positionieren zum Ausführen von Teilvorgängen**

Die Fertigung von Konturen, die sich wiederholen, geschieht in Teilvorrichtungen. In diesen Vorrichtungen wird das Werkstück unmittelbar oder mit dem Werkstückträger verschoben oder geschwenkt.

Bei Vorrichtungen zum Kreisteilen wird meist der Werkstückträger geschwenkt. Das Positionieren kann mit hinreichender Genauigkeit durch Druckstücke als Rastelemente erfolgen.

Bei höherer Genauigkeit für die Teilung wählt man spezielle Feststellelemente.

Zum schnellen Auffinden der Position kombiniert man Druckstück und Feststellelement.

Beispiel für eine Teilscheibe mit einem Druckstück zum Vorrasten und einem Riegelfeststellelement

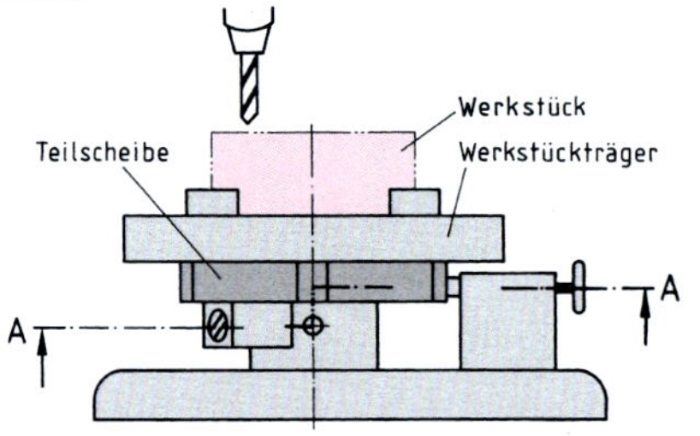

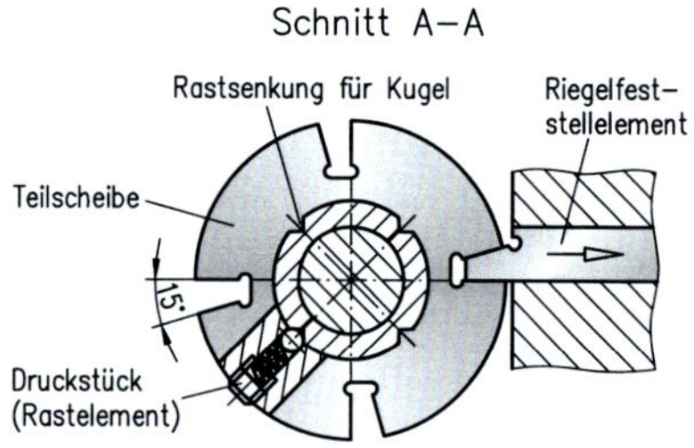

Mehrfachpositionieren geschieht durch schrittweises Verschieben oder Schwenken von Werkstück oder Werkstückträger gegen ein Positionierelement.

Übungsaufgaben H-9; H-10; H-11

2.3 Systeme zum Spannen[1)]

In Vorrichtungen muss das positionierte Werkstück, Werkzeug oder Messmittel auch gespannt werden, damit bei folgenden Arbeitsgängen die Lage erhalten bleibt.

2.3.1 Grundlagen zum Spannen der Werkstücke

- **Kräfte zum Betätigen von Spannelementen**

Muskelkräfte benutzt man bevorzugt in einfachen Vorrichtungen, in denen kleine Spannkräfte gefordert werden und in denen nur wenige Spannstellen zu betätigen sind. Als Betätigungskraft kann vom Menschen auch nur etwa 200 N genutzt werden.

Druckkräfte wendet man bei umfangreichen Vorrichtungen an. Kleinere Kräfte werden pneumatisch erzeugt. Bei sehr großen Spannkräften kommt hier die Hydraulik zum Einsatz. Bei großflächigen und leichten Werkstücken kann Vakuum eingesetzt werden.

Magnetkräfte kann man nur zum Spannen ferromagnetischer Werkstoffe mit großen Auflageflächen einsetzen.

Beispiele für den Einsatz verschiedener Betätigungskräfte

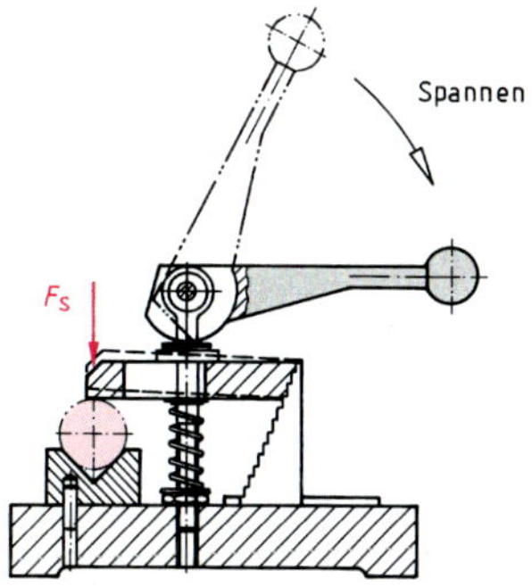

Muskelbetätigtes Spannen

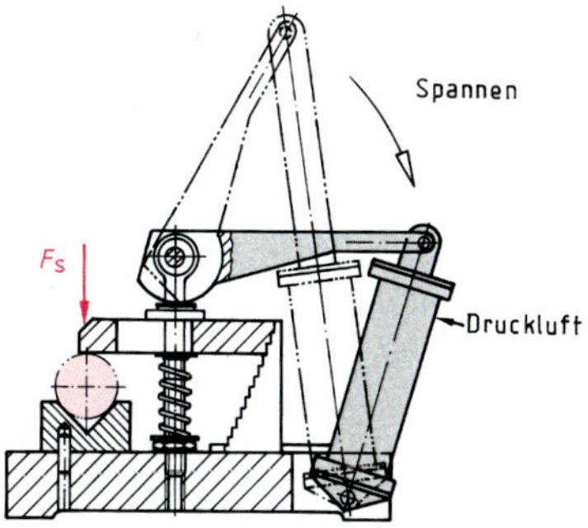

Druckbetätigtes Spannen

- **Unmittelbares und mittelbares Spannen**

Nach der Art der Kraftübertragung beim Spannen unterscheidet man unmittelbares und mittelbares Spannen.

Unmittelbares Spannen geschieht durch direkte Einwirkung des Betätigungselementes auf das zu spannende Teil.

Beim unmittelbaren Spannen werden keine Übertragungselemente benötigt. Es hat jedoch die Nachteile, dass zwischen Werkstück und Spannelement Bewegungen entstehen können, die zur Beschädigung der Oberfläche (Spannmarken) oder zum Verschieben des positionierten Werkstückes führen können.

Beim **mittelbaren Spannen** wirkt die Betätigungskraft über Zusatzelemente, z. B. Spannpratzen auf das zu spannende Werkstück.

Mittelbares Spannen benötigt mehr Bauelemente. Es wird aber meist oberflächenschonender gespannt und es können mit einem Betätigungselement mehrere Spannelemente gleichzeitig zum Einsatz gebracht werden.

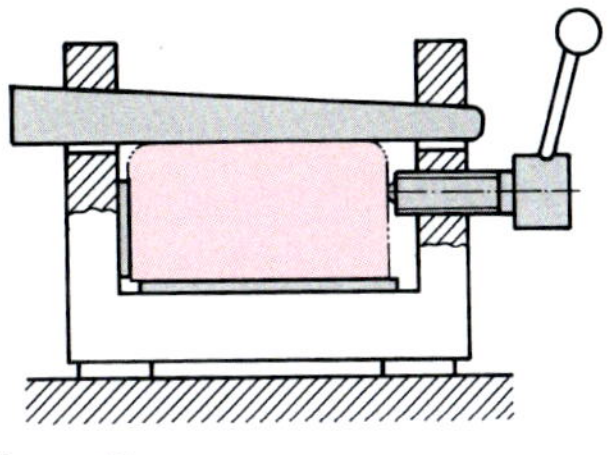

Unmittelbares Spannen

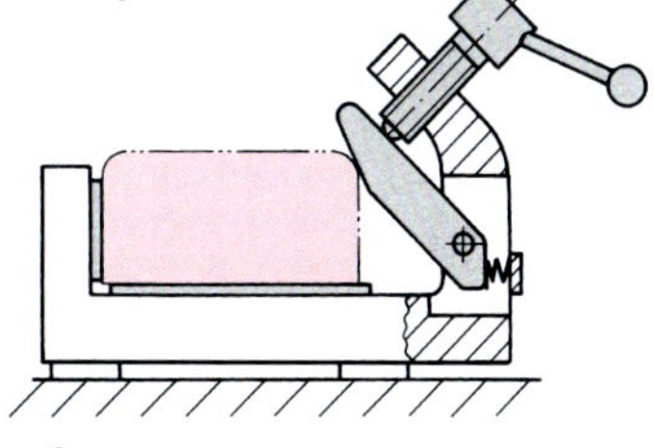

Mittelbares Spannen

Beim unmittelbaren Spannen wirkt das Betätigungselement als Spannelement direkt auf das Werkstück.
Beim mittelbaren Spannen sind Betätigungs- und Spannelement getrennt.

[1)] Nullpunktspannsysteme siehe Kap. „Spannsysteme für Werkstücke auf Fräsmaschinen" in diesem Buch

- **Starres und elastisches Spannen**

Die Spannkraft muss während eines Bearbeitungsvorganges konstant gehalten werden. Beim **starren Spannen** kann z. B. durch Schwingungen oder Bearbeitungskräfte eine geringe Verformung der Oberfläche an der Spannstelle eintreten und somit die Spannkraft soweit abnehmen, dass eine Verschiebung des Werkstückes möglich wird.
Durch Einbau elastischer Glieder oder druckbeaufschlagte Betätigung wird **elastisch gespannt.** Dabei bleibt auch bei geringer Deformation die Spannkraft konstant.

Beispiele für starres und elastisches Spannen

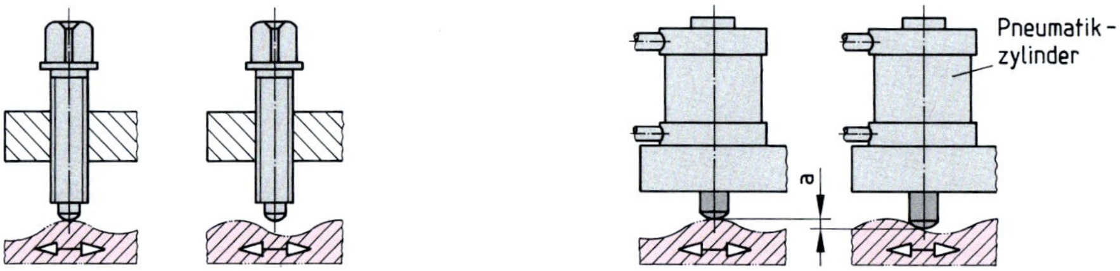

starres Spannen — elastisches Spannen

Elastisches Spannen gewährleistet am Werkstück eine gleich bleibende Spannkraft während der gesamten Spanndauer und erhöht die Spannsicherheit.

2.3.2 Spannkrafterzeugung durch kraftbetätigte Spannelemente

Da die nutzbare Muskelkraft des Menschen als Betätigungskraft auf 200 N begrenzt ist, werden zur Erzeugung der erforderlichen Spannkraft verschiedene Möglichkeiten zur Krafterhöhung genutzt. Eine wichtige Form zur Erzeugung der Spannkraft ist die Anwendung des Keiles. Je nach Anforderung kann er als einfacher Keil oder als aufgewickelter Keil bei der Schraube, dem Exzenter oder der Spirale ausgebildet sein.

Keil	Schraube	Kreisexzenter	Spannspirale
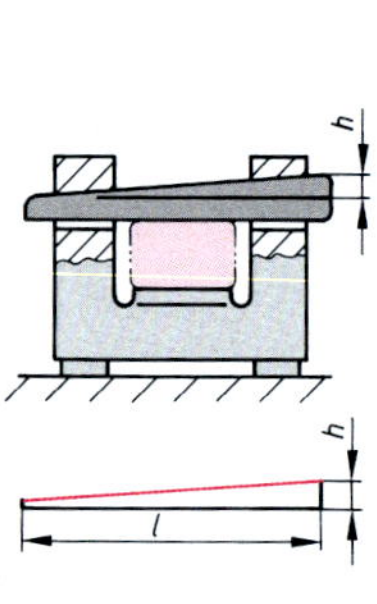	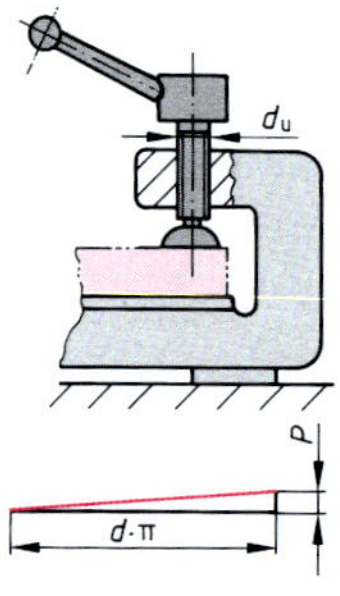	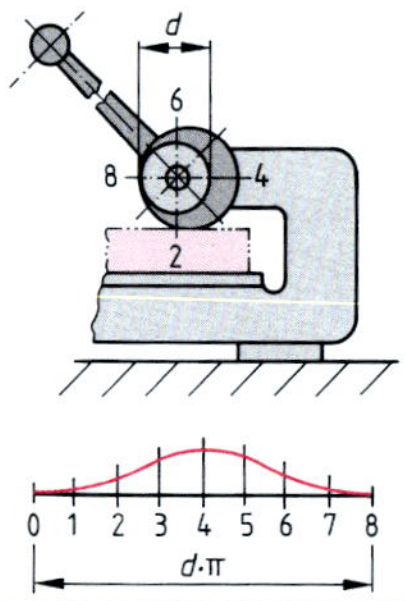	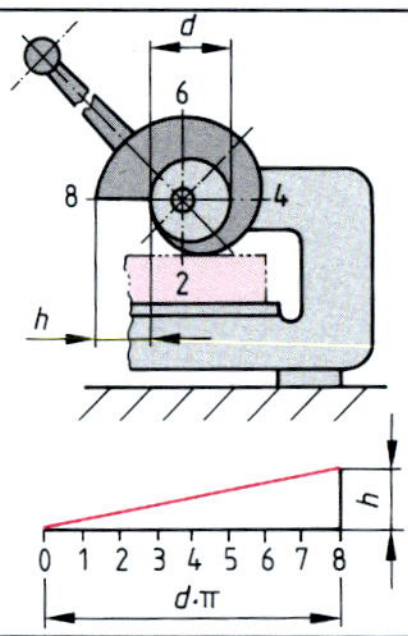

- **Spannen durch Keil**

Im Vorrichtungsbau werden überwiegend einseitig geneigte Keile verwendet. Am Keil wird die eingeleitete Betätigungskraft in zwei Wangenkräfte zerlegt. Bei Spannkeilen ist der Keilwinkel so gewählt, dass die Spannkraft erheblich höher ist als die Betätigungskraft.
Der Keilwinkel muss beim Spannkeil so gewählt werden, dass Selbsthemmung eintritt. Dies ist bei Stahl auf Stahl in geschmiertem Zustand bei einem Keilwinkel unter 11° der Fall.

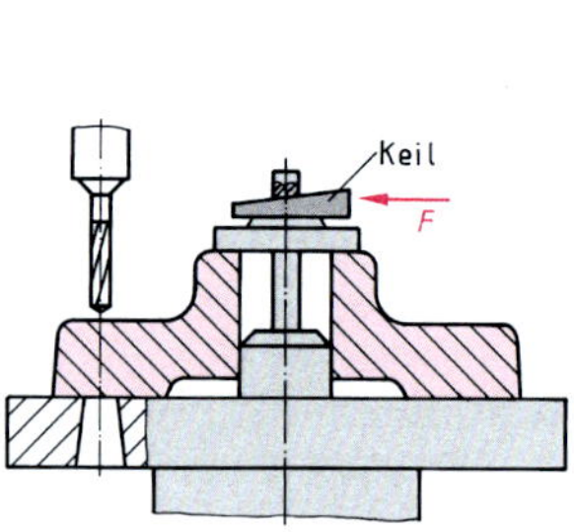

Spannkeil an einer Teilvorrichtung

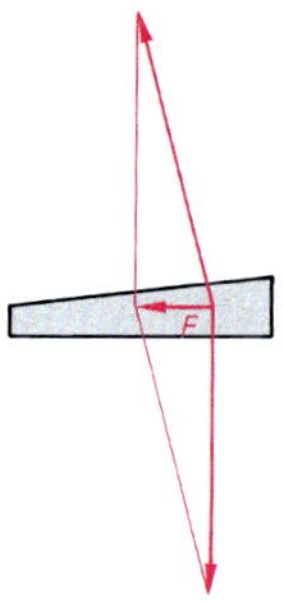

Bei der Spannkrafterzeugung durch Keile muss auf Selbsthemmung des Keiles geachtet werden. Selbsthemmung tritt bei Stahl auf Stahl unterhalb von 11° ein.

Übungsaufgaben H-14; H-15

• Spannen mit Spannschrauben

Für Spannschrauben werden metrische ISO-Gewinde nach DIN 13 verwendet. Dabei werden Schrauben der Festigkeitsklassen 8.8 zusammen mit Muttern der gleichen Festigkeitsklasse eingesetzt.
In Einzelfällen werden auch Schrauben aus 10.9 mit Muttern aus Werkstoffen mit der gleichen Zugfestigkeit verwendet.
Höhere Festigkeitsklassen scheiden aus, da die häufig verwendeten Nutensteine mit einer Zugfestigkeit von 1000 N/mm² bei voller Auslastung solcher Schrauben zerstört würden.

Gewindeabmessung	Vorspannkraft F_V [kN]		Anziehdrehmoment M_A [Nm]	
	8,8	10,9	8,8	10,9
M 6	9,3	13,6	9,6	14,0
M 8	17,0	25,0	23,0	34,0
M 10	27,1	39,9	46,0	67,0
M 12	39,6	58,0	79,0	115,0
M 14	54,5	80,0	125,0	185,0
M 16	74,5	110,0	195,0	290,0

Vorspannkraft F_V und Anziehdrehmoment M_A für Schrauben nach DIN bei μ_{ges} = 0,125

Um Beschädigungen an anderen Bauelementen zu vermeiden, werden im Vorrichtungsbau Spannschrauben mit der Festigkeitsklasse 8.8 verwendet. Höhere Festigkeitsklassen dürfen nur in Ausnahmen verwendet werden.

Beim Bajonett-Spanner ist die Schraubenkurve auf einen Bruchteil eines Gewindeganges verkürzt. Die Spannkurve wird oft durch eine axial verlaufende Nut erweitert, um den Spannbolzen für das Entspannen zurückziehen zu können. Elastische Rückhalteelemente verhindern dabei das unbeabsichtigte Zurückziehen des Spannbolzens und sichern zusätzlich den Entspannvorgang.
Damit Selbsthemmung gegeben ist, erhält die gewindeähnliche Spannkurve des Bajonett-Spanners einen Steigungswinkel kleiner als 6°.

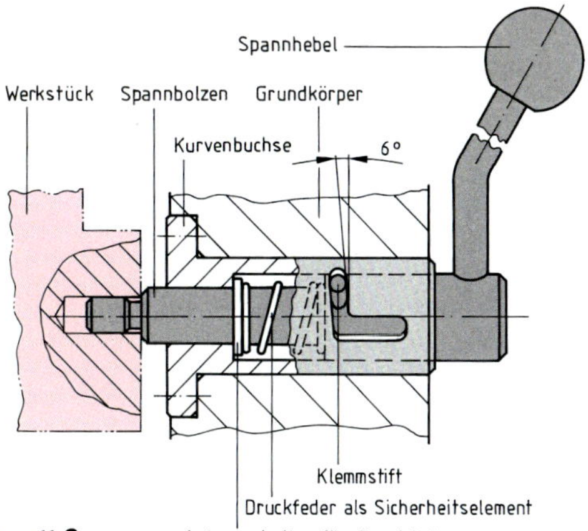

Bajonett-Spanner

• Spannen mit Spannexzenter

Der Exzenter hat die geometrische Form eines Kreises. Der Drehpunkt ist jedoch um die Exzentrizität *e* versetzt. Dadurch entsteht bei Drehung eine Keilwirkung, wobei der Keil nicht gleichmäßig, sondern in Form einer Sinuskurve verläuft.

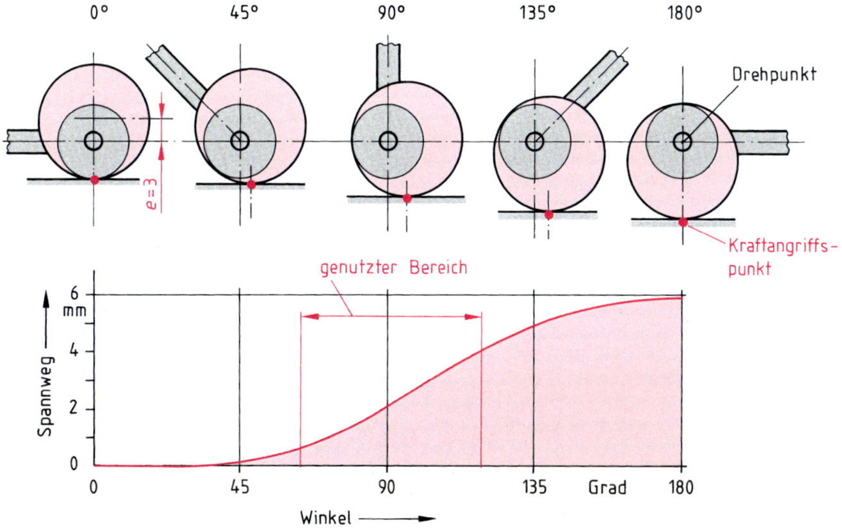

Es ergeben sich aus der Entstehung des Exzenters folgende Besonderheiten beim Spannen:

- Während der Drehung des Exzenters ändert sich die Lage des Kraftangriffspunktes in Abhängigkeit vom Schwenkwinkel und liegt nicht mehr unterhalb des Drehpunktes. Dadurch kann sich der Exzenter bei Schwingungen lösen.
- Bei gleich bleibenden Schwenkwinkelintervallen ist der Spannweg je Intervall unterschiedlich.
- Nach einem Schwenkwinkel von 180° aus der Nullstellung nimmt die Spannkraft ab. Nutzbar ist der Bereich von etwa 60 bis 120°, da hier die Spannkraftzunahme etwa linear verläuft.
- Der Steigungswinkel darf im genutzten Bereich 5° nicht überschreiten, da sonst keine Selbsthemmung mehr eintritt. Die Forderung nach Selbsthemmung ist erfüllt, wenn

$$\frac{\text{Exzenterdurchmesser}}{\text{Exzentrizität}} \geq 20$$

Spannexzenter nutzen die Keilwirkung bei außermittiger Drehung eines Kreises. Sie können hohe Spannkraft aufbringen. Der Spannbereich ist jedoch begrenzt. Der Kraftangriffspunkt verschiebt sich beim Spannen.

Je nach Richtung der ausgeübten Kräfte unterscheidet man Zug- und Druckexzenter. Durch Aufbringen mehrerer Kurven auf der Scheibe oder Welle lassen sich Kraftwirkungen auf mehrere Stellen ausüben.

Beispiele für Bauformen von Spannexzentern

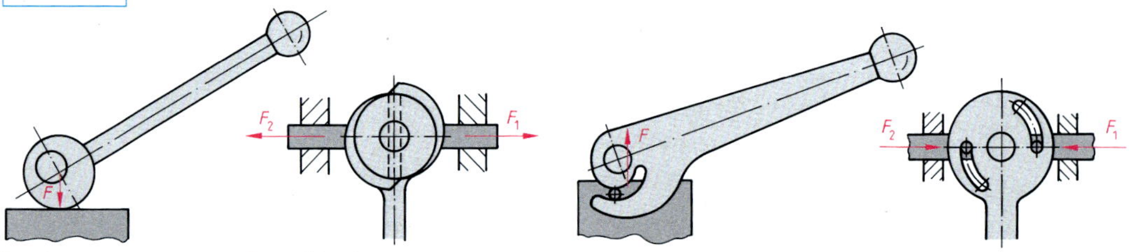

Druckexzenter **Doppeldruckexzenter** **Zugexzenter** **Doppelschlitzexzenter**

- **Spannen mit Spannspirale**

Die Spannspirale unterscheidet sich vom Spannexzenter durch den Verlauf der Spannkurve. Die Spannkurve hat als Grundlage die archimedische Spirale. Dadurch wird erreicht, dass der Keilwinkel in jeder Schwenkstellung gleich groß ist. Damit ist der Anstieg der Spannkraft stetig. Selbsthemmung liegt bei der Spannspirale dann vor, wenn der Keilwinkel α kleiner als 6° ist.

Beispiel für den Kurvenaufbau an einer Spannspirale

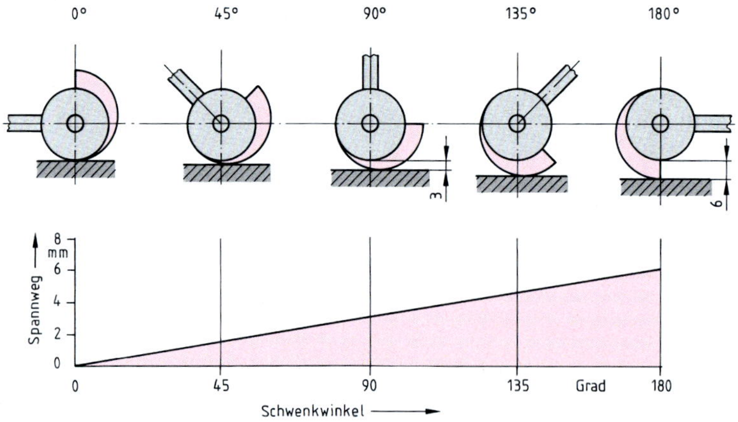

Spannspiralen weisen über den gesamten Schwenkwinkel eine stetige Zunahme der Spannkraft auf. Da die Fertigungskosten hoch sind, werden sie nur selten als Spannelemente eingesetzt.

Übungsaufgaben H-18; H-19

- **Spannen mit Kniehebel**

Am Kniehebel wird eine Kraft auf das Mittelgelenk in sehr große Seitenkräfte zerlegt.
Zum Spannen bringt man den Kniehebel zunächst in eine Position kurz vor der Totpunktstellung. Er übt nun hohe Seitenkräfte aus. Bei weiterem Durchdrücken bringt man ihn in die Totpunktstellung. In dieser Stellung liegen alle drei Gelenke auf einer Achse. Die Spannkraft hat jetzt ihren Höchstwert erreicht, der Kniehebel ist aber im labilen Gleichgewicht, er kann jederzeit aus dieser Spannstellung herausspringen. Darum drückt man den Kniehebel etwas über den Totpunkt hinaus und hält ihn dort.

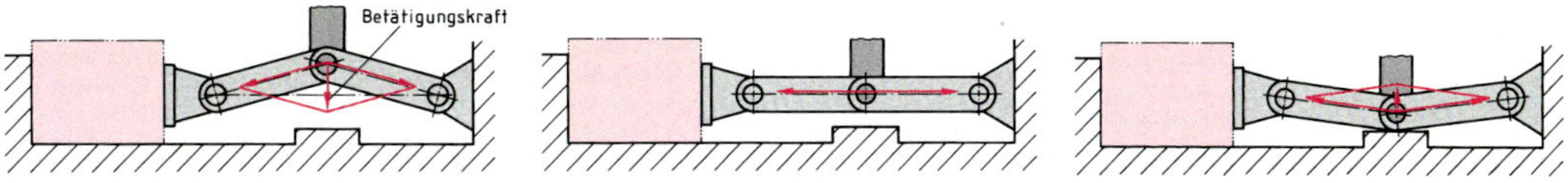

Kniehebelprinzip Vor-Totpunktstellung Totpunktstellung Übertotpunktstellung → Spannstellung

Der Kniehebel formt kleine Kräfte auf das Mittelgelenk in große Seitenkräfte um. Zur Erreichung einer stabilen Spannstellung bringt man den Kniehebel in die Übertotpunktstellung.

Der Kniehebel kann in unterschiedlicher Weise verwirklicht werden. In den meisten Anwendungsfällen setzt man Kniehebel ein, die als Normalien geliefert werden.

Beispiele für Kniehebelspanner

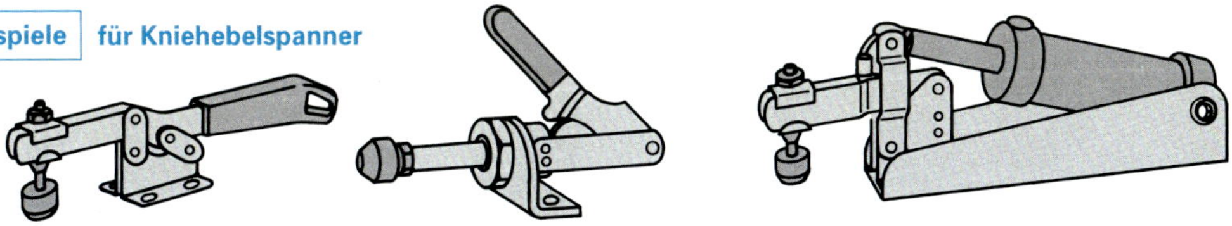

Waagerechtspanner **Schubstangenspanner** **Pneumatischer Kniehebelspanner**

2.3.3 Spannkrafterzeugung durch Druckbeaufschlagung

Spannkräfte können durch Arbeitselemente erzeugt werden, die mit Druckluft, Öldruck u. a. beaufschlagt werden. Der Einsatz dieser Medien hat Vorteile:

- Spannvorgänge können von einer Schaltstelle an beliebiger Stelle der Vorrichtung ausgelöst werden.
- Durch geeignete Wahl der Zylindergröße sind Spannkräfte in unterschiedlicher Größe mit hoher Gleichmäßigkeit und Wiederholgenauigkeit zu erreichen.
- Es kann gleichzeitig an beliebig vielen Spannstellen gespannt werden.
- Es wird meist elastisch gespannt.

Der Bau der Vorrichtung wird jedoch durch den Einsatz von Pneumatik- und Hydraulikeinrichtungen meist erheblich verteuert.

- **Pneumatische Spannkrafterzeugung**

In den meisten Unternehmen ist ein Druckluftnetz vorhanden. Dies begünstigt besonders in der Serienfertigung den Einsatz der Druckluft zur Spannkrafterzeugung.
Pneumatische Spannelemente werden eingesetzt, wenn die Spannkraft etwa 30 000 N nicht überschreitet, und wenn an den Ablauf der Spannbewegung keine besonderen Anforderungen gestellt werden, z. B. durch die Notwendigkeit den Spannvorgang langsam und stufenweise durchzuführen. Pneumatisches Spannen erfolgt durch angebaute Pneumatikzylinder oder in die Vorrichtung eingearbeitete Zylinder.

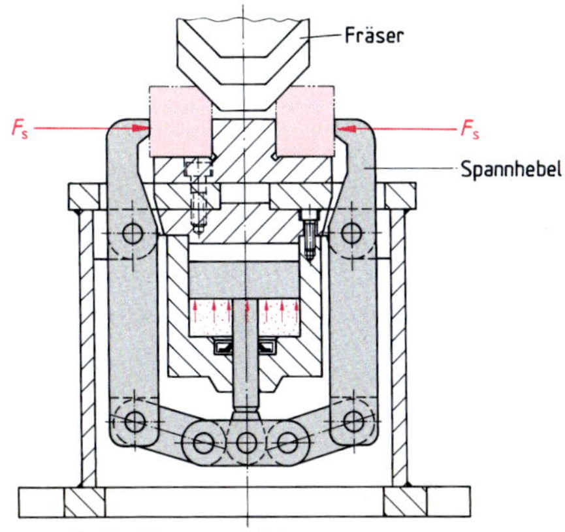

Pneumatische Spannvorrichtung

Pneumatische Spannkrafterzeugung wählt man bei niedrigen Spannkräften und geringen Anforderungen an den Ablauf der Spannbewegung.

Übungsaufgaben H-20; H21

- **Hydraulische Spannkrafterzeugung**

Hydraulische Spannkrafterzeugung wird dann angewendet, wenn sehr hohe Spannkräfte erforderlich sind oder wenn auf engstem Raum bestimmte Spannkräfte erzeugt werden müssen.
Hydraulische Spannvorrichtungen sind im Gegensatz zu pneumatischen meist mit eigenen Pumpaggregaten zur Erzeugung des Druckölstromes ausgerüstet.
Ähnlich wie bei der Pneumatik kommen standardisierte Zylinder und speziell für die einzelne Vorrichtung gebaute Zylinder zum Einsatz.

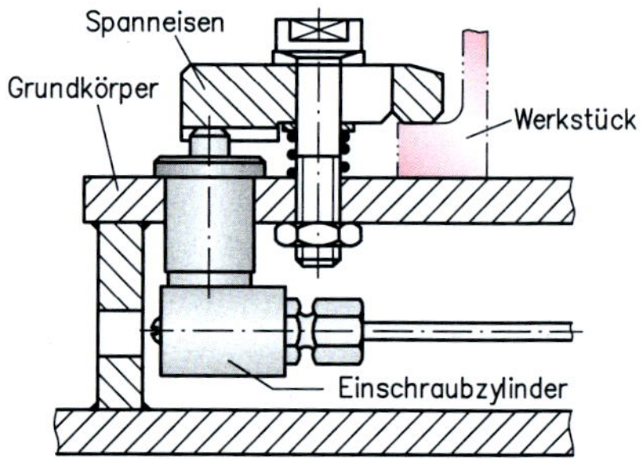

Hydraulisch beaufschlagter Einschraubzylinder betätigt ein Spanneisen

Hydraulische Spannkrafterzeugung wählt man bei:
- hohen Spannkräften, • geringem Platz für die Spannkrafterzeuger.

- **Spannen mit plastischen Massen**

Ähnlich dem Drucköl in der Hydraulik kann man plastische Massen, z. B. ein Gemisch aus 15 Teilen PVC mit 85 Teilen Weichmachern, zur Druckübertragung einsetzen. Im Gegensatz zu pneumatischen und hydraulischen Spannkrafterzeugern wird jedoch beim Einsatz von plastischen Massen der Druck unmittelbar an der Spannvorrichtung erzeugt. Dies geschieht durch Zylinder, deren Kolben mechanisch oder pneumatisch betätigt werden.
Plastische Massen setzt man ein, wenn auf engstem Raum große Spannkräfte erzeugt und verteilt werden müssen und keine hohe Geschwindigkeit beim Spannen und Entspannen gefordert wird.

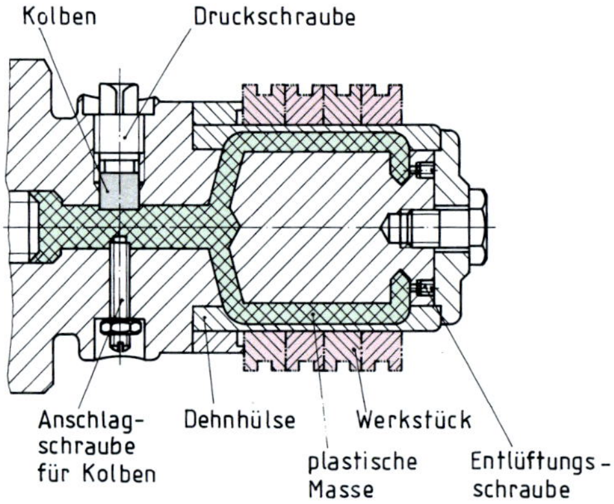

Dehndorn zum Spannen von Drehteilen

Spannvorrichtungen mit plastischen Massen werden im Vorrichtungsbau meist selbst gefertigt. Bei der Planung und Fertigung ist dabei auf folgende Punkte zu achten:

- Die Toleranzen sind in Abhängigkeit vom Arbeitsdruck zu wählen. So ist z. B. bei einem Arbeitsdruck von 600 bar nur ein Spiel zwischen Druckkolben und Zylinderbohrung von 0,005 mm erlaubt.
- Wegen der hohen Zähigkeit der Massen dürfen die Übertragungskanäle nur maximal 500 mm lang sein.
- Es müssen Entlüftungsbohrungen mit Dichtschrauben vorgesehen werden.
- Bei zu erwartenden Temperaturerhöhungen ist eine Kühlung einzusetzen.

Durch Druck in plastischen Massen kann Spannkraft erzeugt werden. Dies wird eingesetzt, wenn auf sehr engem Raum mit einer einfachen Mechanik große Spannkräfte erzeugt werden müssen.

- **Spannen mit Vakuum**

Mit dem Vakuumspannen können luftundurchlässige Werkstoffe gespannt werden. Dabei wird an der Auflageseite des Werkstückes ein Teilvakuum erzeugt, sodass das Werkstück vom Luftdruck gegen die Auflagefläche gedrückt wird. Die Spannkraft steigt demnach mit der Größe der Ansaugfläche, der Höhe des Luftdruckes und der Stärke des Vakuums.

$$F_{S\,max} = (0{,}95 \text{ bis } 0{,}8) \cdot A \cdot p_L$$

$F_{S\,max}$ max. Spannkraft
A Ansaugfläche
p_L Luftdruck

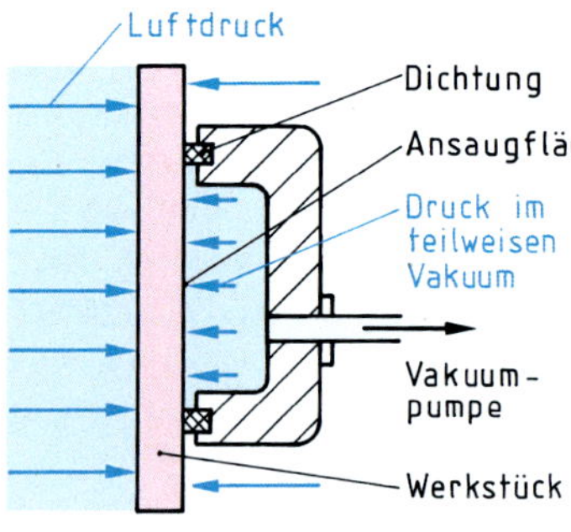

Drücke beim Vakuumspannen

Übungsaufgaben H-22; H-23

Durch den gleichmäßig wirkenden Luftdruck können auch feinst bearbeitete Werkstücke und elastische Werkstoffe gespannt werden, wenn die Spannfläche der Kontur der aufzunehmenden Fläche entspricht.

Ebene Spannplatten fertigt man als Rasterplatten oder Sintermetallplatten an. Bei Sintermetallplatten deckt man beim Spannen die Spannfläche mit einer Folie ab, die unter dem Werkstück geschlitzt wird. Bei Rasterplatten oder werkstückgebundenen Platten wird die außerhalb des Werkstückes liegende Fläche z. B. durch Dichtschnüre abgedichtet.

Beispiele für die Anwendung des Vakuumspannens

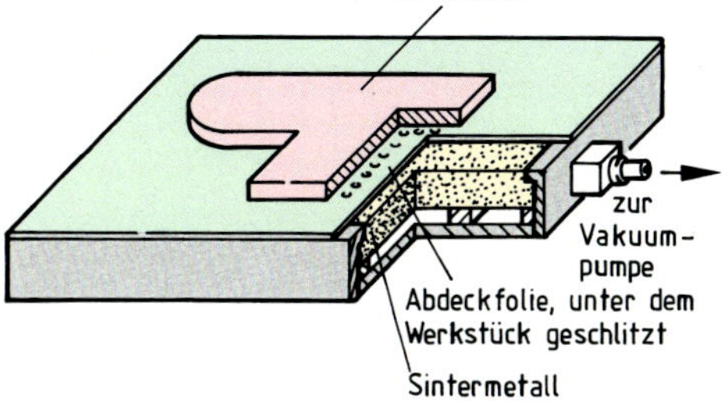

Spannen eines flachen Werkstücks

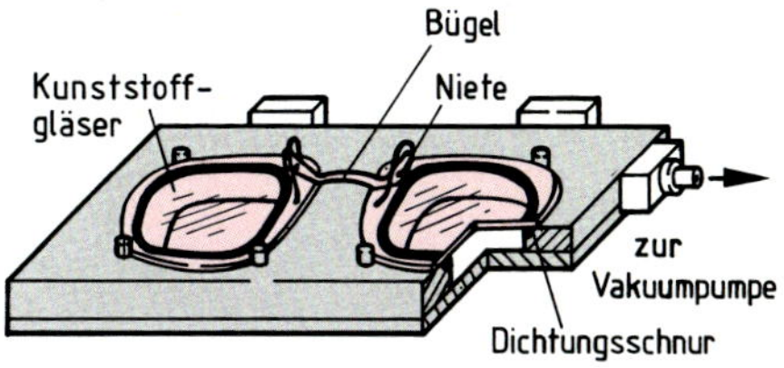

Spannen von Kunststoffgläsern im Unterteil einer Nietvorrichtung

Vakuumspannen wählt man für empfindliche Oberflächen und elastische Werkstücke.
Wichtig für die Spannkrafterzeugung ist eine große Spannfläche, die dem Vakuum ausgesetzt wird.

2.3.4 Spannkrafterzeugung durch Magnetismus

Werkstücke aus ferromagnetischen Werkstoffen können durch Magnetkraft gespannt werden. Als Magnete verwendet man dabei Permanentmagnete (Dauermagnete), Elektromagnete oder Kombinationen aus beiden.

Aufspannplatten mit Permanentmagneten enthalten Dauermagnete, die durch unmagnetische Metalle getrennt sind. Oberhalb der Magnete liegt eine Kopfplatte aus ferromagnetischem Werkstoff, die in gleicher Weise unterteilt ist. Verschiebt man das Magnetsystem so, dass jeweils Nord- und Südpol durch das gleiche Stück der Kopfplatte überdeckt werden, dann treten keine Feldlinien nach außen – die Platte spannt nicht. Verschiebt man die Magnete jedoch so, dass die Teile der Kopfplatte genau über den Polen der Magnete liegen, dann gehen die Feldlinien durch die Kopfplatte und durch das Werkstück – die Magnetplatte spannt.

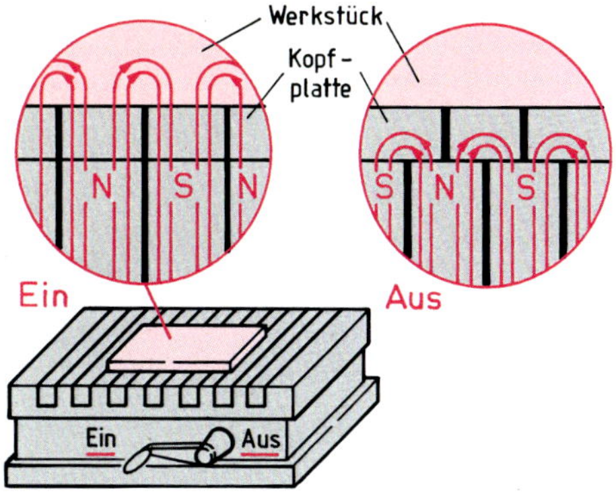

Magnetspannplatte

Bei Spannvorrichtungen mit Elektromagneten wird die Magnetkraft durch Spulen, die von Gleichstrom durchflossen werden, erzeugt. Hierbei werden keine Teile des Spannsystems bewegt. Nachteilig ist, dass infolge des Stromflusses eine Erwärmung der Spannplatte und des Werkstückes auftritt.

Die Spannkraft einer magnetischen Spannvorrichtung hängt von folgenden Faktoren ab:

- von der magnetischen Leitfähigkeit der Werkstoffe,
- vom Luftspalt zwischen Spannplatte und Werkstück – also von der Oberflächengüte. Während gegossene und geschmiedete Oberflächen nur 35 bis 50 % der theoretischen Haltekraft erreichen, werden fein geschlichtete Oberflächen mit 80 % der theoretischen Haltekraft gespannt,
- von der Größe des Werkstückquerschnittes,
- von der Zahl der überdeckten Pole.

Magnetspannsysteme eignen sich insbesondere zum Spannen dünner, flächiger Werkstücke aus ferromagnetischen Werkstoffen.

LF 11V-14V

Übungsaufgabe H-24

2.3.5 Zerlegen, leiten und verteilen von Spannkräften

Werkstücke müssen sicher an den Positionierelementen anliegen und durch die Spannkraft gehalten werden. Damit möglichst wenig Spannelemente betätigt werden müssen, kann man die Spannkraft schräg ansetzen. In vielen Fällen ist zudem auch ein Umlenken der Kraft notwendig. Die Kraftzerlegung und Umlenkung kann durch Keile und Hebel erfolgen.

Beispiele **für die Zerlegung der Spannkraft**

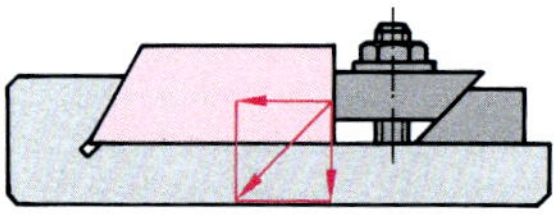

Spannen mit Spannleiste

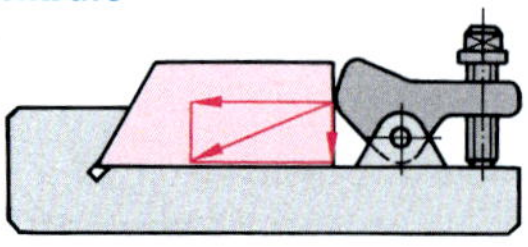

Spannen mit Hebel

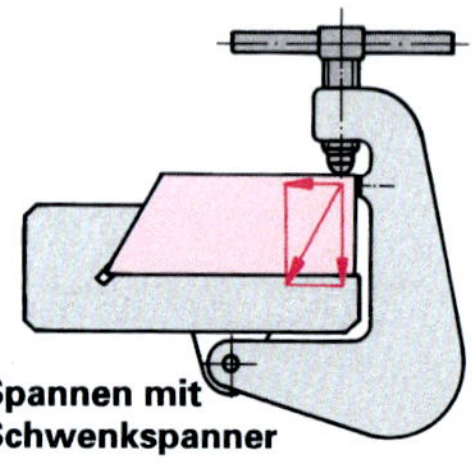

Spannen mit Schwenkspanner

Durch Kräftezerlegung kann gleichzeitiges Spannen in mehrere Richtungen erreicht werden.

Zur Umlenkung, Weiterleitung und Verteilung von Spannkräften können in kraftbetätigten Spannsystemen ebenfalls Keile verwendet werden.

Beispiel **für das Umlenken und Weiterleiten der Spannkraft mithilfe von Keilen**

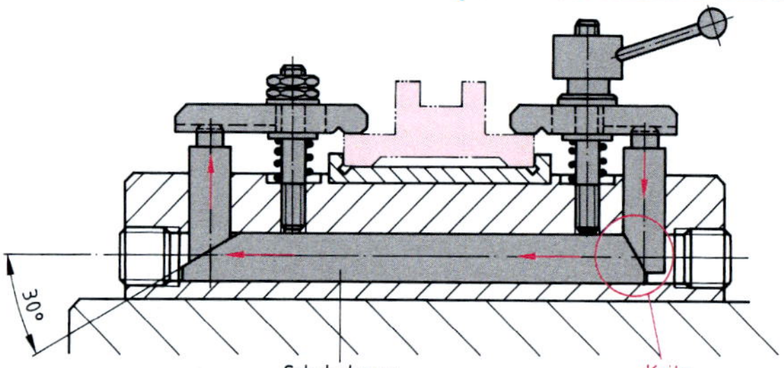

Durch Schubstangen und Keile können Spannkräfte weitergeleitet werden.

Das Spannen mehrerer gleicher Werkstücke erfordert eine gleichmäßige Verteilung der Spannkraft. Dieses kann durch mehrere unabhängige kraftbetätigte Spannelemente nur sehr schwer erreicht werden.

Beispiel **für ungleichmäßige Kraftwirkung**

Beim Spannen muss jede Schraube einzeln betätigt werden. Das Anziehen einer Schraube bewirkt aber bei bereits angezogenen Schrauben eine Minderung der Spannung, da sich der Balken weiter elastisch verformt.

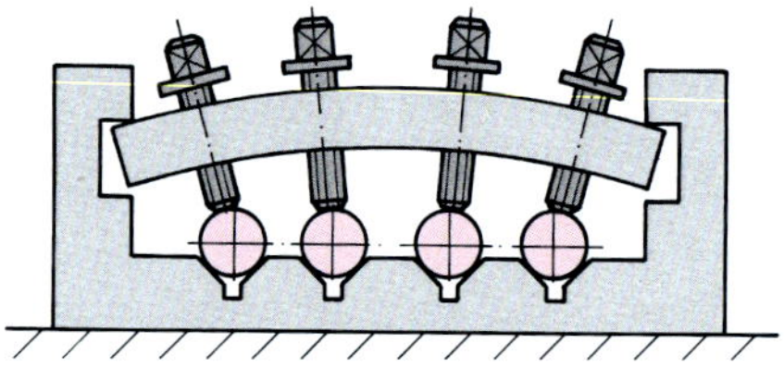

Zur Erreichung einer gleichmäßigen Spannkraft setzt man bei kraftbetätigten Spannvorrichtungen Hebel als Kraftverteiler ein. Beim Spannen mit Druck übertragenden Medien führen gleiche Kolbendurchmesser zu konstanten Spannkräften.

Beispiele **für gleichmäßige Verteilung von Spannkräften**

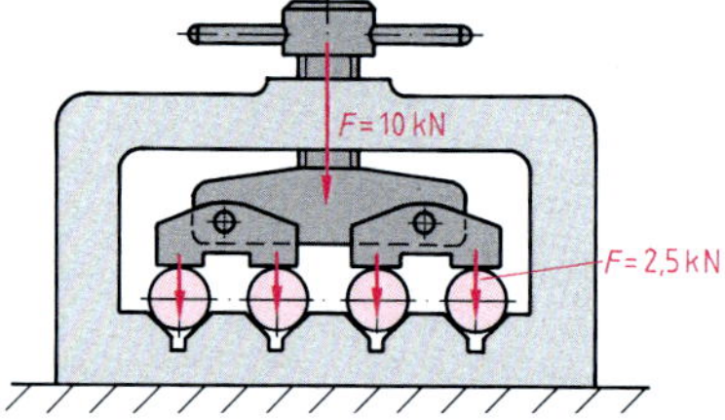

Mechanische Spannkraftverteilung

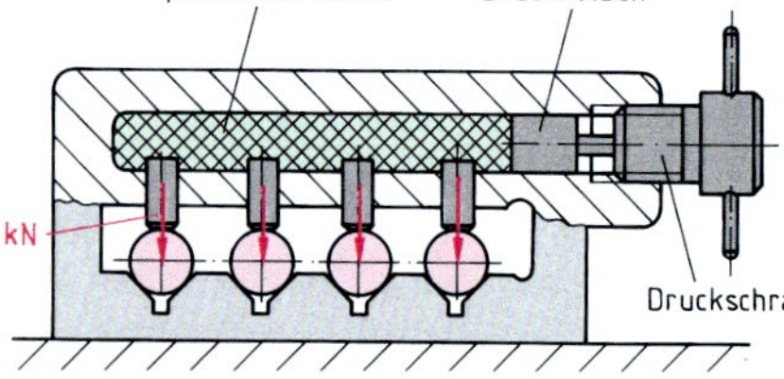

Spannkraftverteilung mit plastischer Masse

Gleichmäßige Spannkraft beim Spannen mehrerer Werkstücke kann durch Hebel als Kraftverteiler oder durch Druck übertragende Medien erreicht werden.

Übungsaufgaben H-25; H-26; H-27

2.4 Teilsystem zum Stützen

Das Stützen des Werkstückes in der Vorrichtung ist erforderlich, wenn die Gefahr besteht, dass das Werkstück unter Eigengewicht oder durch die bei der Bearbeitung auftretenden Kräfte verformt wird.

Beispiele **für den Einsatz von Stützen**

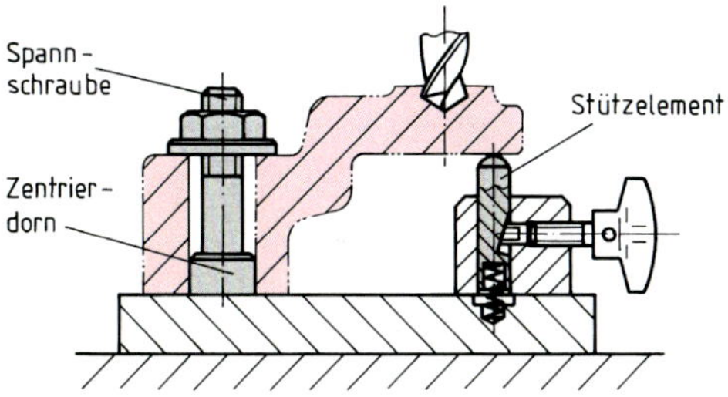

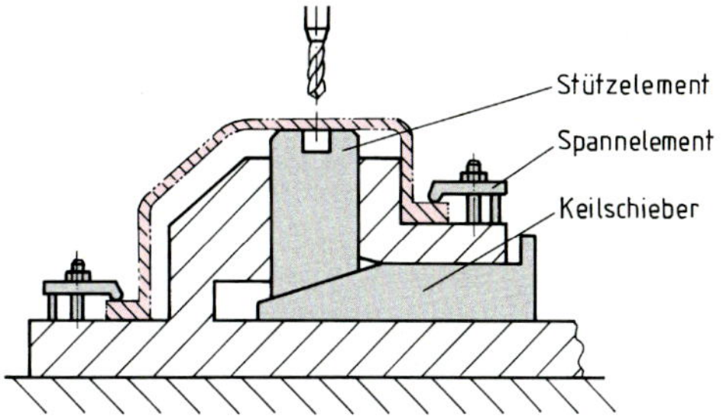

Die Anlageflächen von Stützelementen befinden sich im Gegensatz zu Positionierelementen in der Vorrichtung nicht in einer festen Lage. Sie werden erst *nach* Einlegen und Positionieren des Werkstückes ohne Kraftaufwand an das Werkstück angelegt und gesichert. Nach der Bearbeitung werden die Stützen wieder zurückgenommen. Stützelemente sind aus diesem Grunde leicht verstellbar und auf einfache Weise in ihrer Lage fixierbar.

Beispiele **für Stützelemente**

Austauschbare Einsätze

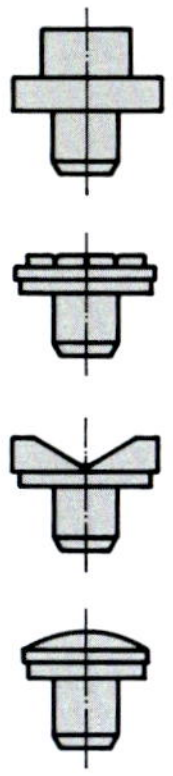

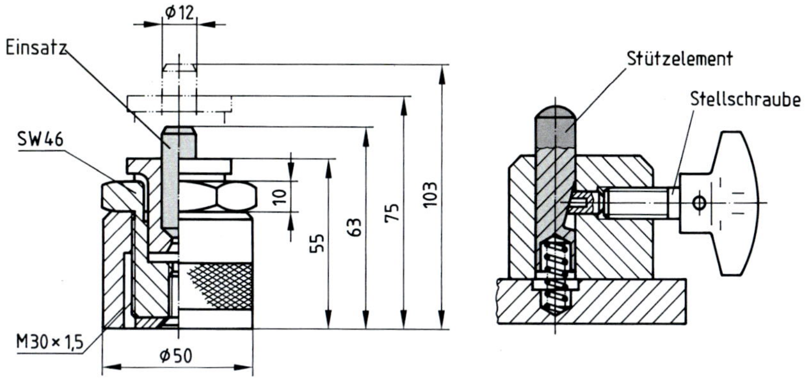

Stützelemente sind keine Positionierelemente. Sie werden erst nach dem Positionieren möglichst kraftfrei an das Werkstück herangeführt und in dieser Lage gesichert

LF 11V-14V

2.5 Teilsystem zum Führen

Zur Erfüllung der vorgegebenen Mess- oder Bearbeitungsaufgabe kann es nötig sein, das Werkzeug oder den Werkstückträger mit dem Werkstück zu führen.

Werkzeugführungen werden besonders zum Führen langer und weniger biegesteifer Werkzeuge, wie, z. B. Bohrer und Räumnadeln, eingesetzt.

Führungen zum Führen des Werkstückträgers werden meist verwendet, um das Werkstück in geeignete Arbeitsposition, z. B. in die günstigste Schweißposition, zu bringen.

2.5.1 Werkzeugführungen

Werkzeugführungen werden eingesetzt, wenn das Werkzeug zur Bearbeitung durch den Vorrichtungskörper geführt werden muss, oder wenn zwischen der Werkzeugspannstelle und der Bearbeitungsstelle große Entfernungen überbrückt werden müssen. Dabei sollen die Werkzeugführungselemente möglichst nahe der Bearbeitungsstelle platziert werden, um das „Verlaufen" des Werkzeugs zu verhindern.

Am häufigsten werden Bohrbuchsen als Werkzeugführungen verwendet. Diese Buchsen sind außen und innen auf ein Passmaß geschliffen. Zur Schonung sind sie gehärtet, auf der Einlaufseite des Werkzeugs gerundet und zum leichten Einbau mit einer Fase oder einem Ansatz versehen.

Zylindrische Bohrbuchsen wählt man bei genügender Dicke der Wandung, in welche die Bohrbuchse einzusetzen ist.

Bundbohrbuchsen wählt man bei geringer Dicke der Wandung der Vorrichtung.
Steckbohrbuchsen ermöglichen durch einfaches Auswechseln die Herstellung unterschiedlicher Bohrungen an der gleichen Stelle. Sie müssen gegen Verdrehen und Herausheben gesichert werden.

Beispiele für verschiedene Bohrbuchsen-Ausführungen

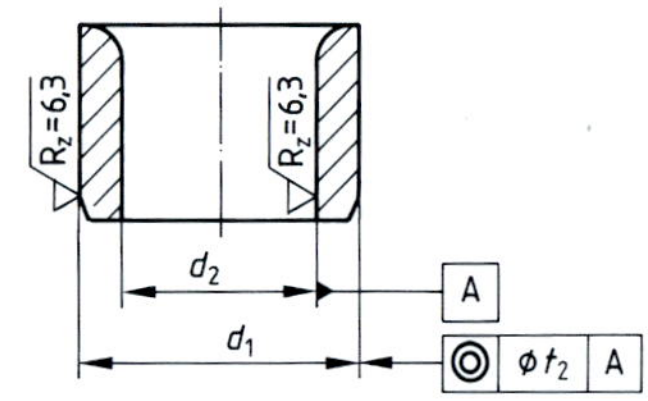

Bohrbuchse DIN 172
Form A an einem Ende gerundet
Form B an beiden Enden gerundet

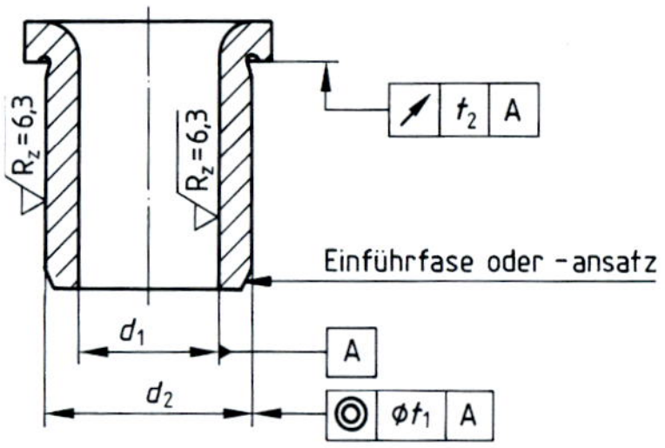

Bund-Bohrbuchse DIN 179
Form A an einem Ende gerundet
Form B an beiden Enden gerundet

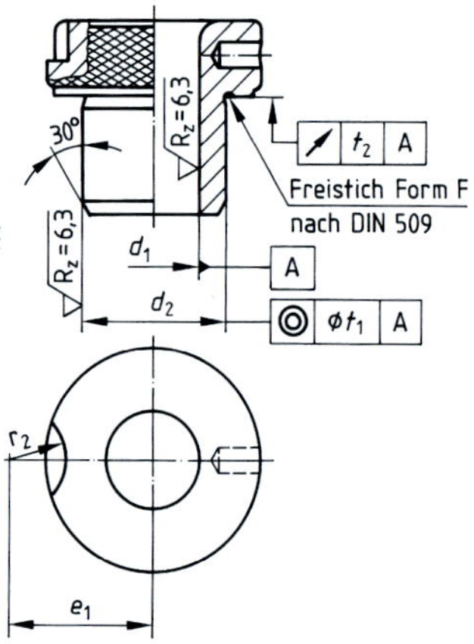

Steckbohrbuchse DIN 173

Der Abstand zwischen Bohrbuchse und Werkstück hängt von der Toleranz der Bohrung, der Qualität der anzubohrenden Oberfläche und dem Winkel zwischen Bohrerachse und Oberfläche ab.
Bei sehr genau vorgearbeiteten Oberflächen kann die Bohrbuchse bis fast auf die Werkstückoberfläche reichen.
Bei Guss- und Schmiedestücken wird wegen der Oberflächenwelligkeit ein Abstand von 0,5 d bis 1 d gelassen, damit die Späne ablaufen können.
An schrägen Flächen wird die Bohrbuchse nahezu aufgesetzt, damit der Bohrer besonders in der Anbohrphase optimal geführt wird.

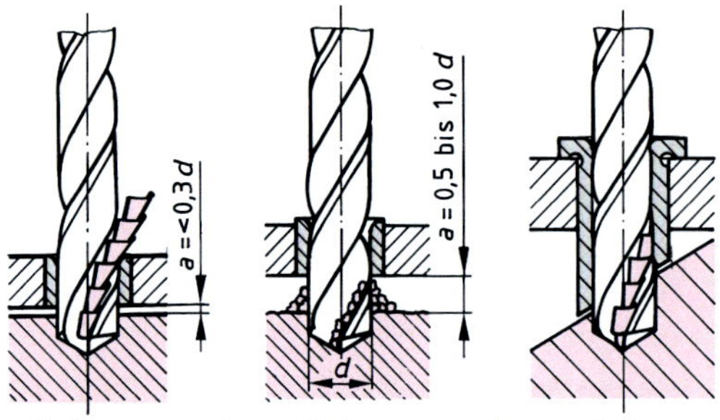

- für lang spanende Werkstoffe
- glatte Oberfläche

- für kurz spanende Werkstoffe
- wellige Oberfläche

- schräge Oberfläche

Bohrbuchsenabstand

Der Einsatz von Werkzeugführungselementen verhindert das Verlaufen des Werkzeugs und erhöht dadurch die Bearbeitungsgenauigkeit. Durch das Führen der Werkzeuge verringert sich der Werkzeugverschleiß und die Vorrichtung wird geschont.

Übungsaufgabe H-29

2.5.2 Führungen des Werkstückträgers

Wenn das Werkstück während der Bearbeitung in eine andere Position gebracht werden muss, wird der Werkstückträger mit dem Werkstück geführt. Als Führungen verwendet man im Vorrichtungsbau Wälz- und Gleitführungen, wie sie im Maschinenbau üblich sind.

Beispiele für einen Werkstückträger mit einer Schwenk-Drehvorrichtung

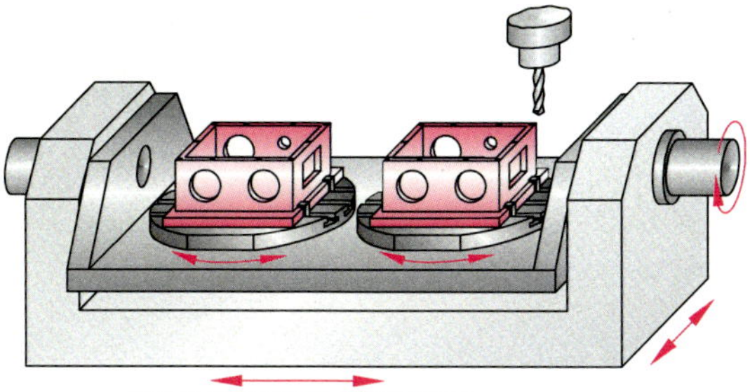

Doppel–Schwenk–Drehvorrichtung

2.6 Teilsystem zum Handhaben der Vorrichtung

Zur gefahrlosen Handhabung der Vorrichtungen müssen Bedien- und Transportelemente funktionsgerecht gestaltet werden und einfach zu handhaben sein.

2.6.1 Bedienelemente

Hebel, Kurbeln u. Ä. sind **Bedienelemente.** Die zum Aufbau notwendigen Griffe und Schrauben sind als Normalien erhältlich.

Verschlusselemente sollen an Vorrichtungen den Raum zum Einlegen und Herausnehmen des Werkstücks freigeben bzw. die Vorrichtung nach Einlegen des Werkstücks sicher verschließen.

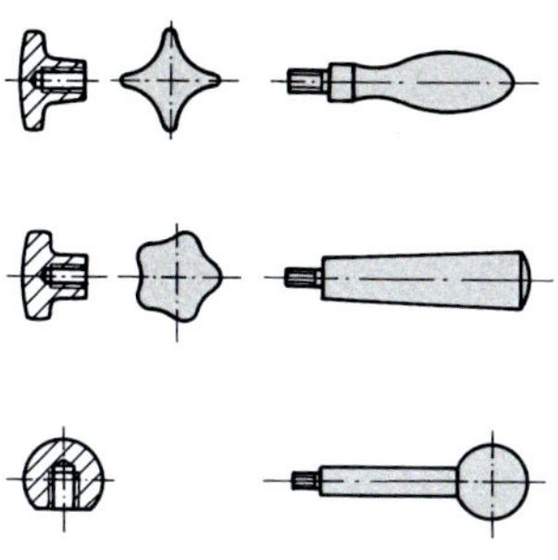

Knöpfe Griffe
Bedienelemente

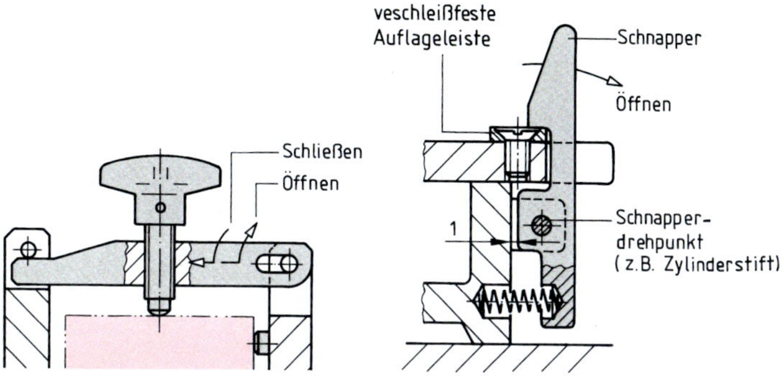

Schubriegel Schnapper
Verschlusselemente

Bedienelemente müssen funktionsgerecht und sicher gestaltet und eingebaut werden.

2.6.2 Transporthilfen

Bei großen und schweren Vorrichtungen müssen Transporthilfen vorgesehen werden. Aber auch bei leichteren Vorrichtungen sollten sie berücksichtigt werden, damit nicht andere Teile der Vorrichtung zum Anheben und Transportieren eingesetzt werden. Dies kann erhöhte Unfallgefahr und Beschädigung der Vorrichtung zur Folge haben.

LF 11V-14V

3 Vorrichtungen als Teilsysteme einer Maschine oder Anlage

Vorrichtungen sind Fertigungsmittel, die im Zusammenhang mit Maschinen und Anlagen eingesetzt werden. Sie müssen entsprechend dem Gesamtsystem eingefügt werden. Das heißt, sie müssen auf Maschinen und in Anlagen z. B. positioniert, gespannt oder geführt werden.

3.1 Positionieren der Vorrichtung

Vorrichtungen müssen auf dem Maschinentisch ausgerichtet und positioniert werden. Häufig verwendet man zur Positionierung in einer Richtung die T-Nuten des Werkzeugmaschinentisches.
Als Positionierelemente dienen in diesen Fällen:

- genormte Nutensteine,
- genormte Passfedern,
- Keilleisten,
- Universalanschläge,
- Parallel-Anschlagleisten.

Beispiele für das Positionieren einer Vorrichtung mithilfe der T-Nuten des Maschinentisches

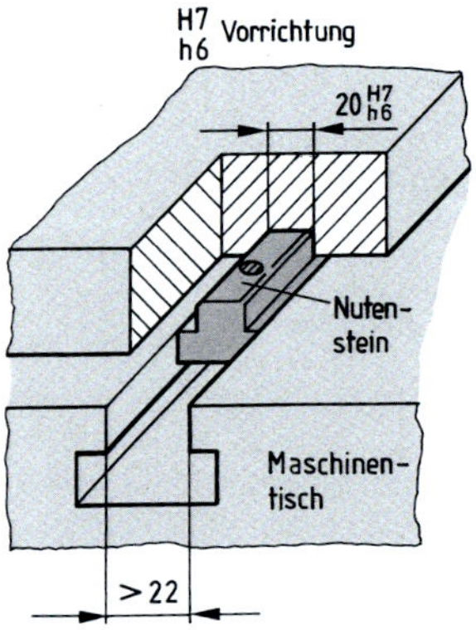

Positionierung durch Nutensteine

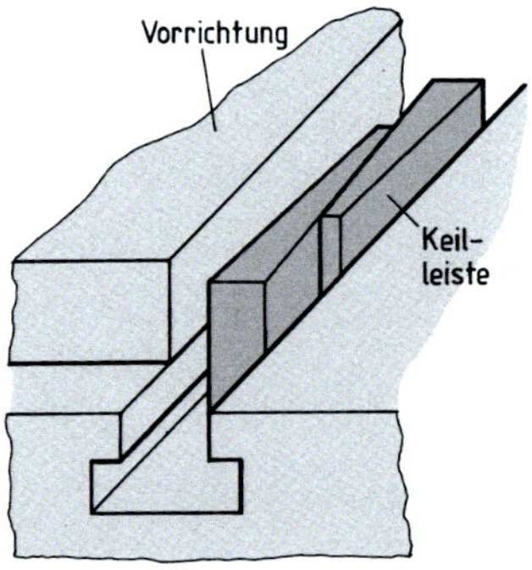

Positionierung durch Keilleisten

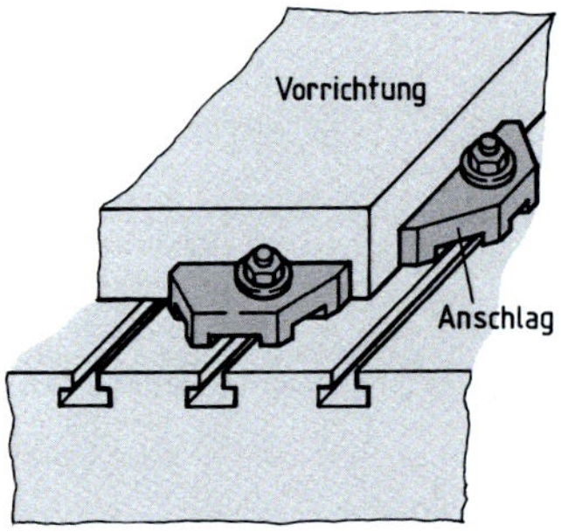

Positionierung durch Anschläge

Das Positionieren von Vorrichtungen auf dem Maschinentisch geschieht mithilfe der T-Nuten.

Drehvorrichtungen werden über den Kegel in der Spindelkopfbohrung positioniert und durch Zugstangen, Überwurfmuttern u. Ä. gesichert.

3.2 Spannen der Vorrichtung

Die positionierte Vorrichtung wird auf dem Maschinentisch gespannt. Dies geschieht meist durch Spanneisen oder T-Nutenschrauben.

Beispiele für das Spannen der Vorrichtung auf dem Maschinentisch

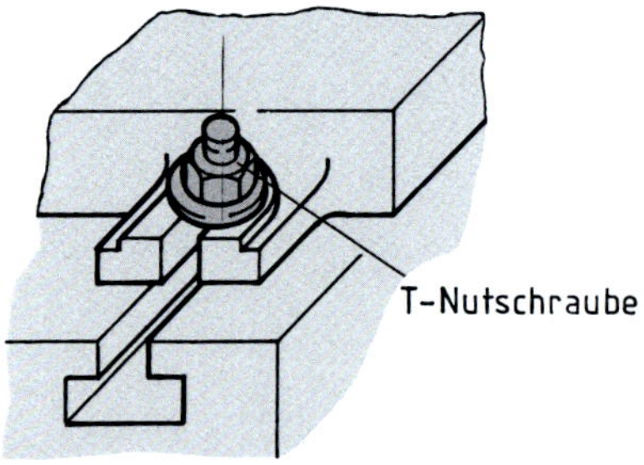

Spannen mit T-Nutenschraube in angegossenem Fuß

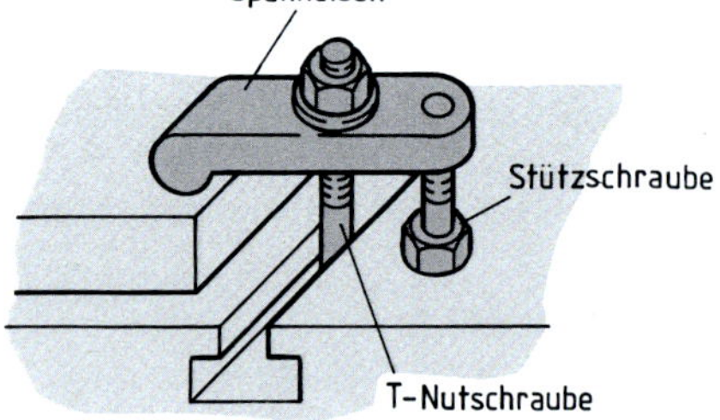

Spannen mit Spanneisen

Spannen der Vorrichtung auf dem Maschinentisch geschieht vorwiegend mithilfe von Spannschrauben.

3.3 Stützen der Vorrichtung

Nur kleine Vorrichtungen mit sauber bearbeiteter Unterseite lassen sich ganzflächig auf dem Maschinentisch auflegen. Man versieht darum besonders größere Vorrichtungen mit Füßen.
Bei gegossenen Vorrichtungsgrundkörpern werden die Füße meist mit angegossen.

Bei Einsatz von Vorrichtungsfüßen sollte Folgendes beachtet werden:

- Werden Füße an unbearbeiteten Flächen des Grundkörpers erforderlich, sind Anlageflächen für die Füße anzuarbeiten.
- Vorrichtungen sind grundsätzlich auf vier Füße zu stellen, um Auflagefehler festzustellen. Bei drei Füßen würden diese Fehler nicht bemerkt werden.
- Auswechselbare Vorrichtungsfüße sind nach der Montage grundsätzlich nachzuarbeiten. Dabei wird eine Werkstück-Positionierebene als Bezugsebene benutzt.
- Füße sollen eine Flächenauflage aufweisen, um die Flächenpressung an der Auflagefläche gering zu halten.

Beispiele für Vorrichtungsfüße

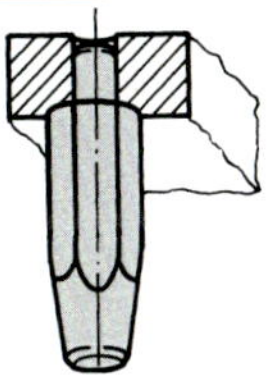

Fuß DIN 6320

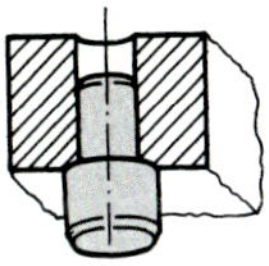

Fuß DIN 6321

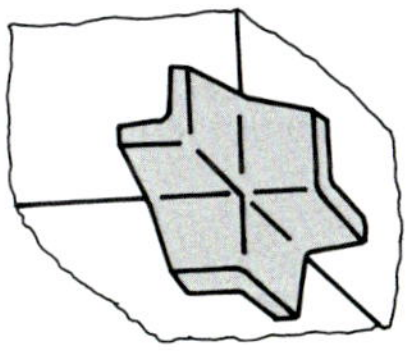

Angegossene Stützfüße zum Aufstellen und Kippen der Vorrichtung

Vorrichtungen stehen sicher auf unterbrochenen Auflageflächen. Bei großen Vorrichtungen erreicht man dies durch angegossene oder eingeschraubte Füße.

3.4 Führen der Vorrichtung

In der flexiblen Fertigung und bei der Bandarbeit werden Vorrichtungen auf Transportsystemen zwischen den Fertigungszellen oder Bearbeitungsstationen geführt.

Beispiele für ein Transportsystem zum Führen von Vorrichtungen

In der flexiblen Fertigung und an Fließbändern werden Vorrichtungen geführt.

LF 11V-14V

Handlungsfeld: Bauteile prüfen

Problemstellung

Prüfauftrag

Prüfauftrag
Reduzierhülsen auf Rundlauf prüfen

Zeichnung

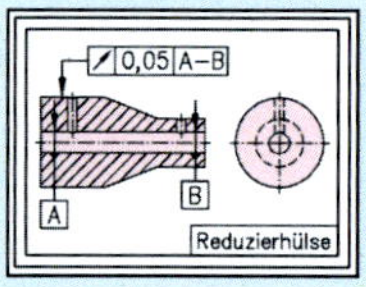

Werkstücke aus einer Vorserie

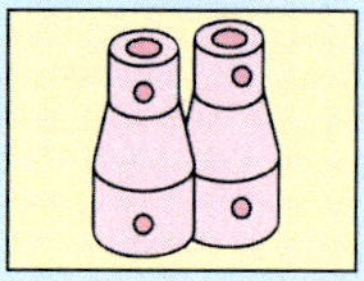

Analysieren

Auftrag und Zeichnungen auswerten nach
- zu prüfenden Eigenschaften (Form, Maße, Oberfläche ...)
- Toleranzen
- Gefordertem Ergebnis (Maßangabe oder Bedingung erfüllt/Bedingung nicht erfüllt)

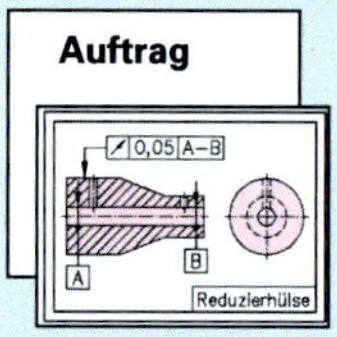

Ergebnisse
Entscheidung für
- Messen oder Lehren
- Subjektives oder objektives Prüfen
- Umfang der Prüfung

Planen

Überlegungen zu
- Prüfgerät (Art, Größe, Genauigkeit, Handhabung ...)
- Prüfaufbau (Positionierung von Werkstück und Messgerät ...)
- Durchführung der Prüfung (Abfolge der Prüfungen ...)
- Ergebnisdokumentation

Arbeitsplan
1.
2.
3.
4.

Prüfaufbau

Auswertung

...	...	...
...	...	...
...	...	...
...	...	...

Ergebnisse
- Plan der Prüfeinrichtung
- Prüfplan (Prüfmethode)
- Dokumentations- und Auswerteformular

Prüfung durchführen

Prüfeinrichtung aufbauen → Prüfstück einrichten → Prüfgerät einrichten → Prüfen (Umgebungsbedingungen beachten) → Prüfergebnis und Umgebungsbedingungen aufzeichnen

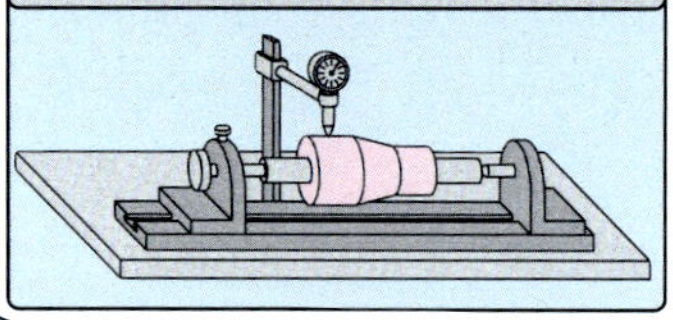

Auswerten

- Soll-Ist-Vergleich durchführen
- Statistische Auswertung vornehmen

- Ergebnis beurteilen (z. B. gut, Nacharbeit, Ausschuss)
- Fehler analysieren
- Fehlerbehebung vorschlagen

1 Passungen und Prüfen von Passmaßen

1.1 Bedeutung der Passungen

Wie Bauteile zueinander passen sollen, ergibt sich aus der gewünschten Funktion und wird in Zeichnungen durch besondere Maßangaben festgehalten.
Die Normung von Maßen für den Zusammenbau ermöglicht den Austauschbau und die Arbeitsteilung. Damit werden Herstellungskosten in der Massenfertigung gesenkt.

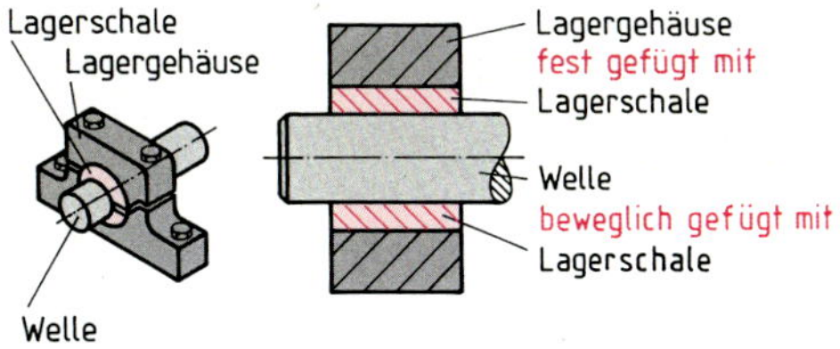

Fest und beweglich gefügte Bauteile

Die Normung von Zusammenbaumaßen erlaubt Austauschbau und Massenfertigung.

1.2 Begriffe und Maße bei Passungen

- **Passflächen**

Beim Zusammenpassen zweier Bauteile wird ein Außenteil mit einem Innenteil gepaart. Die Berührungsflächen zwischen den Teilen nennt man **Passflächen.** Bei kreisförmigen Passflächen bezeichnet man das Außenteil als „Bohrung" und das Innenteil als „Welle".
Sind die Passflächen der Paarungsteile eben, so spricht man von einer Passung zwischen zwei Paaren paralleler Passflächen.

Beispiele für Passungen

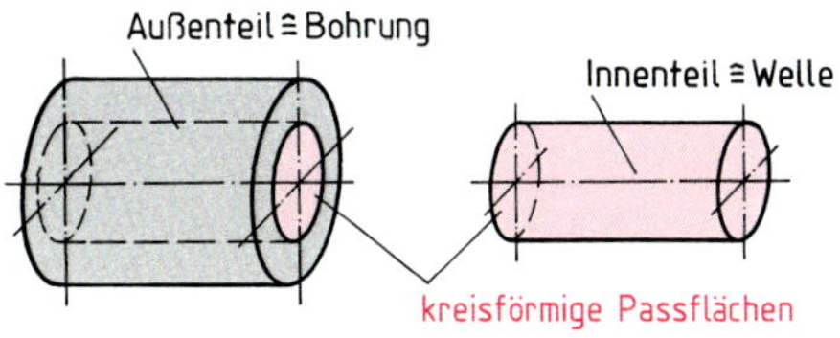

Kreiszylinderpassung (Rundpassung)

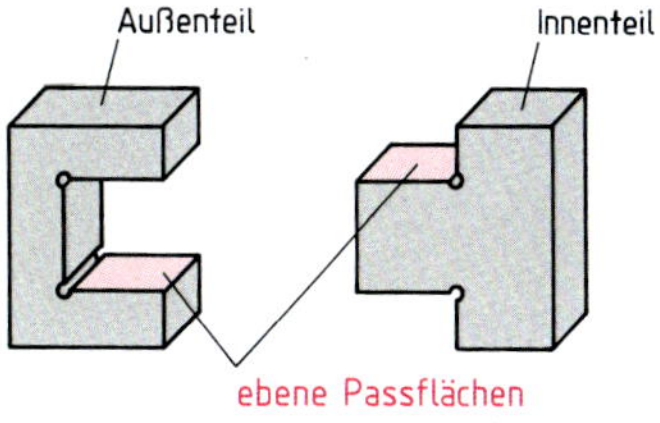

Passung zwischen zwei Werkstücken mit je zwei parallelen Passflächen (Flachpassung)

Passungen bestehen zwischen Bohrung und Welle oder zwischen ebenen Passflächen.
Für beide Passungsarten gelten gleiche Begriffe.

- **Höchstmaß und Mindestmaß**

Aus dem Nennmaß, das für gefügte Teile gleich ist, und den Abmaßen ergeben sich die übrigen Maße.

gewählte Maßbuchstaben	**genormte Maßbuchstaben**
N Nennmaß	ES Oberes Abmaß (Bohrung)
G_o Höchstmaß	EI Unteres Abmaß (Bohrung)
G_u Mindestmaß	es Oberes Abmaß (Welle)
T Maßtoleranz	ei Unteres Abmaß (Welle)

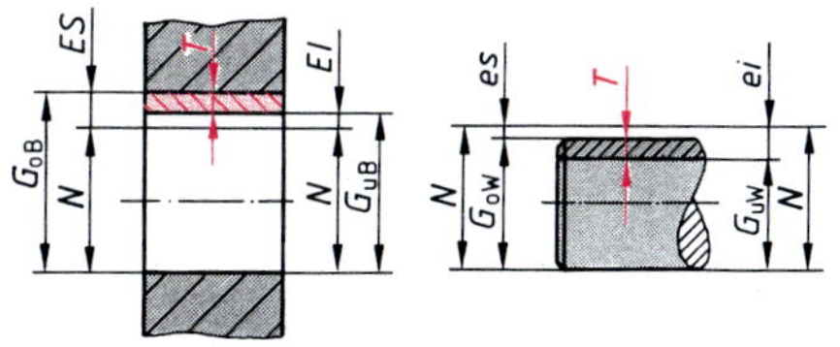

Höchstmaß und Mindestmaß

Bohrung

Höchstmaß = Nennmaß + oberes Abmaß

$G_{oB} = N + ES$

Mindestmaß = Nennmaß + unteres Abmaß

$G_{uB} = N + EI$

Welle

Höchstmaß = Nennmaß + oberes Abmaß

$G_{oW} = N + es$

Mindestmaß = Nennmaß + unteres Abmaß

$G_{uW} = N + ei$

PT

- **Maßtoleranz**

Der Unterschied zwischen Höchstmaß und Mindestmaß bzw. zwischen oberem und unterem Abmaß wird **Maßtoleranz** genannt. Die Toleranz ist stets ein positiver Betrag, da das Höchstmaß immer größer als das Mindestmaß ist.

Maßtoleranz = Höchstmaß – Mindestmaß
$T = G_o - G_u$

oder

Maßtoleranz = Oberes Abmaß – Unteres Abmaß
$T_B = ES - EI$ *für Bohrungen*
$T_W = es - ei$ *für Wellen*

Nulllinie

Die Grenzabmaße einer Passungsangabe beziehen sich auf das Nennmaß. Das Nennmaß dient als Bezugsgröße. In bildlichen Darstellungen von Grenzabmaßen benutzt man **eine Begrenzungslinie** des Nennmaßes als Bezugslinie. Diese Linie wird Nulllinie genannt.

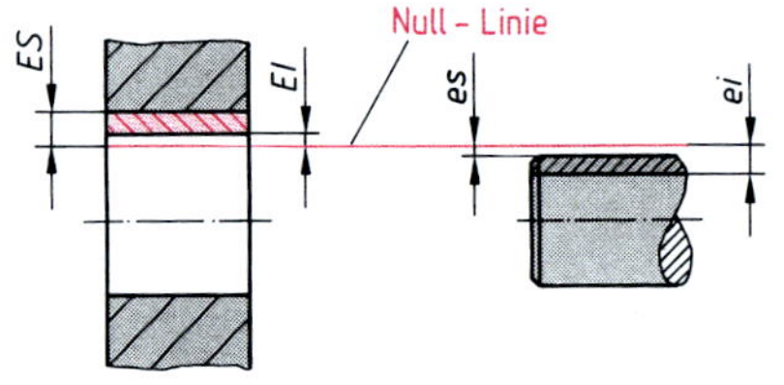

Nulllinie als Bezugslinie

Toleranzfeld

Bei der Darstellung der Grenzabmaße wählt man einen entsprechenden Vergrößerungsmaßstab. Für das obere und untere Abmaß zeichnet man in einem entsprechenden Abstand parallele Linien zur Nulllinie. Der Abstand zwischen diesen beiden Linien entspricht der Größe der Maßtoleranz.

Das Abmaß, das der Nulllinie am nächsten liegt, wird üblicherweise als **Grundabmaß** bezeichnet. Durch das Grundabmaß wird die Lage des Toleranzfeldes zur Nulllinie festgelegt. Als Toleranzfeld wird der Bereich bezeichnet, den die Linien für das Höchstmaß und Mindestmaß begrenzen.

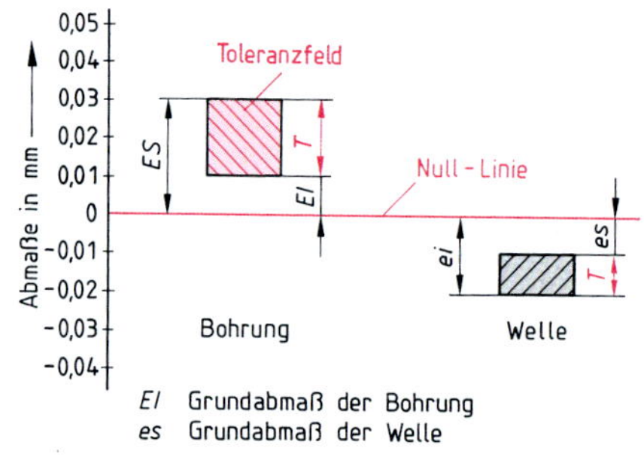

Lage von Toleranzfeldern zur Nulllinie

Das Toleranzfeld ist das Feld zwischen zwei Linien, die das Höchstmaß und Mindestmaß darstellen.

1.3 ISO-Normen für Maß- und Passungsangaben

Ein toleriertes Maß wird nach ISO-Norm verschlüsselt angegeben. Es setzt sich aus dem Nennmaß und der geforderten **Toleranzklasse** zusammen. Die Bezeichnung der Toleranzklasse besteht aus:

- einem Buchstaben für das **Grundabmaß** und
- der Zahl des **Grundtoleranzgrades.**

Angaben eines tolerierten Maßes nach ISO-Norm

Mithilfe von Tabellen für Grenzabmaße können die Toleranzklassen entschlüsselt werden. So sind z. B. für das Maß 40K7 das obere Abmaß mit + 0,007 mm und das untere Abmaß mit – 0,018 mm festgelegt.

Tabellenauszug für Grenzabmaße (*ES, EI* bzw. *es, ei*) nach DIN ISO 286

Nennmaß-bereich über ... bis ... mm	**Bohrungen** Grenzabmaße in µm (= 0,001 mm)									**Wellen** Grenzabmaße in µm				
	S 7	**R 7**	**N 7**	**M 7**	**K 7**	**J 7**	**H 7**	**G 7**	**F 7**	**s 6**	**r 6**	**n 6**	**m 6**	**k 6**
30 ... 50	– 34 – 59	– 25 – 50	– 8 – 33	0 – 25	+ 7 – 18	+ 14 – 11	+ 25 0	+ 34 + 9	+ 50 + 25	+ 59 + 43	+ 50 + 34	+ 33 + 17	+ 25 + 9	+ 18 + 2

Übungsaufgaben PT-4; PT-5

• Lage von Grundabmaßen

Die Buchstaben geben verschlüsselt die Lage der Grundabmaße zur Nulllinie an. Dabei kennzeichnen die Buchstaben den Abstand zwischen der Nulllinie und den Grundabmaßen.

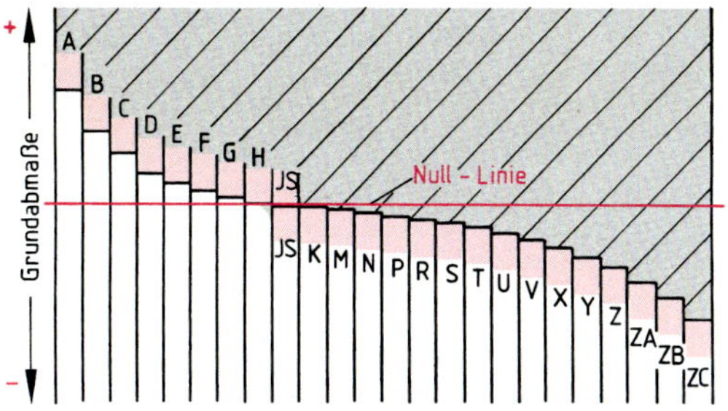

Lage der Grundabmaße für Bohrungen

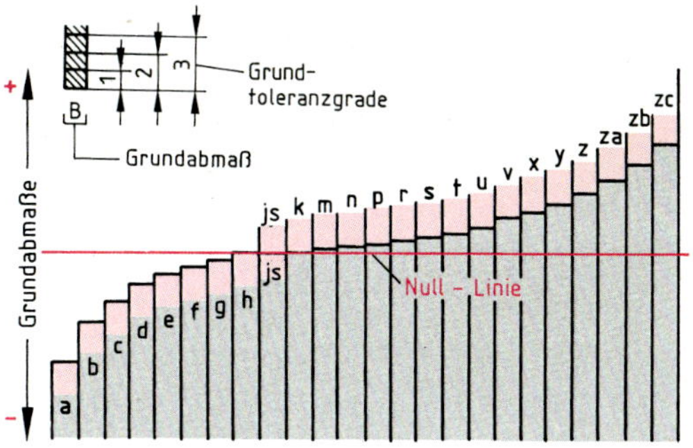

Lage der Grundabmaße für Wellen

Grundabmaße für **Bohrungen** haben große Buchstaben von **A bis Z.** Grundabmaße für **Wellen** werden mit kleinen Buchstaben von **a bis z** gekennzeichnet. Um Verwechslungen mit Zahlen zu vermeiden, werden die Buchstaben I, L, O, Q, W in der großen und kleinen Schreibweise nicht benutzt. Zur Vergrößerung des Toleranzbereiches wurden die Z-Toleranzen um die Toleranzfelder ZA, ZB, ZC bzw. za, zb, zc erweitert.

ISO-Passmaße kennzeichnen die Lage des Grundabmaßes zur Nulllinie durch Buchstaben:
- große Buchstaben für Bohrungstoleranzen,
- kleine Buchstaben für Wellentoleranzen.

• Grundtoleranzgrade und Grundtoleranzen

In den Kurzzeichen für die Toleranzklassen nach ISO stehen hinter den Buchstaben Zahlen. Diese Zahlen geben den Grundtoleranzgrad an. Der Grundtoleranzgrad und das Nennmaß bestimmen den Wert der Grundtoleranz. Es stehen 20 Grundtoleranzgrade zur Verfügung, die mit den Buchstaben IT und einer Zahl gekennzeichnet werden (z. B. IT 9). Im Zusammenhang mit einem Grundabmaß entfallen die Buchstaben IT (z. B. h 9 statt IT 9). Die Zahl allein wird als **Toleranzgrad** bezeichnet.

Grundtoleranzen in Mikrometer für den Nennmaßbereich von 30 mm bis 50 mm

Grundtoleranzgrad	IT01	IT0	IT1	...	IT4	IT5	IT6	IT7	IT8	IT9	IT10	IT11	IT12	IT13	IT14	...	IT18
Grundtoleranz in µm	0,6	1	1,5	...	7	11	16	25	39	62	100	160	250	390	620	...	3900

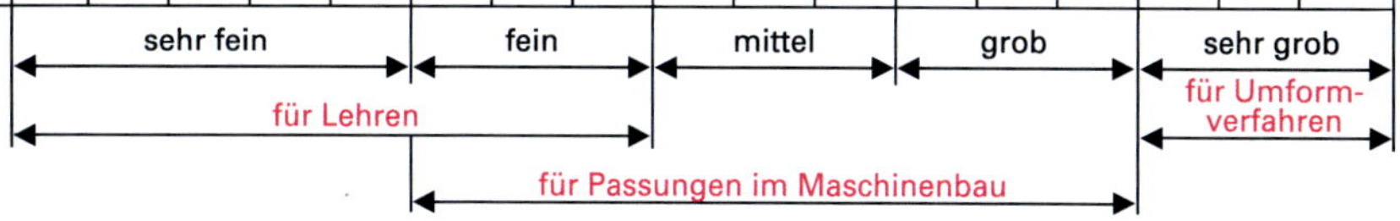

Bei gleichem Toleranzgrad vergrößert sich die Grundtoleranz mit größer werdendem Nennmaß. Jedoch erhält nicht jedes Nennmaß eine andere Grundtoleranzgröße. Man teilt die Nennmaße bis 500 mm in Bereiche mit jeweils gleicher Toleranz ein.

Grundtoleranzgröße in Abhängigkeit vom Nennmaß

Nennmaßbereich	Toleranz bei Toleranzgrad 7
über 6 bis 10 mm	15 µm
über 10 bis 18 mm	18 µm
über 18 bis 30 mm	21 µm

Der Grundtoleranzgrad wird entsprechend der Verwendung gewählt.
Bei gleichem Toleranzgrad wächst die Toleranz mit dem Nennmaß.

Übungsaufgaben PT-6; PT-7

1.4 Einteilung der Passungen

Beim Fügen durch Zusammenpassen werden zwei Bauteile gepaart. Dabei bestimmen die Istmaße der Einzelteile, ob die Bauteile fest oder lose zusammengepasst sind.

Die Passung (gewählter Maßbuchstabe = *P*) ist die Differenz zwischen dem Maß der Innenpassfläche (Bohrung) und dem Maß der Außenpassfläche (Welle) vor der Paarung.

Passung = Maß der Innenpassflächen – Maß der Außenpassflächen

- **Spielpassung**

Die Passung, bei der beim Fügen von Bohrung und Welle immer ein Spiel entsteht, wird als Spielpassung bezeichnet.

Höchstspiel P_{So} entsteht, wenn eine Bohrung mit Höchstmaß und eine Welle mit Mindestmaß gefügt werden.

Mindestspiel P_{Su} tritt bei einer Bohrung mit Mindestmaß und einer Welle mit Höchstmaß auf.

Höchstspiel: P_{So} = 40,016 mm – 39,980 mm = 0,036 mm
Mindestspiel: P_{Su} = 40,000 mm – 39,991 mm = 0,009 mm

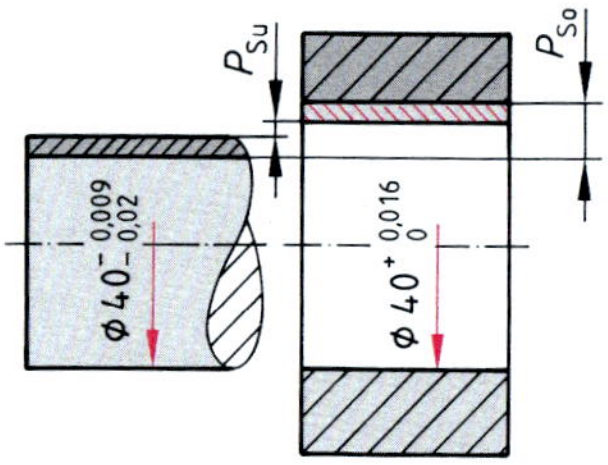

Spielpassung

Bei einer Spielpassung ist das Höchstmaß der Welle kleiner/gleich dem Mindestmaß der Bohrung.
Höchstspiel = Bohrung mit Höchstmaß – Welle mit Mindestmaß $P_{So} = G_{oB} - G_{uW}$
Mindestspiel = Bohrung mit Mindestmaß – Welle mit Höchstmaß $P_{Su} = G_{uB} - G_{oW}$

- **Übermaßpassung**

Die Passung, bei der beim Fügen von Bohrung und Welle immer ein Übermaß entsteht, wird als Übermaßpassung bezeichnet.

Höchstübermaß $P_{Üo}$ entsteht, wenn eine Bohrung mit Mindestmaß und eine Welle mit Höchstmaß gefügt werden.

Mindestübermaß $P_{Üu}$ tritt bei einer Bohrung mit Höchstmaß und einer Welle mit Mindestmaß auf.

Höchstübermaß: $P_{Üo}$ = 40,000 mm – 40,059 mm = – 0,059 mm
Mindestübermaß: $P_{Üu}$ = 40,016 mm – 40,048 mm = – 0,032 mm

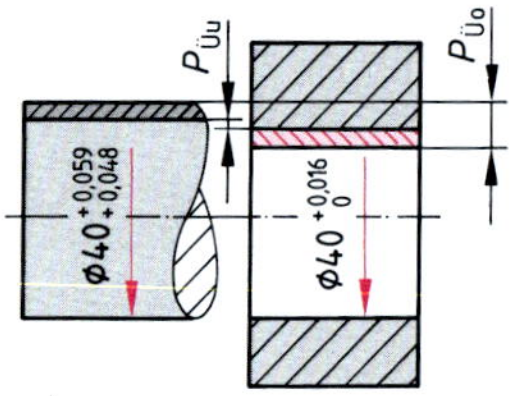

Übermaßpassung

Bei einer Übermaßpassung ist das Mindestmaß der Welle größer als das Höchstmaß der Bohrung.
Höchstübermaß = Bohrung mit Mindestmaß – Welle mit Höchstmaß
Mindestübermaß = Bohrung mit Höchstmaß – Welle mit Mindestmaß.

- **Übergangspassung**

Die Passung, bei der beim Fügen von Bohrung und Welle entweder ein Spiel oder ein Übermaß entsteht, wird als Übergangspassung bezeichnet. Ob ein Spiel oder ein Übermaß entsteht, hängt vom Istmaß der Bohrung und der Welle ab.

Höchstspiel: P_{So} = 40,016 mm – 40,002 mm = + 0,014 mm
Höchstübermaß: $P_{Üo}$ = 40,000 mm – 40,018 mm = – 0,018 mm

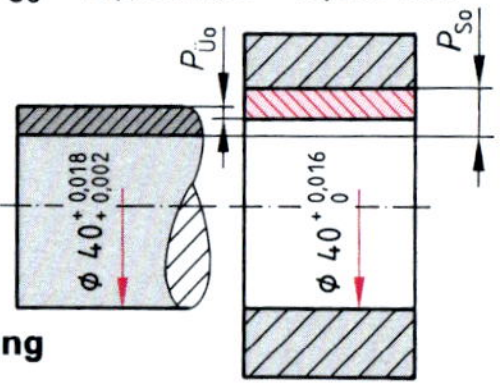

Übergangspassung

Je nach Istmaß von Bohrung und Welle kann sich bei einer Übergangspassung nach dem Fügen der beiden Teile sowohl ein Spiel als auch ein Übermaß ergeben.

Übungsaufgaben PT-8; PT-9

1.5 Passungssysteme

ISO-Passungsnormen nach DIN ISO 286 bieten viele Möglichkeiten, gewünschte Paarungen auszuwählen. Um die Zahl der benötigten Werkzeuge und Prüfmittel gering zu halten, beschränkt man sich auf eine Auswahl von Passungen. Dabei unterscheidet man die beiden Auswahlsysteme Einheitsbohrung und Einheitswelle.

- **Passungssystem Einheitsbohrung**

Bei der Auswahl von Passungen hat man sich darauf beschränkt, dass die **Bohrungen** stets das **Grundabmaß H** erhalten, d. h. das Mindestmaß der Bohrung ist gleich dem Nennmaß. Die gewünschte Passung erreicht man durch die Auswahl geeigneter Grundabmaße für die Welle.

Anwendung findet das System Einheitsbohrung im Maschinen-, Kraftfahrzeug- und Elektromaschinenbau, weil dort Wellen mit Absätzen und verschiedenen Durchmessern eingebaut werden.

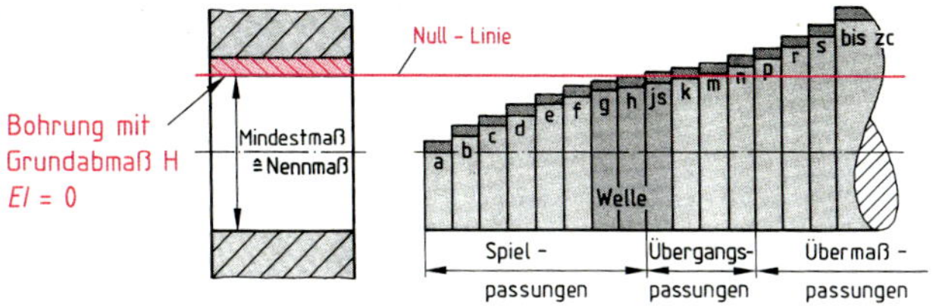

Passungssystem Einheitsbohrung

Beim Passungssystem Einheitsbohrung hat die Bohrung immer das Grundabmaß H. Gewünschte Passungen erreicht man durch die Auswahl von Grundabmaßen für die Welle.

- **Passungssystem Einheitswelle**

Bei der Auswahl von Passungen hat man sich darauf beschränkt, dass die **Wellen** stets das **Grundabmaß h erhalten,** das Höchstmaß der Welle ist gleich dem Nennmaß. Die gewünschte Passung erreicht man durch die Auswahl Grundabmaße für die Bohrung.

Angewendet wird das Passungssystem Einheitswelle dort, wo man gezogene oder geschliffene Wellen ohne wesentliche Nacharbeit einsetzt. Das Passungssystem Einheitswelle wird bevorzugt in der Feinmechanik sowie im Textil- und Landmaschinenbau angewandt.

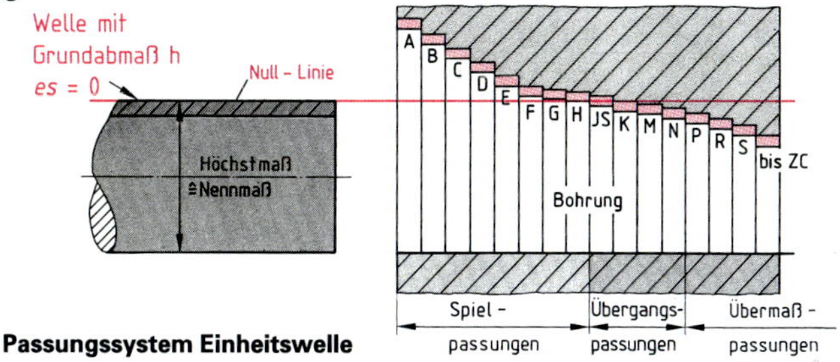

Passungssystem Einheitswelle

Bei Einheitswellen ist das Höchstmaß der Wellen gleich dem Nennmaß. Beim Passungssystem Einheitswelle paart man Wellen mit der Toleranzlage h mit Bohrungen unterschiedlicher Toleranzlagen.

1.6 Passungsnormen

- **Passungssystem Einheitsbohrung (Auszug)**

Nennmaßbereich mm	Reihe I (Grenzabmaße in µm)									Reihe II (Grenzabmaße in µm)								
	H7	r6	n6	h6	f7	H8	x8/u8	h9	f7	H7	s6	m6	k6	j6	g6	H8	e8	d9
über 6 bis 10	+15 0	+28 +19	+19 +10	0 – 9	–13 –28	+22 0	+ 56 + 34	0 –36	–13 –28	+15 0	+32 +23	+15 + 6	+10 + 1	+ 7 – 2	– 5 –14	+22 0	–25 –47	– 40 – 76
über 10 bis 14 über 14 bis 18	+18 0	+34 +23	+23 +12	0 –11	–16 –34	+27 0	+ 67 + 40 + 72 + 45	0 +43	–16 –34	+18 0	+39 +28	+18 + 7	+12 + 1	+ 8 – 3	– 6 –17	+27 0	–32 –59	– 50 – 93

- **Passungssystem Einheitswelle (Auszug)**

Nennmaßbereich mm	Reihe I (Grenzabmaße in µm)									Reihe II (Grenzabmaße in µm)									
	h6	H7	F8	h9	H8	F8	E9	D10	C11	h11	D10	C11	h6	G7	h9	H11	h11	H11	A11
über 6 bis 10	0 – 9	+15 0	+35 +13	0 –36	+22 0	+35 +13	+ 61 + 25	+ 98 + 40	+170 + 80	0 – 90	+ 98 + 40	+170 + 80	0 – 9	+20 + 5	0 –36	+ 90 0	0 – 90	+ 90 0	+370 +280
über 10 bis 18	0 –11	+18 0	+43 +16	0 –43	+27 0	+43 +16	+ 75 + 32	+120 + 50	+205 + 95	0 –110	+120 + 50	+205 + 95	0 –11	+24 + 6	0 –43	+110 0	0 –110	+110 0	+400 +290

PT

Übungsaufgabe PT-10

1.7 Auswahl von Passungen

Die Auswahl von Passungen geschieht entsprechend der Funktion der Bauteile.
Es haben sich dabei bestimmte Passungen als vorteilhaft erwiesen.

Beispiele für häufig gewählte Passungen

	Einheits-bohrung	Einheits-welle	Eigenschaft	Anwendungsbeispiele
Spiel-passung	H7/h6; H8/h9	H7/h6; H8/h9	noch gleitfähig durch Handkraft	Führungen an Werkzeugmaschinen
	H8/f7	F8/h6	geringes Spiel, leicht verschiebbar	Gleitlager, Kolben, Schieberäder
		C11/h9	großes Spiel	Baumaschinen
Übergangs-passung	H7/n6		fügbar mit geringer Presskraft, Verdrehsicherung nötig	Zahnräder, Lagerbuchsen, Kupplungen
	H7/m6		Fügen und Lösen möglich, Verdrehsicherung nötig	Passstifte, Kugellagerringe
Übermaß-passung	H8/x8; H8/n8		fügbar mit sehr großer Presskraft, schrumpfbar	Kurbeln auf Wellen, Laufringe auf Radkörpern
	H7/r6		fügbar mit großer Presskraft	Buchsen in Radnaben, Lagerbuchsen

Für einen bestimmten Fall wählt man aus diesen Kombinationen nach folgenden Schritten eine geeignete Passung aus:

Schritt	Entscheidungskriterien	Ergebnis
1. Auswahl des Passungssystems	Anwendungsgebiet	Passungssystem
2. Festlegung der Lage der Grundabmaße	Passungssystem Verwendungszweck	Grundabmaße
3. Bestimmungen der Grundtoleranzgrade	Nennmaß Anwendungsgebiet	Grundtoleranzgrade (Grundtoleranzen)
4. Angabe der tolerierten Maße	Einzelteile	tolerierte Maße
5. Angabe der Passung	Zusammenbau	Passungsangabe

Beispiel für die Auswahl und Darstellung einer Passung

Aufgabe

Eine Buchse soll in ein Gehäuse gefügt werden. Die Verbindung muss ohne zusätzliche Sicherung gegen axiales Verschieben oder Verdrehen auskommen. Zu bestimmen ist die für diesen Einsatz notwendige Passung. Das Nennmaß beträgt Ø 40 mm.

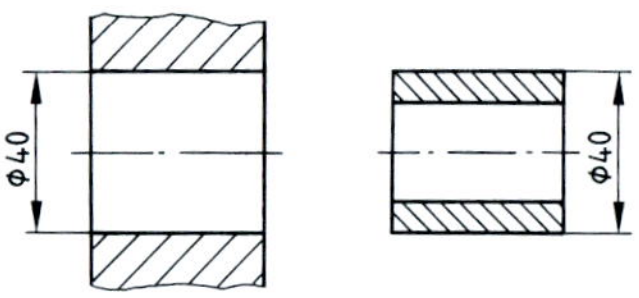

Lösung

1. Schritt Auswahl des Passungssystems **Entscheidung** → Einheitsbohrung

2. Schritt Festlegung der Lage der Grundabmaße **Entscheidung** → Gehäuse H Buchse r

3. Schritt Bestimmung der Grundtoleranzgrade **Entscheidung** → Gehäuse IT7 (25 µm) Buchse IT6 (16 µm)

4. Schritt Angabe der tolerierten Maße **Angabe** → Gehäuse Ø40 H7 Buchse Ø40 r6

5. Schritt Angabe der Passung **Angabe** → Ø40 H7/r6

Übungsaufgaben PT-11; PT-12; PT-13

1.8 Lehren von Passmaßen

In der Fertigung ist nur zu prüfen, ob das Istmaß innerhalb des Höchst- und Mindestmaßes liegt. Aus diesem Grunde müssen nur die **Grenzmaße** überprüft werden. Dies geschieht sehr einfach durch Prüfen mit Grenzlehren.

- **Grenzlehren für Innenmaße**

Innenmaße werden mit Grenzlehrdornen geprüft. Dabei sind meist die Gutlehre und die Ausschusslehre zu einem Prüfgerät vereinigt.

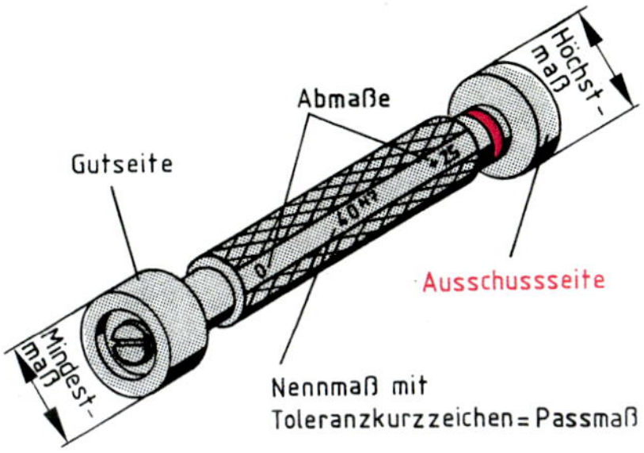

Grenzlehrdorn

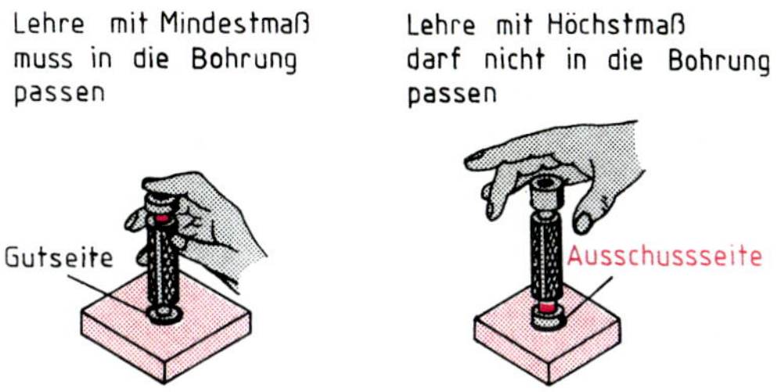

Prüfen mit Grenzlehrdorn

Mit der Gutseite des Lehrdorns wird ermittelt, ob die Bohrung nicht zu klein ist. Die Gutseite verkörpert das Mindestmaß. Sie muss in die Bohrung eingeführt werden können.
Mit der Ausschussseite des Lehrdornes wird geprüft, ob die Bohrung nicht zu groß ist. Die Ausschussseite verkörpert das Höchstmaß. Sie darf nicht in die Bohrung passen, andernfalls ist die Bohrung zu groß. Das Werkstück ist Ausschuss. Die Ausschusslehrdorne haben verkürzte Messzylinder und rote Farbmarkierungen.

Die Gutseite des Grenzlehrdorns verkörpert das Mindestmaß, die Ausschussseite das Höchstmaß. Kennzeichnung der Ausschussseite: kurzer Prüfzylinder und rote Markierung.

- **Grenzlehren für Außenmaße**

Außenmaße, z. B. von Wellen, werden mit Grenzrachenlehren überprüft. Auch Grenzrachenlehren vereinigen meist eine Gutlehre und eine Ausschusslehre zu einem Prüfgerät.

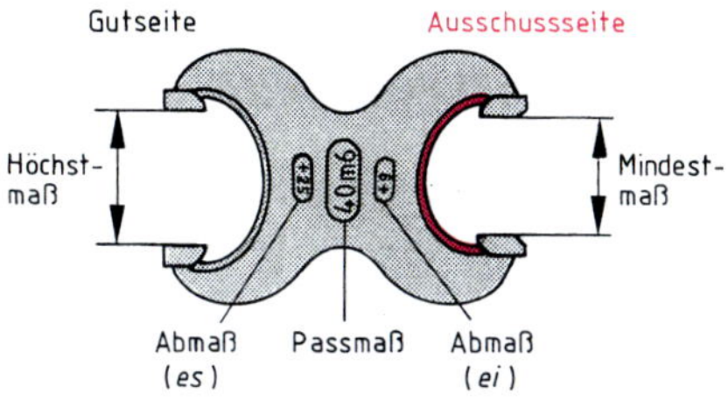

Grenzrachenlehre

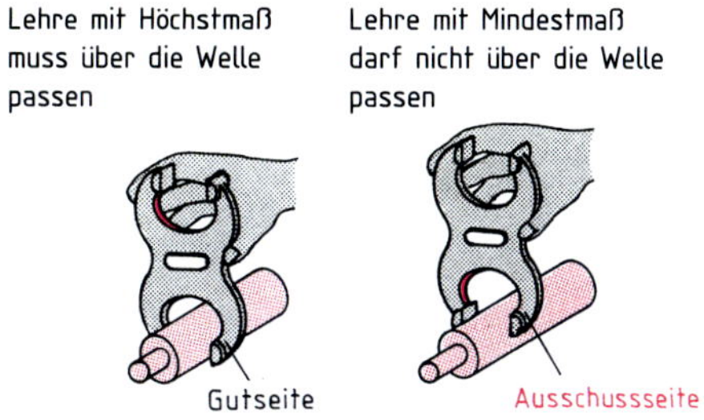

Prüfen mit Grenzrachenlehre

Mit der Gutseite der Rachenlehre wird festgestellt, ob die Welle nicht zu groß ist. Die Gutseite der Rachenlehre verkörpert das Höchstmaß. Die Gutseite muss durch Eigengewicht über die Welle gleiten.
Mit der Ausschussseite der Rachenlehre wird geprüft, ob die Welle nicht zu klein ist. Die Ausschussseite verkörpert das Mindestmaß. Sie darf nicht über die Welle gehen, sonst ist die Welle zu dünn. Das Werkstück ist Ausschuss. Die Ausschussseiten von Grenzrachenlehren haben Abschrägungen des Messrachens und eine rote Farbmarkierung im Rachen.

PT

Die Gutseite der Grenzrachenlehre verkörpert Höchstmaß und die Ausschussseite Mindestmaß. Kennzeichnung der Ausschussseite: angefaste Prüfflächen und rote Markierung.

Übungsaufgaben PT-14; PT-15

2 Form- und Lagetoleranzen

2.1 Toleranzzone

Zur Beurteilung von Form- und Lageabweichungen benötigt man die Beschreibung der zulässigen Abweichung von der Idealform. Man nennt den Bereich, innerhalb dem alle Punkte der tolerierten Form oder Lage liegen müssen, die **Toleranzzone.**

Beispiel für eine Toleranzzone

Die tolerierte Achse des Kurbelzapfens muss innerhalb eines Zylinders von 0,05 mm Durchmesser liegen, der parallel zur Bezugsachse A-B (Achse der Kurbelwelle) liegt.

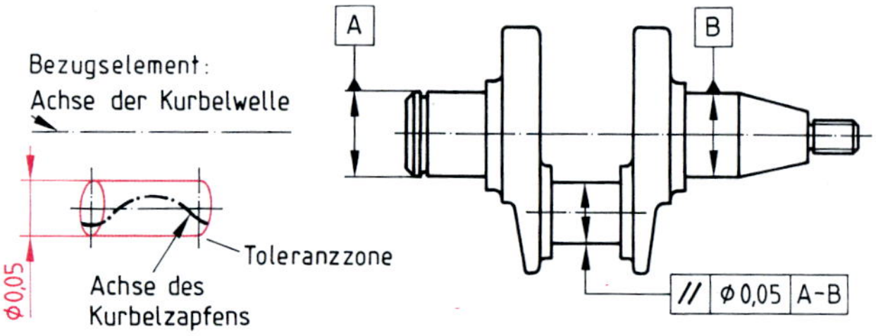

Die Toleranzzone gibt den Raum oder die Fläche an, in der alle Punkte des tolerierten Elementes liegen müssen.

2.2 Formtoleranzen

Formtoleranzen beschreiben die zulässigen Abweichungen eines Grundkörpers des Werkstückes von seiner geometrisch idealen Form.

In der technischen Zeichnung enthält die Eintragung einer Formtoleranz folgende Angaben:

- Symbol für die tolerierte Eigenschaft,
- Hinweispfeil auf das tolerierte Element,
- Maßangabe für die Größe der Toleranzzone.

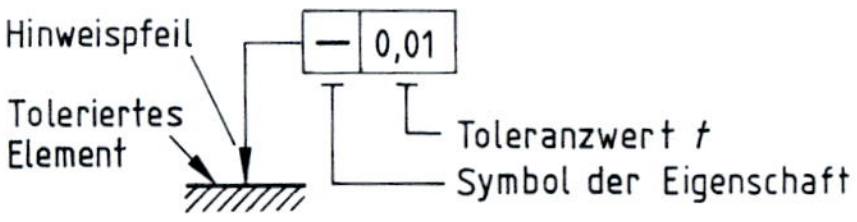

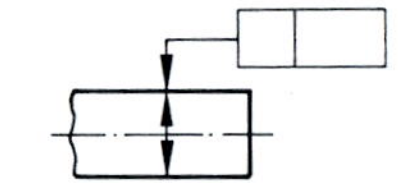

Bezug auf Achse

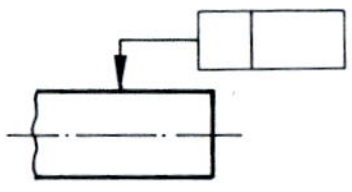

Bezug auf Mantellinie

Formtoleranzen nach DIN ISO 1101 (Auszug)

Eigenschaft	Toleranzzone	Beispiele	
Geradheit —	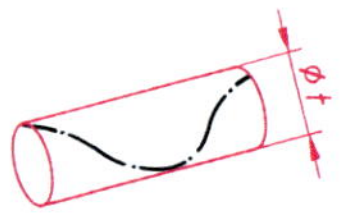	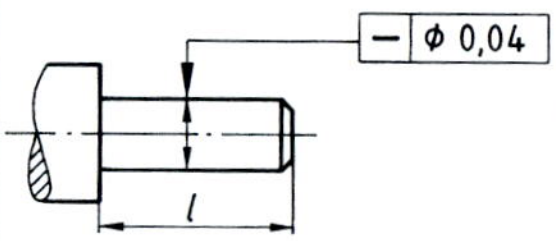	Die Achse des Bolzens muss auf der Länge l innerhalb eines Zylinders vom Durchmesser t = 0,04 mm liegen.
Ebenheit ⏥	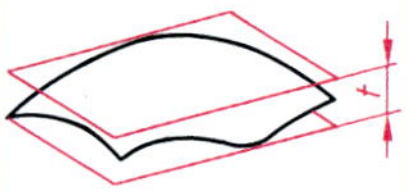	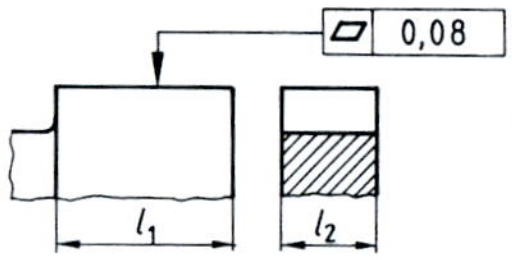	Die gekennzeichnete Fläche mit den Maßen l_1 und l_2 muss zwischen zwei parallelen Ebenen vom Abstand t = 0,08 mm liegen.
Rundheit ○	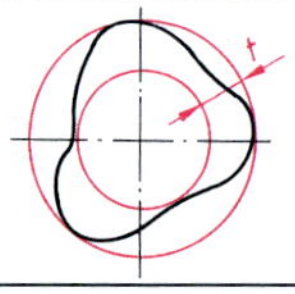	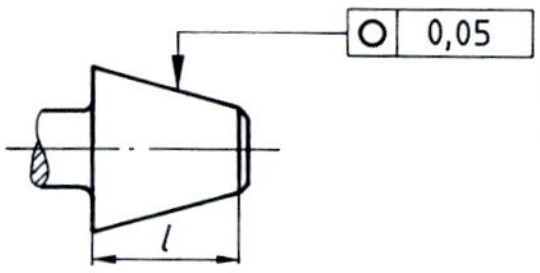	Die Umfangslinie muss auf der Länge l in jedem Querschnitt innerhalb eines Kreisringes von t = 0,05 mm Breite liegen.
Zylinderform ⌭	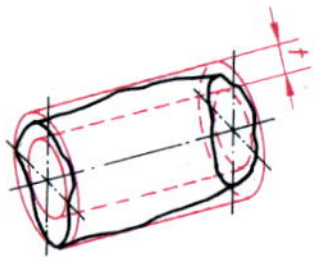	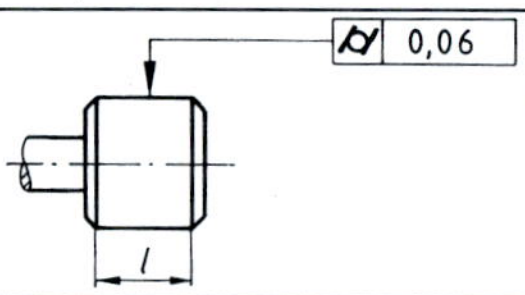	Die Zylinderoberfläche muss auf der Länge l innerhalb eines Zylindermantels von t = 0,06 mm Wanddicke liegen.

Übungsaufgabe PT-16

2.3 Lagetoleranzen

Lagetoleranzen beschreiben die zulässigen Abweichungen von Elementen eines Bauteiles zueinander. Dabei ist es notwendig, ein Element zum Bezugselement zu erklären. Als Bezugselement wird das Element gewählt, welches bei der Funktion des Bauteiles von besonderer Bedeutung ist. In der Zeichnung ist das Bezugselement durch das Bezugsdreieck und den Bezugsbuchstaben besonders gekennzeichnet.

In der technischen Zeichnung enthält die Eintragung einer Lagetoleranz folgende Angaben:

- Symbol für die tolerierte Eigenschaft,
- Maßangabe für die Größe der Toleranzzone,
- Bezugsbuchstabe für die Kennzeichnung des Bezugselementes,
- Hinweispfeil an das tolerierte Element.

Bei den Lagetoleranzen unterscheidet man Richtungs-, Lauf- und Ortstoleranzen.

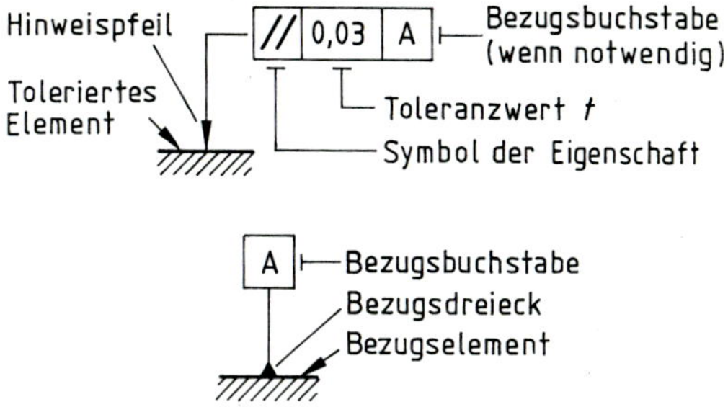

	Eigenschaft	Toleranzzone	Beispiele
Richtungstoleranzen	**Parallelität** //	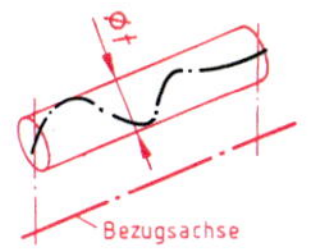	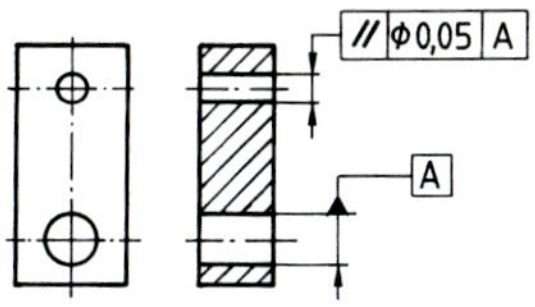 Die tolerierte Achse der kleinen Bohrung muss innerhalb eines zur Bezugsachse parallel liegenden Zylinders vom Durchmesser $t = 0{,}05$ mm liegen.
		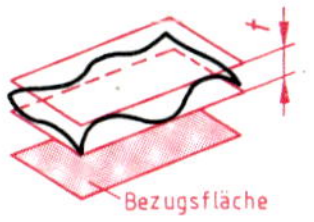	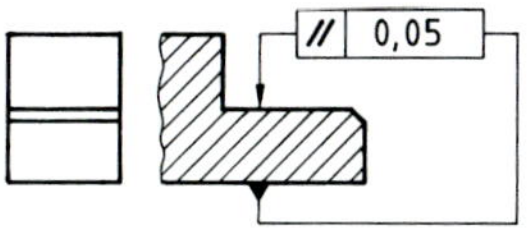 Die tolerierte Fläche muss zwischen zwei zur Bezugsfläche parallelen Ebenen liegen. Abstand $t = 0{,}05$ mm.
	Rechtwinkligkeit ⊥	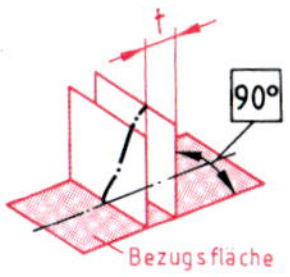	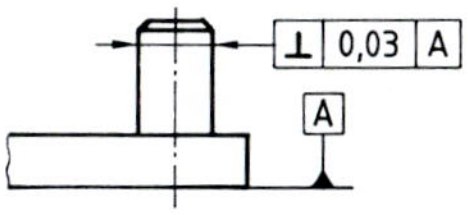 Die tolerierte Achse muss innerhalb von zwei parallelen Ebenen im Abstand $t = 0{,}03$ mm liegen. Die Ebenen stehen rechtwinklig zur Bezugsfläche.
	Neigung ∠	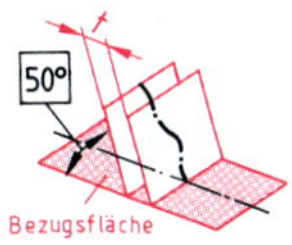	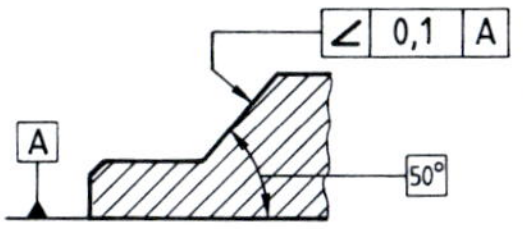 Die tolerierte Fläche muss zwischen zwei parallelen Ebenen (Winkel 50°) im Abstand von $t = 0{,}1$ mm liegen.
Lauftoleranzen	**Planlauf** ↗		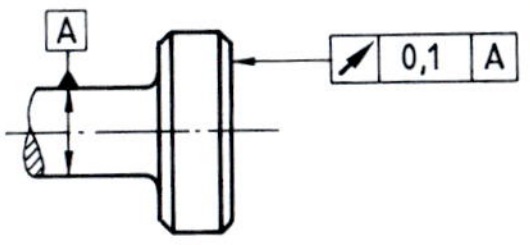 Die Planlaufabweichung, bezogen auf die gekennzeichnete Achse A, darf $t = 0{,}10$ mm nicht überschreiten.
	Rundlauf		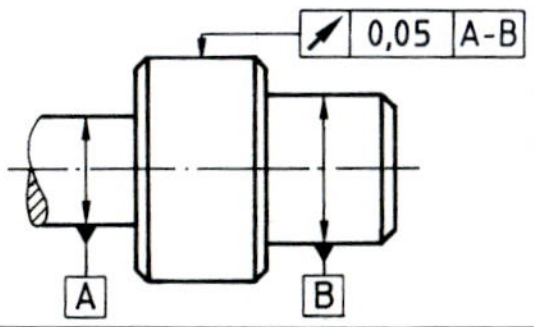 Die Rundlaufabweichung, bezogen auf die Achse A-B, darf $t = 0{,}05$ mm nicht überschreiten.

PT

Übungsaufgabe PT-17

	Eigenschaft	Toleranzzone	Beispiele	
Ortstoleranzen	**Position** ⌖	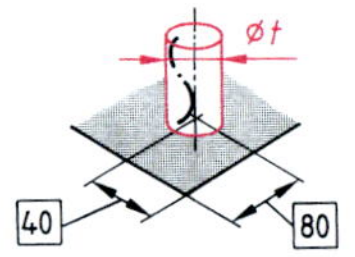	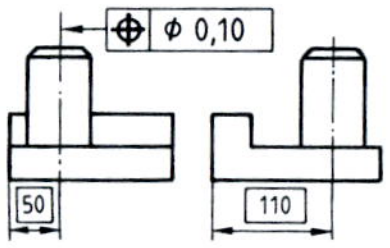	Die Achse des Bolzens muss innerhalb eines Zylinders von t = 0,10 mm Durchmesser liegen.
	Symmetrie ⌯	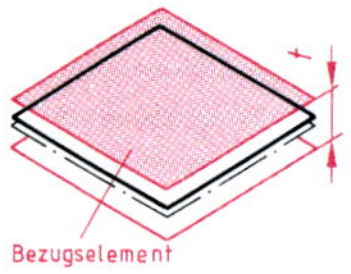	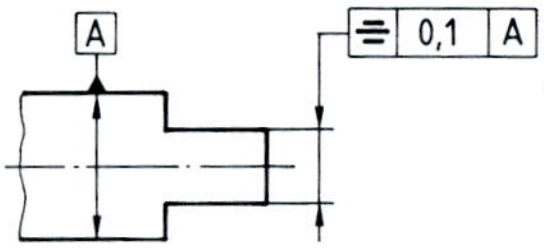	Die Mittelebene des Ansatzes muss zwischen zwei parallelen Ebenen liegen, die t = 0,1 mm Abstand haben und parallel zur Bezugsebene liegen.
	Koaxialität Konzentrizität ◎	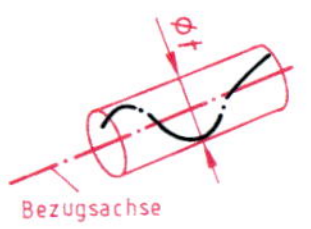	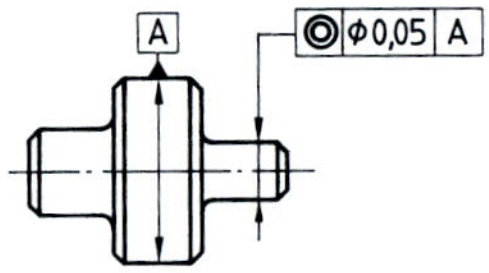	Die Achse des tolerierten Zapfens muss innerhalb eines Zylinders von t = 0,05 mm liegen. Dieser Zylinder muss mit der Achse des mit A gekennzeichneten Elements fluchten.

2.4 Messen von Form- und Lageabweichungen

2.4.1 Symbolische Darstellung von Prüfeinrichtungen

Das Messen von Form und Lage ist aufwändiger als das Messen von Längen. Meist müssen zum Prüfen von Form und Lage Messgeräte und Hilfsmittel zum Positionieren zu einer Messeinrichtung kombiniert werden. Zur Verdeutlichung des Aufbaus solcher Einrichtungen und der Bewegungen zur Messung verwendet man Symbole.

Grafische Symbole in der Längenprüftechnik nach DIN 2258 (Auszug)

Symbol	Erklärung
	Messstelle
	Messständer mit anzeigendem Längenmessgerät (Messuhr)
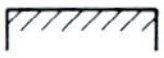	Prüfplatte
	Anschlag
	Auflager fest bzw. höhenverstellbar
	Sinuslineal
	Parallelendmaß(e)
	Prüfprisma

Symbol	Erklärung
	geradlinige Verschiebung
	schrittweise geradlinige Verschiebung in beliebige Positionen
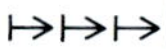	geradlinige Verschiebung in definierter Schrittweite
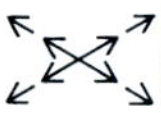	schrittweise Verschiebung in beliebige Positionen in einer Ebene
	schrittweise Drehung in beliebige Winkellagen
	genau eine Umdrehung
	Rundtisch kippbar

2.4.2 Messverfahren zum Messen von Form- und Lageabweichungen

Die Messung von Form- und Lagetoleranzen bezieht sich stets auf ein angemessen genaues Hilfsbezugselement. Dies ist meist eine Prüfplatte, auf der das zu prüfende Werkstück und das Messgerät positioniert werden.

Zum Stützen und Sichern der Lage des Werkstücks werden zusätzlich Stütz- und Spannelemente verwendet, z. B. Prismen, Zentrierspitzen, Aufspannwinkel und Backenfutter.

Ein Messvorgang zum Ermitteln von Form- und Lageabweichung beginnt darum stets zunächst mit dem Positionieren (Ausrichten) des Prüflings. Danach werden Messwerte aufgenommen, aus denen die Abweichung des tolerierten Elementes berechnet werden können.

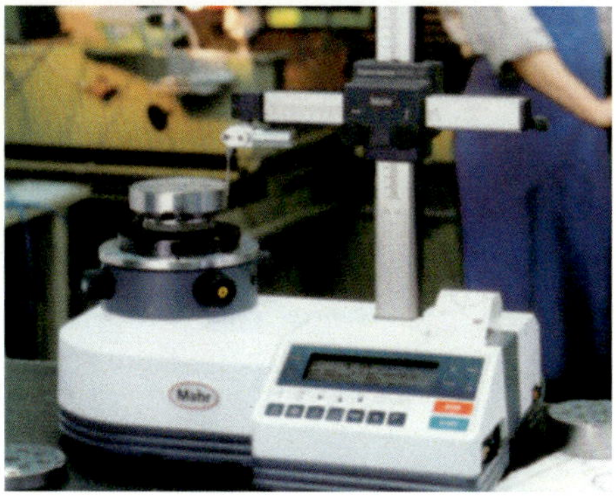

Prüfung von Formtoleranzen mit einem Formtestgerät

Beispiele für Messverfahren zur Ermittlung von Formabweichungen

Prüfauftrag	**Messverfahren**	**Auswertung**
Geradheit 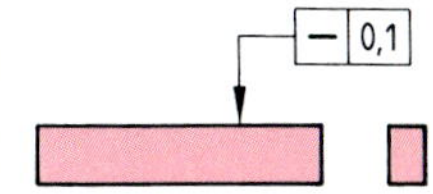	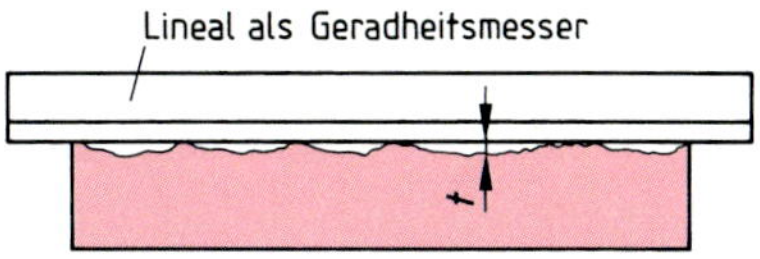 Durch Einschieben von Fühlerlehren wird die Spaltbreite ermittelt.	Die Geradheitsabweichung f_G ist das Maß der größten einschiebbaren Fühlerlehre. $f_G \leq t_{max}$
Geradheit 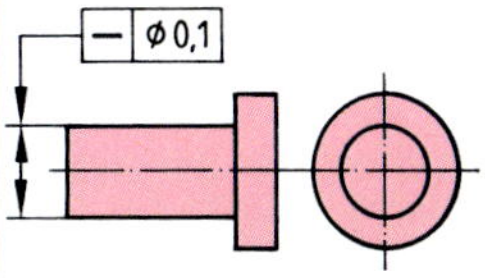	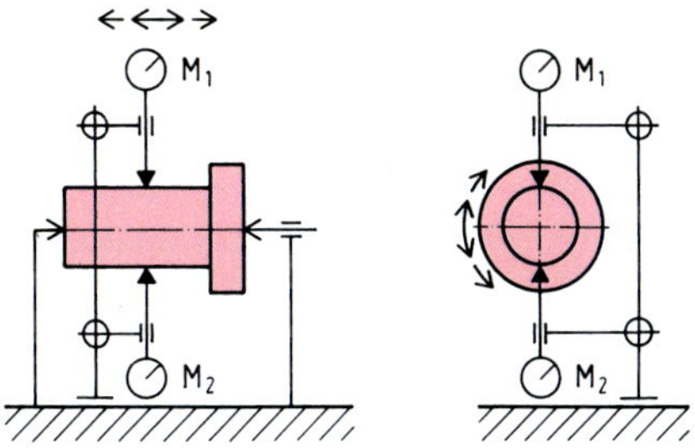	Die Geradheitsabweichung f_G der Achse ist die Hälfte des größten Unterschieds zwischen Messwert M_1 und Messwert M_2. $f_G = \frac{M_1 - M_2}{2}$
Ebenheit 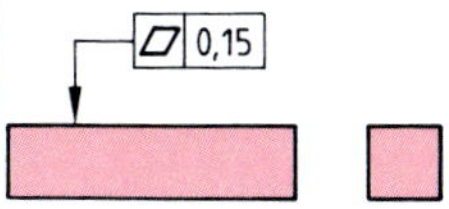	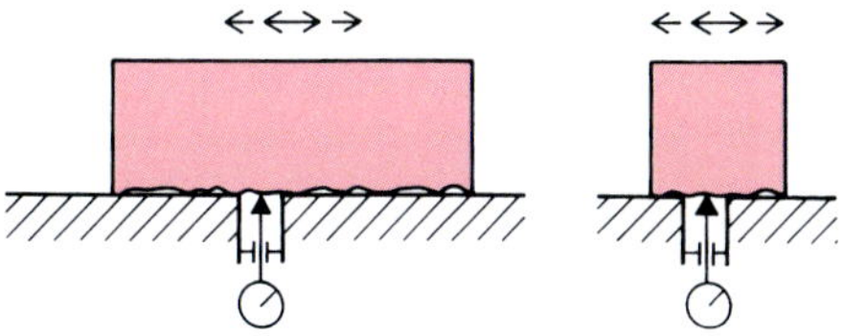	Die Ebenheitsabweichung f_e ist die größte Differenz zwischen den Messwerten. $f_e = M_{max} - M_{min}$ $f_e = \Delta M$
Rundheit 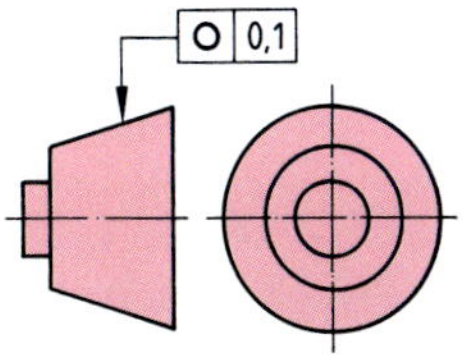	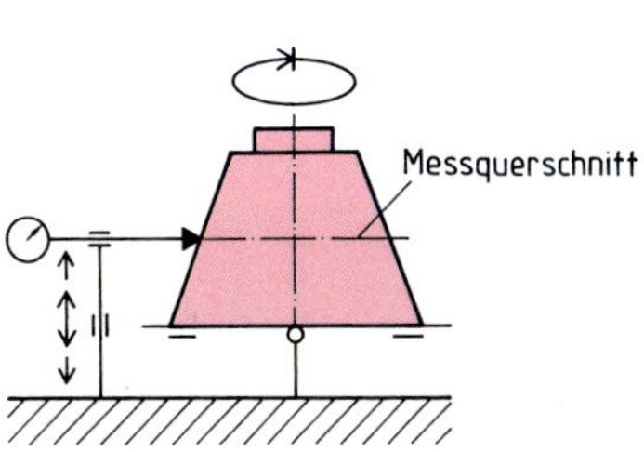	Für jeden Messquerschnitt wird aus einzelnen Messwerten das Profil dargestellt. Die Rundheitsabweichung im einzelnen Querschnitt ist die Radiendifferenz zum kleinsten Kreisring, der das Profil einschließt. Die Rundheitsabweichung ist die größte auftretende Radiendifferenz. $f_R = \Delta M$

Übungsaufgabe PT-18

Beispiele für Messverfahren zur Ermittlung von Lageabweichungen

Prüfauftrag	Messverfahren	Auswertung
Parallelität 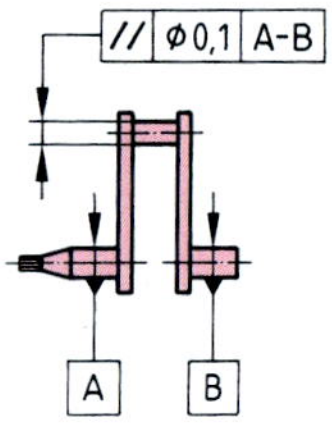	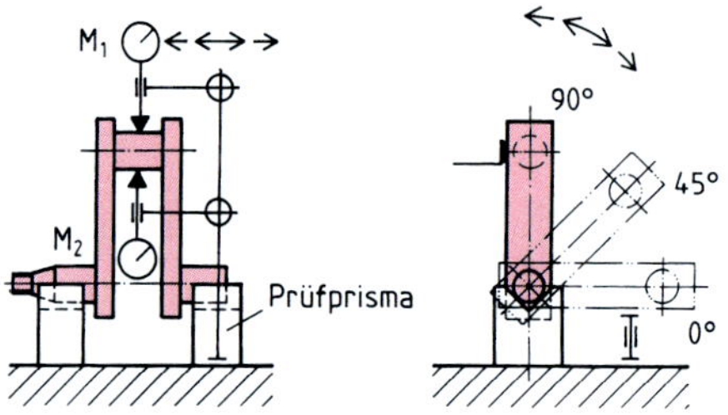	Die Parallelitätsabweichung f_P in einer Winkellage ist die halbe Differenz der Messwerte M_1 und M_2. $f_P = \frac{M_1 - M_2}{2}$ Die Parallelitätsabweichung des Werkstücks ist der größte der in den einzelnen Winkellagen ermittelte Wert der Abweichung.
Rechtwinkligkeit 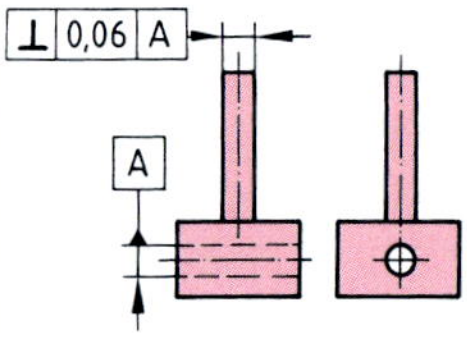	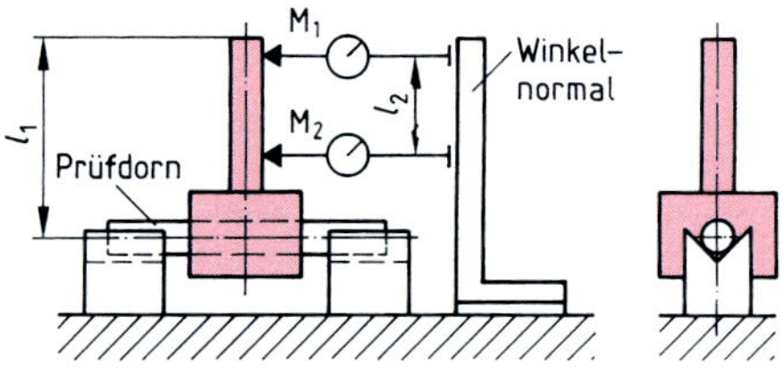	Die Rechtwinkligkeitsabweichung f_R wird aus der Differenz der Messwerte M_1 und M_2 und dem Verhältnis l_1/l_2 berechnet. $f_R = (M_1 - M_2) \cdot \frac{l_1}{l_2}$
Rundlauf 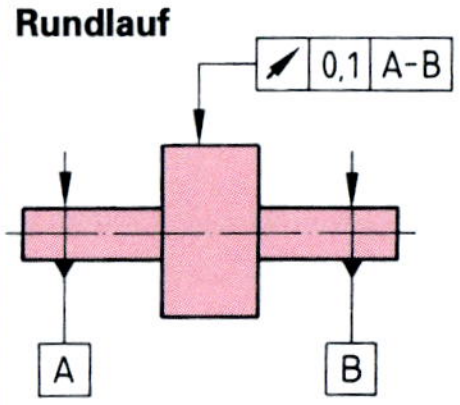	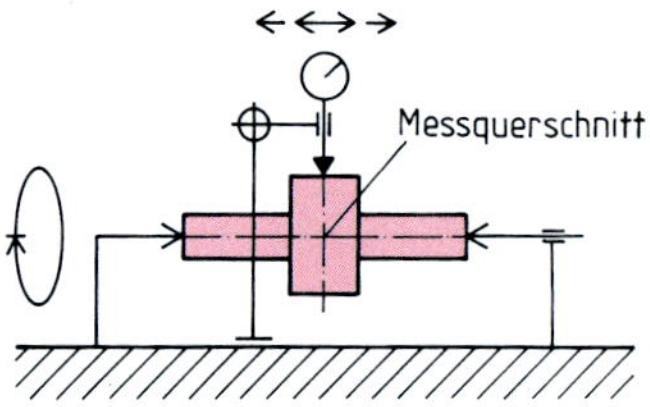	Die Rundlaufabweichung f_L ist die Differenz zwischen der größten und kleinsten Anzeige bei einer Umdrehung. $f_L = M_{max} - M_{min}$
Planlauf 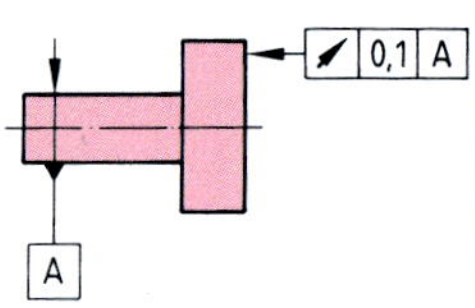	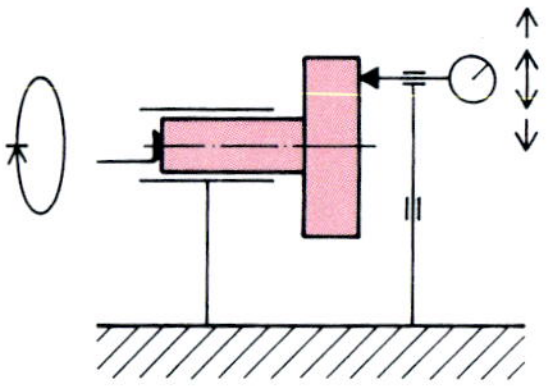	Die Planlaufabweichung f_L ist die Differenz zwischen der größten und kleinsten Anzeige bei einer Umdrehung. $f_L = M_{max} - M_{min}$ Bei einer Prüfung ist der größte Radius zu wählen.

In der Serienfertigung lassen sich Form- und Lageabweichungen mit speziellen Messvorrichtungen schnell und einfach feststellen.

Beispiele für den Einsatz pneumatischer Messvorrichtungen

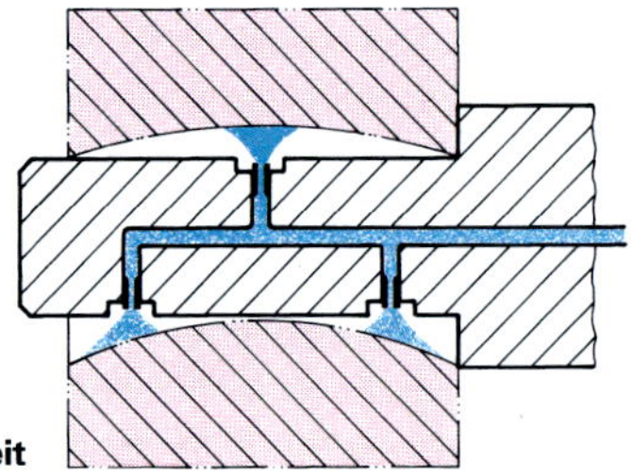

Geradheit

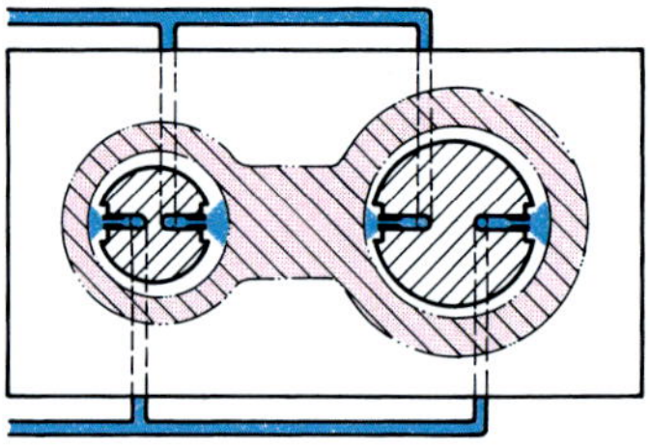

Lochabstand

Übungsaufgaben PT-19; PT-20

3 Einsatz numerisch gesteuerter Messmaschinen

Die Überprüfung von Werkstücken mit sehr kleinen Maß-, Form- und Lagetoleranzen ist mit herkömmlichen Prüfmitteln, wie z. B. Messschiebern, Messschrauben oder Grenzrachenlehren, sehr zeitaufwendig. Sehr viel schneller und genauer kann die Überprüfung solcher Werkstücke auf Messmaschinen erfolgen. Sämtliche Messaufgaben können dabei mit *einem* Gerät – der Messmaschine – gelöst werden.
Moderne Messmaschinen sind CNC-gesteuert.

Beispiel **für die Durchführung eines Messauftrages in unterschiedlichen Techniken**

Messaufgabe
Prüfen Sie mithilfe des Tabellenbuches:

- Maßtoleranzen: Durchmesser, Längen
- Lagetoleranzen: Parallelität der Querbohrung zur Grundfläche
- Formtoleranzen: Zylinderform eines Außendurchmessers

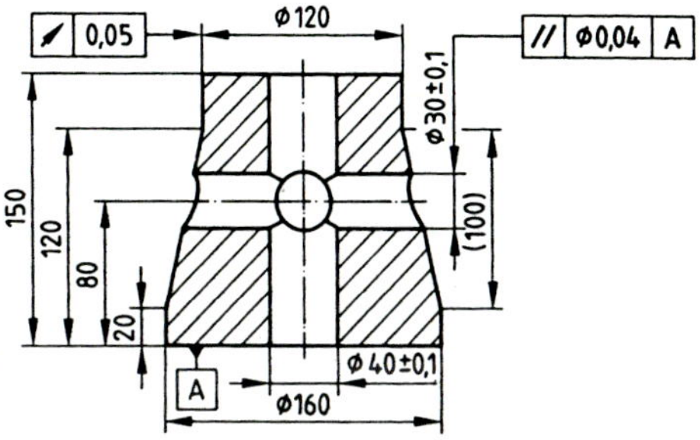

<table>
<tr><th>Lösungen in herkömmlicher Technik mit einzelnen Messgeräten</th><th>Lösungen mit CNC-Messmaschine</th></tr>
<tr><td>Maßprüfung des Bohrungsdurchmessers
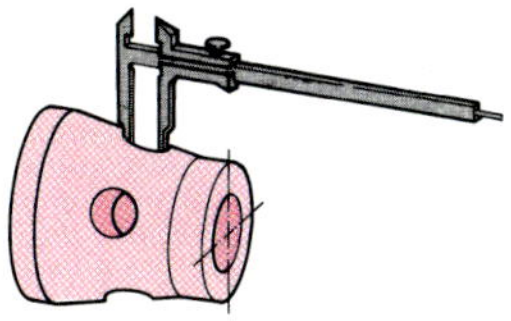</td><td rowspan="3">Prüfen von Maßen, Formen und Lage mit Rechnerunterstützung auf einer CNC-Messmaschine
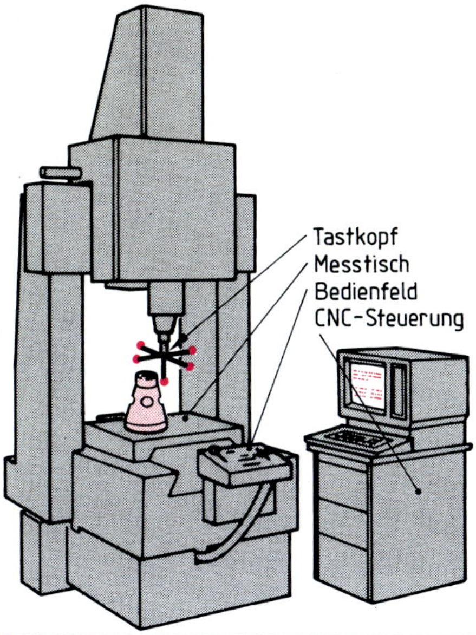
</td></tr>
<tr><td>Lageprüfung der Bohrungsachsen
</td></tr>
<tr><td>Formprüfung des zylindrischen Teils des Grundkörpers
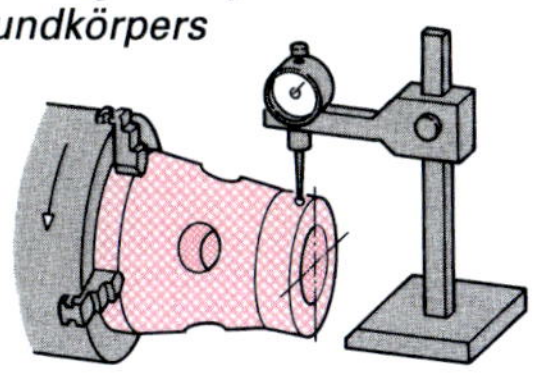</td></tr>
</table>

PT

3.1 Baueinheiten einer CNC-Messmaschine

CNC-Messmaschinen ähneln in ihrem Aufbau sehr stark CNC-Bohr- und -Fräsmaschinen.
Das zu prüfende Werkstück wird auf den *Maschinentisch* gespannt. Ein *Portal* oder ein *Ausleger* trägt die Messeinrichtung. Der Messtaster im *Tastkopf* wird ähnlich einem Fräswerkzeug relativ zum Werkstück in allen drei Achsen bewegt. Vom *Bedienfeld* aus können alle Bewegungen manuell gesteuert werden. Über die *CNC-Steuerung* können die Messvorgänge automatisiert werden.

3.2 Koordinatensysteme

Für die Messung auf Messmaschinen sind drei Koordinatensysteme von Bedeutung:

- Das rechtwinklige **Koordinatensystem der Messmaschine** hat seinen Ursprung im Maschinennullpunkt. Die X- und Y-Achsen liegen auf der Oberfläche des Messtisches und die Z-Achse steht senkrecht dazu.
- Das rechtwinklige **Koordinatensystem des Tastsystems** hat seinen Ursprung im Mittelpunkt des Bezugstasters. Die Koordinatenachsen des Tastsystems verlaufen parallel zu den Maschinenkoordinatenachsen.
- Das rechtwinklige **Koordinatensystem des Werkstücks** hat seinen Ursprung in einem markanten Werkstückpunkt. Die Koordinatenachsen verlaufen parallel zu den Maschinenkoordinaten der Messmaschine.

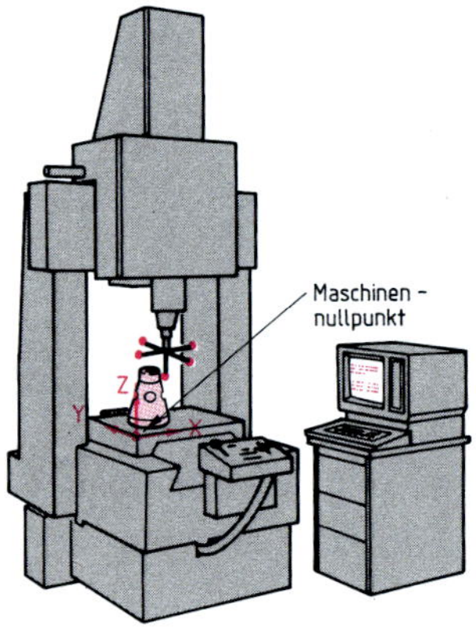

Koordinatensystem und Maschinennullpunkt einer Messmaschine

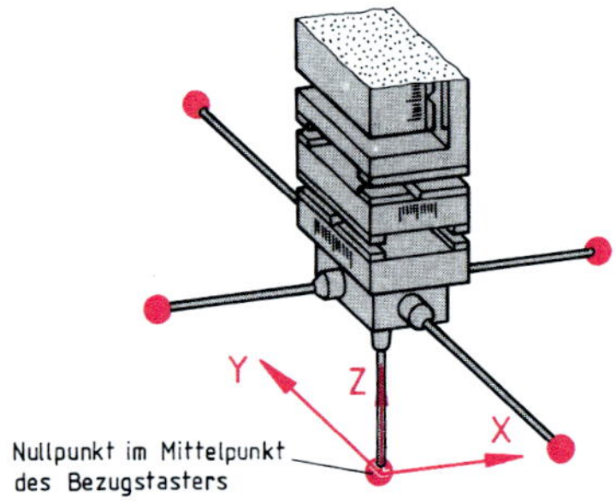

Koordinatensystem und Nullpunkt eines Tastkopfes

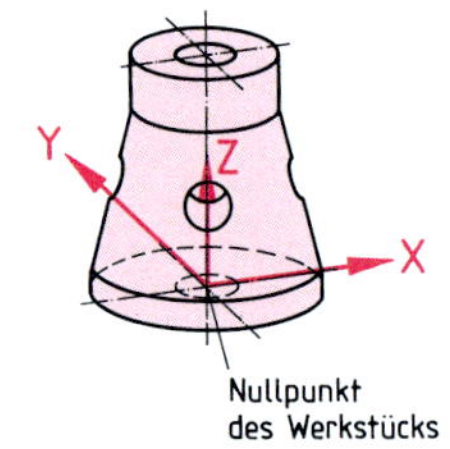

Koordinatensystem und Nullpunkt eines Werkstücks

3.3 Statische und dynamische Messwerterfassung

Bei der Messwerterfassung unterscheidet man zwei Verfahren:

- Bei **statischer Messwerterfassung** wird der Messwert bei Stillstand der Messmaschine und in Nullstellung des Tastsystems aufgenommen.
- Bei **dynamischer Messwerterfassung** wird der Messwert während der Bewegung aus den Messwerten von Maschine- und Tastermesssystem errechnet.

Die kontinuierliche Aufnahme einer Vielzahl an Messpunkten innerhalb einer kurzen Zeit nennt man Scannen.

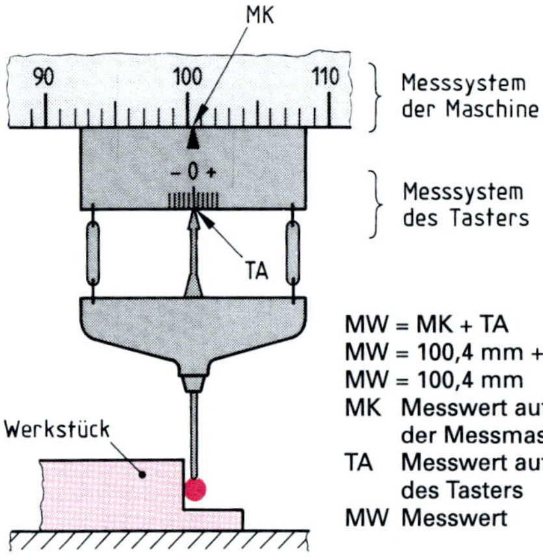

MW = MK + TA
MW = 100,4 mm + 0 mm
MW = 100,4 mm
MK Messwert auf der Messskala der Messmaschine
TA Messwert auf der Messskala des Tasters
MW Messwert

Statische Messwerterfassung (Schema)

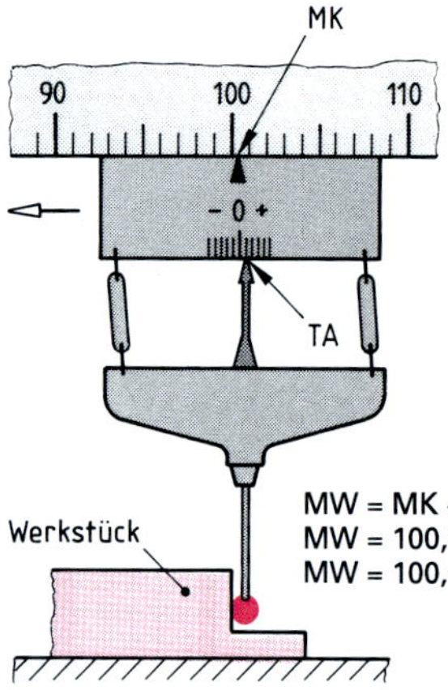

MW = MK + TA
MW = 100,3 mm + 0,1 mm
MW = 100,4 mm

Dynamische Messwerterfassung (Schema)

Übungsaufgabe PT-21

3.4 Messtaster und ihre Kalibrierung

- **Aufbau von Messtastern**

Messtaster bestehen aus der *Einspannvorrichtung* und den eingesetzten *Taststiften*. Der Taststift trägt an seinem Ende das *Tastelement*. Als Tastelemente verwendet man meist Kugeln aus Rubin, für Sonderzwecke auch Kegel oder Zylinder. Ferner werden Kombinationen verschiedener Messtaster eingesetzt.
Die Auswahl der Taststifte für einen Messtaster soll so erfolgen, dass alle Messvorgänge an einem Werkstück möglichst ohne Lageveränderung des Werkstückes und ohne Wechsel der Taststifte vorgenommen werden können.

Beispiel für Taststifte und Taststiftkombinationen

Normaleinsatz

Zur schnellen Ermittlung von Bohrungsmitten (geringe Genauigkeit)

Zum Messen von Ringnuten

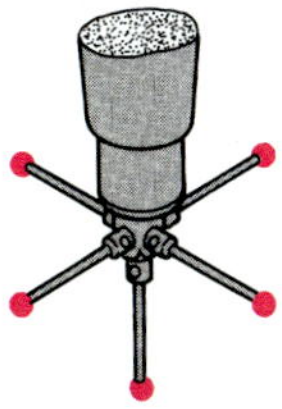

Zum allseitigen Messen

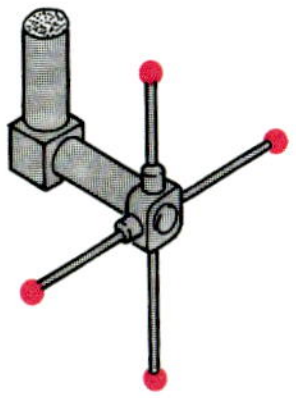

Zum Innenmessen waagerechter Bohrungen

- **Kalibrierung von Messtastern**

Eine Voraussetzung für genaue Messungen ist die Feststellung von Ungenauigkeiten, die ihre Ursache im Tastsystem oder den Messkräften haben.

Die häufigsten Fehlerquellen sind:

- Abweichungen der Messtaster von Sollmaßen und -formen,
- Durchbiegung der Messtasterarme aufgrund der Einwirkung von Messkräften.

Um diese Fehler auszugleichen, stellt man mithilfe eines hochgenauen **Kugelnormals** die Messfehler unter verschiedenen Messbedingungen fest.
Die festgestellten Abweichungen werden beim Messen mithilfe von Software verrechnet. Durch die Erfassung und Berücksichtigung der Abweichungen von den Idealwerten wird das Messsystem geeicht. Diesen Vorgang nennt man Kalibrieren.

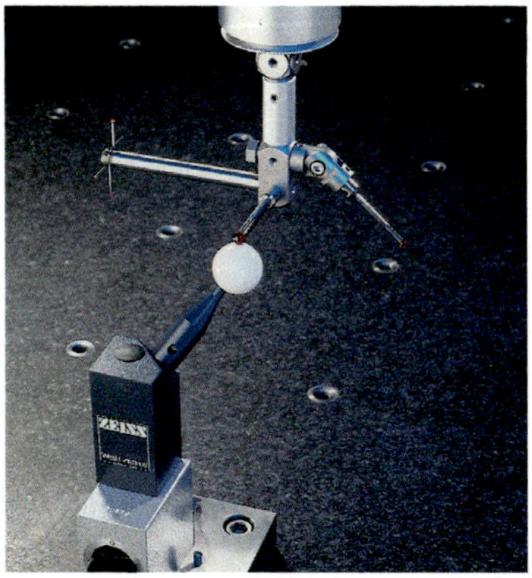

Kalibrieren eines Messtasters

Das Kalibrieren der Messtasters ist ein Eichen mit hochgenauen Kugelnormalen.

3.5 Steuerung von Messabläufen

Messungen an Einzelteilen und Kleinserien erfolgen meist über *manuelle* Steuerung. Bei Großserien werden *NC-Programme zur Steuerung* der Messmaschinen eingesetzt. Messmaschinen werden vom Bedienfeld aus mit einem oder zwei Steuerhebeln sowie Tasten manuell gesteuert:

- Die zu verfahrende Richtung wird entweder über Tasten oder über die Auslenkungsrichtung eines Steuerhebels eingegeben.
- Die Geschwindigkeit der Tasterbewegung wird über Drehknopf oder über die Auslenkungsgröße eines Steuerhebels beeinflusst.

Sobald ein Messpunkt angefahren ist und die Maschine den Messwert erfasst hat, wird durch Tastendruck dieser Messwert automatisch an den Speicher übergeben.

Für eine manuelle Steuerung von Messmaschinen sind keine Programmierkenntnisse erforderlich.

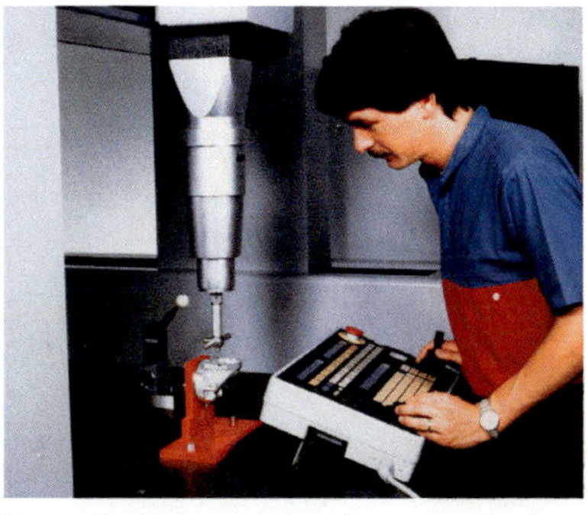

Manuelle Steuerung der Messmaschine

Übungsaufgabe PT-22

4 Qualitätsmanagement

4.1 Qualität in der Produktion

Von jedem Produkt, das ein Kunde kauft, und von jeder Arbeit, die zu verrichten ist, wird **Qualität** verlangt. Was der Einzelne unter Qualität versteht, ist schwer genau zu beschreiben – man spürt fehlende Qualität erst, wenn Mängel erkennbar werden. Qualität kann man in Abwandlung der etwas komplizierten DIN-Definition etwa so beschreiben:

> „Ein Produkt oder eine Arbeit besitzen Qualität, wenn sie in Hinblick auf ihre Eignung festgelegte und vorausgesetzte Erfordernisse erfüllen."

Unter dem Begriff **Qualitätsmanagement** werden darum alle Maßnahmen verstanden, die im Laufe einer Produktentstehung und -anwendung auf allen Ebenen zu treffen sind, damit ein Produkt entsteht, dass alle vorausgesetzten Erfordernisse erfüllt. Qualitätsmanagement hat also den gesamten Lebensweg eines Produktes im Blick.

Beispiel für den Lebensweg eines Produktes

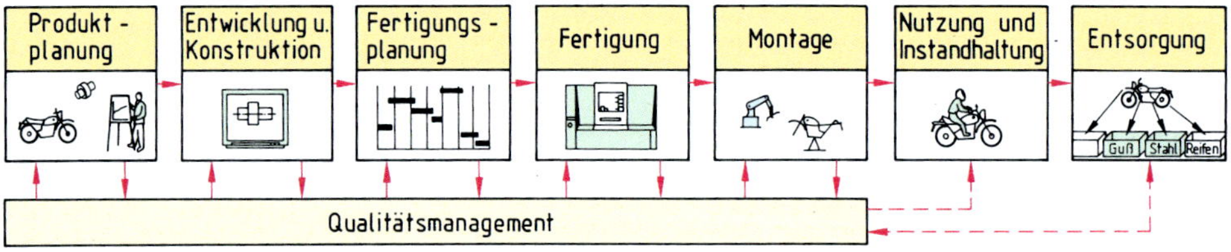

Das Qualitätsmanagement ist demnach etwas ganz anderes als eine reine Endkontrolle, in der die Qualität eines Produktes erst vor der Auslieferung bzw. Weitergabe geprüft wird. Qualitätsmanagement handelt gemäß dem Grundsatz: „Qualität ist zu erzeugen – nicht zu erprüfen."

Unter Qualitätsmanagement versteht man alle Maßnahmen im Laufe von Produktentstehung, Anwendung und Recycling, die notwendig sind, um Produkte zu erzeugen, welche die vorausgesetzten Erfordernisse erfüllen.

Dem Qualitätsmanagement kommt eine besondere Bedeutung in der Phase der Planung und Entwicklung zu, denn 75% der Fehler eines Produktes entstehen dort. Sie werden aber häufig erst im Laufe der Fertigung oder beim Einsatz erkannt und verursachen dann extreme Kosten zur Fehlerbeseitigung. Es gilt für die Kosten etwa die *Zehnerregel.* Sie besagt, dass die Kosten zur Beseitigung eines Fehlers aus der Stufe zuvor in der folgenden etwa das Zehnfache an Kosten verursacht.

Beispiel für die Zehnerregel der Fehlerkosten

Bei der Planung eines Motorrades wurde an einer Mutter die Sicherung vergessen.
Hätte man bei der Planung daran gedacht und dies notiert, wäre der zeitliche Aufwand eine halbe Minute gewesen, die 1,00 EUR gekostet hätte.
Wäre der Fehler bei der Zeichnungserstellung aufgefallen, hätte das Einarbeiten in die Zeichnung etwa 5 Minuten gedauert und damit 10,00 EUR gekostet, usw.
Eine Rückrufaktion wegen fehlender Schraubensicherung würde um 100 000,00 EUR Kosten verursachen.

Produktplanung →	Entwicklung und Konstruktion →	Fertigungsplanung →	Fertigung und Montage →	Endkontrolle →	Nutzung durch Kunden
Entstehung eines Fehlers dessen Beseitigung 1,00 EUR kosten würde.	Kosten der Fehlerbeseitigung des Planungsfehlers 10,00 EUR	Fehlerkosten 100,00 EUR	Fehlerkosten 1 000,00 EUR	Fehlerkosten 10 000,00 EUR	Fehlerkosten bei Rückrufaktion 100 000,00 EUR

Die Fehlerbeseitigung kostet bei einer Entdeckung in der jeweils nächsten Verarbeitungsstufe etwa das Zehnfache (Zehnerregel der Fehlerkosten).

Übungsaufgaben PT-23; PT-24

Vielfach hatte man vor intensivem Einsatz von Qualitätsmanagement die Vorstellung, dass die Produktion für die Menge zuständig ist und allein die Endkontrolle für Qualität. Diese Einstellung hat erhebliche Nachteile:

- Ausschussteile werden nicht am Ort der Entstehung erkannt. Sie durchwandern die gesamte weitere Produktion, bis sie schließlich in der Endkontrolle auffallen. Fachleute nennen dieses „Schrottveredelung".
- In der Endkontrolle fallen Produkte mit unterschiedlichsten Fehlern an. Darum ist die Wahrscheinlichkeit, dass alle Fehler entdeckt werden, geringer als bei ständig überwachter Produktion. Eine heute von Großabnehmern, wie z. B. der Automobilindustrie, verlangte „Null-Fehler-Zulieferung" ist darum beim Zulieferer nicht mehr allein durch Prüfen, sondern nur noch mit einem geeigneten Qualitätsmanagement zu erzielen.

Bei einer komplexen Fertigung ist nur mit einer Endkontrolle keine Null-Fehler-Produktion möglich.

4.2 Einflussgrößen auf Qualität

Qualität entsteht durch funktionsgerechtes Zusammenwirken unterschiedlicher Faktoren, die man merkwirksam unter den „7 M" zusammenfasst: **M**ensch, **M**ethode, **M**aschine, **M**aterial, **M**itwelt, **M**anagement und **M**essbarkeit.

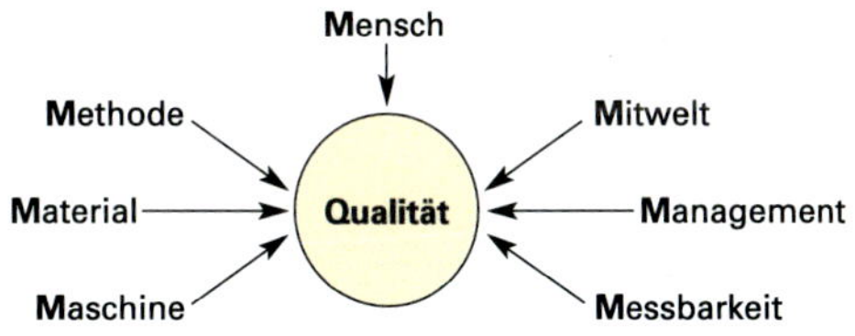

Einflussgrößen auf Qualität

Am wichtigsten ist hier der **Mensch.** Er muss Qualität planen und erzeugen. Er muss an jeder Stelle der Produktentstehung den gesamten Ablauf, besonders aber die an seiner Tätigkeit anschließende Stufe im Auge haben. Dazu benötigt er

- technisches Fachwissen,
- Kenntnis von Qualitätssicherungsmethoden,
- Bereitschaft und Fähigkeit, sein Wissen anzuwenden und
- Innovationsbereitschaft und Kreativität.

Die **Methoden** zur Erzeugung und Sicherung von Qualität müssen in jeder Stufe der Produktentstehung sinnvoll ausgewählt und eingesetzt werden.
Die **Maschinen** stehen für alle Fertigungs-, Handhabungs- und Prüfmittel. Sie müssen fähig sein, Qualität zu erzeugen.
Das **Material,** dies sind alle Werk- und Hilfsstoffe, Vorprodukte und Komponenten, die meist von Zulieferern dem Prozess zugeführt werden, muss der geforderten Produktqualität entsprechen.
Die **Mitwelt** (Umwelt) wird nicht nur in Form des richtig ausgestatteten Arbeitsplatzes gesehen, sondern meint das gesamte betriebliche Sozialgefüge, das Qualität und Qaulitätsbewusstsein bestimmt.
Das **Management** mit seinem Führungsstil, z. B. seinem Umgang mit Mitarbeitervorschlägen, seiner Offenheit in der Entscheidungsfindung und seiner Bewertung von Mitarbeiterleistungen, trägt wesentlich zur Qualität bei.
Die **Messbarkeit** von Eigenschaften ist entscheidend für die Beurteilung von Qualität. Mit Messbarkeit sind nicht nur die physikalisch und chemisch erfassbaren Größen eines Produktes angesprochen, sondern auch alle zahlenmäßig erfassbaren Merkmale des Produktes und der Produktentstehung.

Qualität entsteht nur durch richtiges Zusammenwirken von Mensch, Methode, Maschine, Material, Mitwelt, Management und Messbarkeit.

Zur Unterstützung der systematischen Fehlerquellensuche verwendet man das *Fischgrätendiagramm* **(Ishikawa-Diagramm).** Man trägt in diesem Diagramm die Einflüsse der sogenannten „7M" der Qualitätssicherung ein.

Je nach Bedarf können diese 7M auf 5M reduziert werden. Falls Fehlerzuordnungen bei der Aufstellung eines Diagrammes strittig sind, z. B. ob eine Fehlerquelle der Methode oder dem Mensch zuzuordnen ist, kann willkürlich zugeordnet werden. Wichtig ist jedoch, dass die Fehlerquelle aufgelistet wird.

Übungsaufgaben PT-25; PT-26

Beispiel für die Auflistung der Fehlerquellen beim Drehen einer gestuften Welle

An die Welle werden Anforderungen hinsichtlich ihrer Maße und Form sowie an die Lage der Zylinder zueinander gestellt. Die an der Produktion Beteiligten haben Stichworte zu möglichen Fehlerquellen zusammengetragen und den bedarfsgerecht gewählten Faktoren zugeordnet.

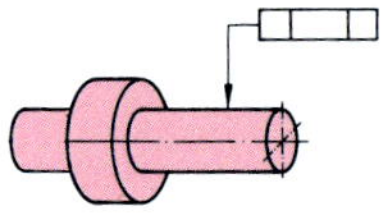

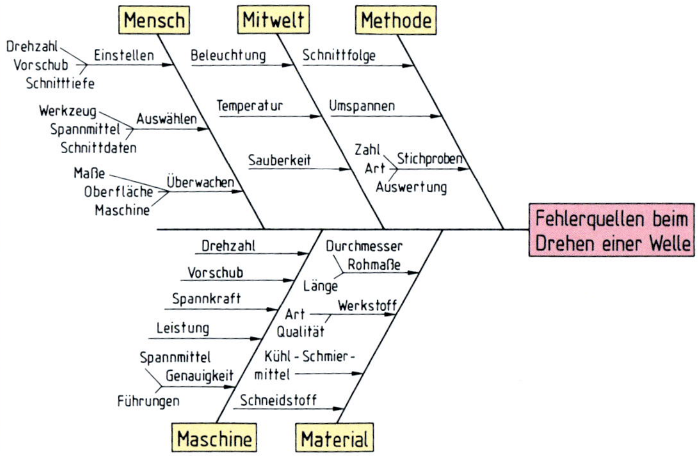

4.3 Qualitätssicherungsnormen

Die Norm DIN EN ISO 9000 erläutert die Grundbegriffe des Qualitätsmanagements (QM) und erklärt wichtige Begriffe.

DIN EN ISO 9001 ist für den Fachmann im Betrieb die bedeutendste QM-Norm. In ihr wird das Qualitätsmanagement als eine Art Regelkreis verstanden, in den die Kundenforderungen als Eingangsgröße eingehen und die Kundenzufriedenheit das geforderte Ergebnis darstellt.

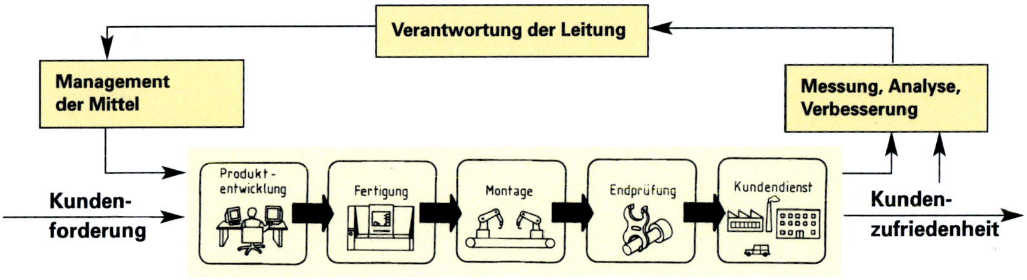

Die **Verantwortung der Leitung** besteht für die Festlegung der Qualitätsziele, der Befugnisse der Einzelnen, der Qualitätsplanung und der Bewertungsmaßstäbe für das Qualitätsmanagement.

Das **Management der Mittel** befasst sich mit der Auswahl und Förderung geeigneter Personen, der Auswahl und Zurverfügungstellung geeigneter Einrichtungen und der Schaffung einer die Qualität fördernder Arbeitsumgebung.

Die **Produktionsrealisierung** stellt den Kern des Prozesses dar. Das Qualitätsmanagement verlangt die Erzeugung, Prüfung, Sicherung und Dokumentation in jeder Stufe des Erzeugungsprozesses. Damit wird die Rückverfolgung von Teilen und Leistungen möglich. Gleichzeitig wird ein geeignetes Prüfmittelmanagement erwartet.

Die **Messung, Analyse und Verbesserung** hat in erster Linie auf die Kundenzufriedenheit zu schauen. Um diese zu gewährleisten, muss hier die Überwachung des gesamten Prozesses und der Teilprozesse geplant, kontrolliert und analysiert werden, sodass ein kontinuierlicher Verbesserungsprozess möglich wird.

DIN EN ISO 9004 ist ein Leitfaden zur Verwirklichung und Nutzung eines QM-Systems.

DIN EN ISO 19011 beschreibt die Durchführung von Audits (Analyse von Prozessabläufen) durch den Betrieb und durch Zertifizierungsgesellschaften.

Übungsaufgaben PT-27; PT-28

Handlungsfeld: Werkstoffeigenschaften ändern

Problemstellung

Auftrag

Rundscherenmesser weichgeglüht auf 60HRC härten

Werkstück

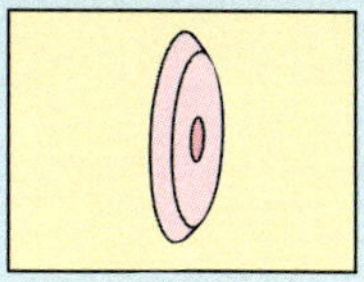

Analysieren

Vorgaben
- Werkstoff mit augenblicklichen Eigenschaften
- Geforderte Eigenschaften

Ist-Zustand → Verfahren → Soll-Zustand

Weichgeglüht → Härten + Anlassen → Gehärtet 60HRC

Ergebnisse
- Wahl eines geeigneten Wärmebehandlungsverfahrens
- Wahl einer Wärmebehandlungseinrichtung

Wärmebehandlung planen

Planungsunterlagen
- Zustandsdiagramme
- Werkstoffblätter
- Normen
- Anlagedaten

Glühanweisung
- Aufheizen
  1. Stufe 600 °C, 20 Min. halten
  2. Stufe 930 °C
- Halten: 930 °C, 15 Min.
- Abschrecken: Öl
- Anlassen 250 °C, 2 Std.

Ergebnisse
- Daten für Temperaturführung
  - Aufheizen (Geschwindigkeit)
  - Halten (Temperatur, Zeit)
  - Abkühlen (Geschwindigkeit)
- Sonstige Daten z. B.
  - Ofenatmosphäre
- Qualitätssicherung

Wärmebehandlung durchführen

Aufheizen **Härten** **Anlassen**

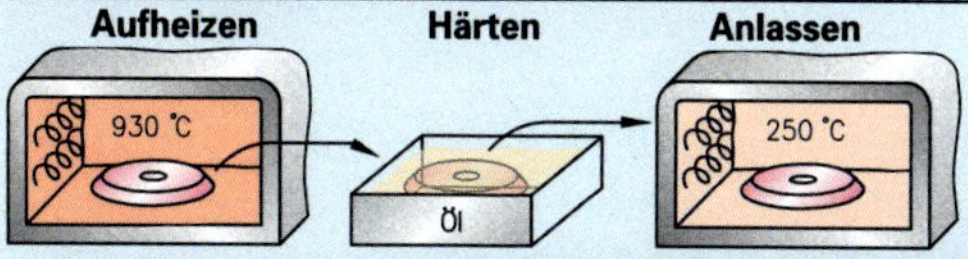

Einstellen → Zeiten Temperaturen Ofenatmosphäre ← Überwachen

Qualitätskontrollen durchführen

Vorgaben
- Kundenanforderung
- Prüfnormen
- Vorschriften für Dokumentation

Prüfen

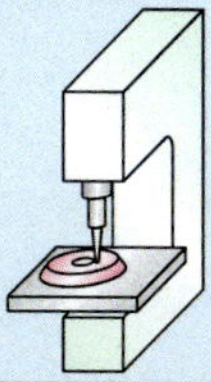

Dokumentieren

Ergebniss
- Prüfbericht

1 Stähle

1.1 Unlegierte Stähle

Stähle sind **Eisen-Kohlenstoff-Legierungen.** Entstehung und Veränderung des Gefüges von Eisen-Kohlenstoff-Legierungen werden durch das Zustandsdiagramm Eisen-Kohlenstoff veranschaulicht. Stähle haben höchstens 2,06 % Kohlenstoff. Deshalb bezeichnet man den Teil des Diagramms von 0,05 bis 2,06 % Kohlenstoff als die Stahlseite des Zustandsdiagramms der Eisen-Kohlenstoff-Legierungen.
Für gering beanspruchte Bauelemente im Formenbau, dem Bau von Stanz- und Umformwerkzeugen sowie für Vorrichtungen können unlegierte Stähle, meist C45 bis C110, als Kaltarbeitsstähle verwendet werden. Für einsatzgehärtete Führungen u. Ä. werden vereinzelt auch unlegierte Einsatzstähle, z. B. C20, in Werkzeuge eingebaut.

1.1.1 Gefügebestandteile

Die vielseitige Verwendung von Stahl erfordert unterschiedliche Werkstoffeigenschaften. Durch die Wahl des Kohlenstoffgehaltes und eine entsprechende Behandlung können Stähle erzeugt werden, die den unterschiedlichsten Anforderungen genügen. Die Eigenschaften der Stähle und die Möglichkeiten, sie zu ändern, lassen sich am inneren Aufbau erklären.

- **Austenit**

Stahlschmelzen jeder Zusammensetzung erstarren zunächst als Mischkristalle. Die Kohlenstoffatome sind in Gitterlücken zwischen den Eisenatomen eingelagert. Die Eisenatome bilden bei der Erstarrung ein **kubisch-flächenzentriertes Gitter.** Man bezeichnet das Gefüge des Mischkristalls aus kubisch-flächenzentriertem Eisen- und eingelagerten Kohlenstoffatomen als **Austenit.**
Austenit ist zäh und gut umformbar.

Das Eisen-Kohlenstoff-Diagramm zeigt wegen der Mischkristallbildung im oberen Bereich den für Mischkristalle typischen Verlauf.

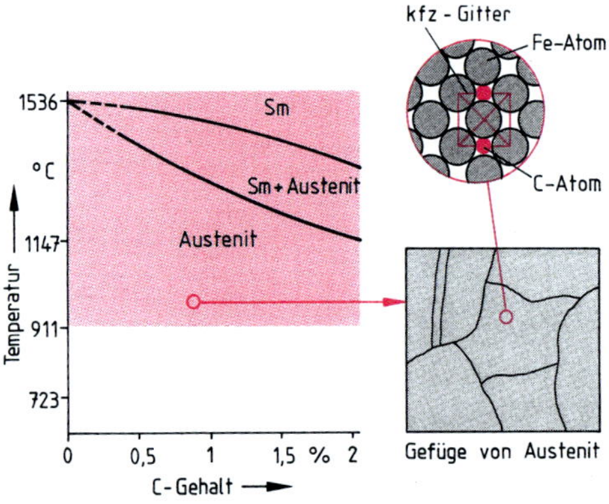

Austenit im Eisen-Kohlenstoff-Diagramm

Austenit ist das Gefüge von Mischkristallen aus kubisch-flächenzentriertem Eisen mit Kohlenstoffatomen in den Gitterlücken. Austenit ist zäh und gut umformbar.

- **Ferrit**

Kühlt man reines Eisen langsam ab, lagern sich die Eisenatome um. Aus dem kubisch-flächenzentrierten Gitter des Eisens entsteht ein kubisch-raumzentriertes Gitter. Dieses Eisen mit dem kubisch-raumzentrierten Gitter bezeichnet man als **Ferrit.** In den Gitterlücken des Ferrits haben die Kohlenstoffatome keinen Platz. Ferrit ist weich und leicht umformbar.

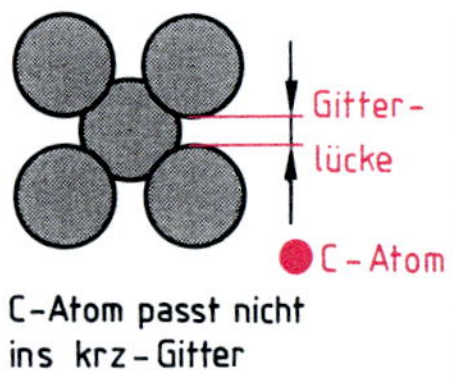

Gitterlücke im krz-Gitter

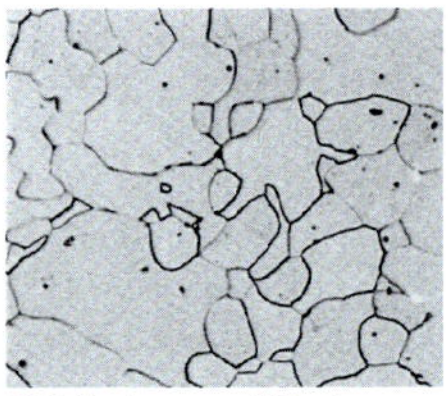

200-fach vergrößert
Ferrit

Ferrit ist das Gefüge von nahezu reinem Eisen mit kubisch-raumzentriertem Gitteraufbau.
Ferrit ist weich und leicht umformbar.

- **Zementit**

Kohlenstoffatome können mit Eisenatomen die Verbindung Fe_3C bilden. Diese Verbindung Fe_3C nennt man **Zementit.** Zementit besitzt hohe Festigkeit, ist aber hart und spröde.

Zementit ist das Gefüge, das aus einer chemischen Verbindung des Eisens und des Kohlenstoffs mit der Formel Fe_3C besteht. Zementit ist hart und spröde.

• Perlit

Kühlt man Austenit mit 0,8 % Kohlenstoff ab, so bleibt bei 723 °C die Temperatur für eine gewisse Zeit konstant, weil ein neues Gefüge entsteht. Das Gitter des Eisens wandelt sich vom kubisch-flächenzentrierten in ein kubisch-raumzentriertes Gitter um. Weil die Gitterlücken im kubisch-raumzentrierten Gitter sehr klein sind, kann dieses Gitter keinen Kohlenstoff aufnehmen.

Die Kohlenstoffatome wandern darum geringe Strecken und bilden mit einem Teil des Eisens die Verbindung Fe_3C. Es entsteht so ein lamellenartiges Gefüge aus kubisch-raumzentriertem Eisen und Fe_3C. Man bezeichnet das Gefüge als **Perlit.**

Perlit entspricht einem eutektischen Gefüge. Weil es nicht aus der Schmelze, sondern aus Mischkristallen entsteht, spricht man von einem *eutektoidischen* Gefüge.

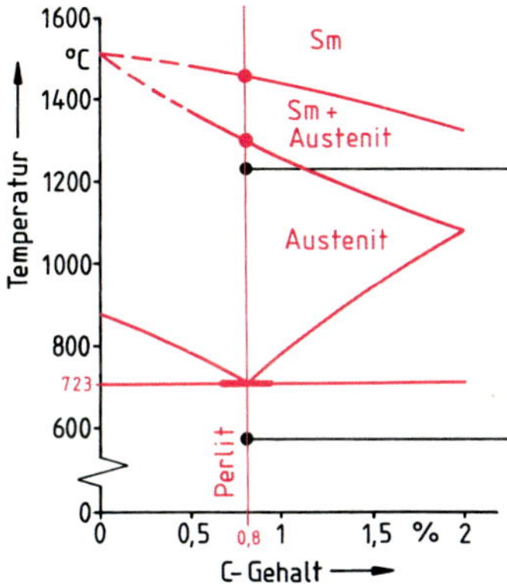

Stahlseite des Eisen-Kohlenstoff-Diagramms

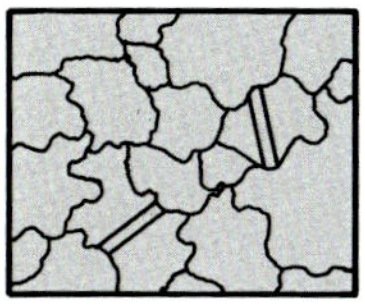

Gefüge von Austenit

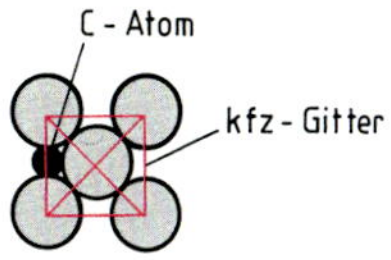

Kristallaufbau von Austenit

Gefüge von Perlit

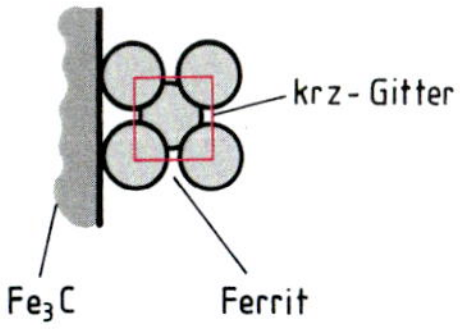

Kristallaufbau von Perlit

Entstehung von Perlit

> Austenit mit 0,8 % Kohlenstoff wandelt sich bei 723 °C in Perlit um.
> Perlit besteht aus lamellenartig gelagertem Ferrit und Zementit.

• Gefüge untereutektoidischer Stähle

Legierungen mit weniger als 0,8 % Kohlenstoff haben gegenüber dem Perlit zu viel Eisen. Das überschüssige Eisen wandelt sich bei der Abkühlung in einem Temperaturbereich in Ferrit um. Der Kohlenstoff aus diesem Eisen wandert von den Stellen, an denen der Ferrit entstanden ist, zu den noch vorhandenen Mischkristallen. Sobald diese Mischkristalle 0,8 % Kohlenstoff erreicht haben, entsteht aus ihnen Perlit. Stähle mit weniger als 0,8 % Kohlenstoff bestehen darum aus Ferritkörnern und Perlit.

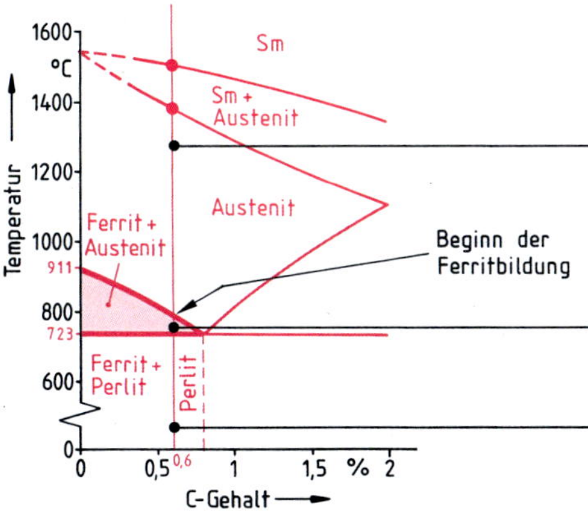

Stahlseite des Eisen-Kohlenstoff-Diagramms

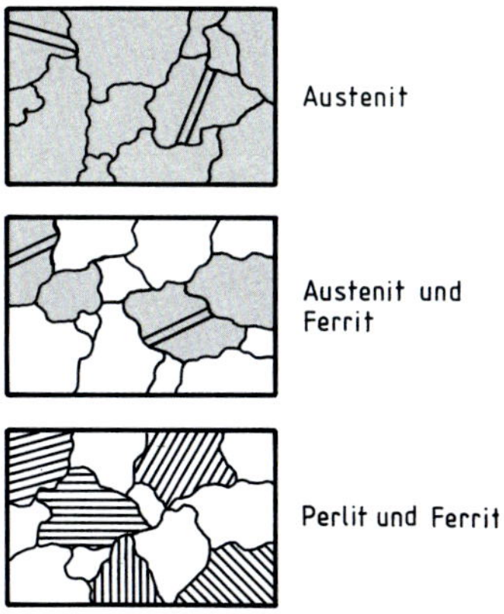

Gefüge von Stahl mit 0,6% C

Entstehung des Gefüges untereutektoidischer Stähle

> Gefüge von unlegierten Stählen mit Kohlenstoffgehalten unter 0,8 % bestehen bei Raumtemperatur aus Ferrit und Perlitkörnern. Je höher der Anteil an Kohlenstoff, desto mehr Perlitkörner.

Übungsaufgaben WT-2; WT-3

- **Gefüge übereutektoidischer Stähle**

Legierungen mit mehr als 0,8 % Kohlenstoff haben gegenüber dem Perlit zu viel Kohlenstoff. Darum bildet sich bei diesen Legierungen während der Abkühlung in einem Temperaturbereich zunächst Zementit. Die Mischkristalle werden dadurch ärmer an Kohlenstoff. Sobald die noch vorhandenen Mischkristalle 0,8 % Kohlenstoffgehalt erreicht haben, entsteht aus ihnen Perlit. Stähle mit mehr als 0,8 % Kohlenstoff bestehen darum aus Zementit, der schalenförmig an den Korngrenzen vorliegt, und Perlit.

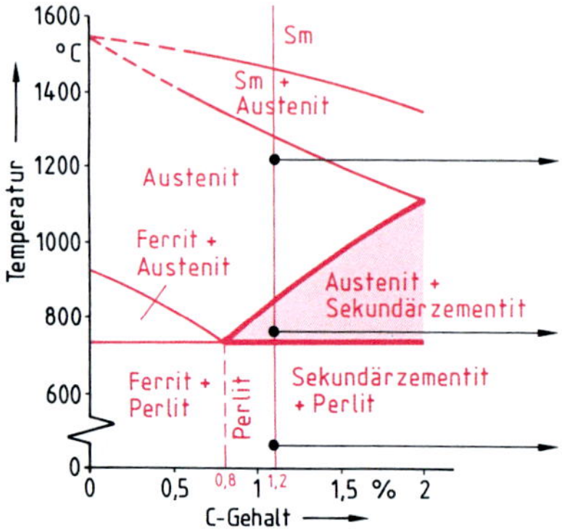

Stahlseite des Eisen-Kohlenstoff-Diagramms

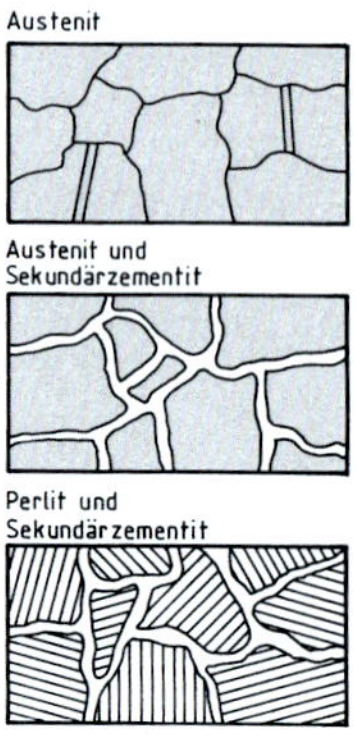

Gefüge von Stahl mit 1,2 % C

Entstehung des Gefüges übereutektoidischer Stähle

Gefüge von unlegierten Stählen mit Kohlenstoffgehalten über 0,8 % bestehen bei Raumtemperatur aus Perlitkörnern und Sekundärzementit an den Korngrenzen.

- **Zusammenfassung wichtiger Begriffe zu Gefügen von Stählen**

Gefüge	Erklärung
Austenit	Mischkristalle mit einem kubisch-flächenzentrierten Gitter. Bei 1147 °C löst es bis zu 2,06 % Kohlenstoff.
Ferrit	Eisen mit einem kubisch-raumzentrierten Gitter. Ferrit löst nahezu keinen Kohlenstoff.
Zementit	Eine chemische Verbindung zwischen Eisen und Kohlenstoff – Fe_3C. Fe_3C liegt bei Stählen mit mehr als 0,8 % Kohlenstoff als Schalenzementit vor.
Perlit	Eutektoidisches Gefüge aus Ferrit und Zementit entsteht bei 723 °C.

1.1.2 Eigenschaften der Stähle in Abhängigkeit vom Gefüge

Aus der Kombination Ferrit/Zementit ergeben sich unterschiedliche Eigenschaften der Stähle.
Je höher der Gehalt an Zementit wird, desto härter und fester wird der Stahl. Seine Umformbarkeit und Zähigkeit sinken. Das Auftreten von Korngrenzenzementit (Sekundärzementit) führt zu besonders starkem Abfall der Zähigkeit. Die Härtbarkeit der Stähle steigt mit steigendem Kohlenstoffgehalt.

C-Gehalt	**0 %**	**0,4 %**	**0,6 %**	**0,8 %**	**1,2 %**
Perlitanteil	0 %	50 %	75 %	100 %	93 % (7 % Sek.-Zem.)
Gefüge	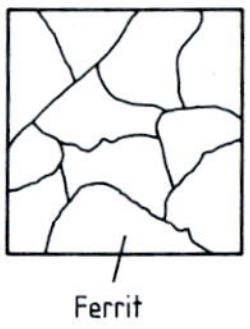	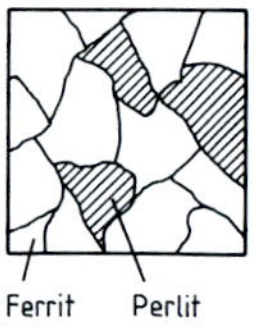	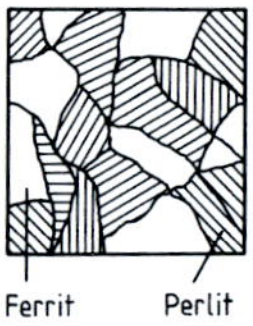	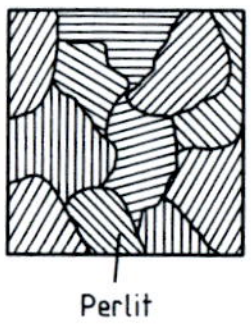	
Zugfestigkeit	ca. 200 N/mm²	ca. 700 N/mm²	ca. 850 N/mm²	ca. 950 N/mm²	ca. 1000 N/mm²
Härte	ca. 150 HB	ca. 180 HB	ca. 220 HB	ca. 240 HB	ca. 260 HB
Härtbarkeit	bis 0,35 % nicht härtbar	**steigende Härtbarkeit** →			

Mit steigendem Gehalt eines Stahles an Zementit wachsen Härte, Festigkeit, Verschleißfestigkeit und Härtbarkeit. Die Zähigkeit und der Widerstand gegen Rissbildung sinken.

 Übungsaufgabe WT-4

1.1.3 Glühverfahren für unlegierte Stähle

- **Weichglühen**

Ziel des Weichglühens ist ein Gefüge, das besser spanend bearbeitet werden kann als das Ausgangsgefüge. Im Perlit muss die Werkzeugschneide die Zementitlamellen zerbrechen und stumpft dabei schnell ab. Durch Weichglühen überführt man die Zementitlamellen des Perlits in Kugeln, die leicht vom Werkzeug aus der Ferritmasse herausgehoben oder zur Seite gedrängt werden können. Dadurch wird die Schneide weniger beansprucht.

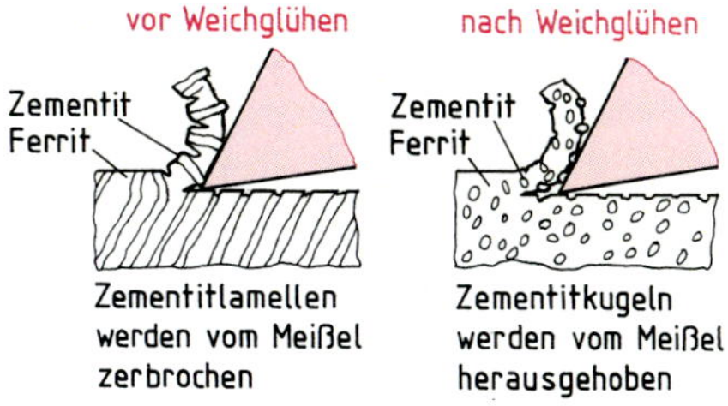

Spanen vor und nach dem Weichglühen

Bei untereutektoidischen Stählen glüht man viele Stunden lang unterhalb von 723 °C. Bei übereutektoidischen Stählen formt man zunächst durch eine mehrstündige Glühung bei etwa 750 bis 780 °C den schalenförmigen Zementit an den Korngrenzen zu Kugeln um. Danach glüht man unter 723 °C weiter um Perlit mit kugelförmigen Zementit zu erhalten.

Beispiel für Weichglühen

Ausgangszustand → **Weichglühen** → **Endzustand**

Lamellarer Zementit des Perlits

Zugfestigkeit: 950 $\frac{N}{mm^2}$
Bruchdehnung: 9%
Härte: 240 HB

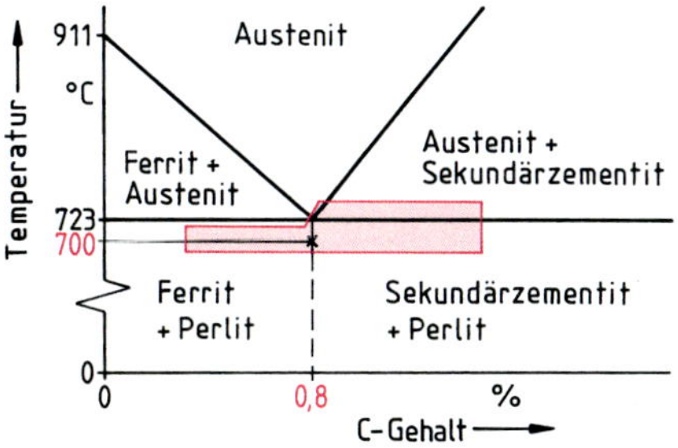

Glühtemperatur: 700 °C
Glühzeit: 5 Stunden
Abkühlung: im Ofen

Kugeliger Zementit des Perlits

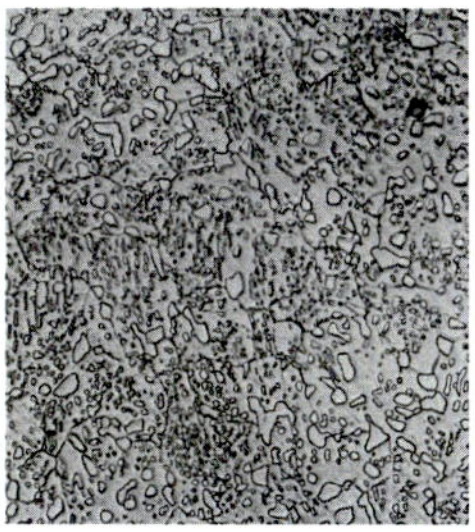

Zugfestigkeit: 520 $\frac{N}{mm^2}$
Bruchdehnung: 27%
Härte: 150 HB

Weichglühen dient zur Verbesserung der Zerspanbarkeit und Umformbarkeit.
Beim Weichglühen wird lamellarer Zementit in Kugelform überführt.

- **Spannungsarmglühen**

Durch ungleichmäßige Abkühlung nach Gießen, Schmieden, Schweißen, Härten u.a. sowie auch durch spanendes Bearbeiten treten Spannungen im Werkstück auf. Dadurch kann es zu Verformungen und bei geringer Belastung unter Umständen zum Bruch kommen. Diese Spannungen sollen durch Spannungsarmglühen vermindert werden.

Damit keine Gefügeänderungen auftreten, muss die Spannungsarmglühung unter der Temperatur erfolgen, bei der eine Gefügeänderung zu erwarten ist. Dies kann bei vergüteten Stählen bereits bei 400 °C sein. Die Obergrenze der Glühtemperatur liegt bei nicht wärmebehandelten Stählen bei 600 bis 650 °C.

Der Spannungsabbau erfolgt dadurch, dass bei höherer Temperatur Atome wandern können und so die Spannungen abgebaut werden. Die Glühzeit beträgt mehrere Stunden. Die Abkühlung muss sehr langsam erfolgen. Am besten ist Abkühlung im Ofen.

Spannungsarmglühen soll bei Werkzeugen vor der letzten mechanischen Bearbeitung erfolgen.

Durch Spannungsarmglühen werden Spannungen, die nach der Abkühlung und Formgebung im Werkstück auftreten, abgebaut.

WT

Übungsaufgaben WT-5 bis WT-10

- **Normalglühen**

Häufig muss das Gefüge gehärteter oder geschweißter Bauteile wieder in den Zustand, den es nach dem Fe-Fe_3C-Diagramm haben müsste, zurückgeführt werden. Dies geschieht durch Normalglühen. Gleichzeitig wird beim Normalglühen ein feinkörniges und damit zähes Gefüge erzeugt.

Normalglühen geschieht dadurch, dass man die Stähle bis in den Austenitbereich erhitzt. Es entsteht ein neues Gefüge. Man glüht etwa 15 Minuten je 10 mm Wanddicke. Danach kühlt man an ruhender Luft ab. Bei übereutektiodischen Stählen glüht man den Stahl meist vorher weich, sodass der Sekundärzementit in Kugelform überführt wird. Danach führt man die Normalglühung bei etwa 750 °C durch.

Beispiel für das Normalglühen einer 20 mm dicken Platte aus C35

Ausgangszustand → **Normalglühen** → **Endzustand**

Gefüge nach der Reparaturschweißung an einem Werkstück
Plattendicke: 20 mm

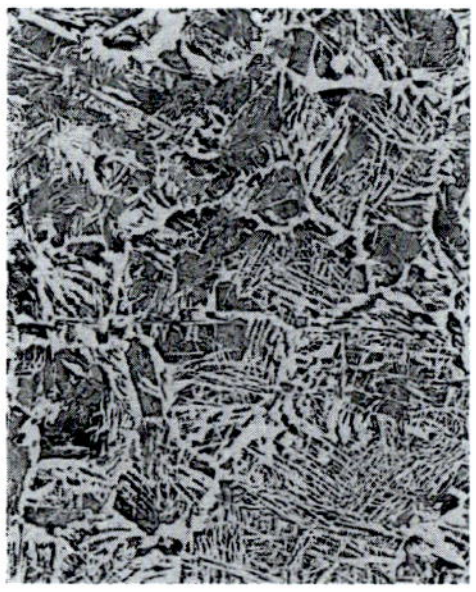

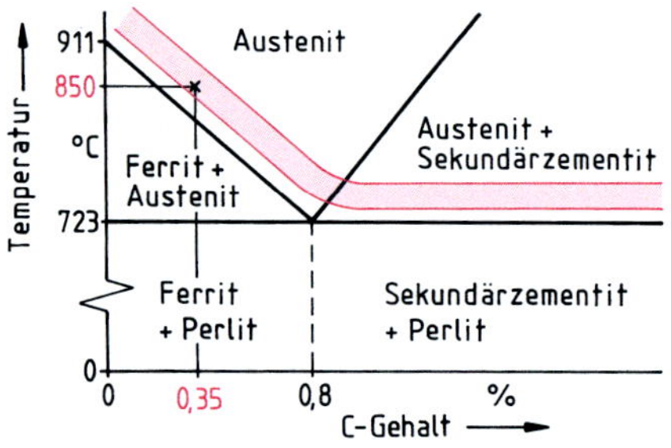

Glühtemperatur: 850 °C
Glühzeit: 30 Minuten
Abkühlung: an ruhender Luft

Ferrit-Perlit-Gefüge, feinkörnig

Beim Normalglühen erhitzt man den Stahl kurzzeitig in den Austenitbereich und kühlt anschließend an der Luft ab. Normalglühen geschieht zur Erzeugung eines feinkörnigen und gleichmäßigen Gefüges.

- **Rekristallisationsglühen**

Beim Kaltumformen tritt durch die Streckung der Gefügekörner eine Kaltverfestigung ein, die den Werkstoff in seinen Eigenschaften verändert. Festigkeit und Härte nehmen zu, die Dehnbarkeit nimmt ab. Um Stähle nach einer Kaltumformung wieder umformbar zu machen, glüht man sie bei einer Temperatur um 700° Celsius. Dabei tritt eine Kornneubildung – eine Rekristallisation – ein. Das Gefüge lässt sich nun wieder umformen.

Rekristallisationsglühen geschieht zum Zweck der Kornneubildung nach Kaltumformen. Beim Rekristallisationsglühen wird ein kalt verfestigtes Gefüge durch Kornneubildung wieder umformbar.

1.1.4 Härten und Vergüten von unlegierten Stählen

- **Härten**

Härte und Verschleißfestigkeit werden durch Abschreckhärten erhöht. Zum Abschreckhärten wird das Werkstück zunächst bis in den Austenitbereich erhitzt. Dabei geht aller Kohlenstoff in Lösung, d. h. er befindet sich dann in Gitterlücken des kubisch-flächenzentrierten Gitters.

Beim Abschrecken haben die Kohlenstoffatome keine Zeit zum Wandern und zur Bildung von Fe_3C. Das Gitter klappt vom kubisch-flächenzentrierten Gitter ins kubisch-raumzentrierte um. Die Kohlenstoffatome werden auf Zwischengitterplätzen eingeschlossen und verspannen das kubisch-raumzentrierte Gitter. Der Werkstoff wird hart und hochfest, aber spröder. Das Gefüge, welches sich nach dem Abschrecken einstellt, heißt **Martensit.**

Martensit

Beispiel für Gefüge und Kristalländerung beim Härten eines C60

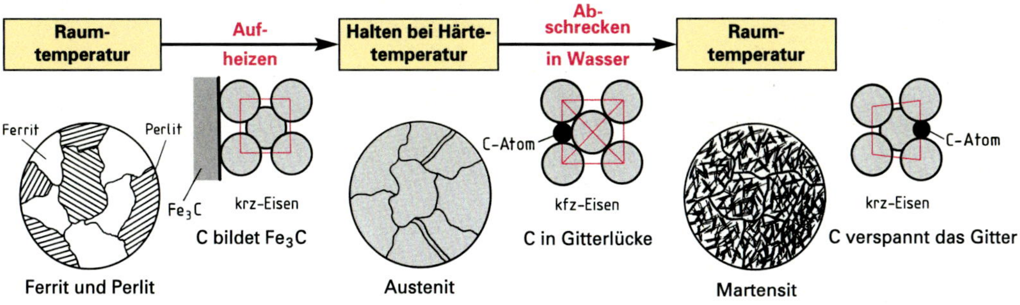

Härten ist Erwärmen in den Austenitbereich mit anschließendem Abschrecken, damit die Kohlenstoffatome zwangsweise im Gitter gehalten werden. Das entstandene Gefüge ist Martensit.

Beim Abschrecken kühlt das Werkstück außen am schnellsten ab. Nach innen hin verringert sich die Abkühlungsgeschwindigkeit. Dicke Werkstücke härten daher nur bis zu der Tiefe, in der die notwendige Abkühlungsgeschwindigkeit erreicht wird.
Die Einhärtetiefe kann durch Legierungselemente vergrößert werden.

Bei der Durchführung der Härtung ist Folgendes zu beachten:

Aufheizen

Damit Wärmespannungen und Verzug in Werkzeugen gering bleiben, müssen die Werkstücke langsam aufgeheizt werden. Zweckmäßig geschieht dies in Stufen, z. B. zunächst bis 400 °C erhitzen und dort bis zur völligen Durchwärmung halten, danach weiteres Aufheizen auf Härtetemperatur. Die Haltezeit auf jeder Stufe ist 1/2 min je mm Wanddicke.

Halten bei Härtetemperatur (Austenitisieren)

Die Temperatur, auf die Stähle zu erhitzen sind, damit sie bei entsprechender Abkühlung Härtegefüge aufweisen, nennt man Härtetemperatur. Sie ist dem Fe-Fe_3C-Diagramm zu entnehmen.
Für untereutektoidische Stähle liegt sie im Austenitbereich und bei übereutektoidischen Stählen bei etwa 780 °C.

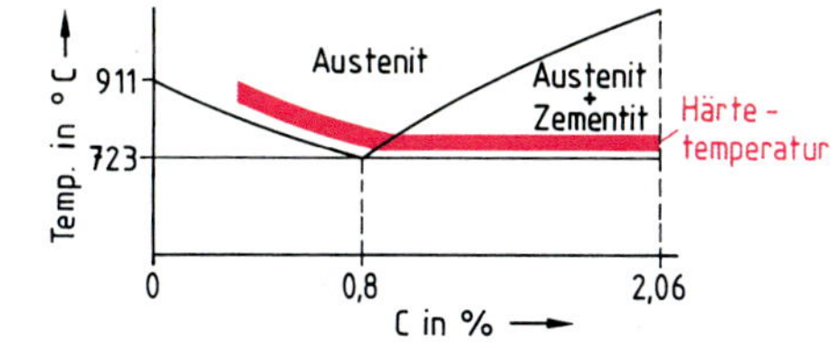

Härtetemperatur

Bei Härtetemperatur wird das Werkstück nach völliger Durchwärmung noch etwa 20 Minuten gehalten. Wenn an der Werkstückoberfläche die Härtetemperatur erreicht ist, dauert die Zeit bis zur völligen Durchwärmung nach einer „Faustformel" für Wanddicken ab 40 mm etwa:

Durchwärmzeit in min = 1/2 der größten Wanddicke in mm – 10 min

Abschrecken

Nach dem Austenitisieren werden die Werkstücke abgeschreckt. Die erreichbare Härte wird durch die mögliche Abkühlungsgeschwindigkeit und das Abschreckmittel bestimmt. Darum können unlegierte Stähle nur in begrenzten Wanddicken durchgehärtet werden.

Die Abkühlungsgeschwindigkeit richtet sich nach dem Kohlenstoffgehalt der Stähle. Je höher der Kohlenstoffgehalt eines Stahles ist, desto mehr behindern sich die Kohlenstoffatome gegenseitig bei der Wanderung. Die Folge ist eine geringere Abkühlungsgeschwindigkeit für die Martensitbildung.

Die Atome der Legierungselemente Chrom, Mangan, Wolfram und Vanadium behindern ebenfalls die Wanderung der Kohlenstoffatome. Bei hohen Gehalten an diesen Elementen ist auch bei langsamer Abkühlung keine Wanderung der Kohlenstoffatome möglich. Darum bildet sich bei legierten Stählen auch bei geringer Abkühlungsgeschwindigkeit ein Härtegefüge.

WT

Übungsaufgabe WT-13

Durch unterschiedliche Abschreckmittel erreicht man verschiedene Abkühlungsgeschwindigkeiten. Entsprechend den einsetzbaren Abschreckmitteln unterscheidet man:

- **Wasserhärter**: Unlegierte Stähle, z. B. C60,
- **Ölhärter**: Legierte Stähle, z. B. 34 Cr 4,
- **Lufthärter**: Speziell legierte Stähle, z. B. 60 CrNiMo 8.

Beim Abschrecken muss das Werkstück im Abschreckmittel so bewegt werden, dass es ständig vom Abschreckmittel umgeben ist, denn die Bildung isolierender Dampfblasen führt zu weichen Stellen. Sobald die zu härtenden Teile beim Abschrecken eine Oberflächentemperatur von 150 °C bis 100 °C erreicht haben, werden sie in einem Temperaturausgleichsofen so lange gehalten, bis sich über den Querschnitt eine gleichmäßige Temperatur eingestellt hat. Dann erst wird auf Raumtemperatur abgekühlt. Anschließend erfolgt das Anlassen.

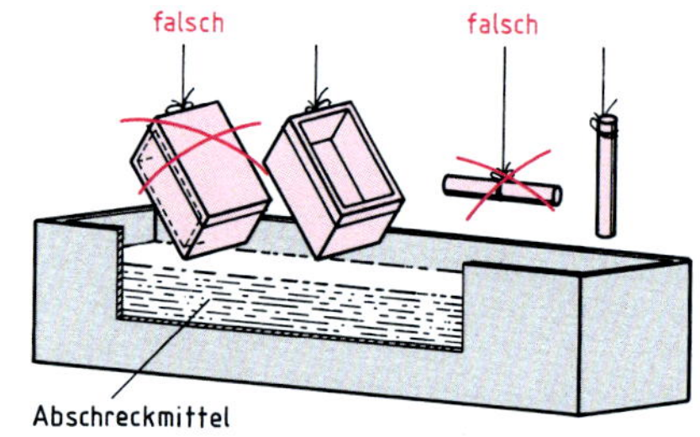

Richtiges und falsches Eintauchen der Werkstücke in ein Abschreckmittel

Beispiel für eine Temperaturfolge für die Härtung eines C45

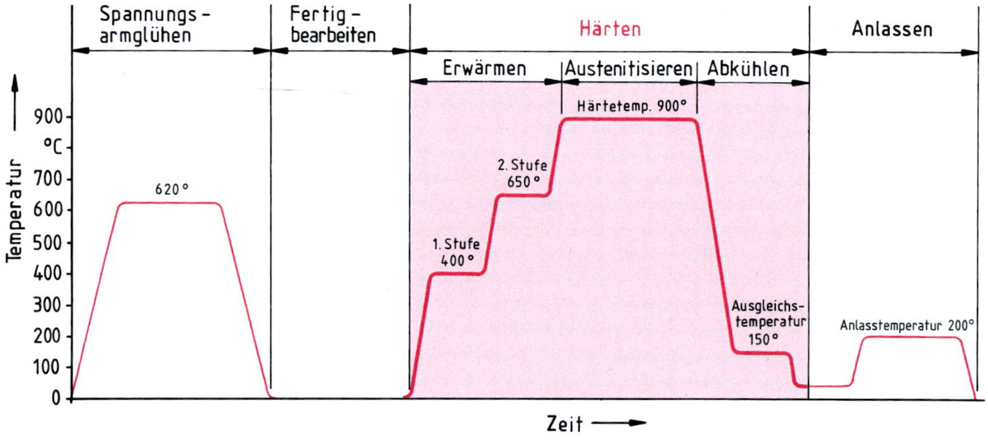

Arbeitsfolge beim Härten:
- Vorsichtiges Erwärmen, möglichst in Stufen,
- Halten ca. 20 Minuten nach vollständiger Durchwärmung,
- Abschrecken bis zur Ausgleichstemperatur.

- **Anlassen bei niederen Temperaturen**

Durch Erwärmen auf niedrige Temperaturen von etwa 180 bis 250 °C können Kohlenstoffatome auf günstigere Zwischengitterplätze umgelagert werden. Dieses Erwärmen bezeichnet man als **Anlassen** bei niedrigen Temperaturen. Es führt zu einer unbedeutenden Minderung der Härte. Die Neigung zu Spannungsrissen nimmt jedoch *erheblich* ab. Darum werden alle Werkzeuge nach dem Härten etwa 1 Stunde je 20 mm Wanddicke, mindestens aber 2 Stunden lang, angelassen. Das Anlassen geschieht in Öfen, Salz- oder Ölbädern. Die Abkühlung erfolgt an der Luft oder in Öl.

Die Anlasstemperatur wird dem notwendigen Widerstand gegen Rissneigung und der Stahlqualität angepasst. Je geringer die Gefahr der Rissentstehung ist, desto geringer sind die Anlasstemperaturen.

Beispiele für Anlasstemperaturen

Messzeuge, Lehren	100 bis 200 °C	Bohrer, Gewindebohrer	bis 250 °C
Drehmeißel, Fräser	bis 200 °C	Messer, Äxte	bis 300 °C

Je geringer die Gefahr der Rissbildung, desto niedriger die Anlasstemperatur.

 Übungsaufgaben WT-14; WT-15

- **Vergüten**

Vergüten ist Härten mit anschließendem Anlassen auf höhere Temperaturen, zwischen 400 und 700 °C. Durch das Anlassen sinken gegenüber dem gehärteten Zustand die Festigkeit, die Streckgrenze und die Härte. Die Dehnbarkeit und die Zähigkeit nehmen stark zu.

Durch die richtige Wahl der Anlasstemperatur können vorgegebene Werte von Zugfestigkeit, Streckgrenze u. a. eingestellt werden. Für die verschiedenen zur Wärmebehandlung bestimmten Stähle ist der Zusammenhang zwischen erreichbaren Festigkeitswerten und Anlasstemperatur in Vergütungsdiagrammen festgehalten.

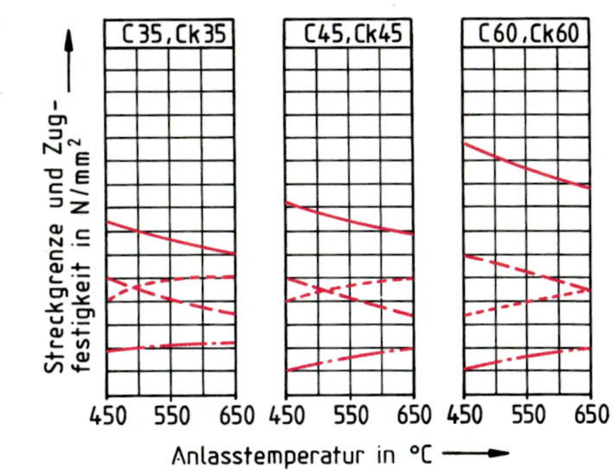

Vergütungsdiagramm

Die Vergütungsgefüge weisen bei niederen Anlasstemperaturen ein nadeliges Gefüge auf, das noch dem Martensit ähnelt. Mit steigender Anlasstemperatur kommt es zur Bildung feinster Fe_3C-Ausscheidungen, die bei höheren Anlasstemperaturen als kleine kugelige Karbide im Lichtmikroskop sichtbar werden.

Vergüten ist ein Härten mit Anlassen bei höheren Temperaturen.

1.1.5 Z-T-U-Schaubilder unlegierter Stähle

Z-T-U-Schaubilder (**Z**eit-**T**emperatur-**U**mwandlung-Schaubilder) verdeutlichen den zeitlichen Ablauf der Umwandlungen der Stähle und sind darum ein besonders wichtiges Hilfsmittel zur Wärmebehandlung, denn jeder Stahl zeigt entsprechend seiner Zusammensetzung ein anderes Umwandlungsverhalten.

Z-T-U-Schaubilder für *kontinuierliche* Abkühlung werden für jeden Stahl in den Katalogen der Werkstoffhersteller zusammen mit der chemischen Zusammensetzung des Stahles und anderen Daten angegeben. Diese Schaubilder geben den Beginn der Umwandlungen und das Ende der gesamten Umwandlung für verschiedene Abkühlungsbedingungen an. Sie weisen daher außer den Umwandlungslinien noch Abkühlungskurven auf.

Bei der Benutzung geht man von der verlangten Härte des Werkstückes aus. Man wählt die Abkühlungskurve, die zu der verlangten Härte führt und kühlt demgemäß ab. An den Schnittpunkten der Abkühlungskurven mit den Umwandlungslinien kann man die Zeiten, zu denen Gefügeumwandlungen eintreten und die Anteile der Gefüge ablesen.

Beispiel **für den Einsatz des Z-T-U-Schaubildes eines C45 für kontinuierliche Abkühlung.**

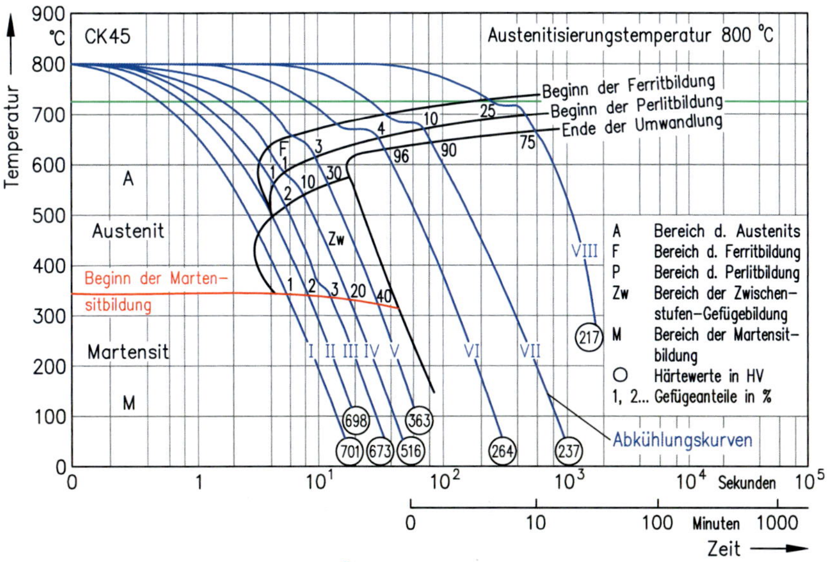

Übungsaufgabe WT-16

WT

Beispiele für das Arbeiten mit einem ZTU-Schaubild

Aufgabe 1

Für eine Vorrichtung soll die Grundplatte aus Ck45 eine Härte von 260±5 HV erhalten. Die Wärmebehandlung ist festzulegen, die Gefügebildung ist zu beschreiben.

Lösungshilfe

Z-T-U-Schaubild für Ck45

Lösung

Die Abkühlungskurve VI zeigt die gewünschte Härte an. Das Werkstück muss in ca. 350 Sekunden von 800 °C auf Raumtemperatur abgekühlt werden. Nach 10 Sekunden setzt die Ferritbildung ein, nach 20 Sekunden die Perlitbildung. Nach ca. 35 Sekunden ist die Umwandlung abgeschlossen. Es liegt ein Ferrit-Perlit-Gefüge vor mit 4 % Ferrit und 94 % Perlit.

Aufgabe 2

Ein Führungsteil an der Vorrichtung aus Ck45 soll gehärtet werden. Es sind 720±10 HV erwünscht.

Lösungshilfe

Z-T-U-Schaubild für Ck45

Lösung

Damit außer Martensit keine anderen Gefügebestandteile entstehen, muss von Austenitisierungstemperatur in *mindestens* 6 Sekunden auf 350 °C abgekühlt werden. Bei dieser Temperatur beginnt die Martensitbildung. Mit fallender Temperatur wächst der Martensitanteil.

Aus Z-T-U-Schaubildern für kontinuierliche Abkühlung lassen sich für Wärmebehandlungen entsprechend dem gewünschten Endzustand die Abkühlunsbedingungen festlegen.

- **Warmbadhärten und Gebrochenes Härten**

Aus den Z-T-U-Schaubildern sind Warmbadhärten und Gebrochenes Härten zu erklären. Diese Härteverfahren werden zur Verringerung von Härtespannungen an legierten Stählen durchgeführt.

Beim **Warmbadhärten** wird der Stahl von der Härtetemperatur in einer Salzschmelze bis zu einer Temperatur dicht oberhalb Ms abgeschreckt. Er wird dort bis zum Temperaturausgleich gehalten. Anschließend wird er auf Raumtemperatur abgekühlt. Beim Unterschreiten von Ms beginnt die Martensitbildung.

Beim **Gebrochenen Härten** wird der Stahl zunächst in Wasser bis dicht oberhalb Ms abgeschreckt, um die Perlitbildung zu verhindern. Ohne Halten wird dann in einem milderen Abschreckmittel, z. B. Öl, auf Raumtemperatur abgekühlt. Dabei beginnt beim Unterschreiten von Ms die Martensitbildung.

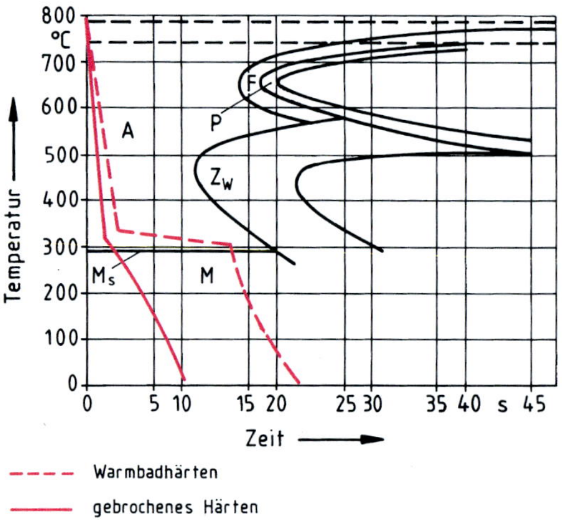

Warmbad- und Gebrochenes Härten

1.2 Legierte Werkzeugstähle

Die legierten Werkzeugstähle erfüllen in besonderem Maße die Bedingungen, die an den Werkstoff von Werkzeugen gestellt werden.

Dies sind

- hohe Bruchfestigkeit bei Betriebstemperatur,
- keine bleibende Verformung während der Beanspruchung,
- hohe Verschleißfestigkeit und Korrosionsbeständigkeit der Oberfläche.

Je nach Einsatz werden diese Bedingungen durch unterschiedlich legierte Stähle optimal erfüllt.

Man unterscheidet die Werkzeugstähle entsprechend dem typischen Einsatz in folgende große Verwendungsgruppen:

Werkzeugstähle

Kaltarbeitsstähle

Anwendungsbeispiele
- Spritzgusswerkzeuge
- Kaltfließpresswerkzeuge
- Kaltumform- und
- Schmiedewerkzeuge

Warmarbeitsstähle

Anwendungsbeispiele
- Schmiedegesenke
- Warmwalzen
- Druckgussformen
- Strangpresswerkzeuge

Schnellarbeitsstähle

Anwendungsbeispiele
- Zerspanungswerkzeuge
- Schmiedewerkzeuge
- Kaltumformwerkzeuge

1.2.1 Einfluss der Legierungselemente

Die Eigenschaften von Stahl und Gusseisen hängen weitgehend von den metallischen und nichtmetallischen Eisenbegleitern (C, Si, Mn, P, S) und den absichtlich zugesetzten Legierungselementen ab. Gibt man die Elemente Silizium, Mangan, Phosphor und Schwefel bei besonderen Stählen und Gusswerkstoffen gezielt hinzu, so gelten sie ebenfalls als Legierungselemente.

Legierungselemente beeinflussen die Eigenschaften der Stähle.

Der Einfluss wird bestimmt durch
- den prozentualen Anteil des Legierungselementes,
- das Zusammenwirken des Legierungselementes mit anderen Legierungselementen.

Die Wirkung der Legierungselemente beruht auf Einlagerungen der Legierungsatome im Kristallgitter und auf Gefügeänderungen. Die laut Fe-Fe_3C-Diagramm zu erwartenden Umwandlungen verschieben sich zu anderen Temperaturen und anderen Konzentrationen.

Beispiel **für die Verschiebung von Umwandlungspunkten im Fe-Fe_3C-Diagramm durch 2 % Cr (vereinfacht)**

Chrom verschiebt die Umwandlungspunkte zu niedrigeren Kohlenstoffgehalten und tieferen Temperaturen.

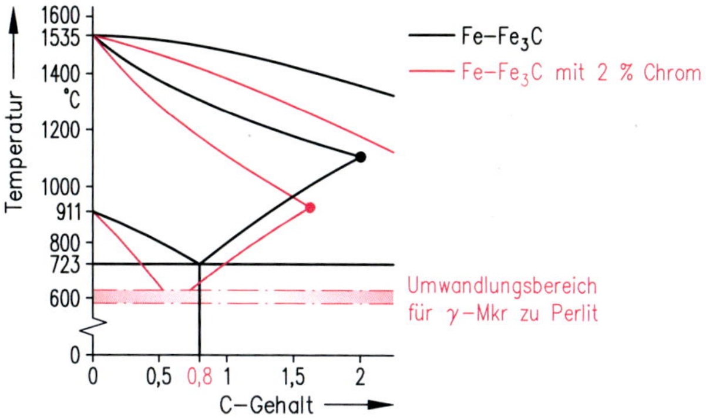

Legierungselemente ändern Gefüge und Eigenschaften der Stähle. Die Umwandlungspunkte und Linien im Fe-Fe_3C-Diagramm werden verschoben.

Besonders Chrom verschiebt die Umwandlungspunkte und Linien so weit zu niedrigeren Kohlenstoffgehalten, dass in hoch legierten und kohlenstoffreichen Stählen ein Eutektikum aus Austenit und Fe_3C vorliegen kann. Dieses Eutektikum heißt **Ledeburit.** Der Austenit des Ledeburit ist bei Raumtemperatur zu Perlit zerfallen.

Stähle, die Ledeburit enthalten, also sehr reich an dem harten Zementit sind, nennt man **ledeburitische Stähle.** Diese Stähle sind besonders hart und verschleißfest.

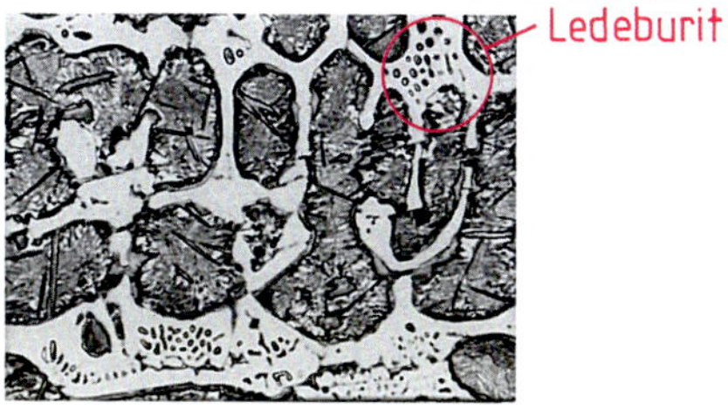

Weiße Flächen: Fe_3C
Graue Flächen: Perlit

Ledeburit mit Perlit

WT

Übersicht über die Wirkungen von Begleit- und Legierungslementen

	Name Symbol	Anteil in % als Begleitelement		Veränderung der Eigenschaften bei steigendem Anteil		Anwendung als Legierungselement
		in Stahl	in Gusseisen	erhöht	vermindert	
Begleitelemente	**Kohlenstoff C**	0,02 bis 2,06	2,5 bis 5,0	Festigkeit (stark) Härte Härtbarkeit	Dehnbarkeit Schweißbarkeit Schmiedbarkeit Zähigkeit Schmelzpunkt	
Begleitelemente	**Silizium Si**	0,03 bis 0,6	1,5 bis 4,0	Festigkeit Elastizität Härtetiefe Korrosionsbeständigkeit Grafitbildung	Umformbarkeit Schweißbarkeit	1,0 bis 3,0 % Federstähle 2,0 bis 4,0 % Elektrobleche 11,0 bis 13,0 % säurebeständiger Guss
Begleitelemente	**Mangan Mn**	0,4 bis 0,8	0,4 bis 1,2	Festigkeit Zähigkeit Härtetiefe	Zerspanbarkeit Grafitbildung	0,6 bis 1,5 % Mangan-Vergütungsstähle 1,0 bis 2,0 % Federstähle 10,0 % Manganhartstahl 12,0 bis 18,0 % Säure- u. hitzebeständiger Stahl
Begleitelemente	**Phosphor P**	0,03 bis 0,08	0,2 bis 1,0	Festigkeit	Dehnbarkeit Kaltumformbarkeit Zähigkeit Schweißbarkeit	1,0 bis 2,0 % Dünnwandiger Guss
Begleitelemente	**Schwefel S**	0,03 bis 0,06	0,08 bis 0,12	Zerspanbarkeit	Umformbarkeit bei hohen Temperaturen (Rot- und Heißbruch)	0,2 bis 0,25 % Automatenstahl
Legierungselemente	**Chrom Cr**			Zugfestigkeit Härte Warmfestigkeit Härtetiefe Korrosionsbeständigkeit Schneidhaltigkeit Kornfeinheit	Dehnung (gering)	0,3 bis 1,2 % Vergütungs- und Einsatz-Stähle (z. B. f. Wälzlager) 5,0 bis 9,0 % Warmfeste Stähle 8,0 bis 25,0 % Rost- und säurebeständige Chrom- und Chrom-Nickel-Stähle
Legierungselemente	**Nickel Ni**			Zugfestigkeit Härte Korrosionsbeständigkeit Härtetiefe	Wärmedehnung	7,0 bis 18,0 % Korrosionsbeständige Chrom-Nickel-Stähle bis 5,0 % Vergütungsstähle 1,0 bis 2,0 % Einsatzstähle 3,0 bis 5,0 % Verschleißfestes Gusseisen
Legierungselemente	**Vanadium V**			Zugfestigkeit Warmfestigkeit Härte Zähigkeit		0,6 bis 2,0 % Warmfeste Stähle bis 5,0 % Schnellarbeitsstähle (mit Wolfram und Molybdän)
Legierungselemente	**Wolfram W**			Feinkörnigkeit Warmfestigkeit Härtetiefe Korrosionsbeständigkeit	Dehnung (gering)	0,4 bis 2,0 % Warmfeste Stähle 2,5 bis 4,0 % Schnellarbeitsstähle (mit Vanadium und Molybdän)
Legierungselemente	**Molybdän Mo**			Zugfestigkeit Härte Warmfestigkeit	Schmiedbarkeit Dehnung	0,4 bis 0,9 % Warmfeste Stähle 3,0 bis 4,0 % Schnellarbeitsstähle (mit Wolfram und Vanadium)

☐ Bereich des unlegierten Stahls ☐ Bereich des legierten Stahls

1.2.2 Kaltarbeitsstähle

• Einteilung der Kaltarbeitsstähle

Kaltarbeitsstähle werden für Schmiede- und Umformwerkzeuge sowie für Formen in der Kunststoffverarbeitung eingesetzt. Die Verwendungstemperatur soll etwa 250 °C nicht überschreiten.
Kaltarbeitsstähle kann man in drei Gruppen unterteilen.

Gruppe 1

Zu dieser Gruppe gehören neben unlegierten Stählen sehr niedrig legierte Stähle, die durchweg Wasserhärter sind. Diese Stähle härten in größeren Wanddicken nicht durch. Sie haben deshalb nach dem Härten eine harte Randschicht und einen zähen Kern. Sie können daher besser Biegespannungen aufnehmen als die höher legierten Stähle der Gruppen 2 und 3.
Wegen des geringen Karbidgehaltes unter 5 % sind jedoch die Verschleißfestigkeit und die Druckfestigkeit bei hohen Anforderungen nicht ausreichend.

Beispiel für einen Kaltarbeitsstahl der Gruppe 1

Kurzname	Werkstoffnr.	Verwendung	Einbauhärte in HRC
100V1	1.2833	Matrizen für Kaltfließpressen	60 bis 64
		Werkzeuge zum Umformen von Schraubenwerkstoffen	58 bis 62

Gruppe 2

Diese Gruppe umfasst Stähle mit Karbidgehalten von etwa 5 bis 10 %. Je nach Menge an Legierungselementen liegen Fe_3C und/oder Karbide der Legierungselemente, z. B. Chromkarbid, vor. Gegenüber Stählen der Gruppe 1 ist der Verschleißwiderstand erheblich höher.

Beispiele für Kaltarbeitsstähle der Gruppe 2

Kurzname	Werkstoffnr.	Verwendung	Einbauhärte in HRC
60WVCr7	1.2550	Schermesser	56 bis 58
		Schneidstempel, Matrizen	54 bis 58
55NiCr10	1.2718	Prägewerkzeuge	54 bis 58
		Armierungen	48 bis 52
X42Cr13	1.2083	Korrosionsbeständiger Formenstahl für für Kunststoffe	56

Gruppe 3

Hoch kohlenstoff- und chromhaltige Kaltarbeitsstähle werden hauptsächlich für die Kaltumformung benötigt. Diese Stähle sind meist ledeburitisch und haben demgemäß über 10 % Karbide.

Beispiele für Kaltarbeitsstähle der Gruppe 3

Kurzname	Werkstoffnr.	Verwendung	Einbauhärte in HRC
X155 CrVMo 12-1	1.2379	Schermesser	58 bis 62
		Stempel für Kaltfließpressen	58 bis 62
		Gewindewalzen	60 bis 62
X210 CrW12	1.2436	Schermesser	58 bis 62
		Schneidstempel, Matrizen	58 bis 63

• Wärmebehandlung der Kaltarbeitsstähle

Kaltarbeitsstähle werden vom Hersteller meist weichgeglüht angeliefert. Die Wärmebehandlung nach der Werkzeugherstellung wird grundsätzlich in gleicher Weise durchgeführt, wie die Behandlung unlegierter Stähle. Das Fe-Fe_3C-Diagramm kann wegen des höheren Anteils an Legierungselementen zur Bestimmung der Daten für die Wärmebehandlung nicht mehr zugrunde gelegt werden. Diese Daten müssen daher den Werkstoffblättern der Stahlhersteller entnommen werden.

Richtwerte für das Härten von Kaltarbeitsstählen

- **Erwärmen**

1. Stufe 400 °C; 1/2 min je mm (nur bei komplizierten Formen)
2. Stufe 650 °C; 1/2 min je mm (kann u. U. entfallen)
3. Stufe 850 °C; 1 min je mm (nur bei Härtetemperatur über 900 °C)

- **Austenitisieren**

Durchwärmen über 40 mm: t_{min} = 1/2 Wanddicke − 10 min

Haltezeit 20 min

- **Abkühlen**

Geschwindigkeit nach Z-T-U-Diagramm
Ausgleichstemperatur 100 bis 150 °C für 1 Stunde je 100 mm

- **Anlassen**

Haltetemperatur nach Anlassschaubild 1 Stunde je 20 mm, mindestens aber 2 Stunden.

Beispiel für die Wärmebehandlung eines Werkzeuges aus dem legierten Kaltarbeitsstahl X 155 CrVMo 12-1

Aufgabe

Das Kreismesser aus X 155 CrVMo 12-1 (1.2379) soll gehärtet und angelassen werden. Es ist eine Härte von 60±2 HRC einzuhalten. 60 HRC entsprechen einer Vickershärte von 700 HV.

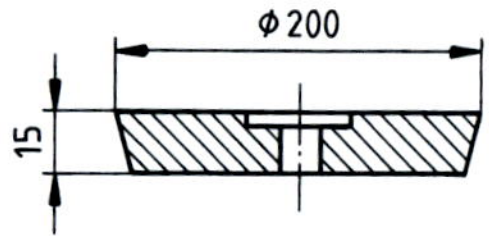

Lösungshilfen: Werkstoffblatt (Auszug aus Herstellerangaben)

Werkstoff-Nr.	1.2379			**Kurzname**			X 155 CrVMo 12-1	

Chemische Zusammensetzung (Richtwerte in %)	C	Cr	Mo	V
	1,55	12,0	0,7	1,0

Werkstoffeigenschaften	Ledeburitischer 12%iger Cr-Stahl. Höchste Verschleißhärte, gute Zähigkeit. Beste Schneidhaltigkeit und Anlassbeständigkeit, nitrierbar.
Verwendungshinweise	Gewindewalzrollen und -backen, Kaltfließpresswerkzeuge, Schneid- und Stanzwerkzeuge für Blechdicken bis 6 mm, Feinschneidwerkzeuge bis 12 mm. Kaltpilgerdorne, Kreisscherenmesser, Tiefziehwerkzeuge, Schließleisten und hochverschleißfeste Kunststoffformen.

Warmformgebung	Warmformgeben °C	Abkühlen
	1050–850	langsam, z.B. Ofen

Wärmebehandlung	Weichglühen °C	Abkühlen	Glühhärte HB
	830–860	Ofen	max. 250

Härten von °C	in	Härte (HRC) nach dem Abschrecken
1000–1050	Öl, Luft oder Warmbad 500–550 °C	63

Anlassen								
°C	100	200	300	400	500	525	550	600
HRC	63	61	58	58	58	60	56	50

Lösung

Aufheizen: 1. Stufe: 400 °C, ca. 7,5 min halten.
2. Stufe: 850 °C, ca. 15 min halten.

Austenitisieren: Härtetemperatur 1000 °C, ca. 22 min halten.

Abkühlen: Abkühlen an Luft in ca. 100 s bis etwa 100 °C, dann bei Ausgleichstemperatur ca. 10 min halten.

Anlassen: Bei ca. 210 °C für etwa 45 min.

Übungsaufgaben WT-23; WT-24

1.2.3 Warmarbeitsstähle

- **Einteilung der Warmarbeitsstähle**

Warmarbeitsstähle werden zur Herstellung von Formen für das Ur- und Umformen von Metallen weit oberhalb von 300 °C eingesetzt. Kennzeichnende Eigenschaften der Warmarbeitsstähle sind

- hohe Anlassgeschwindigkeit, d. h. Gefüge- und Eigenschaftsänderungen treten erst bei hohen Temperaturen auf,
- gute Warmfestigkeit,
- hohe Zähigkeit,
- guter Widerstand gegen Verschleiß bei hoher Temperatur,
- Unempfindlichkeit gegen Rissbildung bei wechselnden Temperaturen,
- ausreichende Wärmeleitfähigkeit.

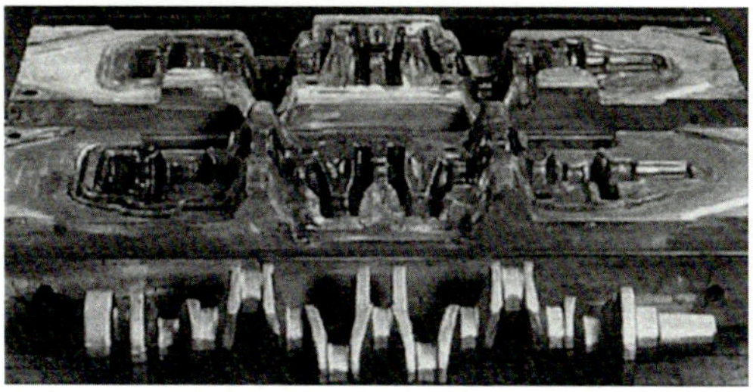

Gesenk mit geschmiedeter Kurbelwelle

Eine grobe Einteilung der Warmarbeitsstähle ist nach den Legierungselementen möglich.

Cr-Mo-V-Stähle, z. B. X 38 CrMoV 5-1, können thermische Wechselbeanspruchung gut vertragen. Sie neigen nicht zu Warmrissen. Sie haben auch gute Wärmeleitfähigkeit und zeigen bis 650 °C keinen Zähigkeitsabfall. Sie werden darum vorwiegend für Druckgussformen, Kokillen, Strangpressen u. a. eingesetzt.

Ni-Cr-Mo-Stähle, z. B. 55 NiCrMoV 6, sind besonders zäh und ertragen leichter schlagartige Beanspruchung und hohe Drücke. Sie werden bevorzugt zur Herstellung von Gesenken verwendet.

Austenitische Stähle, z. B. X 5 NiCrTi 26-15, haben ein Gefüge aus γ-Mischkristallen, die sich auch bei hohen Temperaturen nicht umwandeln. Sie werden darum bei besonders hoher Temperaturbeanspruchung eingesetzt.

Cr-Mo-V-Stähle werden vorwiegend für Formen verwendet, Ni-Cr-Mo-Stähle sind besonders für Gesenke geeignet. Austenitische Stähle werden bei besonders hoher Temperaturbeanspruchung eingesetzt.

Die Beanspruchung der Werkstoffe ist je nach Verfahren sehr unterschiedlich. Besonders starke Temperaturschwankungen belasten die Werkstückoberfläche. Die hohen Spannungen beim Erhitzen der Randschicht führen zu Verformungen, sodass beim Abkühlen örtlich Zugspannungen entstehen können.

Diese Spannungen bewirken an Verunreinigungen im Stahl so genannte **Thermoschock-** oder **Brandrisse.** Beim Eindringen von Schmelzen und durch Kerbwirkung geht von diesen Rissen dann die Zerstörung aus. Aus diesem Grunde wird für sehr hoch thermisch beanspruchte Formen Stahl von sehr hoher Reinheit und Zähigkeit verwendet. Für Sonderfälle setzt man pulvermetallurgisch hergestellte Stähle ein.

Brandrisse an einer Werkzeugkante

Die Beständigkeit gegen Thermoschock- oder Brandrisse wächst mit der Reinheit und der Zähigkeit eines Stahles. Pulvermetallurgisch erzeugte Stähle haben besondere Reinheit.

- **Wärmebehandlung der Warmarbeitsstähle**

Die Hersteller von Warmarbeitsstählen liefern den Werkstoff meist weich geglüht. Für weitere Wärmebehandlungen entnimmt der Verarbeiter die Daten den Werkstoffblättern der Stahlhersteller, wie es bei den Kaltarbeitsstählen bereits dargestellt wurde (Glühzeiten und Temperaturstufen siehe „Wärmebehandlung der Kaltarbeitsstähle").

Die Angaben enthalten bei Warmarbeitsstählen zusätzlich Warmfestigkeitsschaubilder, aus denen die Festigkeitswerte bei verschiedenen Temperaturen entnommen werden können.

Beispiel für die Wärmebehandlung eines Warmarbeitsstahles

Aufgabe

Der Gesenkeinsatz aus X 32 CrMo 3-3 (1.2365) soll auf 50 HRC (entspricht 515 HV) durch Wärmebehandlung gebracht werden.

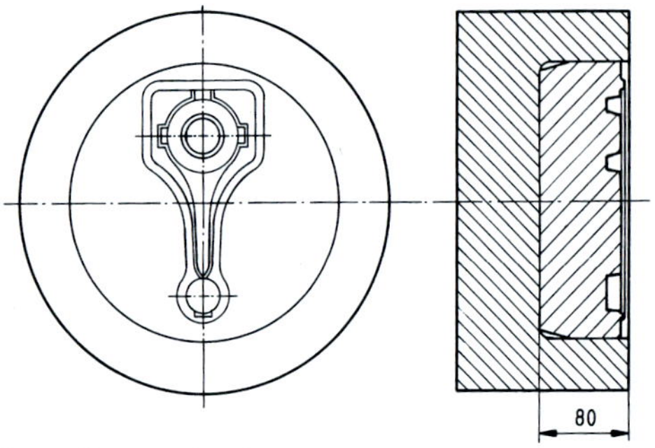

Lösungshilfen: aus Werkstoffblatt (Auszug aus Herstellerangaben)

Härtetemperatur 1020 °C bis 1050 °C
Abkühlen in Öl- oder Warmbad bei 500 bis 550 °C

Kontinuierliches Zeit-Temperatur-Umwandlungsschaubild

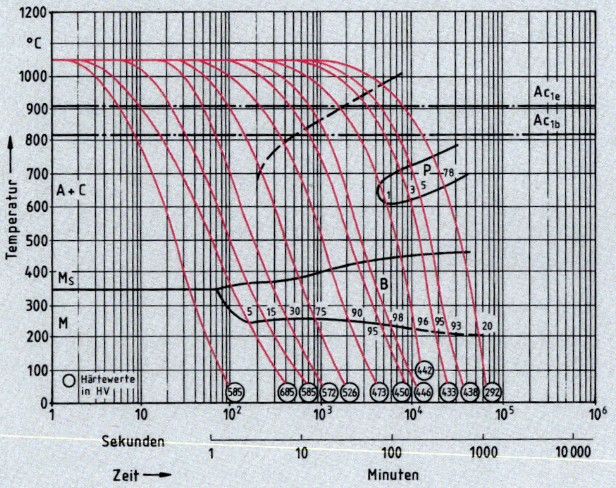

Anlassschaubild

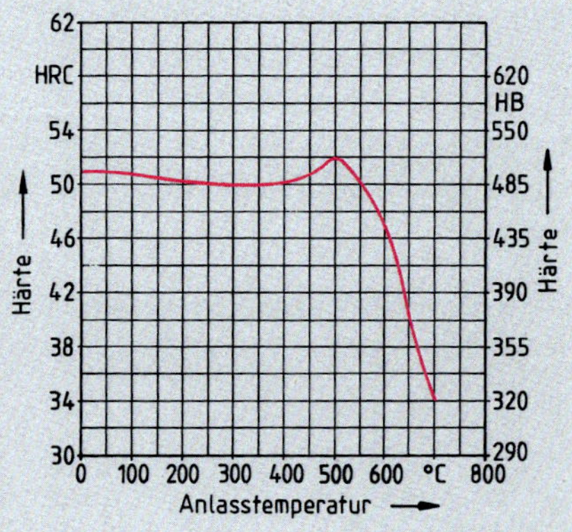

Lösung

Aufheizen:	1. Stufe: 400 °C ca. 40 min halten 2. Stufe: 650 °C ca. 40 min halten 3. Stufe: 900 °C ca. 80 min halten
Austenitisieren:	Austenitisierungstemperatur 1050 °C Durchwärmen $t = (^1/_2 \cdot 80 - 10)$ min = 30 min Halten etwa 20 min
Abkühlen:	Warmbad 550 °C anschließend bis 100 °C abkühlen und ca. 50 min bei Ausgleichstemperatur halten
1. Anlassen:	300 °C etwa 2 Stunden, Luftabkühlung
2. Anlassen:	300 °C etwa 2 Stunden, Luftabkühlung

1.2.4 Schnellarbeitsstähle

• Einteilung der Schnellarbeitsstähle

Schnellarbeitsstähle sind hoch legierte Werkzeugstähle, die besonders für spanende Werkzeuge, aber auch in der Stanz- und Umformtechnik verwendet werden.

Schnellarbeitsstähle haben hohe Verschleißfestigkeit und sind bis über 600 °C anlassbeständig. Da bei dieser hohen Temperatur Martensit nicht mehr beständig ist, werden als Härteträger feinkörnige Karbide von Cr, W, Mo und V eingesetzt. Der Karbidanteil liegt in Schnellarbeitsstählen nach der Wärmebehandlung bei etwa 20 %.

Karbide in einem Schnellarbeitsstahl (V = 1000)

Im Kurznamen von Schnellarbeitsstählen gibt man hinter dem Buchstaben HS die Prozentgehalte von W, Mo, V und Co in der vorliegenden Reihenfolge an. Die Prozentzahlen werden durch Bindestriche getrennt. Der Kohlenstoffgehalt liegt zwischen 0,8 und 1,5 %, der Chromgehalt bei etwa 4 %. Beide Elemente werden im Kurznamen nicht erwähnt.

Beispiele **für Schnellarbeitsstähle**

Kurzname W-Mo-V-Co	Werkstoffnummer	Zusammensetzung in %						Verwendung	Härte nach Anlassen in HRC
		C	Cr	W	Mo	V	Co		
HS 6 - 5 - 2 - 5	1.3243	0,92	4,15	6,35	4,95	1,85	4,75	Drehmeißel, Bohrer, Fräser, Stanz- und Umformwerkzeuge	64 bis 66
HS 12 - 1 - 4 - 5	1.3202	1,37	4,15	12,0	0,85	3,75	4,75	Drehmeißel, Bohrer, Fräser, Formteile für Formen für Kunststoffe	65 bis 67

• Wärmebehandlung der Schnellarbeitsstähle

Schnellarbeitsstähle werden vom Hersteller nach dem Gießen geschmiedet, um den Ledeburit zu zerstören und feine, kugelige Karbide zu erzeugen. Anschließend werden die Stähle weich geglüht und in diesem Zustand in den Handel gebracht.

Das weichgeglühte Material wird durch Spanen zu Zerspanungswerkzeugen oder Stanz- und Umformwerkzeugen verarbeitet.

Das Härten beginnt mit sehr vorsichtigem Aufheizen auf bis zu 1300 °C. Dabei lösen sich etwa die Hälfte der Karbide auf. Bei dieser Temperatur wird der Stahl gehalten. Temperatur und Haltezeit bedingen einander – ca. 15 K niedrigere Haltetemperatur bedeutet doppelt so lange Haltezeit, um die gleiche Karbidauflösung zu erreichen wie bei der höheren Temperatur.

Nach dem Abkühlen in Öl liegen Karbide (10 bis 15 % des Gefüges) in einer Grundmasse aus Martensit (60 bis 70 % des Gefüges) und Restaustenit (20 bis 30 % des Gefüges) vor. Je höher die Härtetemperatur, desto höher ist die Härte.

Beim anschließenden Anlassen scheiden sich bei Temperaturen um 500 °C Karbide der Legierungselemente aus. Die Härte steigt dadurch stark an.

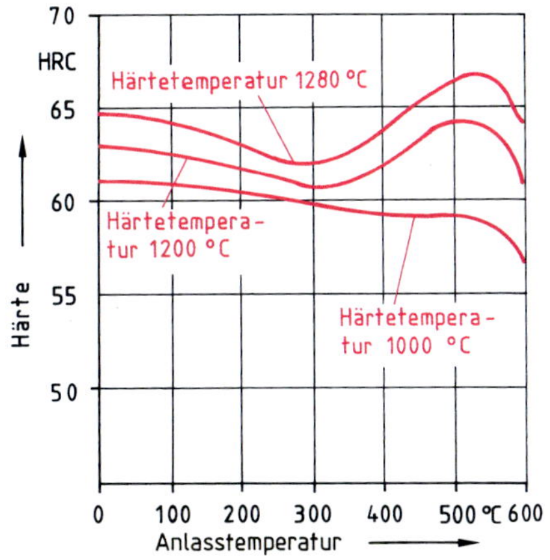

Einfluss der Anlasstemperatur auf die Härte

Zur Erreichung höchster Härte werden Schnellarbeitsstähle von möglichst hoher Temperatur ausgehärtet und anschließend bei etwa 500 °C angelassen.

WT

Übungsaufgaben WT-27; WT-28; WT-29

2 Nichteisenmetalle im Werkzeug- und Formenbau

2.1 Aluminiumlegierungen im Werkzeugbau

Im Werkzeugbau werden zunehmend hochfeste Aluminiumlegierungen für kleinere und mittlere Serien eingesetzt.

Die Vorteile des Aluminiums liegen bei der Werkzeugherstellung in

- *Gewichtsersparnis*
  Das Gewicht eines Aluminiumwerkzeuges ist ca. 50 % geringer als das eines Stahlwerkzeuges. Dieses erleichtert die Handhabung.
- *Zeitersparnis bei der mechanischen Bearbeitung:*
  beim Schrupperodieren ca. 90 %,
  beim Schlichterodieren ca. 70 %,
  beim mechanischen Polieren ca. 60 %,
  beim Fräsen ca. 70 %.
- *geringe Verzug- und Bruchgefahr*
  Gegenüber Stahl ist das Aluminium nahezu frei von Eigenspannungen lieferbar.

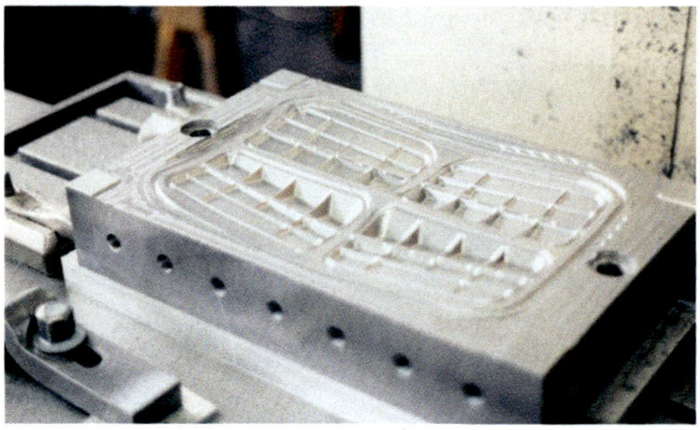

Schäumform

Beim Einsatz als Formwerkstoff wirkt sich in der Kunststoffverarbeitung die hohe Wärmeleitfähigkeit des Aluminiums in der Produktion sehr positiv aus, denn

- die Aufheizzeiten der Form werden kürzer,
- die Abkühlung der Werkstücke erfolgt gleichmäßiger, wodurch Spannungen und Verzug vermindert werden,
- die Abkühlungszeit in der Form sinkt, dadurch sind schnellere Fertigungszyklen möglich.

Nachteilig ist beim Einsatz von Aluminium die geringe Verschleißfestigkeit, die nur in Grenzen durch Beschichten verbessert werden kann. Einem Einsatz bei höheren Temperaturen steht die niedrige Schmelztemperatur des Aluminiums (660 °C) entgegen.

Im Formenbau hat das Aluminium folgende Vorteile:

- geringes Gewicht,
- leichte Bearbeitung,
- geringe Spannungen,
- hohe Wärmeleitfähigkeit.

Von Nachteil sind seine geringe Verschleiß- und Warmfestigkeit

- **Aluminiumlegierungen für Werkzeuge**

Als Aluminiumlegierung kommt im Werkzeug- und Formenbau fast ausschließlich die hochfeste, warmaushärtende Legierung EN AW-AlZnMgCu1,5 (Werkstoffnummer 3.4365) zum Einsatz.

Kurzname	Werkstoffnummer	Zusammensetzung	Zugfestigkeit N/mm²	Bruchdehnung %	Härte HB
EN AW-AlZnMgCu1,5	3.4365	5 bis 6 % Zn; 2 bis 3 % Mg; 1,2 bis 2 % Cu; 0,4 % Si	530	5	140

Die Legierung wird warmausgehärtet geliefert.
Die relativ geringe Verschleißfestigkeit der Aluminiumlegierung kann durch Beschichten oder Stoffeigenschaftändern der Oberfläche erheblich verbessert werden. Als Beschichtung wird vorwiegend Vernickeln gewählt.

Stoffeigenschaftändern der Oberfläche erfolgt durch Verstärken der Oxidschicht durch anodisches oxidieren. Die Schicht wächst dabei etwa zur Hälfte nach innen und außen. Dies muss bei der Fertigung berücksichtigt werden.

Für den Werkzeug- und Formenbau wird eine warmausgehärtete AlZnMgCu-Legierung verwendet. Durch Behandlung der Oberfläche kann eine harte und verschleißfeste Randschicht erzeugt werden.

Übungsaufgaben WT-30; WT-31; WT-32

- **Anwendung**

Stanzwerkzeuge

Schneidwerkzeuge – mit Ausnahme der Schneideinsätze, Stempel, Schrauben und Stifte – werden aus Aluminiumplatten hergestellt. Die Gewichtsersparnis gegenüber Stahl erleichtert nicht nur Herstellung und Einbau, sondern schont die Maschinen. Wegen der geringen zu bewegenden Masse können unter Umständen höhere Stückzahlen je Stunde erreicht werden.

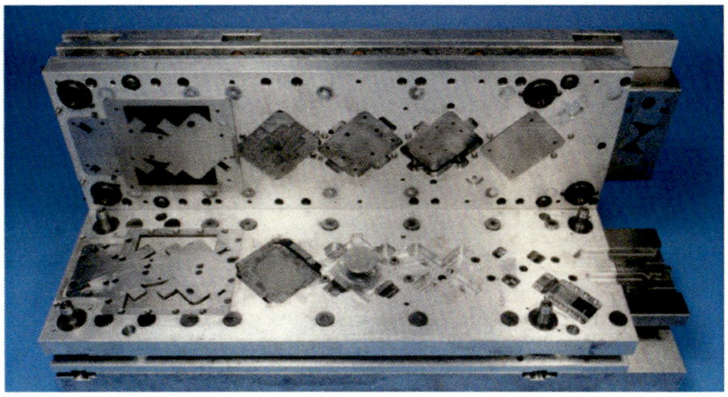

Folgeverbund-Stanzwerkzeug aus AlZnMgCu1,5 mit Stahleinsätzen

Spritzgießformen

Für Spritzgießformen, in denen nicht schleifend wirkende Werkstoffe gegossen werden, ist Aluminium ebenfalls gut geeignet. Schwieriger ist die Verarbeitung von Kunststoffen mit hohen Anteilen an Gesteinsmehl, Glasfasern oder anderen abrasiv wirkenen Stoffen. Durch entsprechende Oberflächenbehandlung sind auch hier größere Serien herstellbar.

Schäumformen

Für Schäumformen eignet sich Aluminium besonders gut, da hier keinerlei Abrieb zu erwarten ist. Es sind nahezu unbegrenzte Stückzahlen aus einer Form zu entnehmen.

2.2 Kupfer und Wolframkupfer im Werkzeugbau

Kupfer mit mindestens 99,9 % Cu und etwa bis 0,04 % Sauerstoff, das eine Mindestleitfähigkeit von 57 m/Ωmm^2 (Erodierkupfer ECu 57) besitzt, wird zur preiswerten und schnellen Herstellung von Elektroden verwendet. Normalienhersteller liefern dieses Material in Form verschiedenster Profile und Gewinde mit und ohne Spülkanäle.

Gesinterte Gemische aus Wolfram und Kupfer mit 70 bis 90 % Wolfram, werden als Wolframkupfer bezeichnet. Erodierelektroden aus diesem Werkstoff weisen hohe Maßbeständigkeit auf und zeigen niedrige Abnutzung im Gebrauch. Sie erlauben ferner hohe Abtragsraten. Wolframkupfer ist sehr gut mit Hartmetallwerkzeugen zu bearbeiten. Es neigt aber bei hohem Schnittdruck zum Ausbrechen. Darum muss bei der Elektrodenherstellung mit hoher Schnittgeschwindigkeit und geringem Vorschub gearbeitet werden, z. B. v_c = 100 m/min, f_{max} = 0,3 mm.

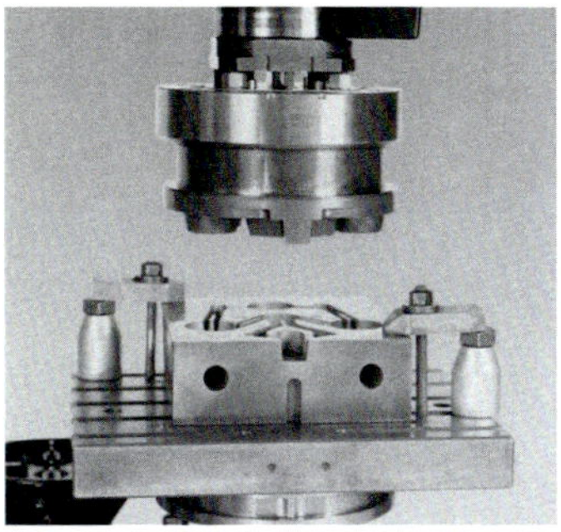

Erodierelektrode und Werkstück

Bei der Herstellung großer Elektroden wird nur die äußere Schicht aus Kupfer gefertigt, der Rest besteht aus unterschiedlichen Trägermaterialien. Durch Umformen werden z. B. Hohlkörper aus Kupferblech hergestellt, die die äußere Schicht der Elektrode bilden. Eine andere Möglichkeit zur Herstellung großer Elektroden ist das Galvanoformen. Dabei werden durch Galvanisieren Kupferschichten mit bestimmter Dicke auf einem Modell aus Kunststoff oder Metall erzeugt.

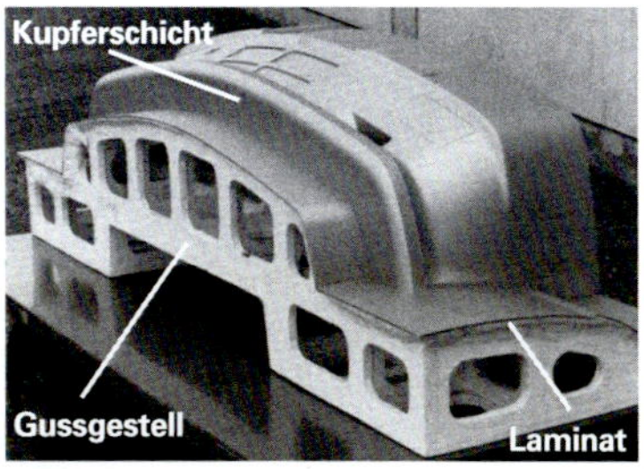

Galvanoformen

WT

3 Hartmetalle

Hartmetalle werden als Schneidenwerkstoffe von Zerspanungswerkzeugen eingesetzt.
In der Stanz- und Umformtechnik werden Stempel, Matrizen und stark verschleißbeanspruchte Teile von Werkzeugen aus Hartmetall gefertigt.

3.1 Aufbau von Hartmetallen

Die Ausgangsstoffe für die Hartmetalle sind chemische Verbindungen aus Metallen und Kohlenstoff. Diese Verbindungen bezeichnet man als **Metallkarbide.** Wolframkarbid (WC), Titankarbid (TiC), Borkarbid (B_4C) haben eine Härte, die um ein Vielfaches über der Härte von Stahl liegt. Gleichzeitig besitzen sie Schmelztemperaturen über 2000 °C.

Eigenschaften		**WC**	**TiC**	**TiN**
Dichte	g/cm³	15,7	4,93	5,21
Schmelzpunkt	°C	2776	3067	2950
Oxidationsbeständigkeit		mäßig	gut	sehr gut
Vickershärte	HV10	1800	3200	2450
Druckfestigkeit	N/mm²	400	300	
Biegebruchfestigkeit	Nmm²	550	350	

Nach der Zusammensetzung unterscheidet man zwei Gruppen von Hartmetallen:

- Hartmetalle, in denen vorwiegend Wolframkarbid der Härteträger und Kobalt das Bindemittel ist, werden als **Hartmetalle HW** gekennzeichnet.
- Hartmetalle, in denen die Härteträger Mischungen aus Karbiden und Nitriden von Tantal, Titan u. a. sind und ein Gemisch aus Nickel, Kobalt und Molybdän das Bindemittel ist, werden als **Hartmetalle HT** bezeichnet. Man nennt diese Hartmetalle auch **Cermets** (**cer**amics + **met**als).

Beschichtete Hartmetalle, gleich welcher Art, werden mit HC gekennzeichnet.

Hartmetalle **HW**:	Härteträger: WC	Bindemittel: Co
Hartmetalle **HT**: (Cermets)	Härteträger: Karbide und Nitride von Ta, Ti, W, Nb	Bindemittel: Ni, Co, Mo

Die *Herstellung von Formkörpern,* z. B. Platten, aus Hartmetallen geschieht durch Sintern. Dazu werden die Metallpulver mit den Karbidpulvern zunächst gemischt und durch Pressen, Aufschütten u. Ä. in eine Vorform – den Grünling – gebracht. Die Grünlinge werden anschließend bei 1300 °C bis 1600 °C bei erhöhtem Druck gesintert. Dabei nimmt das Volumen des Körpers erheblich ab und es entsteht ein fester Körper aus einem Gemenge von Karbiden, die durch Kobalt gebunden sind.

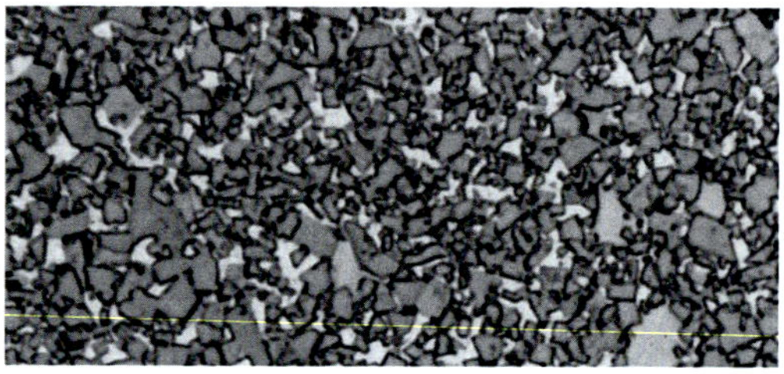

Hartmetall G20 mit Wolframkarbid und Kobalt als Binder, Vergrößerung 1500:1

Zur weiteren Verbesserung der Festigkeitseigenschaften werden Formkörper aus Hartmetall, die für den Werkzeugbau bestimmt sind, meist heißisostatisch verpresst (HIP-Prozess). Bei diesem Prozess wird das Hartmetall in Druckkammern nahe der Sintertemperatur erhitzt und gleichzeitig allseitig einem Gasdruck von 500 bis 1000 bar ausgesetzt. Dabei werden etwa vorhandene Poren restlos beseitigt. Als Folge steigt die Biegefestigkeit, sie kann bis zu 40 % durch das heißisostatische Nachverdichten verbessert werden.

Hartmetalle für die Stanz- und Umformtechnik bestehen vorwiegend aus Wolframkarbid mit Kobalt als Bindemittel.
Schritte des Herstellungsverfahrens sind:
Pulverherstellung → Formgebung → Sintern → heißisostatisches Nachverdichten.

Die Eigenschaften der verschiedenen Hartmetallsorten und die damit verbundenen Einsatzmöglichkeiten ergeben sich aus den unterschiedlichen Bindemittelanteilen (3 bis 30 %) und den unterschiedlichen Korngrößen der Karbide (1 bis 10 µm).
Höherer Kobaltgehalt bewirkt höhere Biegefestigkeit und Bruchzähigkeit, jedoch geringere Härte, Druckfestigkeit und höhere Wärmedehnung.
Größere Korngröße bewirkt ebenfalls höhere Biegefestigkeit und Bruchzähigkeit, senkt aber Härte und Druckfestigkeit.

Übungsaufgaben WT-37; WT-38

3.2 Anwendung von Hartmetallen HW in der Stanz- und Umformtechnik

Hartmetalle der Sorten P, M und K werden als Schneidstoffe von Zerspanungswerkzeugen eingesetzt.
In der Stanz- und Umformtechnik werden Stempel, Matrizen und stark verschleißbeanspruchte Teile von Werkzeugen aus Hartmetall der Sorten K und G gefertigt.
Werkzeuge aus Hartmetall sind wirtschaftlich, wenn hohe Stückzahlen und gleich bleibende Qualität der Produkte gefordert sind. Außerdem ist Hartmetalleinsatz zwingend notwendig, wenn

- außerordentlich hohe Schneid- und Umformkräfte zu erwarten sind,
- Werkstoffe mit starker Aufschweißneigung verarbeitet werden sollen,
- hohe Maßhaltigkeit der Teile gefordert wird.

Sorte	Korngröße des Wolfrakarbids	Verlauf der Eigenschaften innerhalb der Gruppe	Anwendung der Hartmetallgruppe
K10 bis K40	feinkörnig bis ca. 2 µm	↓ Steigender Co-Gehalt, steigende Biegefestigkeit, abnehmende Härte, höhere Wärmedehnung	Umformwerkzeuge zum Ziehen, Tiefziehen und Abstrecken von NE-Metallen und niedrig gekohlten Stählen
G15 G20 bis G60	mittlere Korngröße bis ca. 4 µm	↓ Steigender Co-Gehalt, steigende Biegefestigkeit, abnehmende Härte, höhere Wärmedehnung	Umformwerkzeuge zur Massivumformung höher gekohlter legierter Stähle Matrizeneinsätze für hoch belastete Werkzeuge Einsätze für Scherwerkzeuge nach HIP-Behandlung: hoch belastete Stempel für Blech- und Massivumformung

Die Auswahl des geeigneten Hartmetalles innerhalb der Sorten geschieht entsprechend der Beanspruchung und der Steifigkeit der für den Einsatz des Werkzeuges vorgesehenen Stanz- oder Umformmaschine.

Man kann etwa als Regeln ansetzen:

- Je dicker die Blechdicken und je höher die Festigkeit des zu verarbeitenden Werkstoffes, desto zäher muss das Hartmetall sein. Dies wird durch höhere Kobaltgehalte erreicht.
- Je biegesteifer die Maschine ist, desto härter und damit verschleißfester kann das verwendete Hartmetall sein. Das bedeutet hohe Anteile an Wolframkarbid und niedrige Kobaltgehalte.

Für Werkzeuge werden vorwiegend Hartmetalle der Sorten K und G eingesetzt, die sich in der Karbidkorngröße unterscheiden.
Höhere Beanspruchung durch den zu verarbeitenden Werkstoff und durch geringe Präzision der Maschine erfordern höhere Kobaltgehalte.

Für den Werkzeugbau werden Hartmetallplatten geliefert, die durch Funkenerosion zu Teilen von Werkzeugen verarbeitet werden. Diese Hartmetallplatten sind problemlos bis 30 mm Dicke zu bearbeiten. Bei größeren Dicken können innere Spannungen zu Rissbildungen führen. Ursache dafür ist die unterschiedlich starke Schwindung von Kobalt und Wolframkarbid bei der Sinterung, denn Kobalt und Wolframkarbid haben stark unterschiedliche Wärmeausdehnung.

Die Rissneigung kann vom Hersteller der Hartmetallplatten durch geeignete Korngrößenzusammenstellung und Doppelsinterung etwas vermindert werden. Am sichersten ist es für den Werkzeughersteller Hartmetallplatten mit **Ausnehmungen** nahe der späteren Endkontur herstellen zu lassen. Mindestens sollten aber an Stellen des Hartmetallwerkzeuges, die nicht konturgebend sind, *Entlastungsbohrungen* einerodiert werden.

Schneidplatte mit Ausnehmung

WT

4 Keramische Werkstoffe

Keramische Werkstoffe sind Sinterwerkstoffe. Die meisten technischen Keramiken sind Verbindungen von Metallen und Halbmetallen mit Sauerstoff, Kohlenstoff oder Stickstoff. Man unterscheidet demnach *oxidische* und *nicht oxidische* Keramiken. Die im Maschinenbau und in der Fertigungstechnik eingesetzten technischen Keramiken haben drei besondere Eigenschaften:

- Sie sind *nicht metallisch* und unterscheiden sich dadurch von Metallen.
- Sie sind *anorganisch* und unterscheiden sich dadurch von den Kunststoffen.
- Sie sind zu *mindestens 30 % kristallin* und unterscheiden sich so von den Gläsern.

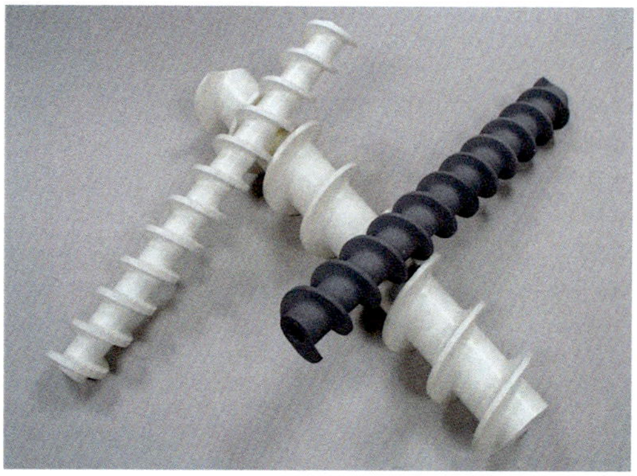

Extruderschnecken aus Keramik

Technische Keramiken sind Sinterwerkstoffe aus chemischen Verbindungen von Metallen mit Nichtmetallen. Sie sind nicht metallisch, anorganisch und mindestens teilweise kristallin.

Man unterscheidet Keramikan nach ihrem Anteil von Oxiden.

Technische Keramik

Oxidkeramik

Beispiele:
- reines Aluminiumoxid (Al_2O_3)
- Oxidgemisch aus Aluminiumoxid und Zirkonoxid ($Al_2O_3 + ZrO_2$)

Mischkeramik (Oxide + Nichtoxide)

Beispiele:
- Aluminiumoxid + Titancarbid ($Al_2O_3 + TiO_2$)
- Aluminiumoxid + Titancarbid + Titannitrid ($Al_2O_3 + TiC + TiN$)
- Wolframkarbid + Aluminiumoxid ($Al_2O_3 + WC$)

Nichtoxidkeramik

Beispiele:
- kubisches Bornitrid CBN
- Siliziumnitrid (Si_3N_4)
- polykristalliner Diamant PKD

Übersicht über Eigenschaften und Verwendung technischer Keramiken

Eigenschaften und Verwendung	Aluminiumoxid Al_2O_3	Zirkonoxid ZrO_2	Siliziumkarbid SiC	Siliziumnitrid Si_3N_4	kub. Bornitrid CBN	polykristalliner Diamant PKD
Biegefestigkeit in N/mm²	bis 350	bis 800	350 kalt gepresst 700 heiß gepresst	750 heiß gepresst	550	1100
Druckfestigkeit in N/mm²	bis 3 500	bis 2 000	1 200	3 000	–	–
Härte in HV	3 000	2 800	3 500	4 200	6000	7000
Ausdehnungskoeffizient in 1/K	0,000 008	0,000 011	0,000 004	0,000 003	0,000 004	0,000 001
obere Verwendungstemperatur in °C	1 700	2 300	1 400	1 400	ca. 1000	800
Verwendung im Maschinen- und Motorenbau und in der Fertigungstechnik	Armaturenteile Schneidplatten Ziehkonen Pumpenkolben	Ventilteile Lagerteile Ziehkonen	Gleitringe Lagerteile Wellenschutzhülsen	Turboladerrotoren Düsen Motorenteile	Schneidplatten	Beschichtungen von Schneidplatten

5 Beschichten von Werkzeugen

5.1 Beschichten mit nitridischen Hartstoffen auf Titanbasis

Schneid- und Umformwerkzeug sowie Formen werden häufig mit Titannitrid (TiN), Titancarbonitrid (TiCN) oder Titanaluminiumnitrid (TiAlN) beschichtet.

Diese Schichten haben folgende Eigenschaften:

- hohe Härte und damit geringe Verschleißneigung,
- geringe Reibung,
- gute Haftfestigkeit,
- hohe chemische Beständigkeit und
- geringe Klebeneigung

Schicht	TiN	TiCN	TiAlN
Farbe	gold	violett – dunkelgrau	anthrazit
Schichtdicke µm	1–5	1–5	1–5
Mikrohärte HV 0,05	2 300	3 000	3 000
Oxidationstemperatur °C	> 450	> 350	> 700

Die Schichten werden durch Abschneiden aus der Dampfphase nach dem PVD-Verfahren erzeugt (**P**hysical **V**apor **D**eposition) erzeugt. In PVD-Verfahren wird das Ausgangsmaterial für die Schichten mithilfe elektrischer Energie in die Dampfphase überführt und anschließend am zu beschichtenden Werkstück wieder kondensiert.

Beispiel für eine Beschichtungsanlage zum Beschichten mit Titannitrid

Das am meisten angewendete PVD-Verfahren für die Werkzeugbeschichtung ist das **Ionenplattieren.**

Zwischen Titankathoden und der Kammerwand brennt beim Ionenplattieren ein Lichtbogen. An der Kathode verdampft Titan und geht sogar in Ionenform über, sodass positiv geladene Titanionen entstehen. Diese werden in Richtung des Werkstückes beschleunigt. Sie reagieren mit dem in die Kammer eingelassenen Stickstoff zu Titannitrid, TiN, dringen in die Grenzschicht ein beziehungsweise schlagen sich als TiN auf der Randschicht nieder.

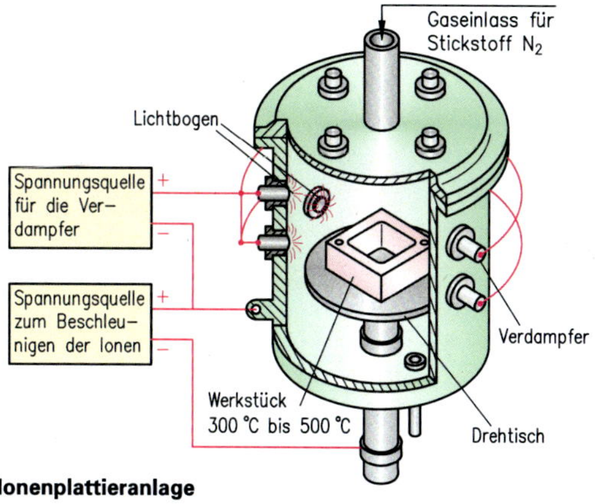

Ionenplattieranlage

5.2 Beschichten mit Kobaltlegierungen

Werkzeuge und Gesenke zum Warmumformen werden häufig durch Auftragsschweißen oder Metallspritzen mit Kobaltlegierungen beschichtet. Zum Beschichten besonders geeignete Kobaltlegierungen sind unter dem Handelsnamen **Stellite®** bekannt. Sie zeichnen sich durch folgende Eigenschaften aus:

- hoch hitzebeständig,
- härtebeständig bis ca. 815 °C,
- temperaturwechselbeständig,
- abriebfest,
- schlagfest,
- gut bearbeitbar und polierbar.

Schmiedegesenk an Verschleißkanten auftraggeschweißt

WT

Übungsaufgaben WT-47 bis WT-52

Beispiele für eine Kobaltlegierung zum Beschichten von Gesenken

Handelsbezeichnung	Härte in HRC	Lieferform	Zusammensetzung in %					
			C	Cr	Mn	Fe	W	Co
Stellite 6	40	Stäbe (blank) Elektroden, Draht Pulver, Röhrchen	1,1 bis 1,4	27 bis 28	1,5 bis 2	3 bis 5	4 bis 5	Rest

Kobaltlegierungen werden wegen ihrer hohen Beständigkeit bei hohen Temperaturen und ihrer Schlagfestigkeit besonders zum Beschichten von Werkzeugen und Gesenken zum Warmumformen eingesetzt.

Der Auftrag der Beschichtung kann durch verschiedene Verfahren erfolgen. Häufig werden WIG-Auftragsschweißen und das Plasma-Lichtbogen-Auftragsschweißen eingesetzt.

WIG-Auftragsschweißen (WIG = **W**olfram-**I**nert-**G**as) ist ein Schutzgasschweißverfahren. Zwischen einer Wolframelektrode und dem Werkstück wird ein Lichtbogen erzeugt. In diesem Lichtbogen wird der von Hand zugeführte Schweißzusatzwerkstoff angeschmolzen. Ein Schutzgasmantel aus Argon schützt die Schmelze vor der Oxidation.

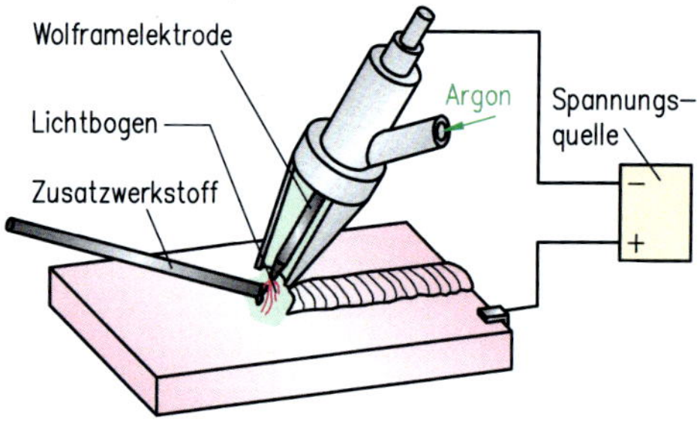

WIG-Auftragsschweißen

5.3 Beschichten mit Wolframkarbid

Werkzeuge und Formen können an stark verschleißbeanspruchten Stellen auch mit Wolframkarbid beschichtet werden. Dickere Schichten werden durch **Plasmapulverspritzen** aufgetragen. Das Wolframkarbid wird als Pulver in einen Plasmalichtbogen eingeblasen. Dort schmilzt es bei Temperaturen über 10 000 °C auf und wird vom Trägergas beschleunigt. Es trifft dann mit hoher Geschwindigkeit auf das zu beschichtende Werkstück auf und verschweißt mit ihm. Der Vorteil des Metallspritzens gegenüber Auftragsschweißen liegt darin, dass dem Grundwerkstoff nur geringe Wärmemengen zugeführt werden. Somit wird ein starkes Erhitzen vermieden, sodass nur geringer Verzug eintritt. Gefügeumwandlungen des Grundwerkstoffes, die auf Erhitzen zurückzuführen sind, unterbleiben weitgehend.

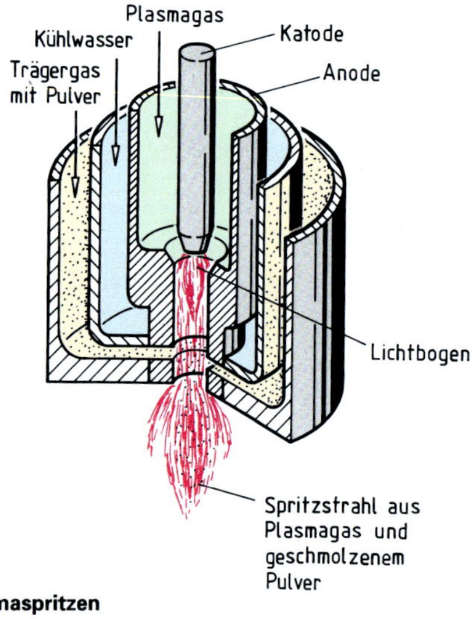

Plasmaspritzen

Dicke Schichten Wolframkarbid können durch Plasmaspritzen aufgetragen werden. Beim Plasmaspritzen wird Wolframkarbidpulver im Plasmastrahl aufgeschmolzen, durch Trägergas gegen die vorbereitete Oberfläche geschleudert und verschweißt mit ihr.

Übungsaufgaben WT-53; WT-54; WT-55

6 Stoffeigenschaftändern der Randschicht

6.1 Einsatzhärten

• Übersicht über den Verfahrensablauf

Zur Erzeugung einer harten und verschleißfesten Randschicht werden Einsatzstähle zunächst durch Einbringen von Kohlenstoff in die Randschicht aufgekohlt (eingesetzt) und danach abschreckgehärtet.

Beispiel für Verfahrensablauf und Gefüge beim Einsatzhärten

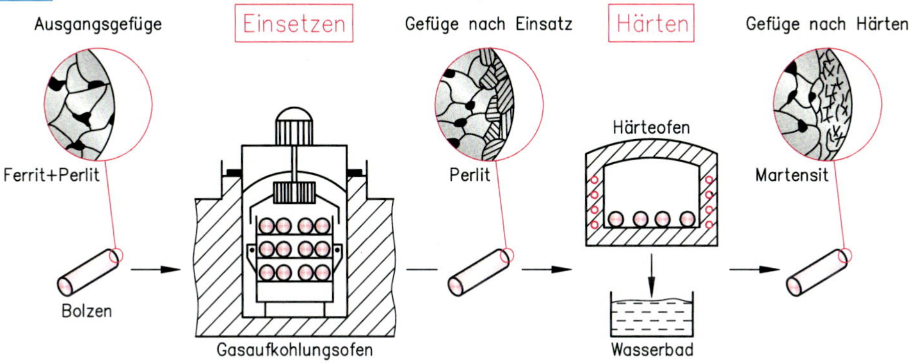

• Werkstoffe zum Einsatzhärten für den Werkzeug- und Formenbau

Im Werkzeug- und Formenbau werden Einsatzstähle hauptsächlich für Formplatten und Formeinsätze für Spritzgießwerkzeuge sowie für Führungssäulen verwendet.
Einsatzstähle sind wegen des geringen Kohlenstoffgehaltes gut umformbar und eignen sich deshalb besonders zur Formenherstellung durch Kalteinsenken.

Beispiele für Einsatzstähle im Werkzeug- und Formenbau

Kurzname	Werkstoffnummer	Zusammensetzung	Eigenschaften	Verwendung
21 MnCr 5	1.2162	0,21 % C 1,3 % Mn 1,2 % Cr	gut polierbar kalteinsenkbar	hochglanzpolierte Kunststoffformen Führungssäulen
X 6 CrMo 4	1.2341	0,06 % C 3,8 % Cr 0,5 % Mo	sehr gut polierbar sehr gut kalteinsenkbar	Kunststoffformen mit kalteingesenkter Gravur
X 19 NiCrMo 4	1.2764	0,19 % C 1,3 % Cr 4,1 % Ni	hohe Festigkeit im Kern gut polierbar	hoch beanspruchte Kunststoffformen

Einsatzstähle werden vorwiegend für Kunststoffformen verwendet. Die Formherstellung kann bei Stählen mit geringer Festigkeit des Kernes durch Kalteinsenken erfolgen.

• Aufkohlen (Einsetzen)

Gas-Aufkohlen geschieht in einer Gasatmosphäre, die Kohlenmonoxid, Kohlendioxid, Kohlenwasserstoffe (Methan, Propan) u. a. enthält. Durch entsprechende Einstellung von Temperatur und Gaszusammensetzung laufen an der Werkstückoberfläche chemische Reaktionen ab, in denen Kohlenstoff frei wird, der in die Randschicht eindiffundiert. Je nach Einstellung ist ein genau vorherbestimmter Kohlenstoffgehalt in der Randschicht zu erreichen.

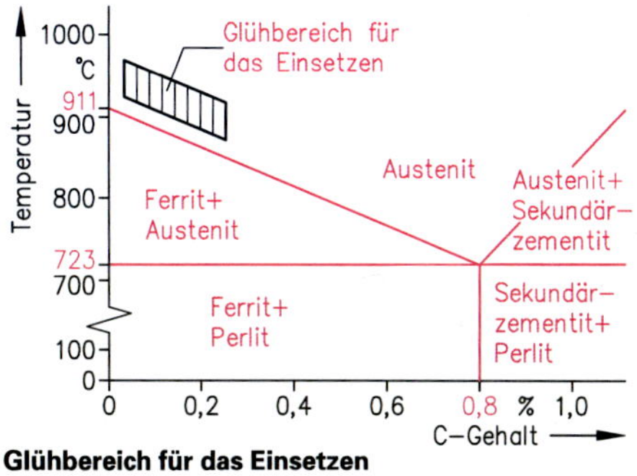

Glühbereich für das Einsetzen

WT

Nach dem Einsetzen werden die Werkzeugteile und Formen nicht direkt abschreckgehärtet. Wegen der Verzuggefahr wird möglichst im Warmbad bei ca. 200 °C abgekühlt, um Spannungen und Verzug niedrig zu halten. Anschließend erfolgt Zwischenglühung bei 620 bis 650 °C ca. 3 Stunden lang, um ein gleichmäßiges Gefüge zu erhalten.

- **Härten nach dem Einsetzen**

Das Härten von Werkzeugen und Formen geschieht nach erneutem vorsichtigem Aufheizen in den Austenitbereich für die Randschicht. Als Abschreckmittel wird Öl oder besser das Warmbad mit ca. 200 °C verwendet.

Für den X 19 NiCrMo 4 genügt zur Härtung eine Abkühlung an der Luft.

Härten nach dem Einsatz geschieht nach Aufheizen in den Austenitbereich für die Randschicht. Das anschließende Abschrecken erfolgt im Warmbad oder Öl.

Beispiel **für den Ablauf von Einsatzhärtungen**

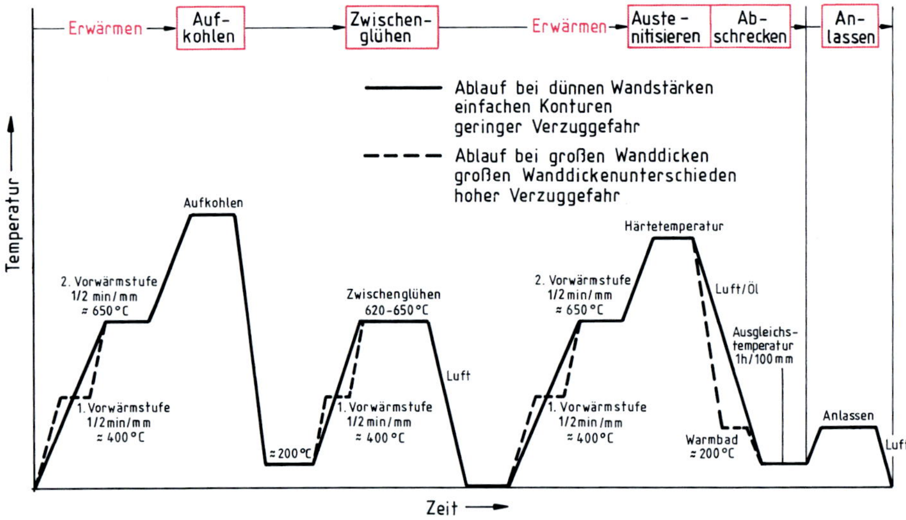

6.2 Nitrieren

Beim Nitrieren wird durch Einbringen von Stickstoff in die Randschicht eine harte verschleißfeste Schicht aus Nitriden der Legierungselemente (Al; Cr; V; Mo) des Eisens gebildet.

Im Werkzeugbau wird das Nitrieren zum Beschichten von Stanzwerkzeugen, Spritzgusswerkzeugen, Extruderschnecken u. a. eingesetzt. Von der Werkstoffseite her stellt das Verfahren keine besonderen Ansprüche. Alle Werkzeugstähle sind wegen ihres hohen Chromgehaltes gut nitrierbar.

Nitrieren geschieht in der Gasatmosphäre, im Plasma oder im Salzbad.

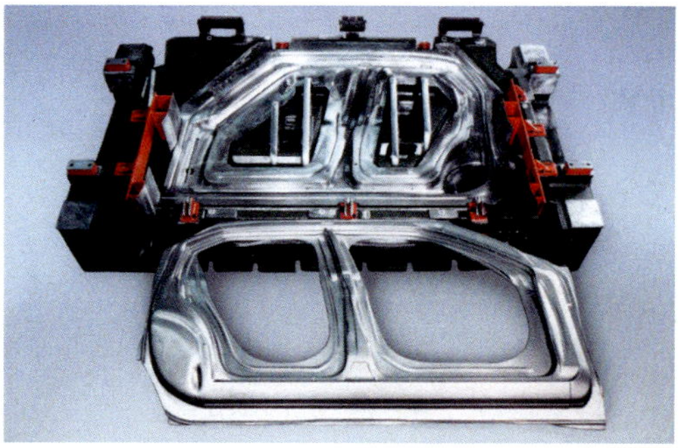

Nitriertes Ziehwerkzeug für eine Pkw-Türrahmen

Gegenüber dem Einsetzen hat das Nitrierhärten folgende Vorteile:

- Alle Werkzeugstähle sind nitrierbar.
- Nitrieren erfolgt bei ca. 500 °C, deshalb ist Vergüten vor dem Nitrieren möglich.
- Nitrieren erfolgt ohne Sauerstoff, deshalb keine Zunderbildung.
- Nitrieren erfolgt ohne abzuschrecken, deshalb kein Verzug.

- **Gasnitrieren**

Beim Gasnitrieren werden die Werkstücke in einer Ammoniakatmosphäre auf 500 bis 550 °C erhitzt. Das Ammoniak (NH_3) zerfällt am Werkstoff in Wasserstoff- und Stickstoffatome. Diese Stickstoffatome dringen in die Randschicht und verbinden sich dort mit den Eisenbegleitern zu sehr harten Nitriden (z. B. CrN, VN). Die Behandlungsdauer beträgt mehrere Tage. Dabei werden Nitriertiefen von etwa 0,5 mm erzielt.
Werden die Werkstücke vor dem Nitrieren vergütet, dann sollte die Vergütungstemperatur 50 K über der Nitriertemperatur liegen.

Beispiele für die Härte und Nitriertiefe gasnitrierter Werkzeugstähle

Kurzname	Werkstoff-nummer	Außenhärte in HV	Kernhärte in HV	Nitrierhärtetiefe in mm
X 40 CrMoV 5-1	1.2344	950–1100	400–500	0,35–0,45
56 NiCrMoV 7	1.2714	550– 690	330–430	0,4 – 0,6
X 210 Cr 12-1	1.2080	700– 900	440–540	0,2 – 0,3
X 165 CrMoV 12-1	1.2601	900–1050	450–550	0,15–0,25

Gasnitrieren geschieht in einer Ammoniakatmosphäre bei ca. 550 °C.
In der Randschicht entstehen harte Nitride der Legierungselemente des Stahles.

- **Plasma-Nitrieren**

Beim Plasma-Nitrieren wird das Werkstück in einem stickstoffhaltigen Teilvakuum von 1 bis 10 mbar bei 420 bis 500 °C nitriert. Das Werkstück bildet die Kathode, die Behälterwand die Anode. Nach Anlegen einer Spannung von 600 bis 1 000 V entsteht eine Glimmentladung. Dabei werden Stickstoffionen mit hoher kinetischer Energie auf das Werkstück geschleudert und erwärmen es. Eisenatome der Randschicht bilden in der Entladezone chemische Verbindungen mit dem Stickstoff. Es entstehen Eisennitride. Alle Werkzeugstähle eignen sich zum Plasma-Nitrieren.

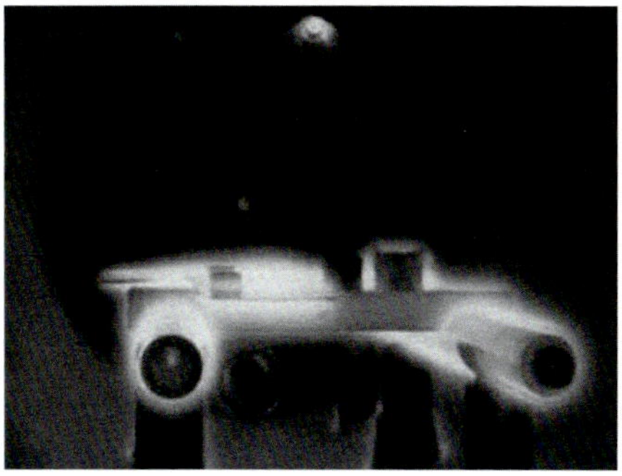

Blick in die Vakuumkammer während der Plasmabehandlung

Beim Plasma-Nitrieren wird durch Glimmentladung im Teilvakuum Stickstoff in die Randschicht eingebracht.

- **Nitrieren mit anschließendem Oxidieren**

Zur Verbesserung der Verschleißbeständigkeit und der Korrosionsbeständigkeit wird häufig an das Nitrieren ein Oxidieren angeschlossen. Dabei wird durch den Zerfall einzelner Eisennitride und anschließende Oxidation des freigewordenen Eisens eine dünne, chemisch hoch beständige Fe_3O_4-Schicht (Fe_3O_3 = Magnetit) erzeugt, die auch evtl. vorhandene Poren schließt. Darum ist das Nitrieren mit anschließendem Oxidieren besonders für Bauteile, die durch Chlor und Chlorverbindungen beansprucht werden, zu empfehlen.
Die so erzeugte Oxidschicht hat ein schwarzes oder anthrazitfarbenes Aussehen.

WT

Übungsaufgaben WT-58; WT-59

7 Kunststoffe

7.1 Aufbau, Eigenschaften und Einteilung der Kunststoffe

Kunststoffe sind sehr vielfältig in ihrem Aufbau und ihren Eigenschaften. Darum können diese Werkstoffe unter verschiedensten Gesichtspunkten gegliedert werden, z. B. nach

- dem *Molekülaufbau,*
- der *Struktur* und dem *thermischen Verhalten,*
- der *Art der Erzeugung.*

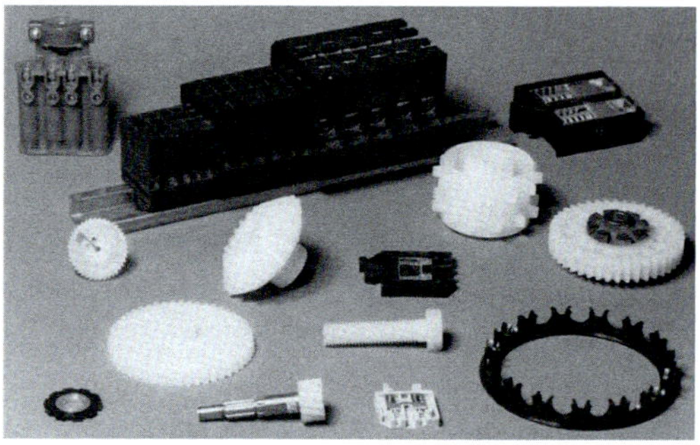

Werkstücke aus Kunststoffen

• Einteilung nach dem Molekülaufbau

Kunststoffe bestehen aus sehr großen Molekülen, von denen jedes aus vielen tausend Atomen gebildet wird. Man nennt diese großen Moleküle **Makromoleküle.** Die Makromoleküle haben die Form von langen Ketten, die auch verzweigt sein können.

Das Grundgerüst der Makromoleküle, die Kette, wird bei den Kunststoffen auf Kohlenstoffbasis durch Kohlenstoffatome gebildet.

Bei Kunststoffen auf Siliziumbasis, den Silikonen, bilden Silizium- und Sauerstoffatome das Grundgerüst der Makromoleküle.

Beispiele **für den unterschiedlichen Molekülaufbau von Kunststoffen**

Kunststoff auf Kohlenstoffbasis:
Polyvinchlorid (PVC)

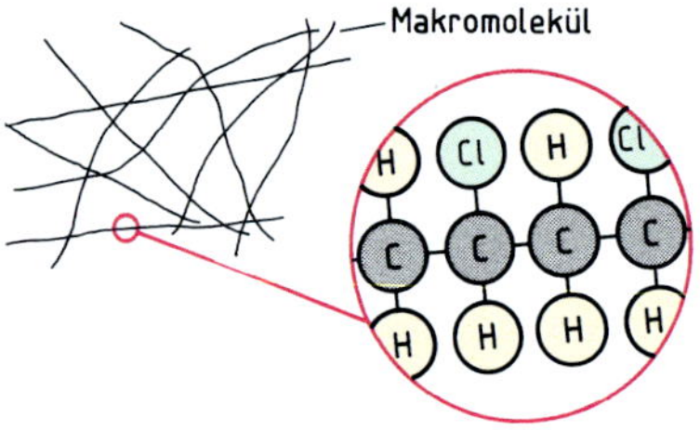

Kunststoff auf Siliziumbasis:
Silikonkautschuk

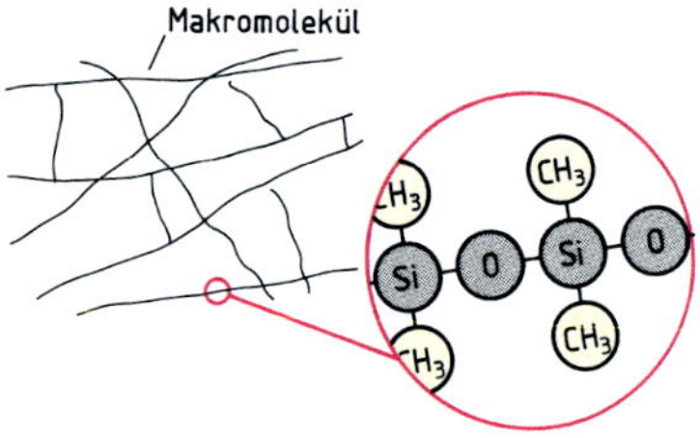

• Einteilung nach der Struktur und dem thermischen Verhalten

Die fadenförmigen Makromoleküle eines Kunststoffes können unvernetzt oder vernetzt sein. Dies bestimmt entscheidend das Verhalten eines Kunststoffes beim Erwärmen.

Unvernetzte Makromoleküle

In unvernetzen Kunststoffen liegen die Makromolküle miteinander *verknäult* vor. Bei Erwärmen sind die Makromoleküle sehr leicht gegeneinander verschiebbar. Darum sind Kunststoffe mit unvernetzten Makromolekülen in der Wärme schmelzbar und plastisch formbar. Sie werden als **Thermoplaste** bezeichnet (z. B. PVC).

Unvernetzte Makromoleküle können sowohl völlig ungeordnet verknäult sein als auch in Teilbereichen parallel geordnet vorliegen. Sind die Makromoleküle ungeordnet, so spricht man von einem **amorphen** Kunststoff. Sind die Makromoleküle in Teilbereichen parallel geordnet, so nennt man den Kunststoff **teilkristallin.** Teilkristalline Kunststoffe erzeugt man durch besonders langsame Abkühlung oder durch Strecken des Kunststoffes.

In amorphen Kunststoffen sind die Makromoleküle räumlich ungeordnet verknäult.
In teilkristallinen Kunststoffen sind die Makromoleküle in Teilbereichen parallel geordnet.

 Übungsaufgabe WT-60

Hinweise	amorphe Thermoplaste	teilkristalline Thermoplaste
Struktur	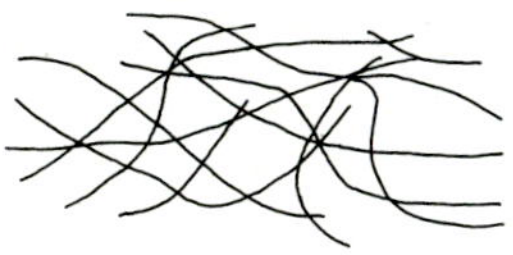	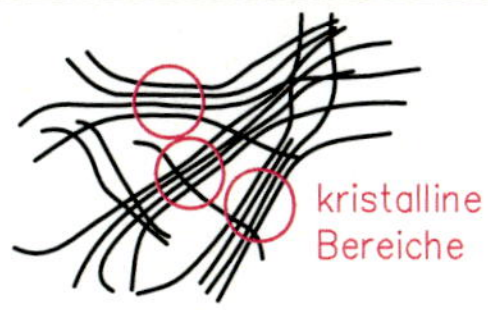
Zustand in Abhängigkeit von der Temperatur	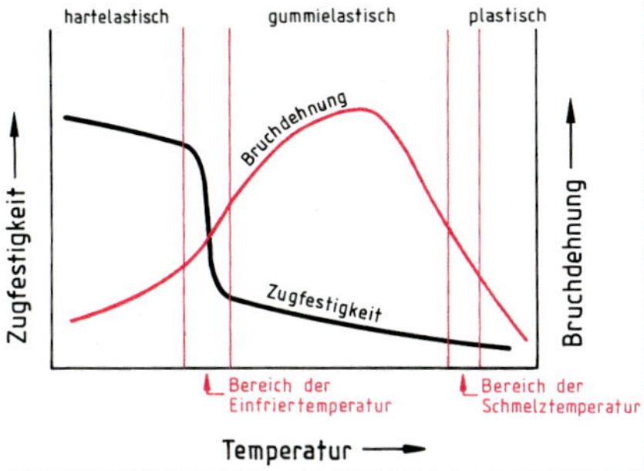	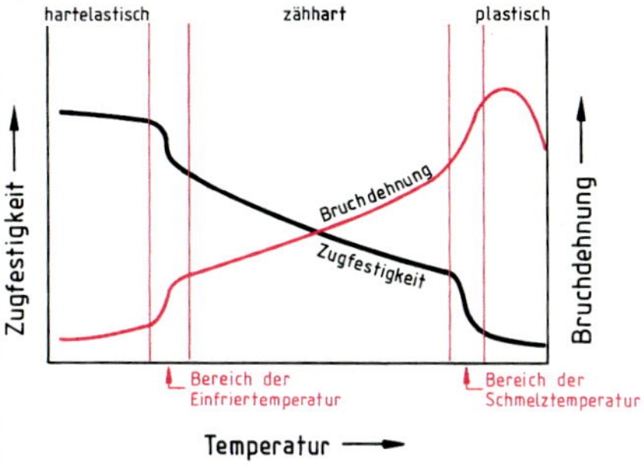
Eigenschaften	– transparent (außer PS-Mischpolymerisaten) – besser klebbar mit Lösungsmittelklebern – starkes Absinken der Festigkeit im Bereich der Einfriertemperatur – Gebrauchstemperatur bis etwa zur Einfriertemperatur – hohe elastische Komprimierbarkeit in der gummielastischen Phase, darum Absenken des Nachdrucks beim Spritzgießen – geringe Werkzeugtemperatur beim Spritzgießen	– milchig (opak) wegen Lichtstreuung an kristallinen Bereichen – beständiger gegen Reibverschleiß und gegen Lösungsmittel – geringes Absinken der Festigkeit im Bereich der Einfriertemperatur, weil nur die amorphen Bereiche „gummielastisch" werden – Gebrauchstemperatur bis dicht vor Schmelztemperatur – höhere Gesamtschwindung, besonders, wenn das Werkstück in der Form nicht voll auskristallisiert ist – höhere Werkzeugtemperatur beim Spritzgießen

Vernetzte Makromoleküle

In vernetzten Kunststoffen bilden die Makromoleküle infolge chemischer Verknüpfung ein mehr oder weniger dichtes, *räumliches Netzwerk.* Die Makromoleküle können auch beim Erwärmen nicht mehr gegeneinander verschoben werden. Darum sind Kunststoffe mit vernetzten Makromolekülen auch nach Erwärmen nicht mehr umformbar.

Weitmaschig vernetzte Makromoleküle bilden ein elastisches Netzwerk. Sie verhalten sich gummielastisch und werden deshalb als **Elastomere** bezeichnet.

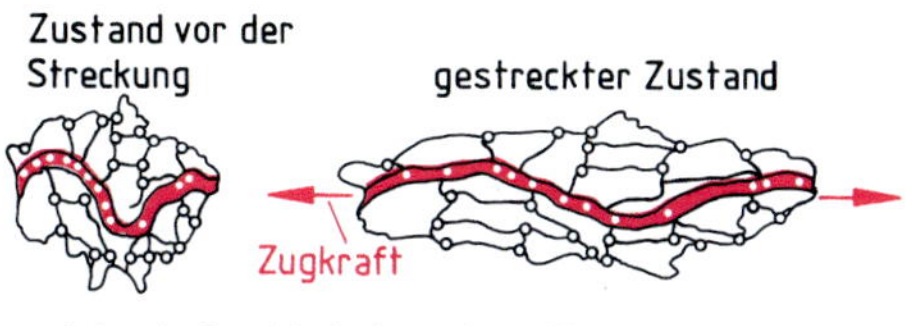

Gummielastisches Verhalten eines Elastomer

Kunststoffe, in denen die Makromoleküle ein engmaschiges, räumliches Netzwerk bilden, sind hart, fest und wenig elastisch. Diese Kunststoffe bezeichnet man als **Duroplaste** oder **Duromere**.

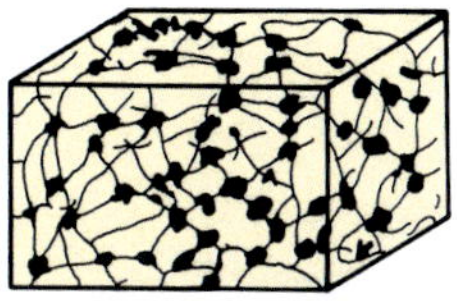

Räumlich stark vernetzte Makromoleküle

> Weitmaschig vernetzte Makromoleküle führen zu gummielastischen Kunststoffen, zu Elastomeren.
> Engmaschig vernetzte Makromoleküle ergeben harte und feste Kunststoffe, die Duroplaste.

Übungsaufgaben WT-61 bis WT-64

- **Einteilung nach der Art der Erzeugung**

Erzeugt werden die Makromoleküle der Kunststoffe vollsynthetisch durch Verbinden kleiner Moleküle von chemisch erzeugten Stoffen. Die Verfahren, nach denen die kleinen Ausgangsmoleküle zu Makromolekülen verknüpft werden, geben den so erzeugten Kunststoffgruppen ihre Bezeichnung:

- Erzeugung durch Polymerisation liefert **Polymerisate.**
- Erzeugung durch Polykondensation liefert **Polykondensate.**
- Erzeugung durch Polyaddition liefert **Polyaddukte.**

7.2 Kunststoffe durch Polymerisation

7.2.1 Polymerisationsvorgang

Bei der Polymerisation werden kleine Moleküle, welche zwischen zwei Kohlenstoffatomen eine Doppelbindung enthalten, zu Makromolekülen verbunden.

Die Ausgangsmoleküle nennt man die **Monomeren** – die durch Polymerisation daraus entstehenden Makromoleküle bezeichnet man als die **Polymeren.**

Bei der Polymerisation wird die Doppelbindung in den Monomeren aufgespalten, und die einzelnen Monomere verbinden sich zu kettenförmigen Polymeren. Je nach Art der Monomere entstehen durch die Polymerisation Kunststoffe mit unterschiedlichen Eigenschaften.

Beispiel für eine Polymerisation

Ausgangsmoleküle,
(Monomere)

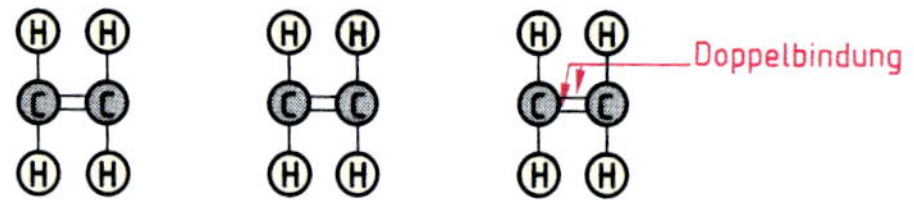

Ausgangsmoleküle nach Aufspaltung der Doppelbindung (aktivierte Monomere)

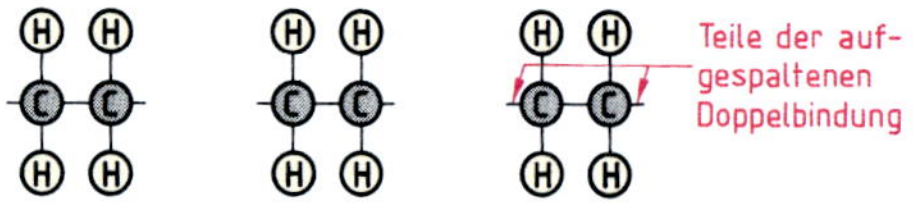

Verknüpfung der aktivierten Ausgangsmoleküle zu Makromolekülen
(Polymer)

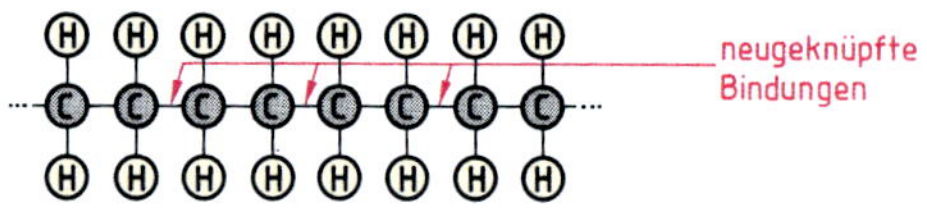

Kleine Ausgangsmoleküle mit Doppelbindung zwischen C-Atomen werden durch Polymerisation zu Makromolekülen verbunden.

7.2.2 Polymerisate

- Polyethylen (PE)

Monomer (Ethylen)

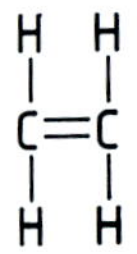

aktiviertes Monomer

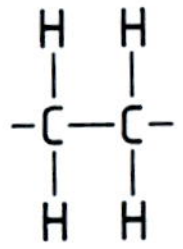

Polymer (Polyethylen) (PE)

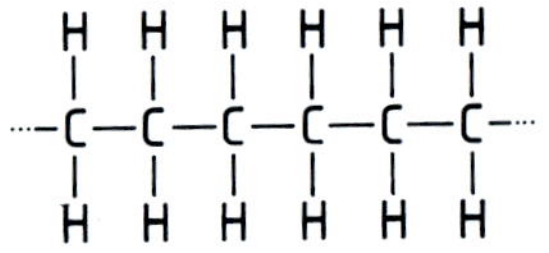

Polyethylen ist ein thermoplastischer Kunststoff, der mit unterschiedlichen Dichten erzeugt wird. Polyethylen niedriger Dichte (ϱ ca. 0,915 g/cm^3) wird durch das Kurzzeichen **PE-LD** gekennzeichnet. Dieser Werkstoff wird hauptsächlich zu Folen verarbeitet.

Polyethylen hoher Dichte (ϱ ca. 0,96 g/cm^3) wird durch das Kurzzeichen **PE-HD** gekennzeichnet. Es wird zu Bauteilen und Behältern verarbeitet, da es höhere Festigkeit, Härte und Formbeständigkeit bei Erwärmen aufweist als Polyethylen niederer Dichte.

Mechanische und thermische Eigenschaften

Eigenschaft	PE-LD	PE-HD
Zugfestigkeit in N/mm^2	10 bis 20	20 bis 30
Reißdehnung in %	50 bis 500	100 bis 800
Dichte in g/cm^3	ca. 0,915	ca. 0,96
Wärmeausdehnungskoeffizient in 1/K	0,0002	0,0001

Chemische Eigenschaften

Polyethylen ist beständig gegen Säuren, Laugen und Lösungsmittel. Kraft- und Schmierstoffe können einige PE-Sorten besonders bei Temperaturen über 50 °C zum Anquellen bringen.

Besondere Verarbeitungshinweise:

Polyethylen ist nicht klebbar.

Verwendung im Maschinenbau:

Laufräder, Laufrollen, Behälter, Führungen.

Handelsnamen (Beispiele):

Holstalen®, Vestolen®, Lupolen®.

Bauteile aus PE

- **Polypropylen (PP)**

Monomer

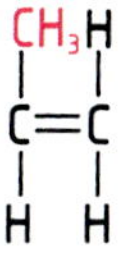

Propylen

aktiviertes Monomer

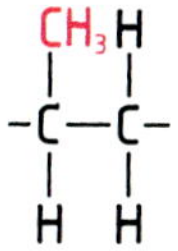

Polymer

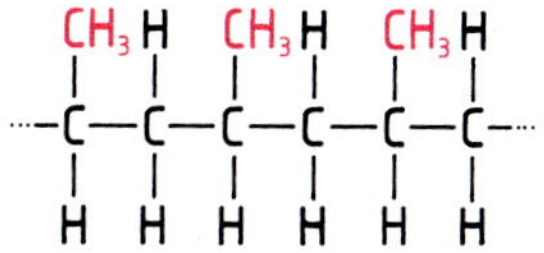

Polypropylen (PP)

Polypropylen ist ein thermoplastischer, teilkristalliner Kunststoff. Seine Eigenschaften entsprechen denen hochfester Polyethylensorten oder sind diesen noch teilweise überlegen. Durch Faserverstärkung können die mechanischen Eigenschaften und die Formbeständigkeit von Polypropylen erhöht werden.

Mechanische und thermische Eigenschaften

Zugfestigkeit	in N/mm^2	21 bis 35
Reißdehnung	in %	20 bis 100
Dichte	in g/cm^3	ca. 0,9
Wärmeausdehnungskoeffizient	in 1/K	0,0001

Chemische Eigenschaften

Polypropylen ist beständig gegen Säuren, Laugen und Lösungsmittel.

Besondere Verarbeitungshinweise:

Polypropylen ist nicht klebbar.

Verwendung mit Maschinenbau:

Laufräder, Laufrollen, Behälter, Rohrleitungen, Ventile.

Handelsnamen (Beispiele):

Holstalen®, Vestolen®, Novolen®.

Sicherheitsgasventile aus PP

- **Polyvinylchlorid (PVC)**

Monomer

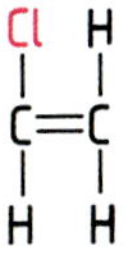

Vinylchlorid

aktiviertes Monomer

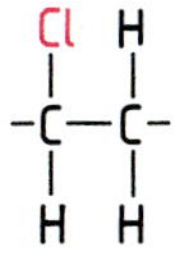

Polymer

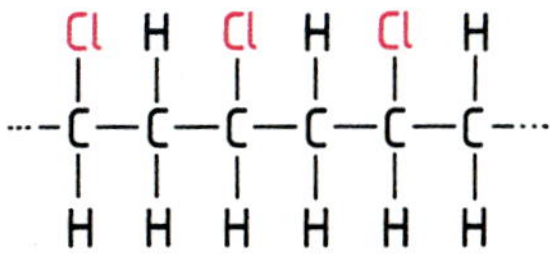

Polyvinylchlorid (PVC)

Polyvinylchlorid ist ein thermoplastischer Kunststoff, der als Hart- oder Weich-PVC eingesetzt wird. Für industrielle Zwecke verwendet man meist Hart-PVC, das nur aus dem Polymer des Vinylchlorids besteht. Im Bauwesen, für Haushaltsgegenstände, Spielwaren und Folien verwendet man Weich-PVC. Die Weichmachung des PVC kann auf zwei Arten erfolgen. Entweder werden die Moleküle des PVC durch eingelagerte Moleküle eines Weichmachers auf Abstand gebracht, oder es werden andere Monomere in die Makromoleküle des PVC eingebaut.

Mechanische und thermische Eigenschaften von Hart-PVC

Zugfestigkeit	in N/mm^2	50 bis 60
Reißdehnung	in %	1 bis 3
Dichte	in g/cm^3	1,38
Wärmeausdehnungskoeffizient	in 1/K	0,00007

Chemische Eigenschaften:
Polyvinylchlorid ist beständig gegen Säuren, Laugen und Öle, aber unbeständig gegen viele organische Lösungsmittel.

Verwendung im Maschinenbau:
Rohre, Profile, Verkleidungen, Schläuche.

Handelsnamen (Beispiele):
Vinnolit®, Vestolit®, Vinoflex®.

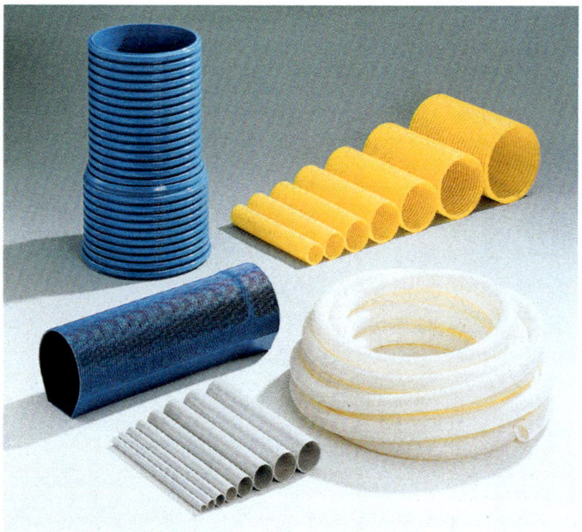

Rohre und Schläuche aus PVC

- **Polytetrafluorethylen (PTFE)**

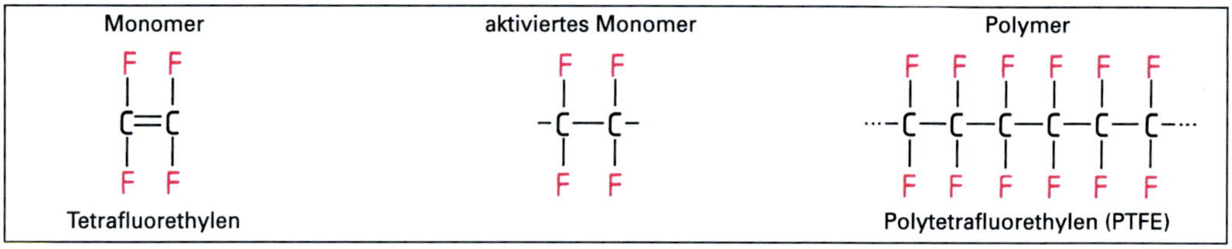

Polytetrafluorethylen ist ein teilkristalliner Kunststoff mit sehr großen Moleküllängen. Deshalb ist er schwer in der Wärme umzuformen. Formteile werden darum aus diesem Kunststoff vorwiegend durch Drucksintern hergestellt.

Mechaniche und thermische Eigenschaften:
PTFE ist bis etwa 450 °C temperaturbeständig.
PTFE führt auf Gleitflächen in Kombination mit anderen Werkstoffen zu sehr niedrigen Reibungsverlusten.

Chemische Eigenschaften:
PTFE ist gegen Säuren, Laugen und Lösungsmittel beständig.

Verwendung im Maschinenbau:
Dichtungen, Gleitbeschichtungen, wartungsfreie Lager, Gleitringe für Zylinder.

Handelsnamen (Beispiele):
Teflon®, Hostaflon®, Fluon®.

Bauteile aus PTFE

Übungsaufgaben WT-68; WT-69

- **Styrolpolymerisate (PS, ABS)**

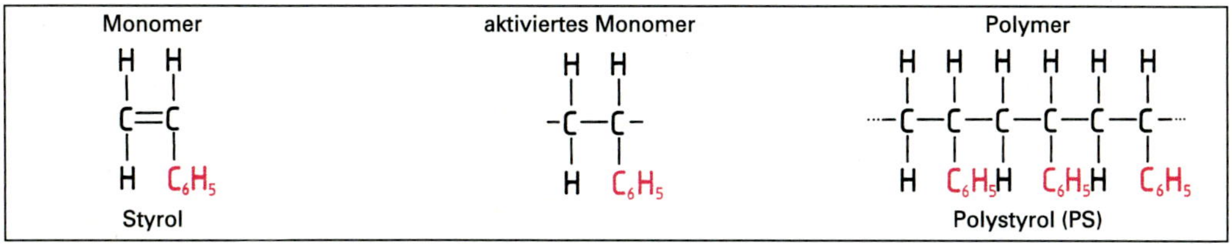

Im Maschinenbau werden zur Isolierung gelegentlich Polystyrol-Hartschäume verwendet. Diese Schäume sind sehr empfindlich gegen Lösungsmittel, aber beständig gegen Wasser, Säuren und Laugen. Bekanntester Handelsname ist Styropor®.

Durch Herstellung von Makromolekülen aus verschiedenartigen Monomeren lassen sich Kunststoffe mit besonderen Eigenschaften erzielen.

Styrol wird dazu mit anderen Monomeren zu gemischt aufgebauten Makromolekülen polymerisiert.

Für Werkstoffe des Maschinenbaus setzt man dem Styrol die Monomere Acrylnitril und Butadien zu. Je nach Höhe der Zusätze kann man die Eigenschaften unterschiedlich beeinflussen. Man nennt den Werkstoff **Acrylnitril-Butadien-Copolymerisat** oder kurz ABS.

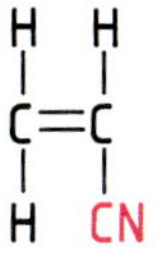

Acrylnitril

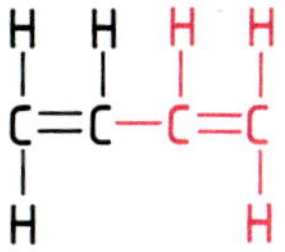

Butadien

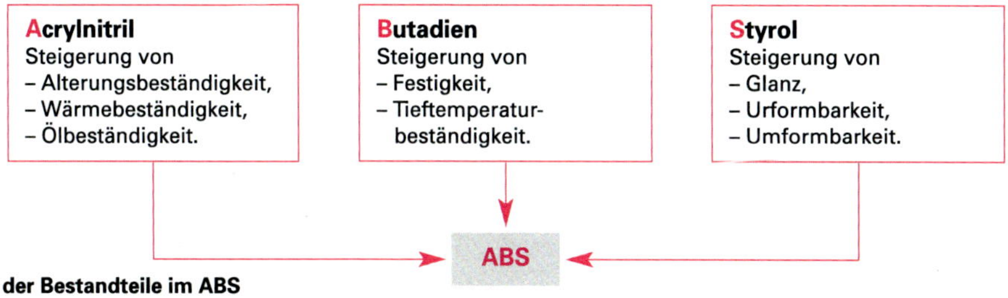

Einfluss der Bestandteile im ABS

Mechanische und thermische Eigenschaften

Zugfestigkeit	in N/mm^2	32 bis 45
Reißdehnung	in %	15 bis 30

Chemische Eigenschaften:
ABS wird von organischen Lösungsmitteln und Bezin bei längerer Einwirkung angegriffen.

Verwendung im Maschinenbau:
Gehäuse von Kleinmaschinen.

Handelsnamen (Beispiele):
Hostyren®, Luran®, Trolitul®, Vestyron®, Novodur®.

Maschinengehäuse aus ABS

7.3 Kunststoffe durch Polykondensation

7.3.1 Polykondensationsvorgang

Bei der Polykondensation reagieren kleine Moleküle von Ausgangsstoffen zu Großmolekülen unter Abspaltung von Wasser. Die kleinen Ausgangsmoleküle müssen dabei an beiden Enden entsprechend reaktionsfähige Endgruppen tragen.

WT

Übungsaufgabe WT-70

Beispiel für eine Polykondensation

Das Polykondensat Polyamid entsteht durch Reaktion von Molekülen, die an den Enden Amino-Gruppen tragen, mit Molekülen, die an den Enden Säure-Gruppen tragen.

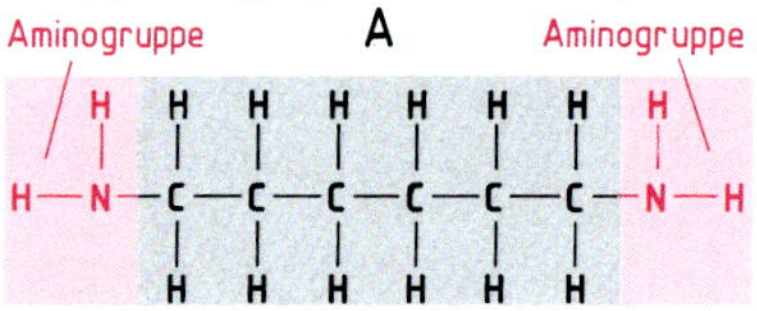

Molekül A mit 2 Aminogruppen

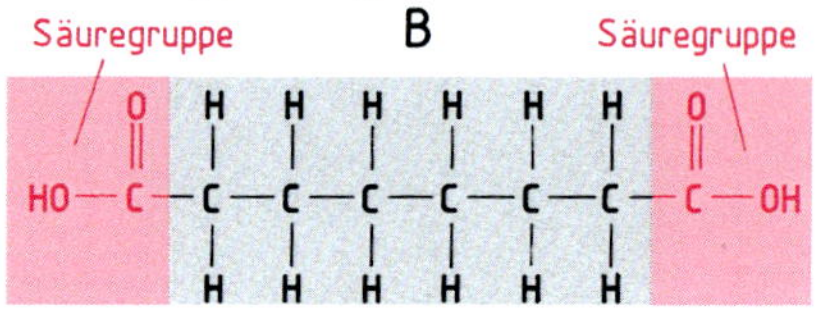

Molekül B mit 2 Säuregruppen

Bei der Verbindung der Moleküle zum Kunststoff Polyamid wird gleichzeitig an jeder Verbindungsstelle aus einem Wasserstoffatom der Aminogruppe und der OH-Gruppe der Säure ein Wassermolekül gebildet.

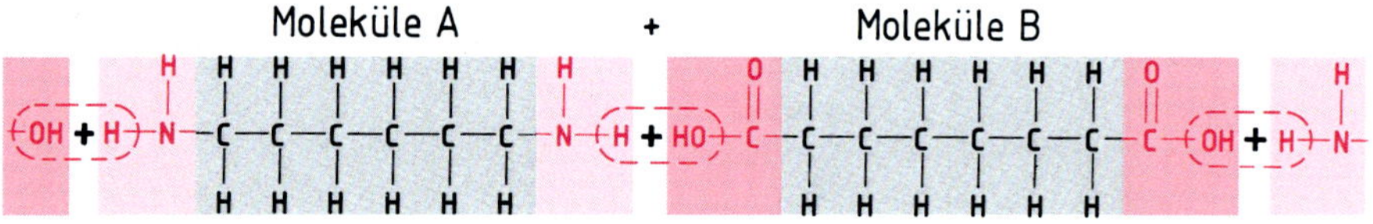

reagieren zum Kunststoff Polyamid + Wasser

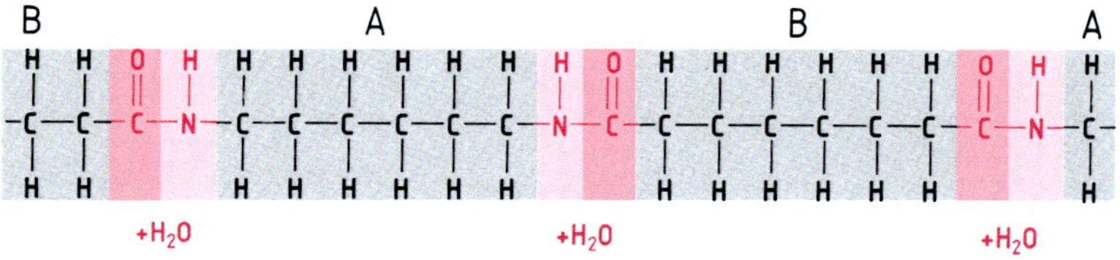

Polykondensation ist die Verbindung kleiner Moleküle zu Makromolekülen unter Abspaltung von Wasser.

Je nach Art der Endgruppen, die zur Verbindung miteinander reagieren, entstehen die verschiedenen Polykondensationswerkstoffe.

7.3.2 Polykondensate

Wichtige Polykondensate sind: • Polyester und • Polyamide.

- **Polyester**

Endgruppen der Ausgangsstoffe

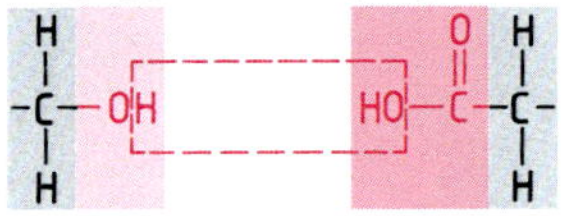

Alkohol **Säure**

Verknüpfungsstelle im Makromolekül

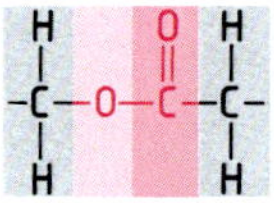

Polyester

Thermoplastische Polyester

Polyester, die aus langen, verknäulten Fadenmolekülen bestehen, sind thermoplastisch und teilkristallin. Sie werden zu Textilfasern und Formteilen verarbeitet.

Formteile werden oft mit kleinen Fasern verstärkt. Dadurch steigen die dynamische Belastbarkeit, die Wärmebeständigkeit und die Abriebfestigkeit.

Verwendung thermoplastischer Polyester im Maschinenbau:
Pumpengehäuse, Zahnräder, Riemenscheiben.

Handelsnamen (Beispiele):
Pocan®, Diolen®.

Übungsaufgabe WT-72

Ungesättigte Poyester (UP)

Im Maschinenbau werden auch Polyester als Flüssigkunststoffe zusammen mit langfaserigen Verstärkungsstoffen, z. B. Glasfasern, zur Herstellung von Verkleidung u. Ä. verwendet. Diese Polyester werden vom Hersteller als **Flüssigkunststoffe** geliefert. Das flüssige Polyester ist ein Gemisch aus Polyestermolekülen, die Doppelbindungen enthalten, und dem Lösungsmittel Phenylethen (Styrol), das ebenfalls Doppelbindungen enthält. Gibt man zu diesem Gemisch *Härter,* so spalten die Doppelbindungen auf und die Polyestermoleküle werden durch die Styrolmoleküle vernetzt. Es entsteht ein **Duroplast.**

Verbindungen mit Doppelbindungen zwischen C-Atomen bezeichnet man in der Chemie als ungesättigte Verbindungen. Aus diesem Grunde nennt man Polyester, die als Flüssigkunststoffe verarbeitet werden, **ungesättigte Polyester (UP).**

Beispiel für die Vernetzung eines ungesättigten Polyesters (UP)

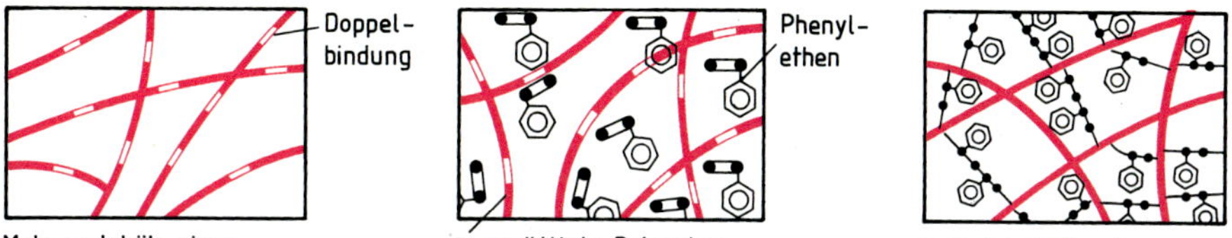

Makromoleküle eines ungesättigten Polyesters nach Polykondensation

ungesättigte Polyestermoleküle nach Lösen in Styrol

vernetzte Polyestermoleküle nach Aushärtung

Die Herstellung von Formteilen aus ungesättigten Polyestern geschieht durch Laminieren. Bei diesem Verfahren wird in einer Form das Verstärkungsmaterial, das als Matte oder Gewebe vorliegt (siehe *„Verbundwerkstoffe"),* mithilfe von Pinseln und Rollen mit dem Polyester, dem Härter und Beschleuniger zugefügt wurden, getränkt.

Bei mechanischer Fertigung werden Glasfaserstränge in einer Spritzpistole geschnitzelt und zusammen mit einem Polyester-Härter-Gemisch in die Form gespritzt.

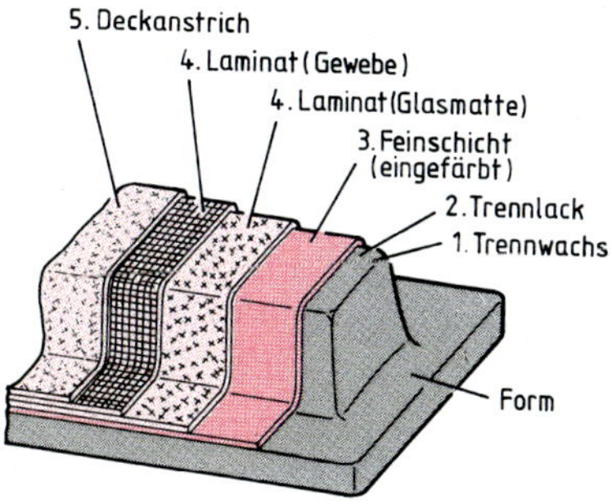

Schichtaufbau bei Laminaten aus UP

Mechanische und thermische Eigenschaften von GFK-UP

Zugfestigkeit	in N/mm²	80 bis 350
Dichte	in g/cm³	1,7 bis 1,9
Wärmeausdehnungskoeffizient	in 1/K	0,00001

(Mit steigendem Anteil an Verstärkungsstoffen und Ausrichtung der Fasern des Verstärkungsstoffes in Belastungsrichtung wächst die Festigkeit.)

Chemische Eigenschaften:
Duroplastische Polyester sind beständig gegen Säuren, Laugen und Lösungsmittel.

Verwendung im Maschinenbau:
Verkleidungen, Gehäuse, Behälter, Metallkleber, Spachtelmassen.

Handelsnamen (Beispiele):
Leguval®, Palatal®, Vestopal®, Stabilit®, Prestolith®.

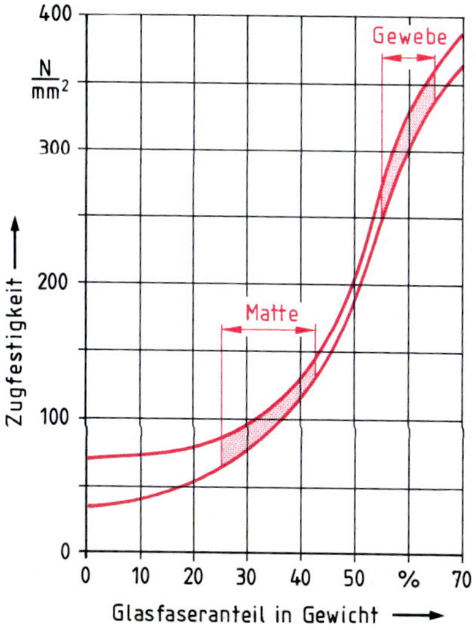

Zugfestigkeit in Abhängigkeit vom Glasfaseranteil

WT

- **Polyamide (PA)**

Endgruppen der Ausgangsstoffe — Verknüpfungsstelle im Makromolekül

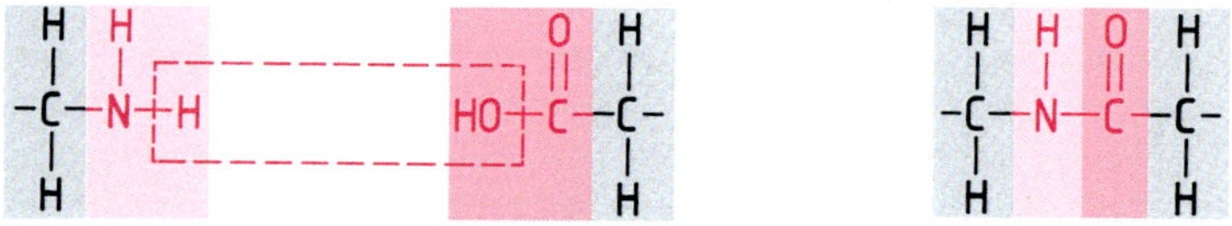

Aminogruppe **Säuregruppe** **Polyamid**

Polyamide gehören zu den wichtigsten Kunststoffen im Maschinenbau. Sie besitzen hohe Festigkeit, Zähigkeit, Verschleißfestigkeit und Schwingungsdämpfung.
Je nach Ausgangsverbindung ergeben sich verschiedene Polyamidtypen. Man kennzeichnet sie durch Ziffern, die an die Kennzeichnung **PA** angehängt werden. Die erste Ziffer weist dabei auf die Zahl der C-Atome im Träger der Aminogruppe, die zweite auf die Zahl der C-Atome der Säure hin. Steht nach dem PA nur eine Ziffer, so war der Ausgangsstoff eine Verbindung, die an einem Ende eine Aminogruppe und an dem anderen Ende eine Säuregruppe trug.

Beispiel **für Kennzeichnung von Polyamiden**

PA 6 10
- **10** C-Atome im Molekül mit Säuregruppen
- **6** C-Atome im Molekül mit Aminogruppen

PA 6 6
- **6** C-Atome mit Molekül mit Säuregruppen
- **6** C-Atome im Molekül mit Aminogruppen

Je höher die Zahlen, desto geringer ist die Feuchtigkeitsaufnahme von Polyamiden.
Bei gleichen Zahlen sind Polyamide besonders stark kristallisiert. Darum wird das PA 66 häufig verwendet.

Mechanische und thermische Eigenschaften

Zugfestigkeit	in N/mm^2	60 bis 120
Reißdehnung	in %	40 bis 230
Dichte	in g/cm^3	1,07 bis 1,3
Wärmeausdehnungskoeffizient	in 1/K	0,0001

Chemische Eigenschaften:
Polyamide sind chemikalienbeständig, außer gegen Säuren und starke Laugen.

Anwendung im Maschinenbau:
Zahnräder, Lüfterräder, Lager, Wälzlagerkäfige, Schrauben, Dübel, Dichtungen, Gehäuse, Griffe, Führungen, Rollen.

Handelsnamen (Beispiele):
Ultramid®, Vestamid®, Durethan®.

Maschinenteile aus PA

7.4 Kunststoffe durch Polyaddition

7.4.1 Polyadditionsvorgang

Bei der Polyaddition reagieren kleine Moleküle, die bestimmte Gruppen am Molekülende haben, zu Makromolekülen. Die Bindung wird durch Umlagerung *eines* Wasserstoffatoms von einem Molekül auf das andere ermöglicht. Daher entsteht bei dieser Art der Bildung von Makromolekülen **kein Nebenprodukt**.

Übungsaufgabe WT-73

7.4.2 Polyaddukte

- **Polyurethane**

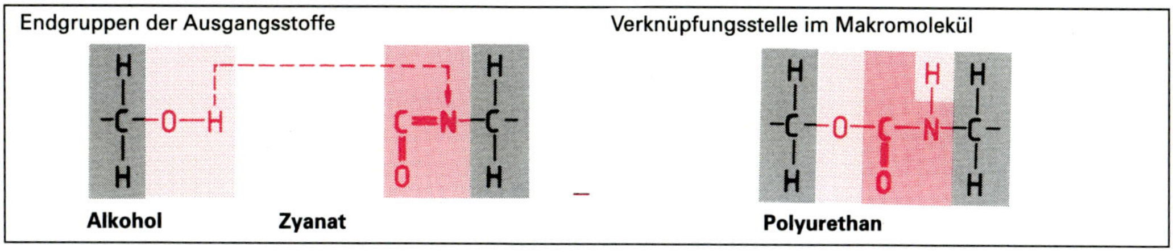

Beim Polyurethan entsteht die Bindung, indem das H-Atom der OH-Gruppe des Alkohols (Molekül A) an das Stickstoffatom der Zyanatgruppe (Molekül B) wandert. Damit wird die Doppelbindung zwischen dem Kohlenstoffatom und dem Stickstoffatom gelöst und das Kohlenstoffatom der Zyanatgruppe kann sich mit dem Sauerstoffatom des Alkohols verbinden.

Beispiel für die Bildung eines Polyurethans

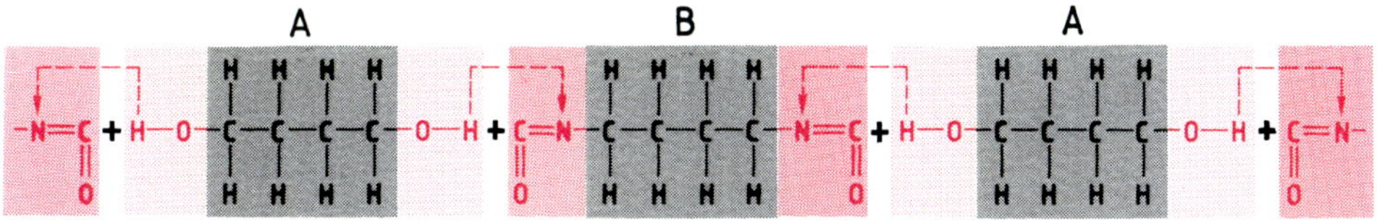

Moleküle A + Moleküle B reagieren zum Kunststoff Polyurethan

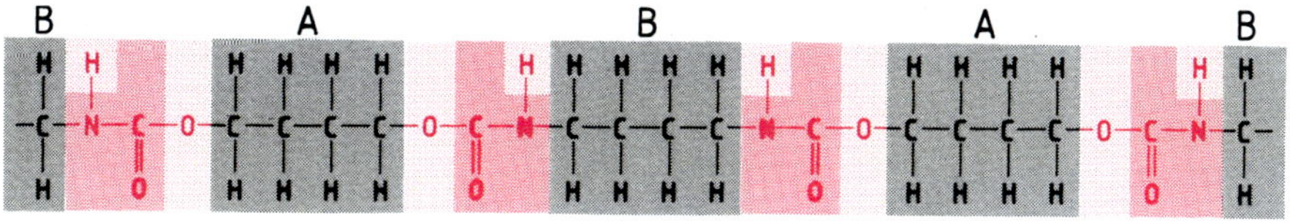

Polyurethane können je nach Ausgangsstoffen unterschiedliche Eigenschaften aufweisen:

Mechanische Eigenschaften:
Wegen der Vielfalt der Ausgangsstoffe sind die mechanischen Eigenschaften der Polyurethane in weiten Grenzen veränderbar. Die im Maschinenbau verwendeten Polyurethane haben etwas bessere mechanische Eigenschaften als Polyamide.

Chemische Eigenschaften:
Polyurethane sind weitgehend beständig gegen Chemikalien.

Verwendung:
Zahnriemen, Dichtringe, Getriebeteile, Isolierschäume, Kleber, Gehäuse

Handelsnamen (Beispiele):
Vulkollan®, Desmopan®, Adipren®.

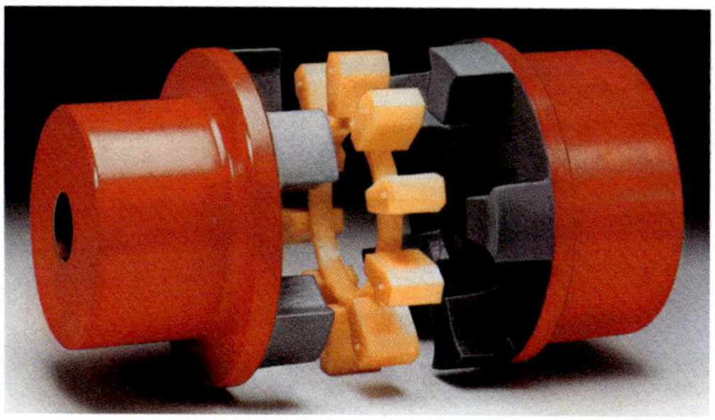

Kupplungsteile aus Polyurethan

WT

Übungsaufgabe WT-74

- **Epoxidharze**

Epoxide entstehen durch Reaktion von Molekülen, welche die Epoxidgruppe enthalten, mit Molekülen, die an den Enden OH-Gruppen tragen.

Epoxidgruppe

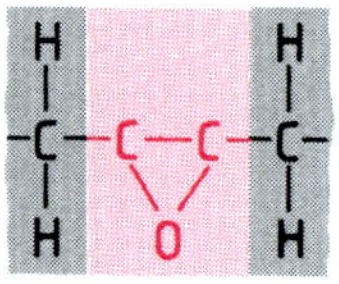

Epoxidharze werden wie ungesättigte Polyester zusammen mit Verstärkungsstoffen verarbeitet. Besonders hohe Festigkeiten werden durch Einlaminieren von Kohlenstoffasern erzielt. Diese kohlenstofffaserverstärkten Kunststoffe (CFK) werden in der Luft- und Raumfahrt verwendet. Sie dringen aber auch in den Maschinenbau vor. Vorwiegend werden jedoch im Maschinenbau hochwertige Kleber auf der Basis von Epoxidharzen verwendet.

Mechanische Eigenschaften von kohlenstofffaserverstärktem Epoxidharz

Zugfestigkeit	in N/mm^2	1930 bei 62 % Faser
Reißdehnung	in %	1,5
Dichte	in g/cm^3	1,6

Chemische Eigenschaften:
Epoxidharze sind chemikalienbeständig.

Verwendung von Epoxidharzen im Maschinenbau:
Kleber, Modelle, Vergussmassen, Maschinenteile

Handelsnamen (Beispiele):
Araldit®, Epoxin®, Lekutherm®, UHU-plus®.

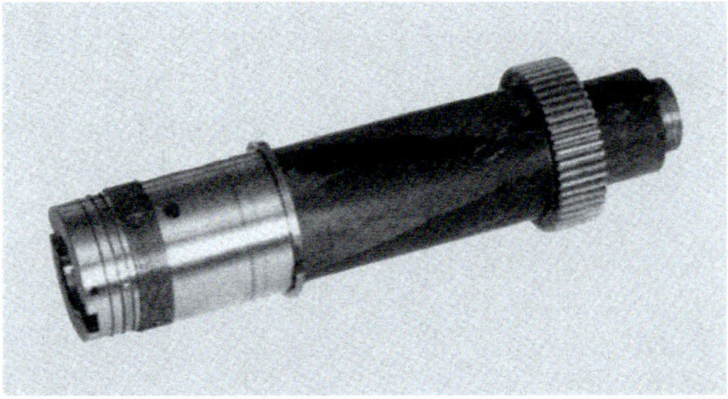

Hauptspindel einer Werkzeugmaschine aus kohlenstofffaserverstärktem Epoxidharz

7.5 Unterscheiden von Kunststoffen

Nach dem Aussehen und der Dichte sind Kunststoffe, im Gegensatz zu Metallen, nur sehr schwer zu unterscheiden. Die Kunststoffe sind in den meisten Fällen eingefärbt und mit Füllmaterialien wie zum Beispiel Holzschnitzel, Papier u. a. versetzt. Ferner sind besonders unter den Polymerisaten Kunststoffe aus verschiedenen Monomeren auf dem Markt, welche sich nur sehr schwer von anderen Kunststoffen unterscheiden lassen.

Die besten Möglichkeiten zum Unterscheiden von Kunststoffen sind die Schmelz- und Brennprobe. Bei der **Schmelzprobe** wird eine kleine Probe des Kunststoffes so hoch erhitzt, bis sie entweder weich wird oder sich nicht schmelzbar erweist. Auf diese Art können Thermoplaste und Duroplaste unterschieden werden. Zur **Brennprobe** hält man ein kleines Sückchen des Kunststoffes in die Flamme. Dabei beobachtet man das Verhalten des Kunststoffes in der Flamme und nach dem Herausnehmen aus der Flamme. Charakteristisch für den einzelnen Kunststoff ist auch der Geruch der bei der Brennprobe entstehenden Gase. Diese Gase können auch mit einem feuchten Stück Indikatorpapier auf ihre Reaktion, basisch oder sauer, überprüft werden.

Kunststoffe	**ursprüngliche Farbe des Kunststoffs**	**Brennprobe** Flammenfärbung	Geruch der Gase	Reaktion der Gase	sonstige Merkmale	**Schmelzverhalten**
Polyethylen	milchig-weiß	bläulich	paraffinartig	–	tropft	schmilzt
Polystyrol	glasklar	gelb	süßlich	–	rußt	schmilzt
Polyvinylchlorid	glasklar	gelblich	salzsäureartig	sauer	tropft selten	schmilzt
Polyamid	milchig-weiß	bläulich	hornartig	basisch	zieht Fäden	schmilzt
Polyester (GFK)	farblos bis gelblich	gelblich	süßlich	–	rußt, bildet Rückstand	nicht schmelzend
Polyurethane	gelb-braun	gelblich	stechend	–	–	evtl. schmelzend

8 Werkstoffprüfung

Damit die verschiedenen Eigenschaften der Werkstoffe erfasst werden können, sind viele Prüfverfahren entwickelt worden.

- **Mechanische Prüfverfahren** dienen der Ermittlung von Festigkeitskennwerten des Werkstoffs. Besonders wichtig unter diesen Prüfverfahren sind die Prüfung der Zugfestigkeit und der Härte.
- **Technologische Prüfverfahren** dienen zur Ermittlung des Werkstoffverhaltens bei der Verarbeitung. Wichtige technologische Prüfverfahren sind die Verfahren zur Prüfung der Umformbarkeit.
- **Metallographische Prüfverfahren** geben Auskunft über das Gefüge der Werkstoffe.
- **Zerstörungsfreie Prüfverfahren** dienen zur Fehlersuche an fertigen Werkstücken.

8.1 Mechanische Prüfverfahren

8.1.1 Zugversuch

Der Zugversuch nach DIN EN 10002 ist einer der wichtigsten Versuche zur Prüfung von Metallen. Man ermittelt im Zugversuch das Werkstoffverhalten unter Zugbeanspruchung. Dabei werden als wichtige Werkstoffkennwerte die Zugfestigkeit, die Streckgrenze und die Dehnbarkeit des Werkstoffes festgestellt.
Als Proben für den Zugversuch werden genormte Rund- oder Flachproben verwendet. Ausschnitte aus dickwandigen Werkstücken und Gussteilchen werden zu Rundproben gedreht. Aus Blechen werden Flachproben gefertigt.

Für die Probenabmessung gilt:

- Rundproben $L_0 = 5 \cdot d_0$
- Flachproben $L_0 = 5 \cdot 1{,}13 \cdot \sqrt{S_0}$

d_0 Anfangsdurchmesser
L_0 Anfangsmesslänge
S_0 Anfangsquerschnitt

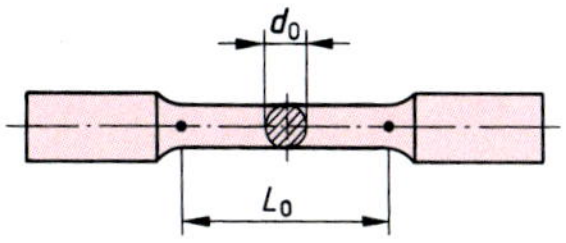

Rundprobe

Diese Werkstoffproben werden auf einer Zugprüfmaschine einer stetig wachsenden Belastung ausgesetzt. Als Prüfmaschinen verwendet man meist Universalprüfmaschinen, die neben dem Zugversuch auch die Durchführung von Biege-, Scher- und Druckversuchen erlauben.
Die Aufbringung der Prüfkraft auf die Zugprobe erfolgt mechanisch oder hydraulisch, wobei die jeweils wirkende Kraft durch einen Kraftmesser angezeigt wird. Ein Schreibgerät zeichnet die Verlängerung der Probe in Abhängigkeit von der wirkenden Kraft auf. Es entsteht ein **Kraft-Verlängerung-Schaubild.**

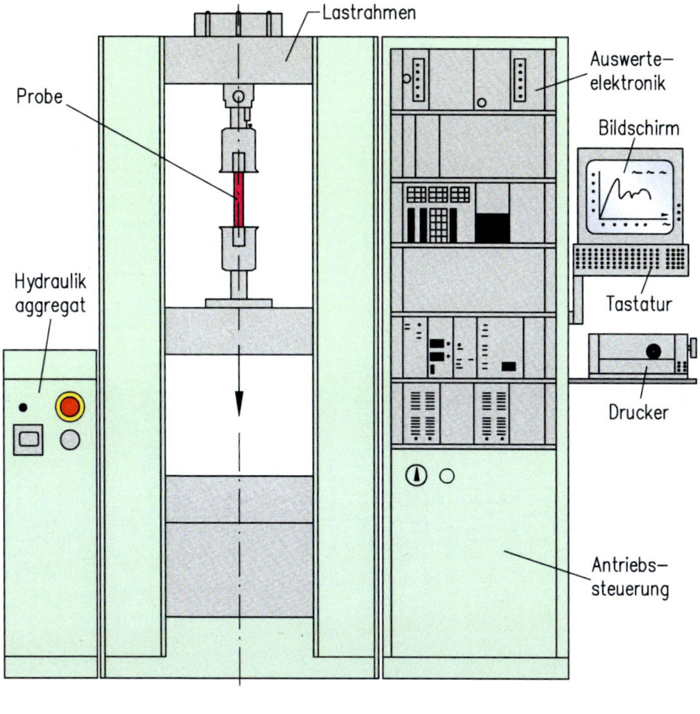

Zerreißmaschine mit Anzeige- und Schreibgerät

WT

Durch die Umrechnung der Kraft- und Verlängerungswerte ergibt sich das Spannung-Dehnung-Schaubild des geprüften Werkstoffes. Dieses Diagramm zeigt das Verhalten eines Werkstoffes unter Zugbelastung. Aus dem **Spannung-Dehnung-Schaubild** können wichtige Kennwerte des Werkstoffes entnommen werden.

Im Zugversuch ist die **Spannung** (σ) das Verhältnis zwischen Zugkraft und Anfangsquerschnitt der Probe.

$$\text{Spannung} = \frac{\text{Kraft}}{\text{Anfangsquerschnitt}} \qquad \sigma = \frac{F}{S_0}$$

Die **Dehnung** (ε) ist die prozentuale Längenänderung, bezogen auf die Anfangsmesslänge.

$$\text{Dehnung} = \frac{\text{Verlängerung}}{\text{Anfangsmesslänge}} \cdot 100\ \% \qquad \varepsilon = \frac{L - L_0}{L_0} \cdot 100\%$$

- **Spannung-Dehnung-Schaubild eines unlegierten Baustahls**

Unlegierte Baustähle werden in Konstruktionen verwendet. Sie werden nach ihrem Verhalten unter Zugbelastung beurteilt.

Die Spannung-Dehnung-Kurve eines unlegierten Baustahles zeigt folgenden Verlauf:

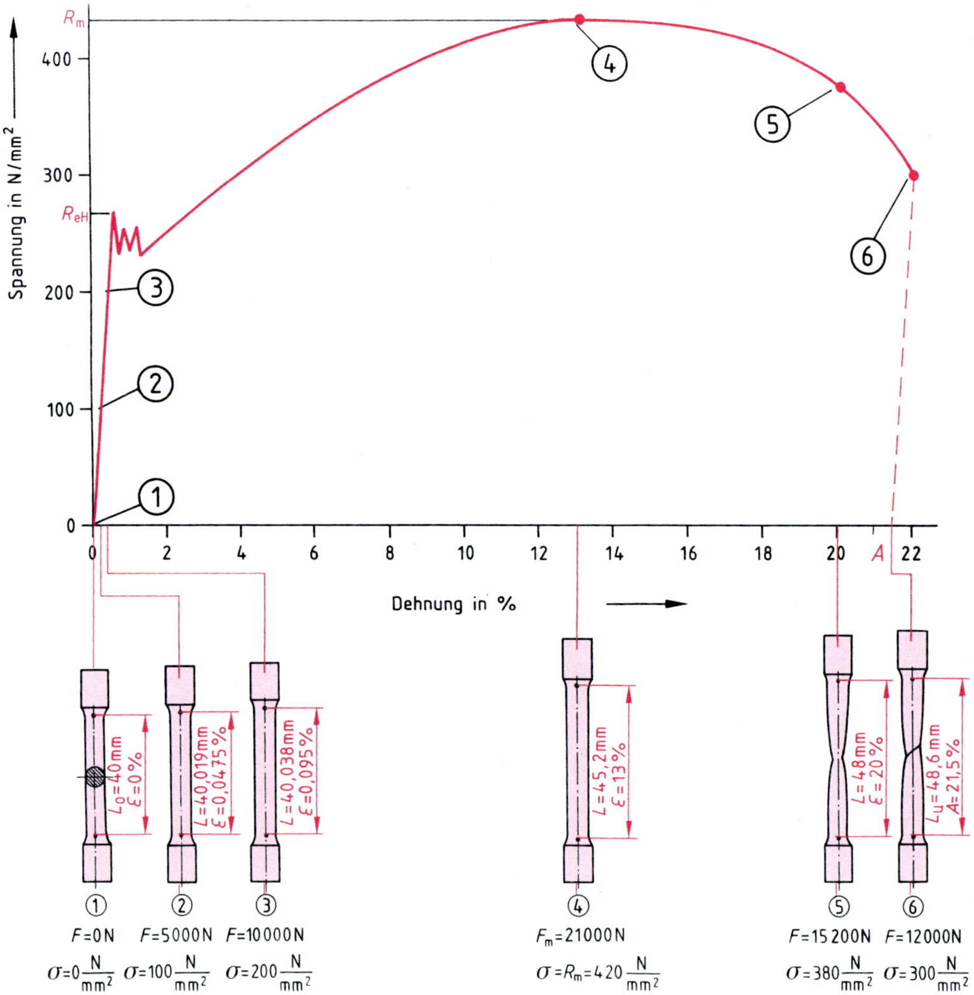

Übungsaufgabe WT-76

- **Wichtige Bereiche und Kennwerte**

Die zeichnerische Darstellung des Spannung-Dehnung-Verlaufs zeigt im Anfangsbereich eine ansteigende Gerade. Spannung und Dehnung sind hier einander proportional. Der Werkstoff verhält sich in diesem Bereich **elastisch.**

- Die **Streckgrenze** (R_{eH}) ist die Spannung, bei der erstmals eine plastische Verformung ohne Anstieg der Belastung auftritt. Bei gut dehnbaren Werkstoffen wird die in Bauteilen zulässige Spannung aus der Streckgrenze berechnet.
- Die **Zugfestigkeit** (R_m) ist die höchste Spannung, die der Werkstoff im Zugversuch ertragen hat. Bei spröden Werkstoffen wird die in Bauteilen zulässige Spannung aus der Zugfestigkeit berechnet.

$$\text{Zugfestigkeit} = \frac{\text{größte Zugkraft}}{\text{Anfangsquerschnitt}} \qquad R_m = \frac{F_m}{S_0}$$

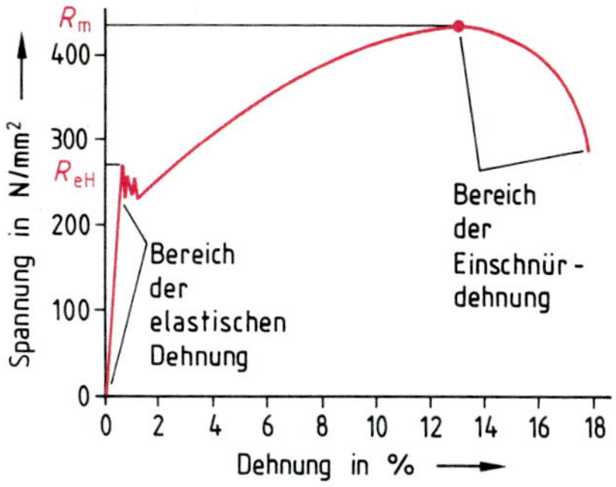

Spannung-Dehnung-Diagramm eines unlegierten Baustahls

Nach Erreichen der Zugfestigkeit schnürt die Probe an einer Stelle ein. Dadurch fällt die Spannung bis zum Bruch ab.

- Die **Bruchdehnung** (A) ist die bleibende Längenänderung nach dem Bruch bezogen auf die Anfangsmesslänge. Die Längenänderung wird nicht aus dem Diagramm entnommen, sondern an den zusammengelegten Probenteilen ermittelt.

$$\text{Bruchdehnung} = \frac{\text{Verlängerung}}{\text{Anfangsmesslänge}} \cdot 100\,\%$$

$$A = \frac{L_u - L_0}{L_0} \cdot 100\,\%$$

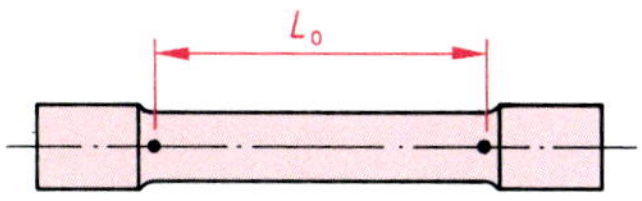

Probestab vor dem Versuch

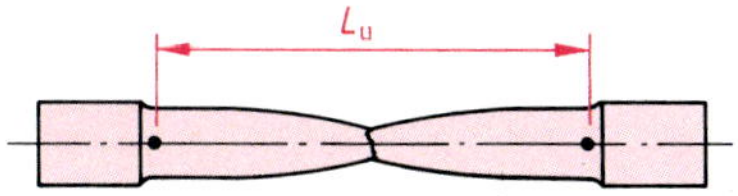

Probestab nach dem Versuch

Die Bruchdehnung dient zur Beurteilung der Verformungsfähigkeit eines Werkstoffes.

Wichtige Kennwerte des Zugversuchs sind
- Streckgrenze,
- Zugfestigkeit,
- Bruchdehnung.

8.1.2 Härteprüfung

Neben dem Zugversuch ist die Prüfung der Werkstoffe auf ihre Härte ein wichtiges Prüfverfahren metallischer Werkstoffe.

Als Härte bezeichnet man den Widerstand, den ein Werkstoff dem Eindringen eines Körpers in seine Oberfläche entgegensetzt.

Die Ergebnisse von Härteprüfungen sind wichtig, um zum Beispiel:
- Anhaltswerte für die richtige Wahl des Werkstoffes von Werkzeugen für die spanende Bearbeitung zu finden,
- den Erfolg einer Wärmebehandlung an Werkstoffen zu kontrollieren,
- in der automatisierten Fertigung Werkstücke mit ungeeigneter Härte zu ermitteln und von der Weiterverarbeitung auszuschließen.

Bei der Härteprüfung erhält man Werte über die Härte eines Werkstoffes, die lediglich Vergleichswerte darstellen. Sie können nicht als Grundlage zur Berechnung von Konstruktionen verwendet werden. Die durch verschiedene Härteprüfverfahren erhaltenen Werte sind nur bedingt miteinander vergleichbar.

WT

Übungsaufgaben WT-77 bis WT-82

• Härteprüfung nach Brinell (DIN EN ISO 6506)

Die Härteprüfung nach Brinell dient zur Bestimmung der Härte von

- weichen Werkstoffen, z. B. unlegiertem Baustahl, Aluminiumlegierungen und
- Werkstoffen mit ungleichmäßigem Gefüge, z. B. Gusseisen.

Bei dem Härteprüfverfahren nach Brinell wird eine gehärtete Stahlkugel oder eine Hartmetallkugel mit einer festgelegten Prüfkraft in die Oberfläche des zu prüfenden Werkstückes gedrückt.

Nach einer Belastungszeit von mindestens zehn Sekunden wird der Durchmesser *d* des bleibenden Eindrucks im Werkstück gemessen. Aus diesem Durchmesser wird die Oberfläche des Eindrucks bestimmt.

Das Verhältnis von Prüfkraft zur Eindruckoberfläche multipliziert mit dem Faktor 0,102 bezeichnet man als die Brinellhärte.

Bei Einsatz einer Hartmetallkugel wird der Härtewert mit **HBW**, bei einer Stahlkugel mit **HBS** gekennzeichnet.

$$HB = 0{,}102 \cdot \frac{F}{A}$$

$$HB = 0{,}102 \cdot \frac{2\,F}{D \cdot \pi\,(D - \sqrt{D^2 - d^2})}$$

F Prüfkraft in N
A Oberfläche des bleibenden Eindruckes in mm^2
D Durchmesser der Prüfkugel in mm
d Durchmesser des Eindruckes in mm
(In die Gleichungen werden nur die Zahlenwerte ohne Einheiten eingesetzt.)

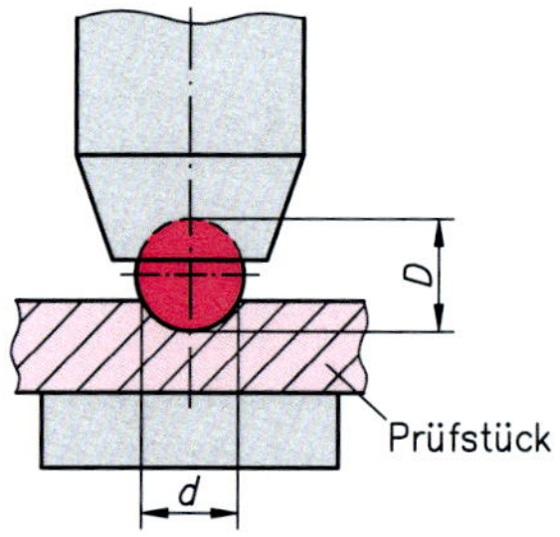

Härteprüfung nach Brinell (Schema)

Die Brinellhärte eines Werkstoffes ergibt sich aus dem Verhältnis von Prüfkraft zur Eindruckoberfläche, die von einer Prüfkugel erzeugt wurde.

Die Zugfestigkeit allgemeiner Baustähle lässt sich näherungsweise aus der Brinellhärte errechnen.

$$R_m \approx 3{,}5 \cdot HB \text{ in N/mm}^2$$

Beispiel für die Berechnung der Zugfestigkeit aus dem HBS-Wert

gemessene Härte: 200 HBS

Zugfestigkeit $R_m = 3{,}5 \cdot 200\ \text{N/mm}^2$

$\mathbf{R_m = 700 \cdot N/mm^2}$

• Härteprüfung nach Vickers (DIN EN ISO 6507)

Die Härteprüfung nach Vickers dient zur Prüfung harter und gleichmäßig aufgebauter Werkstoffe.

Dieses Verfahren wird auch zur Härteprüfung an dünnwandigen Werkstücken und Randzonen eingesetzt.

Bei der Härteprüfung nach Vickers wird eine Diamantpyramide mit einer festgelegten Prüfkraft in das Werkstück eingedrückt. Aus den Diagonalen *d* des bleibenden Eindrucks wird die Eindruckoberfläche errechnet. Das Verhältnis von Prüfkraft zur Eindruckoberfläche ergibt mit dem Faktor 0,102 multipliziert die Vickershärte (HV).

$$HV = \frac{0{,}102 \cdot F}{A} = \frac{0{,}1891 \cdot F}{d^2}$$

F Zahlenwert der Prüfkraft in N
A Zahlenwert der Oberfläche des bleibenden Eindrucks in mm^2
d Zahlenwert der Länge der Eindruckdiagonale in mm

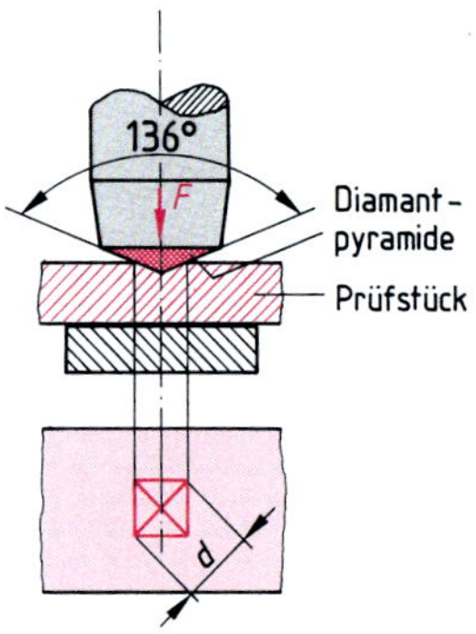

Härteprüfung nach Vickers (Schema)

Die Vickershärte ergibt sich aus dem Verhältnis von Prüfkraft zur Eindruckoberfläche, die durch einen pyramidenförmigen Prüfkörper aus Diamant erzeugt wurde.

Übungsaufgabe WT-83 bis WT-86

- **Härteprüfung nach Rockwell-C (DIN EN ISO 6508)**

Die Härteprüfung nach dem Rockwell-C-Verfahren dient zur Bestimmung der Härte bei sehr harten Werkstoffen. Als Prüfkörper wird ein Diamantkegel verwendet. Mit einer festgelegten Prüfkraft wird dieser Kegel in die Oberfläche des zu prüfenden Werkstückes eingedrückt. Die Eindringtiefe des Diamantkegels ist ein Maß für die Härte des Werkstoffes. Eine Messuhr, die mit dem Prüfgerät verbunden ist, misst die Eindringtiefe. Auf der Skala der Uhr kann man die Härtewerte in Rockwelleinheiten (*HRC*) unmittelbar ablesen.

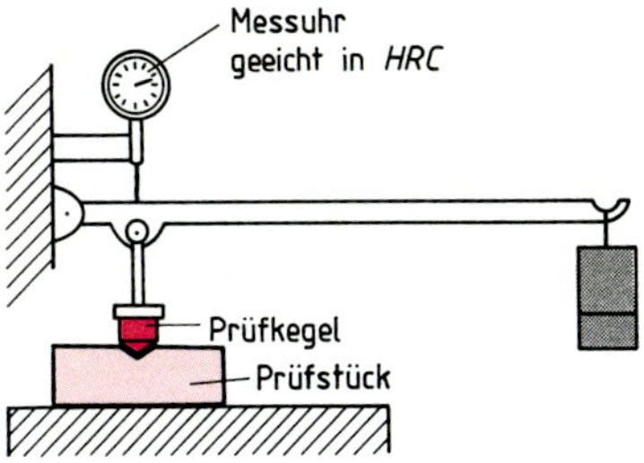

Schema der HRC-Prüfung

Die Rockwellhärte HRC eines Werkstoffes ergibt sich aus der Eindringtiefe eines kegelförmigen Prüfkörpers aus Diamant.

8.1.3 Kerbschlag-Biegeversuch

Der Kerbschlag-Biegeversuch nach DIN EN 10045 dient zur Beurteilung der Zähigkeit eines Werkstoffes. Der Versuch liefert keinen Kennwert für die Festigkeitsberechnung.
Beim Versuch wird eine sorgfältig gekerbte Probe, die zwischen zwei Widerlagern liegt, auf einem Pendelschlagwerk mit einem einzigen Schlag entweder durchgebrochen oder durch die Widerlager gezogen. Die dabei verbrauchte Schlagarbeit ist die **Kerbschlagarbeit.** Die Kerbschlagarbeit (*K*) in Joule, im Zusammenhang mit der Angabe der verwendeten Probe, ist der im Kerbschlag-Biegeversuch ermittelte Kennwert eines Werkstoffes.

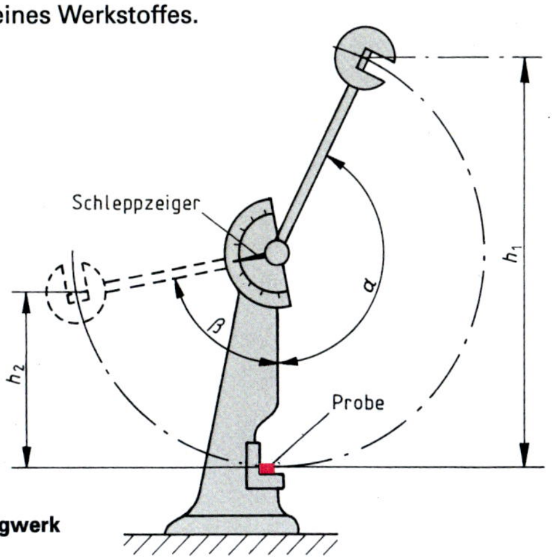

Pendelschlagwerk (Schema)

$$K = F_G \cdot (h_1 - h_2)$$

K Kerbschlagarbeit
F_G Gewichtskraft des Hammers
h_1 Fallhöhe
h_2 Steighöhe

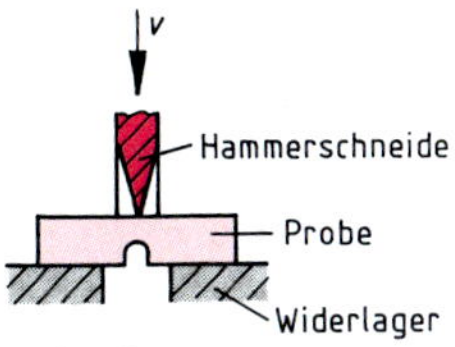

Auftreffen der Hammerschneide auf die Probe

Je nach Temperatur verhält sich ein Werkstoff zäh oder spröde. Mit Kerbschlagbiegeversuchen bei unterschiedlichen Temperaturen ermittelt man die Übergangstemperatur zwischen zähem und sprödem Verhalten unter den Versuchsbedingungen.

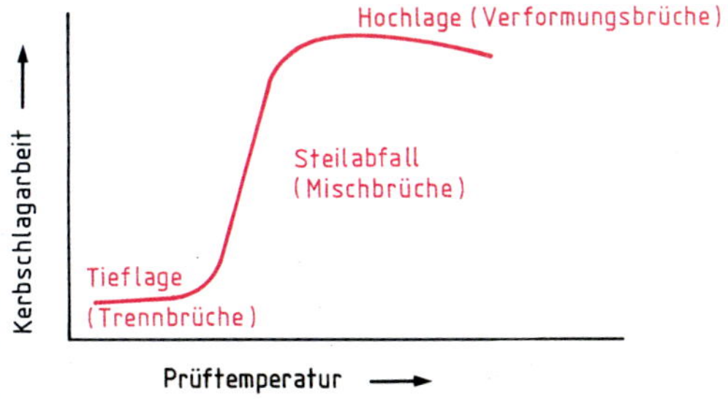

Kerbschlagarbeit in Abhängigkeit von der Prüftemperatur

Der Kerbschlag-Biegeversuch dient zur Beurteilung der Zähigkeit eines Werkstoffes.

WT

Übungsaufgabe WT-87

8.2 Technologische Prüfverfahren

Technologische Prüfverfahren untersuchen das Verhalten der Werkstoffe bei der Verarbeitung. Demzufolge sind die Prüfverfahren sehr zahlreich. Die entsprechenden Prüfverfahren sind meist genormt.

- **Ausbreitprobe**

Die Ausbreitprobe dient zur Ermittlung der Schmiedbarkeit eines Werkstoffes. Ein Flachstab wird bei Schmiedetemperatur soweit ausgeschmiedet (ausgebreitet), bis Risse an den Kanten auftreten. Ein gut schmiedbarer Werkstoff soll auf das Doppelte bis Dreifache der Ausgangsbreite ausschmiedbar sein.

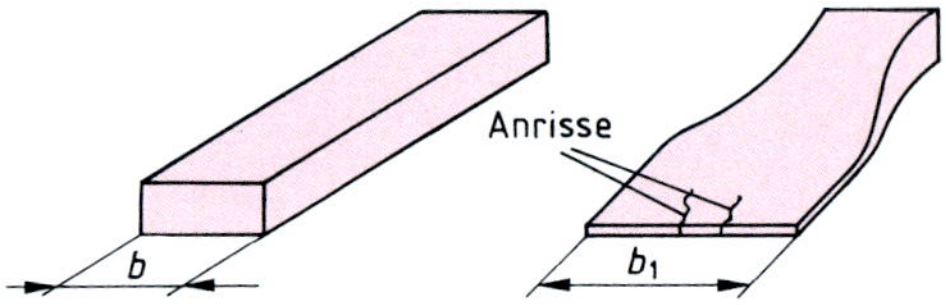

Ausbreitprobe

- **Faltversuch**

Der Faltversuch nach DIN EN ISO 7438 dient zur Ermittlung der Faltbarkeit eines Werkstoffes. Dabei wird eine Probe stetig bis zum Auftreten von Rissen gebogen. Der Winkel, bei dem die ersten Risse auf der Zugseite auftreten, ist ein Maß für die Faltbarkeit eines Werkstoffes. Gut faltbare Werkstoffe sollen sich ganz zusammenfalten lassen.

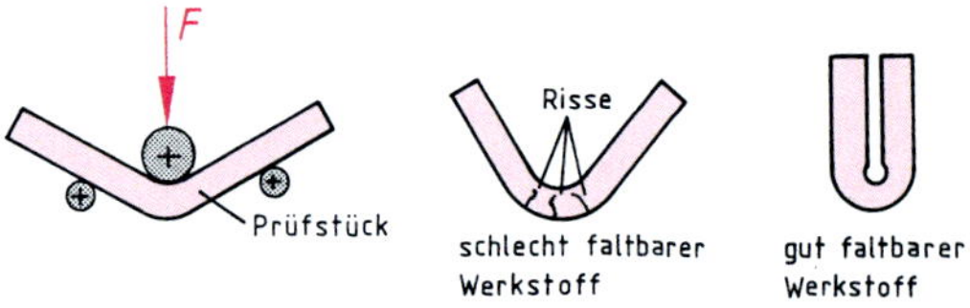

Faltversuch

- **Tiefungsversuch nach Erichsen**

Der Tiefungsversuch nach DIN 50101 dient zur Ermittlung der Tiefziehfähigkeit von Blechen. Dabei wird das Probeblech mithilfe einer Stahlkugel von 20 mm Durchmesser in einer Matrize so lange getieft, bis der erste Riss auftritt. Die Tiefung bis zu diesem Anriss dient zur Beurteilung des Werkstoffes.

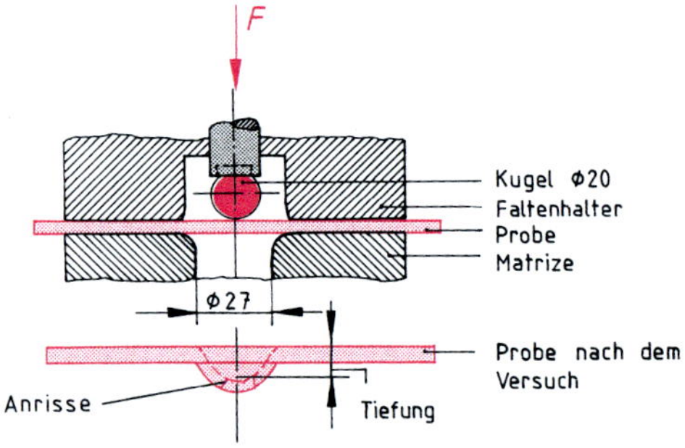

Tiefungsversuch nach Erichsen

In technologischen Prüfverfahren wird das Verhalten des Werkstoffes bei der Verarbeitung untersucht.

8.3 Metallografische Prüfverfahren

Bei der metallografischen Prüfung wird das Gefüge des Werkstoffes sichtbar gemacht, um Aufschluss über Gefügeaufbau und Gefügefehler zu erhalten.

- **Mikroskopische Untersuchungsverfahren**

Durch die Metallmikroskopie ist es möglich, das Gefüge einer Werkstoffprobe insgesamt oder nur einzelne Gefügebestandteile sichtbar zu machen. Die Werkstoffprobe wird zunächst geschliffen und poliert. Um die für die Beurteilung des Gefüges wesentlichen Bestandteile untersuchen zu können, wird der Schliff geätzt. Je nach dem Ziel der Untersuchung verwendet man unterschiedliche Ätzmittel. Das Gefüge von Stählen und die Korngrenzen von reinen Metallen werden z. B. mit einer 1%igen Salpetersäure geätzt.
Einzelne Gefügebestandteile können auch durch entsprechende Beleuchtung, z. B. durch schräg einfallendes Licht oder durch farbiges Licht, hervorgehoben werden.

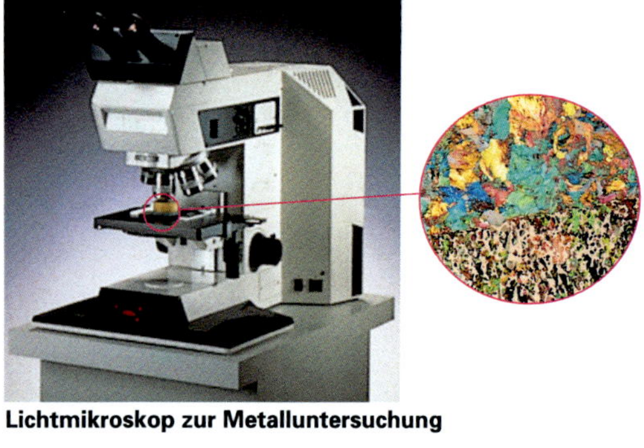

Lichtmikroskop zur Metalluntersuchung

8.4 Zerstörungsfreie Prüfverfahren

Ein fertiges Werkstück kann versteckte Fehler wie Lunker, Risse oder Schlackeneinschlüsse aufweisen. Die Fehler können bei einer Verwendung des Werkstückes zu Gefahrenquellen für Menschen und Geräte werden. Es ist Aufgabe der zerstörungsfreien Werkstoffprüfung, solche Fehler ohne Beschädigung des Bauteils ausfindig zu machen.

- **Prüfung mit Röntgenstrahlen**

Röntgenstrahlen sind wie das sichtbare Licht elektromagnetische Wellen. Die Wellenlänge der Röntgenstrahlen beträgt jedoch nur 1/10 000 der Wellenlänge des sichtbaren Lichtes. Deshalb sind Röntgenstrahlen unsichtbar. Sie durchdringen jedoch lichtundurchlässige Körper und schwärzen dahinter befindliche Filme. **Röntgenstrahlen sind sehr schädlich für den menschlichen Organismus.** Darum sind bei der Anwendung umfangreiche Sicherheitsbestimmungen zu beachten.

Mithilfe der Röntgenstrahlen werden in der zerstörungsfreien Werkstoffprüfung Schlackeneinschlüsse, Gasblasen, Lunker und andere größere Werkstofffehler sichtbar gemacht. Das zu prüfende Werkstück wird zwischen eine Röntgenröhre und einen Film gebracht. Die Röntgenstrahlen werden durch die Werkstofffehler weniger abgeschwächt als durch das fehlerfreie Metall. Die Strahlen schwärzen darum den Film hinter dem Fehler stärker als an den anderen Stellen. Damit werden die Werkstofffehler auf dem Film deutlich.

Ähnlich verfährt man bei der Werkstoffprüfung mit Gammastrahlen. Hier hat man jedoch statt einer Röhre einen radioaktiven Stoff, der ständig Strahlen aussendet.

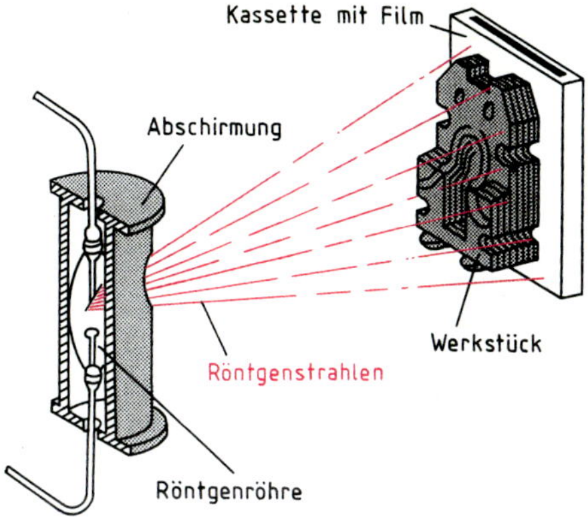

Prüfung eines Zylinderkopfs mit Röntgenstrahlen

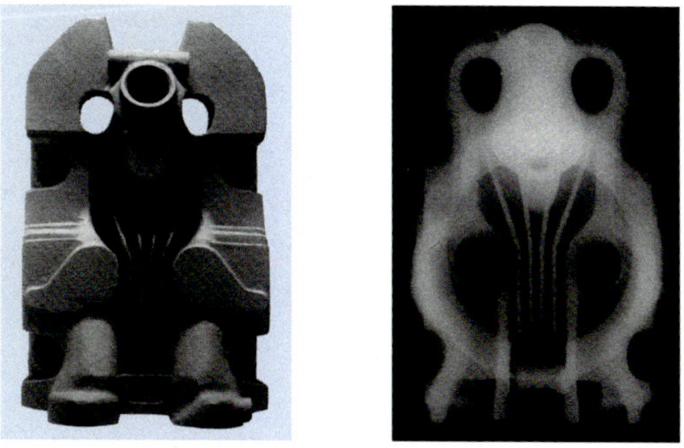

Foto und Röntgenbild eines Zylinderkopfs

Mithilfe von Röntgenstrahlen können Werkstofffehler wie Lunker, Schlackeneinschüsse u. a. in Werkstoffen aller Art aufgespürt werden.

- **Prüfung mit Magnetpulver**

Mit dem Magnetpulverprüfverfahren können Risse, Lunker und andere Fehlerstellen, die dicht unter der Oberfläche von Werkstücken aus Stahl liegen, erkannt werden.

Bei diesem Verfahren wird das Werkstück durch einen Elektromagneten magnetisiert. Die magnetischen Feldlinien, welche das Werkstück durchdringen, stoßen an den Fehlerstellen auf einen Widerstand, den sie außerhalb des Werkstückes umgehen. Eisenpulver, das mit Petroleum auf das Prüfstück geschlämmt wird, haftet infolge der austretenden Feldlinien an der Fehlerstelle. Dadurch ist die Fehlerstelle erkennbar.

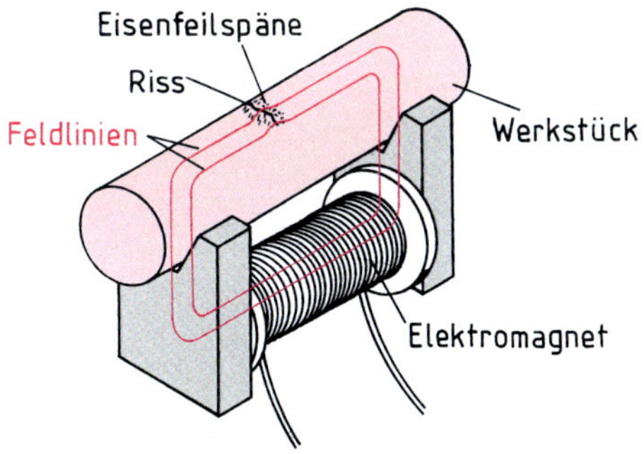

Magnetpulverprüfung

Mithilfe der Magnetpulverprüfung können Werkstofffehler in der Nähe der Oberfläche von ferromagnetischen Werkstoffen aufgespürt werden.

WT

Übungsaufgaben WT-88; WT-89; WT-90

- **Prüfung mit Kapillarverfahren**

Durch Kapillarverfahren werden feinste Risse, sogenannte Haarrisse, Poren und andere Werkstofffehler, die mit der Oberfläche des Werkstücks in Verbindung stehen, sichtbar gemacht.

Viele Flüssigkeiten steigen aufgrund von Anhaftkräften (Adhäsionskräften) und Kräften in der Oberfläche (Oberflächenspannung) in engen Spalten hoch. Man nennt enge Röhren Haarröhrchen oder Kapillare und spricht entsprechend von Kapillarwirkung.

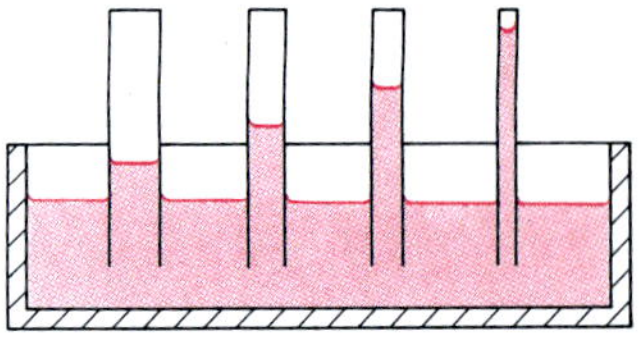

Kapillarwirkung

Bei allen Kapillarverfahren wird zunächst eine meist rote Kapillarflüssigkeit auf das Werkstück gesprüht. Diese Flüssigkeit dringt wegen ihrer Dünnflüssigkeit in die Fehlerstellen ein. Nach Abwischen der Werkstückoberfläche wird ein weißer Entwickler aufgesprüht. Die rote Flüssigkeit, die noch in den Fehlerstellen geblieben ist, färbt den Entwickler rot. Die Fehlerstellen sind so mit bloßem Auge erkennbar.

Beispiel für die Arbeitsfolge bei einem Kapillar-Verfahren

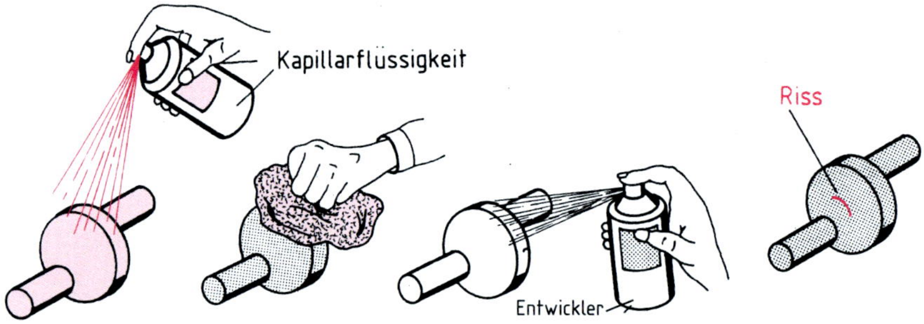

① **Aufsprühen der Kapillarflüssigkeit** ② **Säubern der Oberfläche von Kapillarflüssigkeit** ③ **Aufsprühen des Entwicklers** ④ **Betrachtung der Fehlerstellen**

Mithilfe von Kapillarverfahren können Werkstofffehler wie Risse, Lunker u. a., die mit der Oberfläche in Verbindung stehen, aufgespürt werden.

- **Prüfung mit Ultraschall**

Durch die Prüfung mit Ultraschall können Werkstücke bis zu mehreren Metern Dicke auf Fehler untersucht werden. Die Schallwellen zur Werkstoffprüfung führen 500 000 bis 10 000 000 Schwingungen in einer Sekunde aus.

Bei der Werkstoffprüfung mit Ultraschall wird ein Schallkopf, der als Sender und Empfänger arbeitet, auf das zu prüfende Werkstück gesetzt. Für eine sehr kurze Zeit (einige Mikrosekunden) sendet der Schallkopf Ultraschall. Er wird dann auf Empfang geschaltet. Der Schall durchläuft das Werkstück, wird an der gegenüberliegenden Werkstückoberfläche zurückgeworfen und kehrt als Echo zum Schallkopf zurück. Die Laufzeit des Schalles wird auf einem Bildschirm als Abstand zweier Zacken sichtbar gemacht. Befindet sich ein Fehler im Werkstück, so wird ein Teil des Schalles bereits von dort zum Schallkopf zurückgeworfen. Da dieses Echo früher im Empfänger ist als das Bodenecho, zeichnet sich der Fehler auf dem Bildschirm als zusätzliche Zacke zwischen Eingangs- und Bodenecho ab.

Fehlersuche mit Ultraschall

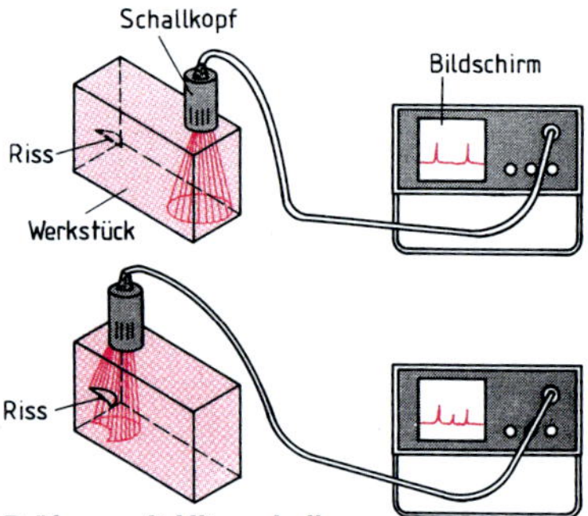

Prüfung mit Ultraschall

Mithilfe der Ultraschallprüfung können in metallischen Werkstoffen Fehler aller Art in beliebiger Tiefenlage im Werkstück aufgespürt werden.

Übungsaufgabe WT-91; WT-92

Quellenverzeichnis

Den nachfolgend aufgeführten Firmen und Personen danken wir für die Zusendung von Informationsmaterial, Fotos und für fachliche Beratung.

Aba z&b-Schleifmaschinen, Aschaffenburg
ABB Robotics, Friedberg
Adiro Automatisierungstechnik, Esslingen
AEG-Elotherm, Remscheid
Agi Charmilles GmbH, Schorndorf
AGIE Industrielle Elektronik, Losone, Schweiz
Alberg, Remscheid
Allgeier, Uhingen
Alzmetall, Altenmarkt
Amsler Otto Wolpert-Werke, Ludwigshafen
Arburg Spritzgießmaschinen Loßburg

Bahmüller, Plüdershausen
Bauer & Schauerte Karcher, Neuss
Bechem, Hagen
Bieker Stahlformen, Plettenberg
Bihler Maschinenfabrik, Haiblech
Böhm, Dr.-Ing. Edmund, Darmstadt-Eberstadt
Böllhoff & Co Gewindeeinsätze, Bielefeld
Bosch, Stuttgart
Brökelmann, Jaeger & Busse Lichttechnik, Arnsberg-Neheim
Brown & Sharpe, Renens
Bühler Druckgussmaschinen, Uzwil, Schweiz
Buzil-Werk Wagner, Memmingen

CALLIDUS precision systems GmbH, Halle
Charmilles Deutschland Maschinenbau, Fellbach
CIM-Labor, BS Lüdenscheid
Cincinnati Milacron Spritzgießmaschinen, Offenbach

D. Lüttgens Formenbau, Heiligenhaus
Dahmen, Klaus, Fachberater, Eversberg
Dalex-Werke, Wissen
Deckel AG Erodiertechnik, Wolfratshausen
DELCAM GmbH, Obertshausen
Deutsche Shell, Hamburg
Diamantwerkzeuge GmbH, Hamein
Dieter Hansen GmbH Funkenerosion, Eppertshausen
D-M-E Normalien, Neuenstadt/Kocher
DMG Deckel Maho,Pfronten
DMG, Pfronten
DMT Drehmaschinen GmbH & Co. KG, Lörrach
Dolico Oberflächentechnik, Nürnberg
Dr. Johannes Heidenhain, Traunreut
Drumag, Bad Säckingen
DTM, Hilden
DTM-Drehtechnik, Lörrach

Du Font Kunststoffe, Bad Homburg
Durotherm Temperiersysteme, Darmstadt
Dynamit Nobel Formentechnik, Weissenburg

E. Zoller GmbH & Co. KG, Freiberg am Neckar
EDEL Entwicklung und Vertriebs-GmbH, Pliezhausen
Effgen, Herrstein
Elb-Schliff, Babenhausen
ELTRO GmbH, Baesweiler
EMA Induktions-Schmiederwärmungsanlagen Hirschhorn am Neckar
Enerpac Schnellspannsysteme, Düsseldorf
EOC Normalien, Lüdenscheid
ESAB CUTTING SYSTEM, Karben
EWIKON Heißkanalsysteme GmbH & Co. KG, Frankenberg
EXTE Extrudertechnik GmbH, Wipperfürth

FAG-Kugelfischer, Schweinfurt
Fanuc, Frankfurt
Feintool Pressen Zubehör, Lyss, Schweiz
FEPA – Verband der Schleifmittelhersteller, Bonn
Festo Didactik Pneumatik, Esslingen
Fette GmbH, Schwarzenbek
Fibro Handhabungstechnik-Normalien, Hassmersheim
Flender, Bocholt
Foba, Lüdenscheid
FPS, Werkzeugmaschinen, Warngau
Franken, Rückersdorf
Fraunhofer IPT
Fritz-Werner, Berlin
Fuchs Lubritech, Weilerbach

Gehring, Ostfildern
Gemo, Krefeld
Georg Fischer, Schaffhausen
Gildemeister, Bielefeld
GKN Walterscheid, Lohmar
Gregor Hofbauer GmbH, Planegg
Gühring, Albstadt
Guilleaume-Werk, Bonn
Günther Heißkanaltechnik, Frankenberg

H.P.T. Hochglanz-Polier-Technik, Monheim am Rhein
Hagen & Goebel, Soest
Hahn & Kolb, Stuttgart
Halder, Achstetten-Bronen

Hardit, Lunden
Hartmetall-Werkzeugfabrik Paul Horn GmbH, Tübingen
Hasco Normalien, Lüdenscheid
Hatebur Umformmaschinen, Reinach, Schweiz
Hauser, Biel Schweiz
Hegi Modellbau, Neumarkt/Opf.
Heidenreich & Harbeck, Hamburg
Heller, Nürtingen
Hemscheidt Maschinentechnik, Schwerin
Hemscheidt Rico Spritzgießmaschinen, Wuppertal
Hermes Schleifmittel, Hamburg
Hermle, Gosheim
Hertel, Fürth
Hewlett-Packard, Böblingen
Hoffmann Werkzeugmaschinen, Krefeld
Hohenstein, Vorrichtungsbau und Spannsysteme, Hohenstein-Ernstthal
Hölzel Stanz- und Feinwerktechnik GmbH + Co. KG, Wildberg
Honecker, Brackenheim-Stockheim
Hoogovens Aluminium Sidal GmbH, Gelsenkirchen
Hubert Stüken, Rinteln
Hüller Hille, Ludwigsburg
Husky Spritzgießsysteme, Wiesbaden-Delkenheim
Hydraulikring, Stuttgart

IBM Deutschland, Stuttgart
INA-Wälzlager Schaeffler, Herzogenaurach
INDEX-Werke, Esslingen
Ingersoll GmbH Maschinen und Werkzeuge, Burbach
Institut für Kunststoffverarbeitung, Aachen
Institut für Uniform-Technik und -Maschinen, Hannover
Intech EDM GmbH, Mönchengladbach
Inter CAM, Bad Lippspringe
Invenio, München

Joisten & Kettenbaum GmbH & Co. KG, Bergisch Gladbach
Junker-Schleiftechnik, Nordrach

Keller, Werkzeugbau, Wipperfürth
KENNAMETAL Holding, Fürth
Kern, Großmaischeid
Kieninger GmbH, Lahr
Kieserling & Albrecht Fließpressmaschinen, Solingen
KIVIH-Kunststofftechnik, Minden
Klöckner Ferromatik Desma Spritzgießmaschinen, Malterdingen
Klöckner-Möller-SPS, Bonn
KOMET GROUP GmbH, Besigheim
Komet Präzisionswerkzeuge Ropert Breuning, Besigheim
Konstruktion & Werkzeugbau Löcker, Lippetal/Herzfeld
KrausMaffei Kunststofftechnik, München
Krautkrämer, Köln
Kunststoffinstitut K.I.M.W., Lüdenscheid
KW-Abrichttechnik, Mainaschaff

LAM PLAN Deutschland GmbH, Bad Kreuznach
Langer, Werner, Meschede
Lasco Umformtechnik, Coburg
Lehrstuhl für Umformtechnik, Dortmund
Leica Mikroskopie & Systeme, Wetzlar
Leitz, Wetzlar
Leverberg S., Hydraulik-Fachberater, Oberhausen
Leybold Durferrit GmbH, Hanau
Liebherr, Kirchdorf
LMT Deutschland GmbH, Oberkochen
Lukas-Erzett, Engelskirchen

Manfred Schmer GmbH, Spaichingen
Maschinenbau- und Metall-Berufsgenossenschaft MAT, Dresden
Maschinenfabrik Frömag, Fröndenberg
Mauser, Oberndorf
MAYR Faserverbundtechnik, Rosenheim
Max-Planck-Institut für Eisenforschung, Düsseldorf
Mecadat, Langenbach
MEILI, Hanau
MST Aerospace, Köln
Müller-Weingarten Maschinen, Eßlingen
Multiarc, Bergisch Gladbach
Multiform Präzisionsmaschinenbau GmbH, Wolfratshausen

National Machinery Fließpressmaschinen, Nürnberg
Naxos-Union Schleifmittel, Butzenbach
Neff Pressen, Ettlingen
Neumeyer-Fließpressen, Nürnberg
Nitrion GmbH Nitrierbetriebe Bayern, Otterfing
Nordmann, Köln
Novapax Oberflächentechnik, Berlin

Peter Wolters, Rendsburg
Phoenix Contact, Lüdenscheid
Precitec GmbH Technische Produkte, Teltow
Primus-Sievert, Köln
PROCAD, Karlsruhe

Raprotec GmbH & Co. KG, Remscheid
Reform-Maschinenfabrik, Fulda
Rex-Roth-Hydraulik, Lohr
RJ Lasertechnik, Übach-Palenberg
Roeders, Hanau
Röhm GmbH, Sontheim

Römheld Spannsysteme, Laubach
Rüggeberg Pferd-Werkzeuge, Marienheide

Saazor Wälztechnik, Pforzheim
Sander Automation, Rechen
Sandwvik, Düsseldorf
S + L Fertigungstechnik GmbH, Willich
S.A.T. Fertigungstechnik, Velbert
Schiess-Nassovia, Langen
Schleif Maschinenwerk, Chemnitz
Schmalz, Glatten
Schmid Maschinen- und Werkzeugbau, Rapperswil, Schweiz
Schmidt Präzisionswerkzeuge, Esslingen
Schmiedestück-Verwendung, Hagen
Schunk, Lauffen am Neckar
Schupa, Schalksmühle
Schütte, Alfred – Maschinenfabrik, Köln-Poll
Seco Tools, Erkrath
Sescoi industrielle Informatik, Neu Isenburg
SEW-Eurodrive, Bruchsal
SGL Carbon, Bonn
Siemens SPS, Dortmund
Simon & Schelle, Sundern
Simpelkamp Press- u. Schmiedeanlagen, Krefeld
Single Temperiertechnik, Wernau
Sintermetallwerk Krebsöge, Radevormwald
SKF Kugellagerfabriken, Schweinfurt
SMS Hasenclever Press- u. Schmiedeanlagen, Düsseldorf
Stähli, Schönaich
STAMA Maschinenfabrik, Schlierbach
Stark Spannsysteme GmbH, Götzis, Österreich
Steinel Normalien, Wuppertal
STRACK NORMA GmbH & Co. KG, Lüdenscheid
Strack Normalien, Lüdenscheid
Strasmann, Remscheid
System 3R Spannsysteme, Vällingby, Schweden
System 3R Europe GmbH, Groß-Gerau

Tel.C Maschinenbau, Unna
Texas-Instruments, München
Textron Verbindungstechnik, Neuss
Thielenhaus-Microfinish, Wuppertal
Thyssen Edelstahlwerke, Witten
Thyssen GUSS, Essen
ThyssenKrupp Gerlach GmbH, Homburg
TITEX PLUS-Präzisionswerkzeuge Günther & Co, Frankfurt
TRAUB-Drehmaschinen, Reichenbach
Truck, Mülheim
Tschudin, Grenchen, Schweiz

VDMA FG Präzisionswerkzeuge, Frankfurt
Verband der Keramischen Industrie e.V., Fachgruppe Technische Keramik
Vietzke, Klaus, Köln
Voss Fluidtechnik, Wipperfürth

Walter AG, Tübingen
Weiler Werkzeugmaschinen, Emskirch
WEMA Beheizungstechnik, Lüdenscheid
Werner und Kolb, Berlin
Winter, Hamburg

Ziersch & Baltrusch, Reutlingen
Zindel, Mainhausen
Zoller Einstell- und Messgeräte, Freiberg/Neckar

Sachwortverzeichnis

D

E

F

G

H

I

K

Q

R

S

T

U

V

W

Z